>>>学电脑从入门到精通

清華大學出版社
北京

内容简介

Dreamweaver、Flash和Photoshop是目前制作网页时最常用的软件组合。在这3个软件中可以分别进行网页布局、网页动画、网页图片等的设计和制作，它们各有其优点。本书将以目前最新的CC版本为例，结合这3个软件在网页中的应用进行讲解。全书共24章，主要包括网页基础知识、Dreamweaver CC的基本操作、美化网页、页面布局、表单和行为的应用、模板和库、移动设备网页和应用程序的创建、动态网站及网站维护、Flash CC基本操作、绘制与编辑图形、文本与对象的编辑、元件与库的使用、动画和ActionScript、Photoshop CC基本操作、图层和文本编辑、图形绘制和调色、图像优化与输出等内容。

本书知识讲解由浅入深，将所有内容有效地分布在入门篇、实战篇和精通篇中，书中包括了大量的实例操作及知识解析，配合光盘的视频演示，让学习变得轻松易学。

本书适合广大网页制作初学者，以及有一定网页制作经验的读者，可作为高等院校相关专业的学生和培训机构学员的参考用书，同时也可供读者自学使用。

图书在版编目（CIP）数据

中文版Dreamweaver+Flash+Photoshop CC网页设计与制作从入门到精通：全彩版／九州书源编著. —北京：清华大学出版社，2016

（学电脑从入门到精通）

ISBN 978-7-302-40596-2

I. ①中… II. ①九… III. ①网页制作工具 IV. ①TP393.092

中国版本图书馆CIP数据核字（2015）第150141号

责任编辑：朱英彪
封面设计：刘洪利
版式设计：牛瑞瑞
责任校对：王　云
责任印制：何　芊

出版发行：清华大学出版社
网　　址：http://www.tup.com.cn，http://www.wqbook.com
地　　址：北京清华大学学研大厦A座　　**邮　　编**：100084
社 总 机：010-62770175　　**邮　　购**：010-62786544
投稿与读者服务：010-62776969，c-service@tup.tsinghua.edu.cn
质量反馈：010-62772015，zhiliang@tup.tsinghua.edu.cn
印 装 者：北京鑫海金澳胶印有限公司
经　　销：全国新华书店
开　　本：203mm×260mm　　**印　　张**：31.5　　**插　　页**：3　　**字　　数**：916千字
（附DVD光盘1张）
版　　次：2016年10月第1版　　**印　　次**：2016年10月第1次印刷
印　　数：1～3500
定　　价：99.80元

产品编号：058790-01

前言
PREFACE

认识Dreamweaver+Flash+Photoshop CC

Dreamweaver是目前制作网页最简单、最方便的软件之一，可以将用户构思的网页内容全部呈现出来；Flash用来制作动画，可以让静止不动的画面变得绚丽动感；Photoshop用来进行图像的设计与处理，可以在其中直接制作网页的平面结构图并将其输出为Dreamweaver可以识别的格式。随着科技的发展，这些软件也在不停地更新，Dreamweaver CC、Flash CC和Photoshop CC是目前最新的版本，软件功能更加强大，操作更加便捷，能够制作出更加符合用户需要的网页。

本书的内容和特点

本书将网页设计和制作用到的相关知识合理分布到“入门篇”、“实战篇”和“精通篇”中，各篇的内容安排及结构设计只考虑读者的需要，所以最终您会发现本书的特点极其朴实，那就是实用。

{ 入门篇 }

入门篇中讲解了使用Dreamweaver、Flash和Photoshop进行网页设计与制作相关的所有基础知识，包含网页和Dreamweaver CC的基础知识、美化与布局网页、表单和行为的应用、移动设备网页和应用程序的创建、动态网站和网站维护、Flash CC基本操作、绘制与编辑图形、文本与对象的编辑、元件与库的使用、动画和ActionScript、Photoshop CC基本操作、图层和文本编辑、图形绘制和调色、图像优化与输出等内容。通过本篇内容的学习，可让读者对这3个软件的功能有一个整体认识，并可制作出具有简单功能的网页。为帮助读者更好地学习，本篇知识讲解灵活，或以正文描述，或以实例操作，或以项目列举，并穿插了“操作解谜”、“技巧秒杀”和“答疑解惑”等小栏目，不仅丰富了版面，还使知识更加全面。

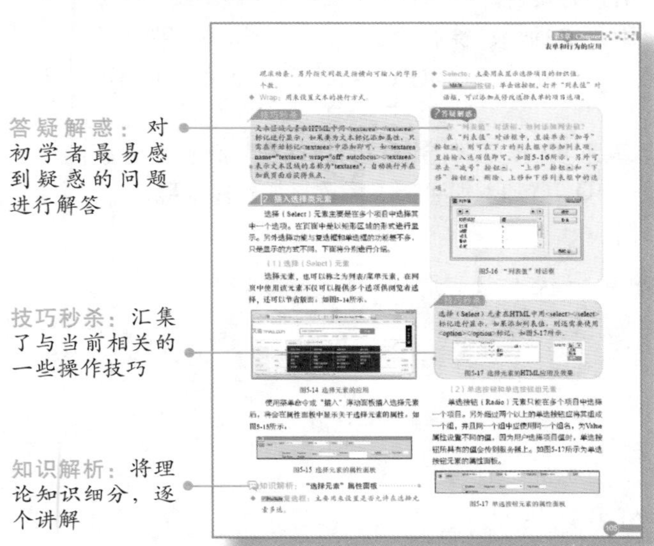
答疑解惑：对初学者最易感到疑惑的问题进行解答
技巧秒杀：汇集了与当前相关的一些操作技巧
知识解析：将理论知识细分，逐个讲解

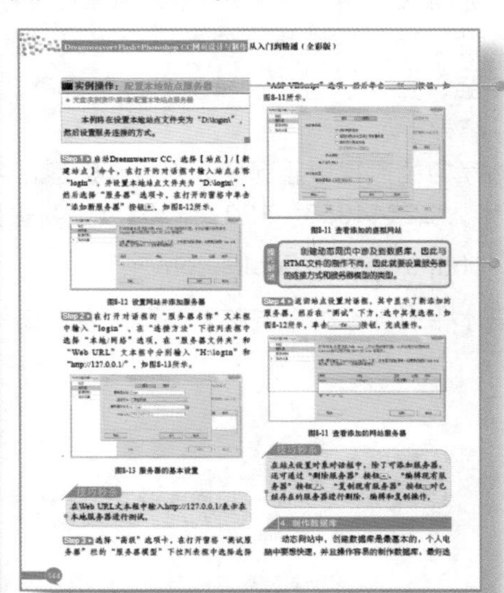
实例操作：以步骤形式一步步讲解知识的应用
操作解谜：讲解相关操作的意义，使读者不仅知其然，而且知其所以然

{ 实战篇 }

实战篇是入门篇知识的灵活运用，将Dreamweaver、Flash和Photoshop这3个软件结合起来，以网页制作的一般模式为基础，介绍并实际制作完整的网页。实战篇分为4章，每章均为一个实战主题，每个主题下又包含多个实例，从而立体地将这3个软件与网页制作结合起来。有需要的读者只需稍加修改即可将这些例子应用到现实工作中。实战篇中的实例多样，配以“操作解谜”和“还可以这样做”等小栏目，使读者不仅可以知道所讲解知识的操作方法，更能明白操作的含义，以及该效果的多种实现方式，使读者的技术水平得到提升，能够综合应用。

{ 精通篇 }

精通篇中汇合了网页制作的高级操作技巧，如JavaScript代码、画布的应用、CSS的高级使用技巧、网页色彩搭配、网页文字搭配、网页排版方式和网页构图等，从而让读者更加全面地感受到网页制作的技巧，并能加以灵活运用，提高后期网页制作的能力。

本书的配套光盘

本书配套多媒体光盘，书盘结合，使学习更加容易。配套光盘中包括如下内容。

- 视频演示：本书所有的实例操作均在光盘中提供了视频演示，并在书中指出了相对应的路径和视频文件名称，打开视频文件即可学习。
- 交互式练习：配套光盘中提供了交互式练习功能，光盘不仅可以“看”，还可以实时操作，查看自己的学习成果。
- 超值设计素材：配套光盘中不仅提供了本书实例需要的素材、效果，还附送了多种类型的笔刷、图案、样式等库文件，以及经常使用的设计素材。

为了更好地使用光盘中的内容，保证光盘内容不丢失，读者最好将光盘中的内容复制到硬盘中，然后从硬盘中运行。

本书的作者和服务

本书由九州书源组织编写，参加本书编写、排版和校对的工作人员有廖宵、向萍、彭小霞、何晓琴、李星、刘霞、陈晓颖、蔡雪梅、罗勤、包金凤、张良军、曾福全、徐林涛、贺丽娟、简超、张良瑜、朱非、张娟、杨强、王君、付琦、羊清忠、王春蓉、丛威、任亚炫、周洪熙、冯绍柏、杨怡、张丽丽、李洪、林科炯、廖彬宇。

如果您在学习的过程中遇到什么困难或疑惑，可以联系我们，我们会尽量为您解答，联系方式如下。

- QQ群：122144955、120241301（注：选择一个QQ群加入即可，不需重复加入多个群）。
- 网址：http://www.jzbooks.com。

由于编者水平有限，书中的疏漏和不足之处在所难免，请各位读者朋友们不吝赐教。

九州书源

目录
CONTENTS

Introductory
入门篇…

Instance 实战篇…

Proficient
精通篇…

入门篇 Introductory

Dreamweaver、Flash和Photoshop是目前最主流的制作网页的软件，也被称为“网页三剑客”。本篇主要讲述这3个软件在网页制作中的应用，包括Dreamweaver、Flash和Photoshop的基本操作；在Dreamweaver中添加页面元素、布局和美化网页、制作动态网页等；在Flash中绘制图形、添加文本、制作与输出动画等；在Photoshop中绘制图形，添加文本和调整图像，以及图像的切片与输出等。通过本篇的讲解，使读者能够掌握这3个软件的使用方法，并能轻松完成网页的设计与制作。

>>>

01 02 03 04 05 06 07 08 09 10 11 12 ……

初识网页制作

本章导读

网页设计是继报纸、广播、电视之后又一个全新的设计媒介。Dreamweaver CC是Adobe公司发布的最新的一款网页制作软件，其界面简洁，操作简单，还能根据不同用户的需求量身打造一个完美的界面，适合广大网页制作者使用。但要使用Dreamweaver CC 制作出满足用户需求的网页，需要先了解网页制作的基础、基本流程、Dreamweaver CC的基础、工作界面以及制作网页的常用工具和语言，这样才能为以后在Dreamweaver CC中制作网页打好基础。

1.1 网页基础

网络已成为人们生活和工作中不可缺少的一部分，所以，网页制作也成为了一个备受关注的新领域。在制作网页前，需要了解网页的相关知识，如网站和网页的关系、网页的构成要素、网页的分类以及网页编辑器和分辨率等，为以后制作网页打好基础。

1.1.1 网站和网页的关系

网站由一个个网页组成，而网页则是一个文件，存储在计算机（服务器）中，而该台计算机必须与互联网相连。当用户在浏览器中输入网址后，经过程序解析后，网页文件被传送到用户的计算机中，再使用浏览器进行解析，呈现给用户。如在浏览器的地址栏中输入网址https://www.yahoo.com/，按Enter键则会在浏览器中显示如图1-1所示的网站的主页面。

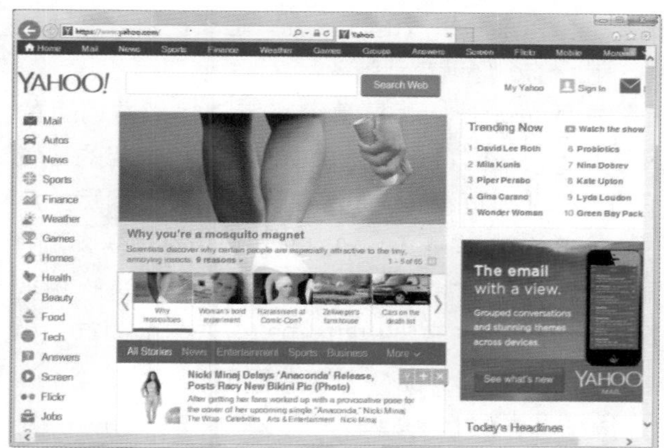

图1-1　浏览器中的网页

技巧秒杀

除后台网站外，一般网站的网页扩展名都为.htm或.html。在浏览器中不仅可以查看一个个网页，还可以在网页上右击，在弹出的快捷菜单中选择“查看源”命令，查看网页的源代码。

1.1.2 网页的构成要素

在一个网页中，文字和图片是构成一个网页最基本的两个元素。除此之外，构成网页的元素还包括动画、音乐、视频和表单元素等，如图1-2所示。

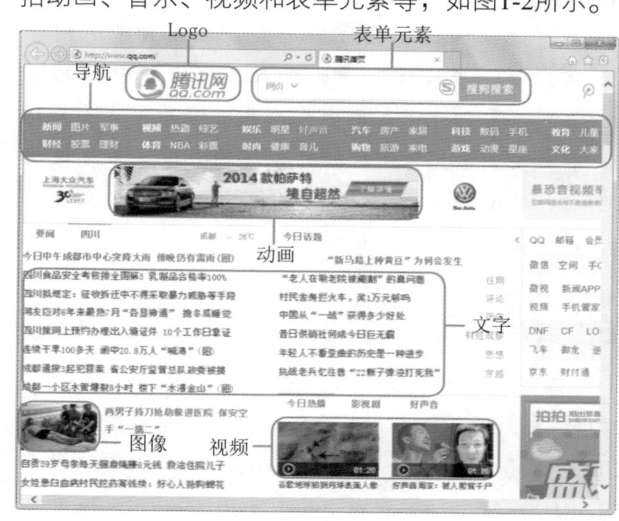

图1-2　网页的元素

- **Logo**：在网页设计中，Logo起着相当重要的作用，一个好的Logo不仅可以为公司或网站树立好的形象，还可以传达丰富的行业信息。
- **表单元素**：表单是功能型网站的一种元素，是用于收集用户信息、帮助用户进行功能性控制的元素。表单的交互设计与视觉设计是网站设计中相当重要的环节。在网页中，小到搜索框，大到注册表，都需要使用表单元素。
- **导航**：导航是网站设计中必不可少的基础元素之一，是网站结构的分类，浏览者可以通过导航识别网站的内容及信息。
- **动画**：网页中常用的动画格式主要有两种，一种是GIF动画，一种是SWF动画。GIF动画是逐帧动画，相对比较简单，而SWF动画则更富表现力和视觉冲击力，还可结合声音和互动功能，带给浏览者强烈的视听感受。
- **文字**：文字是网页中最基本的组成元素之一，是网页主要的信息载体，通过文字可以非常详细地

将要传达的信息传送给浏览者。文本在网络上传输速度较快，用户可方便地浏览和下载文本信息。

◆ 图像：图像也是网页中不可或缺的元素，有着比文本更直观和生动的表现形式，并且可以传递一些文本不能传递的信息。

◆ 视频、音乐：视频、音乐等多媒体元素是丰富网页效果和内容的常用元素，在网页中运用非常广泛。多媒体元素的加入，可以使平静的网页变得更加生动。网页中常用的音乐格式有.mid和.mp3，.mid为通过软件合成的音乐，不能被录制；.mp3为压缩文件，其压缩率非常高，且音质也不错，是背景音乐的首选。

1.1.3 网页的分类

在网页中可将网页分为静态网页和动态网页，并且静态网页与动态网页也是相对的，即静态网页的URL后缀是.htm、.html、.shtml和.xml等；而动态网页的URL后缀是.asp、.jsp、.php、.perl和.cgi等。下面将分别介绍静态网页的执行过程和动态网页的特点。

1. 静态网页的执行过程

静态网页的执行过程是浏览器向网络中的服务器发出请求，指向某个静态网页且服务器接收到请求后，传输给浏览器（传送的是一个文本文件），等到浏览器接到服务器传来的文件后，解析HTML标记，再显示结果。

2. 动态网页的特点

虽然动态网页与静态网页都可以使用文字和图片展示网页信息，但从网站的开发、管理和维护的角度来看，却有很大的差别，从如下动态网页的特点中即可看出其与静态网页的差别。

◆ 动态网页是以数据库技术为基础，可以大大降低网站的维护量。

◆ 采用动态网页技术的网站可以实现如注册、在线调查、用户登录及在线购物等功能。

◆ 动态网页并不是一个独立存在于服务器上的网页文件，而是当用户请求时，才从服务器中返回一个完整的网页。

◆ 在浏览动态网页时，浏览器中的地址栏中会有一个“？”符号。

1.1.4 屏幕分辨率和网页编辑器

用户可通过前面的知识了解网页是一个HTML格式的文件，并通过URL来识别与存取，再通过浏览器显示结果。此外，屏幕分辨率决定着网页制作的尺寸，而了解和选择网页制作的编辑器则是实现网站制作的一个利器。下面就对屏幕分辨率和编辑器进行介绍。

1. 屏幕分辨率

屏幕分辨率是指分辨图像的清晰度，分辨率是由一个个像素点组成的，分辨率越高，像素点则越多，显示的图像就越清晰。

在网页设计中，屏幕分辨率直接影响网页的尺寸，因为在网页布局时，由于用户所选用的环境不同，而使网页设计人员不知道如何设计网页的尺寸。就目前而言，1280×1024像素和1024×768像素的屏幕分辨率是最常用的，设计的网页看起来也相当美观。如图1-3所示为1280×1024像素下的网页，如图1-4所示为1024×768像素下的网页。

图1-3 1280×1024像素显示的网页

图1-4 1024×768像素显示的网页

技巧秒杀

一般手机屏幕常用的分辨率为320×480像素；智能手机常用的分辨率为480×800像素，最高可达到1920×1080像素；平板电脑常用的分辨率为768×1024像素；17寸计算机显示器常用的分辨率为1024×768像素；19寸计算机显示器常用的分辨率为1280×1024像素。

2. 网页编辑器

网页编辑器是指设计网页并输入内容的相关操作工具，根据输入的方法可以分为HTML代码编辑器和可视化编辑器。HTML代码编辑器可直接在编辑器中输入HTML代码，如记事本。而可视化编辑器则可根据操作查看效果，如常用的Dreamweaver CC。下面分别对这两种编辑器进行介绍。

- HMTL代码编辑器：记事本是最典型的HTML代码编辑器，熟悉HTML标记的用户可直接在记事本中输入HTML标记制作网页，但输入的HTML标记不能有任何差错，否则将导致网页错误。
- 可视化编辑器：Dreamweaver CC是目前最常用的可视化编辑器。在该编辑器中，即使不熟悉HTML标记也可以制作出网页，只需在网页中输入相应的内容，即可自动生成相应的HTML标记，但有可能会生成一些不必要的标记，从而使文件变大。

读书笔记

1.2 制作网站的基本流程

网页设计是一项系统而又复杂的工作，因此，在设计时必须遵循一定的流程，进行规范的操作，这样才能有条不紊地制作网页，并且减少工作量、提高工作效率。下面对网站的策划、制作网站的准备工作和制作及上传网页的相关知识进行介绍。

1.2.1 网站策划

如果想制作出满足要求的网页，必须先考虑制作网页的理念，即决定网页的主题以及构成方式等内容。如果不先策划而直接进行网页制作，可能会出现网页结构不清晰、重复操作等问题，因此，合理地策划网页可大大地缩短制作网站的时间。

1. 确定网站的主题

在策划整个网站时，首先需要确定网站的主题。一般的商业网站都会体现企业本身的理念，在制作时，只需要根据企业本身的理念进行设计即可。但如果是个人网站，则需考虑如下几个方面。

- 网站制作的目的：在制作网站前需要明确为什么要制作该网站，制作网站的目的是什么，然后再根据制作的理由及目的来确定该网站的性质。

- 网站是否有益：即制作的网站是否给浏览者提供有益的信息，或是否有交互与参考的价值。
- 更新与否：网站要长久存在，则要看该网站更新的频率，如果不能经常更新，可以采用在公告栏公布最近信息的方法，多与浏览者进行意见交流。

2. 预测浏览者群体

在确定了网站的主题后，还需要预测一下该网站的浏览者群体。如教育性网站的浏览者可以是儿童，也可以是青少年或成年人。如果针对的浏览对象是儿童，其界面设计风格则要活泼可爱，同时还需采用比较单纯的结构。因此，明确了网站的浏览群体后，才可以确定网页设计的风格及形式。

3. 在纸稿上绘制演示图板及流程图

在确定了主题和浏览群体后，需要对网站的整体设计及流程进行规划。

（1）演示图板

对网站栏目进行划分，考虑网站的整体设计，然后简单地画出各页面中的导航栏位置、文本和图像位置等，这种预先画出的页面结构称为“演示图板”，如图1-5所示。

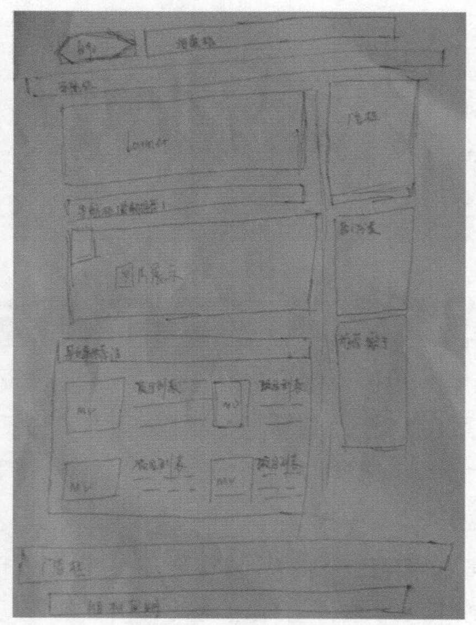

图1-5　网页设计的演示图板

（2）流程图

演示图板完成后，则可绘制出网站流程图。所谓网站流程图则是指预先考虑网站浏览者的查看流程所绘制的图，简单的网站不需要绘制流程图，如果是栏目多且复杂的大型网站，则需要在绘制流程图的同时考虑演示图板中的栏目是否合适。

1.2.2 制作网站的准备工作

在对网站进行策划后，便可收集制作网站的素材，并准备网站的上传空间。

1. 收集素材

完成网页策划后，可收集制作网站时需要的各种素材，如文本、图片及多媒体文件等。需要注意的是，对于收集的素材需要分门别类地存放，便于在使用时进行引用。

2. 准备上传网站的空间

为了使制作的网站能够被浏览者看到，应该将制作的网页文件上传到服务器中。服务器是指网络中能够为其他计算机提供服务的计算机系统，用户可以随时查看服务器文件。例如，将要制作的网页名为index.html，则需将index.html网页文件及网页文件中所使用的文字、图片等所有元素都上传到服务器中，如果申请的服务器为www.lxMusic.com，则在浏览器的地址栏中输入www.lxMusic.com/index.html，按Enter键后可浏览上传的网页。

技巧秒杀

上传到服务器空间的服务也称为虚拟主机服务。虚拟主机也称为“网站空间”，也就是将一台在互联网中运行的服务器划分成多个虚拟的服务器，而每一个虚拟主机都具有独立的域名和完整的Internet服务器功能，即支持WWW、FTP和E-mail功能。每台服务器上的虚拟主机都是独立的，并由用户自行管理。但如果服务器上的虚拟主机超过了一定的数量，则会降低使用性能。

1.2.3 制作及上传网站

在所有的策划和准备工作都完成后，则可进入网站流程的最后一个阶段，即制作和上传网站。对于制作网页，目前最常用的软件则是Dreamweaver，本书主要介绍使用Dreamweaver的最新版本Dreamweaver CC制作网页。

完成整个网站的制作后，可对网站进行测试并上传到服务器。完成这一步骤，则完成了整个网站的设计流程。

1.2.4 网站的更新与维护

严格来说，网站的后期更新与维护不能归纳在网页设计流程中，而是制作完成后应该考虑的问题。但在整个网站中，这一过程是必不可少的，尤其是对于信息类网站，更新与维护这一流程尤为重要，因为这是保持网站具有吸引力和正常运行的保障。

1.3 了解Dreamweaver CC

使用Dreamweaver CC可以快速、轻松地完成网页设计、开发、网站维护和Web应用程序的全部过程，不仅适合初学者使用，也适合专业的网页设计者使用。Dreamweaver CC与之前的Dreamweaver 版本相比有很大的改变，下面详细介绍Dreamweaver CC的新功能及简单操作。

1.3.1 Dreamweaver CC简介

Dreamweaver CC是Adobe公司的最新产品之一，发布于2013年6月，相对于CS系列产品，CC具有如下特点。

- CC版本改进了云服务功能，用户可在Mac OS、Windows、iOS和Android系统上通过Creative Cloud来存储、同步和分享创意文件。此外，还集成了全球领先的创意设计平台Behance，用户可以在这里展示作品、获得建议和反馈信息。
- CC版本不会有CS5和CS6这样的版本区别，而是统一的CC版本，用户通过Creative Cloud来获取该版本的更新，而不是购买新的安装包。

1.3.2 Dreamweaver CC新增功能

Dreamweaver CC从界面上增加了更加友善直观的视觉化CSS编辑工具，让网页制作者可以更加快速地生成CSS代码、创建 UI Widget、设置Edge Web Fonts、转换CSS3、jQuery和jQuery Mobile以及对HTML5更完善的支持等。

1. 支持HTML5的元素

在Dreamweaver CC中新增了多项支持HTML5元素的功能，下面依次进行介绍。

- 在Dreamweaver CC中的“插入”浮动面板的媒体分类下，新增了插入HTML5视频和HTML5音频的功能，如图1-6所示。而作为HTML5支持的一部分，Dreamweaver CC针对表单元素也加入了新属性，并且引入到了“插入”浮动面板的“表单”分类下，如图1-7所示。

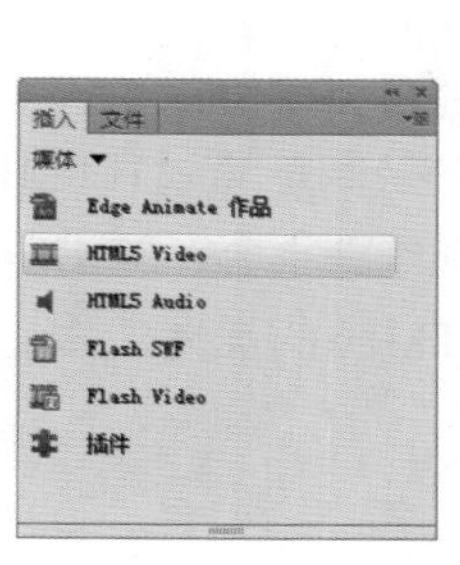

图1-6 HTML5视频和音频

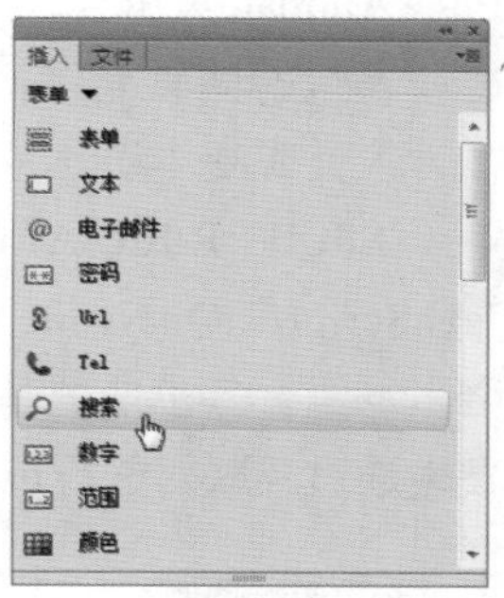

图1-7 HTML5表单支持

- 在Dreamweaver CC中，针对HTML5页面的版面也插入了新的结构元素，如文章、侧边、章节、页眉、页脚、段落和标题等，如图1-8所示。

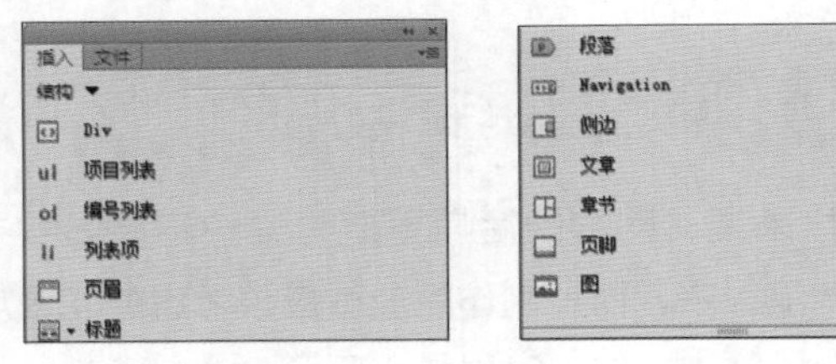

图1-8　HTML5结构支持

◆ Dreamweaver CC支持HTML5中的画布元素，画布元素是动态产生图形的容器。这些动态元素是在运行时使用编写语言建立的，如JavaScript，同样该功能也引用到了“插入”浮动面板的“常用”分类下，如图1-9所示。

图1-9　HTML5画面支持

2. Adobe Edge Animate整合

作为一套完整的Web动画开发功能，Adobe Edge Animate具有直观的用户界面、强大的时间轴功能，通过时间轴能轻松地制作关键帧动画，使网页设计人员在制作动画时更轻松。

Adobe Edge Animate主要是通过HTML5、JavaScript、jQuery和CSS3制作跨平台、跨浏览器的网页动画，其生成的基于HTML5的互动媒体能更方便地通过互联网进行传输。

技巧秒杀

Dreamweaver CC可以将Adobe Edge Animate文件（OAM）导入到网页中，并可将OAM文件的内容放置在名称为edgeanimate_assets的文件夹中。

3. Adobe Edge Web Fonts整合

在Dreamweaver CC中，不仅提供了加载额外字体的功能来丰富网页文字的样式，如Google Web Fonts，还推出了免费的网页字型Adobe Edge Web Fonts，如图1-10所示。该字型的加载速度较快而且稳定。如果网页中需要一些不一样的英文字型，则可直接套用网页字型，减少图片的使用。在Dreamweaver CC中，可以同时将Adobe Edge字体与网页字体新增到Dreamweaver的字体列表中。在字体列表中，Dreamweaver所支持的字体会先列在网页字体与Edge字体前面。

图1-10　Adobe Edge Web Fonts选项卡

技巧秒杀

Edge Web Fonts服务是Adobe在2012年收购的TypeKit的字体库与Google Web Fonts库进行统一融合后，嵌入在Edge Code中的一项扩展服务。

4. 流体网格布局增强功能

流体网格布局是将网站版面对应显示设备的尺寸进行适当的调整，并以可视化的方式供使用者建立不同的版面，以满足显示该网站的不同装置需要。在Dreamweaver CC中，将所有和流体风格布局有关的列表元素都引入到了“插入”浮动面板的“结构”分类下。

5. CSS设计器

Dreamweaver CC的CSS设计器功能与之前的版本相比，使用了实时反白标示，用户可以更轻松地识别页面上与CSS选择器相关联的元素，然后再选择是否进行相关属性的编辑，或是修改相应的属性，为该元素创建新的CSS选择器，如图1-11所示。另外，Dreamweaver CC中的CSS设计器同样保留了编辑、新增和删除等功能。

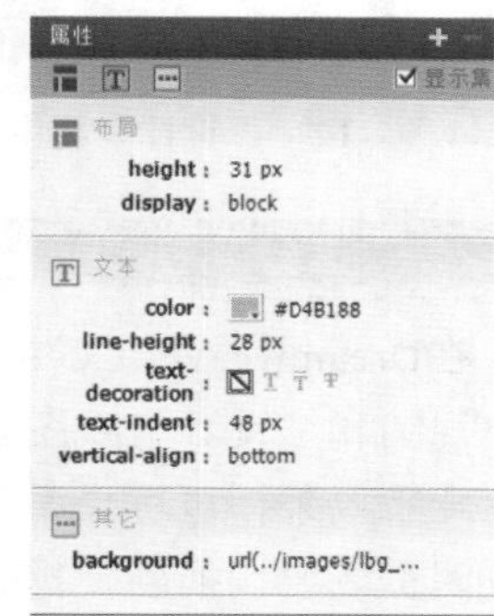

图1-11　CSS设计器

技巧秒杀

Dreamweaver CC中，将CSS属性变化制作成动画过渡效果，使网页设计更加生动，并且在用户处理网页元素和创建动画效果时能保持对网页设计的精准控制。

6. jQuery Widget新增功能

jQuery是继Prototype之后又一优秀的JavaScript框架。它是轻量级的JavaScript库，兼容CSS3，还兼容各种浏览器，使用jQuery既能够更加轻松、方便地处理HTML documents和events，实现动画效果，还能为网站提供AJAX交互，在Dreamweaver CC中添加拖放折叠式、按钮、索引卷标和其他jQuery Widget功能，如图1-12所示。

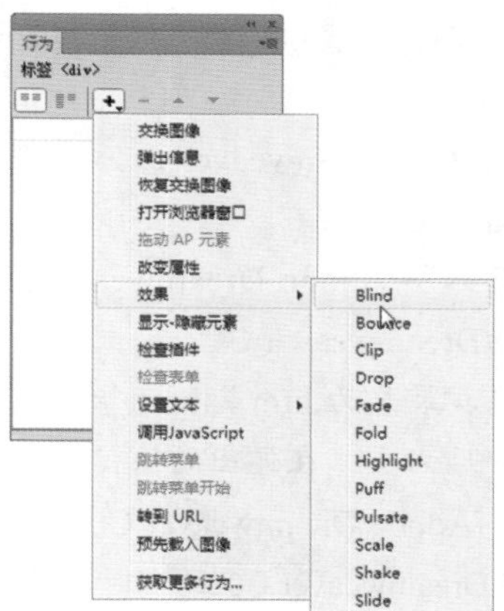

图1-12　jQuery Widget的新增功能

技巧秒杀

在Dreamweaver CC中关于jQuery的文档说明很全面，而且各种应用也解释得很详细，同时还有许多成熟的插件可供选择。另外，还能够使HTML页面保持代码与内容的分离。

7. 拾色器的变化

在Dreamweaver CC中，用户可以在CSS设计器、资源面板和偏好设定等功能中，使用拾色器选取更多的颜色，如图1-13所示。

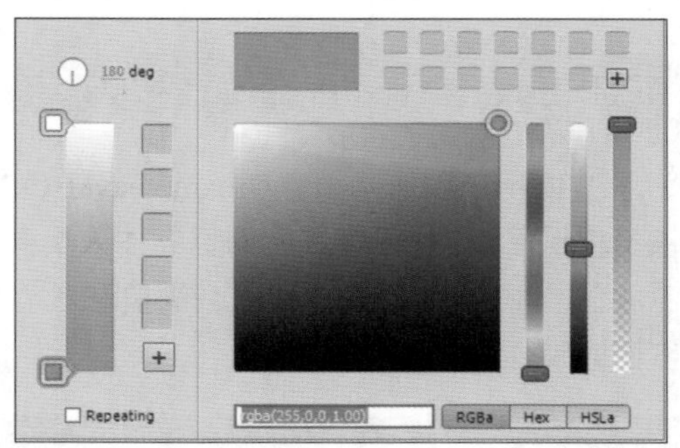

图1-13　拾色器

1.3.3 启动Dreamweaver CC

Dreamweaver CC并非系统自带的软件，因此需要从官方网站下载或购买正版光盘进行安装，安装完成后则会在“开始”菜单或桌面上出现Dreamweaver CC的快捷图标，双击该图标即可启动

Dreamweaver CC。以下是启动Dreamweaver CC常用的几种方法。

◆ 在桌面上双击Dreamweaver CC快捷图标，即可启动Dreamweaver CC。
◆ 选择“开始”/Adobe Dreamweaver CC命令，可快速启动Dreamweaver CC。
◆ 如果存在扩展名为.htm或.html等的网页文档，可将其选中后右击，在弹出的快捷菜单中选择“打开方式”/Adobe Dreamweaver CC命令，即可在启动Adobe Dreamweaver CC 的同时打开网页文档。

1.3.4 退出Dreamweaver CC

在使用Dreamweaver CC编辑网页文档后，可将其退出，以免占用系统内存，降低计算机的运行速度。以下为退出Dreamweaver CC的常用方法。

◆ 单击主界面右上方的 × 按钮，退出Dreamweaver CC。
◆ 选择“文件”/“退出”命令，退出Dreamweaver CC。
◆ 单击主界面左上方的Dw图标，在弹出的菜单中选择“关闭”命令退出。
◆ 直接按Alt+F4快捷键退出Dreamweaver CC。

1.3.5 Dreamweaver CC视图模式

为了方便用户制作网页，Dreamweaver CC中为制作人员提供了6种视图模式，网页制作人员可通过不同的视图模式对网页进行制作、浏览和检查等操作。下面分别介绍各视图的作用。

1. “设计”视图

在Dreamweaver CC中，对于初学Dreamweaver的用户而言，可选择在设计视图中，通过可视化操作对网页进行设计与制作。启动Dreamweaver CC后，新建的网页默认为“设计”视图模式，如果不是该模式，只需在视图栏中单击 设计 按钮，则可快速切换到“设计”视图模式，如图1-14所示。

图1-14 “设计”视图模式下查看网页效果

2. “拆分”视图

在Dreamweaver CC中，“拆分”视图是由“代码”视图和“设计”视图组合而成的，既可在该视图中查看效果，也可查看其代码，并通过修改代码修改网页。要切换到“拆分”视图模式，只需在视图栏中单击 拆分 按钮即可，如图1-15所示。

图1-15 “拆分”视图模式下查看网页代码及效果

3. “代码”视图

在Dreamweaver CC中，可通过在“代码”视图中编写HTML代码进行网页制作，但这需要熟练掌握HTML语言和JavaScript等语言的专业人员才可通过代码视图快速地制作网页，通过该视图制作网页有一弊端，就是不能在制作过程中查看效果。如果要切换到“代码”视图模式，只需通过在视图栏中单击代码按钮即可，如图1-16所示。

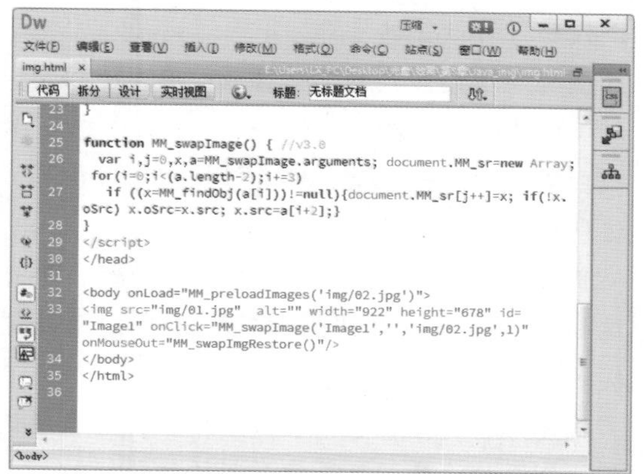

图1-16 “代码”视图模式下查看网页代码

4. “实时视图”模式

在Dreamweaver CC中，可通过“实时视图”模式，对制作的网页进行预览，该效果与在浏览器中预览的效果一样，并且还可以结合“设计”、“拆分”和“代码”视图预览和修改网页。如果要切换到“实时视图”模式，只需要在视图栏中单击实时视图按钮即可，如图1-17所示。

图1-17 “实时视图”模式下预览网页

5. “实时代码”模式

在Dreamweaver CC中，只有在“实时视图”模式下，才会激活“实时代码”模式，在该视图中，可结合“代码”视图和“拆分”视图模式查看制作网页的代码，并且在该视图中查看的代码以黄色作为背景显示。另外，在该视图中只能以只读形式查看代码，不能对其修改，如图1-18所示。要切换到“实时代码”视图模式，可先切换到“实时视图”模式，在视图栏中单击实时代码按钮即可。

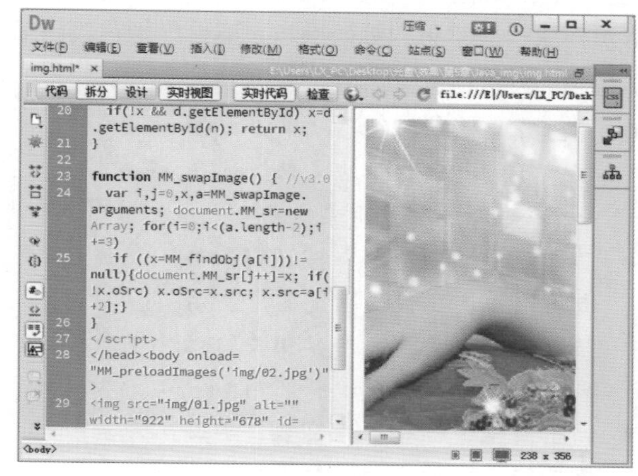

图1-18 “实时代码”模式下预览网页

6. “检查”视图

在Dreamweaver CC中，在代码视图中进行网页制作时，可同时开启“检查”模式，这样可检查所编写的代码是否正确，如果错误，则会在视图栏下方进行提示。“检查”模式同样是需要激活“实时视图”模式后，在视图栏中单击检查按钮才能进入到“检查”模式中，如图1-19所示。

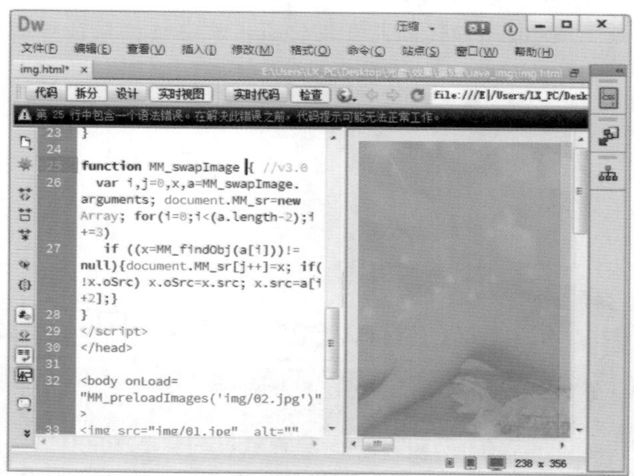

图1-19 “检查”模式下检查代码

1.3.6 代码工具栏

在Dreamweaver CC中，如果使用代码设计或制作网页时，则会在工作区左侧出现一个代码工具栏，如图1-20所示，通过代码工具栏，可辅助制作人员解决一些常见的编码操作，下面分别对代码工具栏中的各按钮进行介绍。

图1-20 工具栏

- “打开文档”按钮：单击该按钮，可列出已打开的文档。选择一个文档后，将显示文档窗口。
- “显示代码浏览器”按钮：单击该按钮，在代码浏览器中显示与页面上特定选定内容相关的代码源列表。
- “折叠整个标签”按钮：单击该按钮，可折叠一组开始和结束标记之间的内容，但必须将插入点定位在要折叠的标记之间，然后再单击该按钮。
- “折叠所选”按钮：单击该按钮，折叠所选择的代码。
- “扩展全部”按钮：单击该按钮，还原所有折叠的代码。
- “选择父标签”按钮：单击该按钮，可选择插入点所在代码行的开始与结束标签的内容。
- “选取当前代码段”按钮：单击该按钮，可选择插入点所在代码行的内容及两侧的圆括号、大括号或方括号。如重复单击该按钮且两侧的符号是对称的，则会选择该文档最外面的圆括号、大括号或方括号。
- “行号”按钮：单击该按钮，可显示或隐藏每个代码行的行首编号。
- “高亮显示无效代码”按钮：单击该按钮，将以黄色高亮显示无效的代码。
- “自动换行”按钮：单击该按钮，可设置代码达到行尾时自动换行。
- “信息栏中的语法错误警告”按钮：单击该按钮，可启用或禁用页面顶部出现的语法错误提示。
- “应用注释”按钮：单击该按钮，可在所选代码两侧添加注释标签或打开新的注释标签。
- “删除注释”按钮：单击该按钮，可删除所选代码两侧的注释标签。但如果所选标签中嵌套有注释，则只会删除最外面的注释标签。
- “环绕标签”按钮：单击该按钮，可在所选代码两侧添加选自快速标签编辑器标签。
- “最近的代码片断”按钮：单击该按钮，可以从“代码片断”面板中插入最近使用过的代码片断。
- “移动或转换CSS”按钮：单击该按钮，可转换CSS为行内样式或移动CSS规则。
- “缩进代码”按钮：单击该按钮，可将选定内容向右移动。
- “凸出代码”按钮：单击该按钮，可将选定内容向左移动。
- “格式化源代码”按钮：单击该按钮，可将指定的代码格式应用于所选代码中，如果没有选择代码块，则应用于整个页面。

1.4 Dreamweaver CC的工作界面

Dreamweaver CC是集网页制作和管理网站于一身的网页编辑器，是第一套针对专业网页设计师特别开发的视觉化网页开发工具，利用此工具可以轻松地制作出跨越平台限制和跨越浏览器限制的网页。下面就来认识Dreamweaver CC的工作界面，如图1-21所示。

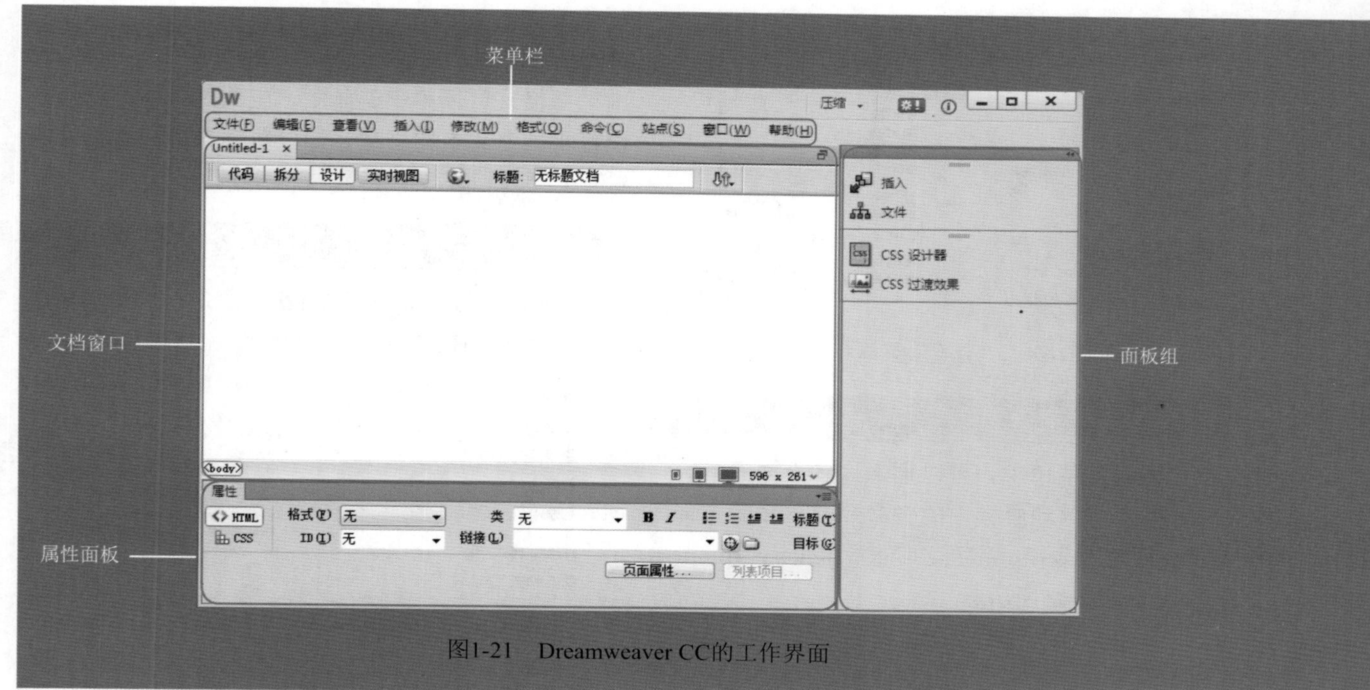

图1-21　Dreamweaver CC的工作界面

1.4.1 菜单栏

菜单栏中集合了几乎所有Dreamweaver操作的命令，通过各项命令，可以完成窗口设置及网页制作的各种操作。其中包括文件、编辑、查看、插入、修改、格式、命令、站点、窗口和帮助。下面介绍一些主要菜单命令。

1. “文件”菜单

在“文件”菜单中，包含了用于文件操作的标准菜单命令，如新建、打开、保存和关闭等命令，此外，还包含了一些其他命令，用于查看当前文档或对当前文档执行操作，如导入、导出和在浏览器中进行预览等，如图1-22所示。

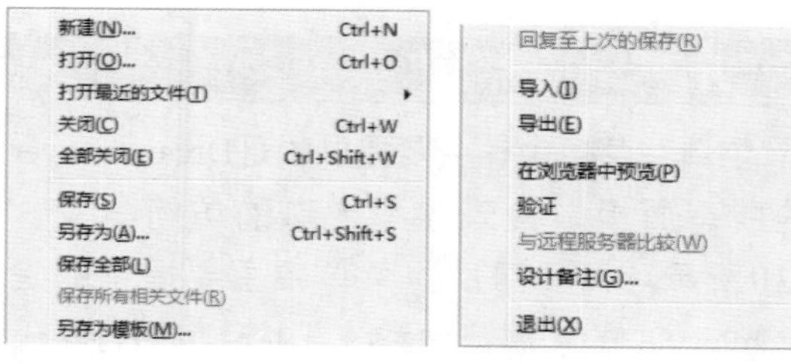

图1-22　“文件”菜单

2. “编辑”菜单

在“编辑”菜单中包含了最基本的编辑操作命令，如剪切、拷贝和粘贴等。除此之外，还包括选择标记、查找和替换命令，并且还提供了对Dreamweaver CC菜单中“首选项”的设置，如图1-23所示。

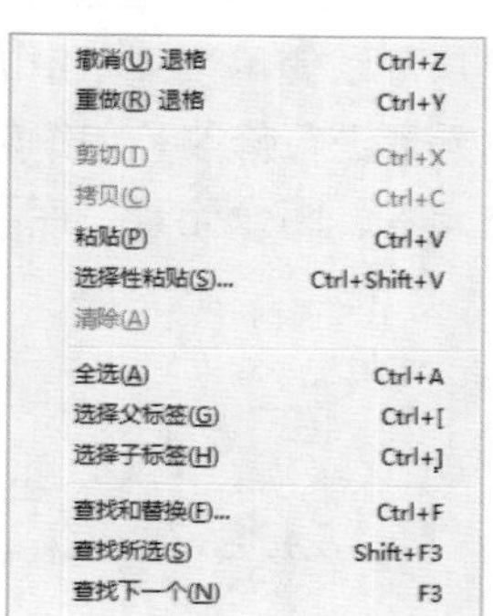

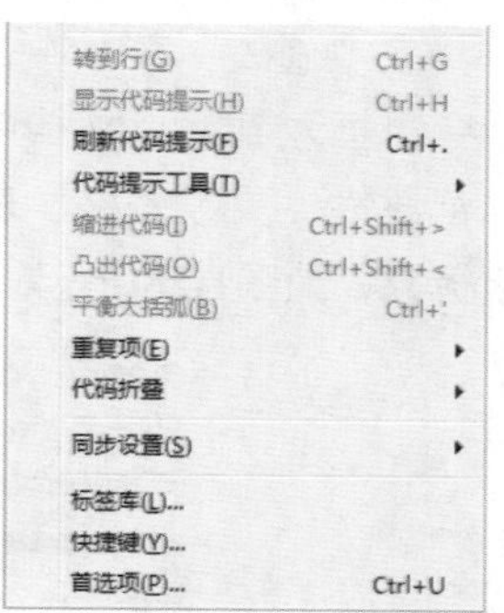

图1-23　“编辑”菜单

3. “查看”菜单

在“查看”菜单中，可以使用户看到文档的各种视图，并且可以显示和隐藏不同类型的页面元素及不同的Dreamweaver CC工具，如图1-24所示。

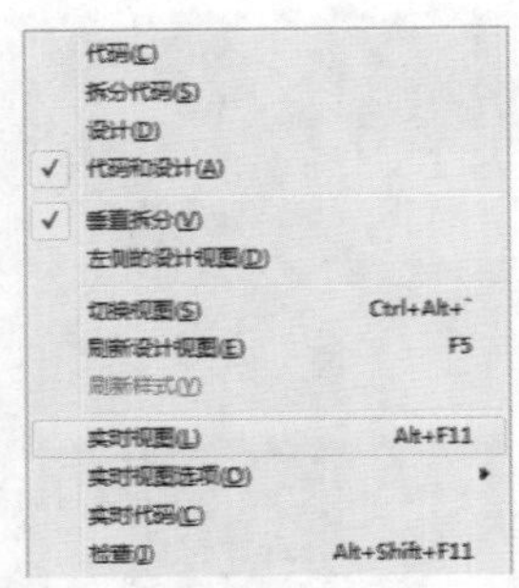
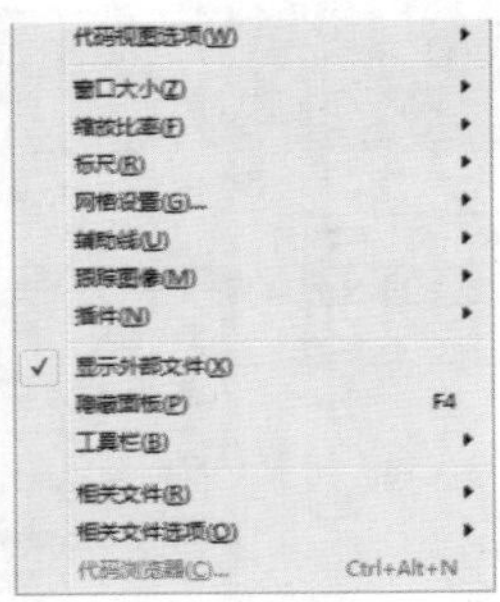

图1-24 “查看”菜单

4. “插入”菜单

在“插入”菜单中，可以插入许多页面元素，并且与“插入”浮动面板中的各命令基本相同，如Div标记、图像、表格、字符、结构、jQuery Mobile和模板等，如图1-25所示。

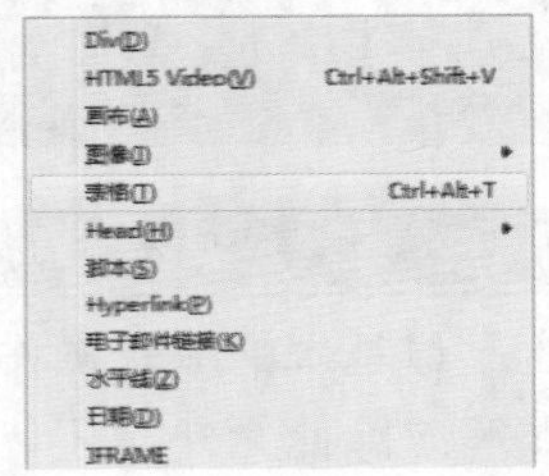

图1-25 “插入”菜单

5. “修改”菜单

在“修改”菜单中，用户可以使用该菜单中的命令对插入到网页文档中的元素进行修改，如编辑标记属性、更改表格、表格元素、图像元素、库和模板等，如图1-26所示。

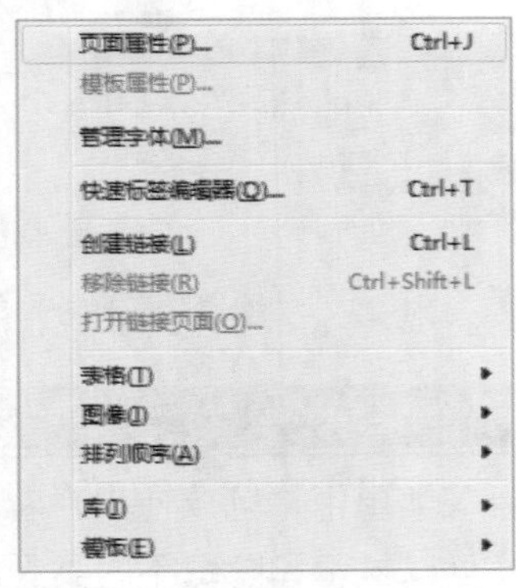

图1-26 “修改”菜单

6. “格式”菜单

“格式”菜单中的命令，主要是为了方便用户设置网页中文本的格式，如设置缩进、段落格式、对齐、列表和CSS样式等，如图1-27所示。

7. “命令”菜单

“命令”菜单中提供的各种命令，包括编辑命令列表、清理HTML和优化图像等，如图1-28所示。

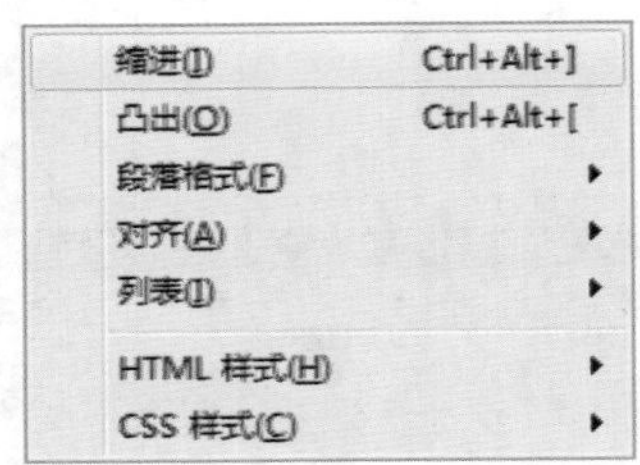
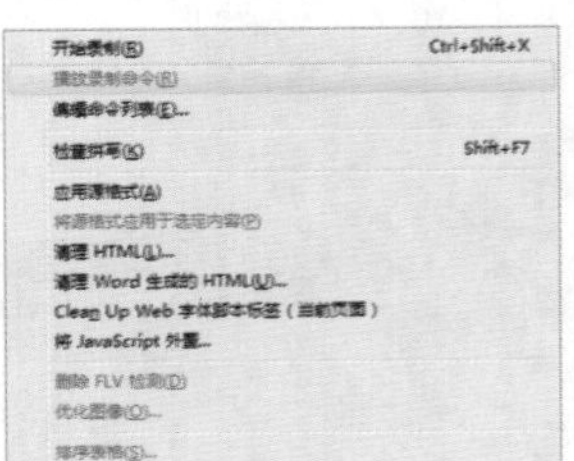

图1-27 “格式”菜单　　图1-28 “命令”菜单

8. “站点”菜单

“站点”菜单中提供的命令，除了有创建、打开和编辑站点的命令外，还有用于管理当前站点中的文件的命令，如图1-29所示。

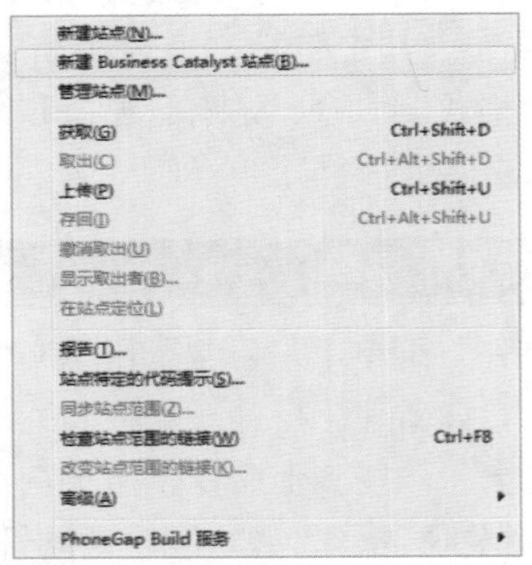

图1-29 “站点”菜单

9. “窗口”和“帮助”菜单

在“窗口”菜单中，主要提供的是Dreamweaver CC中的所有面板、检查器和窗口的访问命令，如图1-30所示。而“帮助”菜单中主要提供的是Dreamweaver CC的扩展帮助系统，并且包括各种代码的参考材料等，如图1-31所示。

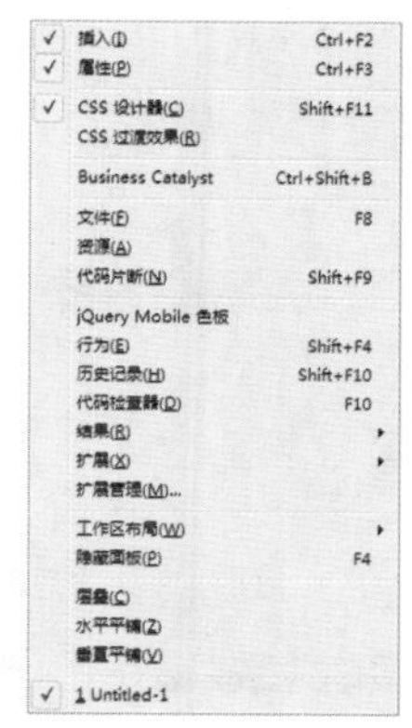

图1-30 “窗口”菜单

图1-31 “帮助”菜单

1.4.2 文档窗口

文档窗口主要是显示当前所创建和编辑的HTML文档内容。另外文档窗口是由标题栏、视图栏、编辑区和状态栏组合而成的，如图1-32所示。下面分别进行介绍。

图1-32 文档窗口

◆ **标题栏：**主要用于显示当前网页的名称。

◆ **视图栏：**主要用于切换各视图。

◆ **编辑区：**主要用于编辑网页的区域。

◆ **状态栏：**主要用于显示网页区域中所使用的元素标签的名称及切换各页面设置的分辨率，如手机的分辨率为480×800像素，平板电脑的分辨率为768×1024像素，普通计算机的分辨率为1000×354像素。另外，也可单击右侧的下拉按钮，在弹出的下拉列表中选择不同的分辨率。

1.4.3 面板组

面板组是停靠在操作窗口右侧的浮动面板集合，包含了网页文档编辑的常用工具，在Dreamweaver CC的面板组中主要包括“插入”、“属性”、“CSS设计器”、“文件”、“资源”和“行为”等浮动面板。下面将以“插入”浮动面板为例进行介绍。

1. 认识“插入”浮动面板

在面板组中最常用的就是“插入”浮动面板，该面板是Dreamweaver中非常重要的组成部分，主要用于在网页中插入各类网页元素，包括“常用”、“结构”、“媒体”、jQuery Mobile、jQuery UI、“模板”和“收藏夹”分类。

2. “插入”浮动面板的操作

可在“插入”浮动面板中轻松地切换不同类别列表，也可以移动浮动面板改变布局方式，其具体操作如下。

◆ **使用“插入”浮动面板：**该面板中默认显示“常用”列表类别，可通过单击插入栏顶部的下拉按钮，在弹出的下拉列表中选择相应的类别即可切换到其他列表，如图1-33所示为切换到“结构”列表的效果。

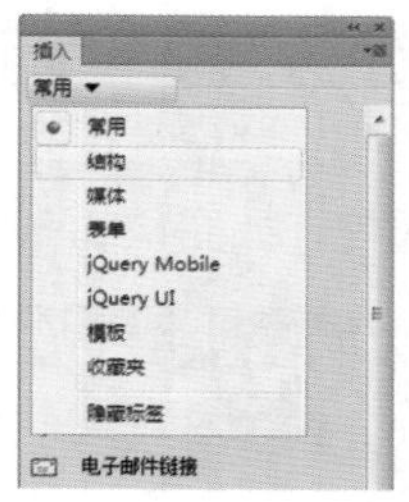

图1-33 在“插入”浮动面板中切换列表类型

◆ **移动“插入”浮动面板：**在“插入”浮动面板中，如果将其移动到网页文档的顶部，则会改变“插入”浮动面板的布局方式，但是可以直观地选择需要使用的列表，也可方便地插入需要的按钮，如图1-34所示。

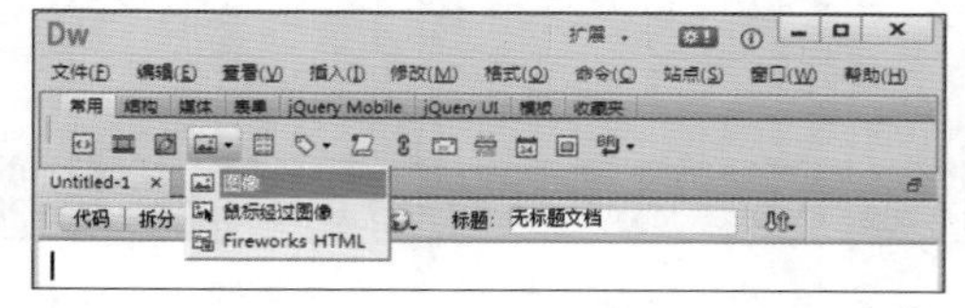

图1-34 移动后的“插入”浮动面板

?答疑解惑：

不同的浮动面板有什么共同的操作吗？

面板组中的所有面板都有一些共同的操作，如打开某个面板、显示面板、移动面板、折叠和展开面板组，下面分别对其操作方法进行介绍。

- 打开面板：在面板组中单击某个浮动面板名称按钮即可显示该浮动面板的内容。
- 显示面板：选择“窗口”菜单中的相应命令或直接按对应快捷键可以显示对应的面板。
- 移动面板：在面板上按住鼠标左键不放，并将其拖动到操作界面的任意位置后释放鼠标左键，可将该浮动面板脱离面板组，单击面板按钮可以打开该面板。
- 折叠和展开面板组：在面板组中单击“展开”按钮可以将面板组展开，单击“折叠”按钮可以将面板组折叠为图标。

1.4.4 “属性”面板

“属性”面板主要是显示文档窗口中所选元素的属性，并允许用户在该面板中对元素属性进行修改。在网页中选择的元素不同，其“属性”面板中的各参数也不同，如选择表格，那么“属性”面板上将会出现关于设置表格的各种属性，如图1-35所示。

图1-35　表格“属性”面板

1.4.5 Dreamweaver CC的环境设置

在Dreamweaver CC中虽然可以对网页文档进行基本的操作，但不同的用户所习惯的操作环境也有所不同，此时可通过首选参数对操作环境进行设置。下面分别进行介绍。

1. 首选参数的常规设置

设置首选参数是通过“首选项”对话框进行的。选择“编辑”/“首选项”命令，打开“首选项”对话框。在该对话框中可进行常规设置，如文档选项、编辑选项，如图1-36所示。

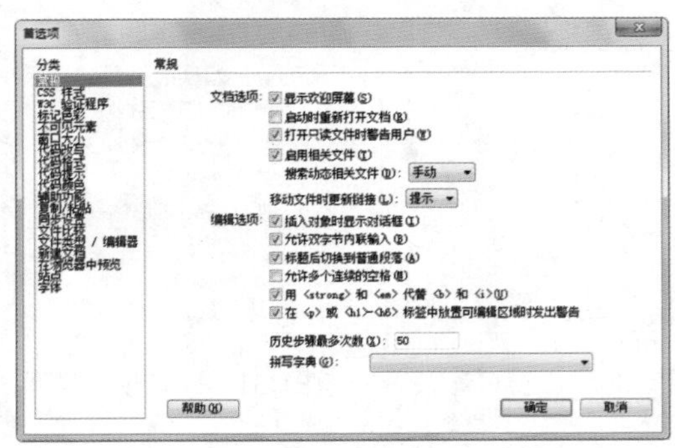

图1-36　“首选项”对话框

（1）文档选项

在“首选项”对话框的“分类”列表框中，默认选择的是“常规”选项，而对话框右侧显示的则是关于常规设置的一些功能复选框，下面分别对其进行介绍。

- 显示欢迎屏幕(S) 复选框：选中该复选框时，在启动Dreamweaver CC软件时将自动显示出欢迎界面。
- 启动时重新打开文档(R) 复选框：选中该复选框后，则会在启动Dreamweaver CC软件时，自动打开最近打开过的网页文档。
- 打开只读文件时警告用户(W) 复选框：选中该复选框后，打开只读文件时，则会进行提示。
- 启用相关文件(T) 复选框：选中该复选框后，在打开某文件时可显示相关文件的功能。
- “搜索动态相关文件”下拉列表框：用于设置动态文件，显示相关文件的方式。
- “移动文件时更新链接”下拉列表框：用于设置在移动、删除文件或更改文件名称时被操作的网页文档内部链接的更新方式。

技巧秒杀

“移动文件时更新链接”下拉列表框中的“总是”选项表示在移动、删除或更改文件后总是更新链接；“从不”选项表示从不更新链接；“提示”选项用于提示是否更新网页文档的链接。

（2）编辑选项

在文档选项下方可对编辑选项进行设置，与编辑选项相同，都是选中相应的复选框，设置是否启用相应的功能，下面分别介绍各复选框及相应选项的作用。

- ☑插入对象时显示对话框(I)复选框：选中该复选框后，可设置在“插入”浮动面板或菜单中插入对象时显示对话框。
- ☑允许双字节内联输入(B)复选框：选中该复选框后，将允许使用用户安装的输入法在Dreamweaver CC中输入中文，否则会出现Windows的中文输入系统不输入中文的提示。
- ☑标题后切换到普通段落(A)复选框：选中该复选框后，可设置在使用了<h1>等段落标记后，按Enter键自动生成<p>标记进行换行。
- ☑允许多个连续的空格(M)复选框：选中该复选框后，可设置在网页文档中按Space键来输入连续的空格符。
- ☑用 <strong> 和 <em> 代替 <b> 和 <i>(U)复选框：选中该复选框后，可设置使用<strong>标记来代替<b>标记，使用<em>标记来代替<i>标记，因为W3C标准不提倡使用<b>标记和<i>标记。
- ☑在 <p> 或 <h1>-<h6> 标签中放置可编辑区域时发出警告复选框：选中该复选框后，可设置在<p>标记和<h1>～<h6>标记中放置模板文件包含的可编辑区域时弹出警告提示。
- “历史步骤最多次数”文本框：用于设置“历史记录”浮动面板中保存历史步骤的最多次数。
- “拼写字典”下拉列表框：用于设置拼写字典的语言，在Dreamweaver CC中并不支持英文版和中文版的拼写和语法字典。

2. 设置不可见元素

在Dreamweaver CC的网页文档中，对网页进行布局时，可能希望显示某些标记元素，以帮助用户了解页面布局的情况。在Dreamweaver CC的“首选项”对话框的“不可见元素”分类列表中，可控制13种不同标记代码的可见性。如指定命名的锚记、换行符等，如图1-37所示。但需要注意的是，显示不可见元素，在布局上会占用页面的位置，影响布局的精确性。因此，建议隐藏不必要的元素。

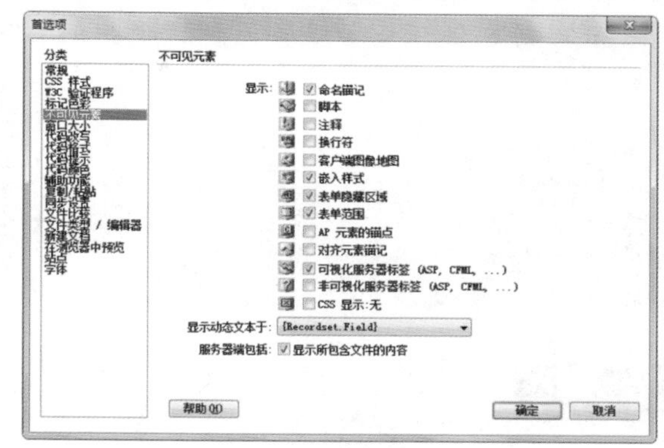

图1-37　设置不可见元素

> **技巧秒杀**
> 设置元素是否可见，直接在“首选项”对话框的“不可见元素”分类列表中选中或取消选中相应复选框即可显示或隐藏相应元素。

3. 在浏览器中预览

在浏览器中预览，是设置网页文档编辑完成后，按F12键所使用的默认浏览器。在“首选项”对话框的“分类”列表框中选择“在浏览器中预览”选项，则可在右侧指定默认的主浏览器和次浏览器，如图1-38所示。

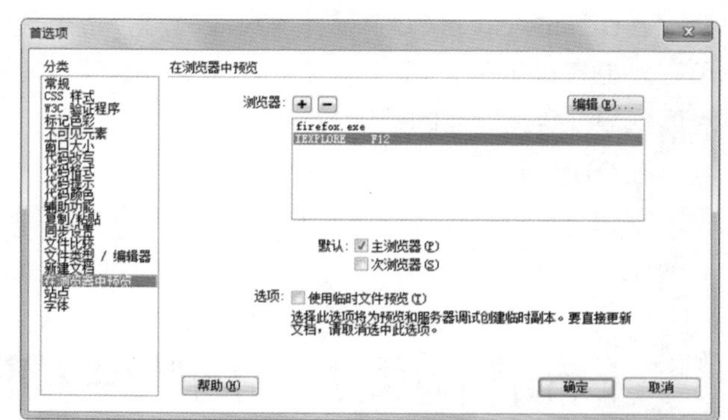

图1-38　设置浏览器

- ☑主浏览器(P)复选框：选中该复选框后，可设置“浏览器”列表框中选择的浏览器为主浏览器，即在浏览网页时，则启动主浏览器预览网页。

◆ 次浏览器(S) 复选框：选中该复选框后，可设置“浏览器”列表框中选择的浏览器为次浏览器。

◆ 使用临时文件预览(T) 复选框：选中该复选框后，表示可创建供预览和服务器调试使用的临时副本。

技巧秒杀

用户可在“浏览器”栏中单击“加号”按钮+或“减号”按钮-，添加或减少浏览器。

?答疑解惑：

“首选项”对话框的“分类”列表框中的其他选项有什么作用？

对于“首选项”对话框，可在“分类”列表框中选择其他的选项，设置相应的功能，但需要了解其具体的作用及功能，可以参照Adobe网站的相关文档，这里不再介绍。

1.4.6 标尺、网格和辅助线的使用

在Dreamweaver CC中，为了精确地对文档版面进行设置，还可以通过使用标尺、网格和辅助线三大工具进行辅助设计，下面分别对其进行介绍。

1. 使用标尺

在Dreamweaver CC中设计网页版面时，使用标尺可以更精确地估计所编辑网页的宽度和高度，使网页更加符合浏览器的要求。

在Dreamweaver CC中选择“查看”/“标尺”/“显示”命令，即可在网页文档的上方和左侧显示标尺。

2. 使用网格

Dreamweaver CC中的网格主要用于调整Div标记的定位和大小。显示网格后，也可以快速定位网页文档中的其他对象，因此显示网格后，在移动某对象时会自动靠齐网格，并可以通过指定网格设置来更改网格或控制靠齐行为。

在Dreamweaver CC中选择“查看”/“网格设置”/“显示网格”命令，即可在网页文档中显示网格线。

3. 使用辅助线

辅助线主要用于精确的定位，从左侧或上方的标尺上拖曳鼠标，均可以拖出辅助线，因此，使用辅助线的前提是要显示标尺。在Dreamweaver CC中进行布局设计时，建议标尺、网格和辅助线一起使用，这样可以精确地设计各版块的大小、对象的定位。如图1-39所示为使用标尺、网格和辅助线设计的版面。

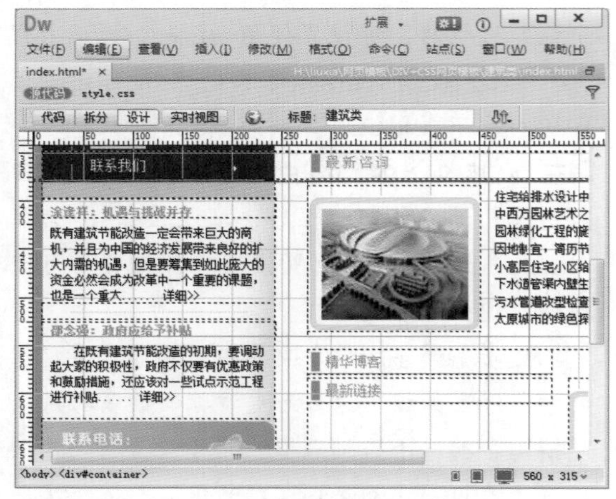

图1-39 使用标尺、网格和辅助线设计的版面

1.5 制作网页的常用软件和语言

想设计出精美的网页，就需要在网页中添加图像、按钮和动画。因此，不仅要掌握网页制作软件，还需要掌握一些制作网页的辅助软件，若在掌握这些辅助软件的基础上再学会一些三维软件和网页程序设计语言，则会为网页制作锦上添花。下面介绍制作网页、图像、动画和程序语言的相关软件和知识。

1.5.1 网页设计的常用软件

要想将网页设计得精美，制作起来方便，则需要掌握网页设计中常用的几种软件，如Photoshop CC、Flash CC和Dreamweaver CC软件，其功能和作用分别介绍如下。

◆ Photoshop CC软件：Photoshop是由Adobe开发和发行的图像处理软件，主要处理以像素构成的数字图像。平面设计是Photoshop应用最为广泛的领域，如图书封面、招贴、海报及网页平面设计等。因此，在进行网页页面设计时，Photoshop是必不可少的图像处理软件，如图1-40所示。

图1-40　Photoshop CC网页设计

◆ Flash CC软件：Flash为创建数字动画、交互式Web站点、桌面应用程序以及手机应用程序开发提供了功能全面的创作和编辑环境。因此，在制作网页中的动画效果时，Flash也是必不可少的软件，并且使用Flash可创建丰富的视频、声音、图形和动画，如图1-41所示。

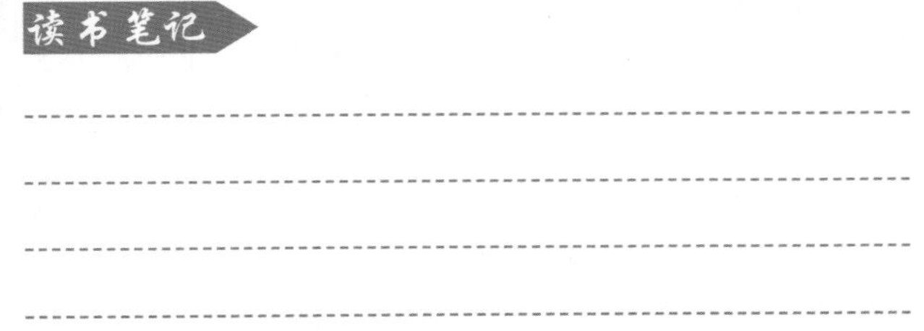

图1-41　Flash CC动画制作

◆ Dreamweaver CC软件：Dreamweaver是标准的网页制作软件，可以将在其他软件中制作的图像、动画和文本等合并成一个网页文件，也是目前最受网页制作人员欢迎的软件，如图1-42所示。

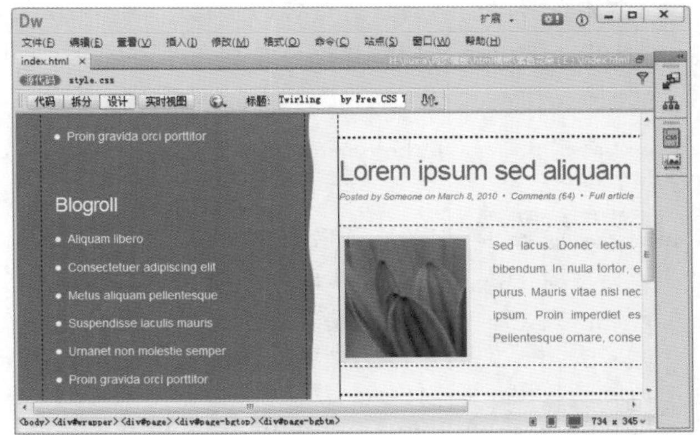

图1-42　Dreamweaver CC网页制作

1.5.2 制作网页的核心语言

在制作网页方面，不断地出现一些新技术、新应用，但不管怎样变化，在制作网页方面也要掌握最基础、最重要的网页核心语言，如HTML语言、CSS语言（将在第3章进行介绍）和JavaScript脚本语言，下面分别进行介绍。

1. HTML语言

HTML（Hypertext Markup Language）为超文本标识语言，也可称之为超文本链接标识语言，是一种文本类、解释执行的标记语言，是互联网上用于编写网页的主要语言。使用HTML语言编写的超文本文件称为HTML文件。下面介绍HTML的语法和常用的标记。

（1）HTML语言的基本语法

HTML语言是一套指令，通过指令让浏览器识别页面类别，而浏览器能识别页面类别也是从页面的起始标记<html>和结束标记</html>实现的。由此可见，在网页中大多数标记都是成对出现的，而每个标记的结束标记都以右斜杠加关键字来表示。另外，HTML页面主要有两个部分，分别为头部和主体，下面分别进行介绍。

- **头部**：所有关于整个文档的信息都包含在头部中，即<head></head>标记之间，如网页标题、描述及关键字等。
- **主体**：可以调用的任何语言的子程序都包含在主体中，网页中的所有标记内容都放在主体中，如文本、图形、嵌入的动画、Java小程序以及其他页面元素等，即<body></body>标记之间。

技巧秒杀

在头部的<head></head>标签之间还包括<title></title>标签，主要用于设置页面标题，但此标题并不会出现在浏览器窗口中，而是显示在浏览器的标题栏中。

（2）HTML语言的常用标记

在HTML语言中，各标记之间是不区分大小写的，不管是用大写字母、小写字母或大小写字母混合，其作用都是相同的，但为了编码的美观，建议统一使用小写。下面介绍HTML语言中常用的标记符号。

- **格式标记**：在HTML语言中用于设置格式的标记主要有<p></p>分段标记、
换行标记、<blockquote> </blockquote>两边缩进标记、<dl> </dl>、<dt> </dt>和<dd> </dd>级别标记、<ol> </ol>、<ul> </ul>和<li> </li>列表标记及<div> </div>层标记等。
- **文本标记**：文本标记主要用于设置文本格式，如<pre> </pre>预处理标记、<h1> </h1>……<h6> </h6>标题格式标记、<tt> </tt>默认字体格式标记、<cite> </cite>斜体标记、<em> </em>斜体并黑体标记及<strong> </strong>加粗并黑体标记等。
- **图像标记**：用于添加图像的标记，即<img> </img>。
- **表格标记**：主要用于添加表格，即<table></table>，但可通过表格属性标记设置其表格格式。
- **链接标记**：在网页文档中添加各种链接，即<a href=""></a>。
- **表单及表单元素标记**：主要用于添加表单及在表单中添加表单元素，如<form> </form>表单标记、<input type="">输入区标签、<select> </select>下拉列表框标记、<option>列表框标记及<textarea> </textarea>多行文本框区域标记，需注意的是，表单元素标记都必须放在表单标记中。

技巧秒杀

<input type="">标记中共提供了8种类型的输入区域，具体由type属性来决定，如<input type="text">表示文本框，<input type="button">表示添加按钮类型。

2. HTML5语言的基本介绍

HTML5草案的前身名为Web Applications 1.0，2004年由WHATWG提出，于2007年被万维网联盟（W3C）接纳，并成立了新的HTML工作团队，第一份正式草案于2008年1月22日公布。2012年12月17日，万维网联盟正式宣布HTML5规范正式定稿，并称“HTML5是开放的Web网络平台的奠基石”。下面分别介绍HTML5中的新标记及新特点。

（1）HTML5中的新标记

在HTML5中提供了一些新的元素和属性，下面将分别介绍添加的常用标记。

- **搜索引擎标记**：主要作用是有助于索引整理，同时更好地帮助小屏幕装置和视力低的人使用，即<nav></nav>导航块标签和<footer></footer>标记。

- 视频和音频标记：主要用于添加视频和音频文件，如<video controls></video>和<audio controls></audio>。
- 文档结构标记：主要用于在网页文档中进行布局分块，整个布局框架都使用<div>标记进行制作，如<header>、<footer>、<dialog>、<aside>和<fugure>。
- 文本和格式标记：HTML5语言中的文本和格式标记与HTML语言中的基本相同，但是去掉了<u>、<font>、<center>和<strike>标记。
- 表单元素标记：HTML5与HTML相比，在表单元素标记中添加了更多的输入对象，即在<input type="">中添加了如电子邮件、日期、URL和颜色等输入对象。

（2）HTML5语言的新特点

与之前的HTML语言相比，HTML5有两大特点，其一，强化了Web网页的表现性能，其二，除了可描绘二维图形外，还添加了播放视频和音频的标记，并且追加了本地数据等Web的应用功能。具体新特点介绍如下。

- 全新且合理的标记：该特点主要体现在多媒体对象的绑定中，以前的多媒体对象都绑定在<object>和<embed>标记中，在HTML5中，则有单独的视频和音频的标记，分别为<video controls></video>和<audio controls></audio>标记。
- Canvas对象：主要是给浏览器带来直接在上面绘制矢量图的功能，可摆脱Flash和Silverlight，直接在浏览器中显示图形或动画。
- 本地数据库：该功能主要是内嵌一个本地的SQL数据库，增加交互式搜索、缓存和索引功能。
- 浏览器中的真正程序：在浏览器中提供API，可实现浏览器内编辑、拖放和各种图形用户界面功能。

3. JavaScript脚本语言

JavaScript是一种脚本编程语言，支持网页应用程序的客户机和服务器的开发。在客户机中，可用于编写网页浏览器在网页页面中执行的程序；在服务器中，可以编写服务器程序，网页服务器程序用于处理浏览器页面提交的各种信息并相应地更新浏览器的显示。因此JavaScript语言是一种基于对象和事件驱动且具有安全性能的脚本语言。下面将具体介绍JavaScript脚本语言。

（1）JavaScript脚本语言的特点

在网页中使用JavaScript脚本语言可以与HTML语言一起实现在一个网页页面中与网页客户交互，并且JavaScript是通过嵌入或调入到标准的HTML语言中实现的，弥补了HTML语言的缺陷。

JavaScript是一种比较简单的编程语言，在使用时直接在HTML页面中添加脚本，无须单独编译解释，在预览时，直接读取脚本执行其指令，因此，使用起来简单方便且运行快，适用于简单的应用。在Dreamweaver中的各种行为（第5章进行介绍）效果，就是使用JavaScript脚本实现的。

（2）JavaScript脚本语言的引用及位置

在Dreamweaver CC中，JavaScript脚本语言是引用在<script></script>标记之间的，如图1-43所示，如果经常重复使用JavaScript程序，则可将这些代码作为一个单独的文件进行存放，其扩展名为.js。在引用时，使用src属性进行引用，如图1-44所示。其具体应用如图1-45所示。

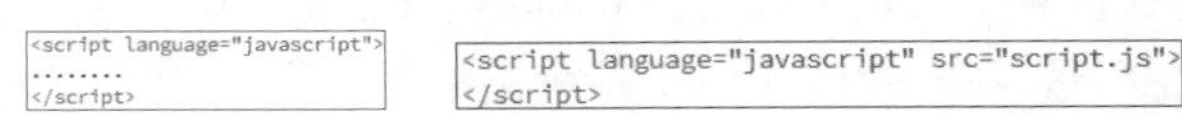

```
<script language="javascript">
........
</script>
```

```
<script language="javascript" src="script.js">
</script>
```

图1-43　编写脚本语言　　图1-44　引用脚本文件

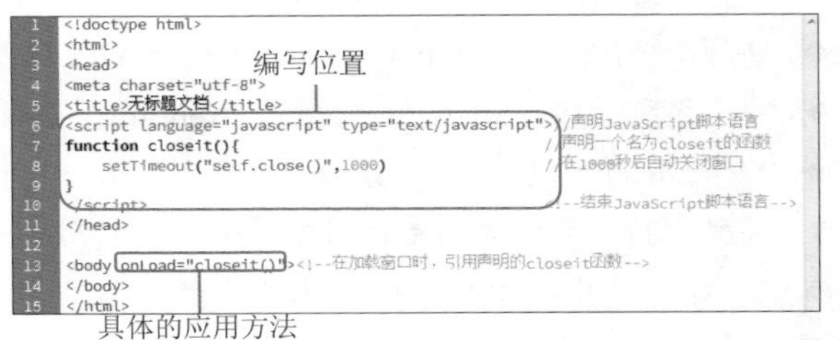


```
<!doctype html>
<html>
<head>
<meta charset="utf-8">
<title>无标题文档</title>
<script language="javascript" type="text/javascript">//声明JavaScript脚本语言
function closeit(){        //声明一个名为closeit的函数
    setTimeout("self.close()",1000)   //在1000秒后自动关闭窗口
}
</script>        <!--结束JavaScript脚本语言-->
</head>

<body onLoad="closeit()"><!--在加载窗口时，引用声明的closeit函数-->
</body>
</html>
```

图1-45　自动关闭浏览器窗口的脚本应用

当然，在JavaScript脚本语言中所使用的<script>标记也有必不可少的属性，如表1-1所示。

表1-1 <script>标记的属性

属　性	描　述
charset	编码脚本程序的字符集
language	指定脚本语言
src	包含脚本程序的 URL
type	指定脚本类型

技巧秒杀

脚本语言在一个文档中可以有不止一个<script>标记，并且可以位于<head></head>标记或<body></body>标记之间。支持JavaScript脚本语言的浏览器会按顺序执行这些语句。

知识大爆炸
——认识Dreamweaver的过去及安装要求

1. Dreamweaver的发展史及版本介绍

Dreamweaver发展至今，经历了3个时代，Macromedia时代（Dreamweaver 1.0至Dreamweaver 8.0）、Adobe时代（Dreamweaver CS3至Dreamweaver CS6）和2013年发布的Dreamweaver CC时代（Dreamweaver Creative Cloud），其中最早的是在1997年12月，由Macromedia公司发布Dreamweaver 1.0，而在Macromedia时代起着历史性改变作用的则有如下两个版本。

- Dreamweaver 2.0：发布于1998年12月，具有强大的站点管理功能，内置FTP软件可以直接上传主页；所见即所得的页面编辑方式；支持Styles Sheet样式表单，创造丰富的页面效果；支持Layer层，并可使用Timeline时间轴制作动态网页；内置Behavior行为，为网页增加交互功能；提供模板和库，可以加速页面的生成和制作；支持外部插件，提供无限的扩展能力。
- Dreamweaver 3.0：在同一页面中，要在两种截然不同的色调之间过渡时，需在两者中间搭配上灰色、白色或黑色，使其能够自然过渡。

2. 安装Dreamweaver CC的系统要求

Dreamweaver CC支持在普通的计算机和Mac机器中的安装使用，但针对不同的系统，对其配置的要求也各有不同，下面则以Windows系统和Mac OS系统为例，介绍其安装配置的最低要求，但在条件允许的情况下，尽可能高于以下所列出的配置，以便在使用期间提高操作速度。

（1）Windows操作系统

在Windows操作系统下安装Dreamweaver CC，其最低配置介绍如下。

- 处理器：Intel Pentium 4或AMD Athlon 64处理器。
- 操作系统：Windows Vista Home Premium、Business、Ultimate、Enterprisea、Windows 7或Windows 8。
- 内存：1GB内存。
- 硬盘空间：至少要准备1GB可用硬盘空间用于安装，安装过程中需要额外的可用空间。
- 显示器：1024×800分辨率，16位显卡。
- 光驱：DVD-ROM驱动器。

◆ 网络：在线服务需要宽带Internet连接，如果不需要则可不使用宽带。

（2）Mac OS系统

在Mac OS系统下安装Dreamweaver CC，其最低配置介绍如下。

◆ 处理器：Intel多核处理器。
◆ 操作系统：Mac OSX 10.5.7或10.6版本。
◆ 内存：1GB内存。
◆ 硬盘空间：至少要准备2GB可用硬盘空间用于安装，安装过程中需要额外的可用空间。
◆ 显示器：1280×800分辨率，16位显卡。
◆ 光驱：DVD-ROM驱动器。
◆ 网络：在线服务需要宽带Internet连接，如果不需要则可不使用宽带。

读书笔记

01 02 03 04 05 06 07 08 09 10 11 12 ……

快速掌握Dreamweaver CC

本章导读

为了让读者快速地掌握Dreamweaver CC，本章将介绍Dreamweaver CC的基本操作以及网页中的各种基本元素，让读者能根据本章所讲知识，快速地创建一个站点，并在站点中创建一个简洁明了的网页，了解一个简单的网页中所需的一些基本网页元素。

2.1 创建与管理站点

在创建网站前，需要创建一个站点，对网站中的所有网页或建立网页所需的素材进行统一管理，这样不仅方便网站的管理，并且方便网站的移动，因为创建的站点需要随时随地地导入或导出，需要在不同的计算机中进行制作。

2.1.1 创建本地站点

在Dreamweaver CC中，在新建网页前，最好先创建本地站点，在本地站点中创建网页，这样可方便在其他计算机中进行预览，而在Dreamweaver CC中创建本地站点相当简单，只需要在Dreamweaver CC中选择“站点”/“新建站点”命令，然后在打开的对话框中进行创建即可。

实例操作：创建装饰网站点

● 光盘\实例演示\第2章\创建装饰网站点

在Dreamweaver CC中创建站点的方法也有多种，这里将选择“站点”/“新建站点”命令，在打开的对话框中进行装饰网站的创建。

Step 1 启动Dreamweaver CC，选择“站点”/“新建站点”命令，打开“站点设置对象未命名站点2”对话框，如图2-1所示。

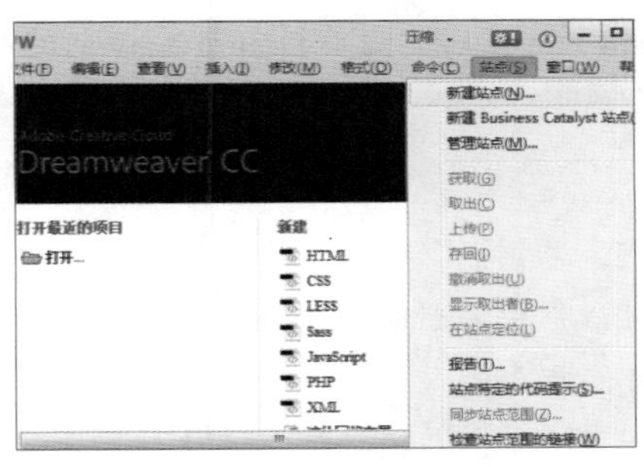

图2-1 准备创建站点

Step 2 在“站点名称”文本框中输入站点名称，这里输入“装饰网”，单击对话框中的任一位置，确认站点名称的输入，此时对话框的名称会随之改变。在“本地站点文件夹”文本框后单击“浏览文件夹”按钮，如图2-2所示。

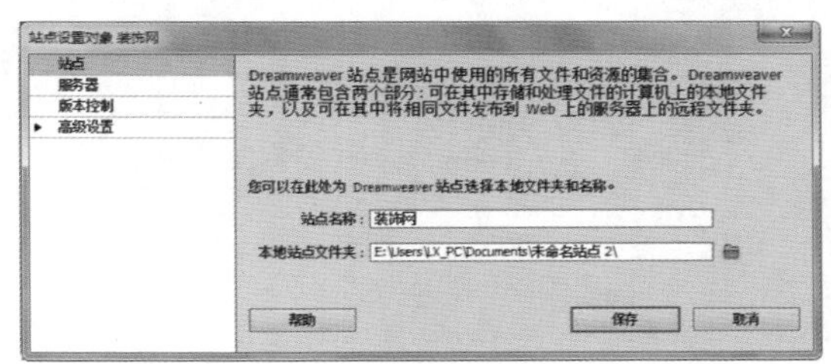

图2-2 单击“浏览文件夹”按钮

Step 3 打开“选择根文件夹”对话框，在该对话框中选择存放站点的路径，然后单击 选择文件夹 按钮，如图2-3所示。

图2-3 存储站点

Step 4 返回到“站点设置对象装饰网”对话框中，在“本地站点文件夹”文本框中则会显示存储站点的路径，单击 保存 按钮。返回到Dreamweaver CC主界面中，则会在“文件”浮动面板中查看到创建的装饰网站点，如图2-4所示。

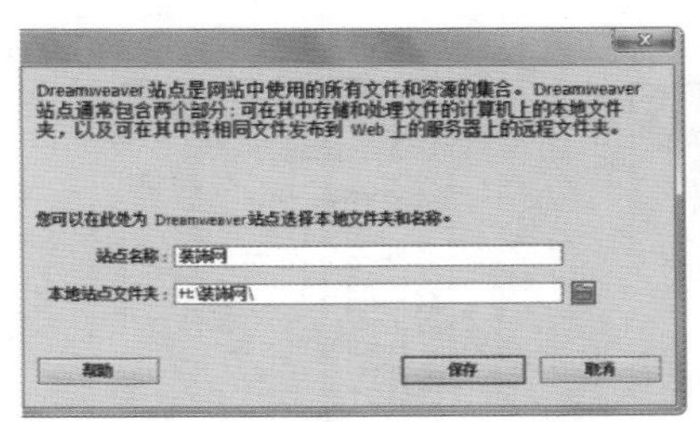

图2-4 查看创建的装饰网站点

技巧秒杀

选择“站点”/“管理站点”命令，打开“管理站点”对话框，单击 新建站点 按钮也可新建站点，如图2-5所示。

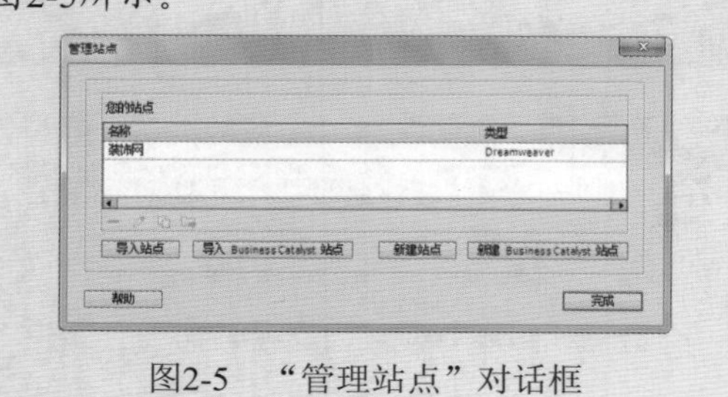

图2-5 “管理站点”对话框

2.1.2 “管理站点”对话框

在Dreamweaver CC中，可以创建多个站点，如果要对创建的站点进行操作，都需要在“管理站点”对话框中进行。因此了解“管理站点”对话框是非常必要的。

1. 打开“管理站点”对话框

在Dreamweaver CC中，打开“管理站点”对话框的操作相当简单，不仅可以通过命令打开，还可以通过“文件”浮动面板来打开，下面分别进行介绍。

- 通过菜单命令：在Dreamweaver CC中选择“站点”/“管理站点”命令，可打开“管理站点”对话框，如图2-6所示。
- 通过“文件”浮动面板：在“文件”浮动面板中，单击“管理站点”超链接或单击该超链接前的下拉按钮▾，在弹出的下拉列表中选择“管理站点”选项，可打开“管理站点”对话框，如图2-7所示。

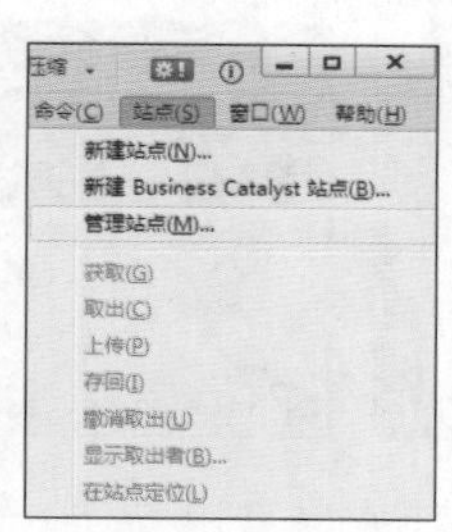

图2-6 选择命令

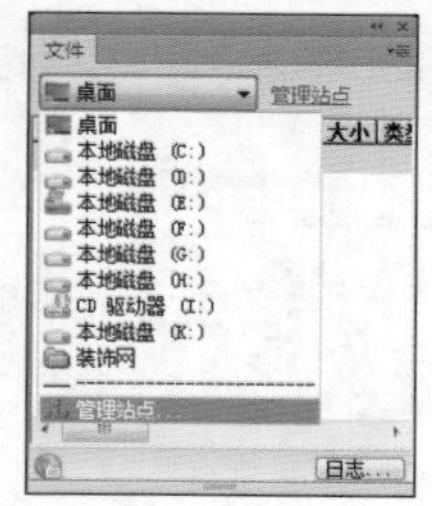

图2-7 使用“文件”浮动面板

2. 认识“管理站点”对话框

不管使用哪种方法打开“管理站点”对话框，都可以对站点进行管理，下面对该对话框进行详细了解，如图2-8所示。

删除当前选定的站点

导出当前所选站点

预览列表框

复制当前选定的站点

编辑当前选定的站点

图2-8 “管理站点”对话框

知识解析：“管理站点”对话框

- 预览列表框：该列表框中显示了用户所创建所有站点的名称和类型，也可以在该列表框中选择不同的站点进行编辑、删除、复制和导出等操作。
- “删除当前选定的站点”按钮▭：单击该按钮，在弹出的提示对话框中单击 是 按钮，可删除当前选定的站点。

技巧秒杀

删除当前所选站点功能，只是从Dreamweaver的站点管理器中删除，站点中的所有文件并不会删除。

- “编辑当前选定的站点”按钮✎：单击该按钮，可在打开的对话框中重新对所选站点的名称和存储路径等进行修改。
- “复制当前选定的站点”按钮⧉：单击该按钮，可复制当前所选站点，得到所选站点的副本。
- “导出当前所选站点”按钮▭：单击该按钮，可导出当前所选站点，在打开的对话框中选择存放站点的位置，单击 保存(S) 按钮，即可导出所选站点。
- 导入站点 按钮：单击该按钮，可在打开的对话框中选择需要导入站点，导入站点后，会在预览列表框中进行显示。

◆ 导入 Business Catalyst 站点按钮：单击该按钮，可导入现有的 Business Catalyst 站点。

◆ 新建站点按钮：单击该按钮，创建新的Adobe Dreamweaver 站点，然后在“站点设置”对话框中指定新站点的名称和位置即可。

◆ 新建 Business Catalyst 站点按钮：单击该按钮，创建新的Business Catalyst 站点。

2.1.3 管理站点

认识“管理站点”对话框后，则可使用该对话框对站点进行具体的管理操作，如导出与导入站点、编辑、复制和删除站点以及站点的结构规划等。

1. 导出站点

导出与导入站点是为了实现站点信息的备份和恢复，如同时在多台计算机中进行同一网站的开发时，则是必不可少的操作。Adobe Dreamweaver 中导出的站点的扩展名为.ste。

实例操作：导出装饰网站点

- 光盘\效果\第2章\导出站点\
- 光盘\实例演示\第2章\导出装饰网站点

本例将使用“管理站点”对话框中的导出站点的功能，导出“装饰网”站点，并设置导出站点的保存位置。

Step 1 启动Dreamweaver CC，选择“站点”/“管理站点”命令，打开“管理站点”对话框，在预览列表框中选择“装饰网”选项，单击“导出当前所选站点”按钮，如图2-9所示。

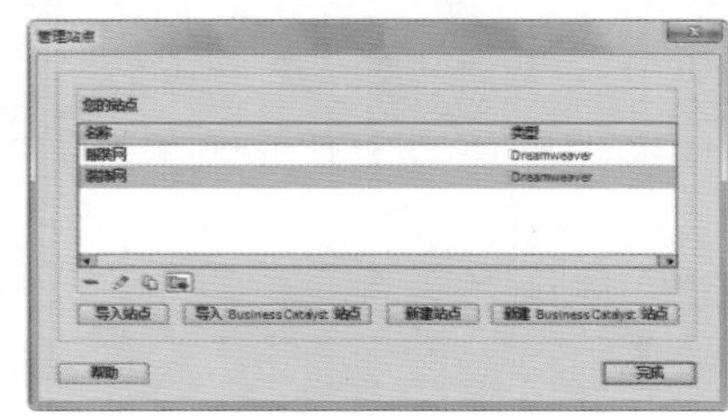

图2-9 准备导出所选站点

Step 2 打开“导出站点”对话框，选择导出站点所保存的位置，其他保持默认设置。单击保存(S)按钮完成导出操作，在保存位置则可查看到导出站点的文件，如图2-10所示。

图2-10 保存导出站点并查看效果

2. 导入站点

.ste格式站点信息文件可以被Dreamweaver直接导入，以实现站点的备份和共享。

实例操作：导入食品网站点

- 光盘\素材\第2章\导入食品网站点\
- 光盘\实例演示\第2章\导入食品网站点

本例将使用“管理站点”对话框中的导入站点的功能，导入“食品网”站点。

Step 1 启动Dreamweaver CC，选择“站点”/“管理站点”命令，打开“管理站点”对话框，单击导入站点按钮，如图2-11所示。

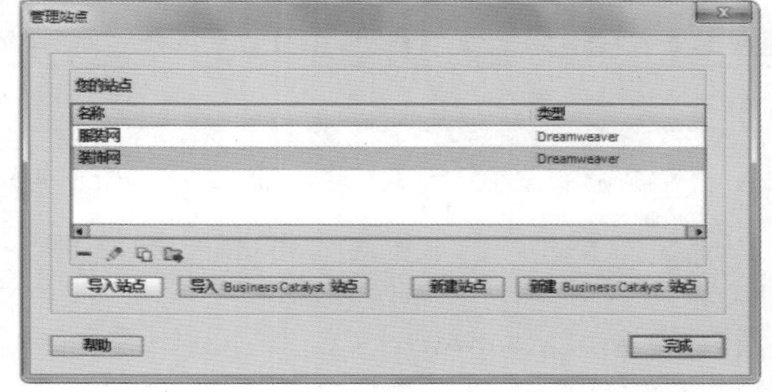

图2-11 单击“导入站点”按钮

Step 2 打开“导入站点”对话框，找到需要导入

站点的路径并将其选中，然后单击 打开(O) 按钮，如图2-12所示。

图2-12 导入站点并查看

Step 3 ▶ 返回到“管理站点”对话框即可查看到导入的站点，单击 完成 按钮，返回到Dreamweaver CC主界面中，则会自动打开“文件”浮动面板显示导入的站点，如图2-13所示。

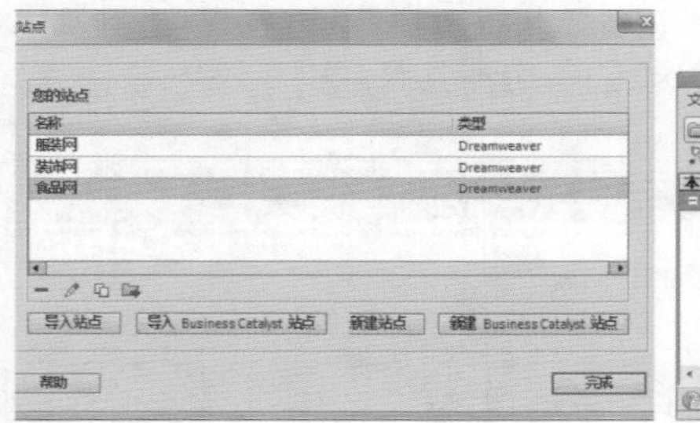

图2-13 查看效果

3. 编辑站点

在Dreamweaver CC中可对已创建的站点进行编辑操作，达到修改站点的目的。

实例操作：编辑食品网站点

● 光盘\实例演示\第2章\编辑食品网站点

本例将对已经存在的站点“食品网”站点的名称修改为“美食天下”站点。

Step 1 ▶ 启动Dreamweaver CC，选择“站点”/“管理站点”命令，打开“管理站点”对话框，在预览列表框中选择“食品网”选项，单击“编辑当前选定的站点”按钮，如图2-14所示。

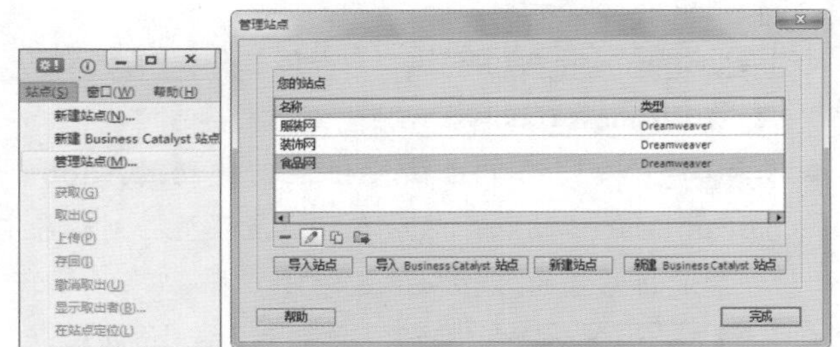

图2-14 准备修改所选网站

技巧秒杀

在预览列表框中双击需要编辑的站点，也可以打开修改站点的对话框。

Step 2 ▶ 打开“站点设置对象 美食天下”对话框，在“站点名称”对话框中将已有名称修改为“美食天下”，然后单击该对话框中任一位置，以确认站点名称的修改，此时对话框名称也随之改变，如图2-15所示。

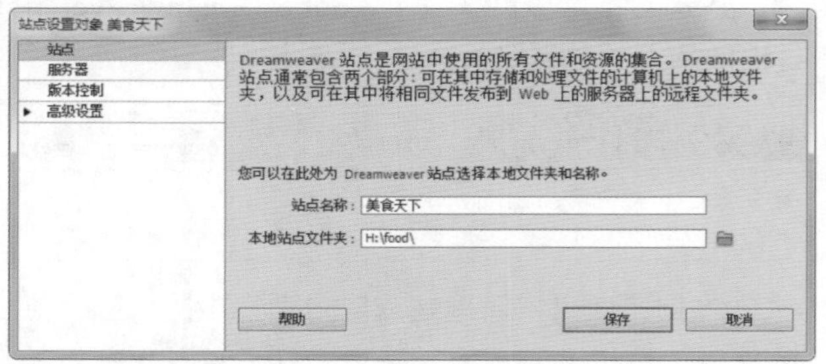

图2-15 修改站点名称

Step 3 ▶ 在“站点设置对象 美食天下”对话框中单击 保存 按钮，返回“管理站点”对话框，单击 完成 按钮，完成整个站点的编辑，并在“文件”浮动面板中查看修改后的效果，如图2-16所示。

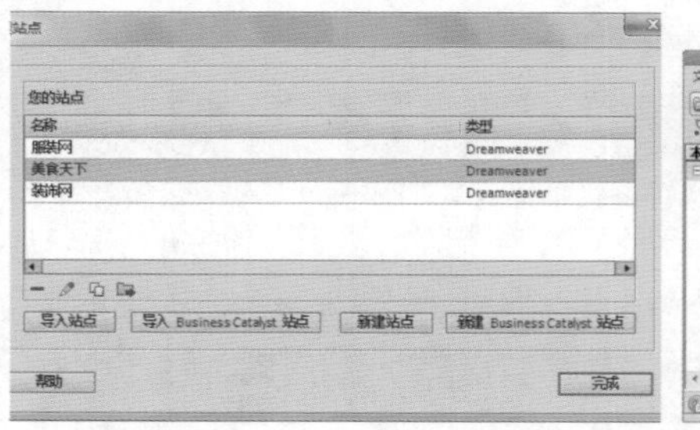

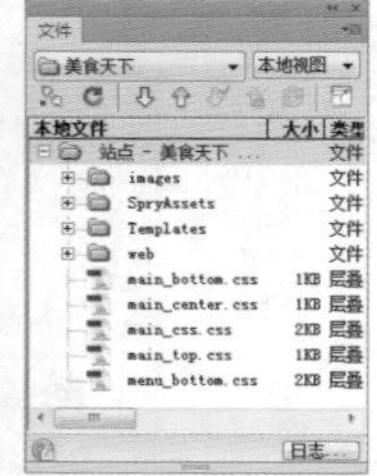

图2-16 完成站点编辑并查看效果

操作解谜

如果修改的站点与原有站点的存储位置相同，则会引起同步操作出错。因此，需要将修改站点的存储位置设置为与原有站点不相同的位置。

4. 复制和删除站点

如果要创建的站点结构与已存在的站点结构相似，则可直接将已存在的站点进行复制操作。另外，还可以将不需要的站点删除。

实例操作：复制和删除美食天下站点

● 光盘\实例演示\第2章\复制和删除美食天下站点

在“管理站点”对话框中，先将美食天下站点进行复制，然后将其修改为美食天下2，最后将美食天下站点进行删除。

Step 1 ▶ 选择“站点”/“管理站点”命令，打开“管理站点”对话框，在预览列表框中选择“美食天下”选项，在列表框左下角单击“复制当前选定的站点”按钮，则可在预览列表框中得到“美食天下 复制”站点，如图2-17所示。

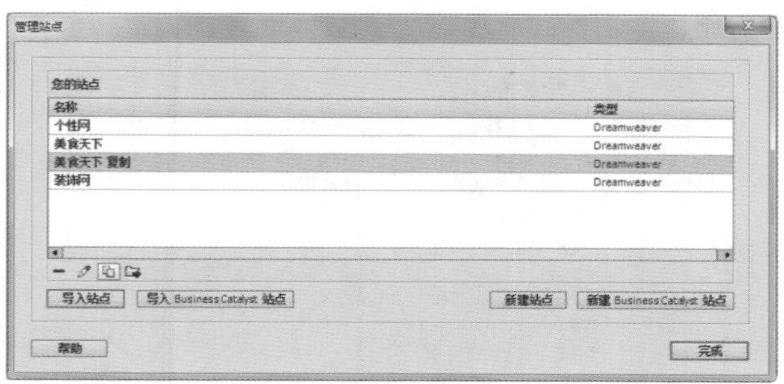

图2-17 复制站点

Step 2 ▶ 双击“美食天下 复制”站点，打开“站点设置对象 美食天下 复制”对话框，在“站点名称”文本框中输入“美食天下2”，然后在“本地站点文件夹”文本框中输入H:\Foods\，即复制站点存储的路径所存储的文件夹，单击保存按钮，完成修改站点操作，如图2-18所示。此时，“站点设置对象 美食天下 复制”对话框则会变为“美食天下2”对话框。

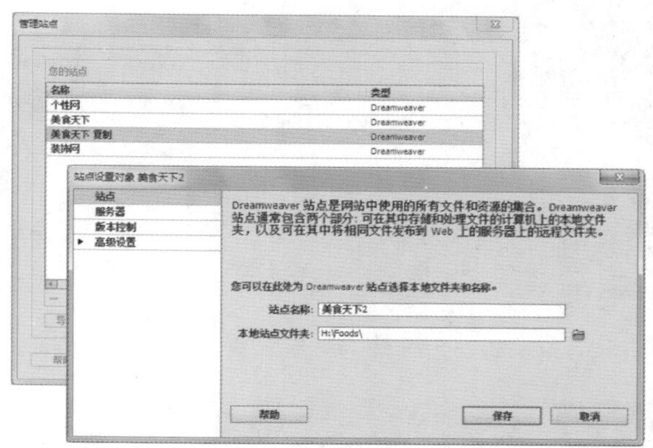

图2-18 修改站点

Step 3 ▶ 返回到“管理站点”对话框中，即可查看到所选站点已经变为“美食天下2”，然后选择“美食天下”站点，单击“删除当前选定的站点”按钮，在弹出的提示对话框中单击是按钮，将其删除，如图2-19所示。

图2-19 删除站点

技巧秒杀

在“管理站点”对话框中的预览列表框中，可以轻松地切换某个站点为当前站点，然后对站点进行相应的操作，即在预览列表框中选择需要操作的站点，除了在该对话框中进行操作外，单击完成按钮后，在“文件”浮动面板中，也会成为当前站点，此时便可对其进行除管理站点外的操作。

Step 4 ▶ 在“管理站点”对话框中将不会存在“美食天下”站点，然后单击完成按钮，则可在Dreamweaver CC主界面的“文件”浮动面板中查看到复制后的站点，如图2-20所示。

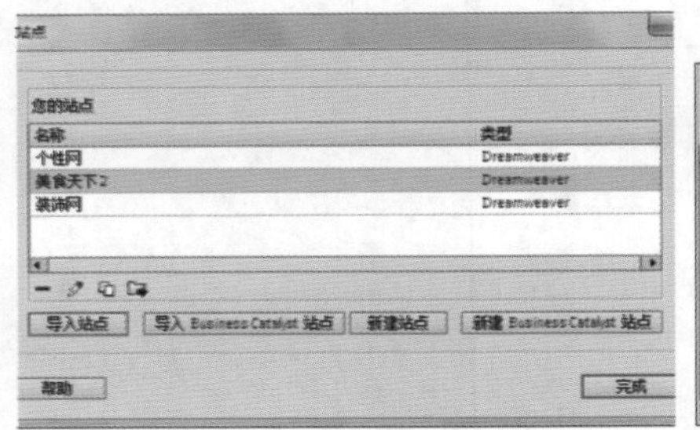

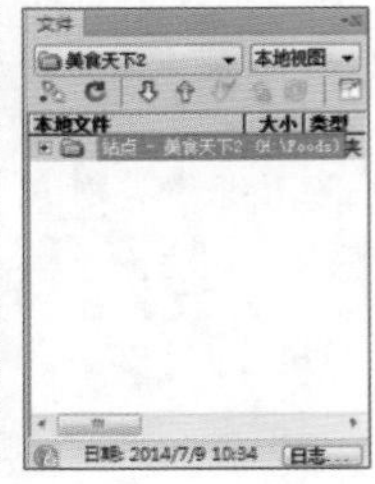

图2-20　查看效果

2.1.4 站点的结构规划

对于需要创建的网站，如果规模非常大，分类较多或栏目比较多，此时，就需要合理地规划站点的结构，并对站点进行构建。

1. 站点结构的规划

站点结构的规划是为了让整个网站的结构更加清晰，并且站点结构的规划最好是在创建网站前完成，这样可节省制作网站的时间，不至于出现多个相关联的文件存在于不同的文件夹中。下面介绍几种站点结构规划的方法。

- **将站点分为不同文件夹：**是指将相同含义、相同栏目的内容放置在同一个文件夹中，而真正涉及网站的具体内容则可再分文件夹进行存放。
- **不同种类的文件夹：**是指对制作网站内容的文件进行分门别类的存放，如所有的图片文件、媒体文件等，创建不同的文件夹进行存放。

2. 站点的构建

站点的构建其实是指在“文件”浮动面板中创建各种分类的文件夹及文件。

实例操作：创建文件夹及文件

● 光盘\实例演示\第2章\创建文件夹及文件

在“文件”浮动面板中的“美食天下2”站点中创建3个文件夹，分别为图片、媒体文件和Web文件，并创建一个名为index的主页文件。

Step 1 在“文件”浮动面板中选择站点“美食天下2”站点，在其上右击，在弹出的快捷菜单中选择“新建文件夹”命令，创建一个处于重命名状态的文件夹，此时输入文件夹名称“图片”，按Enter键确认重命名，如图2-21所示。

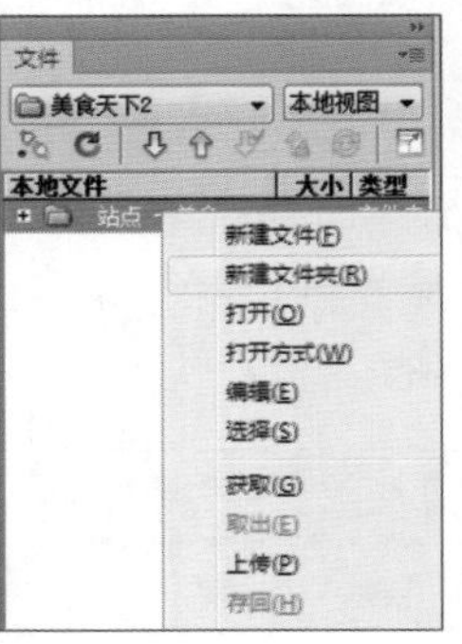

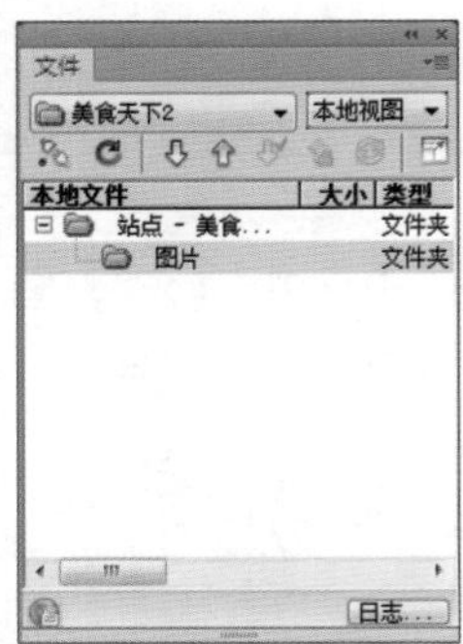

图2-21　新建文件夹并重命名

技巧秒杀

在弹出的快捷菜单中除了可以新建文件外，还可以选择“编辑”命令，在弹出的下一级子菜单中选择相应的命令，对创建的文件夹进行复制、删除和重命名等操作。

Step 2 再次选择“美食天下2”站点，使用相同的方法创建其他两个文件夹，并命名为“媒体文件”和Web，如图2-22所示。

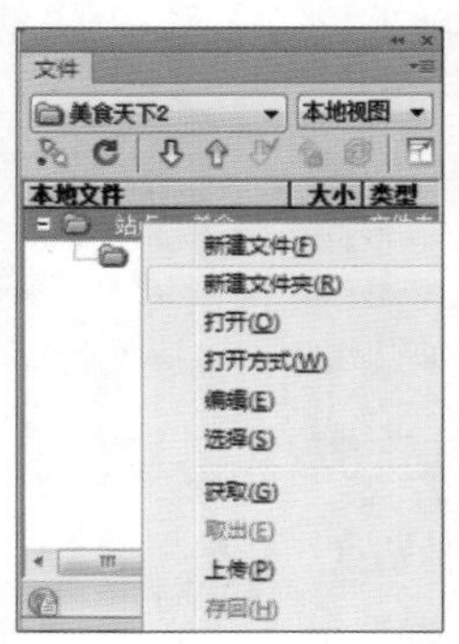

图2-22　新建文件夹并查看效果

操作解谜

再次选择“美食天下2”站点，是为了在同一级别下创建相同级别的文件夹。依此类推，如果需要在哪个选项下创建文件或文件夹，就选择哪个选项。

Step 3 ▶ 选择Web文件夹，在其上右击，在弹出的快捷菜单中选择“新建文件”命令，则会创建一个处于自动命名状态的网页文件，此时输入index，按Enter键确认命名，如图2-23所示。

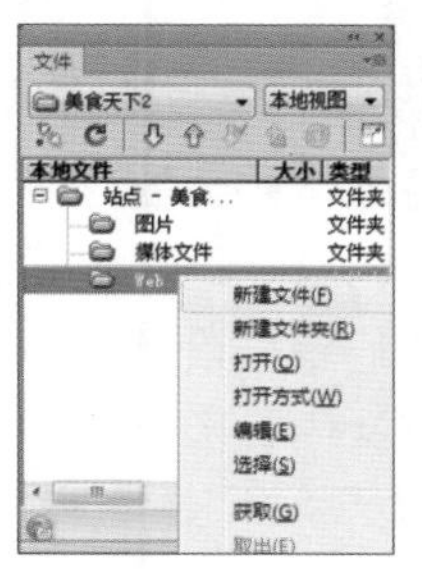

图2-23 新建文件并命名

技巧秒杀

在站点中创建文件或文件夹时，最好使用英文或拼音对其命名，避免在预览网页时，出现不能显示的错误。

读书笔记

2.2 创建与编辑网页

对于新建的站点是空站点，这时就需要在站点下方创建相应的文件，而在2.1.4节的站点规划中也简单地提到了创建网页文件的方法，但其只是创建网页文件方法和类型中的一种，本节将具体介绍创建与编辑网页文件的知识及其操作方法。

2.2.1 创建网页

在站点中，新创建的网页类型有多种，如空白网页、流体网格布局网页、启动器模板网页和网站模板等类型网页。但不管创建哪种类型的网页，都需要使用“新建文档”对话框。

1. 创建空白网页

在Dreamweaver CC中，创建空白网页的方法有多种，而且前面介绍在“文件”浮动面板中创建的网页文件，默认情况下也是创建的空白网页文件，这里将介绍在“新建文档”对话框中创建空白网页的方法。

实例操作：新建一个空白网页

● 光盘\实例演示\第2章\新建一个空白网页

本例将在“新建文档”对话框中新建一个空白网页。

Step 1 ▶ 启动Dreamweaver CC后，在主界面的菜单栏中选择“文件”/“新建”命令，打开“新建文档”对话框，选择“空白页”选项卡，在“页面类型”列表框中选择HTML选项，然后在“布局”列表框中选择“无”选项，单击 创建(R) 按钮，如图2-24所示。

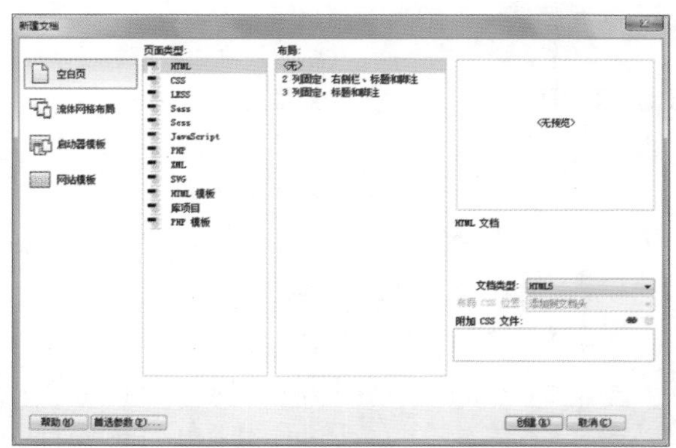

图2-24 创建空白文档

读书笔记

技巧秒杀

按Ctrl+N快捷键，也可以打开“新建文档”对话框创建空白网页；或直接在Dreamweaver CC主界面的欢迎屏幕中，单击HTML超链接，也可以创建一个空白的网页文档。

Step 2 ▶ 单击 创建(R) 按钮后，关闭“新建文档”对话框自动打开创建的空白网页，如图2-25所示。

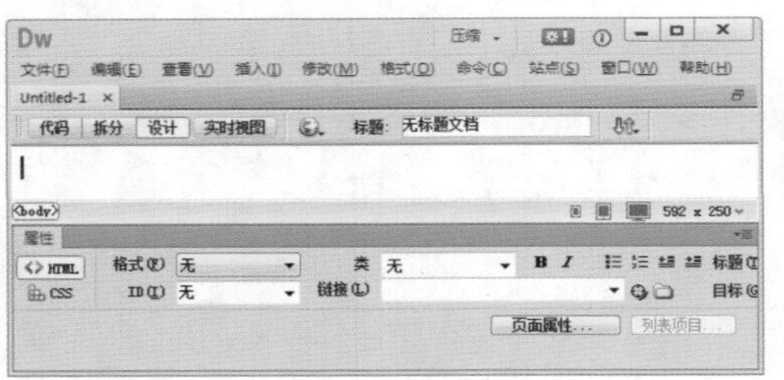

图2-25 查看空白网页效果

知识解析：“空白页”选项卡

◆ “页面类型”列表框：在“页面类型”列表框中可以选择各种创建网页类型的页面，一般创建最基本的HTML网页即可。

◆ “布局”列表框：在该列表框中选择“无”选项，则创建的是空白网页；如果选择了“2列固定，右侧栏、标题和脚注”或“3列固定，标题和脚注”选项，则会自动创建该选项所描述的网页，也会在右侧的预览框中进行显示。这种网页称为空模板，如图2-26所示。

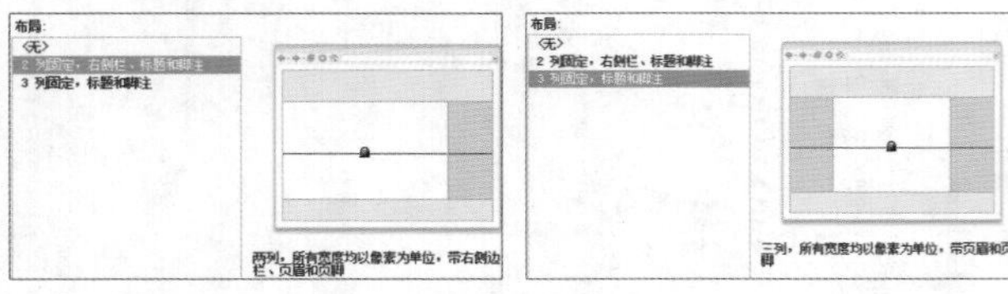

图2-26 预览效果

◆ “文档类型”下拉列表框：在该下拉列表框中可选择在Dreamweaver中所使用的HTML语言的版本，在Dreamweaver CC中，默认使用的是HTML5语言。

◆ “附加CSS文件”文本框：该文本框中主要显示创建网页所链接的CSS样式表文件的路径。另外，单击其后的“附加样式表”按钮，可链接CSS样式表文件，而在列表框中选择附加的样式文件，可单击“从列表中删除所选的文件”按钮，删除附加的CSS样式表文件。

2. 创建流体网格布局网页

流体网格布局是用竖直或水平分割线将布局进行分块，把边界、空白和栏包括在内，以提供组织内容的框架。它是一个简单的辅助设计工具，并且这种设计也同样适合网页设计中，因为网格为所有的网页元素提供了一个结构，它可以使网页设计更加轻松、灵活。

在网页中创建流体网格布局的方法很简单，只需选择“文件”/“新建”命令，打开“新建文档”对话框，选择“流体网格布局”选项卡，然后在列表框中选择一种显示设备，并设置显示的分辨率，然后单击 创建(R) 按钮即可，如图2-27所示。

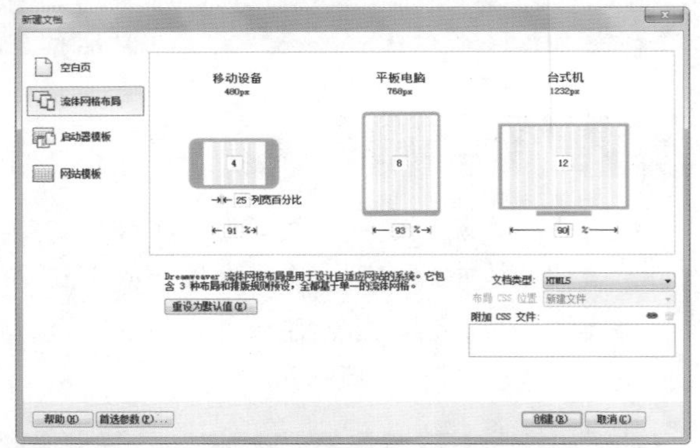

图2-27 创建流体网格布局

?答疑解惑：

流体网格布局有什么用？

网页的布局必须对显示该网站的设备尺寸作出反应并适应该尺寸，流体网格布局为创建与显示网站的不同设备提供了一种可视化的布局方式。

如在桌面计算机、平板电脑和移动电话上查看你的网站，可使用流体网格布局为其中每种设备指定布局，根据不同的显示设备，使用相应的布局来显示网站。

3. 创建启动器模板网页

在Dreamweaver CC中启动器模板主要用于创建jQuery Mobile网页，而jQuery Mobile是一款基于HTML5的统一用户界面系统，适用于所有常见的移动设备平台，并且构建于可靠的 jQuery 和 jQuery 用户界面基础之上。其轻型代码构建有渐进增强功能，并采用灵活的主题设计。Dreamweaver CC的特色在于利用简化的工作流程创建jQuery Mobile项目。

实例操作：创建jQuery Mobile网页

● 光盘\实例演示\第2章\创建jQuery Mobile网页

本例将在“新建文档”对话框中，新建一个jQuery Mobile网页。

Step 1 ▶ 启动Dreamweaver CC，选择“文件”/“新建”命令，打开“新建文档”对话框。选择“启动器模板”选项卡，在“示例页”列表框中选择“jQuery Mobile（本地）”选项，其他保持默认设置，单击 创建(R) 按钮，如图2-28所示。

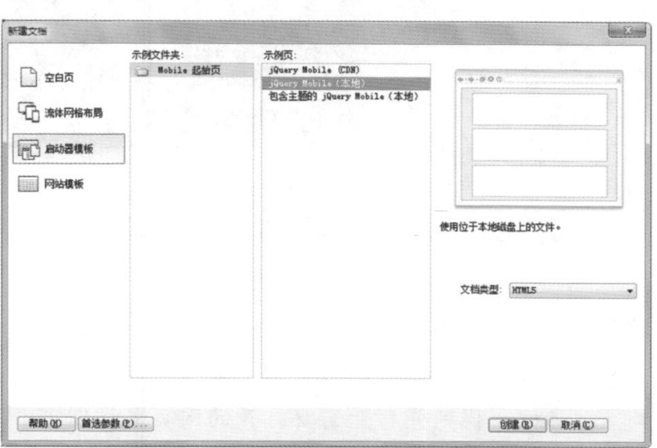

图2-28　设置jQuery Mobile网页

> **操作解谜**
> 在“示例页”中选择“jQuery Mobile(本地)”选项，是使用位于本地磁盘的文件。而jQuery Mobile(CDN)则是使用位于远程服务器上的文件。

Step 2 ▶ 在网页文档中即可查看到创建的jQuery Mobile网页，默认情况下，在创建的jQuery Mobile网页中会有一定的CSS内容，如图2-29所示。

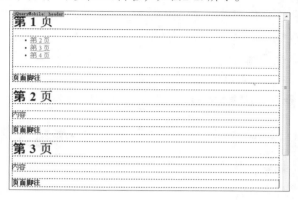

图2-29　查看jQuery Mobile网页

Step 3 ▶ 查看网页后，按Ctrl+S快捷键，打开“另存为”对话框，选择需要保存的路径，并在“文件名”文本框中输入网页名jQueryweb，单击 保存(S) 按钮，打开“复制相关文件”对话框，单击 复制 按钮即可，如图2-30所示。

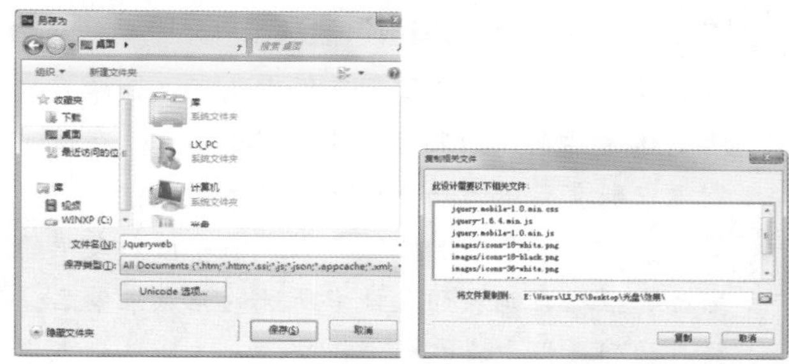

图2-30　保存网页

> **操作解谜**
> 在jQuery Mobile网页中，可以很方便地添加关于jQuery Mobile的其他元素，如滑块、按钮、电子邮件和日期等元素，如果要支持这些元素，则在保存时必须复制支持这些元素的相关文件。

4. 基于网站模板新建网页

网站模板是指用户自己创建的网页，并将其保存为模板，再制作类似的网页时，则可基于保存的网页模板进行创建，这样可节省制作网页的时间，提高制作网页的效率。

创建基于网站的网页与创建其他网页的方法相似，只需要打开“新建文档”对话框，选择“网站模板”选项卡，在“站点”和“站点模板”下拉列表框中选择站点和模板，然后单击 创建(R) 按钮即可，如图2-31所示。

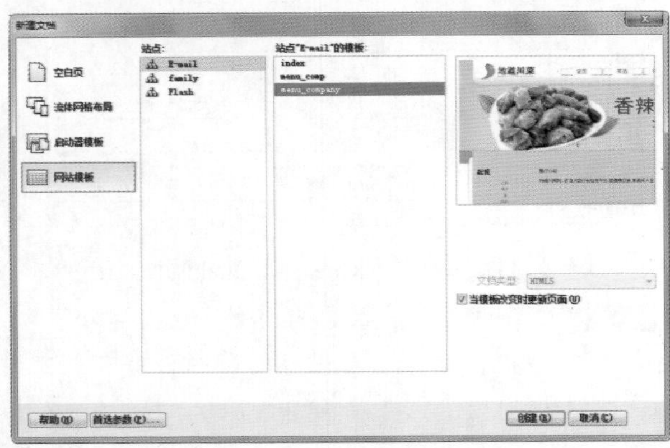

图2-31　基于网站创建网页

知识解析：“网站模板”选项卡

- **“站点”列表框**：在该列表框中，可以选择用户所创建的站点，如果用户没有创建站点，在该列表框中则没有任何一个站点。
- **“站点‘站点名’的模板”列表框**：该列表框的名称会根据在站点列表框中所选的站点来命名，并且该列表框中存在的模板选项，是所选站点中的模板。
- **当模板改变时更新页面(U)复选框**：默认情况下是选中状态，表示在更新模板网页时，所做的更改会自动更改到所基于该模板所创建的网页模板中，相反，如果取消选中该复选框，则对模板网页所做的更改不会应用到引用的网页中。
- **首选参数(P)...按钮**：单击该按钮，打开“首选项”对话框，在该对话框中可以设置关于默认网页文档的类型、扩展名和默认编码等。

2.2.2 打开与关闭网页

当需要对网页文档进行查看或编辑时，则需要对其进行打开操作，而在不使用网页文档时，则需要对其进行关闭操作。

1. 打开网页

要打开需要查看或编辑的网页文档的方法有多种，除了直接双击扩展名为.html的文件外，还可在文件上右击，在弹出的快捷菜单中选择“打开方式”命令将其打开。此外，在启动Dreamweaver CC后，如想打开网页文件，需要在“打开”对话框中找到并选中需要打开的网页文档。下面将分别介绍各种打开网页的方法。

- **使用菜单命令打开**：在Dreamweaver CC中，选择“文件”/“打开”命令，打开“打开”对话框，在该对话框中找到并选择需要打开的网页文档，然后单击 打开(O) 按钮，可将所选网页文档打开，如图2-32所示。

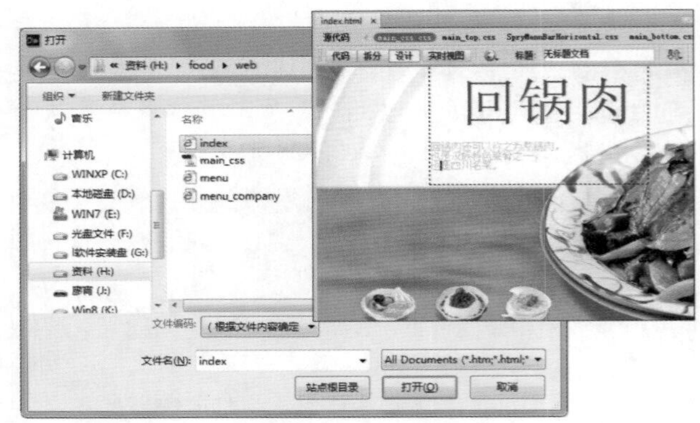

图2-32　打开网页文档

- **在欢迎屏幕中打开**：在Dreamweaver CC主界面的欢迎屏幕中单击“打开”超链接，打开“打开”对话框，找到并打开需要打开的网页文档即可。
- **使用快捷键打开**：在Dreamweaver CC中按Ctrl+O快捷键，即可打开“打开”对话框，找到并打开需要打开的网页文档即可。

2. 关闭网页

打开的网页文档在编辑和保存后，可以将其关闭。除了退出Dreamweaver CC软件的同时关闭所打开的网页方法外，还有如下几种方法。

- 直接在文档窗口中，单击标题右侧的“关闭”

按钮☒。

- 直接按Ctrl+W快捷键，即可关闭当前网页文档。
- 在标题栏的空白处右击，在弹出的快捷菜单中选择“关闭”命令即可关闭当前网页文档。

2.2.3 保存网页

保存网页操作是在制作或编辑网页后，需要对当前网页进行保存，避免意外关闭网页文档时丢失编辑的网页内容。下面对保存网页常用的方法进行介绍。

- 使用菜单命令保存：在Dreamweaver CC中，选择“文件”/“保存”命令，打开“另存为”对话框，设置保存路径、保存名称以及保存的类型后，单击[保存(S)]按钮即可。
- 使用组合键保存：在Dreamweaver CC中，在需要保存的网页文档中按Ctrl+S快捷键，打开“另存为”对话框，设置保存路径、保存名称以及保存的类型后，单击[保存(S)]按钮即可。

?答疑解惑：

对已经存在的网页文档，编辑后进行保存时，为什么不会打开“另存为”对话框呢？

对于已经存在的网页文档，在编辑进行或修改操作后，对其保存时，不会打开“另存为”对话框，除非需要将已经存在的网页文档进行“另存为”操作，才会打开“另存为”对话框，即将已经编辑或修改后的网页文档不保存在原有的路径和位置。其方法为：选择“文件”/“另存为”命令，即可打开“另存为”对话框，进行另存为操作，如图2-33所示。

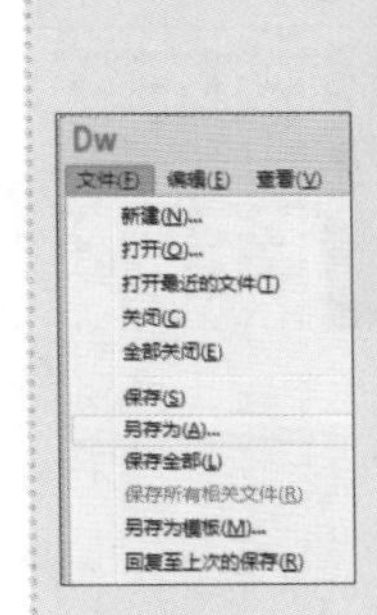

图2-33 另存为网页文档

2.3 在网页中添加文字内容

在网页中，文字是网页设计中最基础的部分，而且在网页中也能起到直接传递信息、表达主题的代表性要素，因此，文字在网页中起着非常重要的作用。在一个有序的网页中，不仅能清晰明了地查看网页效果，还可提高加载的速度，下面对文字的添加与设置进行介绍。

2.3.1 输入文字

在网页中输入大量的文字，可以通过两种方法进行，一种直接在网页文档中输入文字；另一种是通过复制的方法在其他程序中复制需要的文字，然后将其粘贴到当前网页文档中。

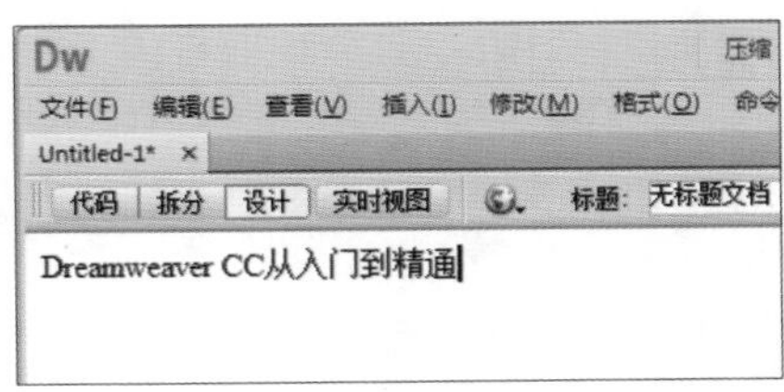

图2-34 在网页中输入文字

1. 直接输入文字

直接输入文字的方法很简单，只需将插入点定位到当前网页文档中，切换到熟悉的输入法中，可直接输入文字，如图2-34所示。

2. 复制粘贴文字

使用复制粘贴文字的方法输入文字，是方便一些不喜欢在网页文档中输入文字，或是需要的内容已经存在其他文字程序中的人，此时，为了节约输入文字的时间，则可使用复制粘贴文字的方法，将需要的文字复制到当前网页文档中。

实例操作：复制文字

- 光盘\素材\第2章\tex\
- 光盘\效果\第2章\text.html
- 光盘\实例演示\第2章\复制文字

本例将会打开text.html网页文档和text.txt文本文档，然后将文本文档的文字通过复制粘贴的方法，将其复制到text.html网页文档中，并保存网页文档，效果如图2-35所示。

图2-35　复制文字效果

Step 1 在Dreamweaver CC中选择“文件”/“打开”命令，打开“打开”对话框，选择网页文档，单击 打开(O) 按钮，将其打开，如图2-36所示。

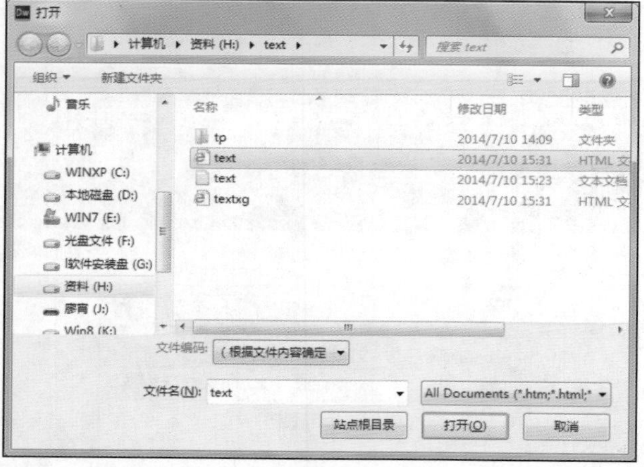

图2-36　打开网页文档

Step 2 打开text.html网页文档，将插入点定位到网页文档图片右侧的空白位置，打开素材文本文档text.txt，先按Ctrl+A快捷键，选择所有文字，然后再按Ctrl+C快捷键，复制文本文档中的所有文字，如图2-37所示。

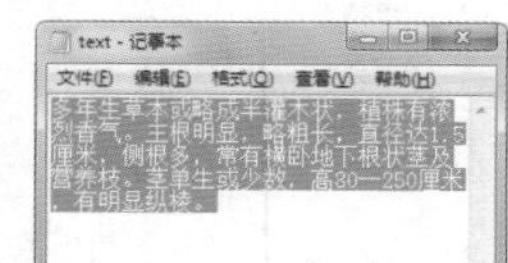

图2-37　全选与复制文本

Step 3 切换到网页文档中，右击，在弹出的快捷菜单中选择“粘贴”命令，将复制的文字粘贴到网页文档中，按Ctrl+S快捷键保存网页文档即可，如图2-38所示。

图2-38　保存网页文档

技巧秒杀

按Ctrl+V快捷键也可以将文字粘贴到网页文档中，如果按Shift+Ctrl+V组合键，则可以打开“选择性粘贴”对话框，在该对话框的“粘贴为”栏中可选中不同的单选按钮，设置粘贴的方式，如图2-39所示。

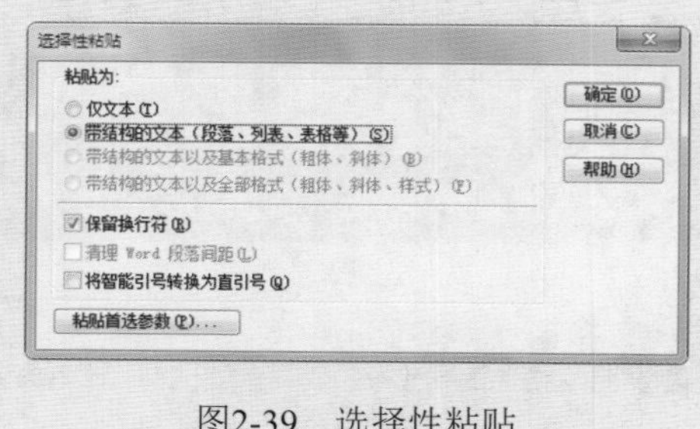

图2-39　选择性粘贴

读书笔记

?答疑解惑:

输入文本时，为什么会出现乱码?

出现文字乱码是因为默认情况下新建的HTML页面的编码格式都是UTF-8，它是一种广泛应用的编码，把全球的语言纳入一个统一的编码，如果是简体中文页面，则可以选择简体中文选项或GB2312来解决该问题。其方法为：在“属性”面板中单击 页面属性... 按钮，打开“页面属性”对话框，在“分类”列表框中选择“标题/编码”选项，在右侧的“编码”下拉列表框中选择“简体中文（GB2312）”选项，单击 确定 按钮即可，如图2-40所示，这样才能查看到正常的效果。

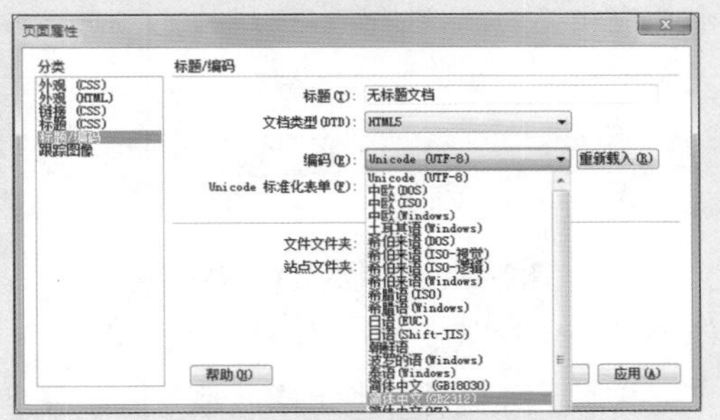

图2-40　设置编码格式

2.3.2 添加空格、换行与分段

为了让文字或图片有序地显示在文字中，有时还需要对其添加相应的空格，并对文字进行相应的换行或分段操作。

1. 添加空格

在网页文档中插入空格，不能像其他文字程序中直接按Space键来实现，在网页文档中要插入4个不换行空格符号，才能达到两个字符的位置。下面分别介绍在网页中添加空格的方法。

◆ **使用菜单命令添加空格**：在当前网页文档中选择“插入”/“字符”/“不换行空格”命令，可插入空格。

◆ **使用HTML标签添加空格**：在当前网页文档中，切换到“代码”或“设计”视图中，在需要添加空格的位置输入4个 符号编码即可。

2. 插入换行与分段符

在Dreamweaver CC中，如果需要对输入的文字进行换行或分段操作，则可直接按Shift+Enter快捷键进行换行，在HTML中表示为
标签；而分段则直接按Enter键即可，在HTML中表示为<P>标签，如图2-41所示。

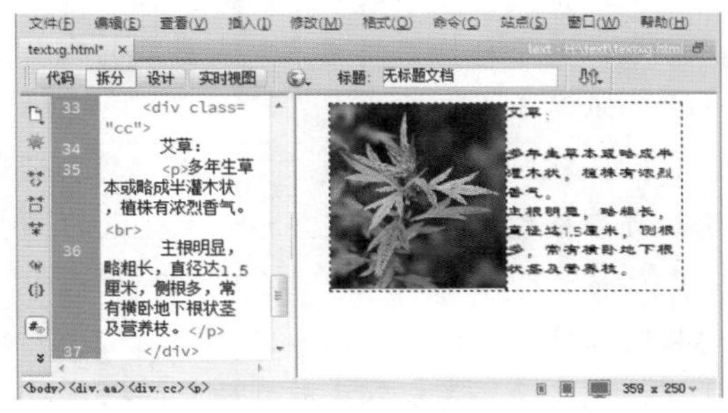

图2-41　插入换行与分段符

技巧秒杀

在网页文档中添加常见的符号，可以选择“插入”/“字符”命令，在弹出的子菜单中选择不同的命令，来插入相应的字符。

2.3.3 使用日期和水平线

在一个网站中，每天都会更新各网页中的各种信息，而在Dreamweaver CC中提供了自动更新时间的功能，避免维护人员在更新信息时，手动更新时间。另外，在网页的合适位置中插入水平线，会使网页更加有层次感。

1. 插入日期

在Dreamweaver CC中，插入日期的方法很简单，可以直接通过选择“插入”/“日期”命令或在“插入”浮动面板中的“常用”分类中单击“日期”按钮，打开“插入日期”对话框，在其中设置日期的格式，单击 确定 按钮即可，如图2-42所示。

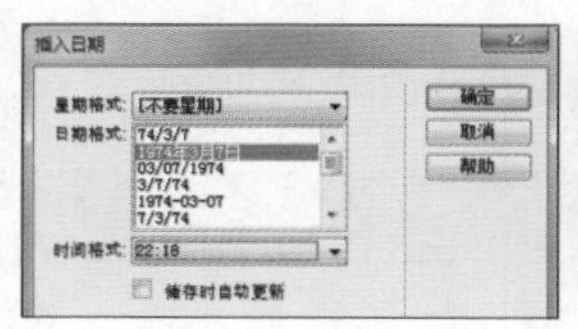

图2-42　插入日期

知识解析：“插入日期”对话框

◆ “星期格式”下拉列表框：在该下拉列表框中可选择星期格式，可以设置在网页文档中显示星期的方式，其中包括了简写方式、星期的完整显示方式和不显示星期的方式。

◆ “日期格式”下拉列表框：在该下拉列表框中可选择日期格式，可以设置显示日期格式的样式。

◆ “时间格式”下拉列表框：在该下拉列表框中可选择时间格式，设置在网页文档中以12小时制的时间格式显示还是以24小时制的时间格式显示。

◆ ☑储存时自动更新 复选框：如果选中了该复选框，则在存储文档时，自动更新文档中插入的日期信息。如果不希望网页文档的时间随时进行更新，则不需要选中该复选框。

2. 插入水平线并设置其属性

在页面中插入水平线可以在不完全分割页面的情况下，以水平线为基准分为上下区域，应用较广泛。另外，还可对插入的水平线的属性进行设置。

（1）插入水平线

在Dreamweaver CC中插入水平线的方法与插入日期的方法基本相同，唯一不同的是，水平线可以使用HTML标签进行插入，下面分别进行介绍。

◆ 使用菜单和面板：在当前需要插入水平线的位置，选择“插入”/“水平线”命令或在“插入”浮动面板中的“常用”分类中单击“水平线”按钮即可，如图2-43所示。

图2-43　插入水平线

◆ 使用HTML标签：在当前网页中，切换到“代码”或“拆分”视图中，将插入点定位到需要插入水平线的标签位置，输入<hr>标签，即可插入默认的水平线。

（2）设置水平线的属性

对于插入的水平线，可以通过两种方法设置其属性值，一种是在“属性”面板中设置；另一种则是通过HTML标签中的属性值进行设置。下面分别介绍这两种设置水平线属性的方法。

◆ 使用“属性”面板：在“设计”视图中，选择需要设置的水平线，在“属性”面板中则会显示与水平线相关的属性，如水平线的宽、高、对齐方式和阴影等，如图2-44所示。

图2-44　设置水平线的属性

◆ 使用HTML标签：在“代码”或“拆分”视图中，找到需要设置的水平线的标签，在其中输入相应的属性及属性值即可，如<hr align="center" width="650" size="20" noshade color="#fff">表示设置水平线的对齐方式为居中；宽为650像素；大小为20像素；颜色为黑色，与在“属性”面板中设置的效果一样，如图2-45所示。

Dreamweaver CC 从入门到精通

图2-45　设置水平线的属性

（3）在HTML中水平线的属性

在Dreamweaver CC中，水平线除了在“属性”面板中设置外，还可以在HTML标签中进行属性设置，各属性的作用分别介绍如下。

◆ align：表示水平线的对齐方式。

◆ color：表示水平线的颜色。

◆ noshade：表示水平线没有阴影。

◆ size：表示水平线的高度。

◆ width：表示水平线的宽度。

2.3.4 插入列表

在网页中列表分为两种，一种是有序列表；另一种则是无序列表。其中，有序列表则表示赋予编号排列的方式；而无序列表则表示没有顺序的排列方式。如图2-46所示为无序列表，如图2-47所示为有序列表。

图2-46　无序列表

图2-47　有序列表

在Dreamweaver CC中，插入列表的操作不仅方便，而且其方法也有多种，下面分别进行介绍。

- **使用菜单命令：**选择需要插入列表或将插入点定位到需要添加列表的位置，选择“插入”/“结构”/“项目列表”或“编号列表”命令，可插入无序列号或有序列号的列表。
- **使用属性面板：**选择需要插入列表或将插入点定位到需要添加列表的位置，在其属性面板中单击“项目列表”按钮或“编号列表”按钮，则可插入无序列号或有序列号的列表。
- **使用HTML标签：**切换到“代码”或“拆分”视图中，将插入点定位到需要插入的列表的位置中，输入<ol><li></li>…</ol>标签或<ul><li></li>…</ul>标签，可添加有序列表和无序列表，其具体输入方法如图2-48所示。

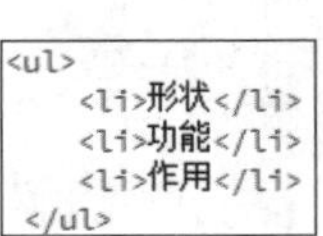


```
<ol>
  <li>形状</li>
  <li>功能</li>
  <li>作用</li>
</ol>
```

图2-48　无序和有序列表

2.3.5 设置文本属性

在Dreamweaver中可以通过设置文本的颜色、大小、对齐方式和字体等属性，使浏览者阅读起来更加方便。而设置文本属性可以通过HTML基本属性和CSS扩展属性进行设置，但不管使用哪种方法进行设置，都需要先将鼠标光标定位到要设置的文本中，在出现的“属性”面板中进行设置。

1. HTML属性

在文本属性面板中，默认出现的是HTML“属性”面板，此时可在该面板中设置文本的颜色、大小、对齐方式和字体等属性，如图2-49所示。

图2-49　HTML“属性”面板

知识解析：HTML“属性”面板

- **“格式”下拉列表框：**在该下拉列表框中包含了预定义的字体样式。将鼠标光标定位到需要设置格式的文本中，则会应用到光标所在文本的所有段落中，如图2-50所示。

图2-50　设置字体格式

技巧秒杀

“格式”下拉列表框中包括无、段落、标题1～标题6和预先格式化几个选项。

- **无：**不指定任何格式。
- **段落：**将多行的文本内容设置为一个段落，即在应用段落格式后，在选择内容的前后部分分别产生一个空行。
- **标题1～标题6：**提供网页文件中的标题格式，并且数字越大，其字号将会越小。
- **预先格式化：**在文档窗口中输入的键盘空格等将如实显示在画面中。

◆ “类”下拉列表框：选择文档中使用的CSS样式，该样式是设置好的CSS样式，可直接在此引用（CSS样式将在第3章讲解）。

◆ B按钮：选择文本后，单击该按钮，则会使所选择的文本加粗显示。

◆ I按钮：选择文本后，单击该按钮，则会使所选择的文本倾斜显示。

◆ 和按钮：这两个按钮分别是“项目列表”和“编号列表”按钮，用来为文本创建无序列表和有序列表。

◆ 和按钮：这两个按钮分别是“删除内缩区块”和“内缩区块”按钮，用来减少和增加文本的右缩进。

2. CSS扩展属性

在默认的文本属性面板中，单击CSS按钮，可切换到CSS“属性”面板中进行设置，其中大部分的属性设置都与HTML“属性”相同，如图2-51所示。

图2-51 CSS“属性”面板

知识解析：CSS“属性”面板

◆ “字体”下拉列表框：用于设置文本的字体样式。在该下拉列表框中除了默认的字体外，还可以手动添加字体。

◆ “大小”下拉列表框：用于选择字体的大小。除了可以直接在“大小”下拉列表框中选择已有的字体大小，也可以直接输入字体大小的具体值，其单位可以是像素也可以是磅。

◆ “字体颜色”按钮：用于指定字体的颜色，可以利用颜色选择器、吸管选择颜色或直接输入颜色值。

◆ 、、和按钮：用于设置文本的左对齐、居中对齐、右对齐和两端对齐。

实例操作：设置文本属性

- 光盘\素材\第2章\font\font.html
- 光盘\效果\第2章\font\font.html
- 光盘\实例演示\第2章\设置文本属性

在font.html网页文档中，设置文字的格式、内缩区块及颜色，原图如图2-52所示，设置后的效果如图2-53所示。

图2-52 原图效果

图2-53 设置后的效果

Step 1 在Dreamweaver CC中，打开font.html网页文档，将鼠标光标定位到标题文本“玫瑰花语”中，在默认的“属性”面板中，单击“格式”下拉列表框右侧的下拉按钮，在弹出的下拉列表中选择“标题1”选项，标题文本则会应用标题1的样式，如图2-54所示。

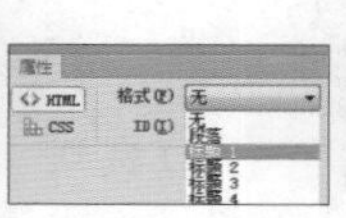

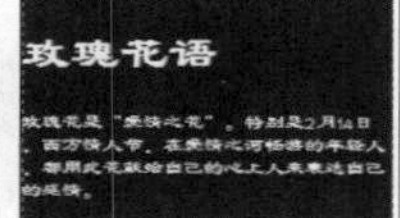

图2-54 设置文本格式

Step 2 将插入点定位到标题下方的文本中，在其“属性”面板中单击“内缩区块”按钮，将插入点所在的文本进行缩进处理，如图2-55所示。

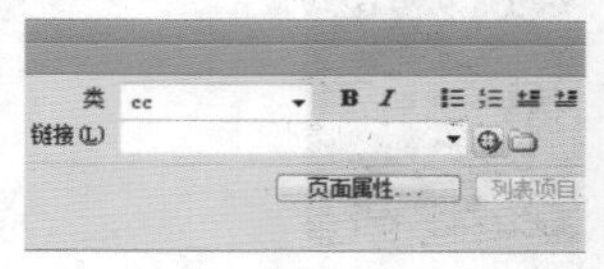

图2-55 设置内缩区块

Step 3 单击CSS按钮切换到CSS“属性”面板中，在“字体”下拉列表框中选择“管理字体”选项，如图2-56所示。

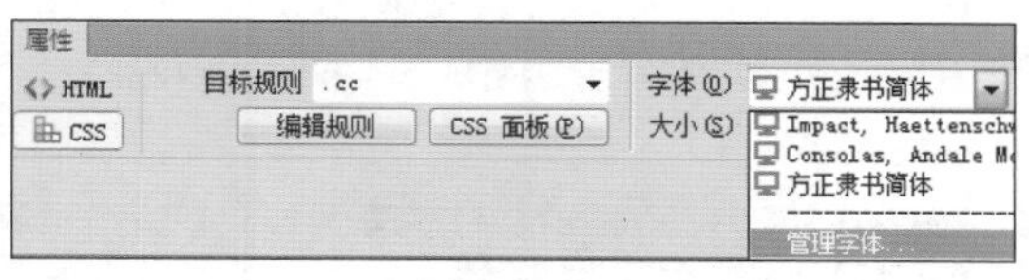

图2-56 设置文本字体

Step 4 打开“管理字体”对话框，选择“自定义字体堆栈”选项卡，在“可用字体”列表框中选择“方正流行体简体”选项，然后单击“添加”按钮<<，将所选择的字体添加到“选择的字体”列表框中，添加成功则会显示在“字体列表”列表框中，单击完成按钮，完成字体的添加，如图2-57所示。

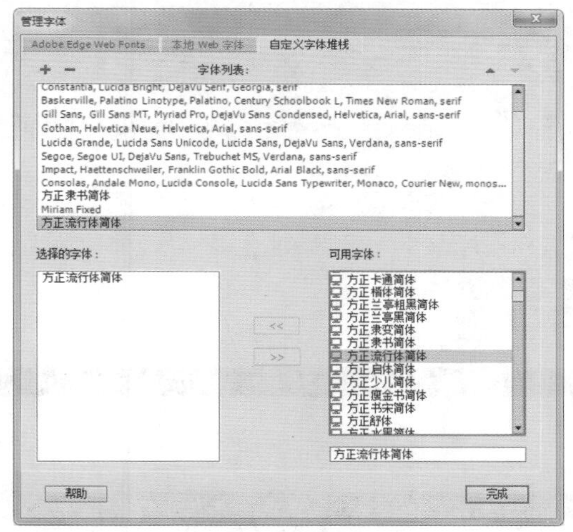

图2-57 添加字体

Step 5 返回到当前网页文档中，将插入点定位到标题文本中，然后再次在“字体”下拉列表框中选择添加的字体“方正流行体简体”选项，将标题设置为所选字体，如图2-58所示。

图2-58 设置标题字体

> **技巧秒杀**
>
> 如果要删除添加的字体，则可以在“字体列表”列表框中选择需要删除的字体，单击“删除”按钮⊟，可删除所选字体。除此之外，还可以单击“添加”按钮⊞、“上移”按钮▲和“下移”按钮▼，添加字体以及对添加的字体进行排序。

Step 6 将插入点定位到标题下方的文本中，在CSS“属性”面板中单击“颜色”按钮，弹出颜色面板，此时鼠标光标将会变为吸管，将鼠标光标移至玫瑰花的绿叶中单击，吸取绿叶的颜色作为字体的颜色，如图2-59所示。

图2-59 吸取颜色

Step 7 按Ctrl+S快捷键保存网页，在视图栏中单击“在浏览器中预览/调试”按钮，在弹出的下拉列表中选择“预览方式：IEXPLORE”选项，在IE浏览器中进行预览，如图2-60所示。

图2-60 预览效果

2.4 添加图像丰富网页

适量地使用图片，不仅可以帮助设计者制作出华丽的网站页面，还可以提高网页的下载速度。因为在网页中，常用的图像格式为JPEG和GIF两种，图像过大则会影响网页的下载速度。在网页中使用图像不在于多，而在于精，在插入图像后，还可以根据相应的情况对插入的图像进行属性设置。

2.4.1 常用的图像类型

在网页中插入图像时，一定要先考虑网页文件的传输速度、图像的大小和图像质量的高低。应在保证网页传输速度的情况下，压缩图像的大小，在压缩图像时，一定要保证图像的质量。而目前支持的网页格式主要有3种，分别为GIF、JPEG（JPG）和PNG。

1. GIF格式

GIF（Graphics Interchange Format）图形交换格式，主要采用LZW无损压缩算法，比起JPEG和PNG而言，GIF文件相对较小，但最多只能显示256种颜色。GIF图像主要用在菜单或图标等简单的图像中，在保存时，可保存为如下两种格式。

- **透明GIF**：透明GIF格式是以背景颜色为透明的图像格式进行保存的，在网页文档中使用时，会如实显示网页文档的背景样式。
- **动画GIF**：该格式是连接了多个GIF图像得到的动画效果。

2. JPEG格式

JPEG（Joint Photographic Experts Group）联合图像专家组格式，即由联合图像专家组制定的图形标准。该图像格式使用的是一种有损压缩算法，在压缩图像时，可能会引起图像失真。但比起GIF格式而言，该格式可以使用更多的颜色，让图像的色彩更加丰富，因此该种格式常用于图像结构比较复杂的图像，如数码相机拍摄的照片、扫描的图像或使用多种颜色制作的图像等。

3. PNG格式

PNG（Portable Network Graphic）可移植网络图形格式。比起前两种格式而言，该格式的图像在压缩后不会失真，并且还支持GIF格式的透明和不透明格式。该格式是Fireworks中固有的格式。

2.4.2 在网页中插入图像

在网页恰当的位置插入图像，不但可以为网页增彩增色，还可以使整个网页更有说服力，从而吸引更多浏览者。

实例操作：插入图像

- 光盘\素材\第2章\family\family.html
- 光盘\效果\第2章\family\family.html
- 光盘\实例演示\第2章\插入图像

本例将在family.html网页文档中插入图片，原图效果如图2-61所示，设置后的效果如图2-62所示。

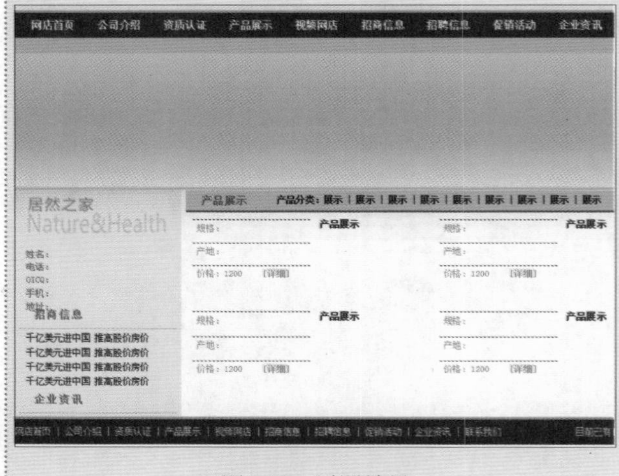

图2-61　原图效果

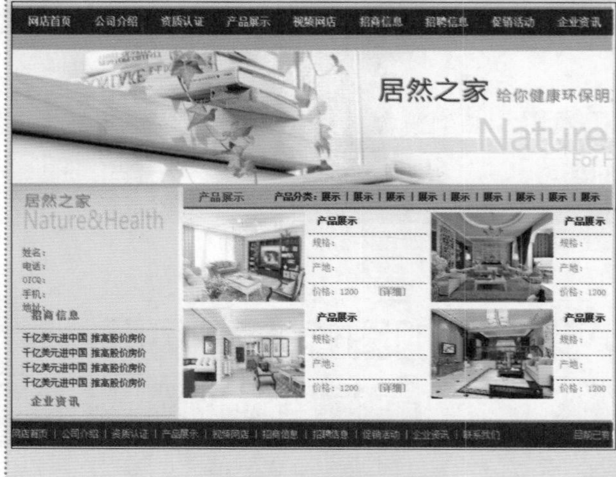

图2-62　设置后的效果

Step 1 ▶ 打开family.html网页文档，将插入点定位到导航栏下方，选择“插入”/“图像”/“图像”命令，如图2-63所示。

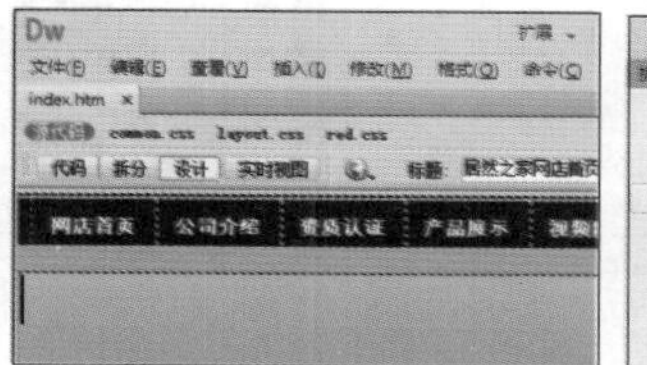
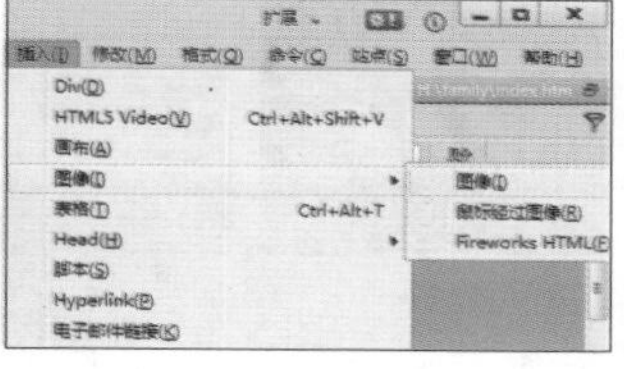

图2-63　选择插入图像命令

Step 2 ▶ 打开“选择图像源文件”对话框，在该对话框中找到要插入的图像，这里选择top_adv选项，然后单击 确定 按钮，完成插入图像的操作，如图2-64所示。

图2-64　选择图像

Step 3 ▶ 将插入点定位到“产品展示”导航栏下方，使用相同的方法插入图像，并且在其他位置也插入需要的图像，并按Ctrl+S快捷键，保存网页文档，如图2-65所示。

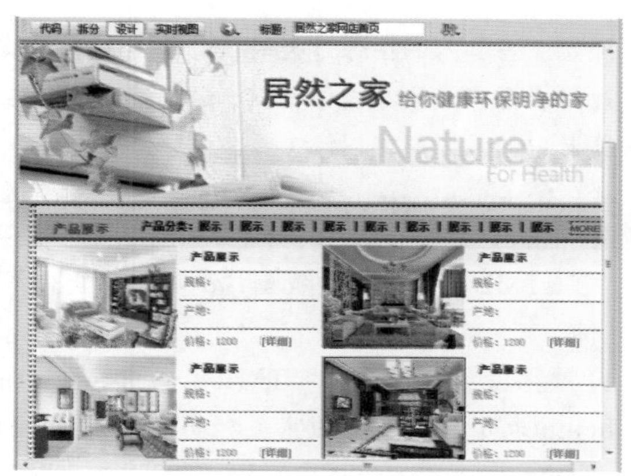

图2-65　插入图像并查看效果

技巧秒杀

插入图像除了选择“插入”/“图像”/“图像”命令外，还可以在“插入”浮动面板的“常用”分类下，单击“图像”按钮右侧的下拉按钮，在弹出的下拉列表中选择“图像”选项或按Ctrl+Alt+I组合键，打开“选择图像源文件”对话框，在其中插入所需图像，如图2-66所示。

图2-66　插入图像

技巧秒杀

插入图像后，在HTML标签代码中体现为<img>标签。

2.4.3 设置图像属性

在插入图像后，还可以对插入的图像进行属性设置，使插入的图像更适合于网页，通过其属性面板和HTML代码都可对图像的属性进行相关的设置。

1. 通过“属性”面板设置

在网页中设置图像属性，只需选择需要设置的图像，然后可在属性面板中设置其属性，其属性面板如图2-67所示。

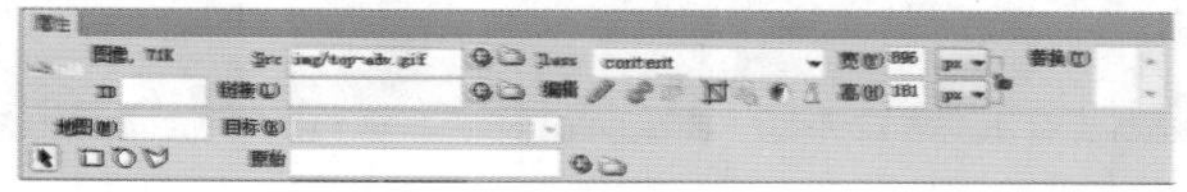

图2-67　图像属性面板

知识解析：图像“属性”面板

◆ ID文本框：在该文本框中可定义图像的名称，主要为脚本语言（JavaScript或VBScript）引用图像。

- **Src文本框**：用于显示图像文件的路径。也可以手动更改其图像文件，只需要在该文本框后单击“浏览文件”按钮或按住“指向文件”按钮拖动到目标图像即可。
- **“链接”文本框**：在该文本框中可以输入链接地址，表示用鼠标单击链接时，跳转到的目标位置。
- **Class下拉列表框**：表示选择用户定义的类应用到图像中。
- **“编辑”按钮**：单击该按钮，将启动外部图像编辑软件对所选图像进行编辑操作。
- **“编辑图像设置”按钮**：单击该按钮，将打开“图像优化”对话框，拖动“品质”滑块，调整图像的品质高低，如图2-68所示。

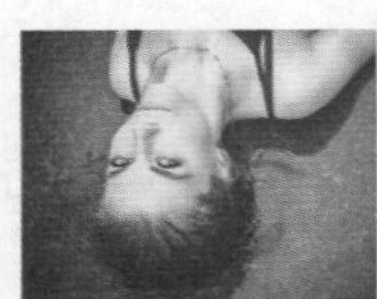
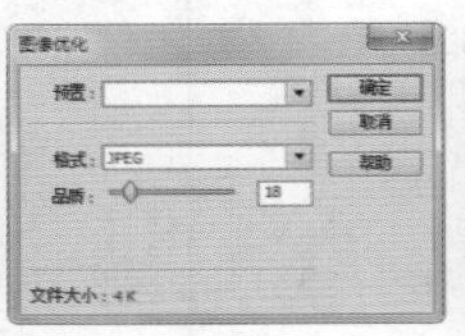
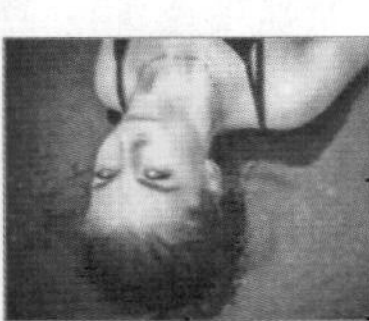

图2-68　图片品质的调整

- **“从源文件更新”按钮**：单击该按钮，在更新对象时，网页图像会根据原始文件的当前内容和原始优化设置，以新的大小、无损坏的方式重新显示图像。
- **“裁剪”按钮**：单击该按钮，图像上会出现带控制点的线条区域，拖动控制点，可调整裁剪图像的大小，然后按Enter键后确认裁剪，如图2-69所示。

图2-69　裁剪图片

- **“重新取样”按钮**：在编辑图像后，单击该按钮，则会重新读取编辑图像的信息。
- **“亮度和对比度”按钮**：单击该按钮，则会打开“亮度/对比度”对话框，在“亮度”和“对比度”文本框中输入数值，则会改变亮度和对比度，如图2-70所示。

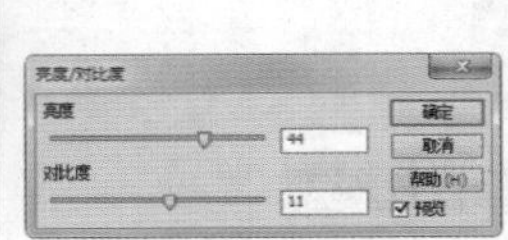

图2-70　调整图片亮度和对比度

- **“锐化”按钮**：单击该按钮，可以对所选图像的清晰度进行调整，如图2-71所示。

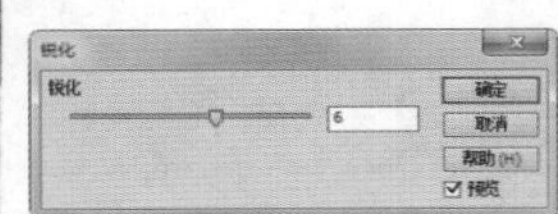

图2-71　锐化图像

- **“宽”和“高”文本框**：调整图像的宽和高，默认单位为像素（px），如果单击按钮，当其变为按钮时，在调整所选图像的宽和高时，则会成比例的调整大小。
- **“替换”列表框**：在该列表框中，可输入文本，当所设置图像不能正常显示时，则会显示在替换列表框中输入的文本。
- **地图**：用于制作映射图像，在其中包括3种形状的热点（其具体应用在2.6.2节进行介绍）。
- **目标**：在图像中应用链接时，指定链接文档显示的位置。
- **原始**：当插入的图像过大时，读取时间会变长，此时在全部读取原图像之前，临时指定出现在浏览器中的低分辨率图像文件。

2. 通过HTML代码设置

在HTML代码中，设置图片的属性，可以有如下几种。

- **设置宽度和高度**：在HTML代码中，width和height表示设置图片的宽度和高度，如<img src ="aa.jpg" width="200" height="200">表示图片的宽和高都为200像素。

- 替换文字：alt属性用于指定替代文本，相当于属性面板中“替换”列表框的功能。如<img src="aa.jpg" alt="人物照">。
- 边框：使用border属性和一个用像素标识的宽度值就可以去掉或加宽图像的边框。如<img src="img/aa.jpg" style="border:50px solid #900"/>，表示边框宽度为50像素，实线，颜色值为#900，如图2-72所示。

图2-72　添加边框

- 对齐：align属性用于设置图片的对齐方式。如<img src="img/aa.jpg" align="left"/>，表示将图片左对齐。
- 垂直边距和水平边距：通过hspace和vspace属性进行设置，其单位默认为像素，如<img src="img/aa.jpg" hspace="10" vspace="10"/>表示指定图像左边和右边的对象与图像的间距为10；上面和下面对象与图像的间距为10。

技巧秒杀

不管是使用“属性”面板还是HTML代码设置图像的属性，最重要的属性都是src、宽（width）和高（height）。

2.4.4 插入鼠标经过图像

插入鼠标经过图像效果，是当鼠标经过图像时变化成为另一张图像，在网页中，也是一种较为常用的操作。

实例操作：设置鼠标经过时变换的图像

- 光盘\素材\第2章\sbjg_img\index.html
- 光盘\效果\第2章\sbjg_img\index.html
- 光盘\实例演示\第2章\设置鼠标经过时变换的图像

在index.html网页文档中，插入鼠标经过的图像，原图像效果如图2-73所示，鼠标经过的效果如图2-74所示。

图2-73　原始图像

图2-74　鼠标经过的效果

Step 1 打开index.html网页文档，将插入点定位到导航下方，选择“插入”/“图像”/“鼠标经过图像”命令，如图2-75所示。

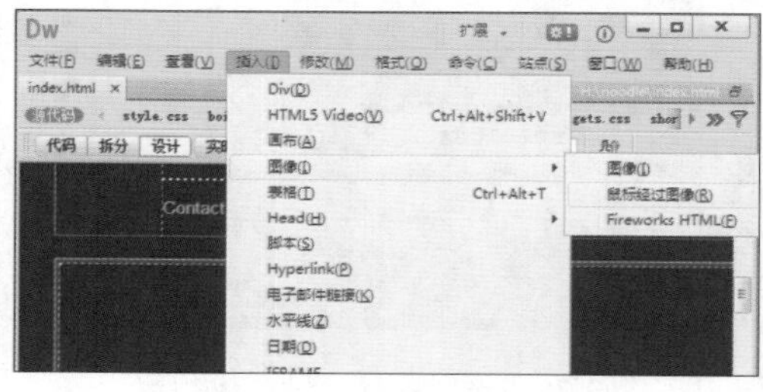

图2-75　选择“插入”命令

Step 2 ▶ 打开“插入鼠标经过图像”对话框，在“原始图像”文本框后单击 浏览... 按钮，如图2-76所示。

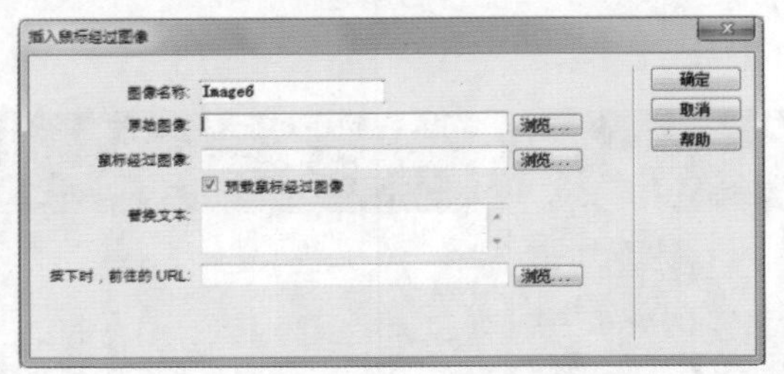

图2-76 单击“浏览”按钮

Step 3 ▶ 打开“原始图像”对话框，找到图像所在的位置，并选择a.jpg选项，单击 确定 按钮，添加原始图像，如图2-77所示。

图2-77 选择原始图像

Step 4 ▶ 返回“插入鼠标经过图像”对话框，则可在“原始图像”文本框中查看到选择原始图的路径和名称。然后在“鼠标经过图像”文本框中添加b.jpg图像路径，再在“按下时，前往的URL”文本框中输入#符号，设置在单击鼠标时，跳转到一个空链接，单击 确定 按钮，如图2-78所示。

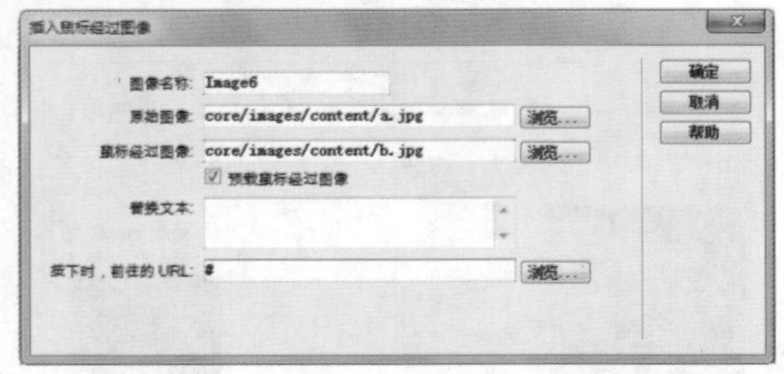

图2-78 设置鼠标经过图像参数

Step 5 ▶ 按Ctrl+S快捷键，保存网页，在视图栏中单击“在浏览器中预览/调试”按钮，在弹出的下拉列表中选择“预览方式：IEXPLOR”选项，启动IE浏览器进行预览，鼠标经过图像的效果如图2-79所示。

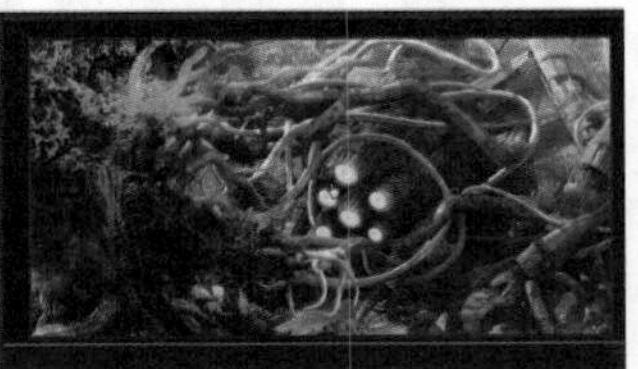

图2-79 鼠标经过的原始图像和经过时的效果

技巧秒杀

如果在“插入鼠标经过图像”对话框中取消选中 预载鼠标经过图像 复选框，则在浏览器中用鼠标光标指向原始图像并显示鼠标经过图像后，鼠标经过的图像才会被浏览器存放到缓存中。如果选中该复选框，在浏览网页时，鼠标经过的图像则会自动下载到本地缓存中，以便在下次浏览该网页时提升网页加载的速度。

技巧秒杀

插入鼠标经过图像还可以通过在“插入”浮动面板的“常用”分类中，单击“图像”按钮右侧的下拉按钮▾，在弹出的下拉列表中选择“鼠标经过图像”选项，打开“插入鼠标经过图像”对话框，在其中进行设置即可。

2.4.5 插入Fireworks HTML

学会插入图像和插入鼠标经过图像的操作方法后，要插入Fireworks HTML文档则相当简单，可以通过两种方法插入，下面分别进行介绍。

- 使用菜单命令：只需要将鼠标插入点定位到需要插入Fireworks HTML文档的位置，选择“插入”/“图像”/ Fireworks HTML命令，打开“插入Fireworks HTML”对话框，在“Fireworks HTML文件”文本框中输入Fireworks HTML文件路径及名称，单击 确定 按钮，完成插入Fireworks HTML文件的操作，如图2-80所示。

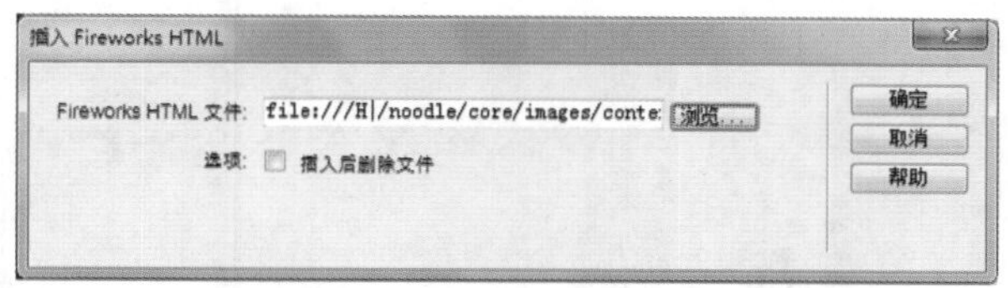

图2-80 “插入Fireworks HTML”对话框

◆ 使用“插入”浮动面板：将鼠标插入点定位到需要插入Fireworks HTML文档的位置，在“插入”浮动面板的“常用”分类下单击“图像”按钮右侧的下拉按钮，在弹出的下拉列表中选择Fireworks HTML选项，打开“插入Fireworks HTML”对话框，在“Fireworks HTML文件”文本框中输入Fireworks HTML文件路径及名称，单击确定按钮即可。

技巧秒杀

如果在“插入Fireworks HTML”对话框中选中插入后删除文件复选框，则会在插入Fireworks HTML文件后删除原文件。

2.5 为网页添加多媒体文件

在网页中，除了可以使用文本和图片来丰富网页外，还可以添加一些Edge Animate作品、Flash动画和视频等元素，使整个网页更有生命力，更加吸引浏览者。本节将介绍一些在Dreamweaver CC 中添加Edge Animate作品、Flash动画和视频等元素的操作方法。

2.5.1 使用Edge Animate作品

在Dreamweaver CC中增加了Edge Animate动画的应用，而使用Adobe Edge Animate软件制作的动画能够跨平台、跨浏览器进行浏览。

1. 插入Edge Animate文件

在网页中插入Edge Animate动画，同样能让网页更加有活力，并且在Dreamweaver CC中插入该动画也比较方便。

实例操作：插入Edge Animate动画

- 光盘\效果\第2章\Edge\EdgeAnimate.html
- 光盘\实例演示\第2章\插入Edge Animate动画

新建一个空白网页，并命名为EdgeAnimate.html网页文档，然后在新建的空白文档中插入Edge Animate动画，效果如图2-81所示。

Adobe Edge Animate

图2-81 最终效果

读书笔记

Step 1 ▶ 新建一个名为EdgeAnimate.html的空白网页文档，单击“代码”按钮代码，如图2-82所示。

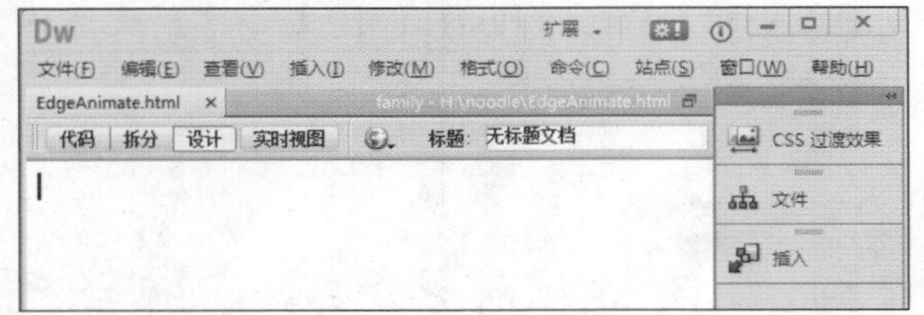

图2-82　新建网页

Step 2 ▶ 切换到“代码”视图中，将插入点定位到<body></body>标签之间，按Enter键进行换行，输入代码<object id="EdgeID" type="text/html" width="600" height="270" data-dw-widget="Edge" data="text.html"></object>，设置Edge文件的大小、文件类型及插入的文件，如图2-83所示。

```
<!doctype html>
<html>
<head>
<meta charset="utf-8">
<title>无标题文档</title>
</head>

<body>
    <object id="EdgeID" type="text/html" width="600"
height="270" data-dw-widget="Edge" data="text.html"></
object>
</body>
</html>
```

图2-83　原始效果

技巧秒杀

在代码源中的type表示object中所接受的类型，data-dw-widget="Edge"表示路径包的名称，data="text.html"表示所链接的路径名。

Step 3 ▶ 按Ctrl+S快捷键保存网页，单击“设计”按钮，切换到“设计”视图中，则可查看到Edge以An显示的图标。单击“在浏览器中预览/调试”按钮，在弹出的下拉列表中选择“预览方式：Firefox”选项，启动浏览器查看效果，如图2-84所示。

技巧秒杀

在Dreamweaver CC中除了使用代码添加Edge Animate作用外，还可选择“插入”/“媒体”/“Edge Animate作品”命令或按Shift+Ctrl+Alt+E组合键，打开“选择Edge Animate包”对话框，然后选择需要插入的Edge Animate文件即可。

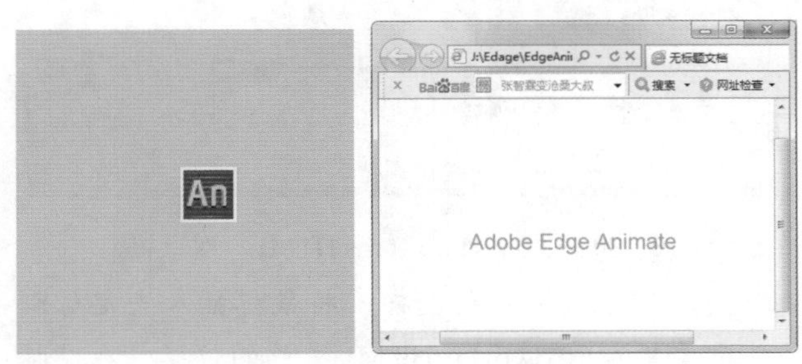

图2-84　预览插入的Edge Animate文件

2. 设置Edge Animate的属性

在网页文档中插入Edge Animate文件后，则会在“属性”面板中显示设置关于Edge Animate文件的属性，因此也可以通过该“属性”面板设置Edge Animate文件的名称、宽和高等，如图2-85所示。

图2-85　Edge Animate文件的“属性”面板

知识解析：Edge Animate“属性”面板

- ID文本框：在该文本框中可以输入Edge Animate文件的名称。
- Class下拉列表框：在该下拉列表框中可为Edge Animate文件引用定义好的样式。
- “宽”和“高”文本框：可以分别在“宽”和“高”文本框中输入Edge Animate文件的宽和高。

2.5.2 使用HTML5 Video文件

HTML5最重要的新特性就是对音频和视频的支持，如视频的在线编辑、音频的可视化构造等。而HTML5 Video元素是一种将视频和电影嵌入到网页中的一种标准样式。

1. 插入HTML5 Video

在Dreamweaver CC中插入HTML5 Video文件，可以通过菜单命令、“插入”浮动面板和HTML代码进行插入，下面分别进行介绍。

- 使用菜单命令：将插入点定位到需要插入HTML5

Video文件的位置，然后选择“插入”/“媒体”/HTML5 Video命令，即可插入HTML5 Video文件。

- 使用“插入”面板：将插入点定位到需要插入的HTML5 Video文件的位置，然后在“插入”面板的“媒体”分类下单击“媒体”按钮即可。
- 使用HTML代码：切换到“代码”或“拆分”视图中，将插入点定位到<body></body>标签内，且需要插入HTML5 Video文件的位置，输入<video controls></video>标签即可。

技巧秒杀

除了上述方法，还可按Shift+Ctrl+Alt+V组合键，快速插入HTML5 Video文件。

2. 设置HTML5 Video的属性

通过上述任意一种方法插入HTML5 Video文件，其实都只是该文件的一个占位符，没有具体内容，此时则可通过设置其属性，添加源文件的路径和其他属性值。

实例操作：设置HTML5 Video的属性

- 光盘\效果\第2章\Video\TVideo.html
- 光盘\实例演示\第2章\设置HTML5 Video的属性

新建一个空白网页，并命名为TVideo.html网页文档，插入HTML5 Video文件占位符，并通过属性设置添加其源文件，效果如图2-86所示。

图2-86　插入效果

Step 1 在Dreamweaver CC中，新建一个空白的HTML网页文档，并将其命名为TVideo.html，然后将插入点定位到空白区域，在“插入”浮动面板的“媒体”分类中单击“媒体”按钮，在弹出的下拉列表中选择HTML5 Video选项，在网页中插入HTML5 Video文件占位符，如图2-87所示。

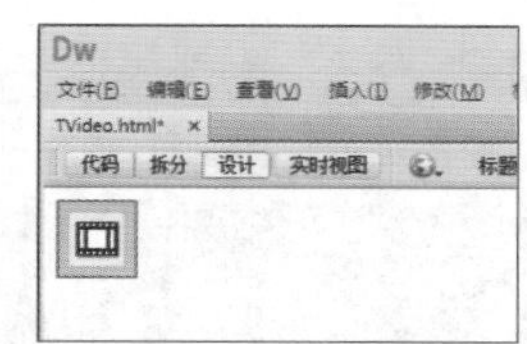

图2-87　插入Edge Animate文件占位符

Step 2 选择插入的Edge Animate文件占位符，在其属性面板中单击“源”文本框后的“浏览”按钮，如图2-88所示。

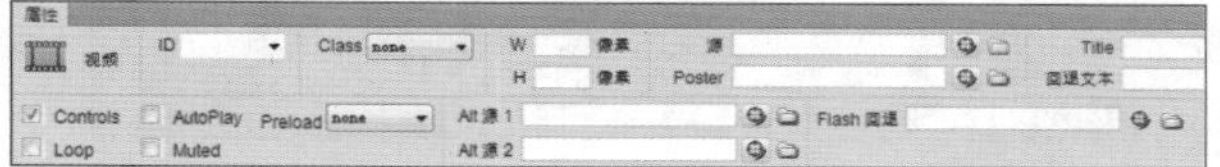

图2-88　单击“浏览”按钮

Step 3 打开“选择视频”对话框，在其中选择视频存储的位置，并选择myVideo选项，然后单击 确定 按钮，如图2-89所示。

图2-89　选择需要插入的视频文件

Step 4 返回到网页文档中，则可在其“属性”面板的“源”文本框中查看到添加的视频路径及名称，然后再选中 AutoPlay 复选框，设置在预览网页文件时自动播放，如图2-90所示。

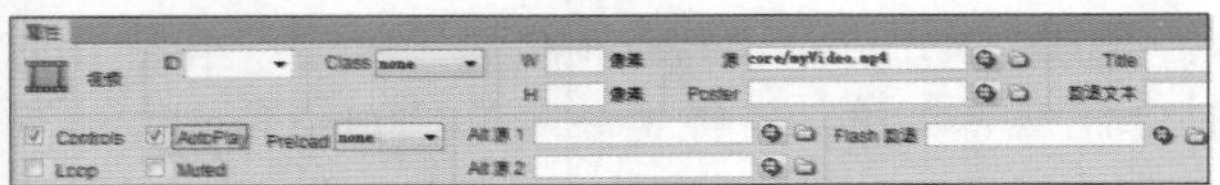

图2-90　设置自动播放视频文件

Step 5 ▶ 在W和H文本框中分别输入视频文件的宽和高均为500，在预览时视频文件则会以500×500像素显示视频，如图2-91所示。

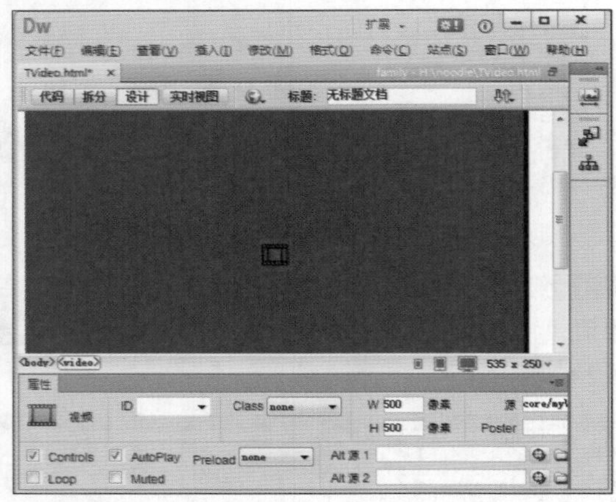

图2-91　设置视频文件的宽和高

Step 6 ▶ 按Ctrl+S快捷键，保存网页文档，按F12键启动IE浏览器，然后单击 允许阻止的内容(A) 按钮，预览效果，如图2-92所示。

图2-92　查看效果

知识解析：HTML5 Video“属性”面板

- ID下拉列表框：可以在该下拉列表框中输入HTML5 Video文件的名称，方便在使用脚本语言时进行引用。
- Class下拉列表框：可以为HTML5 Video选择已经定义好的CSS样式。
- W和H文本框：在该文本框中输入数值，可设置HTML5 Video视频文件的宽和高，默认单位为像素。
- “源”、“Alt源1”和“Alt源2”文本框：在“源”文本框后单击“浏览”按钮，在打开的对话框中选择需要插入的HTML5 Video视频或拖动“指向文件”按钮至视频目标位置，同样可以设置HTML5 Video视频文件。而“Alt源1”和“Alt源2”文本框也是用于设置HTML5 Video视频文件的，因为“源”中所指定的视频文件不一定被浏览器所支持，此时会使用“Alt源1”或“Alt源2”文本框中所指定的视频文件。
- Poster文本框：用于输入要在视频文件完成下载后或在单击“播放”按钮后显示的图像位置，当插入图像后，其宽度和高度会根据图像的宽和高进行填充。
- Title文本框：用于为视频文件指定标题。
- “回退文本”文本框：设置插入视频文件在浏览器不支持时所显示的文本。
- Controls复选框：默认该复选框为选中状态，设置是否要在HTML页面中显示视频控件，如播放、暂停和静音设置。
- AutoPlay复选框：设置是否在加载网页后，自动播放插入的视频文件。
- Loop复选框：设置插入的视频文件在加载网页后连续播放，直到用户停止播放视频文件为止。
- Muted复选框：设置插入的视频文件是否为静音。
- Preload下拉列表框：主要用于指定在加载网页时，如何加载视频文件，其中包含3种方式，none表示使用默认的方式加载，auto表示在下载整个网页时加载视频文件，metadata表示在页面下载完成后仅下载视频的源数据。
- “Flash回退”文本框：对于不支持HTML5的浏览器选择SWF文件。

2.5.3 HTML5 Audio的应用

HTML5 Audio是HTML5 音频元素提供的一种

将音频内容嵌入网页中的标准方式，同样，HTML5音频文件在插入时，只是以一个占位符的形式进行显示。

1. 插入HTML5 Audio音频文件

在Dreamweaver CC中插入HTML5音频文件与插入HTML5视频文件的方法相同，都可以通过菜单命令、“插入”浮动面板和HTML代码插入，下面分别介绍其具体方法。

- **使用菜单命令：**将插入点定位到需要插入HTML5音频文件的位置，然后选择“插入”/“媒体”/HTML5 Audio命令即可。
- **使用“插入”浮动面板：**将插入点定位到需要插入HTML5音频文件的位置，然后在“插入”面板的“媒体”分类下，单击HTML5 Audio按钮即可。
- **使用HTML5代码：**切换到“代码”或“拆分”视图中，在<body></body>标签中输入<audio controls></audio>代码即可，如图2-93所示。

图2-93　使用代码插入HTML5音频文件

2. 设置HTML5 Audio音频文件的属性

HTML5 音频文件的属性设置与HTML5视频文件的属性及属性值基本相同，这里就不作介绍了，读者可参考HTML5 Video视频文件的属性作用及设置方法。如图2-94所示为HTML5音频文件的“属性”面板。

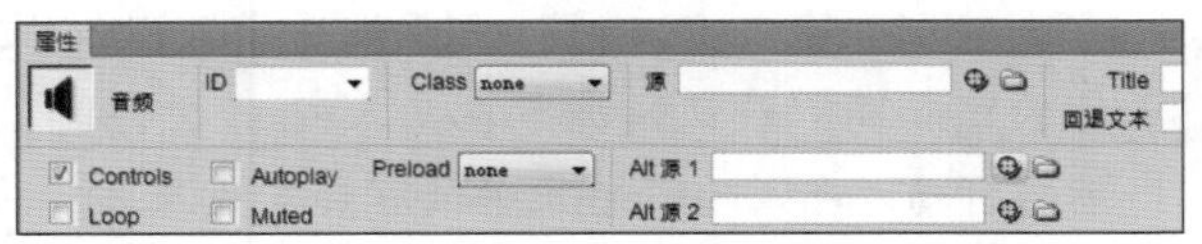

图2-94　HTML5音频文件的“属性”面板

2.5.4 使用Flash SWF文件

动态元素是一种重要的网页元素，其中，Flash是使用最多的动态元素之一。Flash元素表现力丰富，可以给人极强的视听感受，而且它的体积较小，可以被大多数浏览器支持，因此被广泛应用于网页中。

1. 认识Flash文件

在Dreamweaver CC中，除了插入HTML5音频和视频文件外，还可以插入Flash文件，而Flash文件主要有.fla、.swf、.swt和.flv等几种格式，常用于网页中的是.swf格式，下面分别介绍各种格式文件的特点。

- **.fla：**Flash的源文件，可以使用Flash软件进行编辑。在Flash软件中将Flash源文件导出为.swf格式的文件，即可在网页中进行插入操作。
- **.swf：**Flash电影文件，是一种压缩的Flash文件，通常说的Flash动画就是指该格式的文件。使用Flash软件可以将fla源文件导出为.swf格式的文件。另外，还有许多软件可以生成.swf格式的文件，如Swish和3D Flash Animator等。
- **.swt：**Flash库文件，相当于模板，用户通过设置该模板的某些参数即可创建.swt文件。如Dreamweaver中提供的Flash按钮、Flash文本就是.swt格式的文件。
- **.flv：**是一种视频文件，包含经过编码的音频和视频数据，主要通过Flash播放器传送。如果有QuickTime或Windows Media视频文件，可以使用编码器将视频文件转换为.flv格式的文件。

2. 插入并设置Flash文件的属性

在Dreamweaver CC中插入Flash文件也相当方便，与HTML5视频和音频文件的插入方法相同，并且在插入Flash文件后，也可以进行相应的属性设置。

实例操作：插入Flash并设置属性

- 光盘\效果\第2章\Flash\Flash.html
- 光盘\实例演示\第2章\插入Flash并设置属性

新建一个空白网页，并命名为Flash.html网页文档，插入Flash文件，效果如图2-95所示。

图2-95　插入效果

Step 1 在Dreamweaver CC中新建一个名为Flash.html的网页文档，并将插入点定位到网页文档的空白区域，然后选择“插入”/“媒体”/Flash SWF命令，如图2-96所示。

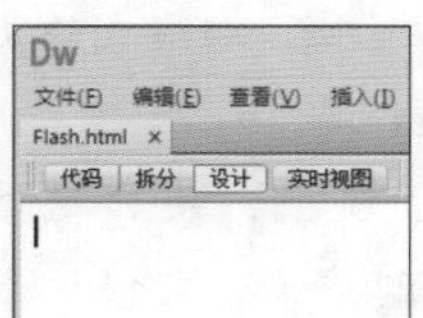

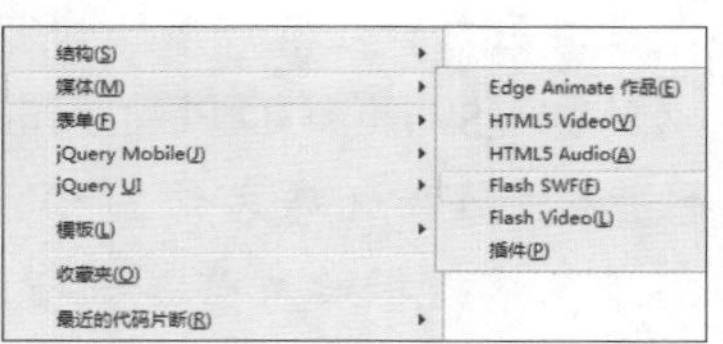

图2-96　新建网页并选择插入Flash的命令

Step 2 打开“选择SWF”对话框，然后选择存放Flash文件的位置，并选择TCFlash文件，单击确定按钮，如图2-97所示。

图2-97　选择TCFlash文件

技巧秒杀

除了上述方法，还可按Ctrl+Alt+F组合键快速打开“选择SWF”对话框，进行插入Flash文件的操作。

Step 3 打开“对象标签辅助功能属性”对话框，保持默认设置，直接单击确定按钮，返回到网页文档中，即可查看到插入的Flash文件，如图2-98所示。

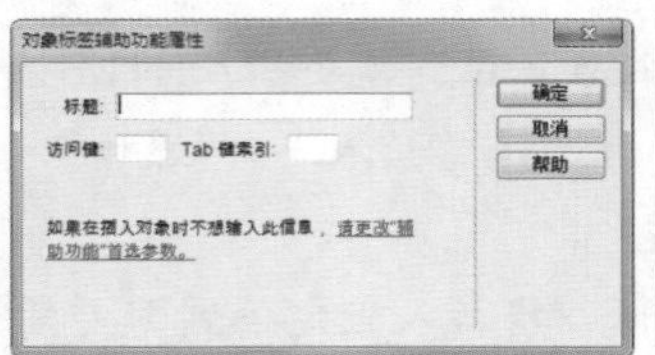

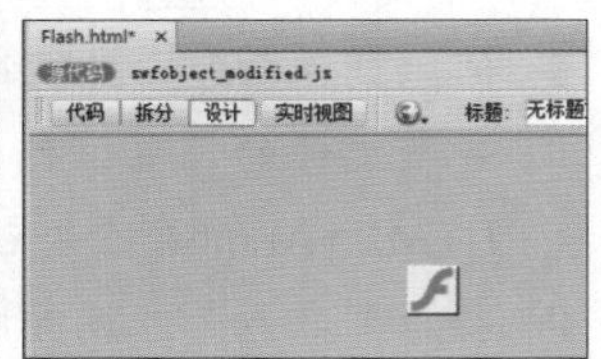

图2-98　完成插入Flash文件

Step 4 选择插入的Flash文件，在其属性面板中单击播放按钮，则会在网页文档中进行播放，在单击播放按钮后，该按钮会变为停止按钮。然后按Ctrl+S快捷键，在打开的对话框中单击确定按钮，复制相关文件，保存网页，如图2-99所示。

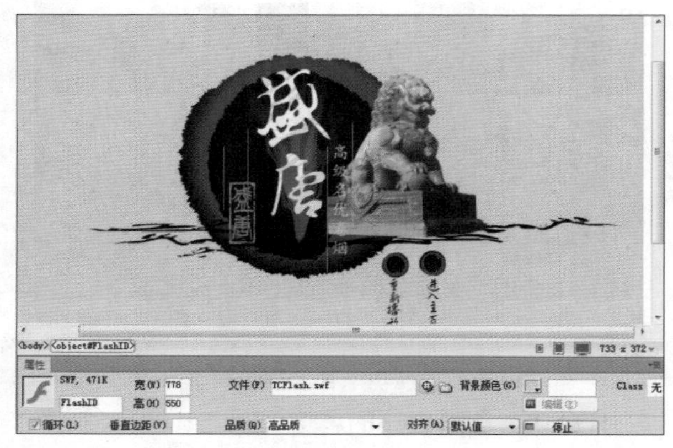

图2-99　播放Flash文件

知识解析：Flash“属性”面板

- FlashID文本框：用于输入Flash文件的名称。
- “宽”和“高”文本框：用于设置插入Flash文件的宽和高，默认情况下在插入Flash文件时，则会自动以插入的Flash文件的宽和高为基准。
- “文件”文本框：显示Flash文件的路径。如果单击“浏览”按钮，可重新添加Flash文件。

- “源文件”文本框：输入Flash软件的路径，单击“编辑”按钮，则会自动运行Flash软件。
- “背景颜色”按钮：用户设置Flash文件的背景色，一般情况下Flash文件的背景色应与网页背景颜色相同。
- 编辑(E)按钮：单击该按钮，可启动Flash软件编辑当前插入的Flash文件。
- Class下拉列表框：可将当前Flash文件引用定义好的CSS样式。
- 循环(L)复选框：选中该复选框，可重复播放Flash文件。
- 自动播放(U)复选框：选中该复选框后，在加载网页后，则会自动播放插入的Flash文件。
- “垂直边距”和“水平边距”文本框：用于设置Flash文件在网页文档中上、下、左和右的间距。
- “品质”下拉列表框：用于设置插入的Flash文件，在播放时是以哪种品质进行播放，其中包括低品质、自动低品质、自动高品质和高品质。
- 比例：用于设置Flash文件在网页区域中显示的比例方式。
- 对齐：选择Flash文件的放置位置。
- Wmode：设置Flash文件的背景是否透明，是Flash文件常用的属性之一。
- 播放按钮：单击该按钮可播放Flash文件。
- 参数...按钮：单击该按钮，可添加Flash文件的属性和相关参数。

2.5.5 插入并设置Flash Video

Flash视频即扩展名为.flv的Flash文件，在网页中插入Flash视频的操作同插入Flash动画的方法类似，插入Flash视频后还可通过设置的控制按钮来控制视频的播放。

实例操作：插入并设置Flash Video属性

- 光盘\效果\第2章\FVideo\FVideo.html
- 光盘\实例演示\第2章\插入并设置Flash Video属性

新建一个空白网页，并命名为FVideo.html网页文档，插入Flash Video文件，效果如图2-100所示。

图2-100 视频效果

Step 1 新建一个网页文档并保存为FVideo.html，将鼠标光标定位到需要插入Flash视频的位置，选择“插入”/“媒体”/FLV命令，如图2-101所示。

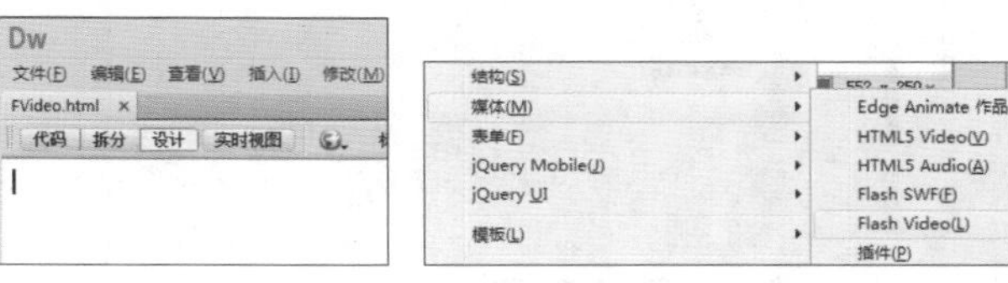

图2-101 新建网页并选择命令

Step 2 打开“插入FLV”对话框，在“视频类型”下拉列表框中选择视频的类型，这里保持默认值，单击浏览...按钮，打开“插入FLV”对话框，选择视频文件“日出. flv”，单击确定按钮，如图2-102所示。

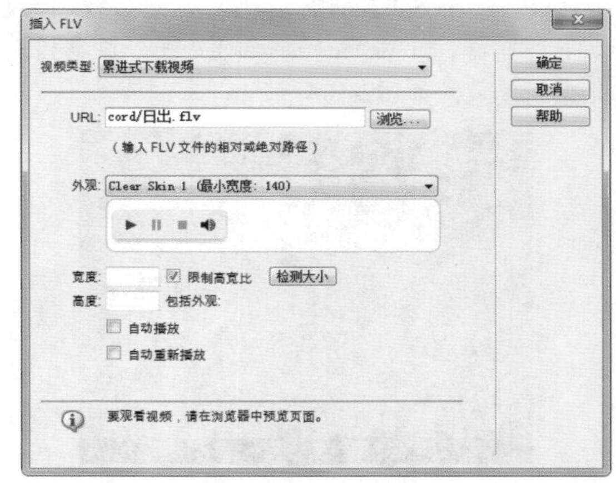

图2-102 选择视频文件

技巧秒杀

在“插入FLV”对话框中，可在URL文本框中输入Flash视频文件的路径及名称。

Step 3 ▶ 返回“插入FLV”对话框，在“外观”下拉列表框中选择“Halo Skin 2（最小宽度：180）”选项，作为视频播放器的外观界面，然后单击 检测大小 按钮，显示插入Flash Video文件的宽度和高度。选中 自动播放 复选框，单击 确定 按钮，插入Flash视频文件，如图2-103所示。

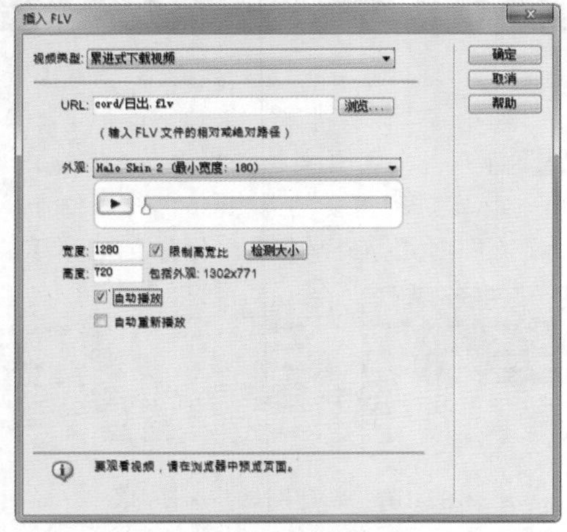

图2-103　设置Flash视频的参数

Step 4 ▶ 返回到网页文档中，即可查看插入的Flash视频文件，并且在“属性”面板中会出现的属性与“插入FLV”对话框相同，可在“属性”面板中重新设置，按Ctrl+S快捷键保存网页，然后按F12键，启动IE浏览器，单击 允许阻止的内容(A) 按钮，预览插入的Flash视频效果，如图2-104所示。

图2-104　查看效果

知识解析：“插入FlV”对话框

- **视频类型**：在该下拉列表框中可选择视频的类型，可选择“累进式下载视频”选项和“流视频”选项。
- **URL**：用于输入.flv文件地址，单击 浏览... 按钮可达到相同效果。
- **外观**：用于设置显示.flv文件的外观播放样式。
- **宽度、高度**：用于设置Flash视频文件的大小。
- **自动播放 复选框**：设置网页加载时，是否自动播放Flash视频文件。
- **自动重新播放 复选框**：选中该复选框后，在浏览器上运行Flash视频文件后自动重新播放。

?答疑解惑：

如果在视频类型下选择“流视频”选项有什么不同吗？

如果选择“流视频”选项，则会进入流媒体设置界面，如图2-105所示，而且Flash视频是一种流媒体格式，可以使用HTTP服务器或专业的Flash Communication Server流服务器进行流式传送。

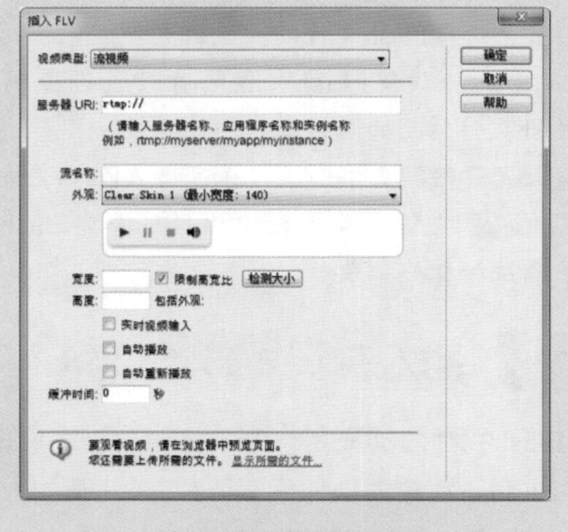

图2-105　流媒体界面

2.5.6 使用插件

在网页中，插件是浏览器应用程序接口中部分的动态编程模块，而且浏览器通过插件允许第三方开发者的产品完全并入在网页页面中，较为常用的插件包括RealPlayer和QuickTime。

1. 插入插件

在Dreamweaver CC中插入插件，只需将一般的音频或视频文件嵌入到网页中，并设置插件的宽度和高度即可。

插入插件的方法与其他音频或视频文件的方法基本相同，都可以选择“插入”/“媒体”/“插件”命令或在“插入”浮动面板的“媒体”分类下单击“插件”按钮，打开“选择文件”对话框，选择需要插入的音频或视频文件，单击确定按钮，即可在网页文档中以插件占位符的形式显示，如图2-106所示。

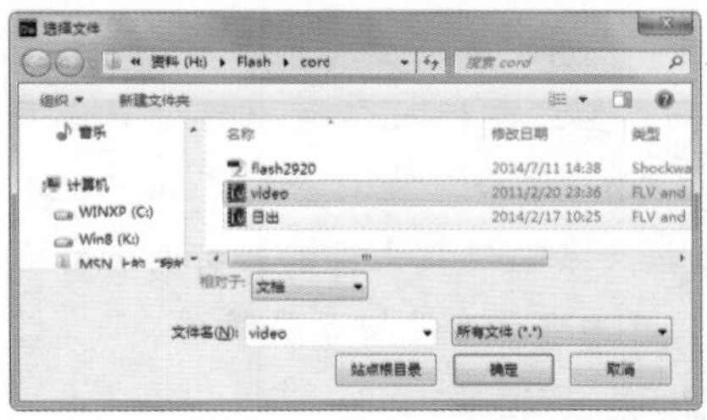

图2-106 “选择文件”对话框及插件占位符

2. 插件属性设置

在Dreamweaver CC中插入插件后，同样可以对其进行相应的属性设置，选择插入的插件占位符后，则可在“属性”面板中显示设置插件的相关属性，如图2-107所示。

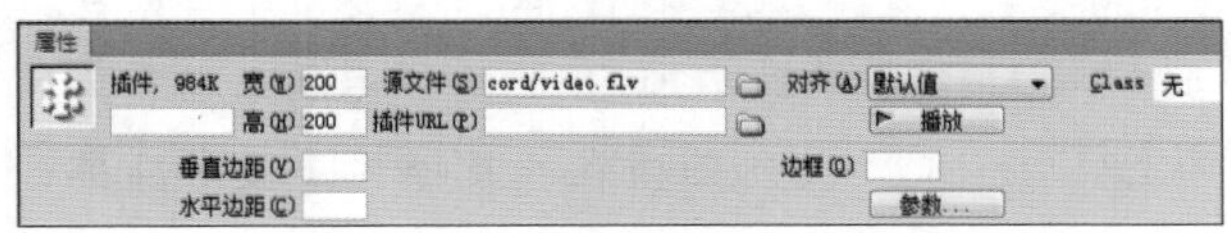

图2-107 插件“属性”面板

知识解析：插件“属性”面板

- 插件：在该文本框中可以输入播放媒体对象的插件名称，方便在脚本语言中进行引用。
- 宽和高：用于设置对象的宽度和高度，并且默认单位为像素，但也可以采用其他单位，如pc、pt、in、mm、cm或%。
- 源文件：用于设置插件内容的URL地址，既可以直接在其文本框中输入URL地址，同样可以单击“浏览”按钮，在打开的对话框中进行选择。
- 插件URL：用于输入插件所在的路径，在浏览网页时，如果浏览器中没有安装该插件，则可通过输入的插件路径进行下载。
- 对齐：用于设置插件在浏览窗口中水平方向的对齐方式。
- 播放按钮：用于控制插件中的对象是播放还是暂停。
- Class：可对插入的插件引用已经定义好的CSS样式。
- 垂直边距和水平边距：用于设置插件在文档窗口中与上、下、左和右边的间距。
- 边框：用于设置对象边框的宽度，其单位是像素。
- 参数...按钮：单击该按钮，则会提示用户输入属性面板中没有出现的属性。

读书笔记

2.6 超链接的应用

链接就是一个网站的灵魂，在网站的各个网页中不仅要知道如何创建链接，更需要了解链接路径的真正意义。在Dreamweaver CC中提供了多种链接，如文本链接、图像链接、多媒体链接和下载文件链接等，对于图像还可以创建热点，即可为图像创建局部的链接。本节将介绍链接路径及各链接的应用。

2.6.1 认识超链接和路径

在一个网站中，链接是最基本、也是最重要的一部分，假如一个网站中的每个网页都独立存在，则失去了网站所存在的意义，因此，一个网站中的每个网页都必须用各种链接关联在一起，而链接时，则会输入链接目标的路径及名称。

1. 认识超链接

超链接其实就是一个网页指向另一个网页或网页中各种对象的关系，这个关系可以是相同网页上不同位置、一个图片、一个电子邮件地址、一个文件以及一个应用程序等。

2. 超链接的路径

在创建各种超链接时，链接路径的设置则是至关重要的，如果设置不正确，则不会成功地跳转到链接到的目标位置，并且在网页中路径也包括绝对路径、相对路径和根路径3种，下面将分别进行介绍。

- **绝对路径：** 绝对路径是指包括服务器在内的完全路径，通常用Http://来表示，并且绝对路径同链接的源端无关，只需要网址不变，不管站点的位置如何变化，都会准确无误地跳转到目标位置，常用于链接到其他站点上的内容，如图2-108所示。

图2-108 绝对链接

- **相对路径：** 对于相对路径适合于网站间的内部链接，如果链接到同一级目录下，则可直接输入目标链接的名称，如jp.jpg；如果链接到下一级目录，则需输入目录名，再加上“/”，最后是文件名，如img/jp.jpg；如果是上一级目录中的文件，则先输入“../”，再输入目录名，最后输入文件名，如../img/jp.jpg。
- **根路径：** 根路径适合于创建内部链接，与绝对路径非常相似，只是省去了绝对路径中带有协议的地址部分。它以“\”开始，然后是目录下的目录名。根路径具有绝对路径的源端点位置无关性，可用作本地站点中进行测试，而不用链接到Internet。

2.6.2 创建常见的超链接

在网页文档中，按照使用对象的不同，常见的超链接包括文本超链接、图像（热点）超链接、E-mail超链接、锚记超链接和空超链接。下面对各种超链接的创建作用及创建方法进行介绍。

1. 创建文本超链接

在网页中，文本超链接是最常见的一种链接，它是通过让文本作为源端点，创建链接的目的。在网页文档中创建文本链接相对比较简单，但使用方法却有多种，下面将分别进行介绍。

- **通过菜单命令：** 在需要插入超链接的位置选择“插入”/ Hyperlink命令，在打开的Hyperlink对话框中进行链接文本、链接文件和目标打开方式的设置。如图2-109所示为链接百度网页。

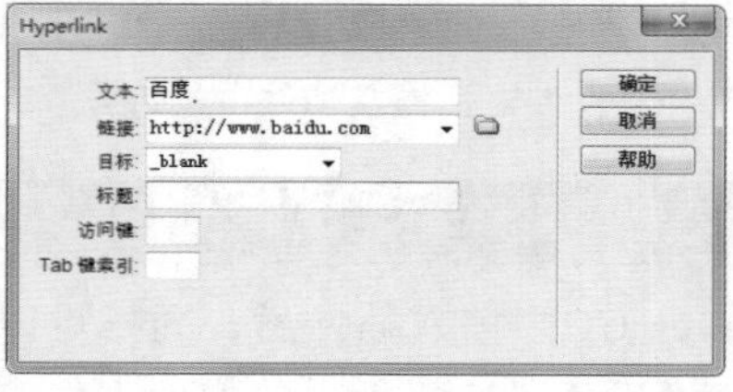

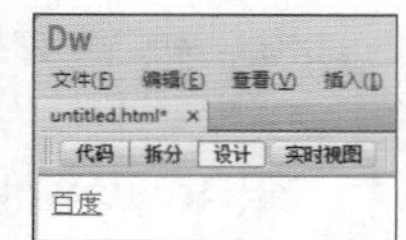

图2-109 链接百度网页

- **通过“属性”面板：** 在网页中选中要创建超链接的文本，在“属性”面板的“链接”下拉列表框中直接输入链接的URL地址或完整的路径和文件名。如图2-110所示为在“属性”面板中链接百度网页。

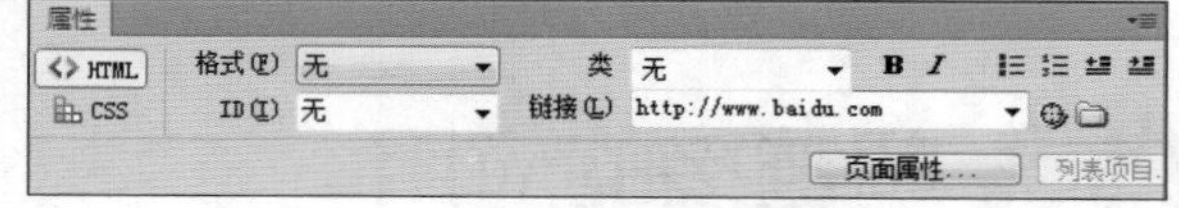

图2-110 在“链接”下拉列表框中输入链接

- **通过“浏览”按钮：** 单击“链接”下拉列表框后的“浏览”按钮，在打开的“选择文件”对话框中选择需要链接的文件，单击确定按钮即可链接，或按住“链接”下拉列表框后的“指向文件”按钮，拖动到右侧的“文件”面板，并指向需要链接的文件即可。

◆ HTML代码：切换到“代码”或“拆分”视图中，直接在<body></body>标签间输入<a href="链接路径及名称">链接内容</a>，如<a href="http://www.baidu.com">百度</a>表示单击“百度”文本，链接到百度网页，如图2-111所示。

图2-111　通过HTML代码创建文本超链接

?答疑解惑：

在设置Hyperlink时，选择的目标方式是什么含义？

表示在单击设置的链接后，跳转到目标对象时，在浏览器中以哪种目标方式浏览目标对象。其中，可以设置4种打开浏览器的目标方式，如表2-1所示。

表2-1　目标（target）方式和作用

目标（target）属性值	说　明
_parent	在上一级浏览窗口中打开。这种方式常用于框架页面
_blank	以新窗口的方式打开浏览器
_self	链接内容出现在应用链接的窗口或框架中。也是默认选项
_top	在浏览器中的整个窗口中打开，会忽略任何一个框架页面

2. 创建图像超链接

图像的链接与热点链接方法非常相似，但图像超链接却是以图像作为源端点，并且在图像还可以做图像映射；热点链接则是在同一张图像中创建多个超链接。下面分别介绍创建图像超链接和热点链接的方法。

（1）创建图像超链接

在网页文档中创建图像超链接与创建文本超链接的操作方法基本相同，都是先选择需要创建超链接的对象，然后在属性面板中设置图像链接的路径及名称，如图2-112所示。

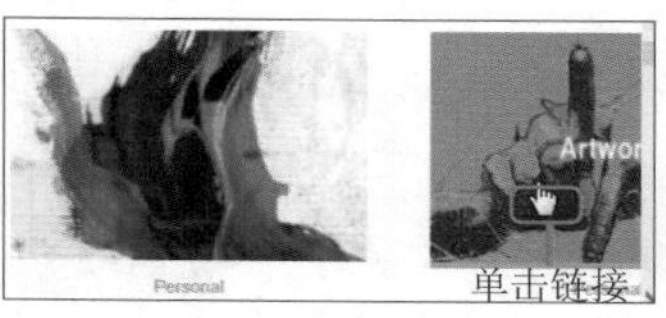

图2-112　图像链接

（2）热点链接

热点链接的原理就是利用HTML语言在图片上定义不同形状的区域，然后再给这些区域添加链接，这些区域就被称为热点。

在创建热点链接时，需要选择需要创建热点的图片，再在“属性”面板中选择不同的热点形状，在图像区域上定义热点区域后，在其“属性”面板的“链接”文本框中输入链接路径或名称即可，如图2-113所示。

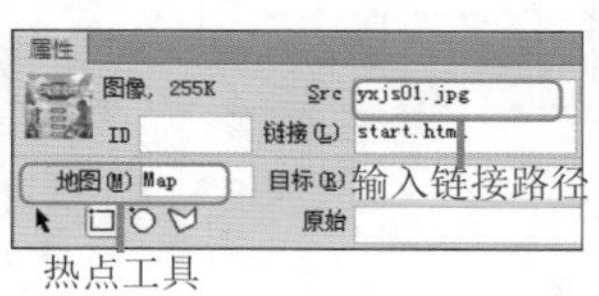

图2-113　热点链接

知识解析：热点工具

◆ 指针热点工具：用于对热点进行操作，如选择、移动和调整图像热点区域范围等。

◆ 矩形热点工具：用于创建规则的矩形或正方形热点区域。选择该工具后，将鼠标光标移动到选中图像上要创建矩形热点区域的左上角位置，按住鼠标左键不放，向右下角拖动覆盖整个需要的热点区域范围后释放鼠标，完成矩形热点区域的创建。

- **圆形热点工具**：用于绘制圆形热点区域，其使用方法与矩形热点工具的使用方法相同。
- **多边形热点工具**：用于绘制不规则的热点区域。选择该工具后，将鼠标光标定位到选择图像上要绘制的热点区域的某一位置单击，然后将鼠标光标定位到另一位置后再单击，重复确定热点区域的各关键点，最后回到第一个关键点上单击，以形成一个封闭的区域，完成多边形热点区域的绘制。

3. 创建E-mail超链接

电子邮件链接可让浏览者启动电子邮件客户端，向指定邮箱发送邮件，而且在网页中创建E-mail超链接，可以是文本，也可以是图像。下面分别介绍创建E-mail超链接的方法。

- **通过菜单命令**：将插入点定位到需要创建E-mail超链接的位置，选择“插入”/“电子邮件链接”命令，打开“电子邮件链接”对话框，在该对话框中输入链接文本和邮件地址，单击 确定 按钮即可，同样也可以在属性面板中进行设置，如图2-114所示。

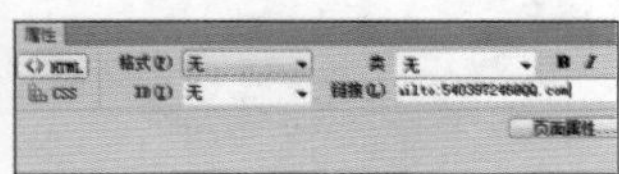

图2-114　设置E-mail电子邮件

- **通过“插入”浮动面板**：在“插入”浮动面板中，在“常用”分类下单击“电子邮件链接”按钮，打开“电子邮件链接”对话框，在该对话框中输入链接文本和邮件地址，单击 确定 按钮即可。
- **通过HTML代码**：切换到“代码”或“拆分”代码视图中，在<body></body>标签中输入<a href="mailto:链接地址">链接内容</a>，如<a href="mailto:540397246@QQ.com">有意见联系我们哦!</a>，表示单击文本后启动电子邮件程序，自动填写收件人540397246@QQ.com地址。

4. 创建锚记超链接

锚记链接的功能是单击源端点对象后可跳转到本页或其他页面的指定位置，即锚点处。锚点链接的创建分为命名锚点和链接两部分。

（1）命名锚记

在Dreamweaver CC中创建锚记的方法不同于在旧版本中创建锚记，可以使用菜单命令或在“插入”浮动面板中进行命名。在Dreamweaver CC中只能切换到“代码”或“拆分”视图中，在需要命名锚记的位置输入代码<a name="center"></a>，表示命名一个名为center的锚记。在“设计”视图中以锚记图标的形式显示，如图2-115所示。

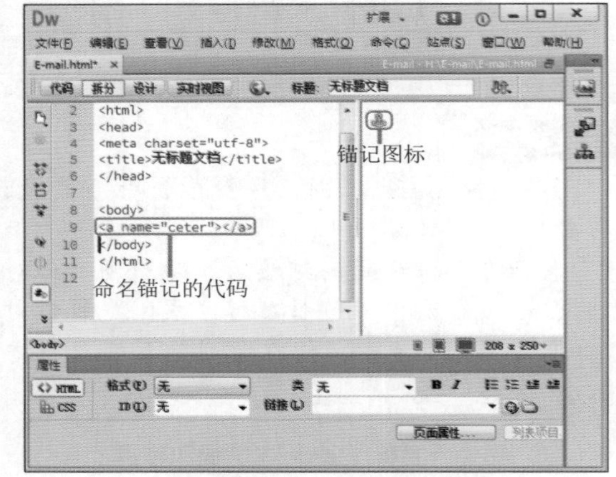

图2-115　命名锚记

（2）链接锚记

链接锚记的符号为#，在引用锚记时，则可以在“属性”面板中进行链接或使用HTML代码进行链接，下面分别进行介绍。

- **在“属性”面板中链接**：选择需要引用锚点的文本或其他对象，在“属性”面板的“链接”文本框中输入#center则表示引用名为center的锚记。
- **使用HTML代码进行链接**：切换到“代码”或“拆分”视图中，输入代码<a href="#center">链接内容</a>。

技巧秒杀

如果链接指向的是其他页面的锚记，此时就需要在引用锚记时，添加锚记所在的网页名称或路径，如<a href="index.html#center"></a>，表示引用名为index网页上的锚记center。

5. 创建空链接

空链接是未指定目标端点的链接。建立空链接时，需先在编辑窗口中选择要建立空链接的文本或图像，然后在“属性”面板的“链接”文本框中直接输入#符号即可，用于从同一网页中底部跳转到顶部。

6. 其他链接

除了上述介绍的超链接外，在网页文档中还可以创建其他类型的超链接，如下载超链接和音、视频超链接。

（1）下载超链接

在网页文档中，下载超链接并没有采用特殊的链接方式，与其他的超链接相同，只是链接的对象不是网页而是一些单独的文件。

在单击浏览器中无法显示的链接文件时，会自动打开“文件下载”对话框，一般扩展名为.gif或.jpg的图像文件或文本文件（.txt）都可以在浏览器中直接显示，但一些压缩文件（.zip和.rar等）或可执行文件（.exe）则不可以显示在浏览器中，因此会打开“文件下载”对话框进行下载，如图2-116所示。

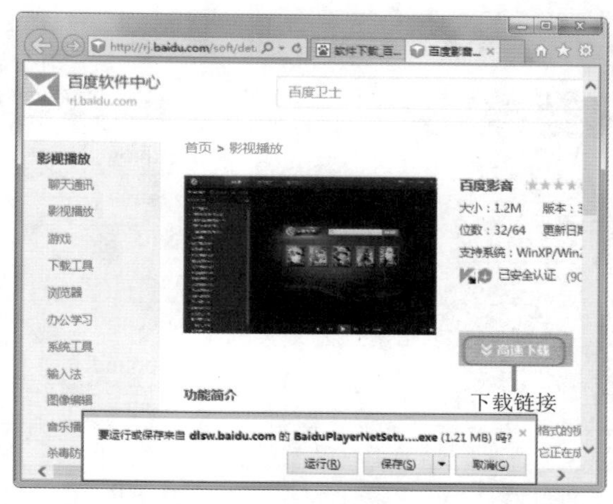

图2-116 下载链接

（2）音、视频链接

很多网站都会提供听音乐或观看视频的服务，因此，在网页中使用超链接链接到音乐文件，单击音乐链接时会自动启动播放软件，从而播放相关音乐，如图2-117所示。

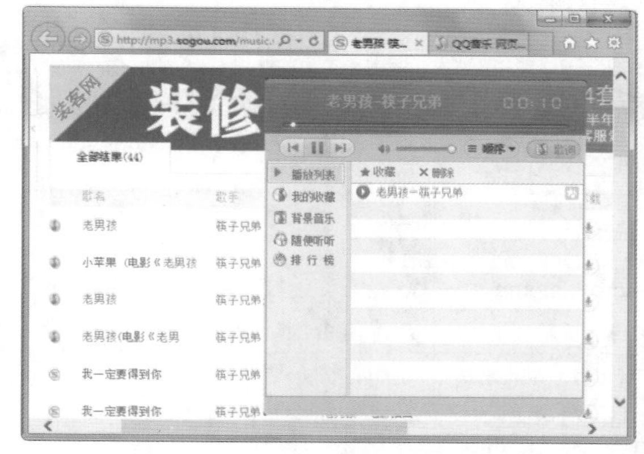

图2-117 音频链接

知识大爆炸

——HTML的简单应用以及SEO优化网页图像的技巧

1. HTML实现的特殊字符代码

在网页文档中，如果想将特殊字符包含在网页文档中，必须将字符的标准实体名称或符号#加上它所在的标准字符集里的位置编号，另外，还要包含在一个&符号和;之间，并且中间不能有空格。如表2-2所示为常用的特殊字符。

表 2-2　常用的特殊字符

特殊符号	符号码	特殊符号	符号码
~	"	§	§
&	&	●	·
<	<	™	™
>	>	×	×
¢	¢	"	[
£	£	"	]
€	€	/	/
±	±	{	{
¥	¥	}	{

2. 制作滚动文字

在很多网页中，可以看到许多在滚动的文字，在Dreamweaver CC中使用HTML代码可快速、轻松地添加滚动文字，只需要切换到“代码”或“拆分”视图中，在需要添加滚动文字的位置输入<marquee>文字内容</marquee>即可制作默认的滚动文字。如果想控制滚动文字效果，则可通过设置<marquee></marquee>标签属性值进行控制，如设置滚动文字的方向、速度和延迟等，设置各滚动效果的属性作用如表2-3所示。

表 2-3　marquee 的属性及属性值

参　数	描　述
direction	文字的滚动方向，包括 up、down、left 和 right4 个属性值，即设置文字方向向上、向下、向左和向右
behavior	滚动方式，包括 scroll、slide 和 alternate3 个属性值，即设置文字滚动方式为循环、滚动一次和交替滚动
scrollamount	设置滚动速度，如 <marquee scrollamount="3"> 文本内容 </marquee>
loop	设置是否循环滚动。如果 loop 的属性值为 1 表示只滚动一次，如果为 -1 则表示循环滚动
width、height	滚动范围，表示在设置大小的范围内进行滚动
bgcolor	设置滚动文字的背景
hspace、vspace	滚动空间

具体设置滚动文字的代码如下：

```
<marquee direction="up" scrollamount="3" height="120" bgcolor="#eee"></marquee>
```

该段代码表示设置文字滚动方向向上，滚动速度为3，滚动高度为120px，其背景颜色值为#eee。

3. 添加背景音乐

在网页文档中可以添加媒体文件，当然也包括添加背景音乐。在Dreamweaver CC中，只能通过HTML5代码添加背景音乐，并且使用代码添加背景音乐相当快速，只需在“代码”或“拆分”视图中输入代码：

<bgsound src="Answer.mp4" loop="-1">

该代码则表示添加的背景音乐为Answer.mp4，并且无限循环。

在添加背景音乐所使用到的src和loop属性，分别表示链接的路径及名称和是否循环播放背景音乐。

4. 使用HTML5代码插入音频文件

在Dreamweaver CC中，使用可视化的操作插入音频文件比较适合于初学者，而代码熟练的用户可以使用HTML5代码快速地插入音频文件，其方法为：切换到“代码”或“拆分”视图中，输入代码<audio controls src="文件路径及名称"></audio>，如<audio controls src="video.mp4"></audio>表示插入的音频文件为video.mp4，同样可以添加多个音频文件，代码如图2-118所示，并且在代码中设置的属性值也会体现在属性面板中，如图2-119所示。

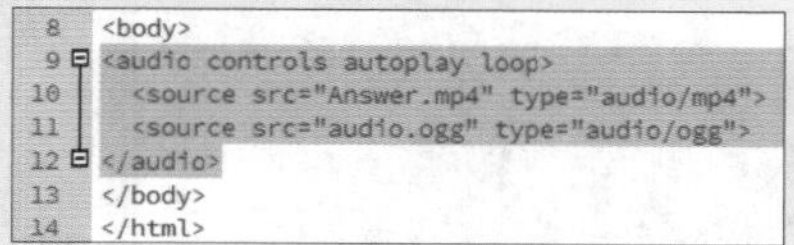

图2-118　插入HTML5音频代码

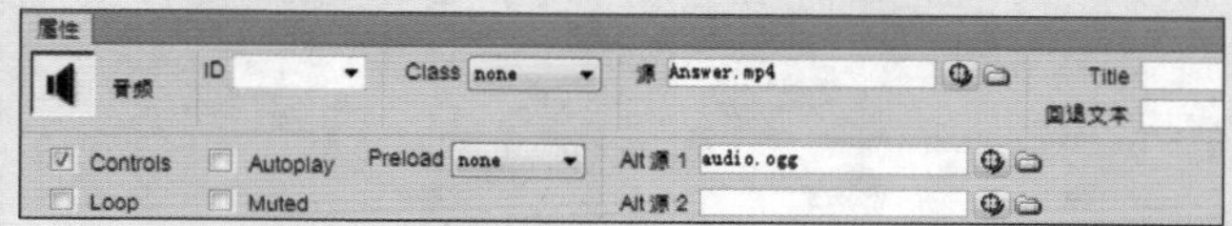

图2-119　音频属性设置

读书笔记

01 02 03 04 05 06 07 08 09 10 11 12 ……

使用CSS样式美化网页

本章导读

在制作网页时，对网页文档中各对象元素的格式进行设置是一件很繁琐的工作。而在Dreamweaver中可以使用CSS样式轻松地解决该问题。并且使用CSS样式美化的网页在修改或维护时相当容易，只需打开相应的CSS文件即可进行修改。本章将使用CSS样式对制作的网页进行美化，如设置文本字体、字号、背景及图像等。

3.1 认识和应用CSS样式

在网页中灵活运用CSS样式，可以使用相同的CSS样式文件同时控制多个网页，与HTML样式相比，它不仅可以链接多个网页文件，修改CSS样式后，还可以自动更新，因此，熟练地使用CSS样式，可以快速方便地制作各个网页，下面就对CSS样式的基本语法、创建和样式的引用等内容进行介绍。

3.1.1 CSS概述

CSS（Cascading Style Sheets）也称为层叠样式表，是用于控制网页样式并允许将样式信息与网页内容分离的一种标记性语言。

1. CSS的优越性

如果在网页中通过手动设置每个页面的文本格式，将会使操作十分麻烦，并且还会增加网页中的重复代码，不利于网页的修改和管理，也不利于加快网页的读取速度。下面将具体介绍CSS的各种优越性。

- **容易管理的源代码**：在网页文档中，如果不使用CSS样式表，HTML标签和网页文件的内容、样式信息等都会混杂在一起。如果将这些内容合并到CSS样式表，放置在网页文档前，就方便对网页文档中的各种样式进行修改。
- **提高读取网页速度**：在制作的网站中使用CSS样式表的过程中，会对源代码进行整理，从而可以加快网页在浏览时的加载速度。如HTML中使用了10<p>标签，在读取网页时，则会读取10<p style="font_size:14;color:#cbf"></p>样式，而将其整合在CSS样式表中，则只需读取一次后，在下一次读取时，则会记住<p>标签的表示方式，从而提高读取网页的速度。

2. CSS样式表的类型

CSS样式表位于网页文档的<head></head>标签之间，其作用范围则由class或其他符合CSS规范的文本进行设置。而对于CSS样式表则包含了4种类型，下面分别进行介绍。

（1）类

类是用户自定义用来设置一个独立格式的样式，在网页文档中可以对选定的区域应用这个自定义的样式。如定义一个.max样式，样式代码如图3-1所示。而引用.max样式的区域，则会引用自定义中的样式，其样式表示字体大小为14像素，加粗，颜色值为#93F（紫色）。

```
.max{font-size:14px; font-weight:bold; color:#93F;}
```

图3-1　定义类CSS样式

（2）ID

ID与类相似，都是用户自定义的样式，并且都是某个标签中包括的特定的一个属性。在引用时，ID的CSS样式前是用“#”，而类前则使用“.”。另外，类可以分配给任何数量的元素，而ID只能在某个HTML标签中使用一次，并且其ID名称样式也是唯一的。如果同一个HTML标签中同时存在ID和类，则优先使用ID中定义的CSS样式。如图3-2所示为定义的ID的CSS样式。

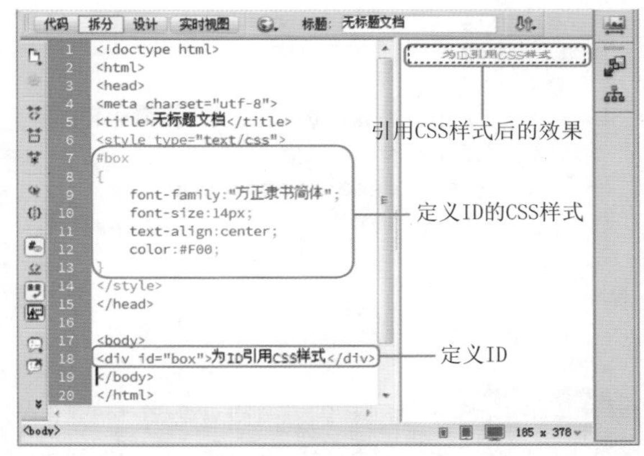

图3-2　定义ID的CSS样式

（3）标签

标签表示HTML中自带的标签样式，而使用

CSS样式的意义就是将HTML中自带的标签元素的样式进行重定义。如图3-3所示，其中定义的标签img是用来设置图片格式的，如果应用了图中的CSS语句，则网页中的所有图片都会引用相同的样式。

图3-3　重定义img标签代码及效果

技巧秒杀

重定义img中的CSS样式表示设置图片的宽和高都为200像素，边框为3像素的实线，边框颜色为墨绿色（#00767C）。

（4）复合内容

在网页文档中，当同时改变多个类、标签或ID样式时所创建的CSS样式表，则称之为复合内容，并在包含的复合规则样式表中的所有类型都会引用相同的CSS样式，如图3-4所示的复合类型中，代码a标签用来设置超链接，而a:visited表示超链接已访问的类型。

```
a:visited
    {
        font-family:"方正流行体简体";
        font-size:14px;
        text-decoration:none;
        color:#F00;
    }
```

图3-4　已访问超链接的CSS样式

技巧秒杀

已访问超链接的CSS样式代码分别表示字体为方正流行体简体，字体大小为14像素，访问后的超链接没有下划线，字体颜色为红色（#F00）。

3.1.2 CSS样式表的基本语法

CSS样式表主要的功能就是将某些规则应用于网页中的同一类型的元素中，以减少网页中大量多余繁琐的代码，并减少网页制作者的工作量。在Dreamweaver CC中，要正确地使用CSS样式，首先需要知道CSS样式表的基本语法。

1. 基本语法规则

在每条CSS样式中，都包含了两部分的规则：选择器（选择符）和声明。选择器就是用于选择文档中应用样式的元素，而声明则是属性及属性值的组合。每个样式表都是由一系列的规则组成的，但并不是每条样式规则都出现在样式表中，如图3-5所示。

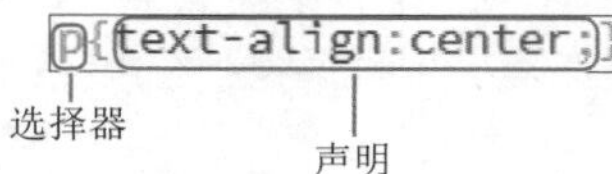

图3-5　CSS样式基本语法规则

2. 多个选择器

在网页文档中，如果想把一个CSS样式引用到多个网页元素中，则可使用多个选择器，即在选择器的位置引用多个选择器名称，并且选择器名称之间用逗号分隔即可，如图3-6所示。

```
p,H1,H2{text-align:center; color:#F00;}
```

图3-6　多个选择器的使用

3.1.3 认识CSS设计器

Dreamweaver CC中的CSS设计器与旧版本不同，是一个综合性浮动面板，从中可视化地创建CSS文件、规则以及设置属性和媒体查询。

而在Dreamweaver CC中，要打开“CSS设计器”浮动面板，可以通过选择“窗口”/“CSS设计器”命令或按Shift+F11快捷键，将其打开，如图3-7所示。

图3-7　CSS设计器

知识解析：“CSS设计器”浮动面板

- **“源”列表框：**在该列表框中列出了与当前网页文档有关的所有样式表。在该列表框中，可以创建CSS样式表，并附加到网页文档中，也可以定义当前网页文档中的CSS样式。
- **“@媒体”列表框：**用于设置在“源”列表框中所选源的全部媒体查询。如果不选择特定的CSS，该列表框中将显示与文档关联的所有媒体查询。
- **“选择器”列表框：**在“源”列表框中列出所选源中的全部选择器。如果同时还选择了一个媒体查询，则此时会为该媒体查询缩小选择器列表的范围。如果没有选择CSS或媒体查询，则此列表框中将显示文档中的所有选择器。
- **“属性”列表框：**在该列表框窗口中显示所选择的选择器中的所有属性。

技巧秒杀

CSS设计器是与当前网页文档的上下文相关联的，对于任何指定的页面元素，用户都可以查看关联的选择器和属性。即在CSS设计器中选择某个选择器时，相关联的源和媒体查询将在各自的窗口中高亮显示。

3.1.4 创建样式表

在Dreamweaver CC中，如果CSS样式按照使用方法进行分类可以分为内部样式和外部样式。如果CSS样式创建新建到网页内部，则可以选择创建内部样式，但创建的内部样式只能应用到一个网页文档中，如果想在其他网页文档中应用，则可创建外部样式。

1. 创建内部样式

在Dreamweaver CC中创建内部样式，只需在“CSS设计器”浮动面板中进行操作。

实例操作：创建内部样式

● 光盘\实例演示\第3章\创建内部样式

本例将在HTML网页中以h1标签为例，创建内部样式，并应用到h1标签中。

Step 1 启动Dreamweaver CC，创建一个空白HTML网页文档，切换到“拆分”视图中，在<body></body>标签之间，输入代码<h1>内部样式</h1>，然后选择“窗口”/“CSS设计器”命令，打开“CSS设计器”浮动面板，如图3-8所示。

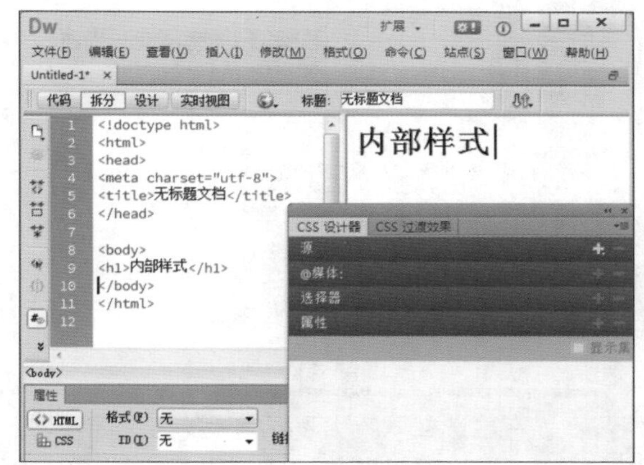

图3-8　新建网页并打开CSS设计器

Step 2 在“CSS设计器”浮动面板中，在“源”列表框中单击“添加CSS源”按钮，在弹出的下拉列表框中选择“在页面中定义”选项，此时会在“源”列表框中添加一个<style>源，同时会在“代码”视图中添加相关源代码，表示定义内部CSS样式，如图3-9所示。

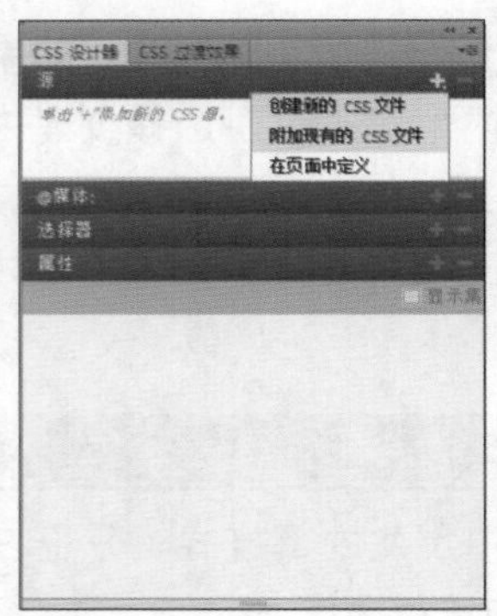

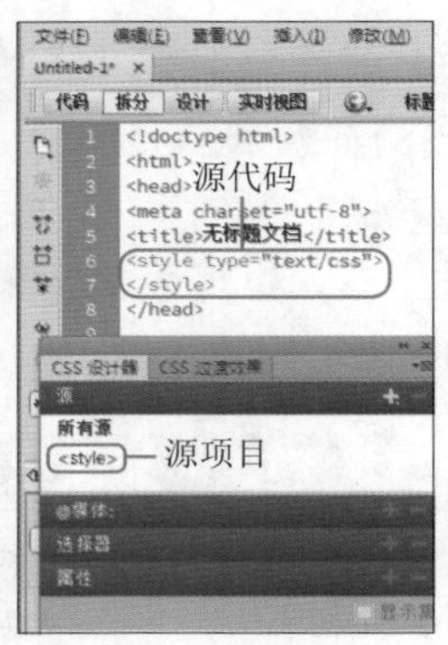

图3-9　定义“源”代码

Step 3 在“源”列表框中选择添加的源，在“选择器”列表框的右侧单击“添加选择器”按钮，则会在“选择器”列表框中添加空白文本框，此时只需在该空白文本框中输入选择器名称，这里输入并选择h1，此时则会在“属性”列表框中显示关于设置h1的所有属性，如图3-10所示。

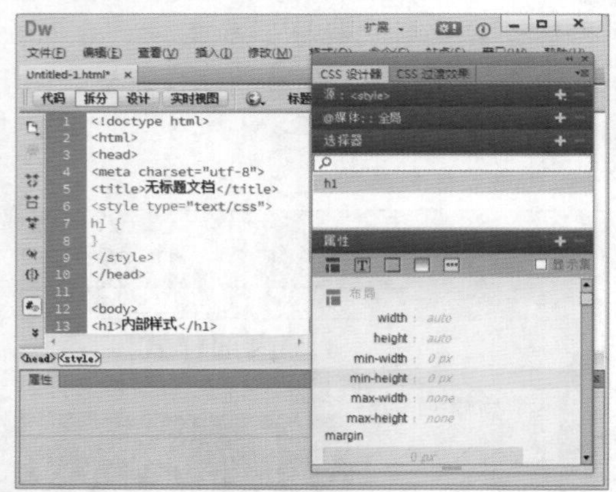

图3-10　添加选择器

操作解谜

在“选择器”列表框中添加了选择器后，同样会在代码视图中，以代码的形式添加选择器，如果在“CSS设计器”浮动面板中为添加的选择器添加属性值，同样会生成属性值代码。

Step 4 在“属性”列表框的按钮栏中单击“文本”按钮，则会在下方的列表框中显示关于设置文本的属性，然后单击“设置颜色”按钮，在打开的颜色面板中，使用吸管吸取颜色，这里吸取颜色值为（#ccff00），然后再设置font-family字体属性值为“方正隶书简体”。使用相同的方法在属性列表中设置font-weight的属性值为bold，text-align为center，如图3-11所示。

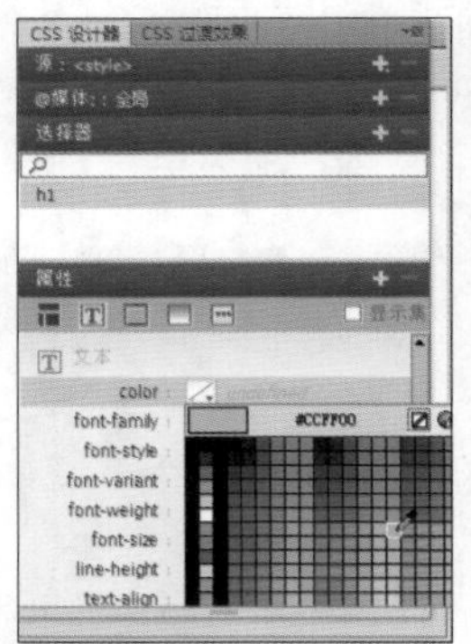

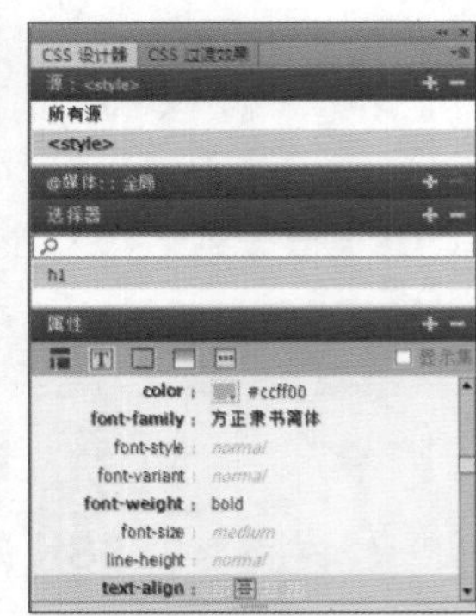

图3-11　设置内部样式属性

技巧秒杀

在属性列表框中设置后的属性会高亮显示，而未被设置的属性则呈灰色状态，如果想在属性列表框中只查看设置的属性，可以在按钮栏中选中☑显示集复选框，如图3-12所示。

图3-12　查看设置后的属性

Step 5 设置各属性后，同样会在代码文档中自动生成相应的属性代码，效果如图3-13所示。

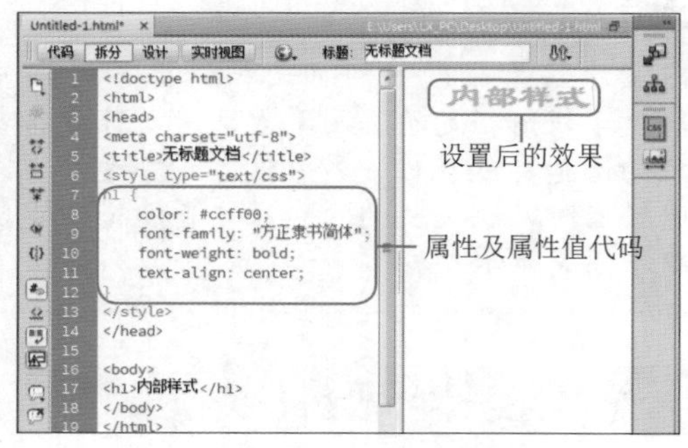

图3-13　查看效果

2. 创建并链接外部样式表

在Dreamweaver CC中，不仅可以使用“CSS设计器”浮动面板创建外部样式，还可以链接已经创建好的CSS文件，将其应用到网页中。

实例操作：创建并链接外部样式表

● 光盘\实例演示\第3章\创建并链接外部样式表

本例将在HTML网页中，创建一个外部样式表，并将其链接到当前网页中。

Step 1 ▶ 新建一个HTML空白网页，然后选择“窗口”/“CSS设计器”命令，打开“CSS设计器”浮动面板，在“源”列表框右侧单击“添加CSS源”按钮，在弹出的下拉列表中选择“创建新的CSS文件”选项，打开“创建新的CSS文件”对话框，在“文件/URL”文本框后单击 浏览... 按钮，如图3-14所示。

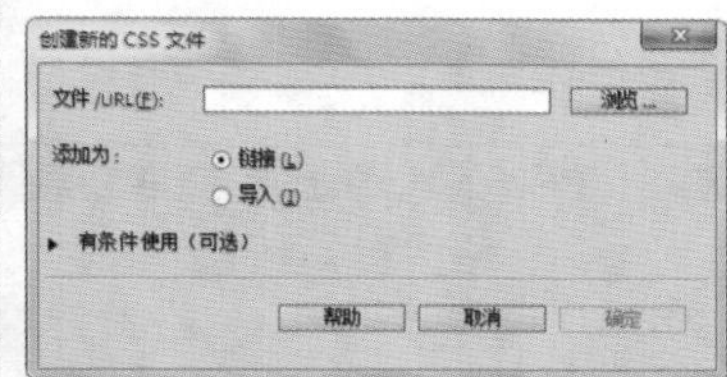

图3-14 准备创建新的CSS文件

技巧秒杀

若在弹出的下拉列表中选择“附加现有的CSS文件”选项，则可打开“使用现有的CSS文件”对话框（该对话框与“创建新的CSS文件”对话框相同，并且操作方法也相同，但功能有所变化），添加已经创建好的CSS文件样式表。

Step 2 ▶ 打开“将样式表文件另存为”对话框，在“保存在”下拉列表框中选择保存路径，然后在“文件名”文本框中输入CSS文件的名称，这里输入style.css，然后再单击 保存(S) 按钮，如图3-15所示。

Step 3 ▶ 返回“创建新的CSS文件”对话框中，可在“文件/URL”文本框中查看到创建的CSS文件的保存路径，其他保持默认设置，单击 确定 按钮，在“源”列表框中则可看到创建的CSS文件，如图3-16所示。

图3-15 设置存储CSS路径及名称

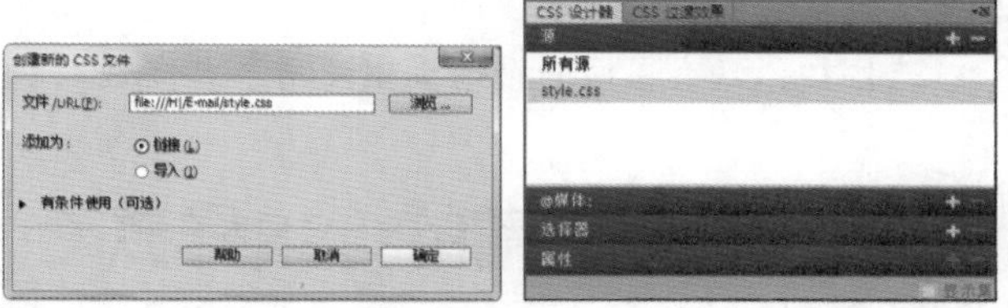

图3-16 查看创建的CSS文件

技巧秒杀

在“CSS设计器”浮动面板中创建CSS文件后，可以使用创建内部样式的方法在“CSS设计器”浮动面板中设置属性值。

Step 4 ▶ 在网页文档中切换到“代码”视图中，则可在<head></head>标签中自动生成链接新建的CSS样式文件，如图3-17所示。

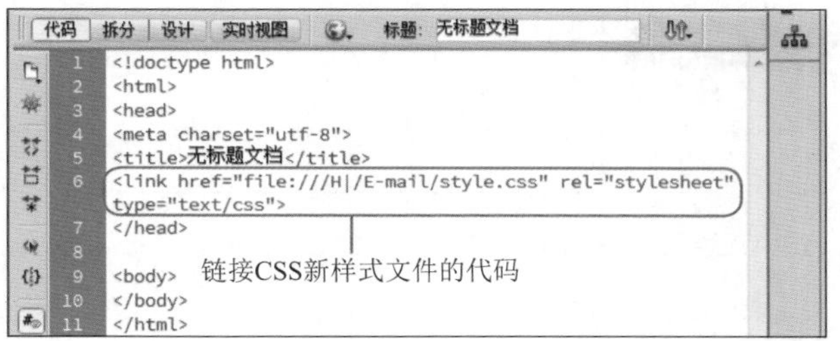

```
<!doctype html>
<html>
<head>
<meta charset="utf-8">
<title>无标题文档</title>
<link href="file:///H|/E-mail/style.css" rel="stylesheet"
type="text/css">
</head>

<body>
</body>
</html>
```


图3-17 查看链接CSS文件的代码

操作解谜

在网页文档的代码文档中生成的链接CSS样式文件代码，其基本语法为<link href="路径及名称" rel="stylesheet" type="text/css">，其中，rel="stylesheet"表示在浏览器中以哪种方式显示，而type="text/css"表示显示的类型。

知识解析："创建新的CSS文件"对话框

- **"文件/URL"文本框**：在该文本框中可显示创建新的CSS文件的路径及名称，同样也可以直接在该文本框中输入CSS文件的存储路径及名称。
- **链接(L)单选按钮**：选中该单选按钮，将外部样式表文件链接到网页文件中。
- **导入(I)单选按钮**：将外部样式表文件导入到网页文件中。选中该单选按钮后，每个网页文件都要下载样式表代码，所以通常情况下不会选中该单选按钮，只有在同一个网页中使用第三方样式表文件时才会选中。
- **有条件使用(可用)栏**：在该文本前单击"展开"按钮▶，则会展开定义媒体查询的相关条件，如图3-18所示。

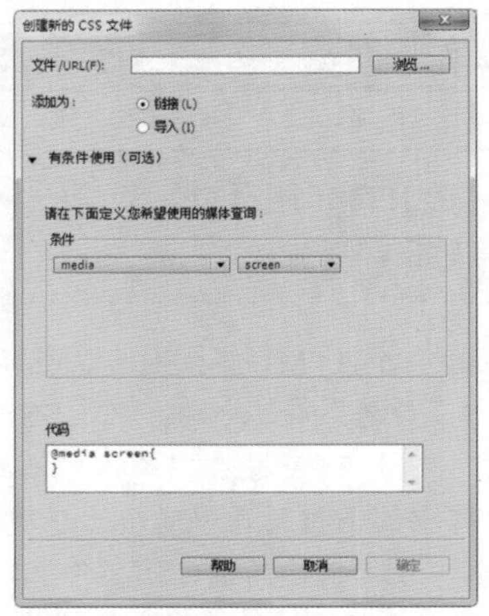

图3-18 设置媒体查询的相关条件

3.2 使用丰富的CSS样式

在网页文档中，使用CSS样式不仅可以减轻设计者的工作负担，而且还可以提高制作网页的效率。在CSS样式表中集中了相关命令，用于实现网页中的特殊效果，如使用CSS样式可以定义文本、列表、背景、表单、图片和光标等各种效果。

3.2.1 CSS的布局属性

在"CSS设计器"浮动面板的"属性"列表框的"按钮"栏中单击"布局"按钮▦，则可在属性列表框中显示关于布局的属性及属性值，如图3-19所示。

读书笔记

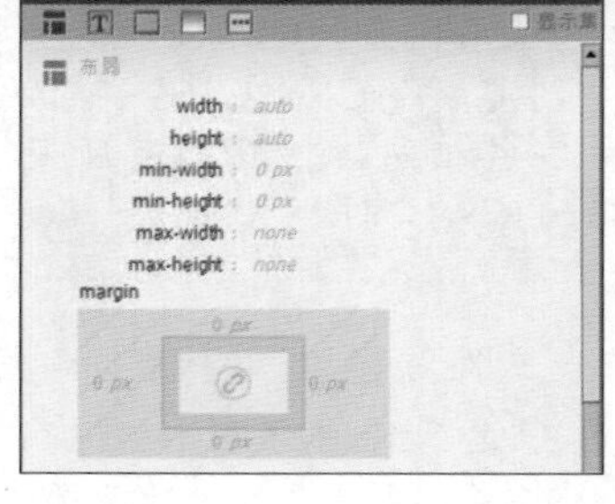

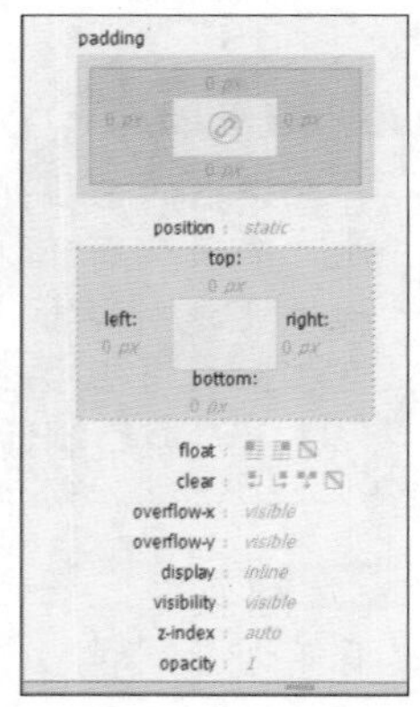

图3-19 布局属性

知识解析："布局属性"列表框

- **width(宽)**：设置元素的宽度。默认情况下，其宽度为auto(表示浏览器自动控制其宽度)，也可以直接输入值，作为元素的宽度。在设置宽度的同时，可在右侧的下拉列表框中选择值的单位。

◆ height（高）：设置元素的高度。其作用、操作方法与width相同。

◆ min-width（最小宽度）：用于设置最小宽度，即元素的宽度可以比指定值宽，但不能小于指定值的宽度。

◆ min-height（最小高度）：用于设置最小高度，即元素的高度可以比指定值高，但不能小于指定值的高度。

◆ max-width（最大宽度）：与min-width属性相反，该属性是用于设置最大宽度，即在设置时元素的宽度不能超过最大宽度，但可以小于最大宽度。

◆ max-height（最大高度）：与min-height属性相反，该属性是用于设置最大高度，即在设置时元素的高度不能超过最大高度，但可以小于最大高度。

◆ margin（边界）：该属性可以用于设置元素边界和其他元素边界之间的间距。同样可以在margin属性下方的图形四周直接输入间距值，设置上、下、左和右的边距，然后在各边距位置选择相应的单位，一般使用px（像素）。

技巧秒杀

margin属性的顺序为上、右、下、左，并且可以分别用不同的属性代替。如margin-top表示上；margin-right表示右；margin-bottom表示下；margin-left表示左。

◆ padding（填充）：该属性可以用于填充元素内容和其他元素内容之间的间距。同样可以在padding属性下方的图形四周直接输入填充间距的值，设置上、下、左和右的填充间距，然后在各边距位置选择相应的单位，一般使用px（像素）。

◆ position（位置）：用于设置定位的方式，并且在其中包括static（静态），表示应用常规的HTML布局和定位规则，并由浏览器决定元素的左边缘或上边缘；relative（相对），相对于整个网页文档的边框进行定位，可借助属性top、bottom、left和right设置定位的具体位置；absolute（绝对），相对于包含元素的上一级元素进行定位，同样可借助属性top、bottom、left和right设置定位的具体位置，但要随上一级元素的移动而移动；fixed（固定），表示让元素相对于其显示的页面或窗口进行定位。

◆ float（浮动）：设置方框中文本的环绕方式。

◆ clear（清除）：设置层不允许在应用样式元素的某个侧边。

◆ overflow-x/overflow-y（水平溢出/垂直溢出）：确定当层的内容超出层的大小时的处理方式，其中包括visible（可见）属性值，表示使层向右下方扩展的所有内容都可见；hidden（隐藏）属性值，表示保持层的大小并剪辑任何超出的内容；scroll（滚动）属性值，表示在层中添加滚动条，不论内容是否超出层的大小；auto（自动）属性值，用于设置当层的内容超出层的边界时显示滚动条。

◆ display（显示）：在其中可选择区块中要显示的格式。

◆ visibility（显示）：设置层的初始化位置，其中，包含Inherit（继承）属性值，表示将继承父层的可见性属性，如果没有父层，则可见；visible（可见）属性值，表示设置显示层的内容；hidden（隐藏）属性值，不管分层的父级元素是否可见，都隐藏层的内容。

◆ z-index（Z轴）：确定层的堆叠顺序。编号较高的层显示在编号较低的层的上面。

◆ opacity（透明）：设置一个元素的透明度。如果opacity的属性值为1，则表示元素是完全不透明的；相反，如果该属性值为0，则表示元素是完全透明的。

3.2.2 CSS的文本属性

在“CSS设计器”浮动面板的“属性”列表框的“按钮”栏中，单击“文本”按钮T，可在“属性”列表框中显示关于文本的属性及属性值，如图3-20所示。此时可方便、快速地定义各文本的属性样式，也可避免在Deamweaver中设置文本字体和字体大小后，在浏览器中预览时与网页文档中显示的效果不一致的问题。

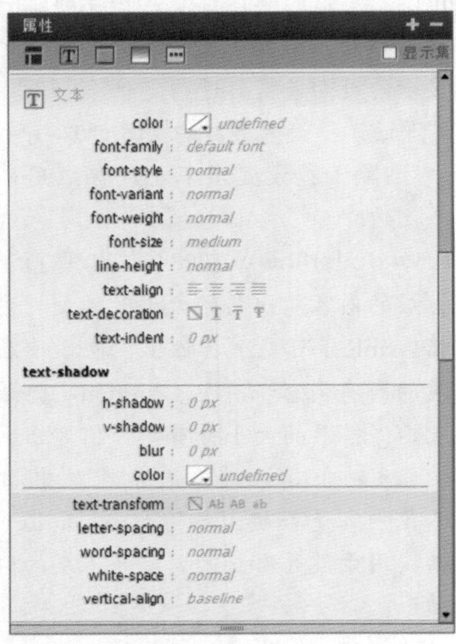

图3-20 文本属性

知识解析：“文本属性”列表框

- color（颜色）：单击“设置颜色”按钮，可以在弹出的颜色面板中，用吸管吸取各种颜色来设置文本的颜色，而单击其后灰色的文本，则可直接输入颜色值（该颜色值是由RGB组合而成）。
- font-family（字体）：单击灰色的文本，可在弹出的下拉列表中选择合适的选项作为文本的字体。
- font-style（文字样式）：用于设置文本的特殊格式，如normal（正常）、italic（斜体）和oblique（偏斜体）等。
- font-variant（字体变体）：用于设置文本的变形方式，如“小型大写字母”等。
- font-weight（字体粗细）：用于设置文本的粗细程度，也可直接输入粗细值。
- font-size（字号）：用于设置文本的大小。可以通过选择或直接输入的方法设置其大小。
- line-height（行高）：用于设置文本行与行之间的距离，可直接输入行高值。
- text-align（文本对齐）：用于设置文本在水平方向上的对齐方式。
- text-decoration（文字修改）：用于设置文本的修饰效果，如underline（下划线）、overline（上划线）、line-through（删除线）和blink（闪烁线）等。
- text-indent（文字缩进）：用于设置文本首行缩进的距离，可以输入负值，但在有些浏览器中不支持。
- h-shadow/v-shadow（水平阴影/垂直阴影）：设置文字的水平阴影或垂直阴影效果。
- blur（柔化）：设置文字的模糊效果。
- text-transform（文字大小写）：用于设置英文文本的大小写形式，如capticalize（首字母大写）、uppercase（大写）和lowercase（小写）等。
- letter-spacing（字母间距）：用于调整字符之间的间距。
- word-spacing（单词间距）：用于在字与字之间设置更多的空隙。
- white-space（空格）：用于设置处理空格的方式，其中包括normal（正常）、pre（保留）和nowrap（不换行）3个选项，如果选择normal选项，则会将多个空格显示为1个空格；如果选择pre选项，则以文本本身的格式显示空格和回车；如果选择nowrap选项，则以文本本身的格式显示空格但不显示回车。
- vertical-align（垂直对齐）：用于调整页面元素的垂直位置。

3.2.3 CSS的边框属性

在“CSS设计器”浮动面板的“属性”列表框的“按钮”栏中，单击“边框”按钮，则可在“属性”列表框中显示关于边框的属性及属性值。边框属性用于设置一个元素的边框宽度、样式和颜色，如图3-21所示。

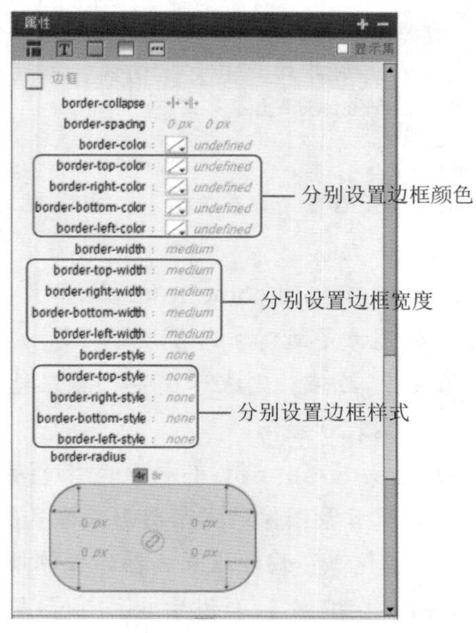

图3-21　边框属性

知识解析：“边框属性”列表框

◆ border-collapse（合并边框）：用于设置表格的边框是否被合并为一个单一的边框，或是分开显示。

◆ border-spacing（边框间距）：用于指定分隔边框模型中单元格边界之间的距离。在指定的两个长度值中，第一个表示水平间距，而第二个表示垂直间距。但该属性必须在应用了Border-collapse后，才能被使用，否则直接忽略该属性。

◆ border-color（边框颜色）：主要用于设定上、右、下和左的边框使用相同的颜色。

◆ border-width（边框宽度）：主要用于设置上、右、下和左的边框宽度相同。

◆ border-style（边框样式）：用于设置边框样式，其中包括none（默认）属性值，表示使用默认样式；dotted（点）属性值，表示使用点样式作为边框样式；dashed（破折号）属性值，表示使用破折号样式作为边框样式；solid（实线）属性值，表示使用实线样式作为边框样式；double（双实线）属性值，表示使用双实线样式作为边框样式；groove（凹槽）属性值，表示使用凹槽样式作为边框样式；ridge（脊形）属性值，表示使用的样式边框为脊形状；inset（嵌入）属性值，表示使用的样式边框为立体嵌入形状；outset（外嵌）属性值，表示使用的样式边框为立体外嵌形状。

◆ border-radius（半径）：用于设置圆角边框的半径值。

3.2.4 CSS的背景属性

在“CSS设计器”浮动面板的“属性”列表框的“按钮”栏中，单击“背景”按钮，可在“属性”列表框中显示关于背景的属性及属性值。此时，便可利用背景属性设置整个文档的背景颜色或背景图像等，如图3-22所示。

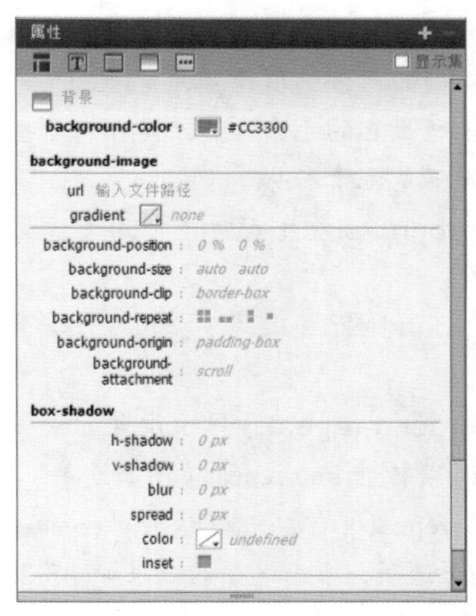

图3-22　背景属性

知识解析：“背景属性”列表框

◆ background-color（背景颜色）：用于设置背景颜色。

◆ url（路径）：主要用于设置背景图像的路径，即背景图像的来源。

◆ gradient（渐变）：单击“设置图像背景渐变”按钮，在弹出的颜色调色面板中，则可设置背景颜色的渐变效果，如图3-23所示。

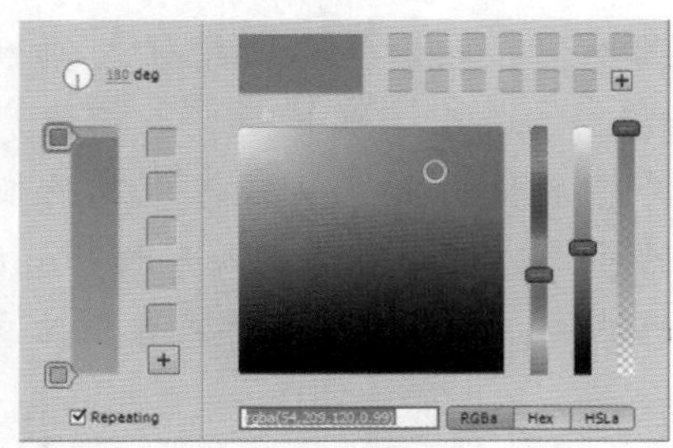

图3-23　颜色调色板

- background-position：该属性主要用于设置背景图像相对于应用样式元素的水平位置或垂直位置，其属性值可以是直接输入的数值，也可以选择left（左对齐）、right（右对齐）、center（居中对齐）和top（顶部对齐）。另外，该属性可以是两个属性值，也可以是一个属性值，如果为一个属性值，则表示同时应用于垂直和水平位置；如果是两个属性值，则第一个表示水平位置的偏移量，第二个则表示垂直位置的偏移位置。如果前面的附件选项设置的是fixed（固定的），则表示所设置的元素的背景是相对于整个文档窗口，而不是元素本身。
- background-size（尺寸）：用于设置背景图片的尺寸。
- background-clip（剪裁）：用于设置背景的绘制区域。
- background-repeat：用于设置背景图像的重复方式，其中包括no-repeat（不重复）、repeat（重复）、repeat-x（水平重复）和repeat-y（垂直重复）4个选项，各个选项的效果如图3-24所示。

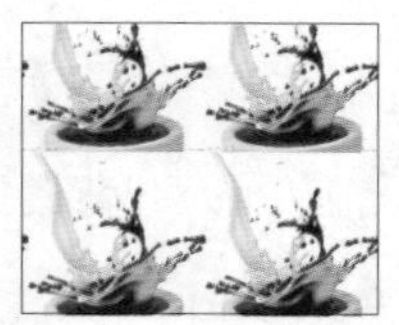

图3-24　设置背景重复方式

技巧秒杀

默认情况下，浏览器在解析该样式时，将在显示区域的左上角开始放置背景图像，并将图像平铺至同一区域的右下角。

- background-origin（原始）：用于规定背景图片的定位区域。
- background-attachment（背景固定）：用于固定背景图像是随对象内容滚动还是固定。如果选择fixed属性值，则表示固定；如果选择scroll属性值，则表示滚动。
- h-shadow/v-shadow（水平阴影/垂直阴影）：用于设置背景图像的水平阴影或垂直阴影效果。
- blur（柔化）：用于设置容器的模糊效果。
- spread（扩散）：用于设置容器的阴影大小效果。
- color（颜色）：用于设置容器的阴影颜色。
- inset（内嵌）：用于将外部阴影调整为内部阴影。

3.2.5 其他CSS属性

在“CSS设计器”浮动面板中，除了前面所介绍的各种CSS属性以外，还可单击“其他”按钮，在弹出的列表框中设置关于列表的属性，如图3-25所示。

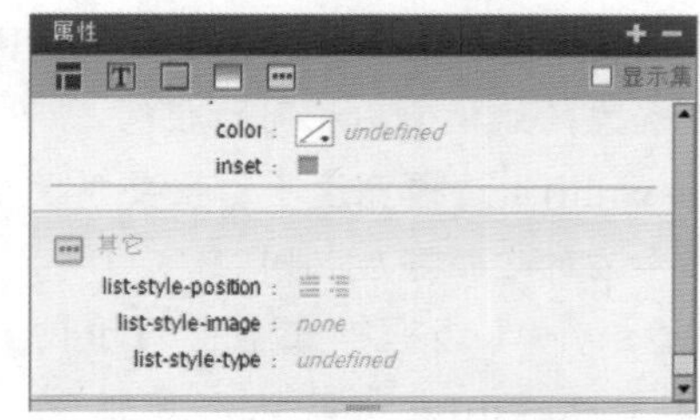

图3-25　其他属性

知识解析：“其他属性”列表框

- list-style-position（位置）：主要用于设置列表项的换行位置，在其中可接受两个属性值，分别为inside和outside。

◆ list-style-image（项目符号图片）：主要设置以图片作为无序列表的项目符号。

◆ list-style-type（列表类型）：该属性主要用于决定有序和无序列表项如何显示在识别样式的浏览器上。也可为每行的前面加上项目符号和编号，用于区分不同的文本行。

3.3 CSS过渡效果的应用

在Dreamweaver CC中，CSS过渡效果与旧版本有所不同，CSS过渡效果被直接归纳到“CSS过渡效果”浮动面板中，这样使用起来更加方便。在网页中使用CSS过渡效果可以对网页元素应用一些特殊的效果，下面对CSS过渡效果的创建、编辑和删除操作进行介绍。

3.3.1 新建CSS过渡效果

在Dreamweaver CC中新建过渡效果方便、快捷，直接选择“窗口”/“CSS过渡效果”命令，打开“CSS过渡效果”浮动面板，即可对CSS过渡效果进行新建。

实例操作：新建CSS过渡效果

- 光盘\素材\第3章\CSS__filter\filter.html
- 光盘\效果\第3章\CSS__filter\filter.html
- 光盘\实例演示\第3章\新建CSS过渡效果

下面将在filter.html网页文档中，设置当鼠标指针放置在顶部图像上时，其背景图像将变为另一张图像，当鼠标指针离开时则还原，原始效果如图3-26所示，设置后的效果如图3-27所示。

图3-26　原始效果

图3-27　设置后的效果

Step 1 在Dreamweaver CC中打开filter.html网页文档，选择“窗口”/“CSS过渡效果”命令，打开“CSS过渡效果”浮动面板，单击“新建过渡效果”按钮+，如图3-28所示。

图3-28　打开“CSS过渡效果”浮动面板

Step 2 打开“新建过渡效果”对话框，在“目标规则”下拉列表框中选择.middle_banner选项，在“过渡效果开启”下拉列表框中选择hover选项，在“持续时间”文本框中输入2，在“延迟”文本框中输入2，在“计时功能”下拉列表框中选择linear选项，如图3-29所示。

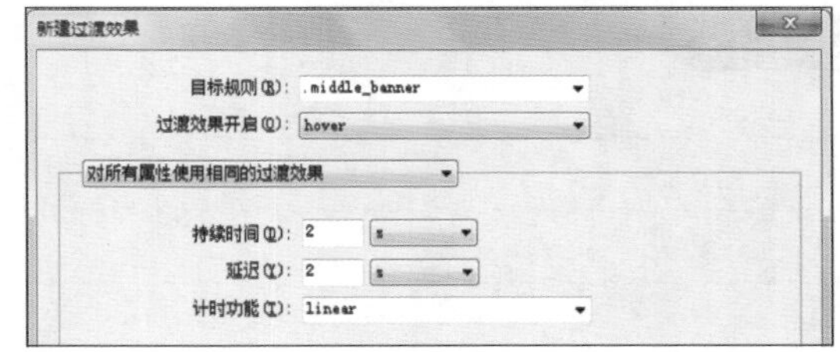

图3-29　设置过渡效果的参数

Step 3 在“属性”列表框下方单击“加号”按钮+，在弹出的下拉列表中选择background-image选项，然后在右侧的“结束值”文本框右侧单击“浏览”按钮，打开“选择图像源文件”对话框，找到并选择需要变化的效果图像banner.jpg，单击确定按钮，如图3-30所示。

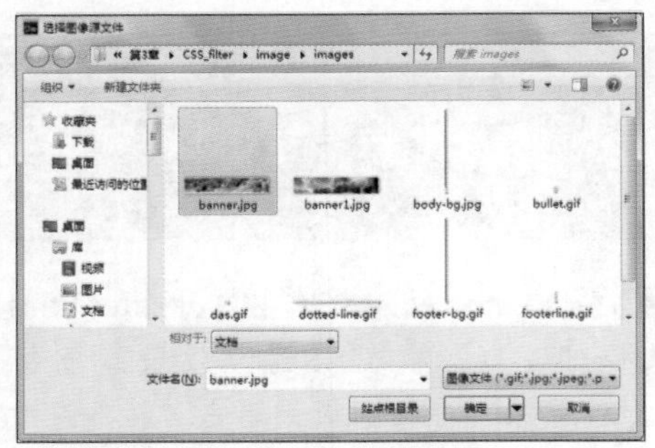

图3-30 选择过渡时的图像

Step 4 返回到“新建过渡效果”对话框中，则可查看到过渡图像所在的路径，单击创建过渡效果(C)按钮，如图3-31所示。

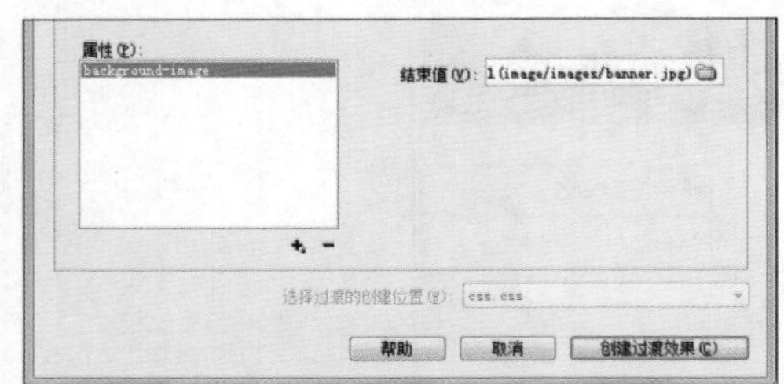

图3-31 创建过渡效果

技巧秒杀

在属性列表框下方，可单击“加号”按钮，添加多个属性值，如果不需要某个属性值，也可以单击“减号”按钮，将其删除。

读书笔记

Step 5 返回到“CSS过渡效果”浮动面板中即可查看到添加的CSS过渡效果，如图3-32所示。

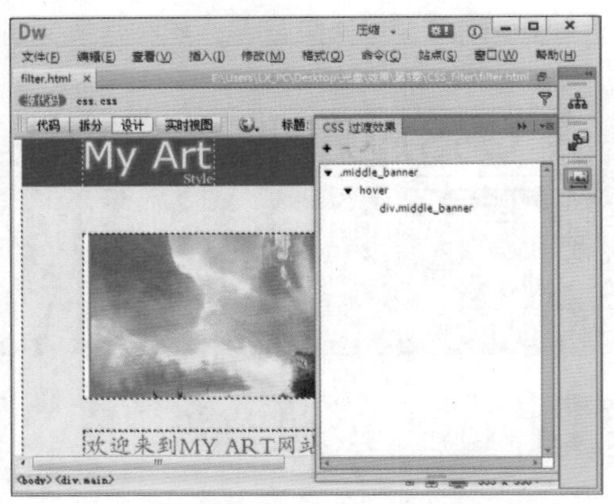

图3-32 查看添加的CSS过渡效果

Step 6 返回到网页文档中，按Ctrl+S快捷键，保存整个网页，然后再按F12键，启动浏览器，在浏览器下方单击允许阻止的内容(A)按钮，进行预览，效果如图3-33所示。

图3-33 预览CSS过渡效果

知识解析：“新建过渡效果”对话框

- **目标规则**：选择当前网页中任意元素的选择器。
- **过渡效果开启**：选择需要应用过渡效果的状态。如hover选项表示当鼠标指向元素时的过渡效果。
- **对所有属性使用相同的过渡效果**：表示为所选择的选择器，设置相同的持续时间、延迟和计时功能。但在该下拉列表框中还包含了“对每个属性使用不同的过渡效果”选项，该选项则与默认选项相反。
- **持续时间**：用于设置过渡效果的持续时间，以秒

（s）或毫秒（ms）为单位。

◆ **延迟**：用于设置在过渡效果开始之前的时间，同样以秒（s）或毫秒（ms）为单位。

◆ **计时功能**：从可用选项中选择过渡效果的样式。其中包括Cubic-bezier（x1,y1,x2,y2）、Ease、Ease-in、Ease-out、Ease-in-out和linear共6种选项。其参数含义如表3-1所示。

表3-1　计时功能的属性值

属　性　值	描　　述
Cubic-bezier（x1,y1,x2,y2）	自定义 cubic 贝塞尔曲线
Ease	逐渐变慢
Ease-in	由慢到快
Ease-out	由快到慢
Ease-in-out	由慢到快再到慢
linear	匀速线性过渡

◆ **属性**：向过渡效果添加CSS属性。

◆ **结束值**：表示过渡效果的结束值。

◆ **选择过滤的创建位置**：用于设置创建过渡效果应用于的位置，默认应用到当前网页文档。

3.3.2 编辑CSS过渡效果

在Dreamweaver CC中，对于创建好的CSS过渡效果，在预览后，若发现不是想要的效果或还想添加过渡效果的属性，则可使用到“CSS过渡效果”浮动面板编辑CSS过渡效果。下面分别介绍编辑CSS过渡效果的方法。

◆ **通过双击编辑**：在“CSS过渡效果”浮动面板中，找到需要编辑的CSS过渡效果选项，然后双击鼠标左键，打开“编辑过渡效果”对话框（该对话框与“创建过渡效果”对话框相同）进行修改过渡效果的各种属性及过渡样式。

◆ **通过按钮编辑**：在“CSS过渡效果”浮动面板中，找到需要编辑的CSS过渡效果选项，然后单击“编辑所选过渡效果”按钮，打开“编辑过渡效果”对话框，在其中编辑过渡效果的属性及过渡样式即可。

3.3.3 删除CSS过渡效果

在Dreamweaver CC中，对于不需要的CSS过渡效果，则可选择将其删除，减少网页的占用空间。在Dreamweaver CC中删除CSS过渡效果非常简单，直接在“CSS过渡效果”浮动面板中选择需要删除的过渡效果，然后单击“减号”按钮，打开“删除过渡效果”对话框，然后单击删除按钮，则可删除所选择的CSS过渡效果，如图3-34所示。

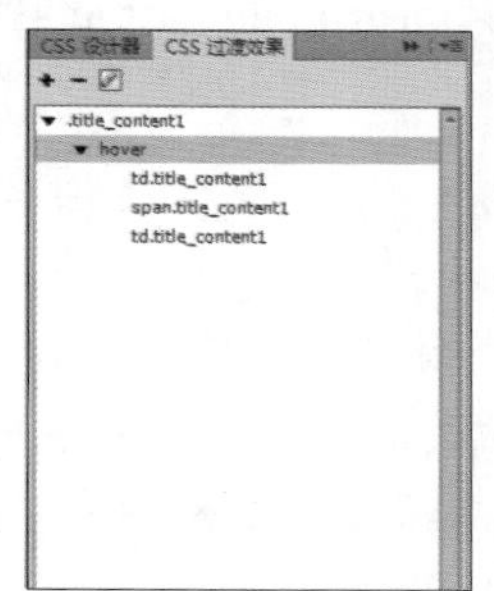

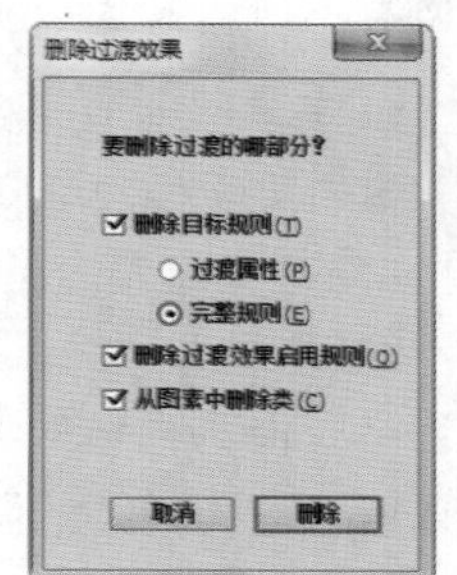

图3-34　删除CSS过渡效果

技巧秒杀

在“删除过渡效果”对话框中选中“过渡属性”单选按钮，则只会删除所选过渡效果设置的属性值，而不会将整个过渡效果删除。

知识大爆炸——CSS的特殊效果的应用

1. CSS3的渐变

在CSS3中，渐变可分为线性渐变（linear-gradient）和径向渐变（radial-gradient），如果想在各浏览器中正常显示设置的各种渐变效果，则需了解目前常用的浏览器的内核，如Firefox和Flock等浏览器则是使用的Mozilla作为内核；Safari、Chrome等浏览器则是使用WebKit；Opera浏览器的内核也是Opera；而IE 9.0以上的版本都支持渐变。了解了各浏览器的内核后，下面将介绍各浏览器中实现渐变的方法。

（1）线性渐变

使用CSS实现线性渐变，在不同内核的浏览器中，所使用的语法结构也不相同，下面介绍在不同内核浏览器中线性渐变的参数，以及实现从上到下的渐变，其渐变颜色为浅蓝到天蓝色代码。

◆ 以mozilla为内核的浏览器：在该内核的浏览器中的线性渐变共有3个参数，第一个参数表示线性渐变的方向，其中包括top（从上到下）、left（从左到右），但如果定义为top left则表示从左上角到右下角；第二个参数和第三个参数分别表示渐变的起始颜色和渐变的终点颜色，当然也可以在第二个参数和第三个参数之间插入多个颜色，表示多种渐变颜色。其代码表示为-moz-linear-gradient(top,#D8F7FA,#5BE0E8)。

◆ 以Webkit为内核的浏览器：在该内核浏览器中共有5个参数，第一个参数表示渐变类型；第2个和第3个参数分别表示渐变起点和渐变的终点（这两个参数可以以坐标的形式表示，也可以用关键值表示，如left top,left bottom表示从左上角到左下角）；第4个和第5个参数都是color-stop函数，但表示的意义却不同，第一个函数表示渐变颜色的位置，0为起点，0.5为中心，1为结束点，而第2个函数则表示该点的颜色。其代码为-webkit-gradient(linear,center top,center bottom,from(#D8F7FA),to(#5BE0E8))。

◆ 以Opera为内核的浏览器：该内核的浏览器与mozilla为内核的浏览器的参数和意义都相同，但其代码略有不同，其代码为-o-linear-gradient(top,#D8F7FA,#5BE0E8)。

（2）径向渐变

CSS3实现径向渐变和线性渐变的方法很相似，但径向渐变目前不支持Opera和IE浏览器。在径向渐变中允许用户指定渐变的形状，如圆形还是椭圆形、大小（最近端、最近角、最远端、最远角、包含或覆盖）和颜色起点与终点等，如希望实现两个颜色间的径向渐变，其代码如下。

◆ 以mozilla为内核的浏览器：-moz-radial-gradient(#ace,#f99,#2a0)。

◆ 以Webkit为内核的浏览器：-webkit-radial-gradient(#ace,#f99,#2a0)。

2. 实现方框阴影

使用CSS3中的box-shadow属性可快速、方便地实现方框阴影，并且其使用属性类似于文字阴影属性text-shadow，不同的是text-shadow属性的对象是文本，而box-shadow属性是针对图层设置阴影，其语法为{box-shadow:<length> <length> <length>?<length>?||<length>}。如图3-35所示为设置方框阴影为紫色的代码与效果。

```
<!doctype html>
<html>
<head>
<meta charset="utf-8">
<title>无标题文档</title>
<style type="text/css">
.aa{width:200px; height:100px;
background-color:#000;
box-shadow:3px 3px 3px #993366;
}
</style>
</head>

<body>
<div class="aa"></div>
</body>
</html>
```

设置方框阴影代码

图3-35 设置方框阴影的代码及效果

3. CSS变形Transform

使用CSS中的Transform属性对元素进行变形，主要包括旋转（rotate）、扭曲（skew）、缩放（scale）和移动（translate）等几种变形样式。使用Transform变形的语法为transform:none|<transform-function>[<transform-function>]*，其中none表示不进行变形，而<transform-function>表示一个或多个变形函数，并以空格进行分隔。如表3-2所示为Transform-function属性值的含义。

表3-2　Transform-function属性值的含义

属性值	描述
rotate	rotate(<angle>) 通过指定角度旋转元素，如 transform:rotate(90deg) 表示对指定元素按 90° 进行旋转
translate	translate(x,y) 表示水平方向和垂直方向同时移动，如 transform:translate(10px,20px) 表示按水平方向移动 10 个像素，按垂直方向移动 20 个像素
scale	scale(x,y) 表示水平方向和垂直方向同时进行缩放，如 transform:scale(10px,5px) 表示水平缩放 10 个像素，垂直缩放 5 个像素
skew	skew(x,y) 表示水平方向和垂直方向同时进行扭曲，如 transform:skew(20deg,40deg) 表示水平扭曲 20°，垂直扭曲 40°

读书笔记

01 02 03 04 05 06 07 08 09 10 11 12 ......

页面布局

本章导读

在Dreamweaver中，对不同的网页进行布局，可采取不同的布局技术。在Dreamweaver中对网页进行布局包括最基础的表格布局、方便快捷的Div+CSS布局以及结构清晰的框架布局。本章将对各种网页布局的方法进行详细介绍。

4.1 使用表格布局

在网页布局中，表格是页面排版的强大工具。熟练地使用表格技术，可在网页设计中减少许多麻烦，对于HTML本身而言，并没有提供太多的排版工具，因此，较为精细的地方往往会借助表格进行排版、布局，下面对表格的创建、基本操作及样式进行介绍。

4.1.1 制作表格

表格不仅可以为页面进行宏观的布局，还可以使页面中的文本、图像等元素更有条理。Dreamweaver CC的表格功能强大，用户可以快速、方便地创建出各种规格的表格。

1. 插入表格

在Dreamweaver中，可在可视化界面中直接插入表格，即将鼠标光标置于要插入表格的位置，选择“插入”/“表格”命令，在打开的“表格”对话框中设置相应的参数即可。

实例操作：制作表格

● 光盘\实例演示\第4章\制作表格

在网页文档中，创建一个4行5列的表格。

Step 1 新建一个网页文档，将插入点定位到网页文档的空白区域中，然后选择“插入”/“表格”命令，如图4-1所示。

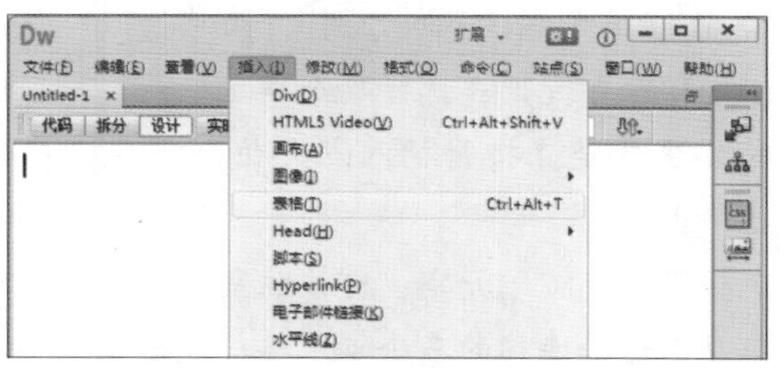

图4-1　选择插入表格的命令

技巧秒杀

除了使用菜单命令打开“表格”对话框，还可以按Ctrl+Alt+T组合键或在“插入”浮动面板的“常用”分类下，单击“表格”按钮，打开“表格”对话框设置插入的行数和列数。

Step 2 打开“表格”对话框，在“行数”和“列”文本框中分别输入数值4和5，然后在“表格宽度”文本框中设置宽度为400，并设置“边框粗细”为0，其余保持默认设置，单击 确定 按钮，如图4-2所示。

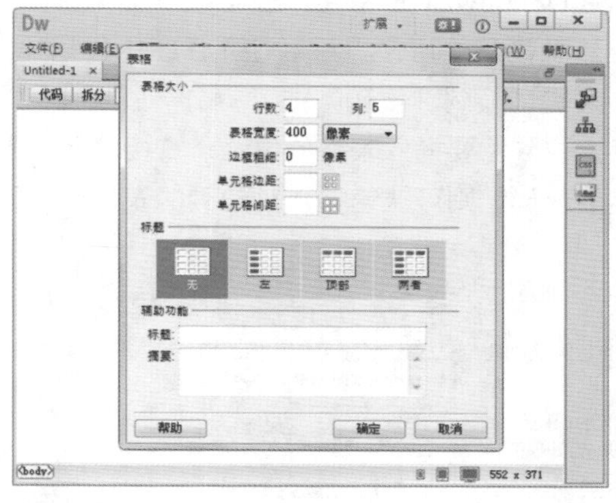

图4-2　设置表格参数

Step 3 返回网页文档中，则可查看到插入的一个4行5列的表格，如图4-3所示。

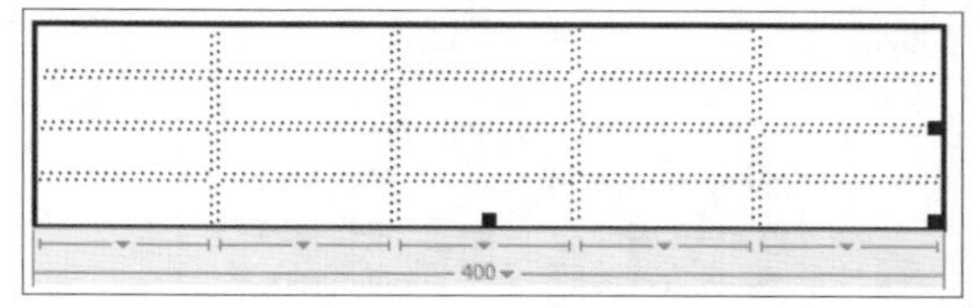

图4-3　表格效果

知识解析：“表格”对话框

- ◆ **行数、列**：用于指定表格行和列的数目。
- ◆ **表格宽度**：用于指定表格宽度，其常用单位为px（像素）和%（百分比）。
- ◆ **边框粗细**：主要用于指定表格边框厚度，如果不显示边框，可以输入0。常用单位为px。
- ◆ **单元格边距**：用于指定单元格中的内容与单元格边框之间的间距，如果不设置具体值时，默认则

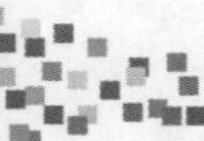

为1像素。

- **单元格间距**：用于指定单元格边框与单元格边框之间的间距，默认为2个像素。
- **标题**：表示指定一行或一列作为表头时，选择所需的样式。
- **辅助功能**：在该栏中包括标题和摘要两项，其中标题用于输入表格标题的内容，而摘要则用于输入关于表格的相关说明。

2. 使用HTML代码插入表格

在Dreamweaver中除了在可视界面中插入表格外，熟悉代码的用户也可以使用HTML代码插入表格，只需切换到“代码”或“拆分”视图中，将插入点定位到需要插入表格的位置，直接输入如图4-4所示的代码，则可快速插入3行2列的表格，如图4-5所示。

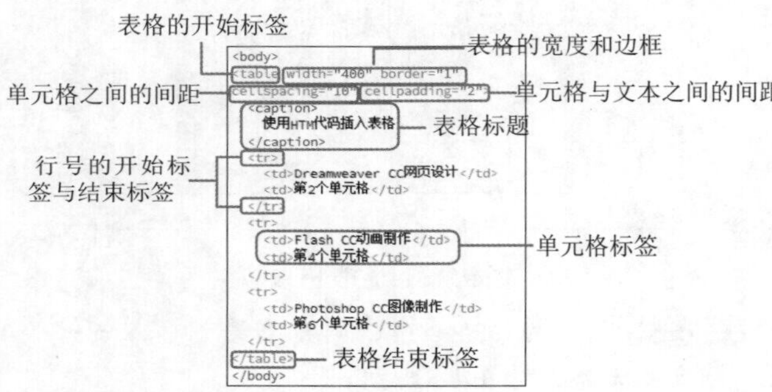

图4-4　表格代码

使用HTM代码插入表格

Dreamweaver CC网页设计	第2个单元格
Flash CC动画制作	第4个单元格
Photoshop CC图像制作	第6个单元格

图4-5　表格效果

4.1.2 表格的基本操作

插入表格后，选择表格或单元格并进行相应操作，如添加和删除行/列、合并与拆分单元格以及调整单元格的大小。

1. 选择表格和单元格

在对表格进行任何操作前都必须将操作的表格或单元格进行选择后，才能对其进行操作，下面对表格及单元格的选择进行介绍。

（1）选择表格

在Dreamweaver中选择表格相当简单，但方法却有多种。在掌握各种选择表格的方法后，用户可选择适合自己的一种方法，下面分别介绍选择表格的各种方法。

- **使用右键菜单**：只需将鼠标光标移到需要选择的表格上，右击，在弹出的快捷菜单中选择“表格”/“选择表格”命令即可。
- **使用按钮**：直接将插入点定位到单元格中，再单击显示宽度的按钮400▾，在弹出的快捷菜单中选择“选择表格”命令即可。
- **直接选择**：将鼠标光标移动到表格中，当光标变为、和形状后，直接单击鼠标即可。
- **使用菜单命令**：将插入点定位到单元格中，然后选择“修改”/“表格”/“选择表格”命令即可。
- **在状态栏中选择**：在状态栏中直接选择<table>标签即可。

（2）选择单元格

同选择表格一样，选择单元格的方法较多，可分为选择单个单元格、选择多个连续单元格和选择多个不连续单元格，下面分别进行介绍。

- **选择单个单元格**：选择单个单元格最直接、简便的方法就是直接将插入点定位到需要选择的单元格上。
- **选择多个连续单元格**：可按住鼠标左键在表格中拖动来选择连续的多个单元格；或选择一个单元格后，按住Shift键单击连续单元格中的最后一个单元格即可。
- **选择多个不连续单元格**：按住Ctrl键的同时，单击需要选择的单元格即可。

2. 添加或删除单元格行/列

在表格中添加相应的网页元素时，如果发现插入的表格行数或列数不够用，或插入了多余的行或列时，可使用Dreamweaver中提供的添加或删除单元格行/列的功能对表格中的行/列进行添加或删除操作。

（1）添加单元格行或列

要进行单行或单列的添加，有如下几种方法。

- **使用菜单命令**：将鼠标光标定位到相应的单元格中，选择“修改”/“表格”/“插入行”或“插入列”命令可在当前选择的单元格上面或左边添加一行或一列。
- **使用右键菜单**：将鼠标光标定位到相应的单元格中右击，在弹出的快捷菜单中选择“表格”/“插入行”或“插入列”命令，可实现单行或单列的插入。
- **使用对话框**：将鼠标光标定位到相应的单元格中，右击，在弹出的快捷菜单中选择“表格”/“插入行或列”命令，打开“插入行或列”对话框，选中“行”或“列”单选按钮，再设置插入的行数、列数及位置，如图4-6所示。

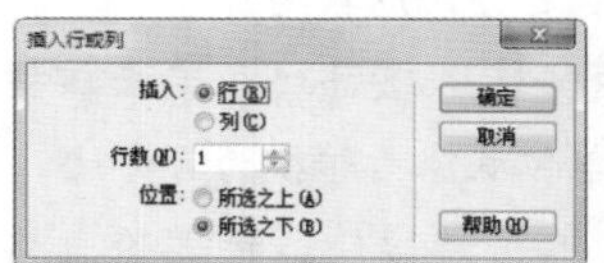

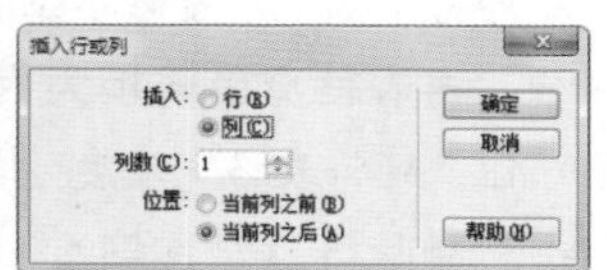

图4-6 “插入行或列”对话框

（2）删除单元格行或列

表格中不能删除单独的单元格，但可以进行整行或整列的删除，删除表格中行或列的方法主要有如下几种。

- **使用菜单命令**：将鼠标光标定位到要删除的行或列所在的单元格上，选择“修改”/“表格”/“删除行”或“修改”/“表格”/“删除列”命令。
- **使用右键菜单**：将鼠标光标定位到要删除的行或列所在的单元格上右击，在弹出的快捷菜单中选择“表格”/“删除行”或“表格”/“删除行”/“删除列”命令。
- **使用快捷键**：使用鼠标选择要删除的行或列，然后按Delete键。

3. 合并与拆分单元格

为了在表格中更好地显示网页数据，有时需要对表格中的某些单元格进行合并或拆分操作。

（1）合并单元格

合并单元格是指将连续的多个单元格合并为一个单元格的操作。合并单元格的方法有如下几种。

- **使用菜单命令**：选择要合并的单元格区域，选择“修改”/“表格”/“合并单元格”命令即可。
- **使用右键菜单**：选择要合并的单元格区域并右击，在弹出的快捷菜单中选择“表格”/“合并单元格”命令即可。
- **使用属性面板**：选择要合并的单元格区域，单击属性面板左下角“合并所选单元格”按钮即可。

（2）拆分单元格

单元格的拆分是将一个单元格拆分为多个单元格的操作。拆分单元格的方法同合并单元格相似，只是在选择拆分命令后，会打开“拆分单元格”对话框，用户需要在其中进行拆分设置。打开“拆分单元格”对话框的方法有以下几种。

- **使用菜单命令**：选择要拆分的单元格，选择菜单栏中的“修改”/“表格”/“拆分单元格”命令即可。
- **使用右键菜单**：选择要拆分的单元格并右击，在弹出的快捷菜单中选择“表格”/“拆分单元格”命令即可。
- **使用属性面板**：选择要拆分的单元格，单击属性面板左下角的“拆分单元格为行或列”按钮，打开“拆分单元格”对话框，在其中设置拆分的行或列数即可。如图4-7所示为拆分为两行单元格。

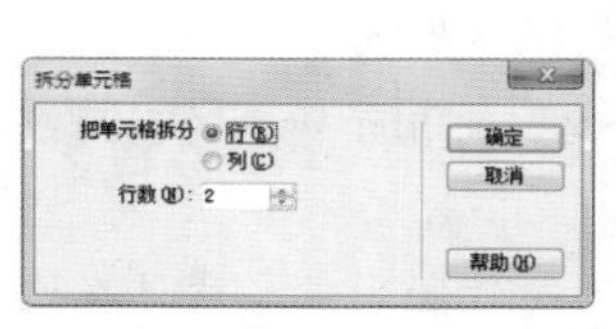

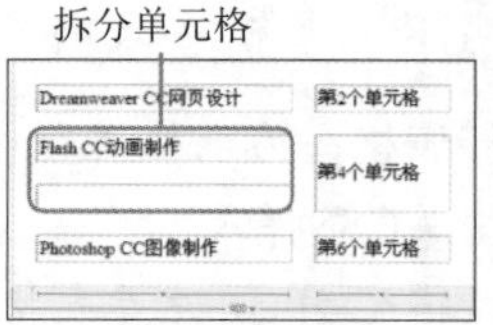

图4-7 拆分单元格

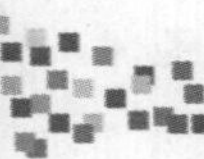

4. 调整单元格行高和列宽

如果在表格中添加内容后显示不完整，此时就需要调整单元格的大小以显示完整的数据信息。调整单元格行高和列宽的方法如下。

- **拖动法**：将鼠标光标移到需要调整的单元格边框线上，当光标变为÷和‖形状时，按住鼠标左键拖动至合适的位置释放鼠标即可。
- **属性面板**：选择需要调整的单元格，然后在属性面板中的高和宽文本框中输入具体数值即可。

技巧秒杀

如果要删除行高和列宽，可直接选择“修改”/“表格”/“减少行宽”或“减少列宽”命令，即可清除单元格中多余的空白。

4.1.3 表格和单元格的属性

在Dreamweaver中插入表格后，可以使用属性面板方便、快速地设置表格和单元格的属性。

1. 表格的属性

如果不能熟练地使用HTML设置表格属性，可通过选择“窗口”/“属性”命令，打开“属性”面板进行可视化的设置，表格“属性”面板中的各参数设置与“表格”对话框中的参数基本相同，而在插入表格后，再使用表格“属性”面板，则起到对插入的表格进行相应更改的作用，如图4-8所示。

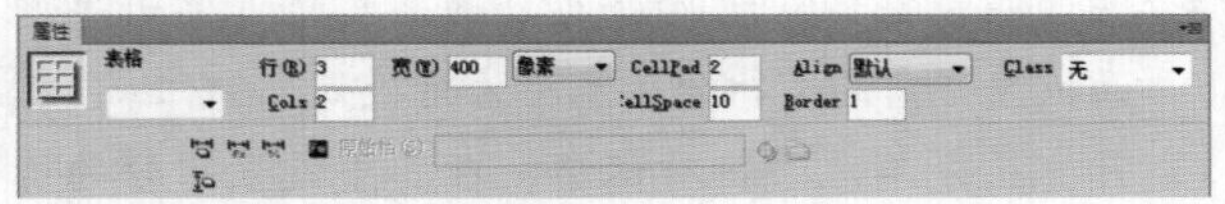

图4-8　表格“属性”面板

知识解析：表格“属性”面板

- **表格**：为表格进行命名，可用于脚本的引用或定义CSS样式。
- **行/Cols**：设置表格的行数和列数。通过在这里输入行数和列数也可以实现添加和删除行或列的操作，但是不能指定具体添加或需要删除的行或列。
- **宽**：设置表格的宽度，在其后的下拉列表框中可选择度量单位，如像素或百分比。
- **CellPad**：设置单元格边界和单元格内容之间的间距，与“表格”对话框中的“单元格边距”文本框的作用相同。
- **CellSpace**：设置相邻单元格之间的间距，与“表格”对话框中的“单元格间距”文本框的作用相同。
- **Align**：设置表格与文本或图像等网页元素之间的对齐方式，只限于和表格同段落的元素。
- **Border**：设置边框的粗细，通常设置为0，将不在预览网页中显示表格边框。如果需要边框，通常通过定义CSS样式来实现。
- **Class**：设置表格的类、重命名和样式表的引用。
- **“清除列宽”按钮**：单击该按钮，可删除表格多余的列宽值。
- **“将表格宽度转换为像素”按钮**：单击该按钮，可将表格宽度度量单位从百分比转换为像素。
- **“将表格宽度转换为百分比”按钮**：单击该按钮，可将表格宽度度量单位从像素转换为百分比。
- **“清除行高”按钮**：单击该按钮，可删除表格多余的行高值。
- **原始文档**：用于设置原始表格设计图像的Fireworks源文件路径。

?答疑解惑：

在表格中使用像素（px）和百分比（%）作为表格的单位有什么区别吗？

在网页中如果使用像素作为表格的单位，在预览时，表格的大小不会随着浏览器窗口的大小而改变，总会显示为固定的大小。而用百分比作为表格的单位，在预览时，表格的大小则会随着浏览器窗口的大小而改变其大小。因此，在选择表格的单位时，可根据用户需求而决定使用的单位。

2. 单元格的属性

除了可以设置整个表格的属性外，还可以对表格的单元格、行或列的属性进行设置。只需选择单元格后，显示单元格“属性”面板，但该“属性”面板分为上下两部分，其中，上半部分与选择文本时的“属性”面板相同，主要用于设置单元格中文本的属性。下半部分主要用于设置单元格的属性，如图4-9所示。

图4-9 单元格“属性”面板

知识解析：单元格“属性”面板

- **“合并所选单元格，使用跨度”按钮**：选择两个或两个以上的单元格，然后单击该按钮，可合并所选单元格。
- **“拆分单元格为行或列”按钮**：单击该按钮，在打开的对话框中设置拆分的行或列的单元格个数，即可完成单元格的拆分操作。
- **水平**：用于设置单元格内容水平方向上的对齐方式，包括默认、左对齐、居中对齐和右对齐4个选项。
- **垂直**：用于设置单元格内容垂直方向上的对齐方式，包括默认、顶端、居中、底部和基线5个选项。
- **宽/高**：设置单元格的宽度和高度，如果直接输入数字，则默认度量单位为“像素”，如果要以百分比作为度量单位，则应在输入数字的同时输入%符号，如90%。
- **不换行(O) ☑复选框**：选中该复选框，可以防止换行，从而使所选单元格中的所有文本都在一行上。
- **标题(E) ☑复选框**：选中该复选框，为表格添加标题，默认情况下，表格标题单元格的内容为居中。
- **背景颜色**：设置表格的背景颜色，可单击色块，用吸管吸取颜色，也可直接在后面的文本框中输入颜色值。

4.1.4 表格的嵌套使用

在使用表格布局网页时，应避免在一个表格中进行多次拆分、合并后，将所有内容都添加到一个表格中，这样会使整个表格变得复杂而难以控制，建议将表格进行合理的嵌套使用，并且在Dreamweaver中套用表格相当方便，就是在表格中插入表格。

实例操作：创建Wedding.html网页

- 光盘\素材\第4章\Wedding\
- 光盘\效果\第4章\Wedding\Wedding.html
- 光盘\实例演示\第4章\创建Wedding.html网页

本例将新建一个名为Wedding.html的网页文档，并使用表格进行布局，然后添加网页元素，并对表格进行相应的调整，效果如图4-10所示。

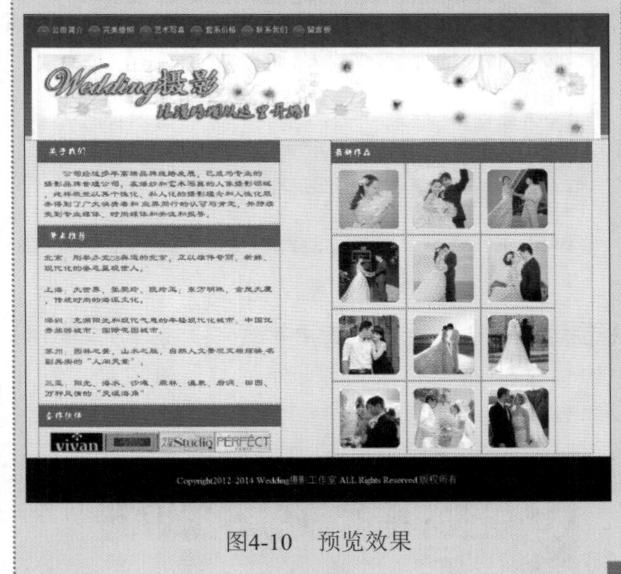

图4-10 预览效果

Step 1 启动Dreamweaver CC，新建一个名为Wedding.html的网页文档，将插入点定位到空白区域中，然后按Ctrl+Alt+T组合键，打开“表格”对话框，设置“行”和“列”分别为4和1，然后设置“表格宽度”为“780像素”，“边框粗细”、“单元格边距”和“单元格间距”均为0，单击 确定 按钮，创建表格，如图4-11所示。

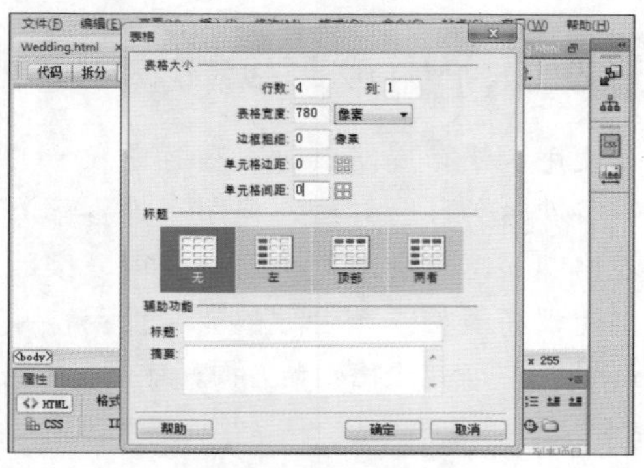

图4-11　创建表格

Step 2 ▶ 将插入点定位到第一个单元格中，插入图片dh_bg.jpg，然后将插入点定位到第二个单元格中，插入图片banner.jpg，再将插入点定位到第三个单元格中，在“属性”面板的“背景颜色”后的文本框中输入单元格的颜色值#ede9f7，如图4-12所示。

图4-12　插入图片

Step 3 ▶ 在“属性”面板中单击“拆分单元格为行或列”按钮，打开“拆分单元格”对话框，然后选中列(C)单选按钮，并在“列数”文本框中输入2，然后单击 确定 按钮，如图4-13所示。

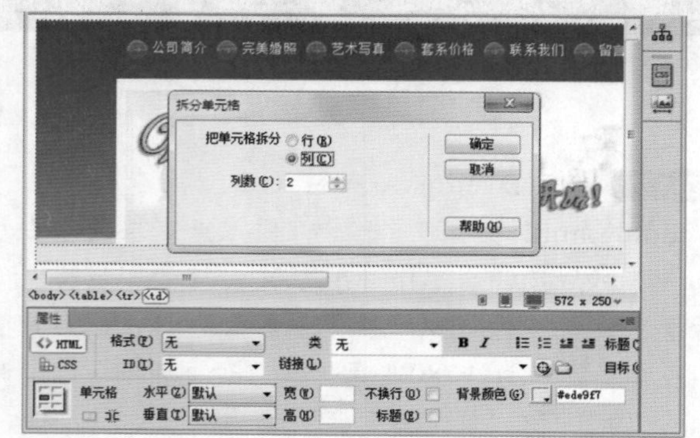

图4-13　拆分单元格

Step 4 ▶ 将插入点定位到拆分的第一个单元格中，然后在“属性”面板的“水平”下拉列表框中选择“居中对齐”选项，然后按Ctrl+Alt+T组合键，打开“表格”对话框，设置“行”和“列”分别为6和1，然后设置“表格宽度”为“408像素”，“边框粗细”和“单元格间距”均为0，“单元格边距”设置为10，单击 确定 按钮，嵌套表格，如图4-14所示。

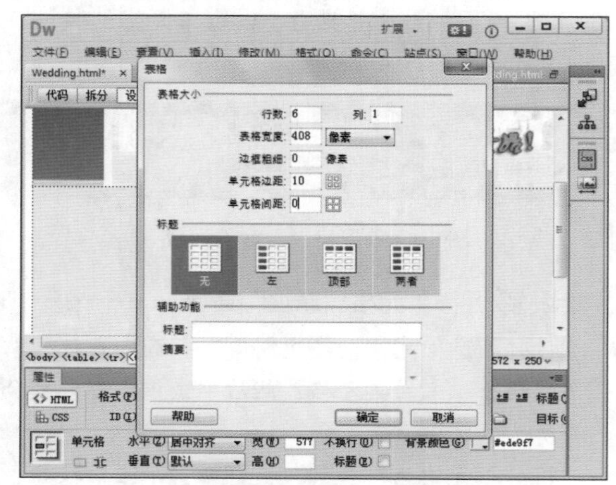

图4-14　嵌套表格

Step 5 ▶ 按住Ctrl键的同时，分别选择嵌套表格的第1、3、5个单元格，在“属性”面板中，将其背景颜色设置为#17871e，然后分别在设置了背景颜色的单元格中输入文字“关于我们”“景点推荐”“合作伙伴”，再将输入的文本字体设置为“方正流行体简体”，颜色设置为#fff，如图4-15所示。

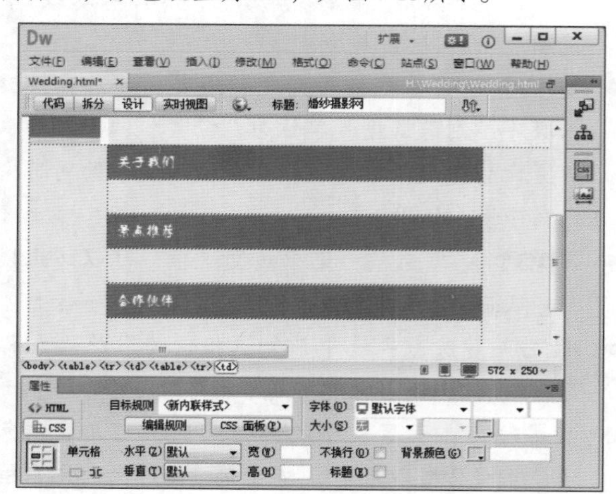

图4-15　设置单元格背景并添加文本

Step 6 ▶ 选择嵌套表格的第2个和第4个单元格，分别在其中输入文本，并设置文本字体为“方正隶书简体”，颜色为#606060，然后到嵌套表格的第6个单元格中，嵌套一个1行4列，宽度为200像素，表格间距为2的表格，并在每个单元格中分别插入图片015.jpg、016.jpg、014.jpg和017.jpg，如图4-16所示。

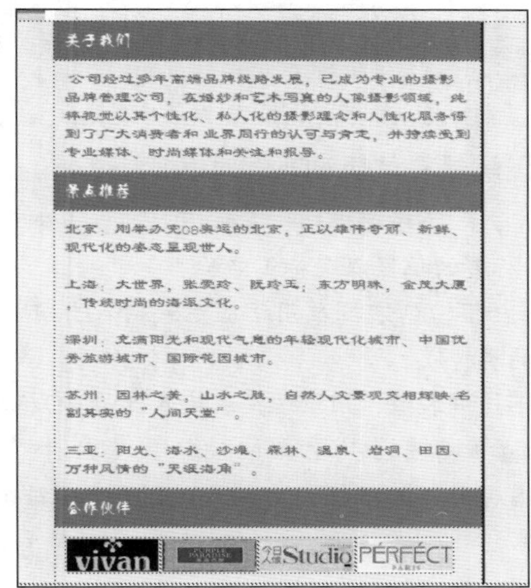

图4-16　设置文本并嵌套表格

Step 7 ▶ 将插入点定位到右侧的单元格中，嵌套一个2行1列、宽度为438像素的表格，然后将插入点定位到第1个单元格中，将其背景颜色设置为#17871e，然后输入文本“最新作品”，并将其字体设置为“方正隶书简体”，颜色为#606060，将插入点定位到第2个单元格中，如图4-17所示。

图4-17　为嵌套表格添加并设置文本

Step 8 ▶ 在插入点处嵌套一个4行3列、宽为200像素、表格间距为12的表格，然后在每个单元格中插入图片，如图4-18所示。

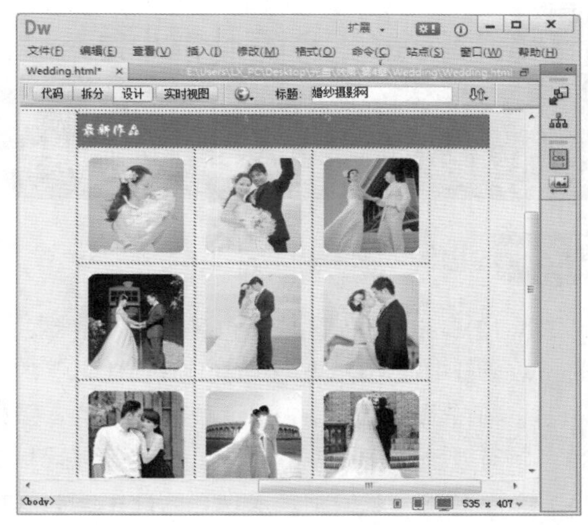

图4-18　嵌套表格并插入图片

Step 9 ▶ 将插入点定位到底部的最后一个单元格中，设置背景颜色为#000000，并设置单元格的水平和垂直对齐方式分别为“居中对齐”和“居中”，设置高度为80，然后在该单元格中输入文本，并设置文本颜色为#fff。按Ctrl+S快捷键保存网页文档，完成整个实例的制作，最后查看效果，如图4-19所示。

图4-19　查看效果

技巧秒杀

对于表格的嵌套使用，最好不要在一个单元格中无限地嵌套表格，那样会使下载速度变慢，嵌套表格个数宜在3个以下。

4.2 Div+CSS美化网页

在一个标准的网页设计中，需实现结构、表现和行为三者分离的效果。利用Div+CSS布局页面，则可方便、快速地达到上述要求。下面对Div+CSS布局的相关知识及应用进行详细的介绍。

4.2.1 Div+CSS概述

Div（Divsion）即区块，也可以称为容器，在Dreamweaver中使用Div与使用其他HTML标签的方法一样。在布局设计中，Div承载的是结构，采用CSS可以有效地对页面中的布局、文字等进行精确的控制。而CSS承载的则是表现，因此结构和表现的结合，对于传统的表格布局是一个很大的冲击。

4.2.2 使用Div元素

在Dreamweaver CC中，不仅可以单独插入Div元素，还可以使用HTML5元素，插入有结构的Div元素，即Dreamweaver CC中新增的HTML5结构元素，它是由多个Div元素结合而成的。另外，Div元素预设了已经布局好的jQuery UI元素，使用jQuery UI 可以在网页布局中制作滑动条、会话和进度条等效果，下面将分别介绍Div元素、HTML5结构元素和jQuery UI中的Div部分。

1. 插入Div元素

在Dreamweaver CC中插入Div元素的方法相当简单，只需将插入点定位后，选择“插入”/ Div命令或选择“插入”/“结构”/ Div命令，打开“插入Div”对话框，如图4-20所示。在其中设置Class和ID名称等，单击 确定 按钮即可。

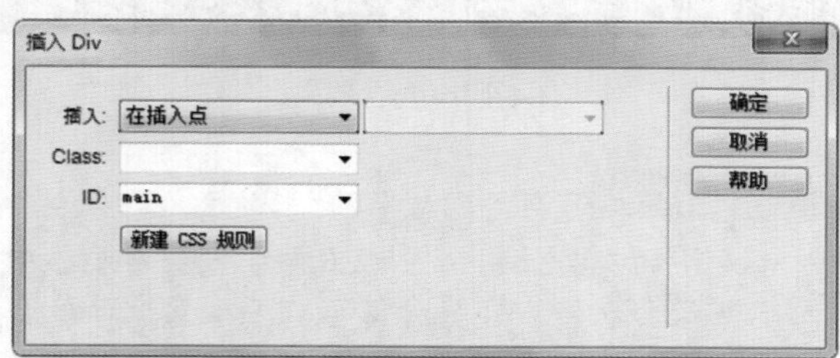

图4-20 “插入Div”对话框

技巧秒杀

在“插入”浮动面板的“结构”分类下单击Div按钮，同样可以打开“插入Div”对话框，设置插入的Div标签。

知识解析：“插入Div”对话框

- **“插入”下拉列表框：**在该下拉列表框中可选择Div标签的位置以及标签名称。
- **Class下拉列表框：**用于显示或输入当前应用标签的类样式。
- **ID下拉列表框：**用于选择或输入Div的ID属性。
- **新建 CSS 规则 按钮：**单击该按钮，可打开“新建CSS规则”对话框，为插入的Div标签创建CSS样式。

?答疑解惑：

“新建CSS规则”对话框的作用是什么？

“新建CSS规则”对话框主要是用来定义CSS的类型、选择器名称以及定义CSS规则的引用位置，如图4-21所示。定义好各种类型和名称后，会打开“Div的CSS规则定义”对话框，在该对话框中所有设置属性及属性值都与CSS设计器中的相同。

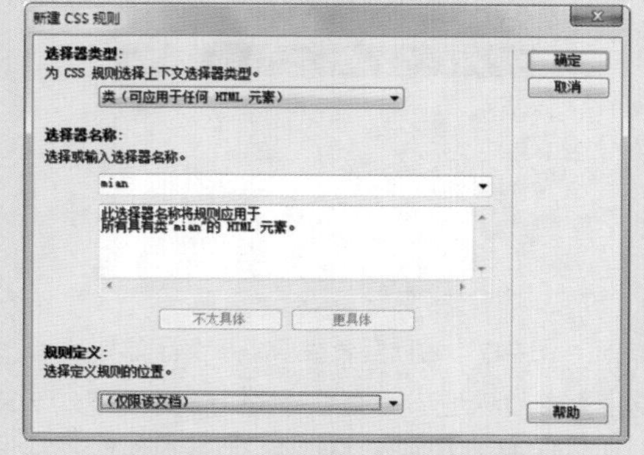

图4-21 “新建CSS规则”对话框

2. HTML5结构元素

在Dreamweaver CC中新增加的结构元素，可方便布局时直接使用，而不需插入多个Div标签再进行布局，在结构元素中包括画布、页眉、标题、段落、Navigation、侧边、文章、章节、页脚和图等，如图4-22所示。HTML5结构元素的插入方法与Div标签的插入方法完全相同。

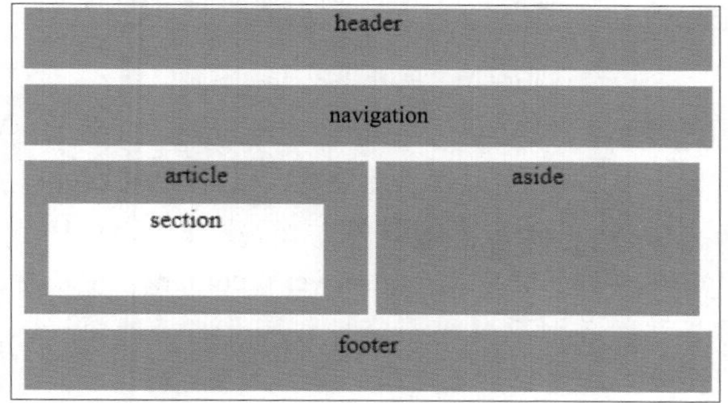

图4-22 结构元素布局示意图

下面介绍各结构元素的代码标记及作用。

- 画布（canvas）：HTML5中的画面元素是动态生成的图形容器。这些图形是在运行时使用脚本语言创建的，在画布中可以绘制路径、矩形、圆形、字符和添加图像等，并且在画布元素中包含了ID、高度（height）和重量（width）等属性。
- 页眉（header）：主要用于定义文档的页眉，在网页中表现为信息介绍的部分。
- 标题（hgroup）：在标题元素中通常结合h1～h6元素作为整个页面或内容块的标题，并且在hgroup标记中还包含了<section>标记，表示标题下方的章节。
- 段落（P）：主要用于定义页面中的文字段落。
- 导航（navigation）：主要用于定义导航链接的部分。
- 文章（article）：主要用于定义独立的内容，如论坛帖子、博客条目以及用户评议等。
- 章节（section）：主要用来定义文档中的各个章节或区段，如章节、页眉、页脚或文档中的其他部分。
- 侧边（aside）：用于定义article以外的内容，并且aside的内容应该与article中的内容相关。
- 页脚（footer）：主要用来定义section或document的页脚，如页面中的版权信息。
- 图（figure）：主要用来规定独立的流内容，如图像、图表、照片或代码等，并且figure元素内容应与主内容相关，如果被删除，也不会影响文档流。另外，该标记中还包括<figcaption>标记，用于定义该元素的标题。

3. 使用jQuery UI

在Dreamweaver CC的 UI中也包含了Div部分，但使用jQuery UI中的Div部分，可直接在页面中添加预定的布局效果，如Accordion（风琴）、Tabs（标签）、Slider（滑动条）、Dialog（会话）以及Progressbar（进度条）等效果。下面分别进行介绍。

（1）使用Accordion（风琴）

Dreamweaver CC中的jQuery UI Accordion元素其实是一个由多个面板组成的手风琴小器件，使用该元素可以实现展开/折叠效果。

实例操作：使用Accordion创建网页

- 光盘\素材\第4章\Accordion\
- 光盘\效果\第4章\Accordion\index.html
- 光盘\实例演示\第4章\使用Accordion创建网页

本例将新建一个名为index.html的网页文档，并在该网页文档中插入Accordion元素，修改其文本，然后添加图片。

Step 1 在Dreamweaver CC中，新建一个名为index.html的网页文档，并将插入点定位到网页文档中，然后选择"插入"/jQuery UI/Accordion命令，如图4-23所示。

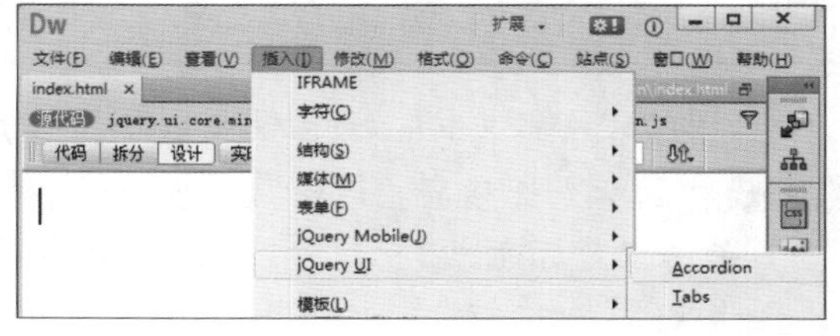

图4-23 选择Accordion菜单命令

技巧秒杀

在“插入”浮动面板的jQuery UI分类下单击Accordion按钮，同样可以插入Accordion元素。

Step 2 插入一个Accordion元素，然后选择“部分1”文本，输入“风景”文本，再选择“内容1”文本，按Delete键，将其删除，插入图片tp_j.jpeg，如图4-24所示。

图4-24　修改文本并插入图片

Step 3 使用相同的方法，将文本“部分2”和“部分3”修改为“人物”和“动漫”，然后将鼠标光标移至“人物”面板最右侧，将显示“单击以显示面板内容”按钮，单击该按钮展开“人物”下方的内容，将文本“内容2”删除，插入图片tp_r.jpeg，如图4-25所示。

图4-25　修改文本并展开面板插入图片

Step 4 将鼠标光标移至“动漫”面板的最右侧，单击“单击以显示面板内容”按钮，展开该面板，删除文本“内容3”，插入图片tp_d.jpeg，如图4-26所示。

图4-26　展开面板插入图片

Step 5 单击jQuery Accordion:Accordion1文本，选择整个Accordion元素，则会在“属性”面板中显示关于Accordion元素的属性，然后将Event和Height Style属性分别设置为mouseover和content，使鼠标光标移动到各面板时单击将自动展开相应的面板，并使面板中的内容垂直居中对齐，如图4-27所示。

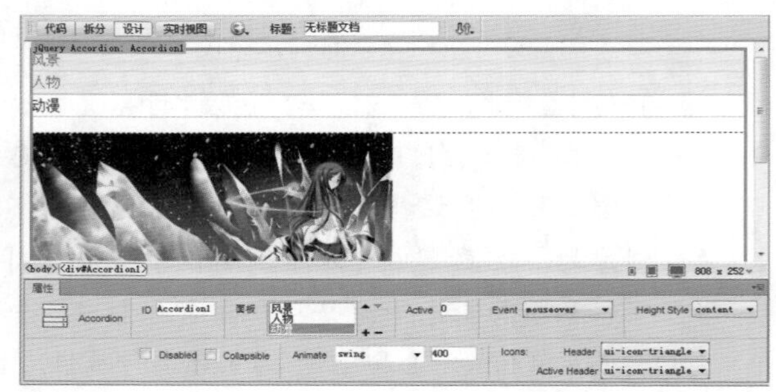

图4-27　设置Accordion的属性

Step 6 按Ctrl+S快捷键，保存网页，在打开的对话框中单击 确定 按钮，复制相关文件，然后按F12键启动浏览器，在浏览器下方单击 允许阻止的内容(A) 按钮，预览效果，如图4-28所示。

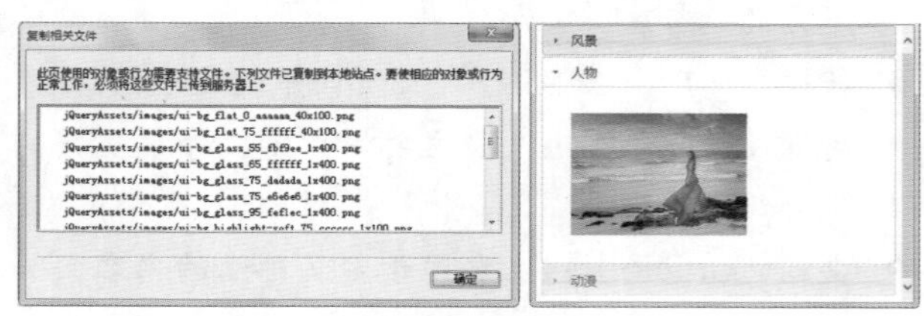

图4-28　复制相关文件并预览效果

知识解析：Accordion“属性”面板

◆ **ID文本框**：用于设置Accordion的名称，方便在脚本中引用。

◆ “面板”列表框：用于显示面板的数量，可以单击“在列表中向上移动面板”按钮▲、“在列表中向下移动面板”按钮▼、“添加面板”按钮+或“删除面板”按钮−，在“面板”列表框中移动面板、添加或删除面板的数量。

◆ Active文本框：用于设置“面板”中的默认选项，默认情况下是0，表示“面板”栏中的第一选项。

◆ Event下拉列表框：用于设置使用何种方式展开面板，默认情况是使用鼠标单击，即click，但也可以设置当鼠标光标经过时展开，即mouseover。

◆ Height Style下拉列表框：用于设置面板内容的位置，默认为最高内容的高度，同样也可以设置为居中，即centent或填充整个内容，即fill。

◆ ☑ Disabled复选框：用于设置Accordion是否可用，如果选中，表示不可用；相反，取消选中表示可用。

◆ ☑ Collapsible复选框：用于设置面板选项是否为折叠，选中表示默认为折叠，取消选中表示不折叠。

◆ Icons栏：针对Header和active header属性，设置其小图标。

（2）使用Tabs（标签）

在Dreamweaver CC中使用jQuery UI Tabs可以在页面中创建一个水平方向的Tabs标签切换效果，即选项卡效果。通过选择不同的选项卡标签来显示或隐藏选项卡下方的内容，如图4-29所示。

图4-29　Tabs标签效果

在Dreamweaver CC中插入Tabs标签的方法与插入Accordion标签的方法是完全相同的，但其属性设置则不尽相同，如图4-30所示。

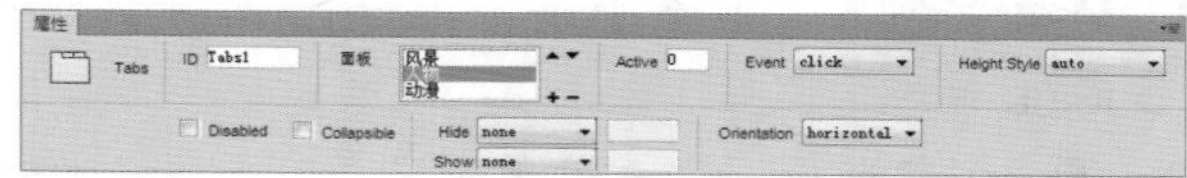

图4-30　Tabs“属性”面板

在Tabs“属性”面板中与Accordion属性功能相同的属性，这里不再解析，下面只解析不同于Accordion的属性。

知识解析：Tabs“属性”面板

◆ Hide/Show下拉列表框：主要用于设置标签显示或隐藏时的效果。

◆ Orientation下拉列表框：主要用于设置选项卡的方向。

（3）使用Slider滑动条

在Dreamweaver CC中使用jQuery UI Slider可以创建一个精美的滑动条效果，如图4-31所示。Slider滑动条的插入方法与Accordion的插入方法完全相同。

图4-31　Slider滑动条效果

Slider滑动条与其他结构元素一样，同样可以设置其属性，即在插入Slider滑动条元素后，将其选中，则可在“属性”面板中显示关于Slider滑动条的属性，如图4-32所示。

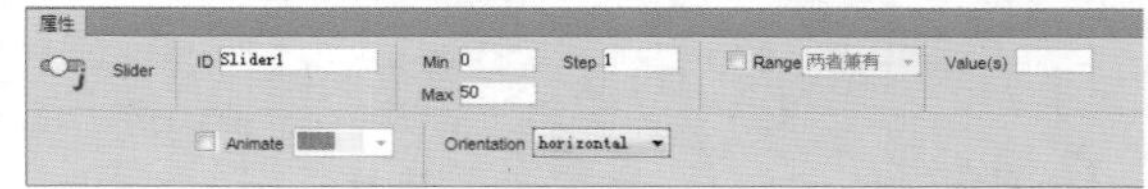

图4-32　Slider“属性”面板

知识解析：Slider“属性”面板

◆ ID文本框：用于设置Slider的名称。

◆ Min/Max文本框：用于设置滑动条的最小值和最大值。

◆ ☑ Range复选框：主要用于设置滑块范围内的值，如果选中该复选框，则滑动条将自动创建两个滑块，一个为最大值，一个为最小值。默认没有选中。

◆ Value（s）文本框：主要用于设置初始时滑块

的值，如果有多个滑块，则设置第一个滑块的值。

- ☑ Animate 复选框：主要用于设置是否在拖动滑块时执行动画效果。
- Orientation下拉列表框：主要用于设置Slider的方向，默认为水平方向，同样可以设置为垂直方向，即选择vertical选项即可。

（4）使用Dialog（会话）

在Dreamweaver CC中使用jQuery UI Dialog标签，可实现一个jQuery UI页面会话的功能，即实现客户端的对话框效果，如图4-33所示。Dialog会话元素的插入方法与Accordion的插入方法完全相同。

图4-33　Dialog会话效果

Dialog会话与其他结构元素一样，同样可以设置其属性，即在插入Dialog会话元素后，将其选中，则可在“属性”面板中显示关于Dialog会话的属性，如图4-34所示。

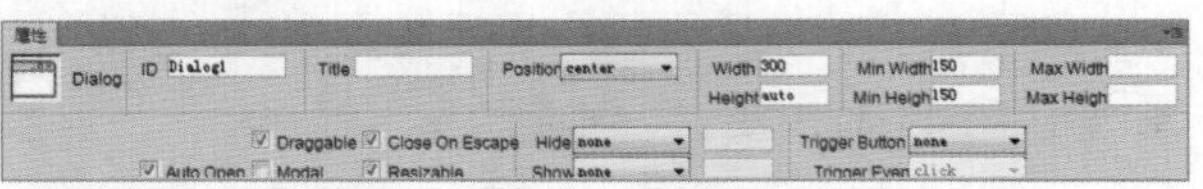

图4-34　Dialog“属性”面板

知识解析：Dialog“属性”面板

- ID文本框：用于设置Dialog的名称。
- Title文本框：主要用于设置Dialog的标题。
- Position下拉列表框：主要用于设置Dialog对话框显示的位置。
- Width/Height文本框：主要用于设置Dialog对话框的宽度和高度。
- Min Width/Min Height文本框：主要用于设置Dialog对话框的最小宽度和最小高度。
- Max Width/Max Height文本框：主要用于设置Dialog对话框的最大宽度和最大高度。
- ☑ Auto Open 复选框：默认为选中状态，主要用于设置预览时就打开Dialog对话框。
- ☑ Draggable 复选框：主要用于设置Dialog是否可以拖动，默认为不可以。
- ☑ Modal 复选框：主要设置在显示消息时，禁用页面上的其他元素。
- ☑ Close On Escape 复选框：主要用于设置在用户按下Esc键时，是否关闭Dialog对话框，默认为是。
- ☑ Resizable 复选框：主要设置用户是否可以改变Dialog对话框的大小。
- Hide/Show下拉列表框：主要用于设置隐藏或显示对话框时的动画效果。
- Trigger Button下拉列表框：主要用于设置触发Dialog对话框显示的按钮。
- Trigger Event下拉列表框：主要用于设置触发Dialog对话框显示的事件。

（5）Progressbar（进度条）

在页面中创建进度条，可以向用户显示程序当前完成的百分比，而在Dreamweaver CC中，可以使用jQuery UI Progressbar标签轻松、快捷地完成创建进度条的操作。如图4-35所示为进度条效果。Progressbar进度条的插入方法与Accordion的插入方法完全相同。

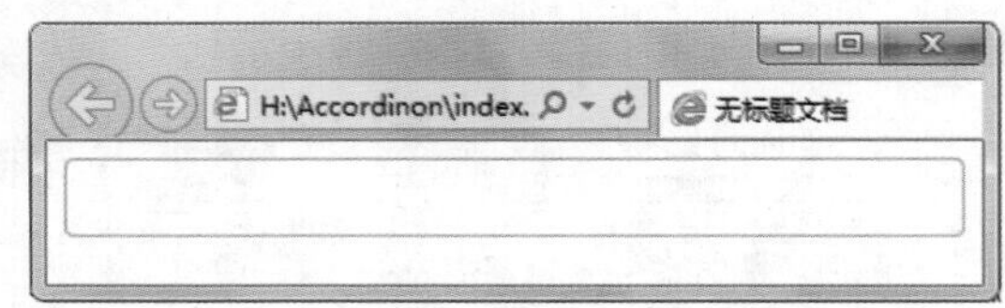

图4-35　Progressbar进度条效果

Progressbar进度条与其他结构元素一样，同样可以设置其属性，即在插入Progressbar元素后，将其选中，则可在“属性”面板中显示关于Progressbar元素的属性，如图4-36所示。

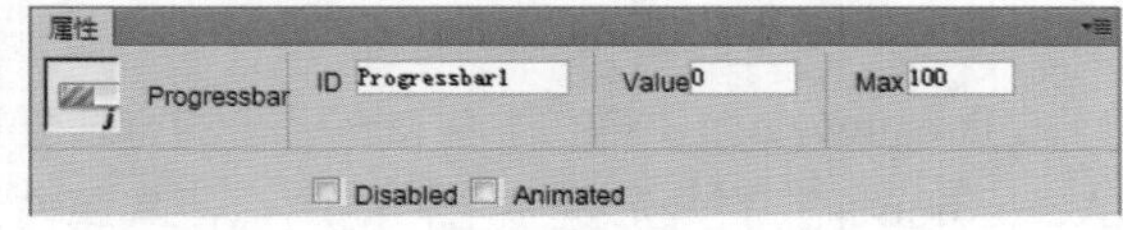

图4-36　Progressbar“属性”面板

知识解析：Progressbar“属性”面板

- ID文本框：用于设置Progressbar的名称。
- Value文本框：主要用于设置进度条显示的度数（0～100）。
- Max文本框：主要用于设置进度条的最大值。
- Disabled复选框：主要用于设置是否禁用进度条。
- Animated复选框：选中该复选框，可设置使用GIF动画来显示进度。

4.2.3 使用Div+CSS布局网页

在网页制作中，Div+CSS是一种最新、也是最科学的网页布局方式，因为它符合Web 2.0的技术标准。

实例操作：使用Div+CSS创建网页

- 光盘\素材\第4章\Div+CSS\
- 光盘\效果\第4章\Div+CSS\index.html
- 光盘\实例演示\第4章\使用Div+CSS创建网页

本例将在index.html网页文档中，使用Div元素和HTML5结构元素对网页文档进行结构划分，共划分为3部分，分别为header、container和footer，并在每个部分添加内容，编写CSS代码进行修饰，效果如图4-37所示。

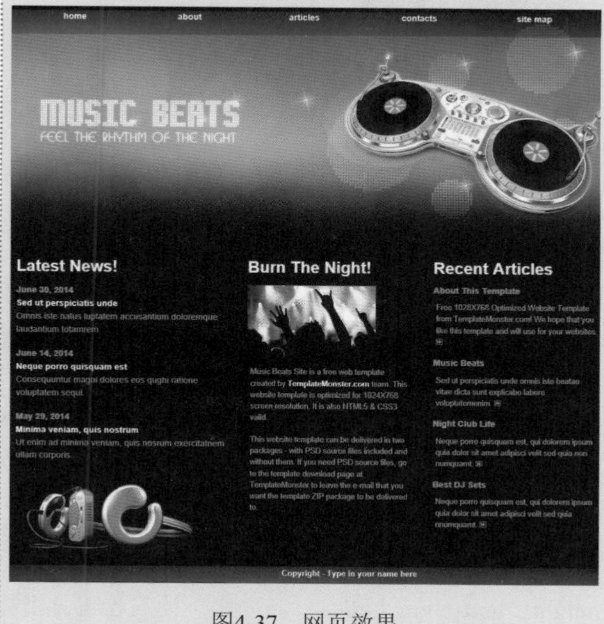

图4-37 网页效果

Step 1 在Dreamweaver CC中打开index.html网页文档，然后将插入点定位到网页文档的空白区域中，按Shift+F11快捷键，打开“CSS设计器”浮动面板，在“源”面板右侧单击“添加CSS源”按钮，在弹出的下拉列表中选择“创建新的CSS文件”选项，如图4-38所示。

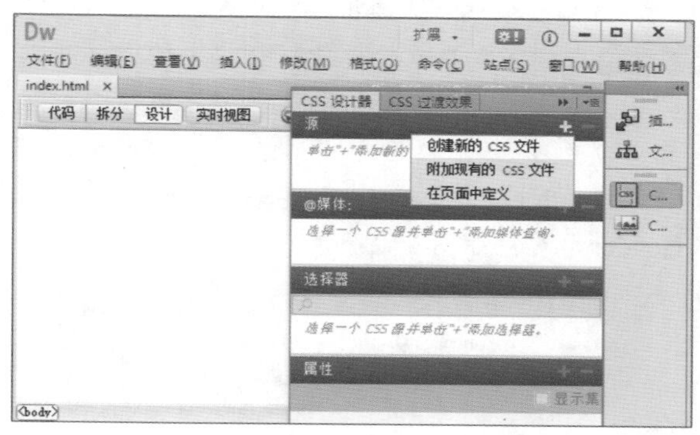

图4-38 选择“创建新的CSS文件”选项

Step 2 打开“创建新的CSS文件”对话框，在“文件/URL（F）”文本框后单击 浏览... 按钮，打开“将样式表文件另存为”对话框，在“保存在”下拉列表框中选择保存位置，然后在“文件名”文本框中输入CSS文件名称master，然后单击 保存(S) 按钮，如图4-39所示。返回“创建新的CSS文件”对话框，即可查看到CSS文件的保存位置，然后单击 确定 按钮，如图4-40所示。

图4-39 保存CSS文件

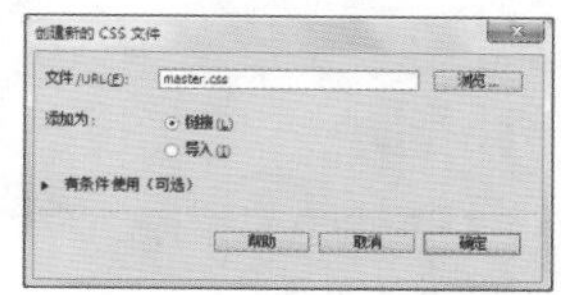

图4-40 查看CSS文件路径

Step 3 返回到网页文档中，则可在“筛选相关文件”栏中查看到创建的CSS文件，然后选择“插入”/“结构”/Div命令，打开“插入Div”对话框，在ID下拉列表框中输入main，然后单击 确定 按钮，即可在网页文档中插入ID属性为main的Div元素，如图4-41所示。

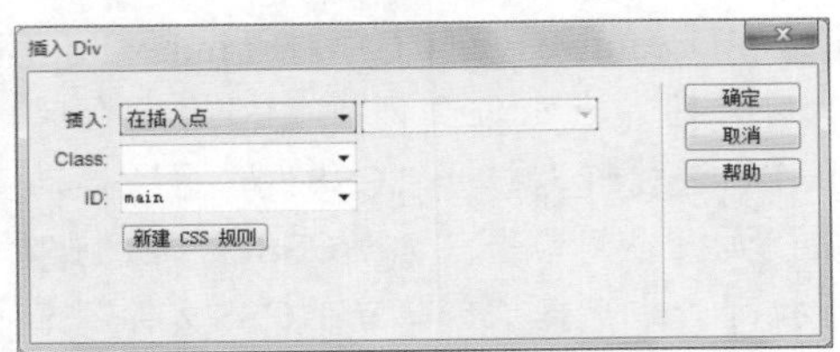

图4-41 插入Div元素

Step 4 ▶ 在插入的Div元素中删除其中的文本内容，在“插入”浮动面板中选择“结构”选项，切换到结构分类列表中，然后单击“页眉”按钮，打开“插入Header”对话框，直接单击确定按钮，插入Header元素，如图4-42所示。

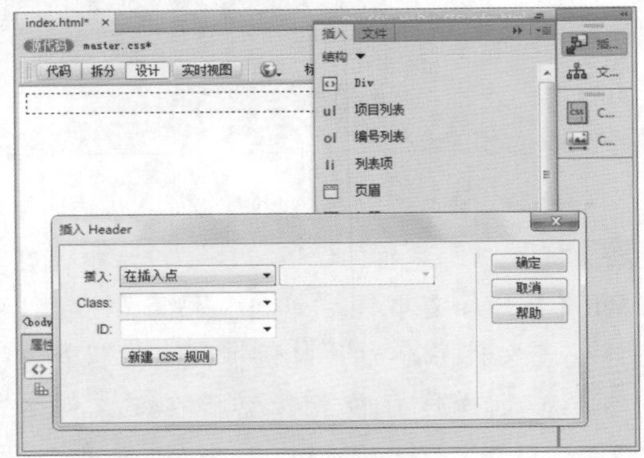

图4-42 插入Header元素

Step 5 ▶ 使用插入Div元素和Header元素的方法，在Header元素下方插入一个名为container的Div元素和一个footer元素，切换到“代码”视图中，则可查看到Dreamweaver CC中自动生成的标记代码，并将各标记代码中的文本内容删除，如图4-43所示。

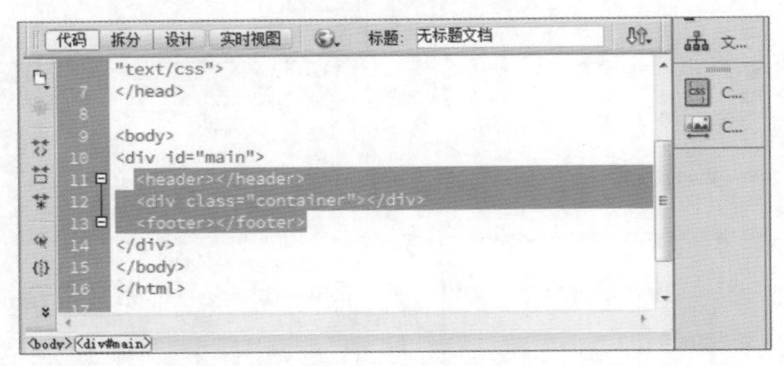

图4-43 添加其他元素并查看标记代码

Step 6 ▶ 在“CSS设计器”浮动面板中的“源”面板中选择master.css选项，然后在“选择器”面板右侧单击“加号”按钮，在添加的文本框中输入body,#main，然后使用相同的方法添加其他几个选择器，分别为#main,.container、header和footer，如图4-44所示。

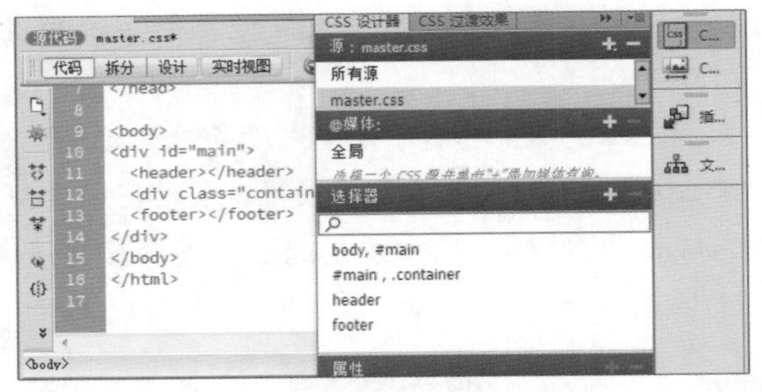

图4-44 添加选择器

Step 7 ▶ 在“选择器”面板下方选择body,#main选择器，然后在“属性”面板下方单击“文本”按钮，然后分别设置font-family（字体）、font-size（字号）、line-height（行高）和color（文本颜色）为Arial, Helvetica, sans-serif、100%、1em和#979797。然后再单击“背景颜色”按钮，设置background-color（背景颜色）为#000，然后切换到“设计”视图中查看效果，如图4-45所示。

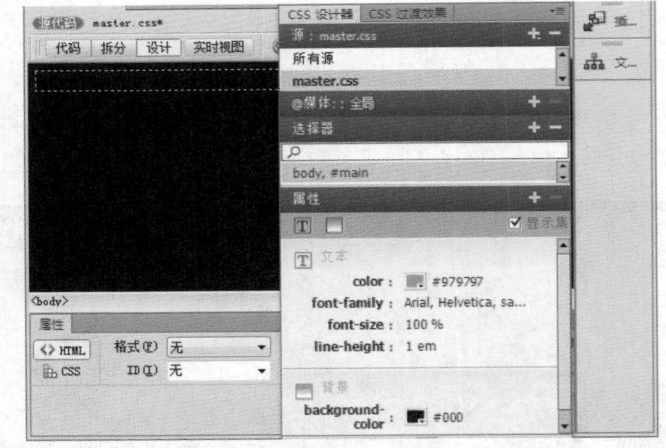

图4-45 设置body和main的属性值

Step 8 ▶ 使用相同的方法分别为#main.container设置margin（边框）的属性为0 auto；为header设置height（高）、background-image（背景图像）、background-repeat（是否重复）和background-position（背景位置）的属性值分别为447px、url(img/header-bg.jpg)、no-repeat、center top；为footer设置height、width、background、background-repeat、background-position、float（浮动）、color、font-size、line-height、text-align（文本对齐方式）的属性值分别为60px、100%、url(img/header-bg.jpg)、no-repeat、top

top、left、#fff、.92em、1.667em和center，如图4-46所示。

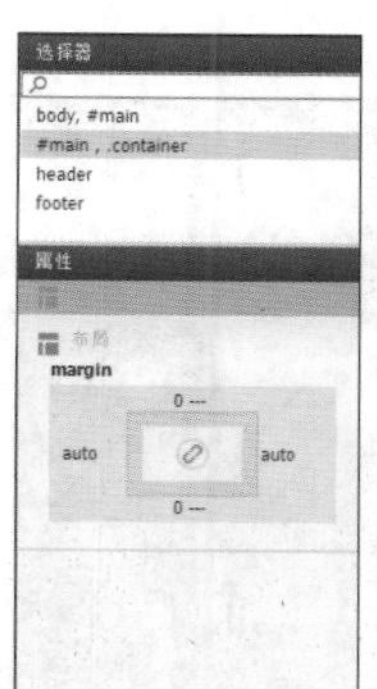
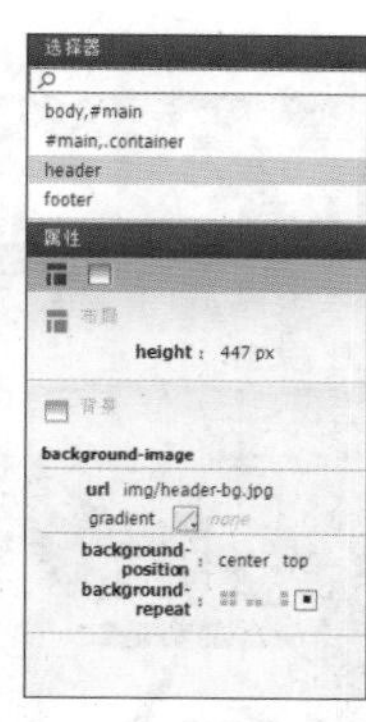
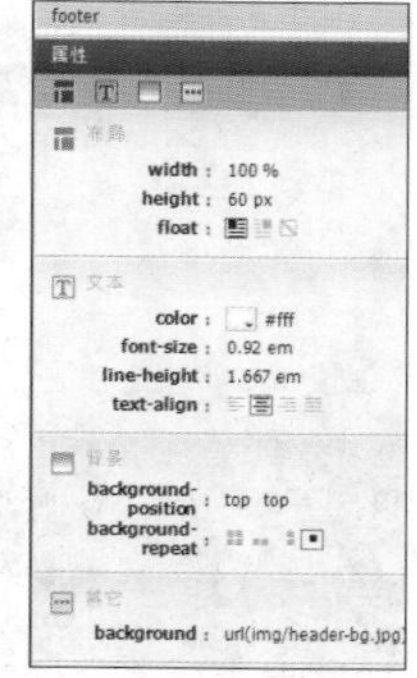

图4-46 各元素的属性设置

技巧秒杀

在“CSS设计器”浮动面板中所设置的所有属性值，都会在master.css文件中自动生成相应的CSS代码，用户可在“筛选相关文件”栏中选择master.css文件进行查看。

Step 9 将插入点定位到<header></header>元素之间，选择“插入”/“结构”/“标题”/“标题1”命令，插入h1元素，然后将该元素中的文本删除，再将插入点定位到h1元素后，再插入nav元素，并将插入点定位到<nav></nav>标记之间，然后插入列表元素并添加内容，添加的所有元素及内容都会在代码视图中生成相应的代码标签，如图4-47所示。

```
<body>
<div id="main">
  <header>
    <h1></h1>
    <nav>
          <ul>
              <li><a href="#"><span>home</span></a></li>
              <li><a href="#"><span>about</span></a></li>
              <li><a href="#"><span>articles</span></a></li>
              <li><a href="#"><span>contacts</span></a></li>
              <li><a href="#"><span>site map</span></a></li>
              <li></li>
          </ul>
     </nav>
  </header>
  <div class="container"></div>
  <footer></footer>
</div>
</body>
</html>
```

图4-47 添加元素及内容的效果及代码

技巧秒杀

为了在网页文档中精确定位插入点，可以切换到“代码”或“拆分”视图中进行定位。

Step 10 在“CSS设计器”浮动面板的“选择器”面板下添加h1、nav、nav ul li和header nav ul li a选择器，并分别为其添加属性值，如图4-48所示。

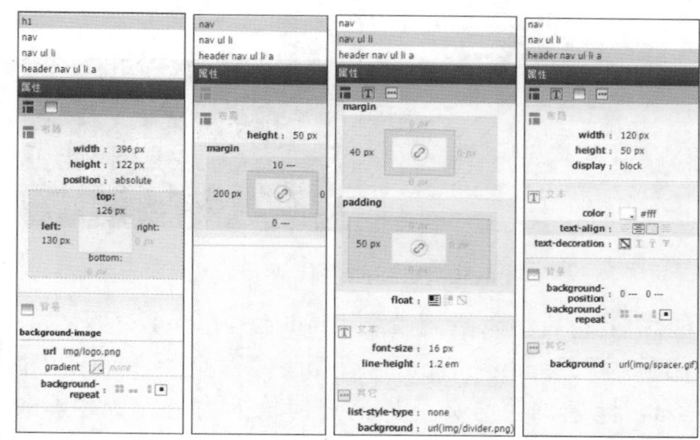

图4-48 各元素的属性设置

Step 11 将插入点定位到名为container的Div元素中，在其中插入aside和section元素，并将插入点定位到<aside></aside>标记之间，并分别插入h2、ul和blockquote元素，将blockquote元素的ID属性设置为img-1。然后在<section></section>标记中插入两对article元素，并在article元素中插入h2、ul和p等元素。再分别在h2、ul、p和blockquote元素中添加文本及图像，并切换到“代码”视图中查看生成的代码，如图4-49所示。

```
<div class="container">
  <aside>
      <h2>Latest News!</h2>
      <ul>
         <li><a href="#">June 30, 2014</a>
         <strong>Sed ut perspiciatis unde</strong>Omnis iste natus luptatem accusantium doloremque laudantium totamrem.</li>
         <li><a href="#">June 14, 2014</a>
         <strong>Neque porro quisquam est</strong>Consequuntur magni dolores eos qughi ratione voluptatem sequi.</li>
         <li><a href="#">May 29, 2014</a>
         <strong>Minima veniam, quis nostrum</strong>Ut enim ad minima veniam, quis nosrum exercitatnem ullam corporis.</li>
      </ul>
      <blockquote class="img-1">
         <img src="img/cont-bot.jpg" width="332" height="172">
      </blockquote>
    </aside>
    <section>
       <article>
         <h2>Burn The Night!</h2>
          <img src="img/1page-img.jpg">
         <p class="p1">Music Beats Site is a free web template created by
         <span>TemplateMonster.com</span> team.
         This website template is optimized for 1024X768 screen resolution.
          It is also HTML5 &amp; CSS3 valid.</p>
          <p class="p1">This website template can be delivered in two packages
          - with PSD source files included and without them. If you need PSD source files,
          go to the template download page at TemplateMonster to leave the e-mail
           that you want the template ZIP package to be delivered to.</p>
       </article>
       <article>
          <h2>Recent Articles</h2>
            <ul class="list">
               <li><strong>About This Template</strong>
               <p>Free 1028X768 Optimized Website Template from TemplateMonster.com!
                We hope that you like this template and will use for your websites. <a href="#">
                <img src="img/arrow.gif"></a></li>
               <li><strong>Music Beats</strong>
               <p>Sed ut perspiciatis unde omnis iste beatae vitae dicta sunt explicabo labore voluptatemenim.
               <a href="#"><img src="img/arrow.gif"></a></li>
               <li><strong>Night Club Life</strong>
               <p>Neque porro quisquam est, qui dolorem ipsum quia dolor sit amet adipisci velit sed quia non numquamt.
               <a href="#"><img src="img/arrow.gif"></a></li>
               <li><strong>Best DJ Sets</strong>
               <p>Neque porro quisquam est, qui dolorem ipsum quia dolor sit amet adipisci velit sed quia nnumquamt.
               <a href="#"><img src="img/arrow.gif"></a></li>
            </ul>
       </article>
    </section>
</div>
```

图4-49 添加各元素和内容的代码

Step 12 在“CSS设计器”浮动面板中为添加的各个元素设置属性值，并在“筛选相关文件”栏中选择master.css文件进行查看，然后切换到“设计”视图中查看效果，如图4-50所示。

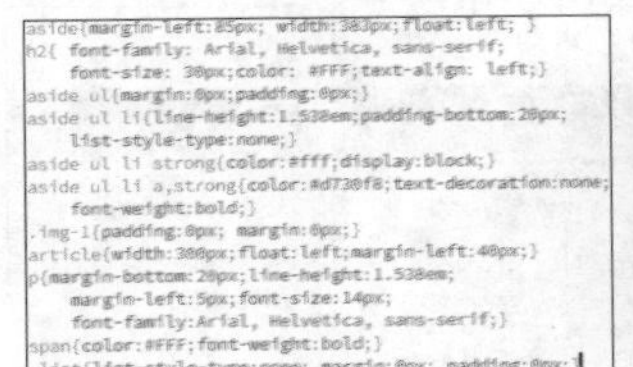

```
aside{margin-left:85px; width:383px;float:left; }
h2{ font-family: Arial, Helvetica, sans-serif;
    font-size: 30px;color: #FFF;text-align: left;}
aside ul{margin:0px;padding:0px;}
aside ul li{line-height:1.538em;padding-bottom:20px;
    list-style-type:none;}
aside ul li strong{color:#fff;display:block;}
aside ul li a,strong{color:#d730f8;text-decoration:none;
    font-weight:bold;}
.img-1{padding:0px; margin:0px;}
article{width:300px;float:left;margin-left:40px;}
p{margin-bottom:20px;line-height:1.538em;
    margin-left:5px;font-size:14px;
    font-family:Arial, Helvetica, sans-serif;}
span{color:#FFF;font-weight:bold;}
.list{list-style-type:none; margin:0px; padding:0px;}
```

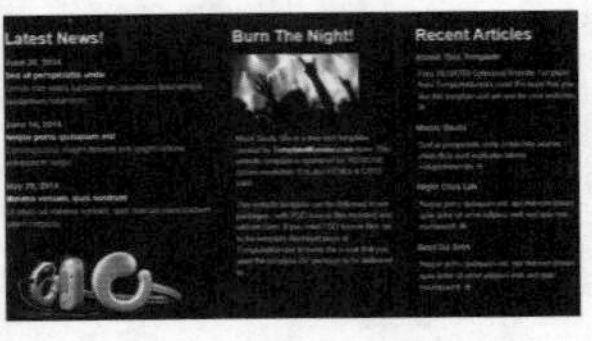

图4-50　CSS属性代码及效果

Step 13 ▶ 将插入点定位到<footer></footer>标记中，然后插入<span></span>、
和两个<a href="#"></a> 标记，并在每个标记之间输入内容，如图4-51所示。

```
<footer>
<span> Copyright - Type in your name here</span><br>
        <a href="#">Website template</a> designed by
TemplateMonster.com     |     <a href=
"http://www.templates.com/product/3d-models/" >3D Models</a>
provided by Templates.com
  </footer>
```

图4-51　footer元素中的内容

Step 14 ▶ 切换到master.css文件中，按Ctrl+S快捷键将其保存，然后切换到“设计”视图中，按Ctrl+S快捷键保存网页文档。按F12键启动浏览器进行预览，如图4-52所示。

图4-52　预览效果

4.3 框架布局

框架是较早出现的HTML对象，在网页中框架的作用就是将浏览器窗口划分为多个区域，每个区域分别显示不同的网页。在网页中使用框架可以方便地完成导航工作，而且各个框架之间不存在干扰问题，因此，在模板出现之前，框架技术普遍应用于页面导航。

4.3.1 框架的简介

在学习框架之前，需要了解框架和框架集之间的关系，因为框架和框架集的用法类似，导致许多用户分不清什么是框架和框架集。下面将框架的组成和框架的优点进行介绍。

1. 框架的组成

一个框架结构是由框架和框架集组成的。框架是把一个画面分成几个区域，并在各个区域中显示不同的网页文件结构；而框架集则是在一个文档内定义一组框架结构的HTML网页，它可以在一个窗口中定义框架的数目、尺寸及框架的网页。

2. 添加空格框架的特点

在网页制作中，虽然使用框架结构带来了很大便利，但是所有的布局技术都有优缺点，框架结构也不例外，下面介绍框架的优缺点。

- **风格统一：**在制作相同元素的页面时，可以使用框架结构进行制作，使其成为一个单独的网页文件，在使用时直接引用，达到站点页面风格统一的效果。
- **便于修改：**网站中，如果是使用框架结构制作页面的公共部分，在修改时，只需修改公用网页，则整个网站会同时进行更新。
- **方便访问：**一般公用的框架内容都会制作成导航链接，当浏览器的滚动条滚动时，这些链接不随着滚动条而上下移动，因此，不管在网页的哪个位置都可以很方便地单击链接浏览其他网页。

- **兼容性**：框架结构对于早期的浏览器和一些特定的浏览器有可能不支持。
- **下载速度**：框架结构的网页在浏览速度上会受到一定的影响。
- **排版**：在制作框架网页时，要达到各元素精确对齐有一定的困难。

4.3.2 使用HTML实现框架布局

在网页文档中插入框架后，还可以在框架中插入其他框架集，因此称之为嵌套框架。另外在框架集中定义了一个窗口中显示的框架数、框架尺寸和载入到框架的网页等。在Dreamweaver CC中，不能对框架进行可视化的插入，只能使用HTML代码实现框架布局，要熟练使用框架布局，则要掌握<frameset>、<frame>和<noframes>标记，下面分别进行介绍。

1. <frameset>标记

<frameset>标记中有一个必要的属性，即rows或cols。该属性主要用来定义框架或嵌套框架集的行或列的大小及数目，并且这两个属性都可使用引号括起来，然后用逗号分隔属性值列表，而这些属性值则会指定框架的绝对（像素）或相对（百分比）宽度及高度。

2. <frame>标记

<frame>标记位于<frameset>标记内。通过使用与其关联的Src属性，可以链接文本内容的URL，这些文本内容最开始则显示在各个框架中，并且浏览器会将其从左到右、从上到下进行放置。

在使用<frame>标记时，也可以不使用Src属性，此时<frame>标记则称为空框架。如果<frameset>标记要求的框架数量超过了相应的<frame>标记定义的数量，此时也会显示为空框架。

3. <noframes>标记

<noframes>标记位于<frameset>标记内，与<frame>标记为同一级别，在<noframes>标记中的内部则不会被浏览器显示出来，但是这些内容会被不支持框架结构的浏览器当作文本进行显示。另外，该标记下的内容可以为任何普通的主体内容，包括<body>标记本身。如图4-53所示为左右结构的框架代码。

```
<body>
<frameset cols="20%,80%"><!--声明框架集，按列分，左边占总页面的20%，右边占80%-->
    <frame src="left.html"><!--声明框架，链接到left.html页面-->
    <frame src="right.html"><!--声明框架，链接到right.html页面-->
<noframes><!--声明不能处理框架的浏览器内容-->
    <body>请使用支持框架结构的浏览器进行预览</body><!--显示"请使用支持框架结构的浏览器进行预览"-->
</noframes>
</frameset><!--声明框架集结束-->
</body>
```

图4-53　左右结构的框架代码

4.3.3 设置框架集和框架的属性

框架和框架集与网页中的其他元素一样，都可以对其进行属性设置，并且正确地使用框架和框架集中的各种属性，对制作网页有很大的帮助。相反，如果不能正确地设置框架和框架集的属性，则会适得其反，让网页制作更加复杂。下面分别介绍框架和框架集的属性及作用。

1. 框架集的属性

在“代码”视图中，插入框架集标记后，可设置的框架集属性有框架面积、框架边界颜色和距离等。其具体属性及作用如表4-1所示。

表 4-1　框架集的属性

属　性	描　述
Cols	设置框架集的列
Rows	设置框架集的行
Framespacing	设置框架集的宽度
Frameborder	设置框架集的边框
Bordercolor	设置框架集的边框颜色，前提是框架集有边框，该属性才可用

在设置框架集的属性时，可直接在“代码”视图中的框架集标记括号内设置属性及属性值，如图4-54所示。

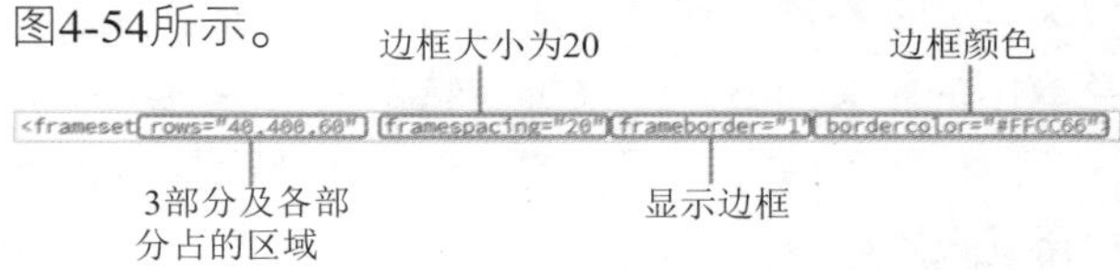

图4-54　设置框架集的属性

2. 框架的属性

在<frame>框架标记中，同样可以以直接添加属性的方式设置框架属性，如框架名称、源文件、边距、尺寸和滚动条等，下面分别进行介绍。

- Src属性：该属性是框架中最主要的属性，主要用于引用网页文件的URL地址，当然也可以对图像及多媒体进行引用。
- Name属性：用于设置框架的名称或其他文件的链接，方便在嵌套框架时进行引用。另外，框架名称必须使用英文，而且不可以包含特殊字符或空格。
- Frameborder属性：与框架集的属性功能相同，包括0、1、no和yes共4个属性值，其中，0和no表示不显示边框，1和yes表示显示边框。
- Scrolling属性：主要用于设置框架的滚动条，如果框架中的内容超出所分配窗口的空间，在预览时，浏览器会显示垂直和水平滚动条；相反，则不会显示滚动条。另外，该属性包括了3个属性值，分别为auto、no和yes。其中，auto会根据框架显示的内容来显示或隐藏滚动条；no表示始终不显示滚动条；yes表示始终显示滚动条。
- NoResize属性：主要用来禁止手动改变框架中行或列区域的大小。
- MarginWidth属性：默认情况下，浏览器和框架的边沿会存在一小部分间隙，此时，则可使用该属性来修改该间隙的大小。
- MarginHeight属性：用来修改浏览器和框架间隙的高度。

4.3.4 设置框架的链接

在网页布局中，使用框架的最主要原因就是能固定页面的某一部分，并且还可以只更改所需框架的内容，即在不改变菜单所在框架的情况下，改变菜单中的相关内容。如果想在特定框架中显示不同内容，则需区分多个不同的框架，因此也要为各个框架间设置链接。

在Dreamweaver CC中制作框架时，在“属性”面板的“目标”下拉列表框中选择需要的选项，设置在框架中以什么方式打开所链接的内容，如图4-55所示。

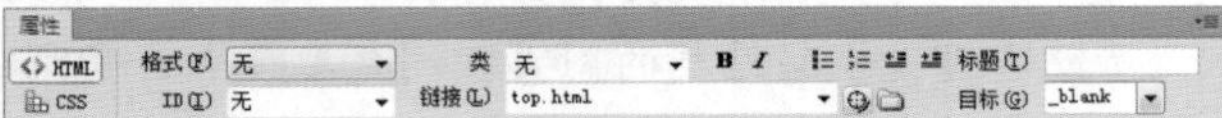

图4-55 设置链接目标

技巧秒杀

使用框架结构的网页页面由两个或两个以上的框架组成，一个页面可在这些框架中的任意一个框架中打开，此时，则需要设置链接的目标，使网页在指定的框架中打开。“目标”列表中各选项的含义在前面已经介绍过，这里不再重复。

4.3.5 Iframe框架（浮动框架）

在Dreamweaver CC中，只有Iframe框架还存在于“插入”菜单和“插入”浮动面板的“常用”分类列表中，在HTML代码中，则表示为<iframe></iframe>标记，使用该标记可以定义一个矩形的区域，在这个矩形区域中，浏览器会显示一个单独的文档，其中还包括了滚动条和边框。

?答疑解惑：

Iframe框架主要有哪些属性呢?

Iframe框架也有属于自己的属性，如表4-2所示。

表4-2 Iframe框架的属性

属　性	描　述
Frameborder	用于设置浮动框架的边框
Name	用于设置浮动框架的名称
Src	用于设置浮动框架的源文件
Marginheight	用于设置浮动框架边缘的高度
Marginwidth	用于设置浮动框架边缘的宽度
Align	用于设置浮动框架的对齐方式
Width	用于设置浮动框架的宽度
Height	用于设置浮动框架的高度
Scrolling	用于设置浮动框架是否允许出现滚动条

实例操作：使用Iframe框架制作网页

- 光盘\素材\第4章\Iframe\
- 光盘\效果\第4章\Iframe\index.html
- 光盘\实例演示\第4章\使用Iframe框架制作网页

本例将在index.html网页文档的空白位置添加一个浮动框架，然后再选择框架前面的小图片，添加链接，使得单击小图片后，在浮动框架中显示大图片，效果如图4-56所示。

图4-56 效果图

Step 1 在Dreamweaver CC中打开index_iframe.html网页文档，将鼠标光标定位到空白处，然后选择“插入”/ IFRAME命令，插入一个浮动框架的同时会自动切换到“拆分”视图中，此时，会看到自动生成的浮动框架的标记<iframe></iframe>，如图4-57所示。

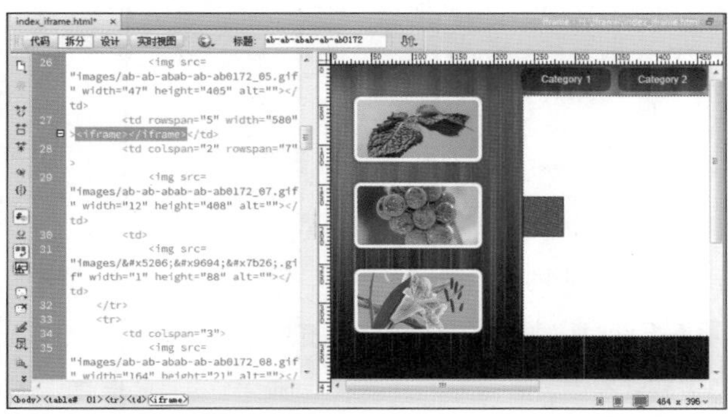

图4-57 插入浮动框架

Step 2 将插入点定位到<iframe></iframe>标记的开始标记中，然后输入属性并设置属性值name="tp"、width="584"、height="304"、marginheight="0"、marginwidth="0"，如图4-58所示。

图4-58 设置浮动框架的属性

Step 3 切换到“设计”视图中，选择浮动框架左侧的第一张图片，然后在“属性”面板的“链接”文本框中输入one.html，保持图片的选择状态，再切换到“拆分”视图中，在图片标记前的链接标记中添加目标属性target="tp"，单击该图片时，在插入的浮动框架中可以显示链接的页面，如图4-59所示。

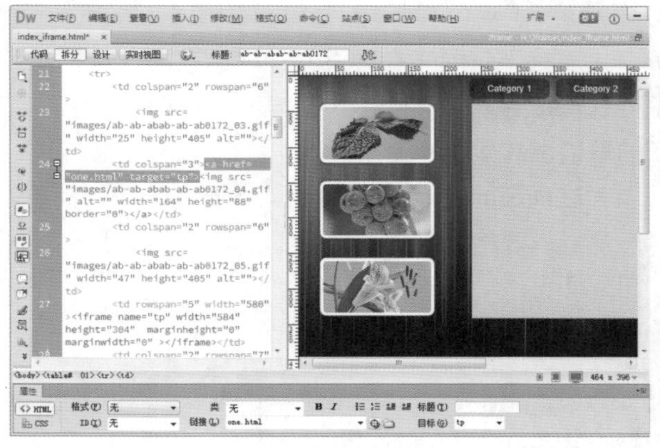

图4-59 添加链接及目标属性

Step 4 使用相同的方法，为其他两张小图片分别添加链接，其链接网页文件分别为two.html和three.html，并设置其相同的目标属性target="tp"，实现与第一张图片相同的效果，如图4-60所示。

读书笔记

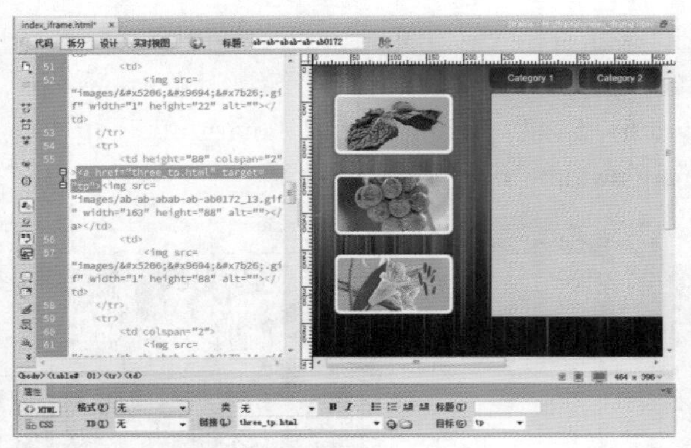

图4-60　为其他图片添加链接及目标属性

Step 5 ▶ 切换到“设计”视图中，按Ctrl+S快捷键保存网页，按F12键启动浏览器，单击左侧的小图片，则会在右侧显示大图片，如图4-61所示。

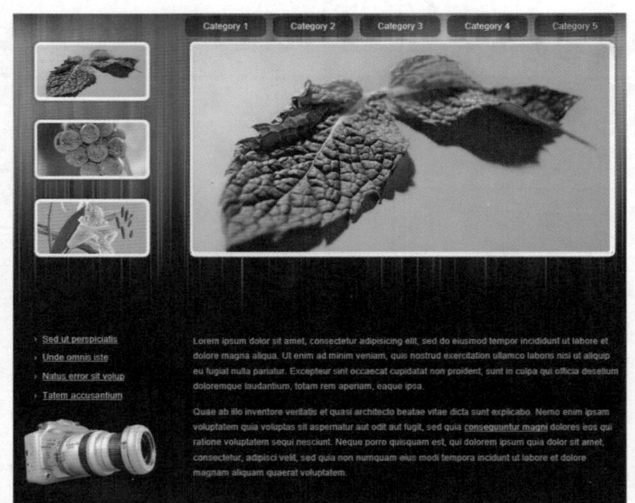

图4-61　查看效果

知识大爆炸——导入数据并排序

1. 导入数据

表格不仅限于在网页文件中的布局制作，还可以用于整理资料。Dreamweaver提供了表格导入功能，可以直接导入其他程序的数据来创建表格文件，如Excel表格文件，既能导入数据，也能导出HTML文档中的表格供其他程序使用。

在Dreamweaver CC中导入数据的方法很简单，只需选择“文件”/“导入”/“表格式数据”命令，打开“导入表格式数据”对话框，如表4-62所示，在该表格中设置数据文件、表格宽度等，单击 确定 按钮 即可。

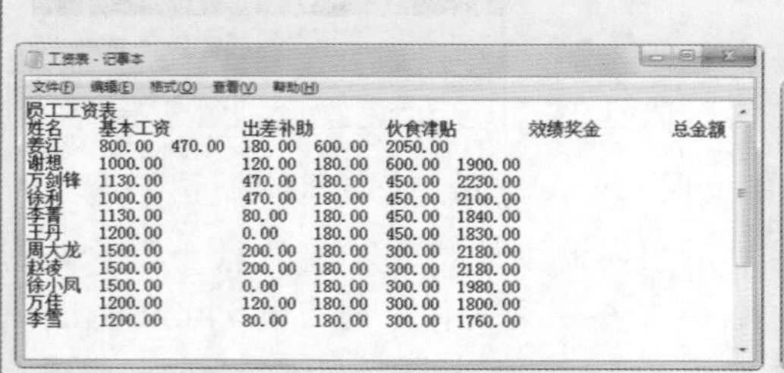

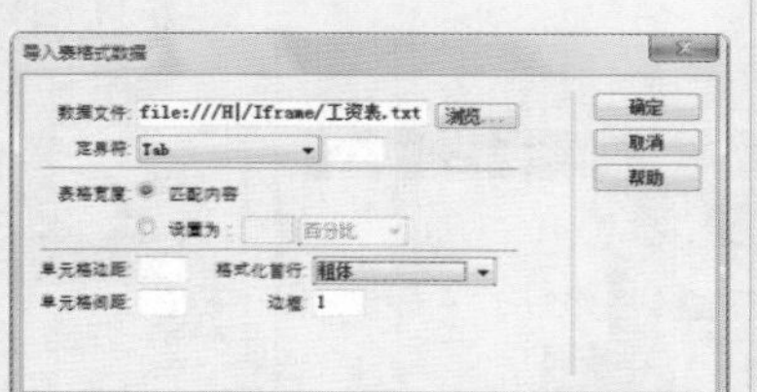

员工工资表					
姓名	基本工资	出差补助	伙食津贴	效绩奖金	总金额
姜江	800.00	470.00	180.00	600.00	2050.00
谢想	1000.00	120.00	180.00	600.00	1900.00
万剑锋	1130.00	470.00	180.00	450.00	2230.00
徐利	1000.00	470.00	180.00	450.00	2100.00
李菁	1130.00	80.00	180.00	450.00	1840.00
王丹	1200.00	0.00	180.00	450.00	1830.00
周大龙	1500.00	200.00	180.00	300.00	2180.00
赵凌	1500.00	200.00	180.00	300.00	2180.00
徐小凤	1500.00	0.00	180.00	300.00	1980.00
万佳	1200.00	120.00	180.00	300.00	1800.00
李雪	1200.00	80.00	180.00	300.00	1760.00

图4-62　源数据导入到Dreamweaver CC中的过程图

“导入表格式数据”对话框中的“数据文件”不能是Excel或其他表格程序中的数据，如果要导入Excel程序中的表格数据，则需选择“文件”/“导入”/“Excel文档”命令。

2. 数据排序

在Dreamweaver中可导入表格数据，当然也能对表格中的数据进行排序。在Dreamweaver CC中只需选择“命令”/“排序表格”命令，打开“排序表格”对话框，在其中设置排序的条件即可，如图4-63所示。

下面分别介绍“排序表格”对话框中各参数的作用。

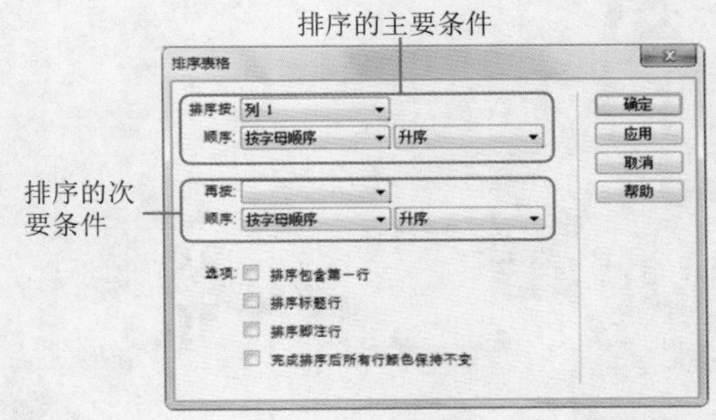

图4-63 “排序表格”对话框

◆ 排序的主要条件：主要用来设置表格中的哪一列的值是按什么顺序进行升序还是降序排列。

◆ 排序的次要条件：主要用来设置按主要条件排序后，有相同的数据时，按照次要条件的顺序进行升序或降序排列。

◆ 排序包含第一行复选框：主要用来设置表格排序时是否包含第一行数据。

◆ 排序标题行复选框：主要用来设置排序时是否包含标题行。

◆ 排序脚注行复选框：主要用来设置排序时是否包含脚注行。

◆ 完成排序后所有行颜色保持不变复选框：主要用来设置完成排序后，表格中的所有行是否保持原有颜色不变。

读书笔记

Chapter

表单和行为的应用

本章导读

在很多网页中，都有调查、定购或搜索等功能，这些功能一般都是使用表单来实现的，而表单一般是由表单元素的HTML源代码和客户端的脚本，或服务器端用来处理用户所填信息的程序组成。另外，Dreamweaver 中还带有强大的行为功能，在网页中使用行为功能可以提高网站的交互性。本章将对网页制作中的表单和行为等内容进行介绍。

5.1 表单应用

在网页中，表单是一个常用的元素，它以各种形式存在于各种网页中，如登记注册邮件、填写资料或收集用户的资料等。下面将介绍在Dreamweaver CC中创建表单及表单中的各种元素的方法。

5.1.1 表单的概述

表单可以认为是从Web访问者那里收集信息的一种方法，因为它不仅可以收集访问者的浏览情况，还可以做更多的事，以更多形式出现。下面介绍表单的常用形式及组成表单的各种元素。

1. 表单形式

在各种类型的网站中，都会有不同的表单，起着收集信息的作用。下面是几种经常出现在各类型网站中的表单形式。

- **注册网页**：在会员制网页中，要求输入的会员信息的形式，大部分都是采用表单元素进行制作的，当然在表单中也包括各种表单元素，如图5-1所示。

图5-1　注册网页

- **登录网页**：注册后的网页，一般都有登录页面，而该页面的主要功能是输入用户名和密码，单击相应按钮后进行登录操作，而这些操作都会使用到表单中的文本、密码及按钮元素，如图5-2所示。

图5-2　登录网页

- **留言板或电子邮件网页**：在网页的公告栏或留言板上发表文章或建议时，输入用户名和密码，以及填写实际内容的部分全都是表单要素。另外，网页访问者输入标题和内容后，可以直接给网页管理者发送电子邮件，而发送电子邮件的样式大部分也是表单制作的。

2. 表单的组成要素

在网页中，组成表单样式的各个元素称之为域。在Dreamweaver CC的“插入”浮动面板的“表单”分类列表中，可以看到表单中的所有元素，如图5-3所示。

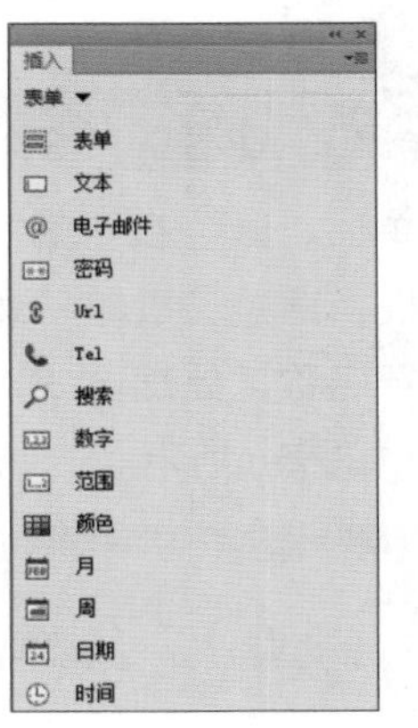

图5-3　表单及表单中的各元素

3. HTML中的表单

在HTML中，表单使用<form></form>标记表示，并且表单中的各种元素都必须存在于该标记之间。如图5-4所示的代码表单名为luyan的表单，使用post方法提交到540397256@qq.com的邮箱中。

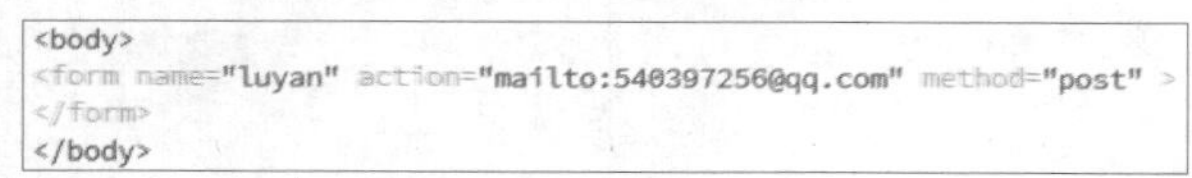

```
<body>
<form name="luyan" action="mailto:540397256@qq.com" method="post" >
</form>
</body>
```

图5-4　表单代码

5.1.2 创建表单并设置属性

在Dreamweaver CC中不仅可以方便快捷地插入表单，还可以对插入的表单进行属性设置，下面分别进行介绍。

1. 创建表单

在Dreamweaver CC中插入表单只需选择“插入”/“表单”/“表单”命令或在“插入”浮动面板的“表单”分类列表中单击“表单”按钮，即可在网页文档中插入一个以红色虚线显示的表单，如图5-5所示。

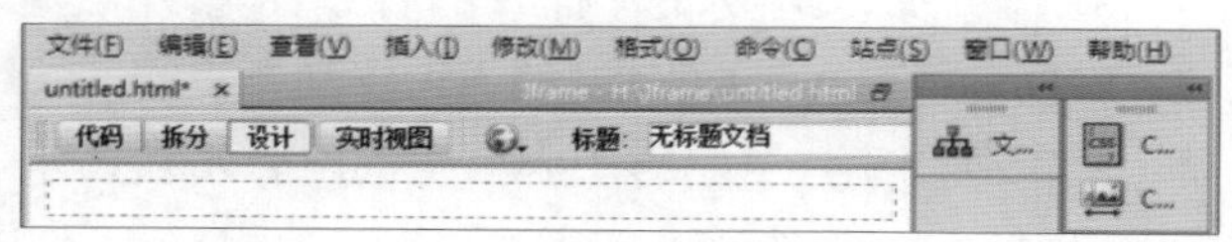

图5-5　表单效果

2. 设置表单属性

在网页文档中插入表单后，则会在“属性”面板中显示与表单相关的属性，通过该表单“属性”面板，可对插入的表单进行名称、处理方式以及表单的发送方法等进行设置，如图5-6所示。

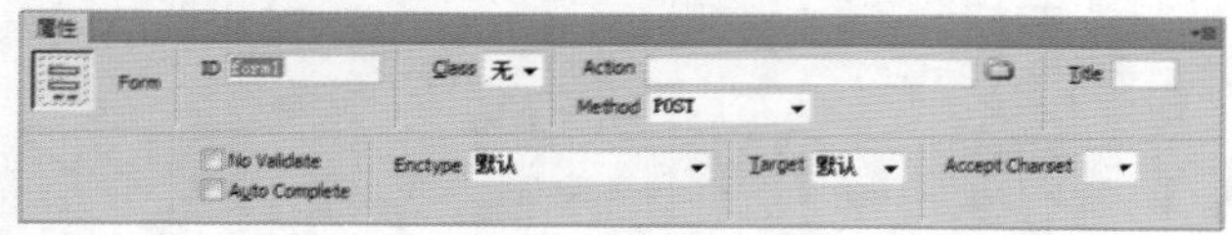

图5-6　表单“属性”面板

知识解析：表单“属性”面板

- ID：用于设置表单的名称。
- Class：选择应用在表单上的CSS类样式。
- Action：用于指定处理表单的动态页或脚本的路径，如userinfo.asp。可以是URL地址、HTTP地址，也可以是Mailto地址。
- Method：设置将数据传递给服务器的方式。通常使用的是POST方式。POST方式表示将所有信息封装在HTTP请求中，是一种可以传递大量数据的较安全的传送方式。GET方式则表示直接将数据追加到请求该页的URL中，只能传递有限的数据，并且不安全（在浏览器地址栏中可直接看到，如userinfo.asp?username=ggg的形式）。
- Title：设置表单的标题文字。
- No Validate复选框：用来设置当提交表单时不对其进行验证。
- Auto Complete复选框：用来设置是否启用表单的自动完成功能。
- Enctype：主要用来设置改善数据的编码类型，默认设置为application/x-www-form-urlencode。
- Target：主要用来设置表单被处理后，反馈页面的打开方式，如_blank、new、_parent、_self和_top这5种。
- Accept Charset：主要用于选择服务器处理表单数据所接受的字符集。

5.1.3 插入表单元素

创建完表单后，则可在表单中插入各种表单元素，实现表单的具体功能。另外，在Dreamweaver CC中表单元素较多，因此下面将其分类介绍。

1. 文本输入类元素

文本输入类元素，主要包括常用的与文本相关的表单元素，如文本、电子邮件、密码、Url、Tel、搜索、数字、范围、颜色、月、周、日期与时间、日期时间与日期时间（当地）、文本区域等，并且每个元素的插入方法都相同，下面将具体介绍文本元素的插入方法和属性作用，其他元素的插入方法和属性参照文本元素即可，如果其他元素有不同之处也会进行具体介绍。

（1）文本元素

文本（Text）元素是可以输入单行文本的表单元素，也就是通常登录画面上输入用户名的部分。在Dreamweaver CC中插入文本元素只需要选择“插入”/“表单”/“文本”命令或在“插入”浮动面板的“表单”分类列表中单击“文本”按钮即可，如图5-7所示。

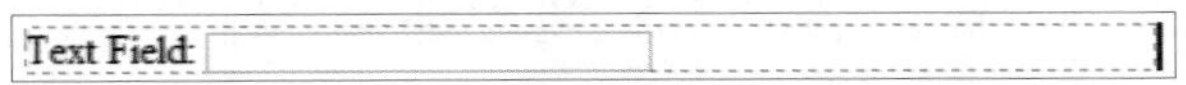

图5-7　文本元素

插入文本元素后，选择文本元素后，则可在其“属性”面板中对其属性进行设置，如图5-8所示。

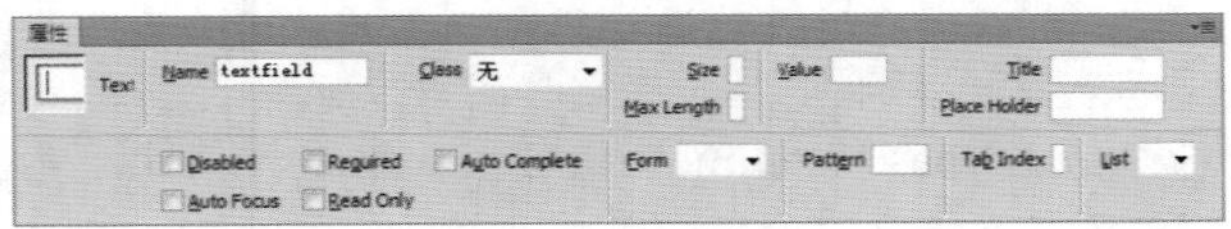

图5-8　文本元素“属性”面板

知识解析：文本元素“属性”面板

- Name：用于输入文本的名称。
- Class：用于应用在文本元素上的CSS类样式。
- Size：用于设置文本的宽度，默认情况下是以英文字符为单位，两个英文字符相当于一个汉字。
- Max Length：用来指定可以在文本中输入的最大字符数。
- Value：设置在文本元素中默认显示的字符。
- Title：用来设置文本的标题。
- Place Holder：设置提示用户输入信息的格式或内容。
- Disabled复选框：用来设置是否禁用该文本。
- Auto Focus复选框：用来设置页面加载时，是否使输入字段获得焦点。
- Required复选框：用来设置该文本是否为必填项。
- Read Only复选框：设置文本是否为只读文本。
- Auto Complete复选框：设置在预览时浏览器是否存储用户输入的内容。如果选中该复选框，当用户返回到曾填写过值的页面时，浏览器将会把用户写过的值自动填写在文本框（input）中。
- Form：用来定义输入字段属于一个或多个表单。
- Pattern：用来规定输入字段值的模式或格式。
- Tab Index：用来设置Tab键在链接中移动顺序。
- List：引用datalist元素。如果定义，则可在一个下拉列表框中插入值。

（2）电子邮件元素

电子邮件（Email）元素主要用于编辑在元素值中给出电子邮件地址的列表。其插入方法与文本元素的插入方法相同，其外观也基本相同，但是文本框前面的标签显示的是Email。

插入电子邮件后，其属性设置都基本相同，只在“属性”面板中多了一个Multiple复选框，如果选中该复选框，则可以在Email文本框中输入1个以上的值，如图5-9所示。

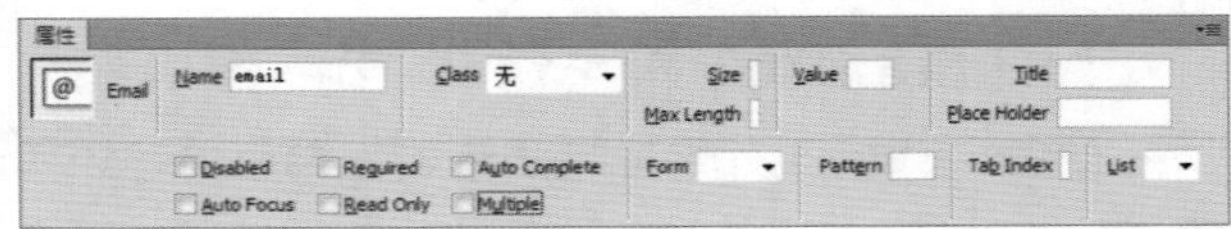

图5-9　电子邮件元素“属性”面板

（3）密码元素

密码（Password）元素主要用来输入密码或暗号时的主要使用方式。其外观与文本元素基本相同，但是在密码文本框中输入密码后，会以“*”或“.”符号进行显示。对于属性设置也基本相同，只是密码元素少了list属性。

（4）Url元素

Url（地址）元素主要用来编辑在元素值中给出绝对URL地址。URL的“属性”面板与文本元素的“属性”面板完全相同。

（5）Tel元素

Tel（电话）元素是一个单行纯文本编辑控件，主要用于输入电话号码。其“属性”面板与文本元素的“属性”面板完全相同。

（6）搜索元素

搜索（Search）元素是一个单行纯文本编辑控

件，主要用于输入一个或多个搜索词，其“属性”面板与文本元素的“属性”面板完全相同。

（7）数字元素

数字（Number）元素中输入的内容只包含数字字段，该“属性”面板比文本元素的“属性”面板多了Min、Max和Step属性，其中，Min用来规定输入字段最小值；Max用来规定输入字段最大值；Step用来规定输入字段的合法数字间隔，如图5-10所示。

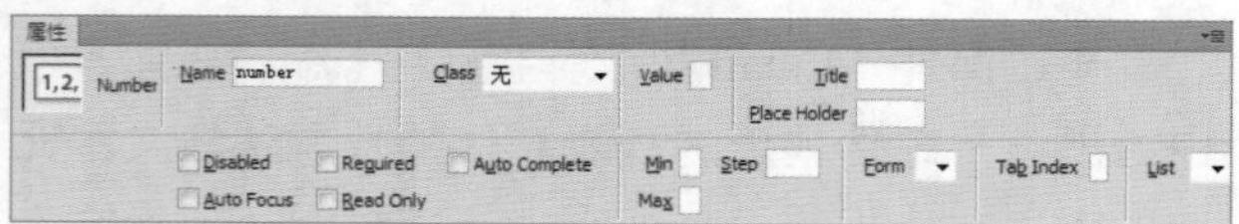

图5-10　数字元素“属性”面板

（8）范围元素

范围（Range）元素主要用来设置包含某个数字的值范围，其“属性”面板与数字元素的“属性”面板基本相同，但是少了☑Required和☑Read Only复选框。

（9）颜色元素

颜色（Color）元素主要用来输入颜色值，该元素的Value值后增加了一个“颜色值”按钮，单击该按钮后，在弹出的颜色面板中可选择任一颜色作为Value文本框中的初始值。

（10）月元素

月（Month）元素主要是让用户可以在该元素的文本框中选择月和年，该元素的“属性”面板与数字元素的“属性”面板基本相同，只是设置属性的显示方式不同，如图5-11所示。

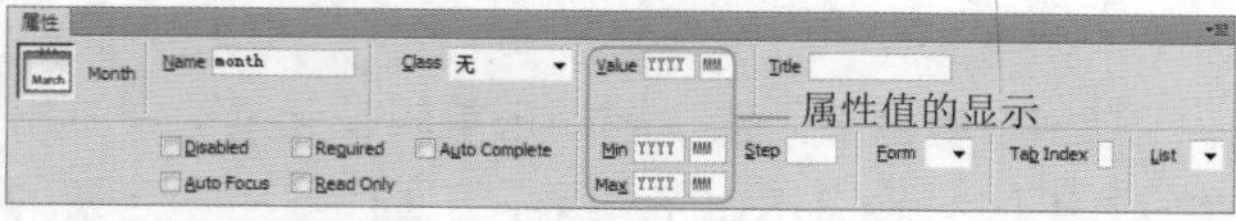

图5-11　月元素“属性”面板

（11）周元素

周（Week）元素主要是让用户可以在该元素的文本框中选择周和年，其“属性”面板与月元素“属性”面板基本相同。

（12）日期、时间元素

日期（Data）元素主要用来帮助用户选择日期的控件；而时间（Time）元素主要使用户可以选择时间，这两个元素的“属性”面板与月元素的“属性”面板基本相同。

（13）日期时间、日期时间（本地）元素

日期时间（datetime）元素主要使用户可以在该元素中选择日期和时间（带时区）；而日期时间（当地）（datetime-local）元素主要使用户选择日期和时间（无时区）。这两个属性的面板如图5-12所示。

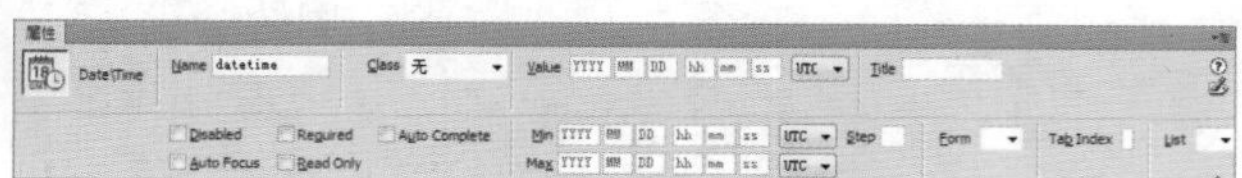

图5-12　日期时间和日期时间（本地）“属性”面板

技巧秒杀

以上所有表单元素的HTML代码标记，都是使用<input type="">进行显示的，只需更改type属性中的表单元素即可，如日期时间表单元素，则写成<input type="datetime">即可，如要添加属性，直接在type属性后添加即可。

（14）文本区域元素

文本区域（Text Area）元素与前面几种文本元素略有不同，该元素指的是可输入多行文本的表单元素，如在网页中最见的是加入会员时的“服务条款”功能，使用该元素，可以为网页节省版面，因为超过的文本可使用滚动条进行查看。

其“属性”面板与前面元素的面板也略有不同，如图5-13所示，在进行“属性”面板解析时，只针对不同的属性。

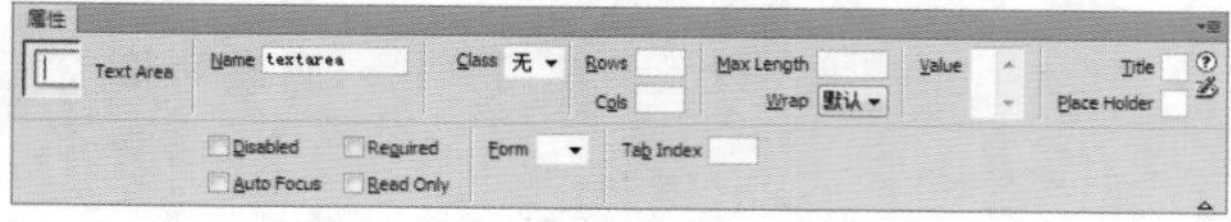

图5-13　文本区域元素“属性”面板

知识解析：文本区域元素“属性”面板

- Rows/Cols：主要用来指定文本区域的行数和列数，并且当文本的行数大于指定值时，会出现滚动条。另外，指定列数是指横向可输入的字符个数。
- Wrap：用来设置文本的换行方式。

技巧秒杀

文本区域元素在HTML中用<textarea></textarea>标记进行显示，如果要为文本标记添加属性，只需在开始标记<textarea>中添加即可，如<textarea name="textarea" wrap="off" autofocus></textarea>表示文本区域的名称为"textarea"，自动换行并在加载页面后获得焦点。

2. 插入选择类元素

选择（Select）元素主要是在多个项目中选择其中一个选项。在页面中是以矩形区域的形式进行显示。另外，选择功能与复选框和单选按钮的功能类似，只是显示的方式不同，下面分别进行介绍。

（1）选择（Select）元素

选择元素，也可以称之为列表/菜单元素，在网页中使用该元素不仅可以提供多个选项供浏览者选择，还可以节省版面，如图5-14所示。

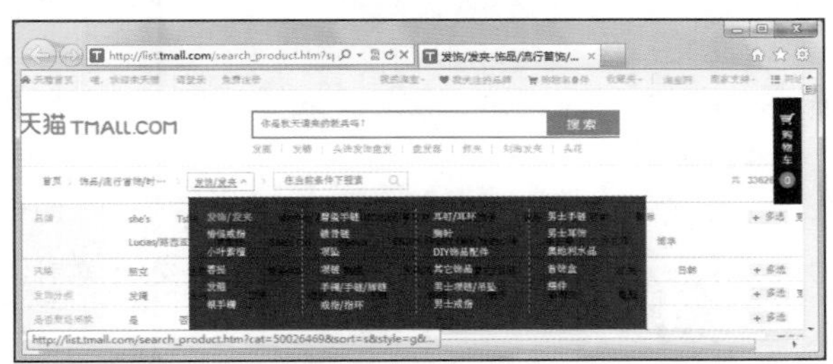

图5-14 选择元素的应用

使用菜单命令或“插入”浮动面板插入选择元素后，将会在“属性”面板中显示关于选择元素的属性，如图5-15所示。

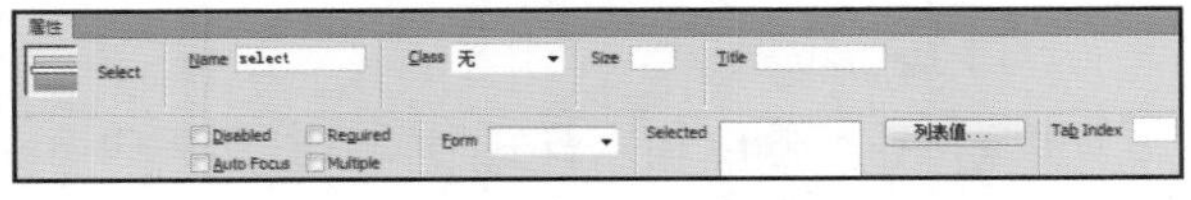

图5-15 选择元素“属性”面板

知识解析：选择元素“属性”面板

- ☑Multiple复选框：主要用来设置是否允许选择元素多选。
- Selected：主要用来显示选择项目的初始值。
- 列表值...按钮：单击该按钮，打开“列表值”对话框，可以添加或修改选择表单的项目选项。

答疑解惑：

在“列表值”对话框中如何添加列表值？

在“列表值”对话框中直接单击“加号”按钮＋，则可在下方的列表框中添加列表项，直接输入选项值即可。另外，可单击“减号”按钮－、“上移”按钮▲和“下移”按钮▼，删除、上移和下移列表框中的选项，如图5-16所示。

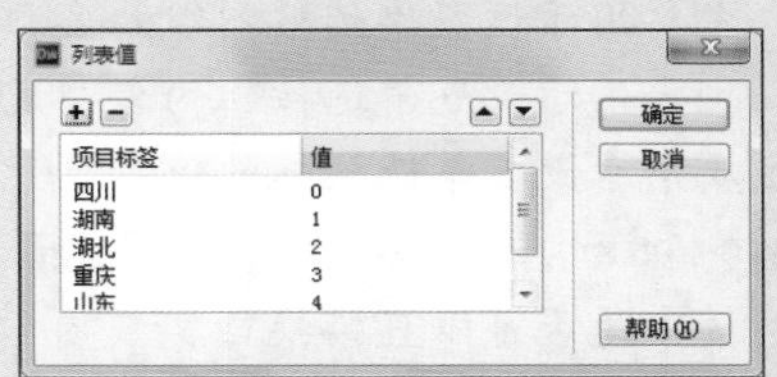

图5-16 “列表值”对话框

技巧秒杀

选择（Select）元素在HTML中用<select></select>标记进行显示，如果添加列表值，则还需要使用<option></option>标记，如图5-17所示。

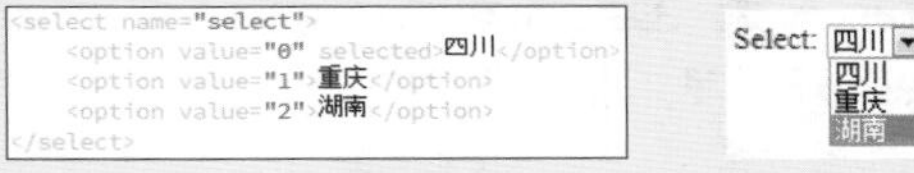

图5-17 选择元素的HTML应用及效果

（2）单选按钮和单选按钮组元素

单选按钮（Radio）元素只能在多个项目中选择一个项目。另外，超过两个以上的单选按钮应将其组成一个组，并且同一个组中应使用同一个组名，为Value属性设置不同的值，因为用户选择项目值时，单选按钮所具有的值会传到服务器上。如图5-18所示为单选按钮元素的“属性”面板。

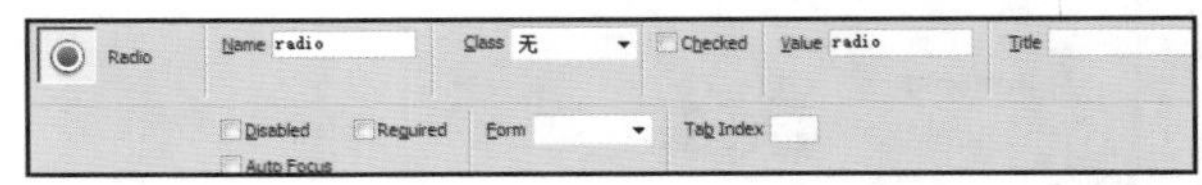

图5-18 单选按钮元素“属性”面板

☑Checked复选框用于设置单选按钮是否为选中状态。另外，单选按钮组在使用菜单或“插入”浮动面板插入时，会打开“单选按钮组”对话框，在该对话框中可以一次性插入多个单选按钮，如图5-19所示。

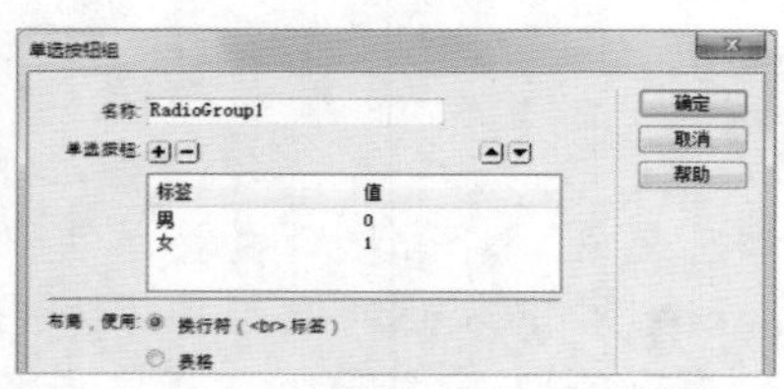

图5-19 “单选按钮组”对话框

知识解析：“单选按钮组”对话框

- 名称：主要用于设置单选按钮组的名称。
- 标签：主要用于设置单选按钮的文字说明。
- 值：主要用于设置单选按钮的值。
- 换行符（
标签）单选按钮：主要用于设置单选按钮在网页中是否可以直接换行。
- 表格 单选按钮：选中该单选按钮，可用表格的形式使单选按钮换行。

（3）复选框和复选框组元素

复选框（Checkbox）元素则可以在多个项目中选择多个项目，并且复选框与单选按钮一样可以组成组，即复选框组，其“属性”面板与单选按钮相同。

在插入复选框组元素时，与插入单选按钮组一样，会打开“复选框组”对话框，其参数选项与单选按钮组相同。

3. 插入文件元素

文件（File）元素可以在表单文档中制作文件附加项目，由文本框和按钮组成。单击按钮在打开的对话框中可添加上传的文件或图像等，在文本框中会显示文件或图像的路径，如图5-20所示。

图5-20 文件元素的效果

4. 插入按钮和图像域

按钮和图像域有一个共同点，即都可在单击后与表单进行交互，其中按钮包括普通按钮、提交按钮和重置按钮，而图像域也可以称之为图像按钮。下面分别进行介绍。

（1）按钮元素

按钮（Button）元素是指网页文件中表示按钮时使用到的表单元素。

（2）提交按钮元素

提交按钮在表单中起到至关重要的作用，如使用“发送”和“登录”等替换了“提交”字样，但把用户输入的信息提交给服务器的功能始终没有变化。如图5-21所示为提交按钮的“属性”面板。

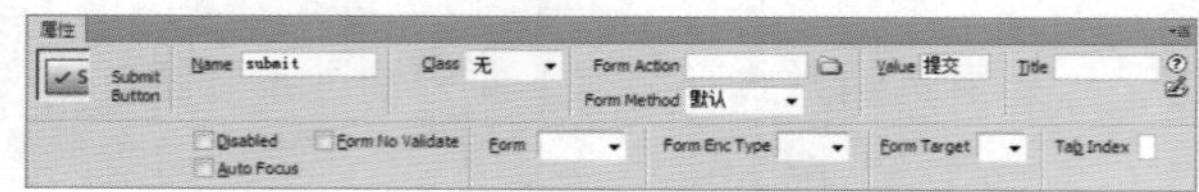

图5-21 提交按钮“属性”面板

知识解析：提交按钮“属性”面板

- Form Action：用于设置单击提交按钮后，表单的提交动作。
- Form Method：用于设置将表单数据发送到服务器的方法。
- Value：用于输入提交按钮的标题文字。
- Form No Validate 复选框：用于设置当提交表单时是否对其进行验证。
- Form Enc Type：主要用来设置发送数据的编码类型。通常选择application/x-www-form-urlencode选项。
- Form Target：主要用来设置表单被处理后，反馈页面打开的方式。

（3）重置按钮

重置按钮可删除输入样式上输入的所有内容，即重置表单。而重置按钮的属性与提交按钮的属性基本相同。

（4）图像按钮

在表单中可以将提交用图像按钮来制作。在网页中大部分的提交按钮都是采用图像形式，如登录按钮。图像按钮也只能用于表单的提交按钮中，而且在一个表单中可以使用多个图像按钮。另外，使用菜单或“插入”浮动面板插入图像按钮时，会打开“选择图像源文件”对话框，选择图像按钮进行插入，则会以选择的图像作为图像按钮，如图5-22所示。

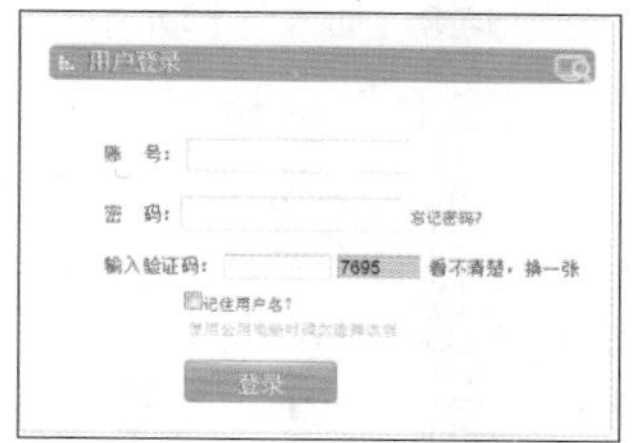

图5-22　图像按钮效果

图像按钮的属性与其他按钮元素的属性有所不同，在其他按钮元素的基础上增加了一些属性，如图5-23所示。

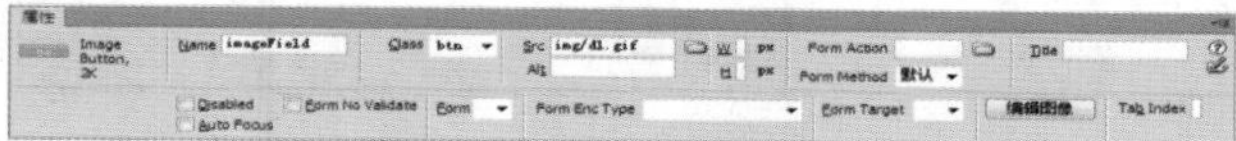

图5-23　图像按钮“属性”面板

知识解析：图像按钮“属性”面板

- Src：用于设置显示图像文件的路径。若想选择其他图像，则可以单击“浏览文件”按钮后，再选择新图像。
- Alt：用于设置在浏览时，如果不能正常显示图像按钮时，显示的说明性文本，也可以将其视为图像按钮的提示文本。
- W：用于设置图像按钮的宽度。
- H：用于设置图像按钮的高度。
- 编辑图像按钮：单击该按钮，可以运用外部图像编辑软件来编辑图像按钮。

5. 插入隐藏元素

隐藏（Hidden）元素主要用于传送一些不能让用户查看到的数据，在表单中插入隐藏元素时，是以图标显示的，而且该元素只有Name、Value和Form这3个属性。

6. 插入标签和域集

在表单中插入标签可以在其中输入文本，但Dreamweaver CC中只能在“代码”视图中使用HTML代码进行编辑。而域集可以将表单的一部分打包，生成一组表单相关的字段。

5.1.4 灵活使用表单

在了解了表单和各表单元素的添加方法及属性设置后，则可灵活地使用表单及表单元素制作各种类型的网页。下面使用表单及相应的表单元素制作网页。

实例操作：使用表单创建form网页

- 光盘\素材\第5章\form\
- 光盘\效果\第5章\form\form.html
- 光盘\实例演示\第5章\使用表单创建form网页

本例将打开form.html网页文档，然后在表单中插入文本元素、图像按钮、选择元素和复选框及标签元素，并进行相应的属性设置，效果如图5-24所示。

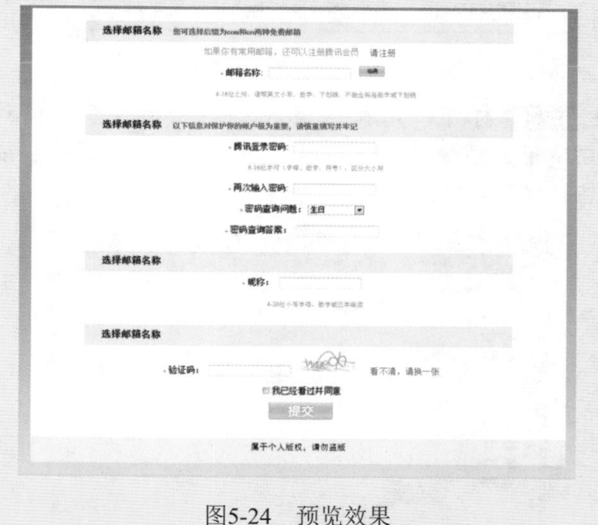

图5-24　预览效果

Step 1 在Dreamweaver CC中打开form.html网页文档，将插入点定位到“邮箱名称：”后，选择“插入”/“表单”/“文本”命令，插入文本元素，然后将文本元素前的文本删除，并选择插入的文本元素，在其“属性”面板中将size属性设置为20，并选中 Auto Focus 复选框，设置加载页面时，获取焦点，如图5-25所示。

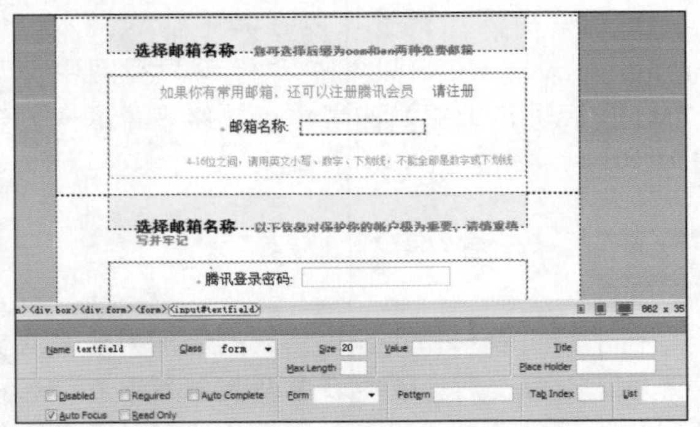

图5-25 插入文本元素并设置属性

Step 2 将插入点定位到文本元素后，在“插入”浮动面板的“表单”分类列表下，单击“图像按钮”按钮，如图5-26所示。

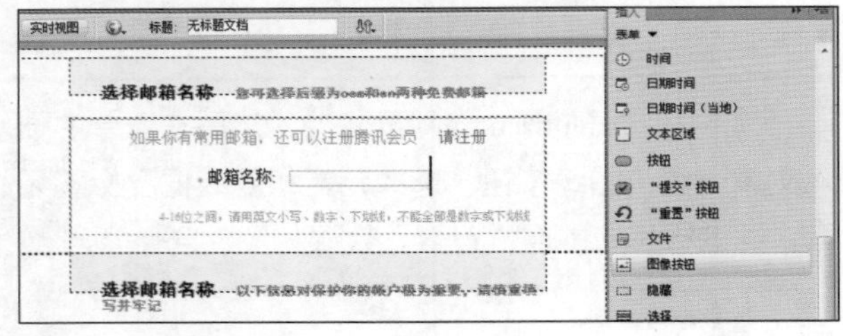

图5-26 单击“图像按钮”按钮

Step 3 打开“选择图像源文件”对话框，找到要使用的图像按钮，将其选中，然后单击 确定 按钮，插入图像按钮元素，如图5-27所示。

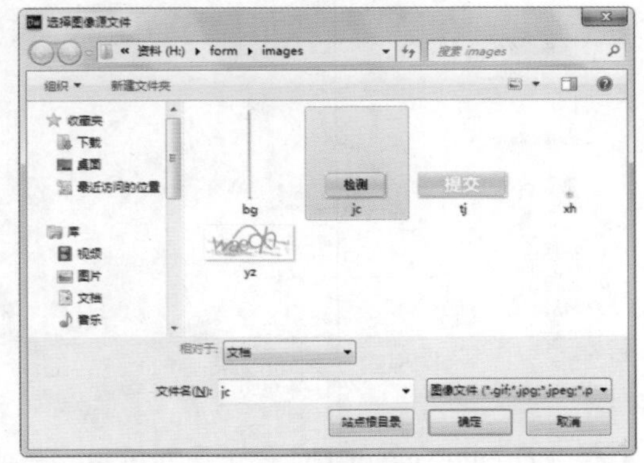

图5-27 选择图像按钮文件

Step 4 将插入点定位到“密码查询问题：”文本框后，在“插入”浮动面板的“表单”分类列表下单击“选择”按钮，插入选择元素，将该元素前面的文本删除，在其属性面板中单击 列表值... 按钮，如图5-28所示。

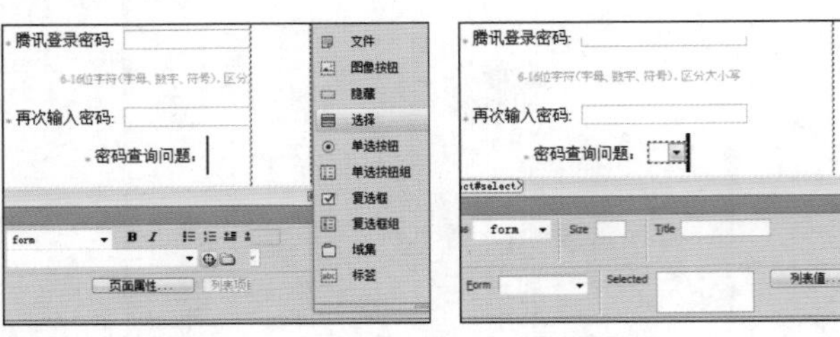

图5-28 插入选择元素

Step 5 打开“列表值”对话框，单击“加号”按钮，添加3个项目标签，分别输入文本“生日”、“您父母的生日”和“您母校的名称”，并在对应的标签项目后设置其值为0、1和2，然后单击 确定 按钮，返回文档网页，在其“属性”面板的Selected列表框中选择第一项，设置为默认显示值，如图5-29所示。

图5-29 设置选择元素的列表值及默认值

Step 6 将插入点定位到验证码下方的空白区域，在“插入”浮动面板的“表单”分类列表下单击“复选框”按钮，选择复选框后的英文字符，将其修改为“我已经查看并同意”，如图5-30所示。

图5-30 插入复选框并设置其文本

Step 7 将插入点定位到复选框后，按Shift+Enter快捷键，进行换行。在“插入”浮动面板的“表单”分类列表下单击“图像按钮”按钮，在打开的对话框中选择tj.jpeg选项。单击 确定 按钮，如图5-31所示。

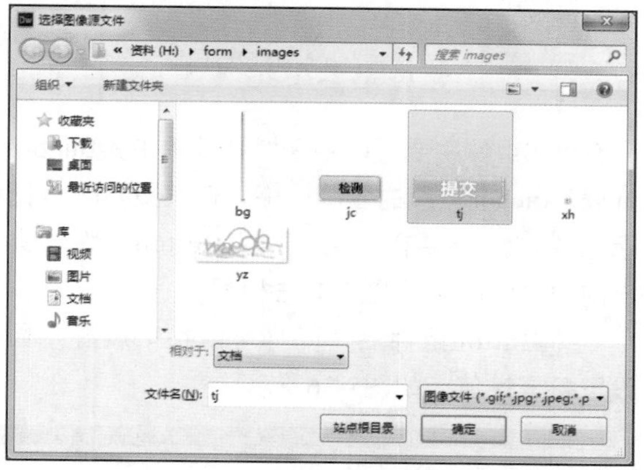

图5-31　选择图像按钮文件

Step 8 ▸ 返回网页文档，查看效果，然后按Ctrl+S快捷键保存整个网页，完成整个例子的制作，如图5-32所示。

图5-32　查看图像按钮并保存网页

读书笔记

5.2 使用jQuery UI的表单部分

在Dreamweaver CC中，使用jQuery UI Widget取代了旧版本中的Spry控件。jQuery UI是以DHTML和JavaScript等语言编写的小型Web应用程序，在Dreamweaver CC中可以直接插入并使用，下面将介绍jQuery UI 各特效组件的使用。

5.2.1 使用Datepicker组件

Datepicker元素是一个从弹出的日历窗口中选择日期的jQuery UI。该元素可以帮助用户快速创建一个高效的日历功能。下面介绍其插入方法和属性设置。

1. 插入Datepicker组件

在Dreamweaver CC中插入Datepicker元素很方便，只需选择“插入”/jQuery UI/Datepicker命令即可插入Datepicker组件，并且在“代码”视图中，会自动添加与jQuery UI相关的文件及JavaScript脚本语言，如图5-33所示。

```
<body>
<input type="text" id="Datepicker1">
<script type="text/javascript">
$(function() {
    $( "#Datepicker1" ).datepicker();
});
</script>
</body>
```

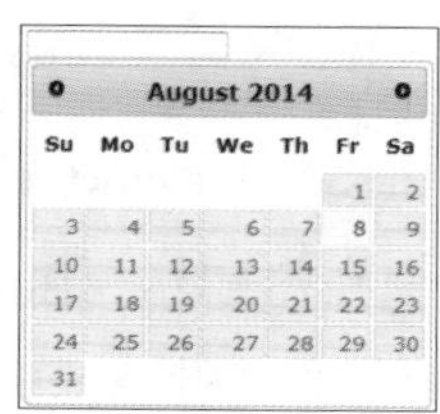

图5-33　Datepicker代码及效果

技巧秒杀

在“插入”浮动面板的jQuery UI分类列表中单击Datepicker按钮，也可插入Datepicker元素。

2. Datepicker组件的属性设置

插入Datepicker组件后，可在“属性”面板中对Datepicker组件的相关属性进行设置，如图5-34所示。

图5-34　Datepicker“属性”面板

知识解析：Datepicker“属性”面板

- ID：主要用来设置Datepicker的名称。
- Date Format：主要用来选择日期的显示格式。
- 按钮图像复选框：主要用来设置按钮图像的表示形式。如果选中该复选框，则可在下方单击“浏览文件”按钮，在打开的对话框中选择图像。

- 区域设置：主要用来设置日期控件的显示语言。
- Change Month复选框：设置是否允许通过下拉列表框选择月份。
- 内联复选框：设置使用Div元素而不是表单显示控件。
- Change Year复选框：设置是否允许通过下拉列表框选择年份。
- Show Button Panel复选框：设置是否在控件下方显示按钮。
- Min Date：主要用来设置一个最小的可选日期。
- Max Date：主要用来设置一个最大的可选日期。
- Number Of Months：主要用来设置一次要显示多少个月份。

5.2.2 使用AutoComplete组件

AutoComplete组件是一个在文本输入框中实现自动完成的jQuery控件。如果在页面中插入AutoComplete组件，则可以在“插入”浮动面板的jQuery UI分类列表中单击AutoComplete按钮或选择“插入”/jQuery UI/AutoComplete命令即可。

插入AutoComplete组件后，则可在“属性”面板中设置该组件的各种属性，如图5-35所示。

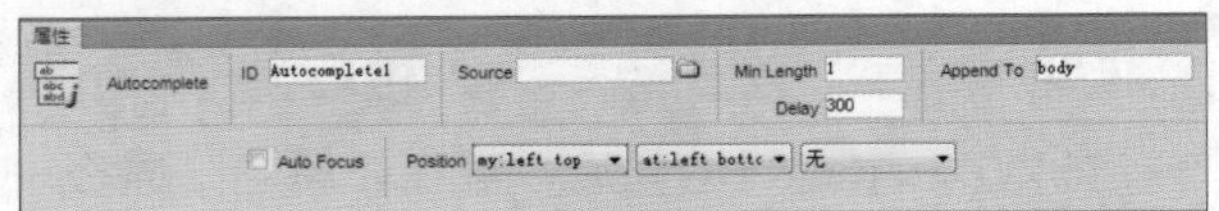

图5-35 AutoComplete“属性”面板

知识解析：AutoComplete“属性”面板

- ID：主要用来设置AutoComplete的名称。
- Source：用来选择脚本源文件。
- Min Length：设置在触发AutoComplete前用户至少需要输入的字符数。
- Delay：设置单击键盘后激活AutoComplete的延迟时间，其单位为毫秒。
- Append To：用来设置菜单必须追加到的元素。
- Auto Focus复选框：如果选中该复选框，焦点将自动设置到第一个项目。
- Position：用来设置自动建议相对于菜单的对齐方式。

5.2.3 使用Button组件

Button组件主要可以用来增强表单中的Buttons、inputs和Anchor元素的显示风格，使其更具有按钮的显示效果。如果要在页面中插入Button组件，其方法与前面介绍的组件插入方法相同。

插入Button组件后，同样可以在“属性”面板中设置各属性值，如图5-36所示。

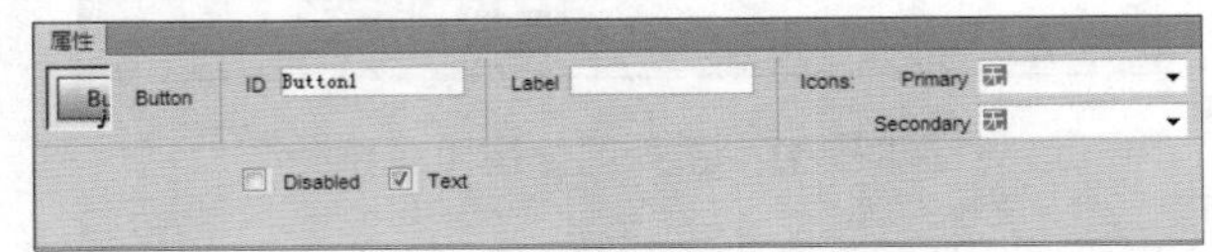

图5-36 Button“属性”面板

知识解析：Button“属性”面板

- ID：主要用来设置Button的名称。
- Label：主要用来设置按钮上显示的文本。
- Icons：主要用来显示在标签文本左侧和右侧的图标。
- Disabled复选框：选中该复选框，禁用按钮的使用。
- Text复选框：选中该复选框，则会隐藏标签；相反，则会显示标签。

5.2.4 使用Buttonset组件

Buttonset组件是jQuery Button的组合，其插入方法与其他组件相同，如图5-37所示。

插入该组件后，同样可以在“属性”面板中设置其属性值，如图5-38所示。

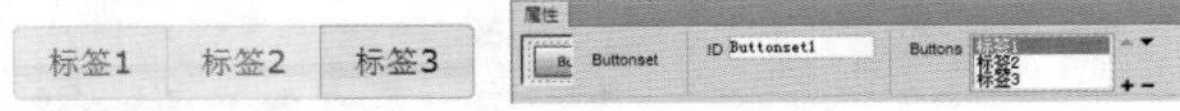

图5-37 Buttonset效果 图5-38 Buttonset“属性”面板

知识解析：Buttonset“属性”面板

- ID：用来设置Buttonset的名称。
- Buttonset栏：在列表框中显示Buttonset的各项

目，而单击右侧的各按钮则可以将列表中的项目进行上移、下移、添加或删除操作。

5.2.5 使用Checkbox Buttons组件

Dreamweaver CC中的jQuery UI除了支持基本的按钮外，还可以把类型为Checkbox的input元素变为按钮，此类型的按钮主要有两种状态，一种是保持原始状态；另一种则是按下按钮后的状态。该组件的插入方法与其他组件的插入方法相同。

在Dreamweaver CC中插入Checkbox Buttons组件后，同样可以在“属性”面板中设置其属性值，并且其外观和“属性”面板都与Buttonset组件相同。

5.2.6 使用Radio Buttons组件

jQuery UI中除了复选框按钮外，同样存在单选按钮，即Radio Buttons组件，它可以将表单中Type类型为Radio的组构成一组单选按钮组。同样只能在Radio Buttons组中选择一个选项作为当前状态。

该组件的插入方法及“属性”面板都与Buttonset组件相同。

5.3 JavaScript行为的应用

大多数优秀的网页中，不仅包含文本和图像，还有许多其他交互式效果，其中就包含了JavaScript行为。行为可以将事件与动作进行结合，使用行为可以让页面中实现许多特殊的交互效果，本节就针对JavaScript行为的各种效果进行介绍。

5.3.1 行为概述

行为是由事件和该事件所触发的动作组合而成的。动作控制何时执行（如单击时开始执行等），事件控制执行的内容（如弹出对话框显示提示信息等）。

1. 事件

一般情况下，每个浏览器都提供一组事件，不同的浏览器有不同的事件，但常用的事件大部分浏览器都支持，常用的事件及作用如下。

- onLoad：当载入网页时触发。
- onUnload：当用户离开页面时触发。
- onMouseOver：当鼠标光标移入指定元素范围时触发。
- onMouseDown：当用户按下鼠标左键但没有释放时触发。
- onMouseUp：当用户释放鼠标左键后触发。
- onMouseOut：当鼠标光标移出指定元素范围时触发。
- onMouseMove：当用户在页面上拖动鼠标时触发。
- onMouseWheel：当用户使用鼠标滚轮时触发。
- onClick：当用户单击了指定的页面元素，如链接、按钮或图像映像时触发。
- onDblClick：当用户双击了指定的页面元素时触发。
- onKeyDown：当用户任意按下一键时，在没有释放之前触发。
- onKeyPress：当用户任意按下一键，然后释放该键时触发。该事件是onKeyDown和onKeyUp事件的组合事件。
- onKeyUp：当用户释放了被按下的键后触发。
- onFocus：当指定的元素（如文本框）变成用户交互的焦点时触发。
- onBlur：和onFocus事件相反，当指定元素不再作为交互的焦点时触发。
- onAfterUpdate：当页面上绑定的数据元素完成数据源更新之后触发。
- onBeforeUpdate：当页面上绑定的数据元素已经修改并且将要失去焦点时，即数据源更新之前触发。

- onError：当浏览器载入页面发生错误时触发。
- onFinish：当用户在选择框元素的内容中完成一个循环时触发。
- onHelp：当用户选择浏览器中的“帮助”菜单命令时触发。
- onMove：当移动浏览器窗口或框架时触发。

2. 行为

行为是预先编写好的一组JavaScript代码，执行这些代码可执行特定的任务，完成不同的特殊效果，如打开浏览器窗口、交互图像和预载图像等，而添加各行为的操作都需要通过“行为”浮动面板来实现，“行为”浮动面板如图5-39所示。

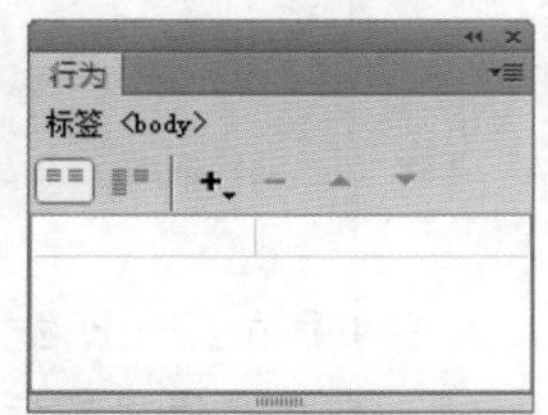

图5-39 “行为”浮动面板

知识解析：“行为”浮动面板

- 单击“显示设置事件”按钮只显示已设置的事件列表。
- 单击“显示所有事件”按钮显示所有事件列表。
- 单击“添加行为”按钮，在弹出的下拉列表中可进行行为的添加操作。
- 单击“删除事件”按钮可进行行为的删除。
- 单击“增加事件值”按钮将向上移动所选择的动作。若该按钮为灰色，则表示不能移动。
- 单击“降低事件值”按钮将向下移动所选择的动作。

技巧秒杀

选择“窗口”/“行为”命令或按Shift+F4快捷键皆可打开“行为”浮动面板。

5.3.2 弹出窗口信息

如果在网页中添加了弹出窗口信息行为，在预览时，会在某个事件触发时，弹出一个信息窗口，给浏览者一些提示性信息。

实例操作：创建弹出窗口信息页面

- 光盘\效果\第5章\java_xinwei.html
- 光盘\实例演示\第5章\创建弹出窗口信息页面

本例将新建一个名为java_xinwei.html的网页文档，并在空白网页文档中添加弹出窗口信息行为，使其在加载空白网页时触发。

Step 1 ▶ 新建一个名为java_xinwei.html的网页文档，在“行为”浮动面板中单击“添加行为”按钮，在弹出的下拉列表中选择“弹出窗口信息”选项，打开“弹出信息”对话框，在“消息”列表框中输入文本“欢迎光临本网站”，然后再单击 确定 按钮，如图5-40所示。

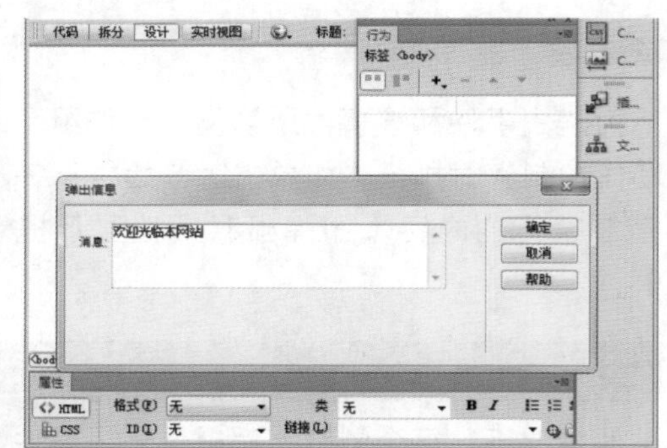

图5-40 添加弹出窗口信息行为

Step 2 ▶ 返回到网页文档中，则可在“行为”浮动面板的列表值中查看到添加的行为，并且可以单击左侧上的事件，在弹出的下拉列表中选择“事件”列表选项onLoad，即修改默认的事件，如图5-41所示。

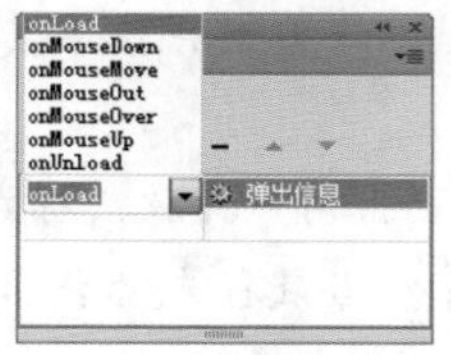

图5-41 修改事件

Step 3 ▶ 按Ctrl+S快捷键保存网页，按F12键启动浏览器，然后单击 允许阻止的内容(A) 按钮，则会弹出提示信息对话框，如图5-42所示。

图5-42 查看效果

5.3.3 打开浏览器窗口

在浏览一些网页时，通常都会弹出一个窗口，里面都是广告或通告等内容，这些窗口通常都可以使用“打开浏览器窗口”行为进行制作。

在添加打开浏览器窗口行为时，会打开“打开浏览器窗口”对话框，该对话框中可设置打开浏览器窗口的大小、窗口名称等信息，如图5-43所示。

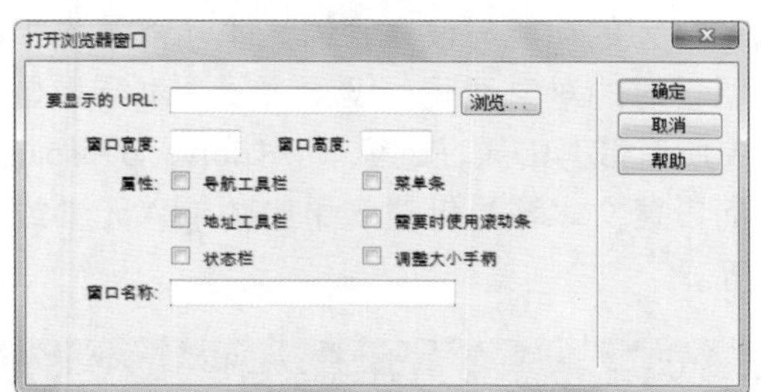

图5-43 “打开浏览器窗口”对话框

知识解析：“打开浏览器窗口”对话框

- 要显示的URL：主要用于输入链接的文件名称或网络地址。在链接时，可以直接在文本框中输入，也可以单击 浏览... 按钮进行链接。
- 窗口宽度、窗口高度：主要用于设置打开浏览器窗口的宽度或高度。默认情况下单位为像素。
- 属性栏：属性栏中的各复选框，主要是用于设置打开浏览器窗口是否有导航工具栏、菜单栏、地址工具栏、滚动条、状态栏和调整大小手柄等元素。
- 窗口名称：用于指定窗口的名称，如果添加该行为时输入相同的窗口名称，则会打开一个新窗口，显示新的内容。

5.3.4 调用JavaScript行为

调用JavaScript行为主要是在“调用JavaScript”对话框中输入简单的脚本语言，执行某个动作。使用该行为，需要用户有一定的脚本语言基础。

实例操作：自动关闭网页

- 光盘\素材\第5章\JavaScript\
- 光盘\效果\第5章\JavaScript.html
- 光盘\实例演示\第5章\自动关闭网页

本例将在JavaScript.html网页中添加调用JavaScript行为，让其打开的网页窗口在2000秒以后自动添加提示关闭自身窗口的行为。

Step 1 ▶ 打开JavaScript.html网页文档，在“行为”浮动面板中，单击“添加行为”按钮 +，在弹出的下拉列表中选择“调用JavaScript行为”选项，打开“调用JavaScript”对话框，在其文本框中输入脚本代码setTimeout("self.close()",2000)，单击 确定 按钮完成行为添加操作，如图5-44所示。

图5-44 添加行为

Step 2 ▶ 按Ctrl+S快捷键保存网页，按F12键启动浏览器，然后单击 允许阻止的内容(A) 按钮，则可预览网页，在2000毫秒后，则会弹出提示是否关闭当前网页，单击 是(Y) 按钮，可关闭当前的网页窗口，如图5-45所示。

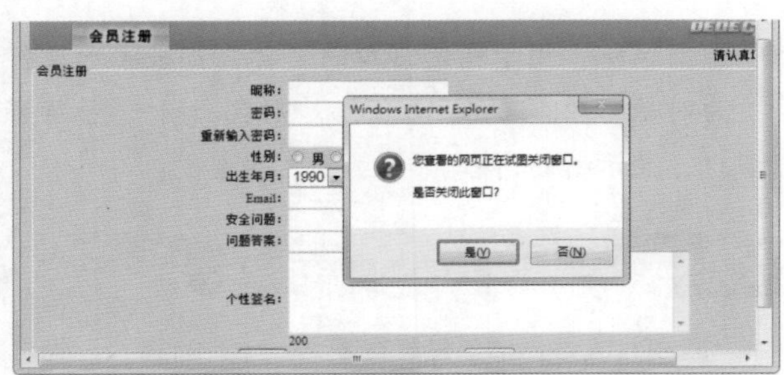

图5-45 查看效果

5.3.5 转到URL行为

在网页中使用“转到URL”行为可以在当前窗口或指定的框架中打开一个新页面。此行为适用于通过一次单击更改两个或多个框架的内容。

在添加转到URL行为时，会打开“转到URL”对话框，如图5-46所示。

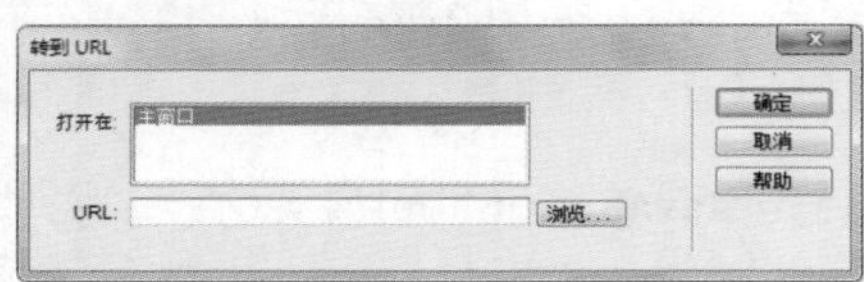

图5-46 “转到URL”对话框

知识解析：“转到URL”对话框

- 打开在：主要是从列表框中选择URL的目标。在该列表框中会自动列出当前框架集中所有框架的名称以及主窗口，如果无任何框架，则只显示主窗口，也是唯一的选项。
- URL：在文本框中可以直接输入链接文本或文件的路径，也可以单击文本框后的浏览...按钮，进行链接。

5.3.6 显示文本行为

在Dreamweaver CC中，使用行为显示文本主要包括设置容器文本、设置文本域文本、设置框架文本和设置状态栏文本。不同的文本行为实现不同的效果。添加这些行为，只需在“行为”浮动面板中单击“添加行为”按钮+，在弹出的下拉列表中选择“显示文本”选项，在弹出的下一级子列表中选择不同的子选项进行添加。下面将分别介绍各种文本行为。

1. 设置容器文本

设置容器文本行为是以用户指定的内容替换网页上现有层的内容和格式设置。在添加该行为时，会打开“设置容器的文本”对话框，如图5-47所示。

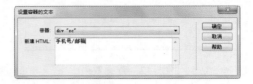

图5-47 “设置容器的文本”对话框

知识解析：“设置容器的文本”对话框

- 容器：在该下拉列表框中列出了所有带有ID属性的容器名称，可以选择容器名称为其添加行为。
- 新建HTML：可在该列表框中输入替换内容的文本或HTML代码。

2. 设置文本域文本

该行为的功能与设置容器文本功能基本相同，只是所针对的对象不同，设置容器文本行为是针对网页中所有带有ID属性的窗口，如div、p和span等元素，而设置文本域是针对表单中的输入元素或文本元素等。

3. 设置框架文本

设置框架文本行为主要用于包含框架结构的页面。在框架页面中添加该行为，可以动态地改变框架的文本、转变框架的显示和替换框架的内容，可以让用户动态地改写任何框架的全部代码。

在添加该行为时，需在打开的“设置框架文本”对话框中进行设置，如图5-48所示。

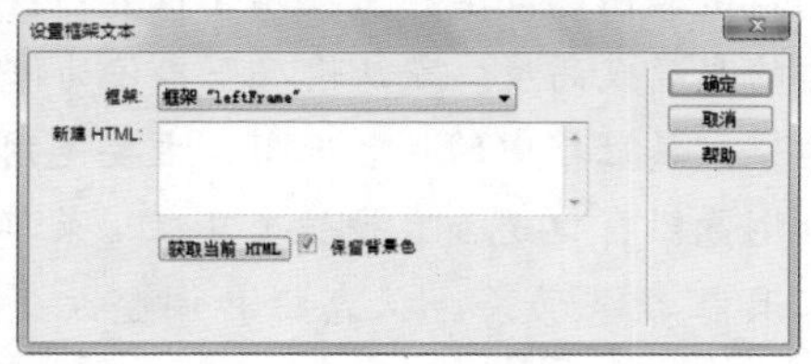

图5-48 “设置框架文本”对话框

知识解析：“设置框架文本”对话框

- 框架：在该下拉列表框中显示了当前网页中所有的框架页面，可选择显示设置文本的框架选项。
- 新建HTML：主要用于设置选择框架中需要显示的HTML代码或文本。
- 获取当前 HTML 按钮：为所选框架添加了该行为后，单击该按钮可以在浏览窗口中显示框架中<body></body>标记之间的所有代码。
- ☑ 保留背景色 复选框：选中该复选框可以保留框架中原有的背景色。

4. 设置状态栏文本

使用该行为，可以使页面在浏览器左下方的状态栏上显示一些需要的文本信息。如链接内容、欢迎信息和跑马灯等效果，都可以使用该行为来实现。

在添加该行为时，会打开“设置状态栏文本”对话框，只需在“消息”文本框中输入要在状态栏中显示的文本即可，如图5-49所示。

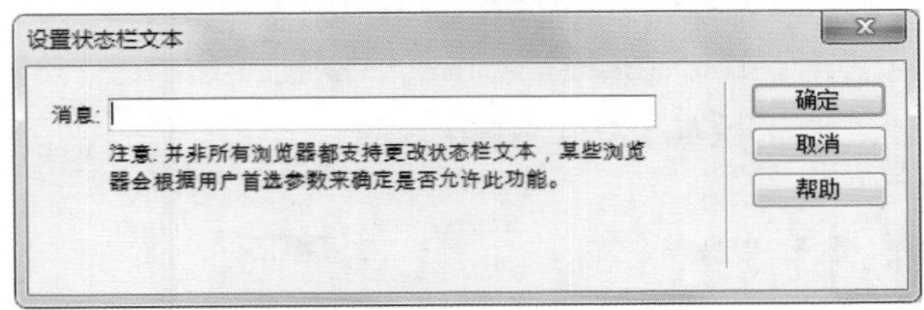

图5-49 “设置状态栏文本”对话框

5.3.7 图像与多媒体的行为

在Dreamweaver CC中，利用各图像和多媒体行为，可制作出富有动感的网页文件，如交换图像、恢复交换图像与预载入图像、显示隐藏元素和改变属性等。下面分别进行介绍。

1. 交换图像行为

交换图像行为与鼠标经过图像功能相似，都可以实现在鼠标经过（onMouseOver）图像时，变换为另一张图像。不同的是交换图像行为，可以设置其事件，即可以使鼠标单击（onClick）图像时进行变换。

实例操作：单击图像变换为另一张图像

- 光盘\素材\第5章\Java_img\
- 光盘\效果\第5章\Java_img\img.html
- 光盘\实例演示\第5章\单击图像变换为另一张图像

本例将在img.html网页文档中添加交换图像行为，并修改其事件为单击事件。

Step 1 打开img.html网页文档，选择需添加该行为的图像，再在“行为”浮动面板中单击“添加行为”按钮 +，在弹出的下拉列表中选择“交换图像”选项，如图5-50所示。

图5-50 选择“交换图像”选项

Step 2 打开“交换图像”对话框，在“设定原始档为”文本框后单击 浏览... 按钮，在打开的“选择图像源文件”对话框中选择02.jpg选项，如图5-51所示。然后单击 确定 按钮，返回到“交换图像”对话框中，则可查看所选图像路径，如图5-52所示，单击 确定 按钮完成交换图像行为添加。

图5-51 选择交换图像

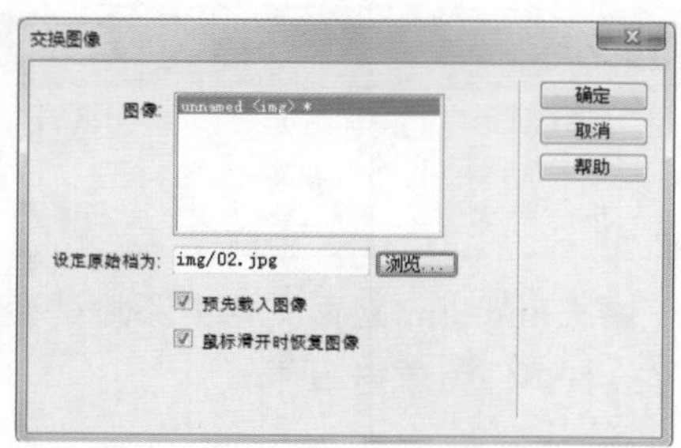

图5-52　查看交换图像路径

技巧秒杀

☑ 预先载入图像 和 ☑ 鼠标滑开时恢复图像 复选框分别表示在加载网页时预先读取要替换的图像，以及是否在鼠标离开交换图像后，恢复原始图像。

Step 3 返回到网页文档，在“行为”浮动面板中即可查看到添加的交换行为，在“交换图像”行为前选择onMouseOver事件，单击其后的下拉按钮，在弹出的下拉列表中选择onClick选项，将事件修改为单击原始图像后交换图像，如图5-53所示。

图5-53　修改事件

Step 4 按Ctrl+S快捷键保存网页，按F12键，启动浏览器，然后单击 允许阻止的内容(A) 按钮，在预览网页时，使用鼠标单击原始图像，如图5-54所示，则会改变图像，如图5-55所示。当鼠标光标离开图像时，则会恢复为原始图像。

图5-54　原始图像

图5-55　改变后的图像

2. 恢复交换图像

一般情况下，在添加交换图像时，将会自动添加恢复交换图像行为，如果没有添加恢复交换图像，则可在“行为”浮动面板中单击“添加行为”按钮，在弹出的下拉列表中选择“恢复交换图像”选项，在打开的对话框中直接单击 确定 按钮即可。

3. 预先载入图像

预先载入图像行为是预先导入图像的功能。一般情况下，在加载网页时，都不会直接显示图像，而是要等网页加载完成后才会读取图像，为了在加载网页前预先读取图像，可以使用该行为。一般网页较大时才会有明显的区别。

添加该行为只需在“行为”浮动面板中单击“添加行为”按钮，在弹出的下拉列表中选择“预先载入图像”选项，在打开的对话框的“图像源文件”文本框中添加预先载入图像的路径后，单击 确定 按钮即可，如图5-56所示。

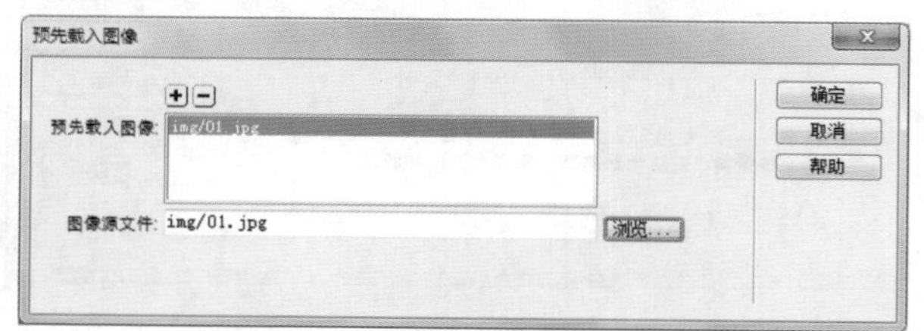

图5-56　“预先载入图像”对话框

4. 拖动AP元素

AP元素与Div元素具有相同的性质，都可以将其作为容器，而使用“拖动AP元素”行为，则可在浏览器上拖动鼠标将图层移动到所需的位置上。如换装小游戏中，给模特换装、换发型等，即可使用该行为进行制作，如图5-57所示。

图5-57　换装效果

在网页中添加该行为只需在“行为”浮动面板中单击“添加行为”按钮，在弹出的下拉列表中选择“拖动AP元素”选项，打开“拖动AP元素”对话框，如图5-58所示。在该对话框中包括“基本”选项卡和“高级”选项卡，用户可以根据情况在不同的选项卡中进行设置。

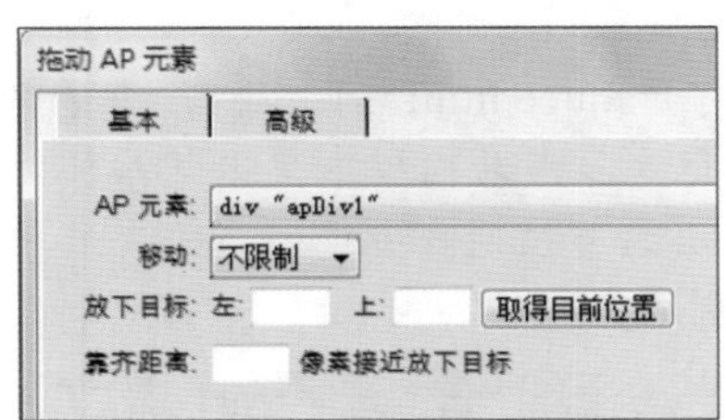

图5-58 “拖动AP元素”对话框的“基本”和“高级”选项卡

知识解析：“拖动AP元素”对话框

- AP元素：在该下拉列表框中可选择移动的AP层。
- 移动：主要用来设置AP层的移动，包括“限制”和“不限制”两个选项，限制表示在设置的范围内进行移动；不限制则可任意移动。
- 放下目标：主要用来指定图像碎片正确进入的最终坐标值，如拼图游戏。
- 靠齐距离：主要用来设定当拖动的层与目标位置的距离在此范围内时，自动将层对齐到目标位置上。
- 拖动控制点：用来选择鼠标对AP元素进行拖动时的位置。如选择“整个元素”选项，则可以单击AP元素的任何位置后再进行拖动；如果选择“元素内的区域”选项，则只有鼠标光标在指定范围内时，才可以拖动AP元素。
- 拖动时：如果选中“将元素置于顶层”复选框，在拖动AP元素的过程中经过其他AP元素上方时，可以选择显示在其他AP元素上面，还是显示在下面。
- 放下时：如果在正确的位置上放置了AP元素后，需要发出效果声音或消息，则可在“呼叫JavaScript”中输入运行的JavaScript函数。如果只有在AP元素到达拖放目标时才执行该JavaScript，则需要选中“只有在靠齐时”复选框。

5. 显示-隐藏元素

显示-隐藏元素行为主要用来显示、隐藏或恢复一个或多个AP元素的默认可见性。如当浏览者将鼠标光标滑过栏目图像时，可以显示一个AP元素，提示有关该栏目的说明或图像等信息。

添加显示-隐藏元素行为，只需在“行为”浮动面板中单击“添加行为”按钮，在弹出的下拉列表中选择“显示-隐藏元素”选项，在打开的对话框中设置需要显示-隐藏的AP元素即可，如图5-59所示。

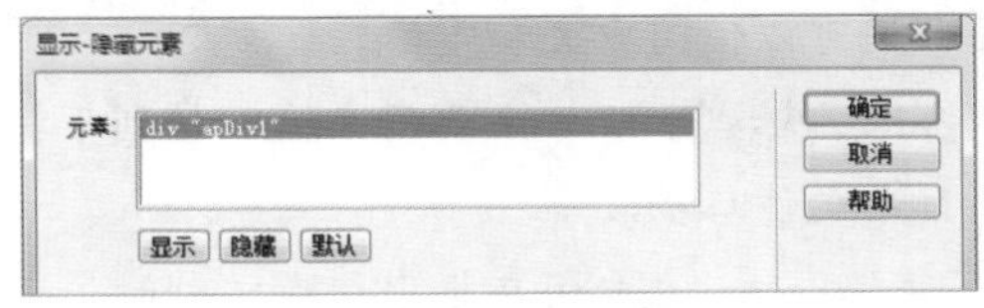

图5-59 “显示-隐藏元素”对话框

技巧秒杀

在“显示-隐藏元素”对话框的“元素”列表框中选择需要添加该行为的元素选项后，单击下方的“显示”或“隐藏”按钮，则可添加显示或隐藏元素行为。

5.4 利用行为控制表单

在Dreamweaver CC中可以使用行为控制表单元素，如常用的跳转菜单、表单验证等。在网页中制作出表单后，提交前首先需要确认是否在必填区域上按照要求的格式输入信息。下面将对菜单的跳转和验证行为进行介绍。

5.4.1 跳转菜单

跳转菜单行为主要是用来编辑跳转菜单对象的，与链接功能相似。

在添加跳转菜单行为时，可在“行为”浮动面板中单击“添加行为”按钮，在弹出的下拉列表中选择“跳转菜单”选项，在打开的对话框中设置跳转菜单对象，如图5-60所示。

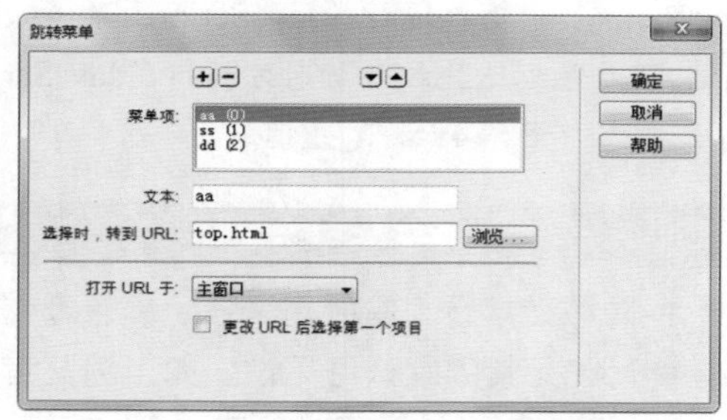

图5-60 “跳转菜单”对话框

知识解析：“跳转菜单”对话框

- 菜单项：主要用来显示作为“文本”栏和“选择时，转到URL”的显示对象。
- 文本：用来输入显示在跳转菜单中的菜单名称，并且还可以使用中文和空格。
- 选择时，转到URL：主要用来输入转到下拉菜单项目的文件路径。
- 打开URL于：主要用在框架组成文档时，选择显示框架文件的框架名称。若没有使用框架，则只能使用“主窗口”选项。
- 更改URL后选择第一个项目：在跳转菜单中单击菜单，跳转到链接网页中，跳转菜单上依然显示指定为基本项目的菜单。

5.4.2 检查表单

在网页中添加表单后，可能会漏填、误填一些信息，这样会在接收与处理信息时带来许多麻烦。为了避免这种麻烦，可在提交表单前，对表单中的各项进行检查，再提示对错误或漏填等信息进行修改，这样就需使用到检查表单行为。

实例操作：检查表单中的文本域

- 光盘\素材\第5章\Java_biaodan\
- 光盘\效果\第5章\Java_biaodan\zhuce.html
- 光盘\实例演示\第5章\检查表单中的文本域

本例将在zhuce.html网页文档中添加检查表单行为，对表单中的昵称、密码文本框进行验证。

Step 1 打开zhuce.html网页文档，选择整个表单，然后在“行为”浮动面板中单击“添加行为”按钮，在弹出的下拉列表中选择“检查表单”选项，如图5-61所示。

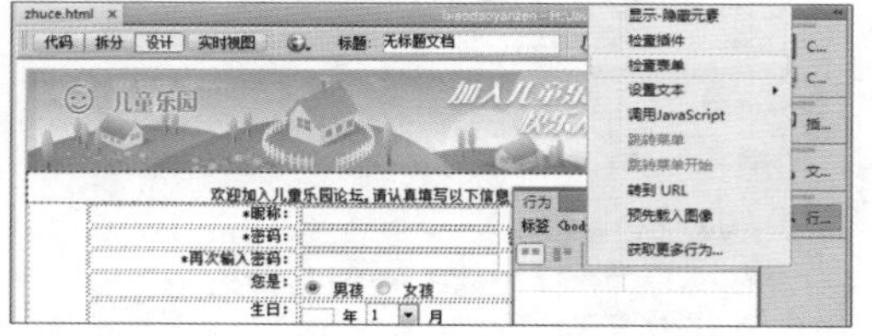

图5-61 准备添加检查表单行为

Step 2 打开“检查表单”对话框，在“域”列表框中选择input “textfield”选项，然后再选中必需的复选框和任何东西单选按钮，如图5-62所示。

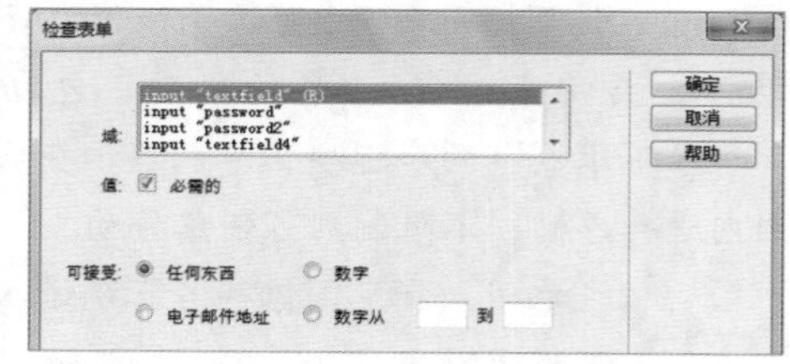

图5-62 设置文本域的验证条件

Step 3 在“域”列表框中选择input “password1”选项，然后选中必需的复选框并选中数字单选按钮，使用相同的方法将input “password2”文本对象的验证条件设置为与input “password1”相同，然后单击确定按钮，如图5-63所示。

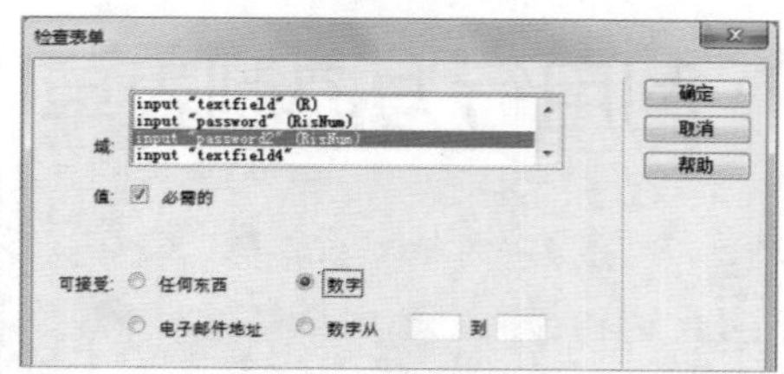

图5-63 设置密码域的验证条件

Step 4 ▶ 返回到网页文本中，按Ctrl+S快捷键，保存网页，然后按F12键，启动浏览器，在浏览器中单击允许阻止的内容(A)按钮，在“昵称”文本框中输入aa，然后在“密码”文本框中输入aaaaaa，然后单击提交按钮，弹出一个提示对话框，提示“密码”文本框中应该为数字型文本，如图5-64所示。

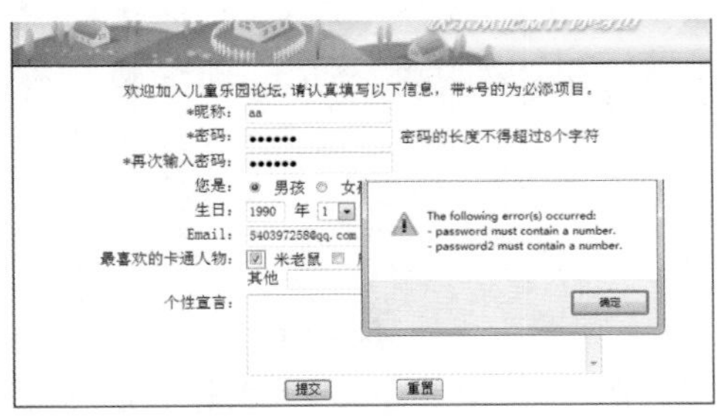

图5-64　预览效果

知识解析：“检查表单”对话框

- ◆ 域：在该列表框中显示表单中所有的文本域的名称。如果用户想要验证单个区域，则在该列表框中选择需要验证的对象即可。
- ◆ 必需的复选框：如果选中该复选框，则表示需要验证的对象是必填项。
- ◆ 任何东西单选按钮：选中该单选按钮，表示验证对象可接受任何的输入类型。
- ◆ 数字单选按钮：选中该单选按钮，表示验证对象只能输入数字类型，即不能输入数字类型以外的类型，如字母或符号等。
- ◆ 电子邮件地址单选按钮：选中该单选按钮，表示验证对象只能输入一个电子邮件地址形式的文本，即要带有一个@符号的电子邮件地址。
- ◆ 数字从单选按钮：选中该单选按钮，表示验证对象要输入在某个范围内的数字型值，即需要在其后的文本框中输入数字范围。

知识大爆炸——使用行为添加jQuery效果

1. Blind（百叶窗）

使用Blind特殊效果可以使目标元素沿某个方向收起来，直至完全隐藏。添加该效果只需要在“行为”浮动面板中单击“添加行为”按钮+，在弹出的下拉列表中选择“效果”/ Blind选项，打开Blind对话框，如图5-65所示，在其中设置特效参数，如效果实现的时间、可见性和方向等，下面分别进行介绍。在预览时，单击添加Blind效果的对象，则会按百叶窗的方式进行收缩对象。

- ◆ 目标元素：主要设置产生特效的目标元素。
- ◆ 效果持续时间：主要用来设置产生特效的延迟时间，单位为毫秒。
- ◆ 可见性：主要用来设置目标元素是显示或隐藏。
- ◆ 方向：主要用来设置目标元素的运动方向。

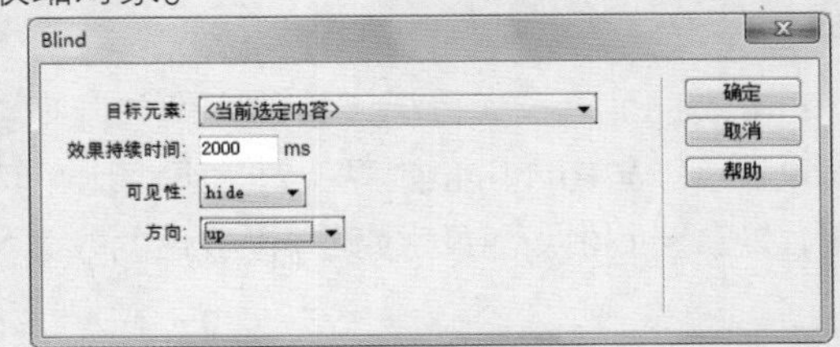

图5-65　Blind对话框

2. Bounce（晃动）

Bounce（晃动）效果可以使目标元素进行上下晃动。其添加方法与Blind效果相同，并且在添加时会打开Bounce对话框，如图5-66所示。在该对话框中有与Blind效果相同的参数，即距离和次参数，其作用分别为设置目标元素运动的距离和目标元素运动的次数。

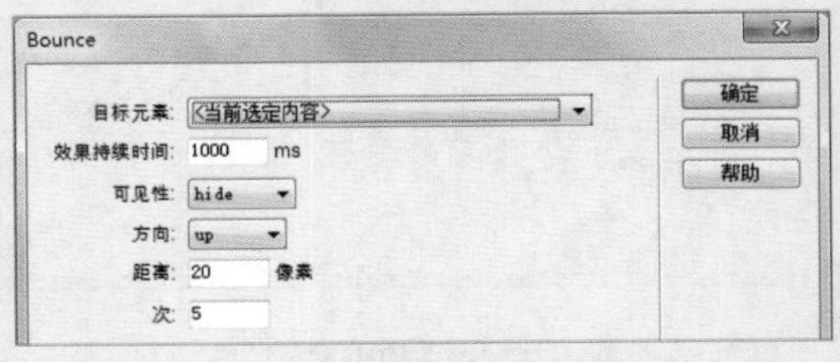

图5-66　Bounce对话框

3. Clip（剪裁）

Clip（剪裁）效果可以使目标元素上下同时收起来，直至隐藏，其添加方法和打开的对话框与Blind效果相同。

4. Fade（渐显/渐隐）

Fade效果主要用来使目标元素实现渐渐显示或隐藏的效果，该效果的添加方法与其他效果的添加方法相同，但不同的是所打开的对话框中没有方向参数的设置。

5. Fold（折叠）

Fold效果可以使目标元素向上收起后，再向左收起，直至完成隐藏为止。其与Blind效果有些相似，但是Blind效果不会向左收起，而是直接完全隐藏。在添加Fold效果时，在打开的Fold对话框中除了可设置目标元素、效果持续时间和可见性外，还可以设置水平优先和大小，其作用分别为设置目标元素是否先向水平方向折叠和目标元素收起时折叠的大小，默认为15，如图5-67所示。

6. Highlight（高亮颜色）

Highlight效果可以设置以高亮颜色的形式显示目标元素，该效果除了可设置目标元素、效果持续时间和可见性外，还可设置颜色参数，即设置目标元素的高亮显示的颜色，如图5-68所示。

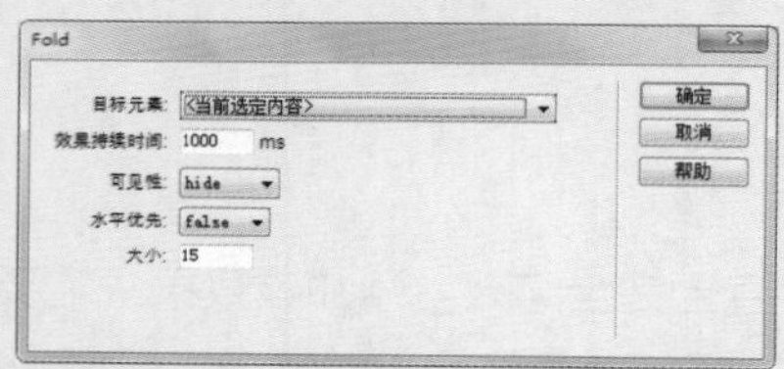

图5-67　Fold对话框

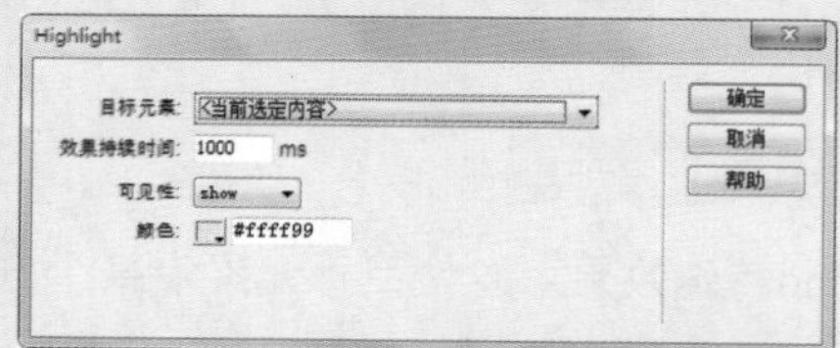

图5-68　Highlight对话框

7. Puff（膨胀）

Puff效果可以扩大目标元素的宽度并升高透明度，直到隐藏。在添加该效果时打开的Puff对话框，如图5-69所示。与Highlight效果的对话框相比，其将颜色改为了百分比参数，主要用于设置目标元素膨胀的比例，默认为150%。其原效果与设置后的效果如图5-70所示。

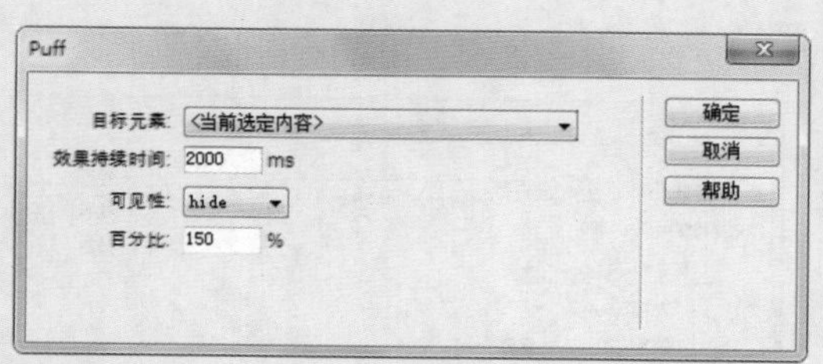

图5-69　Puff对话框

图5-70　原效果与设置Puff后的效果

8. Pulsate（闪烁）

Pulsate效果可以使目标元素闪烁。在添加时所打开的Pulsate对话框与Blind对话框相比，将方向参数改为了次参数，主要设置目标元素闪烁的次数默认为5次。

9. Scale（缩放）

Scale效果可以使目标元素从右下方向左上方进行收起，直到完全隐藏。在添加该效果时，可打开Scale对话框，在该对话框中与Blind对话框相比，多了原点X、原点Y、百分比和小数位数等参数，如图5-71所示。下面分别进行介绍。

- 原点X：主要用于设置目标元素开始缩放的X轴原点。
- 原点Y：主要用于设置目标元素开始缩放的Y轴原点。
- 百分比：主要用于设置缩放的百分比。
- 小数位数：主要用于设置缩放的小数位数。

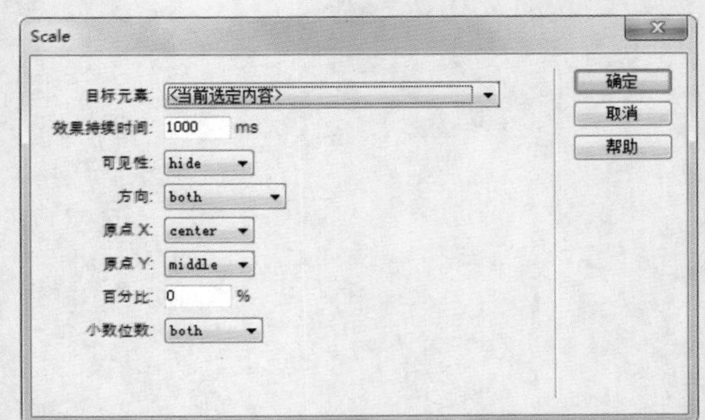

图5-71 Scale对话框

10. Shake（震动）

Shake效果可以用来设置目标元素左右震动。该效果打开的对话框中主要有目标元素、效果持续时间、方向、距离等参数。

11. Slide（滑动）

Slide效果主要可以使目标元素从左往右滑动，直到全部显示或隐藏。在添加时打开的对话框与Shake效果的对话框相同。

读书笔记

01 02 03 04 05 06 07 08 09 10 11 12 ……

利用模板和库创建网页

本章导读

模板是一种特殊的文档类型，在制作网页时，合理应用模板，可以帮助网页设计人员提高工作效率，并且在制作大量的页面时，很多页面都会使用到相同的布局、图片和文字等页面元素，此时，使用模板可以避免重复制作相同的布局、图片和文字等相同的元素。使用模板功能将具有相同版面的页面制作为模板，然后再将相同的元素制作成库项目并存放在库中，以便随时调用。本章将对模板和库的使用进行具体的介绍。

6.1 使用模板

在很多网站中，有些页面都有很多相同的部分，如果重复制作这些内容，不仅浪费时间，也增加了工作量，而且在后期维护相当困难。因此，在遇到这种情况时，应将共同布局的部分创建为模板，遇到相同的布局及元素时进行应用。下面对模板的创建、定义可编辑区域等内容进行介绍。

6.1.1 模板的概述

大部分网页都会根据网站的性质统一格式，如将主页以一种形式进行显示，而其他网页文件中则将需要更换的内容和不变的固定部分分别标识，从而更容易管理重复网页的框架，该种方式称为“模板”。

在网页中使用模板可以一次性修改多个文档，使用模板的文档，只要未在模板中删除该文档，其始终会与模板处于连接状态，在修改时，只需对模板进行修改，可同时更改其他网页文件。

6.1.2 创建模板

在Dreamweaver CC中，用户可以使用两种方法进行模板的创建，一种是将现有的网页另存为模板，使用再进行修改；另一种是新建一个空白模板，在其中添加内容后，再存为模板。下面以将现有的网页存为模板为例进行介绍。

实例操作：创建模板网页

- 光盘\素材\第6章\modle\index.html
- 光盘\效果\第6章\modle\Templates\index.dwt
- 光盘\实例演示\第6章\创建模板网页

本例在提供的素材中打开index.html网页文档，然后将其另存为扩展名为.dwt的模板。

Step 1 ▶ 在Dreamweaver CC中打开index.html网页文档，然后选择“文件”/“另存为模板”命令，打开“另存模板”对话框，在“站点”下拉列表框中选择model选项，在“描述”文本框中输入“主页模板”，其他保持默认设置，然后单击 保存 按钮，如图6-1所示。

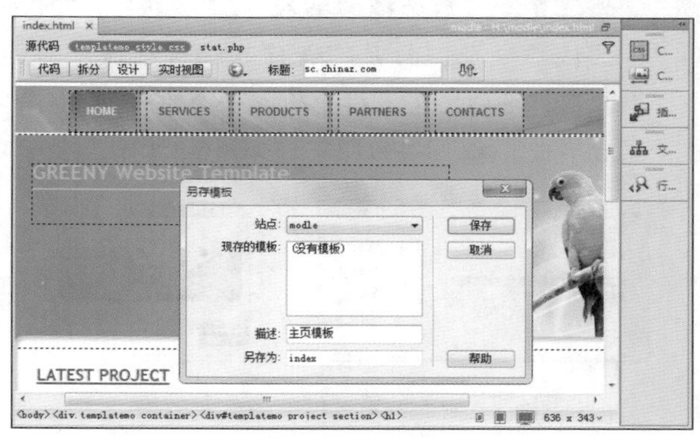

图6-1 设置模板的保存位置

技巧秒杀

在“插入”浮动面板的“模板”对话框中，单击“创建模板”按钮，同样可以打开“另存模板”对话框，设置模板的存储位置。

Step 2 ▶ 打开Dreamweaver提示对话框，直接单击 是(Y) 按钮，返回到网页文档中，在网页名称的位置会看到其扩展名变为.dwt，如图6-2所示。

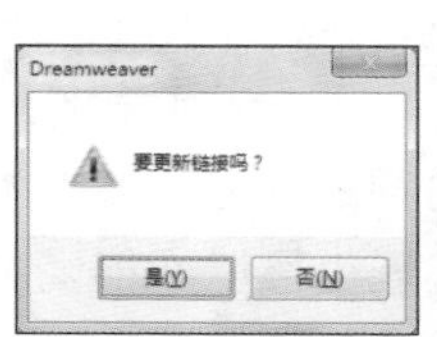

图6-2 更新链接并查看效果

技巧秒杀

创建完模板后，则存放模板的站点位置的文件夹中将自动生成一个Templates的文件夹，并将创建的模板存放于该文件夹中。

6.1.3 定义可编辑区域

当用户将一个网页另存为模板后，整个文档将会被锁定，在该文档中则不能进行编辑，因此需要在模板文档中定义可编辑区域，才能将模板应用到网站的网页中。在网页模板中定义可编辑区域的方法如下。

◆ **使用菜单命令**：将插入点定位到模板文档需要编辑的位置，然后选择“插入”/“模板”/“可编辑区域”命令，打开“新建可编辑区域”对话框，在“名称”文本框中输入一个唯一的名称，然后单击 确定 按钮即可，如图6-3所示。

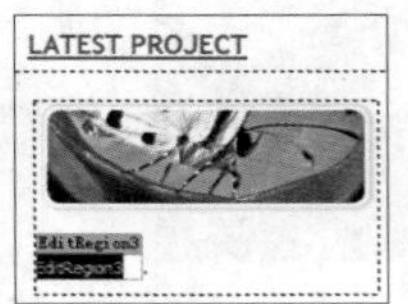

图6-3　输入编辑区域的名称及效果

◆ **使用“插入”浮动面板**：将插入点定位到模板文档需要编辑的位置，在“插入”浮动面板的“模板”分类列表中单击“可编辑区域”按钮，同样可以打开“新建可编辑区域”对话框并输入名称。

技巧秒杀

如果要删除某个可编辑区域及其内容，则可选择需要删除的可编辑区域后，按Delete键将其快速删除。

6.1.4 定义可选区域

可选区域是指模板中放置内容的部分，如文本或图像，该部分在文档中可以出现也可以不出现。在模板中定义可选区域同样可以使用菜单命令或在“插入”浮动面板中的“模板”分类列表中添加。在添加时会打开“新建可选区域”对话框，如图6-4所示。

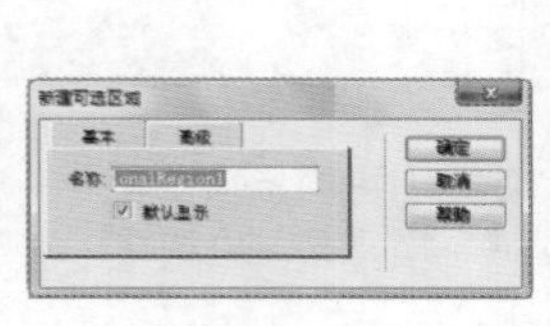

图6-4　“新建可选区域”对话框的不同选项卡

知识解析：“新建可选区域”对话框

◆ **名称**：在该文本框中可为可选区域命名。

◆ 默认显示 **复选框**：主要设置可选区域在默认情况下是否在基于模板的网页中显示。

◆ 使用参数 **单选按钮**：如果选中该单选按钮，则表示要链接可选区域参数。

◆ 输入表达式 **单选按钮**：如果选中该单选按钮，则可使用编写模板表达式来制作可选区域的显示。

6.1.5 定义重复区域

在模板中可以根据需要定义重复区域，它可以在基于模板的页面中复制任意次数的模板版块。另外，重复区域可针对区域重复或表格重复。重复区域是不可编辑的，如果要编辑重复区域内的内容，则需要在重复区域内插入可编辑区域。

使用菜单命令或在“插入”浮动面板的“模板”分类列表中定义重复区域时，在打开的“新建重复区域”对话框中只需输入一个唯一的区域名称即可，如图6-5所示。

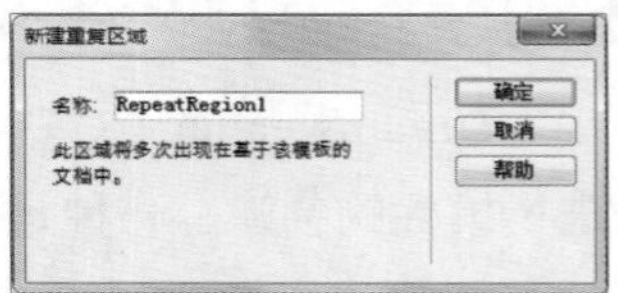

图6-5　为重复区域命名

6.1.6 重复表格

重复区域通常用于表格，同时也包括表格格式的可编辑区域的重复，在定义重复表格时，可以在“插入重复表格”对话框中，定义表格中哪些单元格为编辑状态，如图6-6所示。

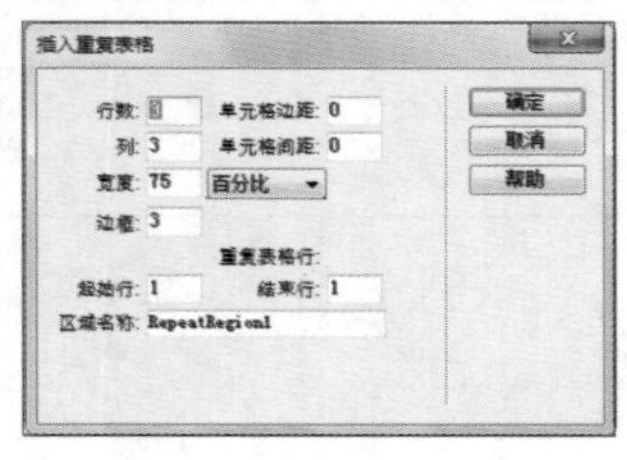

图6-6　“插入重复表格”对话框

知识解析：“插入重复表格”对话框

◆ **行数**：主要用来设置插入表格的行数。

◆ **列**：主要用来设置插入表格的列数。

◆ **单元格边距**：主要用来设置单元格的边距。

◆ 单元格间距：主要用来设置单元格的间距。
◆ 宽度：主要用来设置表格的宽度。
◆ 边框：主要用来设置表格边框线的宽度。
◆ 起始行：主要用来输入可重复行的起始行。
◆ 结束行：与起始行相反，用于输入可重复行的结束行。
◆ 区域名称：主要用来输入重复区域的名称。

读书笔记

6.2 应用模板

在网页中创建完模板后，可在制作网站时进行应用。在Dreamweaver CC中，创建基于模板的网页可参照第2章的2.2.1节中的第4小节的内容。本节将对应用模板到网页和模板的分离操作进行详细介绍。

6.2.1 应用模板到网页

在创建网站时，将共同的布局及元素创建为模板后，在创建其他页面时，只需创建不同的网页元素，然后将模板应用到创建的网页上，可以提高网站的制作效果。

实例操作：将创建好的模板应用到网页

● 光盘\素材\第6章\modle_yiyong\
● 光盘\效果\第6章\modle_yiyong\center.html
● 光盘\实例演示\第6章\将创建好的模板应用到网页

本例将index.html网页文档另存为模板，并在该模板中定义可编辑区域，然后打开center.html网页文档，如图6-7所示，将创建的模板应用到打开的网页中，如图6-8所示。

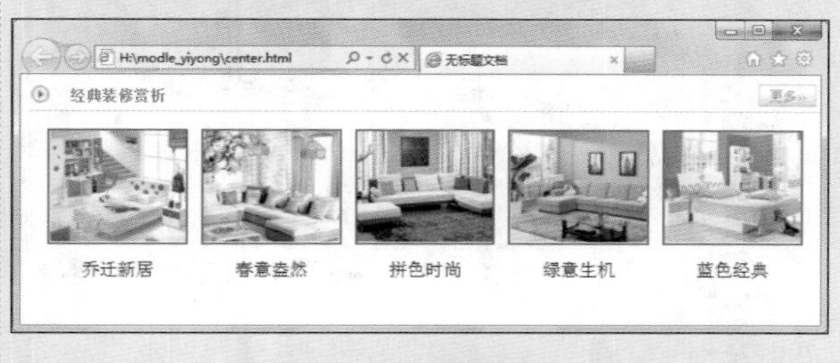

图6-7　应用模板前

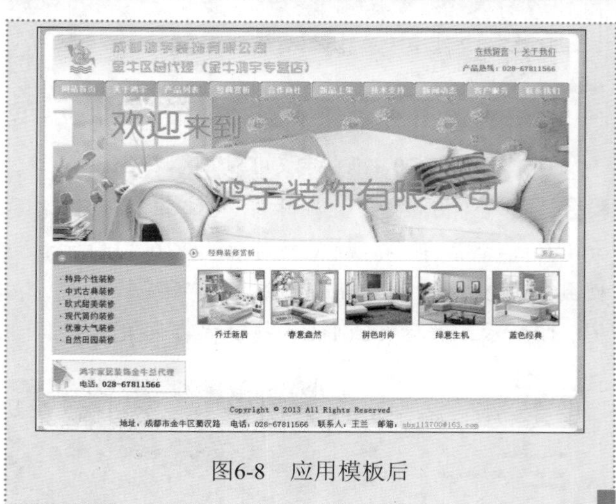

图6-8　应用模板后

Step 1 ▶ 打开index.html网页文档，选择“文件”/“另存为模板”命令，在打开对话框的“站点”下拉列表框中选择modle选项，其余保持默认设置，然后单击 保存 按钮，如图6-9所示。

图6-9　另存为模板

Step 2 在打开的提示更新对话框中单击 是(Y) 按钮，返回到网页文档中，则可查看到网页的扩展名已经变为.dwt，然后在状态栏中选择倒数第二个<table>标签，选择右下角的表格，然后再选择“插入”/“模板”/“可编辑区域”命令，如图6-10所示。

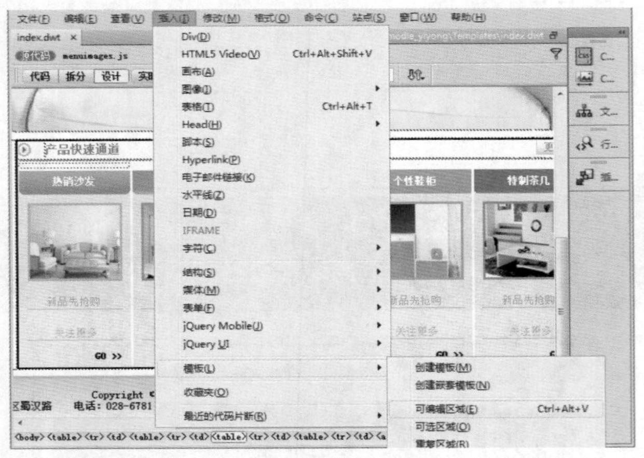

图6-10 准备定义可编辑区域

Step 3 在打开的对话框中输入编辑区域的名称content，然后单击 确定 按钮，如图6-11所示，返回到网页文档，则可查看到添加的可编辑区域，如图6-12所示，然后按Ctrl+S快捷键保存网页。

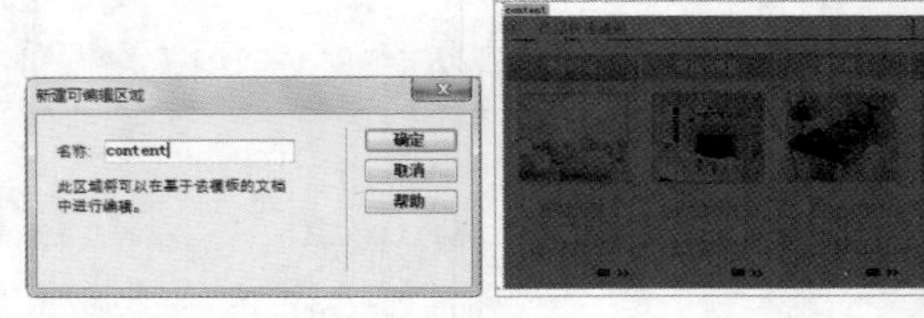

图6-11 输入可编辑区域名称 图6-12 查看编辑区域效果

技巧秒杀

要为模板添加可编辑区域，还可以按Ctrl+Alt+V组合键，打开“新建可编辑区域”对话框进行添加。

Step 4 在“文件”浮动面板中双击center.html网页将其打开，然后选择“修改”/“模板”/“应用到网页”命令，打开“选择模板”对话框，在“模板”列表框中选择index选项，然后单击 选定 按钮，如图6-13所示。

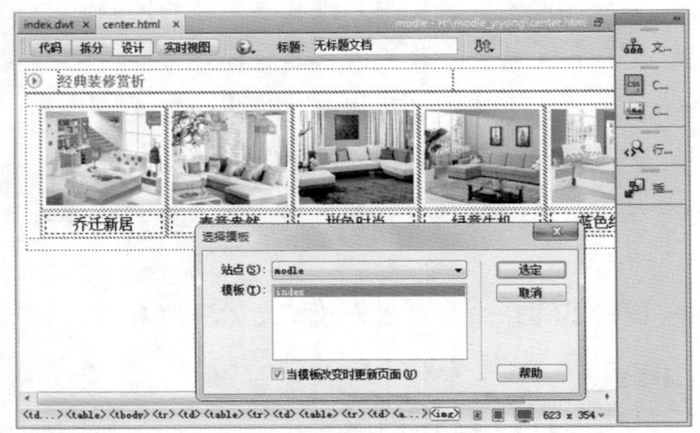

图6-13 为当前网页选择模板

Step 5 打开“不一致的区域名称”对话框，在“名称”列表下方选择Document body选项，在“将内容移到新区域”下拉列表框中选择content选项，然后单击 确定 按钮，如图6-14所示。

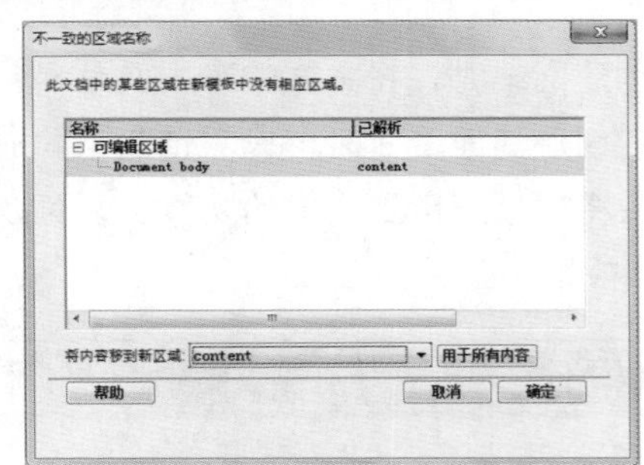

图6-14 输入可编辑区域名称

Step 6 返回到网页文档中，可查看到当前网页已经应用了刚创建的模板，然后按Ctrl+S快捷键保存整个网页，按F12键启动浏览器，单击 允许阻止的内容(A) 按钮，预览应用到网页的模板效果，如图6-15所示。

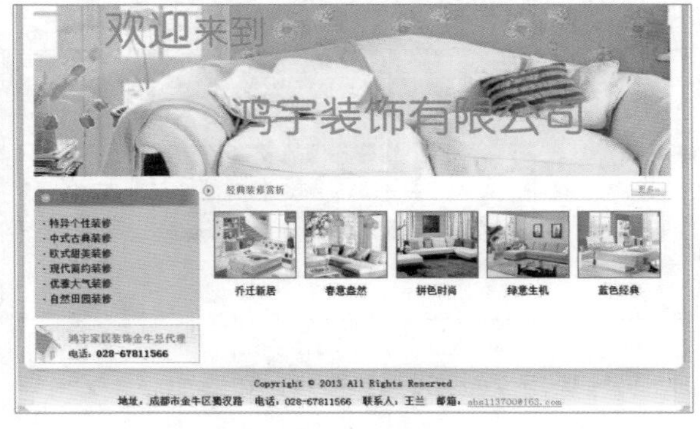

图6-15 查看效果

知识解析：“不一致的区域名称”对话框

- “名称”列表：在“名称”列表下方显示的是当前网页的标签版块。
- “已解析”列表：在“已解析”列表下方显示的是在“将内容移到新区域”下拉列表框中选择的可编辑区域。
- “将内容移到新区域”下拉列表框：在该下拉列表框中显示了模板文档中所有的可编辑区域的名称，如果选择了某个可编辑区域，然后单击用于所有内容按钮则会将当前网页文档应用到模板文档中所选择的可编辑区域中，且不关闭当前对话框。

6.2.2 分离模板

在修改应用了模板的网页时，不能修改模板部分，因为模板部分是被锁定的。如果根据需要，要对应用模板的网页进行修改，可使用“从模板中分离”功能，将网页从模板中分离出来。

分离模板的方法为：在应用模板的网页中，选择“修改”/“模板”/“从模板中分离”命令即可。

技巧秒杀

从模板中分离网页并不意味着应用模板的内容会消失。分离网页只是将模板文档变成了普通网页文档，在修改模板内容时，分离后的网页不能随之而更改。

6.3 应用库

如果说模板是用于固定一些重复布局的文档内容而设计的一种方式，那么库就是用于保存反复出现的图像或著作权等信息的存储位置。如在制作结构或设计完成不同的网页文件时，却出现部分文件频繁重复，这时就可以使用库来处理，下面将对库的应用进行介绍。

6.3.1 介绍库

库文件（扩展名为.lbi）的作用是将网页中常用到的对象转换为库文件，然后再将其作为一个对象插入到其他的网页中。需要注意的是，不要将库和模板混淆，模板使用的是整个网页，而库文件只是网页中的局部内容，但不管理怎么使用模板和库，都是为了提高制作网页的效率。

6.3.2 创建库项目

在Dreamweaver CC中创建库项目，需要在“资源”浮动面板中的“库”面板具有一种特殊的功能，它可以显示已经创建完的，且便于放在网页上的单独“资源”或“资源”副本的集合，这些资源也可以称为库项目。

在Dreamweaver CC中插入库文件的操作其实很简单，只需要在“资源”浮动面板中单击“库”按钮，切换到“库”面板中，如图6-16所示。然后在右下角单击“新建库项目”按钮，则可在名称列表框中创建一库项目，然后将其重命名即可，如图6-17所示。

图6-16 “库”面板

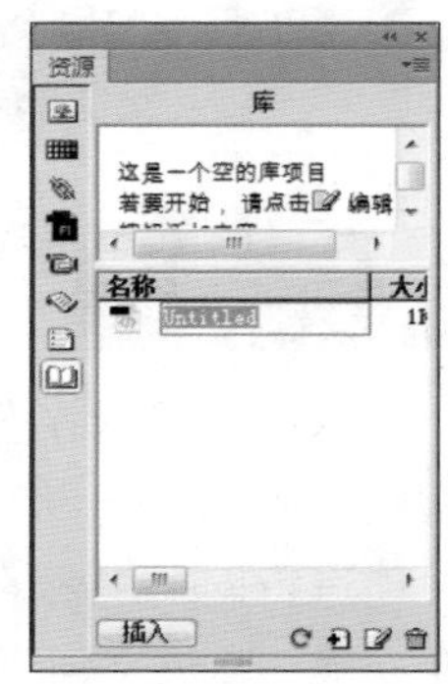

图6-17 创建的库项目

技巧秒杀

打开“资源”浮动面板，只需选择“窗口”/“资源”命令即可。另外，创建库项目后，如果想对其进行编辑，需双击库项目名称将其打开，然后插入相应的网页元素即可。

6.3.3 库项目的其他操作

在“库”面板中创建好库项目后，还可以对其进行其他操作，如插入、刷新、编辑和删除等操作，具体讲解如下。

- **插入库操作：** 打开需要插入库的网页，然后在“库”面板中单击 插入 按钮即可。
- **刷新操作：** 在对库项目进行修改或编辑操作后，要在“库”面板中得到最新的库项目信息，可在“库”面板中单击“刷新”按钮即可。
- **编辑操作：** 在“库”面板中创建好库项目后，可将其选中，单击右下角的“编辑”按钮，对其进行编辑。
- **删除操作：** 对于不需要的库项目，可将其选中，然后通过单击“库”面板右下角的“删除”按钮将其删除。

6.3.4 设置库属性

在网页中插入库项目后，可在其属性面板中对库项目进行相应的设置，如指定库项目的源文件或更改库项目，同样也可以重建库项目，如图6-18所示。

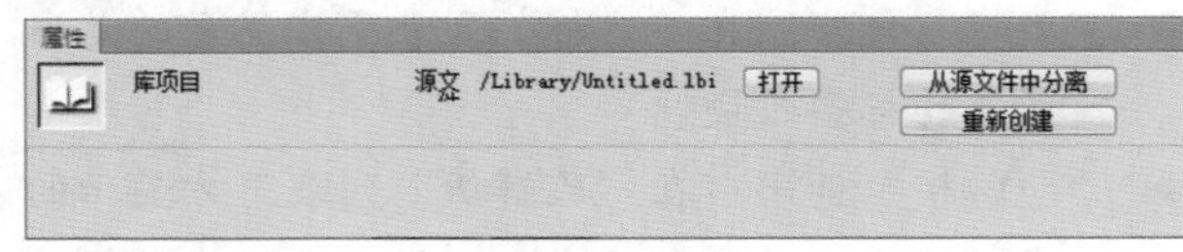

图6-18　库项目属性面板

知识解析：库项目属性面板

- **源文件：** 用来显示库项目的源文件。
- **打开按钮：** 用来修改打开库窗口。
- **从源文件中分离按钮：** 用来切断所选库项目和源文件之间的关系。
- **重新创建按钮：** 主要是以当前所选的项目来覆盖原来的库项目。如果不小心删除了库项目，可通过该方法重建库项目。

技巧秒杀

在文档中应用了库项目后，则会以淡黄色的形式显示，并且是不能编辑的。另外，在Dreamweaver CC中插入了库项目后，会在“CSS设计器”的选择器中显示<mm:libitem>标签。

知识大爆炸——嵌套模板、库和HTML代码

1. 嵌套模板

嵌套模板是指在已有的模板中再添加一个模板，即基于模板的模板。用户可以通过嵌套模板在基本模板的基础上进一步创建可编辑区域。通过嵌套模板创建的网页，只有在嵌套模板中指定新的可编辑区域才能进行网页内容的编辑。因此，若要创建嵌套模板，必须先创建基本模板，然后基于该模板创建新文档，最后将该文档另存为模板。

2. HTML模板代码

在模板中，如果定义了可编辑区域，则会在“代码”文档中产生如下代码：

```
<!-- TemplateBeginEditable name="content" -->
<!-- TemplateEndEditable -->
```

在该代码之间可以存在其他网页元素，该代码表示定义可编辑区域且名称为content。

如果在网页中应用了模板，则会在“代码”文档的顶部产生如下代码：

```
<!-- InstanceBegin template="/Templates/index.dwt" codeOutsideHTMLIsLocked="false" -->
```

表示在该网页文档中应用了index.dwt模板，并且模板部分已经被锁定。

在使用了模板中的可编辑区域，会在“代码”文档中生成如下代码：

```
<!-- InstanceBeginEditable name="content" -->
<!-- InstanceEndEditable -->
```

该代码表示在当前网页中应用了模板中名为content的可编辑区域。

3. HTML库代码

在网页中应用了库项目后，则会在“代码”文档中生成如下代码：

```
<!-- #BeginLibraryItem "/Library/Untitled.lbi" -->
<!-- #EndLibraryItem -->
```

该代码表示应用了名为Untitled.lbi的库项目。

读书笔记

01 02 03 04 05 06 **07** 08 09 10 11 12 ……

07 移动设备网页和应用程序的创建

本章导读

随着科技的发展，使用手机、平板电脑等移动电子设备浏览网页已经非常普遍，并且由于移动设备的便携性和无线网络的助推，移动上网得到了飞速的发展。为了顺应科技发展的需求，Dreamweaver CC中首次置入了移动设备网页的创建和编辑功能。本章将详细介绍在Dreamweaver中创建和编辑移动设备网页的方法。

7.1 jQuery Mobile的应用

jQuery Mobile是jQuery在手机和平板电脑等移动设备上推出的版本。jQuery Mobile不仅可以给主流移动平台提供jQuery核心库，还可以发布一个完整统一的jQuery移动UI框架。

7.1.1 jQuery Mobile的概述

jQuery是继Prototype之后的又一个优秀的JavaScript框架，是一个兼容多浏览器的JavaScript库，同时也兼容CSS3。jQuery可以让用户能更方便地处理HTML documents、events、实现动画效果，并且为网站提供AJAX交互，同时还有许多成熟的插件可供选择。

jQuery是一种免费、开源的应用，其语法设计使开发者的操作更加便捷，如操作文档对象、选择DOM元素、制作动画效果、事件处理、使用AJAX以及其他功能等。其模块化的使用方式使开发者可以很轻松地开发出功能强大的静态或动态网页并与模板处于连接状态，在修改时，只需对模板进行修改，即可更改其他网页文件。

jQuery Mobile支持全球主流的移动平台，不仅给主流移动平台带来jQuery核心库，而且会发布一个完整统一的jQuery移动UI框架。如图7-1所示为jQuery Mobile在手机和平板电脑上的应用。

图7-1　jQuery Mobile在各种移动设备上的应用

1. jQuery Mobile的基本特性

jQuery Mobile的基本特性主要有以下几种。

- **简单**：jQuery Mobile框架简单易用，主要表现在页面的开发，在页面中主要使用标签，无须或很少使用JavaScript。
- **持续增强和优雅降级**：尽管jQuery Mobile利用最新的HTML5、CSS3和JavaScript，但并不是所有移动设备都提供这样的支持。因此，jQuery Mobile的目标是同时支持高端和低端设备，如为没有JavaScript支持的设备尽量提供最好的体验。
- **易于访问**：在设计jQuery Mobile时考虑到了访问能力，因此，它拥有Accessible Rich Internet Applications（WAIARIA）支持，可以辅助残障人士访问Web网页。
- **规模小**：jQuery Mobile的整体框架比较小，JavaScript库为12KB，CSS为6KB，其中还包括一些图标。
- **主题**：在jQuery Mobile框架中还提供了一个主题系统，可允许用户提供自己的应用程序样式。

2. jQuery Mobile支持的浏览器

jQuery Mobile在移动设备浏览器支持方面取得了极大的进步。但如前面所述，并非所有的移动设备都支持HTML5、CSS3和JavaScript。因此，在不支持HTML5、CSS3和JavaScript的设备持续增强中，包含了以下几个核心原则：

- 所有的浏览器都应该能够访问全部的基本内容。
- 所有的浏览器都应该提供访问全部的基础功能。
- 增强的布局和行为则应由外部链接的CSS和JavaScript提供。
- 所有基本内容应该在基础设备上进行渲染，而不是提供更高级的平台和浏览器，应该由额外的、外部链接的JavaScript和CSS持续增强。

3. jQuery Mobile支持的移动平台

目前，jQuery Mobile支持Apple（iPhone、iPod Touch、iPad）的所有版本；Android平台中的所有版本；Blackberry Torch（版本6）；Palm WebOS Pre、Pixi和Nokia N900。

7.1.2 创建jQuery Mobile页面

在Dreamweaver中集成了jQuery Mobile，用户可以通过Dreamweaver快速设计出适合大多数移动设备的Web应用程序。要在Dreamweaver中创建移动设备页面，可以通过两种方法来创建，一种是在“新建文档”对话框的启动器中进行创建（参照2.2.1节的第3小节）；另一种是使用HTML5进行创建。

实例操作：用HTML5创建jQuery Mobile

- 光盘\效果\第7章\jQuery Mobile\Mobile.html
- 光盘\实例演示\第7章\用HTML5创建jQuery Mobile

本例将在“新建文档”对话框中使用HTML5创建一个jQuery Mobile页面。

Step 1 在Dreamweaver CC中，选择“文件”/“新建”命令，在打开的“新建文档”对话框中选择“空白页”选项，并选择页面类型为HTML文档，在右下角的“文档类型”下拉列表框中选择HTML5选项，单击创建(R)按钮创建新的页面，如图7-2所示。

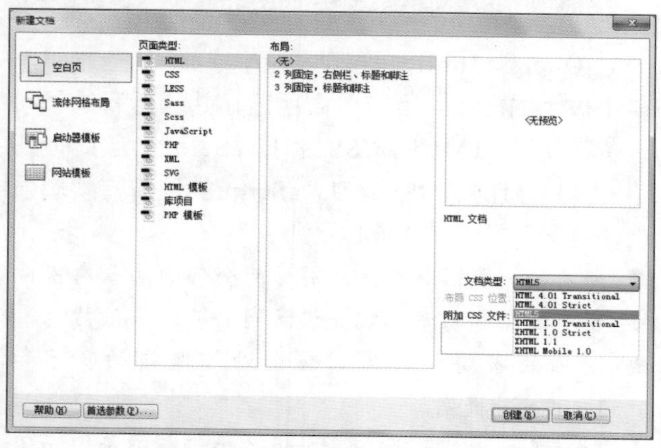

图7-2　创建jQuery Mobile页面

Step 2 此时会创建一个空白页面，然后在“插入”浮动面板的下拉列表框中选择jQuery Mobile选项，切换到jQuery Mobile插入面板，单击“页面”按钮，如图7-3所示。

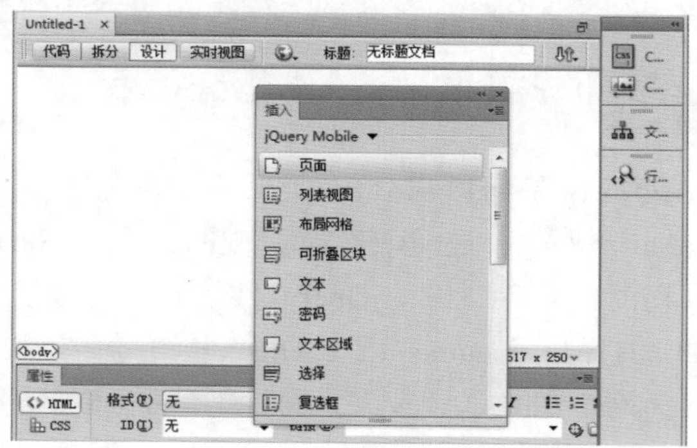

图7-3　单击“页面”按钮

Step 3 打开“jQuery Mobile文件”对话框，在其中保持默认设置，然后单击确定按钮，如图7-4所示。

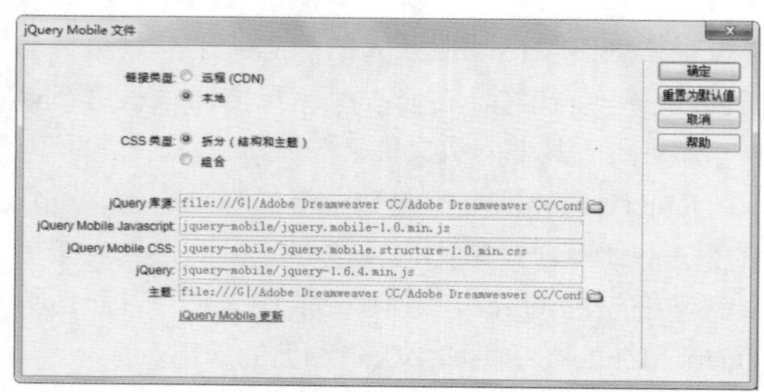

图7-4　“jQuery Mobile文件”对话框

技巧秒杀

在“jQuery Mobile文件”对话框中，如果选中远程(CDN)单选按钮，则表示支持承载jQuery Mobile文件的远程CDN服务器，并且尚未配置包含jQuery Mobile文件的站点，则对于jQuery站点使用默认选项，也可选择使用其他CDN服务器；如果选中本地单选按钮，则表示用于显示Dreamweaver中提供的文件。其中CSS类型中的组合单选按钮表示使用完全CSS文件，而选中拆分（结构和主题）单选按钮，则表示使用被拆分成结构和主题组件的CSS文件。

Step 4 ▶ 打开“页面”对话框，在ID文本框中输入页面名称，单击 确定 按钮，如图7-5所示，完成简单的jQuery Mobile创建，然后保存名为Mobile.html的页面，如图7-6所示。

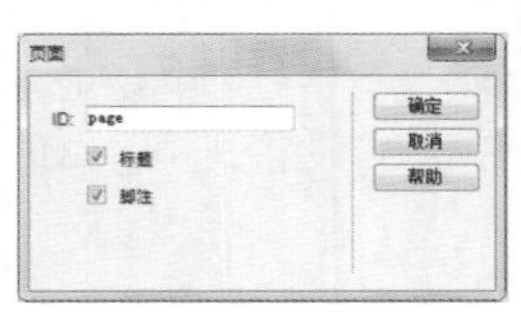

图7-5　设置页面名称

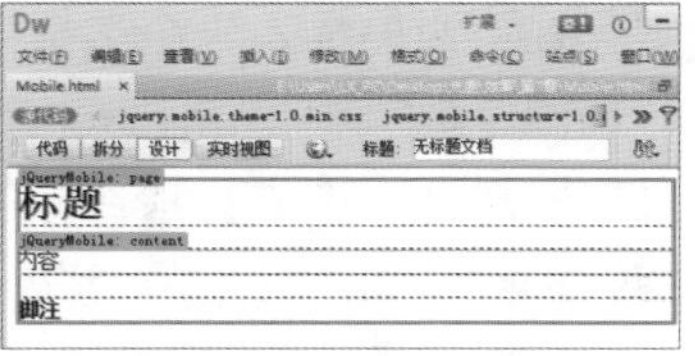

图7-6　查看效果

7.1.3 jQuery Mobile组件的使用

jQuery Mobile提供了多种组件，用于为移动页面添加不同的页面元素，丰富页面内容，如列表、文本区域、复选框和单选按钮等，下面分别进行介绍。

1. 添加列表视图

将鼠标光标定位到jQuery Mobile页面中，在“插入”浮动面板中的jQuery Mobile分类列表中单击“列表视图”按钮，在打开的“列表视图”对话框中选择列表属性后单击 确定 按钮可创建需要的列表，如图7-7所示。

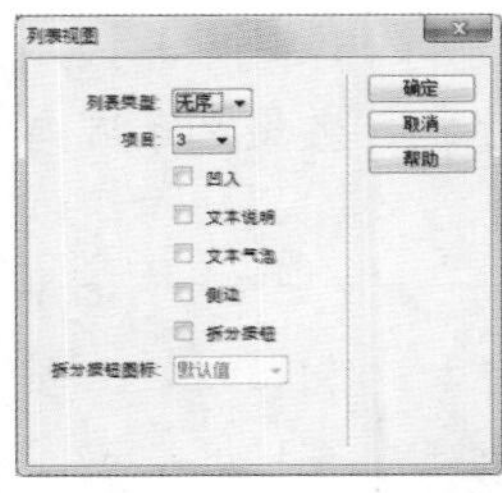

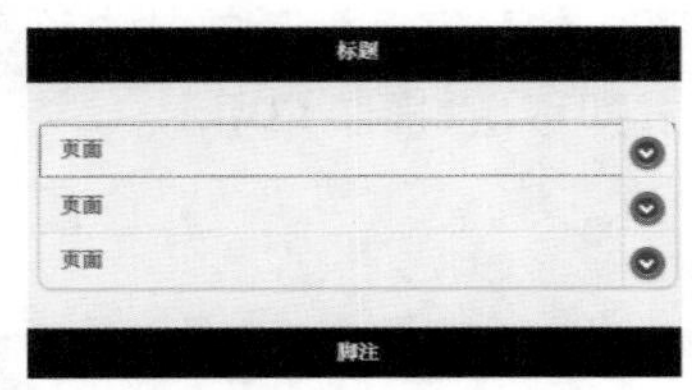

图7-7　创建列表视图

知识解析：“列表视图”对话框

- **列表类型：** 在该下拉列表框中提供了两个选项，即无序和有序，与网页中的列表相同，都可分为无序和有序列表。
- **项目：** 在该下拉列表框中，默认提供了1~10的选项，可以根据需要选择项目列表的个数。
- **☑凹入 复选框：** 如果选中该复选框，插入的列表视图会呈凹陷状态。
- **☑文本说明 复选框：** 选中该复选框后，则可添加有层次关系的文本，同样可以用标题<h3>和段落文本<p>来强调。
- **☑文本气泡 复选框：** 选中该复选框后，则会在列表项目后面添加带数字的圆圈，可用于计数气泡。
- **☑侧边 复选框：** 选中该复选框后，则会在项目列表后添加补充信息，如日期信息。
- **☑拆分按钮 复选框：** 选中该复选框后，可以启用“拆分按钮图标”功能。
- **拆分按钮图标：** 在该下拉列表框中，可以选择列表项目后面按钮图标的样式。

> **技巧秒杀**
> jQuery Mobile中的列表视图代码与网页中的列表项目的代码基本相同，只是多了一个data-role属性。

2. 添加布局网格

由于移动设备的屏幕都比较窄，所以一般不会在移动设备上使用多栏布局的方式。但有时由于一些特殊要求，需要将一些小的网页元素进行并排放置，这时可使用布局网格功能来对网页进行布局。

将鼠标光标定位到需要进行并排的位置，在“插入”浮动面板中的jQuery Mobile分类列表中，单击“布局网格”按钮，在打开的jQuery Mobile“布局网格”对话框中设置行和列的数量后单击 确定 按钮，可创建相应的布局，如图7-8所示。

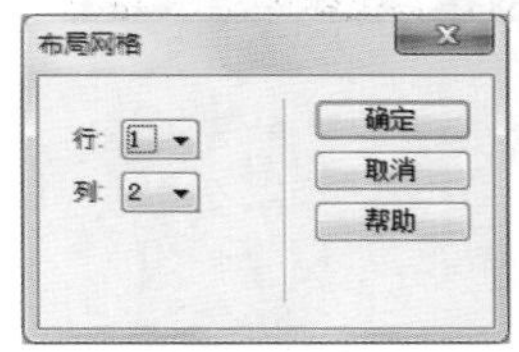

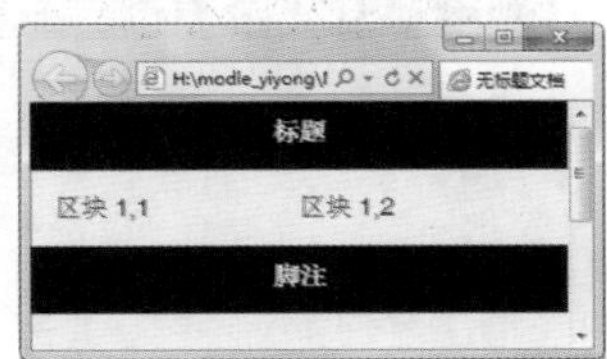

图7-8　创建布局网格

> **技巧秒杀**
> jQuery Mobile提供了两种预设的配置布局，一种是两列布局，另一种是三列布局。

3. 添加可折叠区块

在页面中创建可折叠区块，可以通过单击其标题展开或收缩其下面的内容，达到节省空间的目的，如图7-9所示。添加可折叠区块，在“插入”浮动面板中的jQuery Mobile分类列表中，单击“可折叠区块”按钮，然后在添加的区块中输入标题和内容。

图7-9 创建可折叠区块

技巧秒杀

创建的可折叠区块，其实就是一个Div容器，在其中添加一个data-role="collapsible-set"，而内部则包含了多个Div元素、h3标题等元素，其中，内部的Div元素包含了data-role="collapsible"。

4. 添加文本类元素

同普通网页中的表单一样，移动网页中也可以添加一些关于输入文本、密码等元素。在“插入”浮动面板中的jQuery Mobile分类列表中，单击“文本输入”按钮、“密码输入”按钮或“文本区域”按钮，可在页面中添加相应的文本框、密码框和多行的文本域，用于输入信息，如图7-10所示。

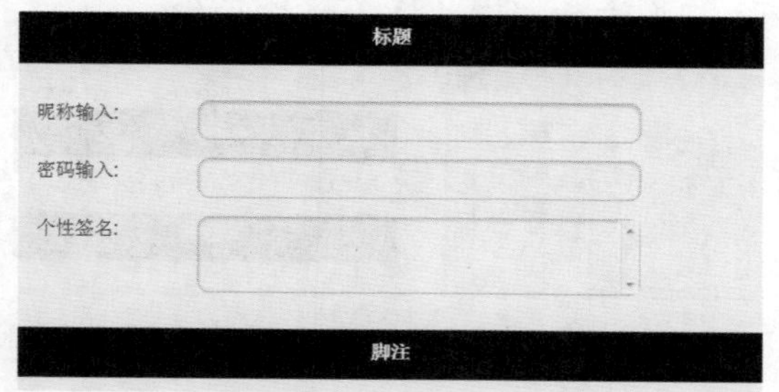

图7-10 各种文本类元素效果

5. 添加选择菜单

jQuery Mobile中的选择元素摒弃了原始的select元素的样式，原始的select元素将被隐藏，由jQuery Mobile框架自定义样式的按钮和菜单样式替代。

添加该元素，只需要在“插入”浮动面板中的jQuery Mobile分类列表中单击“选择”按钮，则可在页面中插入一个选择菜单，选择该菜单，在“属性”面板中单击 列表值... 按钮，在打开的“列表值”对话框中进行项目标签和值的设置即可，如图7-11所示。

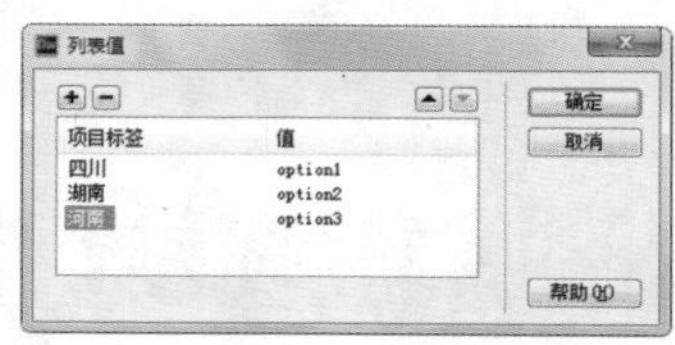

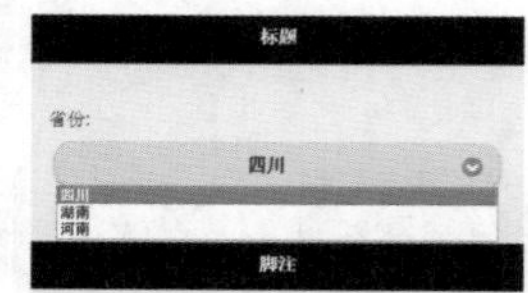

图7-11 创建选择菜单

6. 添加复选框和单选按钮

在jQuery UI中，label的样式被替换为复选框按钮，使按钮变得更长，容易单击，并且添加了自定义的一组图标来增强视觉反馈效果。另外，单选按钮与复选框的样式也做了相同的调整。

添加复选框和单选按钮，只需在“插入”浮动面板中的jQuery Mobile分类列表中单击“复选框”按钮或“单选按钮”按钮，打开“复选框”或“单选按钮”对话框（两个对话框相同），如图7-12所示，然后在其中设置名称、数量和布局方式即可，如图7-13所示。

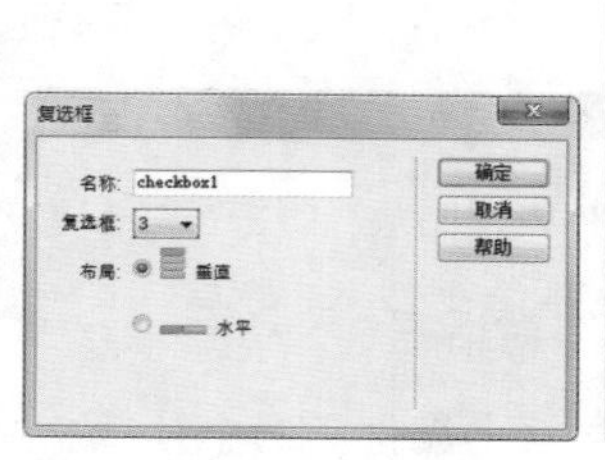

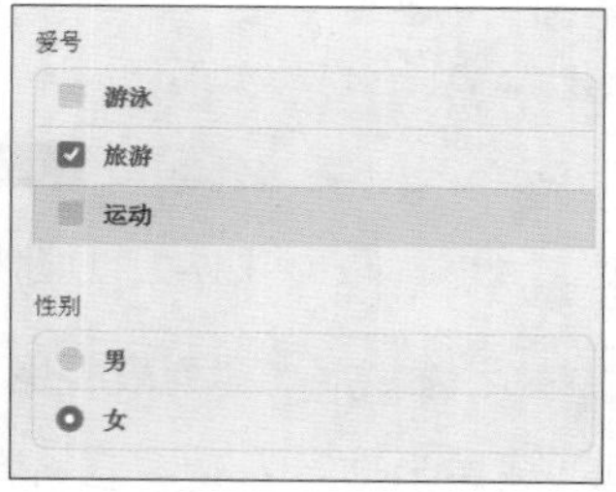

图7-12 “复选框”对话框　图7-13 复选框和单选按钮效果

7. 添加按钮

按钮是由标准HTML的a标签和input元素组合而成的，jQuery Mobile按钮的外观更加吸引人且易于触摸。

添加按钮，只需在“插入”浮动面板中的jQuery Mobile分类列表中单击“按钮”按钮，在打开的“按钮”对话框中设置各参数后单击 确定 按钮即可，如图7-14所示。

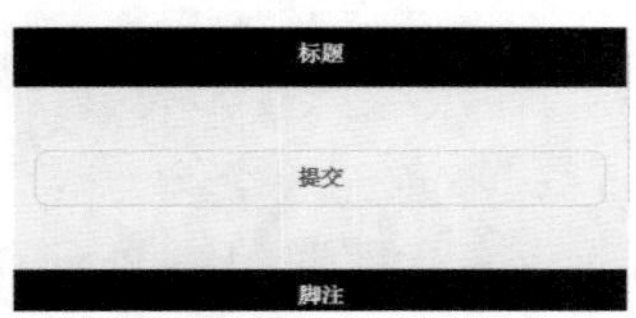

图7-14　创建按钮

知识解析：“按钮”对话框

- **按钮**：主要用来设置按钮的个数。选择两个以上的按钮才能激活“位置”和“布局”两个功能。
- **按钮类型**：主要用来设置按钮的类型，主要包括链接、按钮和输入3种类型。只有选择“输入”选项，才能激活“输入类型”功能。
- **输入类型**：在“按钮类型”列表框中选择“输入”选项后，则可在该列表中选择输入类型，其中包括按钮、提交、重置和图像等选项。
- **位置**：主要用于设置按钮的位置，包括组和内联两个选项。
- **布局**：在该栏中主要包括两个单选按钮，用于设置按钮是水平还是垂直的方式进行布局。
- **图标**：主要用来设置按钮的图标。
- **图标位置**：主要用来设置按钮图标的位置。该功能在用户为按钮选择了图标样式后，才能被激活。

8. 添加滑块

jQuery Mobile滑块中将input设置了一个新的HTML5属性为type="range"，其添加方法为：在“插入”浮动面板中的jQuery Mobile分类列表中，单击“滑块”按钮即可，如图7-15所示。

图7-15　滑块效果

9. 翻转切换开关

翻转切换开关在移动设备上是一个常用的UI元素，用来设置二元的切换开/关或输入true/false类型的数据，并且用户可以像拖动滑动框一样拖动开关或单击开关任意位置进行操作。其添加方法为：在“插入”浮动面板中的jQuery Mobile分类列表中，单击“翻转切换开关”按钮，如图7-16所示。

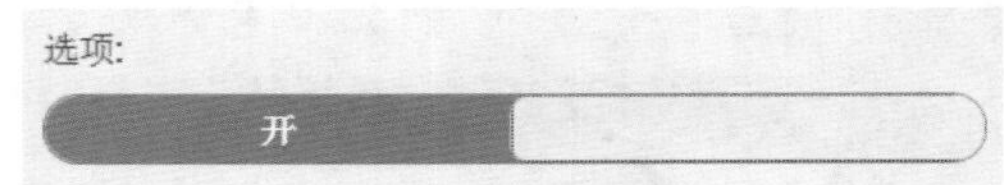

图7-16　翻转切换开关效果

10. 其他jQuery Mobile元素

在jQuery Mobile中，除了前面介绍的一些较为常用的jQuery Mobile元素外，还包括电子邮件、URL、搜索、数字、时间、日期、日期时间、周和月等，其添加方法与其他jQuery Mobile元素基本相同，都是在“插入”浮动面板中的jQuery Mobile分类列表中进行添加的。

7.2 PhoneGap Build打包移动应用

使用PhoneGap服务，可以将Web应用程序作为本机移动应用程序进行打包。通过与Dreamweaver的集成，生成应用并在Dreamweaver站点中保存该应用，然后将其上传至PhoneGap Build服务。

7.2.1 PhoneGap Build概述

PhoneGap是一个开源的开发框架，使用HTML、CSS和JavaScript来构建跨平台的移动应用程序，使开发者能够利用iPhone、Android、Palm、Symbian、Blackberry、Windows Phone和Beda智能手机的核心功能。其功能包括地理定位、加速器、联

系人、声音和振动等。也是目前唯一支持7个平台的开源移动框架。

7.2.2 注册PhoneGap Build

如果想使用PhoneGap服务，还需要注册PhoneGap Build服务账户，只有注册了账户，才能使用PhoneGap Build和Dreamweaver。用户可登录https://build.phonegap.com网页进行注册，在页面中单击free超链接可打开注册页面进行注册，并可在打开的页面中选择免费选项，如图7-17所示。

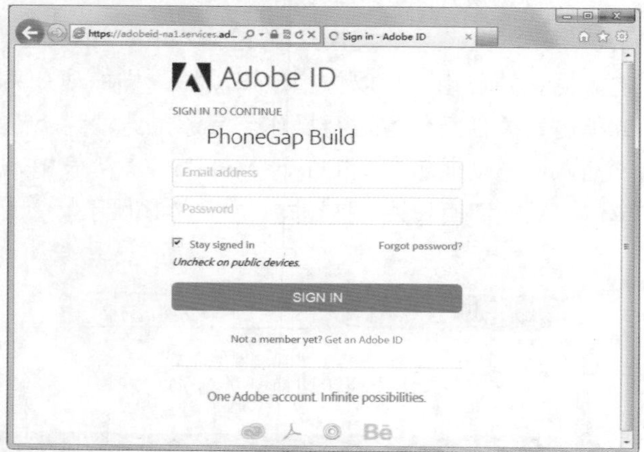

图7-17　注册PhoneGap Build账号

7.2.3 打包移动应用程序

利用Dreamweaver和PhoneGap Build，用户可以将使用Web技术开发设计的应用上传到PhoneGap Build，并且PhoneGap Build会自动将其编译成不同平台的应用，包括苹果的App Store、Android Market、WebOS、Symbian和Blackberry等。

1. 前期工作

在打包移动应用程序前，应先对PhoneGap Build进行设置。其方法为：选择“站点”/“PhoneGap Build服务”/“PhoneGap Build设置”命令，打开“PhoneGap Build设置”对话框，如图7-18所示，在其中可设置SDK的根路径。

图7-18　PhoneGap Build设置

知识解析：“PhoneGap Build设置”对话框

- Android SDK位置：如果希望在本地计算机上使用Android模拟器测试Android应用程序，则需要在该文本框中设置下载Android SDK的根路径。
- webOS SDK位置：如果希望在本地计算机上使用webOS模拟器测试webOS应用程序，则需要在该文本框中提供下载webOS SDK的根路径。

2. 打包操作

设置完PhoneGap Build服务，则可选择“站点”/“PhoneGap Build服务”/“PhoneGap Build服务”命令，打开“PhoneGap Build服务”对话框，在其中使用注册的邮件地址和密码登录，在打开的对话框中直接单击继续按钮，登录后根据移动设备的系统类型选择应用程序文件，单击按钮，在打开的对话框中选择下载位置并将其下载到计算机中，如图7-19所示。

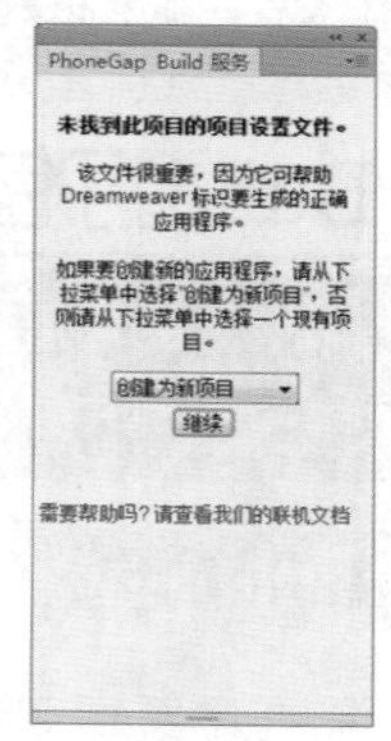

图7-19　登录和下载应用程序

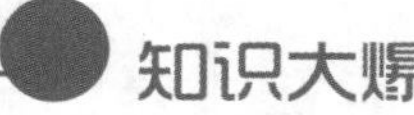

——jQuery Mobile的主题应用

在jQuery Mobile中，所有的布局和组件都被设计了一个全新的面向对象的CSS框架，让用户能够给每个站点和应用程序应用统一的视觉设计主题，jQuery Mobile的主题主要有以下几个特点。

- 使用了CSS3显示圆角、文字、盒阴影和颜色渐变，而不是使用图片，因此其主题文件较小，减轻了服务端口的负担。
- 在主体框架中包含了几套颜色色板，每一套都可以自由搭配，并且都可匹配head、body和butlon等。
- 在开放的主题框架中，允许用户创建最多6套主题样式，同时也增加了多样性。
- 在jQuery Mobile中增加了一套简化的图标集，在其中包含了移动设备上的大部分图标，并且精简到了每一张图片中，但同时也减少了图片的大小。

在jQuery Mobile中默认预设了5套主题样式，用a、b、c、d、e进行引用，并且为了使颜色主题能够准确映射到各组件中，设定了如表7-1所示的规则。

表7-1　颜色值的约定

值	描　述
a	默认值，黑色背景白色文本
b	蓝色背景白色文本或灰色背景黑色文本
c	亮灰色背景黑色文本
d	白色背景黑色文本
e	橙色背景黑色文本

在Dreamweaver CC中，可通过选择“窗口”/“jQuery Mobile色板”命令，打开“jQuery Mobile色板”浮动面板，在该浮动面板中可以预览所有色板（主题）。

读书笔记

01 02 03 04 05 06 07 08 09 10 11 12 ......

动态网站及站点维护

本章导读

对于信息量比较大，或向浏览者提供交互作用的网站而言，使用普通的静态网页并不能满足需求，对此，需要通过动态网页技术扩充网站的功能。动态网页不仅功能强大，其最大的特点还在于容易管理和维护，管理人员只需更新数据，而不用对整个页面进行重新设计和制作，但动态网站的制作较为复杂，需要配置工作环境，使用相应的软件和语言。本章将对动态网站的基本知识、上传及维护站点等内容进行介绍。

8.1 搭建动态网站平台

制作动态网页时，需要先了解为网页提供数据的数据库，再了解动态网页的开发语言，然后对动态网站的开发环境进行配置，创建数据库，让网页与数据库进行链接。为创建动态网站所需的环境及数据都要准备就绪，才能顺利地制作动态网站。

8.1.1 动态网页的开发语言

目前主流的动态网页开发语言主要有ASP、ASP.NET、PHP、JSP和ColdFusion等，在选择开发技术时，应该根据其语言的特点，以及所建网站适用的平台综合考虑，下面分别进行介绍。

- ASP：ASP（Active Server Pages）从Microsoft推出以后，以其强大的功能、简单易学的特点受到广大Web开发人员的喜欢。但其只能在Windows平台下使用，在增加控件的情况下可在Linux下使用，但是其功能最强大的DCOM控件却不能使用。目前ASP是Web开发最常用的工具。
- ASP.NET：ASP.NET是一种编译型的编程框架，核心是NGWS runtime，除了和ASP一样可以采用VBScript和JavaScript作为编程语言外，还可以用Visual Basic和C#来编写，这就决定了其功能的强大性，可以进行很多低层操作而不必借助于其他编程语言。
- PHP：PHP是编程语言和应用程序服务器的结合，PHP的真正价值在于它是一个应用程序服务器，而且它是开发程序，任何人都可以免费使用，也可以修改源代码。
- JSP：JSP（Java Server Pages）是由Sun公司倡导、许多公司参与并一起建立的一种动态网页技术标准。JSP为创建动态的Web应用提供了一个独特的开发环境，能够适应市场上包括Apache WebServer、IIS在内的大多数服务器产品。

8.1.2 创建数据库的软件

所谓数据库，就是长期存储在电脑中的、有组织的、可供共享的数据集合。数据库管理系统是电脑中用于存储和处理大量数据的软件系统。数据库系统的种类非常多。

1. 使用Access创建数据库

Access是Office办公组件的一个成员，是一种入门级的数据库管理系统，它具有简便易用、支持的SQL指令最齐全、消耗资源比较少等优点，常用于中小型网站。用ASP+Access打造动态网站是许多用户的首选。Access创建数据库主要有以下特点。

- 存储方式单一：使用Access管理的对象主要有表、查询、窗体、报表、页、宏和模块等。所有对象都存放在扩展名为.mdb的数据库文件中，便于用户的管理和操作。
- 面向对象：Access是一个面向对象的开发工具，利用面向对象的方式将数据库中的各种功能对象化，再将数据库管理的各模块以类的形式封装在一起。
- 易于操作：由于Access是一个可视化工具，所以用户想生成对象并应用时，只需使用鼠标进行单击或拖放即可。另外，系统还提供了表生成器、查询生成器、报表设计器及数据库向导、表向导等，使操作简单、易于掌握。
- 可处理多种数据信息：因为Access是基于Windows操作系统下集成的开发环境，所以集成了各种向导和生成器工具，提高了开发人员的工作效果。
- 支持ODBC：ODBC（Open Data Base Connectivity）开发数据库互连，利用Access强大的DDE（动态数据交换）和OLE（对象的联接和嵌入）特性，使用它可以在数据表中嵌入位图、声音、Excel表格和Word文档等，并且还可以建立动态的数据库报表和窗体等。

实例操作：创建Guest数据库

- 光盘\效果\第8章\Database\Guest.mdb
- 光盘\实例演示\第8章\创建Guest数据库

本例将使用Access 2013创建一个名为Guest.mdb的数据库，并在数据库中创建一个名为guest_mss的表格。

Step 1 启动Access 2013，在主界面中选择“空白数据库”选项，在打开面板的“文件名”文本框中输入Guest.mdb，然后单击其后的“浏览到某个位置来存放数据库”按钮，如图8-1所示。

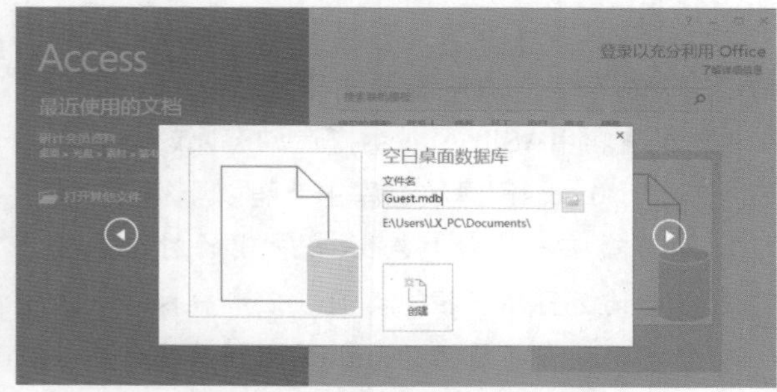

图8-1 设置数据库名称

Step 2 打开“文件新建数据库”对话框，选择数据库保存的位置，然后在“保存类型”下拉列表框中选择“Microsoft Access 数据库（2000格式）”选项，然后单击确定按钮，如图8-2所示。

图8-2 设置数据库的保存类型

Step 3 返回到“空白桌面数据库”面板中，单击“创建”按钮，在打开窗口的左侧选择“表1”，并右击，在弹出的快捷菜单中选择“设计视图”命令，打开“另存为”对话框，在“表名称”文本框中输入表名guest_mss，然后单击确定按钮，如图8-3所示。

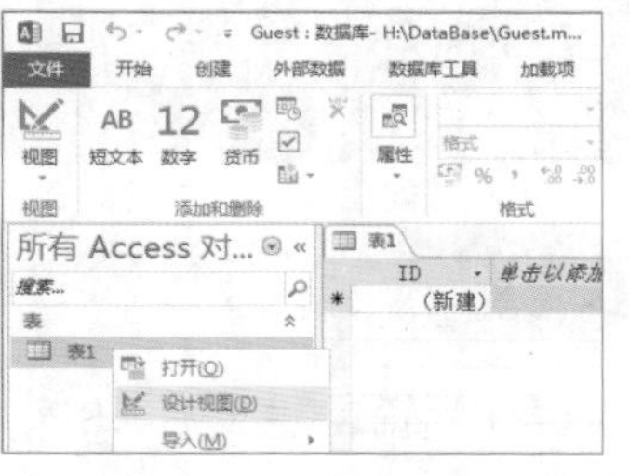

图8-3 设置表名

Step 4 在“字段名称”中的第1行输入num，按Enter键，将“数据类型”列设置为“自动编号”；在第2行中输入name_1后，按Enter键，将“数据类型”设置为“短文本”，并在“字段属性”中将“必需”设置为“是”，将“允许空字符串”设置为“否”，如图8-4所示。

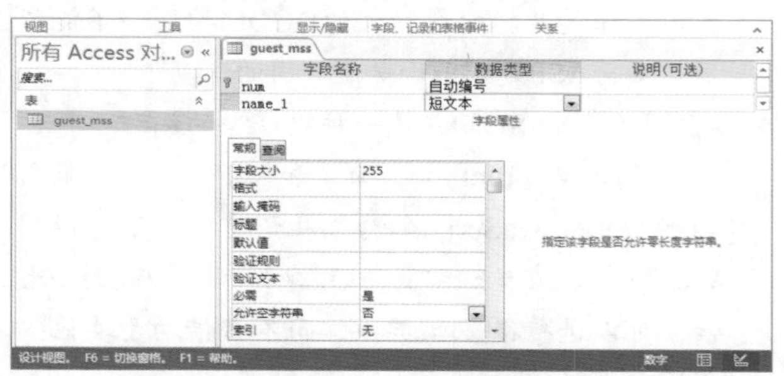

图8-4 输入字段及数据类型

Step 5 使用相同的方法，分别在第3、4、5行中输入id、password和email，并将其“数据类型”都设置为“短文本”，在“字段属性”中分别将“必需”和“允许空字符串”设置为“是”和“否”，如图8-5所示。

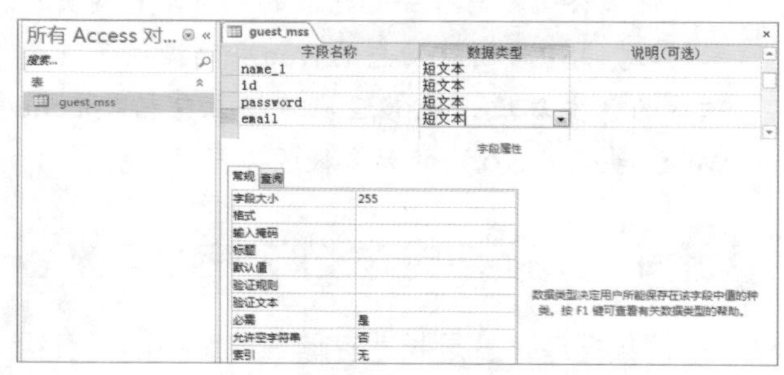

图8-5 输入字段、数据类型并设置其属性值

Step 6 ▶ 在“表格工具”/“设计”/“视图”组中单击“视图”按钮，在弹出的下拉列表中选择“数据表视图”选项，切换到表中查看添加的字段效果，在各字段下也可以添加数据，如图8-6所示。然后关闭当前表后，再在窗口右上角单击“关闭”按钮，退出Access 2013数据库。

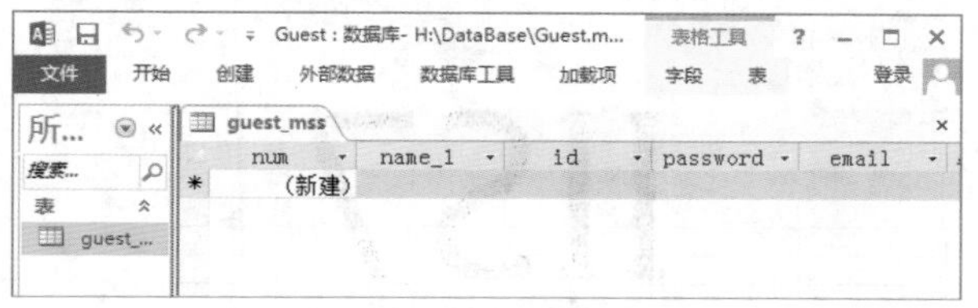

图8-6　查看表格字段并关闭Access

2. SQL Server数据库

SQL Server是一种大中型数据库管理和开发软件，由Microsoft公司推出。它具有使用方便、良好的可扩展性等优点，尤其是它支持包括便携式系统和多处理器系统在内的各种处理系统。SQL Server在网站的后台数据库中有着非常广泛的应用，是制作大型网络数据库的一个理想选择，其具体特点如下。

- 该软件能实现真正的客户机/服务器体系结构。
- 它所使用的图形用户界面使系统管理和数据库管理更加直观和简单。
- 丰富的编程接口，为编程设计提供了更大的选择余地。
- 由于SQL Server与Windows NT集成，因此也集成了NT的许多功能，如发送和接收消息、管理登录和安全性等。另外，SQL Server也能与Microsoft Office产品集成。
- 具有很好的伸缩性，能跨平台进行使用。
- 支持Web技术，使用户能方便地将数据库中的数据发布在Web页面上。
- SQL Server提供了数据仓库功能，该功能只有Oracle和其他一些高级的数据库才具备。

3. MySQL数据库

MySQL是一个多用户、多线程的SQL数据库服务器，其是一个开放源码的小型关系型数据管理系统。目前MySQL被广泛地应用在Internet上的中小型网站中。因为体积小、速度快、成本低，并且开放了源代码，所以很多小中型网站为了降低成本而选择MySQL作为网站数据库。其数据库的具体特点如下。

- 使用C和C++语言编写，并且使用多种编译器测试，主要是为了保证源代码的可移植性。
- 跨平台，支持AIX、FreeBSD、HP-UX、Linux、Mac OS、Novell Netware和Windows等多种操作系统。
- 为多种编程语言提供了API，如C、C++、Java、Perl和PHP等。
- 支持多线程，充分地利用了CPU资源。
- 优化的SQL查询算法，有效地提高了查询速度。
- 不仅能够作为一个单独的应用程序应用在客户端服务器网络环境中，还能够作为一个库嵌入到其他软件中。
- 支持多语言，如中文GB2312、BIG5和日文等都可作为数据库表的名称和数据列名。
- 提供了多种数据库链接途径，如TCP/IP、ODBC和JDBC。
- 提供管理、检查和优化数据库操作的管理工具。
- 它可以处理上千万条的记录。

4. 使用Oracle数据库

Oracle是主流的大型关系型数据库，它不仅支持多平台，还具有规范式要求、采用标准的SQL结构化查询语言、支持大至2GB的二进制数据和分布优化多线索查询等优点。

8.1.3 动态网站的开发流程

要制作动态网站则需要了解动态网站的开发流程，下面就以ASP语言为例，简单地介绍动态网站的开发过程。动态网站的开发流程主要包括安装服务器、在服务器上设置虚拟网页站点、在本地站点上登录虚拟网页站点的信息（配置本地站点服务器）、制作数据库和在Dreamweaver CC中连接数据。下面分别进行介绍。

1. 安装服务器

大部分用户使用的都是Windows操作系统。虽然在制作动态网站时，使用的都不是服务器计算机，但为了测试ASP程序，需要把计算机设置为服务器的形式。

实例操作：在Windows 7中安装服务器

- 光盘\实例演示\第8章\在Windows 7中安装服务器

本例将在安装有Windows 7的操作系统中安装服务器（IIS）。

Step 1 在“开始”菜单中选择“开始”/“控制面板”命令，打开“控制面板”窗口，在“大图标”方式下单击“程序和功能”超链接，如图8-7所示。

图8-7　单击“程序和功能”超链接

Step 2 在打开窗口的左上角，单击“打开或关闭Windows功能”超链接，打开“Windows功能”窗口，在列表框中选中“Internet信息服务”选项前的复选框，然后单击 确定 按钮，安装IIS，如图8-8所示。

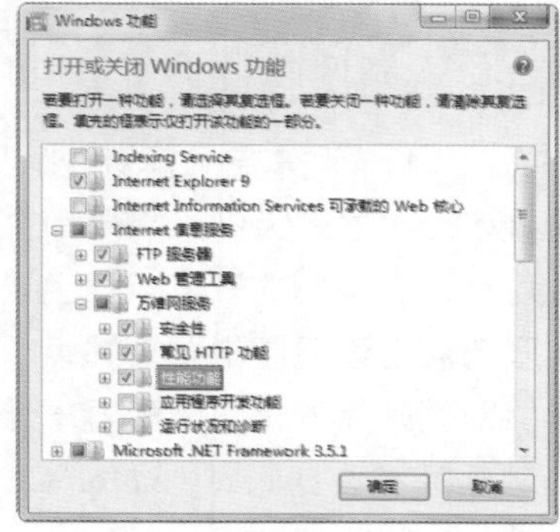

图8-8　安装IIS

Step 3 安装完成后，打开浏览器，在地址栏中输入http://127.0.0.1或http://localhost，按Enter键，如果弹出IIS页面，如图8-9所示，则表示安装成功并能正常运行IIS了。

图8-9　IIS页面

答疑解惑：

什么是IIS?

IIS（Internet Information Server）是Microsoft开发的功能强大的Web服务器，它可以在Windows NT以上的系统中支持ASP，虽然不能跨平台的特性限制了其使用范围，但由于Windows操作系统的普及，尤其是在国内，IIS还是得到了广泛应用。

IIS主要提供FTP（文件传输服务）、HTTP（Web服务）和SMTP（电子邮件服务）等服务。确切地说，IIS为Internet提供了一个正规的应用程序开发环境。在早期的Windows XP等操作系统中，需要单独进行IIS的安装，在Windows 7操作系统中则已经集成了IIS 7组件，但是默认并没有打开该功能，用户还需要手动开启IIS。

2. 在服务器上设置虚拟网页站点

在制作ASP动态网页之前，需要安装IIS并对其进行配置，也就是在要设置的服务器计算机上设置虚拟的网页站点。

实例操作：设置虚拟网页站点

- 光盘\实例演示\第8章\设置虚拟网页站点

本例将在IIS中创建一个名为login的站点，并将该站点在电脑中的物理位置设置为H:\login。

Step 1 打开“控制面板”窗口，在该窗口的“大图标”视图方式下单击“管理工具”超链接，在打开的“管理工具”窗口中双击“Internet信息服务(IIS)管理器”选项，如图8-10所示。

图8-10 双击“Internet信息服务(IIS)管理器”选项

Step 2 在打开的“Internet信息服务(IIS)管理器”窗口中展开左侧的目录，在“网站”选项上右击，在弹出的快捷菜单中选择“添加网站”命令，如图8-11所示。

图8-11 添加网站

Step 3 打开“添加网站”对话框，在“网站名称”文本框中输入站点的名称login，在“物理路径”文本框中输入站点的位置H:\login，如图8-12所示。

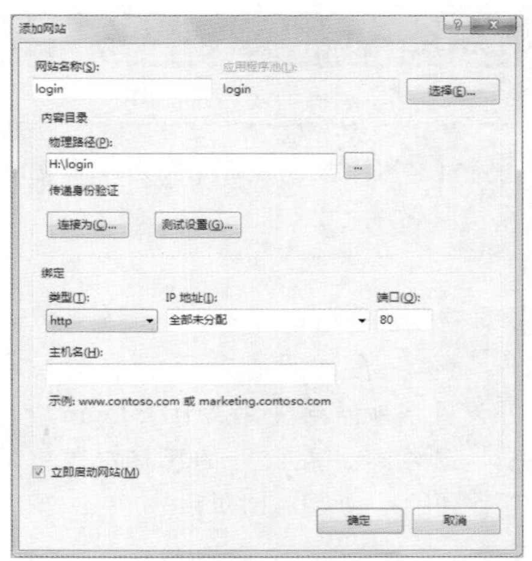

图8-12 添加网站

Step 4 单击 确定 按钮，在弹出的对话框中单击 是(Y) 按钮，完成在服务器上添加虚拟网页站点的操作，如图8-13所示。

图8-13 查看添加的虚拟站点

操作解谜

在单击 确定 按钮后，弹出的提示对话框将提示所添加的虚拟站点的端口号已经被绑定了，直接单击 是(Y) 按钮后，所添加的站点网页是停止状态，因为默认的站点网页也使用了相同的端口号，并且处于运行状态，此时，只需在“管理网站”面板中停止默认网站，启动添加的虚拟站点即可。

3. 配置本地站点服务器

在制作动态数据库页面之前，需要先创建动态数据库站点并进行站点配置，指定本地站点、测试站点。

实例操作：配置本地站点服务器

● 光盘\实例演示\第8章\配置本地站点服务器

本例将设置本地站点文件夹为D:\login\，然后设置服务连接的方式。

Step 1 ▶ 启动Dreamweaver CC，选择"站点"/"新建站点"命令，在打开的对话框中输入站点名称login，并设置本地站点文件夹为D:\login\，然后选择"服务器"选项卡，在打开的窗格中单击"添加新服务器"按钮[+]，如图8-14所示。

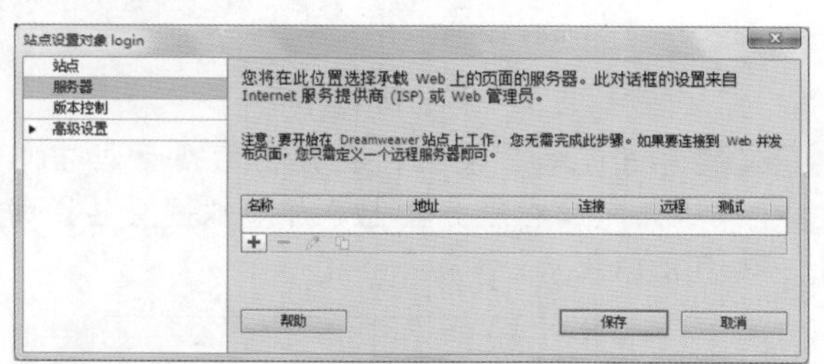

图8-14　设置网站并添加服务器

Step 2 ▶ 在打开对话框的"服务器名称"文本框中输入login，在"连接方法"下拉列表框中选择"本地/网络"选项，在"服务器文件夹"和Web URL文本框中分别输入H:\login和http://127.0.0.1/，如图8-15所示。

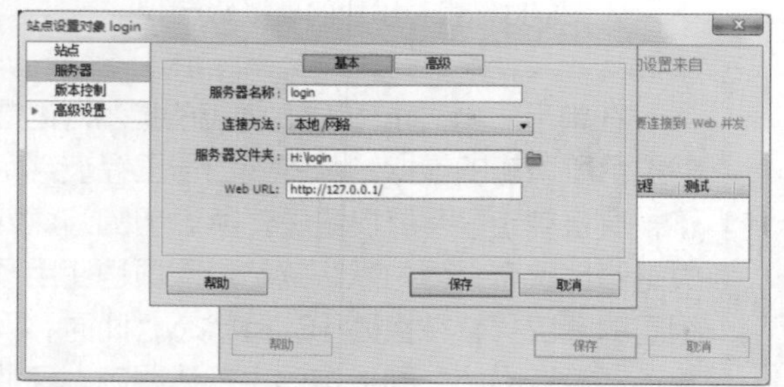

图8-15　服务器的基本设置

技巧秒杀

在Web URL文本框中输入http://127.0.0.1/表示在本地服务器进行测试。

Step 3 ▶ 选择"高级"选项卡，在"测试服务器"栏的"服务器模型"下拉列表框中选择ASP VBScript选项，然后单击[保存]按钮，如图8-16所示。

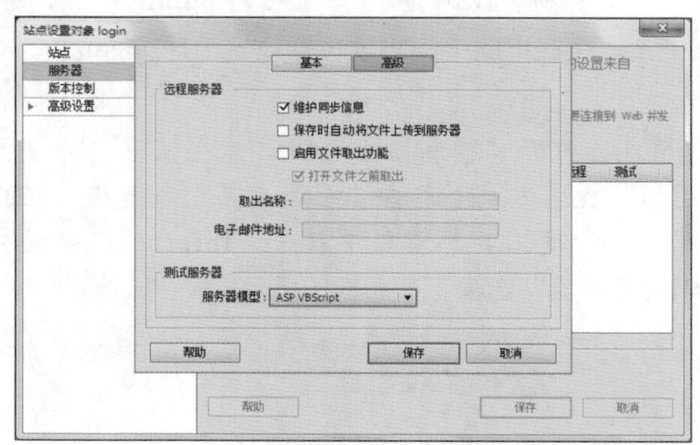

图8-16　查看添加的虚拟网站

操作解谜

创建动态网页中涉及数据库，因此，与HTML文件的制作不同，需要设置服务器的连接方式和服务器模型的类型。

Step 4 ▶ 返回站点设置对话框，其中显示了新添加的服务器，然后在"测试"列中选中其复选框，如图8-17所示，单击[保存]按钮，完成操作。

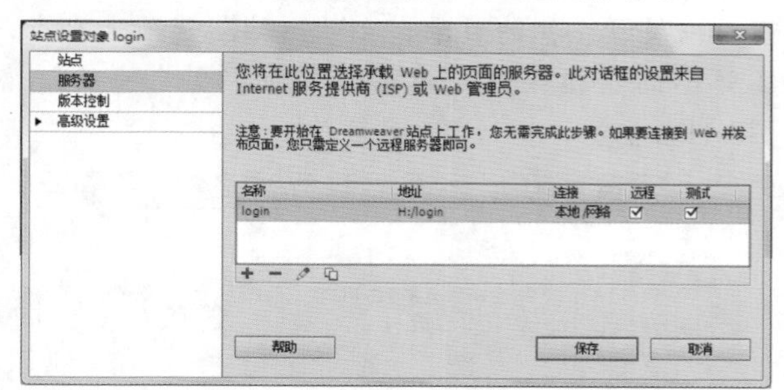

图8-17　查看添加的网站服务器

技巧秒杀

在"站点设置对象"对话框中，除了可添加服务器，还可通过"删除服务器"按钮[−]、"编辑现有服务器"按钮[✎]和"复制现有服务器"按钮[⧉]对已经存在的服务器进行删除、编辑和复制操作。

4. 制作数据库

在动态网站中，创建数据库是最基本的，个人计算机中要想快速、简便地制作数据库，最好选择

Access软件进行制作。通过该软件制作的数据库可通过ODBC连接到网站中，数据库的创建方法请参考8.1.2的第1小节，这里不再赘述。

5. 将数据库链接到Dreamweaver CC

在创建动态网页前，若要实现对数据库的操作，必须先建立与数据库的连接。而让数据库与网页进行连接时，则需要先定义数据源。另外，Dreamweaver CC在默认安装时，不包含动态数据库方面的内容，因此，在使用动态数据库功能时，则需要安装动态扩展，下面对安装动态扩展和定义数据源的操作进行介绍。

（1）安装动态扩展

在计算机上安装动态扩展相当方便，因为在Dreamweaver CC安装包中自带了动态扩展安装。

实例操作：安装动态扩展

- 光盘\实例演示\第8章\安装动态扩展

本例将为Dreamweaver CC安装动态扩展。

Step 1 启动计算机后，在Dreamweaver CC的安装目录下，找到configuration\DisabledFeatures文件夹，选择Deprecated_ServerBehaviorsPanel_Support.zxp文件，如图8-18所示。

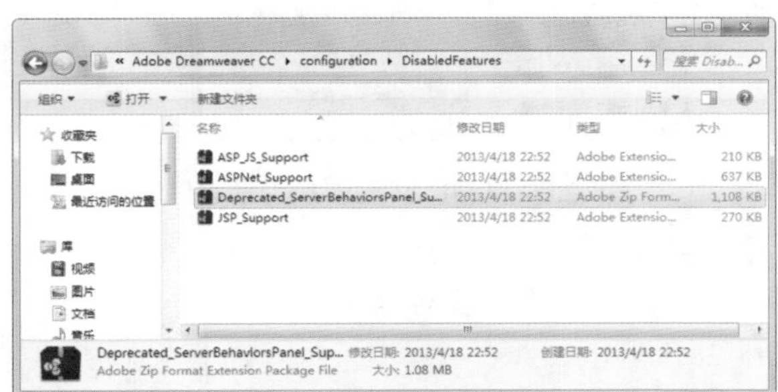

图8-18 选择Dreamweaver CC动态扩展文件

技巧秒杀

在安装动态扩展时，一定要先在计算机上安装Adobe Extension Manager CC扩展管理器软件，否则是不能在Dreamweaver CC中安装任何扩展插件的。

Step 2 双击所选文件，系统将自动打开Adobe Extension Manager CC，进行扩展插件的安装，如图8-19所示。

图8-19 安装扩展插件

Step 3 稍等片刻后，Adobe Extension Manager CC会弹出许可提示，单击 接受 按钮。根据向导进行安装扩展，如图8-20所示。

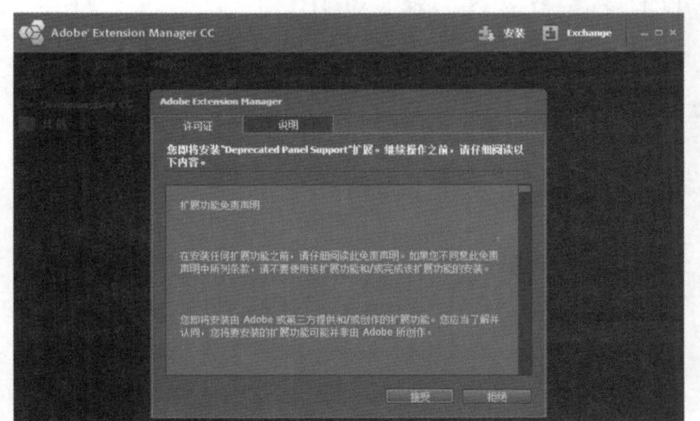

图8-20 安装扩展

Step 4 安装完成后，Deprecated_ServerBehaviors Panel_Support这个插件会出现在Adobe Extension Manager CC界面中，表示Dreamweaver CC成功安装了动态扩展，然后退出该软件，如图8-21所示。

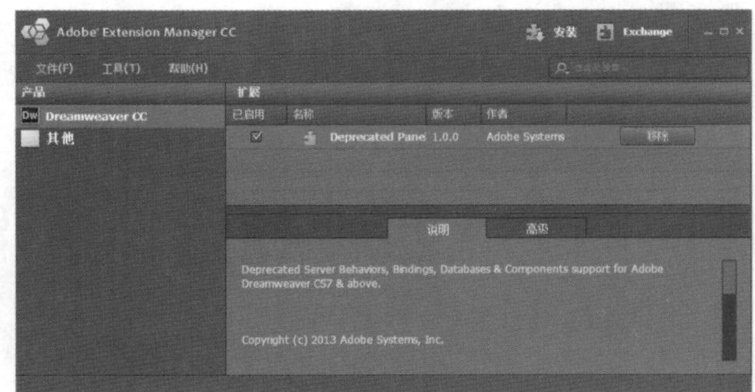

图8-21 完成动态扩展安装

（2）通过数据源连接Dreamweaver CC

在Dreamweaver CC中，通过数据源（DSN）进行连接，需要在Web服务器上创建数据源，可通过管理工具中的ODBC数据源管理器进行操作。

实例操作：设置ODBC数据源

● 光盘\实例演示\第8章\设置ODBC数据源

本例将在“控制面板”窗口中打开“管理工具”窗口，在其中进行ODBC数据源的连接，然后在Dreamweaver CC中通过DSN连接数据库。

Step 1 ▶ 打开“控制面板”窗口，在“大图标”方式下单击“管理工具”超链接，在打开的“管理工具”窗口中双击“数据源（ODBC）”选项，如图8-22所示。

图8-22 打开“数据源工具”窗口

Step 2 ▶ 打开“ODBC数据源管理器”对话框，选择“系统DSN”选项卡，单击 添加(D)... 按钮，在打开的“创建新数据源”对话框中选择驱动程序，这里选择Microsoft Access Driver（*.mdb，*.accdb）选项，然后单击 完成 按钮，如图8-23所示。

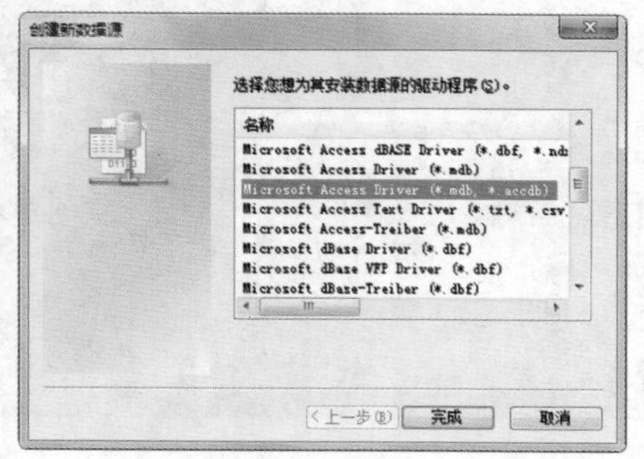

图8-23 选择驱动程序

Step 3 ▶ 在打开对话框的“数据源名”文本框中输入DWCC，单击 选择(S)... 按钮，打开“选择数据库”对话框，在“驱动器”下拉列表框和“目录”列表框中选择数据库文件所在路径，在左侧选择Guest.mdb选项，如图8-24所示，然后单击 确定 按钮，在返回的对话框中依次单击 确定 按钮完成数据源的创建。

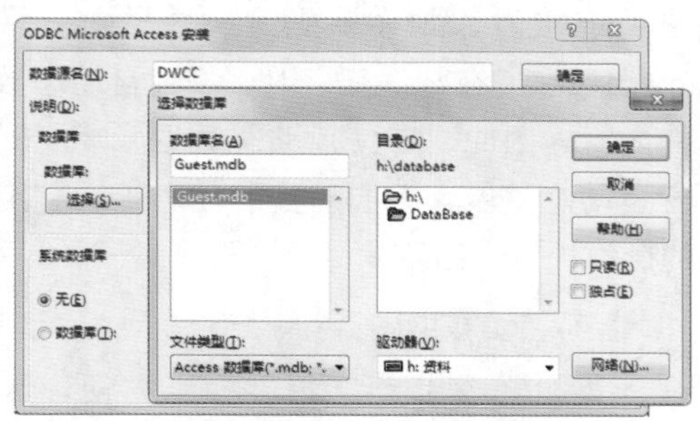

图8-24 设置数据源名称并选择数据库

Step 4 ▶ 启动Dreamweaver CC，打开站点中的一个静态网页，然后选择“窗口”/“数据库”命令，打开“数据库”浮动面板，然后在该面板的列表框中单击“文档类型”超链接，在打开的对话框中选择ASP VBScript选项，单击 确定 按钮，将创建的静态网页转换为动态网页，如图8-25所示。

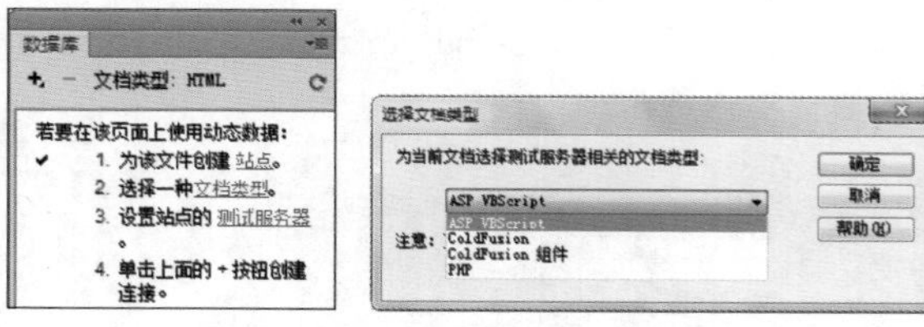

图8-25 将静态网页转换为动态网页

Step 5 ▶ 然后单击“加号”按钮 +，在弹出的下拉列表中选择“数据源名称（DSN）”选项，如图8-26所示。

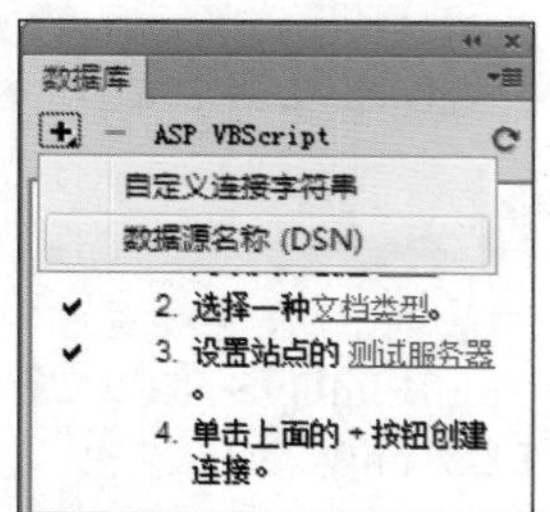

图8-26 选择“数据源名称（DSN）”选项

Step 6 ▶ 打开“数据源名称（DSN）”对话框，在“连接名称”文本框中输入guest，在“数据源名称（DSN）”下拉列表框中选择DWCC选项，选中 ◉ 使用本地 DSN 单选按钮，如图8-27所示。

图8-27　添加数据源名称

Step 7 ▶ 设置完成后，单击 测试 按钮进行测试，如果连接成功，则会弹出“成功创建连接脚本”提示框，如图8-28所示。依次单击 确定 按钮，返回“数据库”浮动面板中查看连接的数据库，如图8-29所示。

图8-28　测试连接

图8-29　查看连接的数据库

技巧秒杀

除了使用数据源名称（DSN）连接到数据，还可通过字符串进行连接，只需在“数据库”浮动面板中单击“加号”按钮+，在弹出的下拉列表中选择“自定义连接字符串”选项，在打开的对话框中设置连接名称和连接字符串，并选中 ◉ 使用此计算机上的驱动程序 单选按钮即可。需注意的是，连接字符串的格式为："Driver={Microsoft Access Driver (*.mdb)};UID=用户名；PWD = 用户密码;DBQ="& server.mappath("数据库路径")。

8.2 制作数据库动态网页

搭建好动态网页平台后，需要使用Web应用程序操作数据库的数据，这就需再对动态资源进行添加和设置，从而制作出具有常用动态功能的各种模块。下面对绑定记录集及制作动态网页的各种工具和操作进行介绍。

8.2.1 绑定记录集

记录集主要是用于查询数据库的结果，在Dreamweaver CC中插入记录集后，可以更容易地连接到数据库并提取动态内容，其将提取请求的特定信息，并允许在指定页面内显示该信息，然后根据数据库中的信息和要显示的内容定义记录集。

实例操作：绑定数据记录

● 光盘\实例演示\第8章\绑定数据记录

本例将在Dreamweaver CC中绑定记录集，前提条件是在Dreamweaver CC中已经连接了数据库。

Step 1 ▶ 在Dreamweaver CC中选择“窗口”/“绑定”命令，打开“绑定”浮动面板，在该面板中单击“加号”按钮+，在弹出的下拉列表中选择“记录集（查询）”选项，如图8-30所示。

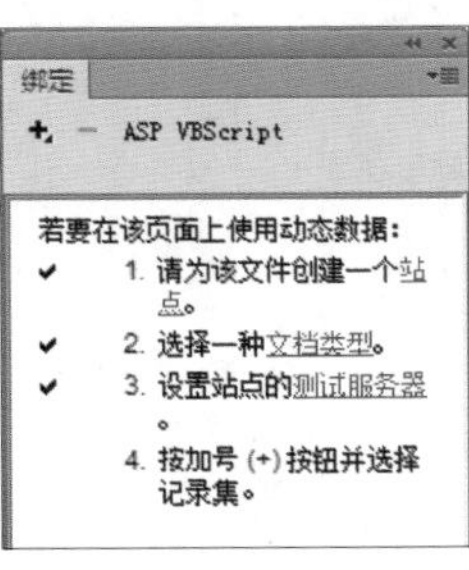

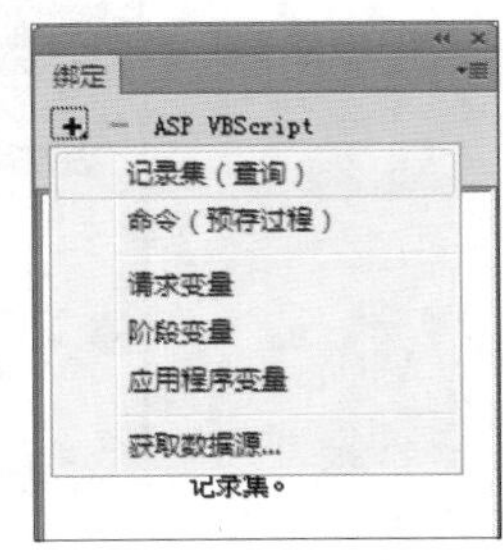

图8-30　打开“绑定”浮动面板

Step 2 ▶ 打开“记录集”对话框，在“名称”文本框中输入Rs_guest，在“连接”下拉列表框中选择guest选项，在“表格”下拉列表框中选择guest_mss选项，在“筛选”栏中设置查询的条件，在“排序”栏第一个下拉列表框中可选择要排序的字段，在第二个下拉列表框中选择“升序”选项，如图8-31所示。

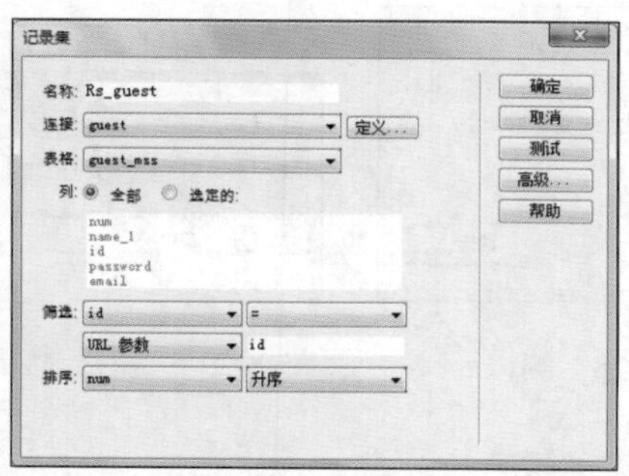

图8-31 设置记录集

Step 3 ▶ 单击 测试 按钮，打开“请提供一个测试值”对话框，这是因为设置了筛选条件。在“测试值”文本框中输入数据库表中id的一个值2014080001，然后单击 确定 按钮，如果绑定记录集成功，则会在“测试SQL指令”对话框中显示出符合条件的记录，如图8-32所示。

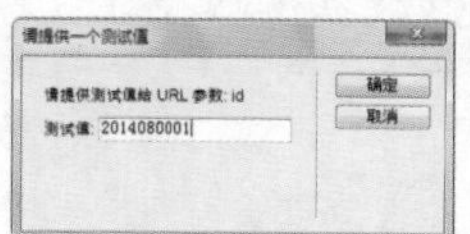

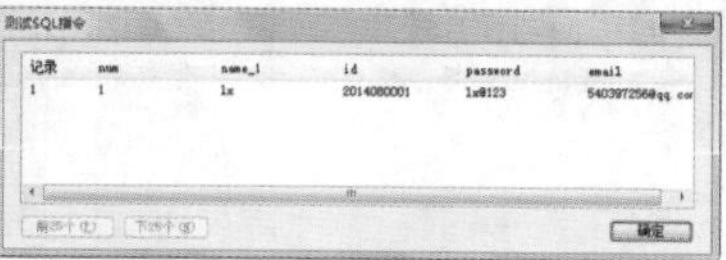

图8-32 测试绑定记录集是否成功

Step 4 ▶ 单击 确定 按钮关闭“测试SQL指令”对话框，再单击 确定 按钮关闭“记录集”对话框完成记录集的绑定，然后在“绑定”浮动面板中即可查看创建的记录集，如图8-33所示。

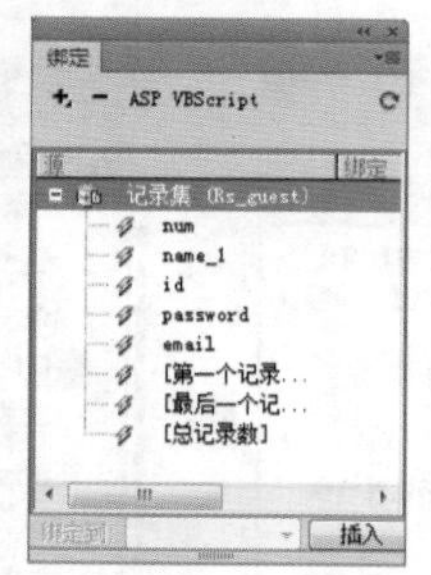

图8-33 绑定记录集

知识解析：“记录集”对话框

◆ 名称：主要用于输入记录集的名称，注意记录集的名称只能包含字母、数字和下划线3类字符，不能包括特殊字符和空格。

◆ 连接：主要用来选择一个数据库连接。如果列表中没有出现连接，单击 定义... 按钮创建连接。

◆ 表格：选择连接的数据库表格，在下方的列表框中显示了所选取数据库中的所有表名。

◆ 全部 单选按钮：选中该单选按钮，表示所选数据表中的所有字段都会显示。默认也是选中状态。

◆ 选定的 单选按钮：选中该单选按钮，则表示可在下方的列表框中按住Ctrl键选择需要的列。

◆ 筛选：主要用来选择包括表的某些记录。

◆ 排序：用于设置选择要作为排序依据的列，然后再指定是按升序还是降序排列。

8.2.2 登录用户行为

在动态网页中，登录用户是较为常见的功能，登录用户和注销用户都需要通过数据库中的数据表进行操作。

实例操作：创建登录页面

- 光盘\素材\第8章\asp\
- 光盘\效果\第8章\asp\login.asp
- 光盘\实例演示\第8章\创建登录页面

本例将在提供的网页中（需先将网页所在的文件夹复制到本地，然后创建站点并设置服务器，连接数据源，绑定数据记录，将普通的HTML网页转换为asp网页）制作登录页面功能。

Step 1 ▶ 将login.html网页文档转换为login.asp网页文档后，将其打开，然后选择“注册会员”文字，在“属性”面板的“链接”文本框中输入zhuche.asp。然后单击 登录 按钮，在“服务器行为”面板中单击“加号”按钮 +，在弹出的下拉列表中选择“用户身份验证”/“登录用户”选项，如图8-34所示。

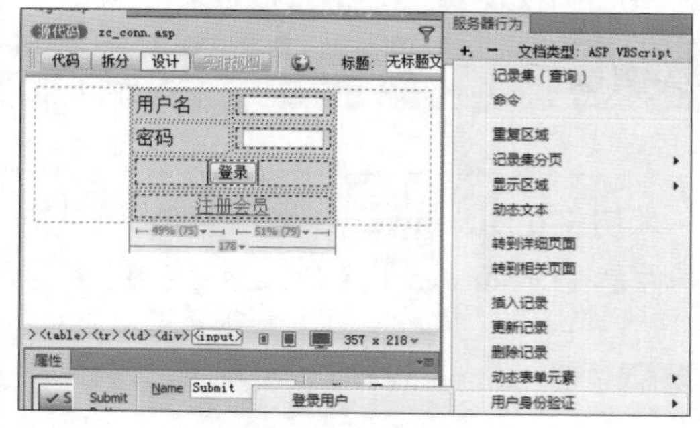

图8-34 选择“登录用户”选项

Step 2 打开“登录用户”对话框，分别将“使用连接验证”、“表格”、“用户名列”、“密码列”、“如果登录成功，转到”和“如果登录失败，转到”设置为zc_conn、zhuce、name_1、password、lg_success.asp和lg_fail.asp，单击 确定 按钮，如图8-35所示。

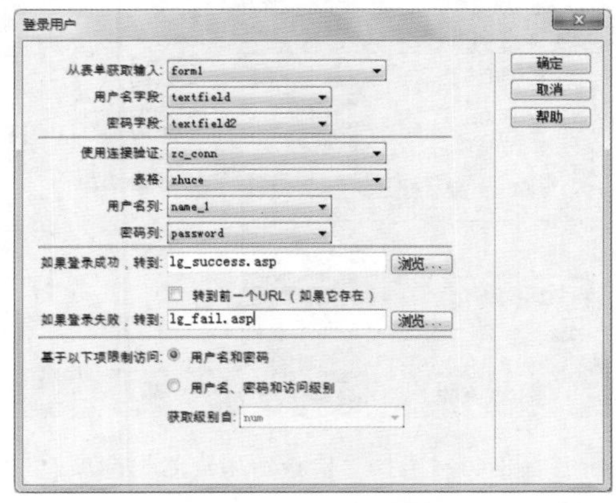

图8-35 设置“登录用户”项

Step 3 返回到“服务器行为”浮动面板中则可查看到“登录用户”行为，然后按Ctrl+S快捷键保存网页，启动IE浏览器，输入登录用户的信息，可测试是否成功，如图8-36所示。

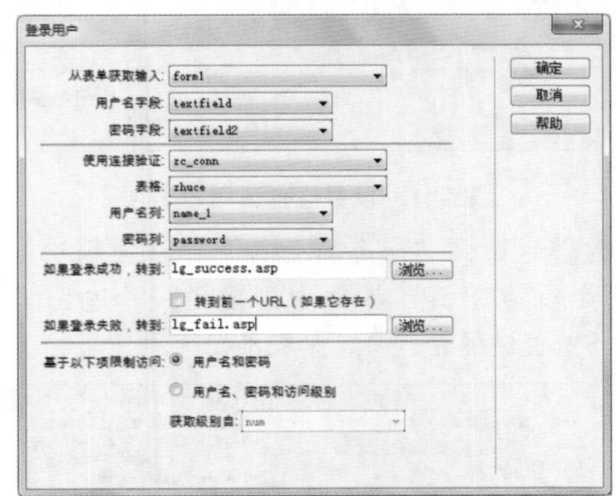

图8-36 “登录用户”对话框

知识解析：“登录用户”对话框

- **从表单获取输入：** 主要是用于指定包含所有注册用户名和密码时所使用的表单及表单对象。
- **使用连接验证：** 主要用于指定包含所有注册用户的用户名和密码的数据库和列。因此，该服务器行为将会对访问者在登录页面上输入的用户名、密码等与这些列中的值进行比较。
- **如果登录成功，转到：** 主要用于在页面中输入的值与数据库表中的值相同时，所打开的页面。
- **“转到前一个URL（如果它存在）”复选框：** 如果选中该复选框，用户将试图访问受限页面时转到登录界面，并且登录后会返回到该受限页面中。
- **如果登录失败，转到：** 主要用来指定登录过程失败后，所跳转的页面。
- **“基于以下项限制访问”栏：** 主要是根据用户名、密码或是同时根据授权级别来授予对该页面的访问权。

8.2.3 注销用户

在Dreamweaver CC中要对登录用户进行注销，也是相当简单的，只需在“服务器行为”浮动面板中单击“加号”按钮+，在弹出的下拉列表中选择“用户身份验证”/“注销用户”选项，打开“注销用户”对话框进行设置即可，如图8-37所示。

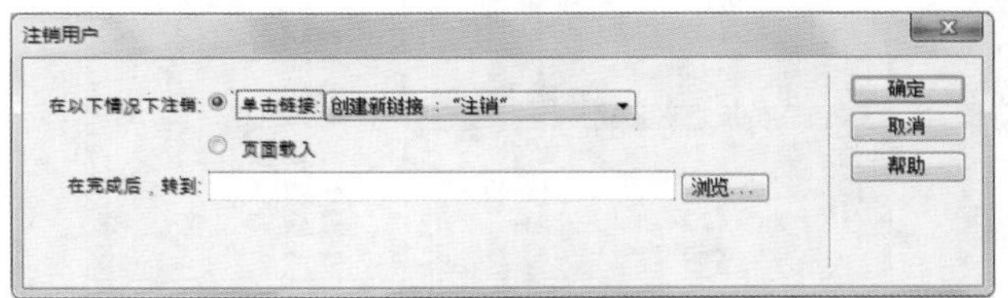

图8-37 “注销用户”对话框

知识解析：“注销用户”对话框

- **“在以下情况下注销”栏：** 主要用于设置注销的情况，其中包括单击链接或载入页面时进行注销。
- **在完成后，转到：** 主要用于设置注销后所转到的页面。

8.2.4 插入记录表单

在对数据库进行连接后，在Dreamweaver CC中使用插入记录表单功能，可以选择用户名和密码的HTML表单、用于更新站点的数据，当然注册功能也是使用该行为完成的。

实例操作：创建注册页面

- 光盘\素材\第8章\asp\
- 光盘\效果\第8章\zhuce.asp
- 光盘\实例演示\第8章\创建注册页面

本例将在提供的网页中（前提是将网页所在的文件夹复制到本地，在Dreamweaver CC中创建站点及服务器设置，然后在Dreamweaver CC中连接数据源，绑定数据记录，并将普通的zhuce.html网页转换为zhuce.asp）制作注册页面功能。

Step 1 将zhuce.html网页文档转换为zhuce.asp网页文档后，将其打开，将插入点定位到表单中，然后在“服务器行为”浮动面板中单击“加号”按钮，在弹出的下拉列表中选择“插入记录”选项，如图8-38所示。

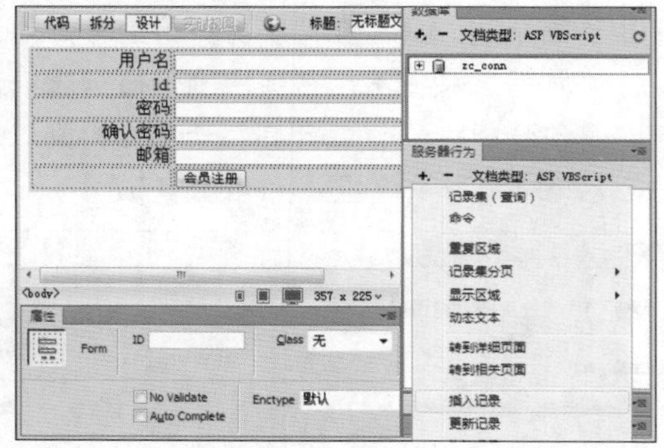

图8-38 选择“插入记录”选项

Step 2 打开“插入记录”对话框，在其中分别将“连接”、“插入到表格”、“插入后，转到”和“列”设置为zc_conn、zhuce、zhuce_success.asp和name_1，然后单击确定按钮，如图8-39所示。

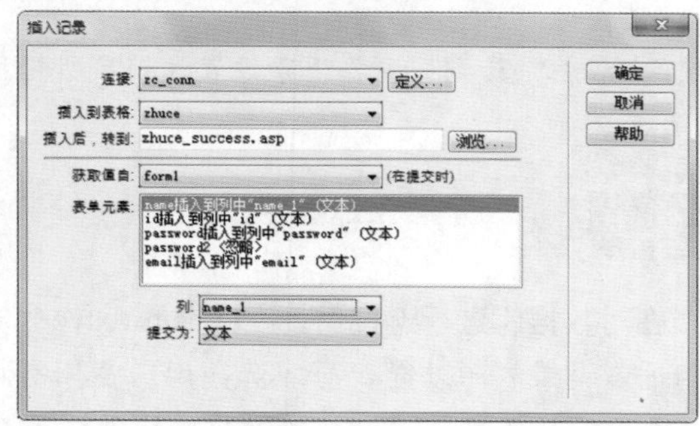

图8-39 设置插入记录项

Step 3 在zhuce.asp页面中单击会员注册按钮，然后在“服务器行为”浮动面板中单击“加号”按钮，在弹出的下拉列表中选择“用户身份验证”/“检查新用户名”选项，如图8-40所示。

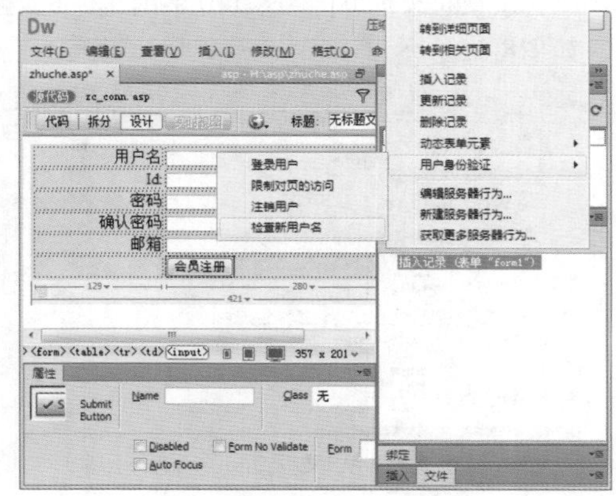

图8-40 选择“检查新用户名”选项

Step 4 打开“检查新用户名”对话框，在“用户名字段”下拉列表框中选择id选项，在“如果已存在，则转到”文本框中输入zhuce.asp，使其返回到注册页面重新注册，单击确定按钮，如图8-41所示。

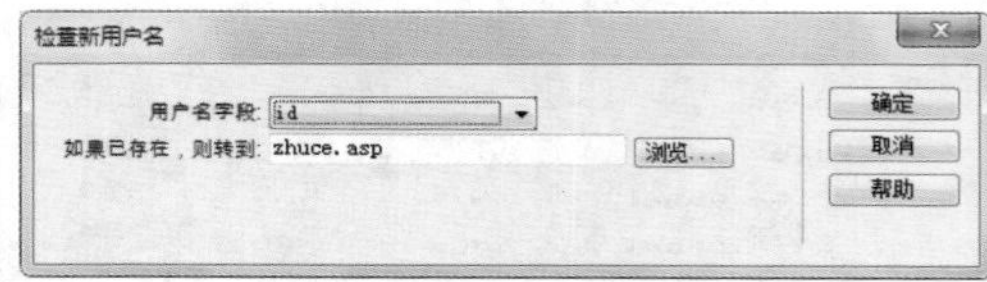

图8-41 设置检查新用户名项

Step 5 返回到“服务器行为”浮动面板中则可看到两个行为，而在界面中则多了一个图标，按Ctrl+S快捷键保存网页，如图8-42所示。

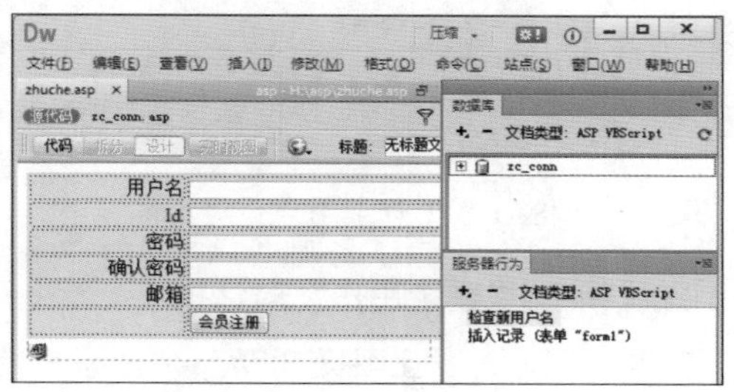

图8-42 在Dreamweaver CC中查看效果

知识解析：“插入记录”对话框

- 连接：用于选择一个与数据库的连接。

◆ 插入到表格：主要设置插入数据的数据库表格。

◆ 插入后，转到：用于设置插入数据后，跳转的页面。

◆ 获取值自：用于指定数据的来源。

◆ 表单元素：用于指定要包括在指定数据的来源，插入页面的HTML表单上的表单对象。

◆ 列：用于设置每个表单对象应该更新数据的哪些列。

◆ 提交为：用于选择数据库表格接受的数据格式。

8.2.5 获取动态数据

在Dreamweaver CC中，如果对数据库进行连接，并绑定了记录集后，要获取数据库中的数据就变得相当容易了，而对于读取的数据，则进行分页显示，为了让分页链接更加合理，则会使用显示区域功能进行制作。

实例操作：制作留言网页

● 光盘\素材\第8章\asp\
● 光盘\效果\第8章\liuyan.asp、liuyan_data.asp
光盘\实例演示\第8章\制作留言网页

本例将在提供的网页中（前提是将网页所在的文件夹复制到本地，在Dreamweaver CC中创建站点及服务器设置，然后在Dreamweaver CC中连接数据源，绑定数据记录，并将普通的liuyan.html和liuyan_data.html网页文档转换为liuyan.asp和liuyan_data.asp文档）制作留言页面，并在该页面中插入留言记录，然后在liuyan_data.asp页面中获取所有的留言记录，并对其分页显示。

Step 1 ▶ 将liuyan.html网页文档转换为liuyan.asp网页文档后，将其打开，将插入点定位到表单中，然后在“服务器行为”浮动面板中单击“加号”按钮，在弹出的下拉列表中选择“插入记录”选项，打开“插入记录”对话框。在其中分别将“连接”、“插入到表格”、“插入后，转到”和“列”设置为zc_conn、liuyan、liuyan_data.asp和name_a，然后单击 确定 按钮，如图8-43所示。

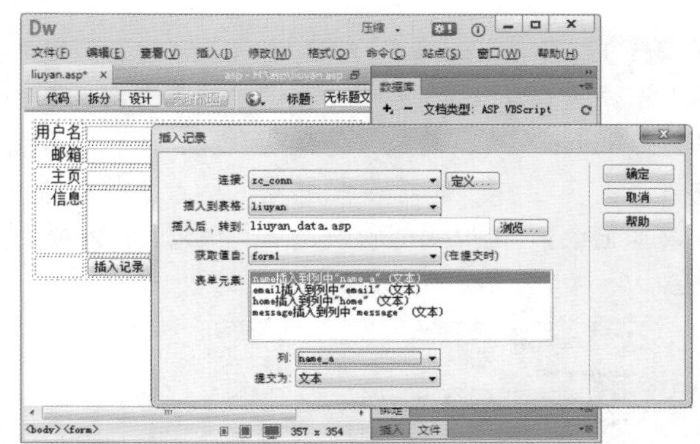

图8-43 设置插入记录

Step 2 ▶ 返回到界面中，按Ctrl+S快捷键，保存网页。启动IE浏览器，在界面中输入数据，单击 确定 按钮，如果插入记录成功，则会跳转到liuyan_data.asp网页中，并在guest数据库的liuyan表中，也能查看到插入的数据，如图8-44所示。

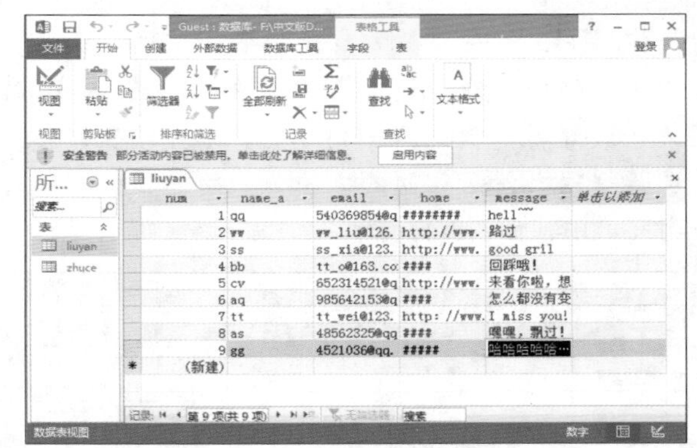

图8-44 在数据库中查看数据

Step 3 ▶ 打开liuyan_data.html网页文档，在“数据库”浮动面板中将其转换为liuyan_data.asp网页文档，然后在“绑定”浮动面板中单击“加号”按钮，在弹出的下拉列表中选择“记录集（查询）”选项，如图8-45所示。

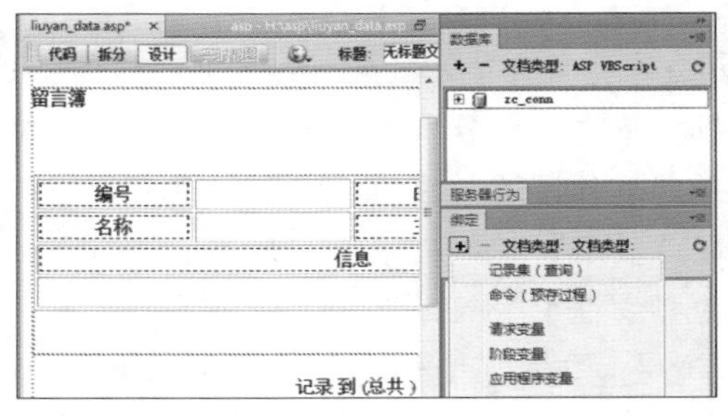

图8-45 转换网页并选择“记录集（查询）”选项

Step 4 ▶ 打开“记录集”对话框，在“连接”下拉列表框中选择zc_conn选项，在“表格”下拉列表框中选择liuyan选项，其他保持默认设置，单击 测试 按钮，则会在打开的对话框中显示所选数据库表中的数据记录，如图8-46所示，然后依次单击 确定 按钮。

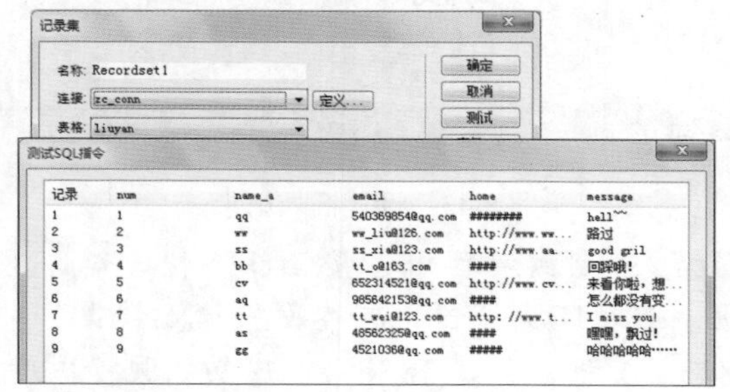

图8-46 设置记录集并查看数据记录

Step 5 ▶ 返回到“绑定”浮动面板中，单击“加号”按钮+，然后将插入点定位到表格的“编号”后的单元格中，在“绑定”浮动面板中选择num选项，在该浮动面板的右下角单击 插入 按钮，插入所选数据项。使用相同的方法分别将其他数据项插入到表格中，如图8-47所示。

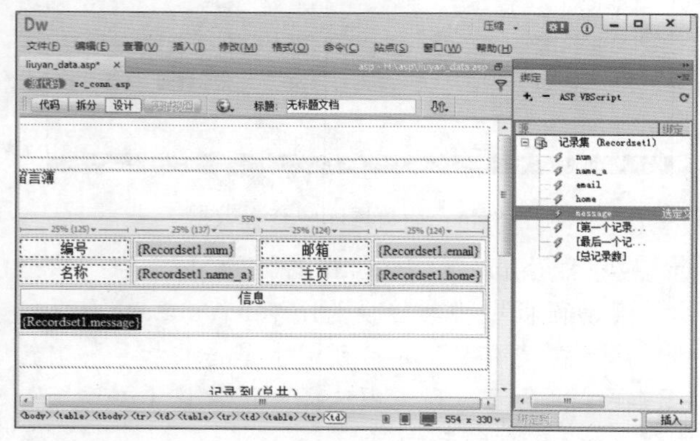

图8-47 插入数据项

Step 6 ▶ 选择整个表格，然后在“服务器行为”浮动面板中单击“加号”按钮+，在弹出的下拉列表中选择“重复区域”选项，打开“重复区域”对话框。在“显示”栏中选中第一个单选按钮，然后在其后的文本框中输入每页显示的记录条数，这里输入5，单击 确定 按钮，完成重复域的添加，如图8-48所示。

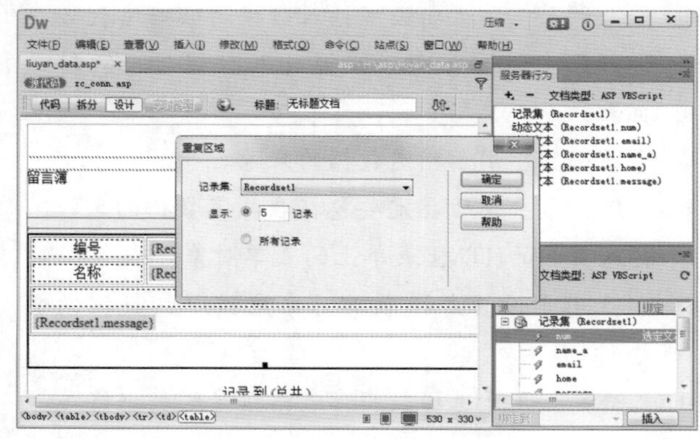

图8-48 添加重复区域

Step 7 ▶ 将插入点定位到“记录”文本后，在“绑定”浮动面板中选择“[第一个记录索引]”项，然后单击 插入 按钮，使用相同的方法将“[最后一个记录索引]”插入到“到”文本后，再将“[总记录数]”插入到“总共”文本后，如图8-49所示。

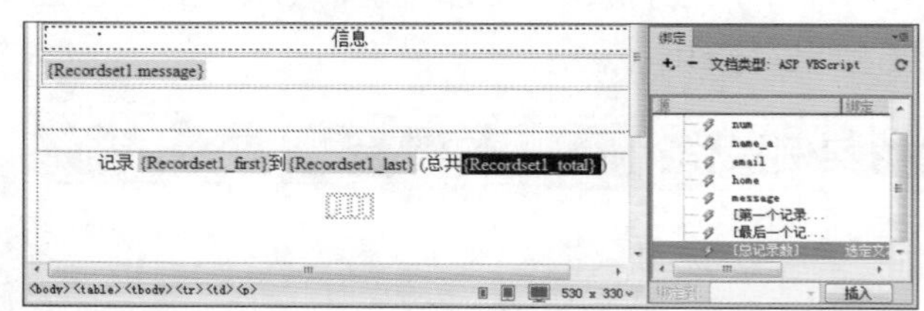

图8-49 统计记录数

操作解谜

如果页面中插入了记录索引，则会在显示数据时，显示当前页的记录数是从哪条记录到哪条记录，并会统计数据库表中一共有多少条记录。

Step 8 ▶ 将插入点定位到下方表格的第一个单元格中，并在其中输入文本“第一页”，然后依次在其他单元格中输入“前一页”、“下一页”和“最后一页”，如图8-50所示。

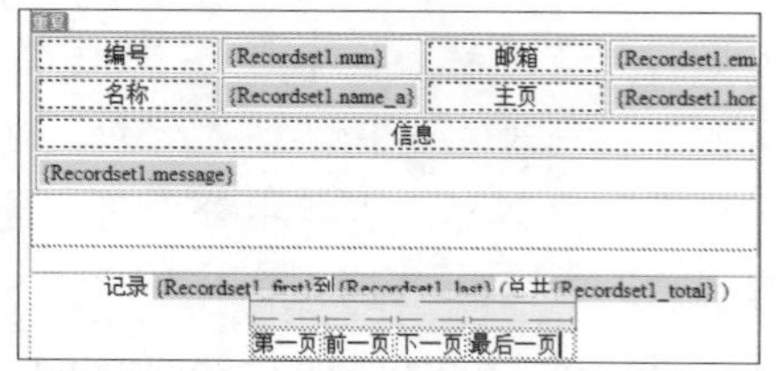

图8-50 输入文本

Step 9 选择文本“第一页”，在“服务器行为”浮动面板中单击“加号”按钮，在弹出的下拉列表中选择“记录集分页”/“移至第一条记录”选项，在打开的对话框中直接单击 确定 按钮，如图8-51所示。

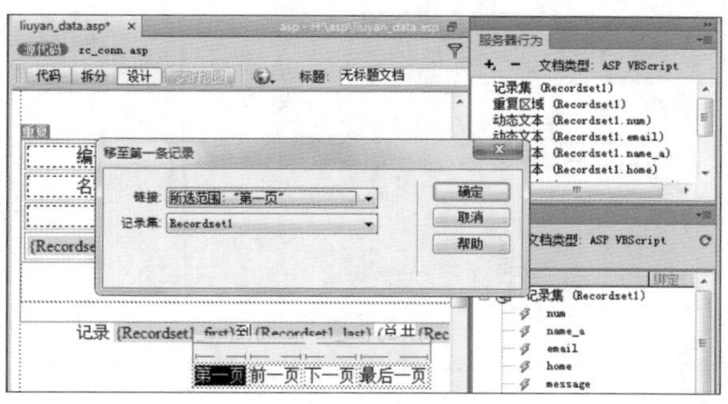

图8-51 设置分页操作

技巧秒杀

在插入分页链接时，所打开的“移至第一条记录”对话框中的“链接”和“记录集”项分别表示的是：创建要移到记录的链接文本和选择要显示的记录集名称。如果在网页中没有创建多余的记录集，则保持默认即可。

Step 10 然后使用相同的方法，为其他几个文本分别添加相应的服务器行为，如图8-52所示。

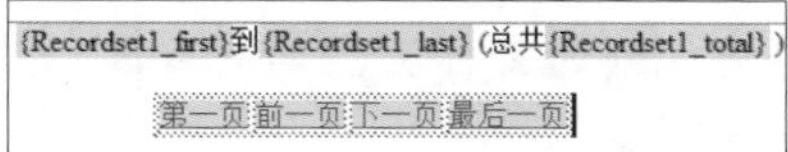

图8-52 添加分页服务器行为

操作解谜

在网页中，若记录数据过多，则会采用分页的方式，分页显示记录数，这里同样是为了避免数据过多，而采用分页显示记录数的功能。

Step 11 选择“第一页”文本链接，在“服务器行为”浮动面板中单击“加号”按钮，在弹出的下拉列表中选择“显示区域”/“如果不是第一条记录则显示区域”选项，如图8-53所示。在打开的对话框中保持默认设置，单击 确定 按钮，如图8-54所示。

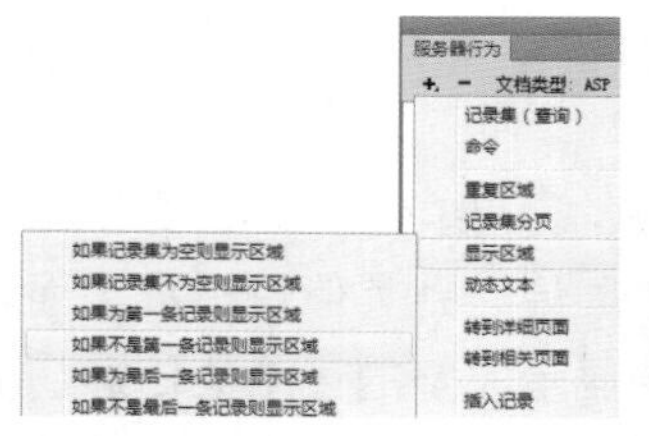

图8-53 选择选项

图8-54 设置显示区域

Step 12 然后使用相同的方法为其他文本分别添加“如果不是第一条记录则显示区域”、“如果为最后一条记录则显示区域”和“如果不是最后一条记录则显示区域”，如图8-55所示。

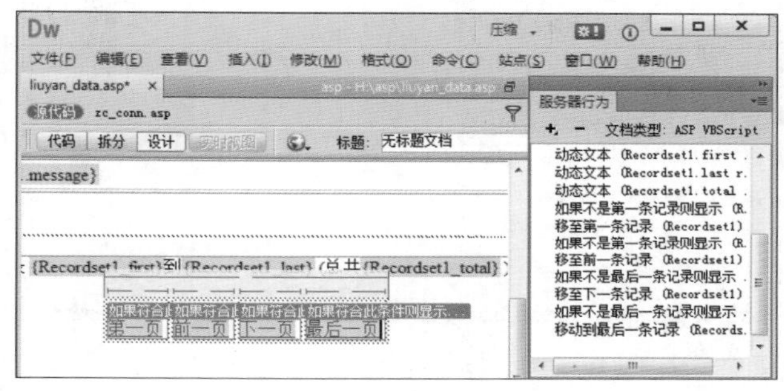

图8-55 设置显示区域

操作解谜

设置显示区域，是为了让显示链接更加合理，即当记录为第一条时，第一页和前一页则会隐藏，表示不可用，而当记录为最后一条时，则下一页和最后一页隐藏，不可用。

Step 13 按Ctrl+S快捷键保存网页，并启动IE浏览器进行预览，单击链接文本，则会显示不同的记录，如图8-56所示。

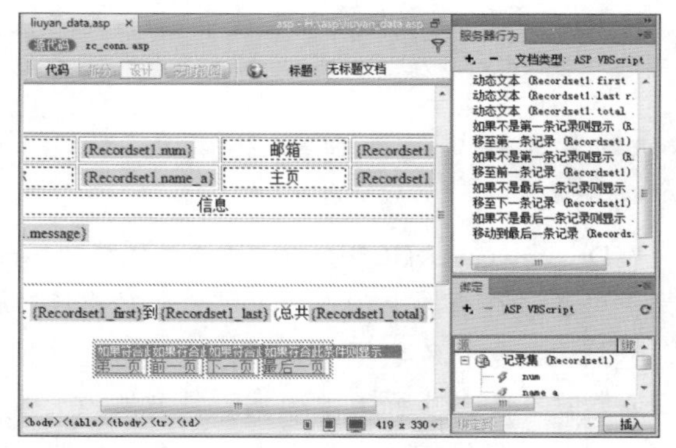

图8-56 查看记录效果

8.2.6 转到详细页面

在Dreamweaver CC中，使用“详细信息页”服务器行为可将记录集的信息传递到其他目标页，而目标页接受传递值后可以显示完整的记录集信息。其方法为：在“服务器行为”浮动面板中单击“加号”按钮+，在弹出的下拉列表中选择“转到详细页面”选项，打开“转到详细页面”对话框，在其中进行设置即可，如图8-57所示。

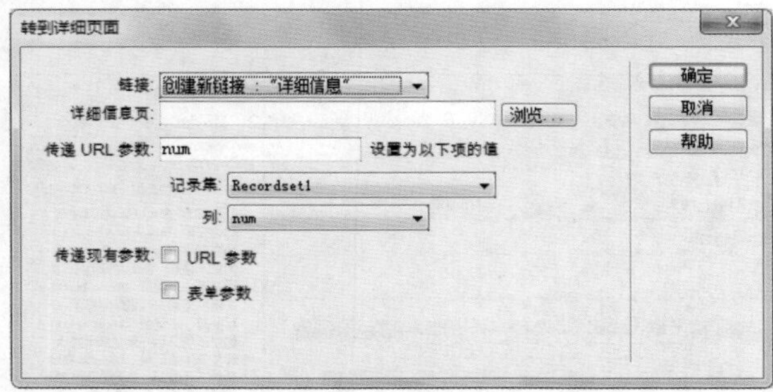

图8-57　转到详细页面

知识解析：“转到详细页面”对话框

- **链接**：创建要转到目标页面的链接文本。
- **详细信息页**：主要用于设置转到的目标页的名称。
- **传递URL参数**：指定参数的名称。
- **记录集**：用于指定要传递到目标页面的记录集。
- **列**：指定要传递记录集中的某列到目标页面中。
- **“传递现有参数”栏**：设置所传递的参数所使用的传递方式，如果选中URL参数复选框，则表示使用URL地址传递参数，如果选中表单参数复选框，则表示使用表单传递参数。

8.2.7 更新记录

在Dreamweaver CC中使用“更新记录”服务器行为，可通过在页面上输入数据写入到数据库的过程，达到更新数据库数据的效果，或通过在数据库中写入数据，更新页面上的数据。其方法为：对需更新的对象进行绑定后，然后在“服务器行为”浮动面板中单击“加号”按钮+，在弹出的下拉列表中选择“更新记录”选项，打开“更新记录”对话框，如图8-58所示。在该对话框中进行设置即可。

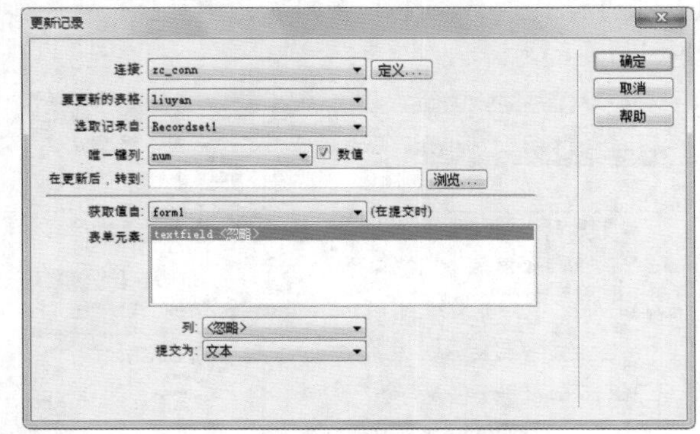

图8-58　更新记录

知识解析：“更新记录”对话框

- **连接**：用于选择一个数据库连接。
- **要更新的表格**：用于选择要更新记录的数据库表。
- **选取记录自**：主要用于指定包含显示在HTML表单上的记录的记录集。
- **唯一键列**：选择数据库表中的关键字的列（一般为ID列）来标识数据库表中的记录。
- **在更新后，转到**：主要用来输入在表格中更新记录后将要转到的目标页，单击浏览...按钮同样可以设置目标页。
- **获取值自**：主要用于选择获取值的一个表单。
- **列**：主要用来指定要向其中插入记录的数据库列，选择将插入记录的表单对象，然后从“提交为”下拉列表框中为该表单对象选择数据类型。

读书笔记

8.3 网站维护与上传

Dreamweaver CC不仅是一个制作网页的软件，更是一个管理网站的工具，因为Dreamweaver CC不同于普通的FTP上传软件，使用Dreamweaver CC对站点的管理更加科学、全面。另外，在站点管理中，制作、维护网站的过程是相当重要的工作，无论用户制作的是哪一类型的网站，都会使用站点管理操作。本节将对远程站点与本地站点建立连接、文件的登记与隔离、站点的测试及便签的应用等进行讲解。

8.3.1 测试本地站点

在构建远端站点之前，需要对本地站点进行测试，如该站点是否兼容各浏览器、站点中是否存在错误和断开的链接等。下面将对本地站点进行测试。

1. 检查站点链接

如果在站点的某些网页中出现了错误链接，是难以觉察的，一般情况下只有打开各网页，检查各网页是否进行了链接，这样既麻烦又费时。在Dreamweaver CC中，提供了检查站点链接的功能，使用该功能可快速地检查出站点断裂的链接。

实例操作：检查断裂的链接

● 光盘\实例演示\第8章\检查断裂的链接

本例将在Dreamweaver CC中，将需要检查的站点设置为当前站点或打开站点中的某个网页，即可对其进行检查。

Step 1 ▶ 在Dreamweaver CC中，在“文件”浮动面板中单击第一个下拉列表框右侧的下拉按钮，在弹出的下拉列表中选择要检查的站点，这里选择aa站点，如图8-59所示。将其设置为当前站点，然后双击index.html网页，将其打开，如图8-60所示。

图8-59 设置当前站点

图8-60 打开网页

Step 2 ▶ 选择“站点”/“检查站点范围的链接”命令，在打开的面板中默认选择“链接检查器”选项卡，然后在“显示”栏中单击下拉按钮，在弹出的下拉列表中选择“断掉的链接”选项，则可在下方的列表框中显示当前站点中断裂的链接文件信息，如图8-61所示。

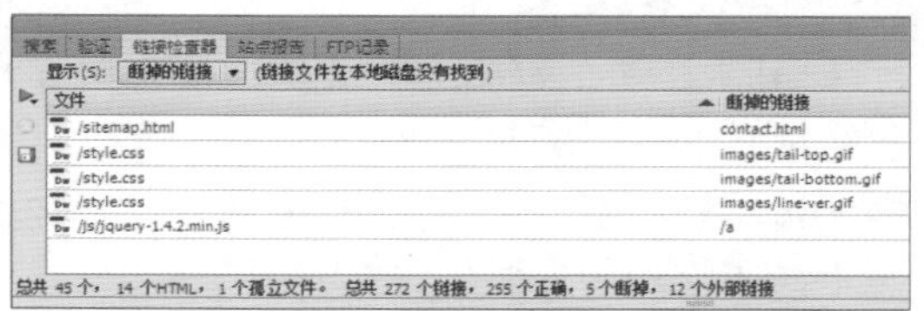

图8-61 检查断裂链接

技巧秒杀

其实在“链接检查器”选项卡的“显示”下拉列表框下还包括另外两个选项，外部链接和孤立的文件选项，下面将分别介绍这两个选项的含义。

- 外部链接：主要是检查文档中的外部链接是否有效。
- 孤立的文件：主要检查站点中是否存在孤立的文件。所谓孤立文件，就是没有任何链接引用的文件，该选项只在检查整个站点链接时才有效。

2. 创建站点报告

在Dreamweaver CC中，它能够自动检测网站的各个网页文件，并生成相关文件信息、HTML代码信息的报告，方便网站设计人员对其进行修改。

如果要创建站点报告，同样需要将站点设置为当前站点，然后选择“站点”/“报告”命令，即可打开“报告”对话框，如图8-62所示。然后设置其生成报告的文档类型，单击运行按钮即可。

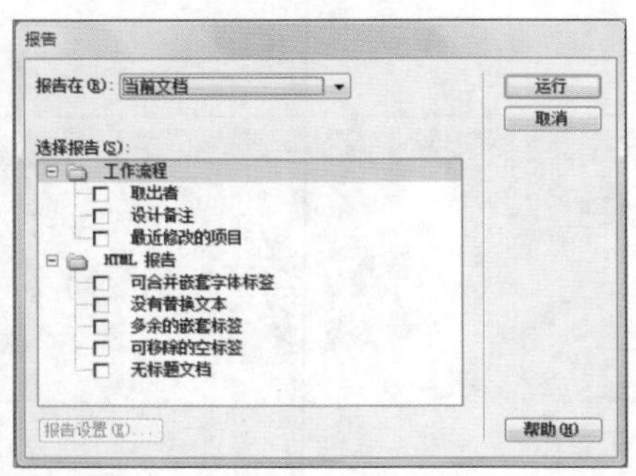

图8-62 “报告”对话框

知识解析：“报告”对话框

- “报告在”下拉列表框：主要用于设置生成站点报告的范围，如当前文档、当前站点、站点中已选文件或文件夹。
- 取出者复选框：如果选中该复选框，则可在生成的报告中报告取出者的信息。
- 设计备注复选框：如果选中该复选框，则可在报告中设计出备注的信息。
- 最近修改的项目复选框：如果选中该复选框，则可在报告中显示出最近修改的项目信息。
- 可合并嵌套字体标签复选框：如果选中该复选框，则可在报告中显示可合并的文字修饰符。
- 没有替换文本复选框：如果选中该复选框，则可将报告没有添加可替换文字的图像<img>对象显示出来。
- 多余的嵌套标签复选框：如果选中该复选框，则可在站点报告中显示网页中多余的嵌套符号。
- 可移除的空标签复选框：如果选中该复选框，则可在报告中显示空的可删除的HTML标签。
- 无标题文档复选框：如果选中该复选框，则会在报告中显示没有设定标题的网页。

3. 设计备注

在网页中设计备注是在站点中的文件越来越多时，为了让设计者准确地了解文件的内容和文件含义，并且可以利用备注准确无误地跟踪、管理每一个文件，了解文件的开发信息、安全信息和状态等信息。另外，在Dreamweaver CC中可为多种类型的文件使用备注功能，如HTML文档、模板、图片文件和Flash动画等。

实例操作：为图片网页设计备注

- 光盘\素材\第8章\Java_img\img.html
- 光盘\效果\第8章\Java_img\img.html
- 光盘\实例演示\第8章\为图片网页设计备注

本例将在提供的素材网页中，为网页添加备注。

Step 1 在Dreamweaver CC中，将Java_img文件夹所在的位置设置为当前站点，然后在“文件”浮动面板的本地文件列表框中选择img.html网页，右击，在弹出的快捷菜单中选择“设计备注”命令，如图8-63所示。

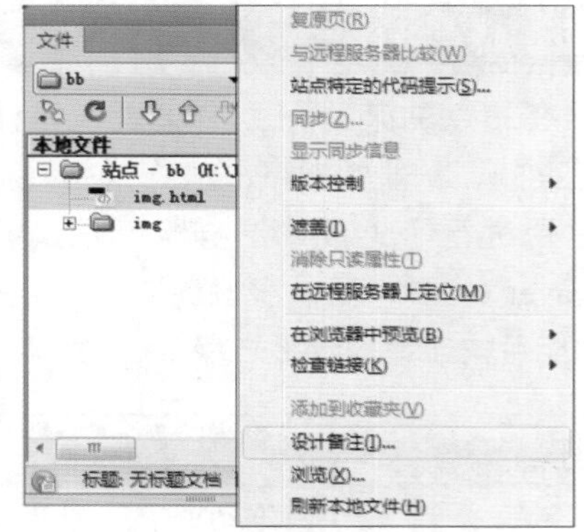

图8-63 选择“设计备注”命令

Step 2 打开“设计备注”对话框，选择“基本信息”选项卡，在“状态”下拉列表框中选择“最终版”选项，然后在“备注”文本框中输入备注信息，单击确定按钮，完成备注信息操作，如图8-64所示。

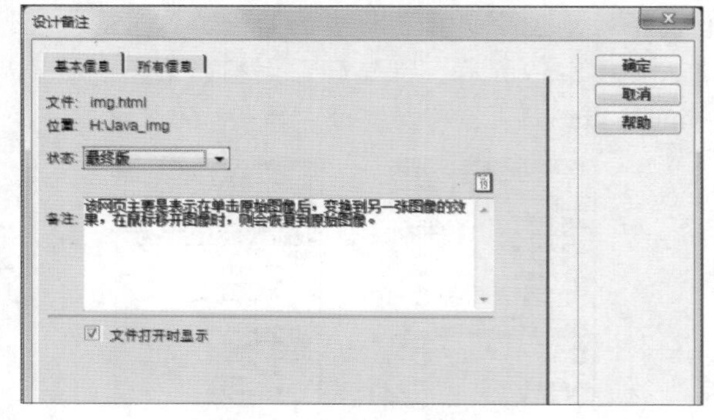

图8-64 设置备注信息

技巧秒杀

在“设计备注”对话框的“基本信息”选项卡中设置的所有信息，都会在“所有信息”选项卡中显示，如图8-65所示。

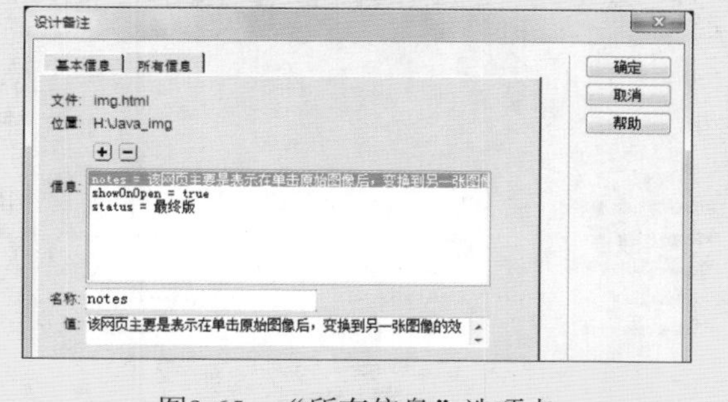

图8-65 “所有信息”选项卡

Step 3 ▶ 在“文件”浮动面板中双击img.html网页时，则会首先打开“设计备注”对话框，显示其备注信息，如图8-66所示。

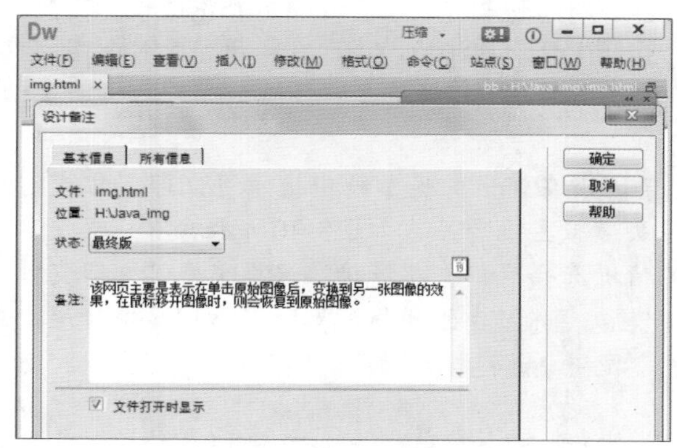

图8-66 查看备注信息

知识解析：“设计备注”对话框

- 状态：选择“基本信息”选项卡，在该下拉列表框中可选择当前文件的状态，如“草稿”、“保留1”和“最终版”等选项。
- 备注：在该列表框中可输入说明网页的备注文字。
- 日期：单击“插入日期”按钮，可在备注信息中插入当前日期。
- 文件打开时显示：如果选中该复选框，则可在打开文件时显示设置的备注信息。
- “添加项”按钮：选择“所有信息”选项卡，单击该按钮，则可将名称和值文本框中的值添加到信息列表框中。
- “删除项”按钮：单击该按钮，则可删除“信息”列表框中选择的备注信息。
- 名称：在该文本框中可输入备注信息的关键字。
- 值：在该文本框中可输入关键字对应的取值。

8.3.2 上传站点的流程

完成站点测试后，则可以通过连接到远程服务器以便进行上传及维护工作，在上传站点时，还需要进行域名注册、购买主机空间、域名解析及网站备案等操作。

1. 域名注册

在互联网中进行域名注册是Internet中用于解决地址对应问题的一种有效方法。并且在域名注册时遵循的是先申请先注册的原则。另外，域名可分为不同级别，其中包括顶级域名、二级域名、三级域名和国家代码域名等，下面分别介绍各级域名。

- 顶级域名：顶级域名可分为两类，一是国家顶级域名（national top-level domainnames），简称nTLDs；二是国际顶级域名（international top-level domain names），简称iTDs。
- 二级域名：是指顶级域名之下的域名，在国际顶级域名下，主要是指域名注册人的网上名称，如baidu、yahoo等；而在国家顶级域名下，主要是表示注册企业类别的符号，如com、gov和net等。
- 三级域名：主要是由字母（A~Z、a~z、大小写滥用）、数字（0~9）和连接符“-”组成，并且各级域名之间是用实点（.）进行连接的，其长度不能超过20个字符，在申请三级域名时，建议采用申请人的英文或汉语拼音名，这样可以让域名更加清晰、简洁。
- 国家代码域名：主域名主要是由两个字母组成，如.cn、.de、.uk和.jpt称之为国家代码顶级域名（ccTLDs）。

实例操作：申请域名

● 光盘\实例演示\第8章\申请域名

本例将为建立好的站点，在华夏名网上申请域名，以便上传网站。

Step 1 ▶ 启动浏览器，然后在地址栏中输入网址http://www.sudu.cn/，按Enter键进入网站，如图8-67所示。

图8-67　打开域名注册网站

Step 2 ▶ 在打开网页的搜索框中输入需要注册的域名，这里输入lxldj，然后单击 立即注册域名 按钮，如图8-68所示。

图8-68　输入要注册的域名

Step 3 ▶ 进入到域名搜索结果界面，则会显示可以注册的域名信息，在“您查询的域名可以注册：”列表中选中想注册的域名对应的复选框，默认情况下是全选中状态，可取消选中 全选 复选框，只选中需要注册的域名，这里选中 lxldj.com 复选框，并在网页下方选中 我已阅读并同意域名注册相关协议 复选框，然后单击 添加到购物车 按钮，如图8-69所示。

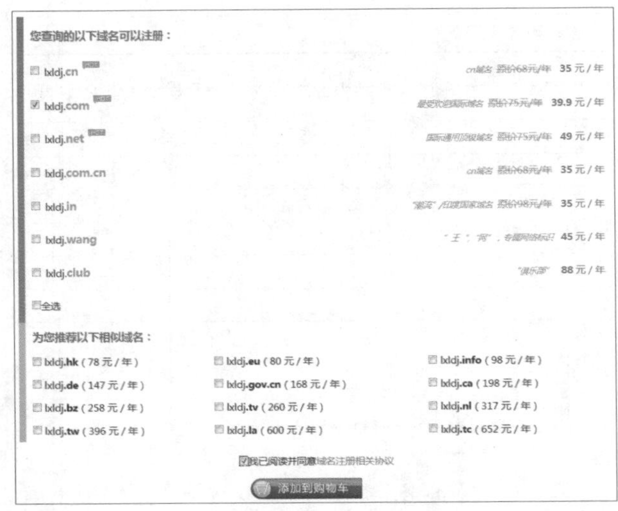

图8-69　选择域名

技巧秒杀

在该网站进行域名注册时，需要先登录，否则在添加到购物车时，也会提醒用户先登录。因此，最好先登录再注册，否则在提示登录时，需要重新输入要注册的域名。

Step 4 ▶ 在弹出的提示框中提示可立即支付或继续购买虚拟主机产品，如图8-70所示。用户根据自己的情况选择后单击超链接，这里单击“立即支付”超链接。进入我的购物车界面，然后在项目栏中单击“配置”超链接，如图8-71所示。

所选域名已经成功添加到购物车！域名将在您支付后的24小时内生效。如果域名注册失败，费用将退到预付款。您可以 立即支付 或 继续购买虚拟主机产品

图8-70　单击“立即支付”超链接

我的购物车

我挑选的商品

全选　删除所选　域名批量配置

订单号	产品名称	购买类型
2817172	.com英文域名注册	申请

项目：lxldj.com 信息不完整，必须配置

价格详情：数量 1 × 期限 1年 × 单价 39.9元 = 价格 39.9元　使用优惠券

图8-71　单击“配置”超链接

Step 5 ▶ 进入域名信息配置界面，在提供的各项中填写信息，如图8-72所示。单击保存以上配置信息按钮，进入域名信息配置成功界面，单击“返回”超链接。

图8-72　输入配置信息

Step 6 ▶ 进入我的购物车界面，查看订单信息，选择一种支付方式后，单击立即支付按钮，如图8-73所示，在进入的界面进行支付即可。

图8-73　选择支付方式

2. 虚拟主机

虚拟主机是使用特殊的软硬件技术，将一台物理计算机主机分割成多个逻辑存储单元，每个单元都没有物理实体，但每一个物理单元都能在网络上工作，并且具有单独的IP地址以及完整的Internet服务器功能。

（1）虚拟主机的分类

虚拟主机在技术上可连接上亿万台的计算机，而通过这些计算机的机型、运行的操作系统、使用的软件，可以归为两大类，即客户机和服务器，下面分别对其进行介绍。

- **客户机**：客户机主要是访问别人信息的机器。当通过邮电局或其他ISP拨号上网时，计算机就被临时分配了一个IP地址，利用这个临时的IP地址，就可以在Internet上获取各种有用的信息，网络断开后，计算机不能再访问Internet，IP地址也会被收回。
- **服务器**：主要是提供信息让其他计算机进行访问的机器，通常也将其称为主机。因为服务器是为其他计算机提供信息的，所以作为主机必须每时每刻都连接在Internet上，并且要拥有自己的永久的IP地址，使用专用计算机硬件及数据专线等。

（2）选择虚拟主机提供商

用户对虚拟主机提供商的选择，直接影响其稳定性和速度，因此，在选择虚拟主机提供商时，需从以下几个方面进行考虑。

- **稳定性**：虚拟机主要是作为网络服务，因此，系统的稳定性是相当重要的。如果稳定性较差则会左右虚拟主机的在线率，也会直接影响网站的访问问题。
- **速度**：带宽是速度的保证，服务器的速度取决于带宽，如果其带宽速度不稳定，则会直接影响到虚拟主机的稳定性。

技巧秒杀

虚拟主机的性能会受服务器的配置、操作系统、软件本身以及外界环境影响，如机房的温度、湿度及人为管控等。

技巧秒杀

如果用户要购买虚拟主机，建议在万网或西部数码网站购买，因为这两个网站是知名的虚拟主机网站。

3. 主机托管

主机托管（Colocation），也称之为主机代管，指客户将自己的互联网服务器放到互联网服务供应商ISP所设立的机房，每个月支付费用，由ISP代为管理及维护，而客户从远端连接到服务器进行操作的一种服务方式。主机托管的作用分别介绍如下。

- 主机托管摆脱了虚拟主机受软硬件资源的限制，能够提供高性能的处理能力，同时有效降低维护费用和机房设备的投入、线路租用等高额费用，适合中小企业对服务器的需求。
- 主机托管还适用于大空间、大流量业务的网站服务，或有个性化需求、对安全性要求较高的客户。
- 主机托管是作为虚拟主机的高端产品出现的，它是一台独立的包含操作系统环境、拥有独立IP并联网的服务器。它为互联网高端用户提供了更为宽松的使用环境，满足企业级用户各种不同的需求 。
- 主机托管用户可以自己设置硬盘，创建几十GB以上的空间。
- 主机托管业务主要是针对ICP和企业用户，他们有能力管理自己的服务器，提供如Web、Email和数据库等服务。但是需要借助IDC提升网络性能，而不必建设自己的高速骨干网的连接。

读书笔记

?答疑解惑：

虚拟主机与主机托管有什么区别?

与虚拟主机相比，托管主机限制较少，用户可以自己完成各种所需的环境配置和个性化应用的安装。因为都是独享，所以不存在资源受影响的情况，而且安全可靠，但是其成本与享受的高端服务是成正比的，托管主机的价格相比虚拟主机要高得多。另外，托管主机对用户的技术要求较高，企业需要配备专门的技术人员来管理，因此，普及程度要远远落后于虚拟主机，所以建议中小企业选择虚拟主机，而大型企业可选择主机托管的方式。

8.3.3 文件上传

网站制作完成并且相关信息也检查完毕，连接到远程服务器后，可将文件从本地计算机中上传到服务器上。在上传时，Dreamweaver CC会使本地站点和远程站点保持相同的结构，如果需要的目录在服务器中并不存在，此时，Dreamweaver CC会自动进行创建。

上传站点只需在“文件”浮动面板中单击“连接到远程服务器”按钮，连接服务器后，单击“向‘远程服务器’上传文件”按钮或按Shift+Ctrl+U组合键即可，如图8-74所示。

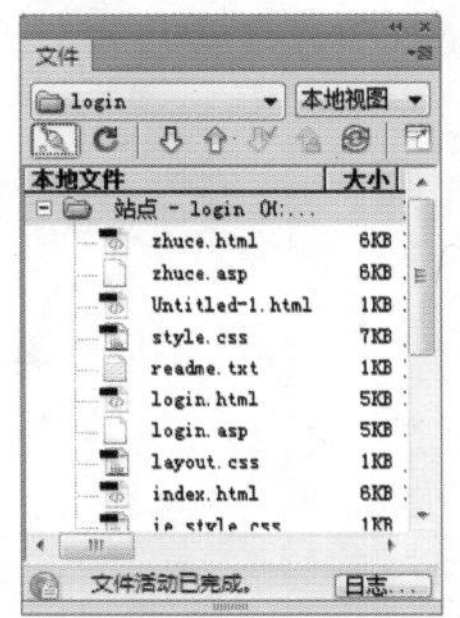

图8-74　连接并上传文件

技巧秒杀

一般情况下，第一次上传都需要上传整个站点，然后在更新站点时，只需要上传被更新的文件即可。

8.3.4 网站备案

备案时需要空间提供商辅助备案，目前大部分的空间提供商提供有免费备案的服务，用户通过空间提供商提供的备案系统即可进行备案，并且网站备案是为了防止在网上从事非法的网站经营活动者，如果不进行备案，一经被查处则会被停止经营，如图8-75所示为ICP备案流程图。

读书笔记

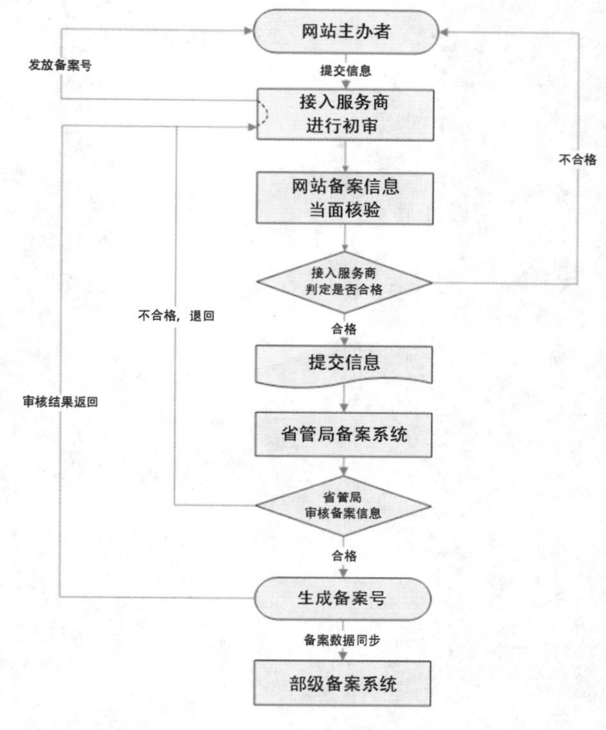

图8-75　ICP备案流程图

知识大爆炸——域名解析

域名解析是把域名指向网站空间IP，让人们通过注册的域名可以方便地访问到网站的一种服务。IP地址是网络上标识站点的数字地址，为了方便记忆，采用域名来代替IP地址标识站点地址。域名解析就是域名到IP地址的转换过程，并且域名的解析工作由DNS服务器完成。另外，常用的域名解析类型主要包括A记录解析、CNAME记录解析和MX记录解析，下面分别进行介绍。

- **A记录解析**：记录类型选择A；记录值填写空间商提供的主机IP地址；MX优先级不需要设置；TTL设置保持默认的3600即可。
- **CNAME记录解析**：CNAME类型解析设置的方法和A记录类型基本是一样的，其中，将记录类型修改为CNAME，并且记录值填写服务器主机地址即可。
- **MX记录解析**：MX记录解析是作为邮箱解析使用的。记录类型选择MX，线路类型选择通用或同时添加3条线路类型为电信、网通和教育网的记录；记录值填写邮局商提供的服务器IP地址或别名地址；TTL设置保持默认的3600即可，MX优先级填写邮局提供商要求的数据，或是保持默认为10，有多条MX记录时，优先级要设置不一样的数据。

01 02 03 04 05 06 07 08 09 10 11 12 ......

Flash CC 快速入门

本章导读

动画是丰富网页内容的对象之一，用户可根据需要进行制作，使动画的内容更加美观且符合网页的需要。本章将先对制作网页的软件——Flash CC的基础知识进行介绍，了解Flash动画的原理和应用，并掌握基本的Flash操作方法，为用户学习动画的制作奠定基础。

9.1 认识Flash动画

学习制作Flash动画之前，应先对Flash动画的一些基本知识进行了解，为Flash动画制作奠定基础。下面对Flash动画的原理、Flash动画在网页中的应用和Flash动画的相关文件格式等内容进行介绍。

9.1.1 Flash动画的原理

动画就是指人眼产生的视觉延时现象，即人眼看到的画面会停留一段时间。当一幅图像从眼前消失时，留在视网膜上的图像并不会立即消失，还会延迟约1/16~1/12秒，在这段时间内，如果下一幅图像又出现了，我们的眼睛里就会产生上一画面与下一画面之间的过渡效果从而形成连续的画面。利用这一特性，将各个独立的画面进行连续播放，人眼就会将静止的画面，看作会运动的画面。

Flash动画就是利用视觉延时原理来实现动画效果的（电视和电影也是采用相同的原理来实现动态画面的效果）。它是将一张张静止的画面，通过一系列连贯动作的图像快速放映而形成，当前一帧播放后，其画面仍残留在人的视网膜中，让观赏者产生了连续动作的视觉感受。如图9-1所示即为一帧帧静止的画面，它们组合在一起即形成了一个完整的动画。

图9-1　动画

Flash是目前最为流行的一款专业矢量图形编辑和动画创作软件。通过其自身的矢量图形编辑功能，加以图片、声音、视频等素材，可以制作出精美的动画。Flash中的矢量绘图功能是其一大特色，通过该功能，用户可以自行绘制需要的图形，并且矢量图片的缩放不会对画面的质量有影响，减小了文件的大小，降低了文件的占用空间，更加方便网络的传输。

根据这些特点，Flash动画被广泛应用于互联网中，如贺卡、MTV、动画短片、交互游戏、网站片头、网络广告、电子杂志和电子商务等，如图9-2所示为使用Flash制作的一个片头广告。

图9-2　Flash片头广告

9.1.2 Flash动画在网页中的应用

Flash动画具有良好的视觉效果和占用空间小的特点，被广泛应用于网页制作中，下面对Flash动画在网页中的应用进行介绍。

1. 制作网站形象展示页

通过Flash可以制作网站的整体形象展示页面，其色彩丰富、颜色艳丽，能够很直观地体现出网站的整体风格和主题，如图9-3所示为有机蔬菜网站的形象展示页面。

技巧秒杀

如果使用的矢量图形越多，Flash动画就越小；而如果位图图像、声音或视频等内容过多，则会影响动画的下载速度，增加用户的等待时间。

图9-3　网站形象展示页

2. 制作Flash Banner

Banner在网页中主要被用来当作横幅广告，以形象、鲜明地表达网站的主旨，或宣传理念。使用Flash制作Banner可以使广告的效果更加动感、绚丽，吸引眼球，达到宣传的目的。如图9-4所示为某电气设备公司的Flash Banner广告。

图9-4　Flash Banner广告

3. 制作Flash导航菜单

使用Flash制作网页导航菜单，可以将所有子导航菜单都汇集到父级导航菜单下方，当用户选择某个导航菜单时，即可自动出现其下级菜单。同时用户还可在其中添加鼠标或导航菜单特效，使菜单跟随鼠标移动或通过鼠标控制导航菜单的大小，大大方便了用户的操作，使用户得到更好的网站导航体验。如图9-5所示为制作的一款Flash导航菜单。

图9-5　Flash导航菜单

4. 制作Flash展示动画

通过Flash软件，可以将网页中需要展示的内容制作为一个动态播放的画面，增加网页的动感，并且使页面展示的内容更加丰富。如图9-6所示为制作的展示动画，当拖动滚动条时，可以动态放大显示图片。

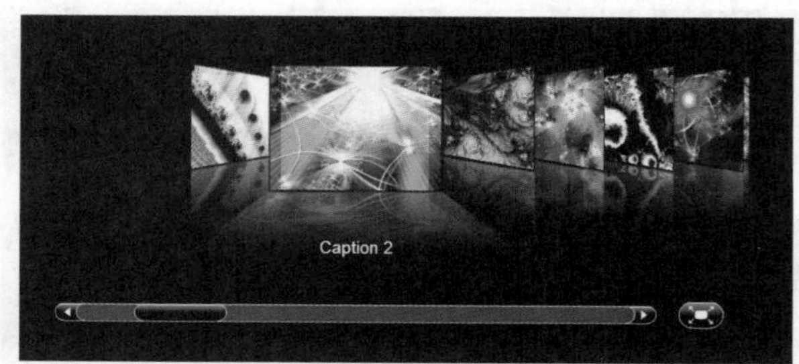

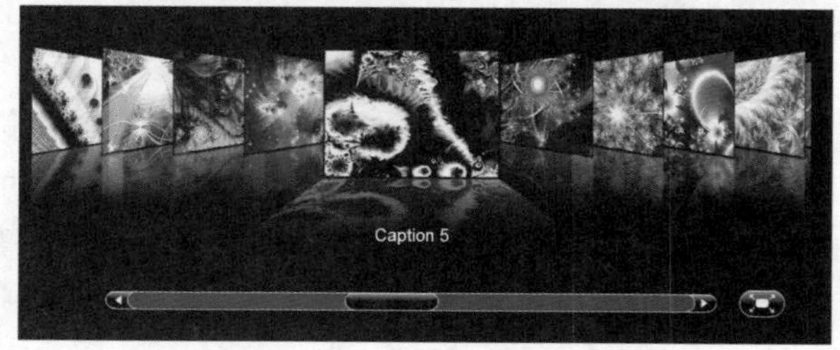

图9-6　Flash展示动画

5. 制作Flash片头

一个精彩、动感十足的片头往往比一幅静止的画面更加吸引浏览者的眼球。如图9-7所示即为使用Flash制作的一个行业信息化网站的片头。通过播放片头动画，能够让浏览者先了解到该网站的一些基本信息，并吸引浏览者进入网页进行浏览。

图9-7　Flash片头

6. 制作Flash广告

根据需要，用户还可以使用Flash制作可以关闭的Flash广告动画，该动画通常用于页面的左右两侧空白处。如图9-8所示为网页中的Flash广告。

图9-8　Flash广告

7. 制作Flash网站

除了制作网页中必备的一些元素之外，用户还可以直接使用Flash制作一个完整的网站（也叫“整站”），即该网站中的所有内容都是由Flash动画所制成的。制作完整的Flash网站，要求制作者对Flash软件十分熟悉，熟练掌握Flash软件的使用方法，并精通Flash的脚本语言——ActionScript。完整的Flash网站比一般的网站效果更加精美、绚丽，能够在众多网页中脱颖而出，快速吸引浏览者的目光，但网站中包含的Flash动画较多，用户的计算机如配置不高，容易产生加载速度慢，影响网页浏览等情况。如图9-9所示为一个完整的Flash网站。

图9-9　Flash网站

技巧秒杀

在完整的Flash网站中，不管是开场动画、导航条、图片或按钮等内容，都是通过Flash软件进行编辑的。

9.1.3 Flash中的文件类型

了解Flash动画的原理和在网页中的应用后，还需对Flash的相关文件进行了解，以便于制作网页中需要的文件格式。

1. Flash文档

Flash文档是在Flash软件中创建的扩展名为.fla的文件，其中包含了Flash文档中的素材（元件、位图、声音、视频等）、时间轴、场景和脚本等信息。在该类型的文档中，用户可以在Flash软件中打开文档，并对文档中的内容进行编辑、修改和保存。在最新版本的Flash CC中，用户可以新建的Flash文档是ActionScript 3.0。如图9-10所示即为打开的“风筝飞舞.fla”动画文档，在其中即可查看文档的所有内容。

图9-10 Flash文档

?答疑解惑:

在低版本的Flash中（如Flash CS系列），还有ActionScript 2.0，它们有什么区别吗?

Flash CC对软件进行了优化，已不再兼容ActionScript 2.0。当用户需要以Flash Player 8或更早版本为目标播放器时，可选择ActionScript 2.0的Flash文档。当用户需要以Flash Player 9或更高版本为目标播放器，或需要使用ActionScript 3.0的高级编码样式时，应选择ActionScript 3.0的Flash文档。

2. Flash影片

Flash影片是指发布或测试Flash文档时，Flash自动创建的扩展名为.swf的Flash影片文件。它是Flash文档经过压缩、优化后的文件，其中只保留了项目文件中实际使用到的元素，因此文件变得比较小巧，可直接用于网页中进行播放。

Flash影片中的图层会被合并到一个时间轴上，因此Flash影片只能作为欣赏用，而不能进行编辑，避免了其他人对文档内容进行修改。如图9-11所示为导出为Flash影片后的效果。

技巧秒杀

用户可以通过浏览器、Flash软件或播放器软件直接查看Flash影片的效果。

图9-11 Flash影片

3. Flash调试文件

Flash调试文件是指在ActionScript 2.0的Flash文档中（ActionScript 3.0文档、Flash Player 9或更高版本中不能创建，但能通过Flash Player 9的“调试”功能直接从Flash影片访问调试功能），选择“调试”/“调试影片”命令时，创建的扩展名为.swd的调试文件。该文件包含与trace()动作相关的信息和Flash影片中的断点，只是在调试过程中扩展了.swf文件的功能，不能单独播放。

4. Flash组件文件

Flash组件文件是用于编译的剪辑，其扩展名为.swc。用户不能直接在Flash CC中打开该文件格式，但可以将其复制到Flash CC的本地设置中（其路径为：系统盘\Documents and Settings\用户名\Local settings\Application；Data\Adobe\Flash 8\en\Configuration\Components），以显示在“组件”面板中。

5. Flash项目文件

Flash项目文件的扩展名为.flp，实质上是XML文件，其中可以存储与项目相关的文件名称。用户可以根据需要通过“项目”面板进行创建，但一般使用得较少。在Flash CC中已经取消了该项目文件，但仍可以在低版本的软件中进行创建。

9.1.4 Flash相关的图片格式

在制作Flash动画时，经常会使用图片作为素材。图片又分为矢量图和位图，下面分别对其进行介绍。

1. 矢量图

矢量图是用一系列电脑指令来描述和记录的图像，它由点、线、面等元素组成，所记录的是对象的几何形状、线条粗细和色彩等。矢量图中保存的是线条和图块的信息，与分辨率和图像大小无关，其清晰度和光滑度不受图像缩放的影响，可以采取高分辨率印刷，但难以表现色彩层次丰富的逼真图像效果。如图9-12所示为将一个矢量图放大300倍后的效果。

图9-12　矢量图

2. 位图

位图又称像素图或点阵图，是由一个个的像素所组成的。这些像素可以进行不同的排列和染色以构成图样，当放大位图时，即可以看到构成位图的无数个像素方块。常见的位图格式有JPG、GIF、PNG和BMP等，位图表现力强、层次丰富、精致细腻，可以模拟出逼真的图像效果，但放大后图像像素会变模糊，如图9-13所示为将位图放大300倍之后的效果。

图9-13　位图

技巧秒杀

除了直接在Flash中使用矢量绘图工具绘制矢量图外，还可在一些专业的矢量图制作软件中进行绘制，如Illustrator和CorelDRAW等。

9.2 Flash动画的制作流程

优秀的Flash动画作品的诞生需要经过很多制作环节，每一个环节都至关重要，都有可能会影响到最后的效果。因此用户在制作前，应了解动画的每一个制作过程，以提高制作的速度和质量。Flash动画的制作过程大致可分为以下几个环节，下面分别进行讲解。

9.2.1 前期策划

一个优秀的动画作品与其前期的策划是分不开的。在制作动画之前，应该制定一份可行、科学的策划，明确制作动画的目的，所要针对的顾客群和动画的风格、色调等。明确了这些以后，再根据实际需求制作一整套完整的设计方案，对动画中可能使用到的人物、音乐、背景和动画剧情等要素进行具体的规划和安排，以方便素材的收集。

9.2.2 收集动画素材

收集素材是制作Flash动画的一个至关重要的阶段。合理利用该阶段，尽可能多地收集到制作动画所需的素材，能节省制作动画的时间，大大提高Flash动画的制作进度，同时还能提升Flash动画的质量。在收集素材时，用户要有针对性地进行收集，避免盲目搜索浪费时间，常见的动画素材收集方法有在网络中收集、手动进行绘制和在日常生活中获取等几种。

9.2.3 制作动画

制作动画是创建Flash作品中最重要的部分，用户所制作的动画将直接决定该Flash作品的成功与否。因此，用户应该严格按照动画制作的步骤进行编辑，一般包括创建动画文档、导入动画素材、创建动画中需要多次使用的元件和制作相应的动画效果等。在制作过程中，用户也要注意每一个环节，可以多浏览动画，观察动画的实时播放效果，及时发现动画中的不足，并加以修正。

9.2.4 调试与优化动画

动画制作完成后，应对动画进行调试，包括对动画对象的细节、分镜头、动画的衔接、声音与动画的播放等进行调整，以使动画的播放效果按照预期的情况进行播放，并使其看起来更加精美、流畅，保证Flash作品的最终效果与质量。

9.2.5 测试动画

由于每个用户的计算机软硬件配置不同，为了保证所有用户都能在自己的计算机上看到预期的效果，还需要对Flash动画进行测试。测试时应尽量在不同配置的计算机中进行，然后根据测试后的结果对动画进行调整和修改，使动画能够正常播放和下载，保证观看效果。

9.2.6 发布动画

发布动画是制作Flash动画的最后一个步骤，发布时，用户可根据动画的用途、使用环境等进行发布设置，包括动画的格式、画面的品质和声音等。切忌不要一味地追求较高的画面和声音质量，使动画的发布设置变高，文件变大致使某些用户无法观看。如要将动画用于网络，可以将其质量设置得低一点，减小动画文件的大小，使其不影响传输速度。

9.3 启动与退出Flash CC

Flash是目前最为流行的一款动画制作软件，由于其简单易学、效果流畅生动、画面风格多变的特点，在动画制作领域受到了广大用户的青睐和好评。本书以目前最新版本的Flash CC为例，讲解启动与退出Flash CC的方法。

9.3.1 启动Flash CC

购买Flash CC安装光盘或在网上下载其安装文件，并进行安装后，即可启动Flash CC进行动画的制作。常用的启动Flash CC的方法有如下几种。

- **通过开始菜单**：在“开始”菜单中选择“所有程序”/Adobe Flash Professional CC命令可以直接启动Flash CC。
- **通过快捷方式图标**：直接双击建立在桌面上的Flash CC快捷方式图标。
- **通过已创建的Flash文档**：直接双击Flash文档或在创建的扩展名为.fla的文档上右击，在弹出的快捷菜单中选择“打开”命令。

选择以上任意一种方法启动Flash CC后，首先会显示Flash CC的欢迎界面，如图9-14所示。

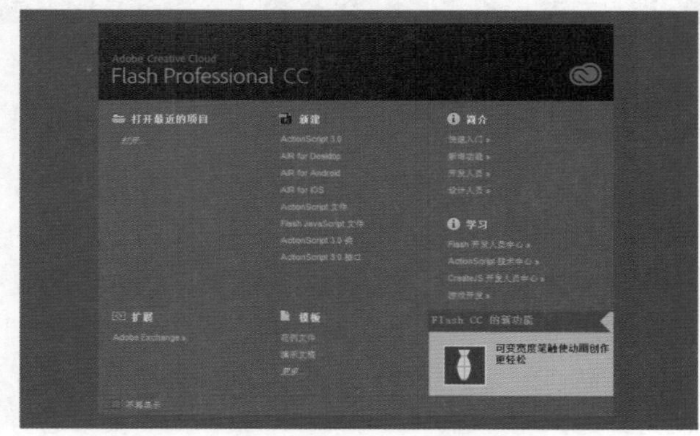

图9-14　Flash CC欢迎界面

知识解析：欢迎界面

- **"打开最近的项目"栏**：用于显示最近打开过的Flash文档的名称。第一次启动Flash CC时，该栏为空白，只有一个"打开"选项，选择该选项，可在打开的对话框中选择需要的Flash文档进行操作。
- **"新建"栏**：列出了Flash CC中常见的一些文档类型，通过选择这些文档类型选项，可以进行新建文档的操作，如ActionScript 3.0 Flash文档。
- **"简介"栏**：该栏有快速入门、新增功能、开发人员和设计人员4个选项，选择这些选项，可打开软件的说明页面，查看更多关于Flash CC的相关内容。
- **"学习"栏**：与"简介"栏类似，主要用于查看Flash CC的相关帮助信息，"包括Flash开发人员中心"、"ActionScript技术中心"、"CreateJS开发人员中心"和"游戏"开发4个选项。
- **"扩展"栏**：包含一个Adobe Exchange选项，选择该选项，将打开Adobe官方网站的软件扩展页面，如图9-15所示。在该页面中可以查找需要的扩展功能，并进行下载和安装。

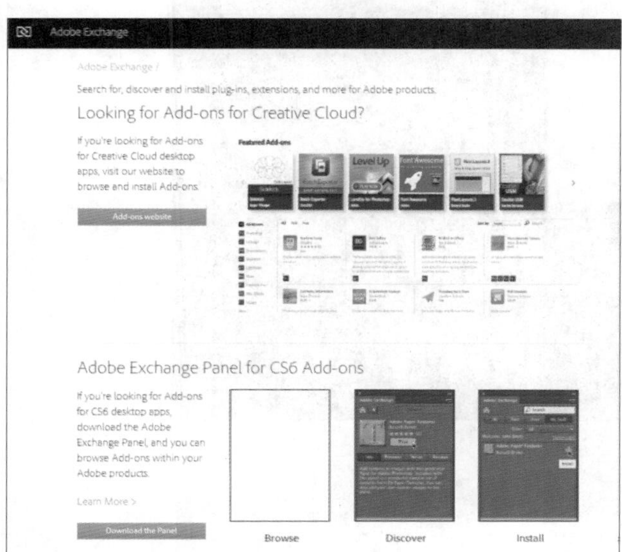

图9-15　Adobe Exchange页面

- **"模板"栏**：包括范例文件、演示文稿和更多3个选项，选择"范例文件"和"演示文稿"选项，可基于这两个模板新建文件；选择"更多"选项，打开"从模板新建"对话框，在其中可选择更多的模板文件进行操作，如图9-16所示。

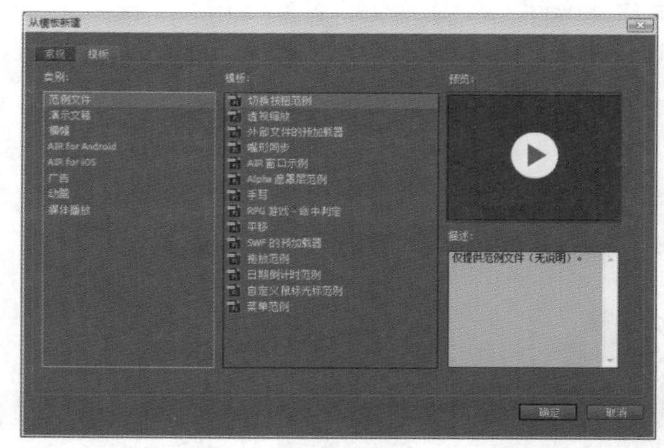

图9-16　"从模板新建"对话框

- **不再显示复选框**：选中该复选框，下次启动Flash CC时将不再打开欢迎界面。若想再次显示该界面，可选择"编辑"/"首选参数"命令，打开"首选参数"对话框，选择"常规"选项，单击其中的 重置所有警告对话框(R) 按钮，即可重新恢复欢迎界面的显示，如图9-17所示。

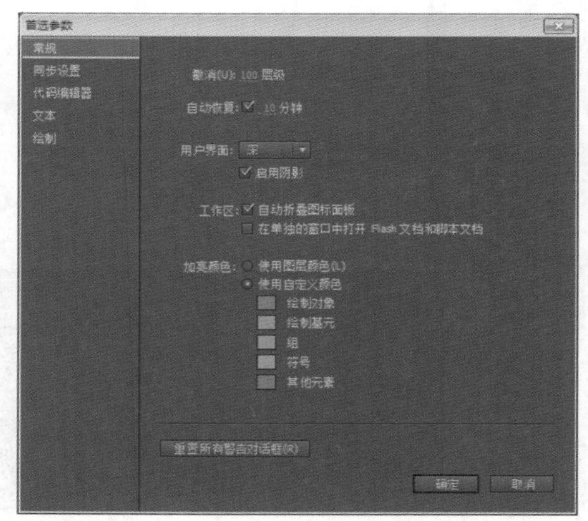

图9-17　"首选参数"对话框

读书笔记

9.3.2 退出Flash CC

完成动画的制作后，不需要再使用Flash CC时，可将其关闭，以减少系统资源的占用，提高电脑的运行速度。关闭Flash CC的方法主要有以下几种。

◆ 在Flash CC操作界面中，选择“文件”/“退出”命令。

◆ 在Flash CC操作界面中按Ctrl+Q快捷键。

◆ 单击Flash CC操作界面右上角的 × 按钮。

技巧秒杀

用户也可在Flash CC的工作界面左上角单击Fl按钮，在弹出的下拉列表中选择“关闭”选项也可以关闭Flash CC，如图9-18所示。

图9-18 “关闭”选项

9.4 Flash CC的工作界面

在欢迎界面“新建”栏中选择要创建的文档类型后，即可打开Flash CC的操作界面。如这里选择欢迎界面“新建”栏中的ActionScript 3.0选项后，将自动新建一个名为“无标题-1”的Flash文档，并打开如图9-19所示的工作界面。

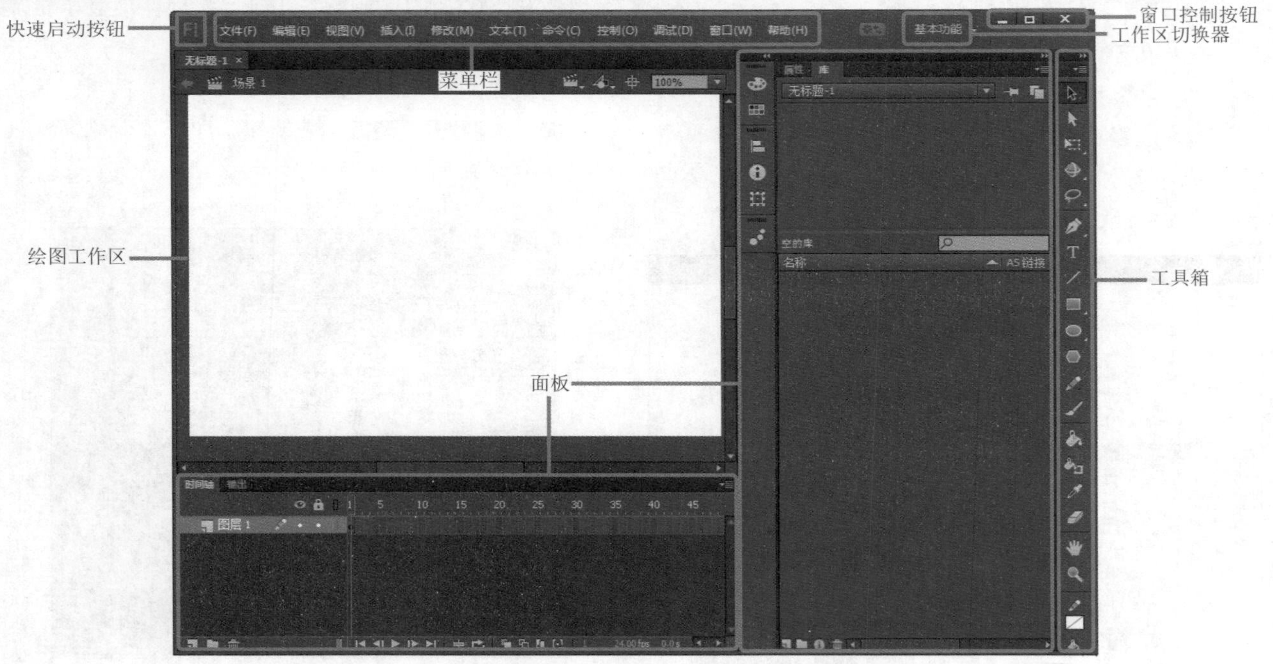

图9-19 Flash CC的工作界面

从图9-19中可以看出，Flash CC的工作界面主要由快速启动按钮、菜单栏、工作区切换器、窗口控制按钮、工具箱、绘图工作区和常用面板（包括“时间轴”面板、“输出”面板、“属性”面板和“库”面板等）组成。当单击快速启动按钮时，可在弹出的列表框中进行软件的关闭和窗口的最小化、还原、最大化等操作；当单击窗口控制按钮中的▬、▢、▣和 × 按钮，可分别进行最小化、最大化、还原和关闭窗口等操作。下面对工作界面的主要组成部分进行详细介绍。

9.4.1 菜单栏

菜单栏中几乎集中了Flash CC中所有需要使用到的菜单命令，选择某个主菜单，可在弹出的子菜单中选择需要执行的菜单命令。

菜单栏中一共包括了文件、编辑、视图、插入、修改、文本、命令、控制、调试、窗口和帮助11个主菜单，选择不同的菜单可执行不同的操作。如图9-20所示为“视图”和“控制”菜单。

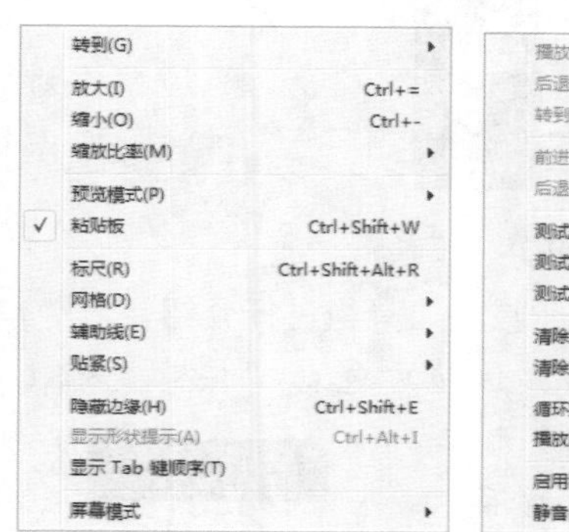

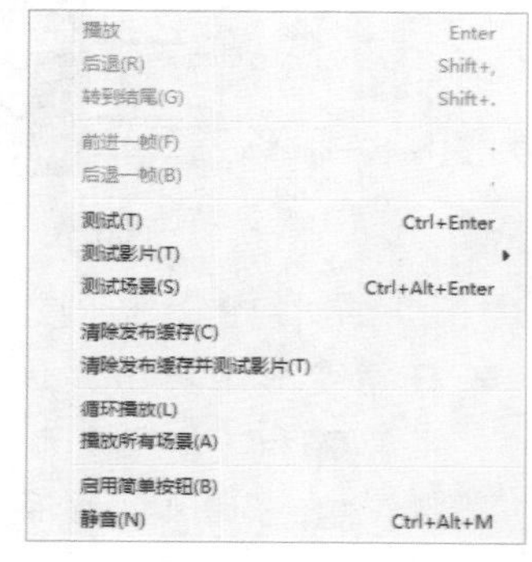

图9-20 “视图”和“控制”菜单

9.4.2 工作区切换器

在Flash CC中，用户可以根据需要定制不同的工作界面模式，只需在“工作区切换器”下拉列表框中选择需要的选项即可，如图9-21所示。

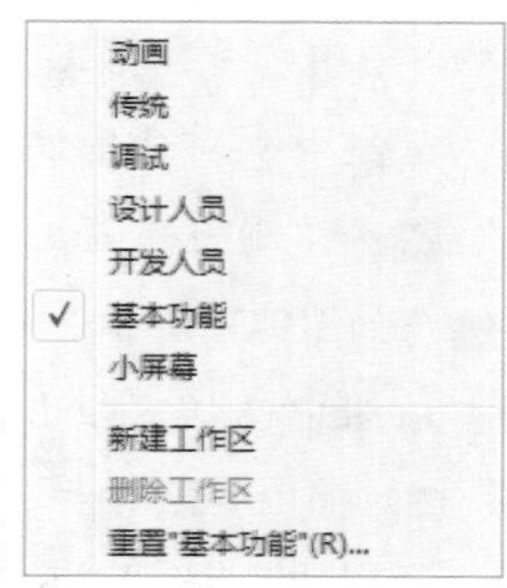

图9-21 工作区模式

下面对各工作界面模式的特点进行介绍。

◆ **动画**：该模式主要用于动画的制作及对实例对象进行操作，如图9-22所示。

图9-22 动画模式

◆ **传统**：该模式与Flash低版本的工作界面基本一致，如Flash CS3，如图9-23所示。

图9-23 传统模式

◆ **调试**：该模式主要用于对动画进行后期的调试和优化，特别是脚本，如图9-24所示。

图9-24 调试模式

◆ **设计人员**：该模式主要用于对动画、实例对象的设计和创作，如图9-25所示。

图9-25　设计人员模式

◆ 开发人员：该模式主要用于开发Flash动画项目，包括制作动画和脚本开发，如图9-26所示。

图9-26　开发人员模式

◆ 基础功能：该模式是Flash CC的默认工作界面模式，主要用于绘图以及基本动画的制作。

◆ 小屏幕：该模式可以在较小的操作界面中将较为常用的面板都显示出来，如图9-27所示。

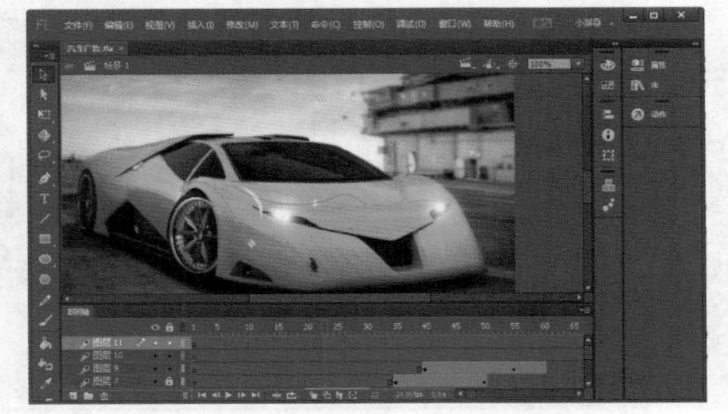

图9-27　小屏幕模式

9.4.3 工具箱

工具箱中包含了绘制和编辑矢量图形的各种工具，当工具下面有灰色箭头时，则表示为一个工具组，其中还包含隐藏的工具，单击该灰色箭头即可显示出隐藏的工具，如图9-28所示。

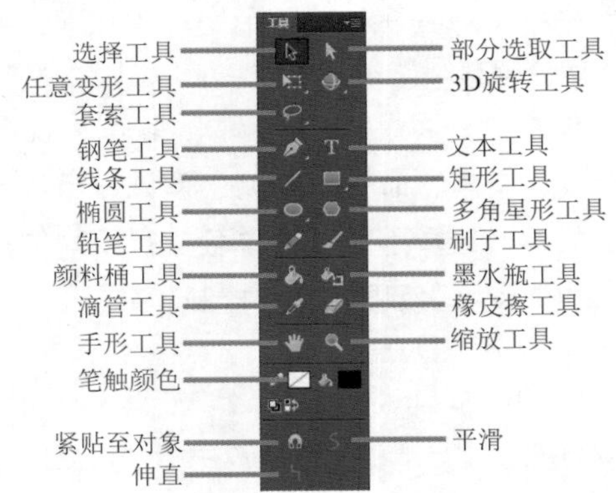

图9-28　工具箱

下面对包含隐藏工具的工具组进行介绍。

◆ 任意变形工具组：该组中包括“任意变形工具”和“渐变变形工具”，如图9-29所示。

任意变形工具(Q)
渐变变形工具(F)

图9-29　任意变形工具组

◆ 3D旋转工具组：该组中包括“3D旋转工具”和“3D平移工具”，如图9-30所示。

◆ 套索工具组：该组中包括“套索工具”、“多边形工具”和“魔术棒”，如图9-31所示。

3D 旋转工具(W)
3D 平移工具(G)

图9-30　3D旋转工具组

套索工具(L)
多边形工具(L)
魔术棒(L)

图9-31　套索工具组

◆ 钢笔工具组：该组中包括“钢笔工具”、“添加锚点工具”、“删除锚点工具”和“转换锚点工具”，如图9-32所示。

◆ 矩形工具组：该组中包括“矩形工具”和“基本矩形工具”，如图9-33所示。

◆ 椭圆工具组：该组中包括“椭圆工具”和“基本椭圆工具”，如图9-34所示。

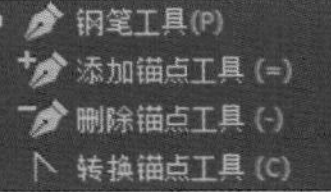

图9-32　钢笔工具组

矩形工具(R)
基本矩形工具(R)

图9-33　矩形工具组

椭圆工具(O)
基本椭圆工具(O)

图9-34　椭圆工具组

9.4.4 绘图工作区

绘图工作区是Flash CC绘制图形的主要场所。在绘图工作区的最上方将显示当前正在编辑或打开的Flash文档的名称，下方就是场景和舞台。

1. 场景

Flash文档中能够看到的所有内容就叫做场景，场景中可以包括舞台、标签和图形对象等内容。一个动画中可以包括多个场景，如图9-35所示。从中可以看到位于舞台外的云朵也是属于场景中的。

图9-35 场景

2. 舞台

舞台是位于场景中放置图形内容的矩形区域，是场景中最主要的部分。用户可以根据需要设置舞台的大小和背景颜色，但创建或编辑动画时，只有包含在舞台中的内容才能看到。如果导出图9-35中的Flash文档，则不能看到舞台外的云朵。

9.4.5 常用面板

在Flash CC的工作界面中可看到很多面板，包括“时间轴”面板、“输出”面板、“属性”面板、“库”面板和很多没有展开的面板组。本节将对常用的面板进行介绍，为后面创建动画奠定基础。

1. “时间轴”面板

“时间轴”面板默认位于Flash CC工作界面的最下面，是Flash动画编辑的基础，用户可以通过该面板创建不同类型的动画效果并控制动画的播放过程。“时间轴”面板中包括图层列表区和时间轴区，如图9-36所示。

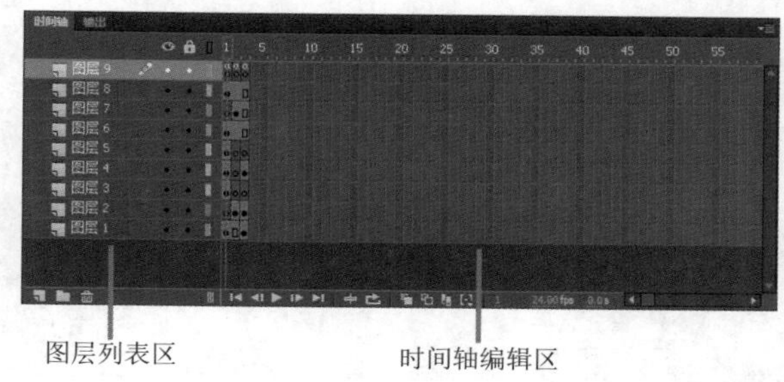

图9-36 “时间轴”面板

- **图层列表区**：用于控制和管理动画中的图层，可单击下方的“新建图层”按钮新建图层；单击“删除”按钮删除图层；单击图层上方的“眼睛”图标所对应的圆点隐藏图层；单击“锁定”图标对应的圆点则可锁定图层。
- **时间轴编辑区**：由播放指针、帧、时间轴标尺以及时间轴视图等部分组成。时间轴区中的每一个小格就称为一帧，是Flash动画的最小时间单位，用户可根据需要设置关键帧，使连续的帧中包含保持相似变化的图像内容，即可形成动画。

?答疑解惑：

“时间轴”面板中的图层和帧是什么关系？

图层和帧是包含与被包含的关系，一般来说，一个Flash动画中可以包含多个图层，而图层中又包含若干个帧。

2. “属性”面板

“属性”面板用于显示所选择对象的属性信息，用户可以在其中对对象的属性进行编辑修改，以提高动画编辑的效率和准确度。当选择不同的对象后，“属性”面板将显示不同的参数，如图9-37所示为选择不同对象所呈现的“属性”面板。

读书笔记

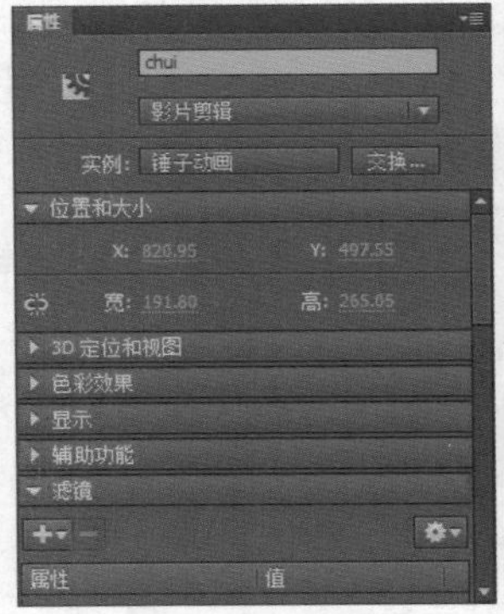

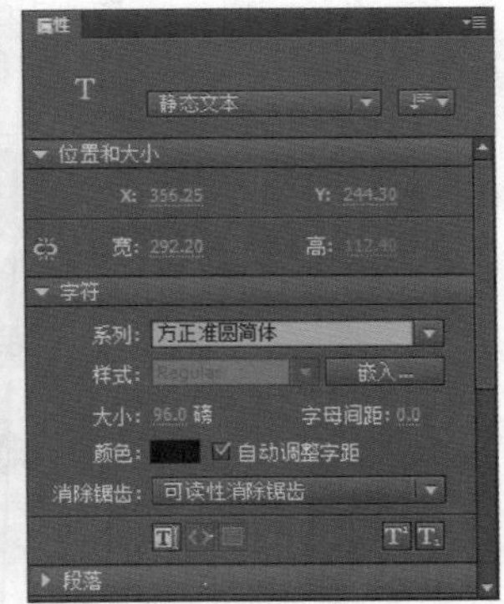

图9-37 “属性”面板

3. “库”面板

“库”面板与Dreamweaver中的“资源”面板类似，相当于一个仓库，可以显示并存储所有载入到当前文档中的元件，方便用户制作动画时调用。当用户选择“库”面板中的某个元件时，在面板上方还可预览到元件的效果，如图9-38所示。

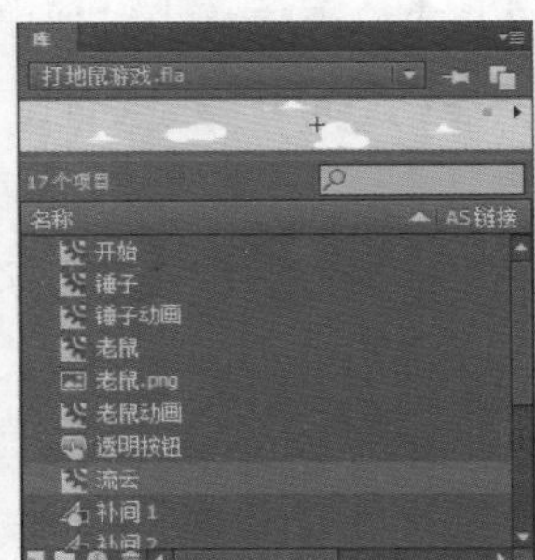

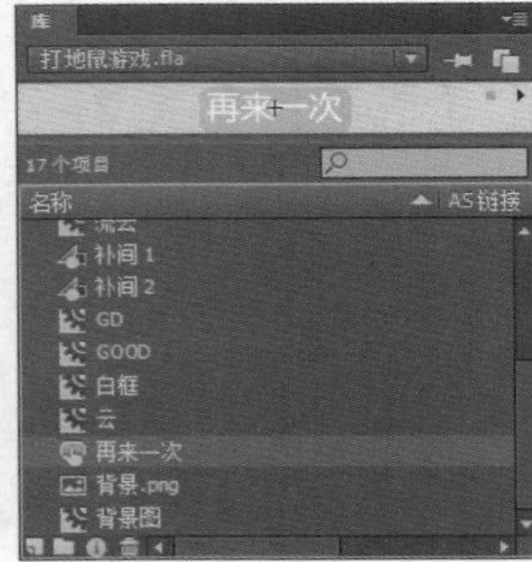

图9-38 “库”面板

?答疑解惑：

怎样查看Flash CC工作界面中没有显示的面板呢?

选择“窗口”菜单，在弹出的子菜单中可看到Flash CC中所有的面板名称，选择要显示的面板名称即可对面板进行显示或隐藏。当名称前显示✓标记时，表示该面板已经显示在Flash CC的工作界面中；若没有显示则表示被隐藏。在Flash CC工作界面中的部分面板是被折叠显示的，用户可直接单击面板图标展开面板，如单击“对齐”面板图标可显示该面板。

4. “颜色”和“样本”面板

“颜色”和“样本”面板主要用于填充笔触颜色和图形填充颜色，不同的是，“颜色”面板中是根据用户的需要设置颜色的RGB值；而“样本”面板中则提供了很多预设的颜色可供用户直接选择，如图9-39所示。

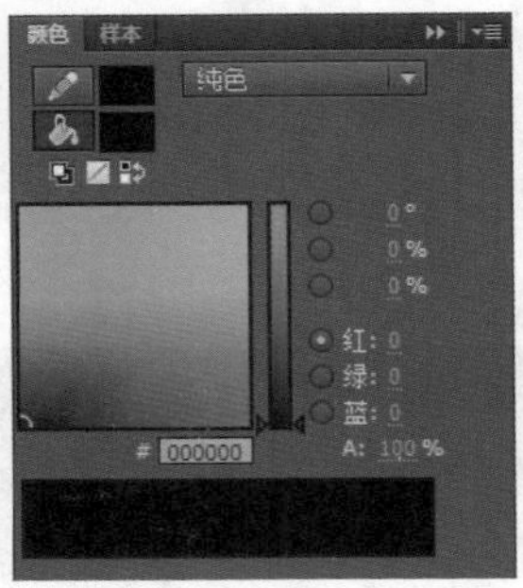

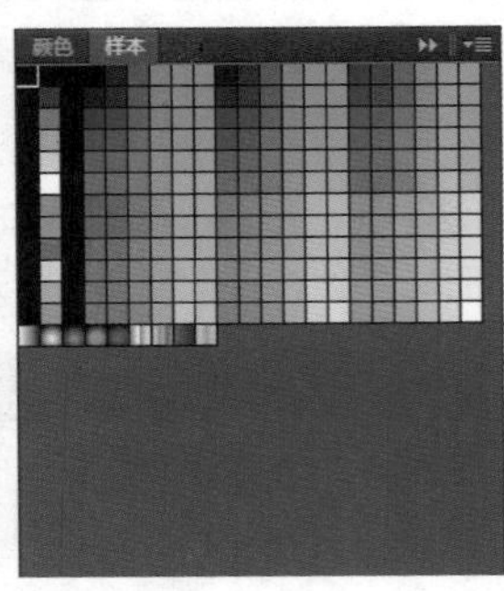

图9-39 “颜色”和“样本”面板

技巧秒杀

根据需要，用户还可以对Flash CC的工作界面进行自定义设置，如设置界面的颜色或加亮颜色等。其方法是：选择“编辑”/“首选参数”命令，打开“首选参数”对话框，在其中选择“常规”选项卡，在右侧窗格中的“用户界面”下拉列表框中选择“浅”选项可使工作界面的颜色变亮（“深”选项为默认选项，此时工作界面以黑色显示），也可在“加亮颜色”栏中设置图层颜色或自定义颜色，如图9-40所示。

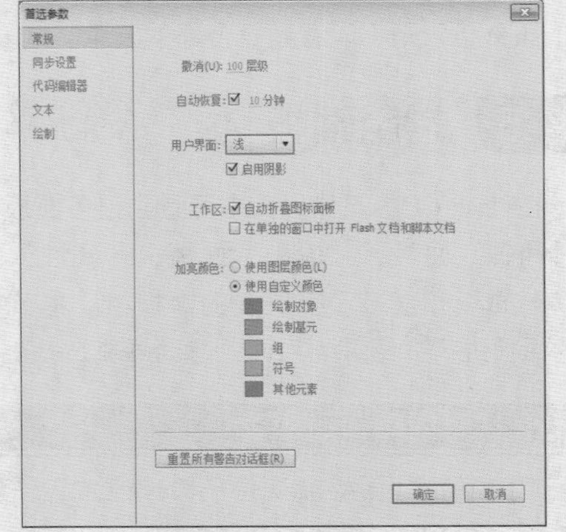

图9-40 “首选参数”对话框

9.5 Flash文档的基本操作

了解Flash CC的启动与退出方法，并熟悉了其工作界面后，就可以在其中新建文档，并对文档进行操作。本节将主要对Flash文档的基本操作进行介绍，包括新建Flash文档、打开Flash文档、保存与关闭Flash文档，以及设置文档属性。

9.5.1 新建Flash文档

在制作动画前需要先新建Flash文档。新建Flash文档的方法有新建空白Flash文档和基于模板新建两种，下面分别进行介绍。

1. 新建空白Flash文档

新建空白Flash文档主要可通过以下几种方法。

- 启动Flash CC，在欢迎屏幕的“新建”栏中选择相应的Flash文档选项。
- 在Flash CC工作界面中选择“文件”/“新建”命令或按Ctrl+N快捷键。

当采用第二种方法新建文档时，打开“新建文档”对话框，在“常规”选项卡中可以对文档进行设置，如图9-41所示。

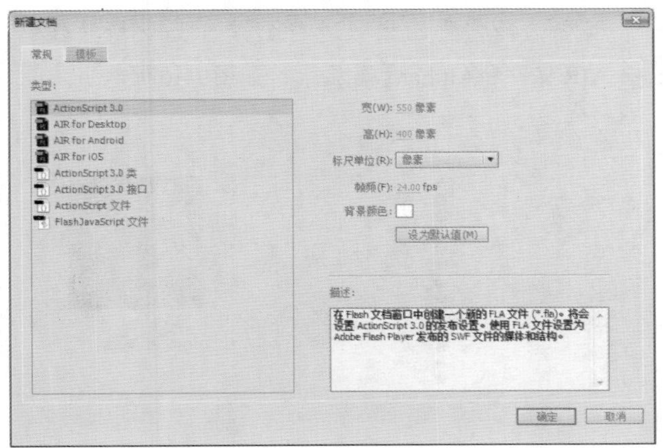

图9-41 “常规”选项卡

知识解析：“常规”选项卡

- ActionScript 3.0：选择该选项将生成扩展名为.fla的Flash文档，其编辑所应用的脚本语言为ActionScript 3.0。
- AIR for Desktop：用于在AIR跨平台桌面运行时部署的应用程序，并设置AIR的发布设置。
- AIR for Android：用于为Android设备创建应用程序，并设置AIR for Android 的发布设置。
- AIR for iOS：用于为Apple iOS设置创建应用程序，并设置AIR for iOS的发布设置。
- ActionScript 3.0类：用于创建扩展名为.as的文档，并定义ActionScript 3.0类。
- ActionScript 3.0接口：创建一个新的以.as格式为扩展名的文件来定义ActionScript 3.0接口。
- ActionScript文件：创建一个扩展名为.as的文件，并在“脚本”窗口中进行编辑。
- FlashJavaScript文件：用于创建一个新的扩展名为.jsfl的外部JavaScript文件，并且可以在“脚本”窗口中进行编辑。
- 宽：用于设置场景的宽度，其单位为像素。
- 高：用于设置场景的高度，其单位为像素。
- 标尺单位：用于设置标尺的单位，可在其后的下拉列表框中进行选择，包括英寸、英寸（十进制）、点、厘米、毫米和像素等。
- 帧频：显示每秒钟显示的帧的个数，默认值为24.00fps，即每秒钟显示24帧。
- 背景颜色：用于设置影片的背景颜色。
- 设为默认值(M)按钮：单击该按钮，可将各项参数恢复为修改前的默认值。
- 描述：用于对“类型”栏中所选择的选项含义进行说明和解释。用户只能进行查看不能修改或进行其他编辑操作。

2. 新建基于模板的Flash文档

在Flash CC中还提供了基于模板新建Flash文档的方法，用户可以根据自己的需要选择要使用的模板。

实例操作：通过模板新建雪景动画

● 光盘\实例演示\第9章\通过模板新建雪景动画

本例打开“新建文档”对话框，通过“模板”选项卡新建一个雪景动画。

Step 1 选择“开始”/“所有程序”/Adobe Flash Professional CC命令，启动Flash CC。在软件的欢迎界面中选择“模板”栏中的“更多”选项，如图9-42所示。

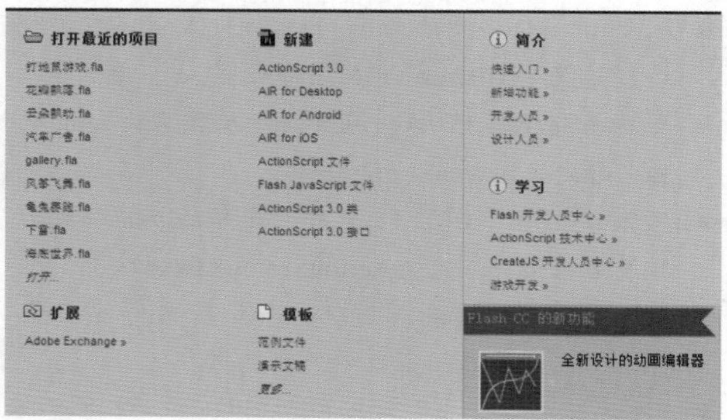

图9-42　选择“更多”选项

Step 2 打开“从模板新建”对话框，在“类别”栏中选择“动画”选项，在“模板”栏中选择“雪景脚本”选项，如图9-43所示。

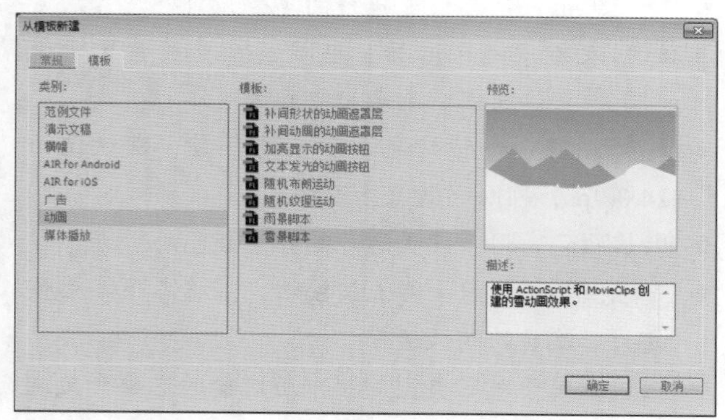

图9-43　选择需要的模板

Step 3 单击 确定 按钮，此时即可从模板中新建一个带有雪景效果的动画，如图9-44所示。其中包括了所有的场景内容、模板说明和图层等，用户可在其中查看制作该动画的过程。

图9-44　查看新建的模板文件

Step 4 在Flash工作界面中按Ctrl+Enter快捷键预览动画效果，此时可看到雪花从空中飘落的效果，如图9-45所示。

图9-45　预览动画效果

知识解析：模板类别

◆ **范例文件**：包含了一些常用的动画效果范例，用户可选择该模板类型后，在右侧的“模板”列表框中选择需要的模板进行创建，如切换按钮、AIR窗口和Alpha遮罩层等，如图9-46所示。

图9-46　范例文件

◆ **演示文稿**：包括简单演示文稿和高级演示文稿两种类型。简单演示文稿是通过时间轴来进行编辑的；高级演示文稿则是使用MovieClip来实现的。

◆ **横幅**：用于创建带有横幅效果的动画，主要包括垂直和水平横幅两种类型。其中160×600简单按钮AS3和160×600自定义光标为垂直横幅；468×60加载视频和729×90动画按钮为水平横幅。如图9-47所示为使用“729×90动画按钮”模板创建的动画效果。

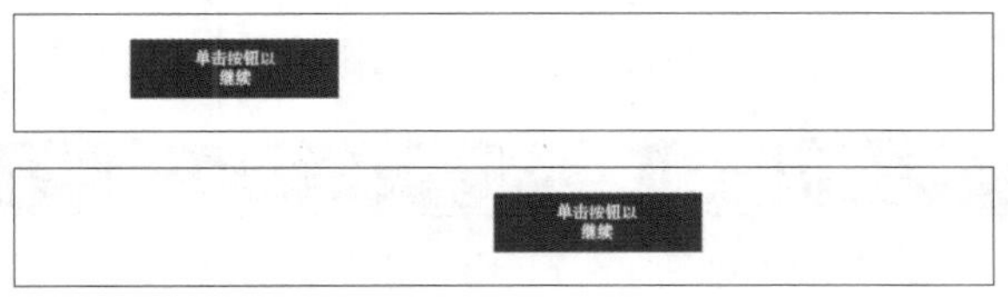

图9-47　水平横幅

◆ AIR for Android：创建用于Android设备的动画效果，包括选项菜单、800×480空白、加速计、投掷和滑动手势库5个选项。

◆ AIR for iOS：创建用于AIR for iOS设备的空白文档，包括480×320、960×640、1024×768、1136×640和2048×1536共5种尺寸的文档大小。

◆ 广告：该类型的模板为具有特定大小的空白模板，用户可以根据需要选择适合的大小进行创建，如图9-48所示。

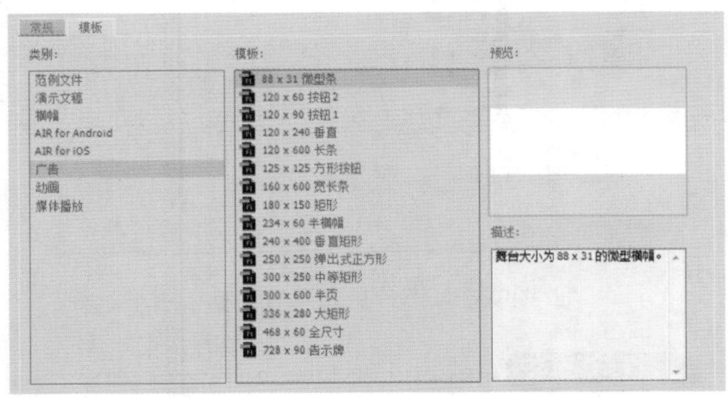

图9-48　广告模板类别

◆ 动画：用于创建带有某种特殊效果的动画文档，包含的种类较为丰富，可根据需要进行选择。

◆ 媒体播放：用于设置多种媒体播放的预设面板，可根据需要选择适合的选项，如图9-49所示。

图9-49　媒体播放类别

9.5.2 设置文档属性

在制作不同的Flash动画时，需要使用不同的参数，以符合当前制作的动画环境。设置文档属性的方法有通过“文档”命令和“属性”面板两种，下面分别进行介绍。

1. 通过“文档”命令设置文档属性

当Flash文档的某些属性不符合制作的要求时，就需要对文档属性进行修改。选择“修改”/“文档”命令，打开“文档设置”对话框，在其中即可对需要的参数进行设置，如图9-50所示。

知识解析：“文档设置”对话框

◆ 单位：用于设置舞台大小的单位，包括英寸、英寸（十进制）、点、厘米、毫米和像素6种。选择需要的单位后，在“舞台大小”栏后将显示对应的单位，如图9-51所示。

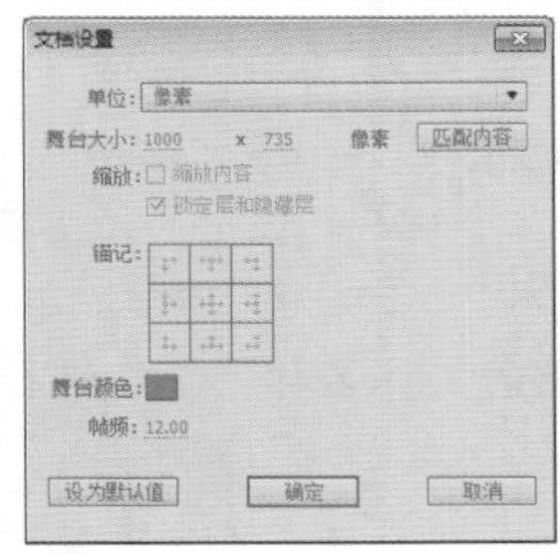

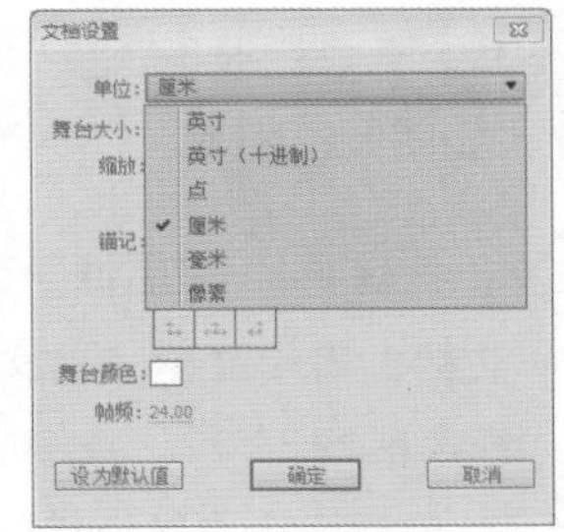

图9-50　“文档设置”对话框　　图9-51　单位

◆ 舞台大小：用于设置舞台的宽和高，可以在数值框中直接输入所创建舞台的大小。其最小为1×1像素；最大为8192×8192像素。

◆ 匹配内容按钮：单击该按钮，可自动为文档分配适合的舞台大小。

◆ 缩放：用于设置舞台与内容的缩放。当选中缩放内容复选框时，可在调整舞台大小的同时缩放全部内容。

◆ 锚记：显示当前文档中的所有命名锚记，若文档中没有，则呈不可编辑状态。

◆ 舞台颜色：用于设置舞台的背景颜色。单击该色块，可在弹出的颜色框中选择一种需要的颜色。

◆ **帧频**：每秒钟显示的帧数，可根据实际需要进行修改。

◆ 设为默认值 **按钮**：单击该按钮，可将更改后的内容设置为默认值。

技巧秒杀

在舞台中右击，在弹出的快捷菜单中选择“文档”命令，或直接按Ctrl+J快捷键，也可打开“文档设置”对话框。

2. 通过“属性”面板设置文档属性

在Flash CC中选择“窗口”/“属性”命令或按Ctrl+F3快捷键，可打开“属性”面板。在其中可以对文档的参数进行修改。该面板中包括文档、发布、属性和SWF历史记录4个部分，如图9-52所示。

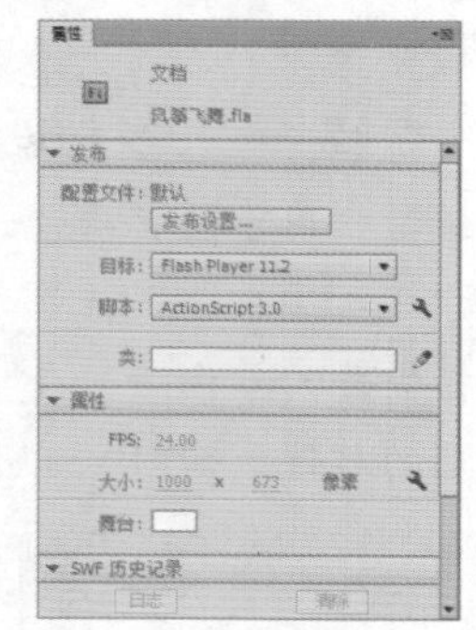

图9-52 “属性”面板

知识解析：“属性”面板

◆ **文档**：用于显示当前文档的文件名称，不能进行修改。

◆ 发布设置... **按钮**：单击该按钮，将打开“发布设置”对话框，在其中可以对Flash动画的发布参数进行设置。

◆ **目标**：用于选择不同的Flash动画播放器。

◆ **脚本**：用于选择Flash动画所使用的脚本类型，在Flash CC中只支持ActionScript 3.0。

◆ **类**：用于链接用户创建的后缀为.as的文档类文件，可直接在文本中输入文件的名称。

◆ **FPS**：用于设置Flash动画的帧频。

◆ **大小**：用于设置舞台的宽和高。

◆ **舞台**：用于设置舞台的背景颜色。

◆ **SWF历史记录**：用于显示当前文档发布为SWF文件时的记录，可单击 清除 按钮清除记录。当发布出现错误时，还会激活 日志 按钮，单击该按钮可查看发生错误的具体问题。

9.5.3 保存与关闭Flash文档

当对Flash文件进行了操作后，需要保存文档。若不再需要使用Flash文档，还可对其进行关闭操作。

1. 保存Flash文档

在Flash CC中保存Flash文档的方法有多种，下面分别进行介绍。

◆ **保存**：选择“文件”/“保存”命令或按Ctrl+S快捷键，可直接对当前文档进行保存操作。

◆ **另存为**：选择“文件”/“另存为”命令或按Shift+Ctrl+S组合键，打开“另存为”对话框，在其中对文档的保存位置、文件名和保存类型进行设置后，单击 保存(S) 按钮即可，如图9-53所示。

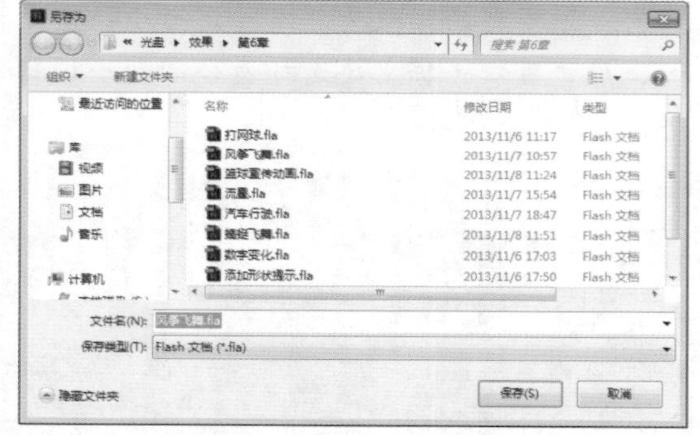

图9-53 “另存为”对话框

技巧秒杀

当首次对未保存过的Flash文档进行保存操作时，也会打开“另存为”对话框，对文件进行保存操作，以后再执行保存操作则不再打开该对话框。

◆ **另存为模板**：选择“文件”/“另存为模板”命令，打开“另存为模板警告”对话框，如图9-54所示。单击 另存为模板 按钮，打开“另存为模板”对话框，在其中设置模板的名称、类别，并输入相应的描述信息，单击 保存 按钮即可，如图9-55所示。当需要使用该模板时，可通过“从模板新建”对话框中进行选择。

图9-54 “另存为模板警告”对话框

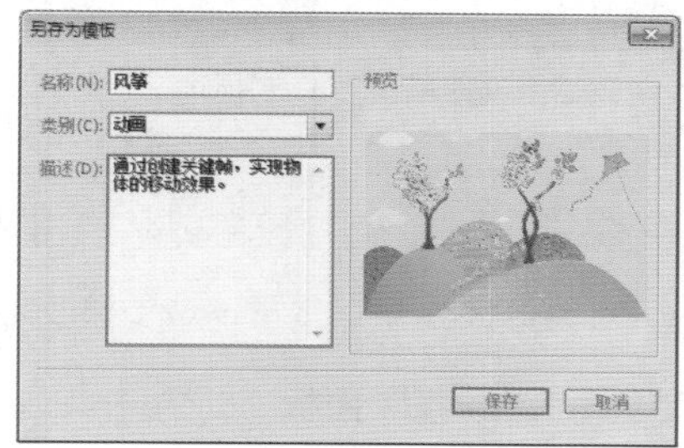

图9-55 “另存为模板”对话框

◆ **全部保存：**当Flash CC中存在两个或两个以上的文档需要同时进行保存操作时，可选择“文件”/“全部保存”命令进行保存操作。

2. 关闭Flash文档

在Flash CC中关闭Flash文档的方法有如下几种。

◆ 在Flash CC工作界面的绘图工作区中，单击文件名称后的“关闭”按钮×。

◆ 选择“文件”/“关闭”命令，关闭当前文档且不退出Flash CC。

◆ 选择“文件”/“全部关闭”命令，关闭打开的所有文档且不退出Flash CC。

9.5.4 打开Flash文档

当需要查看制作好的Flash文档的内容时，可在Flash中打开文档。在Flash CC中打开文档的方法有如下几种。

◆ **通过“打开”对话框打开：**启动Flash CC，在欢迎界面中选择“打开”选项，或在Flash CC工作界面中选择“文件”/“打开”命令，打开“打开”对话框，在其中选择需要打开的Flash文档，单击 打开(O) 按钮即可，如图9-56所示。

图9-56 “打开”对话框

◆ **打开最近的文件：**在Flash CC欢迎界面的“打开最近项目”栏中选择需要打开的文件；或在Flash CC工作界面中选择“文件”/“打开最近的文件”命令，在弹出的子菜单中选择需要打开的文档即可，如图9-57所示。

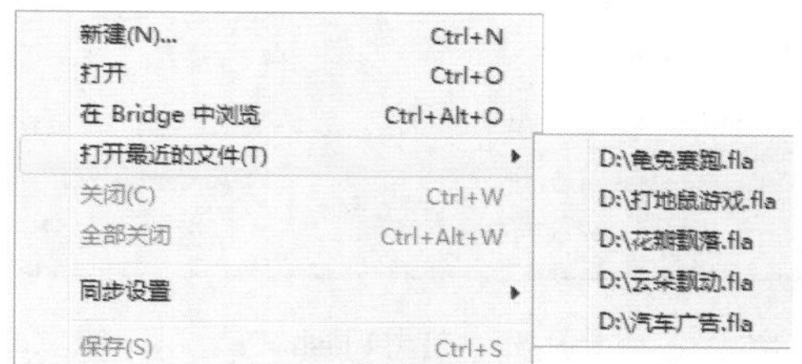

图9-57 打开最近的文件

◆ **直接打开：**在需要打开的Flash文档上双击，可启动Flash CC并打开文档。

技巧秒杀

在Flash CC中选择“文件”/“在Bridge中浏览”命令，将打开Documents窗口，在窗口中双击要打开的文档即可进行打开操作。

9.6 舞台和场景的基本操作

制作Flash动画前，还需要掌握舞台和场景的基本操作方法，包括添加场景、放大或缩小场景以及使用辅助工具等。

9.6.1 添加场景

如果制作的Flash动画比较大而且很复杂，可考虑将复杂的动画分场景进行制作。

实例操作：在文档中添加场景

- 光盘\素材\第9章\潮流.fla
- 光盘\效果\第9章\潮流.fla
- 光盘\实例演示\第9章\在文档中添加场景

本例在“潮流.fla”动画文档中添加一个名为“内页”的场景。

Step 1 ▶ 启动Flash CC，选择“文件”/“打开”命令，打开“打开”对话框，在其中选择需要打开的Flash文档，这里选择“潮流.fla”选项，单击 打开(O) 按钮打开文档，如图9-58所示。

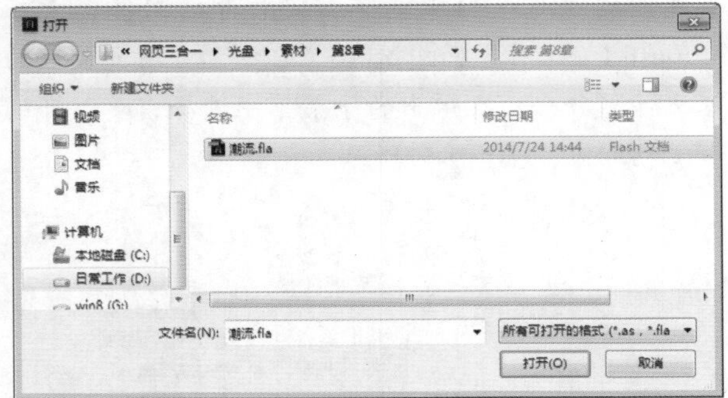

图9-58　打开Flash文档

Step 2 ▶ 此时可在Flash CC工作界面中看到已存在的“封面”场景。选择“窗口”/“场景”命令，打开“场景”面板。单击面板左下角的“添加场景”按钮，如图9-59所示。此时Flash CC将自动添加一个名为“场景2”的场景，并切换到该场景的画面，如图9-60所示。

图9-59　添加场景

图9-60　查看添加的场景

Step 3 ▶ 双击“场景”面板中的“场景2”名称，使场景名称处于可编辑状态，如图9-61所示。在其中输入容易识别的场景名称，这里输入“内页”，按Enter键确认修改，如图9-62所示。

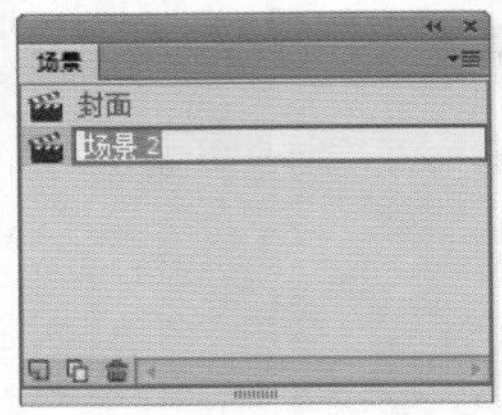

图9-61　可编辑状态

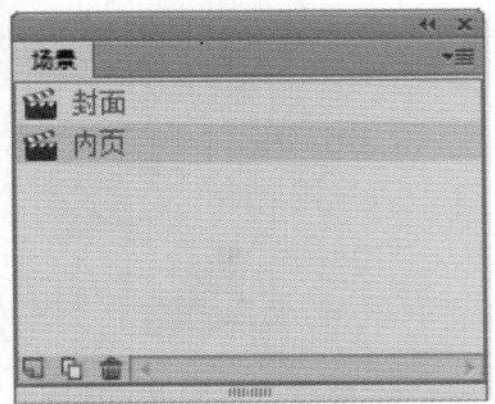

图9-62　修改完成

知识解析：“场景”面板

- **“添加场景”按钮**：单击该按钮可添加场景。
- **“重置场景”按钮**：在“场景”面板中选择一个场景，单击该按钮，可复制选择的场景。
- **“删除场景”按钮**：在“场景”面板中选择一个场景，单击该按钮，将打开提示对话框，单击 确定 按钮可删除该场景，如图9-63所示。

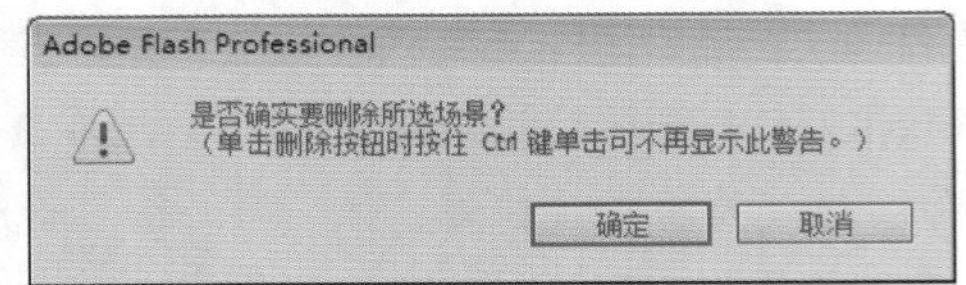

图9-63　删除场景

9.6.2 切换场景

当Flash文档中存在多个场景时，就需要在这些场景中进行切换，以进入需要查看或编辑的场景。切换场景的方法介绍如下。

- **在绘图工作区中切换**：在绘图工作区的右上角单击“场景”按钮，在弹出的下拉列表中选择需要的场景即可，如图9-64所示。

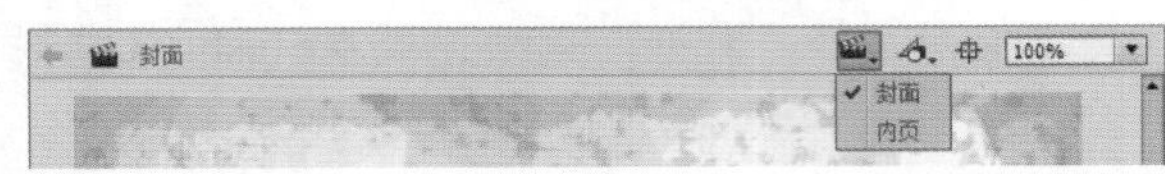

图9-64　在绘图工作区中切换

- **在“场景”面板中切换**：在“场景”面板中单击需要查看的场景名称，即可直接切换到当前场景的画面。

9.6.3 查看场景

制作动画时，有时需要对动画中的细微部分进行编辑，但在正常显示状态下，很难精确地定位并查看这些部分，此时可放大和移动显示界面，直到方便编辑为止。下面分别介绍在Flash CC中对场景进行缩放和移动的方法。

1. 缩放场景

当需要对场景中的某个物体进行操作时，可放大场景；当需要查看场景中的所有内容时，则可缩小场景，以方便查看。在Flash CC中进行场景缩放的方法有如下几种。

- **在绘图工作区中缩放：**在Flash CC的绘图工作区中单击场景右上角的“比例显示” 100% 后的下拉按钮，在弹出的下拉列表中选择相应的显示比例，绘图窗口即可以选择的比例显示，如图9-65所示。用户也可直接在其中输入显示比例。

图9-65　以不同比例显示场景

- **通过缩放工具进行缩放：**在工具箱中选择“缩放工具”，此时将默认选中该工具的放大状态（也叫放大工具），如图9-66所示。将鼠标光标移动到场景中单击，可将场景放大。在工具箱的下方选择“缩放工具”的缩小状态（也叫缩小工具）按钮，将鼠标光标移动到场景中单击，可缩小场景的显示状态。

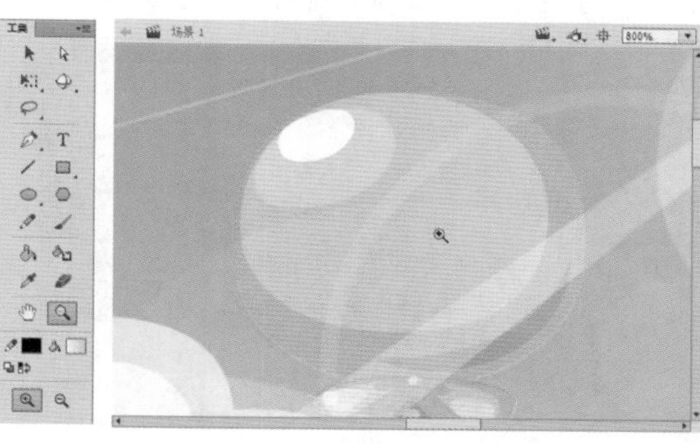

图9-66　缩放工具

- **查看场景中的某一部分：**若需要查看或编辑图形中的某个部分，可单独将这部分进行放大操作。其方法为：在工具箱中选择“放大工具”，将鼠标光标移动到需要放大的图形上方，按住鼠标左键不放，在场景中拖动鼠标框选需要放大的图形部分，然后释放鼠标，如图9-67所示。

图9-67　放大某一部分

2. 移动场景

根据需要，用户也可以通过移动场景来查看场景中未显示完整的内容，其方法主要有以下几种。

- 在工具箱中选择“手形工具”，将鼠标光标移动到场景中按住鼠标左键不放，拖动场景的显示界面，即可显示需要编辑的部分，如图9-68所示。

图9-68　移动场景

- 拖动绘图工作区右侧和下方的滚动条，显示出需要编辑的场景部分。
- 按住空格键不放，拖动鼠标也可移动场景的显示界面。

9.6.4 使用辅助工具

在Flash CC中还为用户提供了标尺、辅助线和网格等辅助绘图工具，用户可根据需要进行设置。下面分别对这些工具的使用方法进行讲解。

1. 标尺

标尺显示在文档左侧和上方，用于帮助用户快速创建具有固定单位和大小的图形形状。选择“视图”/“标尺”命令显示标尺，其默认单位是像素，用户可以根据需要进行更改，如图9-69所示。当不需要显示标尺时，可再次选择“视图”/“标尺”命令进行隐藏。

读书笔记

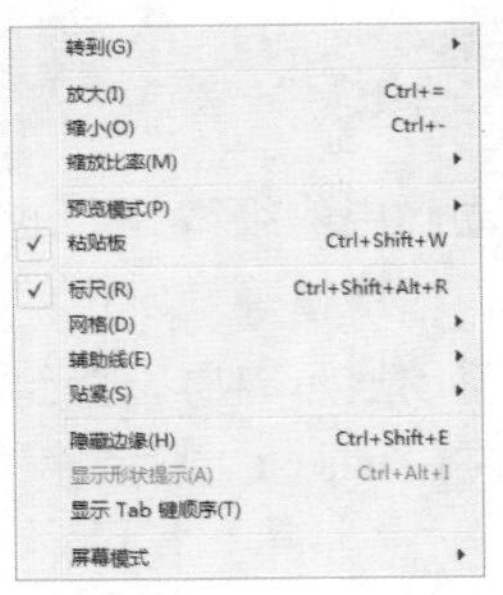

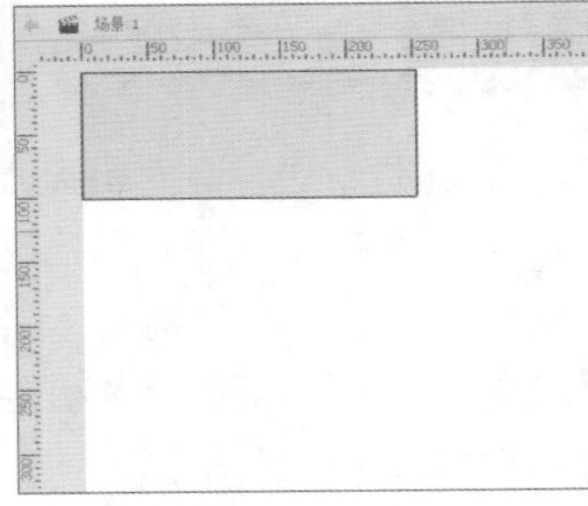

图9-69　标尺

2. 辅助线

辅助线主要用于使图形和对象以某条水平或垂直的参考线进行对齐。在Flash CC中显示标尺后，直接在水平或垂直标尺上按住鼠标左键将其拖曳到舞台上即可完成辅助线的创建，如图9-70所示。

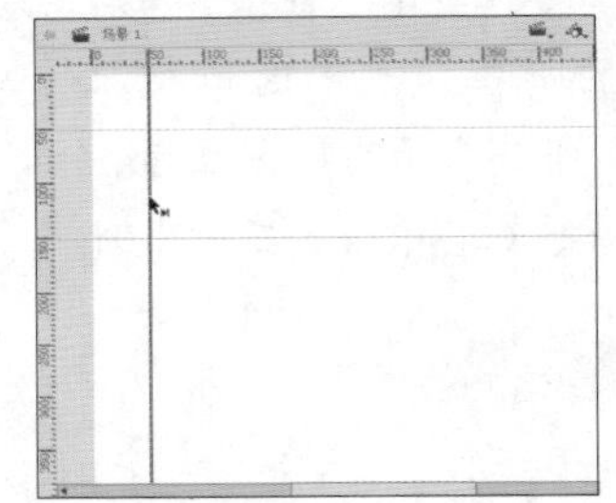

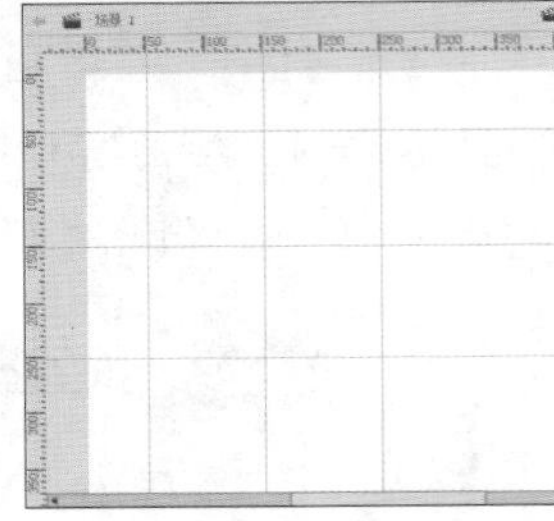

图9-70　创建辅助线

创建辅助线后，用户还可选择“视图”/“辅助线”/“编辑辅助线”命令，在打开的“辅助线”对话框中对辅助线进行设置，如图9-71所示。

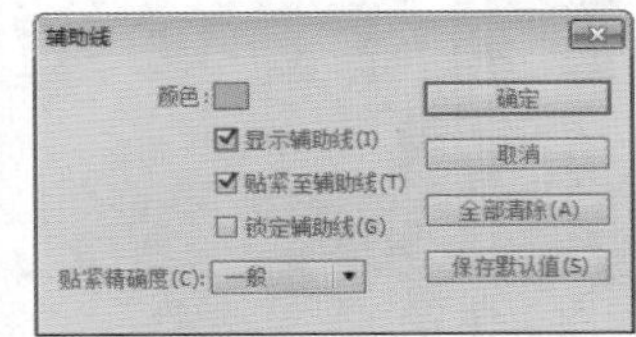

图9-71　“辅助线”对话框

知识解析：“辅助线”对话框

- **颜色**：单击该色块，可在弹出的颜色框中设置辅助线的颜色。
- **显示辅助线(I)复选框**：选中该复选框，可显示辅助线，当取消选中该复选框时，辅助线将被隐藏。
- **贴紧至辅助线(T)复选框**：选中该复选框，可使对象紧贴辅助线；取消选中复选框，则关闭该功能。

- ☐锁定辅助线(G)复选框：选中该复选框，辅助线将被锁定，不能进行移动操作。
- 紧贴精确度：用于设置对齐的精确度，包括必须接近、一般和可以远离3个选项。
- 全部清除(A)按钮：单击该按钮可删除场景中的所有辅助线。
- 保存默认值(S)按钮：单击该按钮，可将当前设置保存为默认值。

技巧秒杀

选择“视图”/“辅助线”命令，在弹出的子菜单中选择“锁定辅助线”命令可锁定辅助线；选择“清除辅助线”命令可删除场景中的辅助线。

3. 网格

网格就是显示在场景中的一条条直线，它将场景分割成了一个个小方格，可以使用户在制作一些形状规范的图形时，降低操作的难度，并提高图形绘制的精确度。

选择“视图”/“网格”/“显示网格”命令或按Ctrl+'快捷键可显示网格，如图9-72所示。

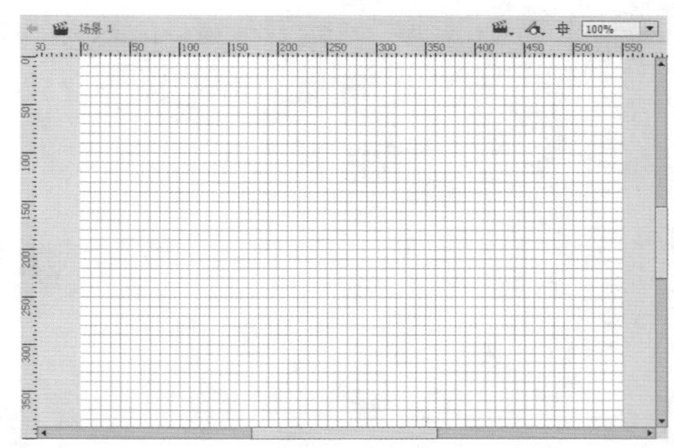

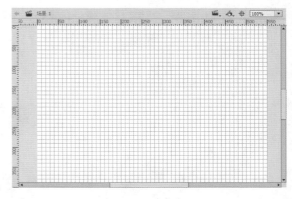

图9-72　网格

选择“视图”/“网格”/“编辑网格”命令，可打开“网格”对话框，在其中可以对网格进行自定义设置，如图9-73所示。该对话框中的大多数参数都与“辅助线”对话框类似，不同的是，可以在“水平间距”文本框和“垂直间距”文本框中设置网格填充中所使用元件之间的水平或垂直距离，其单位为像素。

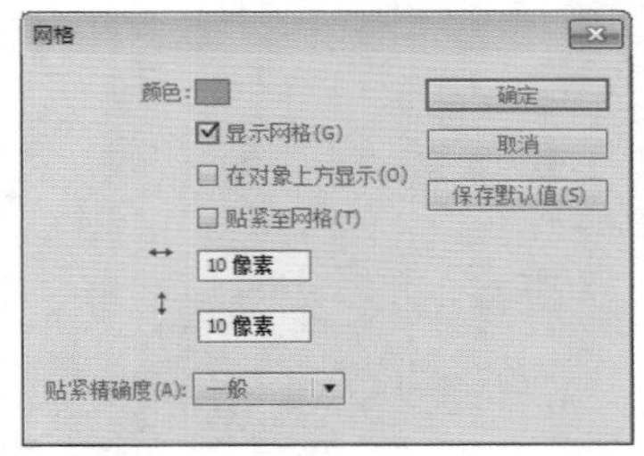

图9-73　“网格”对话框

知识大爆炸——Flash动画与传统动画的比较

传统动画都是动画师手工将动画人物、背景绘制在纸上，通过上色以及一张张的拍摄制作出动画画面，然后再配上声音。与Flash动画相比，传统动画能够展示雄伟、奇幻的宏大场面，能够完成复杂而高难度的动画效果。一部成功的动画作品，不管是从质量还是寓意上，都能够给人一种美的享受。和传统动画相比，Flash动画则简单得多，首先，其操作更加简单，只要一台满足其硬件设备的计算机即可；其次，Flash的功能十分强大，不仅能够对位图进行处理，还能绘制出矢量图形，并添加动画与声音等；Flash中的素材还可以保留下来反复使用，提高了动画制作的效率；当制作完成后，还可以方便地通过软件对动画效果进行预览。虽然如此，但Flash动画仍有一些缺点，如过渡色生硬、单一；制作复杂动画很耗时等。这也是Flash动画无法真正在质量上超越传统动画的原因。

01 02 03 04 05 06 07 08 09 10 11 12 ……

10 图形的绘制与编辑

本章导读

图形是组成动画最重要的元素之一，在Flash CC中可以通过各种工具绘制需要的图形，如线条工具、铅笔工具、椭圆工具、矩形工具、钢笔工具、多角星形工具和刷子工具等。完成图形的绘制后，还需要对图形的颜色进行填充，使图形效果更加美观，色彩更加丰富。

10.1 基本绘图工具

Flash CC中提供了多种基本图形绘制工具，通过它们能够快速绘制出需要的简单图形。在绘制图形时，经常需要使用选择工具来辅助图形的操作，下面将分别对其进行介绍。

10.1.1 选择工具

选择工具主要用来进行线条的编辑，包括选择、移动和复制等操作，下面分别进行介绍。

1. 选择线条

选择线条的方法主要有以下几种。

- 使用“选择工具”直接单击由一条线段组成的图形，可选择该线条。
- 当要选择由多条线段组成的图形中的某条线段时，直接选择需要的线条即可，如图10-1所示。
- 使用鼠标单击第一条线段，按Shift键的同时再单击其他的线段，可选择多条线段，如图10-2所示。
- 拖动鼠标框选所有的线段，可选择所有的线段，如图10-3所示。

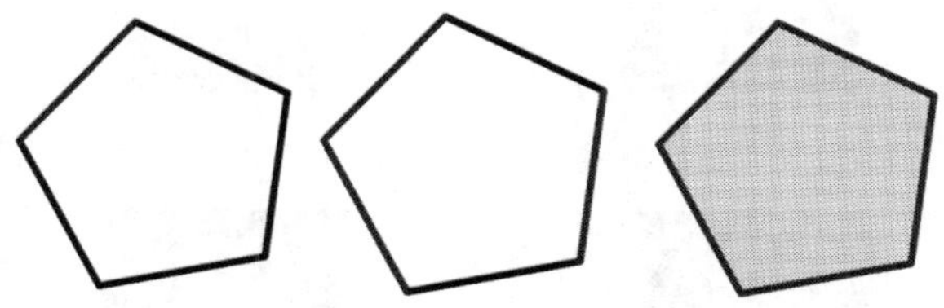

图10-1 选择一条 图10-2 选择多条 图10-3 选择所有线段

2. 移动与复制线条

在绘制图形时，经常需要对某条线条或整个图形进行移动操作，以使图形更加符合实际需要。其方法是：选择需要移动的线条，按住鼠标左键不放将其拖动到需要的位置即可。当按住Alt键再拖动时，则可实现复制线条的操作，如图10-4所示。

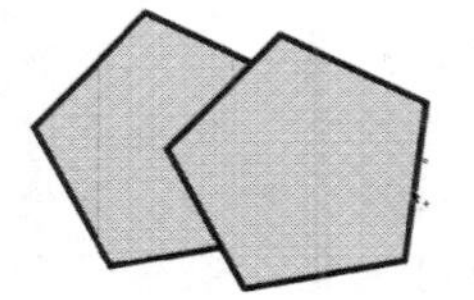
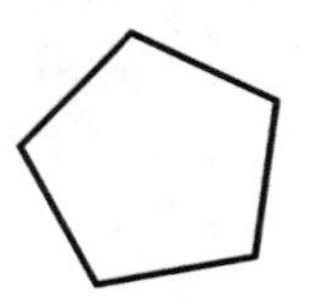
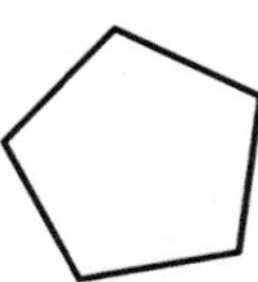

图10-4 复制线条

技巧秒杀

选择“选择工具”后，工具箱底部还有3个按钮，其中“紧贴至对象”按钮具有吸附功能，能够自动搜索线条的端点和图形边框；“平衡”按钮用于使曲线趋于平滑；“伸直”按钮用于修饰曲线，使曲线趋于直线。

10.1.2 线条工具

在制作Flash动画的过程中，经常需要绘制不同的直线或折线。这时可使用“线条工具”绘制线条，还可以借助“选择工具”或“部分选取工具”对线条进行调整。

实例操作：绘制杯子图形

- 光盘\效果\第10章\杯子.fla
- 光盘\实例演示\第10章\绘制杯子图形

使用线条工具可以绘制直线或斜线，而通过选择工具，则可以调整直线的弧度，本例将新建一个Flash文档并绘制杯子图形，其效果如图10-5所示。

图10-5 最终效果

Step 1 ▶ 启动Flash CC，在欢迎界面中选择ActionScript 3.0选项，新建一个Flash文件。在“属性”面板中单击“舞台”色块，设置背景色为#7C8B2F，如图10-6所示。

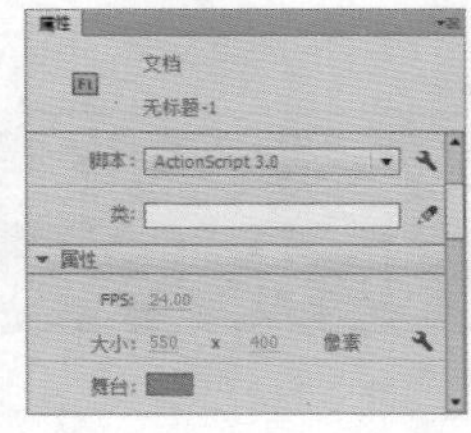

图10-6　设置舞台颜色

Step 2 ▶ 在工具箱中选择“线条工具”，在其“属性”面板中设置笔触颜色为白色（#FFFFFF），笔触为2.00，如图10-7所示。在舞台中按住Ctrl键并拖动鼠标绘制一条水平直线，然后再使用相同的方法绘制其他的直线或斜线，如图10-8所示。

图10-7　设置线条属性

图10-8　绘制图形

技巧秒杀

在绘制线段时，按住Ctrl键可使绘制的线条变为水平或垂直的直线，不按住Ctrl键则会绘制成斜线。

Step 3 ▶ 在工具箱中选择“选择工具”，使用鼠标框选舞台中绘制的图形，然后在按住Shift键的同时向右拖动图形，复制该图形。重复该操作，使图形间的间距相同，如图10-9所示。

图10-9　选择和复制图形

Step 4 ▶ 将“选择工具”放在第一个图形的左侧线条上，当鼠标光标变为形状时，按住鼠标左键不放，向外拖动鼠标，调整线条的弧度，如图10-10所示。将鼠标光标移到下方的斜线处，当其变为形状时，拖动鼠标调整斜线的弧度，如图10-11所示。使用相同的方法，调整右侧线条的弧度，然后调整底部线条的弧度，效果如图10-12所示。

图10-10　调整左侧线条

图10-11　调整右侧线条

Step 5 ▶ 选择“线条工具”，在“属性”面板中设置笔触为1.00，在图形中间绘制一个连续的线条，使其成为一个三角形，如图10-13所示。使用“选择工具”调整三角形的弧度，使其与杯子形状的弧度相似，效果如图10-14所示。然后再选择“颜料桶工具”，设置填充颜色为白色，在图形中间单击，填充颜色，如图10-15所示。

图10-12　调整底部线条

图10-13　绘制三角形

图10-14　调整弧度

图10-15　填充颜色

?答疑解惑：

为什么按照上面的操作步骤，填充颜色时却没有效果呢？

这是因为绘制的线条图形的两端没有闭合，还存在缺口，此时图形是开放的，故不能填充颜色。解决办法是：放大场景，查看每条线条的两端是否是重合的，若没有重合，可使用“线条工具”将其移动到一起，形成闭合的图形，此时再进行填充即可。

Step 6 ▶ 选择“线条工具”，在“属性”面板中设置笔触为3.00，在上方绘制吸管的形状，如图10-16所示。然后使用相同的方法，调整之前复制的两个图形，其最终效果如图10-17所示。

图10-16 绘制吸管

图10-17 完成绘制

技巧秒杀

调整线条弧度时，若线条两端有多余的线段，可使用“线条工具”选择多余的部分，按Delete键进行删除。

知识解析：线条工具“属性”面板

- 笔触颜色：用于设置线条的颜色。
- 填充颜色：用于设置填充的颜色，线条工具呈不可用状态。
- 笔触：用于设置线条的粗细，可拖动滑动条来设置，也可直接在文本框中输入需要的数值。
- 样式：用于设置线条的样式，包括“极细线”、“实线”、“虚线”、“点状线”、“锯齿线”、“点刻线”和“斑马线”等，如图10-18所示。
- “编辑笔触样式”按钮：单击该按钮，可打开“笔触样式”对话框，在其中可以对笔触的粗细、类型等进行编辑，如图10-19所示。

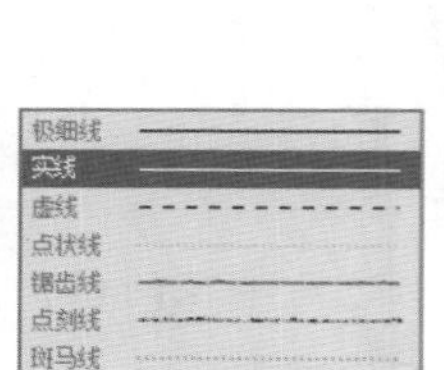

图10-18 笔触样式

图10-19 编辑笔触样式

- 缩放：用于设置限制动画中线条的笔触缩放，防止出现线条模糊。包括“一般”、“水平”、“垂直”和“无”4个选项，如图10-20所示。
- 端点：用于设置线条端点的样式，包括“无”、“圆角”和“方形”3个选项，如图10-21所示。
- 接合：即两条线段的相接处，拐角的端点形状，包括“尖角”、“圆角”和“斜角”3个选项，如图10-22所示。

图10-20 缩放

图10-21 端点

图10-22 接合

10.1.3 铅笔工具

“铅笔工具”能够模拟真实铅笔所产生的效果，并且其使用方法也十分简单，通过此工具可以绘制各种随意的线条，如图10-23所示。

图10-23 使用“铅笔工具”绘制的图形

使用“铅笔工具”时，工具箱底部有两个按钮，分别是“对象绘制”按钮和“铅笔模式”按钮。当单击“对象绘制”按钮时，绘制的图形为对象；当单击“铅笔模式”按钮时，在弹出的列表中选择一个选项，可绘制线条，如图10-24所示。

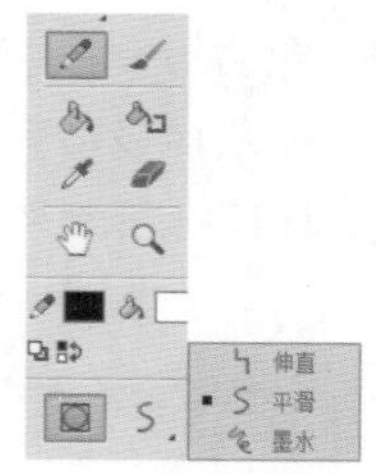

图10-24 铅笔工具

知识解析：铅笔模式

- 伸直：在该模式下绘制的线条更加平直。
- 平滑：在该模式下绘制的线条更加平滑，且能激活铅笔工具“属性”面板中的“平滑”选项，如图10-25所示。
- 墨水：该模式下绘制的线条不会发生变换。

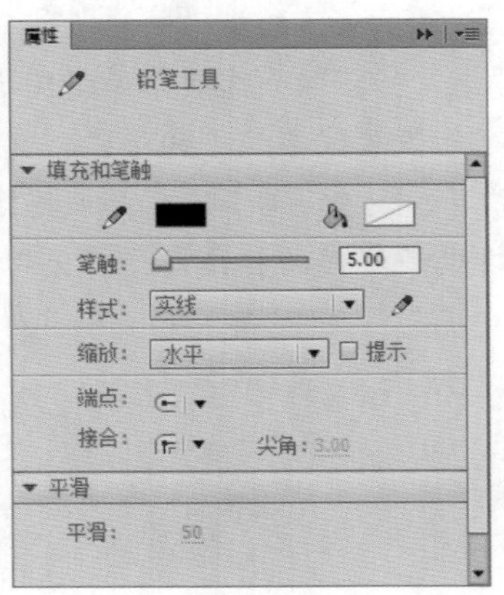

图10-25 铅笔工具“属性”面板

技巧秒杀

铅笔工具属性面板与线条工具属性面板中的参数设置与含义相同，这里不再赘述。

10.1.4 矩形工具

矩形工具可用于绘制矩形或正方形。其绘制方法主要有以下两种。

- **通过对话框绘制**：在工具箱中选择“矩形工具”，按住Alt键在舞台空白处单击，打开“矩形设置”对话框，在其中设置矩形的宽、高、边角半径和是否从中心绘制后，单击确定按钮即可，如图10-26所示。
- **拖动绘制**：直接选择“矩形工具”后，将鼠标光标移动到舞台中，按住鼠标左键不放拖动鼠标进行绘制即可，如图10-27所示。

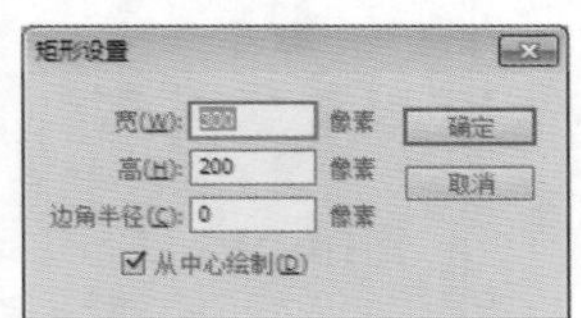

图10-26 “矩形设置”对话框

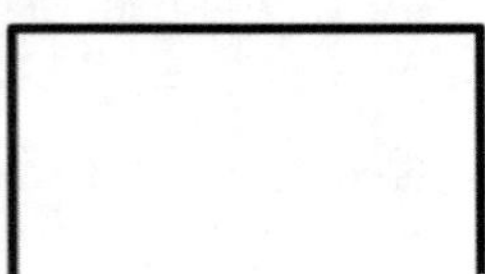

图10-27 绘制矩形

技巧秒杀

若按住Shift键再绘制矩形，可使绘制的矩形变为正方形。

选择“矩形工具”后，可在“属性”面板中进行参数设置，如图10-28所示为其“属性”面板。“填充和笔触”栏中的各参数的含义与前面介绍的工具相同，这里不再赘述。

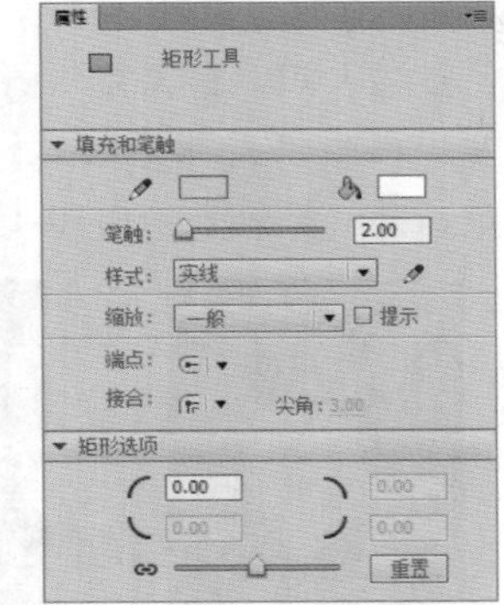

图10-28 矩形工具“属性”面板

在“矩形选项”栏中，用户可以设置矩形4个角的圆角大小，其中各选项的含义如下。

- **矩形边角半径**：用于设置矩形边角的半径，其值越大，矩形边角越圆。当边角半径的值足够大时，矩形将变为圆形，如图10-29所示；当边角半径的值足够小时，矩形将变为向内收缩的形状，如图10-30所示。

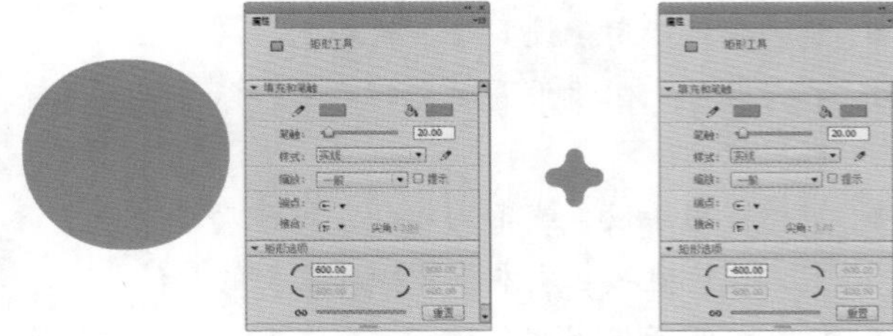

图10-29 圆形　　图10-30 向内收缩的矩形

- **“将边角半径控件锁定为一个控件”按钮**：默认状态下，矩形边角的4个边角的值是相同的。单击该按钮，则可对矩形半径边角进行单独设置，如图10-31所示。

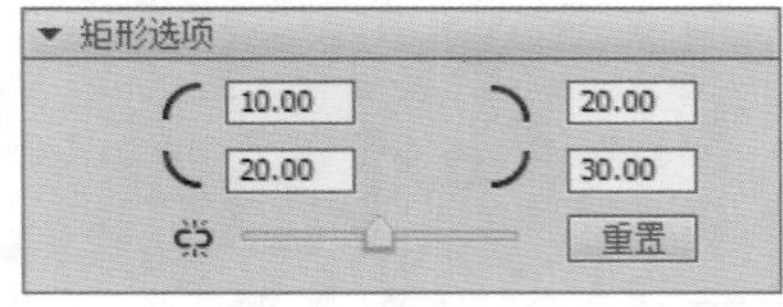

图10-31 将边角半径控件锁定为一个控件

- **边角半径控件**：用于设置矩形边角半径的值，向左拖动时边角半径变小，向右拖动则变大。
- **重置按钮**：单击该按钮，可使边角半径的值恢复默认值0。

实例操作：绘制路标

- 光盘\素材\第10章\天空城市.fla
- 光盘\效果\第10章\天空城市.fla
- 光盘\实例演示\第10章\绘制路标

本例将在“天空城市.fla”文档中使用“矩形工具”绘制路标，并对其形状进行调整，完成后的效果如图10-32所示。

图10-32　最终效果

Step 1 打开“天空城市.fla”文档，在工具箱中选择“矩形工具”，在“属性”面板中设置笔触颜色和填充颜色为#1886A2，笔触大小为3.00，样式为“实线”，如图10-33所示。在图形的左侧绘制一个长条的矩形，如图10-34所示。

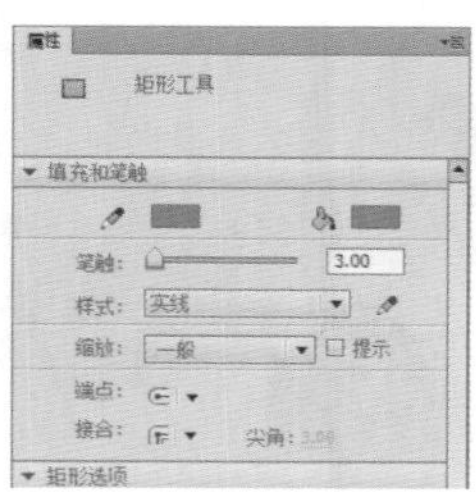

图10-33　设置属性

图10-34　绘制长条矩形

Step 2 在“属性”面板中设置填充颜色为白色（#FFFFFF），笔触大小为2.00，如图10-35所示。在之前绘制的矩形上绘制几个大小不同的矩形，如图10-36所示。

技巧秒杀

若不想设置填充颜色，可在弹出的颜色框中单击☒图标。

图10-35　设置属性

图10-36　绘制矩形

Step 3 选择“选择工具”，对最上方的矩形进行变形操作，如图10-37所示。在其内部绘制一个矩形，执行相同的操作，再填充两个矩形中间部分的颜色为#FFCC66，使矩形的效果变得立体，如图10-38所示。

图10-37　变形图形

图10-38　绘制并进行变形

Step 4 使用相同的方法，在其他位置绘制大小不同的矩形并调整其大小，效果如图10-39所示。

图10-39　完成绘制

?答疑解惑：

绘制了矩形后发现其颜色不理想，可以进行修改吗？

可以使用“选择工具”选择需要修改的对象，在“属性”面板中重新设置笔触颜色或填充颜色即可。

10.1.5 椭圆工具

如果用户需要绘制椭圆或正圆，可直接使用“椭圆工具”进行绘制，提高绘图的速度。

实例操作：绘制七星瓢虫

- 光盘\素材\第10章\瓢虫.fla
- 光盘\效果\第10章\瓢虫.fla
- 光盘\实例演示\第10章\绘制七星瓢虫

本例将在“瓢虫.fla”文档中使用“椭圆工具”绘制形状，使其组合成瓢虫，并对形状进行调整，完成后的效果如图10-40所示。

图10-40 最终效果

Step 1 打开“瓢虫.fla”文档，在工具箱中选择“椭圆工具”，在“属性”面板中设置笔触颜色为黑色（#000000），填充颜色为#F46200，按住Shift键不放，在图形中绘制一个正圆形，如图10-41所示。在“属性”面板中设置填充颜色为“无”，拖动鼠标在绘制的正圆上绘制一个椭圆，如图10-42所示。

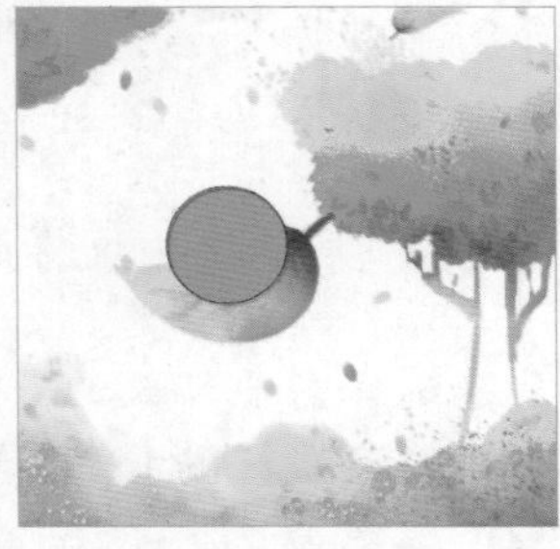

图10-41 绘制正圆

图10-42 绘制椭圆

Step 2 选择“选择工具”，选择两个椭圆以外的线条，按Delete键删除，然后将上半部分的颜色填充为黑色（#000000），如图10-43所示。选择“椭圆工具”，设置笔触颜色和填充颜色都为黑色（#000000），在图形中绘制正圆，效果如图10-44所示。

图10-43 删除多余的部分

图10-44 绘制黑色的正圆

操作解谜

当需要绘制复杂的图形时，可通过多个简单的图形叠加来实现。当绘制的多个图形产生重合时，即可将多余的部分删除，得到需要的效果。

Step 3 设置填充颜色为白色（#FFFFFF），在上面的图形中绘制正圆，效果如图10-45所示。使用“线条工具”在正圆周围绘制线条，并调整其形状，效果如图10-46所示。

图10-45 绘制正圆

图10-46 绘制线条

Step 4 设置椭圆工具的笔触颜色和填充颜色都为黑色（#000000），设置“结束角度”为58.29，拖动鼠标在图形中绘制一个半角圆形，完成图形的绘制，效果如图10-47所示。

技巧秒杀

设置结束角度的值后，圆形将不能闭合。

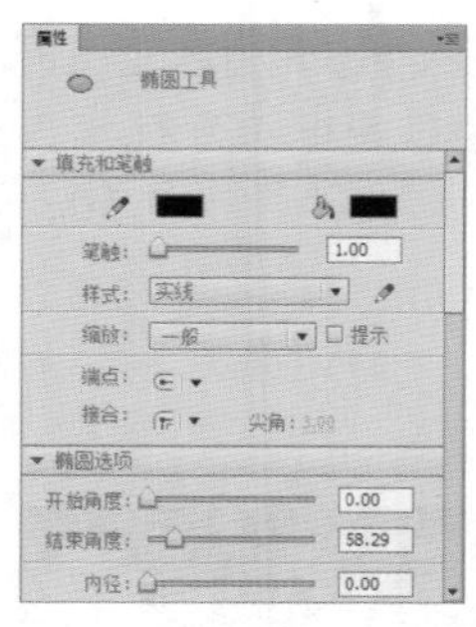

图10-47　绘制未闭合的圆形

Step 5 完成后选择绘制的瓢虫图形，按住Alt键复制几个，并按Ctrl+T快捷键，打开“变形”面板，在其中设置其缩放大小、位置和旋转角度后，将其移动到适当的位置即可，如图10-48所示。

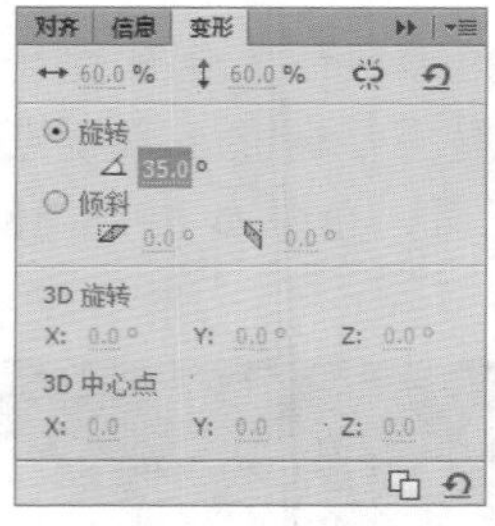

图10-48　复制并调整图形

操作解谜

对图形进行复制操作是为了简化绘制图形的步骤，提高制作的速度，用户可复制后再对其稍微进行修改。对图形进行变形则是为了使图形的大小更符合当前的画面，使图像效果更精致。对图形进行变形的操作将在第11.2节中进行详细讲解，这里不作过多介绍。

知识解析：椭圆选项

◆ 开始角度：用于设置椭圆的起始角度，可以将椭圆和圆形的形状修改为扇形、半圆形及其他形状。起始角度的值在0~360之间，用户可根据需要来设置。

◆ 结束角度：用于设置椭圆的结束角度，可以将椭圆和正圆的形状修改为扇形、半圆形及其他有创意的形状，结束角度的值在0~360之间，用户可根据需要进行设置。

◆ 内径：用于调整椭圆的内径（即内侧椭圆），其范围在0~99之间，表示删除的填充的百分比。如图10-49所示即为设置不同内径后的椭圆效果。

图10-49　不同内径的椭圆

◆ ☑闭合路径复选框：用于指定椭圆的路径是否闭合（如果指定了内径，则有多个路径）。若取消选中该复选框，且设置了起始角度和结束角度，绘制椭圆时，将无法形成闭合路径和填充颜色。

◆ 重置按钮：单击该按钮，“开始角度”、“结束角度”和“内径”的值将恢复为默认值0。

技巧秒杀

选择“椭圆工具”，按住Alt键单击鼠标，将打开“椭圆设置”对话框，在其中对椭圆的宽、高进行设置后，单击 确定 按钮也可以绘制椭圆，如图10-50所示。

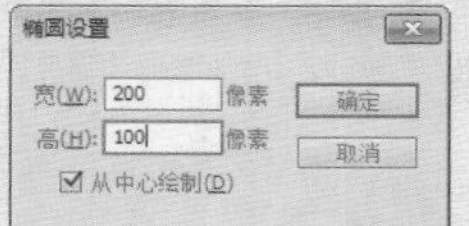

图10-50　“椭圆设置”对话框

10.1.6 多角星形工具

“多角星形工具”用于绘制不同的多边形和星形，用户可以根据需要设置多边形的样式、边数和顶点大小，使其符合实际需要。

实例操作：绘制充满星星的夜空

- 光盘\素材\第10章\星空.fla
- 光盘\效果\第10章\星空.fla
- 光盘\实例演示\第10章\绘制充满星星的夜空

本例将在“星空.fla”文档中使用“多角星形工具”绘制星星，使星空变得璀璨美丽，完成后的效果如图10-51所示。

图10-51　最终效果

Step 1 打开“星空.fla”文档，如图10-52所示。选择“多角星形工具”，在“属性”面板中设置笔触颜色为“无”，填充颜色为白色（#FFFFFF），笔触为1.00，单击“工具设置”栏中的［选项...］按钮，如图10-53所示。

图10-52　原文档

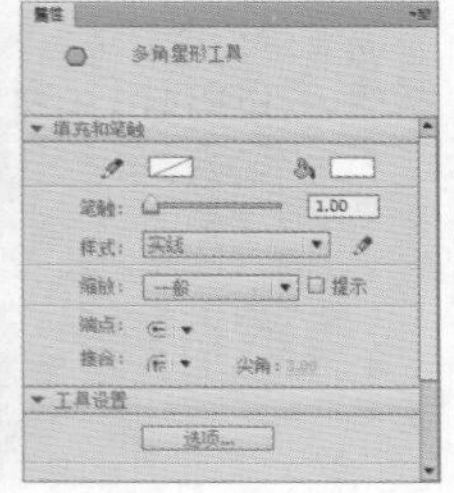

图10-53　属性设置

Step 2 打开“工具设置”对话框，在“样式”下拉列表框中选择“星形”选项，在“边数”文本框中输入5，在“星形顶点大小”文本框中输入0.50，单击［确定］按钮，如图10-54所示。返回图形绘制区中，拖动鼠标绘制几个大小不一的五角星，如图10-55所示。

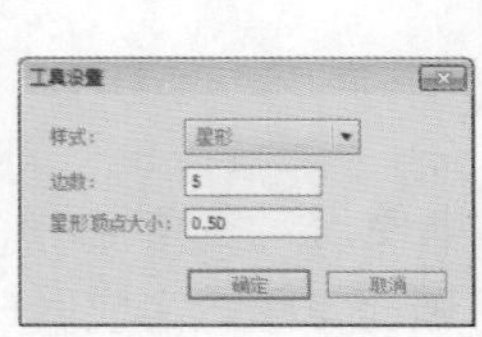

图10-54　工具设置

图10-55　绘制五角星

Step 3 在“属性”面板中再次单击［选项...］按钮，打开“工具设置”对话框，在其中设置样式为“星形”，边数为4，“星形顶点大小”为0.10，单击［确定］按钮，如图10-56所示。返回图形绘制区中，拖动鼠标绘制几个大小不一的四角星形，如图10-57所示。

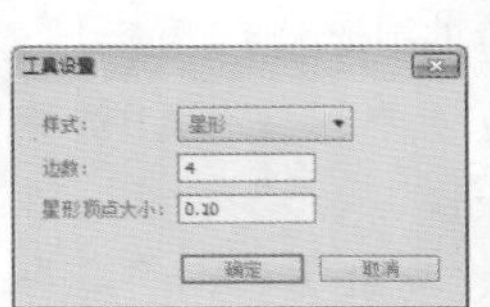

图10-56　工具设置

图10-57　绘制四角星形

Step 4 使用相同的方法，在图形中的其他位置绘制五角星和四角星，用户可根据需要调整星形顶点的大小，使绘制的形状各不相同，效果如图10-58所示。

图10-58　完成绘制

知识解析：“工具设置”对话框

- **样式**：用于设置所绘图形的样式，包括多边形和星形两个选项。
- **边数**：用于设置所绘制的图形的边数，其范围为3~32。
- **星形顶点大小**：用于指定星形顶点的深度，其范围为0~1。该值越接近0，创建的顶点就越深。当绘制的图形为多边形时，该值的设置不会对图形有任何影响。

10.1.7 刷子工具

“刷子工具”与“铅笔工具”类似，不同的是，“铅笔工具”绘制的是笔触，而“刷子工具”绘制的是填充。如图10-59所示，在“属性”面板中可看到笔触等选项颜色为灰色，表示不能进行设置。选择“刷子工具”后，在工具箱下方还可对刷子的模式、大小和形状等进行设置，如图10-60所示。

图10-59 刷子工具“属性”面板

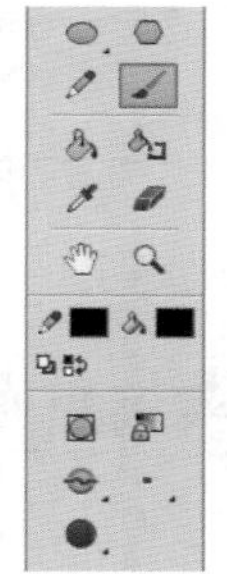

图10-60 刷子工具

工具箱中“刷子工具”各选项的含义介绍如下。

◆ 刷子模式：单击“刷子模式”按钮，在弹出的列表中可设置刷子的模式，包括标准绘画、颜料填充、后面绘画、颜料选择和内部绘画5种，如图10-61所示。各种模式的含义介绍如下。

◎ 标准绘画：用于对同一层的线条和填充涂色。

◎ 颜料填充：对填充区域和空白区域颜色涂色，不影响线条。

◎ 后面绘画：在舞台上同一层的空白区域涂色，不影响线条和填充。

◎ 颜料选择：只能在选定区域内绘制图形。

◎ 内部绘画：对开始时“刷子笔触”所在的填充进行涂色，但不对线条涂色，也不允许在线条外面涂色。如果在空白区域中涂色，则不会影响其他的填充区域。

◆ 刷子大小：单击“刷子大小”按钮，在弹出的下拉列表中可设置刷子的笔触大小，可根据需要进行选择，如图10-62所示。

◆ 刷子形状：单击“刷子形状”按钮，在弹出的下拉列表中可设置刷子的形状，包括直线、矩形和圆形等，如图10-63所示。

图10-61 刷子模式

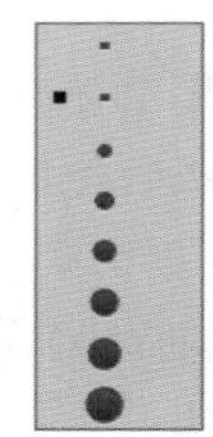

图10-62 刷子大小

图10-63 刷子形状

10.2 钢笔工具

钢笔工具可以绘制直线和曲线，并可对曲线的弯曲度进行调节，使绘制的线条达到理想的效果。在绘制前，用户还需要先了解钢笔工具绘图的原理、锚点和转换点等知识，并掌握编辑路径的方法。下面对钢笔工具的具体使用方法进行介绍。

10.2.1 锚点

“钢笔工具”绘制的线条是由多个锚点组合在一起的，锚点就是每条线段的端点。如图10-64所示为使用“钢笔工具”绘制的直线，当使用“钢笔工具”单击时，即可创建锚点。

图10-64 锚点

10.2.2 绘制状态

使用“钢笔工具”绘制图形时，当鼠标光标呈现出不同的状态时，表示其绘制的模式不同。钢笔工具场景的绘制状态有如下几种。

◆ 初始锚点指针：选择“钢笔工具”后呈现的鼠标光标状态。表示下一次在舞台上单击鼠标时将创建初始锚点，即新路径的开始。

- **连续锚点指针**：表示下一次单击鼠标时将创建一个锚点，并用一条直线与前一个锚点相连。在绘制图形时，除了初始锚点指针外，所有的鼠标光标都显示为该状态。
- **添加锚点指针**：表示单击鼠标时可在现有路径中添加一个锚点。该指针必须在选择路径状态下，将鼠标光标放在路径上才会出现。或直接选择“添加锚点工具”时出现，如图10-65所示。
- **删除锚点路径**：表示单击鼠标时可在现有路径中删除一个锚点。该光标必须在选择路径状态下，将鼠标光标放在路径上才会出现。或直接选择“删除锚点工具”时出现，如图10-65所示。

钢笔工具(P)
添加锚点工具 (=)
删除锚点工具 (-)
转换锚点工具 (C)

图10-65　钢笔工具

- **转换锚点指针**：用于将不带方向线的转角点转换为带有独立方向线的转角点。可按Shift+C快捷键或直接选择“转换锚点工具”进行切换；也可将鼠标光标放在锚点上，按Alt键进行切换。
- **连续路径指针**：从现有锚点扩展新路径，鼠标光标必须放在路径上现有锚点的上方，并且仅在当前未绘制路径时，该指针才可用。
- **闭合路径指针**：用于闭合当前正在绘制的路径。只能在当作正在绘制的路径的起始锚点上单击时才会有效。
- **回缩贝塞尔手柄指针**：当鼠标光标位于显示其贝塞尔手柄的锚点上方时显示。单击鼠标将回缩贝塞尔手柄，并使得穿过锚点的弯曲路径恢复为直线段。
- **连接路径指针**：除了鼠标光标不能位于同一个路径的初始锚点上方外，与闭合路径工具基本相同，该指针必须位于唯一路径的任一端点上方。

10.2.3 绘制图形

钢笔工具可以绘制出直线和曲线，其绘制方法分别介绍如下。

- **绘制直线**：选择“钢笔工具”，在舞台中单击鼠标创建一个锚点，再单击鼠标继续创建锚点，此时由两个锚点连接的路径就是一条直线，如图10-66所示。
- **绘制曲线**：选择“钢笔工具”后单击鼠标，并拖动鼠标调整曲线的方向线，方向线的长度和角度将决定曲线的形状，如图10-67所示。

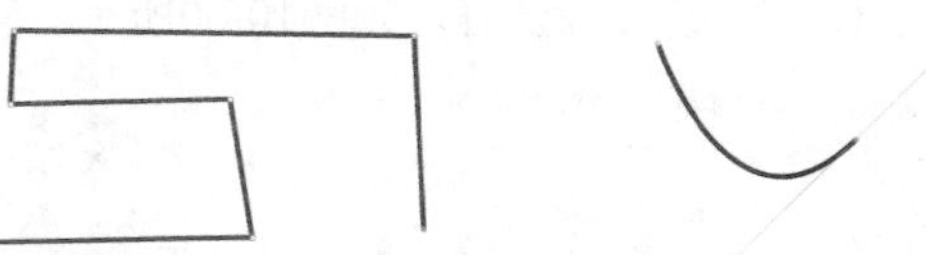

图10-66　绘制直线　　图10-67　绘制曲线

实例操作：绘制卡通风景画

- 光盘\效果\第10章\卡通风景画.fla
- 光盘\实例演示\第10章\绘制卡通风景画

本例将新建一个动画文档，在其中使用钢笔工具绘制线条，并结合其他工具绘制出卡通风景画，完成后的效果如图10-68所示。

图10-68　最终效果

Step 1 启动Flash CC，新建一个ActionScript 3.0动画文档。选择“钢笔工具”，当鼠标光标变为形状时，在舞台左侧中下部单击以确定直线的起点，在舞台左侧底部单击以确定直线的中间点，绘制第一条直线，如图10-69所示。将鼠标光标移动到舞台右下角及舞台右侧中下部并单击，绘制出第二条和第三条直线，如图10-70所示。

图10-69　绘制第一条直线 图10-70　绘制第二、第三条直线

Step 2 ▶ 将鼠标光标移动到如图10-71所示位置单击并按住鼠标左键不放进行拖动，拖动时注意观察曲线的形状，至满意时释放鼠标。将鼠标光标移动到起点上单击并按住鼠标左键不放进行拖动，以调整曲线的形状，完成后的效果如图10-72所示。

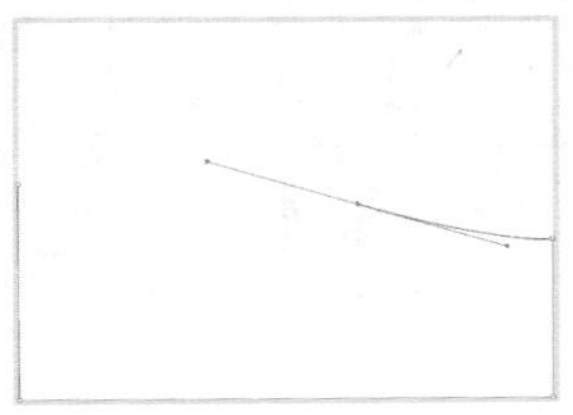

图10-71　绘制曲线

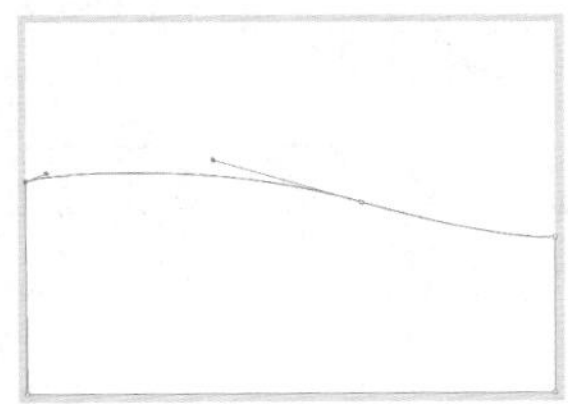

图10-72　闭合图形

Step 3 ▶ 使用相同的方法，继续绘制一座山峰，然后再绘制一条小路，使用“选择工具”选择小路与山峰交汇的线条，按Delete键删除，如图10-73所示。在舞台左侧的山峰上绘制一个蘑菇形状的小屋，并复制到右侧，适当调整其大小，完成后的效果如图10-74所示。

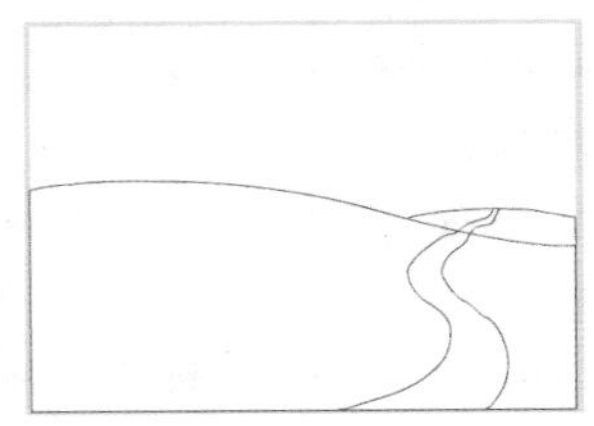

图10-73　绘制小路

图10-74　绘制房屋

Step 4 ▶ 继续绘制树木图形和云朵图形，绘制后的效果如图10-75所示。

图10-75　绘制树木和云朵

Step 5 ▶ 完成绘制后再使用“颜料桶工具”对各部分的颜色进行填充，效果如图10-76所示。然后再设置舞台的颜色为#86CBF1，完成图形的绘制，效果如图10-77所示。

图10-76　填充颜色

图10-77　设置舞台颜色

10.2.4 添加和删除锚点

使用钢笔工具绘制路径的过程中，用户可通过添加锚点来更方便地控制路径。当路径中存在多余的锚点时，可以删除锚点，降低路径的复杂程度，使路径变得容易编辑、显示和打印。添加和删除锚点的方法分别介绍如下。

- 添加锚点：选择“添加锚点工具”，或选择路径，将鼠标光标移动到绘制的线条上，当鼠标光标变为形状时，单击即可添加锚点，如图10-78所示。
- 删除锚点：选择“删除锚点工具”，将鼠标光标定位到锚点上，然后单击，可以删除锚点，如图10-79所示。

图10-78　添加锚点　　图10-79　删除锚点

10.2.5 调整路径

使用“部分选取工具”单击路径，将显示出路径上的所有锚点，单击并拖动锚点，可对锚点的位置和路径的方向进行调整。下面分别对调整路径的方法进行介绍。

- 调整路径的曲线：当拖动平滑点上的切线手柄

时，可对该点两边的曲线进行调整（若为转角点，则只能调整某一侧的曲线），如图10-80所示。

- 调整角点：选择“部分选取工具”，按住Alt键单击并拖动转角点，可将其转换为平滑点，此时直线段将变为平滑的曲线；选择“钢笔工具”，单击需要转换的锚点，当鼠标光标旁边出现角标记时，单击锚点即可将曲线段转换为直线段，如图10-81所示。

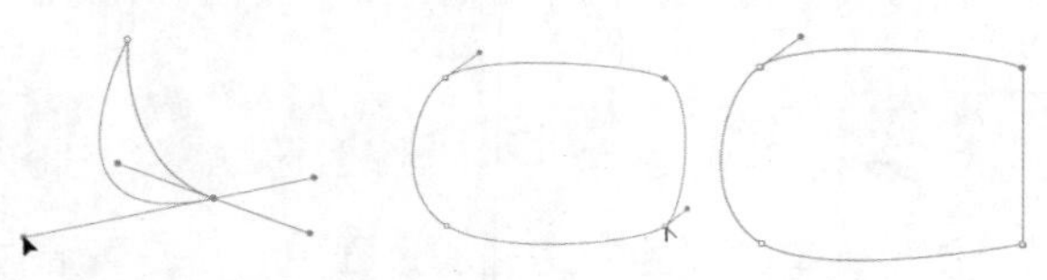

图10-80 调整曲线　　图10-81 调整角点

技巧秒杀

使用“钢笔工具”绘制图形时，还可对其首选参数进行设置，以便进行预览。其方法为：选择“钢笔工具”，再选择“编辑”/“首选参数”命令，打开“首选参数”对话框，选择“绘制”选项卡，在右侧的窗格中选中“显示钢笔预览(P)”复选框，单击“确定”按钮即可，如图10-82所示。

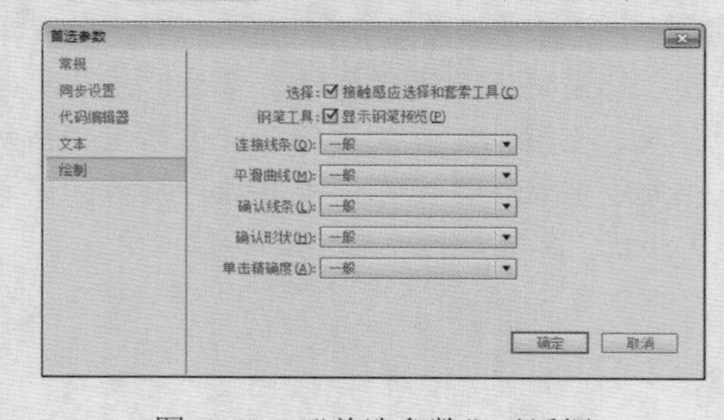

图10-82 “首选参数”对话框

10.3 填充图形颜色

绘制完图形后，还需为图形添加丰富多彩的颜色，使对象更美观，绘制的图形效果更加精美。常见的填充类型有纯色填充、渐变填充和位图填充等。下面分别对其进行介绍。

10.3.1 认识“颜色”面板

“颜色”面板中包括了Flash中可以进行颜色填充的几种类型，包括纯色、渐变和位图填充等，以达到不同的填充效果。在Flash CC中选择“窗口”/“颜色”命令，即可打开“颜色”面板，如图10-83所示。

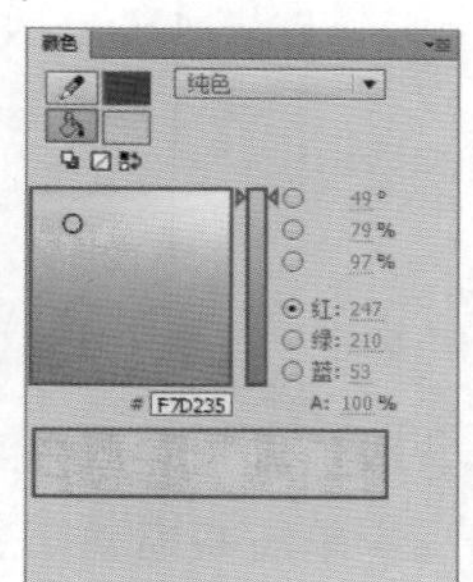

图10-83 “颜色”面板

“颜色”面板中各选项的含义介绍如下。

- 笔触颜色：用于设置对象的笔触或边框的颜色，单击其后的色块可设置颜色。
- 填充颜色：用于设置填充形状的颜色区域，单击其后的色块，可修改颜色。
- “黑白”按钮：单击该按钮，可使笔触颜色和填充颜色恢复为黑色和白色。
- “无色”按钮：单击该按钮，可使笔触颜色变为“无”。
- “交换颜色”按钮：单击该按钮，可交换笔触颜色和填充颜色。
- “颜色类型”下拉列表框：单击该下拉列表框右侧的下拉按钮，在弹出的下拉列表中可选择某项颜色类型进行填充，包括“无”、“纯色”、“线性渐变”、“径向渐变”和“位图填充”5种。
- HSB：用于设置颜色的色相、饱和度和亮度。
- RGB：用于设置颜色的红、绿和蓝的色密度。
- A：即Alpha，用于设置所填充颜色的不透明度，或设置渐变填充的当前所选滑块的不透明度。当其值为0时，颜色不可见。

◆ #：用于设置颜色的十六进制值，也可在其上方的颜色设置区中选择一种颜色，其颜色值将显示在#文本框中。

10.3.2 认识“样本”面板

“样本”面板用于存储系统的颜色，用户可根据需要使用其中的颜色，也可对颜色样本进行复制、删除等操作。选择“窗口”/“样本”命令可打开“样本”面板，如图10-84所示。

单击“样本”面板右上角的按钮，在弹出的下拉列表中还可以对颜色样本进行更多的操作，如图10-85所示。

图10-84 “样本”面板

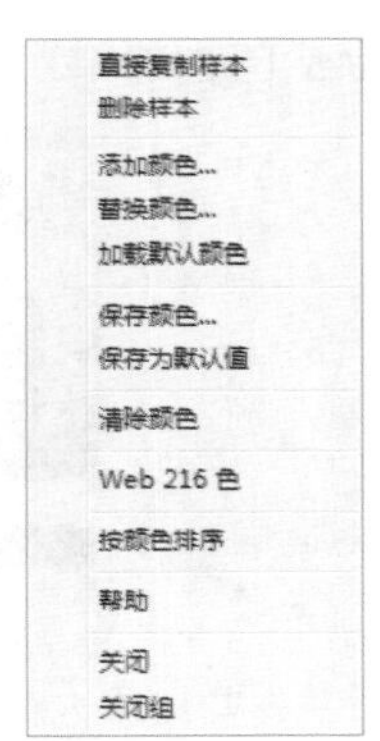

图10-85 “样本”面板操作

◆ 直接复制样本：选择该选项，系统会自动复制当前选择的颜色样本。

◆ 删除样本：选择该选项，可删除当前选择的颜色样本。

◆ 添加颜色：选择该选项，可在打开的“导入色样”对话框中选择需要添加的颜色，将其添加到面板中。

◆ 替换颜色：选择该选项，在“导入色样”对话框中选择的颜色将替换“样本”面板中默认颜色之外的所有颜色样本。

◆ 加载默认颜色：选择该选项，“样本”面板将恢复原样。

◆ 保存颜色：选择该选项，在打开的“导出色样”对话框中可设置色标的名称和路径，将其导出到其他位置。

◆ 保存为默认值：选择该选项，可将当前的面板设置为默认的调色板。

◆ 清除颜色：选择该选项，面板中除黑白、白色、黑白线性渐变外的所有颜色都会被删除。

◆ Web 216色：选择该选项，当前面板会切换到Web安全调色板。

◆ 按颜色排序：选择该选项，面板中的颜色会按色调自动进行排序。

10.3.3 填充纯色

纯色填充即单一颜色的笔触颜色或填充颜色，常用作图形基本色。在填充图形颜色时，常常结合多个纯色来丰富图形的色彩，使其效果更加美观。

实例操作：填充卡通人物的颜色

- 光盘\素材\第10章\卡通人物.fla
- 光盘\效果\第10章\卡通人物.fla
- 光盘\实例演示\第10章\填充卡通人物的颜色

本例将打开“卡通人物.fla”文档，通过“颜色”面板和颜料桶工具为图形填充颜色，完成后的效果如图10-86所示。

图10-86 最终效果

Step 1 ▶ 打开“卡通人物.fla”文档，在工具箱中选择“颜料桶工具”，选择“窗口”/“颜色”

命令，打开“颜色”面板。在“颜色类型”下拉列表框中选择“纯色”选项，设置填充颜色为#FFCC00，如图10-87所示。将鼠标光标放在舞台上的人物头发区域中，此时光标变为形状，单击鼠标填充颜色，如图10-88所示。

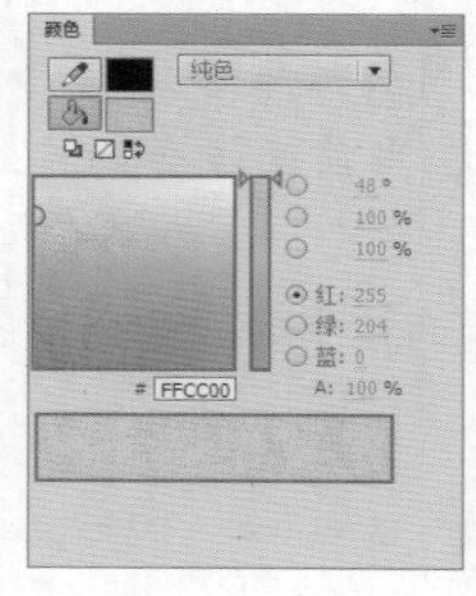

图10-87 设置填充的颜色

图10-88 填充颜色

Step 2 ▶ 继续将鼠标光标移动到五角星图形内，单击鼠标为其填充相同的颜色。然后设置填充颜色为#6340E8，为如图10-89所示的几个图形填充颜色。设置填充颜色为#FF6BC6，将鼠标光标移动到乐器图形中，单击鼠标为其填充颜色，如图10-90所示。

图10-89 填充其他颜色

图10-90 填充乐器颜色

技巧秒杀

在Flash CC中，只有矢量图形才能进行颜色填充操作；位图图形是不能进行颜色填充操作的。

Step 3 ▶ 设置填充颜色为#996600，将鼠标光标移动到裤子图形中，单击鼠标为其填充颜色，如图10-91所示。设置填充颜色为#FF9900，将鼠标光标移动到鞋子图形中，单击鼠标为其填充颜色，如图10-92所示。最后再根据需要为图形中的其他区域填充适当的颜色，完成颜色的填充操作。

图10-91 填充裤子颜色

图10-92 填充鞋子颜色

10.3.4 填充线性渐变

线性渐变是沿着一条水平或垂直的轴线来改变颜色，使某个区域中的色彩由一种颜色转变为另一种颜色的填充效果。在“颜色”面板的“颜色类型”下拉列表框中选择“线性渐变”选项，将显示线性渐变的相关设置，如图10-93所示。

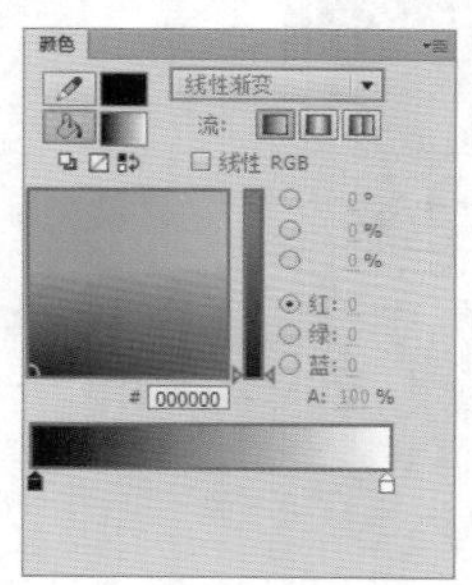

图10-93 线性渐变

“颜色”面板中线性渐变所特有选项的含义介绍如下。

- 流：用于控制超出线性或径向渐变限制应用的颜色范围。
  - “扩展颜色”按钮：用于将指定的颜色应用于渐变末端之外。
  - “反射颜色”按钮：通过反射镜像效果使渐变颜色填充形状。渐变颜色的填充方式是：从渐变的开始到结束，再以相反的顺序从渐变的结束到开始，再从渐变的开始到结束，直到所选形状填充完毕。
  - “重复颜色”按钮：从渐变的开始到结束重复渐变，直到所选形状填充完毕。
- ☑线性 RGB复选框：选中该复选框，可创建可伸缩的实例图形的线性渐变，如图10-94所示为未选中该复选框时的线性渐变填充效果；如图10-95所示为选中该复选框后的填充效果。

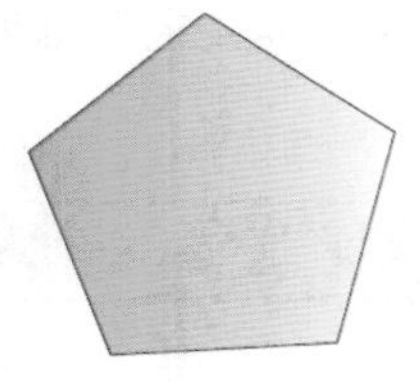
图10-94 选中前

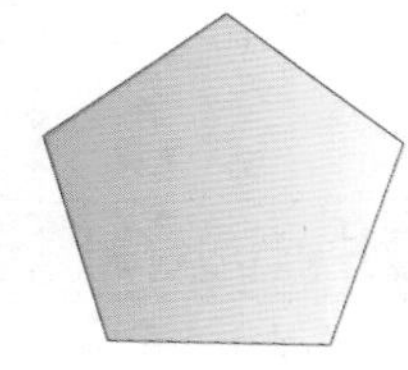
图10-95 选中后

◆ 渐变编辑条：用于设置渐变的颜色，单击滑块可设置渐变的颜色；在渐变条上单击鼠标可添加颜色滑块；若不需要某个颜色，还可删除颜色滑块，如图10-96所示。

图10-96 渐变编辑条

实例操作：修改蓝天白云的颜色

- 光盘\素材\第10章\蓝天白云.fla
- 光盘\效果\第10章\蓝天白云.fla
- 光盘\实例演示\第10章\修改蓝天白云的颜色

本例将打开“蓝天白云.fla”文档，通过“颜色”面板中的线性渐变来设置图形的颜色，使画面中的色彩过渡更加自然，完成后的效果如图10-97所示。

图10-97 最终效果

Step 1 打开“蓝天白云.fla”文档，在工具箱中选择“选择工具”，选择舞台中的天空部分，如图10-98所示。

Step 2 打开“颜色”面板，在“颜色类型”下拉列表框中选择“线性渐变”选项，在渐变编辑条上单击第一个滑块，设置其颜色为#EAF6F9，如图10-99所示。单击第二个滑块，设置其颜色为#1BADCF，如图10-100所示。然后向右拖动第一个滑块，向左拖动第二个滑块，调整颜色的浓度，如图10-101所示。

图10-98 选择对象

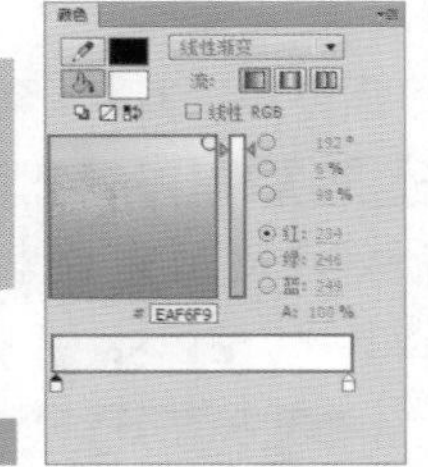
图10-99 设置渐变颜色

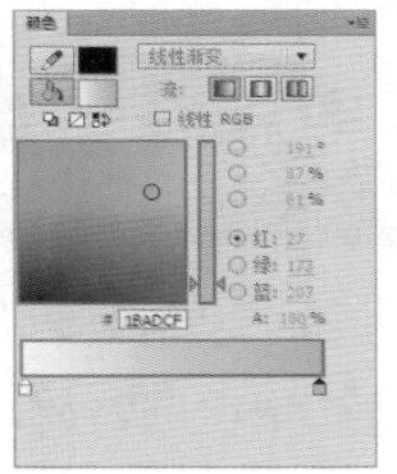
图10-100 设置渐变颜色

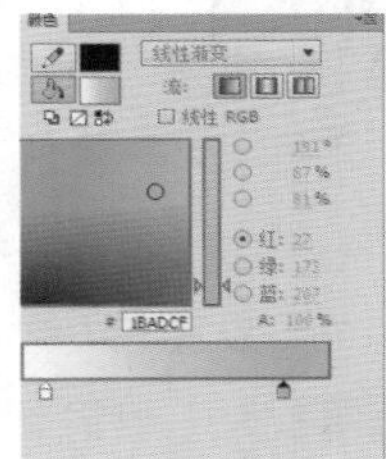
图10-101 设置颜色浓度

Step 3 返回舞台中即可看到设置渐变填充后的天空颜色，如图10-102所示。

Step 4 选择云朵下的第一个草坪图形，在“颜色”面板的“颜色类型”下拉列表框中选择“线性渐变”选项，在渐变编辑条上单击第一个滑块，设置其颜色为#A8D95E，如图10-103所示。将鼠标光标放在渐变编辑条上，当鼠标光标变为形状时，单击鼠标添加一个渐变滑块，设置该渐变颜色为#9DD55F，如图10-104所示。单击最后一个滑块，设置其颜色为#E0F15A，如图10-105所示。

图10-102 查看设置渐变填充后的效果

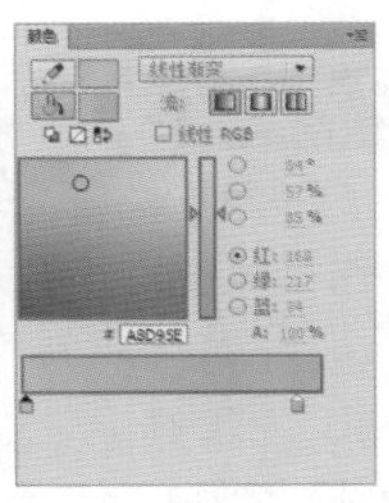
图10-103 设置渐变颜色1

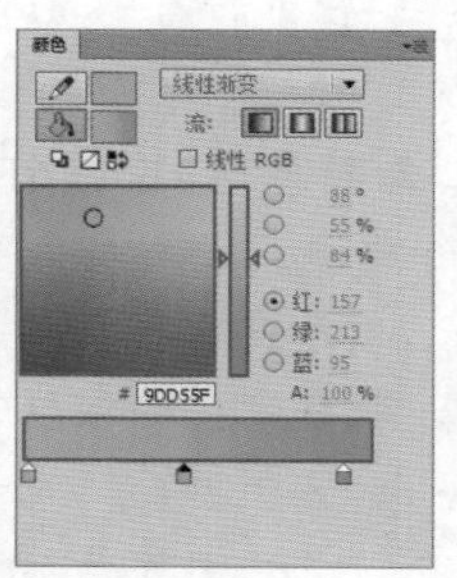

图10-104　设置渐变颜色2

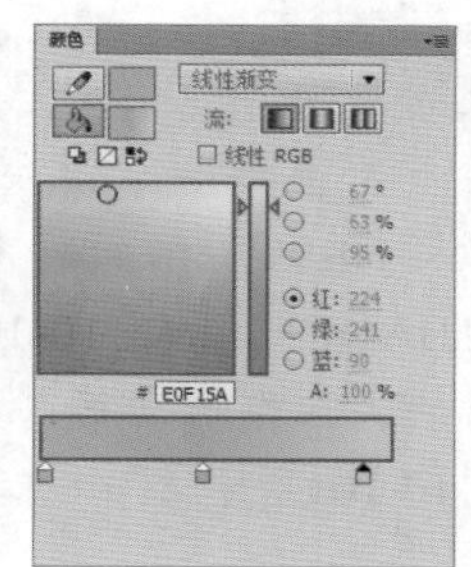

图10-105　设置渐变颜色3

Step 5 适当调整每个渐变滑块的位置，如图10-106所示。返回舞台中查看设置渐变填充后的效果，如图10-107所示。

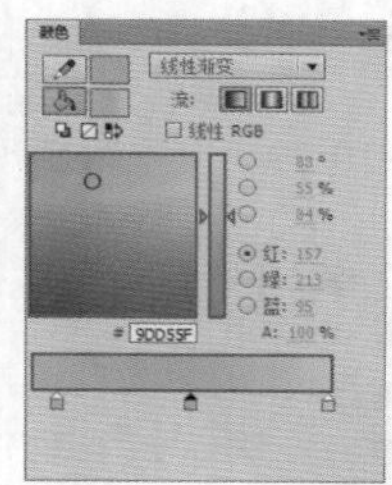

图10-106　设置滑块位置

图10-107　查看效果

Step 6 使用相同的方法，选择舞台底部的草坪，设置其线性渐变填充的颜色分别为#E0F15A、#9DD55F和#E0F15A，并调整其位置，如图10-108所示。完成后返回舞台中查看效果，如图10-109所示。

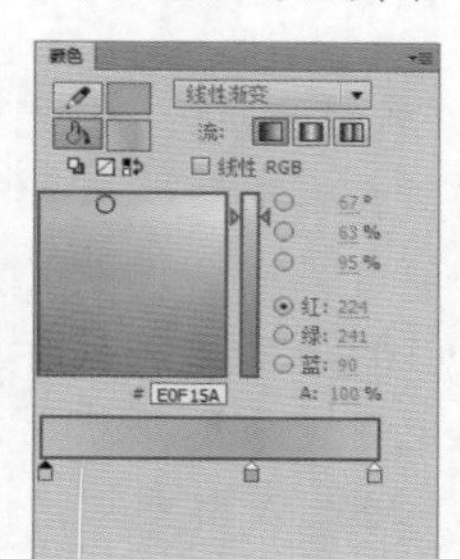

图10-108　设置渐变颜色4

图10-109　查看效果

?答疑解惑：

渐变编辑条上的滑块颜色太多，不需要使用时该怎么办呢?

可以删除不需要的滑块颜色，其方法是：直接使用鼠标将其拖动到渐变编辑条外，此时滑块和颜色都将被删除。

10.3.5 填充径向渐变

在“颜色”面板的“颜色类型”下拉列表框中选择“径向渐变”选项，即可切换到径向渐变的相关选项。

实例操作：径向填充向日葵背景

- 光盘\素材\第10章\向日葵.fla
- 光盘\效果\第10章\向日葵.fla
- 光盘\实例演示\第10章\径向填充向日葵背景

本例将打开“向日葵.fla”文档，通过“颜色”面板中的径向渐变来修改背景的颜色，完成后的效果如图10-110所示。

图10-110　最终效果

Step 1 打开“向日葵.fla”文档，使用“选择工具”选择背景，如图10-111所示。

图10-111　向日葵

Step 2 打开“颜色”面板，在“颜色类型”下拉列表框中选择“径向渐变”选项，设置渐变颜色为#FFE017、#F7FA9A和#FCFCCB，如图10-112所示。

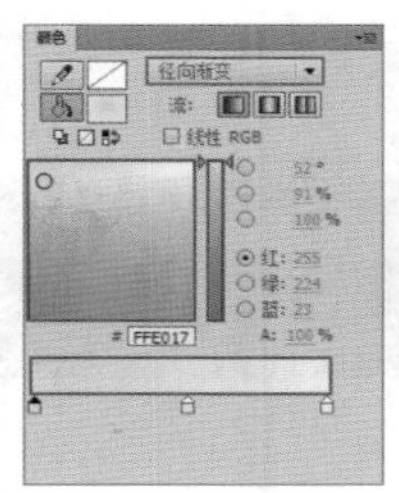
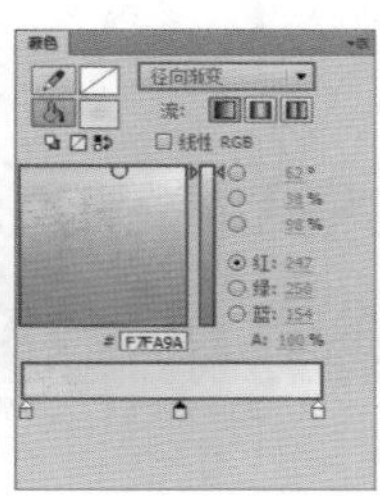
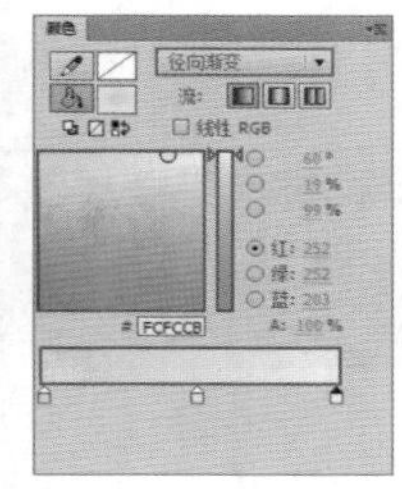

图10-112 设置径向渐变颜色

Step 3 ▶ 选择“渐变变形工具”，对渐变进行适当调整，完成后单击空白区域，如图10-113所示。

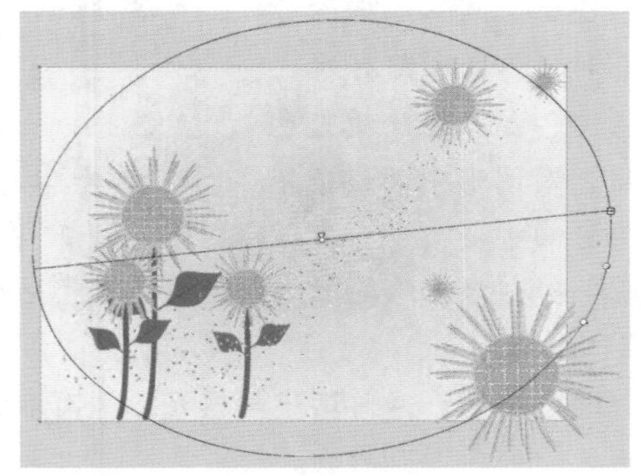

图10-113 调整径向渐变

知识解析：**渐变变形工具**

“渐变变形工具”可以对渐变进行编辑，其中各选项的含义介绍如下。

- **中心点**：渐变变形的中心，将鼠标光标放在中心点上，当光标变为形状时，拖动中心点即可调整渐变的中心位置。
- **宽度**：用于调整渐变的宽度，将鼠标光标放在宽度上，当光标将变为一个双向的箭头时，左右拖动即可调整渐变的宽度。
- **旋转**：用于调整渐变的旋转，直接将鼠标光标放在上面拖动即可。
- **大小**：用于调整渐变的大小，可控制整个渐变的范围。
- **焦点**：用于调整渐变的焦点，只在选择放射状渐变时才显示焦点手柄。

技巧秒杀

用户还可采用相同的方法来设置笔触的颜色，以修改图形边框的线条颜色。

10.3.6 使用位图填充

除了使用颜色填充图形对象外，用户还可使用位图来填充，即将某个位图作为对象的背景。其方法是：选择需要填充的对象，在“颜色”面板的“颜色类型”下拉列表框中选择“位图填充”选项，打开“导入到库”对话框，在其中选择需要填充的位图，单击打开(O)按钮即可，如图10-114所示。

图10-114 “导入到库”对话框

此时“颜色”面板中的选项也会发生相应的变化，如图10-115所示。返回舞台中还可看到填充后的效果，如图10-116所示。

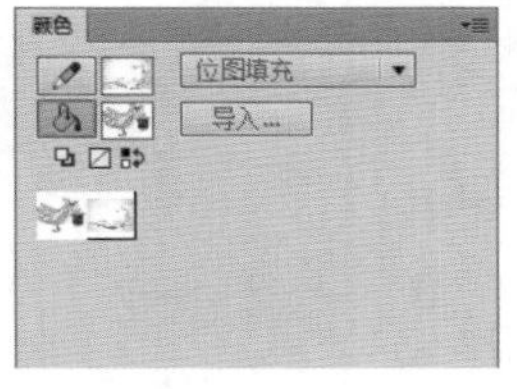

图10-115 “颜色”面板 图10-116 填充后的效果

技巧秒杀

设置位图填充后，选择“渐变变形工具”，图形对象四周将出现编辑柄，拖动这些手柄，可以对图形填充的大小、方向、长度、宽度和旋转等属性进行设置，如图10-117所示。

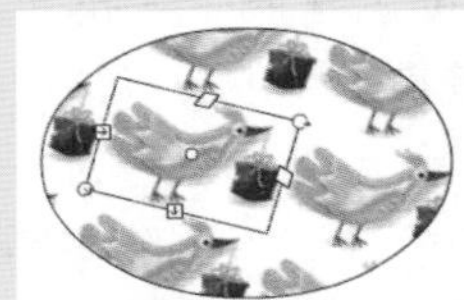
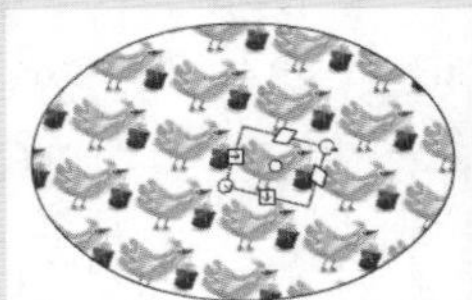

图10-117 编辑位图填充

10.4 清除颜色

当不需要图形中的颜色时，可将其清除。下面对清除颜色的方法进行介绍，主要包括直接删除填充内容和使用橡皮擦工具擦除。

10.4.1 直接删除颜色

由于Flash中绘制的图形都是矢量图形，因此用户可直接使用“选择工具”选择需要删除的线条或填充色，按Delete键将其删除。如图10-118所示为删除线条和填充颜色前的效果，如图10-119所示为删除线条和填充颜色后的效果。

图10-118　删除前

图10-119　删除后

10.4.2 使用橡皮擦工具

“橡皮擦工具”可以删除图形中的多余部分和错误部分，是绘图时最常使用的工具之一。选择“橡皮擦工具”，将鼠标光标移动到需要擦除的图像上，拖动鼠标进行涂抹即可删除不需要的部分。

在工具箱下方，还可设置橡皮擦工具的属性，单击“橡皮擦模式”按钮右侧的下拉按钮，在弹出的下拉列表中可以选择橡皮擦的模式，如图10-120所示。这几个模式的含义分别介绍如下。

- 标准擦除 | 擦除填色 | 擦除线条 | 擦除所选填充 | 内部擦除

图10-120　橡皮擦模式

- 标准擦除：默认的擦除模式，对任何区域都有效。
- 擦除填色：只擦除填充色区域，对图形中的线条不产生影响。
- 擦除线条：只擦除笔触线条，对填充色区域不产生影响。
- 擦除所选填充：只对选中的填充区域有效，对其他未选中部分没有影响。
- 内部擦除：只对鼠标按下时所在的颜色块有效，对其他的色彩不产生影响。

单击工具箱中的“水龙头”按钮，在需要擦除的部分单击鼠标即可擦除图形的填充色，或将图形的轮廓线全部擦除。

技巧秒杀

根据需要，用户还可调整橡皮擦的形状，只要单击工具箱中的“橡皮擦形状”按钮右下角的下拉按钮，在弹出的列表中选择相应选项即可。

读书笔记

知识大爆炸——图形绘制与填充的其他方法

1. 基本矩形工具与基本椭圆工具

绘制矩形和椭圆时，除了使用矩形工具和椭圆工具外，还可使用“基本矩形工具”和“基本椭圆工具”。这两个工具的使用方法与矩形工具和椭圆工具的使用方法完全相同，不同的是，基本矩形工具和基本椭圆工具绘制的是对象，它是一个统一的整体，不能单独对线条、填充区域进行编辑；而矩形工具和椭圆工具绘制的是形状，可以对图形的每一部分进行单独编辑。如图10-121所示为这两种工具所绘制的图形的区别。

2. 墨水瓶工具

使用“墨水瓶工具”可以对线条或形状轮廓的笔触颜色、宽度和样式进行修改，并且只能应用纯色填充。要设置“墨水瓶工具”的属性，可选择“墨水瓶工具”后，在“属性”面板中进行设置，如图10-122所示。

3. 颜料桶工具

颜料桶工具主要用于对封闭的轮廓范围或图形区域进行颜色填充。选择“颜料桶工具”后，在工具箱底部还可以设置填充的间隙大小，如图10-123所示。

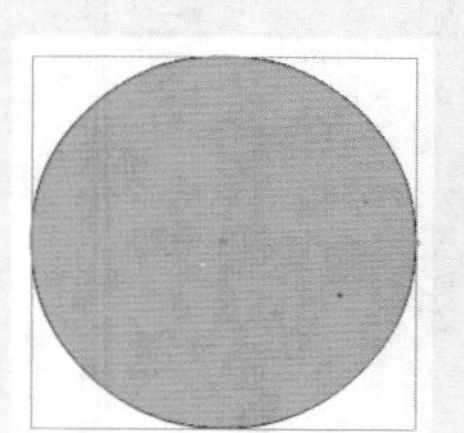
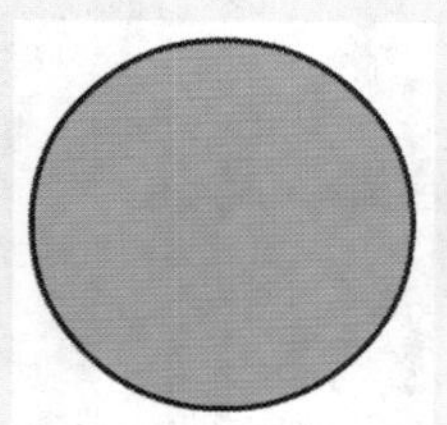

图10-121　形状与对象的区别

图10-122　墨水瓶工具

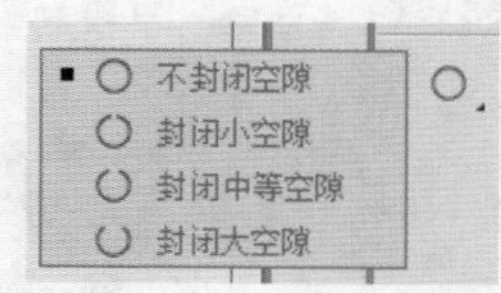

图10-123　空隙大小

其中各选项的含义如下。

- 不封闭空隙：只对完全封闭的区域填充，有任何细小的空隙区域填充都不起作用。
- 封闭小空隙：可以填充完全封闭的区域，也可以填充有细小空隙的区域，但空隙太大则无法填充。
- 封闭中等空隙：可以填充完全封闭、有细小空隙和中等大小空隙的区域，但对大空隙区域无法填充。
- 封闭大空隙：基本可以填充大部分的区域，但空隙尺寸太大也无法填充。

4. 滴管工具

滴管工具用于对色彩进行采样，以拾取描绘色、填充色和位图图形等。拾取描绘色后，滴管工具会变为墨水瓶工具，拾取填充色或位图图形后，会变为颜料桶工具。滴管工具的使用方法是：将滴管工具的鼠标光标移动到需要采集色彩的区域上单击，将颜色采集出来，然后移动鼠标光标到目标对象上单击即可。滴管工具没有任何属性需要设置，只能对颜色进行采集。

01 02 03 04 05 06 07 08 09 10 11 12 ……

文本与对象的编辑

本章导读

图形、文本、元件、视频和音频等对象是组成动画作品最主要的元素，其中，文字可以起到说明、传达主题的作用，是最基础的元素之一。本章将先对文本的操作方法进行介绍，再介绍Flash中包含的各种对象以及操作对象的基本方法。

11.1 文本编辑

文本是Flash动画中不可缺少的一部分，可以为动画添加说明信息以丰富动画内容。下面对文本的类型、输入文本的方法、文本属性的设置，以及编辑文本对象的方法进行介绍。

11.1.1 文本的类型

在工具箱中选择“文本工具”T，打开“属性”面板，在“文本工具”下拉列表框中可看到Flash中的文本类型分为静态文本、动态文本和输入文本3种，如图11-1所示。下面分别进行介绍。

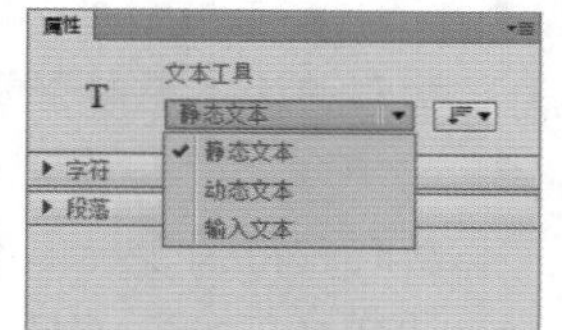

图11-1　文本类型

◆ **静态文本**：静态文本主要用于进行文本的输入与编排，以对Flash动画中的内容进行解释和说明，是大量信息的传播载体，也是文本工具最基本的功能。动态文本具有文本的普遍属性，可以对文本进行其他的编辑操作，如设置文本字体、字符间距、旋转和链接等，如图11-2所示。

图11-2　静态文本

◆ **动态文本**：动态文本主要用于进行数据的更新，以显示外部文件中的文本。在Flash中制作动态文本区域后，创建一个外部文件，通过编写脚本语言（ActionScript），即可将外部文件链接到动态文本框中。如果要对文本框中的内容进行修改，只需更改外部文件中的内容即可。如图11-3所示为读取的外部文件中的文本。

图11-3　动态文本

◆ **输入文本**：输入文本主要用于进行交互式操作，主要是为了让浏览者填写一些信息，以达到信息交换或收集的目的，如常见的注册表、搜索引擎、问卷调查、留言簿等。当选择输入文本类型并创建文本框，在生成Flash动画时，可以在其中输入文字，然后根据预先编辑的代码，将用户输入的文本返回目标地址中完成交互。如图11-4所示的文本框即为输入文本。

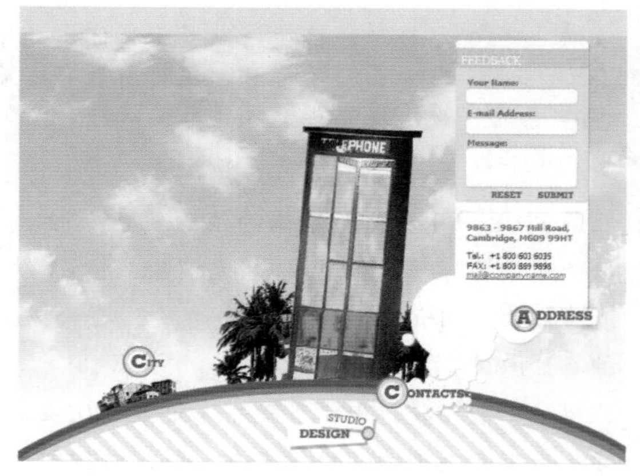

图11-4　输入文本

11.1.2 设置文本的字符样式

选择“文本工具”T后，在“属性”面板中单击“字符”选项前的“三角形”按钮▶，在展开的面板中可以对文本的字符样式进行设置，如图11-5所示。

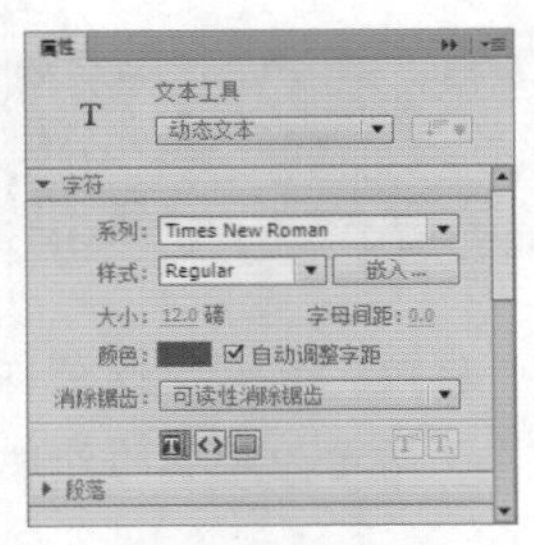

图11-5 字符样式

知识解析：“字符”栏

- 系列：用于选择文本的字体，也可直接在文本框中输入需要设置的字体名称。
- 样式：用于设置字体的样式，包括Regular（常规）、Italic（斜体）、Bold（加粗）和Bold Italic（粗斜体）4种，如图11-6所示。
- 嵌入...按钮：单击该按钮，将打开“字体嵌入”对话框，在其中可以添加新字体，或删除已有的字体样式。
- 大小：用于设置文本的大小，其单位为磅。
- 字母间距：用于设置文本之间的间距。
- 颜色：单击“颜色”色块，在弹出的拾色器中可设置文本的颜色。
- ☑自动调整字距复选框：选中该复选框，将自动对输入的文本字符间距进行调整；如取消选中该复选框，将不对字符间距进行调整。

技巧秒杀

当文本为拉丁字符时，将使用内置于字体中的字距微调信息；当为亚洲字符时，仅对内置有字距微调信息的字符应用字距微调（日语汉字、平假名和片假名）。

- 消除锯齿：用于设置字体的消除锯齿属性，包括使用设备字体、位图文本[无消除锯齿]、动画消除锯齿、可读性消除锯齿和自定义消除锯齿5种，如图11-7所示。
- “可选”按钮：用于设置字体是否可切换上下标。当文本类型为“输入文本”时，该按钮呈灰色状态，不能进行操作。

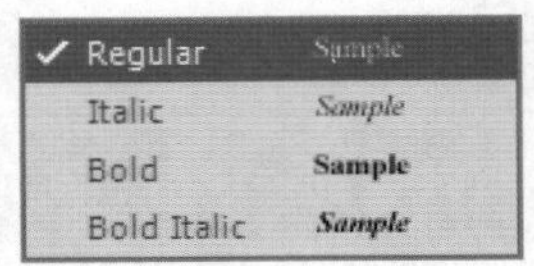

图11-6 样式

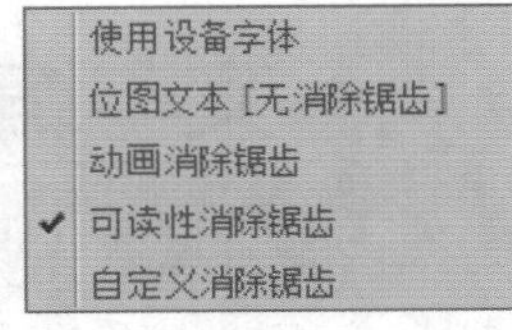

图11-7 消除锯齿

- “将文本呈现为HTML”按钮<>：单击该按钮，可将文本呈现为HTML。当文本类型为“静态文本”时，该按钮呈不可用状态。
- “在文本周围显示边框”按钮：单击该按钮，绘制的文本框将显示边框。
- “切换上标”按钮：单击该按钮，可将字符移动到稍微高于标准线的上方并缩小字符的大小。
- “切换下标”按钮：单击该按钮，可将字符移动到稍微低于标准线的下方并缩小字符的大小。

11.1.3 设置文本的段落样式

当输入多行文本时，用户还可对文本的段落样式进行设置，使文本显示更加美观。可在文本“属性”面板中单击“段落”选项前的三角形按钮▶，在展开的面板中对其进行设置，如图11-8所示。

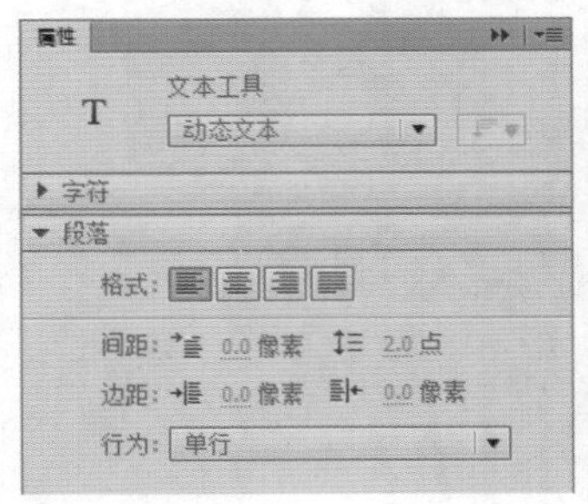

图11-8 段落样式

知识解析：“段落”栏

- 格式：用于设置段落文本的对齐方式，包括左对齐、居中对齐、右对齐和两端对齐4种。
- 间距：包括缩进和行距两个选项。其中缩进选项用于指定所选段落的第一个词的缩进，其单位为像素；行距选项用于设置每一行之间的距离，其单位为点。
- 边距：包括左边距和右边距两个选项。其中左边距选项用于设置左边距的宽度；右边距选项用于设置右边距的宽度。

◆ 行为：用于设置行的模式，包括单行、多行和多行不换行3个选项。

11.1.4 输入文本

在Flash CC中，用户可根据需要输入不同类型的文本，以满足不同的需要，如输入普通文本、段落文本、动态文本和输入文本等。下面分别对各种文本的输入方法进行介绍。

1. 输入普通文本

在Flash CC中选择“文本工具”T后，在“属性”面板中对文本的字符属性进行设置后，在舞台中单击鼠标定位文本插入点，然后输入需要的文字内容即可，如图11-9所示。

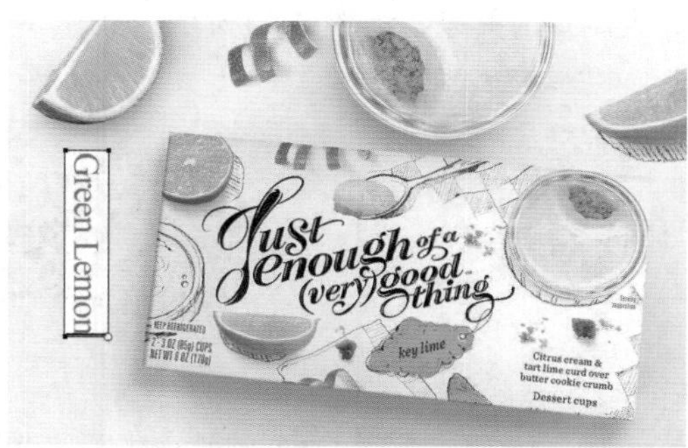

图11-9 输入普通文本

2. 输入段落文本

当输入的文本较多时，可对文本进行分段，以使文本表达的意思更明确。

实例操作：输入草莓点心介绍

- 光盘\素材\第11章\草莓点心.fla
- 光盘\效果\第11章\草莓点心.fla
- 光盘\实例演示\第11章\输入草莓点心介绍

本例将在“草莓点心.fla”动画文档中输入文本，并设置文本的字符和段落样式，完成后的效果如图11-10所示。

图11-10 最终效果

Step 1 打开“草莓点心.fla”文档，选择“文本工具”T，在“属性”面板中设置文本类型为“静态文本”，系列为“方正细圆简体”，大小为20.0磅，颜色为黑色（#000000），如图11-11所示。

Step 2 在舞台的左侧拖动鼠标绘制一个文本框，在其中输入需要的文本，当文本需要换行时，按Enter键分段即可，如图11-12所示。

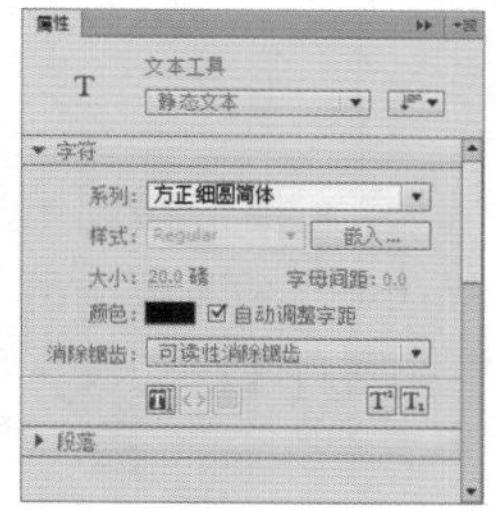

图11-11 设置字符属性　图11-12 输入段落文本

Step 3 选择文本框中的所有文本，在“属性”面板中展开“段落”栏，设置缩进为28.0像素，行距为8.0点，左边距为2.0像素，如图11-13所示。此时文本框中的文本将自动显示为设置段落样式后的效果，如图11-14所示。

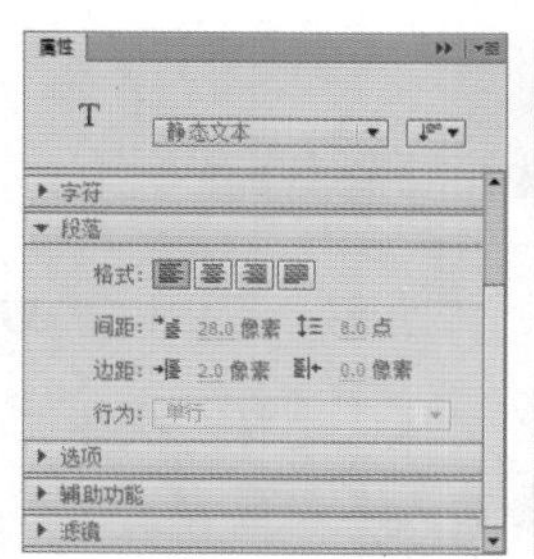

图11-13 设置段落属性　图11-14 设置段落后的效果

Step 4 ▶ 此时可发现，文本框中的内容显示在舞台外面。将鼠标光标放在文本框右下角，当其变为↔形状时，向右拖动鼠标增加文本框的宽度，如图11-15所示。选择“选择工具”，拖动文本框到合适的位置，完成段落文本的输入，如图11-16所示。

图11-15 放大文本框

图11-16 调整文本框位置

3. 显示动态文本

当需要载入外部文件中的内容时，可通过绘制动态文本框的方法来显示。

实例操作：动态显示文本内容

- 光盘\素材\第11章\动态文本.fla、content.txt
- 光盘\效果\第11章\动态文本.fla
- 光盘\实例演示\第11章\动态显示文本内容

本例将在“动态文本.fla”动画文档中绘制一个动态文本框，并通过ActionScript脚本语言调用content.txt文档中的内容，其效果如图11-17所示。

图11-17 动态文本

Step 1 ▶ 打开“动态文本.fla”文档，选择“文本工具”，在“属性”面板中设置文本类型为“动态文本”，系列为Times New Roman，大小为10.0磅，颜色为橙色（#E76825），如图11-18所示。在“段落”栏中设置缩进为28.0像素，行距为8.0点，左边距为2.0像素，行为为“多行”，如图11-19所示。

图11-18 设置字符属性

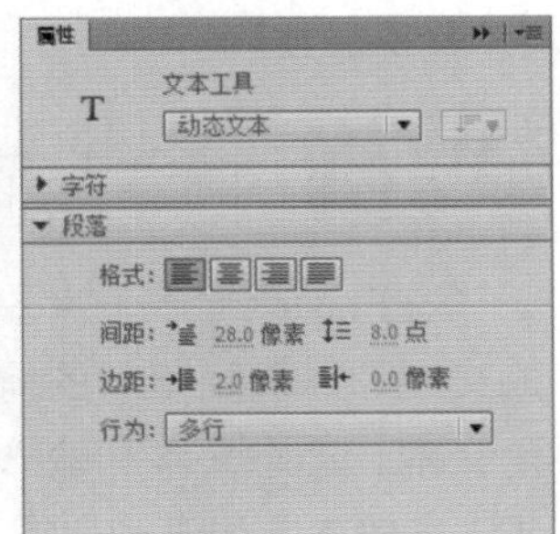

图11-19 设置段落属性

Step 2 ▶ 在舞台左下角的位置拖动鼠标绘制一个文本框，在“属性”面板中设置文本框的名称为message，在“位置和大小”栏中设置X、Y分别为300.00、320.00，宽和高为280.00、140.00，如图11-20所示。此时在舞台中即可查看到调整文本框位置和大小后的效果，如图11-21所示。

图11-20 位置和大小设置

图11-21 查看调整后的效果

Step 3 ▶ 在“时间轴”面板的第1帧处单击鼠标，选择“窗口”/“动作”命令，打开“动作”面板，如图11-22所示。

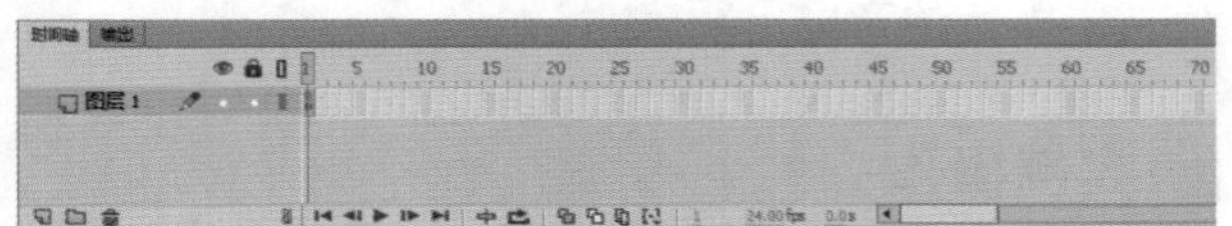

图11-22 单击关键帧

操作解谜

在第1帧添加ActionScript代码，表示在载入Flash动画时即开始显示内容。若要在其他时间显示，可在其他帧处单击鼠标进行操作。

Step 4 在其中输入调用外部文件的ActionScript脚本语言，如图11-23所示。

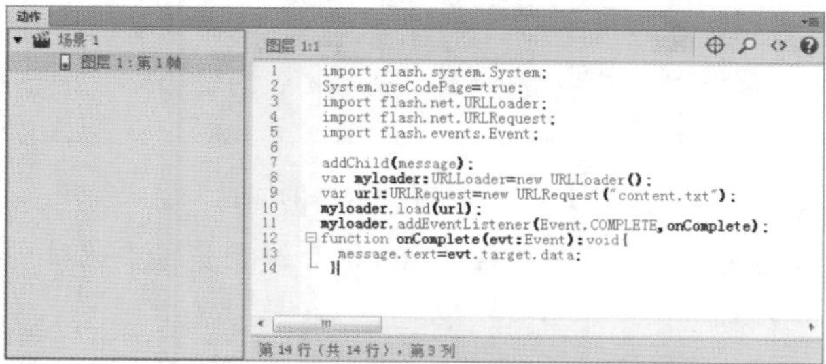

图11-23　输入ActionScript脚本语言

操作解谜

ActionScript脚本语言中的message表示文本框的名称，content.txt表示调用的外部文件。在进行调用时，必须保证content.txt文件与Flash动画文档处于同一文件夹根目录下。

技巧秒杀

Flash支持的编码为UTF-8，当外部文件中包含中文时（中文编码为GB2312），需要添加中文识别编码，本例中的import flash.system.System;和System.useCodePage=true;即表示中文识别。若文档中的内容为英文，则可不用添加该代码。

Step 5 完成后按Ctrl+Enter快捷键预览其效果，如图11-24所示。

图11-24　查看效果

4. 输入文本

输入文本和动态文本的制作方法基本类似，不同的是，输入文本类型的“属性”面板多了两个选项，一个是“段落”栏中“行为”下拉列表框中多了“密码”选项，如图11-25所示；另一个是“选项”栏多了“最大字符数”数值框，如图11-26所示。

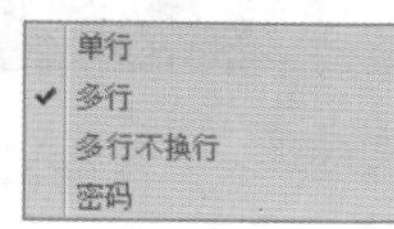

图11-25　“密码”选项　　图11-26　最大字符数

- **密码**：选择该选项后，文本框中输入的内容将以****显示。
- **最大字符数**：用于设置文本框中可输入的文本字符数目。

实例操作：制作用户登录界面

- 光盘\素材\第11章\登录界面.fla
- 光盘\效果\第11章\登录界面.fla
- 光盘\实例演示\第11章\制作用户登录界面

本例将在“登录界面.fla”动画文档中绘制一个输入文本文本框，并对文本框的属性进行设置，效果如图11-27所示。

图11-27　用户登录界面

Step 1 打开“登录界面.fla”文档，选择“文本工具”T，在舞台中的“用户名”文本后拖动鼠标绘制一个文本框，并适当调整文本框的大小和位置，如图11-28所示。

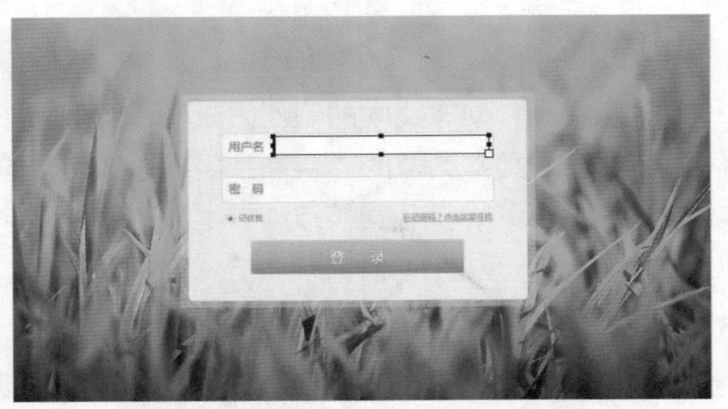

图11-28　绘制用户名文本框

Step 2 ▶ 在“属性”面板中设置文本类型为“输入文本”，系列为Times New Roman，大小为14.0磅，颜色为黑色（#000000），如图11-29所示。在“段落”栏中设置行为为“单行”，在“选项”栏中设置最大字符数为12，如图11-30所示。

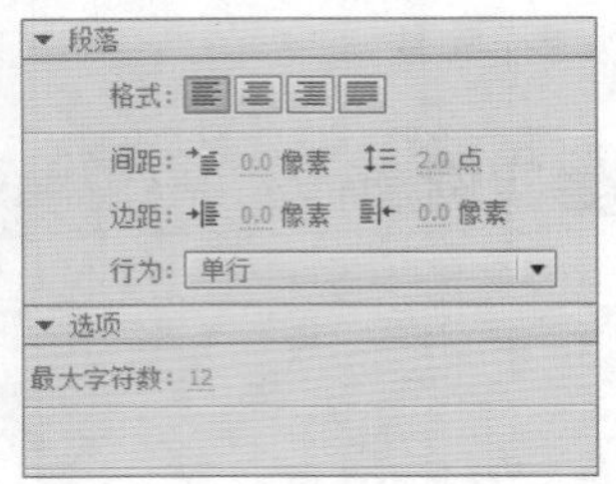

图11-29　设置字符属性　　图11-30　设置段落属性

Step 3 ▶ 保持“文本工具” T 的选择状态，在“密码”文本后拖动鼠标再次绘制一个文本框，如图11-31所示。

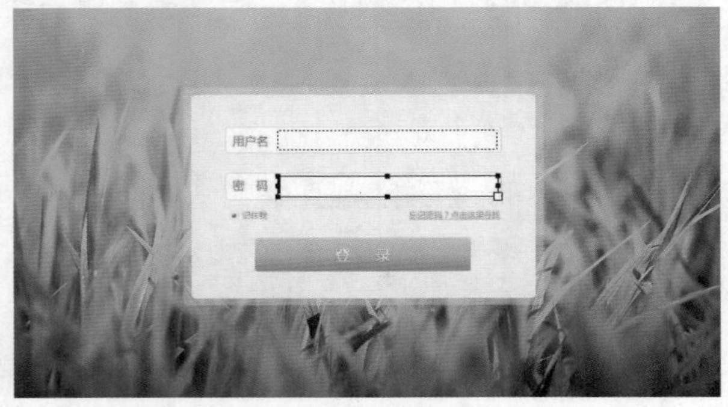

图11-31　绘制密码文本框

Step 4 ▶ 选择密码文本框，在“属性”面板中设置消除锯齿为“使用设备字体”，行为为“密码”，最大字符数为16，如图11-32所示。

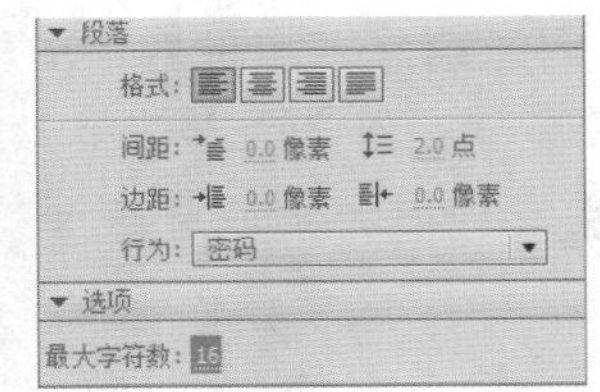

图11-32　设置文本框的属性

Step 5 ▶ 完成后按Ctrl+Enter快捷键预览绘制文本框后的效果，如图11-33所示。

图11-33　预览效果

11.1.5 为文本创建超链接

根据需要，用户还可为文本创建超链接，当单击文本时，即可打开指定的页面。

实例操作：创建文本超链接

- 光盘\素材\第11章\文本链接.fla
- 光盘\效果\第11章\文本链接.fla
- 光盘\实例演示\第11章\创建文本超链接

本例将在“文本链接.fla”动画文档中输入文本，并添加百度超链接，当单击该文本时，即可跳转百度首页。

Step 1 ▶ 打开“文本链接.fla”文档，选择“文本工具” T，在“属性”面板中设置文本类型为“静态文本”，系列为“幼圆”，大小为22.0磅，颜色为黑色（#000000），如图11-34所示。在舞台中输入文本“更多”，如图11-35所示。

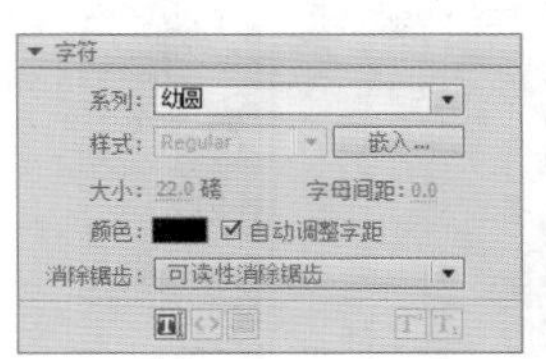

图11-34 设置字符属性

图11-35 输入文本

Step 2 ▶ 选择文本框，在“属性”面板的“选项”栏的“链接”文本框中输入需要链接的内容，这里输入百度首页的网址http://www.baidu.com，在“目标”下拉列表框中选择_blank选项，如图11-36所示。

Step 3 ▶ 此时文本下方将出现链接下划线，如图11-37所示。

图11-36 设置选项属性

图11-37 查看链接下划线

技巧秒杀

“目标”下拉列表框用于指定URL要加载到其中的窗口，包括_blank、_parent、_self和_top4个选项，如图11-38所示。

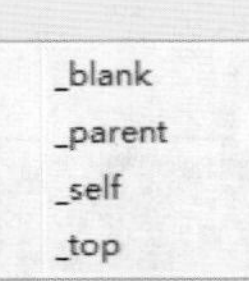

图11-38 目标

Step 4 ▶ 按Ctrl+Enter快捷键进行预览，当单击“更多”超链接时，即可打开百度搜索引擎的首页，如图11-39所示。

图11-39 预览效果

图11-39 预览效果（续）

知识解析：链接目标

- _blank：用于在新窗口中显示所需打开的网页。
- _parent：用于指定在当前帧的上一帧中显示所需打开的网页。
- _self：用于在当前窗口的当前帧中显示所需打开的网页。
- _top：用于在当前窗口最开始的帧中显示所需的网页。

11.1.6 设置滚动文本

当文本框中的内容较多，且需要在同一个文本框中显示时，可设置文本框中的内容滚动显示。其方法是：选择“文本工具”T，设置文本类型为“动态文本”，设置文本其他属性后绘制文本框，并在其中输入文本后按住Shift键双击文本框右下角的控制手柄，手柄将从空心的正方形变为实心正方形，表示文本框中的内容可以进行滚动了，最后再适当调整文本框的大小即可，如图11-40所示。当预览效果时，可通过单击并滑动鼠标滚轮来查看效果。

图11-40 滚动文本

11.1.7 分离文本

通过分离文本可以将每个字符置于单独的文本字段中，以快速地将文本字段分布到不同的图层并为每个图层设置不同的效果。分离文本的方法是：选择需要分离的文本框，右击，在弹出的快捷菜单中选择“分离”命令，此时即可看到文本框中的每一个文本都变成了一个单独的文本字段，如图11-41所示。需要注意的是只有静态文本才能进行分离操作。

技巧秒杀

与处理其他形状一样，用户也可将文本转换为组成它的线条和填充，以将文本作为图形进行处理，但转换后文本将无法再为字符或段落属性进行编辑。

读书笔记

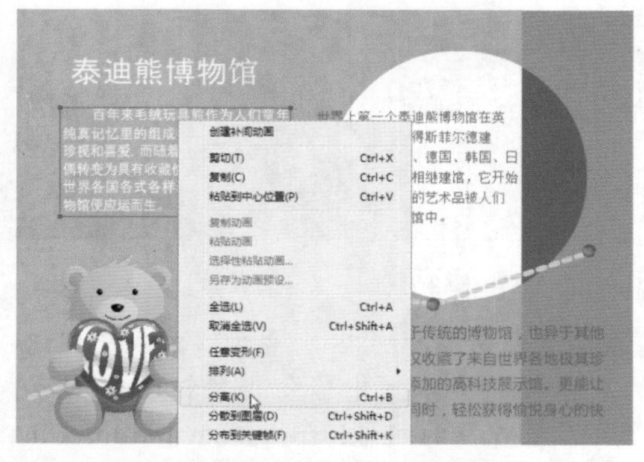

图11-41 分离文本

11.2 图形对象处理

在Flash CC中包含的对象种类丰富，包括图形、文本、组合、位图和元件等，它们的操作方法都是相同的，用户可通过本节知识的学习，对这些对象进行操作，如变形、排列、对齐和对象之间的转换等。

11.2.1 移动对象

在制作Flash动画的过程中，经常需要对舞台中的对象进行移动操作，以使动画效果更加美观。下面对常见的移动对象的方法进行介绍。

- **通过拖动移动**：使用“选择工具”选择一个或多个对象，将鼠标光标放在选择对象上，单击并拖动鼠标即可。
- **使用方向键移动**：选择需要移动的一个或多个对象，按方向键即可使所选择的对象向对应的方向移动1个像素。若按住Shift键再按方向键，则可移动10像素。
- **使用“属性”面板移动**：选择需要移动的对象，在“属性”面板的“位置和大小”栏中设置X和Y数值框的值，如图11-42所示。X、Y是相对于舞台左上角的位置（0,0）而言的。
- **使用“信息”面板移动**：选择“窗口”/“信息”命令，打开“信息”面板，在X和Y数值框中输入数值即可改变其位置，如图11-43所示。

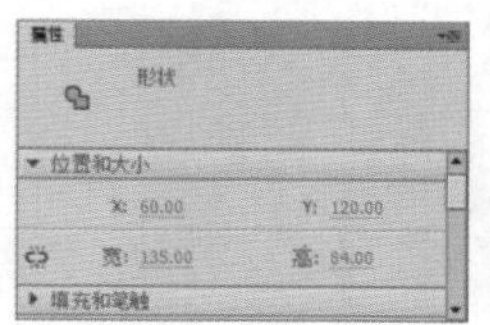

图11-42 “属性”面板移动

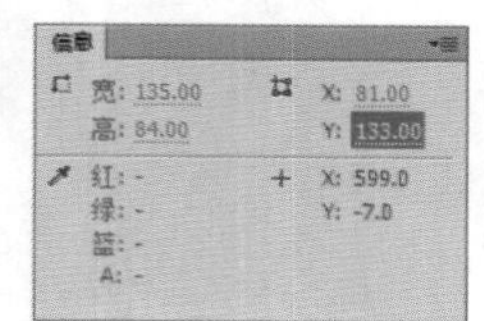

图11-43 “信息”面板移动

11.2.2 复制对象

当需要多个相同的对象时，可对其进行复制操作。可选择一个或多个对象，选择“编辑”/“复制”命令，选择其他层、场景或文件，执行以下操作即可进行复制。

- 选择“编辑”/“粘贴到当前位置”命令，可将图形对象粘贴到相对于舞台的同一位置。
- 选择“编辑”/“粘贴到中心位置”命令，可将图形对象粘贴到当前工作区的中心。
- 选择“编辑”/“选择性粘贴”命令，打开“选择性粘贴”对话框，选择“Flash动画”或“设备无关性位图”选项，单击 确定 按钮完成复制，如图11-44所示。

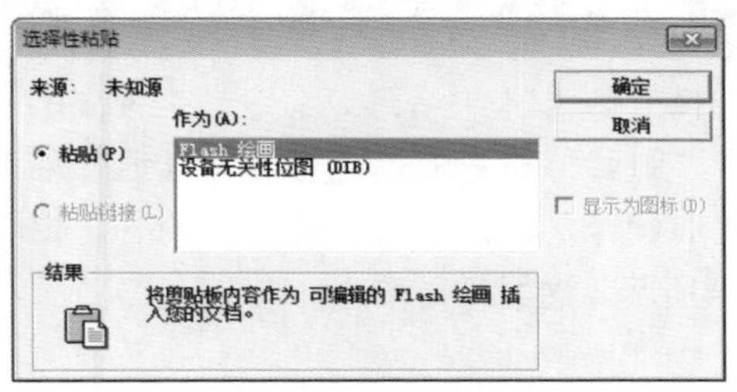

图11-44 “选择性粘贴”对话框

技巧秒杀

选择“编辑”/“剪切”命令，再执行以上操作，可对对象进行移动，而不是复制操作。用户也可以通过按Ctrl+C快捷键和Ctrl+V快捷键的方法进行复制。

11.2.3 转换图形对象为位图

根据需要，用户可以将对象转换为位图。其方法是：选择图形对象，选择“修改”/“转换为位图”命令，或在图形对象上右击，在弹出的快捷菜单中选择“转换为位图”命令即可。转换为位图后，对位图进行操作时，其四周将出现锯齿，而不再是矢量图形。

11.2.4 图形变形

对图形的大小、角度等进行设置，可使图形更符合需要。用户可通过“变形”面板、任意变形工具、封套或菜单命令进行操作。

1. “变形”面板

选择需要进行操作的对象，选择“窗口”/“变形”命令或按Ctrl+T快捷键，打开“变形”面板，如图11-45所示，在其中即可对图形对象进行各种操作。

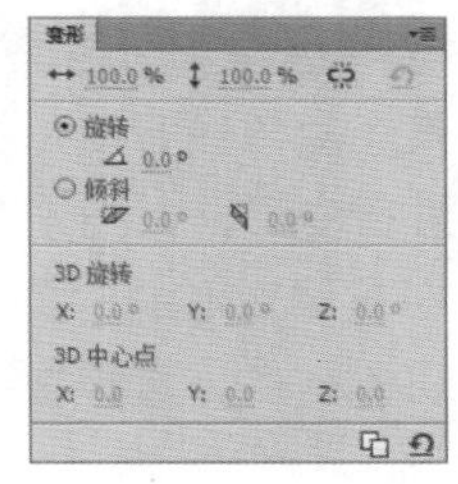

图11-45 “变形”面板

- **缩放宽度和缩放高度：** 直接在其中输入数值，可改变对象的宽度和高度缩放值。单击其后的“约束”按钮可保持图形对象的比例不变。如图11-46所示为不同缩放大小的图形。

图11-46 缩放图形

- **旋转：** 用于设置图形的旋转角度，以使图形对象的位置发生变化，如图11-47所示。

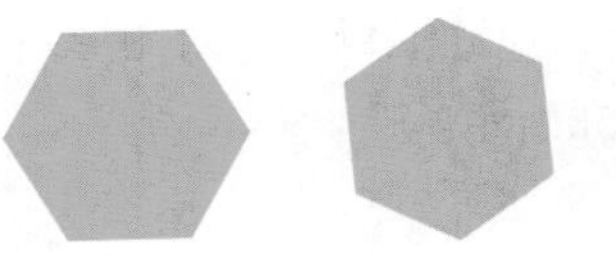

图11-47 旋转图形

- **倾斜：** 选中 倾斜 单选按钮，可使图形对象按指定的角度倾斜。其中“水平倾斜”和“垂直倾斜”数值框分别用于设置水平和垂直方向上的倾斜角度，如图11-48所示。

图11-48 倾斜图形

- 3D旋转：用于对影片剪辑实例进行旋转操作。
- 3D中心点：用于修改影片剪辑实例的中心点位置。
- “重置选区和变形”按钮：单击该按钮，可创建所选图形对象的变形副本。
- “取消变形”按钮：单击该按钮，可使面板中的各个选项恢复到默认的位置。

2. 任意变形工具

若要单独对某个对象进行变形操作，可以使用任意变形工具来进行变形。其方法是：选择“任意变形工具”，在需要变形的对象上单击，此时图形对象四周将出现控制点，直接在控制点上拖动鼠标可放大或缩小图形；将鼠标光标放在4个角上，当鼠标光标变为形状时，拖动鼠标可旋转图形对象，如图11-49所示。

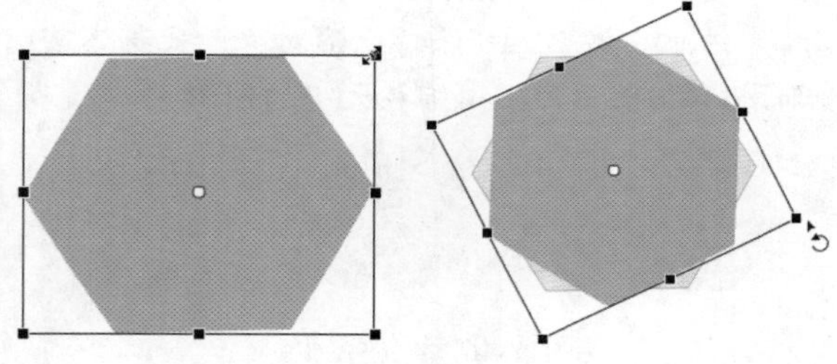

图11-49 使用任意变形工具变形对象

将鼠标光标放在水平或垂直边框上，当鼠标光标变为或形状时，拖动鼠标即可对图形对象进行倾斜操作，如图11-50所示。

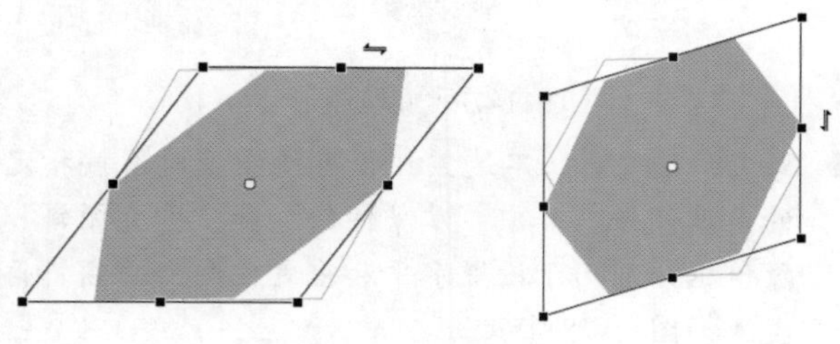

图11-50 倾斜图形对象

3. 使用封套

封套是一个边框，其中包含一个或多个对象，更改封套的形状会影响封套内的对象形状。其方法是：选择“修改”/“变形”/“封套”命令，在图形对象周围出现边框，如图11-51所示。这个边框叫做变换框，包括方形和圆形两种。方形手柄是沿着对象变换框的点可以直接对其进行处理，如图11-52所示；圆形手柄是切线手柄，拖动手柄即可改变图形的形状，如图11-53所示。

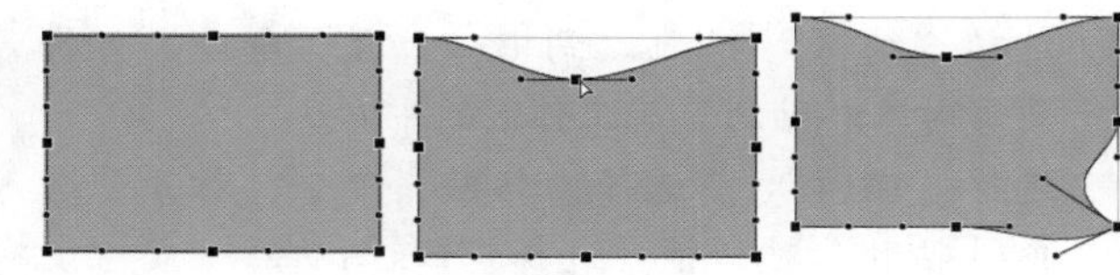

图11-51 封套　图11-52 调整封套　图11-53 调整封套

4. 其他菜单命令

选择“修改”/“变形”命令，在弹出的子菜单中除了“封套”命令外，还可选择其他的菜单命令进行变形操作，其方法与之前讲解的方法相同，如图11-54所示，这里不再赘述。

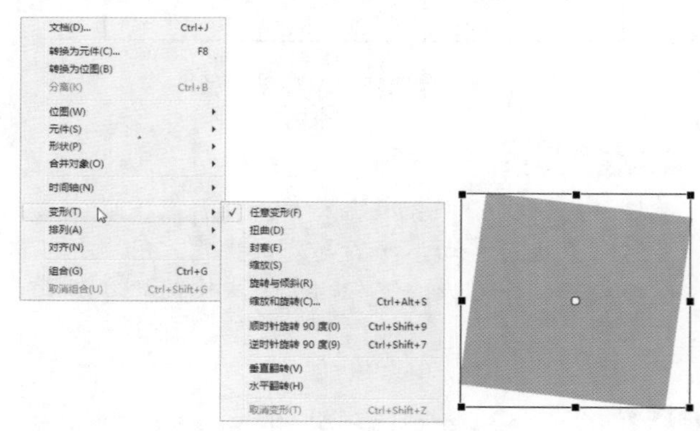

图11-54 其他菜单命令

技巧秒杀

使用自由变形工具或“变形”面板对图形对象进行操作后，Flash会保存对象的原始大小和旋转值，使用户可以删除已应用的变形并复位到原始值，用户可以对其进行还原操作。其方法是：选择对象，选择“修改”/“变形”/“取消变形”命令或单击“变形”面板中的“取消变形”按钮。

11.2.5 合并对象

通过合并对象功能，可以使图形变成更具创意和个性的新形状。其方法是：选择需要进行合并操作的多个对象，选择“修改”/“合并对象”命令，在弹出的菜单中将显示可进行合并操作的多个子菜单，包括联合、交集、打孔和裁切4个，如图11-55所示。

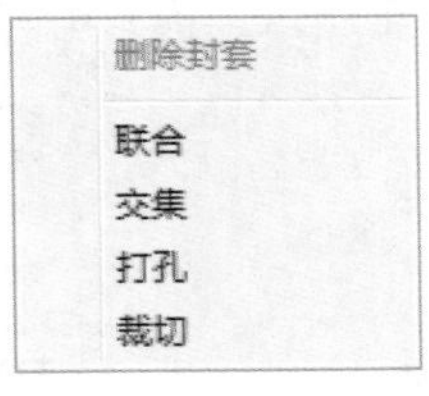

图11-55　合并对象

- **联合：**用于合并两个和多个形状，由联合前形状上所有可见的部分组成，并删除形状上不可见的重叠部分，如图11-56所示即为执行该命令前后的效果。

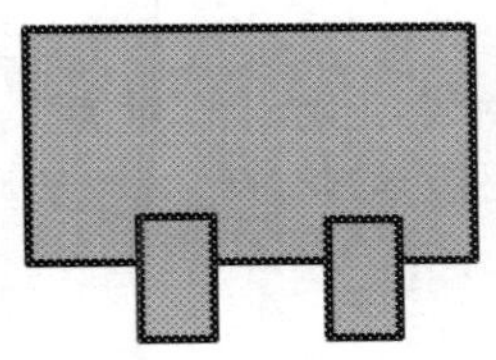
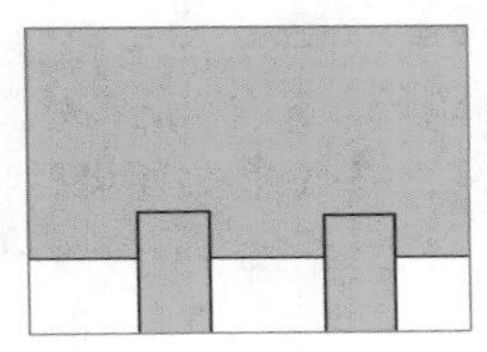

图11-56　联合

- **交集：**用于创建两个或多个绘制对象的交集部分。执行该命令后所生成的形状由合并形状的重叠部分组成，将删除形状上任何不重叠的部分，由堆叠中最上面的形状的填充和笔触组成，如图11-57所示。

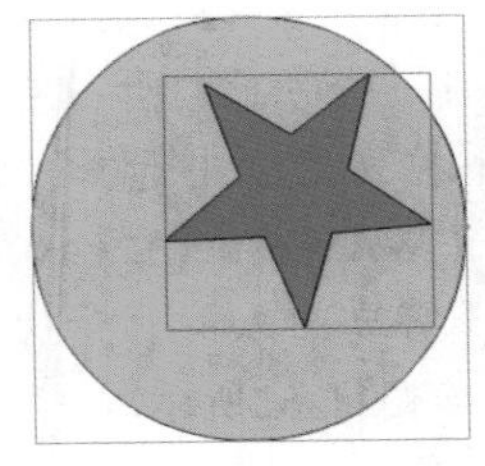

图11-57　交集

- **打孔：**用于删除选定绘制对象的某些部分，这些部分由该对象与排在该对象前面的另一个选定绘制对象的重叠部分定义；并且删除绘制对象中由最上面的对象所覆盖的所有部分，以及最上面的对象，如图11-58所示。

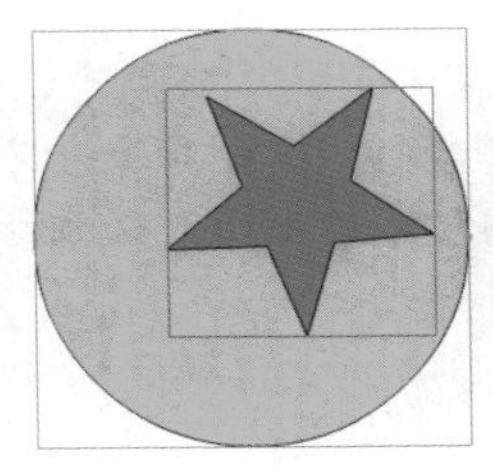

图11-58　打孔

- **裁切：**使用一个绘制对象的轮廓裁切另一个绘制的对象，将保留下层对象中与最上面的对象重叠的所有部分，删除下层对象的其他部分，并删除最上面的对象，如图11-59所示。

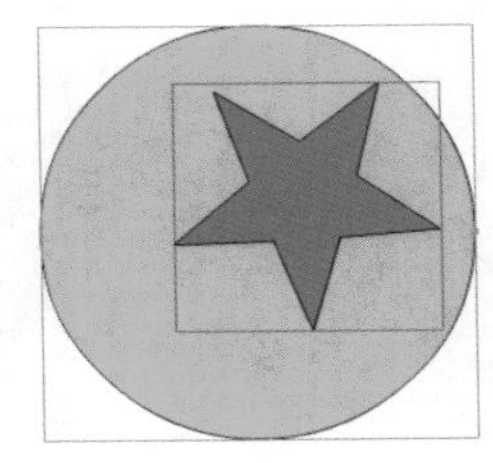

图11-59　裁切

11.2.6 层叠对象

在同一个图层中，Flash CC默认根据对象的创建顺序层叠对象，将最新创建的对象放在最上面。若要对层叠顺序进行更改，可选择“修改”/“排列”命令，在弹出的子菜单中选择需要的命令调整对象的显示效果，如图11-60所示。

移至顶层(F)	Ctrl+Shift+向上箭头
上移一层(R)	Ctrl+向上箭头
下移一层(E)	Ctrl+向下箭头
移至底层(B)	Ctrl+Shift+向下箭头
锁定(L)	Ctrl+Alt+L
解除全部锁定(U)	Ctrl+Shift+Alt+L

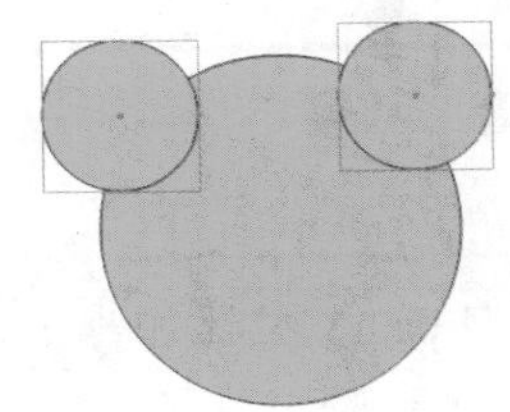
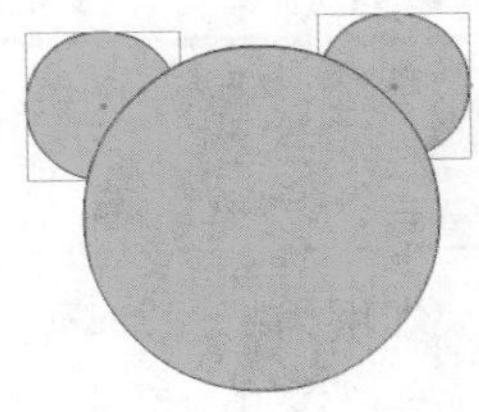

图11-60　层叠对象

技巧秒杀

绘制的线条和形状将显示在组、绘制对象和元件的下面，要将它们移动到对象的上面，必须组合它们或将它们转换为元件。

技巧秒杀

图层也会影响对象的层叠顺序，一般下一图层上的任何内容都在上一图层中任何内容的上面。因此，用户也可通过改变对象内容在图层中的位置来进行对象顺序的改变。

读书笔记

11.2.7 对齐对象

若要使多个图形对象在水平或垂直方向上对齐，可选择“修改”/“对齐”命令，在弹出的子菜单中选择需要的对齐命令，如图11-61所示。

左对齐(L)	Ctrl+Alt+1
水平居中(C)	Ctrl+Alt+2
右对齐(R)	Ctrl+Alt+3
顶对齐(T)	Ctrl+Alt+4
垂直居中(V)	Ctrl+Alt+5
底对齐(B)	Ctrl+Alt+6
按宽度均匀分布(D)	Ctrl+Alt+7
按高度均匀分布(H)	Ctrl+Alt+9
设为相同宽度(M)	Ctrl+Shift+Alt+7
设为相同高度(S)	Ctrl+Shift+Alt+9
与舞台对齐(G)	Ctrl+Alt+8

图11-61　对齐对象

技巧秒杀

选择“窗口”/“对齐”命令，打开“对齐”面板，在其中也可进行对象对齐的操作。

11.3 添加声音与视频

除了文本、形状、对象等内容外，还可在Flash CC中添加声音和视频，以丰富Flash作品，使动画效果更加逼真。下面对声音与视频的操作方法进行介绍。

11.3.1 导入并应用声音

要在Flash作品中添加声音，需要先导入声音，将其保存在“库”面板中，然后在“时间轴”面板中的关键帧处添加对应的声音。

实例操作：为Flash添加背景音乐

- 光盘\素材\第11章\背景音乐.wav、添加声音.fla
- 光盘\效果\第11章\添加声音.fla
- 光盘\实例演示\第11章\为Flash添加背景音乐

本例为“添加声音.fla”Flash文档添加背景音乐，当播放Flash作品时，即可听到插入的声音。

Step 1 打开“添加声音.fla”文档。选择“文件”/“导入”/“导入到舞台”命令，打开“导入”对话框，在“文件类型”下拉列表框中选择Flash支持的声音格式，这里选择“WAV声音(*.wav)”选项，在中间的列表框中选择需要导入的声音文件，单击打开(O)按钮进行导入，如图11-62所示。

读书笔记

图11-62　导入声音到舞台

?答疑解惑:

Flash中支持的声音文件有哪些?

Flash中默认支持的声音文件格式包括ASND、WAV、AIFF和MP3。其中ASND适用于Windows或Macintosh；WAV适用于Windows；AIFF适合于Macintosh；MP3适用于Windows或Macintosh。

Step 2 ▸ 此时声音文件将保存在“库”面板中，如图11-63所示。在“时间轴”面板中的第1帧上单击鼠标，选择第1帧为关键帧，如图11-64所示。

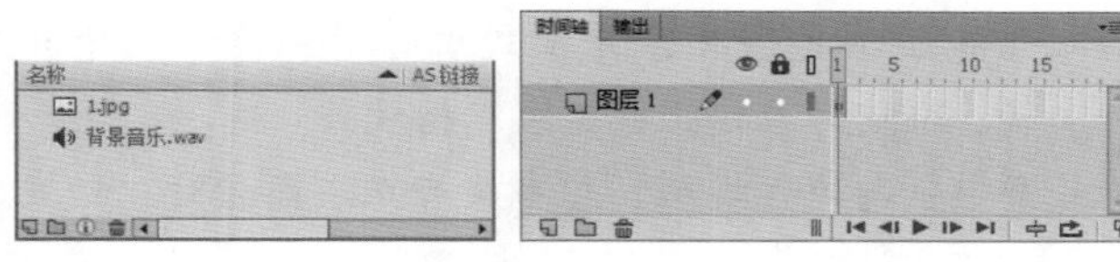

图11-63　查看导入的声音　　图11-64　选择关键帧

技巧秒杀

选择“文件”/“导入”/“导入到库”命令，也可将需要的声音文件导入到“库”面板。

Step 3 ▸ 打开“属性”面板，在“声音”栏中的“名称”下拉列表框中选择导入的声音文件，这里选择“背景音乐.wav”选项，如图11-65所示。按Ctrl+Enter快捷键预览添加声音后的效果，如图11-66所示。

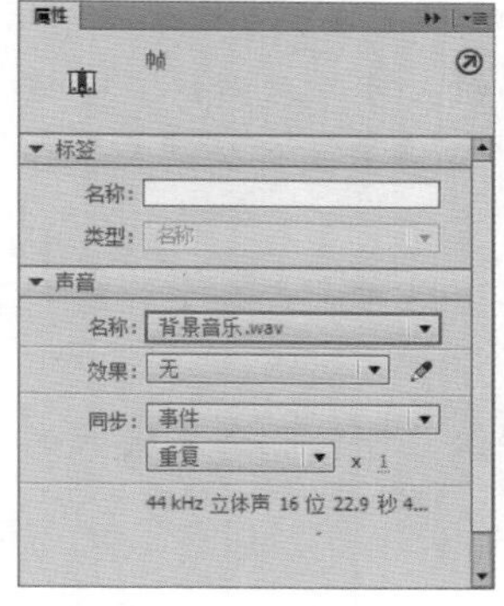

图11-65　设置声音

图11-66　预览声音效果

技巧秒杀

在“库”面板中直接将声音文件拖动到舞台中，也可为Flash文档添加声音。

11.3.2 设置声音属性

在“库”面板中的声音文件上右击，在弹出的快捷菜单中选择“属性”命令，或直接双击声音文件图标🔊，打开“声音属性”对话框，在其中即可对声音文件进行设置，如图11-67所示。

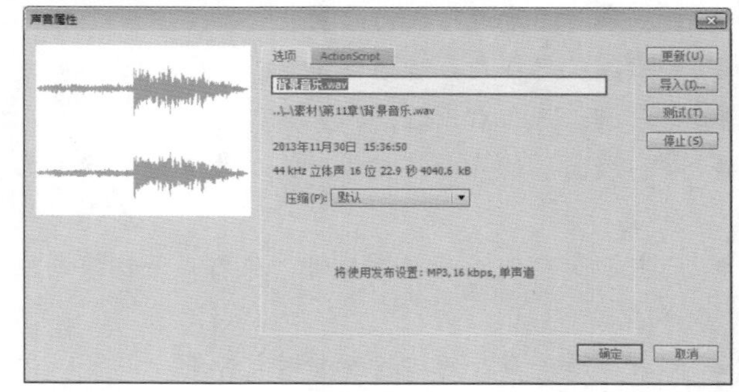

图11-67　“声音属性”对话框

知识解析：“声音属性”对话框

- 名称：用于显示当前声音文件的名称，也可输入新名称对其进行修改。
- 压缩：用于设置声音文件的压缩方式，包括“默认”、ADPCM、MP3、Raw和“语音”5种。
- 更新(U)按钮：单击该按钮，可按照更改声音文件后的设置对其进行更新。

◆ 导入(I)... 按钮：单击该按钮，可导入新的声音文件，并替换当前的声音，但声音文件的名称不会发生改变。

◆ 测试(T) 按钮：单击该按钮，可对声音文件进行测试。

◆ 停止(S) 按钮：单击该按钮，可停止正在播放的声音文件。

11.3.3 设置关键帧上的声音

在帧上添加声音文件后，也可对声音文件进行设置，包括声音的效果、同步和重复等，下面分别进行介绍。

1. 设置声音效果

选择添加了声音的帧，在"属性"面板"声音"栏中的"效果"下拉列表框中可以选择不同的声音效果，如图11-68所示。

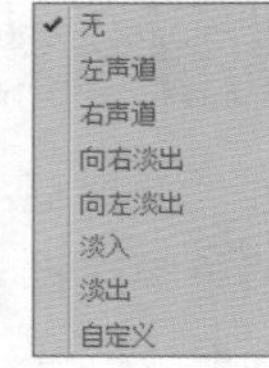

图11-68 "效果"下拉列表框选项

◆ 无：不对声音进行任何设置。

◆ 左声道：只在左声道播放声音。

◆ 右声道：只在右声道播放声音。

◆ 向右淡出：使声音在播放时，从左声道切换到右声道。

◆ 向左淡出：使声音在播放时，从右声道切换到左声道。

◆ 淡入：随着声音的播放逐渐增大音量。

◆ 淡出：随着声音的播放逐渐减小音量。

◆ 自定义：选择该选项，将打开"编辑封套"对话框，用户可在其中对声音进行自定义设置，如图11-69所示。

技巧秒杀

在"编辑封套"对话框的"效果"下拉列表框中用户也可进行效果的设置。

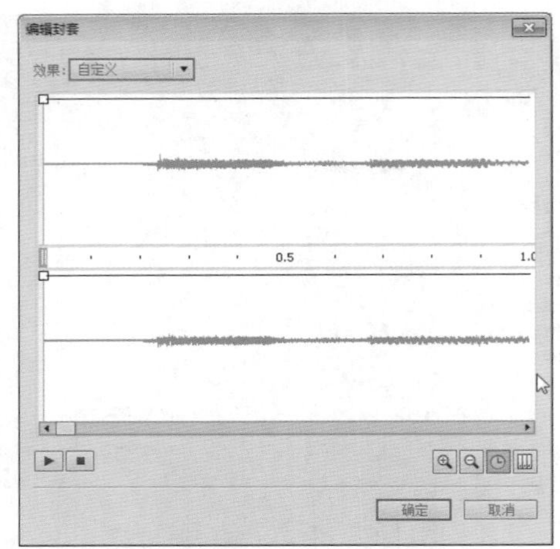

图11-69 "编辑封套"对话框

2. 设置声音同步

用户可以通过设置开始关键帧和停止关键帧来进行声音与动画的同步。要使声音的关键帧与场景中事件的关键帧相对应，然后在"属性"面板的"同步"下拉列表框中选择"事件"选项即可。同时该下拉列表框中还提供了其他的选项，如图11-70所示。

图11-70 "同步"下拉列表框选项

◆ 事件：将声音和一个事件的发生过程同步起来。事件声音在起始关键帧开始显示时播放，并独立于时间轴播放整个声音，即使影片停止也会继续播放。

◆ 开始：与事件类似，但当声音正在播放时，新声音不会播放。

◆ 停止：用于停止当前播放的声音。

◆ 数据流：用于在互联网上同步播放声音，使动画与声音同步。与事件不同的是，如果声音过长而动画过短，声音将随动画的结束而停止播放。其声音流的播放长度不会超过所占帧的长度。

3. 设置声音重复

选择添加声音的帧，在"属性"面板的"重复"下拉列表框中选择"重复"选项，在其后的文本框中可以指定声音播放的次数，如图11-71所示。也可在"重复"下拉列表框中选择"循环"选项，设置声音循环播放，但此时帧就会被添加到文件中，文件的大小会随着声音循环的次数而倍增。因此，一般不建议用户采用这种方式来设置声音的重复。

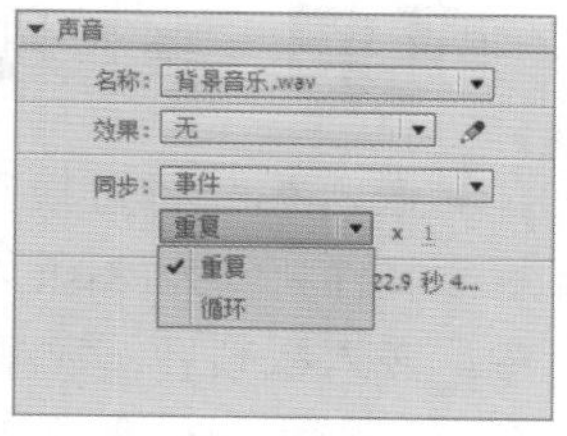

图11-71　重复

11.3.4 播放组件加载外部视频

使用播放组件加载外部视频，允许用户使用脚本将外部的FLV格式文件加载到SWF文件中，并且可以在播放时控制给定文件的播放或回放。

实例操作：播放组件加载的外部视频

- 光盘\素材\第11章\片头.flv
- 光盘\效果\第11章\播放组件.fla
- 光盘\实例演示\第11章\播放组件加载的外部视频

本例将新建一个ActionScript 3.0空白Flash动画文档，在其中导入一个FLV格式的视频文件，并预览其效果。

Step 1 启动Flash CC，选择“文件”/“新建”命令，打开“新建文档”对话框，设置宽为590像素，高为300像素，帧频为24.00fps，单击 确定 按钮创建文档，如图11-72所示。

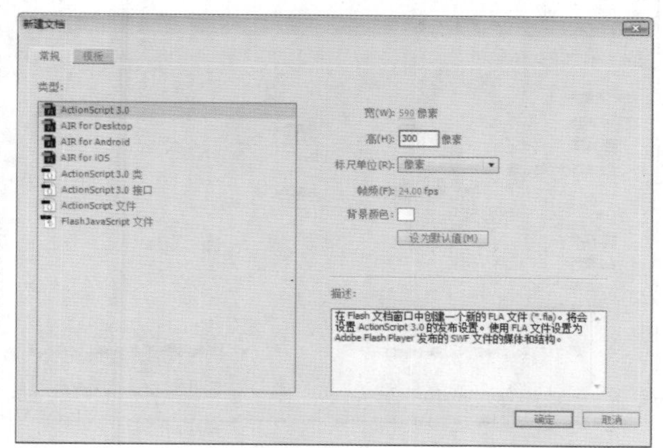

图11-72　新建文档

Step 2 选择“文件”/“导入”/“导入视频”命令，打开“导入视频”对话框，单击 浏览... 按钮，在打开的对话框中选择片头.flv视频文件，单击 打开(O) 按钮，如图11-73所示。

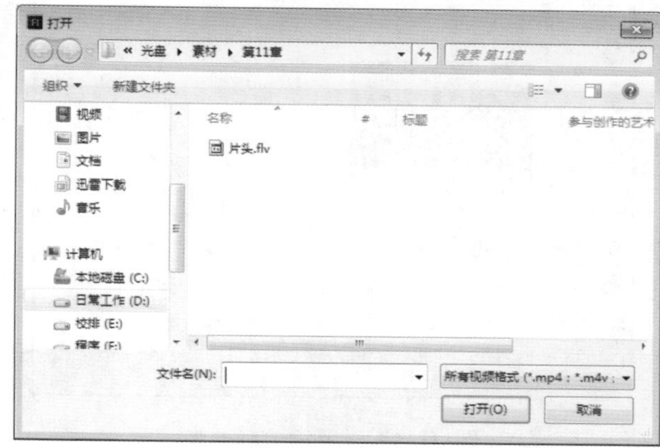

图11-73　选择视频文件

技巧秒杀

在“打开”对话框中，用户可根据需要选择需要导入的视频文件的格式，在“文件名”下拉列表框后即可查看所有的格式。

Step 3 返回“导入视频”对话框，此时即可在“文件路径”栏中看到已经添加的视频文件的完整路径。选中 ⊙ 使用播放组件加载外部视频 单选按钮，表示使用播放组件加载外部视频，如图11-74所示。

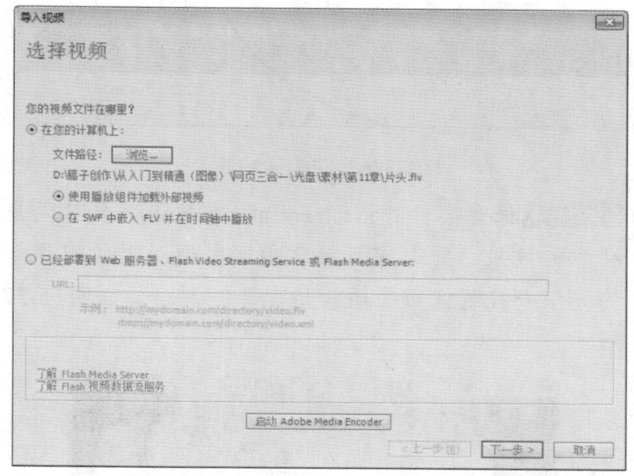

图11-74　选择视频的加载方式

Step 4 单击 下一步 > 按钮，进入“设定外观”界面，在“外观”下拉列表框中选择一格播放器的皮肤，这里选择SkinOverAllNoFullscreen.swf选项，设置颜色为白色（#FFFFFF），如图11-75所示。

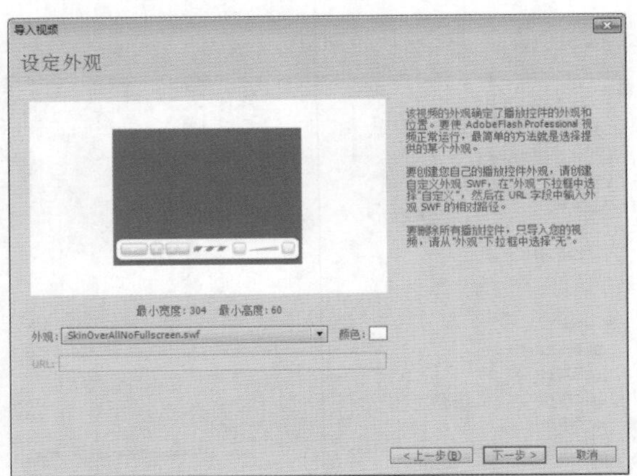

图11-75　设置播放器外观

Step 5 ▶ 单击 下一步 > 按钮，进入“完成视频导入”界面，在其中查看视频相关的信息，确认无误后单击 完成 按钮，如图11-76所示。

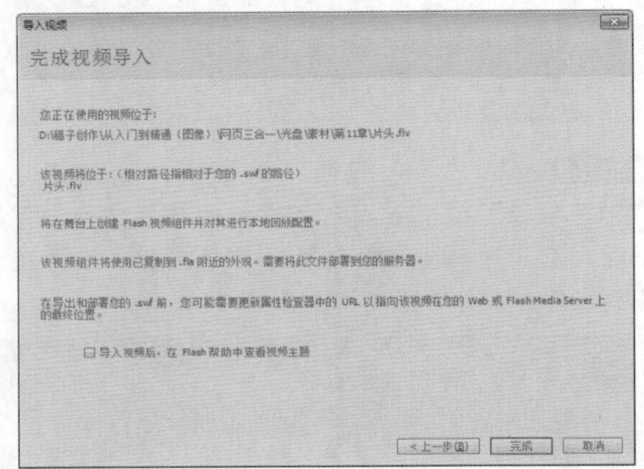

图11-76　完成视频导入

Step 6 ▶ 保存文件并按Ctrl+Enter快捷键预览导入视频后的效果。此时即可欣赏视频并通过播放组件上的按钮来控制视频的播放和声音的大小，如图11-77所示。

图11-77　预览效果

11.3.5 嵌入视频

嵌入视频将直接在SWF文档中嵌入文件，该视频文件将作为Flash文档的一部分被放置在时间轴中。嵌入视频后，视频文件将不能再进行编辑，并且该视频文件的长度不能超过16000帧，否则，将在下载播放过程中占用过多的系统资源，导致播放失败。

实例操作：嵌入视频文件

- 光盘\素材\第11章\爆炸烟雾.flv
- 光盘\效果\第11章\嵌入视频.fla

  光盘\实例演示\第11章\嵌入视频文件

本例将新建一个ActionScript 3.0空白Flash动画文档，在其中导入一个格式为flv的视频文件，并预览其效果。

Step 1 ▶ 启动Flash CC，新建一个宽为1920像素，高为1072像素，帧频为24.00fps的Flash文档。选择“文件”/“导入”/“导入视频”命令，打开“导入视频”对话框，单击 浏览... 按钮，在打开的对话框中选择“爆炸烟雾.flv”视频文件，单击 打开(O) 按钮，如图11-78所示。

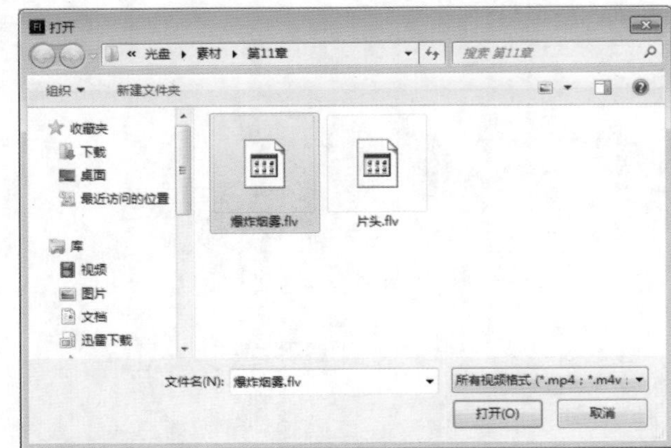

图11-78　选择视频文件

Step 2 ▶ 返回“导入视频”对话框，此时即可在“文件路径”栏中看到已经添加的视频文件的完整路径。选中 ⊙在 SWF 中嵌入 FLV 并在时间轴中播放 单选按钮，表示使用嵌入视频的方式进行添加，如图11-79所示。

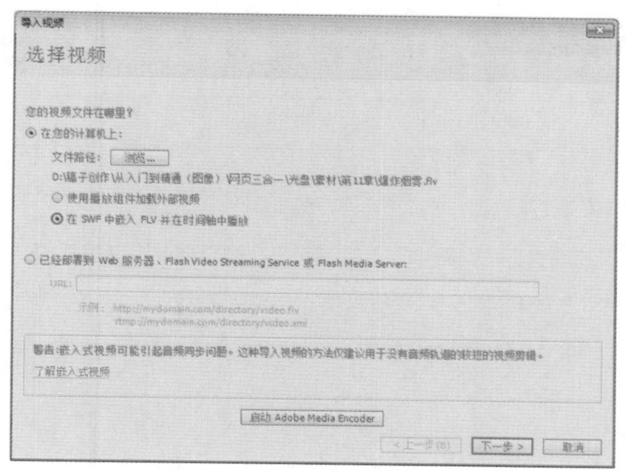

图11-79 选择视频的加载方式

Step 3 ▶ 单击[下一步 >]按钮，进入“嵌入”界面，在其中进行视频设置，这里保持默认设置不变，如图11-80所示。

图11-80 嵌入视频设置

Step 4 ▶ 单击[下一步 >]按钮，打开“完成视频导入”界面，在其中查看视频相关的信息，确认无误后单击[完成]按钮，如图11-81所示。

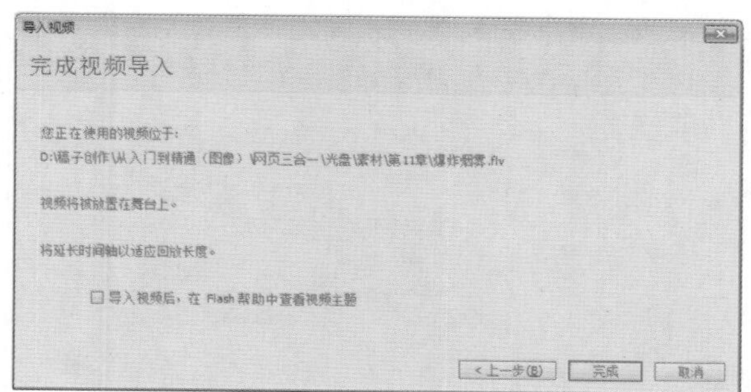

图11-81 完成视频导入

技巧秒杀

嵌入视频方式只支持FLV或F4V格式的视频文件格式。

Step 5 ▶ 保存文件并按Ctrl+Enter快捷键预览导入视频后的效果，如图11-82所示。

图11-82 预览效果

技巧秒杀

除了以上两种方法，还可在“导入视频”对话框中选中 ⊙ 已经部署到 Web 服务器、Flash Video Streaming Service 或 Flash Media Server: 单选按钮，在其下的文本框中输入视频文件的链接网址，单击[下一步 >]按钮，按照提示进行操作可以导入网络中已有的视频。

11.3.6 设置视频属性

导入视频文件后，还可对视频文件的属性进行设置，使其符合实际的需要。其方法是：选择需要设置的视频文件，在“属性”面板对应的选项中进行设置即可，如图11-83所示。

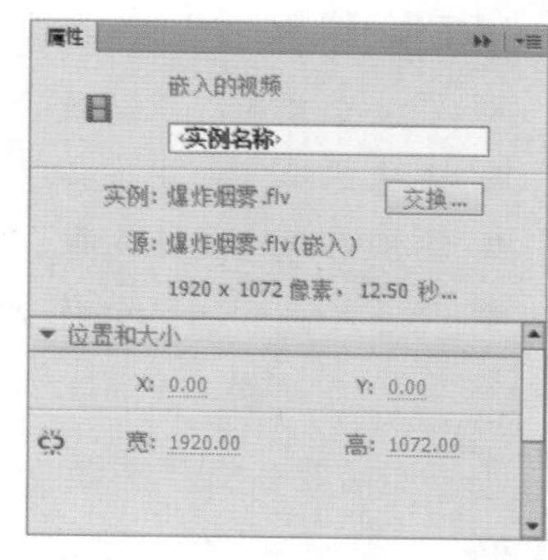

图11-83 设置视频属性

- **实例名称**：用于设置视频文件的名称。
- **[交换...]按钮**：单击该按钮，将打开“交换视频”对话框，在其中可以重新选择需要的视频文件，如图11-84所示。

图11-84 “交换视频”对话框

◆ X和Y：用于设置视频文件相对于舞台左上角所在的位置。

◆ 宽和高：用于设置视频文件的尺寸。

读书笔记

技巧秒杀

视频文件还可通过ActionScript进行控制，用户需要对视频文件的行为进行了解，包括播放视频、停止视频、暂停视频、后退视频、快进视频和显示视频。关于ActionScript的知识将在13.4节中讲解。

知识大爆炸——文本和对象的其他知识

1. 嵌入字体

Flash CC会对包含文本的任何文本对象使用的所有字符都进行自动嵌入操作。当用户需要自己创建嵌入字体元件时，即可对文本对象使用其他字符。

（1）使用嵌入字体的情况

在Flash CC中，只有消除锯齿属性设置为“使用设备字体”时，才没有嵌入字体的必要。而在以下几种情况下，需要通过在SWF文件中嵌入字体来保证文本能正常显示。

◆ 在要求文本外观一致的设计过程中，需要在FLA文件中创建文本对象。

◆ 在未选择“使用设备字体”选项时，必须嵌入字体，否则文本会消失或不能正常显示。

◆ 当SWF包含文本对象，并且该文件可能由尚未嵌入所需字体的其他SWF文件加载时。

◆ 使用ActionScript创建动态文本时，必须在ActionScript中指定要使用的字符。

（2）嵌套字体的方法

当需要在SWF文件中嵌入字体时，可选择“字体”/“字体嵌入”命令，打开“字体嵌入”对话框，在其中显示了当前FLA文件中的所有字体元件，如图11-85所示。

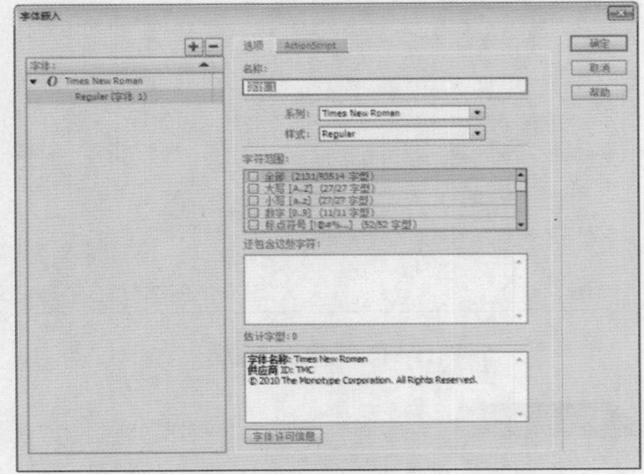

图11-85　“字体嵌入”对话框

◆ 字体：用于显示当前文本的字体项目，单击+按钮可添加新嵌入的字体；单击-按钮可删除选择的字体。

◆ 名称：用于显示或修改要嵌入字体的名称。

◆ 系列：用于显示或修改要嵌入的字体。

◆ 样式：用于显示或修改嵌入字体的样式。

◆ 字符范围：用于设置选择要嵌入的字符范围，嵌入的字体越多，发布的SWF文件越大。

◆ 还包含这些字符：可在文本框中输入需要选择的其他字符。

◆ 估计字型：用于显示所选择字体的字体名称、供应商字型等。

◆ ActionScript：选择该选项卡，在打开的界面中选中☑为 ActionScript 导出复选框，则嵌入字体可以使用ActionScript代码访问。

技巧秒杀

打开“字体嵌入”对话框的方法还有以下3种：

◆ 单击“库”面板右上角的按钮，在弹出的下拉菜单中选择“新建字型”命令。

◆ 在“库”面板空白位置右击，在弹出的快捷菜单中选择“新建字型”命令。

◆ 在文本“属性”面板中单击嵌入...按钮。

2. 消除锯齿

Flash CC中的字体消除锯齿功能可以增加字体光栅化处理功能，它只针对Flash Player 8或更高版本发布的SWF文件。Flash CC中包括使用设备字体、位图文本[无消除锯齿]、动画消除锯齿、可读性消除锯齿和自定义消除锯齿5种消除锯齿属性，其含义分别介绍如下。

◆ 使用设备字体：使用本地计算机安装的字体来显示字体，其字体较为清晰，不会增加SWF文件的大小，但若其他计算机中没有这种字体则无法正常显示。因此，应选择最常用的字体系列。

◆ 位图文本[无消除锯齿]：关闭消除锯齿功能，用尖锐边缘显示文本，不对文本进行平滑处理。

◆ 动画消除锯齿：通过忽略对齐方式和字距微调信息来创建更平滑的动画。该功能会增加SWF文件的大小，同时为了提高字体的清晰度，建议选择10点以上的字号。

◆ 可读性消除锯齿：使用Flash文本呈现引擎来改进字体的清晰度，使较小的文本也能清晰可见。该功能会增加SWF文件的大小，且不能为文本设置动画效果。

◆ 自定义消除锯齿：可以使用户自定义修改字体的属性，以指定边缘与背景之间过渡的平滑度。

3. 声道

为了使人耳听到的声音具有立体感，数字声音引入了声道的概念。声道就是声音的通道。目前常见的声道有左声道、右声道、四声道、五声道、环绕声道等，将一个声音分解为多个声音通道，再分别进行播放，各个通道的声音在空间进行混合，就模拟出了声音的立体效果。

每个声道的信息量几乎是一样的，若增加一个声道，则声音文件也相应增大一倍，这对Flash文件的发布有很大影响。因此，为了减小声音文件的大小，建议使用单声道。

4. 声音的大小

声音文件的大小主要由声音的位深和频率来决定。其中位深是指录制一个声音样本的精确程度，它是位的数量，如8位、10位、12位、16位、24位等，当位数越多，样本的精确程度越高，声音的质量就越好；频率是指声音的采样率，用赫兹（Hz）来表示，日常中CD的采样率是44.1kHz，即每秒钟采样44100次，广播的采样率则为22.5kHz。

用户可以根据位深×采样率的方法来计算声音文件的大小。如采样率为44100的16位立体声音轨，一秒钟生成44100×16×2=1411200位，即每秒钟1411200÷8=176400个字节，也就是说该音频每分钟的大小为（176400÷16）÷1024=10.77MB。

01 02 03 04 05 06 07 08 09 10 11 12

元件与库的使用

本章导读

在Flash中所有导入的素材及元件都会被放置在“库”面板中统一管理。而制作Flash动画，通常需要将素材及对象转换为元件，再通过元件进行动画的制作。本章将详细讲解元件及“库”面板的相关知识。

12.1 元件

元件是Flash中可以重复使用的图像、影片剪辑或按钮。在制作动画的过程中，创建的元件会自动变成当前动画元件库中的一部分。每个元件都有唯一的时间轴和舞台以及若干个层，它可以独立于主动画进行播放。

12.1.1 元件的概念与种类

元件是构成动画的基础，元件可以反复使用，因而不必重复制作相同的部分，大大提高了工作的效率。当元件应用到动画中后，只要对元件做出修改，动画中的元件会自动修改；在动画中运用元件可以减小文件的大小，即将图形转换成元件可以减小动画文件的大小，从而有利于动画的快速播放。

创建元件时要选择元件类型，选择元件的类型取决于在制作动画文档中元件的作用。Flash中的元件有3种类型，即图形、影片剪辑和按钮，下面分别进行讲解。

1. 图形

图形元件用于创建可反复使用的图形，它可以是静态图片，用来创建连接到主时间轴的可重用动画片段，也可以是多个帧组成的动画。图形元件是制作动画的基本元素之一，但它不能添加交互行为和声音控制。如图12-1所示为图形元件，它在“库”面板中以图标进行标识。

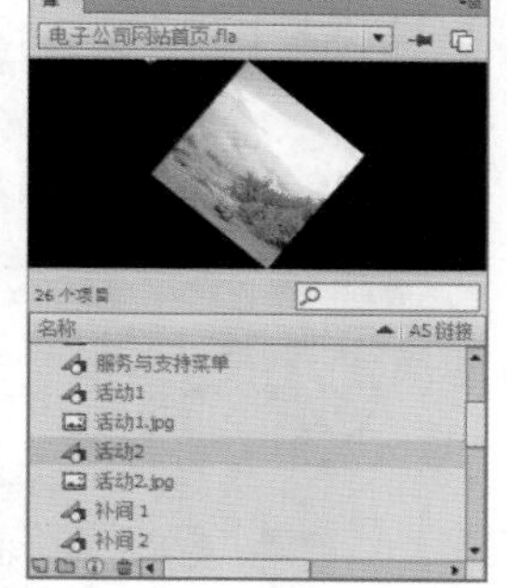

图12-1　图形

2. 影片剪辑

影片剪辑元件可用于创建一段动画，并在主场景中可以反复使用的动画片段，它可独立播放。影片剪辑元件拥有自己的独立于主时间轴的多帧时间轴。当播放主动画时，影片剪辑元件也在循环播放。它可以包含交互式控件、声音，甚至其他影片剪辑实例，也可以将影片剪辑实例放在按钮元件的时间轴内，以创建动画按钮。如图12-2所示为影片剪辑元件，它在“库”面板中以图标进行标识。

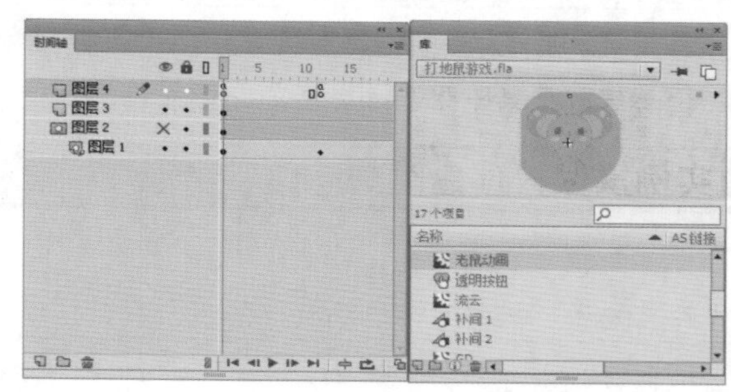

图12-2　影片剪辑

3. 按钮

按钮元件主要用于激发某种交互性的动作，如“播放”和“重播”等按钮都是按钮元件。通过交互控制，按钮可响应各种鼠标事件，如单击“重播”按钮，将会使动画重新播放。按钮元件包括“弹起”、“指针经过”、“按下”和“单击”4种状态，在按钮元件的不同状态上创建不同的内容，可以使按钮响应相应的鼠标操作。如图12-3所示为按钮元件，它在“库”面板中以图标进行标识。

图12-3　按钮

技巧秒杀

影片剪辑可以是一个多帧、多图层的动画，但它的实例在主时间轴中只占用一帧。

12.1.2 创建元件

根据需要，用户可以创建需要的类型的元件。下面对每种类型的元件创建方法进行介绍。

1. 创建图形元件

图形元件的创建方法较为简单，用户可直接创建静态图片或在其中绘制图形作为图形元件。

实例操作：创建图形元件

- 光盘\素材\第12章\图形元件.fla、图形\
- 光盘\效果\第12章\图形元件.fla
- 光盘\实例演示\第12章\创建图形元件

本例将在“图形元件.fla”文档中新建图形元件，将素材文件夹“图形”中的图片导入到其中，并绘制一个云朵图形。

Step 1 打开“图形元件.fla”文档，选择“插入”/“新建元件”命令，打开“创建新元件”对话框，在“名称”文本框中输入元件的名称为“气球1”，在“类型”下拉列表框中选择“图形”选项，如图12-4所示。

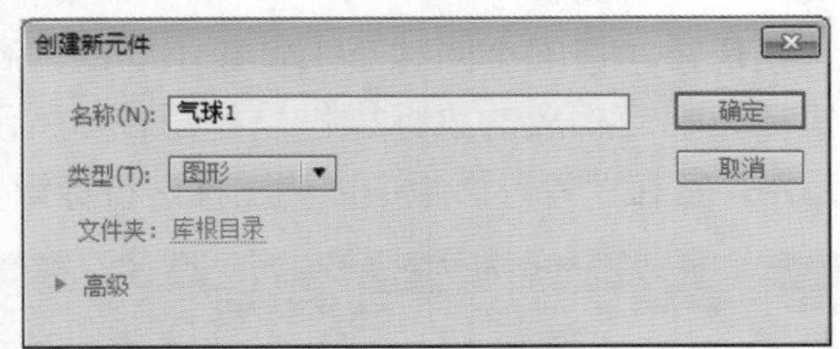

图12-4 “创建新元件”对话框

技巧秒杀

按Ctrl+F8快捷键也可打开“创建新元件”对话框。

Step 2 单击“文件夹”栏后的“库根目录”选项，打开“移至文件夹”对话框，选中 新建文件夹(N): 单选按钮，在其后的文本框中输入文件夹的名称为“气球”，单击 选择 按钮，如图12-5所示。

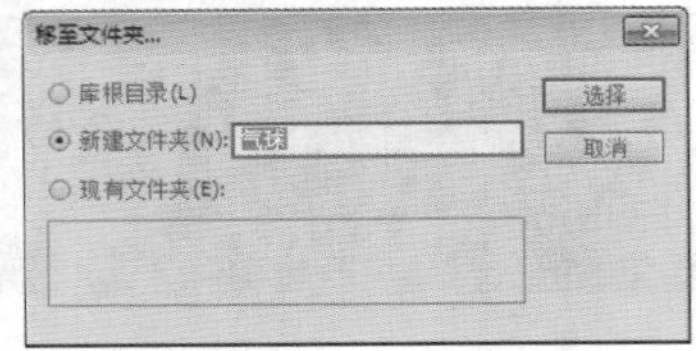

图12-5 选择文件夹

Step 3 返回“创建新元件”对话框，在“文件夹”栏后将显示选择的文件夹名称，单击 确定 按钮，如图12-6所示。此时将自动打开“库”面板，并且在其中显示出创建的文件夹和图形元件，如图12-7所示。

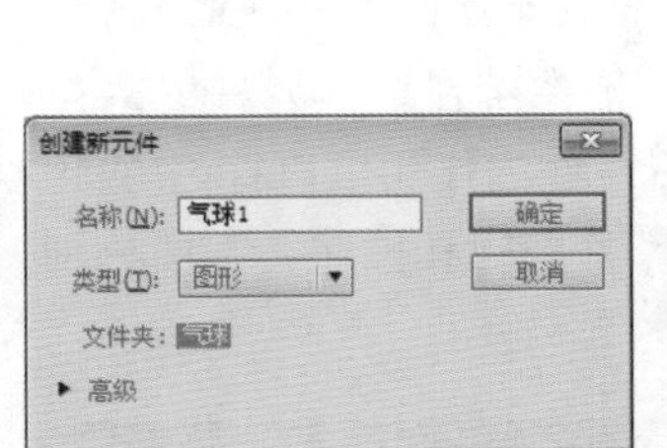

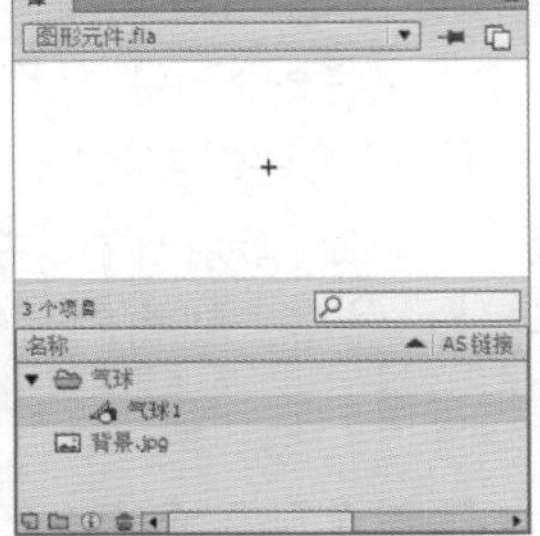

图12-6 确认创建　　图12-7 查看创建的图形元件

Step 4 选择“文件”/“导入”/“导入到舞台”命令，打开“导入”对话框，在其中选择需要导入的素材“气球1.png”，单击 打开(O) 按钮。在打开的提示对话框中单击 否 按钮，如图12-8所示。

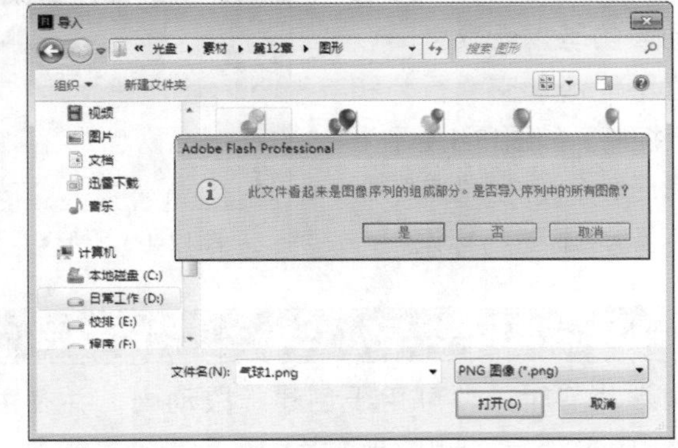

图12-8 导入图片

Step 5 此时图片被导入到元件编辑区，其效果如图12-9所示。使用相同的方法，创建其他的图形元件，并导入相应的图片，如图12-10所示。

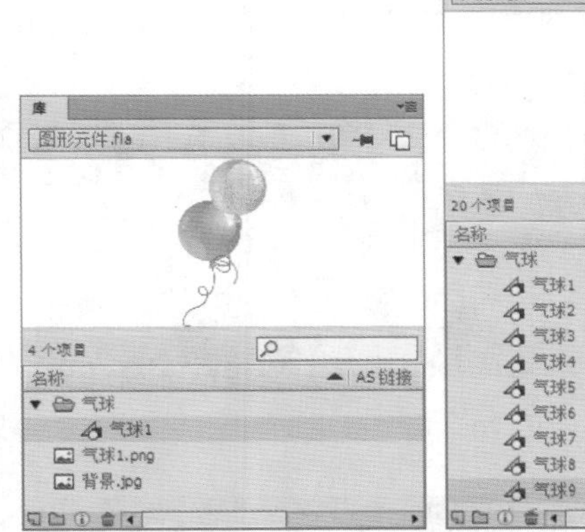

图12-9　查看元件

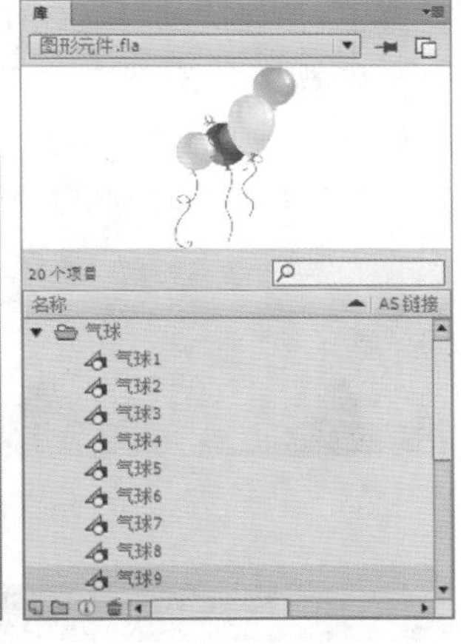

图12-10　创建其他图形元件

Step 6 ▶ 使用相同的方法，创建一个名称为“云朵”的图形元件，并在其元件编辑区中绘制一个云朵图形，填充其颜色为白色，效果如图12-11所示。切换到场景，将图形元件拖动到场景中，并适当调整图形的位置和大小，完成后的效果如图12-12所示。

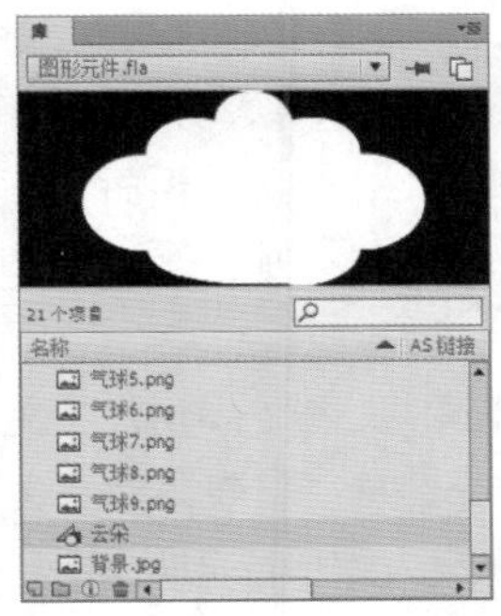

图12-11　绘制图形元件

图12-12　应用图形元件

2. 创建影片剪辑元件

影片剪辑元件可以创建一段动画，下面讲解其方法。

实例操作：创建影片剪辑动画

- 光盘\素材\第12章\影片剪辑.fla、图形\
- 光盘\效果\第12章\影片剪辑.fla
- 光盘\实例演示\第12章\创建影片剪辑动画

本例将导入“图形”素材文件夹中的图片至影片剪辑元件中，并对其创建动画效果，最后再将影片剪辑应用到场景中。

Step 1 ▶ 打开“影片剪辑.fla”文档，选择“导入”/“导入到库”命令，打开“导入到库”对话框，在其中选择所有的图片素材，单击打开(O)按钮将其导入到“库”面板中，如图12-13所示。

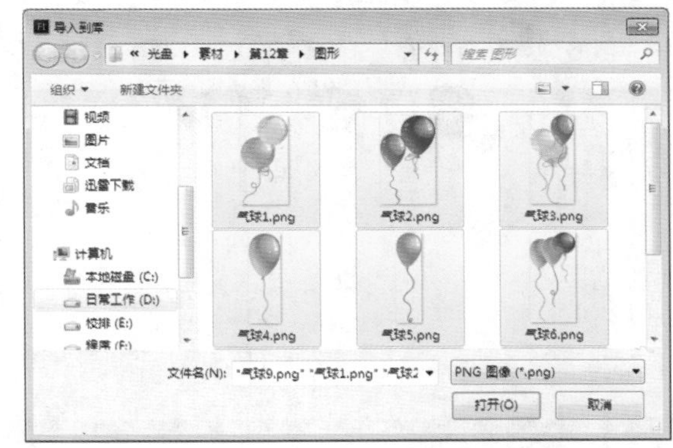

图12-13　导入素材到“库”面板

Step 2 ▶ 选择“插入”/“新建元件”命令，打开“创建新元件”对话框，在“名称”文本框中输入元件的名称为“气球”，在“类型”下拉列表框中选择“影片剪辑”选项，如图12-14所示。

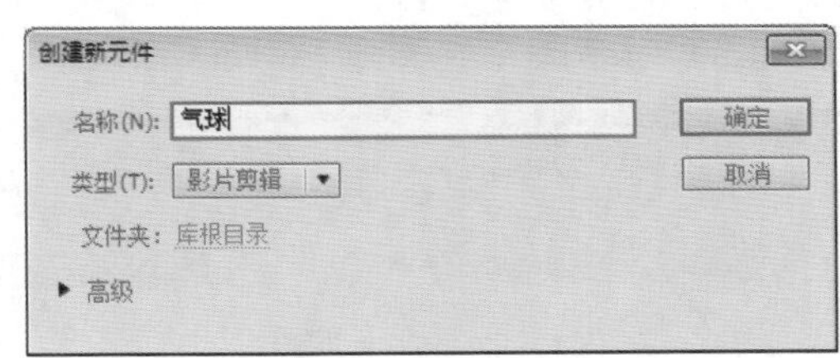

图12-14　新建影片剪辑

Step 3 ▶ 单击确定按钮，将在“库”面板中新建“气球”影片剪辑。然后将“库”面板中导入的图片素材拖动到影片剪辑编辑区中，并适当调整其位置和大小，效果如图12-15所示。

图12-15　添加影片剪辑中的内容

Step 4 在“时间轴”面板的第80帧处右击，在弹出的快捷菜单中选择“插入关键帧”命令，并将影片剪辑中的图形移动到上方，如图12-16所示。

图12-16　插入关键帧

Step 5 在“时间轴”面板中选择第1帧~第8帧，右击，在弹出的快捷菜单中选择“创建传统补间”命令，如图12-17所示。

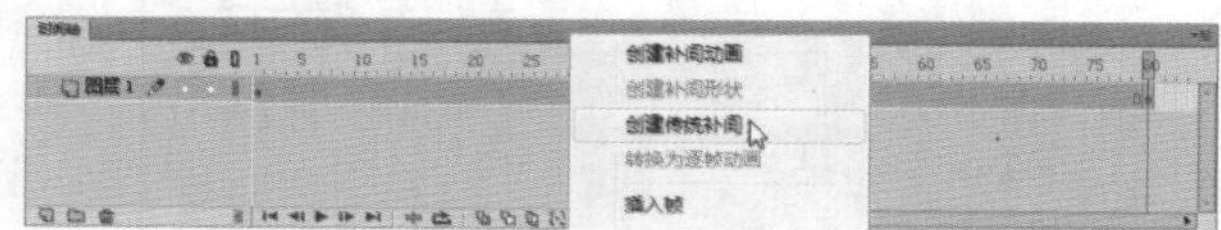

图12-17　创建动画

Step 6 此时将创建补间动画，且在“库”面板中自动生成“补间1”和“补间2”图形元件，如图12-18所示。返回场景中，将“库”面板中的“气球”影片剪辑拖动到场景中，如图12-19所示。

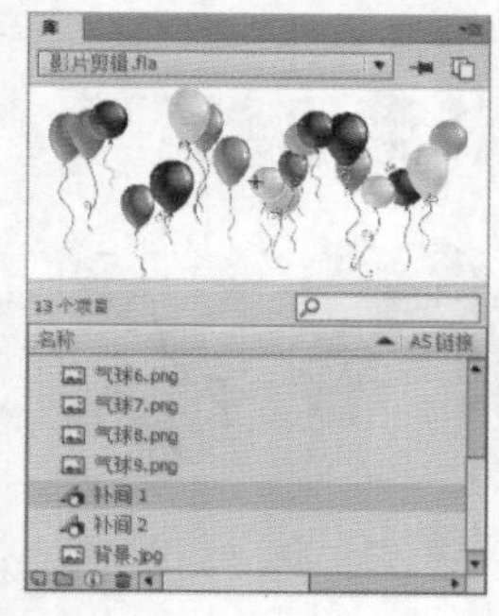

图12-18　查看补间动画　　图12-19　应用影片剪辑

Step 7 保存文档并按Ctrl+Enter快捷键预览效果，即可看到场景中的气球在慢慢上升，如图12-20所示。

图12-20　预览效果

3. 创建按钮元件

按钮元件比较特殊，其编辑窗口中只有4帧，它们分别对应按钮的4种状态。

实例操作：创建“开始游戏”按钮

- 光盘\素材\第12章\按钮元件.fla、按钮\
- 光盘\效果\第12章\按钮元件.fla
- 光盘\实例演示\第12章\创建“开始游戏”按钮

本例将在“按钮元件.fla”文档中绘制按钮，并对按钮的状态添加关键帧，然后对“指针经过”添加交换位图的操作。

Step 1 打开“按钮元件.fla”文档，选择“文件”/“导入”/“导入到库”命令，将“按钮”素材文件夹中的图片导入到“库”面板中，如图12-21所示。

图12-21　导入素材

Step 2 选择“插入”/“新建元件”命令，打开

“创建新元件”对话框，在“名称”文本框中输入元件的名称为“开始游戏”，在“类型”下拉列表框中选择“按钮”选项，如图12-22所示。

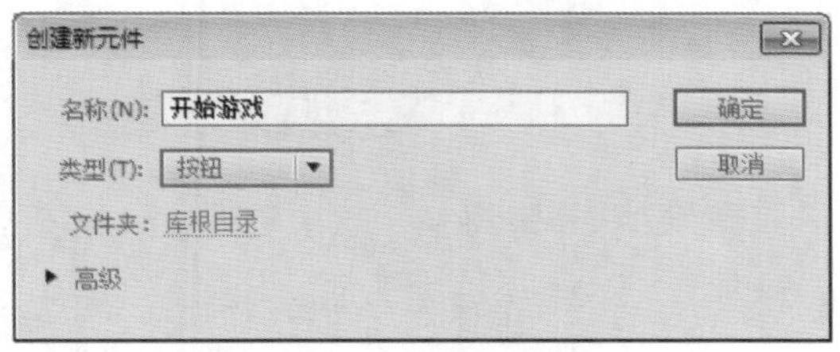

图12-22　新建影片剪辑

Step 3 ▶ 单击确定按钮，此时将在“库”面板中新建“开始游戏”按钮元件，并打开按钮元件的编辑区。然后将“库”面板中的btn1.png拖动到“开始游戏”按钮元件中，如图12-23所示。

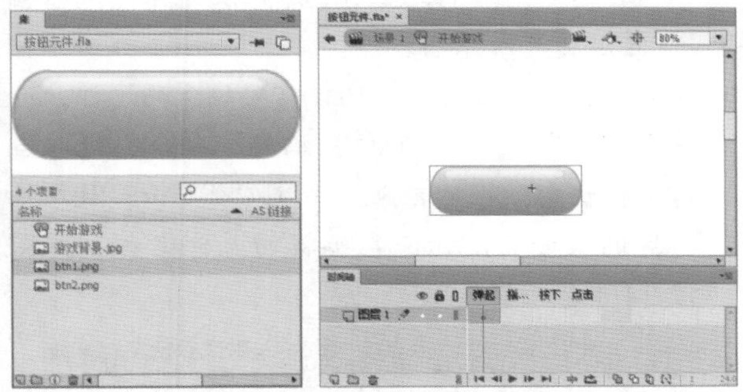

图12-23　添加内容到按钮元件

Step 4 ▶ 在“时间轴”面板中单击“指针经过”帧，并按F6键插入关键帧。单击“点击”帧，并按F5键插入普通帧，如图12-24所示。

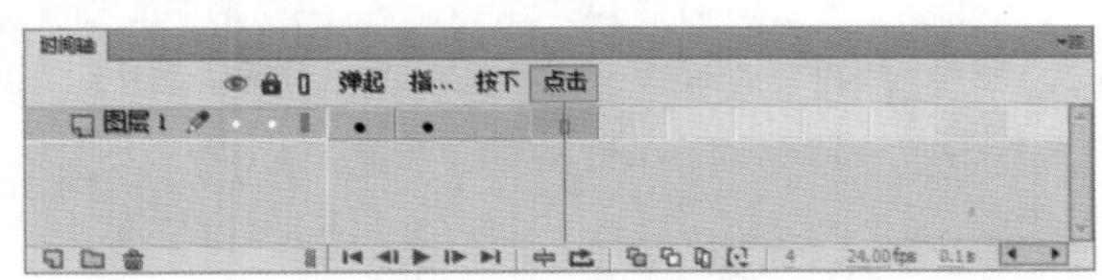

图12-24　添加关键帧

Step 5 ▶ 单击“指针经过”帧，在按钮图形上右击，在弹出的快捷菜单中选择“交换位图”命令，如图12-25所示。

技巧秒杀

若这里的图形文件为元件，则“交换位图”命令会变为“交换元件”命令。

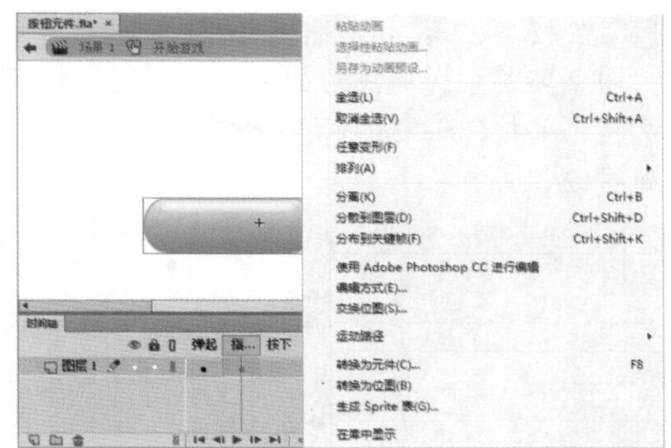

图12-25　选择“交换位图”命令

Step 6 ▶ 在打开的“交换位图”对话框中选择btn2.png位图，如图12-26所示。

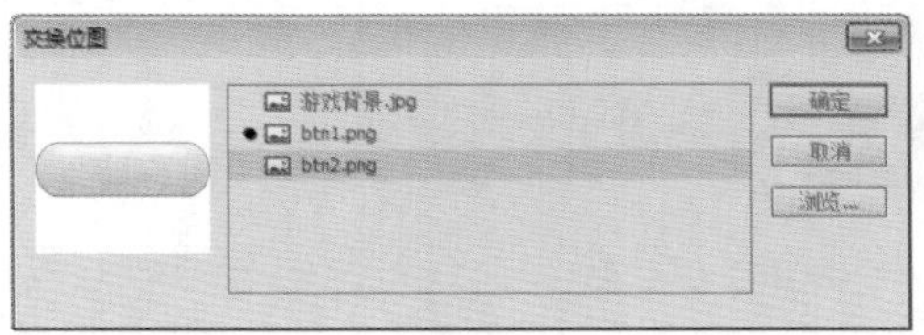

图12-26　选择需要交换的图片

Step 7 ▶ 单击确定按钮关闭对话框，完成元件的交换操作，即将btn1.png位图文件交换为btn2.png位图文件。返回到主场景，在“时间轴”面板中单击“新建图层”按钮，新建“图层2”，如图12-27所示。

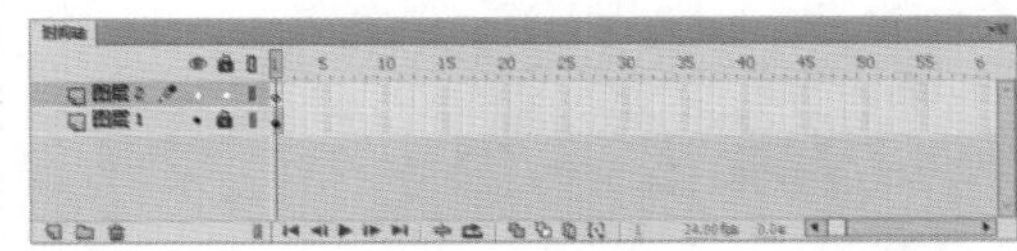

图12-27　新建图层

Step 8 ▶ 将“开始游戏”按钮元件拖动到场景中，如图12-28所示。选择“文本工具”T，在“属性”面板中设置系列为“方正黑体简体”，大小为35.0磅，颜色为#0066FF，如图12-29所示。

图12-28　应用按钮元件

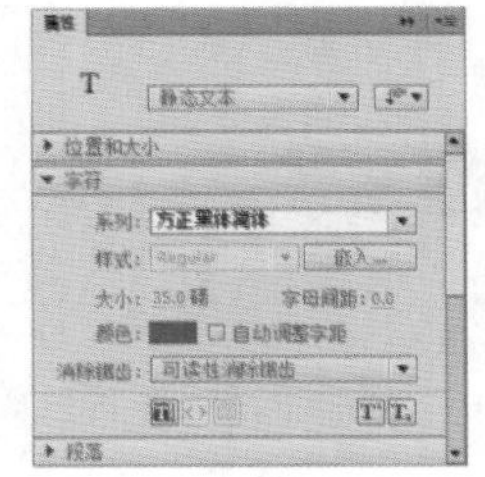

图12-29　设置文本属性

Step 9 ▶ 在按钮图形上单击并输入文本“开始游戏”，调整其位置，完成后的效果如图12-30所示。保存文档，并按Ctrl+Enter快捷键测试动画，其显示效果如图12-31所示。

图12-30　添加文字

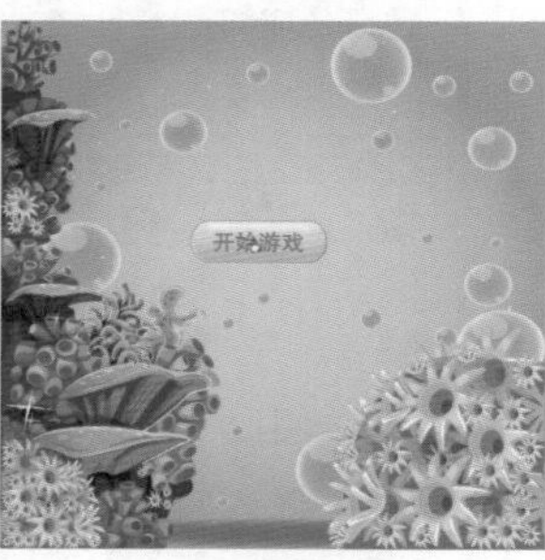

图12-31　预览效果

12.1.3 元件的转换

当创建的元件类型不符合实际需要时，可对元件的类型进行转换。其方法是：选择“修改”/“转换为元件”命令或右击，在弹出的快捷菜单中选择“转换为元件”命令，打开“转换为元件”对话框，在“名称”文本框中输入元件的名称，在“类型”下拉列表框中重新选择元件的类型，单击确定按钮即可完成元件的转换，如图12-32所示。

图12-32　元件的转换

转换的元件不会打开元件编辑窗口，如果需要对其进行编辑，在“库”面板中双击该元件可打开元件编辑窗口，再对其进行编辑，如图12-33所示。

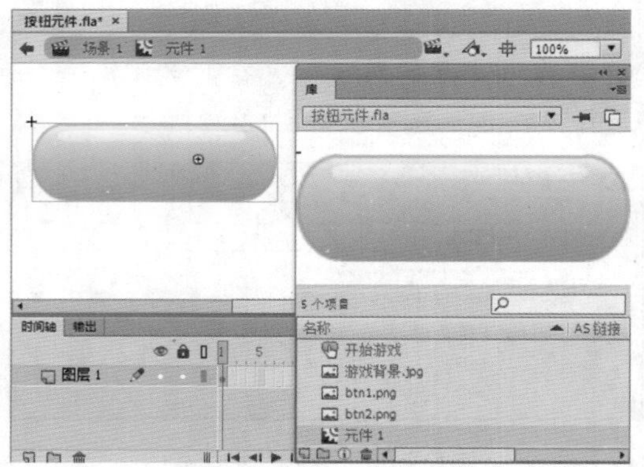

图12-33　元件的转换

12.1.4 元件的编辑

在Flash CC中可以通过多种方法对元件进行编辑，下面对其进行详细讲解。

- 在当前位置编辑元件：选择需要编辑的元件，选择“编辑”/“在当前位置编辑”命令，进入当前编辑状态，此时其他元件以灰度显示，且在编辑区的上方将显示正在编辑的元件名称，如图12-34所示。

图12-34　在当前位置编辑元件

- 在新窗口中编辑元件：在舞台中选择需要编辑的元件实例并右击，在弹出的快捷菜单中选择“在新窗口中编辑”命令即可。
- 在元件的编辑模式下编辑：在“库”面板中双击要编辑的元件或选择“编辑”/“编辑元件”命令，可在元件编辑区中进行编辑。

12.2 库

Flash中创建的各种元件和导入的文件（包括位图、声音和视频剪辑等文件）都被存放在“库”面板中，当需要某素材时，可直接从库中调用，可以省去很多重复的操作和一些不必要的麻烦。下面将对“库”面板的基本知识和管理方法进行介绍。

12.2.1 认识“库”面板

“库”面板是存储和管理各种素材的场所。在Flash中选择“窗口”/“库”命令或按Ctrl+L快捷键即可打开“库”面板，如图12-35所示。

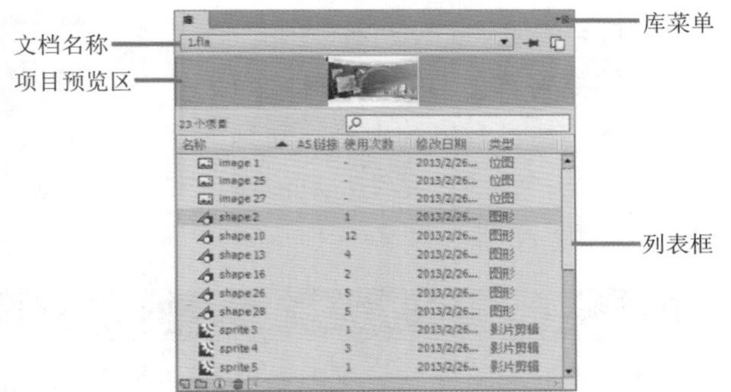

图12-35 “库”面板

- “库菜单”按钮：单击该按钮，在弹出的菜单中可选择其他的命令。如选择“新建字型”命令，即可进行嵌入字体的操作。
- 文档名称：用于显示当前所打开的“库”文档的Flash文档的名称。可在该下拉列表框中选择其他的文档，以进行切换。
- “固定当前库”按钮：单击该按钮，可固定“库”面板的位置，不会随文档的改变而发生变化。
- “新建库面板”按钮：单击该按钮，可同时打开多个“库”面板，每个面板可显示不同文档的库。
- 项目预览区：用于预览列表栏中选定的某个文件，如果选定的是一个多帧动画文件，还可以通过预览窗口右上角的“播放”按钮和“停止”按钮观看它的播放效果。
- 列表框：用于预览列表框中选定的某个文件，如果选定的是一个多帧动画文件，还可以通过预览窗口右上角的“播放”按钮和“停止”按钮观看播放效果。
- “新建元件”按钮：它与“新建元件”命令作用相似，单击该按钮后，将打开“创建新元件”对话框，在该对话框中可以为新元件命名并选择其类型等操作。
- “新建文件夹”按钮：单击该按钮可新建一个新文件夹，对其进行重命名后可将类似或相互关联的一些文件存放在一个文件夹中。
- “属性”按钮：用于查看和修改库中文件的属性。
- “删除”按钮：用于删除库文件列表中的文件或文件夹。

12.2.2 管理并使用库

库元素的基本操作包括管理与使用当前库中的元素、调用其他库中的元素以及对库中的元素进行分类管理等。在制作动画的过程中库可以让元素的使用变得更方便和快捷。在制作动画时，如果现有库中的元素无法满足制作要求，需要使用到其他库中的元素时，可以采取调用其他库中的元素。

1. 导入元素到库

Flash中所有导入的内容都存放在“库”面板中，用户可以根据需要导入不同的内容，包括图片、音频、视频和元件等。

实例操作：导入AI文件

● 光盘\实例演示\第12章\导入AI文件

本例将在Flash文档中以导入AI文件为例，讲解导入元素到“库”面板的操作。

Step 1 打开需要导入文件的Flash文档，选择“文件”/“导入”/“导入到库”命令，打开“导入到库”对话框，设置导入的文件格式为Adobe Illustrator (*.ai)，选择需要导入的文件，单击 打开(O) 按钮，如图12-36所示。

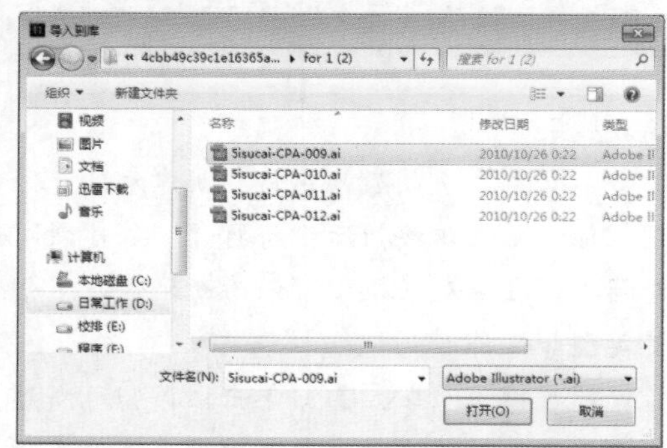

图12-36　选择导入的AI文件

Step 2 在打开对话框中的“图层转换”栏中选中 保持可编辑路径和效果 单选按钮，在“文件转换”栏中选中 矢量轮廓 单选按钮，保持其他设置默认不变，如图12-37所示。

Step 3 单击 确定 按钮自动导入AI文件中的内容，此时在“库”面板中即可看到AI文件中的所有文件都被单独保存为一个元件或图片，如图12-38所示。

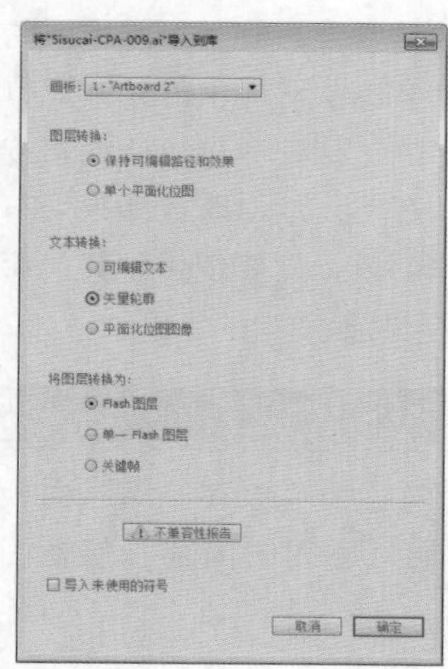

图12-37　导入设置　　图12-38　查看导入的效果

读书笔记

技巧秒杀

该对话框中的 单个平面化位图 和 平面化位图图像 单选按钮可以将AI文件中的图层和文本转换为位图。单一 Flash 图层 单选按钮可以将图层转换为一个图层；关键帧 单选按钮可以将其转换为关键帧。在导入素材时，需要注意，不同类型的文件，导入Flash中时进行的操作不同，这主要是针对包含图层、样式等信息的文件，如AI、Photoshop和Fireworks等。导入声音、位图和视频等文件时则不需进行设置。

2. 使用当前库中的元素

要使用当前库中的元素，可直接将“库”面板中需要使用的元素拖动到舞台中即可。

若需要将舞台上的对象转换为“库”面板中的元件，则可将舞台中的内容拖动到“库”面板中，此时将打开“转换为元件”对话框，在其中可对元件名称、类型等进行设置。

3. 管理当前库中的元素

在“库”面板中除了可以通过各种按钮对文档中的库元素进行管理外，还能进行其他操作，如重命名元件和复制元件等。

（1）重命名元件

重命名元件的方法有如下几种。

- 双击要重命名的元件或文件夹的名称然后输入新名称。
- 在需要重命名的元件或文件夹上右击，在弹出的快捷菜单中选择“重命名”命令，然后输入新名称。
- 选择重命名的元件或文件夹。单击“库”面板右上角的按钮，在弹出的下拉菜单中选择“重命名”命令，然后输入新名称。

（2）复制元件

当需要多次使用同一个元件时，可对元件进行复制操作。其方法是：在“库”面板中选择需要复制的元件，右击，在弹出的快捷菜单中选择“直接复制”命令即可，如图12-39所示。此时将打开“直接复制元件”对话框，在其中可以重新对元件的名称、类型等进行设置。

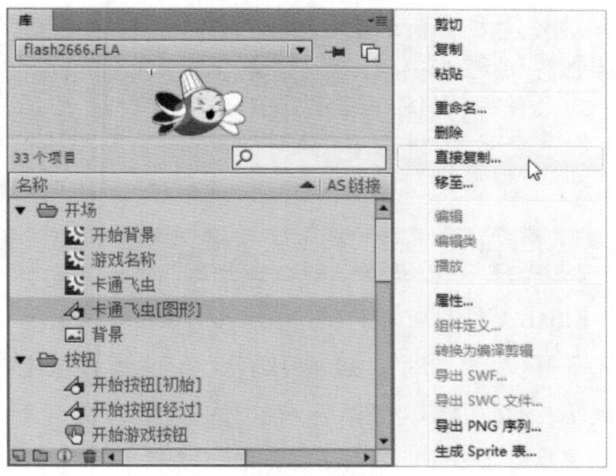

图12-39　直接复制元件

实例操作：复制并修改元件

- 光盘\素材\第12章\花.fla
- 光盘\效果\第12章\花.fla
- 光盘\实例演示\第12章\复制并修改元件

本例将在“花.fla”文档中复制红色的花朵元件，并将花朵颜色修改为黄色和蓝色。

Step 1 打开“花.fla”文档，按Ctrl+L快捷键打开“库”面板，在“花瓣”图形元件上右击，在弹出的快捷菜单中选择“直接复制”命令。打开“直接复制元件”对话框，在“名称”文本框中输入复制元件的名称“黄_花瓣”，如图12-40所示。

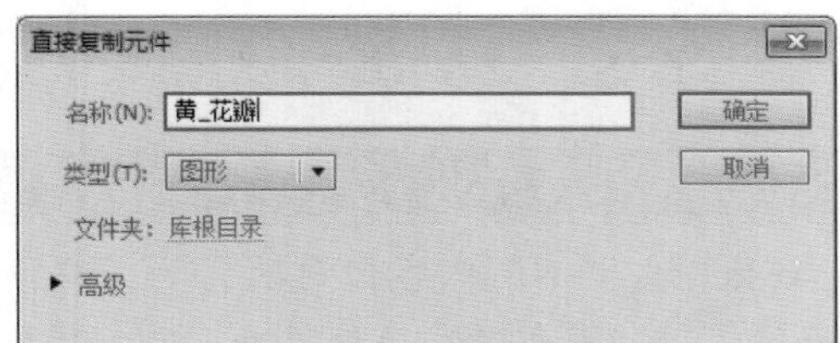

图12-40　直接复制元件

Step 2 单击 确定 按钮关闭对话框，完成“黄_花瓣”图形元件的创建。使用相同的方法，为“花”图形元件创建一个副本“花_黄色”。然后在“库”面板中双击“黄_花瓣”图形元件选项前的图标，如图12-41所示。

Step 3 在打开的图形元件编辑区中选择粉红色花瓣，选择“窗口”/“颜色”命令打开“颜色”面板，调整填充颜色“红、绿、蓝”分别为#FFFFFF、#FFCC66、#FFCC00，如图12-42所示。

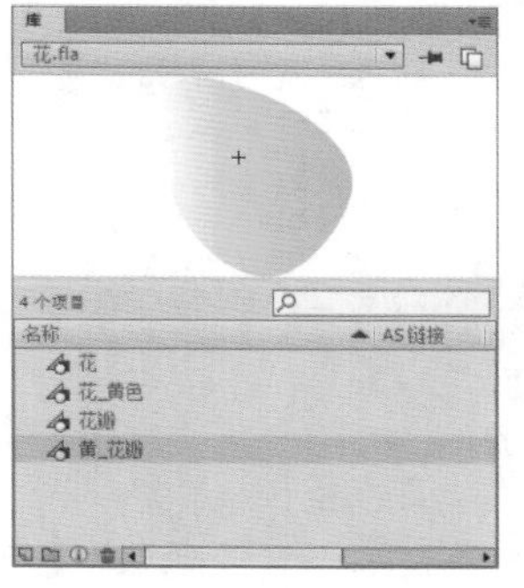

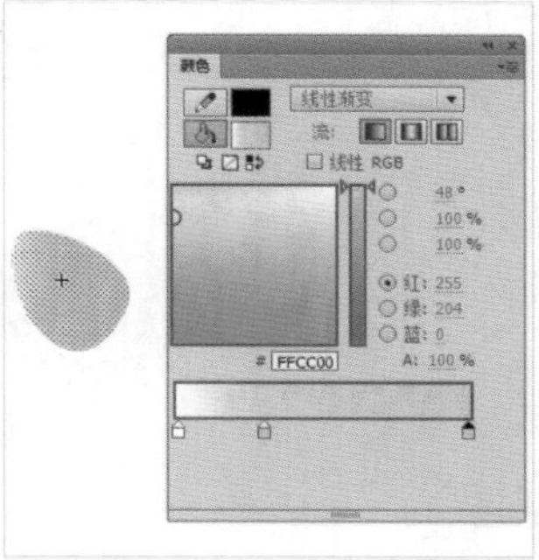

图12-41　进入元件编辑区　图12-42　调整元件的颜色

Step 4 在“库”面板中双击“花_黄色”图形元件，在打开的图形元件编辑区中双击“花”图形，在打开的编辑区中双击花朵部分，选择其中的花瓣，如图12-43所示。在花瓣上右击，在弹出的快捷菜单中选择“交换元件”命令，如图12-44所示。

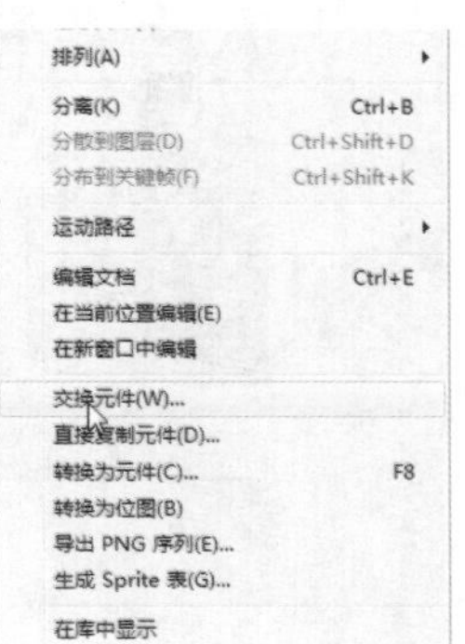

图12-43　选择花瓣　图12-44　“交换元件”命令

Step 5 打开“交换元件”对话框，在其中选择需要交换的元件，这里选择“黄_花瓣”图形元件，如图12-45所示。

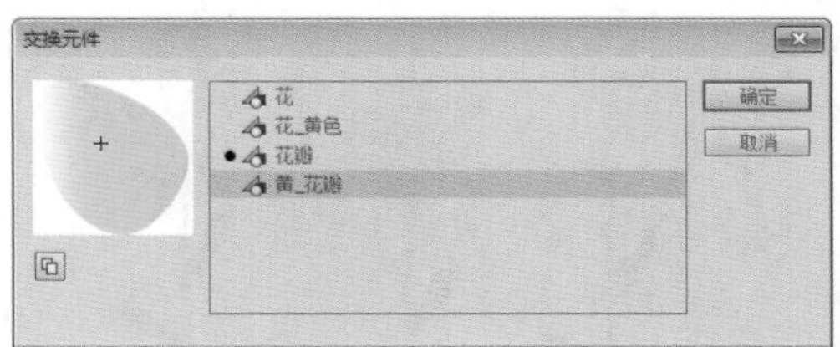

图12-45　交换元件

Step 6 单击 确定 按钮关闭对话框。使用相同的方法，将其他花瓣交换为“黄_花瓣”图形元件，完成后的效果如图12-46所示。使用相同的方法，再次复制“花瓣”和“花”元件，并将元件名称修改为“花_蓝色”和“蓝_花瓣”，如图12-47所示。

图12-46 交换其他元件

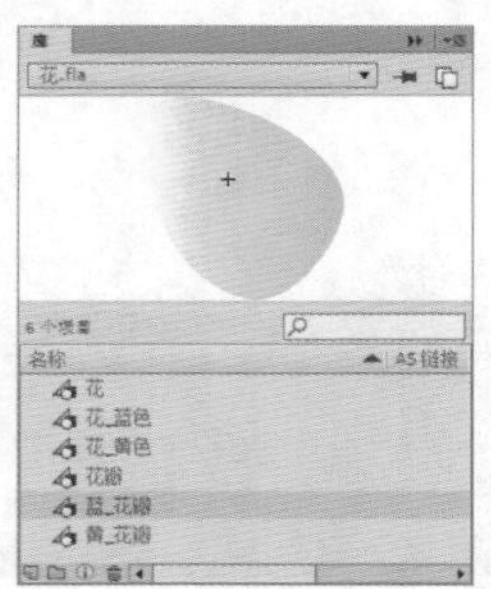

图12-47 复制其他元件

Step 7 ▶ 将“蓝_花瓣”图形元件的颜色修改为#FFFFFF、#10B8FA和#027EE9，如图12-48所示。然后将“花_蓝色”图形元件中的花瓣替换为“蓝_花瓣”图形元件，完成后的效果如图12-49所示。

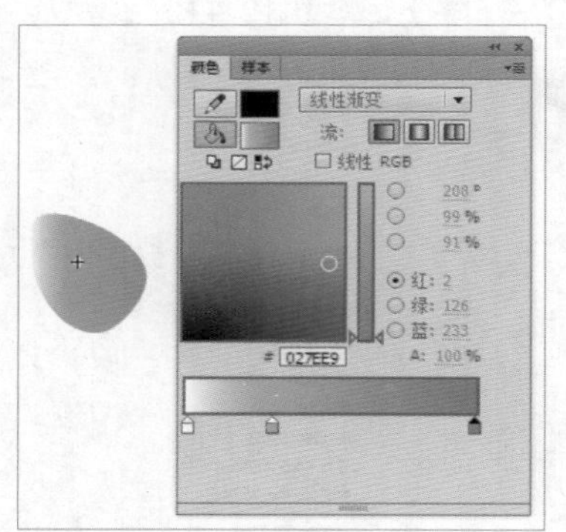

图12-48 调整花瓣颜色

图12-49 替换元件的效果

Step 8 ▶ 返回场景，从“库”面板中将“花_黄色”和“花_蓝色”图形元件拖入到舞台中，其效果如图12-50所示。

图12-50 最终效果

技巧秒杀

处理通过复制的方法来重制元件外，还可通过选择实例的方法来进行。其方法是：在舞台中选择一个实例元件，选择“修改”/“元件”/“直接复制元件”命令，该元件就会被重制，且原来的实例也会被重制的实例所代替。

4. 调用其他库中的元素

Flash CC中可以同时打开多个Flash文档，且可以将打开文档“库”面板中的元件在其他文档中使用。从其他文档中复制元件的方法是：在“库”面板的“文档名称”下拉列表框中选择相应的文件，“库”面板中即可显示出该文档对应的“库”，将“库”面板中的元件直接拖入到舞台中，Flash就会自动将相应的素材、元件复制到当前文档的“库”面板中，如图12-51所示。

图12-51 调用其他库中的元素

5. 分类管理库元素

当Flash文档中的内容较多时，为了方便管理各种元素，可对元素进行分类管理。其方法是：在“库”面板底部单击“新建文件夹”按钮，新建一个文件夹并输入文件夹名称，按Enter键进行确认，然后再将需要放置在其中的元件拖动到里面即可。

读书笔记

知识大爆炸——元件实例与共享库

1. 元件实例

元件实例是指位于舞台上或嵌套在另一个元件内的元件副本。它可以与其父元件在颜色、大小和功能方面有所差别，可以在Flash文档的任何地方创建元件实例。

（1）隐藏实例

将元件从“库”面板中拖动到舞台后，元件实例默认呈可见状态，若要使其暂时不显示，可选择元件实例，在“属性”面板的“显示”栏中取消选中☐可见复选框。当需要显示时，可再次选中该复选框，如图12-52所示。

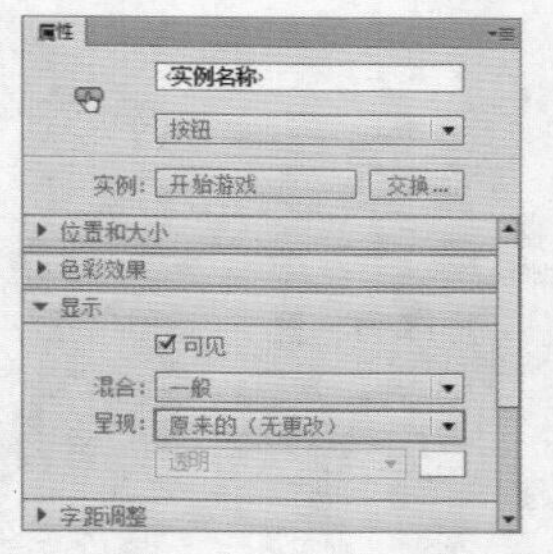

图12-52 隐藏实例

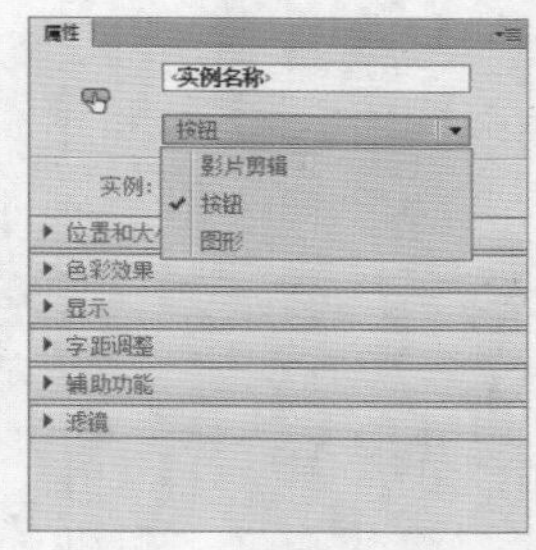

图12-53 更改实例类型

（2）更改实例的类型

将元件应用到舞台后，也可对元件实例的类型进行更改，其方法是：选择需要更改类型的实例元件，在“属性”面板的“类型”下拉列表框中重新选择一种类型选项即可，如图12-53所示。

（3）设置图形元件的循环

图形元件的循环适用于图形实例中的动画序列，其是与时间轴联系在一起的。其方法是：在舞台中选择需要设置的图形元件，在“属性”面板“循环”栏的“选项”下拉列表框中，选择需要的循环选项即可，如图12-54所示。它包含3个选项，分别是循环、播放一次和单帧，具体介绍如下。

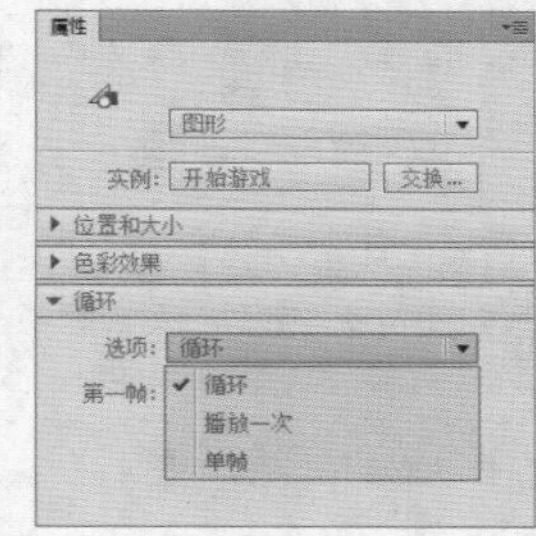

图12-54 循环

- 循环：按照当前实例占用的帧数来循环播放该实例中所有的动画序列。
- 播放一次：从指定帧开始播放动画序列，直到动画结束后停止。
- 单帧：显示动画序列的某一个指定的帧。

技巧秒杀

影片剪辑元件本身就是一段动画，用于独立的时间轴，因此在舞台中显示为一个静态的对象，不能通过“属性”面板来控制其循环。

2. 共享库

若用户需要在其他地方使用库中的内容，可启动共享库功能。启动共享库的方法有两种。一种是在“创建新元件”或“转换为元件”对话框中选择“高级”选项，在展开的界面中选中对应的共享复选框；另一种是在“库”面板中的元件上右击，在弹出的快捷菜单中选择“属性”命令，在打开的对话框中选择ActionScript选项卡，在其中设置共享即可，如图12-55所示。

图12-55 共享库

07 08 09 10 11 12 13 14 15 16 17 18

13 动画的制作

本章导读

掌握了绘图、填充和素材的导入及元件的制作等知识后，即可开始进行Flash动画的制作。在Flash中可以制作很多种类的动画，其中，逐帧、补间、引导线和遮罩动画是最简单也是最基本、最常用的动画，除此之外，用户还可通过ActionScript脚本语言来制作高级动画。本章将分别对这些动画的制作方法进行介绍。

13.1 图层与时间轴

图层和“时间轴”面板是Flash中制作动画的主要场所。下面分别讲解图层及“时间轴”面板的相关知识及操作。

13.1.1 图层的概念及类型

在Flash中制作动画时，熟练灵活地使用图层，不仅可以使制作过程更加方便简单，还可以制作出更加流畅、美观的效果。Flash舞台中的内容都位于图层中，下面主要对图层的概念和类型进行介绍。

1. 图层的概念

Flash CC中的图层就像是一张张透明的纸，每一张纸中放置了不同的内容。将这些内容组合在一起就形成了完整的图形，显示状态下居于上方的图层中的对象也居于其他对象的上方。当对图层中的某个对象进行单独编辑制作时，可以不影响其他图层中的内容，也可通过引导层和遮罩层制作引导动画和遮罩动画。

2. 图层的类型

Flash中的图层主要包括普通图层（图层1）、传统运动引导层（引导层：图层2）、被引导层（图层2）、引导层（图层4）、被遮罩层（图层5）和遮罩层（图层6）6种，如图13-1所示。

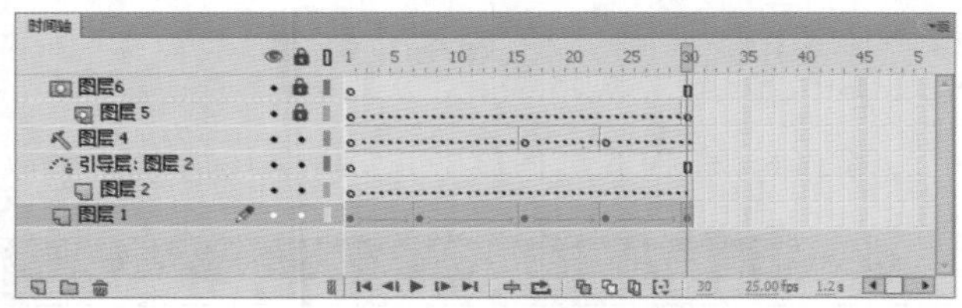

图13-1　图层的类型

这几种图层的作用介绍如下。

- **普通图层**：是Flash CC的默认图层，无任何特殊效果，只用于放置对象，如矢量图形、位图、元件等。
- **传统运动引导层**：在引导层中创建的图形并不随影片的输出而输出，而是作为被引导层中对象的移动轨迹。该图层不会增加文件的大小，可以多次使用。
- **被引导层**：是与传统运动引导层相关联的图层，此图层中的对象将沿着引导层中绘制的路径进行移动，以创建出动画效果。被引导层可以包含静态插图和传统补间，但不能包含补间动画。
- **引导层**：用于辅助静态对象进行定位，是一个单独的图层，不会与被引导层链接。
- **被遮罩层**：将普通图层变为遮罩后，该图层下方的图层将自动变为被遮罩图层。被遮罩图层中，只有被遮罩图层覆盖的部分才是可见的。
- **遮罩层**：用于设定显示部分。创建遮罩层后，浏览动画效果时，被遮罩图层中被遮罩层中的对象遮盖的部分将显示出来。

13.1.2 图层的基本操作

通过图层的操作可快速地编辑动画。对图层的操作主要包括新建图层、选择图层、移动图层、复制图层、重命名图层、查看图层和管理图层等。

1. 新建图层

制作较为复杂的动画时，经常需要创建多个图层，以放置不同的内容。在Flash CC中创建图层的方法主要有以下几种。

- 选择“插入”/“时间轴”/“图层”命令。
- 单击“时间轴”面板中的“新建图层”按钮。
- 在“时间轴”面板中的图层上右击，在弹出的快捷菜单中选择“插入图层”命令，如图13-2所示。

执行以上任意操作后，即可创建一个图层，该图层将显示在所选图层的上方，称为活动图层。

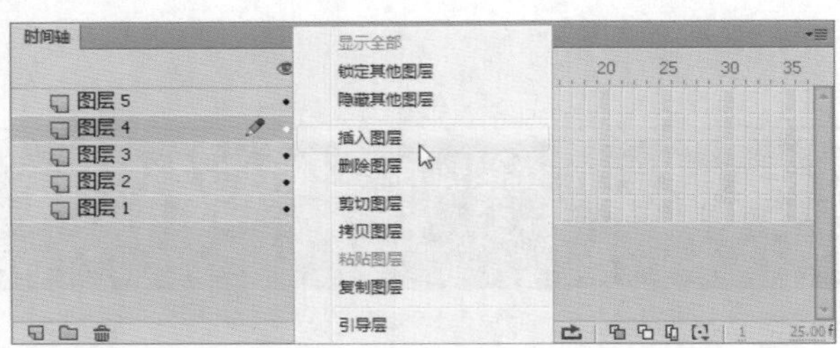

图13-2　新建图层

2. 选择图层

要想编辑图层就必须先选择图层，选择图层的方法主要有以下几种。

- 直接使用鼠标单击选择的图层。
- 在时间轴中单击要选择的图层上的任意一帧。
- 在舞台中选择需要选择的图层上的对象。
- 按住Ctrl键的同时，单击需要选择的多个图层，可选择不相邻的多个图层，如图13-3所示。
- 先用鼠标选择一个图层，然后按住Shift键的同时单击另一个图层，即可选择两个图层之间的所有图层，如图13-4所示。

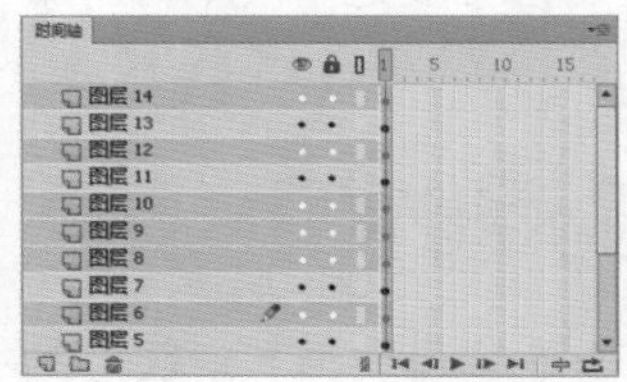

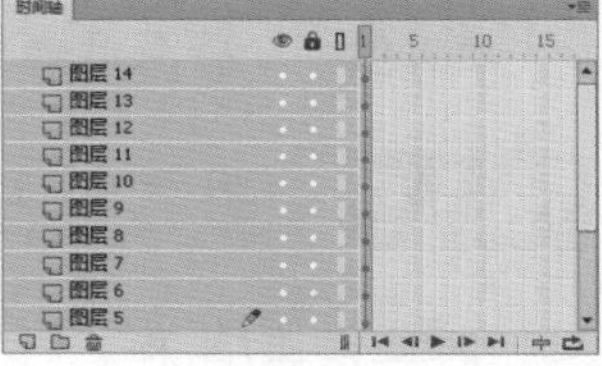

图13-3　选择不相邻的图层　图13-4　选择相邻的图层

选择图层后，图层将突出显示为蓝色，并在图层名称右侧显示一个图标，表示该图层正在被使用，且图层中的所有内容都会被选中。再向舞台中添加其他内容时，都将自动添加到当前选择的图层中。

3. 移动图层

在制作动画的过程中，若需将动画中某个处于后层的对象移动到前台，最快捷的方法就是移动图层，其方法是：先选择要移动的图层，然后按住鼠标左键不放，将其拖动到需要的位置后释放鼠标，如图13-5所示。完成图层的移动后，舞台中的效果也会发生相应的变化，可能会被上一个图层的内容所遮盖，因此移动前应先考虑清楚。

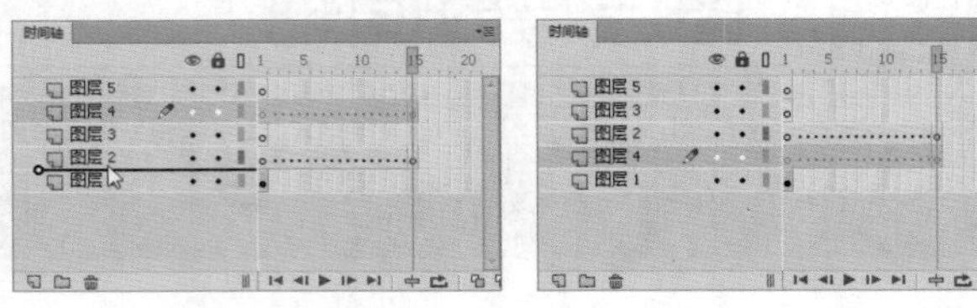

图13-5　移动图层

4. 重命名图层

Flash CC默认情况下新建的图层将以“图层1”、“图层2”和“图层3”的序列依次排列。在制作图层较多的动画时，为了更加快捷地查找和编辑图层，可将图层按其内容重命名。重命名图层的方法有以下几种。

- 将鼠标光标移动到需要修改图层名的图层上方双击，进入编辑状态，输入图层的新名称，按Enter键确认输入，如图13-6所示。
- 在图层上右击，在弹出的快捷菜单中选择“属性”命令，打开“图层属性”对话框，在“名称”文本框中重新输入图层的名称即可，如图13-7所示。

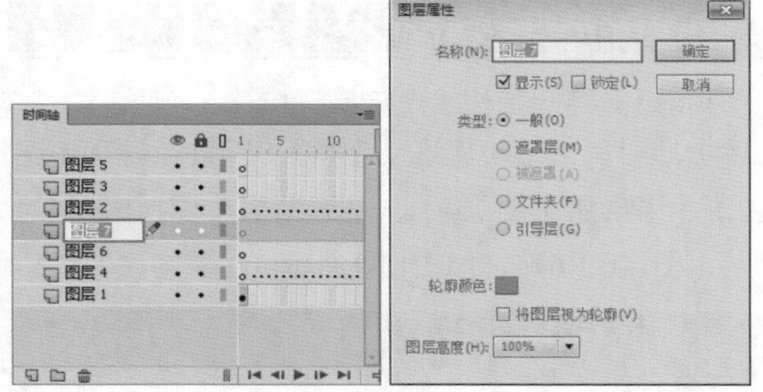

图13-6　直接修改　图13-7　“图层属性”对话框修改

5. 锁定与隐藏图层

锁定与隐藏图层也是制作Flash动画过程中经常使用的操作，下面分别介绍其操作方法。

（1）锁定图层

在编辑窗口中修改单个图层中的对象时，若要在其他图层显示状态下对其进行修改，可先将其他图层锁定，然后再选择需要修改的对象进行修改。

锁定图层的方法是：单击图层区域中的图标锁定所有图层，若要锁定单个图层，可单击该图层图标下方的图标，锁定图层后图标将变为图标。

若要解锁图层，则单击锁定后的图标即可。

（2）隐藏图层

在Flash CC中编辑制作动画时，若想隐藏图层，可在图层区域中单击图标隐藏所有图层，再次单击该图标将显示所有图层。若想隐藏单个图层，可单击该图层图标下方的图标，隐藏图层后图标将变为图标，如图13-8所示。

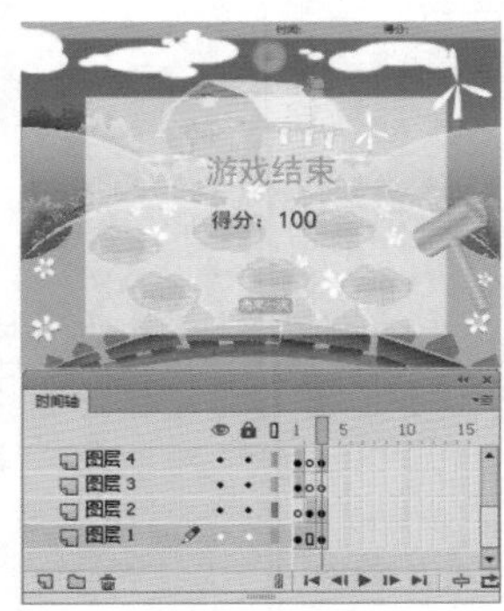

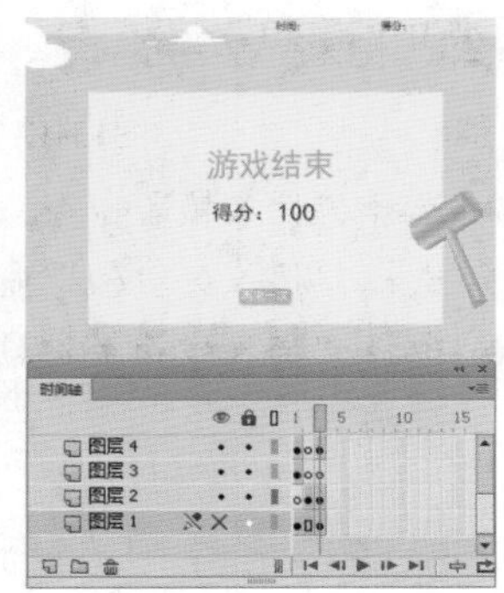

图13-8　隐藏图层

6. 复制与粘贴图层

若需要多个相同的图层，可通过复制与粘贴图层的方法来实现。复制与粘贴图层的方法有以下几种。

- 选择要复制的图层，选择“编辑”/“时间轴”/“直接复制图层”命令，或在需要复制的图层上右击，在弹出的快捷菜单中选择“复制图层”命令，此时复制后的图层名称后将添加“复制”二字。
- 选择“编辑”/“时间轴”/“拷贝图层”命令，或在需要复制的图层上右击，在弹出的快捷菜单中选择“拷贝图层”命令，再右击，选择快捷菜单中的“粘贴图层”命令。复制后的图层名称与原图层完全一致。

技巧秒杀

若选择“剪切图层”命令，再选择“粘贴图层”命令，可执行移动图层操作。

7. 删除图层

在制作动画的过程中，若发现某个图层在动画中无任何意义，可将该图层删除，删除图层的方法有以下几种。

- 选择不需要的图层，然后单击图层区域中的图标，即可删除图层。
- 将鼠标光标移动到需要删除的图层上方，按住鼠标左键不放，将其拖动到图标上，释放鼠标，将选择的图层删除。
- 选择需要删除的图层，右击，在弹出的快捷菜单中选择“删除图层”命令。

13.1.3 时间轴与帧

“时间轴”面板用于组织与控制动画。该面板中的每一个方格称为一帧，帧是Flash计算动画时间的基本单位。在时间轴中为元件设置在一定时间中显示的帧范围，然后使元件的图形内容在不同的帧中产生如大小、位置和形状等变化，再以一定的速度从左到右播放时间轴中的帧，即可形成“动画”的视觉效果。

1. 认识时间轴编辑区

在第9章中简单介绍了Flash CC中“时间轴”面板的图层列表区和时间轴编辑区，这里主要对“时间轴”面板中编辑区的各部分进行详细介绍，如图13-9所示。

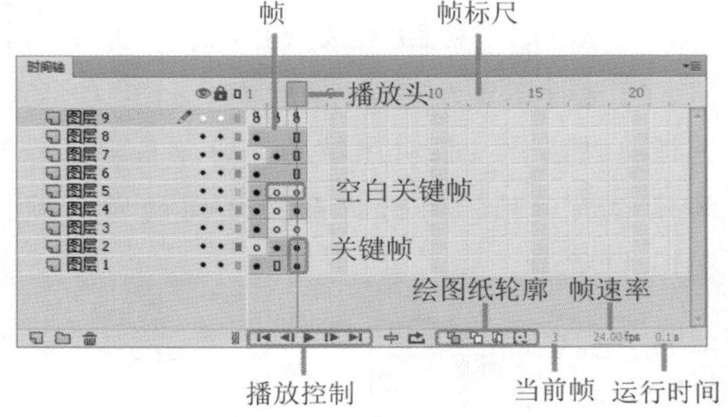

图13-9　时间轴编辑区

- **帧标尺**：位于“时间轴”面板的顶部，是显示“时间轴”面板中的帧所使用时间的长度标尺，每格表示一帧。

- **播放头**：用于表示动画当前所处的位置。可拖动播放头以移动播放的位置。
- **关键帧**：指"时间轴"面板中用于放置元件实体的帧，黑色的实心圆表示含有内容的关键帧。
- **当前帧**：指播放头当前所在的帧位置。
- **空白关键帧**：指"时间轴"面板中没有放置元件实体的帧，它在"时间轴"面板中以空心的小圆表示，空白关键帧主要用于结束或间隔动画中的画面。
- **帧居中**：单击该按钮可以使指定帧位于时间轴区域的中间位置。
- **循环**：用于将指定的帧循环播放，拖动两边的滑块可以指定循环播放的范围。
- **帧速率**：指当前动画每秒钟播放的帧数。
- **运行时间**：用于显示播放到当前位置所需要的时间。
- **播放控制**：用于控制动画的播放，单击按钮可转到第一帧，单击按钮可后退一帧，单击按钮可执行播放操作，单击按钮可前进一帧，单击按钮可转到最后一帧。
- **绘图纸轮廓**：在场景中显示多帧要素，可以在操作的同时查看帧的运动轨迹。

2. 选择帧

在编辑帧之前，必须先选择需要编辑的帧，在Flash CC中选择帧的方法有以下3种。

- 将鼠标光标移动到"时间轴"面板中需要选择的帧上方，单击可选择该帧。
- 选择一帧后，按住Ctrl键的同时单击要选择的帧，可选择不连续的多个帧，如图13-10所示。
- 选择一帧后，按住Shift键的同时单击要选择的连续帧的最后帧，可选择两帧之间的所有帧，如图13-11所示。

图13-10　选择不连续的帧

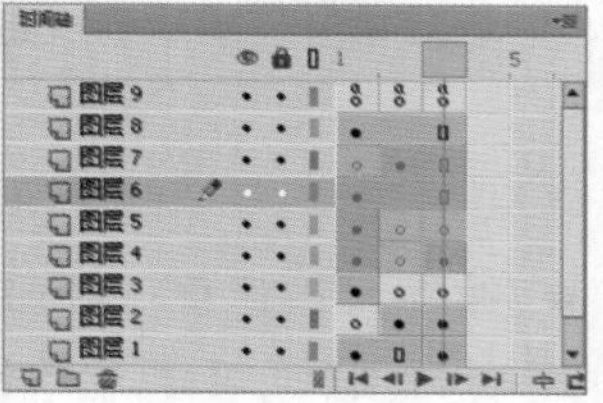

图13-11　选择连续的帧

3. 插入帧

在编辑动画的过程中，根据动画制作的需要，在很多时候都需要在已有帧的基础上插入新的帧。将鼠标光标定位在需要插入帧的地方，右击，在弹出的快捷菜单中选择相应的命令即可插入相应的帧，如图13-12所示。

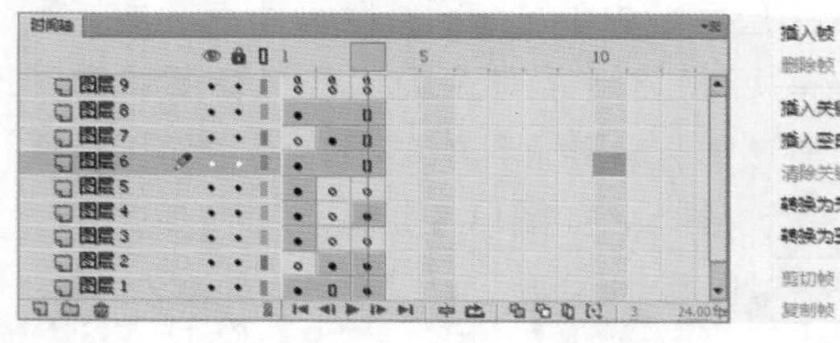

图13-12　插入帧

- 选择"插入帧"命令可插入普通帧。
- 选择"插入关键帧"命令，则可插入关键帧。
- 选择"插入空白关键帧"命令，则可插入空白关键帧。

技巧秒杀

将鼠标光标定位在需要插入帧的地方，选择"插入"/"时间轴"命令，在弹出的子菜单中选择相应的命令也可以进行插入帧的操作。

4. 移动帧

在制作Flash动画的过程中，需要经常移动帧的位置，在Flash CC中移动帧的方法有以下两种。

- 选择需要移动的帧，按住鼠标左键将其拖动到需要放置的位置释放鼠标。
- 选择需要移动的帧，右击，在弹出的快捷菜单中选择"剪切帧"命令。然后将鼠标光标移动到需要的位置，右击，在弹出的快捷菜单中选择"粘贴帧"命令，如图13-13所示。

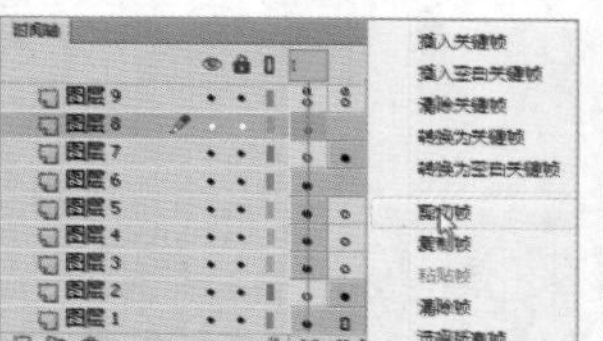

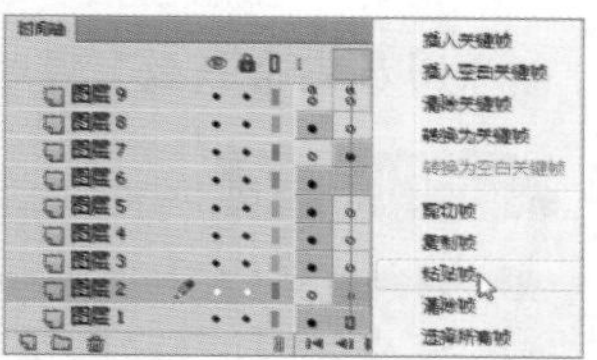

图13-13　用快捷菜单移动帧

5. 复制帧

在编辑制作动画时，通过复制和粘贴帧命令不仅可以轻松完成重复的动作，且通过该命令制作比重复制作该动作更精准。复制和粘贴帧命令的使用方法是：选中需要复制的帧，右击，在弹出的快捷菜单中选择“复制帧”命令，然后将鼠标光标移动到需要粘贴帧的位置，右击，在弹出的快捷菜单中选择“粘贴帧”命令，如图13-14所示。

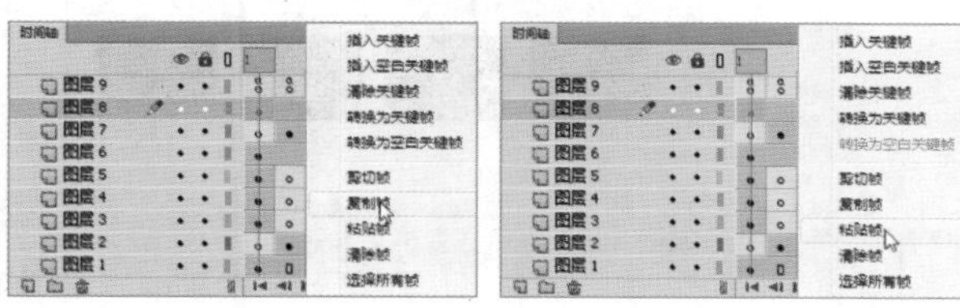

图13-14　复制帧

6. 删除帧

在创建动画的过程中，若发现文档中某几帧是错误且无意义的，可将其删除，删除帧的方法是：选择需要删除的帧，右击，在弹出的快捷菜单中选择“删除帧”命令。

7. 清除帧

清除帧就是删除关键帧中的内容。在Flash CC中清除帧的方法是：选择要清除的帧，右击，在弹出的快捷菜单中选择“清除帧”命令。执行“清除帧”命令以后关键帧将变为空白关键帧。

8. 翻转帧

翻转帧就是将帧中的动作以相反的方向执行。在Flash CC中翻转帧的方法是：在“时间轴”面板中选择要进行翻转的所有帧，右击，在弹出的快捷菜单中选择“翻转帧”命令，如图13-15所示。经过翻转帧后，原来向上运动的小球变为向下运动。

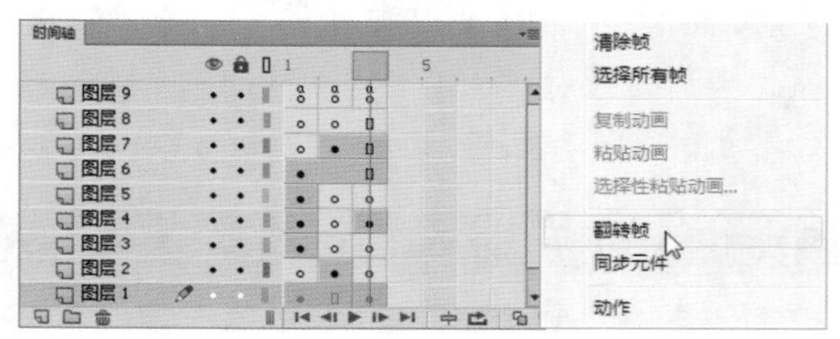

图13-15　翻转帧

9. 改变时间轴的显示

在“时间轴”面板中可以改变时间轴的显示。如在帧中显示预览图、增大时间轴每帧的宽度等。改变时间轴显示的方法是：单击“时间轴”面板右上角的按钮，在弹出的下拉菜单中选择“预览”命令，即可在帧中显示对应的预览图，如果选择“中”命令，则可以增大时间轴中帧的宽度，如图13-16所示。

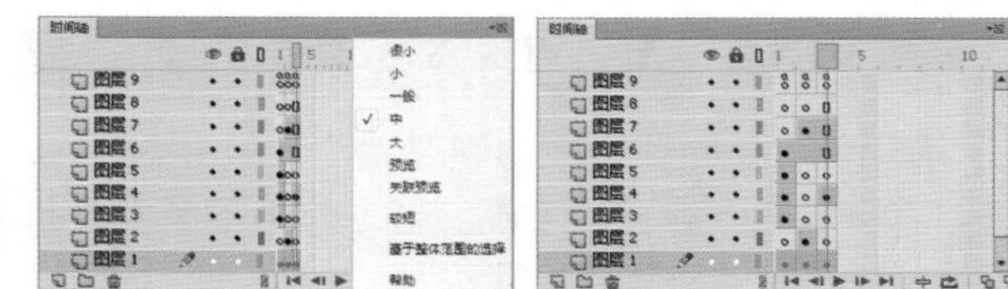

图13-16　改变时间轴的显示

读书笔记

13.2 创建基本动画

在Flash中可以通过“时间轴”面板和场景的操作创建丰富的动画效果，其中，逐帧动画、补间形状、传统补间和补间动画是最基本的动画，掌握这些动画的制作方法，可以为制作更为复杂和流畅的动画效果奠定基础。

13.2.1 创建逐帧动画

逐帧动画的制作原理简单，但制作过程比较复杂，因为必须对每一帧内容进行调整、绘制等操作。下面对逐帧动画的特点和制作方法进行介绍。

1. 逐帧动画的特点

制作逐帧动画时需要在动画的每一帧中创建不同的内容。当动画播放时，Flash将会一帧一帧地显示每帧中的内容。逐帧动画的特点如下。

- 逐帧动画中的每一帧都是关键帧，每个帧的内容都需要手动编辑，工作量很大。和电影播放模式非常相似，所以很适合表现细腻的动画，如人物或动物急剧转身等效果。
- 逐帧动画由许多单个关键帧组合而成，每个关键帧都可以独立进行编辑，且相邻关键帧中的对象变化不大。
- 逐帧动画的文件较大，不利于编辑。

2. 导入外部图像直接生成逐帧动画

将.jpg和.png等格式的静态图片连续导入Flash中，就会建立一段逐帧动画。导入外部图像生成动画是制作逐帧动画最简单的方法。

实例操作：制作下雨动画

- 光盘\素材\第13章\下雨\
- 光盘\效果\第13章\下雨.fla
- 光盘\实例演示\第13章\制作下雨动画

本例将新建一个空白Flash文档，将“下雨”文件夹中的所有图片导入到其中，使其成为一个连续的画面，效果如图13-17所示。

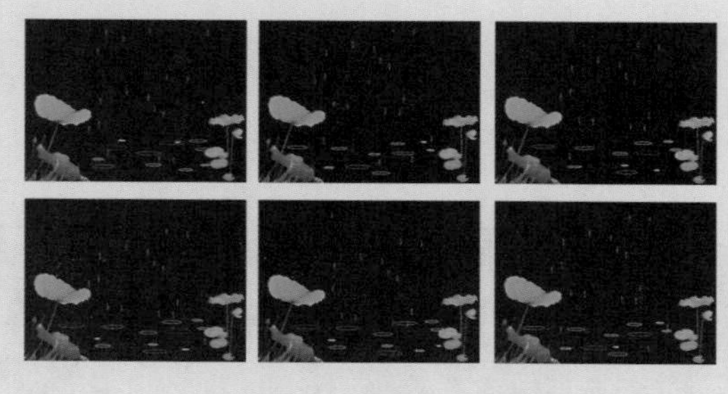

图13-17　下雨动画

Step 1 新建一个像素大小为320×240的空白Flash文档并保存为“下雨.fla”。选择“文件”/“导入”/“导入到舞台”命令，在打开的“导入”对话框中选择素材图像所在的文件夹，然后选择文件夹中的所有文件，如图13-18所示。

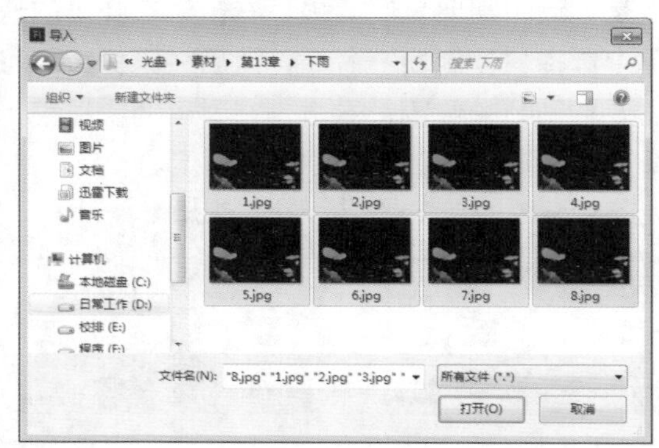

图13-18　导入图像

Step 2 单击 打开(O) 按钮完成图像的导入，所有导入的图像全部重叠在一起。在“时间轴”面板中单击“图层1”第1帧选择所有的图像，将鼠标光标移动到图像上方右击，在弹出的快捷菜单中选择“分散到图层”命令，如图13-19所示。

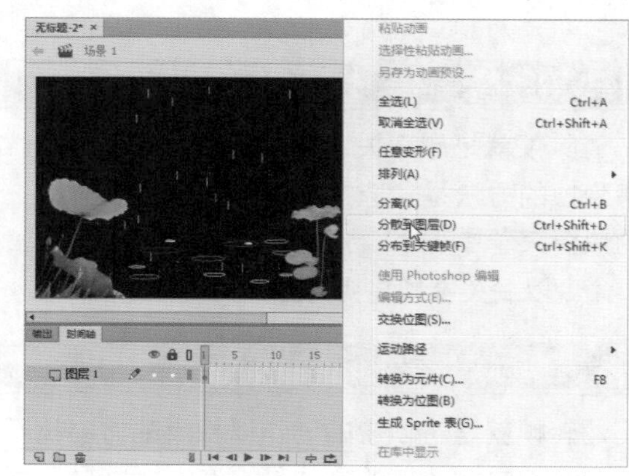

图13-19　分散内容到图层

Step 3 此时导入的图像将分散到各个新图层中。将鼠标光标移动到1.jpg图层第1帧中，按住鼠标左键不放，将其拖动到“图层1”的第1帧，如图13-20所示。

读书笔记

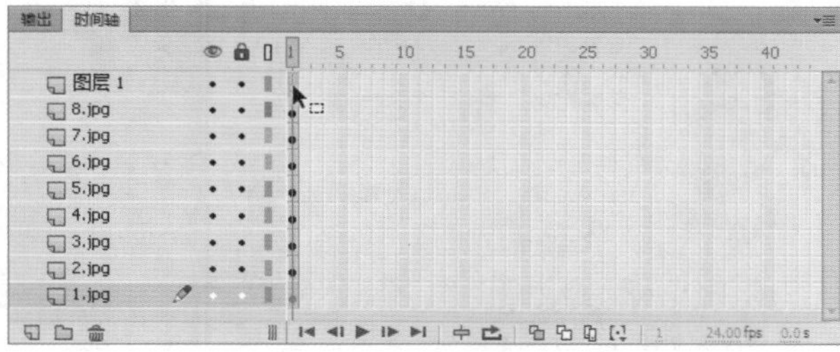

图13-20　移动第1帧

Step 4 ▶ 使用相同的方法，依次将各图层中的第1帧移动到“图层1”中，如图13-21所示。

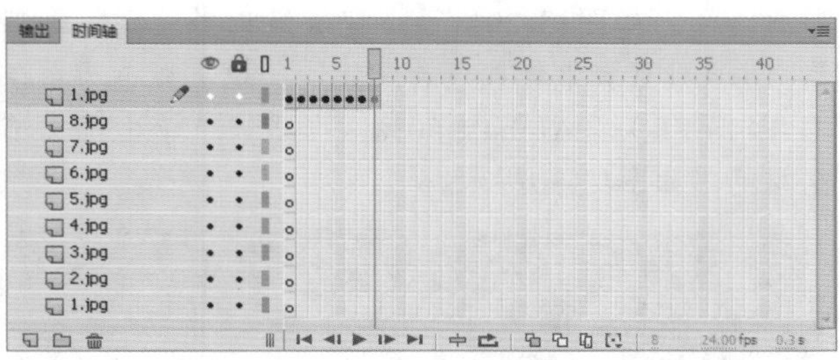

图13-21　移动其他帧

Step 5 ▶ 按住Shift键的同时，单击选中8.jpg~1.jpg图层，再右击，在弹出的快捷菜单中选择“删除图层”命令，删除这些空白图层。最后保存并按Ctrl+Enter快捷键预览效果，如图13-22所示。

图13-22　预览效果

技巧秒杀

除了导入外部图像来制作逐帧动画外，用户还可使用Flash工具箱中的各种工具绘制出矢量逐帧动画，如人物眨眼、口形变化、跳跃等动作。

13.2.2 制作补间形状

在“时间轴”面板中为一个关键帧绘制一个形状，然后在另一个关键帧中更改该形状或绘制另一个形状，Flash将根据二者之间的形状变化来创建动画，这种动画称为补间形状动画。

1. 制作补间形状动画

在两个帧之间创建补间形状动画的方法很简单，只需在起始帧中创建形状图形，在结束帧编辑形状，选择要创建补间形状动画的关键帧并右击，在弹出的快捷菜单中选择“创建补间形状”命令。

实例操作：制作变形动画

- 光盘\素材\第13章\心形.fla
- 光盘\效果\第13章\心形.fla
- 光盘\实例演示\第13章\制作变形动画

本例将打开“心形.fla”文档，在第1帧绘制一个五角星，在第40帧绘制一个心形，然后为其添加补间形状，效果如图13-23所示。

图13-23　变形动画

Step 1 ▶ 打开“心形.fla”动画文档，在“时间轴”面板中锁定“图层1”图层，然后在第40帧上右击，在弹出的快捷菜单中选择“插入关键帧”命令，使“图层1”图层始终显示，如图13-24所示。

图13-24　插入关键帧

Step 2 ▶ 单击“时间轴”面板左侧的“新建图层”按钮，新建“图层2”图层。在工具箱中选择“多角星形工具”，在“属性”面板中设置笔触颜色为“无”，填充颜色为白色（#FFFFFF），Alpha为50%，笔触为1.00，如图13-25所示。

Step 3 ▶ 单击“工具设置”栏中的 选项... 按钮，打开“工具设置”对话框，在其中设置样式为“星形”，边数为5，星形顶点大小为0.50，如图13-26所示。

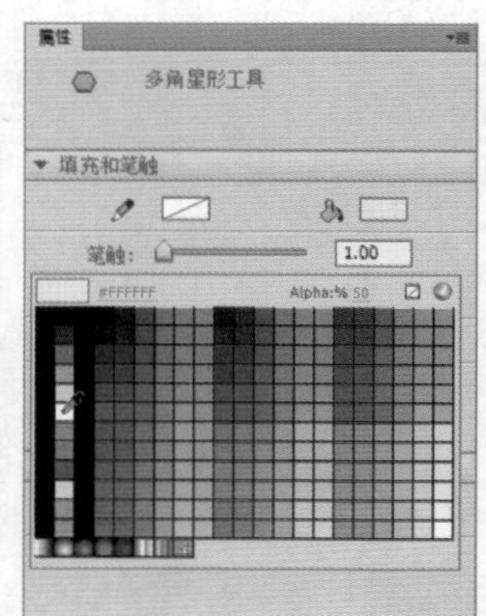
图13-25 设置绘图颜色

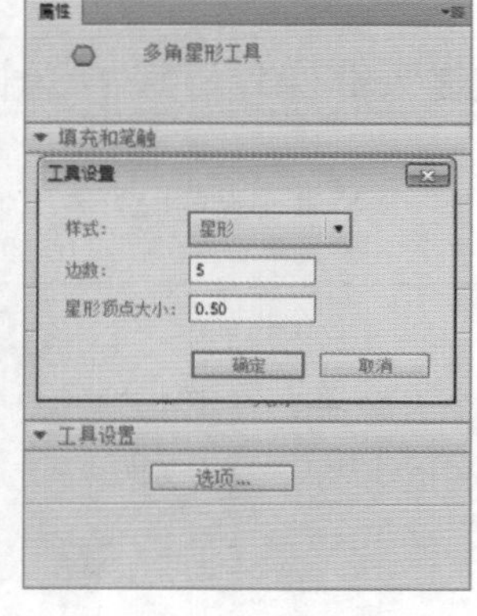
图13-26 星形工具设置

Step 4 ▶ 在“图层2”图层的第1帧处单击，选择该帧，然后在舞台中绘制一个五角星，如图13-27所示。

图13-27 绘制五角星

Step 5 ▶ 在第40帧上右击，在弹出的快捷菜单中选择“插入空白关键帧”命令，如图13-28所示。

读书笔记

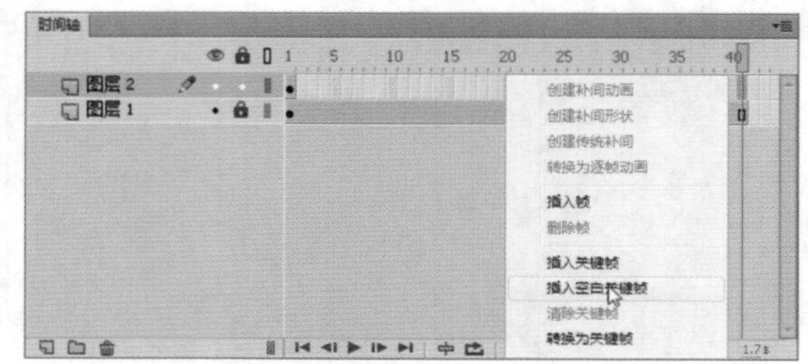
图13-28 插入空白关键帧

Step 6 ▶ 选择“钢笔工具”，设置笔触颜色为白色（#FFFFFF），Alpha为50%，在舞台中绘制一个心形的路径，如图13-29所示。完成后选择“颜料桶工具”，设置其笔触颜色为“无”，填充颜色为白色（#FFFFFF），Alpha为50%，在路径中单击鼠标填充颜色，如图13-30所示。

图13-29 绘制路径

图13-30 填充路径

Step 7 ▶ 在“图层2”上右击，在弹出的快捷菜单中选择“创建补间形状”命令，如图13-31所示。此时时间轴编辑区中图层的表现方式将发生变化，如图13-32所示。

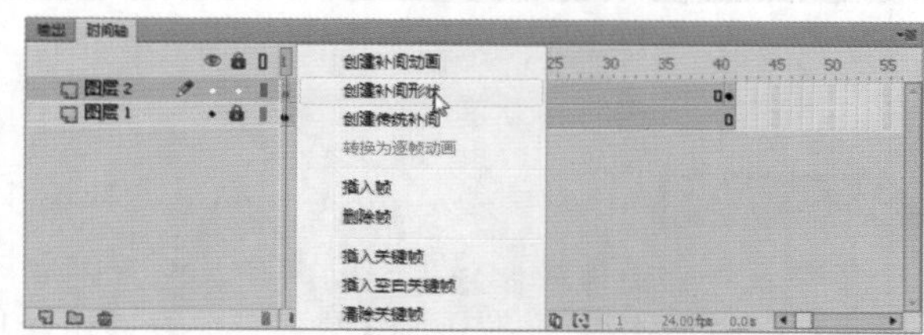
图13-31 创建补间形状

图13-32 查看创建的补间形状

Step 8 ▶ 保存文档并按Ctrl+Enter快捷键预览效果，如图13-33所示。

图13-33　预览效果

技巧秒杀

在创建形状补间时，除了对形状的大小、形状进行设置外，还可设置不同的颜色。

2. 使用形状提示优化补间形状动画

创建形状补间动画后，在播放的过程中特别是中间的过渡阶段，舞台中的对象可能会出现变形错误。此时使用形状提示可以精确地控制对象变化前后的形状，从而使变形的过程更加细腻、准确。

创建形状补间动画后，选择“修改”/“形状”/“添加形状提示”命令，会在起始帧处增加一个带字母的红色圆圈，选择补间序列中的最后一个关键帧，将形状提示移动到需要的位置，在该位置也将显示带字母的绿色圆圈，如图13-34所示。

图13-34　添加形状提示后的显示效果

技巧秒杀

放置形状提示时，若放置不成功或不在一条曲线上时，提示圆圈的颜色将保持红色不变。

13.2.3 创建并编辑传统补间动画

传统补间动画是Flash动画中使用最为频繁的一种动画类型。下面分别对该动画的创建及编辑方法进行介绍。

1. 创建传统补间动画

运用传统补间动画可以设置元件的大小、位置、颜色、透明度和旋转等属性，此类型动画渐变过程很连贯，且制作过程也比较简单，只需在动画的第一帧和最后一帧中创建动画对象即可。

实例操作：制作飞行动画

- 光盘\素材\第13章\飞行.fla、飞机.png
- 光盘\效果\第13章\飞行.fla
- 光盘\实例演示\第13章\制作飞行动画

本例将打开“飞行.fla”文档，在第1帧中添加“飞机”元件，并设置其大小和位置。然后在第60帧的位置对元件进行大小和角度的调整，为其添加传统补间动画，效果如图13-35所示。

图13-35　飞行动画

Step 1 ▶ 打开“飞行.fla”文档，锁定“图层1”图层，并在第60帧处创建关键帧。然后新建“图层2”

图层，在“库”面板中右击，在弹出的快捷菜单中选择“新建元件”命令，在打开的对话框中设置名称为“飞机”，类型为“图形”，如图13-36所示。

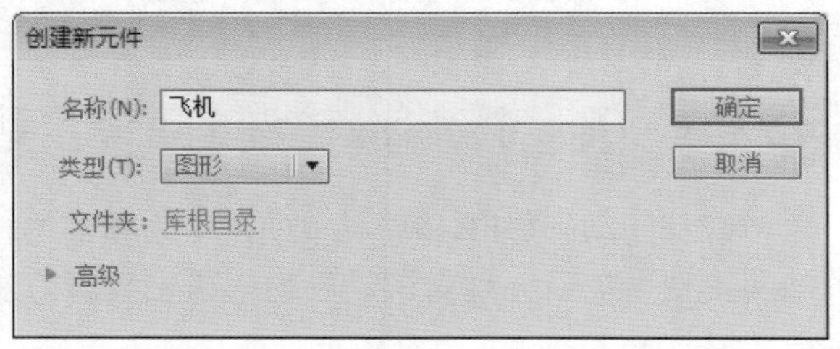

图13-36　创建图形元件

Step 2 单击确定按钮，返回“飞机”元件编辑区，按Ctrl+R快捷键，在打开的对话框中选择“飞机.png”图像进行导入，效果如图13-37所示。

图13-37　添加元件内容

Step 3 返回场景，选择“图层2”图层的第1帧，将“飞机”图形元件拖动到其中。按Ctrl+T快捷键打开“变形”面板，在其中设置缩放宽度和缩放高度均为8%，如图13-38所示。最后调整“飞机”图形元件的位置，如图13-39所示。

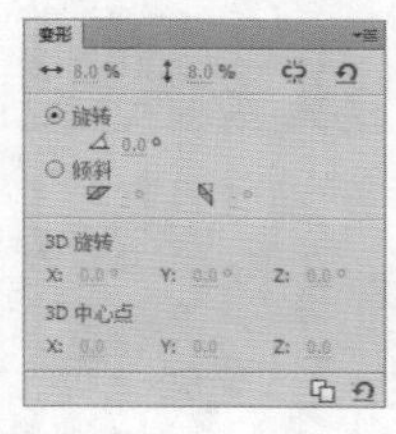

图13-38　“变形”面板　　图13-39　调整图形位置

Step 4 在第60帧上右击，在弹出的快捷菜单中选择“插入关键帧”命令。在舞台中选择“飞机”图形元件，在“变形”面板中设置其缩放宽度和缩放高度都为8%，旋转为6.0°，如图13-40所示。

Step 5 调整“飞机”图形元件的位置，使其位于背景的左上方，如图13-41所示。

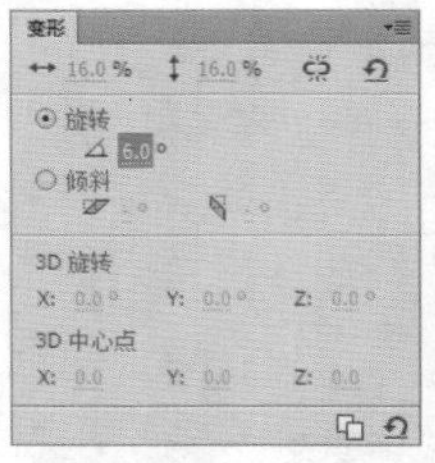

图13-40　设置变形　　图13-41　调整图形位置

Step 6 选择第1帧，按住Shift键再选择第60帧，然后右击，在弹出的快捷菜单中选择“创建传统补间”命令，如图13-42所示。

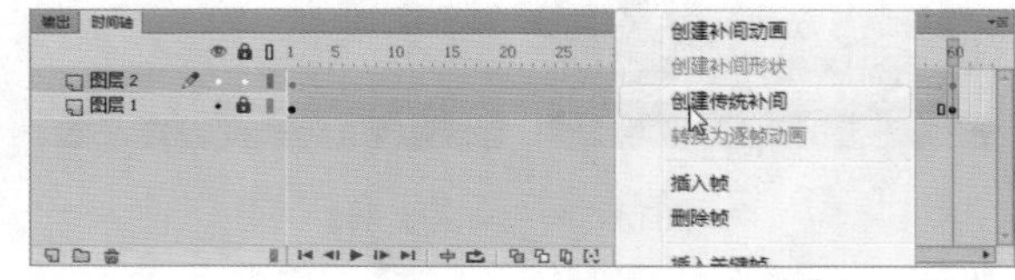

图13-42　创建传统补间

Step 7 此时“时间轴”面板的编辑区中关键帧表现为紫色底纹，黑色箭头，如图13-43所示。

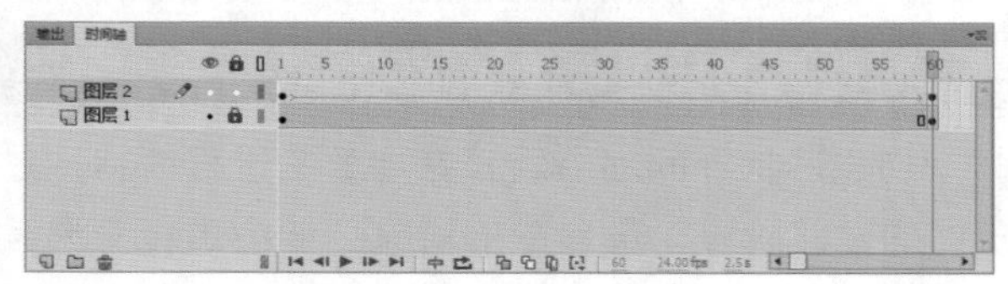

图13-43　查看创建的传统补间

Step 8 保存文档并按Ctrl+Enter快捷键进行预览，效果如图13-44所示。

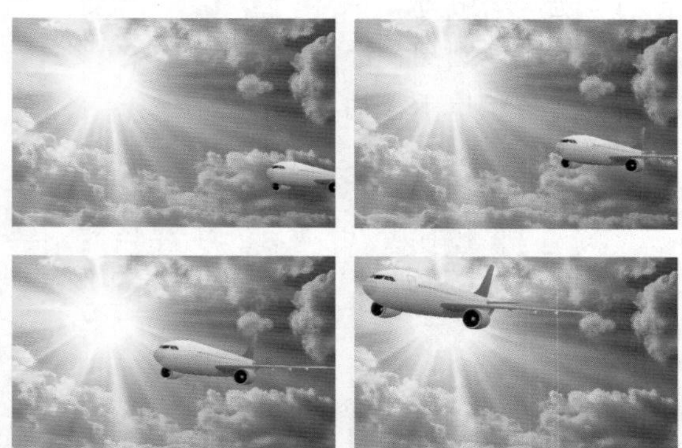

图13-44　预览效果

技巧秒杀

构成动作补间动画的元素是元件，除了元件，其他的元素都不能创建动作补间动画。位图、文本等必须转换成元件后才能创建动作补间动画。

2. 编辑传统补间动画

在“时间轴”面板中选择传统补间动画的帧后，还可对其进行编辑，使动画效果更加流畅。选择创建的传统补间动画中的任何一帧，其“属性”面板如图13-45所示。

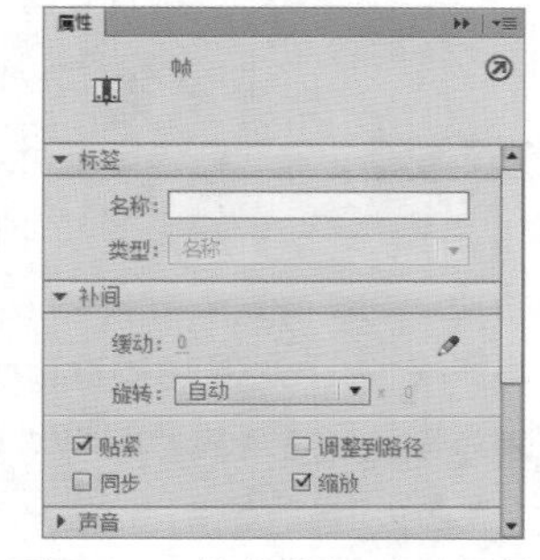

图13-45　传统补间动画属性

“补间”栏中各选项的作用如下。

- **缓动**：单击“缓动”数值框后的数字，输入相应的数值即可。其中1~100的数值表示对象运动由快到慢，即做减速运动，文本框右侧将显示文本“输出”；如果输入-1~-100之间的数值，则表示对象运动由慢到快，即做加速运动，文本框右侧将显示文本“输入”；默认值为0，表示对象做匀速运动。
- **“编辑缓动”按钮**：该按钮位于“缓动”数值框右侧，单击该按钮将打开“自定义缓入/缓出”对话框，在其中可自定义缓动效果，如图13-46所示。

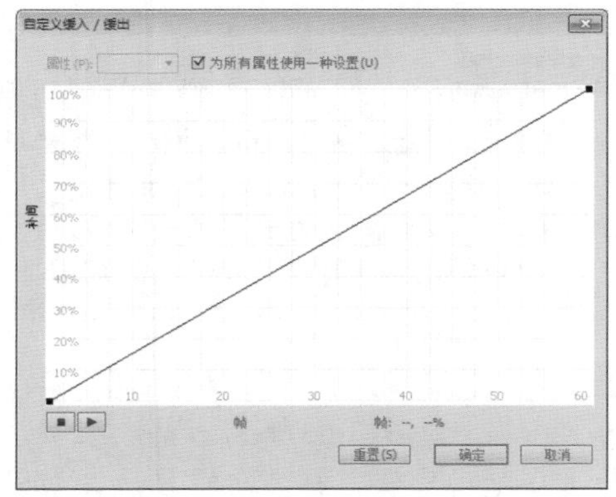

图13-46　“自定义缓入/缓出”对话框

- **旋转**：用于设置对象的旋转，包括“无”、“自动”、“顺时针”和“逆时针”4个选项。其中，“无”选项表示对象不旋转；选择“自动”选项表示对象以最小的角度进行旋转，直到终点位置；选择“顺时针”选项表示设定对象沿顺时针方向旋转到终点位置，在其后的“次”数值框中可输入旋转次数，输入0表示不旋转；选择“逆时针”选项表示设定对象沿逆时针方向旋转到终点位置，在其后的“次”文本框中可输入旋转次数，输入0表示不旋转。
- **☑同步复选框**：选中该复选框，可使动画在场景中首尾连续地循环播放。
- **☑调整到路径复选框**：选中该复选框，可使对象沿设定的路径运动，并随着路径的改变而相应地改变角度。
- **☑贴紧复选框**：选中该复选框，可使对象沿路径运动时自动捕捉路径。
- **☑缩放复选框**：选中该复选框，可使对象在运动时按比例进行缩放。

13.2.4 创建并编辑补间动画

补间动画能够更方便地对动画的路径进行控制，下面对创建并编辑补间动画的方法进行介绍。

1. 创建补间动画

补间动画的创建方法与其他基本动画的创建方法类似，可在选择帧中放入要实现动画效果的元件或矢量图形，并在该帧中右击，在弹出的快捷菜单中选择“创建补间动画”命令进行创建。

实例操作：制作蝴蝶飞舞动画

- 光盘\素材\第13章\青草.fla、蝴蝶.png
- 光盘\效果\第13章\青草.fla
- 光盘\实例演示\第13章\制作蝴蝶飞舞动画

本例将在“青草.fla”文档中添加“蝴蝶”影片剪辑元件，并为其创建补间动画。完成后的效果如图13-47所示。

图13-47　补间动画

Step 1 打开“青草.fla”文档，在“库”面板中右击，在弹出的快捷菜单中选择“新建元件”命令，在打开的对话框中设置名称为“蝴蝶”，类型为“图形”，如图13-48所示。

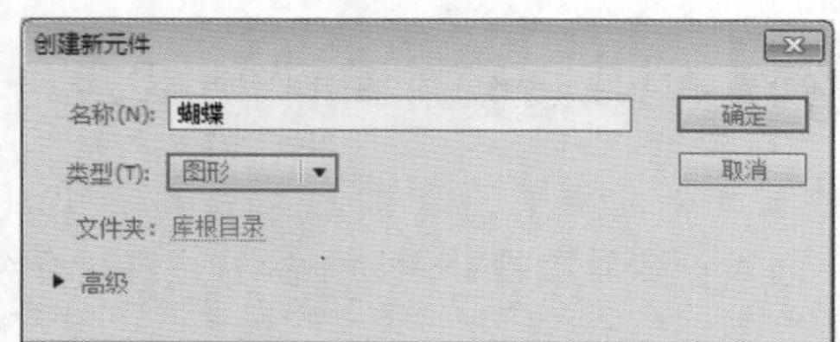

图13-48　新建图形元件

Step 2 返回“蝴蝶”元件编辑区，按Ctrl+R快捷键，在打开的对话框中选择“蝴蝶.png”图像进行导入，其效果如图13-49所示。

图13-49　导入素材

Step 3 再新建一个名称为“蝴蝶飞舞”、类型为“影片剪辑”的元件，如图13-50所示。

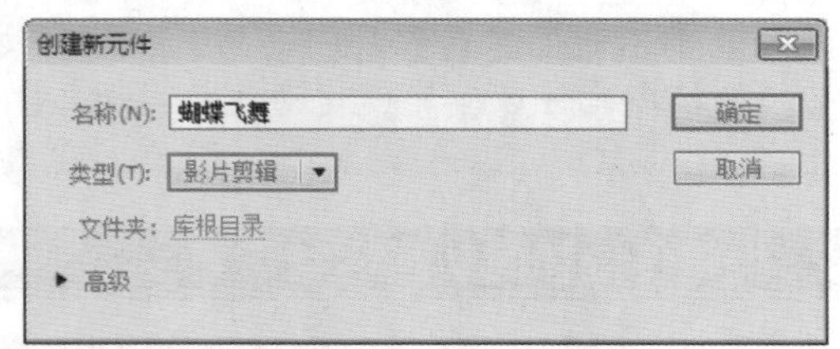

图13-50　新建影片剪辑元件

Step 4 从“库”面板中将“蝴蝶”图形元件拖动到“蝴蝶飞舞”影片剪辑元件的第1帧，然后在第1帧上右击，在弹出的快捷菜单中选择“创建补间动画”命令，如图13-51所示。

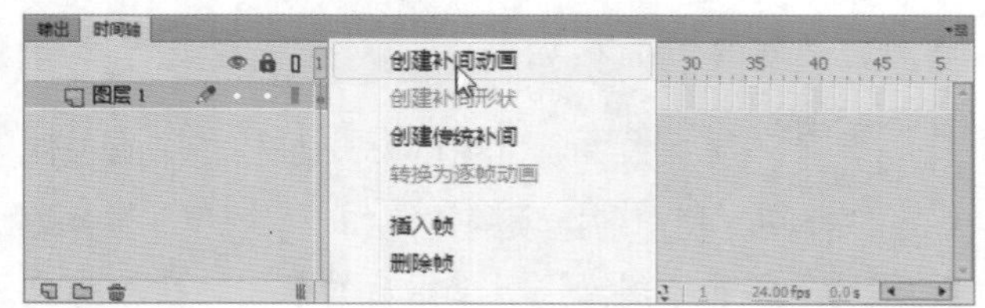

图13-51　创建补间动画

Step 5 将播放头移至第12帧，按F6键插入属性关键帧，再将其移动到第24帧，按F6键再次插入属性关键帧，如图13-52所示。

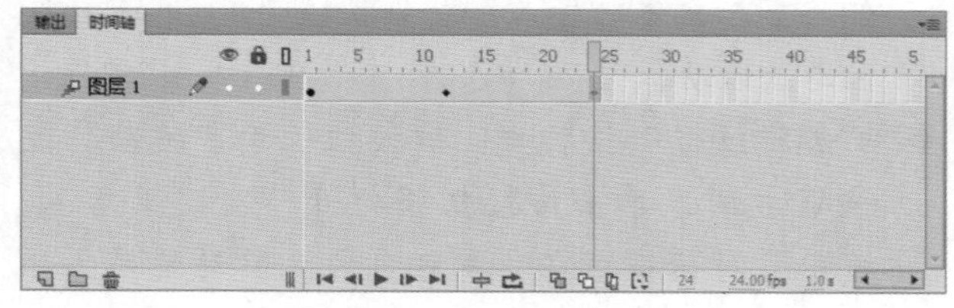

图13-52　插入属性关键帧

技巧秒杀

Flash CC默认创建24帧的补间动画，用户可将鼠标光标移动到结束帧右侧，当鼠标光标变为水平双向箭头时，按住鼠标左键不放进行拖动，至合适的帧数后释放鼠标左键完成帧数的调整。

Step 6 单击第12帧，在元件编辑区中拖动蝴蝶，将其向上移动，如图13-53所示。单击第24帧，在元件编辑区中拖动蝴蝶，将其向左移动，如图13-54所示。

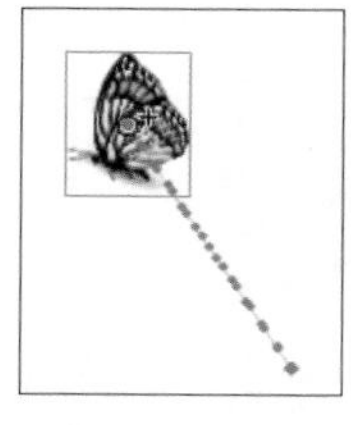
图13-53　向上移动蝴蝶

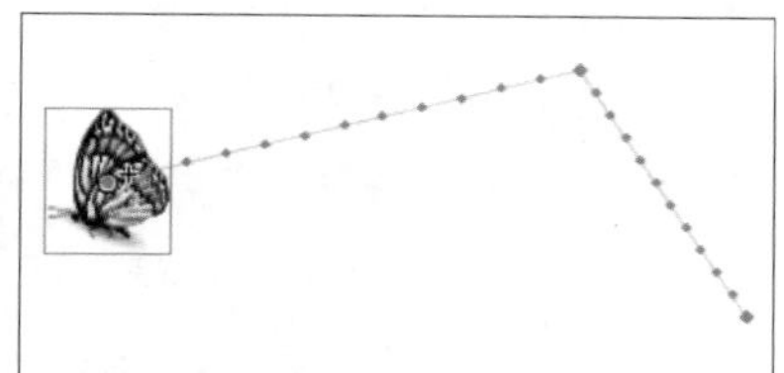
图13-54　向左移动蝴蝶

Step 7 ▶ 返回场景1，将“蝴蝶飞舞”影片剪辑元件拖动到舞台右侧，如图13-55所示。保存Flash文档并按Ctrl+Enter快捷键预览效果，如图13-56所示。

图13-55　放置元件

图13-56　预览效果

2. 编辑补间动画的路径

创建补间动画时，如果对路径设置不满意，还可对其进行编辑，以达到满意的效果。编辑补间动画路径的方法主要有如下几种。

◆ 使用“选择工具”选择任何帧中的对象，拖动对象可改变其位置。将其放在路径两侧，当鼠标光标变为形状时，拖动鼠标可改变路径的形状，如图13-57所示。

◆ 使用“部分选择工具”选择对象，对象路径上会出现贝塞尔手柄，使用鼠标拖动这些手柄，即可改变路径的形状，如图13-58所示。

图13-57　选择工具编辑　图13-58　部分选择工具编辑

◆ 使用“任意变形工具”选择对象或对象路径，可对其大小进行修改。

◆ 在“属性”面板的“路径”栏中可以对路径的位置和宽高进行设置，如图13-59所示。

◆ 在“变形”面板中可以对路径的大小、旋转、倾斜等进行调整，如图13-60所示。

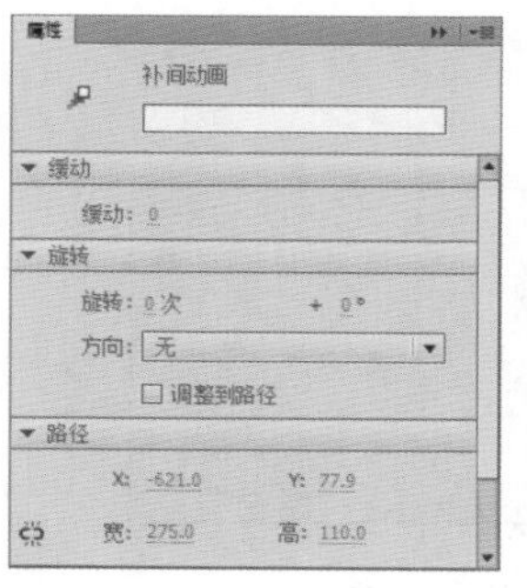

图13-59　“属性”面板

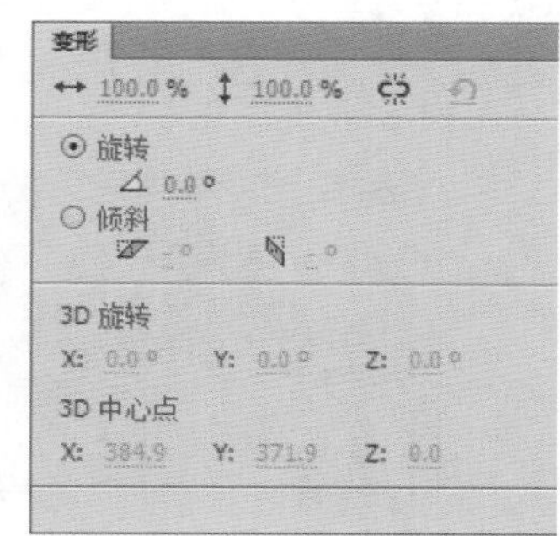

图13-60　“变形”面板

13.3 创建引导和遮罩动画

引导动画就是沿着引导线进行运动的动画，遮罩动画则像通过某物品进行观察一样来显示动画。下面将分别介绍创建引导动画和遮罩动画的方法。

13.3.1 创建引导动画

引导动画是通过创建引导层，使引导层中的对象沿着引导层中的路径进行运动的动画。这种动画可以同时使一个或多个元件完成曲线运动或不规则运动。Flash CC中包括普通引导层和传统运动引导层，下面分别对使用这两种引导层创建动画的方法进行介绍。

1. 创建普通引导动画

普通引导动画可以绘制对象的运动路径，并与传统补间动画相结合，使其按照路径运动。

实例操作：制作汽车行驶动画

- 光盘\素材\第13章\城市街道.fla、汽车.png
- 光盘\效果\第13章\城市街道.fla
- 光盘\实例演示\第13章\制作汽车行驶动画

本例将在“城市街道.fla”文档中创建普通引导层，以引导汽车的运动，完成后的效果如图13-61所示。

图13-61　引导动画

Step 1 打开“城市街道.fla”文档，选择“插入”/“新建元件”命令，打开“创建新元件”对话框，设置名称为“卡通汽车”，类型为“图形”，如图13-62所示。

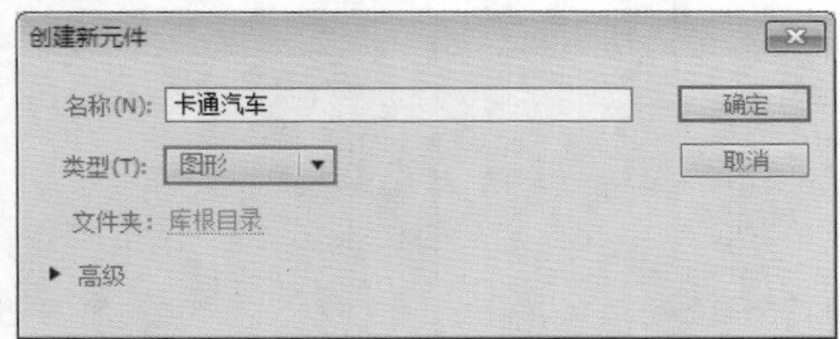

图13-62　新建图形元件

Step 2 单击 确定 按钮，返回“卡通汽车”元件编辑区，按Ctrl+R快捷键，在打开的对话框中选择“汽车.png”图像进行导入，如图13-63所示。

图13-63　导入素材

Step 3 返回场景1，在“图层1”图层的第50帧处按F5键插入帧，然后再新建“图层2”图层，从“库”面板中将“卡通汽车”图形元件拖入到舞台中，并适当调整其大小，如图13-64所示。

图13-64　创建图层并添加元件

Step 4 新建“图层3”图层，使用“线条工具”在其中绘制直线，并调整线条的弧度，如图13-65所示。在“图层3”图层上右击，在弹出的快捷菜单中选择“引导层”命令，创建普通引导层，如图13-66所示。

图13-65　绘制线条　　图13-66　创建引导层

Step 5 此时“图层3”图层的名称前将显示图标。单击“图层2”图层中的第1帧，将元件实例的中心点与线条对齐，如图13-67所示。

Step 6 选择“图层2”图层中的第50帧，按F6键插入关键帧，将实例元件的中心点与线条对齐，并将其移动到合适的位置，如图13-68所示。

图13-67　对齐第1帧

图13-68　对齐最后一帧

Step 7 ▶ 选择第1帧和第50帧，右击，在弹出的快捷菜单中选择“创建传统补间”命令，如图13-69所示。

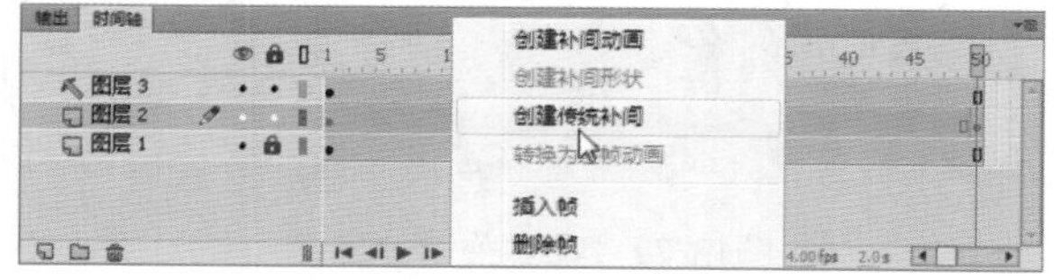

图13-69　创建传统补间

Step 8 ▶ 保存文档并按Ctrl+Enter快捷键进行预览，效果如图13-70所示。

图13-70　预览效果

2. 创建传统运动引导动画

传统运动引导层与普通引导层的创建方法类似，创建引导层后，用户可直接在引导层中绘制所需的路径，使传统补间动画层中的元件实例沿路径运动。

实例操作：制作环保动画

- 光盘\素材\第13章\环保.fla、瓢虫.png
- 光盘\效果\第13章\环保.fla
- 光盘\实例演示\第13章\制作环保动画

本例将打开“环保.fla”文档，在其中创建引导层并绘制其运动路径，然后将被引导层中的元件实例与其链接起来，效果如图13-71所示。

图13-71　环保动画

Step 1 ▶ 打开“环保.fla”文档，按Ctrl+F8快捷键，打开“创建新元件”对话框，新建一个名称为“运动”、类型为“图形”的元件，如图13-72所示。

Step 2 ▶ 单击 确定 按钮，按Ctrl+R快捷键将“瓢虫.png”图像导入到“运动”图形元件中，如图13-73所示。

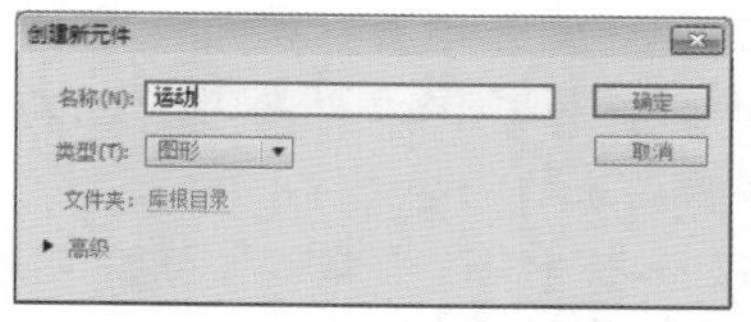

图13-72　新建图形元件　图13-73　导入素材到元件

Step 3 ▶ 返回场景1，在“图层1”图层的第40帧处单击，按F5键插入帧。新建“图层2”图层，将“库”面板中的“运动”图形元件拖动到舞台中，并适当调整其位置和大小，如图13-74所示。

图13-74　新建图层并添加元件

Step 4 ▶ 在第40帧处按F6键插入关键帧，然后在第1帧上右击，在弹出的快捷菜单中选择“创建传统补间”命令，为“图层2”图层创建补间动画。然后在“图层2”图层上右击，在弹出的快捷菜单中选择“添加传统运动引导层”命令，如图13-75所示。

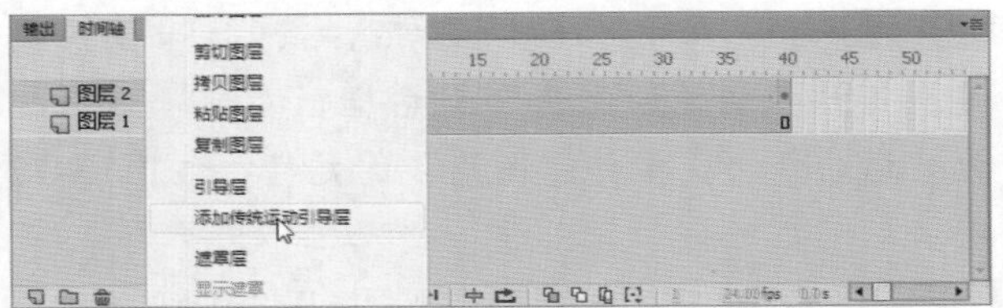

图13-75　添加传统运动引导层

Step 5 ▶ 此时将自动在“图层2”图层上方添加引导层，且以图标显示。在引导层中使用“椭圆工具”绘制一个正圆，将其作为引导路径，如图13-76所示。

图13-76　绘制椭圆路径

Step 6 ▶ 使用“选择工具”选择椭圆的一部分线条，并按Delete键删除，如图13-77所示。然后在“图层2”图层的第25帧上单击，将图形元件的中心与路径对齐，如图13-78所示。

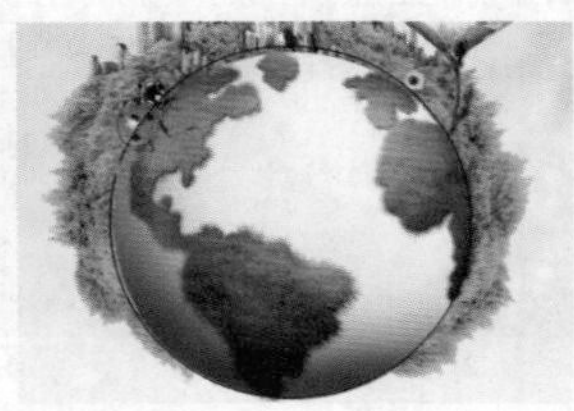

图13-77　删除线条

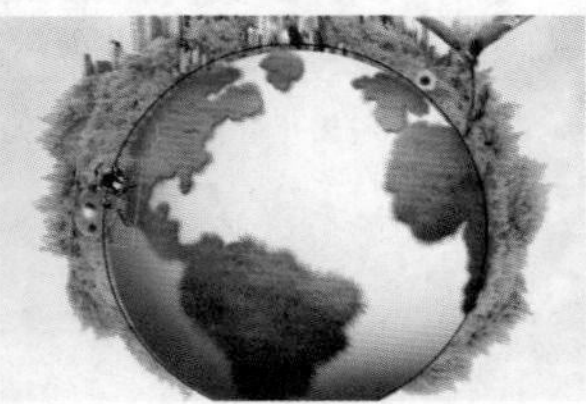

图13-78　对齐路径

Step 7 ▶ 单击“图层2”图层传统补间动画中的任何一帧，在“属性”面板中选中☑调整到路径复选框，如图13-79所示。

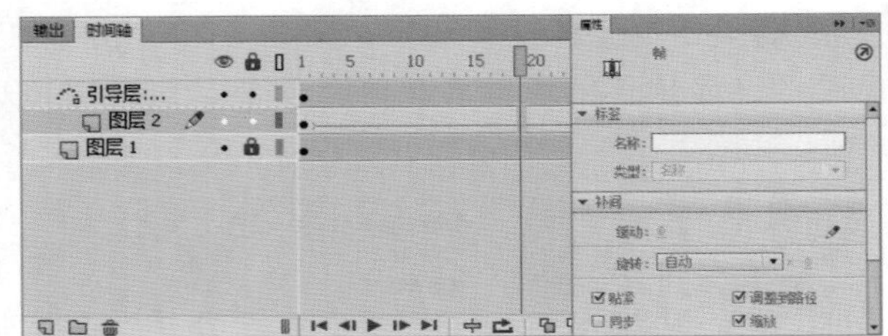

图13-79　设置关键帧属性

操作解谜

选中☑调整到路径复选框是为了使元件运动的方向与所绘制的路径匹配。若路径为直线，则可不用设置该属性。

Step 8 ▶ 保存文档并按Ctrl+Enter快捷键进行预览，效果如图13-80所示。

图13-80　预览效果

13.3.2 创建遮罩动画

使用遮罩功能可制作水波纹、百叶窗、放大镜等动画效果。通过为动画对象创建遮罩动画，可在创建的遮罩图形区域内显示动画对象，通过改变遮罩图形的大小和位置，对动画对象的显示范围进行控制。

在Flash CC中，遮罩动画的创建主要通过创建遮罩层来实现。遮罩层是一种特殊的图层，主要控制观察的形状，如遮罩层是一个圆，则被遮罩层中的图形只有在该圆范围内显示。

实例操作：制作放大动画

- 光盘\素材\第13章\静物.fla
- 光盘\效果\第13章\静物.fla
- 光盘\实例演示\第13章\制作放大动画

本例将在“静物.fla”文档中绘制一个圆形，并将其创建为遮罩图层，以放大显示原文档中的内容，效果如图13-81所示。

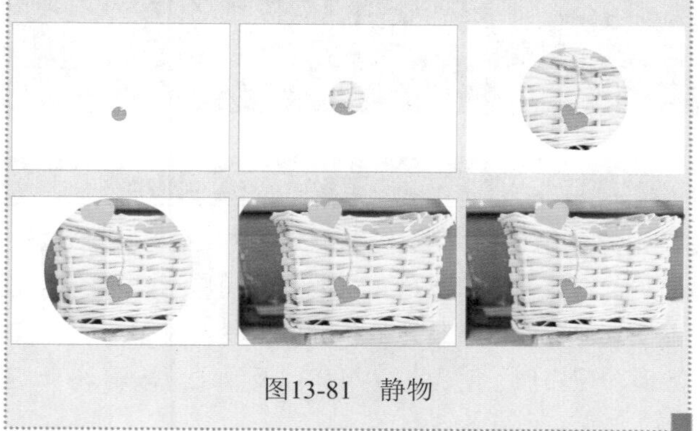

图13-81 静物

Step 1 打开“静物.fla”文档，按Ctrl+F8快捷键，在打开的对话框中新建一个名称为“遮罩”，类型为“影片剪辑”的元件，如图13-82所示。

Step 2 单击 确定 按钮，进入元件编辑区。使用“椭圆工具”绘制一个正圆，如图13-83所示。

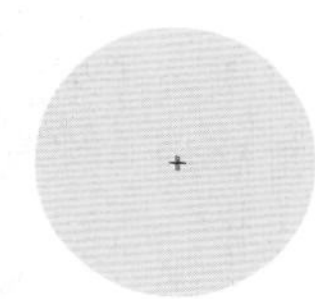

图13-82 新建元件　　图13-83 绘制正圆

Step 3 返回场景1，新建“图层2”图层，并从“库”面板中将“遮罩”影片剪辑元件拖入到舞台，并放置在舞台水平中间位置，如图13-84所示。

Step 4 在第5帧处插入关键帧，按住Shift键的同时，将“遮罩”影片剪辑元件实例垂直拖动到舞台底部，如图13-85所示。

图13-84 拖入元件　　图13-85 移动元件实例

Step 5 在第10帧处插入关键帧，按住Shift键的同时，将“遮罩”影片剪辑元件实例垂直拖动到舞台中部，如图13-86所示。

Step 6 在第35帧处插入关键帧，选择“任意变形工具”，按住Shift键的同时，将鼠标光标移动到右上角的控制柄上，按住鼠标左键不放向右上角拖动元件实例，至图形将整个舞台覆盖后释放鼠标，如图13-87所示。

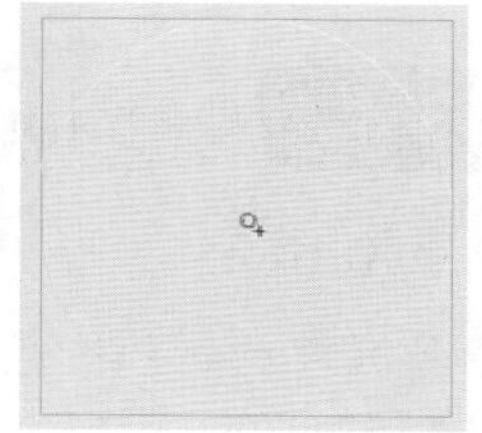

图13-86 移动元件实例　　图13-87 放大元件实例

Step 7 分别在第1帧、第5帧、第10帧处右击，在弹出的快捷菜单中选择“创建传统补间”命令，制作传统补间动画。然后在该图层上右击，在弹出的快捷菜单中选择“遮罩层”命令，完成遮罩动画的制作，如图13-88所示。

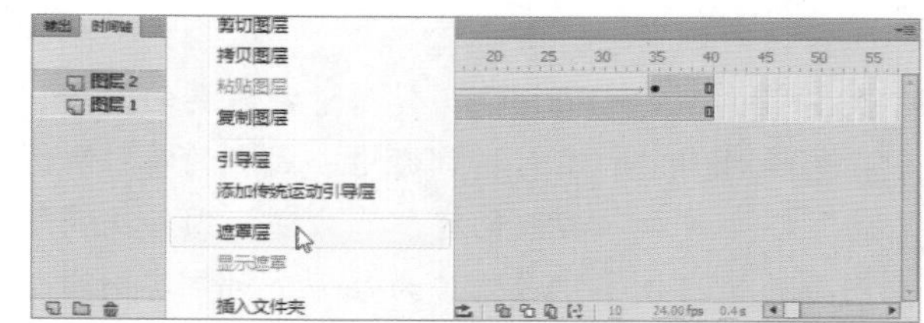

图13-88 创建遮罩动画

Step 8 此时，“图层1”图层和“图层2”图层的图层状态将发生变化，如图13-89所示。

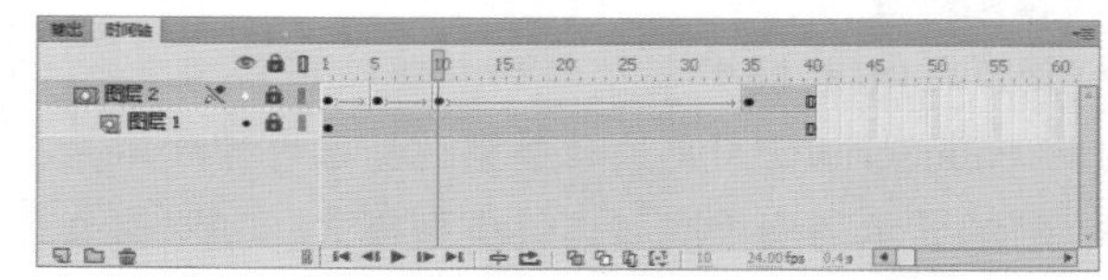

图13-89 查看图层状态

Step 9 保存文档并按Ctrl+Enter快捷键预览动画效果，如图13-90所示。

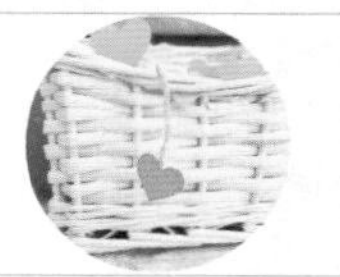

图13-90 预览效果

13.4 使用ActionScript制作动画

ActionScript是Flash动画的编辑脚本语言，除了能制作网页特效以外，还可使用Flash制作交互式网站。另外，在制作多媒体课件、Flash游戏时也会用到ActionScript。本章主要讲解ActionScript 3.0的相关语法知识及其在Flash中的应用。

13.4.1 ActionScript 3.0

ActionScript 3.0是一种标准的面向对象的脚本语言，其在ActionScript 2.0的基础上融入了ECMAScript，并引入了一些新的改进。和早期版本相比，除了需要一个全新的虚拟机来运行之外，在早期版本中有些并不复杂的任务在ActionScript 3.0中的代码长度是原来的两倍，但是会提高效率。总的来说，ActionScript 3.0有如下新特性。

- **增强处理运行错误的能力：**列出出错的源文件和以数字提示的时间线，帮助开发者迅速地定位产生错误的位置。
- **类封装：**ActionScript 3.0引入了密封类的概念，在编译时间内的密封类拥有唯一固定的特征和方法，不允许加入其他的特征和方法，因而提高了内存的使用效率，避免了为每一个对象实例增加内在的杂乱指令。
- **命名空间：**在XML和类的定义中都支持命名空间。
- **运行时变量类型检测：**在播放时会检测变量的类型是否合法。
- **int和uint数据类型：**新的数据变量类型，允许ActionScript使用更快的整型数据来进行计算。
- **新的显示列表模式和事件类型模式：**可以较大自由度地管理屏幕上的显示对象，以及基于侦听器事件进行管理。

13.4.2 ActionScript中的专业术语

ActionScript语句和普通程序语句相同，都由语句、变量和函数组成，主要涉及变量、数据类型、表达式、运算符和函数等，下面详细讲解其属性与方法。

1. 变量

变量用于存储信息，可以随时发生改变。通俗来讲，它就像一个容器，可以在保持原有名称的情况下使其包含的值随特定的条件而改变。变量可以存储数值、逻辑值、对象、字符串以及动画片段等。

（1）变量命名规则

变量由变量名和变量值组成。变量名用于区分不同变量，变量值用于确定变量的类型大小。在动画的不同部分可以为变量赋予不同的值，变量的命名必须遵守以下规则。

- 变量名必须是一个标识符。标识符的第一个字符必须为字母、下划线（_）或美元符号（$），其后的字符可以是数字、字母、下划线或美元符号。
- 在一个动画中变量名必须是唯一的。
- 变量名不能是关键字或ActionScript 文本，如true、false、null或undefined。
- 变量名区分大小写，如Tan与tan是不同的变量。
- 变量不能是ActionScript语言中的任何元素，如类名称。

（2）默认值

默认值是在设置变量值之前变量中包含的值，首次设置变量的值就是初始化变量。如果声明了一个变量，但是没有设置变量的值，则该变量便处于“未初始化”状态，未初始化的变量的值取决于其数据类型。变量的默认值如表13-1所示。

表13-1 默认值

数 值 类 型	默 认 值
Boolean	False
int	0

续表

数值类型	默认值
Number	NaN
Object	null
String	null
uint	0
未声明（与类型注释 * 等效）	undefined
其他所有类（包括用户定义的类）	null

（3）为变量赋值

变量有一定作用范围，变量的作用范围是指该变量能够识别和应用的区域。在ActionScript中变量可分为全局变量和局部变量两种。全局变量指整个代码中被引用的变量，而局部变量是指仅在代码的某个部分定义的变量。

定义全局变量的语法格式为：变量名=表达式;

定义局部变量的语法格式为：

var 变量名=数据类型;变量名=表达式;

var 变量名:数据类型=表达式;

如图13-91所示为定义变量的各种写法。

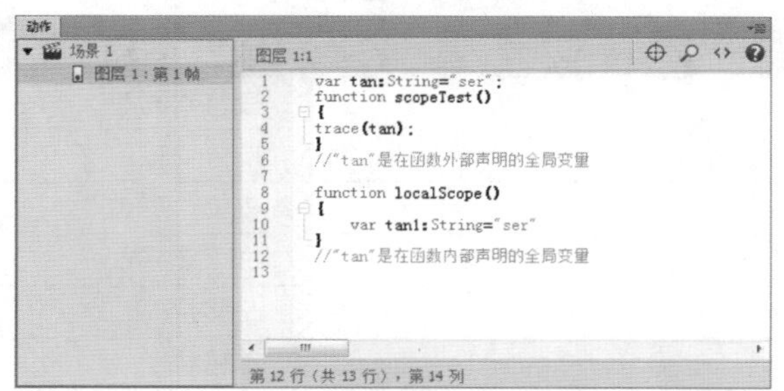

图13-91　定义变量

2. 数据类型

在ActionScript 3.0中，数据类型从总体上可分为简单数据类型和复杂数据类型两种。如单个数字或单个文本序列，表示单条信息的数据类型叫做简单数据类型。以下为一些简单数据类型。

- String：文本值，例如，一个名称或书中某一章的文字。
- Numeric：ActionScript 3.0中，该类型数据包含3种特定的数据类型：number，表示任何数值，包括有小数部分或没有小数部分的值；int，表示一个整数（不带小数部分的整数）；uint，表示一个“无符号”整数，即不能为负数的整数。
- Boolean：true或false值，例如，开关是否开启或两个值是否相等。

ActionScript中定义的大部分数据类型都可以被描述为复杂数据类型。大部分内置数据类型以及用户定义的数据类型都是复杂类型，以下为常用的一些复杂数据类型。

- MovieClip：影片剪辑元件。
- TextField：动态文本字段或输入文本字段。
- SimpleButton：按钮元件。
- Date：该数据类型表示单个值，如时间段中的某个片刻。

3. 表达式

运算对象和运算符的组合叫做表达式，是指能够被ActionScript解释器计算并生成单个值的ActionScript短语，可以包含文字、变量、运算符等。以下为一些常见的表达式。

6.28	数字表达式
"胜利"	字符串表达式
True	逻辑文字
Null	文字空值
(x:6,y:2)	对象文字
[1,2,3]	数组文字
var anExpression:Number=2*(3/10)+6	复合表达式

4. 运算符

运算符可以用来处理数字、字符串和其他需要进行比较运算的条件。ActionScript中常用的运算符有算术运算符、字符串运算符、比较运算符、逻辑运算符、位运算符和赋值运算符。

（1）算术运算符

算术运算符是最简单、最常用的符号，常用来处理四则运算。如表13-2所示为常用的算术运算符。

表13-2 算术运算符

运算符号	含 义
+	加法
–	减法
*	乘法
/	除法
--	递减
%	取余数
++	累加

（2）字符串运算符

字符串运算符主要通过加法运算符来实现，以将字符串连接起来，成为一个新的字符串，如下所示。

```
var a:String="泓安科技";
var b:String="有限公司";
trace(a+b);
```

其执行结果为“泓安科技有限公司”。

（3）比较运算符

比较运算符一般用于判断脚本中表达式的值，再根据比较值返回一个布尔值。如下面的代码将判断变量a是否大于30，若大于30则输出"大于30"；若小于30则输出"小于30"：

```
If(a>30)
{
trace(大于30);
}
else
{
trace(小于30);
}
```

如表13-3所示为常用的比较运算符。

表13-3 比较运算符

运算符号	含 义
>	大于
<	小于
>=	大于等于
<=	小于等于
==	等于
!=	不等于

（4）逻辑运算符

逻辑运算符可以计算两个布尔值以返回第3个布尔值。使用这种逻辑运算符可以产生很多随机的布尔值，所以很多动画制作师都喜欢使用逻辑运算符制作特效。如表13-4所示为常用的逻辑运算符。

表13-4 逻辑运算符

<table>
<tr><th>运算符号</th><th>含 义</th></tr>
<tr><td>&&</td><td>并（And），表达式两边的值都必须为true</td></tr>
<tr><td>||</td><td>或（Or），表达式两边任意一个值为true</td></tr>
<tr><td>!</td><td>不（Not）</td></tr>
<tr><td>===</td><td>表达式两边完全相同则为true</td></tr>
<tr><td>!==</td><td>测试结果与全等运算符（==）相反</td></tr>
</table>

（5）位运算符

在制作动画时，可能需要制作特效而使用位运算符，将浮点型数字转换为32位的整型，再根据整型数字重新生成一个新数字。如表13-5所示为常用的位运算符。

表13-5 位运算符

<table>
<tr><th>运算符号</th><th>含 义</th></tr>
<tr><td>&</td><td>按位“与”</td></tr>
<tr><td>|</td><td>按位“或”</td></tr>
<tr><td>^</td><td>按位“异或”</td></tr>
<tr><td>~</td><td>位“非”</td></tr>
<tr><td><<</td><td>左移位</td></tr>
<tr><td>>></td><td>右移位</td></tr>
<tr><td>>>></td><td>右移位填 0</td></tr>
</table>

（6）赋值运算符

赋值运算符用来为变量或常量赋值。如表13-6所示为常用的赋值运算符。

表13-6 赋值运算符

运算符号	含 义
=	将右边的值赋予左边
+=	左右两边的值相加并赋予左边
–=	左右两边的值相减并赋予左边
*=	左右两边的值相乘并赋予左边
/=	左右两边的值相除并赋予左边

续表

运算符号	含义
%=	左右两边的值取余数并赋予左边
&=	左右两边的值做 & 运算并赋予左边
<<=	左右两边的值做 << 运算并赋予左边
|=	左右两边的值做 | 运算并赋予左边
>>=	左右两边的值做 >> 运算并赋予左边
>>>=	左右两边的值做 >>> 运算并赋予左边
^=	左右两边的值做 ^ 运算并赋予左边

技巧秒杀

不同的运算符号其优先顺序不同，在使用运算符之前必须先了解运算符号的优先级。一般来说，乘法优先加减法；括号内的优先于乘法。当两个或多个运算符优先级相同时，可通过其结合规则来进行计算。

5. 函数

函数是可以向脚本传递值并能将返回值反复使用的代码块。Flash中能制作出的特效都是通过函数完成的，通常分为预定义全局函数和自定义函数。

- **预定义全局函数：**是ActionScript中包含的已定义的函数，如trace、escape、unescape、encodeURI等函数。
- **自定义函数：**需要用户自行定义的函数。需要结合前面介绍的ActionScript的基本语法等知识来创建。一些复杂的效果，如鼠标跟随、图片轮播等效果就是通过自定义函数实现的。

13.4.3 ActionScript 3.0基本语法

在输入ActionScript 3.0脚本的过程中，需熟悉其编写的语法规则，常用的语法有点语法、括号与分号、关键字、字母大小写和注释等。在输入代码时，一定要遵从这些语法规则，否则将无法正常运行。

1. 点语法

在ActionScript 3.0中，点“.”用于访问对象的属性与方法。使用点语法，可以与点运算符和属性名（或方法名）的实例名连用，用于引用类的属性与方法，例如：

```
//用点语法创建的实例名来访问prop1属性和method1()方法
var myDot:MyExample=new MyExample();
myDot.prop1="Hi";
myDot.method1();
```

2. 括号与分号

在ActionScript语句中，括号主要包括大括号{}和小括号（ ）两种。其中，大括号{}用于将代码分成不同的块，而小括号（ ）通常用于放置使用动作时的参数，如gotoAndPlay（2）。

分号则用在ActionScript语句的结束处，用来表示该语句的结束。若省略分号，Flash仍然可以识别编辑的脚本，并对该脚本格式化自动加上分号，若要在同行中书写多条语句，则必须手动加上分号。

3. 字母的大小写

在ActionScript 3.0中，除关键字区分大小写之外，其余ActionScript的大小写字母都可以混用。

4. 关键字

在ActionScript 3.0中保留了一些具有特殊含义的单词，供ActionScript进行调用，这些被保留的单词即称为“关键字”。在书写脚本的过程中，程序不允许使用这些关键字作为变量、函数以及标签等的名称，以免发生混乱。

5. 注释

在ActionScript脚本的书写过程中，可以给语句添加注释，便于对脚本的阅读和理解。注释并不参与语句的编译执行，只起到说明语句的作用。在脚本中直接输入“//”，然后输入注释语句来进行注释，“//”用于单行注释，如需要多行注释，则用“/* */”，再将注释语句输入其中即可。

13.4.4 输入ActionScript语句

在Flash CC中，可以将ActionScript语句放在时间轴的帧上，也可创建外部ActionScript文件。下面分别对其方法进行介绍。

1. 在时间轴的帧上输入

在Flash CC中，代码可以添加到“时间轴”面板上的任何帧上，包括主时间轴上的任何帧和任何影片剪辑元件的时间轴中的任何帧，代码将在影片播放期间从播放头进入该帧并进行执行。在“时间轴”面板中单击需要输入代码的帧，将其选中，然后选择“窗口”/“动作”命令或按F9键打开“动作”面板，在其中输入需要的ActionScript代码即可，如图13-92所示。

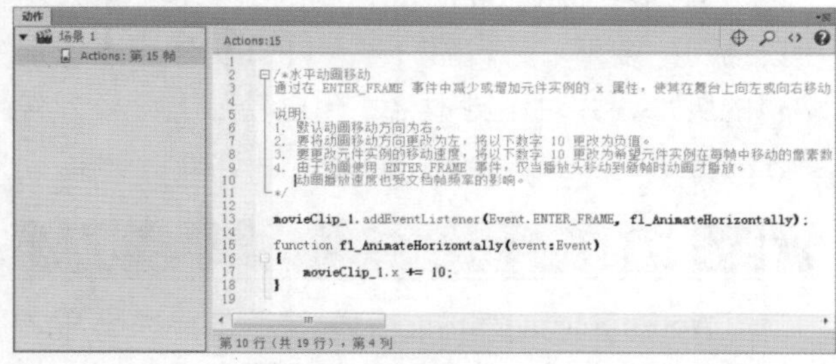

图13-92 “动作”面板中的ActionScript代码

输入代码后，“时间轴”面板中的帧上将显示，如图13-93所示。

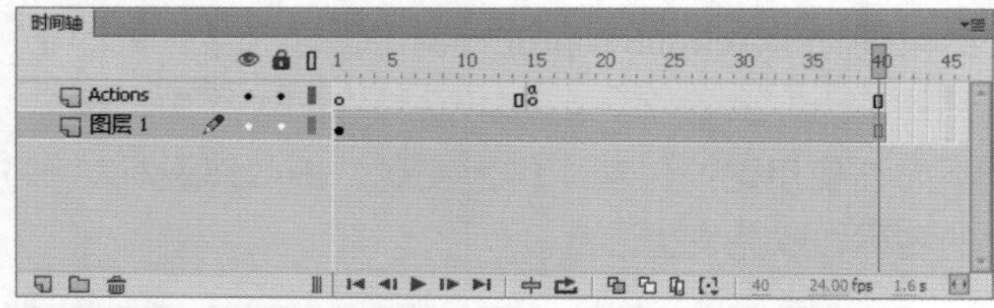

图13-93 “时间轴”面板中的显示

“动作”面板右上角有4个按钮，可以帮助用户进行代码的输入，分别介绍如下。

◆ **“插入实例路径和名称”按钮**：单击该按钮，可打开“插入目标路径”对话框，在其中可以定义实例的名称和路径，如图13-94所示。

◆ **“查找”按钮**：单击该按钮，将激活“查找”文本框，在其中可以输入需要查找的内容进行查找；也可选择“查找和替换”选项进行替换。

◆ **“代码片段”按钮**：单击该按钮，可打开“代码片段”面板，其中包含了Flash CC提供的一些代码片段，双击需要添加的片段名称，即可为舞台中的对象或元件实例添加代码，如图13-95所示。

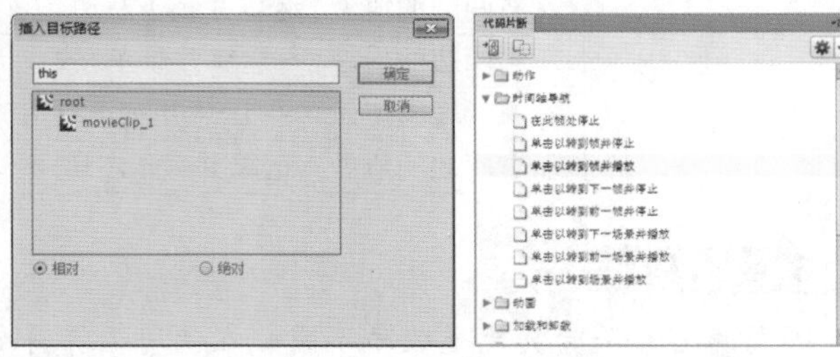

图13-94 插入目标路径　　图13-95 代码片段

◆ **“帮助”按钮**：单击该按钮，可打开Adobe Flash Professional页面，在其中可查看Flash的帮助信息。

2. 创建外部ActionScript文件

当Flash动画较为复杂，需要创建大量的ActionScript代码时，直接在“时间轴”面板上输入代码容易导致无法跟踪帧包含脚本，随着时间的推移，程序会越来越难以维护。此时建议用户创建单独的ActionScript源文件，以更好地组织和编辑代码。

创建的ActionScript文件是一个扩展名为.as的文本文件，可使用文本编辑器打开，如记事本、写字板等。外部ActionScript文件并非全部都是类文件，为了管理方便，会将帧代码按照功能放置在ActionScript文件中，用户可使用include指令来导入代码，其格式为：

```
include "[path]filename.as"
```

其中，[path]filename.as表示文件的路径和文件名称，用户在设置文件路径时要注意以下几点。

◆ 与FLA文件位于同一目录时，可不指定路径。

◆ 当ActionScript文件位于全局Include目录下时，其格式为C:\Documents and Settings\用户\Local Settings\Application Data\Adobe\Flash CC\语言\Configuration\Include。

◆ 位于C:\program Files\Adobe\Adobe Flash CC\语言\First Run\Include下时，在启动Flash文件时，

会将该文件复制到全局Include目录下。若要对ActionScript文件指定相对路径，则可使用“.”表示当前目录，使用“..”表示上一级目录；使用“/”表示子目录。

实例操作：创建并调用外部ActionScript文件

- 光盘\素材\第13章\复活节彩蛋.fla
- 光盘\效果\第13章\复活节彩蛋.fla、show.as
- 光盘\实例演示\第13章\创建并调用外部ActionScript文件

本例将创建一个外部ActionScript文件，并打开“复活节彩蛋.fla”文档，并将该文件应用其中。其应用前后的效果如图13-96和图13-97所示。

图13-96 应用前　　图13-97 应用后

Step 1 打开“复活节彩蛋.fla”文档，在“库”面板中右击，在弹出的快捷菜单中选择“新建元件”命令，在打开的对话框中新建一个名为“彩蛋按钮”的按钮元件，如图13-98所示。

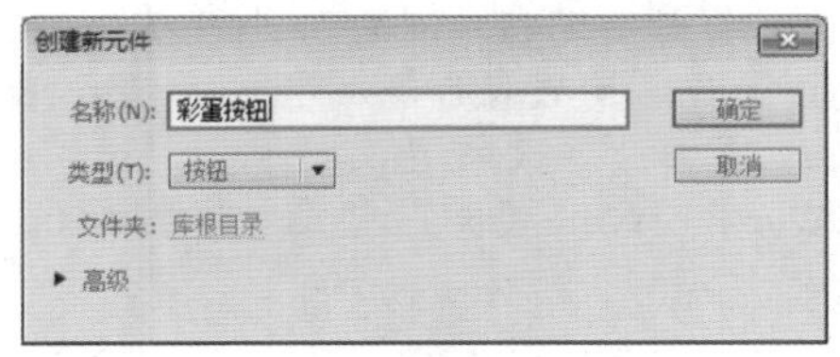

图13-98 新建按钮元件

Step 2 打开“彩蛋按钮”按钮元件编辑区，将“彩蛋.png”素材拖动到其中，并调整其大小为20%。返回场景1，新建“图层2”图层，将“彩蛋按钮”按钮元件和“彩蛋2.png”位图文件拖动到舞台中，并适当调整位置和大小，效果如图13-99所示。

Step 3 在舞台上选择右侧的“彩蛋按钮”元件实例，在“属性”面板中设置其实例名称为btn，如图13-100所示。

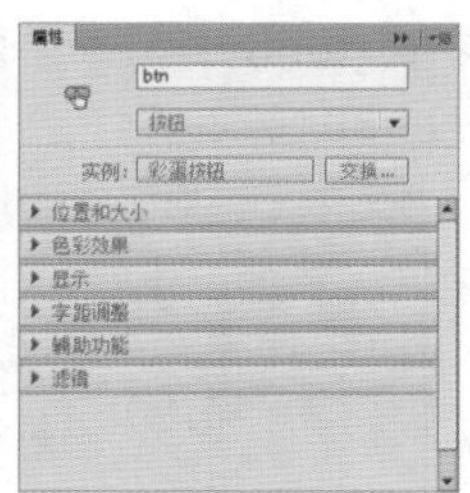

图13-99 添加图像　　图13-100 设置实例名称

Step 4 在“库”面板中的“篮子.png”位图文件上右击，在弹出的快捷菜单中选择“属性”命令，如图13-101所示。

图13-101 选择“属性”命令

Step 5 打开“位图属性”对话框。选择ActionScript选项卡，选中☑为 ActionScript 导出(X)复选框，在“类”文本框中输入名称basket，如图13-102所示。

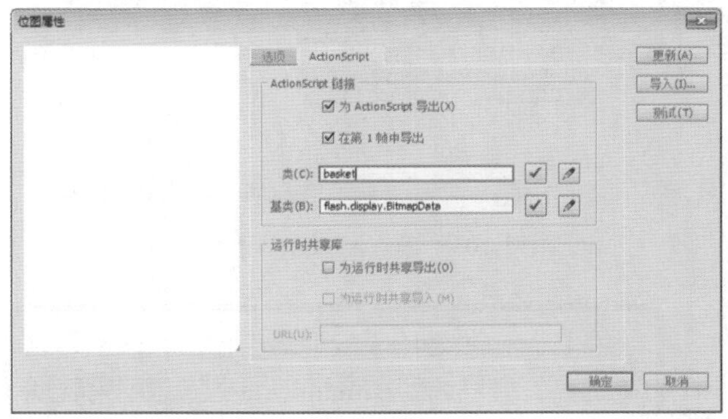

图13-102 “位图属性”对话框

Step 6 打开“ActionScript类警告”对话框，单击 确定 按钮进行确认，如图13-103所示。返回“位图属性”对话框，再次单击 确定 按钮。选择“文件”/“新建”命令，打开“新建文档”对话框，在“常规”选项卡的“类型”列表框中选择

“ActionScript文件”选项，单击 确定 按钮，如图13-104所示。

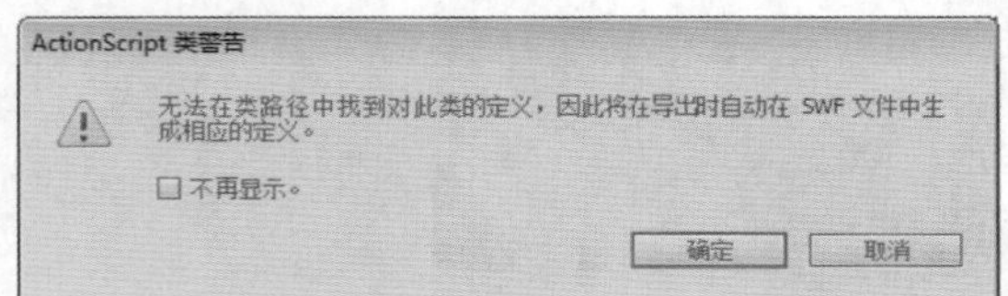

图13-103　警告对话框

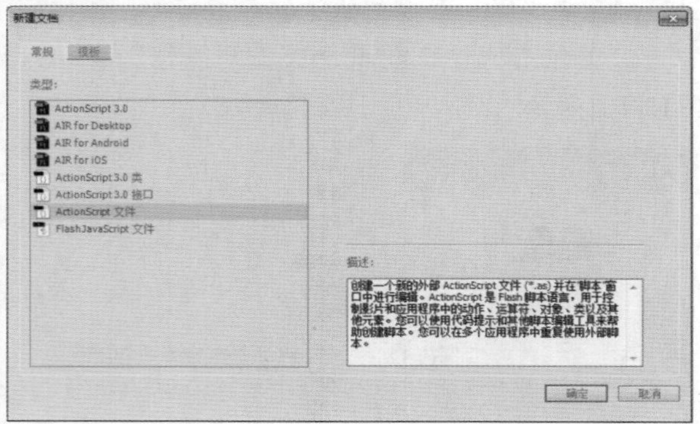

图13-104　新建ActionScript文件

Step 7 ▶ 此时将自动新建“脚本-1.as”文档，在其中输入如图13-105所示的代码，并按Ctrl+S快捷键将其保存在与Fla文档相同路径的文件夹中，并设置其名称为show.as。

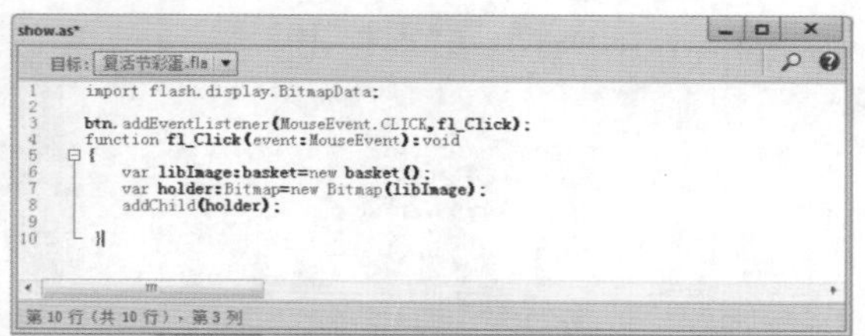

图13-105　输入ActionScript代码

> **操作解谜**
>
> 该代码主要用来实现单击按钮，显示图像的功能，是通过对BitmapData类的应用来实现其效果的。其中，第1行代码表示对BitmapData类的声明；第2行代码表示通过元件实例btn来执行其addEventListener方法，该方法的作用是侦听事件并处理相应的函数；第3行则为自定义的函数fl_Click，其名称与addEventListener方法中的名称一致。

Step 8 ▶ 切换到Flash文档中，按F9键打开“动作”面板，在其中输入代码include "show.as"，如图13-106所示。

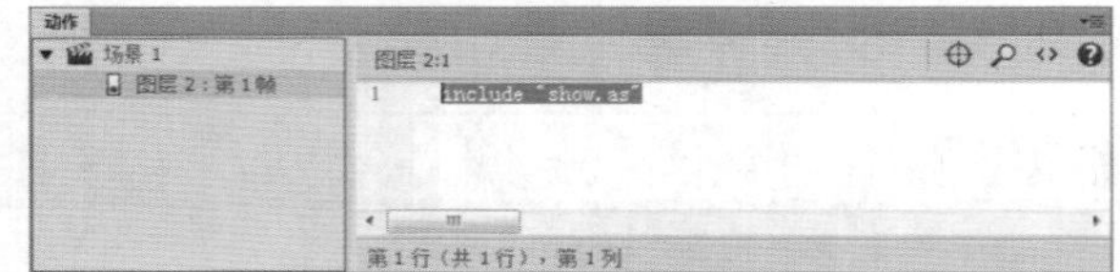

图13-106　调用ActionScript文件

Step 9 ▶ 在完成后保存Flash文档，并按Ctrl+Enter快捷键预览效果。此时单击彩蛋，则可显示篮子图像，如图13-107所示。

图13-107　预览效果

> **技巧秒杀**
>
> 除了以上方法外，还可采用封装ActionScript代码来增加文档的安全性。封装是将实现的细节隐藏起来，只将必要的接口对外公开。在ActionScript 3.0中可通过public（完全公开）、protected（在private的基础上，允许子类访问）、internal（包内可见）和private（类内可见）来控制代码的可见度。

13.4.5 类、属性和方法

ActionScript 3.0是一种面向对象的程序设计语言。面向对象程序设计与面向过程程序设计相同，都是一种编程方法，与使用对象来组织程序中的代码的方法没有差别。在ActionScript 3.0中提供了很多类，这些类按照功能的不同封装了不同的函数和变量，以实现不同的数据运算。类是属性和方法的集合，每个对象都有各自的名称，且都是特定类的实例。下面将对类、属性和方法的基本含义和定义方法等进行讲解。

1. 类

在ActionScript 3.0中不论任何程序都需要使用类，类是定义在包中的，通过包可以承载类，并防止空间重名。如下代码即表示包和类：

```
package {
 public class airString {
   public var str1:String="欢迎";
   public function airString():void {
   }
   public function say():void{
    trace(str1+"光临!");
    }
  }
}
```

代码解析如下。

- 第1行是一个包，包的关键字是package，位于最顶层的文件夹，因此没有包路径。
- 第2行定义了一个类，通过class来声明类的名称airString。这个类名称前的public表示访问权限控制为完全公开。
- 第3行定义了一个类的实体，即大括号中的语句。这里定义了一个字符串类型的变量str1，并为其赋值为“欢迎”。
- 第4行定义了一个函数，这个函数的名称和类的名称完全相同（这种函数可以称为构造函数，当类被实例化时，初始化执行的一段脚本）。
- 第6行定义了一个函数，这里函数的名称和类的名称不同，这种函数称为方法，表示在“输出”面板中输入“欢迎光临!”的字样。

2. 属性

属性是对象的基本特性，如影片剪辑元件的大小、透明度、位置等，属性表示某个对象中绑定在一起的若干数据块中的一个。Song对象具有artist和title等属性；MovieClip类具有rotation、x、width和alpha等属性，可像处理单个变量那样处理属性。

将变量（square和triangle）用作对象的名称，后跟一个点（.）和属性名（x、rotation和scaleX），点称为“点运算符”，用于指示要访问对象的某个子元素。事实上，可以将属性看作包含在对象中的“子”变量，例如：

```
//将名为square的MovieClip移动到150个像素的x坐标处
square.x = 150;
//使用rotation属性旋转squareMovieClip以便与triangleMovieClip的旋转相匹配
square.rotation = triangle.rotation;
//squareMovieClip的水平缩放比例，以使其宽度为原始宽度的2倍
square.scaleX = 2.0;
```

3. 方法

方法是指可以由对象执行的操作。如果在 Flash 中使用“时间轴”面板上的几个关键帧和动画制作了一个影片剪辑元件，则可以播放或停止该影片剪辑或将其播放头移到特定的帧。

下面的代码使名为shortFilm的MovieClip开始播放：

```
shortFilm.play();
```

下面的代码使名为shortFilm的MovieClip停止播放（播放头停在原处，就像暂停播放视频一样）：

```
shortFilm.stop();
```

下面的代码使名为shortFilm的MovieClip播放头移到第1帧，然后停止播放（就像后退视频一样）。

```
shortFilm.gotoAndStop(1);
```

13.4.6 常用的ActionScript语句

在Flash动画设计中，常使用ActionScript语句对动画进行控制。常用的有播放控制、播放跳转、条件语句（if...else、if...else...if、switch）和循环语句（for、for...in、for each...in、while、do...while）等。

1. 播放控制

播放控制的实质是对电影时间轴中播放头的运动状态进行控制，产生包括play（播放）、stop（停止）、stopAllSound（声音的关闭）和toggleHighQuality（画面显示质量的高低）等动作，可作用于影片中的所有对象。下面讲解在Flash互动影片中最常见的命令语句。

- play命令：用于开始或继续播放被停止的影片。通常被添加在影片中的一个按钮上，在其被按下后即可开始或继续播放，其语法结构为play()。
- stop语句：可以使正在播放的动画停止在当前帧，可以在脚本的任意位置独立使用而不用设置参数，其语法结构为stop()。

2. 播放跳转

在Flash动画中常需要对影片的播放进行控制，使用gotoAndPlay()或gotoAndStop()命令即可进行控制。gotoAndPlay()或gotoAndStop()命令中可以传递具体的帧数或标签名作为参数，如gotoAndPlay(10)或gotoAndPlay("start")。选择帧后，在“属性”面板“标签”栏的“名称”文本框中可输入标签名称。

当动画中的帧、图层和补间的数量很大时，应给重要的帧加上具有解释性说明的标签来表示影片剪辑中的行为转换（例如，“离开”、“行走”或“跑”），可提高代码的可读性，同时使代码更加灵活，因为转到指定帧的 ActionScript 调用是指向单一参考（“标签”而不是特定帧编号）的指针。若以后决定将动画的特定片段移动到不同的帧，则无须更改 ActionScript 代码，只需将帧的相同标签保持在新位置即可。

为便于在代码中表示帧标签，可使用ActionScript 3.0脚本语句的FrameLabel 类。此类的每个实例均代表一个帧标签，并具有一个name属性（表示在属性检查器中指定的帧标签的名称）和frame 属性（表示该标签在时间轴上所处帧的帧编号）。

为了访问与影片剪辑实例相关联的FrameLabel实例，MovieClip类包括了两个可直接返回FrameLabel对象的属性。currentLabels属性返回包含影片剪辑整个时间轴上所有 FrameLabel对象的数组，currentLabel属性返回表示在时间轴上最近遇到的帧标签的 FrameLabel对象。

3. if...else语句

if...else条件语句用于测试一个条件，若该条件存在，则执行一个代码块，否则执行替代代码块。例如，下面的代码测试x的值是否超过45，如果是，则生成一个trace()函数，否则生成另一个trace()函数。

```
if (x > 45){
trace("x大于45");
}
else{
  trace("x小于等于45");
}
```

4. if...else if语句

if...else if 条件语句用于测试多个条件。例如，下面的代码不仅测试 x 的值是否超过 45，还测试x的值是否为负数。

```
if(x>45){
  trace("x大于45");
}
else if (x<0){
  trace("x是负数");
}
```

如果if或else语句后面只有一条语句，则不需用大括号括起后面的语句，例如：

```
if (x > 0)
  trace("x是正数");
else if (x < 0)
trace("x是负数");
else
  trace("x等于0");
```

5. switch语句

若多个执行路径依赖于同一个条件表达式，则可以使用switch语句。其功能作用和一系列if...else if语句相同，但是更便于阅读。switch语句不是对条件进行测试以获得布尔值，而是对表达式进行求值并使用计算结果来确定要执行的代码块。代码块以case语句开头，以break语句结尾。例如，下面的switch语句基于由Date.getDay()方法返回的日期值输出日期。

```
var someDate:Date = new Date();
var dayNum:uint = someDate.getDay();
switch(dayNum){
    case 0:
        trace("今天是星期天！");
        break;
    case 1:
        trace("今天是星期一！");
        break;
    case 2:
        trace("今天是星期二！");
        break;
    case 3:
        trace("今天是星期三！");
        break;
    case 4:
        trace("今天是星期四！");
        break;
    case 5:
        trace("今天是星期五！");
        break;
    case 6:
        trace("今天是星期六！");
        break;
    default:
        trace("没有一个符合条件");
        break;
}
```

6. for循环语句

for循环语句用于循环访问某个变量以获得特定范围的值，必须在for语句中提供3个表达式：设置了初始值的变量、用于确定循环何时结束的条件语句以及在每次循环中都更改变量值的表达式，如下面的代码：

```
var i:int;
for (i = 0; i < 100; i++){
    trace(i);
}
```

上面的代码表示循环100次。变量i的值从 0 开始到100结束，输出结果是0~99中的一个数字，每个数字各占一行。

实例操作：制作鼠标跟随效果

- 光盘\素材\第13章\banner.jpg
- 光盘\效果\第13章\鼠标跟随.fla
- 光盘\实例演示\第13章\制作鼠标跟随效果

本例将新建一个Flash文档，在其中添加ActionScript脚本语言，创建一个文本对象，设置文本的字号、大小，并通过for语句的应用来控制文本的显示和鼠标的运动，完成后的效果如图13-108所示。

图13-108　鼠标跟随效果

Step 1 ▶ 启动Flash CC，新建一个大小为833×334像素，背景为#1C5389的ActionScript 3.0文档，将素材文件banner.jpg导入到舞台，并锁定“图层1”图层，如图13-109所示。

图13-109　新建并导入素材

Step 2 ▶ 直接按F9键，打开“动作”面板，在其中输入如图13-110所示的代码，创建一个文本对象。

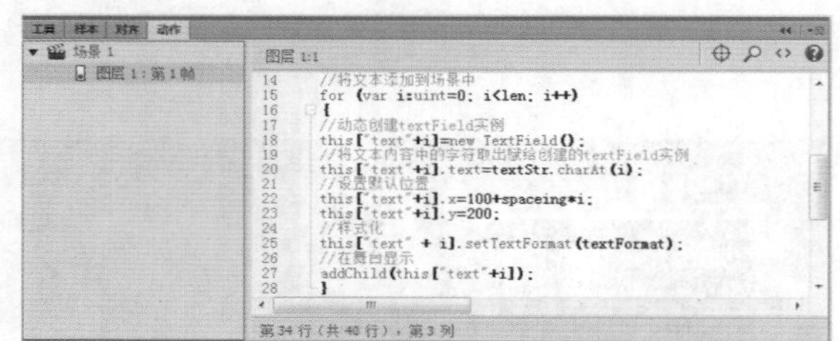

图13-110　创建文本对象

Step 3 ▶ 继续输入代码，通过for语句的使用，在舞台中创建文本对象的实例，并将其显示在舞台中，如图13-111所示。

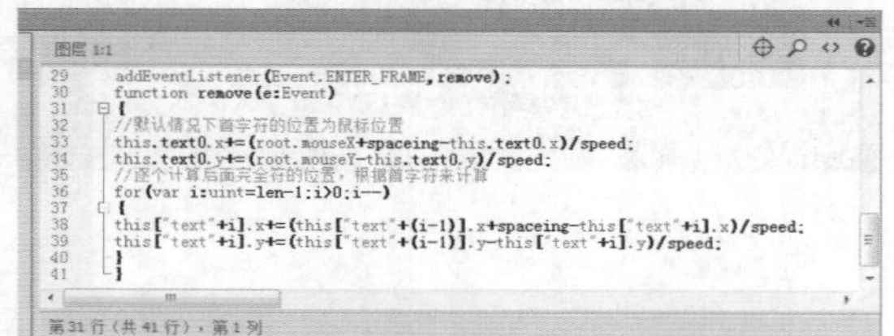

图13-111　创建文本对象实例

Step 4 ▶ 继续输入代码，通过addEventListener事件来侦听鼠标事件，并定义一个名称为remove的函数，用来设置字符随鼠标移动的效果，如图13-112所示。

图13-112　设置文本随鼠标移动的效果

Step 5 ▶ 保存并按Ctrl+Enter快捷键测试动画。在动画界面中移动鼠标时，文字将跟随鼠标移动，如图13-113所示。

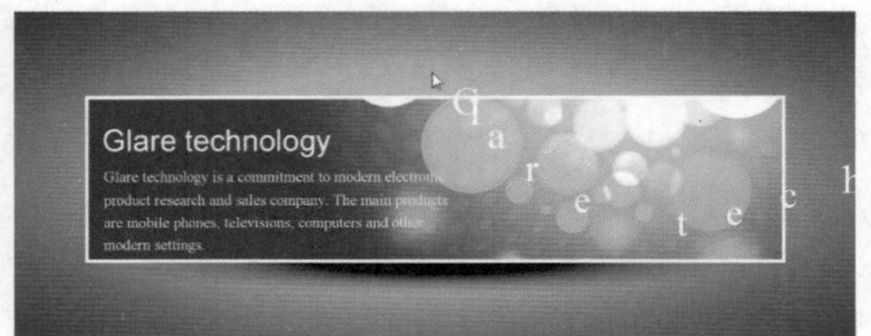

图13-113　预览效果

7. for...in循环语句

for...in循环用于循环访问对象属性或数组元素。例如，可以使用for...in循环来循环访问通用对象的属性（不按任何特定的顺序来保存对象的属性，因此属性可能以看似随机的顺序出现）：

```
var myObj:Object = {x:50, y:70};
for (var i:String in myObj){
    trace(i + ": " + myObj[i]);
}
// 输出：
// x: 50
// y: 70
```

for...in循环语句还可以循环访问数组中的元素：

```
var myArray:Array = ["one", "two", "three"];
for (var i:String in myArray){
    trace(myArray[i]);
}
// 输出：
// one
// two
// three
```

8. for each...in循环语句

for each...in循环语句用于循环访问集合中的项

目，可以是XML或XMLList对象中的标签、对象属性保存的值或数组元素。如下面所摘录的代码所示，可使用for each...in循环来循环访问通用对象的属性，与for...in循环不同的是，for each...in循环中的代码变量包含属性所保存的值，而不包含属性的名称。

```
var myObj:Object = {x:60, y:70};
for each (var num in myObj){
    trace(num);
}
// 输出：
// 20
// 30
```

9. while循环语句

while循环语句与if语句相似，只要条件为true，就会反复执行。例如，下面的代码与for循环示例生成的输出结果相同：

```
var i:int = 0;
while (i < 100){
    trace(i);
    i++;
}
```

使用while循环（而非for循环）的缺点是，编写的while循环更容易出现无限循环。如果省略了用来递增计数器变量的表达式，则for循环示例代码将无法编译，而while循环示例代码仍然能够编译。若没有用来递增i的表达式，循环将成为无限循环。

10. do...while循环语句

do...while循环语句是一种while循环，保证至少执行一次代码块，这是因为在执行代码块之后才会检查条件。下面的代码显示了do...while循环的一个简单示例，即使条件不满足，该示例也会生成输出结果。

```
var i:int = 100;
do
{
    trace(i);
    i++;
} while (i < 100);
// 输出： 100
```

读书笔记

知识大爆炸——动画的其他知识

1. 补间动画与传统补间之间的差异

Flash CC提供了两种创建补间动画的方法，分别是补间动画和传统补间动画。其中，补间动画易于创建且功能强大，能够对动画进行最大程度的控制；传统补间动画则为用户提供了需要的某些特定功能。二者之间的差异介绍如下。

◆ 补间动画在整个补间范围上由一个目标对象组成；传统补间动画则允许在两个关键帧之间进行补间，其中包括相同或不相同的元件实例。

◆ 补间动画只有一个与之关联的对象实例，且使用属性关键帧而不是关键帧；传统补间动画则使用关键帧来显示对象的新实例。

◆ 两者都允许对特定类型的对象进行补间，不同的是，当这些对象类型不支持时，补间动画会将其转换为影片剪辑元件；而传统补间动画则会将其转换为图形元件。

◆ 补间动画支持文本直接作为补间对象，不会将其转换为影片剪辑；而传统补间动画则会将文本转换为图形元件。

◆ 补间目标上的任何对象脚本都无法在补间动画范围的过程中更改，且补间动画范围不允许帧脚本；而传统补间动画则允许帧脚本。

◆ 当需要选择补间范围中的某个帧时，需要按住Ctrl键再单击该帧。

◆ 在同一图层中可以有多个传统补间或补间动画，但在同一图层中不能同时出现两种补间。

2. 补间缓动

补间缓动可以加快或放慢动画的开头或结尾速度，使动画播放效果更为逼真、流畅。如果不使用缓动，Flash在计算这些值时，对每一帧的更改都是相同的，其更改方法是，在“时间轴”面板中选中需要修改的帧，在“属性”面板的“补间”栏中的“缓动”数值框中直接输入需要设置的值即可。

3. 3D动画

在Flash CC中还可使用“3D平移工具”和“3D旋转工具”来制作3D动画，使平面对象在三维空间中移动和旋转，增加动画的立体感。用户可以使用“3D平移工具”来使影片剪辑实例具有3D透视效果，只要这些实例沿X轴移动或使用“3D旋转工具”围绕X轴或Y轴旋转。

在3D空间中移动一个对象叫做平移，旋转一个对象叫做变形。进行任何一种操作后，Flash都会将其作为3D影片剪辑，当选择该对象时，就会在其上显示一个重叠的彩轴指示符，如图13-114所示。

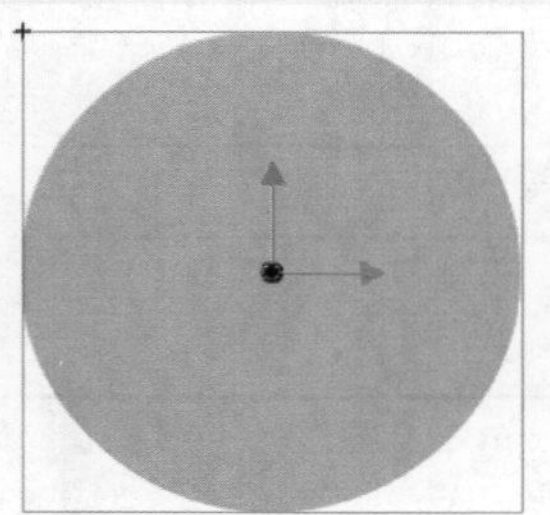
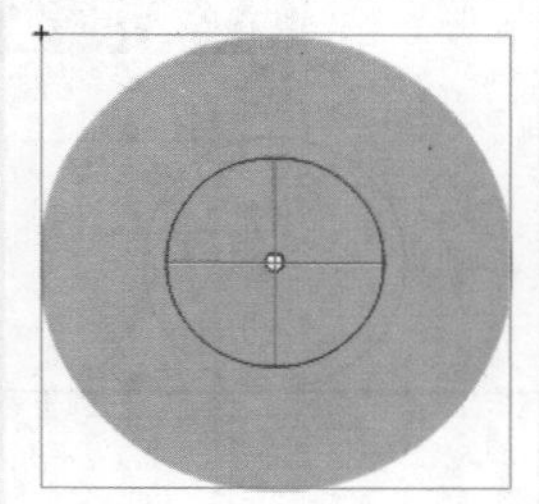
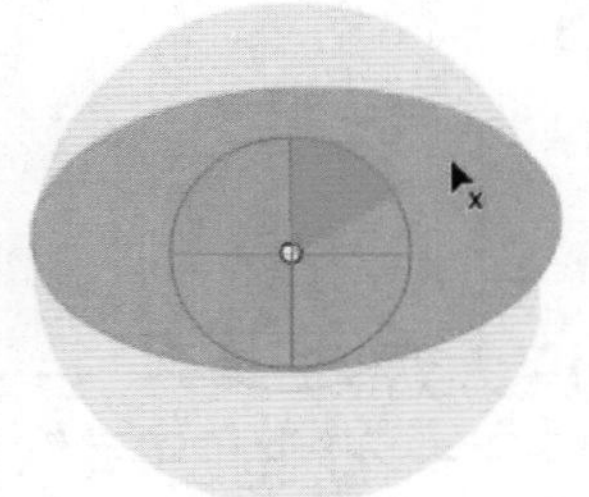

图13-114　移动或旋转3D对象

4. 事件

事件是确定计算机执行哪些指令以及何时执行的机制。本质上，事件就是所发生的、ActionScript能够识别并可响应的事情。许多事件与用户交互相关联，如用户单击某个按钮或按键盘上的某个键；如使用ActionScript加载外部图像，有一个事件可以让用户知道图像何时加载完毕。当ActionScript程序运行时，从概念上讲，它只是坐等某些事情发生，发生这些事情时，为这些事件指定的特定ActionScript代码将运行。

在Flash CC中常见的事件包括鼠标事件、键盘事件、声音事件、日期和时间事件等，下面分别进行介绍。

- **鼠标事件：** 用户可以使用鼠标事件来控制影片的播放、停止以及x、y、alpha和visible属性等。在ActionScript中用MouseEvent表示鼠标事件，而鼠标事件包括单击（CLICK）、跟随（通过将实例x、y属性与鼠标坐标绑定来实现让文字或图形实例跟随鼠标移动）、经过（MOUSE_MOVE）和拖曳（stopDrag）等。
- **键盘事件：** 通过键盘事件，用户可以使用按下键盘的某个键来响应事件。通常使用keyCode属性来控制，每一个键都对应一个唯一的编码。
- **声音事件：** 在ActionScript中处理声音时，可以使用Flash.media包中的某些函数。常用的函数包括Sound、SoundChannel、SoundLoaderContext、SoundMixer、SoundTransform和Microphone等。
- **日期和时间处理：** 日期和时间管理函数都集中在顶级Date函数中。若要创建时间和日期，需要按照所在时区的本地时间返回包含当前日期和时间的Date对象。其创建方法是：var now:Date = new Date();然后即可使用Date函数的属性或方法从Date对象中提取各种时间单位的值。Date对象中的属性选项包括fullYear（年份）、month（月，从0~11分别表示一月~十二月）、date（某一天，范围为1~31）、day（以数字格式表示一周中的某一天，其中0表示星期日）、hours（小时，范围为0~23）、minutes（分）和seconds（秒）。

5. 数组

数组（Array）在ActionScript脚本语言中经常使用，是一种极为常用的数据结构，也可看作是一个类。要使用数组，必须创建一个数组的实例，然后再使用实例为数组元素赋值。例如：

```
var myarr:Array=new Array();
myarr[0]=1;
myarr[1]=2;
myarr[2]=3;
myarr[3]=4;
```

以上定义的数组是一个一维数组，也可直接用var myarr:Array=new Array(1,2,3,4);来表示。若用户需要创建多维数组，可以为数组中的每一个实例赋值数组，例如：

```
var myarr:Array=new Array(3);
myarr[0]=[1,2,3];
myarr[1]=[4,5,6];
myarr[2]=[7,8,9];
```

或：

```
var myarr:Array=new Array[[1,2,3],[4,5,6],[7,8,9]];
```

从以上代码中可以看出多维数组就是数组的嵌套，可以看作矩阵或网格，若数组被嵌套了一次，则表示二维数组；若嵌套了两次，则为三维数组；依此类推。

对数组进行赋值后，如果需要修改数组中某个元素的值，可直接使用赋值语句来修改，例如：

```
myarr[1]=5;
myarr[2]=6;
```

07 08 09 10 11 12 13 14 15 16 17 18

测试、导出与发布动画

本章导读

在完成动画作品的制作后，为了确保动画的最终质量，通常需要对动画做一系列必要的测试。在完成测试并根据测试结果适当对动画进行调整后，可根据实际情况设置发布参数，发布动画作品。除此之外，制作者还可根据需要，将动画中的声音、图形或动画片段等动画要素以指定的文件格式导出，以便将其作为素材或单独的文件使用。

14.1 优化与测试动画

将动画制作完成后，通常还需要对动画进行优化和测试，以达到减小动画文件大小、提升动画点击率的目的。

14.1.1 优化动画

网络中的动画下载和播放时间很大程度上取决于文件大小，因为Flash动画文件越大，其下载和播放速度就越慢，并且容易产生停顿，从而影响动画的点击率。为了动画的快速传播，就必须最大化地减小动画文件。优化动画的方法有多种，主要包括优化动画文件、优化动画元素和优化文本等，下面分别进行介绍。

1. 优化动画文件

在制作Flash动画的过程中应注意对动画文件的优化，以达到较好的效果。动画制作过程中文件的优化有如下几个方面。

- 将动画中相同的对象转换为元件，在需要使用时可直接从库中调用，减少动画的数据量。
- 位图比矢量图的文件体积大，因此调用素材时应尽量使用矢量图，避免使用位图。
- 补间动画中的过渡帧是系统计算得到的，逐帧动画的过渡帧是通过用户添加对象而得到的，所以补间动画的数据量比逐帧动画要小很多，因此制作动画时应减少逐帧动画的使用，尽量使用补间动画。
- 尽量避免在同一时间内安排多个对象同时产生动作。应将有动作的对象安排在独立的图层内，且尽量使用组合元素，使用层来组织不同时间、不同元素的对象，以提高动画的处理速度。
- 动画的长宽尺寸不要设置得太大，尺寸越小，动画文件就越小。

2. 优化动画元素

在制作动画的过程中，还应该注意对动画元素进行优化，对元素的优化主要有以下几个方面。

- 对动画中的各元素进行分层管理。
- 减小矢量图形的形状复杂程度。
- 减少导入素材的数量，特别是位图图形。
- 导入声音文件时应使用MP3这种体积相对较小的声音格式。
- 减少特殊形状矢量线条的应用，如锯齿状线条、虚线和点线等。
- 使用矢量线条替换矢量色块，因为矢量线条的数据量比矢量色块小很多。
- 多使用实线，少用虚线、波浪线等特殊线条。
- 尽量缩小帧范围的动作区域。

技巧秒杀

选择“修改”/“形状”/“优化”命令，可以最大限度地减少用于描述图形轮廓的单个线条数目，以优化形状。

3. 优化文本

在制作动画时常常会用到文本内容来说明动画或增强动画的表现形式，因此还应对文本进行优化，主要包括以下两个方面。

- 使用文本时不应运用太多类型的字体和样式。使用过多的字体和样式会使动画的数据量加大。
- 尽量不要将文字打散，字体打散后会变成图形，使文件变大。

14.1.2 测试动画

对动画进行测试时，既可以对整个动画进行整体测试，也可以单独对某个元件进行测试。下面分别对其测试方法进行讲解。

1. 测试影片

制作完整个动画后，需要对动画整体的播放效果进行测试，以保证动画的效果。在Flash CC中选择“控制”/“测试”命令，如图14-1所示；或直接按Ctrl+Enter快捷键，会自动生成一个后缀名为.swf的文件，在其中可预览动画的播放效果，如图14-2所示。

图14-1　选择命令

图14-2　测试影片

选择“控制”/“测试影片”命令，在弹出的子菜单中还可选择在其他的编辑器中进行预览，如图14-3所示。

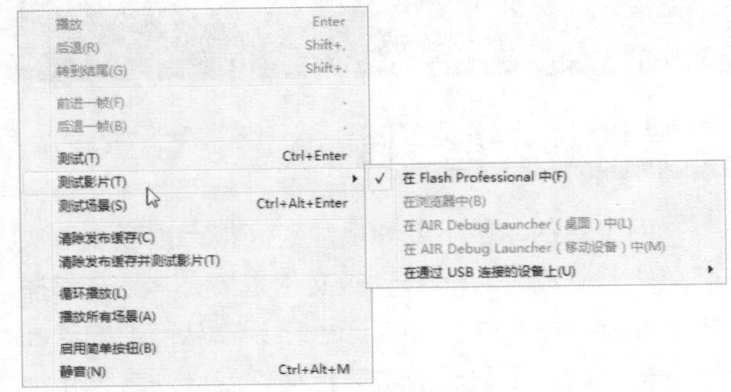

图14-3　“测试影片”子菜单

2. 测试场景

在Flash CC中还可以对某个元件进行测试，以便控制动画中每一部分的效果。其方法是：在“库”面板中双击需要测试的元件，进入元件编辑模式，选择“控制”/“测试”/“测试场景”命令，或直接按Ctrl+Alt+Enter组合键进行测试，如图14-4所示为对“环保宣传片头.fla”动画中的“叶子”元件进行测试的效果。

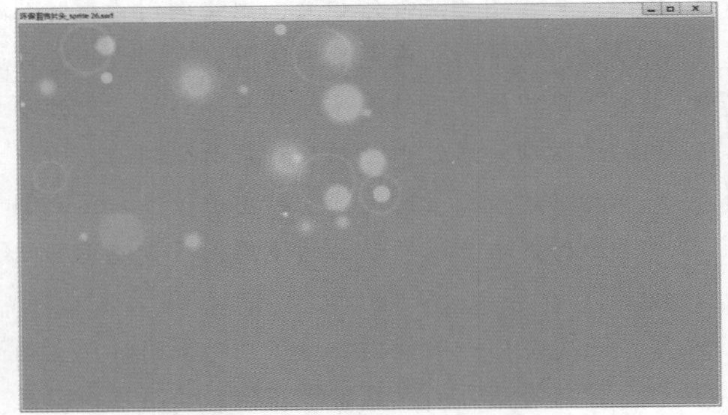

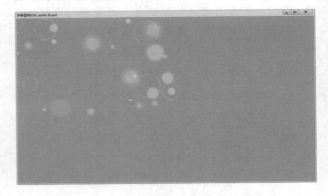

图14-4　测试场景

14.2 发布Flash动画

当对制作完成的动画进行测试、优化等一系列前期工作后，可以将动画发布出来，便于人们浏览和观看。在Flash CC中，用户可以根据需要将动画发布为各种格式，如SWF格式和图片格式等，但在发布前，用户还需对动画进行设置，以达到实际的需要。

14.2.1 设置动画发布格式

当Flash动画测试运行无误后，即可发布动画，默认情况下动画将发布为SWF格式的播放文件，这是为了方便没有安装Flash Player播放器的用户观看动画的播放效果。也可使用其他格式发布Flash动画，下面对动画的各种发布格式进行详细讲解。

1. Flash输出格式

选择“文件”/“发布设置”命令，打开“发布设置”对话框，在“发布”栏中选中☑Flash (.swf)复选框，即可在右侧的窗格中对发布后Flash动画的版本、图像品质和音频质量等进行设置，如图14-5所示。

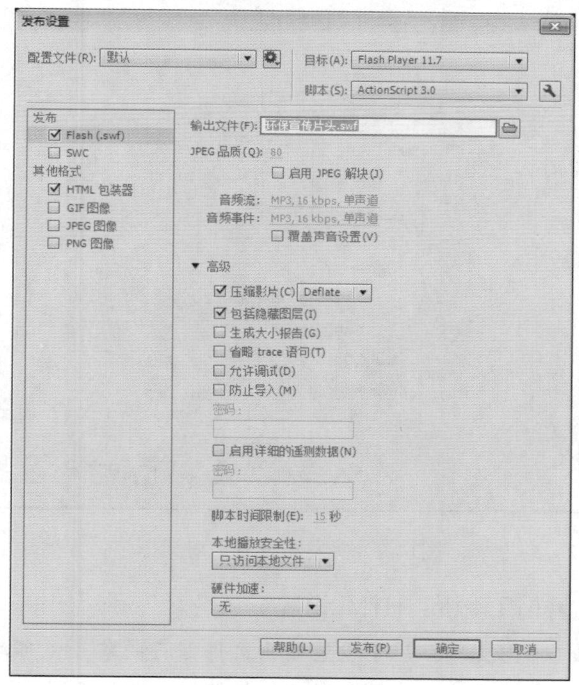

图14-5 设置Flash输出格式

知识解析：Flash设置

- 输出文件：用于设置文件保存的路径，可直接在文本框中输入，也可单击后面的“选择发布目标”按钮进行设置。
- JPEG品质：该栏中的滑块用于控制位图压缩。图像品质越低，生成的文件就越小，图像品质越高，生成的文件就越大。在发布动画时可多次尝试不同的设置，在文件大小和图像品质之间找到最佳平衡点，当值为100时图像品质最佳，但压缩比率也最少。
- ☐启用 JPEG 解块(J)复选框：选中该复选框，可以使高度压缩的JPEG图像变得更为平滑，以减少由于JPEG压缩导致的失真。
- 音频流/音频事件：用于对SWF文件中的所有声音流或事件声音设置采样率和压缩。单击音频流或音频事件，即可打开“声音设置”对话框，在其中即可对其进行设置，如图14-6所示。

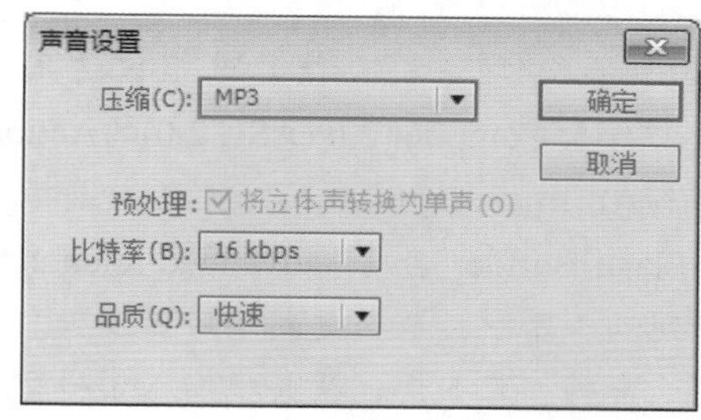

图14-6 “声音设置”对话框

- ☐覆盖声音设置(V)复选框：当需要创建一个较小的低保真版本的SWF文件，或要覆盖在属性检查器的“声音”部分中为个别声音指定的设置时，可选中该复选框。若不选中该复选框，则Flash会扫描文档中的所有音频流（包括导入视频中的声音），然后按照各个设置中最高的设置发布所有音频流。
- ☑压缩影片(C)复选框：选中该复选框，可以压缩Flash动画，从而减小文件大小，缩短下载时间。若文件中存在大量的文本或ActionScript语句时，默认情况下会选中该复选框。在右侧的下拉列表框中包含了两种压缩模式，一种是Deflate，表示旧压缩模式，与Flash Player 6.x和更高版本兼容；另一种是LZMA，该模式效率比Deflate模式高40%，只与Flash Player 11.x和更高版本或AIR3.x和更高版本兼容。
- ☑包括隐藏图层(I)复选框：选中该复选框，将导出Flash文档中所有隐藏的图层。取消选中该复选框，将阻止导出生成的SWF文件中标记为隐藏的所有图层。

◆ 生成大小报告(G)复选框：选中该复选框，将生成一个报告，以列出最终SWF内容中的数据量。

◆ 省略 trace 语句(T)复选框：选中该复选框，使用Flash忽略当前SWF文件中的ActionScript Trace语句，Trace语句将不会显示在“输出”面板中。

◆ 允许调试(D)复选框：选中该复选框，将激活调试器并允许远程调试SWF文件。

◆ 防止导入(M)复选框：选中该复选框，防止其他人导入SWF文件并将其转换为Flash文档。激活“密码”文本框，在其中输入密码，可保护Flash SWF文件。

◆ 启用详细的遥测数据(N)复选框：该复选框仅适用于使用ActionScript Compiler 2.0 (ASC 2.0)的ActionScript项目和ActionScript Mobile项目。选择此选项后，Flash Builder 会将 -advanced-telemetry 参数添加到编译器中，从而更新编译器设置。激活下方的“密码”文本框，在其中输入密码，可以在导出SWF文件时，确保经过身份验证才能访问您的遥测数据。

◆ 脚本时间限制：用于设置脚本在SWF文件中执行时可占用的最大时间量。在文本框中输入一个数值，Flash Player将取消执行超出此限制的任何脚本。

◆ 本地播放安全性：用于选择要使用的Flash安全模型，包括“只访问本地文件”和“只访问网络”两个选项。“只访问本地文件”可使已发布的SWF文件与本地系统上的文件和资源交互。“只访问网络”可使已发布的SWF文件与网络上的文件和资源交互，但不能与本地系统上的文件和资源交互。

◆ 硬件加速：用于设置SWF文件使用硬件加速，可选择“无”、“第1级-直接”和“第2级-GPU”3个选项。

技巧秒杀

“发布设置”对话框左上角的“配置文件”下拉列表框用于设置配置文件；“目标”下拉列表框用于设置当前文件的目标播放器；“脚本”下拉列表框用于显示当前所使用的脚本。

2. HTML包装器

在Web浏览器中播放Flash内容需要一个能激活SWF文件并指定浏览器设置的HTML文档，可在“发布设置”对话框的“发布”栏中选中☑ HTML 包装器复选框，在打开的如图14-7所示的窗格中对Flash 动画出现在窗口中的位置、背景颜色和SWF文件大小等进行设置。

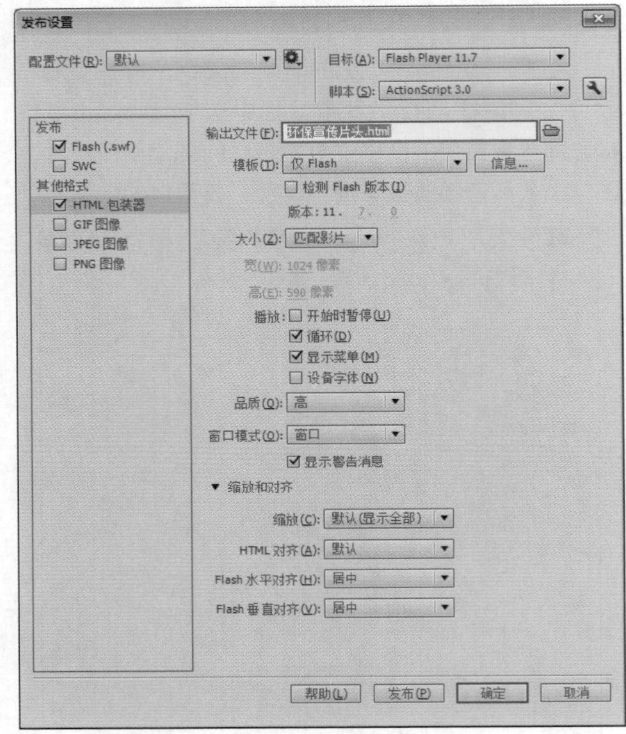

图14-7 “发布设置”对话框

知识解析：HTML设置

◆ 输出文件：用于设置输出文件保存的路径，可单击其后的“选择发布目标”按钮进行设置。

◆ 模板：在“模板”下拉列表框中可选择要使用的模板，包括Flash HTTPS、仅Flash、仅Flash-允许全屏、图像映射、带有AICC跟踪的Flash、带有FSCommand的Flash、带有命名锚记的Flash等几个选项，如图14-8所示。也可单击右边的信息...按钮，打开“模板信息”对话框，在其中可查看各模板的说明信息。如图14-9所示为默认的仅Flash模板的相关信息。

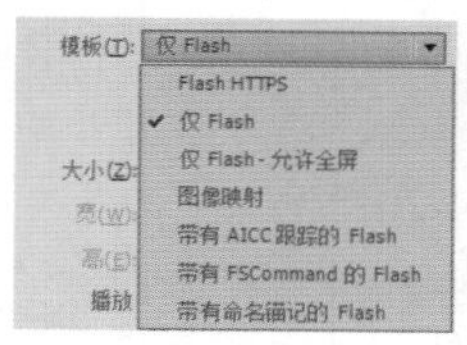
图14-8　模板

图14-9　模板信息

◆ □检测 Flash 版本(I) 复选框：当“模板”下拉列表框中选择前3个选项时，该复选框被激活，选中该复选框，SWF文件将嵌入包含Flash Player检测代码的的网页中。如果检测代码发现在用户的计算机上安装了可接受的Flash Player版本，则SWF文件会按要求播放。

◆ 大小：用于设置发布到HTML的大小，默认选择“匹配影片”选项，此时宽、高不能进行设置；选中“像素”或“百分比”选项，则可对宽度和高度重新进行设置。

◆ □开始时暂停(U) 复选框：选中该复选框，动画会一直暂停播放。在动画中右击，在弹出的快捷菜单中选择“播放”命令后，动画才开始播放。默认情况下，该复选框处于取消选中状态。

◆ ☑循环(D) 复选框：用于使动画反复进行播放。取消选中该复选框，到最后一帧将停止播放。

◆ ☑显示菜单(M) 复选框：用于设置在动画中右击时，弹出相应的快捷菜单。

◆ □设备字体(N) 复选框：选中该复选框，可用边缘平滑的系统字体替换用户系统上未安装的字体。

◆ 品质：用于设置HTML的品质，如图14-10所示。

◆ 窗口模式：用于设置HTML的窗口模式，如图14-11所示。

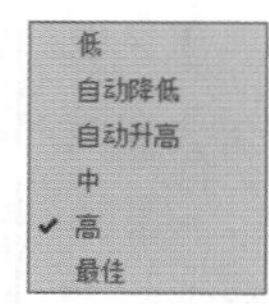
图14-10　“品质”选项

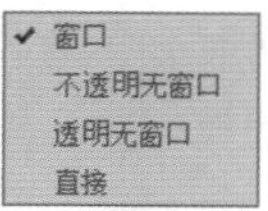
图14-11　“窗口模式”选项

◆ 缩放：用于设置动画的缩放方式，如图14-12所示。

◆ ☑显示警告消息 复选框：用于设置Flash是否要警示HTML标签代码中所出现的错误。

◆ HTML对齐：用于确定动画窗口在浏览器窗口中的位置，如图14-13所示。

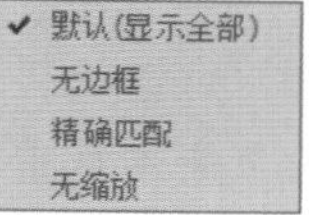
图14-12　“缩放”选项

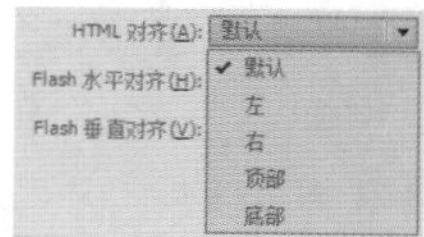
图14-13　“HTML对齐”选项

◆ Flash水平对齐：用于设置在浏览器窗口中的水平方向定位SWF文件窗口，如图14-14所示。

◆ Flash垂直对齐：用于设置在浏览器窗口中的垂直方向定位SWF文件窗口，如图14-15所示。

图14-14　“水平对齐”选项

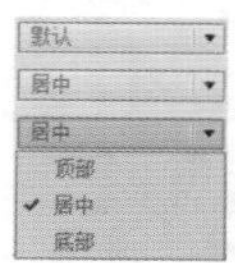
图14-15　“垂直对齐”选项

3. GIF图像

如果用户需要在网页中使用GIF图像，还可将Flash文件导出为GIF格式，它是一种简单的压缩位图，可以直接在Web浏览器中使用。

实例操作：发布影片为GIF图像

- 光盘\素材\第14章\3D翻转.fla
- 光盘\效果\第14章\3D翻转.gif
- 光盘\实例演示\第14章\发布影片为GIF图像

本例将打开“3D翻转.fla”Flash文档，将其导出为GIF图像，并在IE浏览器中进行查看。

Step 1 ▶ 打开“3D翻转.fla”Flash文档，选择“文件”/“发布设置”命令，打开“发布设置”对话框，在“发布”栏中选中 ☑GIF图像 复选框，在右侧的窗格中选中 ☑匹配影片(M) 复选框，在“播放”下拉列表框中选择“动画”选项，如图14-16所示。

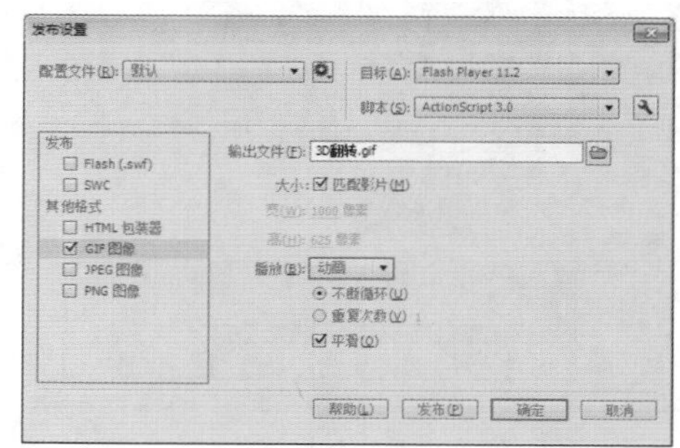
图14-16　GIF图像

Step 2 ▶单击“输出文件”文本框后的“选择发布目标”按钮，打开“选择发布目标”对话框，在其中选择发布后的路径，在“文件名”文本框中输入文件名称，单击保存(S)按钮，如图14-17所示。

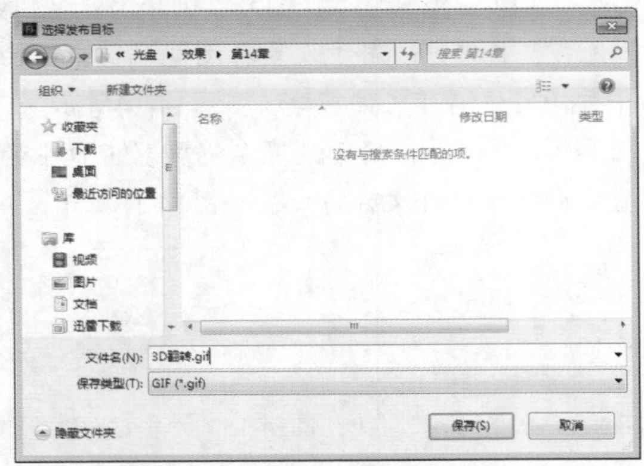

图14-17　选择发布目标

Step 3 ▶返回“发布设置”对话框，此时即可在“输出文件”文本框中查看到选择的路径。单击发布(P)按钮，开始发布Flash文档，如图14-18所示。

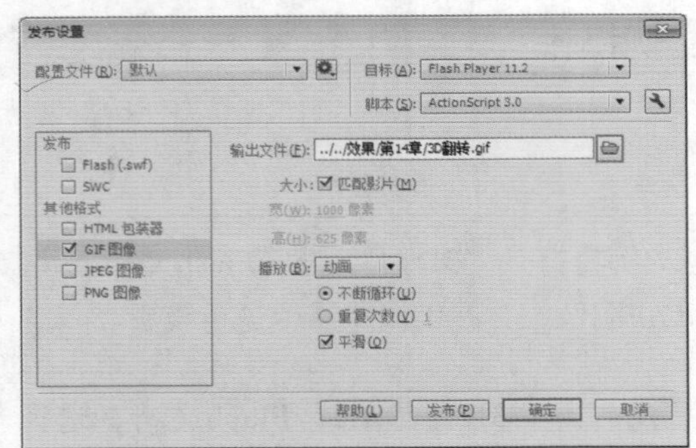

图14-18　发布Flash文档

Step 4 ▶Flash开始发布文件，并显示其发布进度，完成后打开输出路径即可，如图14-19所示。

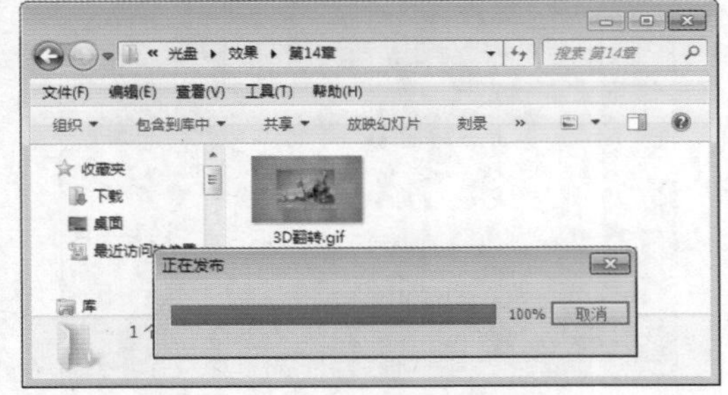

图14-19　查看发布后的文件

Step 5 ▶在文件上右击，在弹出的快捷菜单中选择“打开方式”/Internet Explorer命令，即可在打开的IE浏览器中查看图像效果，如图14-20所示。

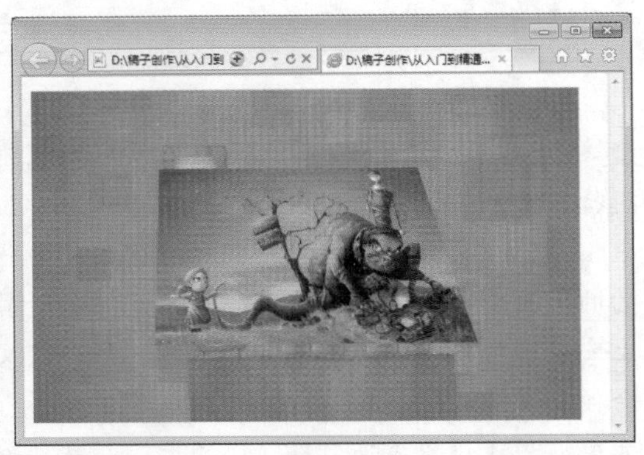

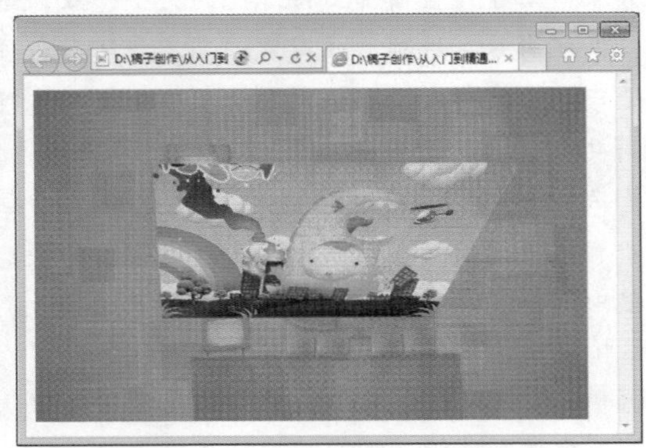

图14-20　在IE浏览器中查看

知识解析：GIF设置

◆ 输出文件：用于设置GIF图像的存储路径和文件名称，与Flash和HTML格式相同。

◆ 大小：用于设置发布为GIF图像的文件宽度和高度。

◆ 播放：用于设置GIF图像的显示效果为静态还是动态，默认选择“静态”选项。当选择“动画”选项时，将激活下方的单选按钮，以对播放效果进行控制。

◆ ⊙不断循环(U)单选按钮：选中该单选按钮，动画将一直循环播放。

◆ ○重复次数(V)单选按钮：选中该单选按钮，可在其后的文本框中输入重复播放的次数。

◆ ☑平滑(O)复选框：选中该复选框，可使GIF图像变得更平滑。

4. JPEG图像

JPEG输出格式可将图像保存为高压缩比的24位位图，适合于显示包含连续色调（如照片、渐变色或嵌入位图）的图像。在JPEG输出格式下，Flash会将SWF文件的第一帧导出为JPEG文件。

在“发布设置”对话框中选中☑ JPEG 图像复选框即可进行设置，如图14-21所示。

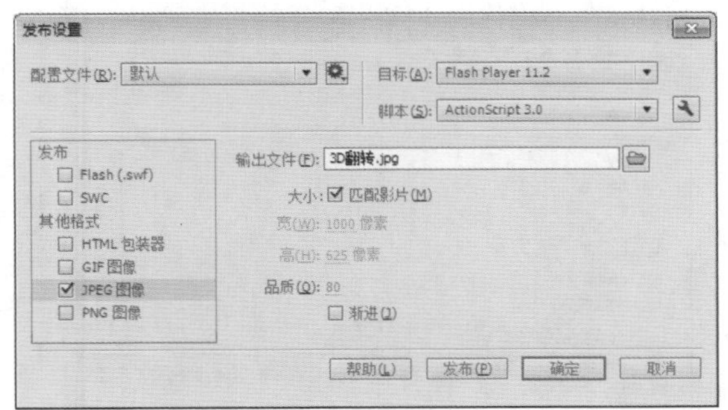

图14-21　JPEG图像

JPEG图像的设置方法与前面的其他格式相同，下面主要介绍其特殊部分的含义。

- 品质：用于设置JPEG图像的压缩程度，其值越大，图像像素越高，质量越好。
- ☐ 渐进(I) 复选框：选中该复选框，可以在Web浏览器中增量显示渐进式JPEG图像，以在低速网络连接上以较快的速度加载图像。

如图14-22所示为导出的JPEG图像。

图14-22　导出的JPEG图像

5. PNG图像

PNG是唯一支持透明度（Alpha通道）的跨平台位图格式。通常Flash会将SWF文件中的第一帧导出为PNG文件。在“发布设置”对话框中选中☑ PNG 图像复选框即可进行设置，如图14-23所示。

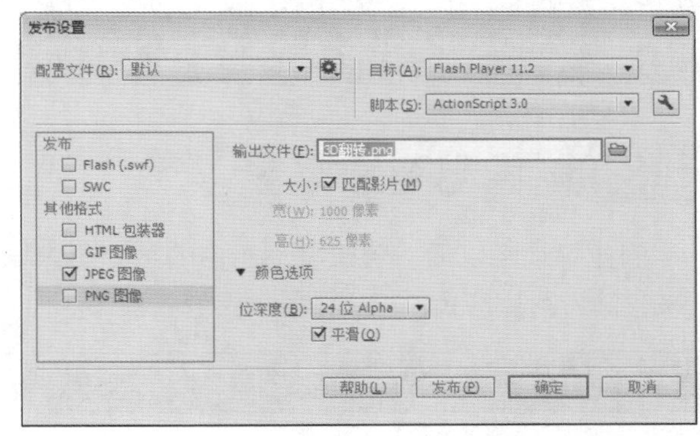

图14-23　PNG图像

PNG图像的设置方法与前面的其他格式相同，其中，“位深度”用于设置创建图像时要使用的每个像素的位数和颜色数，位深度越高，文件就越大。包括“8位”、“24位”和“24位Alpha”3个选项。8位用于256色的PNG图像；24位用于数千种颜色的PNG图像；24位Alpha用于数千种颜色并带有透明度（32位）的图像。

14.2.2 发布动画

在“发布设置”对话框中对动画的发布格式进行设置后，即可进行动画的发布。发布动画的方法主要有以下两种。

- 选择“文件”/“发布”命令。
- 按Shift+Alt+F12组合键。

动画发布完成以后，Flash将创建一个指定类型的文件，并将它放在Flash文档所有文件夹中。在该文件上右击，在弹出的快捷菜单中选择“打开”命令，在弹出的子菜单中选择一种打开的方式即可查看到播放的效果。

技巧秒杀

在“发布设置”对话框中直接单击 发布(P) 按钮，将以设置的参数进行发布。

14.3 导出Flash动画

优化动画并测试其下载性能后，即可将动画导出并运用到其他应用程序中。在导出时可根据需要设置其导出的格式为导出影片、图像和视频，下面分别讲解其导出方法。

14.3.1 导出图像

制作好动画以后，若想将动画中的某个图像导出来存储为图片格式，可执行导出图像的操作。

实例操作：导出某帧的图像

- 光盘\素材\第14章\飞行.fla
- 光盘\效果\第14章\飞机.jpg
- 光盘\实例演示\第14章\导出某帧的图像

本例将打开“飞行.fla”文档，将第50帧处的内容导出为JPGE图像。

Step 1 打开“飞行.fla”文档，默认情况下选择第1帧，此时文档显示效果如图14-24所示。

图14-24 查看文档原始效果

Step 2 在“时间轴”面板中选择第50帧，确定导出的图像效果，如图14-25所示。

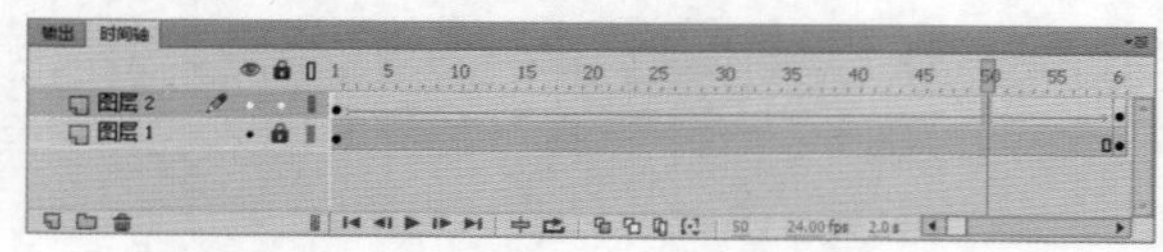

图14-25 选择帧

Step 3 选择“文件”/“导出”/“导出图像”命令，打开“导出图像”对话框，在其中选择文件保存的路径，设置“保存类型”为“JPEG图像”，“文件名”为“飞机”，单击保存(S)按钮，如图14-26所示。

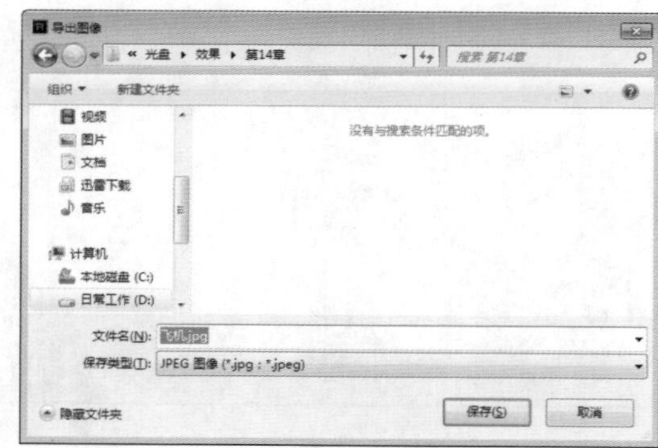

图14-26 导出图像

Step 4 打开“导出JPEG”对话框，在“分辨率”文本框中输入120，在“包含”下拉列表框中选择“完整文档大小”选项，在“品质”数值框中输入100，单击确定按钮，如图14-27所示。

Step 5 打开图像的保存路径，使用图片查看器打开即可查看其效果，如图14-28所示。

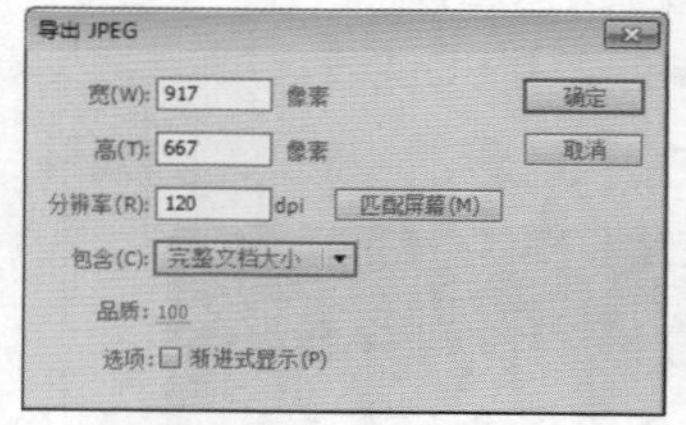

图14-27 导出JPEG

图14-28 查看导出效果

知识解析：“导出JPEG”对话框

- **宽/高**：用于设置图像的宽度和高度，默认显示为当前图像的大小。
- **分辨率**：用于设置图像的分辨率，其值越大文件越大。单击其后的匹配屏幕(M)按钮可匹配当前屏幕的分辨率。
- **包含**：用于设置图像的范围，包括“最小图像区域”和“完整文档大小”两个选项。

◆ 品质：用于设置图像的质量，当为100时，质量最好。

14.3.2 导出影片

在Flash CC中，用户还可将Flash动画导出为影片，包括SWF影片、JPEG序列、GIF序列、PNG序列和GIF动画等。其方法是：选择“文件”/“导出”/“导出影片”命令，打开“导出影片”对话框，在“保存类型”下拉列表框中选择导出的类型，单击保存(S)按钮，打开“导出”对话框，在其中进行设置后单击导出按钮，如图14-29所示。完成后打开保存影片的文件夹即可看到导出的效果，如图14-30所示为导出为PNG序列的效果。

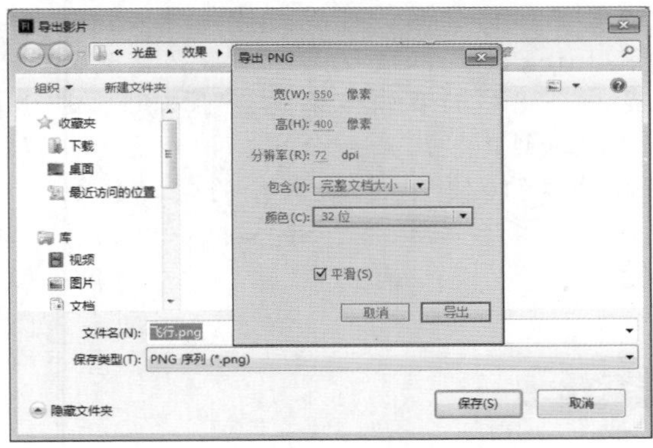

图14-29 导出设置

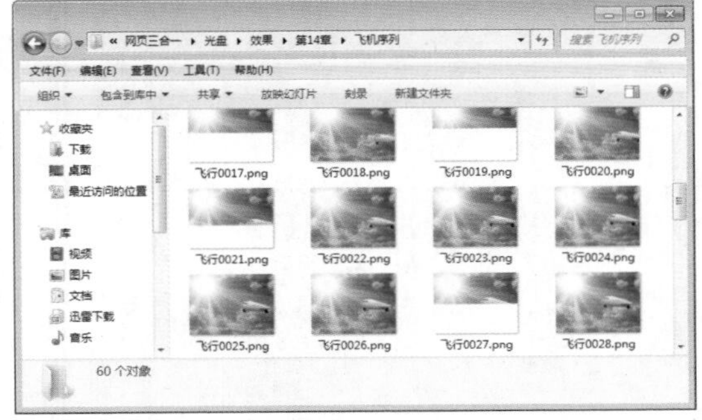

图14-30 导出效果

14.3.3 导出视频

除了导出为图像、影片外，还可将Flash文档导出为视频文件。Flash CC中默认将文档导出为QuickTime文件，其后缀名为.mov。

实例操作：导出mov视频

- 光盘\素材\第14章\飞行.fla
- 光盘\效果\第14章\飞行.mov
- 光盘\实例演示\第14章\导出mov视频

本例将继续以“飞行.fla”文档为例，讲解导出视频的方法。

Step 1 打开“飞行.fla”文档，选择“文件”/“导出”/“导出视频”命令，打开“导出视频”对话框，选中☑忽略舞台颜色和☑在 AdobeMedia Encoder 中转换视频复选框，输入视频导出的路径，如图14-31所示。

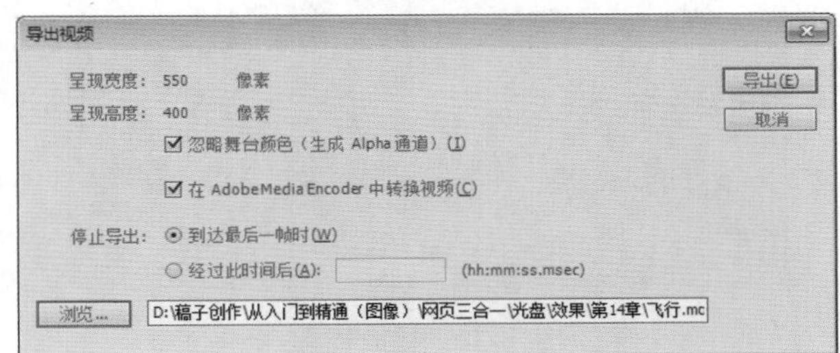

图14-31 导出设置

技巧秒杀

单击浏览...按钮，可在打开的对话框中选择视频导出的路径。

Step 2 单击导出(E)按钮，打开Adobe Flash Professional提示对话框，单击确定按钮开始导出，如图14-32所示。

图14-32 确定导出

Step 3 此时Flash开始导出，并显示其导出进度，如图14-33所示。

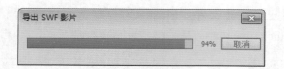

图14-33 视频导出进度

Step 4 ▶ 打开文件导出的路径即可看到“飞行.mov”视频文件。使用QuickTime播放器打开该视频文件即可查看播放效果，如图14-34所示。

图14-34 播放视频

技巧秒杀

要打开后缀名为.mov的视频文件，必须先在电脑中安装QuickTime，否则打开视频文件时会发生错误。

知识解析：“导出视频”对话框

- ☑忽略舞台颜色复选框：选中该复选框，将忽略舞台背景，生成透明通道效果。
- ☑在 AdobeMedia Encoder 中转换视频复选框：选中该复选框，将通过AdobeMedia Encoder来转换视频。
- ⊙到达最后一帧时(W)单选按钮：选中该单选按钮，可设置播放到Flash文档的最后一帧时停止播放。
- ⊙经过此时间后(A):单选按钮：选中该单选按钮，在其后的文本框中输入停止的时间，当视频播放到该时间时，即停止播放。

?答疑解惑：

什么是QuickTime?

QuickTime是一款拥有强大的多媒体技术的内置媒体播放器，可以支持各种文件视频格式。QuickTime不仅仅是一个媒体播放器，而且是一个完整的多媒体架构，可以用来进行多种媒体的创建、生产和分发，并为这一过程提供端到端的支持，包括媒体的实时捕捉、以编程的方式合成媒体、导入和导出现有的媒体等。

读书笔记

知识大爆炸——调试与转换影片

1. 调试影片

当Flash文档中包含大量的ActionScript脚本语言时，在发布Flash作品前，还需要对其进行调试，以确保所有的ActionScript脚本能够正确运行。在Flash CC中选择“调试”/“调试”命令，即可对影片进行调试，当发现Flash文档中存在错误时，将打开“编译器错误”面板，在其中将显示出所有发现的错误，双击错误提示，即可跳转到Flash文档“动作”面板中对应的代码位置，如图14-35所示。当文档正确后，则可打开Adobe Flash Player播放器播放Flash动画。用户也可选择“调试”/“影片调试”命令，在弹出的子菜单中选择不同的调试工具，如图14-36所示。

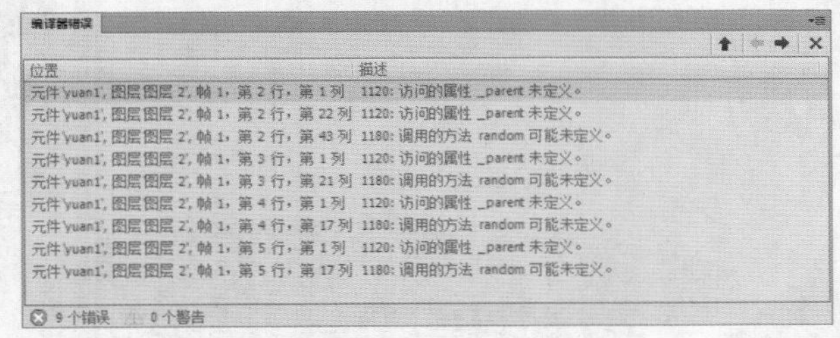

图14-35　调试影片

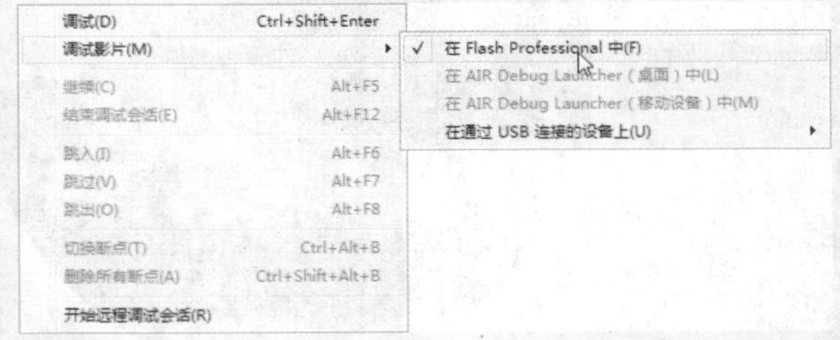

图14-36　选择调试工具

2. 转换视频文件格式

由于Flash CC只支持.mov格式的视频文件格式导出，若用户需要其他文件类型的视频，可通过视频转换工具进行转换。常见的视频格式转换工具有格式工程、魔影工厂和全能视频转换器等。如图14-37所示为魔影工厂转换视频文件格式的界面。

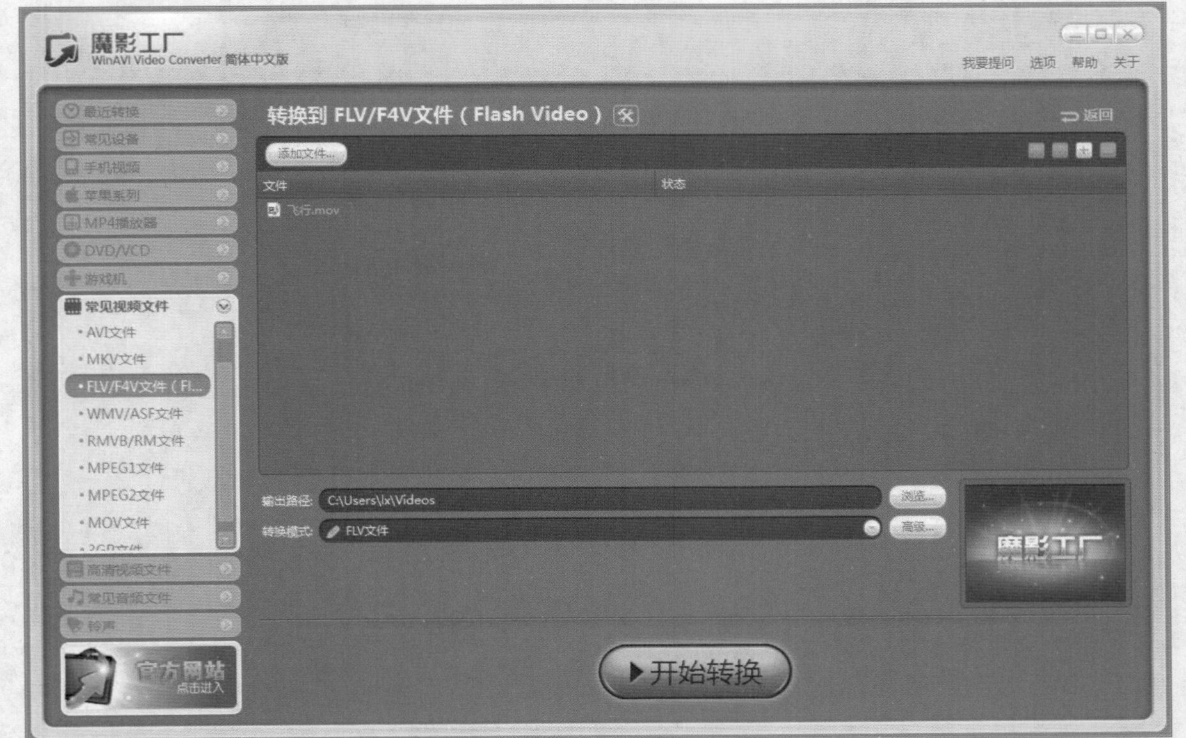

图14-37　转换视频文件格式

07 08 09 10 11 12 13 14 **15** 16 17 18

Photoshop CC快速入门

本章导读

在学习使用Photoshop CC对图像进行编辑前，首先应了解Photoshop CC的工作界面，以及数码制图的一些基础知识，如什么是位图、矢量图、像素和分辨率等。此外，用户还需要对文件的基本操作，如新建文件、打开文件、置入图像、调整分辨率、调整画布、对图像进行变形、移动以及辅助图像编辑的标尺、参考线、网格线和注释工具等基础操作有所了解。另外，还应掌握创建和编辑选区操作方法，在了解基础知识和掌握选区操作后，用户才能更好地使用Photoshop进行图像处理。

15.1 Photoshop CC的工作界面

在Photoshop中处理图像时，所有操作都需要在其工作界面上进行，因此，在学习图像处理前，首先要认识Photoshop的工作界面，而本书则以Photoshop CC为例介绍其工作界面。选择“开始”/Adobe Photoshop CC命令，启动Photoshop CC后，则可看到其工作界面，如图15-1所示。

图15-1　Photoshop CC工作界面

- 菜单栏：在菜单栏中主要包括一些处理图像的操作命令。另外，在Photoshop CC菜单栏中包含10种菜单命令，如文件、编辑、图像、图层、类型、选择、滤镜、视图、窗口和帮助。选择不同的菜单命令，则会弹出相应的子菜单。
- 选项栏：主要用来设置工具的各项参数，并且不同工具的选项栏也不相同，如图15-1所示为矩形选框工具栏。
- 标题栏：主要用来显示在Photoshop中打开文件的名称、格式、窗口缩放比例和颜色模式等信息。
- 工具箱：在该工具箱中，主要集合了Photoshop CC中的大部分工具，并且工具箱还可以折叠显示（双栏显示工具箱）或展开显示（单栏显示工具箱），即单击工具箱上方的“折叠或显示”按钮即可。
- 文档窗口：主要用于显示打开的图像文件，在文档窗口的标题栏上拖动鼠标可以将图像文件以一个单独的窗口形式打开。
- 面板：主要用来显示配合图像编辑、操作、控制和设置参数。并且在每一个面板的右上角都有一个按钮，单击该按钮可以弹出该面板的列表项。另外，Photoshop中的所有面板，都可以通过选择“窗口”菜单来打开。
- 状态栏：状态栏位于整个窗口的底部，主要用来显示当前图像文件的大小、文件尺寸、当前工具和窗口缩放比例等信息。如单击按钮，可以设置同步信息，如图15-2所示，如单击“三角形”按钮，则可设置在状态栏中需要显示的内容，如图15-3所示。

图15-2　设置同步信息

图15-3　设置状态栏显示信息

15.2 图像处理的基础知识

在Photoshop CC中，想要更好地掌握数码图像的处理方法，就需要了解数码图像方面的知识。如像素与分辨率、图像的颜色模式和位深度。另外，还需了解色域与溢色，下面对图像的这些基本知识进行讲解，方便用户后期的图像制作。

15.2.1 像素与分辨率

像素是构成位图图像的最小单位，位图是由像一个个小方格的像素组成的。一幅相同的图像，其像素越多的图像越清晰，效果越逼真。

分辨率是指单位长度上的像素数目，单位通常为“像素/英寸”和“像素/厘米”。单位长度上像素越多，分辨率越高，图像就越清晰，所需的存储空间也就越大。如图15-4所示为图像分辨率为72像素/英寸下的图像和放大图像后的效果。被放大的图像中显示的每一个小方格就代表一个像素。

图15-4　像素

15.2.2 图像的颜色模式

使用Photoshop处理图像经常会提到色彩模式这个概念，色彩模式决定着一幅电子图像用什么样的方式在计算机中显示或打印输出。在Photoshop中有位图模式、灰度模式、双色调模式、索引模式、RGB模式、CMYK模式、Lab模式和多通道模式等色彩模式。另外，所有的模式转换都需要通过选择“图像”/“模式”命令，在弹出的子菜单中进行选择。

1. 位图模式

位图模式是由黑和白两种颜色来表示图像的颜色模式。使用这种模式可以大大简化图像中的颜色，从而降低图像文件的大小。该颜色模式只保留了亮度值，而去掉了色相和饱和度信息。需要注意的是，只有处于灰度模式或多通道模式下的图像才能转换为位图模式。如图15-5所示为从RGB颜色模式转换为位图模式的效果。

图15-5　RGB颜色模式转换为位图模式

技巧秒杀

将RGB颜色模式的图转换为位图模式时，需先将图像转换为灰度模式或多通道模式的图像。

2. 灰度模式

在灰度模式图像中每个像素都有一个0（黑色）~255（白色）之间的亮度值。在8位的位图图像中，图像最多有256个亮度级，而在16位和32位的位图图像中，图像的亮度级更多。当彩色图像转换为灰度模式时，将删除图像中的色相及饱和度，只保留亮度。如图15-6所示为从RGB颜色模式转换为灰度模式的效果。

图15-6　RGB颜色模式转换为灰度模式

3. 双色调模式

双色调颜色模式是通过1~4种自定油墨创建的单色调、双色调、三色调和四色调灰度图像，而并不是指由两种颜色构成的图像模式，主要用于印刷行业。如图15-7所示为分别将RGB颜色模式转换为单色调、双色调模式的效果。

图15-7　RGB颜色模式转换为单色调、双色调模式

技巧秒杀

在转换时，需要将RGB颜色模式转换为灰色后，才能转换为双色调模式。

4. 索引模式

索引模式指系统预先定义好一个含有256种典型颜色的颜色对照表。可通过限制图像中的颜色来实现图像的有损压缩。如图15-8所示为将RGB颜色模式转换为索引模式的效果。

技巧秒杀

由于索引模式比其他颜色模式的图像文件体积更小，所以索引模式经常被使用于网络。

图15-8　RGB颜色模式转换为索引模式

5. RGB模式

RGB模式是由红、绿和蓝3种颜色按不同的比例混合而成，也称真彩色模式，是最为常见的一种色彩模式。在“通道”面板上可查看到3种颜色通道的信息状态，如图15-9所示。

图15-9　RGB颜色模式及通道面板

6. CMYK模式

CMYK模式是印刷时常使用的一种颜色模式，由青色、洋红、黄色和黑色4种颜色按不同的比例混合而成。CMYK模式包含的颜色比RGB模式少，所以在屏幕上显示时会比印刷出来的颜色丰富。在“通道”面板上可查看到4种颜色通道的信息状态，如图15-10所示。

图15-10　CMYK颜色模式及通道面板

技巧秒杀

印刷图像前，一定要确保图像的颜色模式为CMYK。若原图像的颜色模式是RGB，最好先在RGB颜色模式下对图像进行编辑，最后在印刷前将其转换为CMYK颜色模式。

7. Lab模式

Lab模式由RGB三基色转换而来。其中L表示图像的亮度；a表示由绿色到红色的光谱变化；b表示由蓝色到黄色的光谱变化。在“通道”面板上可查看到3种颜色通道的信息状态，如图15-11所示。

图15-11　Lab颜色模式及通道面板

8. 多通道模式

在多通道模式下图像包含了多种灰阶通道。将图像转换为多通道模式后，Photoshop将会根据原始图像产生对应的新通道，而每个通道均由256级灰阶组合而成。在进行特殊打印时，多通道模式作用显著。如图15-12所示为将RGB图像转换为多通道模式的图像。

图15-12　将RGB模式转换为多通道模式

15.2.3 图像的位深度

位深度用于控制图像中使用的颜色数据信息数量，位深度有8位/通道、16位/通道和32位/通道3种。其中位深度越大，图像中可使用的颜色也就越多。用户可选择“图像”/“模式”命令，在弹出的子菜单下方即可选择所需的位深度。不同位深度的作用如下。

- 8位/通道：该位深度表示图像的每个通道都包含256种颜色，图像中可包含1600万或更多的颜色值。
- 16位/通道：该位深度表示每个通道都包含6500种颜色，其颜色表现度远高于8位通道的图像。
- 32位/通道：使用该位深度的图像又称为高亮度范围图像，它是亮度范围最广的一种图像。使用它可以很方便地对很多亮度数据进行存储。

15.2.4 色域与溢色

色域是一种描述颜色表达的色彩模型，具有特定的色彩范围，每种不同的颜色模型中可包含多个色域。如在显示中所有可见光谱颜色就是一个范围最广的色域，在该色域中包含了所有肉眼可见的颜色。而溢色则是指超出了CMYK颜色的色域。为了避免溢色的出现，用户可通过查找溢色区域，一旦发现溢色就马上对图像颜色进行编辑、修改。

查找溢色区域的方法是：打开需要检查的图像，选择“视图”/“色域警告”命令，此时，图像中的溢色区域将被使用灰色显示出来，如图15-13所示。

图15-13　查找溢色区域

技巧秒杀

色域的警告颜色默认状态为灰色，当图像中的颜色接近灰色时，用户不用注意到一些细小的溢色。为了避免这种情况的出现，用户可修改色域警告颜色。其方法是：选择“编辑”/“首选项”/“透明度与色域”命令，打开“首选项”对话框，在“色域警告”栏中设置“颜色”色块为新的颜色，完成设置后单击 确定 按钮。

15.3 图像文件的基本操作

在电脑中图像都是以文件的形式存在的，编辑图像其实就是编辑文件。在学习编辑图像前，用户一定要学习一些简单的文件管理方法，如新建图像文件、打开图像文件、保存与关闭图像文件等简单操作。

15.3.1 新建图像文件

新建图像文件是使用Photoshop制作时经常会用到的操作，新建图像文件后用户即可使用新建的空白文档进行编辑。其创建方法是：选择“文件”/“新建”命令，打开“新建”对话框，如图15-14所示。在其中可设置名称、宽度、高度和分辨率等信息。

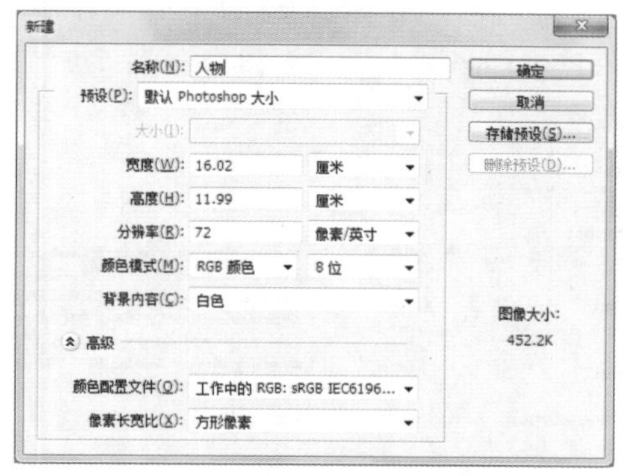

图15-14 “新建”对话框

知识解析：“新建”对话框

- **名称**：用于设置新建图像文件的名称。在保存文件时，文件名将会自动显示在存储对话框中。
- **预设/大小**：在其中预设了很多常用的文档预设尺寸。在进行设置时，可先在“预设”下拉列表框中选择需要预设的文档类型，再在“大小”下拉列表框中选择预设尺寸。
- **宽度/高度**：用于设置图像的具体宽度和高度，在其右边的下拉列表框中可选择图像的单位。
- **分辨率**：用于设置新建的分辨率，在右边的下拉列表框中可选择分辨率尺寸。
- **颜色模式**：用于设置图像的颜色模式，包括位图、绘图、RGB颜色、CMYK颜色和Lab颜色。
- **背景内容**：可以选择文件背景的内容，包括白色、背景色和透明。如图15-15所示为设置背景内容为白色，如图15-16所示为将背景色设置为绿色并设置背景内容为背景色，如图15-17所示为设置背景内容为透明。

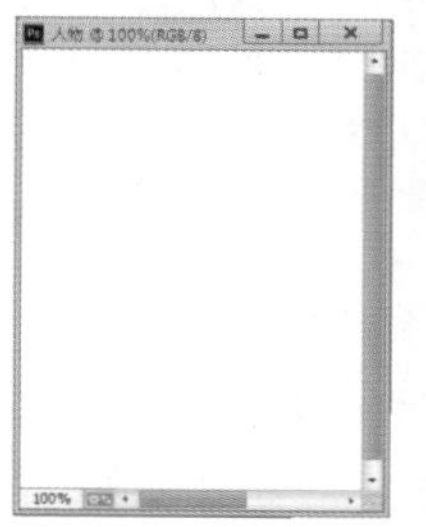
图15-15 白色

图15-16 背景色

图15-17 透明色

- **高级**：单击该按钮，显示隐藏的选项。在“颜色配置文件”下拉列表框中可选择一个颜色配置文件；在“像素长宽比”下拉列表框中可以选择像素的长宽比，该选项一般在制作视频时才会使用。
- 存储预设(S)... **按钮**：单击该按钮，将打开“新建文档预设”对话框，在其中新建预设的名称，将当前设置的文件大小、分辨率、颜色模式等创建一个新的预设。存储的预设将自动保存在“预设”下拉列表框中。

◆ 删除预设(D)... 按钮：选择自定义的预设后，单击该按钮可将当前预设删除。

15.3.2 打开图像文件

要对已有的图像进行编辑，则需要打开该图像，Photoshop中打开图像的方法有很多。常用方法有如下几种。

◆ 通过“打开”命令：选择“文件”/“打开”命令或按Ctrl+O快捷键，打开“打开”对话框，在其中选择需要打开的图像文件，单击 打开(O) 按钮即可，如图15-18所示。

图15-18 通过“打开”命令

◆ 通过“打开为”命令：若使用与文件实际格式不匹配的扩展名存储文件或文件没有扩展名时，Photoshop不能使用“打开”命令打开文件。此时，可选择“文件”/“打开为”命令，如图15-19所示，打开“打开”对话框，在格式下拉列表框中选择需要打开图像的扩展名，然后单击 打开(O) 按钮即可。

读书笔记

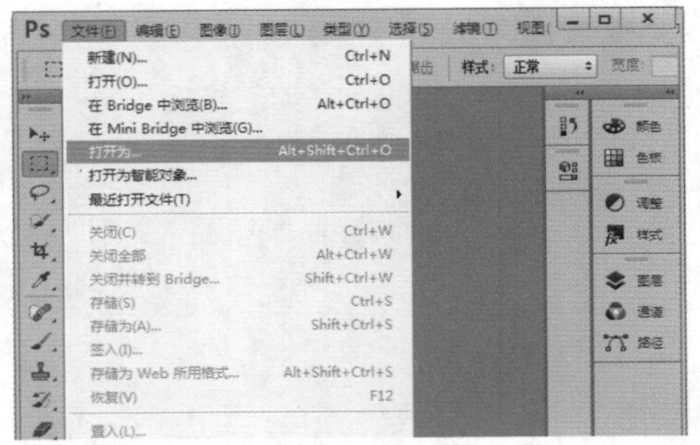

图15-19 选择“打开为”命令

技巧秒杀

如果使用“打开为”命令仍然不能打开图像，则可能选区的文件格式与实际文件格式不同，或文件已损坏。

◆ 通过“在Bridge中浏览”命令：直接在Photoshop中选择“文件”/“在Bridge中浏览”命令，启动Bridge组件。在Bridge中选择一个文件，并对其进行双击即可将其打开。

◆ 通过“最近打开文件”命令：Photoshop可记录最近打开的10个文件，选择“文件”/“最近打开文件”命令，在其子菜单中选择文件名即可将其在Photoshop中打开，如图15-20所示。

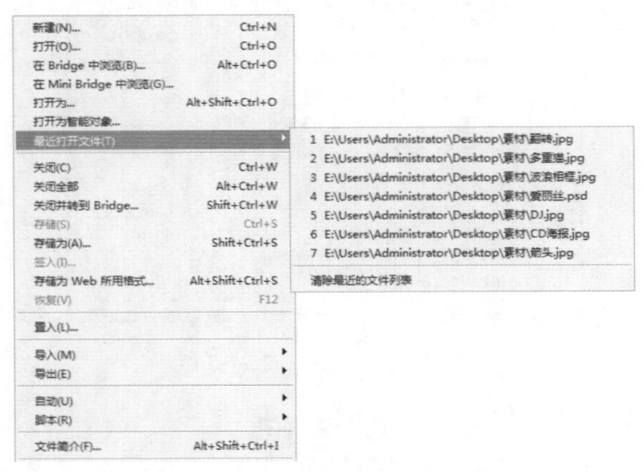

图15-20 通过“最近打开文件”命令

技巧秒杀

若想清除该列表，只需选择子菜单底部的“清除最近的文件列表”命令。

◆ 通过“打开为智能对象”命令：智能对象是一个嵌入到当前文档的文件，对它进行任何编辑都不会对原始数据有任何影响。选择“文件”/“打开为智能对象”命令，打开“打开”对话框，此时图像将以智能对象打开，如图15-21所示。此外，将图像文件直接拖曳到已经打开的图像中，被拖曳的图像文件也会成为智能对象，如图15-22所示。

图15-21 打开智能对象

图15-22 生成智能对象

15.3.3 导入文件

Photoshop除编辑图像外还可以编辑视频，但编辑视频时使用Photoshop并不能直接打开视频文件。此时，用户就可以将视频帧导入到Photoshop中。除此之外，用户还可以导入注释、WIA支持等内容。其方法为：选择“文件”/“导入”命令，在弹出的子菜单中选择相应命令即可进行导入操作。

15.3.4 置入与导出文件

当需要使用多个图像素材合成一个图像时，用户可以通过置入和导出的方法对素材进行添加。下面分别进行介绍。

◆ 置入文件：置入文件是将图片或其他Photoshop所能识别的图像文件添加到当前图像中的操作。被置入的图像将会自动放置在图像中间，并自动调整它的位置使其与当前文件大小相同。

◆ 导出文件：在实际工作中人们往往同时使用多个图像处理软件来对图像进行编辑。这就需要使用到Photoshop自带的导出功能来完成。选择“文件”/“导出”命令，在弹出的子菜单中选择相应的命令可以完成多种导出任务。

实例操作：制作火球

- 光盘\素材\第15章\火球\
- 光盘\效果\第15章\火球.psd
- 光盘\实例演示\第15章\制作火球

本例将打开“背景.jpg”图像，再使用“置入”命令，为图像置入“火焰.jpg”图像，效果如图15-23和图15-24所示。

图15-23 原图效果

图15-24 最终效果

Step 1 选择“文件”/“打开”命令，在打开的对话框中选择“背景.jpg”图像，单击打开(O)按钮打开图像。选择“文件”/“置入”命令，打开“置入”对话框，选择“火焰.jpg”图像，单击置入(P)按钮，如图15-25所示。

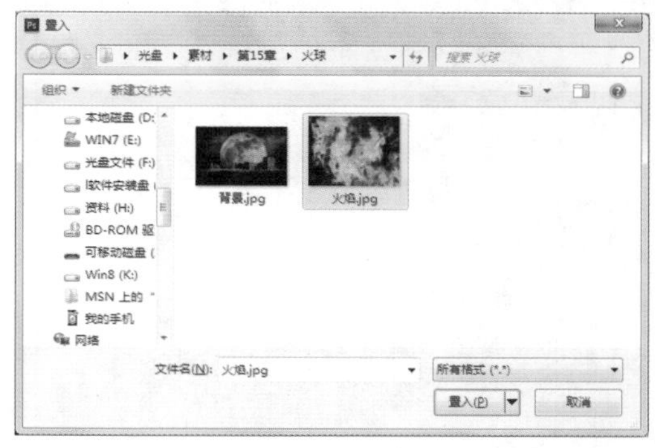

图15-25 选择文件

Step 2 置入的图像将自动被放置当前图像中间，

在“图层”面板的混合模式下拉列表框中选择“叠加”选项，如图15-26所示，让背景图像与置入的图像进行叠加，如图15-27所示。然后按Enter键确定即可。

图15-26 设置混合模式

图15-27 查看效果

15.3.5 保存图像文件

在完成图像编辑操作后需要对图像进行存储，为了避免因为断电或程序出错造成的损失，用户最好养成一边编辑一边保存的习惯。下面分别介绍其方法。

1. 通过“存储”命令

选择“文件”/“存储”命令或按Ctrl+S快捷键即可对正在编辑的图像进行保存。需要注意的是，如果是新建的文件，且之前都没有进行保存操作，则在选择“文件”/“存储”命令后，将打开“存储为”对话框，在其中设置存储的名称和路径即可。

2. 通过“存储为”命令

选择“文件”/“存储为”命令或按Shift+Ctrl+S组合键，打开“另存为”对话框，如图15-28所示。在该对话框中进行存储操作即可。

图15-28 “另存为”对话框

知识解析：“另存为”对话框

- 文件名：设置保存的文件名。
- 保存类型：用于设置保存的文件格式。
- 作为副本(Y)复选框：选中该复选框，将为图像另外保存一个附件图像。
- 注释(N)、Alpha 通道(E)、专色(P)、图层(L)复选框：选中这些复选框，与之对应的对象将被保存。
- 使用校样设置(O):复选框：选中该复选框后，可以保存打印用的校样设置。但只有将文件的保存格式设置为EPS或是PDF时，该选项可用。
- ICC 配置文件(C):复选框：选中该复选框，可以保存嵌入到文件中的ICC配置文件。
- 缩览图(T)复选框：选中该复选框，将为图像创建并显示缩览图。

15.3.6 关闭图像文件

编辑完图像后，就需要关闭图像。在Photoshop CC中提供了多种关闭图像的方法，下面分别介绍各方法。

- 通过“关闭”命令：选择“文件”/“关闭”命令，或按Ctrl+W快捷键。使用这些方法只会关闭当前的图像，不会对其他图像有影响。
- 通过“关闭全部”命令：选择“文件”/“关闭全部”命令或按Ctrl+Alt+W组合键，关闭所有的文件。
- 通过“退出”命令：选择“文件”/“退出”命令或单击程序窗口右上角的 × 按钮，可关闭并退出Photoshop。
- 通过Ps按钮Ps：在窗口界面的左上角，单击Ps按钮Ps，在弹出的下拉列表中选择“关闭”选项即可。需要注意的是，该方法虽然能关闭图像，但它是以退出Photoshop软件的方式来关闭图像。

读书笔记

15.4 图像编辑的辅助操作

在Photoshop中，可使用辅助工具，如标尺、参考线、网格和注释等进行图像编辑，让图像可以精确地进行对齐操作，本节将分别对标尺、参考线、网格和注释等辅助工具进行介绍。

15.4.1 使用标尺

在Photoshop中，标尺经常用来定位图像或元素位置，从而让用户能更精确地处理图像。而在Photoshop中要显示标尺，只需选择“视图”/“标尺”命令或按Ctrl+R快捷键，则可在窗口的顶部和左侧出现标尺，如图15-29所示。

图15-29　标尺

技巧秒杀

默认情况下，标尺的原点位于窗口的左上角，但是可以通过手动调整标尺的原点，即将鼠标光标放置在默认的原点位置上，然后按住鼠标左键拖动原点，画面中会显示出十字线，释放鼠标左键后，释放处便成为原点的新位置，并且此时的原点数字也会发生变化，如图15-30所示。

图15-30　调整标尺原点

15.4.2 使用参考线

在Photoshop中，参考线也得到了广泛的应用，特别是在平面设计中。在图像编辑时，使用参考线可以快速定位图像中的某个特定区域或元素的位置，方便用户在定位的区域进行操作。

使用参考线，只需将鼠标光标放置在水平或垂直标尺上，然后使用鼠标左键进行拖动，则可拖出参考线或选择“视图”/“新建参考线”命令，在打开的对话框中设置参考线的方向和具体位置，单击 确定 按钮即可，如图15-31所示。

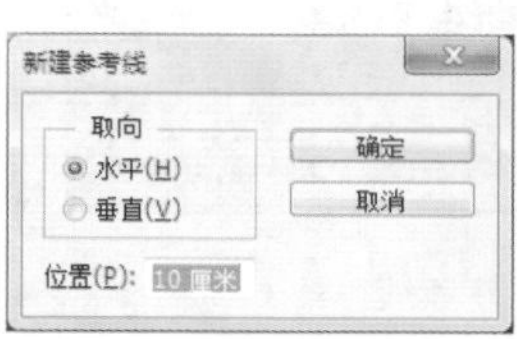

图15-31　参考线

在图像中使用参考线后，还可以对其进行移动、隐藏和清除操作，下面分别介绍其操作方法。

- 移动参考线：在工具箱中单击“移动工具”按钮，然后将鼠标光标放置在参考线上，当光标变为形状时，按住鼠标左键拖动参考线即可将其移动。
- 隐藏参考线：选择“视图”/“显示额外内容”命令或按Ctrl+H快捷键，则可隐藏参考线。
- 清除参考线：选择“视图”/“清除参考线”命令，即可清除参考线。

技巧秒杀

在创建、移动参考线时，按住Shift键可以使参考线与标尺刻度进行对齐；按住Ctrl键可以将参考线放置在画布中的任意位置，并且可以让参考线不与标尺刻度对齐。

15.4.3 使用智能参考线

在Photoshop中使用智能参考线，可以帮助用户对齐形状、切片和选区。因为启用智能参考线后，当绘制形状、创建选区或切片时，智能参考线会自动出现在画布中。

启用智能参考线的方法为：选择“视图”/“显示”/“智能参考线”命令则可启用智能参考线，如图15-32所示是使用智能参考线和“切片工具”进行操作时的画布状态，蓝色线条则为智能参考线。

图15-32　智能参考线

15.4.4 使用网格线

网格线主要用于对称排列图像，在默认情况下显示的网格线为“不打印出来的线条”类型，但也可设置为“显示点”类型。选择“视图”/“显示”/“网格”命令，可在画布中显示出网格，如图15-33所示。

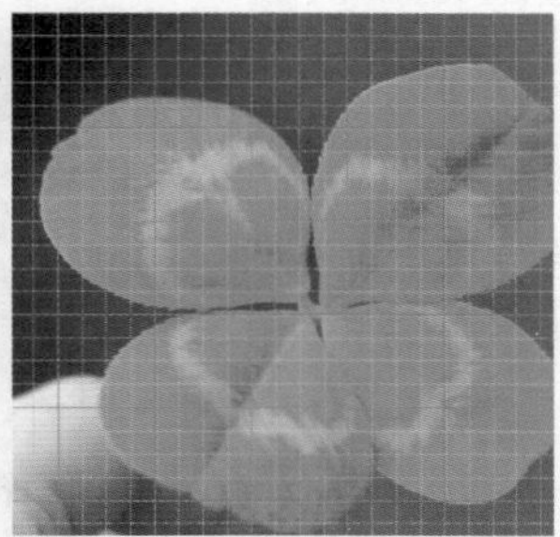

图15-33　网格线

技巧秒杀

显示出网格线后，可通过选择“视图”/“对齐”/“网格”命令，启用对齐功能，启用该功能后，在创建选区或移动图像等操作时，对象会自动对齐到网格线。

15.4.5 使用注释工具

在Photoshop中，使用注释工具可以在图像中添加文字注释、内容等，可以用来协同制作图像、备忘录等。

实例操作：在图像中添加注释文本

- 光盘\素材\第15章\girl\
- 光盘\效果\第15章\girl\girl.psd
- 光盘\实例演示\第15章\在图像中添加注释文本

本例将在girl.jpg图像中添加注释文本。

Step 1 ▶ 选择“文件”/“打开”命令，在打开的对话框中选择girl.jpg图像，单击打开(O)按钮打开图像。然后在工具箱中右击“吸管工具”按钮，在弹出的选项中选择“注释工具”选项，将其切换到注释工具，此时鼠标光标会变为形状，如图15-34所示。

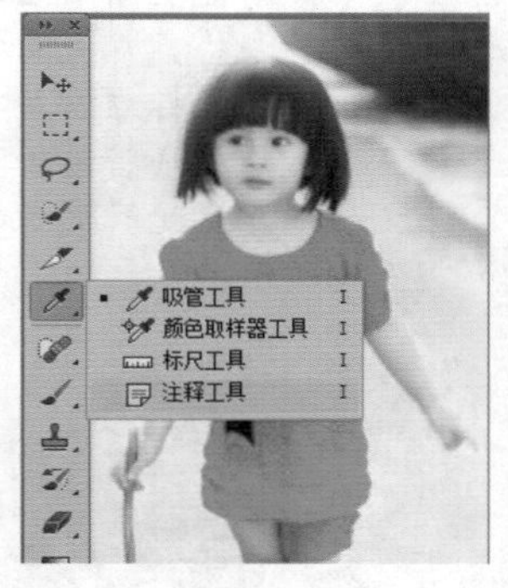

图15-34　打开图像并切换到注释工具

Step 2 ▶ 然后将鼠标光标定位在图像的右上角，单击鼠标，此时则会在图像上留下一“文本”图标，如图15-35所示。打开“注释”面板，将鼠标光标定位到该面板的文本框中输入文本即可，如图15-36所示，然后按Ctrl+S快捷键将其保存。

图15-35 查看注释图标

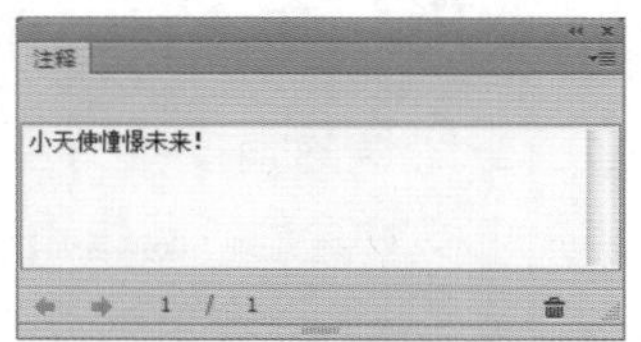

图15-36 输入注释文本

技巧秒杀

如果要查看添加注释的图像，则可选择注释图标，右击，在弹出的快捷菜单中即可选择打开注释文本进行查看、修改，也可以在弹出的快捷菜单中选择删除注释。

15.5 调整图像

在Photoshop 中，影响图像调整的方式有多种，如调整图像尺寸和分辨率、画布尺寸等，但使用这两种操作会对图像有一定的影响，为了避免影响图像，应在创建时就设置好图像及画布的大小。另外，还可对图像进行裁剪、缩放、旋转以及对图像进行变形调整等操作，下面分别对这些操作进行介绍。

15.5.1 设置图像尺寸和分辨率

不管是自己拍摄的照片或是从网上下载的图像，根据不同的用途，用户时常需要对这些图像的尺寸进行编辑。此时只需选择“图像”/“图像大小”命令，打开如图15-37所示的“图像大小”对话框。

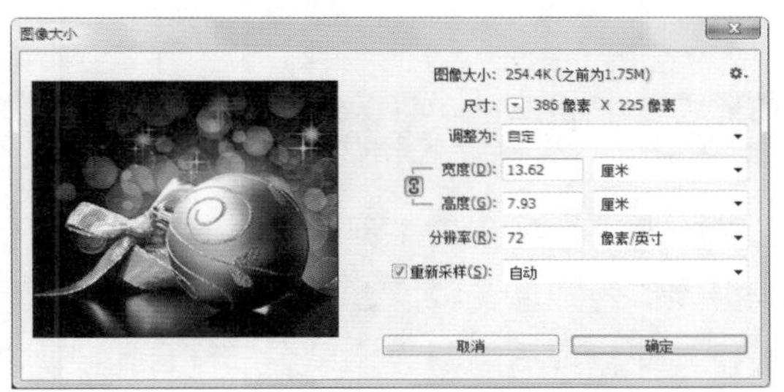

图15-37 “图像大小”对话框

在“图像大小”对话框中设置“宽”和“高”可以直接影响图像的大小，如图15-38所示为重新设置图像大小后的对比。而重新设置分辨率可以影响图像的清晰度，在设置分辨率时不建议将原本的低分辨率设置为高分辨率，因为这很可能会使图像变模糊。

图15-38 设置图像大小前后的效果

?答疑解惑:

缩放图像比例和设置图像大小有区别吗?

使用缩放工具或视图的方法对图像进行图像比例的缩放与设置图像大小完全不同。使用工具或视图的方法对对象本身并没有修改，而设置图像大小修改的是图像的宽、高分辨率。

技巧秒杀

在“图像大小”对话框的“宽”和“高”数值框前有一个🔗图标。该图标表示宽、高目前是受约束比例的状态，缩放高度时会同时按比例缩放，这种状态下缩放图像时，图像不会变形，如图15-39所示。如果单击🔗图标，则可解开图像约束比例状态，此时，可以单独对宽、高进行设置，如图15-40所示。

图15-39 按比例缩放效果 图15-40 不按比例缩放效果

15.5.2 设置画布尺寸

图像的显示区域被称为画布，设置画布的尺寸可以影响图像的显示情况。选择“图像”/“画布大小”命令，打开如图15-41所示的“画布大小”对话框，在其中可修改画布尺寸。

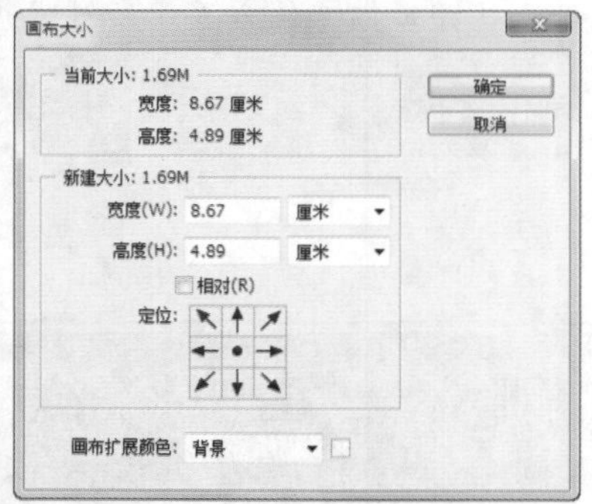

图15-41 “画布大小”对话框

知识解析：“画布大小”对话框

- 当前大小：显示当前图像的“宽度”和“高度”。
- 新建大小：用于设置当前图像修改画布大小后的尺寸，若数值大于原来的尺寸将增大画布，若数值小于原来的尺寸将会缩小画布。
- 相对(R) 复选框：选中该复选框，“宽度”和“高度”数值框中的数值将会表达实际增加或减少的区域大小，而不是整个文件的大小。输入正值将会增大画布，输入负值将会减小画布。
- 定位：用于设置当前图像在新画布上的位置，如进行扩大画布操作，单击左上角的方块，其画布的扩大方向就是右下角。如图15-42所示为使用不同的定位产生的画布扩大效果。

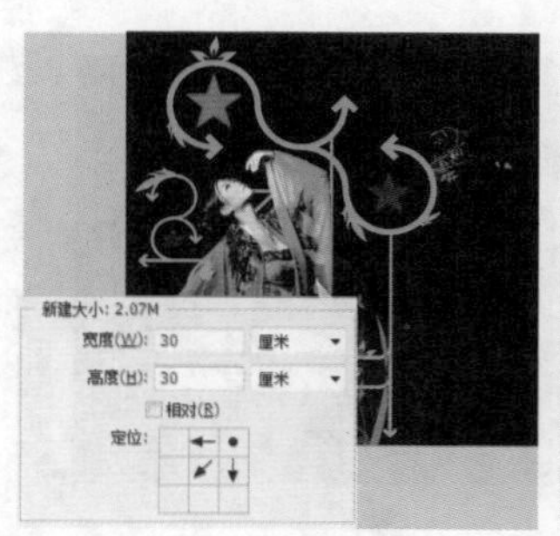

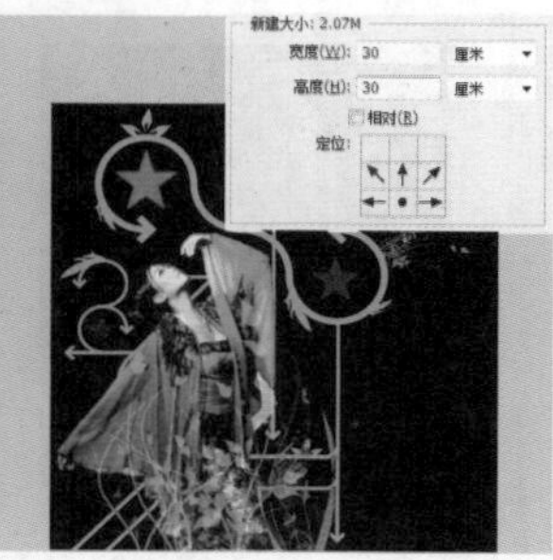

图15-42 使用定位

- 画布扩展颜色：在该下拉列表框中可选择扩大选区时填充新画布使用的颜色，默认情况下使用前景色（白色）填充。

15.5.3 翻转与旋转图像

当图像的角度不方便图像的编辑和观看时，用户可以对其进行翻转和旋转操作。但需要注意的是，这些操作都是针对画布的。选择“图像”/“图像旋转”命令，打开如图15-43所示的子菜单。如图15-44所示为使用水平翻转前后的效果。

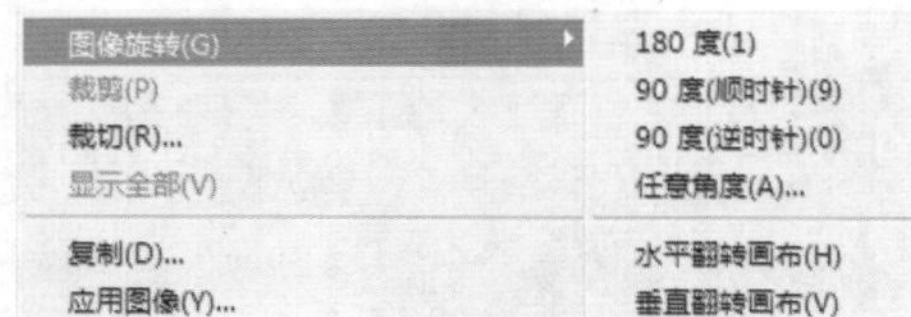

图15-43 “图像旋转”子菜单

图15-44 使用水平翻转前后的效果

15.5.4 裁剪与裁切图像

当不需要图像中的某部分内容时，可对图像进行裁剪操作，并且在裁剪过程中还能对图像进行旋转操作，使裁剪后的图像效果更加符合需要。裁剪图像可通过“裁剪工具”以及“裁切”命令来完成。

1. 通过“裁剪工具”

当图像画面过于凌乱时，用户可以将图像中多余杂乱的图像通过裁剪的方法删除。裁剪图像最常使用的方法是通过“裁剪工具”。

使用鼠标在图形中拖动将出现一个裁剪框，按Enter键确定裁剪。在工具箱中选择“裁剪工具”后，其工具属性栏如图15-45所示。

图15-45 “裁剪工具”属性栏

知识解析："裁剪工具"属性栏

- 约束方式：用于设置裁剪约束方式。
- 约束比例：用于输入自定的约束比例数值。
- 高度和宽度互换：单击该按钮，可使图像裁剪时的高度和宽度进行互换。
- 拉直：单击该按钮，可通过在图像上绘制一条直线拉直图像。
- 视图：用于设置裁剪图像时出现的参考线方式。
- 设置其他裁剪选项：单击该按钮，可对如裁剪拼布颜色、透明度等参数进行设置。
- 删除裁剪的像素：取消选中该复选框，将保留裁剪框外的像素数据，仅将裁剪框外的图像隐藏。

实例操作：调整并矫正图像

- 光盘\素材\第15章\杯子.jpg
- 光盘\效果\第15章\杯子.jpg
- 光盘\实例演示\第15章\调整并矫正图像

本例将打开"杯子.jpg"图像，使用裁剪工具将图像下方多余的区域裁剪掉，然后再借助网格线，使用裁剪工具旋转杯子至合适角度。

Step 1 打开"杯子.jpg"图像，如图15-46所示，在工具箱中选择"裁剪工具"，出现裁剪框后，使用鼠标将裁剪框下边的控制点向上边拖动，如图15-47所示。

图15-46 打开图像

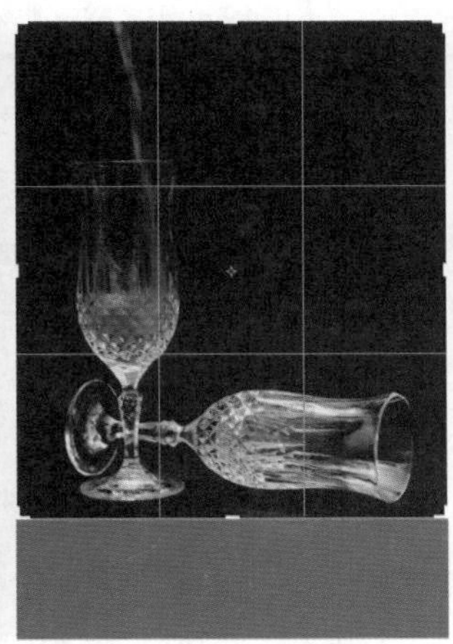

图15-47 裁剪图像

技巧秒杀

使用裁剪工具不但能对图像大小进行裁剪，还能扩大画布大小。选择"裁剪工具"，使用鼠标拖动裁剪框边缘的控制点，将其拖到需要扩大画布的方向，此时Photoshop将使用背景色填充扩大的画布区域。

Step 2 按Enter键，将图像下方的图像裁剪掉，如图15-48所示。然后按Ctrl+'快捷键，显示网格线，如图15-49所示。

图15-48 裁剪后的图像

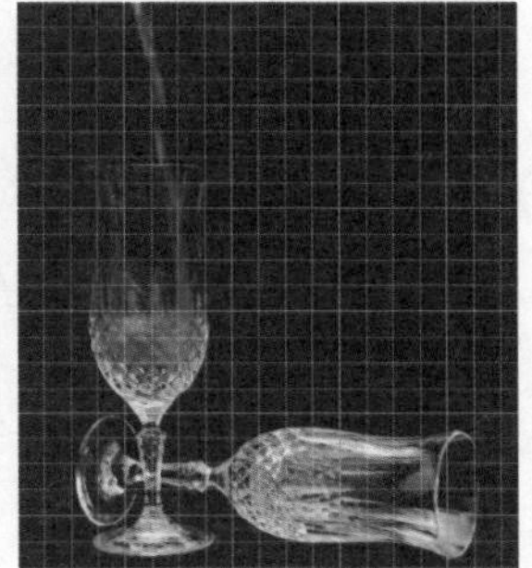

图15-49 显示网格线

Step 3 再次选择"裁剪工具"，在图像中单击，使其变为裁剪状态，然后将鼠标光标移到右上角，当光标变为形状时，向右拖动鼠标光标，将其进行旋转直至合适的角度，再调整裁剪大小，按Enter键确认调整，然后再按Ctrl+'快捷键，取消网格线，如图15-50所示。

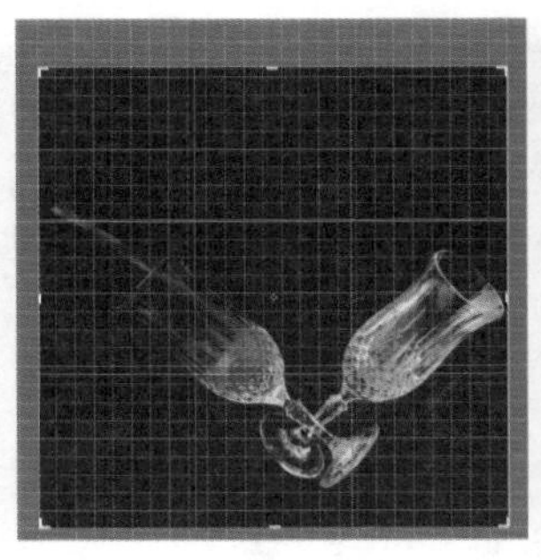

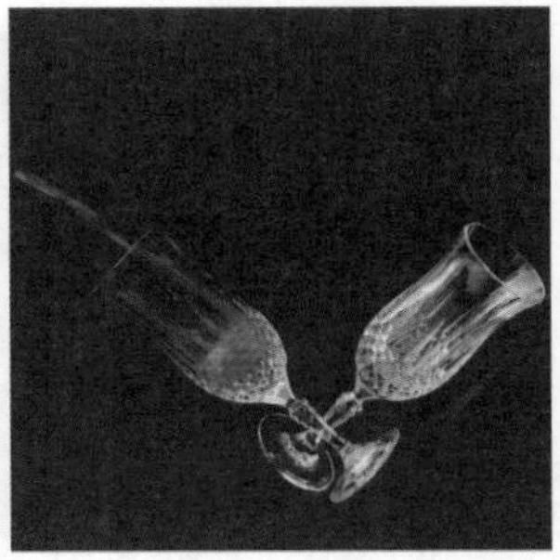

图15-50 调整图像角度

2. 使用"裁切"命令

除通过裁剪工具裁剪图像外，用户还可以使用"裁切"命令来裁剪图像。"裁切"命令是通过像素颜色的方法来裁剪图像的。选择“图像”/“裁切”命令，将打开如图15-51所示的“裁切”对话框。

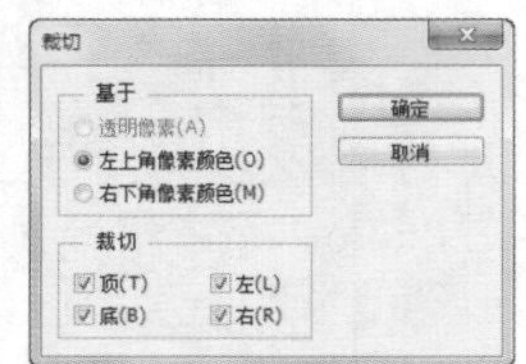

图15-51　“裁切”对话框

知识解析：“裁切”对话框

- 透明像素：选中该单选按钮，可以将图像边缘的透明区域裁切掉，但只有图像中存在透明区域时才能使用。
- 左上角像素颜色(O)单选按钮：选中该单选按钮，将从图像中删除左上角的像素颜色区域。
- 右下角像素颜色(M)单选按钮：选中该单选按钮，将从图像中删除右上角的像素颜色区域。
- 顶(T)、底(B)、左(L)、右(R)复选框：选中对应的复选框，用于设置修正图像区域的位置。

15.5.5 移动图像

移动图像是处理图像时必需的一种操作，移动图像都是通过“移动工具”实现的。只有选择图像后用户才能对其进行变形操作。移动图像分为在同一图像文件中移动图像、在不同的图像文件中移动图像。

1. 同一图像文件中的移动

在“图层”面板中选择要移动对象所在的图层，然后在工具箱中选择“移动工具”，使用鼠标拖动即可移动该图层中的图像，如图15-52所示。

图15-52　移动前和移动后的效果

2. 不同图像文件中的移动

在处理图像时，时常需要在一个图像文件中添加其他图像。此时，就需要将其他图像移动到正在编辑的图像中。在不同图像文件中移动图像的方法是：打开两个或两个以上的图像，选择“移动工具”，使用鼠标选择需要移动的图像图层，如图15-53所示。按住鼠标左键将其拖动到目标图像中，如图15-54所示。

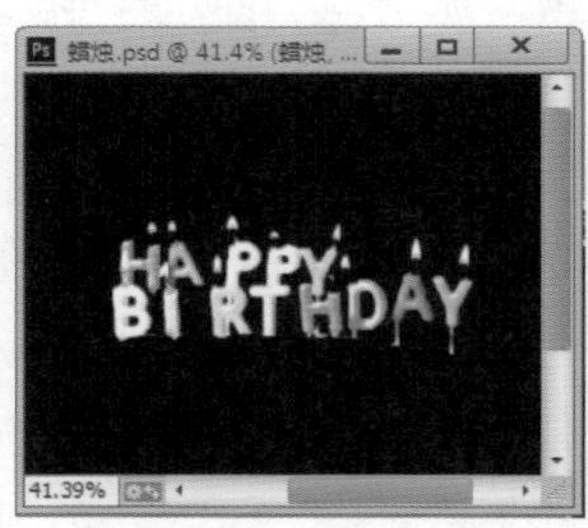

图15-53　选择移动的图像

图15-54　移动图像

15.5.6 自由变换

在Photoshop中对图像进行变换，常用到的则是自由变换命令，使用该命令可以在一个连续的操作中应用旋转、缩放、斜切、扭曲和透视等操作，如果熟练掌握自由变换，则可大大提高工作效率。

实例操作：制作三折页效果

- 光盘\素材\第15章\bg.psd\
- 光盘\效果\第15章\三折页.psd
- 光盘\实例演示\第15章\制作三折页效果

本例新建一个画布，打开bg.psd图像，将打开文件中提供的图片拖动到新建的画布中，使用自由变换功能，将其进行变换达到想要的效果，其原始效果和最终效果如图15-55所示。

图15-55　原图效果和效果图

Step 1 ▶ 在Photoshop CC中，新建一个“名称”为“三折页”，“宽度”和“高度”分别为619像素和456像素的画布，如图15-56所示。

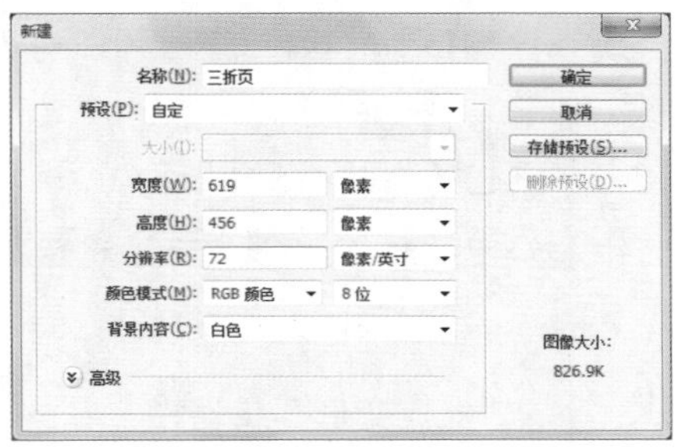

图15-56　新建画布

Step 2 ▶ 将背景色设置为黑色，按Ctrl+Delete快捷键将画布填充为黑色，打开素材bg.psd图像，在“图层”面板中，按住Shift键，选择所有图层，使用移动工具将其移动到“三折页”画布中，如图15-57所示。

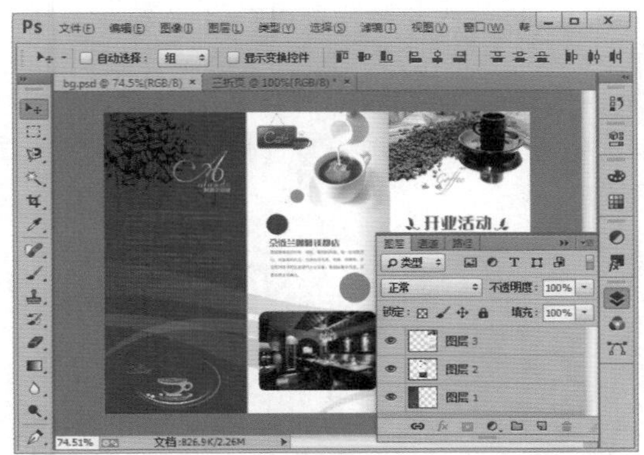

图15-57　选择图层并移动图像

Step 3 ▶ 在“图层”面板选择图层1，选择“编辑”/“自由变换”命令，让所选择图层四周出现控制点，按住Ctrl键的同时将鼠标移动到图像的右上角的控制点上，按住鼠标左键进行拖动，成比例地缩放图像，如图15-58所示。

图15-58　变换对象

操作解谜

按住Ctrl键，在控制点上拖动图像，可以对角为直角的自由四边形的方式变换图像，而按住Shift键，则可等比例缩放图像。

Step 4 ▶ 按住Ctrl键，再使用鼠标在控制点上进行拖动，为其添加透视效果的变换，如图15-59所示。完成后按Enter键进行确认，然后使用相同的方法将其他两个图层的图像进行缩放及透视效果的变换，如图15-60所示。

图15-59　透视变换对象

图15-60　变换后的效果

技巧秒杀

自由变换（按Ctrl+T快捷键），还可以按住Shift+Ctrl快捷键，以对角为直角的直角梯形方式变换；按住Ctrl+Alt快捷键，则可以相邻两角位置不变的中心对称，并以自由平行四边形的方式变换；按住Shift+Alt快捷键，则可以以中心对称等比例缩放；而按住Shift+Ctrl+Alt组合键，则可以以中心对称等高或等宽的自由平行四边形的方式变换。

Step 5 ▶ 在“图层”面板中选择图层1，按住Ctrl键进行拖动，复制图层1图像，然后选择“图像”/“变换”/“垂直翻转”命令，将复制的图层进行垂直翻转，如图15-61所示。按Ctrl+T快捷键进入自由变换状态，然后将其拖动到合适位置并进行透视变换，如图15-62所示。完成后按Enter键确认。

图15-61　垂直翻转图像

图15-62　移动并变换图像

Step 6 ▶ 选择复制的图层，在“图层”面板的“不透明度”文本框中设置不透明度为60%，如图15-63所示。使用相同的方法对“图层2”图层和“图层3”图层进行复制变换，设置其不透明度为60%，如图15-64所示。

图15-63　设置不透明度

图15-64　完成后的效果

操作解谜

对复制的图像进行不透明的设置是为了制作倒影的效果，让整个图像的立体感更加强烈。

15.5.7 操控变形

操控变形是Photoshop中的一项变形工具，使用它可以解决因为人物动作不合适而出现图像效果不佳的情况。

操控变形的方法为：选择要编辑的原图，如图15-65所示。选择“编辑”/“操控变形”命令，图像充满网格，如图15-66所示。再在图像上钉上控制变形的“图钉”，移动图形位置，控制图像的变形效果，如图15-67所示。

图15-65　原始图像

图15-66　操控变形

图15-67　效果

选择“编辑”/“操控变形”命令时，将会出现“操控变形”属性栏，如图15-68所示。

模式：正常　浓度：正常　扩展：2像素　☑显示网格　图钉深度：　旋转：自动　0　度

图15-68　“操控变形”属性栏

知识解析：“操控变形”属性栏

- ◆ 模式：用于控制变形的细腻程度。其中，选择“刚性”选项，变形效果精确，但过渡效果较硬，选择“正常”选项，变形效果精确，过渡效果也较柔和；选择“扭曲”选项，在变形时可创建透视效果。
- ◆ 浓度：用于控制操控变形时，出现的网格点数量，网格点数量越少，用户可添加图钉的位置也越少。如图15-69所示为选择“较少点”选项的效果；如图15-70所示为选择“正常”选项的效果；如图15-71所示为选择“较多点”选项的效果。

图15-69　较少点

图15-70　正常

图15-71　较多点

◆ 扩展：用于设置变形效果的影响范围，当数值较大时，影响范围将向外扩展。如图15-72所示为设置“扩展”为10像素的效果，此时图像的边缘也将较平滑；如图15-73所示为设置“扩展”为-10像素的效果，此时图像的边缘将比较僵硬。

图15-72　扩展10像素

图15-73　扩展-10像素

◆ ☑显示网格复选框：选中该复选框，在变形的图像上将会出现网格。

◆ 图钉深度：选择某个图钉后，单击“将图钉前移”按钮，可将图钉向上层移动一个堆叠顺序，单击“将图钉后移”按钮，可以将图钉向下层移动一个堆叠顺序。

◆ 旋转：用于控制图像的方式。选择“自动”选项，在拖动图钉旋转图像时，Photoshop将会自动进行旋转；选择“固定”选项，用户想旋转图像只需在其后方的数值框中输入旋转的角度即可。

15.5.8 复制、剪切和粘贴图像

在Photoshop中，使用“复制”命令可以为图像增加更多的图像元素，从而使图像看起来更加多元化。除使用复制操作外，用户还可使用剪切操作为图像添加图像元素。

1. 复制图像

建立选区后，选择“编辑”/“拷贝”命令，或按Ctrl+C快捷键，可以对选区中的图像进行复制，再选择“编辑”/“粘贴”命令，或按Ctrl+V快捷键，将图像粘贴到图像中的同时生成一个新的图层，如图15-74所示。

图15-74　复制并粘贴图像

2. 剪切和粘贴图像

建立选区后，选择“编辑”/“剪切”命令，或按Ctrl+X快捷键，可对选区中的图像进行剪切操作，再选择“编辑”/“粘贴”命令，或按Ctrl+V快捷键，可将剪切的图像粘贴到图像中的同时生成一个新的图层。

15.5.9 撤销和恢复图像操作

在处理制作图像时，用户经常需要进行大量的操作以及尝试才能得到精致的图像效果。如果操作完成后发现进行的操作并不合适，可通过撤销和恢复操作对图像效果进行恢复。在Photoshop中撤销和恢复操作会经常用到。

1. 使用命令或快捷键

选择“编辑”/“还原”命令或按Ctrl+Z快捷键，可还原到上一步的操作。如果需要取消还原操作可选择“编辑”/“重做”命令。

需要注意的是，“还原”操作以及“重做”操作都只针对一步操作。在实际编辑过程中，经常需要对多步进行还原，此时，即可选择“编辑”/“后退一步”命令，或按Ctrl+Alt+Z组合键逐一进行还原操作。若想取消还原，则可选择“编辑”/“前进一步”命令，或按Shift+Ctrl+Z组合键逐一进行取消还原操作。

2. 使用“历史记录”面板

“历史记录”面板用于记录编辑图像中产生的操作，使用该面板可以快速进行还原、重做操作，

选择“窗口”/“历史记录”命令，即可打开“历史记录”面板，如图15-75所示。

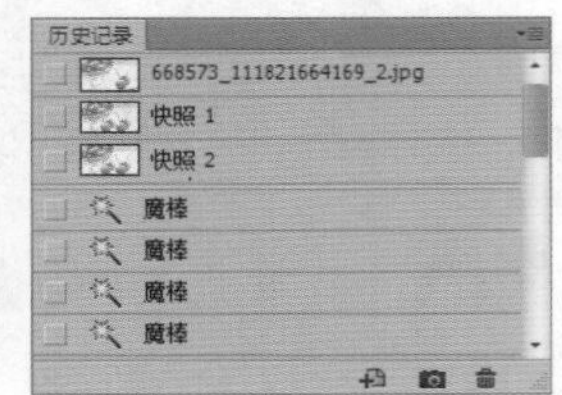

图15-75　“历史记录”面板

知识解析：“历史记录”面板

- 快照缩览图：用于显示被记录为快照的图像状态。
- 历史记录状态：记录Photoshop的每步操作，单击某个记录即可将操作状态返回到所选操作记录。
- “从当前状态创建新建文档”按钮：单击该按钮，以当前操作状态创建一个新的文档。
- “创建新快照”按钮：单击该按钮，将以当前状态创建一个新快照。
- “删除当前状态”按钮：单击该按钮，选择某个记录后，单击该按钮可以将选择的记录以及之后的记录删除。

15.6 选区的创建与编辑

在编辑图像时，有可能只要求对图像部分进行调整或编辑，此时就需要使用选区来指定可编辑的图像区域。选区的使用是应用Photoshop进行图像编辑必须掌握的操作，且由于图像的特异性以及制作要求的不同，用户需要使用不同的方法对选区进行创建。

15.6.1 通过选框工具组创建

在选择一些简单的几何图形时，用户可直接使用Photoshop CC中的选框工具组进行选择，在该工具组中包括“矩形选框工具”、“椭圆选框工具”、“单行选框工具”和“单列选框工具”。

1. 矩形选框工具

矩形选框工具用于在图像上建立矩形选区，使用时用户只需在工具箱中选择“矩形选框工具”，在需要建立选区的位置直接拖动鼠标即可创建，如图15-76所示。此外，如果在拖动鼠标的同时按Shift键可创建正方形选区，如图15-77所示。

图15-76　矩形选区

图15-77　正方形选区

在创建矩形选区时，会在选项栏中显示关于矩形选框的工具栏，在该工具栏中还可对所选择的选区进行增加或减少等操作，如图15-78所示。

图15-78　“矩形选框工具”属性栏

知识解析：“矩形选框工具”属性栏

- “自定义”按钮：用于自定义工具预设。
- “新选区”按钮：单击该按钮，可创建新选区。
- “添加到选区”按钮：单击该按钮，可从创建的选区中添加新选区。
- “从选区减去”按钮：单击该按钮，可从创建的选区中减少选区。
- “与选区交叉”按钮：单击该按钮，会只留下两个选区交叉的部分。
- 羽化：用于设置选区边缘的模糊程度，其数值越高模糊程度越高。如图15-79所示为羽化为0像素的效果，如图15-80所示为羽化为40像素的效果。

图15-79　羽化为0像素

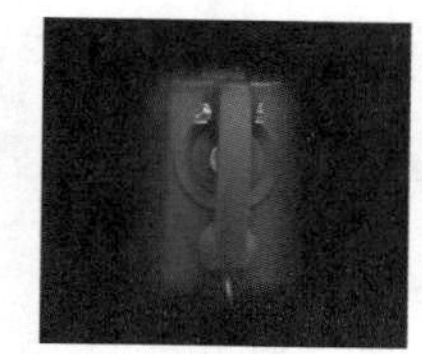
图15-80　羽化为40像素

- ☑消除锯齿复选框：选中该复选框后，选区边缘和背景像素之间的过渡变得平滑。该复选框在剪切、复制和粘贴时非常有用。如图15-81所示为选中复选框后的效果，如图15-82所示为没有选中复选框的效果。

图15-81　选中消除锯齿

图15-82　未选中消除锯齿

- 样式：用于设置矩形选区的创建方法。"正常"表示用户可随意控制创建选区的大小；"固定比例"表示在右侧的"宽度"和"高度"文本框中可设置创建固定比例的选区；"固定大小"表示在右侧的"宽度"和"高度"文本框中可设置创建一个固定大小的选区。
- 调整边缘...按钮：单击该按钮，在打开的"调整边缘"对话框中，可细致地对所创建的选区边缘进行羽化和平滑设置。

2. 椭圆选框工具

椭圆选框工具用于在图像上建立正圆和椭圆选区，其使用方法和矩形选框工具基本相同。如图15-83所示为椭圆选区，如图15-84所示为正圆选区。

图15-83　椭圆选区

图15-84　正圆选区

3. 单行/单列选框工具

单行选框工具和单列选框工具用于在图像上建立高度、宽度为1像素的选区，它们在设计、制作网页时经常被用于制作分割线。其使用方法也很简单，选择工具后，使用鼠标在需要的位置单击即可。如图15-85所示为绘制的单行选区，如图15-86所示为绘制的单列选区。

图15-85　单行选区

图15-86　单列选区

15.6.2 通过套索工具组创建

使用多边形套索工具以及磁性套索工具能够快速对形状不规则的对象建立选区，从而加快图像素材的编辑速度。在套索工具组中包括套索工具、多边形套索工具和磁性套索工具。下面分别介绍其操作方法。

1. 套索工具

在Photoshop中使用"套索工具"可以自由、快速地绘制出形状不规则的选区，只需要在工具箱中选择"套索工具"后，在图像上拖动鼠标光标绘制选区边界，松开鼠标后，选区会自动进行封闭，如图15-87所示为正在绘制选区，如图15-88所示为创建好的选区。

图15-87　正在绘制选区

图15-88　创建好的选区

技巧秒杀

在使用套索工具绘制选区时，按住Alt键，释放鼠标左键时，则会变为多边形套索工具。

2. 多边形套索工具

“多边形套索工具”与“套索工具”的使用方法类似，只是需要在每个转折点单击鼠标进行确定。另外，对多边形套索工具而言更适合创建一些转角比较明显的选区，如图15-89所示。

图15-89　使用“多边形套索工具”创建选区

技巧秒杀

在使用多边形套索工具绘制选区时，按住Shift键，可以在水平、垂直或45°方向上绘制直线。

3. 磁性套索工具

“磁性套索工具”能够以颜色的不同而自动识别对象的边界，适合于快速选择与背景对比强烈的边缘复杂的对象，在使用该工具时，它会自动对齐图像边缘，如图15-90所示。

图15-90　正在绘制选区和创建好的选区

15.6.3 通过魔术棒工具组创建

在Photoshop中，用户也可通过魔术棒工具组快速、高效地创建颜色选区。在套索工具组中主要包括快速选择工具和魔棒工具，下面分别进行介绍。

1. 快速选择工具

选择“快速选择工具”，鼠标光标将变为一个可调整大小的圆形笔尖，通过拖动鼠标就可以自动沿着图像的边缘来确定选区边界，如图15-91所示。而调整圆形笔尖则要通过“快速选择工具”的属性栏，如图15-92所示。

图15-91　使用“快速选择工具”创建选区

30 对所有图层取样 自动增强 调整边缘...

图15-92　“快速选择工具”属性栏

知识解析：“快速选择工具”属性栏

- 选区运算按钮：单击“新选区”按钮，可创建新选区；单击“添加到选区”按钮，可在原有的基础上创建一个新的选区；单击“从选区减去”按钮，可在原有的选区基础上减去新绘制的选区。
- “画笔”选择器：单击下拉按钮，在弹出的“画笔”选择器中可设置画笔的大小、硬度和间距等，对画笔笔尖进行设置。
- 对所有图层取样复选框：当编辑的图像是一个包含多个图层的文件时，选中该复选框，将在所有可见图层上选择建立颜色选区。若没有选中该复选框，则在当前图层中建立相似选区。
- 自动增强复选框：选中该复选框，将增加选取范围边界的细腻感。

2. 魔棒工具

魔棒工具可以快速选择与选择区域颜色类似的颜色区域，在抠取图像时魔棒工具经常用到。在工具箱中选择“魔棒工具”后，其工具属性栏如图15-93所示。

图15-93 “魔棒工具”属性栏

知识解析：“魔棒工具”属性栏

- **取样大小**：用于控制建立选区的取样点大小，取样点越大，创建的颜色选区也越大。
- **容差**：用于确定将要选择的颜色区域与已选择的颜色区域的颜色差异度。数值越低，颜色差异度越小，所建立的选区也会越小，区域选择越精确。
- **☑连续复选框**：选中该复选框，只会选中与取样点相连接的颜色区域。若不选中该复选框，则会选中整张图像中与取样点颜色类似的颜色区域。如图15-94所示为选中该复选框时的效果，如图15-95所示为没有选中该复选框时的效果。

图15-94 选中复选框

图15-95 没有选中复选框

15.6.4 使用蒙版

使用快速蒙版可以通过更多的画笔工具以及路径对选区进行更加细致的处理。此外，用户还可以将普通选区转换为快速蒙版，以方便添加滤镜效果编辑图像。

实例操作：制作波纹相框

- 光盘\素材\第15章\相框.jpg
- 光盘\效果\第15章\波纹相框.psd
- 光盘\实例演示\第15章\制作波纹相框

本例将打开“相框.jpg”图像并建立选区，再将选区转换为快速蒙版。通过滤镜对快速蒙版进行编辑，最后再将快速蒙版转换为选区，并对选区进行填充制作波纹相框，效果如图15-96和图15-97所示。

图15-96 原图效果

图15-97 最终效果

Step 1 打开“相框.jpg”图像，选择“矩形选框工具”，拖动鼠标在图像上绘制一个略小于图像的矩形选区，如图15-98所示。按Q键，进入快速蒙版状态，如图15-99所示。

图15-98 创建选区

图15-99 进入快速蒙版

Step 2 选择“滤镜”/“扭曲”/“波浪”命令，打开“波浪”对话框。如图15-100所示，然后设置“波长”和“波幅”参数，完成后单击 确定 按钮，如图15-101所示。

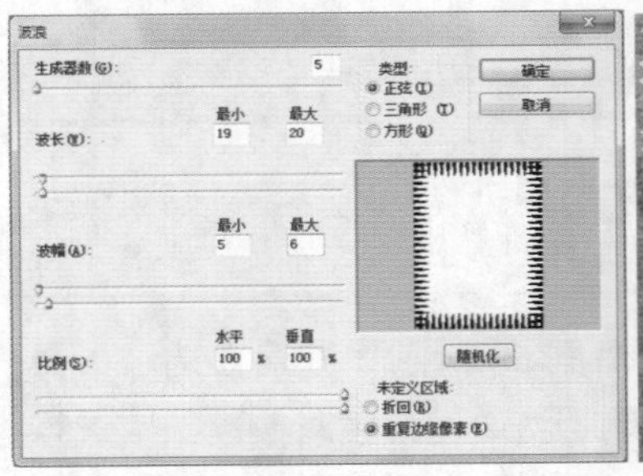

图15-100　设置滤镜

图15-101　设置后的效果

Step 3 ▶ 选择“滤镜”/“像素化”/“碎片”命令，打碎蒙版，如图15-102所示。然后再选择“滤镜”/“锐化”/“锐化”命令，按3次Ctrl+F快捷键，重复3次锐化滤镜，如图15-103所示。

技巧秒杀

在工具箱下方单击“以快速蒙版模式编辑”按钮，也可进入快速蒙版模式。再次单击该按钮即可退出快速蒙版模式。

图15-102　碎片效果

图15-103　锐化效果

Step 4 ▶ 按Q键退出快速蒙版状态，按Shift+Ctrl+I组合键进行反选，如图15-104所示，然后再按Ctrl+Delete快捷键填充选区。完成相框制作，按Ctrl+D快捷键取消选区，如图15-105所示。

图15-104　反选

图15-105　填色并取消选区

15.6.5 编辑选区

创建选区后，为了制作出精美的效果，用户时常还要对选区进行编辑，以使选区范围更加准确，如移动、扩展和收缩选区等，下面分别进行介绍。

1. 移动选区

创建选区后可根据需要对选区的位置进行移动，其方法主要有以下两种。

- **使用鼠标移动**：建立选区后，将鼠标光标移动至选区范围内，鼠标光标将变为形状，按住鼠标左键不放进行拖动以移动选区位置；在拖动过程中，按住Shift键不放可使选区沿水平、垂直或45°斜线方向移动。
- **使用键盘移动**：建立选区后，在键盘上按↑、↓、←和→键可以每次以1像素为单位移动选区；按住Shift键的同时按↑、↓、←和→键可以每次以10像素为单位移动选区。

2. 扩展/收缩选区

在建立选区后，若是对选区的大小不满意，可以通过扩展和收缩选区的方法来调整，而不需要再次建立选区。扩展/收缩选区的操作分别介绍如下。

- **扩展选区**：建立选区后，选择“选择”/“修改”/“扩展”命令，在打开的对话框中设置“扩展量”参数后，选区将向外扩展。
- **收缩选区**：建立选区后，选择“选择”/“修改”/“收缩”命令，在打开的对话框中设置“收缩量”参数后，选区将向内收缩。

3. 扩大选区

“扩大选区”命令在建立选区时也经常使用到，它和“魔棒工具”属性栏中的“容差”作用相同，可以扩大选择的相似颜色。其使用方法是：建立选区后，选择“选择”/“扩大选区”命令即可，如图15-106所示为使用“扩大选区”前后的效果。

图15-106　执行扩大选区的效果

图15-107　羽化选区的效果

4. 羽化选区

羽化是对用户建立的选区进行羽化处理，即使选区与选区变得模糊，虽然这种功能能让图像变得柔和，但会丢掉图像边缘的细节。

对选区羽化只需选择“选择”/“修改”/“羽化”命令或按Shift+F6组合键，打开“羽化选区”对话框，设置羽化半径，单击 确定 按钮即可，需注意的是羽化默认单位为像素，如图15-107所示。

技巧秒杀

在建立选区时，如果选区较小，而羽化半径又设置得比较大时，Photoshop会自动弹出一个警告对话框，提示任何像素都不大于选区的50%，否则选区边将看不见，然后则可直接单击 确定 按钮，确认当前设置的羽化半径，此时选区可能会变得非常模糊，以至于在画面中观察不到，但是选区仍然存在。

知识大爆炸——文件保存格式及图层混合模式的应用

1. 文件保存格式

使用电脑制作图像，为了在各种平台以及环境中得到理想的效果。人们设计了很多图像标准和文件格式，Photoshop兼容多种文件格式，它实现了多种文件格式的编辑功能，下面就讲解一些常用的文件保存格式的作用和特点。

- PSD、PDD格式：这两种图像文件格式是Photoshop专用的图形文件格式，有其他文件格式所不能包括的关于图层、通道的一些专用信息，也是唯一能支持全部图像色彩模式的格式。
- BMP格式：BMP图像文件格式是一种标准的点阵式图像文件格式，支持RGB、灰度和位图色彩模式。
- GIF格式：GIF图像文件格式是CompuServe提供的一种文件格式，将此格式进行LZW压缩，此图像文件就会只占用较少的磁盘空间。GIF格式支持BMP、灰度和索引颜色等色彩模式，但不支持Alpha通道。
- JPEG格式：JPEG图像文件格式主要用于图像预览及超文本文档。将JPEG格式保存的图像经过高倍率的压缩后，可以将图像文件变得较小，但会丢失部分不易察觉的数据，所以在印刷时不宜使用此格式。
- PNG格式：PNG图像文件格式常用于在World Wide Web上无损压缩和显示图像。与GIF不同的是，PNG支持24位图像，产生的透明背景没有锯齿边缘。此格式支持带一个Alpha通道的RGB、Grayscale色彩模式和不带Alpha通道的RGB、Grayscale色彩模式。
- PDF格式：PDF格式是DOS格式下比较老的程序PC PaintBrush固有的格式，目前并不常用。
- TIFF格式：TIFF格式是一个比较常用的文件格式，并且在各文档中比较通用，如所有的绘画、图像编

辑和排版程序都可以支持该格式，而且几乎所有的桌面扫描仪都可以产生出TIFF格式的图像。另外，TIFF格式支持具有Alpha通道的CMYK、RGB、Lab、索引颜色、灰度图像以及没有Alpha通道的位图模式图像。在Photoshop中，可以在TIFF文件中存储图层和通道，但是如果在另外一个应用程序中打开该文件，则只会显示拼合图像。

2. 图层混合模式的应用

图层混合模式也是在操作Photoshop时经常会用到的功能，使用它可决定图层之间像素的混合方式。在图像处理中，很多效果奇异的图像效果都需要它来实现。灵活使用图层混合模式，可以让用户制作的作品大气、奇妙。在Photoshop CC 中预设了27种图层混合模式，它们按效果可分为6组，如图15-108所示。要设置图层混合模式可通过在“图层”面板的“图层混合模式”下拉列表框中选择混合模式的样式即可。下面分别介绍这6组图层混合模式的作用和效果。

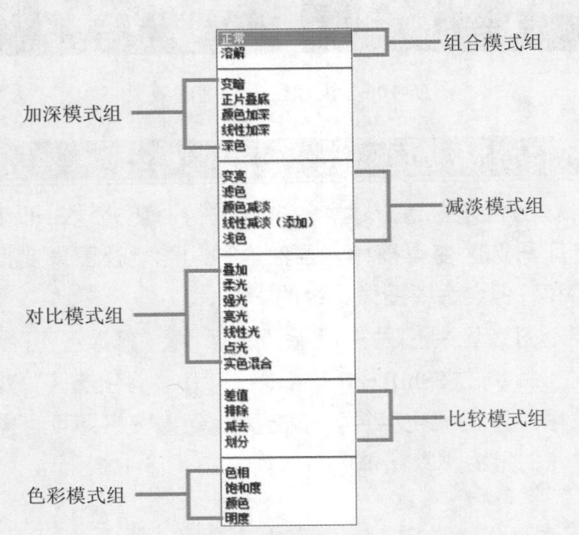

图15-108　Photoshop预设的图层混合模式

（1）组合模式组

该模式只有降低图层的不透明度才能产生效果。该组合的图层模式分别如下。

- 正常模式：该模式是默认的混合模式，图层不透明度为100%时，上方的图层可完全遮盖下方的图层。
- 溶解模式：选择该混合模式，将图层的不透明度降低，半透明区域中的像素将会出现颗粒化的效果。

（2）加深模式组

该组合中的图层模式可使图像变暗，在混合时当前图层的白色将被较深的颜色所代替，该组的图层模式的作用分别介绍如下。

- 变暗模式：将上层图层和下层图层比较，上层图层中较亮的像素将会被下层较暗的像素替换，而亮度值比底层像素低的像素将保持不变。
- 正片叠底模式：上层图层图像中的像素与下层图像中白色的重合区域颜色保持不变。与下层图像中黑色的重合区域颜色替换，使图像变暗。
- 颜色加深模式：加深深色图像区域的对比度，下面图层中的白色不会发生变化。
- 线性加深模式：通过减小亮度的方法使像素变暗，但其颜色会比“正片叠底”模式丰富。
- 深色模式：将比较上下两个图层所有颜色通道值的总和，然后显示颜色值较低的部分。

（3）减淡模式组

该模式组的模式可使图像变亮，在混合时当前图层的黑色将被较浅的颜色所代替。该组的各图层模式作用分别介绍如下。

- 变亮模式：其效果与“变暗”模式正好相反，上层图层中较亮的像素将替换下层图层中较暗的像素，而较暗的像素则会被下层图层中较亮的像素代替。
- 滤色模式：其效果与“正片叠底”模式正好相反，可产生图像变白的图像效果。

◆ **颜色减淡模式：**其效果与“颜色加深”模式正好相反，它通过降低对比度的方法来加亮下层图层的图像，使图像颜色更加饱和，颜色更艳丽。

◆ **线性减淡（添加）模式：**效果与“线性加深”模式效果相反。它通过增加亮度的方法来减淡图像颜色。

◆ **浅色模式：**将比较上下两个图层所有颜色通道值的总和，然后显示颜色值较高的部分。

（4）对比模式组

该模式可增强图像的反差，在混合时50%的灰度将会消失，亮度高于50%灰色的像素可加亮图层颜色，亮度低于50%灰色的图像可降低图像颜色。该组的图层模式的作用分别介绍如下。

◆ **叠加模式：**增强图像颜色的同时，保存底层图层的高光与暗调图像效果。

◆ **柔光模式：**通过上层图层决定图像变亮或变暗。当上层图层中的像素比50%灰色亮，图像将变亮；当上层图层中的像素比50%灰色暗，图像将变暗。

◆ **强光模式：**上层图层中比50%灰色亮的像素将变亮；比50%灰色暗的像素将变暗。

◆ **亮光模式：**上层图层中颜色像素比50%灰度亮，将会通过增加对比度方法使图像变亮；上层图层中颜色像素比50%灰度暗，将会通过增加对比度方法使图像变暗，混合后的图像颜色会变饱和。

◆ **线性光模式：**上层图层中颜色像素比50%灰度亮，将会通过增加亮度的方法使图像变亮；上层图层中颜色像素比50%灰度暗，将会通过增加亮度的方法使图像变暗。

◆ **点光模式：**上层图层中颜色像素比50%灰度亮，则替换暗像素；上层图层中颜色像素比50%灰度暗，则替换亮像素。

◆ **实色混合模式：**上层图层中颜色像素比50%灰度亮，下层图层将变亮；上层图层中颜色像素比50%灰度暗，下层图层将变暗。

（5）比较模式组

该模式可比较当前图层和下方图层，若有相同的区域，该区域将变为黑色。不同的区域则会显示为灰度层次或彩色。若图像中出现了白色，则白色区域将显示下方图层的反相色，但黑色区域不会发生变化。该组图层模式的作用分别介绍如下。

◆ **差值模式：**上层图层中白色颜色区域会让下层图层颜色区域产生反相效果，黑颜色区域将不会发生变化。

◆ **排除模式：**混合原理与“差值”模式基本相同，但该混合模式可创建对比度更低的混合效果。

◆ **减去模式：**将从目标通道中应用的像素基础上减去源通道中的像素值。

◆ **划分模式：**将查看每个通道中的颜色信息，再从基色中划分混合色。

（6）色彩模式组

该模式可将色彩分为色相、饱和度和亮度这3种成分。然后将其中的一种或两种成分互相混合。该组图层模式的作用分别介绍如下。

◆ **色相模式：**上层图层的色相将被应用到下层图层的亮度和饱和度中，可改变下层图层图像的色相，但并不对其亮度和饱和度进行修改。此外，图像中的黑、白、灰区域也不会受到影响。

◆ **饱和度模式：**将上层图层的饱和度应用到下层图层的亮度和色相中，并改变下层图层的饱和度，但不会改变下层图层的亮度和色相。

◆ **颜色模式：**将上层图层的色相和饱和度应用到下层图层中，但不会影响下层图层的亮度。

◆ **明度模式：**将上层图层中的亮度应用到下层图层的颜色中，并改变下层图层的亮度，但不会改变下层图层的色相和饱和度。

07 08 09 10 11 12 13 14 15 **16** 17 18

图层和文本的应用

本章导读

在Photoshop中处理图像，图层是至关重要的一个功能，因为对图像进行处理就是对图层进行处理。另外，文字的应用可以为图像增色不少，为图像添加文字不仅可以使图像元素看起来更加丰富，而且能更好地表达图像的意义。本章将对图层和文本的应用进行介绍。

16.1 使用图层

图层是图像处理时必备的承载元素，通过图层的堆叠与混合可以制作出多种多样的效果，并且在Photoshop中处理图像时，使用图层来实现这些效果更加直观而简便。

16.1.1 认识图层面板

在Photoshop中，“图层”面板用来对图层进行创建、移动、删除和重命名等操作。在菜单中选择“窗口”/“图层”命令，可打开如图16-1所示的“图层”面板。

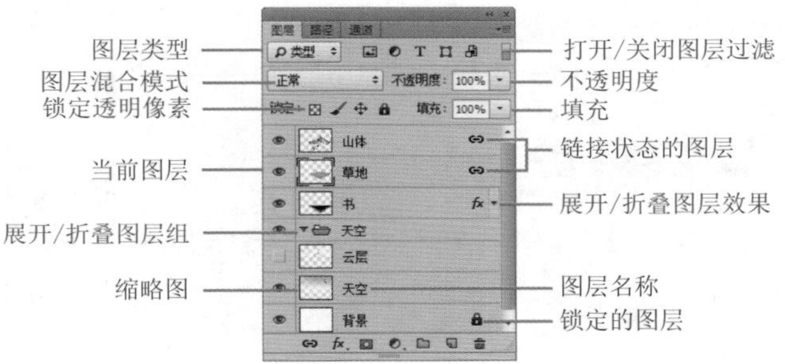

图16-1　“图层”面板

知识解析：“图层”面板

- 图层类型：当图像中图层过多时，在该下拉列表框中选择一种图层类型，之后，“图层”面板中将只显示该类型的图层。
- “打开/关闭图层过滤”按钮：单击该按钮，可将图层的过滤功能打开或关闭。
- 图层混合模式：用于为当前图层设置图层混合模式，使图层与下层图像产生混合效果。
- 不透明度：用于设置当前图层的不透明度。
- “锁定透明像素”按钮：单击该按钮，将只能对图层的不透明区域进行编辑。
- 填充：用于设置当前图层的填充不透明度。调整填充不透明度，图层样式不会受到影响。
- “锁定图像像素”按钮：单击该按钮，将不能使用绘图工具对图层像素进行修改。
- “锁定位置”按钮：单击该按钮，图层中的像素将不能被移动。
- “锁定全部”按钮：单击该按钮，将不能对处于这种情况下的图层进行任何操作。
- “显示/隐藏图层”按钮：当图层缩略图前出现图标时，表示该图层为可见图层；当图层缩略图前出现图标时，表示该图层为不可见图层。单击该图标可显示或隐藏图层。
- 链接状态的图层：可对两个或两个以上的图层进行链接，链接后的图层可以一起移动。此外，图层上也会出现图标。
- 展开/折叠图层效果：单击按钮，可展开图层效果，并显示当前图层添加的效果名称。再次单击将折叠图层效果。
- 展开/折叠图层组：单击该按钮，可展开图层组中包含的图层。
- 当前图层：为当前选择的图层，呈蓝底显示。用户可对其进行任何操作。
- 图层名称：用于显示该图层的图层，当面板中图层很多时，为图层命名可快速找到图层。
- 缩略图：用于显示图层中包含的图像内容。其中，棋格区域为图像中的透明区域。
- “链接图层”按钮：选择两个或两个以上的图层，单击该按钮，可将选择的图层链接起来。
- “添加图层样式”按钮：单击该按钮，在弹出的下拉列表中选择一种图层样式，可为图层添加一种图层样式。
- “添加图层蒙版”按钮：单击该按钮，可为当前图层添加图层蒙版。
- “创建新的填充或调整图层”按钮：单击该按钮，可在弹出的下拉列表中选择相应的选项，创建对应的填充图层或调整图层。
- “创建新组”按钮：单击该按钮，可创建一个图层组。
- “创建新图层”按钮：单击该按钮，可在当前

图层上方新建一个图层。

- “删除图层”按钮：单击该按钮，可将当前的图层或图层组删除。在选择图层或图层组时，按Delete键也可删除图层。

16.1.2 图层的基本操作

在“图层”面板中，对图层的创建、复制、删除、调整图层的顺序、链接图层和合并图层都是最基本的操作，为了更好地在“图层”面板中熟练地制作图层，下面对图层的基本操作进行介绍。

1. 新建图层

在Photoshop中，新建图层的方法不仅简单，而且有多种，如在“图层”面板中、在图像编辑过程中和通过菜单命令等进行创建，下面分别介绍其具体操作方法。

- **使用“图层”面板新建图层**：在“图层”面板中创建图层，只需在“图层”面板底部单击“创建新图层”按钮，即可在“图层”面板中创建新图层，如图16-2所示。

图16-2 新建前和新建后的“图层”面板

- **使用“菜单”命令新建图层**：选择“图层”/“新建”/“图层”命令，打开“新建图层”对话框，可在该对话框中设置图层名称、颜色、混合模式和不透明度等，设置完成后单击 确定 按钮即可，如图16-3所示。

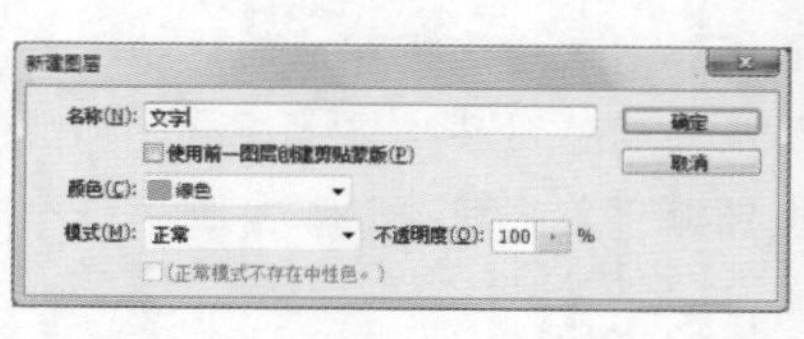

图16-3 新建图层

技巧秒杀

如果要打开“新建图层”对话框，除了使用菜单命令外，还可以在图层面板中单击“新建图层”按钮的同时，按住Alt键或直接按Shift+Ctrl+N组合键。

- **通过“通过拷贝的图层”新建图层**：在“图层”面板中选择需要复制的图层或选区，然后选择“新建”/“图层”/“通过拷贝的图层”命令或按Ctrl+J快捷键即可。
- **通过“通过剪切的图层”新建图层**：在图像中创建选区后，选择“新建”/“图层”/“通过剪切的图层”命令或按Shift+Ctrl+J组合键即可。

技巧秒杀

如果是针对图像中的某个选区，则使用“复制”“粘贴”命令同样可以在复制选区的同时新建图层。

2. 新建图层组

在设计图像时，如果图层过多，一般则使用在“图层”面板中新建图层组，将不同的图层分门别类地放置在不同的图层组中，这样也方便在设计时进行查找，下面分别介绍新建图层组的方法。

- **通过“图层”面板新建**：在“图层”面板底部单击“创建组”按钮即可新建图层组。
- **通过“菜单”命令新建**：选择“图层”/“新建”/“组”命令，打开“新建组”对话框。在其中可以对组的名称、颜色、模式和不透明度进行设置后，单击 确定 按钮即可，如图16-4所示。

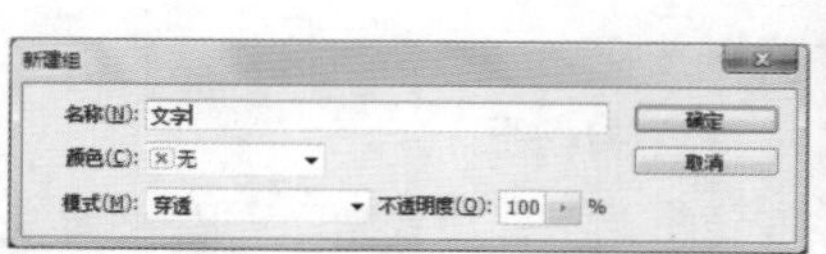

图16-4 新建图层组

技巧秒杀

如果要为所选择的图层建立图层组，则可以直接在“图层”面板中按住Alt键选择需要的图层，然后按住鼠标左键将其拖动至“创建新组”按钮上，即可为所选图层创建新组。

3. 复制图层

有时为了满足编辑图像的需求，需要将图像中的某部分复制而作为一个新的图层进行编辑。此时，就可以使用复制功能进行操作。复制图层分为在同一文档中进行复制和在不同文档中进行复制两种情况，下面分别进行介绍。

（1）在同一文档中复制图层

在Photoshop中，在同一文档中复制图层的方法较多，下面分别进行介绍。

- **使用菜单命令复制图层**：在图层面板中选择需要复制的图层后，选择“图层”/“复制图层”命令，打开“复制图层”对话框，在该对话框中可设置复制图层的名称和目标，设置完成后单击 确定 按钮即可，如图16-5所示。

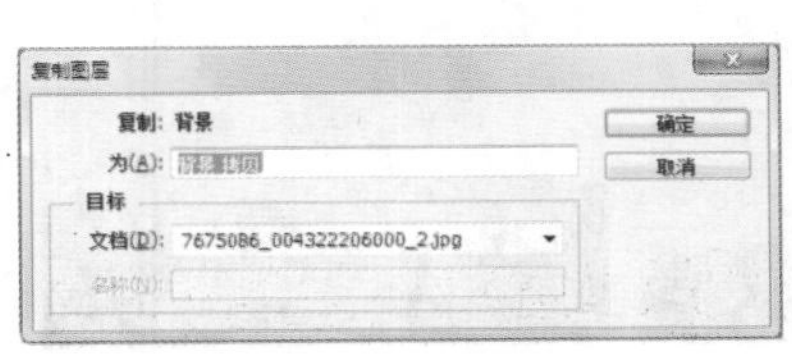

图16-5　复制图层

- **通过快捷菜单进行复制**：在“图层”面板中，选择需要复制的图层，然后右击，在弹出的快捷菜单中选择“复制”命令，打开“复制图层”对话框进行设置。
- **使用拖动的方法复制**：选择需要复制的图层，然后按住鼠标左键不放，将其拖动到“新建图层”按钮上，则可快速地复制所选图层。
- **拖动法与按键结合进行复制**：在图层面板中选择并拖动需要复制的图层的同时，按住Alt键，然后将图层拖动至两个图层交界处，当鼠标光标变为形状时，松开鼠标，则可快速复制所选择图层，如图16-6所示。

图16-6　拖动及拖动后的图层面板效果

（2）在不同文档中复制图层

在不同文档中复制图层，可将不同图像中需要的部分复制到目标文档中来使用，而在不同文档中复制图层时与在不同文档中移动文档的方法相同，请参考15.6.5节中移动选区的方法。在移动所选择的选区图像时，如果图像大小相同，按住Shift键移动到目标文档时，源图像与复制好的图像会被放在同一位置；如果图像大小有所不同，按住Shift键移动则会放置在目标文档中的正中间，如图16-7所示。

图16-7　不同大小图像移动后的效果

4. 删除图层

当图像中的图层过多时，可删除一些不必要的图层，减小图像的大小。在Photoshop提供了多种删除图层的方法，下面分别进行介绍。

- **通过“删除”命令删除**：选择需要删除的图层，再选择“图层”/“删除”/“图层”命令，将选择的图层删除。
- **通过按钮删除**：选择需要删除的图层，用鼠标将它们拖动到按钮上后释放鼠标，如图16-8所示；也可选择需要删除的图层后，单击按钮，将选择的图层删除。

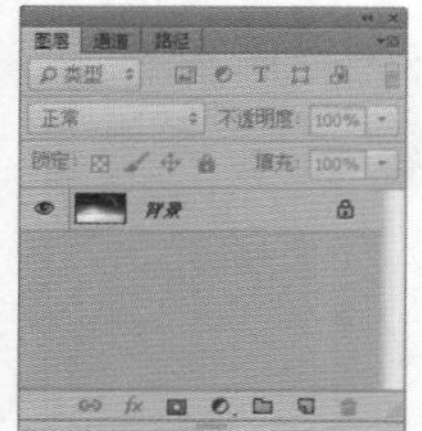

图16-8　删除图层

5. 调整图层顺序

在Photoshop中，可通过改变图层的排列顺序来改变图像的显示情况。其方法为：选择图层，按住鼠标左键将选择的图层向上或向下拖动即可排列图层顺序。如图16-9所示为移动前和移动后的效果。

图16-9　排列图层顺序

技巧秒杀

选择图层后，再选择“图层”/“排列”命令，在弹出的子菜单中也可对图层排列顺序。选择“置于顶层”命令，可将选择的图层调整到所有图层顶部；选择“前移一层”命令，可将选择的图层向上调整一层；选择“后移一层”命令，可将选择的图层向下调整一层；选择“置于底层”命令可将选择的图层置于所有图层底层。

6. 链接图层

在Photoshop中，如果想对多个图层进行相同的操作，如移动、缩放等，则可以对图层进行链接操作。链接操作的方法很简单，只需选择两个或两个以上的图层，然后在“图层”面板上单击“链接图层”按钮或选择“图层”/“链接图层”命令，将选择的图层链接起来，链接后的图层会在图层后显示图标。另外，链接图层后则可对其进行其他相同的操作，如图16-10所示。

图16-10　链接图层

7. 合并图层

当图像中的图层、图层组或图层样式过多时，会影响电脑的运行速度，并且还会影响用户选择图层的操作。所以当图像中有大量重复且重要程度不高的图层时，则可使用合并图层的功能将其进行合并。Photoshop提供了多种合并图层的方法可供用户使用，下面分别进行介绍。

- 合并选择图层：在“图层”面板中选择两个或两个以上的图层。然后选择“图层”/“合并图层”命令，则可将所选图层合并，如图16-11所示。但需注意的是，合并后的图像名称将以最上面的图层命名。

图16-11　合并所选图层

- 向下合并图层：如果要将当前图层与当前图层下方的图层进行合并，则可选择“图层”/“向下合并”命令，合并后的图层将以下方图层命名，如图16-12所示。

图16-12　向下合并图层

技巧秒杀

不管是合并所选图层还是向下合并图层，都可以使用Ctrl+E快捷键实现。

◆ 合并可见图层：当图像中有可见图层和不可见图层，且仅只想合并可见图层时，可选择“图层”/“合并可见图层”命令或按Shift+Ctrl+E组合键，将“图层”面板的所有可见图层都合并到背景图层中，如图16-13所示。

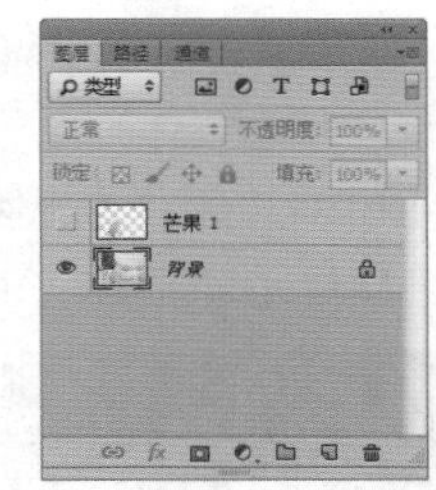

图16-13　合并可见图层

16.2 添加图层样式

在Photoshop中，制作如水晶、金属和纹理等效果，可以通过对图层设置投影、发光和浮雕等图层样式来制作。下面就将讲解对图层使用图层样式的方法，以及各图层样式的特点。

16.2.1 投影、内阴影图层样式

在Photoshop中使用“投影”样式可以模拟出向后的投影效果，从而增加图像的层次感和立体感。另外，“内阴影”样式则可使用图像产生凹陷效果。下面分别进行介绍。

1. 投影图层样式

在Photoshop中，对图层添加投影效果，会使图层看起来有阴影的效果，增强图层的立体感，让整个图层看起来更加有吸引力。

实例操作：制作带有投影的文字

- 光盘\素材\第16章\背景.jpg
- 光盘\效果\第16章\文字.psd
- 光盘\实例演示\第16章\制作带有投影的文字

本例将打开“背景.jpg”图像，在背景图像上添加一个音符、文字，再对添加的文字进行投影设置，并将该投影复制到音符上，如图16-14所示。

图16-14　最终效果

Step 1 按Ctrl+O快捷键，打开“背景.jpg”图像，如图16-15所示，然后单击“自定形状工具”按钮，在该工具的选项栏中，填充颜色为#FDEFEC，选择“高音符号”选项，如图16-16所示。

图16-15　素材图像

图16-16　自定形状工具选项栏

技巧秒杀

在“形状”下拉列表框中如果没有“音符”形状，则可在下拉列表框的右侧单击“设置”按钮，在弹出的下拉列表中选择“音乐”选项，即可切换到音乐符号形状类型中，此时会出现系统中所有的音乐符号形状。

Step 2 在图像中拖动鼠标光标，绘制一个音符形状，如图16-17所示。然后在工具栏中单击“横排

文字工具”按钮，在图像中单击，输入Beating heart，在文字选项栏中将字体设置为Old English Text MT，字号设置为137.71点，样式为“浑厚”，颜色为#FDEFEC，并将形状和文本调整到合适的位置，如图16-18所示。

图16-17 绘制形状

图16-18 设置并添加文字

Step 3 ▶ 选择文字图层，然后在“图层”面板底部单击“添加图层样式”按钮，在弹出的下拉列表中选择“投影”选项，如图16-19所示，切换到“图层样式”对话框的“投影”选项组中，在其中设置参数，如图16-20所示。

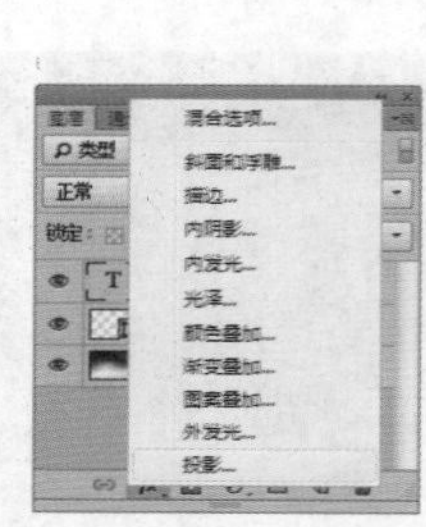

图16-19 选择“投影”选项

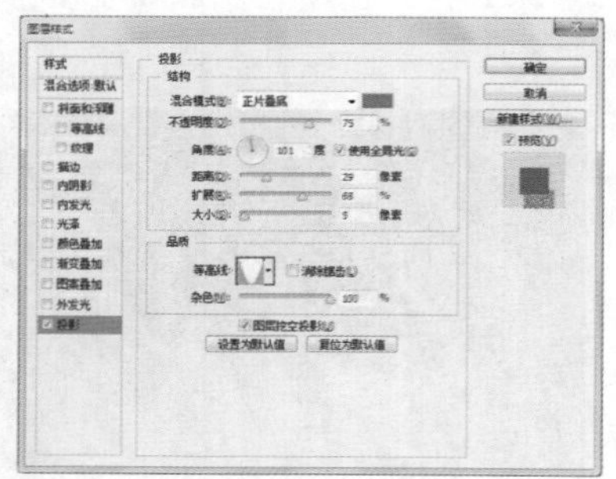

图16-20 “投影”选项组

技巧秒杀

除此之外，要打开“图层样式”的“投影”设置面板，还可以通过选择“图层”/“图层样式”/“投影”命令，如果设置投影样式后想要修改，则可直接在“图层”面板中双击投影效果，打开该面板进行修改。

Step 4 ▶ 单击 确定 按钮，返回到图像文档中查看效果，如图16-21所示。然后在“图层”面板中，保持文本图层的选择状态，右击，在弹出的快捷菜单中选择“拷贝图层样式”命令，复制文字图层的样式，如图16-22所示。

图16-21 查看投影效果

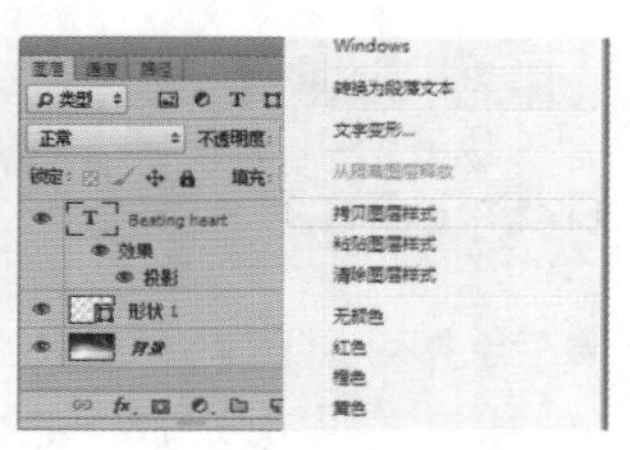

图16-22 拷贝图层样式

Step 5 ▶ 在“图层”面板中选择形状图层，然后右击，在弹出的快捷菜单中选择“粘贴图层样式”命令，即可为形状图层应用文字图层的样式，然后再选择“自定形状工具”，或按Ctrl+Enter快捷键，为形状建立选区，设置其颜色为白色，如图16-23所示。

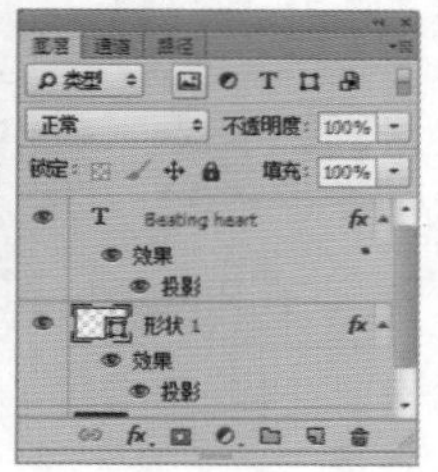

图16-23 填充颜色及最终的图层面板

知识解析：“投影”选项组

- **混合模式**：用于设置投影与下面图层的混合方式，默认为“正片叠底”，如图16-24所示。

图16-24 投影前和投影后的效果

- **投影颜色**：单击颜色块，在打开的“拾色器”对话框中可设置投影颜色。
- **不透明度**：用于设置投影的不透明度，数值越大，投影效果越明显。
- **角度**：用于设置投影效果在下方图层中显示的角度。如图16-25所示为设置“角度”为30°的效果，如图16-26所示为设置“角度”为180°效果。

图16-25　角度为30°

图16-26　角度为180°

◆ ☑使用全局光(G) 复选框：选中该复选框，可保证所有图层中的光照角度相同。

◆ **距离**：用于设置投影偏离图层内容的距离，数值越大，偏离越远。如图16-27所示为设置“距离”为30像素的效果，如图16-28所示为设置“距离”为130像素的效果。

图16-27　距离为30像素

图16-28　距离为130像素

◆ **大小**：用于设置投影的模糊范围，数值越高，模糊范围越广。

◆ **扩展**：用于设置扩展范围，该范围不受“大小”选项影响。

◆ **等高线**：用于控制投影的影响。如图16-29所示为设置“等高线”为“锥形-反转”的效果，如图16-30所示为设置“等高线”为“滚动斜坡-递减”的效果。

图16-29　锥形-反转

图16-30　滚动斜坡-递减

◆ **消除锯齿**：混合等高线边缘的像素，平滑像素渐变。

◆ **杂色**：用于控制在投影中添加杂色点的数量。数值越高，杂色点越多。如图16-31所示为设置“杂色”为30%的效果，如图16-32所示为设置“杂色”为100%的效果。

图16-31　杂色为30%

图16-32　杂色为100%

◆ ☑图层挖空投影(U) 复选框：用于设置当图层为半透明状态时图层投影的可见性。若图层不透明度小于100%，选中 ☑图层挖空投影(U) 复选框，则半透明图层中的投影会消失。

2. 内阴影图层样式

在Photoshop中，为图像添加内阴影可使图像产生凹陷的效果，并且内阴影图层样式与投影的参数设置基本相同，如图16-33所示。

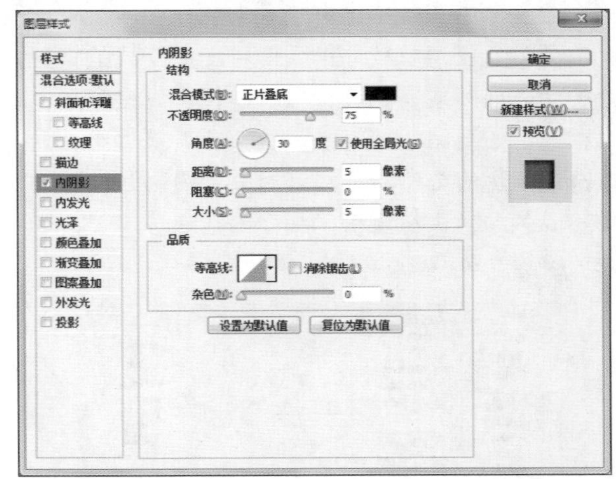

图16-33　“内阴影”选项组

从该选项组中可以看出，内阴影是通过使用“阻塞”选项来控制阴影边缘的渐变程度，而投影是通过“扩展”选项进行控制。其中，“阻塞”选项可以模糊收缩内阴影的边界。如图16-34所示为设置“阻塞”为20%的效果，如图16-35所示为设置“阻塞”为85%的效果。

图16-34 设置阻塞为20%　　图16-35 设置阻塞为85%

16.2.2 外发光、内发光图层样式

如果为图像添加外发光图层样式，可以沿图层内容的边缘产生发光效果，而使用内发光图层样式则可以使图像沿图层内容的边缘向内产生发光效果，使图像有一种凸出的感觉。下面分别介绍外发光、内发光图层样式。

1. 外发光图层样式

外发光图层样式与前面两种图层样式的打开方法相同，而外发光的设置参数与投影设置参数也基本相同，如图16-36所示为“外发光”选项组。在对该选项组进行介绍时，只针对与“投影”设置面板中不同的参数进行解析，相同参数请参考“投影”选项组的参数设置。

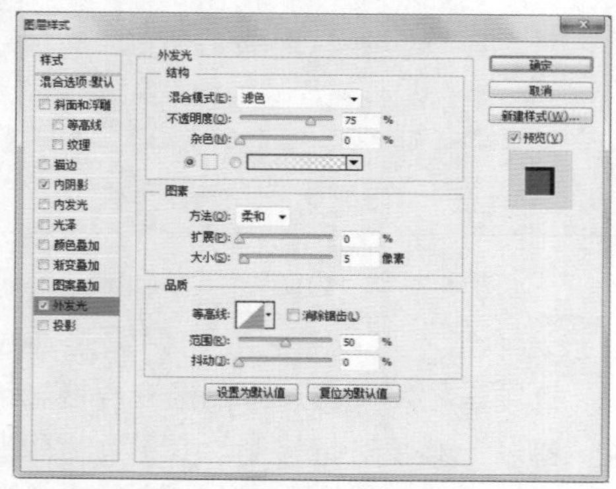

图16-36 “外发光”选项组

知识解析：“外发光”选项组

- **颜色**：用于设置发光效果的颜色。单击颜色单选按钮右侧的色块，则可在打开的“拾色器”对话框中设置发光颜色。单击色块右边的渐变条，在打开的“渐变编辑器”对话框中可设置渐变颜色。如图16-37所示为设置单色的发光效果，如图16-38所示为设置渐变发光的效果。

图16-37 单色发光效果　　图16-38 渐变发光效果

- **方法**：用于设置发光的方式，控制发光的准确程度。如图16-39所示为选择“柔和”选项得到柔和的边缘，如图16-40所示为选择“精确”选项得到的精确边缘。

图16-39 柔和边缘　　图16-40 精确边缘

2. 内发光图层样式

在内发光图层样式中，除了“源”外，其他参数都与其他图层样式的参数相同。“源”选项用来控制光源的位置。

实例操作：制作发光的几何图

- 光盘\素材\第16章\几何图.jpg
- 光盘\效果\第16章\几何图.psd
- 光盘\实例演示\第16章\制作发光的几何图

本例将打开“几何图.jpg”图像，使用魔棒工具选择几何图将其复制，然后为复制的几何图添加内发光和外发光效果，最后在其中添加文字即可，如图16-41和图16-42所示。

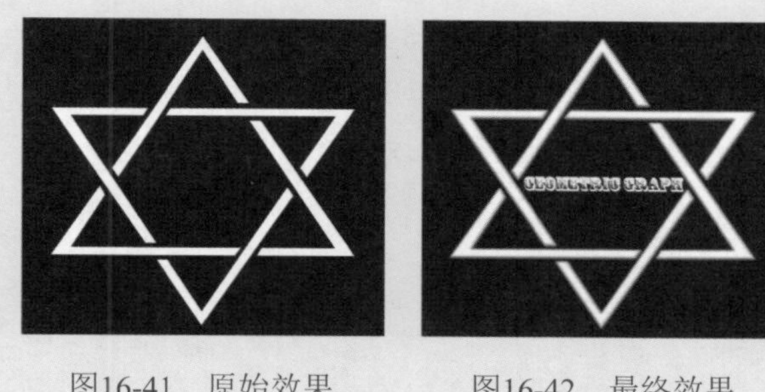

图16-41　原始效果　　图16-42　最终效果

Step 1 按Ctrl+O快捷键打开“几何图.jpg”图像，在工具箱中单击“魔棒工具”按钮，在图像中单击白色的地方，将所有白色作为选区，如图16-43所示，然后按Ctrl+J快捷键，复制选区的部分，让其作为新的图层来操作，如图16-44所示。

图16-43　创建选区

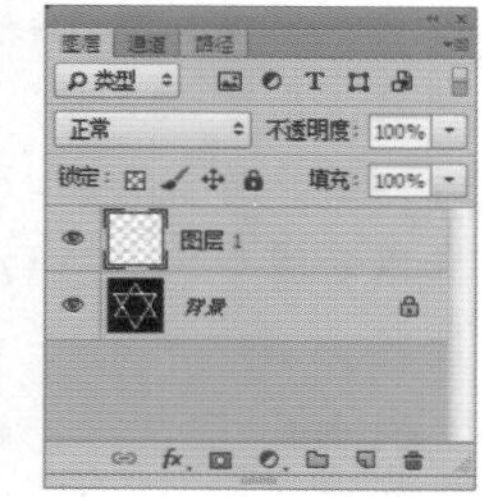

图16-44　复制图层

Step 2 在“图层”面板的底部单击“添加图层样式”按钮，在弹出的下拉列表中选择“内发光”选项，如图16-45所示。选择“图层样式”对话框中的“内发光”选项，在其选项组中设置参数，如图16-46所示。

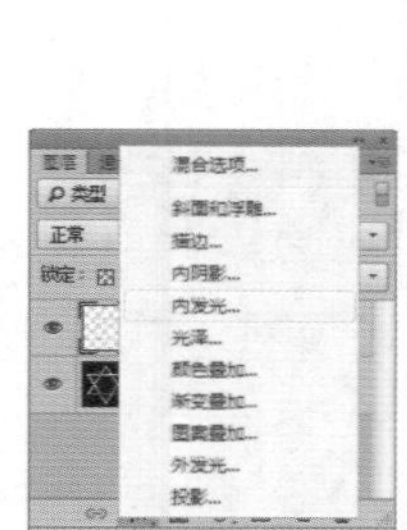

图16-45　选择“内发光”选项

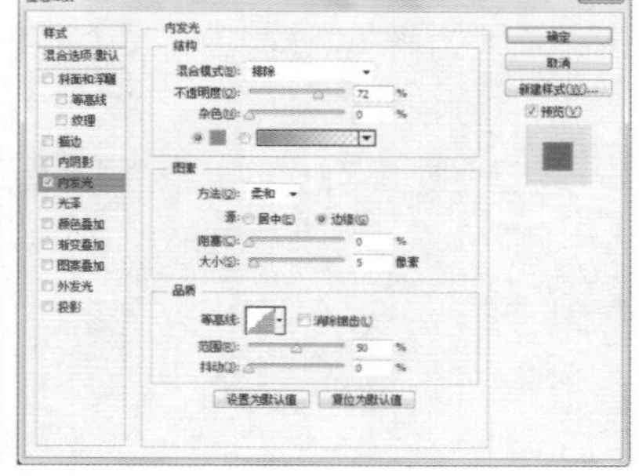

图16-46　“内发光”设置面板

Step 3 选择“外发光”选项，在“外发光”选项组中设置参数，如图16-47所示。然后单击 确定 按钮，查看设置后的效果，如图16-48所示。

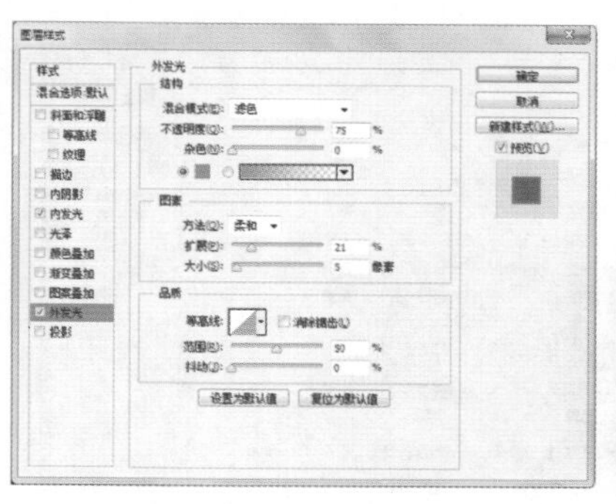

图16-47　设置外发光参数

图16-48　设置效果

Step 4 在工具箱中选择“横排文字工具”，在图像中间输入文本geometric graph，然后设置其字体为Rosewood Std，字号为39.34点，颜色为白色，如图16-49所示。

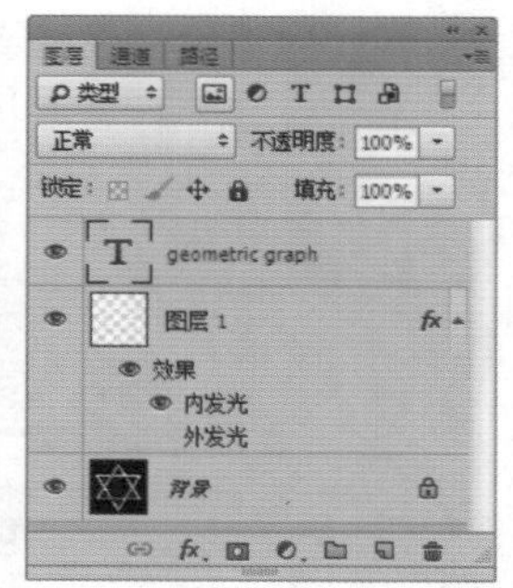

图16-49　最终效果及图层面板的效果

16.2.3 斜面和浮雕图层样式

使用“斜面和浮雕”效果可以为图层添加高光和阴影的效果，可以让图像看起来更加立体生动，如图16-50所示为设置“斜面和浮雕”前后的效果。

图16-50　原始效果和设置后的效果

1. 设置斜面和浮雕

使用Photoshop可快速对图层的斜面和浮雕进行设置。如图16-51所示为“斜面和浮雕”选项组。

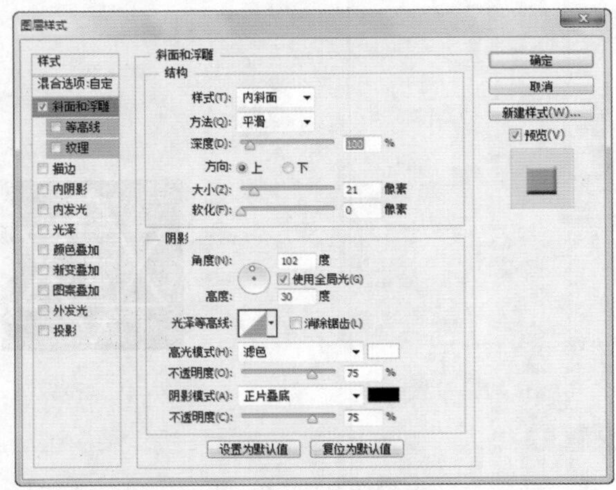

图16-51 “斜面和浮雕”选项组

知识解析：“斜面和浮雕”选项组

◆ **样式**：用于设置斜面和浮雕的样式。如图16-52所示为设置“样式”为描边浮雕效果，如图16-53所示为设置“样式”为外斜面效果。

图16-52 描边浮雕效果　　图16-53 外斜面效果

◆ **方法**：用于设置创建浮雕的方法。如图16-54所示为设置“方法”为平滑的效果，如图16-55所示为设置“方法”为雕刻柔和的效果。

图16-54 平滑效果　　图16-55 雕刻柔和效果

◆ **深度**：用于设置浮雕斜面的深度，其数值越大，图像立体感越强。

◆ **方向**：用于设置光照方向，以确定高光和阴影的位置。如图16-56所示为设置方向为上的效果，如图16-57所示为设置方向为下的效果。

图16-56 设置方向为上　　图16-57 设置方向为下

◆ **大小**：用于设置斜面和浮雕中阴影面积的大小。

◆ **软化**：用于设置斜面和浮雕的柔和程度，数值越小图像越硬。

◆ **角度**：用于设置光源的照射角度。

◆ **高度**：用于设置光源的高度。在设置高度和角度时，用户可直接在数值框中输入数值，也可用鼠标拖动圆形中的空白点直观地对角度和高度进行设置。

◆ 使用全局光(G) **复选框**：选中该复选框，可以让所有浮雕样式的光照角度保持一致。

◆ **光泽等高线**：单击旁边的按钮，在弹出的选择列表框中可为斜面和浮雕效果添加光泽，创建金属质感的物体时，经常会使用该下拉列表框。如图16-58所示为设置“等高线”为“环形”的效果，如图16-59所示为设置“等高线”为“锥形-反转”的效果。

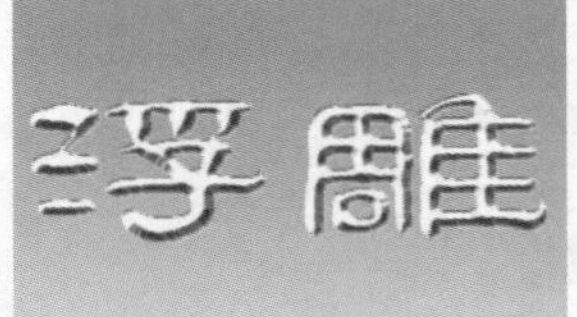

图16-58 设置环形效果　　图16-59 设置锥形-反转效果

◆ 消除锯齿(L) **复选框**：选中该复选框，可消除设置光泽等高线出现的锯齿效果。

◆ **高光模式**：用于设置高光部分的混合模式、颜色以及不透明度。

◆ **阴影模式**：用于设置阴影部分的混合模式、颜色以及不透明度。

2. 设置等高线

在“图层样式”对话框的“样式”列表框中选中☑等高线复选框，可切换到如图16-60所示的“等高线”选项组，在其中可对图层的凹凸、起伏进行设置。其中的各选项参数与“斜面和浮雕”相似，这里不再赘述。

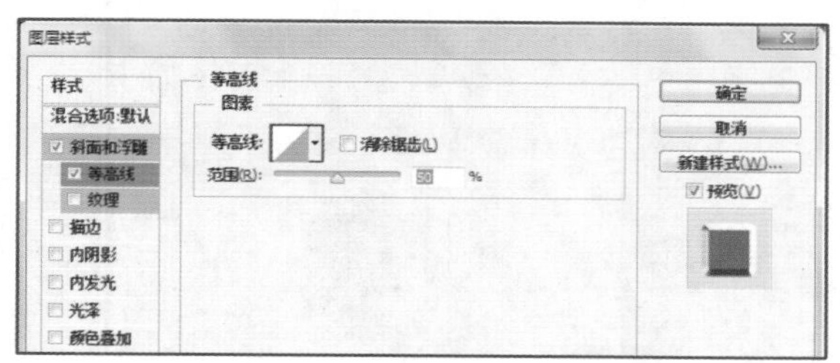

图16-60 “等高线”选项组

3. 设置纹理

在“图层样式”对话框的“样式”列表框中，选中☑纹理复选框，可切换到如图16-61所示的“纹理”选项组。

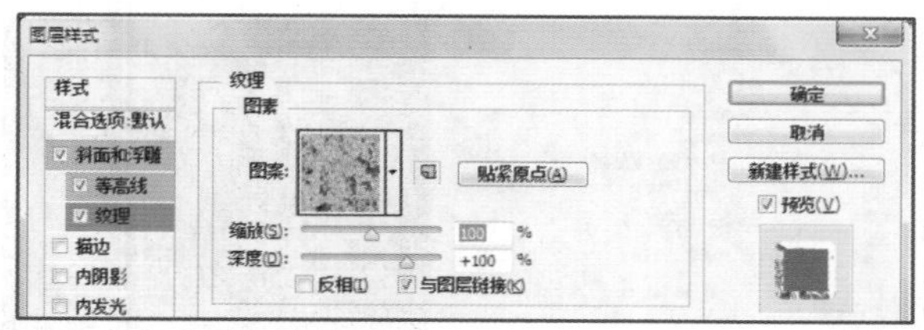

图16-61 “纹理”选项组

知识解析：“纹理”选项组

◆ **图案**：单击右边的按钮，可在打开的列表框中选择一个图案，并将其应用于“斜面和浮雕”效果中。

◆ **“从当前图案创建新的预设”按钮**：单击该按钮，可将当前设置的图案创建为一个新的预设图案，新图案将保留在“图案”选择列表中。

◆ **缩放**：用于调整图案的缩放大小。如图16-62所示为设置“缩放”为250%的效果，如图16-63所示为设置“缩放”为50%的效果。

图16-62 缩放为250%

图16-63 缩放为50%

◆ **深度**：用于设置图案纹理的应用程度。

◆ **☑反相复选框**：选中该复选框，可反转图案纹理的凹凸方向。

◆ **☑与图层链接复选框**：选中该复选框，将图案与图层链接在一起，对图层进行操作时，图案也会跟着变化。单击 贴紧原点(A) 按钮，可将图案的原点与图像的原点对齐。

实例操作：制作按钮

- 光盘\素材\第16章\bg.psd
- 光盘\效果\第16章\按钮.psd
- 光盘\实例演示\第16章\制作按钮

本例将打开bg.psd图像，使用自定义工具绘制图形，然后对其使用图层样式、添加图层蒙版，最后添加文本，最终效果如图16-64所示。

图16-64 最终效果

Step 1 打开bg.psd图像，设置其前景色为白色，在“通道”面板的右下角单击“创建新通道”按钮，在工具栏中选择“自定形状工具”，在其属性栏中将“形状”设置为五角星，然后在画布中绘制一个五角星，如图16-65所示。

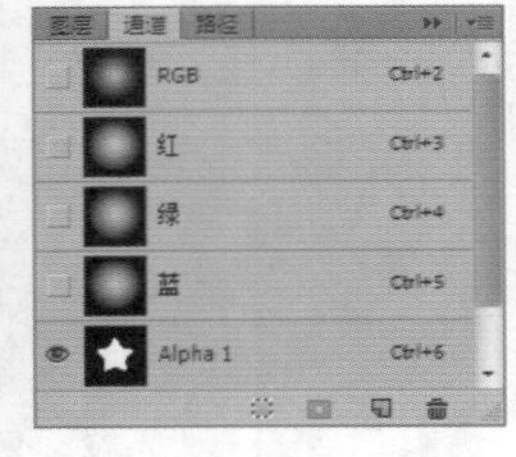

图16-65　绘制图形

Step 2 ▶ 然后选择“滤镜”/“模糊”/“高斯模糊”命令，打开“高斯模糊”对话框，设置半径为20.0，单击 确定 按钮，如图16-66所示。

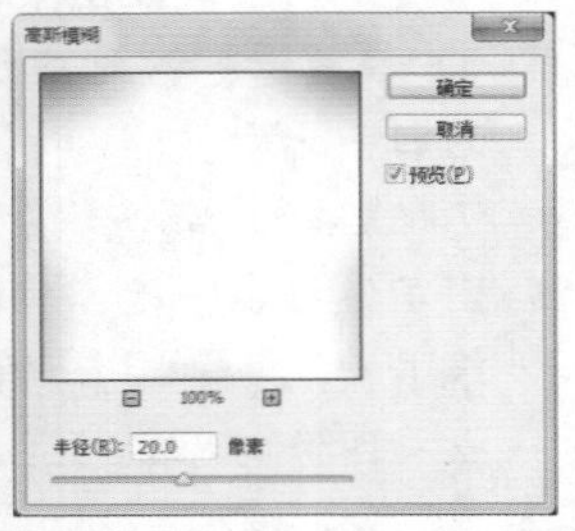

图16-66　设置高斯模糊半径

Step 3 ▶ 选择“图像”/“调整”/“色阶”命令，打开“色阶”对话框，设置输入色阶参数分别为98、1.00和107，单击 确定 按钮，如图16-67所示。

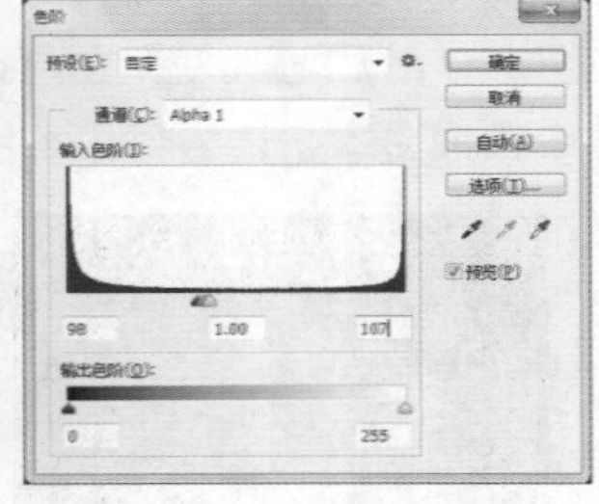

图16-67　调整色阶

Step 4 ▶ 在“通道”面板中按住Ctrl键，单击Alpha1通道的缩略图，载入选区，然后返回到“图层”面板中，在其右下角单击“创建新图层”按钮，创建“图层1”图层，如图16-68所示。设置其前景色为#645757，然按Alt+Delete快捷键，填充颜色，如图16-69所示。

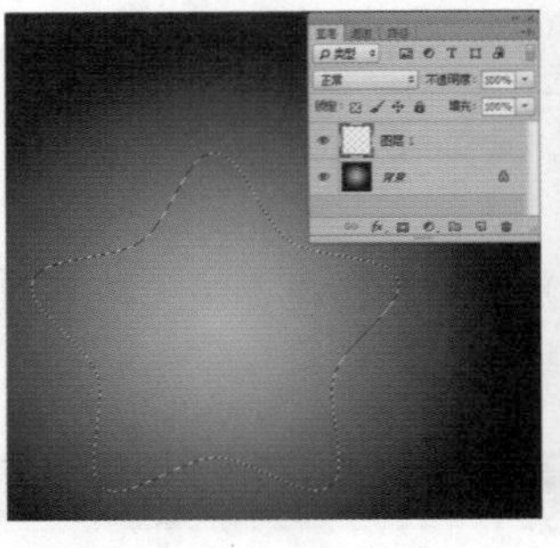

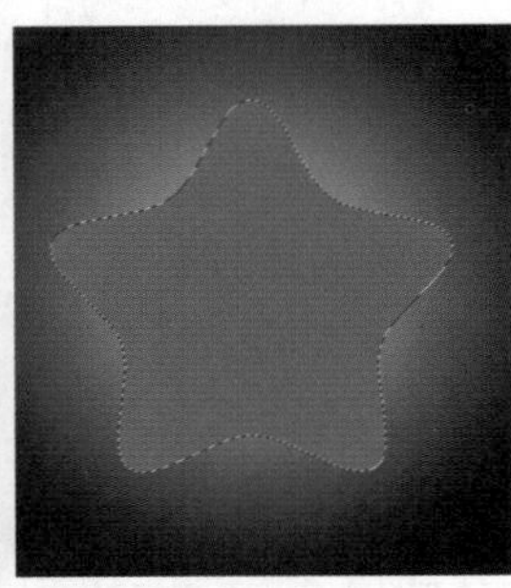

图16-68　载入选区并新建图层　　图16-69　填充颜色

Step 5 ▶ 按Ctrl+D快捷键取消选区，在“图层”面板底部单击“添加图层样式”按钮，在弹出的下拉列表中选择“描边”选项，打开“图层样式”对话框的“描边”选项组，在其中设置参数，如图16-70所示。然后再选择“斜面和浮雕”选项，切换到“斜面和浮雕”选项组中，在其中设置参数，如图16-71所示。

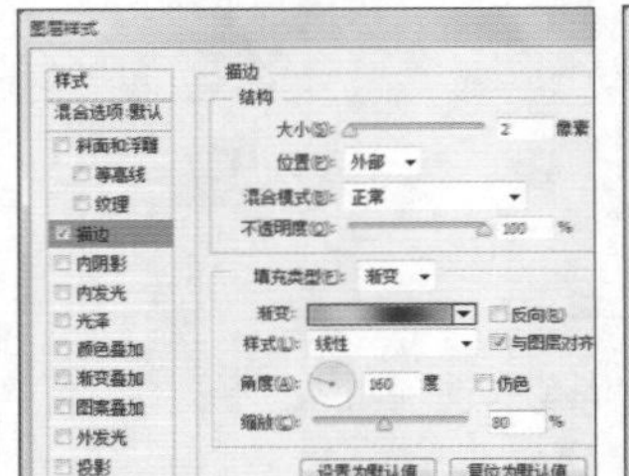

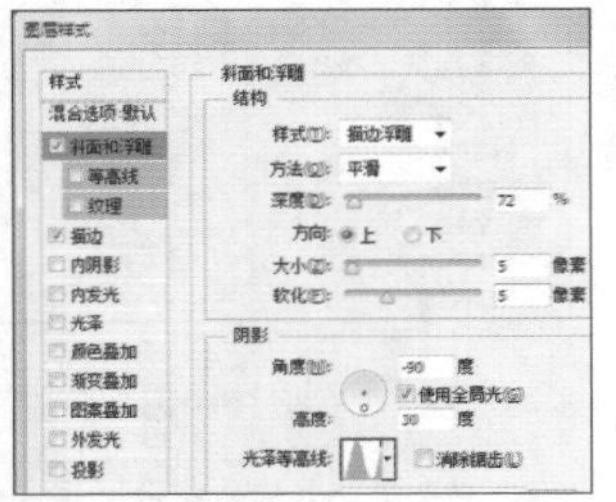

图16-70　设置描边参数　图16-71　设置斜面和浮雕参数

Step 6 ▶ 选择“渐变叠加”选项，切换到“渐变叠加”选项组中，在其中设置参数，如图16-72所示。单击 确定 按钮，查看其效果，如图16-73所示。

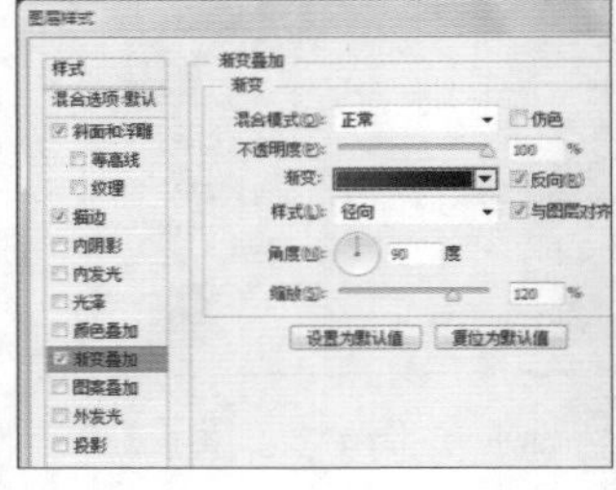

图16-72　设置渐变叠加参数　　图16-73　查看效果

Step 7 ▶ 按住Ctrl键，单击“图层1”图层的缩略图，载入选区，选择“选择”/“修改”/“收缩”命令，打开“收缩选区”对话框，设置“收缩量”为35，单击 确定 按钮，如图16-74所示。选择“选择”/“修改”/“羽化”命令，在打开的对话框中设置“羽化半径”为6，然后单击 确定 按钮，如

图16-75所示。

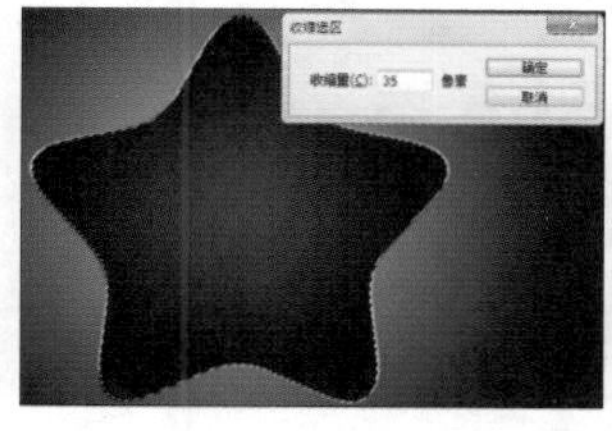

图16-74　设置收缩选区

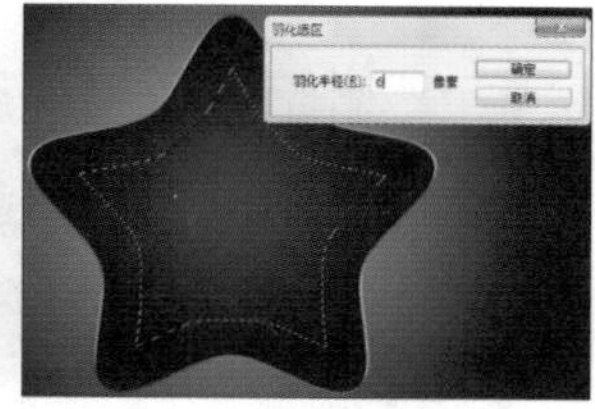

图16-75　设置羽化半径

Step 8 ▶ 新建“图层2”图层，选择“编辑”/“描边”命令，打开“描边”对话框，设置其参数（颜色参数为#5A5656），如图16-76所示，单击 确定 按钮，查看其效果，如图16-77所示。

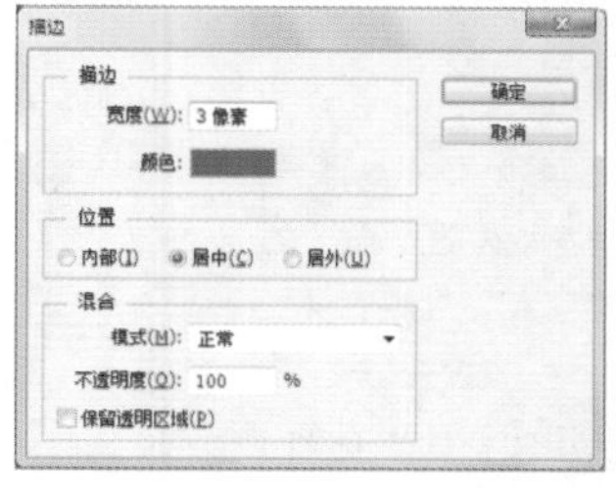

图16-76　设置描边参数

图16-77　查看效果

操作解谜

选择“编辑”/“描边”命令与图层样式中的描边区别在于前者是针对图形进行描边，而图层样式中的“描边”则是针对的图层。

Step 9 ▶ 选择“图层样式”对话框中的“斜面和浮雕”选项，在其选项组中为“图层2”图层设置斜面和浮雕效果，其参数如图16-78所示。单击 确定 按钮，选择“自定形状工具”，在其内部绘制一个五角星，并对其进行描边，如图16-79所示。

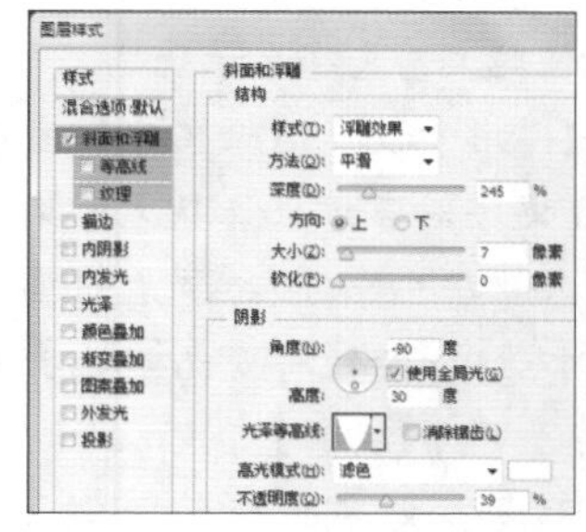

图16-78　设置“斜面和浮雕”参数

图16-79　查看效果

Step 10 ▶ 新建“图层3”图层，打开“图层样式”对话框，选择“投影”选项，在其选项组中，设置投影参数（颜色参数为#F7F5F5），如图16-80所示。新建“图层4”图层，选择“椭圆选框工具”，按住Shift键，在五角星上绘制一个正圆，并填充为白色，如图16-81所示。

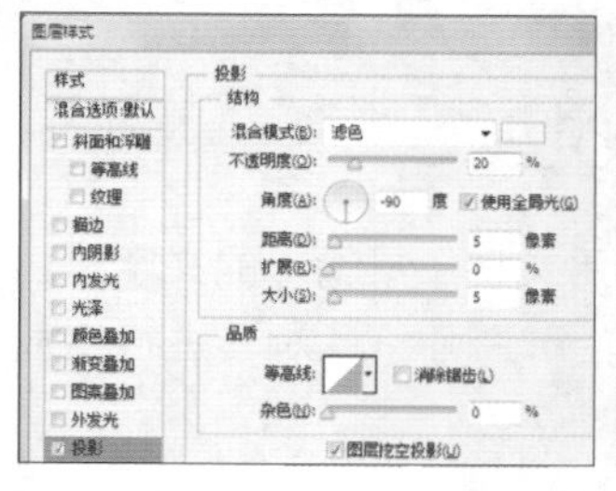

图16-80　设置投影参数

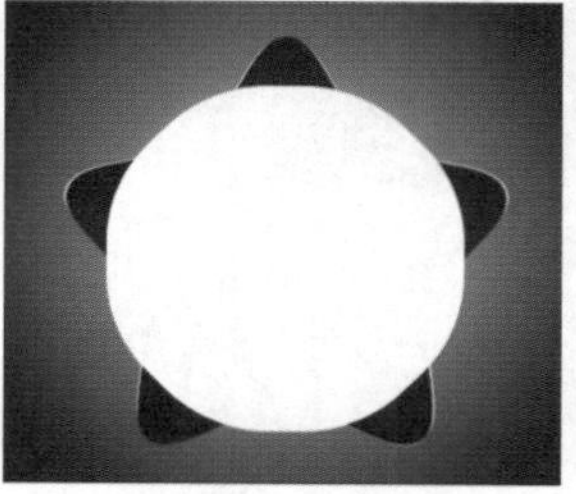

图16-81　绘制正圆并填充

Step 11 ▶ 选择“图层样式”对话框的“投影”选项，在其选项组中设置投影参数，如图16-82所示。选择“外发光”选项，在其选项组中设置外发光参数，如图16-83所示。单击 确定 按钮。

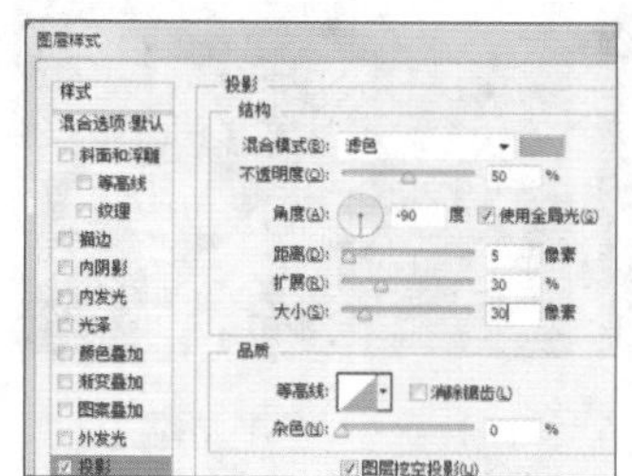

图16-82　设置投影参数

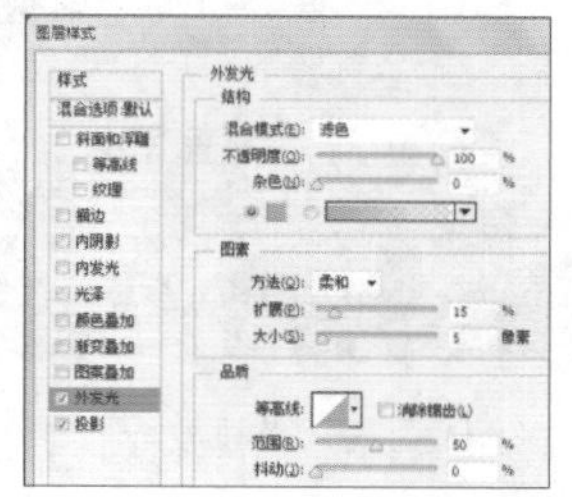

图16-83　设置外发光参数

Step 12 ▶ 选择“图层4”图层，在“图层”面板底部单击“添加蒙版”按钮添加蒙版。选择“图层1”图层，并载入选区，设置选区扩展量为3，然后选择“图层4”图层的蒙版缩略图将其填充为黑色，如图16-84所示。按Ctrl+D快捷键取消选区，选择“横排文字工具”，在五角星内部输入Start并设置字体为Cooper Std、大小为50点的黑色文本Start，并设置其斜面和浮雕效果，如图16-85所示。

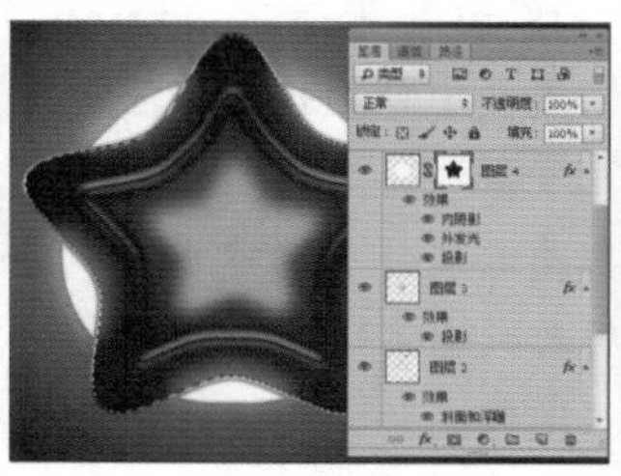

图16-84　设置渐变叠加

图16-85　查看效果

16.3 创建并设置文本

在Photoshop中，文字不仅仅是为了传达信息而存在，还可以通过文字美化图像效果。为了使用户更好地对文字进行编辑，Photoshop提供了多种输入、编辑文字的工具。下面将对文本的类型、创建和设置等操作进行介绍。

16.3.1 文本的类型

在Photoshop中，使用文字工具输入的文字是由矢量的文字轮廓组成的，用户可随意对其进行缩放而不会出现锯齿。

Photoshop提供了4种文字输入工具，分别是“横排文字工具”、“直排文字工具”、“横排文字蒙版工具”和“直排文字蒙版工具”。如图16-86、图16-87、图16-88和图16-89所示分别为不同文字工具所产生的效果。

图16-86 横排文字工具

图16-87 直排文字工具

图16-88 横排文字蒙版工具

图16-89 直排文字蒙版工具

Photoshop中各文字工具的作用如下。

- **横排文字工具**：在图像文件中创建水平文字并建立新的文字图层。
- **直排文字工具**：在图像文件中创建垂直文字并建立新的文字图层。
- **横排文字蒙版工具**：在图像文件中创建水平文字形状的选区，但在图层面板中不建立新的图层。
- **直排文字蒙版工具**：在图像文件中创建垂直文字形状的选区，但在图层面板中不建立新的图层。

16.3.2 文字工具属性栏

选择相应的文字工具后，将显示对应的工具属性栏，在其中可设置包括字体、字体大小和颜色等属性。各文字工具属性栏选项作用基本相同，如图16-90所示为横排文字工具的属性栏。

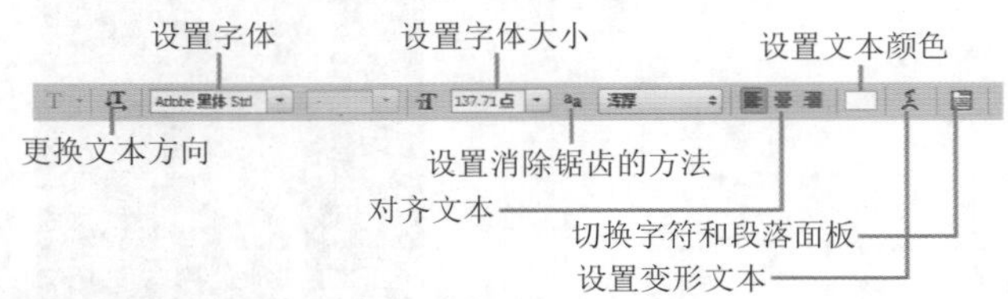

图16-90 “横排文字工具”属性栏

知识解析：“横排文字工具”属性栏

- **更换文本方向**：单击按钮，可以在横排文字和直排文字间进行切换，如在已输入了水平显示的文字情况下单击该按钮，则可将其转换成呈垂直方向的显示。
- **设置字体**：单击其右侧的下拉按钮，在弹出的下拉列表中选择所需字体。当选择具有该属性的某些字体后，其后方的下拉列表框将被激活，可在其中选择字体形态。
- **设置字体大小**：单击其右侧的下拉按钮，在弹出的下拉列表中可选择所需的字体大小，也可直接输入字体大小的值。值越大，文字显示就越大。
- **设置消除锯齿的方法**：用于设置消除文字锯齿。
- **对齐文本**：用于设置文字对齐方式，从左至右分别为“左对齐”、“居中”和“右对齐”。当文字为直排时，3个按钮将变为，从左到右分别为顶对齐、居中、底对齐。
- **设置文本颜色**：用于设置文字的颜色，单击色块，可以打开“（拾色器）文本颜色”对话框，从中可选择字体的颜色。

◆ **设置变形文本**：选择具有该属性的某些字体后，单击按钮，可在打开的“变形文字”对话框中为输入的文字增加变形属性。

◆ **切换字符和段落面板**：单击按钮，可以显示或隐藏“字符”和“段落”控制面板，在其中可设置输入的文字格式和段落格式。

16.3.3 输入并设置文本

在Photoshop中用户可以自由地选择文字工具在图像中输入文字。不同的文字工具适合不同的图像处理场合。

实例操作：制作Logo图标

- 光盘\素材\第16章\Logo.jpg
- 光盘\效果\第16章\Logo.psd
- 光盘\实例演示\第16章\制作Logo图标

本例将新建一个600×400像素的白色的背景图，然后打开Logo.jpg图像，将图像剪影拖动到新建的背景图上，最后输入文本并对其进行设置，效果如图16-91所示。

图16-91　效果

Step 1 选择“文件”/“新建”命令，打开“新建”对话框。设置“名称”、“宽度”、“高度”和“分辨率”分别为Logo、600、400、72，单击 确定 按钮，如图16-92所示。

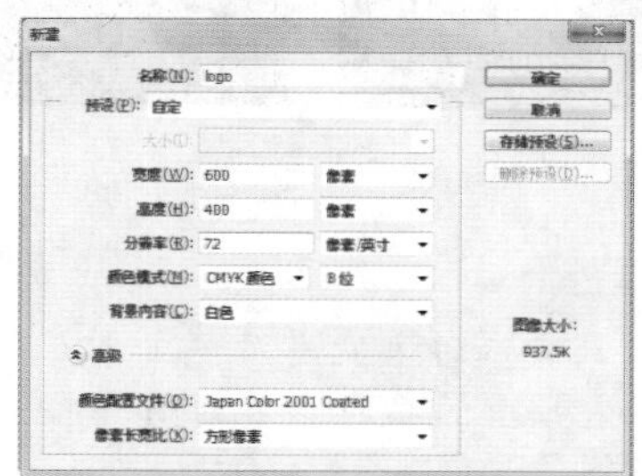

图16-92　新建文件

Step 2 在工具箱中选择“渐变工具”，设置其渐变颜色为粉红（#FBDDED）到白色（#FFFFFF），然后单击“径向渐变”按钮，在背景图像中用鼠标从中间向左斜上方拖动，制作出渐变背景，如图16-93所示。

图16-93　设置渐变背景

Step 3 打开Logo.jpg素材图像，然后使用“魔棒工具”选择黑色区域创建选区，如图16-94所示，再使用“移动工具”将创建的选区移动到创建的背景图中，按Ctrl+D快捷键取消选区，并按Ctrl+T快捷键调整其大小，如图16-95所示。

图16-94　创建选区

图16-95　移动图像并调整大小

Step 4 在工具箱中选择“横排文字工具”，在图像右侧输入文本“红粉佳人”，在工具属性栏中设置其字体为“方正隶变简体”，字号为“52.8点”，颜色为黑色，如图16-96所示。

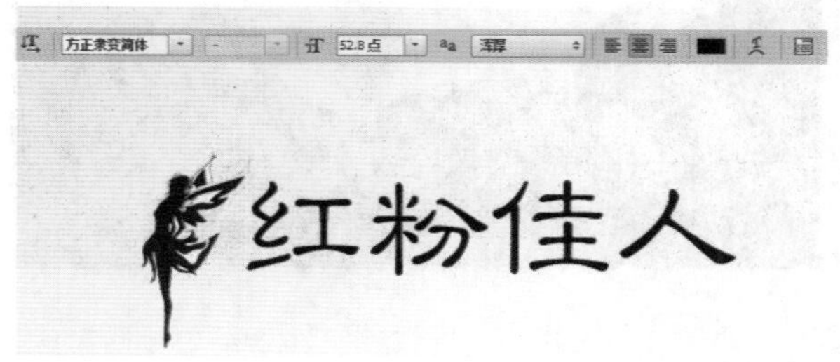

图16-96　输入并设置文本

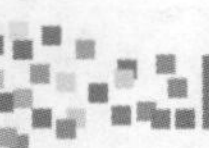

Step 5 ▶ 在文本“红粉佳人”下方输入文本LADY PINK，并在其工具栏上设置字体为Ravie，字号为“36.28 点”，颜色为#650435，按Ctrl+S快捷键保存图像，完成整个例子的操作，如图16-97所示。

图16-97　输入并设置文本

16.3.4 创建路径文字

在制作一些需要创意的图像时，可为图像添加创意，如添加特殊形状的文字来增强图像的整体新奇感。在Photoshop中一般是通过创建路径文字的方法，来调整文字的特殊效果。

实例操作：制作路径文字

- 光盘\素材\第16章\路径文字.jpg
- 光盘\效果\第16章\路径文字.psd
- 光盘\实例演示\第16章\制作路径文字

本例将打开“路径文字.jpg”图像，在图像中添加一个路径文字并设置外发光效果，并使用画笔添加花朵，如图16-98和图16-99所示。

图16-98　原始效果

图16-99　最终效果

Step 1 ▶ 打开“路径文字.jpg”图像，按Ctrl+J快捷键复制图层。在工具箱中选择“钢笔工具”，在图像左上方的位置单击，绘制两个锚点，如图16-100所示。然后在绘制的锚点中间单击，按住鼠标左键向左上角拖动使其成为弧形，如图16-101所示。

图16-100　绘制锚点

图16-101　拖动路径

Step 2 ▶ 在工具箱中选择“横排文字工具”，然后在文字工具属性栏中设置字体、字号和颜色分别为Ravie、“40点”和白色，再在路径上单击，然后输入文本only lady，按住Ctrl键的同时拖动鼠标，如图16-102所示，将输入的文本全部显示出来。

图16-102　输入文本并显示

技巧秒杀

为了在输入文本时方便看清楚文本，可先将输入的文本颜色设置为白色，在设置“投影”效果时再将其设置为黑色。

Step 3 ▶ 在“图层”面板中单击“添加图层样式”按钮 fx，在弹出的下拉列表中选择“外发光”选项，如图16-103所示，切换到“图层样式”对话框的“外发光”选项组，设置“发光颜色”和“扩展”分别为白色和50，如图16-104所示。

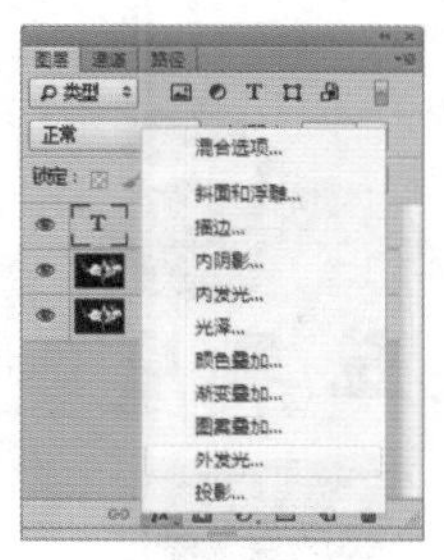

图16-103 选择“外发光”选项

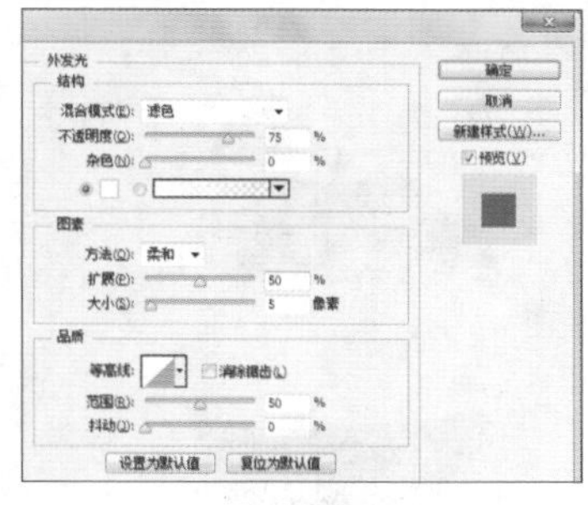

图16-104 设置外发光参数

Step 4 ▶ 单击 确定 按钮，返回图像中查看效果。然后在工具箱中选择“画笔工具”，在画笔样式右侧单击下拉按钮，在弹出的面板右侧单击“设置”按钮，在弹出的下拉列表中选择“特殊效果画笔”选项，切换画笔样式，切换后在“画笔”面板中选择“散落玫瑰”选项，如图16-105所示。

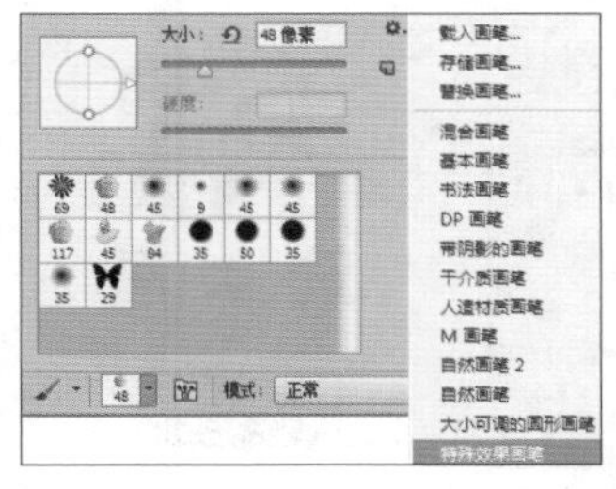

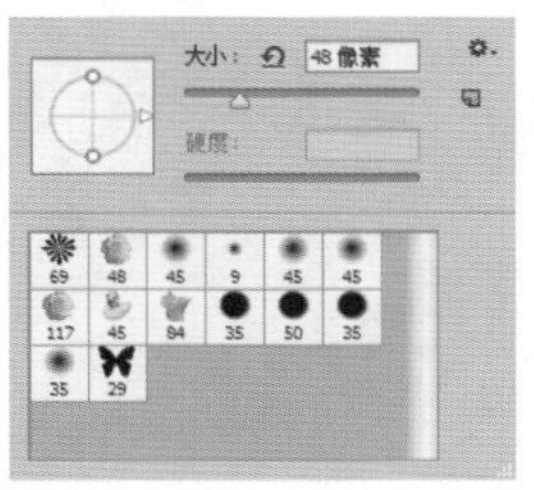

图16-105 设置画笔样式

Step 5 ▶ 在路径文字右侧单击，再次打开“图层样式”对话框，在“外发光”选项组中设置“扩展”为30%，单击 确定 按钮返回图像窗口。然后连续按Ctrl+J快捷键，复制3个图层使画笔绘制的图像轮廓更加清晰，选择复制的图层按Ctrl+E快捷键进行合并，并将合并后的图层重命名为图层2，如图16-106所示。

操作解谜

选择画笔后，在路径文字右侧单击，则可绘制出所选画笔样式的轮廓图，为画笔所画轮廓设置外发光和复制图层3次，都是为了更加突出所画的效果。

图16-106 复制图层并合并复制图层

Step 6 ▶ 使用输入路径文字的方法，在花朵下方添加一个路径文本“女人花”，设置其字体、颜色和字号分别为“Adobe 黑体 Std”、黑色和“12点”，然后将英文字母图层样式复制到该图层，如图16-107所示。

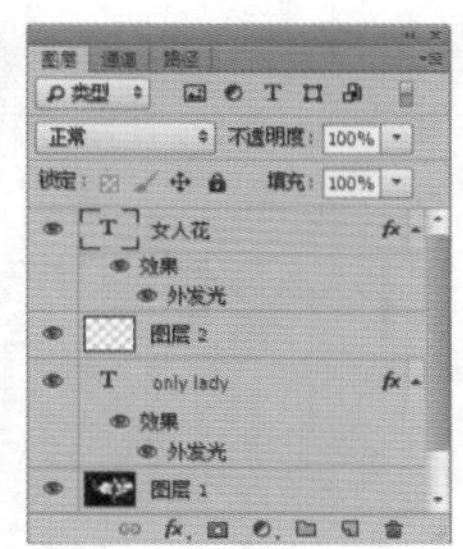

图16-107 创建路径文字并复制图层样式

Step 7 ▶ 选择图层2，使用钢笔工具在字母O上选择一小块路径，如图16-108所示。按Ctrl+Enter快捷键转换为选区，并将其填充为#702D59，按Ctrl+D快捷键，取消选区完成整个例子的制作，如图16-109所示。

图16-108 创建路径

图16-109 转换路径并填充颜色

16.3.5 创建变形文字

除可通过路径文字对文字效果进行设置，还可对文字的变形方式进行控制，使文字更富于变化。

实例操作：制作变形文字

- 光盘\素材\第16章\苹果屋.png
- 光盘\效果\第16章\变形文字.psd
- 光盘\实例演示\第16章\制作变形文字

本例将新建一个白色背景的画布，打开“苹果屋.png”素材，将其移动到新建的画布中，然后在苹果图像上创建选区并将其删除，添加文字，并进行设置，效果如图16-110所示。

图16-110　效果图

Step 1 选择“文件”/“新建”命令，打开“新建”对话框。设置“名称”、“宽度”、“高度”和“分辨率”分别为“苹果屋”、400、400和72，单击 确定 按钮，如图16-111所示。

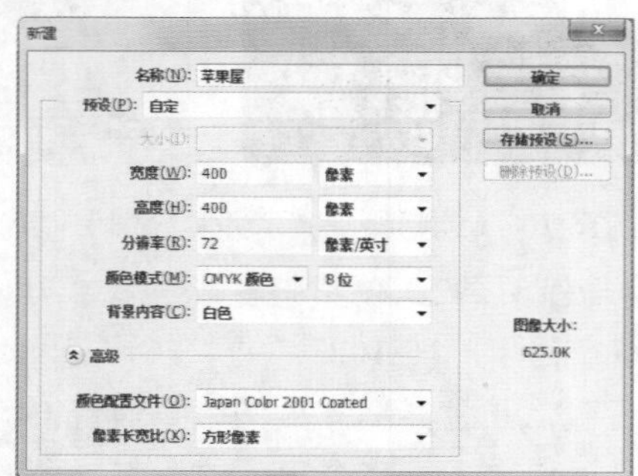

图16-111　新建文件

Step 2 打开“苹果屋.png”图像，如图16-112所示，在工具箱中选择“移动工具”，按住Shift键，将图像移动到当前画布中，在工具箱中选择“钢笔工具”，在图像上绘制路径，如图16-113所示。

图16-112　素材效果

图16-113　绘制路径

Step 3 按Ctrl+Enter快捷键，将其转换为选区，按Delete键将选区所包含的图像删除，如图16-114所示。在工具箱中选择“横排文字工具”，在其工具属性栏中设置字体、字号和颜色分别为“方正流行体简体”、“120点”和#555F24，然后在图像中间输入文本“苹果屋”，如图16-115所示。

图16-114　删除选区

图16-115　设置并输入文本

Step 4 选择输入的文本，在文字工具属性栏中单击“创建文字变形”按钮，打开“变形文字”对话框，在“样式”下拉列表框中选择“拱形”选项，在“弯曲”文本框中输入-19，如图16-116所示。单击 确定 按钮，返回图像查看效果，按Ctrl+S快捷键保存图像，如图16-117所示。

图16-116　设置变形参数

图16-117　查看效果

知识解析：“变形文字”对话框

- **样式**：用于设置变形的样式，该下拉列表框中预设了15种变形样式。
- **水平(H)单选按钮**：选中该单选按钮，文字扭曲的方式为水平方向。
- **垂直(V)单选按钮**：选中该单选按钮，文字扭曲的方式为垂直方向。
- **弯曲**：用于设置文本的弯曲程度。
- **水平扭曲/垂直扭曲**：让文本产生透视扭曲效果。

知识大爆炸——通道的基本操作

1. 选择通道

在“通道”面板中单击某个通道即可选择需要的通道。此外，在每个通道后面都会有对应的快捷键。如图16-118所示“蓝”通道后对应的快捷键为Ctrl+5快捷键，此时按Ctrl+5快捷键将选择“蓝”通道，效果如图16-119所示。选择该通道后图像将只显示“蓝”通道中的颜色信息，整个图像也会显示为灰色效果。

图16-118 图像的所有通道

图16-119 使用快捷键选择通道

在“通道”面板中按Shift键使用鼠标单击，可一次性选择多个颜色通道或多个Alpha通道和专色通道。需要注意的是，选择颜色通道时不能与Alpha通道和专色通道一起选中。

2. 重命名通道

在“通道”面板中需要重命名的Alpha通道和专色通道名称上双击，激活文本框，即可在其中输入通道的新名称，按Enter键完成重命名。需要注意的是重命名通道时，新通道名称不能与默认的颜色通道名称相同。

3. 新建Alpha通道

在画面中创建选区后，单击“通道”面板中的按钮，新建Alpha通道将选区保存在Alpha通道中，此外，用户在没有创建选区的情况下，直接单击按钮，创建Alpha通道。然后可使用绘制工具或滤镜对Alpha通道进行编辑。

4. 复制通道

在制作一些特殊的图像效果时，经常需要复制通道。在Photoshop中有3种复制通道的方式，其操作方法如下。

- **通过面板按钮：**选择需要复制的通道，在“通道”面板上方单击按钮，在弹出的下拉列表中选择“复制通道”选项，再在打开的“复制通道”对话框中单击确定按钮。
- **通过快捷菜单：**右击需要复制的通道，在弹出的快捷菜单中选择“复制通道”命令。
- **通过新建按钮：**将需要复制的通道拖动到“通道”面板底部的按钮上，释放鼠标即可复制通道。

5. 删除通道

当图像中的通道过多时，会影响图像的大小。此时可将通道删除，在Photoshop中提供了3种删除通道的方法。

- **通过“删除”按钮：**选择需要删除的通道，再单击按钮，删除通道。
- **通过拖动：**将需要删除的通道拖动到按钮上，释放鼠标即可删除通道。
- **通过快捷菜单：**右击需要删除的通道，在弹出的快捷菜单中选择“删除通道”命令。

07 08 09 10 11 12 13 14 15 16 17 18

17 图形绘制与颜色调整

本章导读

除了Photoshop CC的基本操作方法与图像、文本的编辑方法外，有时还需要对图像的颜色进行调整，或对某个图形颜色进行填充；也可以通过绘图工具绘制用户需要的图形，如按钮、界面设计等。本章将主要对颜色的填充、设置以及图形绘制的方法进行讲解。

17.1 颜色的填充与设置

同样的网页，不同的主色调会给人以不同的感觉：红色会让人感觉热情，蓝色会让人感觉冷静，黑色会让人感觉严肃。下面将讲解图像颜色的设置方法。

17.1.1 设置前景色和背景色

在Photoshop CC中，可以为图形填充纯色颜色，主要包括设置前景色或背景色。前景色用于显示当前绘图工具的颜色，默认为黑色；背景色用于显示图像的底色，默认为白色。单击工具箱中的前景色或背景色色块，将打开“拾色器”对话框，在其中的色域内或色域右侧的颜色条中单击鼠标，可直接选择颜色；也可以在代表颜色模式的文本框中输入数值，然后单击确定按钮设置颜色的参数，此时工具箱中的前景色或背景色色块也将发生变化，显示出当前正在使用的前景色或背景色，如图17-1所示。

图17-1 “拾色器”对话框

17.1.2 填充前景色和背景色

设置前景色或背景色后，可以通过按快捷键和油漆桶工具两种方法来填充颜色。下面分别介绍如下。

- **通过快捷键设置**：填充前景色的快捷键是Alt+Delete或Alt+Backspace；填充背景色的快捷键是Ctrl+Delete或Ctrl+Backspace。
- **通过油漆桶工具设置**：设置好前景色和背景色后，在工具箱中选择“油漆桶工具”，直接在需要填充颜色的部分单击鼠标即可填充。

实例操作：重新填充颜色

- 光盘\素材\第17章\首页.psd
- 光盘\效果\第17章\首页.psd
- 光盘\实例演示\第17章\重新填充颜色

本例将对“首页.psd”图像文件中的颜色进行填充，使图像效果更加美观，以进一步巩固前景色、背景色的设置和填充方法。如图17-2和图17-3所示为填充前后效果。

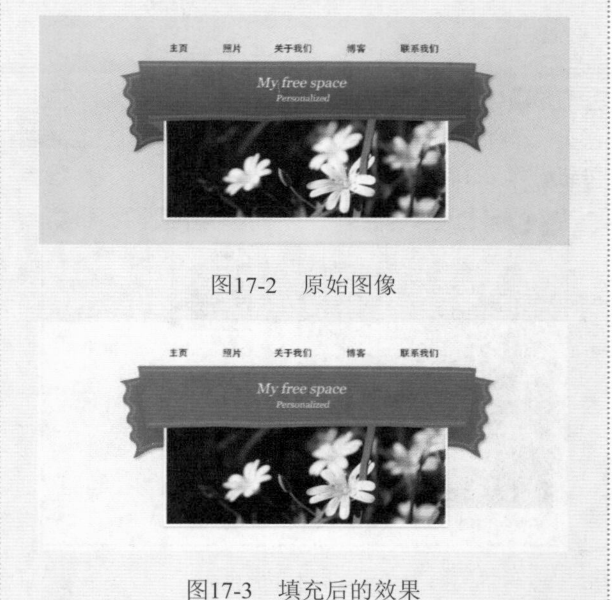

图17-2 原始图像

图17-3 填充后的效果

Step 1 在Photoshop CC中打开“首页.psd”图像文件，单击工具箱中的背景色色块，打开“拾色器（背景色）”对话框，设置颜色值为#fafbd7，如图17-4所示。

Step 2 单击确定按钮，返回Photoshop主界面，在“图层”面板中选择“背景”图层，按Ctrl+Delete

快捷键填充背景色，如图17-5所示。

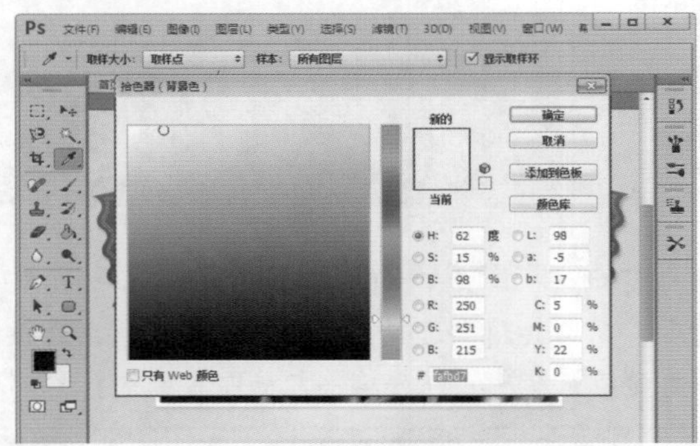

图17-4　设置背景色

图17-5　填充背景色

Step 3 ▶ 单击前景色色块，打开“拾色器（前景色）”对话框，设置颜色为#06789d，单击 确定 按钮，如图17-6所示。

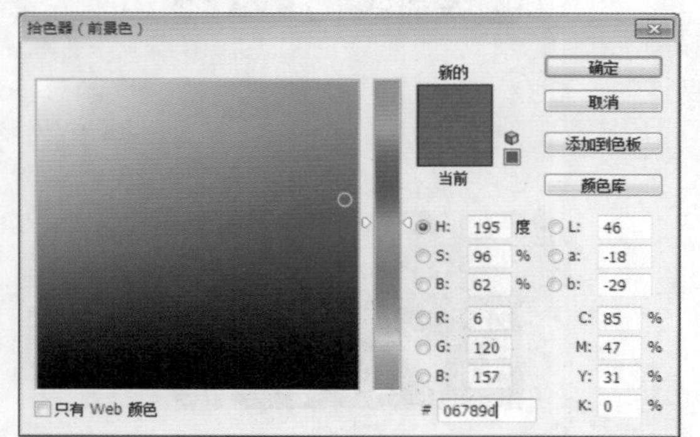

图17-6　设置前景色

Step 4 ▶ 选择“油漆桶工具”，在“图层”面板中选择“形状2”图层，将鼠标光标移动到对应的位置，单击鼠标即可填充前景色，如图17-7所示。

技巧秒杀

也可将图层载入选区，再通过快捷键的方法来填充颜色。

图17-7　填充前景色

Step 5 ▶ 使用相同的方法，填充其他的形状图形颜色，完成后的效果如图17-8所示。

图17-8　最终效果

17.1.3 填充渐变色

通过“渐变工具”，可以为图形填充渐变样式的颜色，使图像颜色过渡更加自然。渐变包含线性渐变、径向渐变、角度渐变、对称渐变和菱形渐变，各种渐变的含义如下。

- 线性渐变：是指从水平或垂直方向，以直线为起点到终点的渐变，如图17-9所示。
- 径向渐变：是指以起点到终点，从内向外的圆形渐变，如图17-10所示。

图17-9　线性渐变　　图17-10　径向渐变

- 角度渐变：颜色从起点到终点按顺时针做扇形渐

变，即发射性渐变，如图17-11所示。

◆ 对称渐变：颜色以起点开始从中间向两边对称变化，如图17-12所示。

图17-11　角度渐变

图17-12　对称渐变

◆ 菱形渐变：从起点到中间由内而外颜色进行方形渐变，可以通过鼠标拉动一个角，如图17-13所示。

图17-13　菱形渐变

填充渐变色的方法是：在工具箱中选择“渐变工具”，单击工具属性栏中的渐变编辑条，打开“渐变编辑器”对话框，在其中选择一种渐变颜色，并在下方的编辑条上拖动颜色色标或不透明度色标调整颜色的浓度；双击颜色色标修改颜色，完成后单击确定按钮即可，如图17-14所示。然后返回Photoshop 主界面，在工具属性栏中选择一种渐变类型，拖动鼠标进行绘制即可，如图17-15所示。

图17-14　“渐变编辑器”对话框

图17-15　填充渐变

知识解析：“渐变工具”属性栏

◆ “渐变颜色”下拉列表框：用于显示当前的渐变颜色，单击其后的下拉按钮，可在弹出的下拉列表中选择其他的预设渐变。

◆ 渐变类型按钮：用于设置渐变的类型，依次单击这几个按钮，可切换到线性渐变、径向渐变、角度渐变、对称渐变和菱形渐变模式。

◆ “模式”下拉列表框：用于设置渐变的混合模式。

◆ “不透明度”数值框：用于设置渐变填充的不透明度。

◆ 反向复选框：选中该复选框，可使渐变效果相反。

◆ 复选框：选中该复选框，可使渐变效果变得平滑。

◆ ☑透明区域复选框：选中该复选框，可创建包含透明像素的渐变效果。

17.2 绘制基本的图形

在Photoshop CC中可以绘制一些基本的规则图形，如矩形、圆形和直线等，也可以根据需要自定义图形，以满足绘图的需求。下面将分别对这几种图形的绘制方法进行介绍。

17.2.1 绘图模式

在Photoshop中绘制图形前，需要先选择绘图的模式，包括形状、路径和像素3种。在Photoshop中选择任意一种形状工具后，即可在工具属性栏中选择模式，下面分别对这几种模式进行介绍。

1. 形状

可单独在形状图层中创建形状，且会出现在“形状”面板中。创建的形状图层由填充区域和形状两部分组成。填充区域将定义形状的颜色、不透明度等，而形状则是矢量图。如图17-16所示为使用形状模式绘制的形状。

图17-16 形状模式

当选择形状模式时，形状工具的属性栏如图17-17所示。各项的含义介绍如下。

填充： 描边： 0.3点 W: 0像素 H: 0像素 ☑对齐边缘

图17-17 形状模式工具属性栏

◆ 填充：单击该色块，可在弹出的色板中选择一种颜色作为形状的填充色，如图17-18所示。

◆ 描边：用于设置形状的描边颜色，单击该色块，可设置和修改颜色，也可在其后的数值框中直接输入描边的数值。单击其后的“描边选项”按钮，可在弹出的下拉列表中设置描边的样式，如图17-19所示。

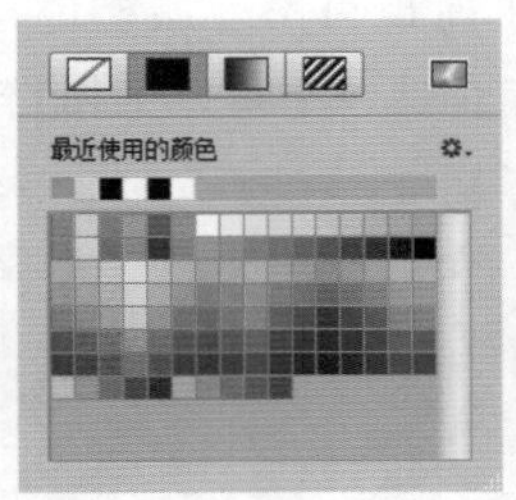

图17-18 填充色

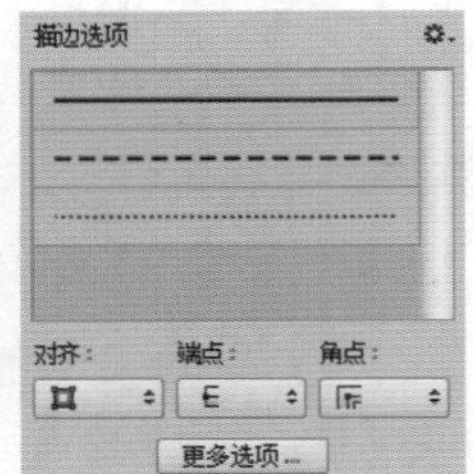

图17-19 描边样式

◆ W/H：用于设置形状的宽度和高度，可以直接在其中输入数值，也可以不设置，当绘制形状后将自动生成其大小。

2. 路径

路径模式可创建路径，此时绘制的形状将会出现在“路径”面板中。此外，路径还可转换为选区和矢量蒙版，在Photoshop中处理图像时经常用到。如图17-20所示为使用路径模式绘制的路径。

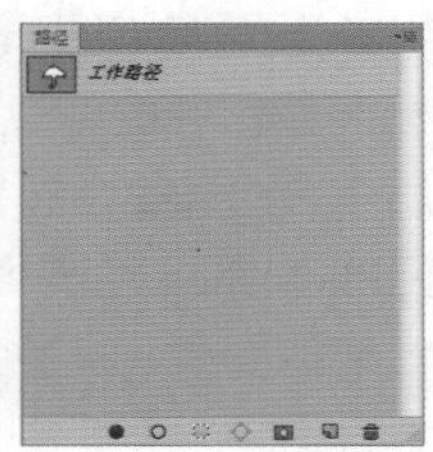

图17-20 路径模式

在工具属性栏中选择“路径”选项，其工具属性栏如图17-21所示。单击其中的选区...按钮、蒙版按钮或形状按钮，可将路径转换为选区、蒙版或形状。

图17-21　路径模式工具属性栏

3. 像素

像素模式绘制的图像将自动被栅格化不会在"路径"面板中出现路径。如图17-22所示为使用像素模式绘制的图形。

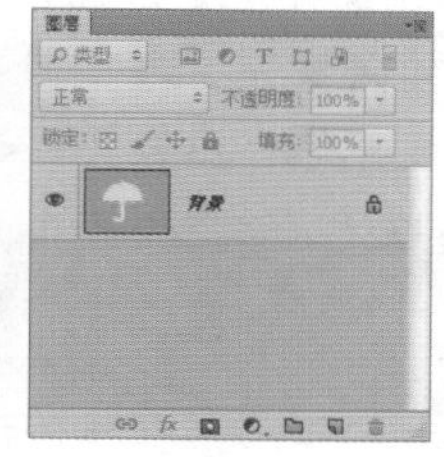

图17-22　像素模式

像素模式的工具属性栏如图17-23所示。其特殊选项的含义介绍如下。

图17-23　像素模式的工具属性栏

- 模式：用于设置绘制的图形与下方像素的混合模式。
- 不透明度：用于设置绘制图像的不透明度。
- 消除锯齿复选框：选中该复选框，绘制的图像将自动平滑边缘。

17.2.2 矩形工具

"矩形工具"用于绘制矩形或正方形形状，其使用方法和矩形框选工具相同。如图17-24所示为使用矩形工具绘制的正方形和矩形。选择"矩形工具"，在其工具属性栏中单击按钮，在弹出的面板中可设置矩形工具的参数，如图17-25所示。

图17-24　用矩形工具绘制形状

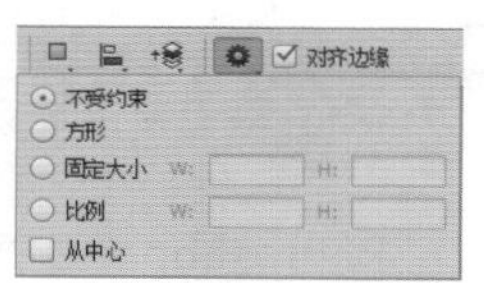

图17-25　矩形工具面板

矩形工具各参数的作用如下。

- 不受约束单选按钮：选中该单选按钮，可绘制任意大小的矩形。
- 方形单选按钮：选中该单选按钮，可绘制任意大小的正方形。
- 固定大小单选按钮：选中该单选按钮，在其后的文本框中设置宽度（W）和高度（H），再使用鼠标在图像中单击即可完成矩形的绘制。
- 比例单选按钮：选中该单选按钮，在其后的文本框宽度（W）和高度（H）之后绘制的矩形将一直按该比例进行绘制。
- 从中心复选框：选中该复选框，鼠标单击绘制的地方将为矩形的中心。
- 对齐边缘复选框：选中该复选框，可绘制的图像不出现锯齿效果。

17.2.3 圆角矩形工具

"圆角矩形工具"可以绘制出圆角效果的矩形，其绘制方法与"矩形工具"相同，但其工具属性栏中多出了"半径"选项。该选项用于设置圆角的半径，数值越大，圆角角度越大。如图17-26所示为半径分别为10像素和60像素绘制的圆角。

图17-26　不同半径的圆角矩形

实例操作：制作网页登录界面

- 光盘\素材\第17章\背景.jpg
- 光盘\效果\第17章\登录界面.psd
- 光盘\实例演示\第17章\制作网页登录界面

本例将打开"背景.jpg"素材文件，并使用圆角矩形工具绘制登录界面中的文本输入框和登录按钮。完成后的效果如图17-27所示。

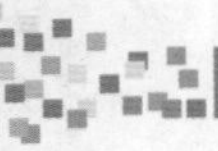

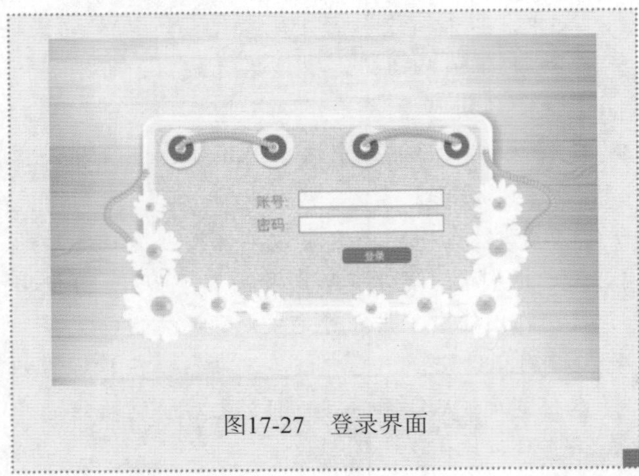

图17-27　登录界面

Step 1 在Photoshop CC中打开素材文件“背景.jpg”，在“图层”面板中双击“背景”图层，将其转换为普通图层，然后按Ctrl+R快捷键显示标尺，使用鼠标拖动标尺创建参考线，如图17-28所示。

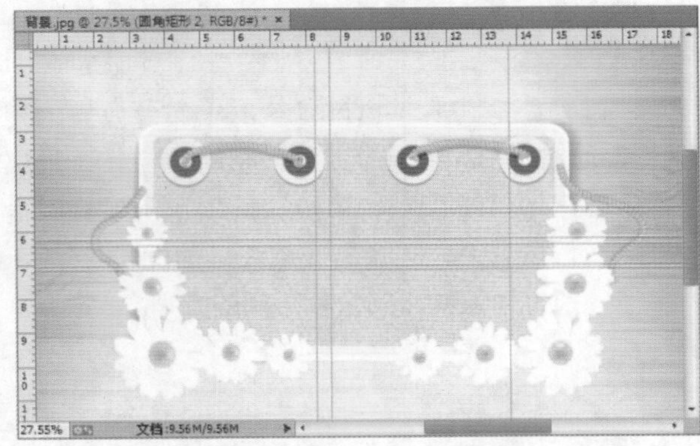

图17-28　创建参考线

Step 2 选择“圆角矩形工具”，在工具属性栏中设置“绘图模式”、“填充”、“描边”、“描边宽度”和“半径”分别为“形状”、白色、#a04a3d、“1点”和“3像素”，如图17-29所示。

图17-29　设置工具属性

Step 3 使用鼠标在图像上绘制两个矩形形状，如图17-30所示。选择“圆角矩形工具”，在工具属性栏中设置“填充”、“半径”分别为#a04a3d、“18像素”，使用鼠标在图像上绘制一个圆角矩形，如图17-31所示。

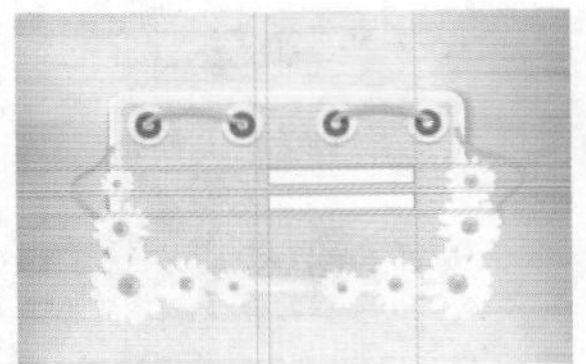

图17-30　绘制矩形

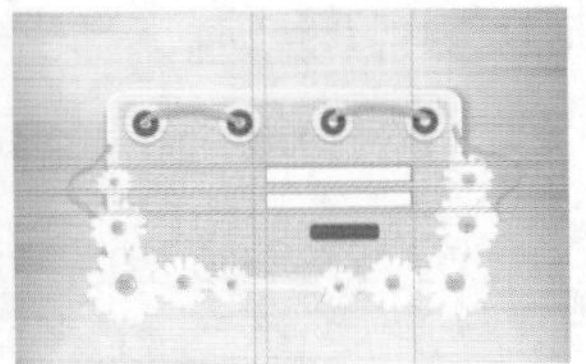

图17-31　绘制圆角矩形

Step 4 在“图层”面板中设置这3个形状图层的“不透明度”为90%，如图17-32所示。然后在图像中输入文字，其效果如图17-33所示。最后再隐藏参考线并保存图像文件。

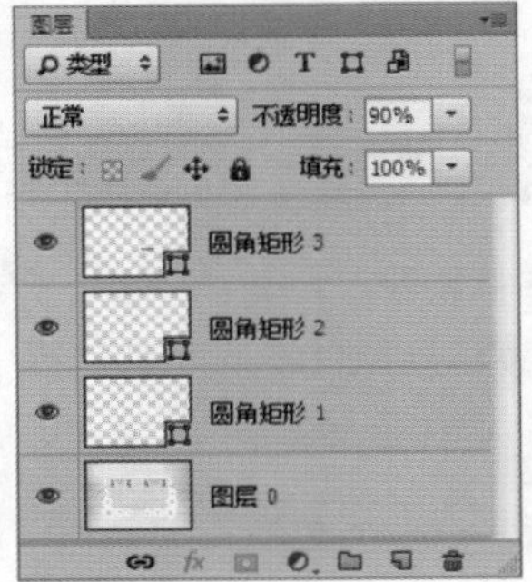

图17-32　设置不透明度

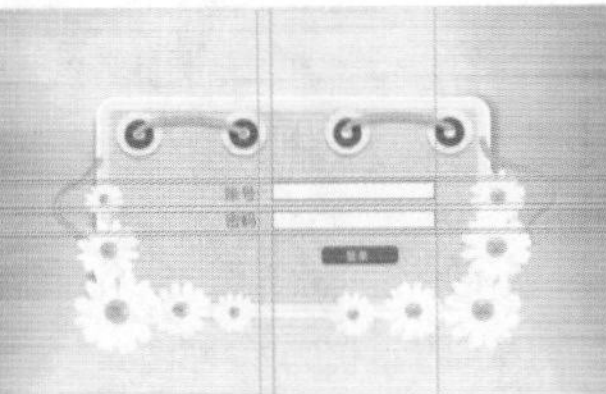

图17-33　添加文字

17.2.4 椭圆工具

“椭圆工具”可绘制椭圆或正圆，其使用方法和设置参数与“矩形工具”完全相同，这里不再赘述，如图17-34所示为使用该工具绘制的圆形。

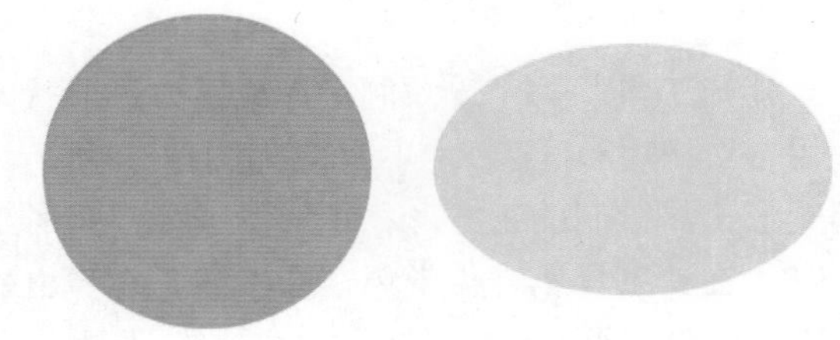

图17-34　圆形

17.2.5 多边形工具

Photoshop CC中的“多边形工具”与Flash CC中的多边形工具相同，都可用于创建正多边形和星形，且其使用方法也十分类似。在Photoshop CC

中选择“多边形工具” 后，在其工具属性栏中单击 按钮，在弹出的面板中可设置多边形工具的参数，如图17-35所示。

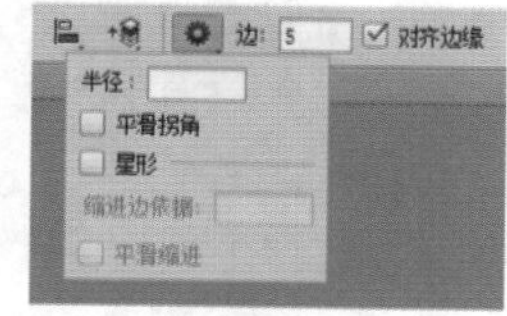

图17-35 多边形工具面板

多边形工具各参数的作用如下。

- **边**：用于设置绘制出的形状的边数。输入3时，可绘制三边形；输入6时，可绘制六边形，如图17-36所示即为不同边所绘制的效果。

图17-36 不同边绘制的效果

- **半径**：用于设置多边形或星形的半径长度，数值越小绘制出的图形越小。
- **☑平滑拐角复选框**：选中该复选框，将创建有平滑拐点效果的多边形或星形。如图17-37所示为没有选中复选框的效果；如图17-38所示为选中复选框的效果。

图17-37 未选中复选框效果 图17-38 选中复选框效果

- **☑星形复选框**：选中该复选框，可绘制星形。其下方的“缩进边依据”数值框用于设置星形边缘向中心缩进的百分比。数值越大，星形角越尖。如图17-39所示为缩进边依据为50%的效果；如图17-40所示为缩进边依据为20%的效果。

图17-39 缩进边依据为50% 图17-40 缩进边依据为20%

- **☑平滑缩进复选框**：选中该复选框，绘制的星形每条边将向中心缩进。

17.2.6 直线工具

“直线工具” 可绘制直线或带箭头的线段，如图17-41所示。选择“直线工具” ，在其工具属性栏中单击 按钮，在弹出的面板中可设置直线工具的参数，如图17-42所示。

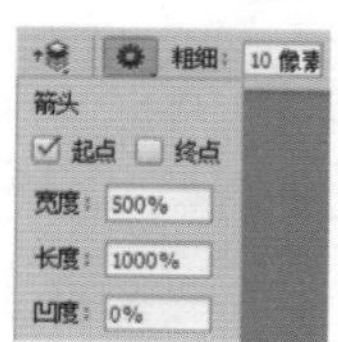

图17-41 用直线工具绘制形状 图17-42 直线工具面板

直线工具面板中各参数的作用如下。

- **☑起点复选框**：选中该复选框，可为绘制的直线起点添加箭头。
- **☑终点复选框**：选中该复选框，可为绘制的直线终点添加箭头。
- **宽度**：用于设置箭头宽度与直线宽度的百分比。如图17-43所示为宽度为500%和宽度为1000%的效果。
- **长度**：用于设置箭头长度与直线宽度的百分比。如图17-44所示为长度为200%和长度为500%的效果。

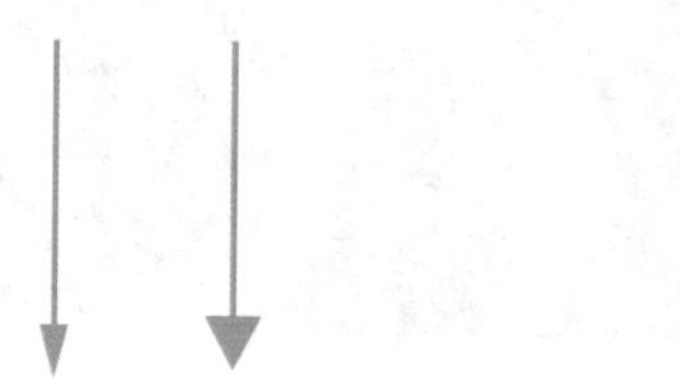

图17-43 不同宽度效果

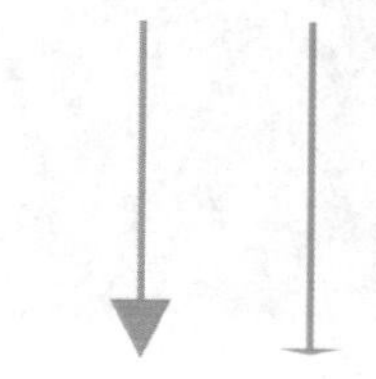

图17-44 不同长度效果

◆ 凹度：用于设置箭头的凹陷程度。当数值为0%时，箭头尾部平齐；当数值大于0%时箭头尾部将向内凹陷；当数值小于0%时箭头尾部将向外凹陷。

17.2.7 自定形状工具

“自定形状工具”可以快速地创建出很多Photoshop预设的形状，如图17-45所示为使用自定形状工具绘制的图像。选择“自定形状工具”，在其工具属性栏中单击按钮，在弹出的面板中可设置自定形状工具的参数，如图17-46所示。

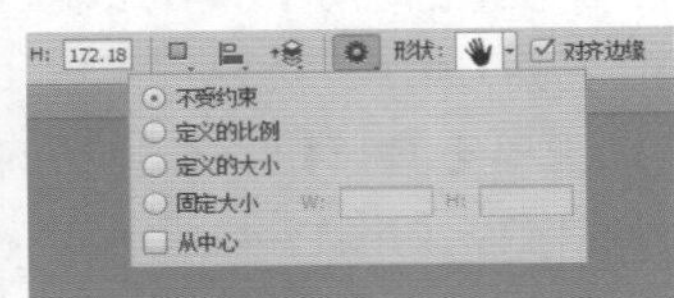

图17-45 自定义形状 图17-46 自定形状工具面板

读书笔记

实例操作：制作音乐网站图像

- 光盘\素材\第17章\音乐.jpg
- 光盘\效果\第17章\音乐.psd
- 光盘\实例演示\第17章\制作音乐网站图像

本例将对“音乐.jpg”素材文件进行编辑，为其添加音乐符号，并结合其他绘图工具来美化图像，完成后前后的效果如图17-47和图17-48所示。

图17-47 原始图片

图17-48 效果图片

Step 1 ▶ 在Photoshop CC中打开“音乐.jpg”图像文件，选择“直线工具”，在工具属性栏中设置填充颜色为#fff100，粗细为“12像素”，如图17-49所示。

图17-49 设置直线工具属性栏

Step 2 ▶ 拖动鼠标在图像中绘制一条斜线，如图17-50所示。然后按住Alt键不放，拖动鼠标复制斜线，并重复执行该操作，使斜线充满整个图像，如图17-51所示。

图17-50 绘制斜线 图17-51 复制并移动斜线

Step 3 ▶ 在“图层”面板中选择所有的形状图层，按Ctrl+E快捷键组合图层，设置图层的混合模式为“叠加”，如图17-52所示。完成后的图像效果如图17-53所示。

图17-52　编辑图层　　　　图17-53　查看效果

Step 4 ▶ 选择“自定形状工具”，在工具属性栏中设置填充颜色为白色（#ffffff），单击“形状”下拉列表框右侧的下拉按钮，在弹出的面板中单击“设置”按钮，在弹出的下拉列表中选择“音乐”选项，此时形状面板中将显示出所有的音乐符号，在其中选择需要的符号，如图17-54所示。

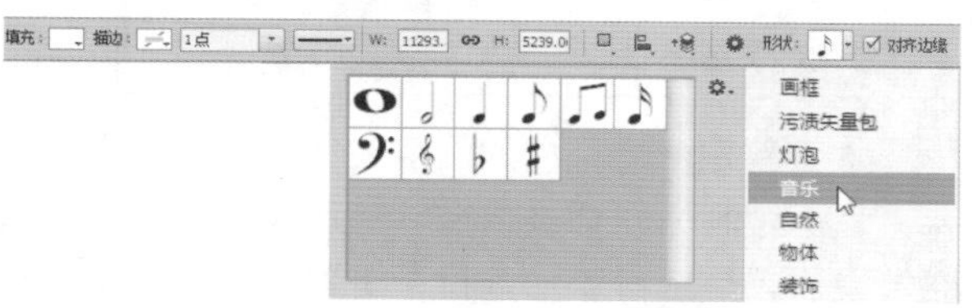

图17-54　选择自定义符号

Step 5 ▶ 拖动鼠标在图像中绘制音符，如图17-55所示。重新设置形状的颜色，绘制音符，并将其放置在白色音符的下方，适当调整形状的颜色并移动其位置，以产生阴影效果，如图17-56所示。

图17-55　绘制音符　　　图17-56　复制并调整图层

Step 6 ▶ 使用相同的方法，重新选择音符符号，并在图像中进行绘制，如图17-57所示。使用文本工具，在图像左下角输入文本，如图17-58所示。

图17-57　添加其他音符　　　图17-58　添加文本

Step 7 ▶ 双击文本图层，打开“图层样式”对话框，选择“描边”选项，在右侧设置描边大小为10像素，颜色为白色（#ffffff），单击“确定”按钮，如图17-59所示。

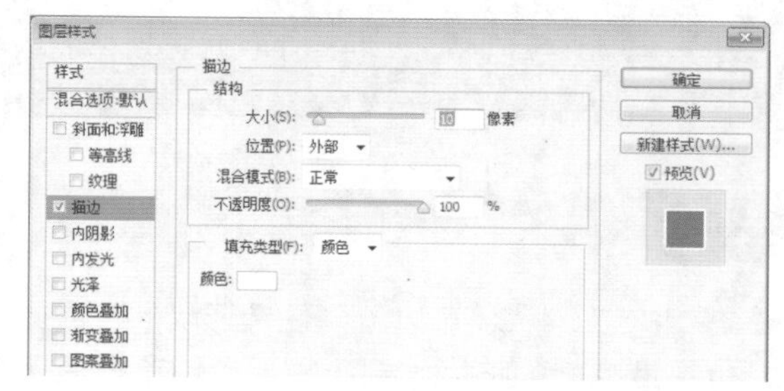

图17-59　添加描边图层样式

Step 8 ▶ 选择“渐变工具”，在属性工具栏中选择渐变样式为“橙,黄,橙渐变”选项，设置渐变类型为“径向渐变”，如图17-60所示。

图17-60　设置渐变工具属性

Step 9 ▶ 在所有图层上方新建一个空白图层，拖动鼠标从左上角到右下角绘制径向渐变填充，如图17-61所示。最后再设置该图层的图层混合模式为“叠加”，如图17-62所示。

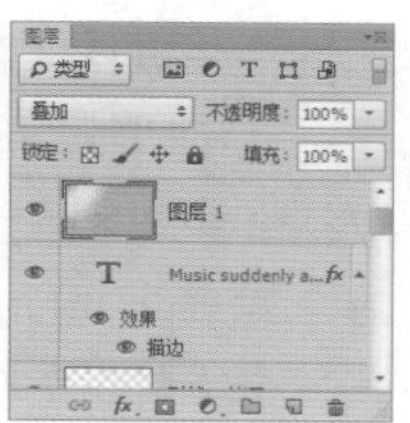

图17-61　填充渐变　　图17-62　设置图层混合模式

Step 10 ▶ 此时渐变图层的效果将与图像叠加在一起，其效果如图17-63所示。

图17-63　查看最终效果

17.3 自定义图形的绘制

除了通过形状工具绘制图形外，还可使用钢笔工具自定义绘制图形，根据实际的网页制作需要，绘制各种不同形状的图形。

17.3.1 使用钢笔工具

“钢笔工具”可以绘制任意形状的直线或曲线，也是最基础的路径绘制工具。绘制路径后，需要对路径进行描边、填充等操作，使路径图形显示出来，而不是只有轮廓。

选择钢笔工具后，其工具属性栏如图17-64所示，其中各选项的含义介绍如下。

图17-64 钢笔工具属性栏

- **路径操作**：用于设置重叠的路径区域如何交叉。选择“合并形状”选项，将新区域添加到重叠路径区域；选择“减去顶层形状”选项，将新区域从重叠路径区域移去；选择“与形状区域相交”选项，将路径限制为新区域和现有区域的交叉区域；选择“排除重叠形状”选项，将从合并路径中排除重叠区域。
- **路径对齐**：用于控制绘制的路径之间的对齐方式，在绘制多个路径时会使用到。
- **路径排列**：用于控制绘制的路径的排列图层。
- **工具选项**：单击按钮，在弹出的面板中，选中☑橡皮带复选框。在绘制路径时，可以在移动鼠标时预览两次单击之间的路径线段。如图17-65所示为没有选中该复选框的效果；如图17-66所示为选中该复选框的效果。

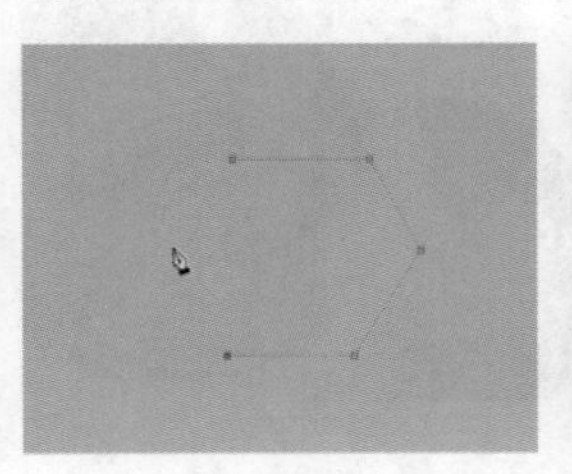

图17-65 未选中效果

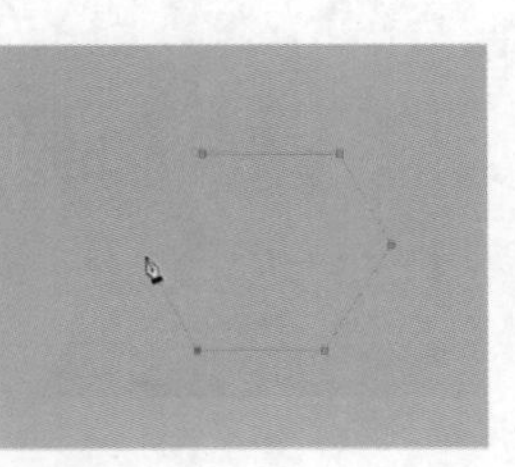

图17-66 选中的效果

- ☑自动添加/删除**复选框**：选中该复选框，将鼠标光标移动到路径上，光标将变为状态；将鼠标光标移动到路径的锚点上，光标将变为状态。

实例操作：绘制宣传海报

- 光盘\素材\第17章\音乐喇叭.png
- 光盘\效果\第17章\音乐宣传海报.psd
- 光盘\实例演示\第17章\绘制宣传海报

本例新建一个空白的图像文件，先设置图像的背景，再绘制一个耳机路径，对路径进行描边和填充等操作，最后再添加素材，对素材进行编辑。完成后的效果如图17-67所示。

图17-67 宣传海报效果

Step 1 新建一个大小为1000×1200像素的图像文件，单击工具箱中的背景色色块，打开“拾色器（背景色）”对话框，设置背景色为橙黄色（#efb82e），如图17-68所示。

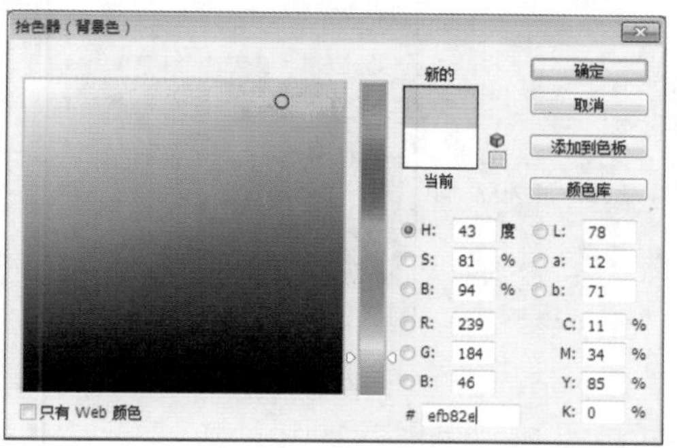

图17-68 设置背景色

Step 2 单击确定按钮，按Ctrl+Delete快捷键填充背景色，然后新建一个图层，使用“矩形选框工具”在图像左侧绘制一个细长的矩形选区并填充为白色，如图17-69所示。按Shift+Alt快捷键复制并移动选区内容，以填充背景，效果如图17-70所示。

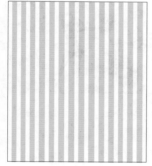

图17-69 绘制矩形

图17-70 复制并移动选区

Step 3 在“图层”面板中设置“图层1”图层的不透明度为30%，如图17-71所示。此时图像的效果如图17-72所示。

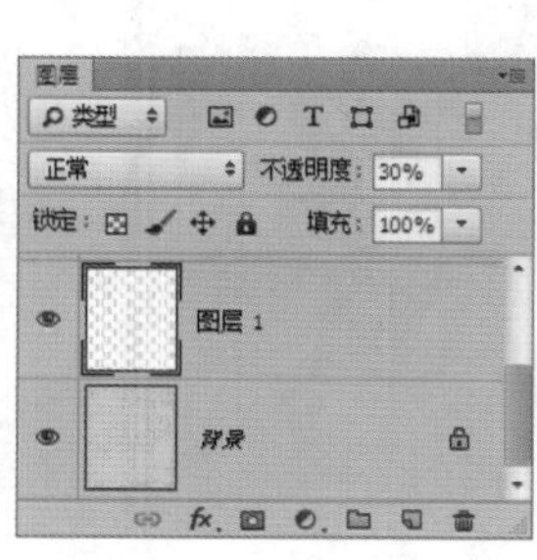

图17-71 设置不透明度

图17-72 查看效果

Step 4 打开“音乐喇叭.png”素材文件，将其移动到新建的图像文件中，如图17-73所示。双击“图层2”图层，打开“图层样式”对话框，选择“描边”选项，设置描边大小为4像素，颜色为白色（#ffffff），如图17-74所示。

图17-73 添加素材

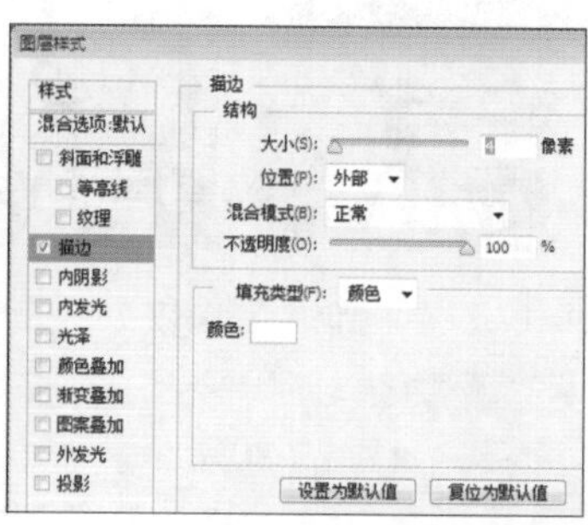

图17-74 设置描边参数

Step 5 单击确定按钮，返回编辑窗口可看到设置描边样式后的效果。选择“视图”/“显示”/“网格”命令显示网格，然后选择“钢笔工具”，在图像编辑窗口中单击并拖动鼠标定位第1个锚点，如图17-75所示。向右移动并单击鼠标，定位第2个锚点，完成第1条线条的绘制，如图17-76所示。

图17-75 定位锚点

图17-76 绘制第1条线条

操作解谜

显示网格可更精确地定位锚点，使绘制的路径更加完整。添加锚点的同时拖动鼠标，可使锚点变为平滑点，此时，可拖动锚点两侧的控制柄调整线条的弧度。

Step 6 继续单击鼠标添加锚点，并拖动锚点调整线条的弧度，如图17-77所示。使用相同的方法绘制其他的锚点，并使最后一个锚点和第一个锚点重合，以创建封闭的路径，如图17-78所示。将鼠标光标移动到锚点上，单击锚点并按住Ctrl键可以调整锚点的位置，拖动锚点两侧的控制柄可以调整线条的弧度，完成后的路径效果如图17-79所示。

图17-77 添加锚点 图17-78 完成绘制 图17-79 调整路径

Step 7 ▶ 此时“路径”面板中将生成“工作路径”路径，如图17-80所示。按Ctrl+T快捷键，进入路径变换状态，通过拖动路径四周的控制点可以调整路径的大小，将鼠标光标放在路径上，拖动路径可以调整其位置，如图17-81所示。

图17-80 查看路径 图17-81 调整路径

Step 8 ▶ 在“图层”面板中新建一个图层，在“路径”面板中双击路径图层，打开“存储路径”对话框，在“名称”文本框中输入“耳机”，单击 确定 按钮存储路径，如图17-82所示。

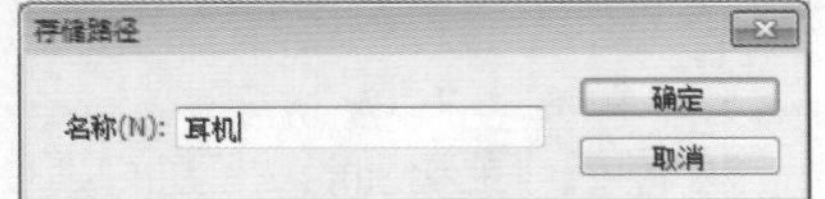

图17-82 存储路径

Step 9 ▶ 在“耳机”路径上右击，在弹出的快捷菜单中选择“填充路径”命令，如图17-83所示。打开“填充路径”对话框，在“使用”下拉列表框中选择“颜色”选项，打开“拾色器（填充颜色）”对话框，依次单击 确定 按钮完成设置，如图17-84所示。

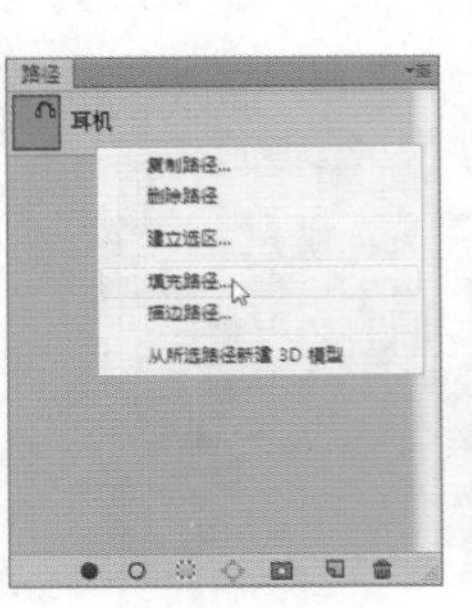

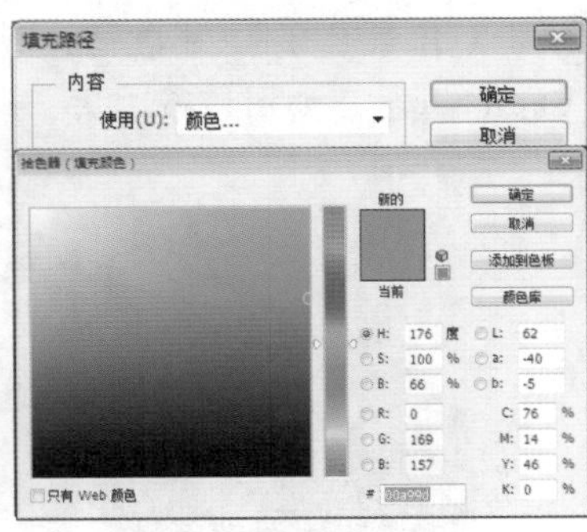

图17-83 选择命令 图17-84 填充路径

Step 10 ▶ 返回“图层”面板中复制2次“图层3”图层，并重新填充其颜色为白色和黑色，调整其顺序，效果如图17-85所示。使用钢笔工具在耳机下方的左上角绘制一个不规则的形状，如图17-86所示。

图17-85 复制并调整图层 图17-86 绘制形状

Step 11 ▶ 单击“路径”面板底部的“将路径作为选区载入”按钮，新建一个图层，填充图层颜色为浅蓝色（#9bf6f0），图层不透明度为10%，如图17-87所示。多次复制图层将其放置在耳机上，再新建一个图层，使用画笔工具涂抹一些白色的区域，效果如图17-88所示。

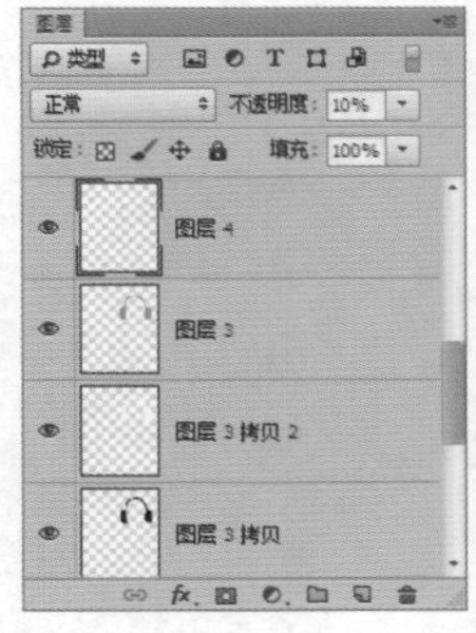

图17-87 设置图层不透明度 图17-88 涂抹白色区域

Step 12▶ 分别在图像上方和下方添加文字，如图17-89所示。使用“自定形状工具”绘制一些图像，并为它们添加描边效果，最终效果如图17-90所示。

图17-89　添加文字

图17-90　最终效果

知识解析：锚点

路径是由锚点来连接的，通过它可以对路径的形状、长度等进行调整。锚点分为平滑点和角点，含义分别介绍如下。

- **平滑点**：可以调整路径的弧度，形成平滑的曲线，在曲线路径中的锚点有方向线，在方向线的端点有一个方向点，通过它们可以调整曲线的形状，如图17-91所示。
- **角点**：角点用于连接直线或转角曲线，如图17-92所示。

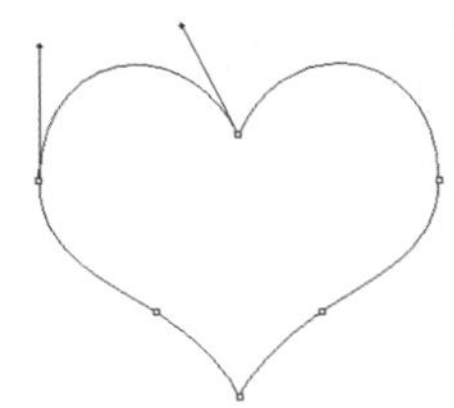

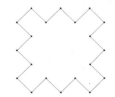

图17-91　平滑点

图17-92　角点

技巧秒杀

转换点工具可以转换锚点的类型，可以使路径在平滑的曲线和直线之间相互转换，也可调整曲线的形状，选择工具箱中的“转换点工具”，当将鼠标光标移动至需要转换的锚点上，光标变为形状时，单击鼠标即可完成转换。在转换为平滑点的锚点上按住鼠标左键不放并拖动，将会出现锚点的控制柄，该锚点两侧的曲线在拖动的同时也会发生相应的变化。

17.3.2 添加和删除锚点

绘制完路径后，如果对路径的形状不满意，可对路径中的锚点进行添加和删除操作，以调整路径。其方法分别介绍如下。

- **添加锚点**：在工具箱中选择“添加锚点工具”或“钢笔工具”，将鼠标移动到路径上，当鼠标光标变为形状时，单击鼠标，在单击处添加一个锚点，如图17-93所示。

图17-93　添加锚点

- **删除锚点**：选择“删除锚点工具”或“钢笔工具”，将鼠标光标移动到绘制好的路径锚点上，当光标变为形状时，单击鼠标，可将单击的锚点删除，如图17-94所示。

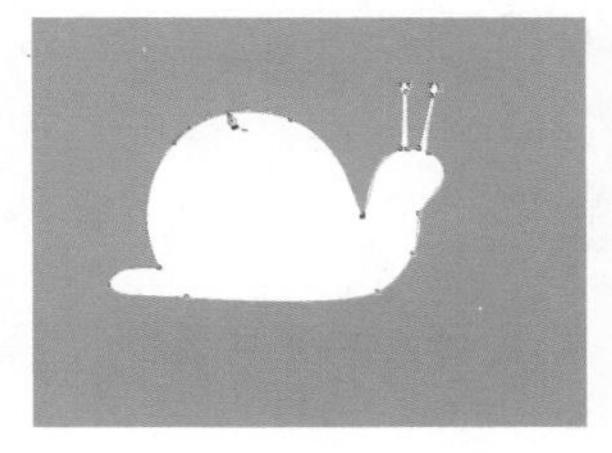

图17-94　删除锚点

17.3.3 选择和移动锚点

在调整路径的过程中，经常需要选择和移动锚点，使路径的形状更利于编辑。当选择“直接选择工具”后，使用鼠标单击某个锚点即可将该锚点选中，选中的锚点将呈现实心圆的效果，未选中的锚点则为空心圆。此外，使用“直接选择工具”拖动路径段还可对路径段进行调整。如图17-95所示为鼠标单击处为选中的锚点，其他为未选中的锚点。如图17-96所示为使用“直接选择工具”选中并移动的路径段。

图17-95　选中锚点

图17-96　移动路径段

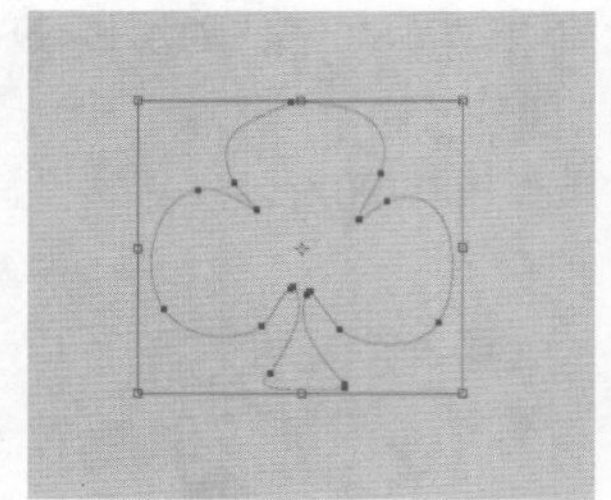

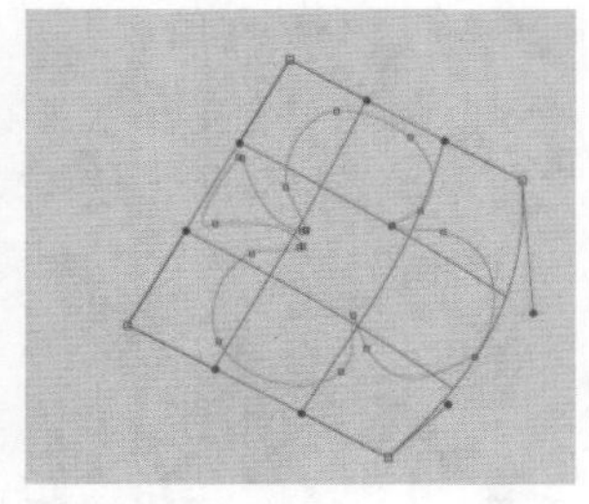
图17-99　变换路径

17.3.4 复制路径

如果图形是由多个相同的形状组合而成，可通过复制路径的方法来获取多个相同的路径，使其组合成一个完整的图形。其方法为：在“路径”面板中选择一个需要复制的路径，右击，在弹出的快捷菜单中选择“复制路径”命令，如图17-97所示。此时将打开“复制路径”对话框，在“名称”文本框中输入复制路径的名称，单击确定按钮即可，如图17-98所示。

图17-97　选择命令

图17-98　复制路径

17.3.5 变换路径

根据需要，用户也可以对路径进行变换操作，使路径的位置、形状符合绘图的需要，如旋转、变形和水平翻转等。变换路径的方法与变换图层、变换选区的方法类似。如图17-99所示为对路径进行翻转、扭曲和变形后的效果。

17.3.6 路径和选区的互换

在绘制完路径后，可以通过“路径”面板底部的“将路径作为选区载入”按钮将路径转换成选区。单击“将路径作为选区载入”按钮右侧的“从选区生成工作路径”按钮，即可将选区转换为路径，如图17-100所示。

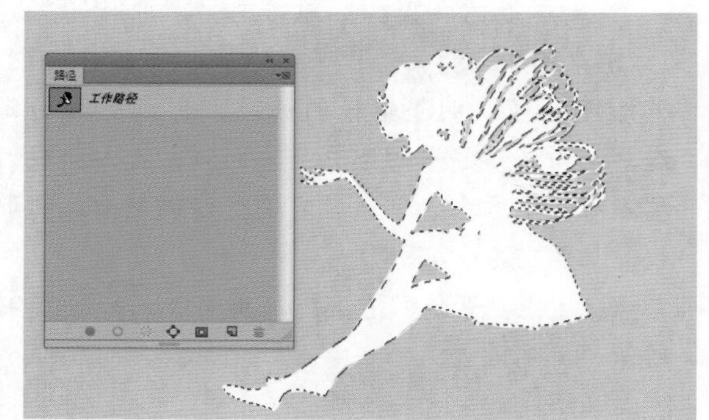

图17-100　路径和选区的互换

17.3.7 填充路径

在处理图像时可能需要对绘制的路径进行填充，使路径所组成的图形颜色丰富、效果美观。绘制完成路径后，选择“钢笔工具”，在路径上右击，在弹出的快捷菜单中选择“填充路径”命令，打开“填充路径”对话框，在其中即可对路径的填充参数进行设置，如图17-101所示。

读书笔记

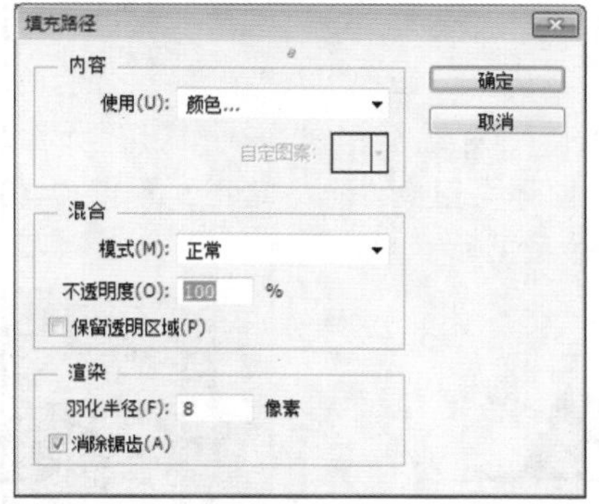

图17-101 “填充路径”对话框

知识解析：“填充路径”对话框

- 使用：用于设置路径的填充颜色，可选择“前景色”、“背景色”、“颜色”、“内容识别”、“图案”、“历史记录”、“黑色”、“50%灰色”和“白色”9个选项。
- 模式/不透明度：用于设置路径的模式和不透明度，与设置图层模式和透明度类似。
- 保留透明区域：当包含透明区域时，该复选框可用。
- 羽化半径：用于为路径设置羽化效果。
- 消除锯齿：可部分填充选区的边缘，使选区的像素和周围像素之间创建精细的过渡。

17.3.8 描边路径

描边路径可以对当前使用的所有绘图工具（包括画笔、铅笔、橡皮擦或仿制图章等）绘制的路径进行描边。绘制完成后，选择“钢笔工具”，在路径上右击，在弹出的快捷菜单中选择“描边路径”命令，打开“描边路径”对话框。在该对话框的“工具”下拉列表框中选择需要进行描边的工具即可，如图17-102所示。

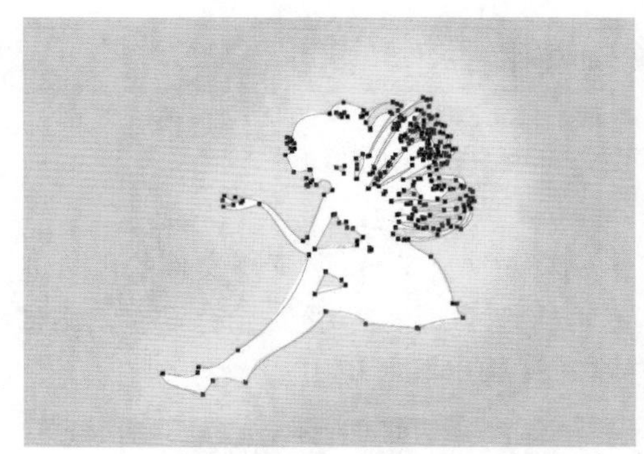

图7-102 “描边路径”对话框

17.4 调整图像的颜色

若制作的图像颜色并不符合实际网页的需要，可对图像的颜色进行调整，最常见的有调整图像的亮度、颜色和色调等，下面分别进行介绍。

17.4.1 调整图像的亮度

在制作网页需要的图像时，素材图像的效果可能并不符合实际的需要，如图像颜色太黯淡，此时，就需要对图像的亮度进行调整。常用的方法有调整图像的亮度/对比度、色阶和曲线，下面分别进行介绍。

1. 亮度/对比度

通过“亮度/对比度”命令可以快速对色彩黯淡和曝光过度的照片进行调整。其方法是：选择“图像”/“调整”/“亮度/对比度”命令，打开“亮度/对比度”对话框，在“亮度”和“对比度”文本框中输入需要调整的值，单击 确定 按钮即可，如图17-103所示。

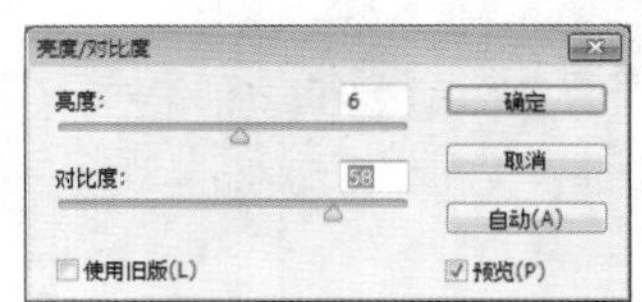

图17-103 “亮度/对比度”对话框

如图17-104和图17-105所示为调整前后的效果。

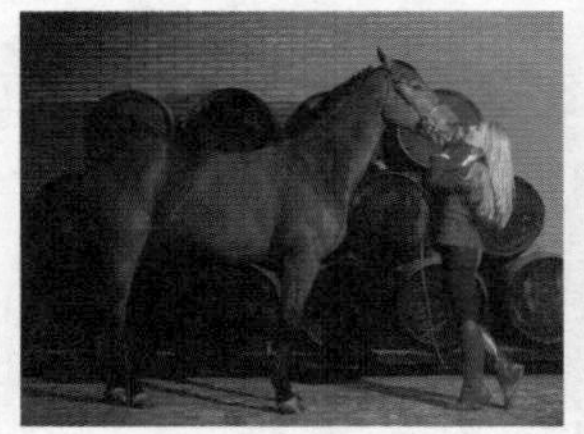

图17-104　调整前

图17-105　调整后

2. 色阶

“色阶”命令可以对比图像中的明亮，以及调整阴影、中间调和高光强度级别，使图像颜色发生变化。

实例操作：调整图片的色调

- 光盘\素材\第17章\火车.jpg
- 光盘\效果\第17章\火车.psd
- 光盘\实例演示\第17章\调整图片的色调

本例将对“火车.jpg”素材文件的色阶进行调整，可通过“可选颜色”的结合来调整，调整前后的效果如图17-106和图17-107所示。

图17-106　调整前

图17-107　调整后

Step 1 ▶ 打开“火车.jpg”图像，按Ctrl+J快捷键，复制图层。选择“图像”/“调整”/“色阶”命令，打开“色阶”对话框，单击按钮，如图17-108所示。使用鼠标在图像右上方单击，如图17-109所示。

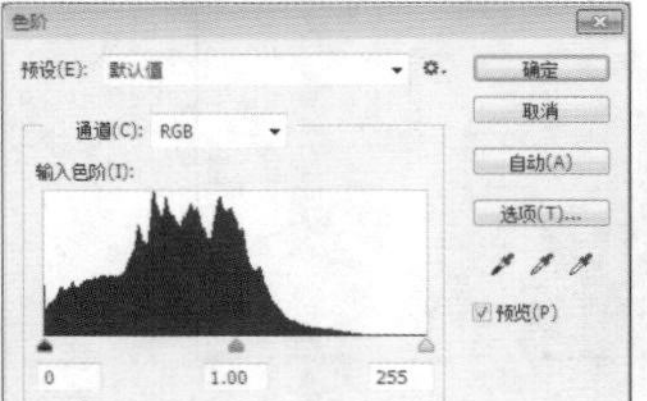

图17-108　“色阶”对话框

图17-109　取色

Step 2 ▶ 在“色阶”对话框中，设置“输入色阶”分别为0、1.77和216，单击确定按钮，如图17-110所示。在“图层”面板中设置图层不透明度为80%，如图17-111所示。

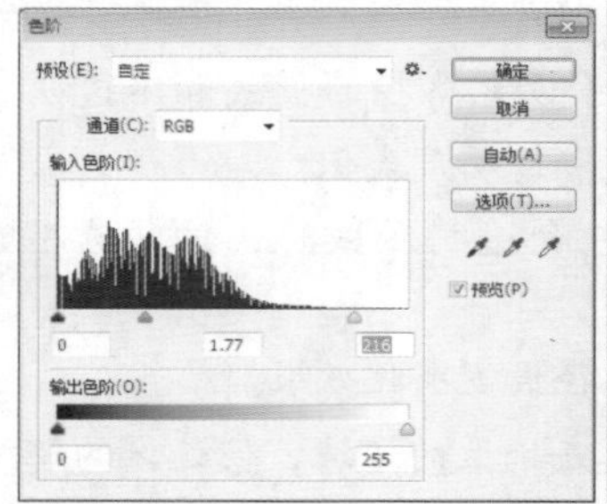

图17-110　输入色阶值

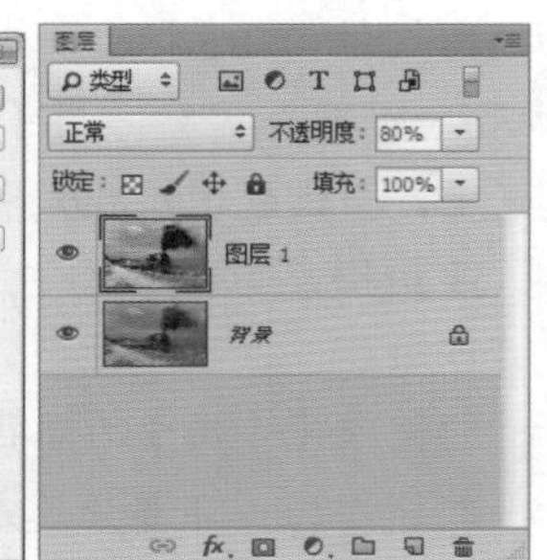

图17-111　设置图层不透明度

Step 3 ▶ 选择“图像”/“调整”/“可选颜色”命令，打开“可选颜色”对话框，在其中设置“颜色”为“红色”，再设置“青色”、“洋红”、“黄色”和“黑色”分别为0、+38、0和+8，如图17-112所示。设置“颜色”为“黄色”，再设置“青色”、“洋红”、“黄色”和“黑色”分别为+32、+40、-38和10，如图17-113所示。

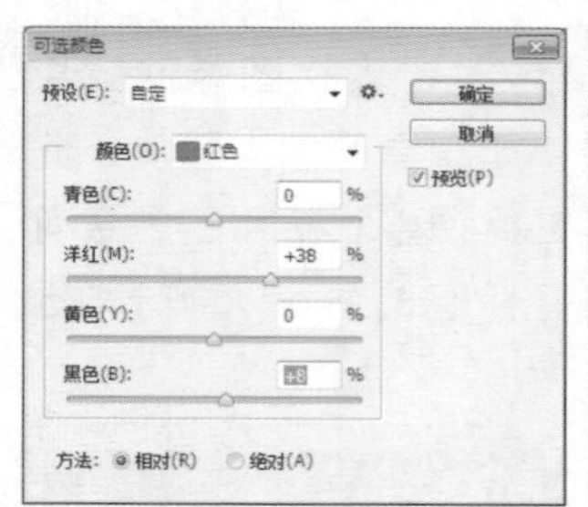

图17-112　设置红色

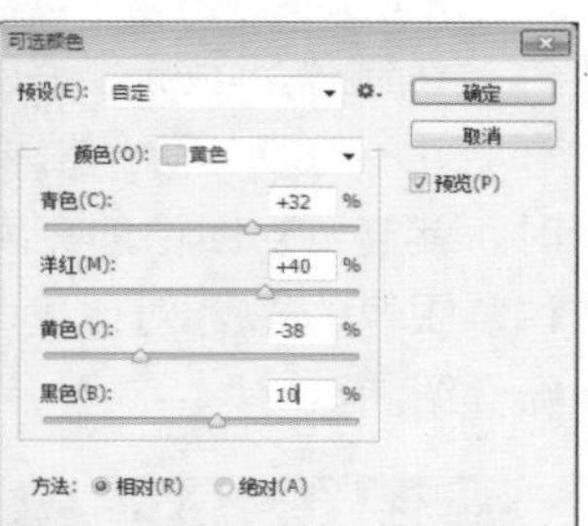

图17-113　设置黄色

Step 4 ▶ 设置“颜色”为“蓝色”，再设置“青色”、“洋红”、“黄色”和“黑色”分别为+75、-68、0和+54，单击 确定 按钮，如图17-114所示。返回图像编辑窗口查看其效果，如图17-115所示。

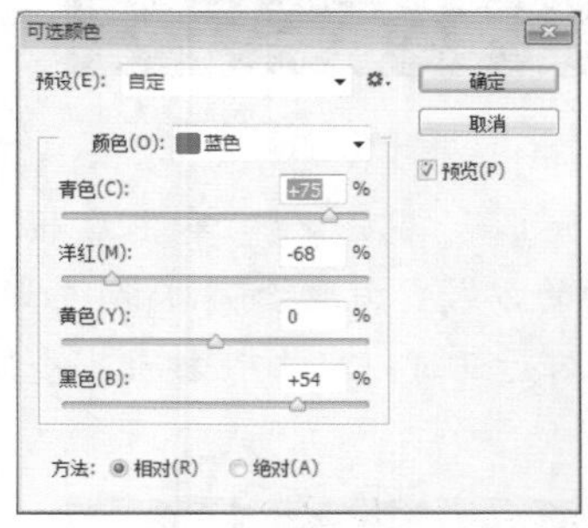

图17-114 调整蓝色

图17-115 调整后的效果

知识解析：“色阶”对话框

◆ 预设：在该下拉列表框中可以选择一种预设的色阶来对图像的颜色进行调整。

◆ 通道：用于选择调整图像颜色的通道。

◆ 输入色阶：用于调整图像的阴影、中间色调和高光。将滑块▲向右拖动时可以使图像变暗，如图17-116所示；将滑块△向左拖动时可以使图像变亮，如图17-117所示。将中间的滑块▲向左拖动图像将变暗，向右拖动图像将变亮。

图17-116 图像变暗

图17-117 图像变亮

◆ 输出色阶：用于设置图像中的亮度范围，通过设置可改变图像的对比度。将滑块▲向右拖动时可以使图像变亮；将滑块△向左拖动时可以使图像变暗。

◆ 自动：单击 自动(A) 按钮，Photoshop将自动调整图像的色阶，使图像亮度分布更加匀称。

◆ 选项：单击 选项(T)... 按钮，将打开“自动颜色校正选项”对话框，在该对话框中可对单色、通道、深色和浅色的算法等进行设置。

◆ 在图像中取样以设置黑场：单击✒按钮，使用鼠标在图像中单击，可以将单击处调整为黑色，如图17-118所示。

图17-118 设置黑场

◆ 在图像中取样以设置灰场：单击✒按钮，使用鼠标在图像中单击，可将单击处调整为其他中间调的平均亮度，如图17-119所示。

图17-119 设置灰场

◆ 在图像中取样以设置白场：单击✒按钮，使用鼠标在图像中单击，可将单击处调整为白色，如图17-120所示。

图17-120 设置白场

读书笔记

3. 曲线

“曲线”命令是经常会用到的命令，通过使用“曲线”命令可对图像色彩、亮度和对比度进行调整，使图像色彩更加有质感。使用“曲线”命令，可以得到比较精确的图像颜色调整。选择“图像”/“调整”/“曲线”命令或按Ctrl+M快捷键，打开如图17-121所示的“曲线”对话框，在该对话框中可以对图像的颜色进行调整。

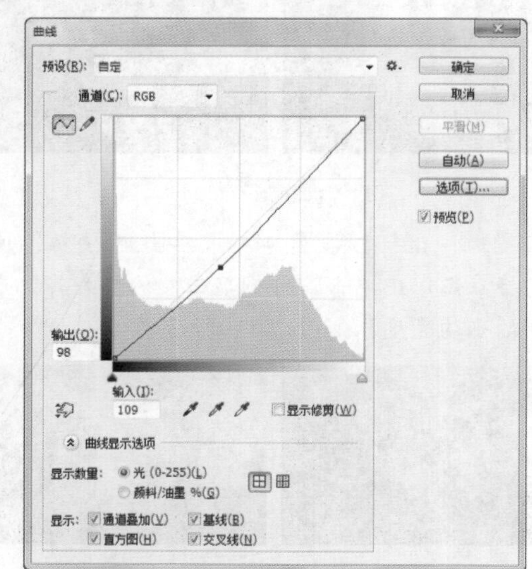

图17-121 “曲线”对话框

“曲线”对话框中各选项的作用如下。

◆ 预设：在该下拉列表框中可选择预存的曲线预设效果。如图17-122所示为使用反冲对比效果，如图17-123所示为使用增强对比度的效果。

图17-122 反冲效果

图17-123 增强对比度效果

◆ 预设选项：单击按钮，在弹出的下拉列表中可将当前调整的曲线保存为预设，也可载入新的曲线预设。

◆ 通道：用于选择使用哪个颜色通道调整图像颜色。

◆ “编辑点以修改曲线”按钮：单击该按钮，用户可在曲线上单击添加新的控制点。添加控制点后使用鼠标拖动控制点即可调整曲线形状，从而调整图像颜色，如图17-124所示。

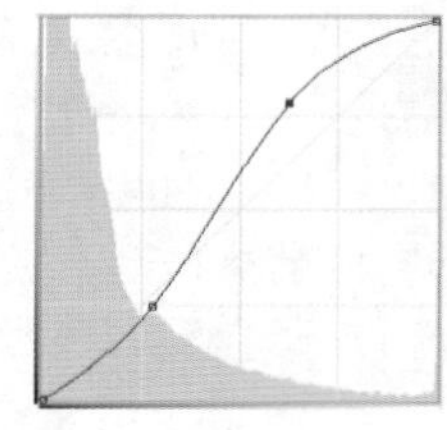

图17-124 编辑点以修改曲线

◆ “通过绘制来修改曲线”按钮：单击该按钮，用户可通过手绘的方式自由地绘制曲线，如图17-125所示。绘制好后还可以单击按钮，查看绘制的曲线效果。

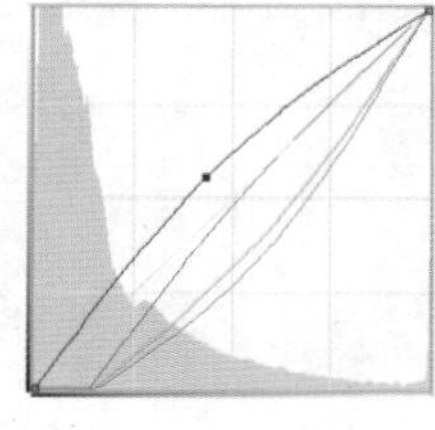

图17-125 通过手绘来修改曲线

◆ 平滑(M) 按钮：单击按钮后，可对绘制的曲线进行平滑操作。

◆ “在图像上单击并拖动可修改曲线”按钮：单击该按钮，将鼠标光标移动到图像上，曲线上将出现一个圆圈。该圆圈用于显示鼠标光标处的颜色在曲线上的位置。

◆ 输入：用于输入色阶，显示调整前的像素值。

◆ 输出：用于输出色阶，显示调整后的像素值。

◆ 自动(A) 按钮：单击该按钮，可对图像应用“自动色调”、“自动对比度”和“自动颜色”等操作校对颜色。

◆ 选项(T)... 按钮：单击该按钮，将打开“自动颜色矫正选项”对话框，在该对话框中可设置单色、深色和浅色等算法。

◆ 显示数量：用于设置调整框中的显示方式。

◆ 通道叠加(V) 复选框：选中该复选框，将在调整框中显示颜色通道。

◆ 基线(B) 复选框：选中该复选框，用于显示基线曲线值的对角线。

◆ 直方图(H) 复选框：选中该复选框，可在曲线上显示直方图以方便参考。

◆ ☑交叉线(N) 复选框：选中该复选框，可显示同一确定点的精确位置的交叉线。

17.4.2 调整图像颜色

设计网页的过程中，若网页图像的颜色并不符合制作的需要，可以对图像颜色进行调整。在Photoshop CC中可通过调整自然饱和度和色相/饱和度的方法来进行调整。

1. 自然饱和度

“自然饱和度”命令用于调整图像色彩的饱和度，使用该命令调整图像时，用户不需要担心颜色过于饱和而出现溢色的问题。其方法是：选择“图像”/“调整”/“自然饱和度”命令，打开“自然饱和度”对话框，在其中可以对图像的自然饱和度和饱和度参数进行设置，如图17-126所示。

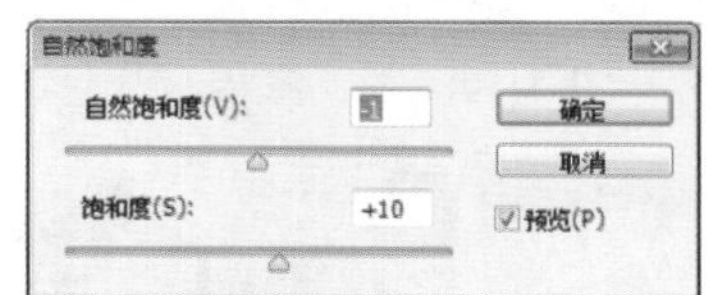

图17-126 “自然饱和度”对话框

知识解析：“自然饱和度”对话框

◆ 自然饱和度：用于调整图像中颜色的饱和度，使用该选项调整不会产生饱和度过高或过低的情况，在调整人像时非常有用。将滑块向左移动将降低图像饱和度；将滑块向右移动将增加图像饱和度。

◆ 饱和度：用于调整图像整体的颜色饱和度。将滑块向左移动将降低图像所有颜色的饱和度；将滑块向右移动将增加图像所有颜色的饱和度。

如图17-127和图17-128所示为调整饱和度前后的效果。

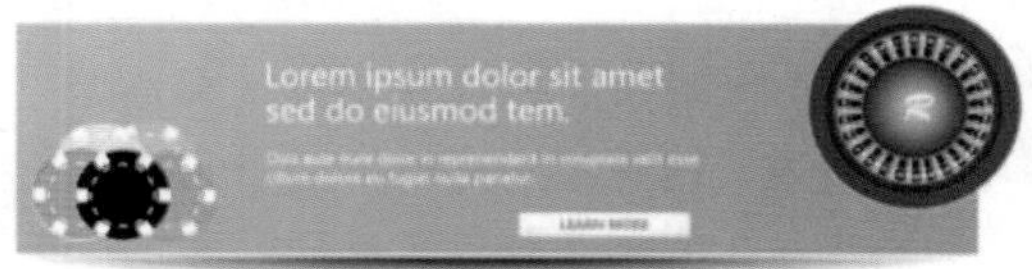

图17-127 调整前

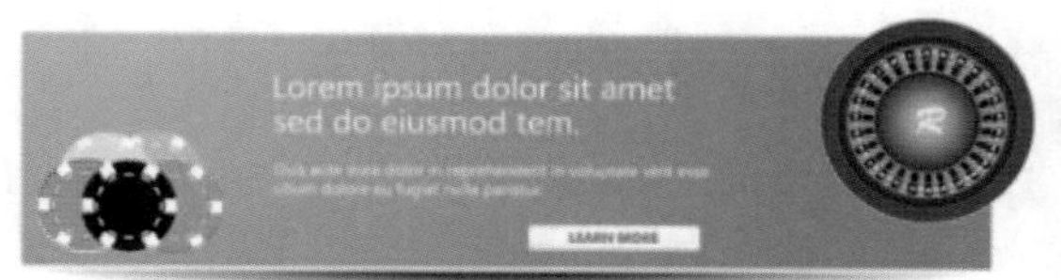

图17-128 调整后

2. 色相/饱和度

“色相/饱和度”命令可以更方便地对图像的色彩进行调整，使用户可以分别对图像中的色相、饱和度和明度等进行调整。

实例操作：调整咖啡网站的色彩

- 光盘\素材\第17章\咖啡网站首页.jpg
- 光盘\效果\第17章\咖啡网站首页.psd
- 光盘\实例演示\第17章\调整咖啡网站的色彩

本例将调整咖啡网站的首页色彩，使图像的色彩变为简单的灰色调，调整前后的效果如图17-129和图17-130所示。

图17-129 调整前

图17-130 调整后

Step 1 ▶ 打开“咖啡网站首页.jpg”素材文件，选择“图像”/“调整”/“色相/饱和度”命令，打开“色相/饱和度”对话框，选择通道为“黄色”，分别设置“色相”、“饱和度”和“明度”为+10、+22和-70，如图17-131所示。

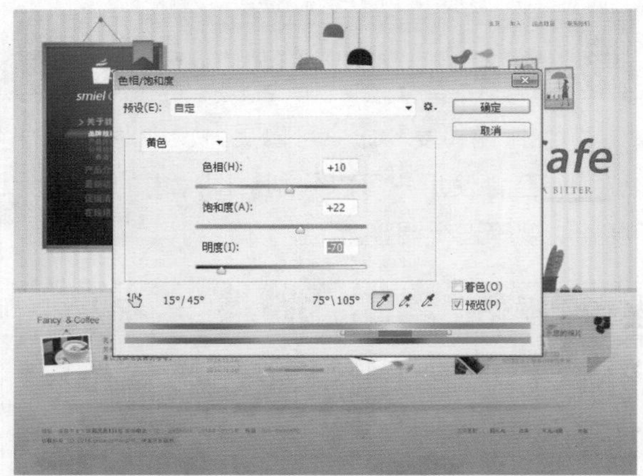

图17-131 调整色相/饱和度

Step 2 ▶ 设置通道为“青色”，分别设置“色相”、“饱和度”和“明度”为+45、-4和+33，如图17-132所示。

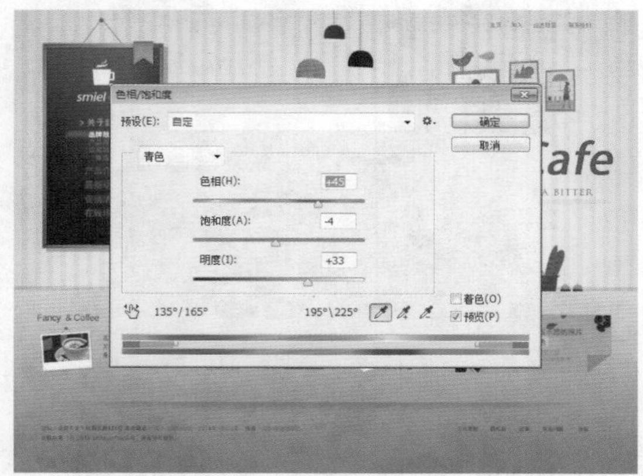

图17-132 选择并设置通道

技巧秒杀

除了选择不同的颜色通道外，还可选择“全图”选项，此时可以对图像中所有颜色的色相、饱和度、明度进行调整。

Step 3 ▶ 单击 确定 按钮，完成色相/饱和度的调整，此时即可查看到调整后的效果，如图17-133所示。

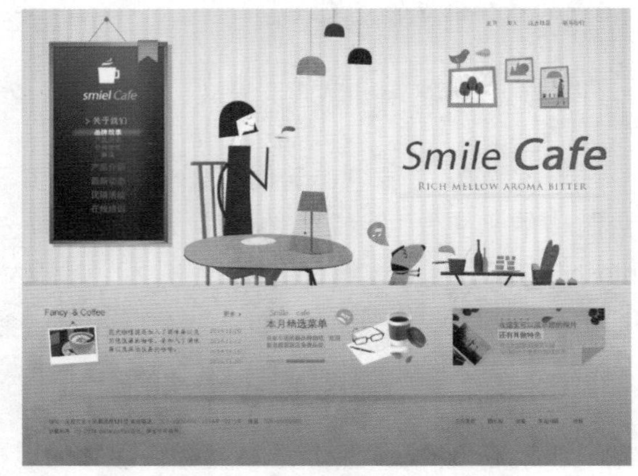

图17-133 调整后的效果

知识解析：“色相/饱和度”对话框

◆ 预设：在该下拉列表框中预设了8种调整色相、饱和度的方法，如图17-134所示。选择不同的选项，图像的色彩会发生不同的变化，如图17-135～图17-137所示分别为原图、深褐和黄色提升的效果。

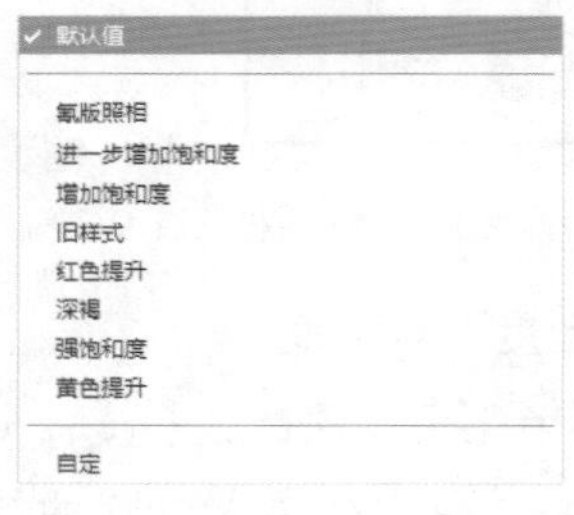

图17-134 不同的预设

图17-135 原图

图17-136 深褐效果

图17-137 黄色提升效果

◆ 通道：在该通道下拉列表框中可选择图像中存在的颜色通道，选择某一通道后进行的色相、饱和度和明度等设置都是针对所选择的颜色通道。

◆ 在图像上单击并拖动可修改饱和度：单击按

钮，在图像中单击取样点后，如图17-138所示。向右拖动可增加图像的饱和度，如图17-139所示；向左拖动可减少图像的饱和度，如图17-140所示。

图17-138 原图

图17-139 增大饱和度

图17-140 减少饱和度

◆ 着色(O)复选框：选中该复选框，图像将偏向于单色，通过调整色相、饱和度和明度可以对图像的色调进行调整。

17.4.3 调整图像色调

在Photoshop中最常用的调整图像色调的命令是色彩平衡和黑白，下面分别对其方法进行介绍。

1. 色彩平衡

色彩平衡主要用于调整图像中的互补色，当图像中某一种颜色的比重较高时，这种颜色的互补色就会降低。用户可分别通过对高光、中间调和阴影的调整来达到调整色调的目的。

实例操作：制作紫色调效果

- 光盘\素材\第17章\站台.jpg
- 光盘\效果\第17章\站台.psd
- 光盘\实例演示\第17章\制作紫色调效果

本例将通过色彩平衡来调整图像色调，并结合图层的操作来调整其效果，调整前后的效果如图17-141和图17-142所示。

图17-141 调整前

图17-142 调整后

Step 1 打开“站台.jpg”素材文件，选择“图像”/“调整”/“色彩平衡”命令，打开“色彩平衡”对话框，选中阴影(S)单选按钮，设置“青色”、“洋红”和“黄色”分别为-72、-34和-11，如图17-143所示。此时图像效果如图17-144所示。

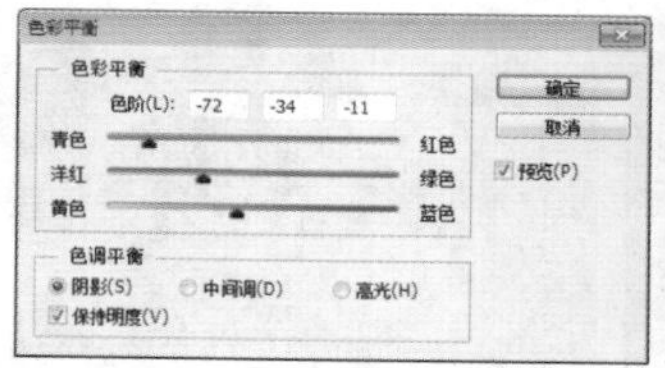

图17-143 调整阴影

图17-144 效果

Step 2 选中中间调(D)单选按钮，设置“青色”、“洋红”和“黄色”分别为+37、-9和-20，如图17-145所示。单击确定按钮，此时图像的效果如图17-146所示。

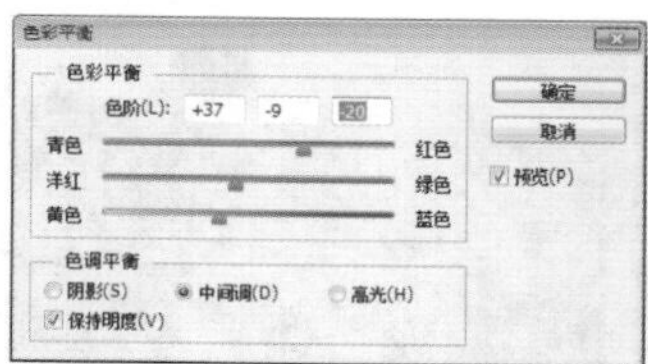

图17-145 调整中间调

图17-146 效果

Step 3 选择“图像”/“调整”/“可选颜色”命令，打开“可选颜色”对话框，在“颜色”下拉列表框中选择“中性色”选项，设置“青色”、“洋红”、“黄色”和“黑色”分别为-11、+12、-33和-28，如图17-147所示。单击确定按钮，此时图像效果如图17-148所示。

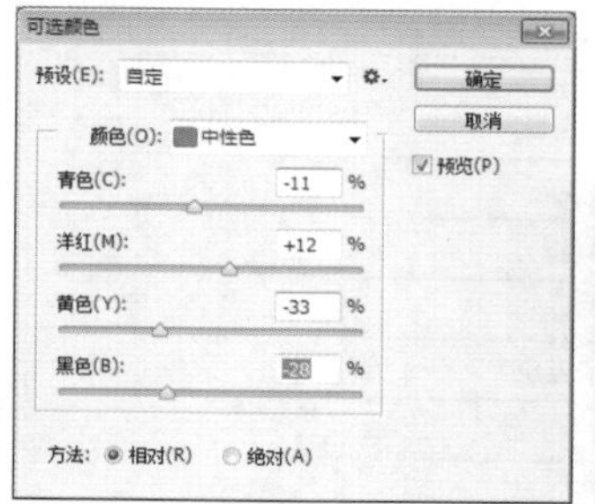

图17-147 可选颜色

图17-148 效果

知识解析：“色彩平衡”对话框

◆ 色彩平衡：在“色阶”文本框中输入数值或拖动

相应滑块可在图像中增强或减弱颜色。如在该对话框中将滑块向“洋红”移动作为互补色的“绿色”就会降低。如图17-149所示为增强洋红后的效果，如图17-150所示为增强绿色后的效果。

图17-149　增强洋红的效果

图17-150　增强绿色的效果

◆ 色调平衡：用于指定对图像中的哪个色调进行调整。如图17-151所示为对高光色调增强蓝色前后的对比效果。

图17-151　对高光色调增强蓝色前后的效果

◆ ☑保持明度(V) 复选框：选中该复选框，在调整图像色彩时可保证色调不发生变化。

2. 黑白

“黑白”命令除了可以轻松将图像从彩色转换为富有层次感的黑白色，还可以将图像转换为带颜色的单色图像。其方法是：选择“图像”/“调整”/“黑白”命令，打开如图17-152所示的“黑白”对话框，在其中即可对图像的颜色进行设置。

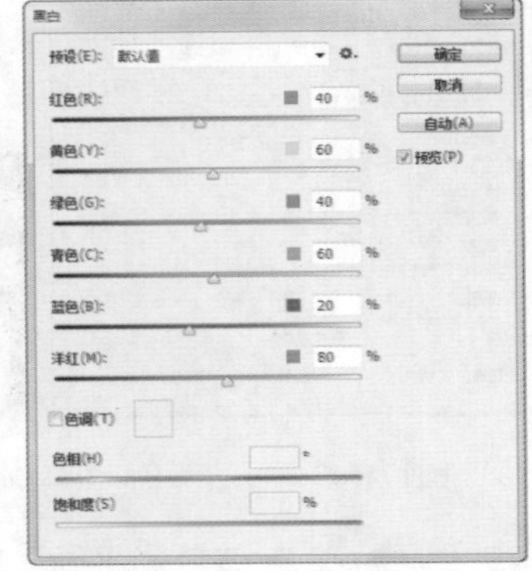

图17-152　“黑白”对话框

“黑白”对话框中各选项的作用如下。

◆ 预设：在该下拉列表框中预设了12种黑白图像效果，可直接对图像进行调整，如图17-153所示。选择不同的选项可使图像处于不同的模式，如图17-154～图17-156所示分别为蓝色滤镜、红外线和最白3种模式的效果。

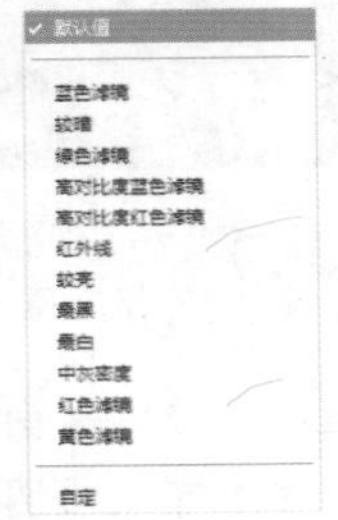

图17-153　“预设”选项

图17-154　蓝色滤镜效果

图17-155　红外线效果

图17-156　最白效果

◆ 颜色：包括“红色”、“黄色”、“绿色”、“青色”、“蓝色”和“洋红”6个颜色调整选项，分别用于调整图像中的颜色，当数值低时图像中对应的颜色将变暗，数值高时图像中对应的颜色将变亮。如图17-157所示为将洋红色调整为200%时的效果，如图17-158所示为将绿色调整为-100%时的效果。

图17-157　洋红色为200%

图17-158　绿色为-100%

◆ ☑色调(T) 复选框：选中该复选框后，单击后面的色块可设置着色的颜色，此时可调整“色相”和“饱和度”参数的值，也可创建单色图像。如图17-159所示为设置色调为蓝色和紫色的效果。

图17-159　色调效果

读书笔记

知识大爆炸
——高级绘图方式

1. 其他设置颜色的方法

除了通过工具箱中的前景色和背景色色块、拾色器对话框设置颜色外，还可以通过吸管工具、“颜色”面板和“色板”面板进行设置，其方法分别介绍如下。

◆ 使用吸管工具设置：在工具箱中选择“吸管工具”，将鼠标光标移动到需要取色的位置单击即可，如图17-160所示。

◆ 使用“颜色”面板设置：选择“窗口”/“颜色”命令，打开如图17-161所示的“颜色”面板，直接输入颜色值或拖动滑块进行设置即可。

◆ 使用“色板”面板设置：选择“窗口”/“色板”命令，打开如图17-162所示的“色板”面板，直接选择需要的颜色即可。

图17-160　吸管工具取色

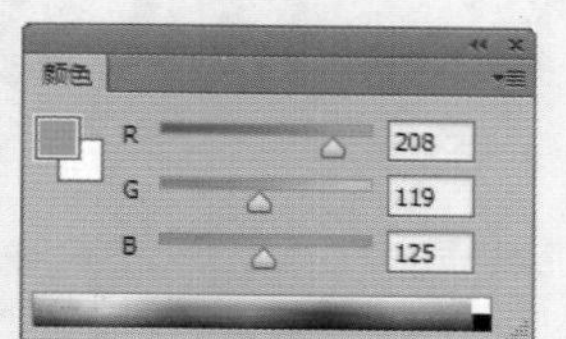

图17-161　“颜色”面板

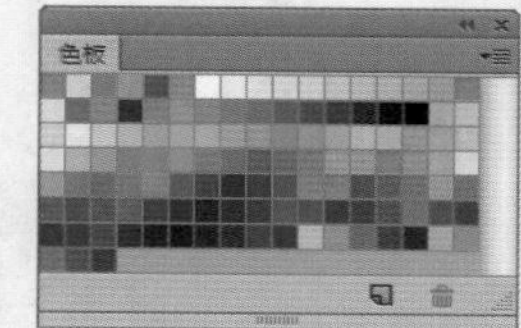

图17-162　“色板”面板

2. 画笔工具

在Photoshop CC中还可以使用“画笔工具”来绘制图像，使用它可以绘制各种线条或形状。在工具箱中选择“画笔工具”，在工具属性栏中设置画笔的样式、大小和透明度等参数，如图17-163所示，然后在图像窗口中拖动鼠标进行绘制即可。

图17-163　画笔工具属性栏

3. 载入形状或笔刷

当Photoshop预设的形状或笔刷样式不满足用户的需求时，可在网上下载新的形状或笔刷，然后选择“编辑”/“预设”/“预设管理器”命令，在打开的对话框中单击载入(L)...按钮载入即可。

07 08 09 10 11 12 13 14 15 16 17 18

切片与输出图像

本章导读

完成网页图像的制作后，在网页中使用这些图像，必须先对这些图像进行切片。将整个图像切分为多个合适的小块，然后再存储为相应的单独图像，这样才能使用Dreamweaver进行网页的制作。本章将对网页图像的切片与输出知识进行讲解。

18.1 创建并编辑切片

网页页面图像制作完成后，需要将图像进行切片，并保存为相应的图像以便在网页中使用，本节将学习创建与编辑切片的相关知识。

18.1.1 创建切片

在Photoshop CC中使用切片工具即可进行切片操作。切片工具的使用方法与使用矩形工具绘制矩形的方法相同。

实例操作：为登录页面创建切片

- 光盘\素材\第18章\登录界面.psd
- 光盘\效果\第18章\登录界面.psd、登录界面2.psd
- 光盘\实例演示\第18章\为登录页面创建切片

本例将以登录界面网页创建切片为例，讲解其创建方法。需要注意的是，创建切片时，最好先创建参考线，完成后的效果如图18-1所示。

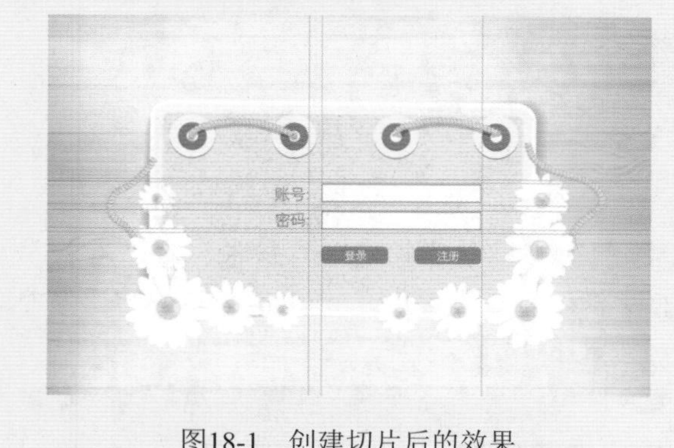

图18-1 创建切片后的效果

Step 1 ▶ 打开“登录界面.psd”素材文件，选择“视图”/“标尺”命令显示标尺，再选择“视图”/“显示”/“参考线”命令显示出参考线。然后在图像中创建参考线，如图18-2所示。

技巧秒杀

创建参考线即是思考如何切片的过程，同时在切片时也方便进行切片。在切片过程中，为了使操作更精确，需将编辑窗口放大后再进行切片。

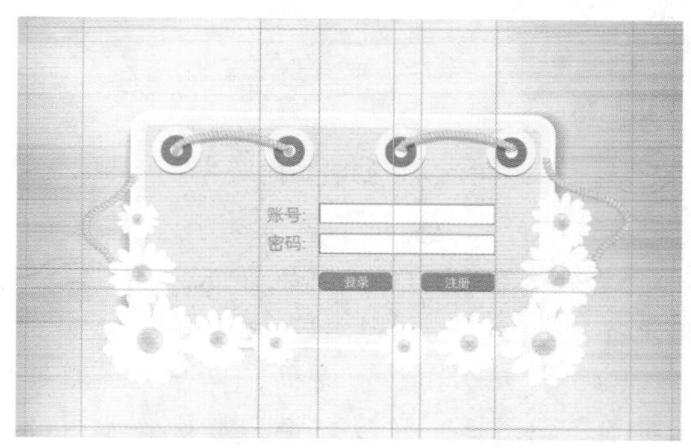

图18-2 创建参考线

Step 2 ▶ 在工具箱中选择“切片工具”，将鼠标光标移动到“登录”按钮图像左上角，按住鼠标左键不放向右下角拖动，至“登录”按钮图像被全部框住后释放鼠标，完成一个切片的创建，如图18-3所示。

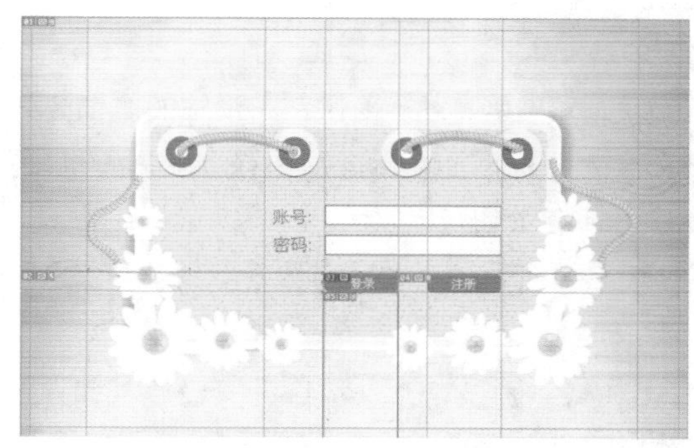

图18-3 创建切片

读书笔记

Step 3 ▶ 使用相同的方法，为“注册”按钮创建切片，此时Photoshop将自动为其他区域创建切片，完成后的效果如图18-4所示。

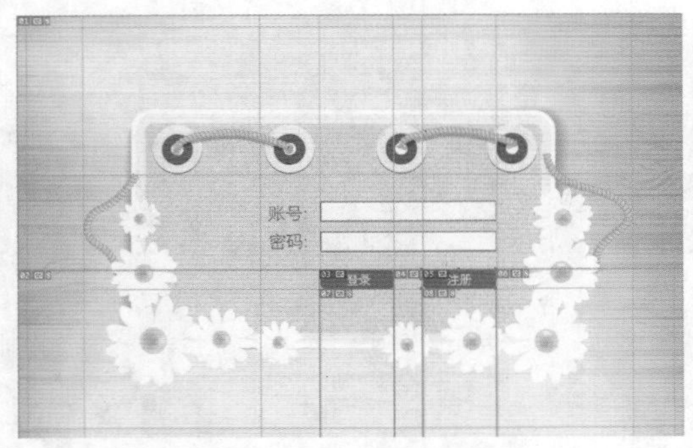

图18-4　创建其他切片

Step 4 按Ctrl+;快捷键隐藏参考线，并保存图像文件。然后再按Shift+Ctrl+S组合键，将图像另存为“登录界面2.psd”。按Ctrl+;快捷键再次显示参考线，按F7键打开“图层”面板，单击文字图层和形状图层前的图标，隐藏文字和形状，如图18-5所示。隐藏后的效果如图18-6所示。

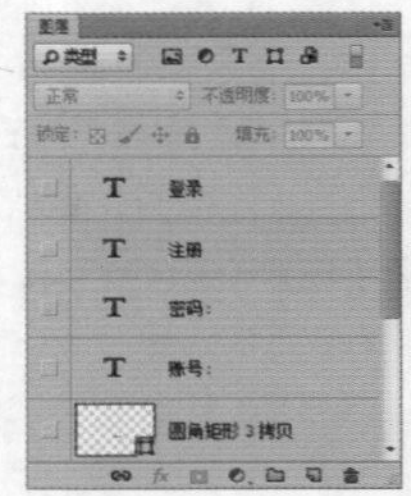

图18-5　隐藏图层

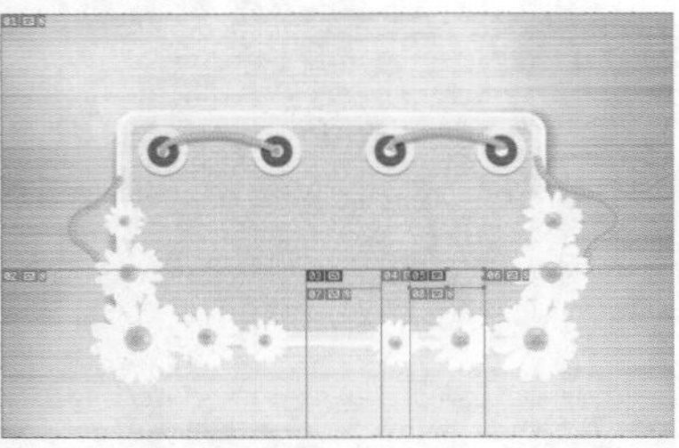

图18-6　查看隐藏后的效果

Step 5 使用切片工具绘制如图18-7所示的切片，即表单容器的背景图像。

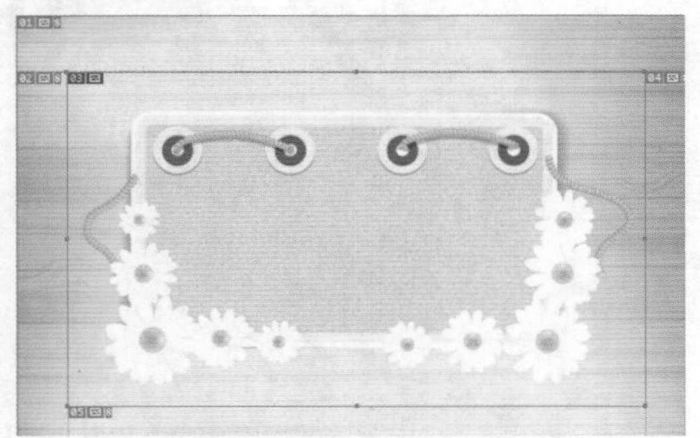

图18-7　切片表单容器的背景

18.1.2 编辑切片

创建好切片后，通过“切片选项”对话框可设置切片的名称、超链接的URL地址等参数。

实例操作：编辑登录页面切片选项

- 光盘\素材\第18章\登录界面2.psd
- 光盘\效果\第18章\登录界面3.psd
- 光盘\实例演示\第18章\编辑登录页面切片选项

本例以18.1.1节实例中的“登录界面2.psd”图像文件为例，介绍编辑切片选项的方法。

Step 1 打开“登录界面2.psd”图像文件，在工具箱中选择“切片选择工具”，在图像中需要编辑的切片（这里为03）上右击，在弹出的快捷菜单中选择“编辑切片选项”命令，如图18-8所示。

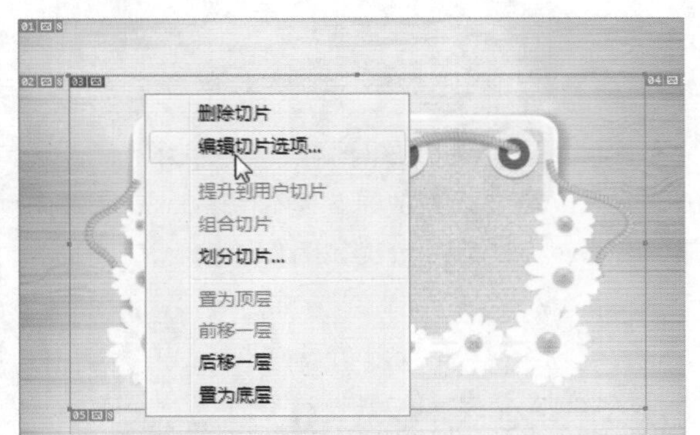

图18-8　选择“编辑切片选项”命令

Step 2 打开“切片选项”对话框，在“名称”文本框中修改切片的名称为form_bg，即导出图像的名称，如图18-9所示。

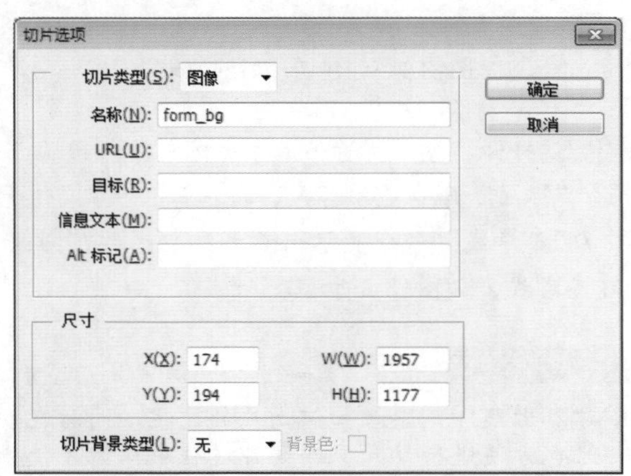

图18-9　“切片选项”对话框

Step 3 ▶ 单击 确定 按钮，使用相同的方法，将01、02、04、05切片分别修改为bg_top、bg_left、bg_right和bg_bottom，完成后所有切片都为蓝色状态显示，如图18-10所示。

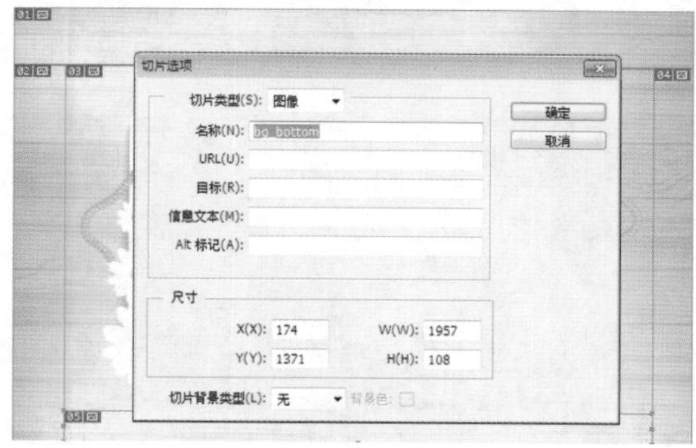

图18-10　完成修改

技巧秒杀

切片名称应与实际信息关联，以便通过名称能知道图像的功能或位置，并且一定要使用英文或数字命名，不能使用中文命名。

18.1.3 修改切片

除了创建和设置切片选项以外，在Photoshop中还可以进行选择、调整、移动和删除切片等操作，这一系列的操作方法分别如下。

◆ **选择切片**：选择“切片选择工具”后，在图片文件中的切片上单击鼠标即可选择该切片。按住Shift键的同时单击其他要选择的切片可一次选择多个切片，如图18-11所示。

图18-11　选择切片

◆ **调整切片**：选择切片后，将鼠标光标移动到切片四周，此时鼠标光标将变为↕形状，按住鼠标左键不放进行拖动，可调整切片的大小，如图18-12所示。

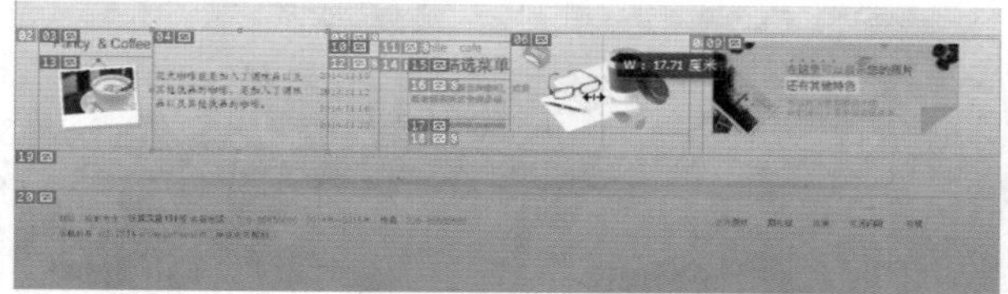

图18-12　调整切片

◆ **移动切片**：选择切片后，将鼠标光标移动到该切片上，当光标变为形状时，按住鼠标左键不放进行拖动，至合适位置后释放鼠标可调整其位置，如图18-13所示。

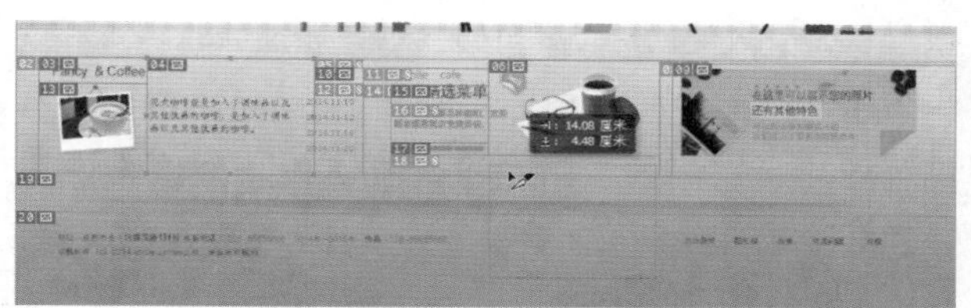

图18-13　移动切片

◆ **删除切片**：形状切片后，按Delete键即可删除选择的切片，如图18-14所示。

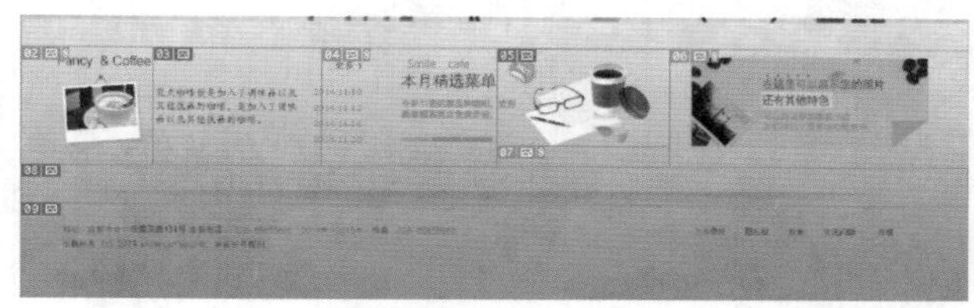

图18-14　删除切片

读书笔记

18.2 优化与输出图像

完成图像的制作与切片的绘制后，即可将切片图像存储为单独独立的图像，以便在Dreamweaver中利用处理好的图像进行网页的制作。输出图像前还可对图像进行优化，以保证图像的质量。

18.2.1 优化图像

对图像进行优化后，将在保证图像质量的前提下，缩小图片的大小，这将提高网页的加载速度，更快地显示网页并下载图像。选择“文件”/“存储为Web所用格式”命令，打开如图18-15所示的“存储为Web所用格式”对话框，在其中可对图像进行优化和输出。

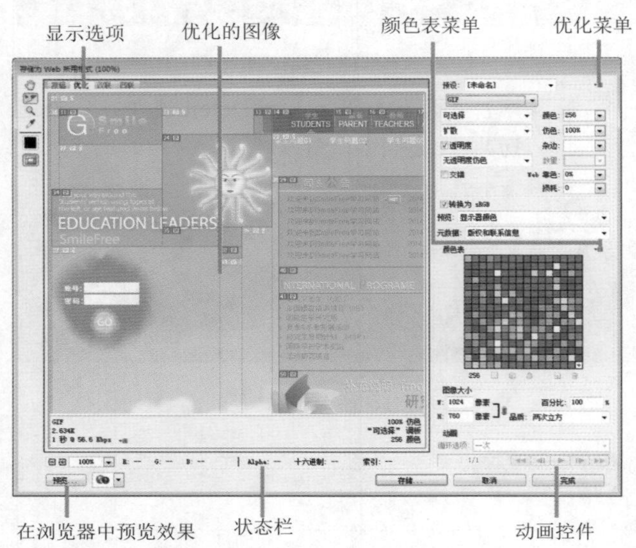

图18-15　“存储为Web所用格式”对话框

图18-16　显示四联

知识解析：“存储为Web所用格式”对话框

- **显示选项**：选择“原稿”选项卡，可在窗口中显示没有优化的图像；选择“优化”选项卡，可在窗口中显示优化后的图像；选择“双联”选项卡，可并排显示应用了当前优化前和优化后的图像；选择“四联”选项卡，可并排显示图像的4个版本，每个图像下面都提供了优化信息。如优化格式、文件大小和图像估计下载时间等，方便进行比较，如图18-16所示。
- **抓手工具**：选择“抓手工具”，使用鼠标拖动图像可移动查看图像。
- **切片选择工具**：当包含多个切片时，可使用“切片选择工具”选择窗口中的切片，并对其进行优化。
- **缩放工具**：选择“缩放工具”，可放大图像显示比例。按Alt键单击则可缩小显示比例。
- **吸管工具**：选择“吸管工具”，可吸取单击处的颜色。
- **吸管颜色**：用于显示吸管工具吸取的颜色。
- **“切换切片可视性”按钮**：单击该按钮，可显示或隐藏切片的定界框。
- **优化菜单**：在其中可进行如存储设置、链接切片和编辑输出设置等操作。
- **颜色表菜单**：在其中可进行和颜色相关的操作，如新建颜色、删除颜色和对颜色进行排序等。
- **颜色表**：在对图像格式进行优化时，可在“颜色表”中对图像颜色进行优化设置。

◆ 图像大小：将图像大小调整为指定的像素尺寸或原稿大小的百分比。

◆ 状态栏：显示光标所在位置的颜色信息。

◆ “在浏览器中预览菜单”按钮：单击该按钮，将在打开的浏览器中显示图像的题注，如图18-17所示。

图18-17　在浏览器中进行浏览

18.2.2 Web图像优化选项

要输出的图片文件格式不同，需要进行的优化设置也不相同，在Photoshop CC中打开“存储为Web所用格式”对话框，可以选择需要优化的切片，在右侧的文件格式下拉列表中选择一种文件格式，以对其进行细致的优化。

1. GIF和PNG-8格式

GIF常用于压缩具有单色调或细节清晰的图像，它是一种无损压缩格式。PNG格式与GIF格式的特点相同，其选项也相同，如图18-18和图18-19所示。

图18-18　GIF格式　　　图18-19　PNG-8格式

GIF和PNG-8格式的优化选项作用如下。

◆ 减低颜色深度算法/颜色：指定用于生成颜色查找表的方法，以及想要在颜色查找表中使用的颜色数据。

◆ 仿色算法/仿色：通过模拟计算机的颜色来显示系统中未提供的颜色方法。较高的仿色能使图像中出现更多的新颜色和细节，但这会增加文件的大小。

◆ 透明度/杂边：用于确定优化图像中的透明像素。

◆ ☑交错 复选框：选中该复选框，当图像正在被下载时，浏览器将先显示图像的低分辨率版本，然后慢慢加载高分辨率版本。

◆ Web靠色：用于指定将颜色转换为最接近的Web面板中等效颜色的容差级别。数值越高，转换的颜色越多。

◆ 损耗：通过有选择地丢掉数据来减小文件大小。数值越高，图像的文件虽然较小，但图像品质会有所下降。一般设置损耗为5～9，可保证图像效果不会发生太大的影响。

◆ ☑嵌入颜色配置文件 复选框：选中该复选框，在优化文件中将保存颜色配置文件。

2. JPEG格式

JPEG可以压缩颜色丰富的图像，将图像优化为JPEG时会使用有损压缩。如图18-20所示为JPEG格式的优化选项。

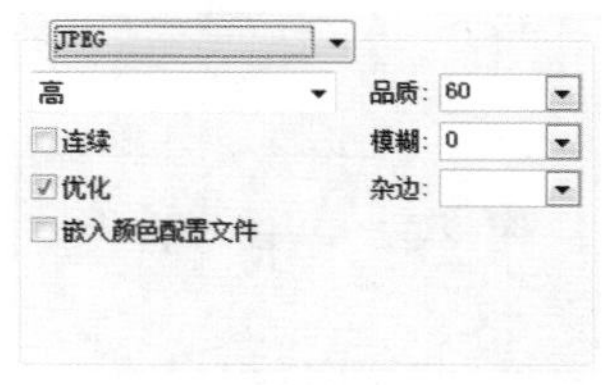

图18-20　JPEG格式

JPEG格式的优化选项作用如下。

◆ 缩放品质/品质：用于设置压缩程度。“品质”数值越高，图像细节越多，但图像文件也会更大。

◆ ☑连续 复选框：选中该复选框，将在Web浏览器中以渐进方式显示图像。

◆ ☑优化 复选框：选中该复选框，将创建文件大小稍小的增强JPEG。

◆ 嵌入颜色配置文件 复选框：选中该复选框，在优化文件中将保存颜色配置文件。

◆ 模糊：用于设置图像的模糊量，可制作与“高斯模糊”滤镜类似的效果。

◆ 杂边：为原始图像中透明的像素指定一个填充色。

3. PNG-24格式

PNG-24适合压缩连续色调的图像，它可以保留多达256个透明度级别，但文件体积超过JPEG格式。如图18-21所示为PNG-24格式的优化选项。其优化项和作用与前面几种格式相同。

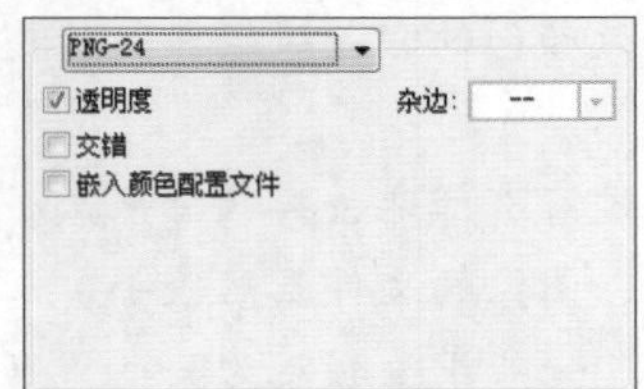

图18-21 PNG-24格式

4. WBMP格式

WBMP适合优化移动设置的图像，如图18-22所示为WBMP的优化选项。

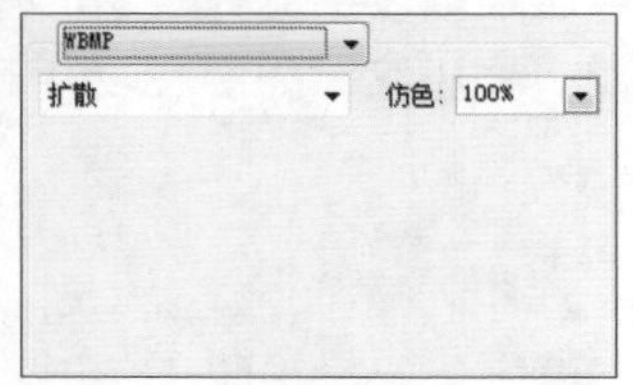

图18-22 WBMP格式

18.2.3 Web图像输出

优化完Web图像后，在“存储为Web所用格式”对话框的“优化菜单”中选择“编辑输出设置”命令，打开“输出设置”对话框。在其中可设置HTML文件的格式、命令文件和切片等属性，设置完成后即可对图像进行输出操作。输出以后的文件将包含一个image文件夹和后缀名为.html的网页文件。

实例操作：输出网页图像

- 光盘\素材\第18章\学习网站.psd
- 光盘\效果\第18章\学习网站\
- 光盘\实例演示\第18章\输出网页图像

本例对学习网站进行切片操作，并为切片添加名称，以便于区别。最后再对图像进行优化和输出设置。

Step 1 打开“学习网站.psd”素材文件，在工具箱中选择“切片工具”，拖动鼠标在图像中绘制矩形选区以创建切片，依次为整个图像创建切片，如图18-23所示为创建的效果。

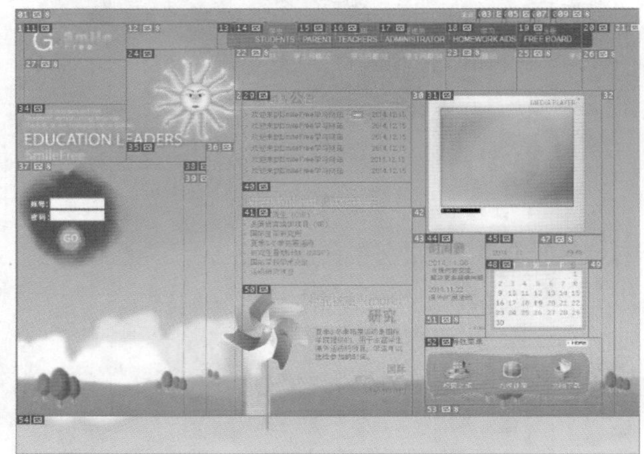

图18-23 创建切片

Step 2 选择“切片选择工具”，在编号为01的切片上右击，在弹出的快捷菜单中选择“编辑切片选项”命令，打开“切片选项”对话框，设置名称为top_01，如图18-24所示。

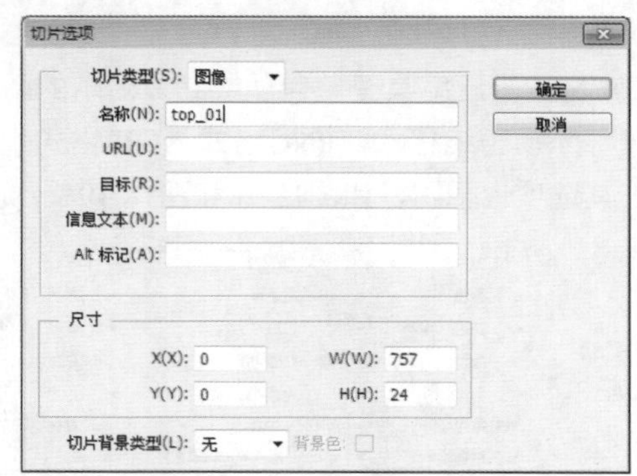

图18-24 编辑切片选项

Step 3 ▶ 单击 确定 按钮，使用相同的方法，为其他切片设置名称，完成后隐藏文字图层，并选择“文件”/“存储为Web所用格式”命令，如图18-25所示。

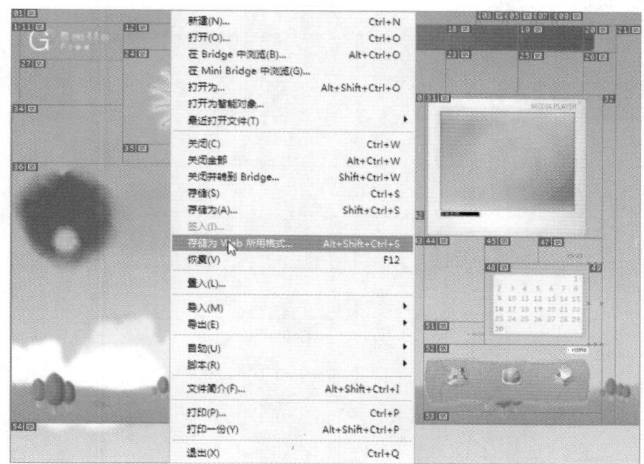

图18-25 选择“存储为Web所用格式”命令

Step 4 ▶ 打开“存储为Web所用格式”对话框，选择“双联”选项卡，显示优化前后的对比效果，如图18-26所示。

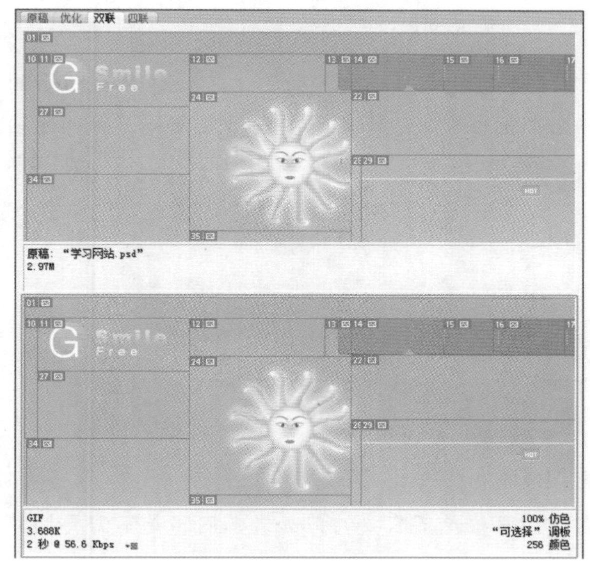

图18-26 双联对比

Step 5 ▶ 设置“优化格式”为PNG-8，设置“减低颜色深度算法”和“仿色算法”为“可感知”和“扩散”，如图18-27所示。单击对话框右上角的“优化菜单”按钮▾≡，在弹出的下拉菜单中选择“编辑输出设置”命令，如图18-28所示。

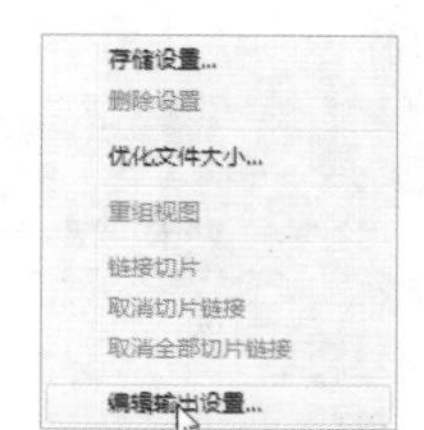

图18-27 设置优化选项　　图18-28 选择命令

Step 6 ▶ 打开“输出设置”对话框，在“设置”下拉列表框下方选择“切片”选项，选中 ◉生成CSS 单选按钮，然后单击 确定 按钮，如图18-29所示。

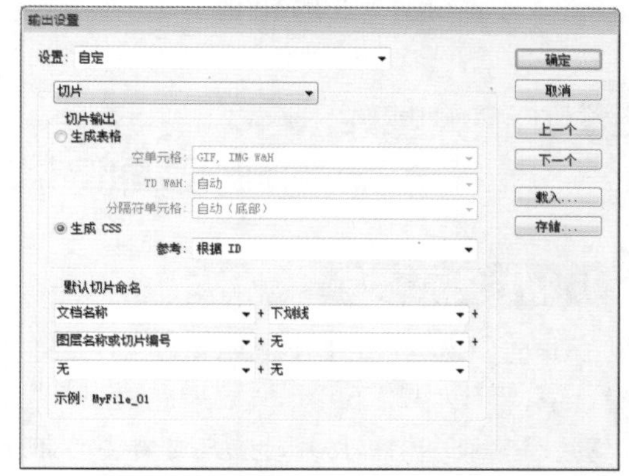

图18-29 设置输出选项

Step 7 ▶ 返回“存储为Web所用格式”对话框，单击 存储... 按钮，打开“将优化结果存储为”对话框，在“格式”下拉列表框中选择“HTML和图像”选项，选择存储的路径和名称，单击 保存(S) 按钮，如图18-30所示。

图18-30 设置保存的格式

Step 8 ▶ 系统将开始输出图像，完成后打开保存的文件夹，可看到一个后缀名为.html的网页文件和images的图片文件夹，如图18-31所示。

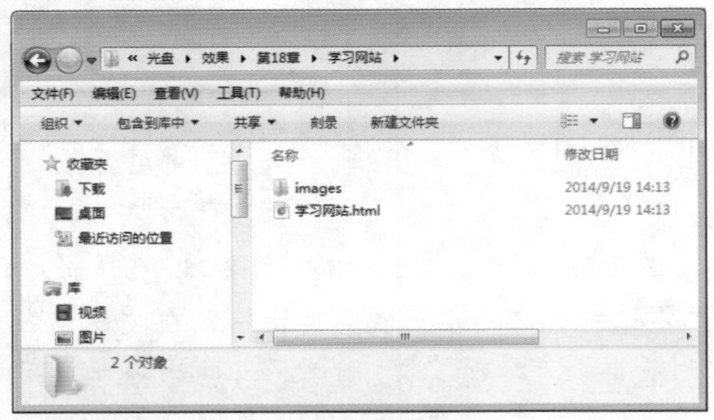

图18-31　查看输出的效果

技巧秒杀

在“存储为Web所用格式”对话框中允许为每一个切片进行不同的属性设置，操作时应根据切片图像的实际情况进行设置。

读书笔记

知识大爆炸——切片和网页图像格式

1. 切片注意事项

切片时应遵循能用Dreamweaver实现的效果就不切片的原则，切片时图像要尽量小，图像保存格式要尽量合适，可以从以下几个方面来提高切片的质量。

- **切片尽量最小化**：切片时应只对需要的部分进行切片，要尽可能地减小切片面积。在如图18-32所示的图像中，左上角的“活动说明”图像中只需要将图像全部框住即可，而不需要向下延伸将下面部分的黄色背景也一并框住。

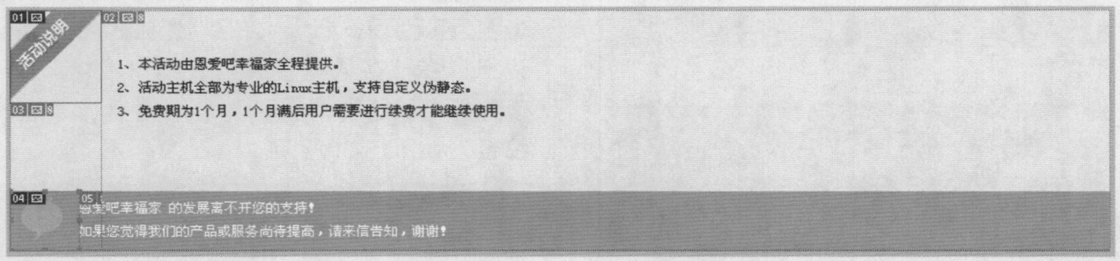

图18-32　切片后的图像效果

- **隐藏不需要的内容**：需清楚哪些内容是该图像所必需的，哪些是不需要的，如文本内容是不需要切片的，因为在Dreamweaver中可直接输入文本。
- **纯色背景的切片方法**：对于纯色背景不需要切片，因为纯色背景只需在Dreamweaver中直接对容器进行背景颜色设置即可。
- **渐变色背景的切片方法**：由于渐变色背景可以通过重复的方式实现，因此，只需要切片该图像的某一部分即可。如图18-33所示的渐变色背景图像，即可只切片1～2像素宽度或高度的图像。

◆ 重复多个对象只需要切片其中一个：当多个图像在网页页面中重复使用时，只需要对其中的任意一个进行切片，而不需要对每个图像进行切片，如图18-34所示的导航条中的分隔线只需切片其中的一个即可。

图18-33 渐变色背景的切片方法

图18-34 重复对象的切片方法

2. 网页中图像格式的优缺点

目前网页中支持GIF（静态及动画）、JPG及PNG格式的图像，其各自的特点分别如下。

◆ GIF格式：GIF包括静态GIF和动态GIF两种，动态GIF文件具有动画效果，如加载动画等就是动态GIF。由于GIF格式的图像颜色范围比较窄，因此只适用于保存颜色不太丰富的图像。另外，GIF格式图像还支持背景透明，因此，保存为GIF格式可设置图像背景透明。

◆ JPG格式：JPG格式的图像拥有较丰富的色彩，因此，若需获得较好的色彩效果就可以保存为JPG格式。JPG格式的图像不支持背景透明，且文件一般比较大。

◆ PNG格式：PNG格式的图像是目前使用非常广泛的图像格式，具有较好的图像效果，且支持背景透明，因此是背景图像的首选，特别是那些具有转角效果的背景图像，通常都保存为PNG格式。另外，PNG格式支持多个图层，因此保存为PNG格式的图像容易进行编辑。

读书笔记

Innovation

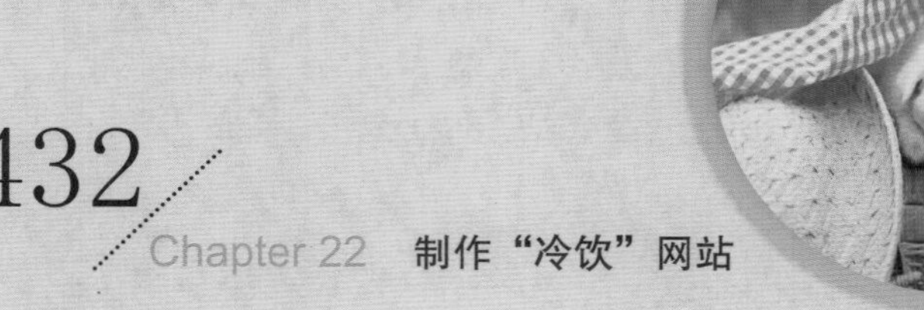

掌握了Dreamweaver、Flash和Photoshop这3个软件的基本使用方法后，即可结合这3个软件来进行网页的制作。本篇以制作网页元素、制作摄影网站、制作个人网站和制作“冷饮”企业网站为例，分别介绍使用Photoshop设计网页元素，使用Flash制作网页动画的基本方法，并通过实例了解如何通过这3个软件来制作一个完整的网站；最后再通过Div+CSS的方式来巩固网页的制作方法。本篇实例就是在这3个软件的基础用法上，对其进行巩固操作，力求让读者能够真正掌握它们的使用方法，并制作出符合实际需要的网页。

>>>

19 20 21 22

制作 网页元素

本章导读

本章将通过Photoshop和Flash来设计并制作网页中经常使用的元素，如网站Logo、网页按钮、导航条、网页开场动画等。通过对这些网页元素的设计与制作，能够进一步巩固这两个软件的使用，在设计网页的过程中更加得心应手。

19.1 制作网站Logo

文件和图层的应用　图像操作的应用　文本元素的应用

- 光盘\素材\第19章\西餐餐具.jpg
- 光盘\效果\第19章\餐饮网站Logo.psd
- 光盘\实例演示\第19章\制作网站Logo

Logo（全称为Logotype）是人们在长期的生活和实践中形成的一种视觉化的信息表达方式，具有一定含义并能够使人理解的视觉图形，有简洁、明确、一目了然的视觉传递效果。一个成功的网页Logo能够体现出网页的特点和形象。本例将通过Photoshop CC来设计一个西餐网站的Logo，通过该Logo能够明确表达出网站的性质。在设计Logo时可以从网站的性质出发，如西餐的餐具、食物等方面入手。

Step 1 ▶ 启动Photoshop CC，选择“文件”/“新建”命令，打开“新建”对话框，在“名称”文本框中输入文件名称为“餐饮网站logo”，在“宽度”和“高度”文本框中分别输入1200和600，单击 确定 按钮，如图19-1所示。

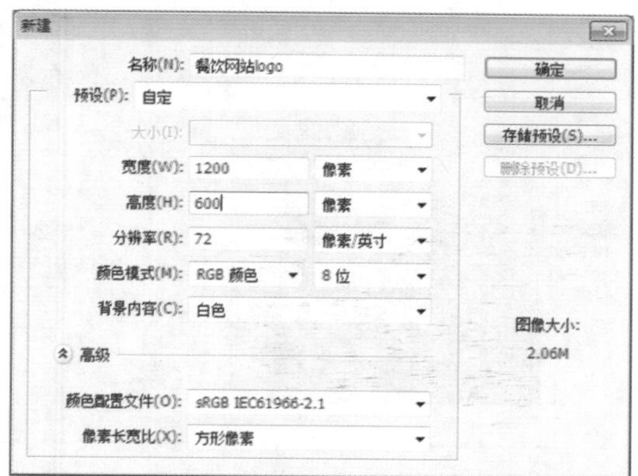

图19-1　新建图像

Step 2 ▶ 选择“视图”/“标尺”命令，显示出标尺线，直接拖动水平标尺线到图像区域中，以创建参考线。然后选择“钢笔工具”，以参考线的位置为标准，绘制一条弧线，如图19-2所示。

操作解谜

创建参考线后，便于控制绘制的路径起点和终点的位置，使其位于同一水平线上，而参考线的具体位置可根据用户的需要进行移动。

Step 3 ▶ 选择“横排文字工具” T，在路径的起点处单击鼠标，输入文本Mead millet food restaurant，如图19-3所示。

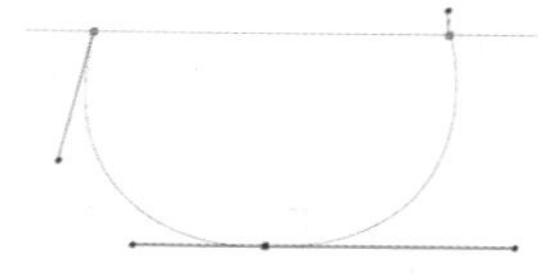

图19-2　绘制路径

图19-3　输入路径文本

Step 4 ▶ 选择输入的文本，选择“窗口”/“字符”命令，打开“字符”面板。在其中设置文本字体为Algerian，字号为52点，字距为140，颜色为橙色（#ffa700），如图19-4所示。单击“文本工具”属性栏中的“提交所有当前编辑”按钮确认文本的输入，此时文本效果如图19-5所示。

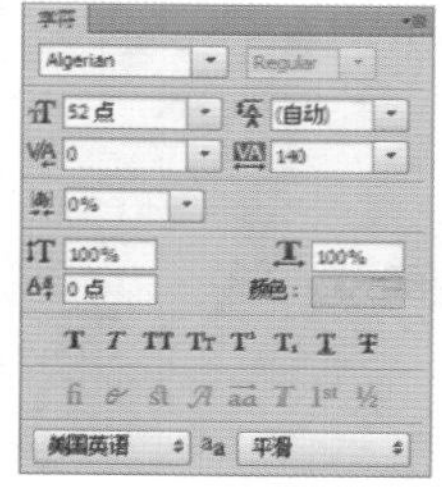

图19-4　设置文本属性

图19-5　查看文本

Step 5 ▶ 打开素材文件“西餐餐具.jpg”，选择“快速选择工具”，在图像中的第2个叉子上多次单击鼠标，以获得选区，如图19-6所示。选择“选择工具”，将选区中的内容直接拖动到“餐饮网站logo.psd”图像文件窗口中，此时将自动生成“图层1”图层，按Ctrl+T快捷键，对图像的大小进行调整，并将其移动到文字中，如图19-7所示。

图19-6　获取叉子选区　　图19-7　调整选区图层

Step 6 切换到“西餐刀具.jpg”素材文件窗口中，使用“快速选择工具”选择其中的刀子选区，如图19-8所示。然后使用“选择工具”将选区中的内容拖动到“餐饮网站logo.psd”图像文件窗口中，并适当调整其位置和大小，使其与叉子图形相交，形成一个形似X的图形，如图19-9所示。

图19-8　获取刀子选区　　图19-9　调整刀子图层

Step 7 在“图层”面板中选择“图层1”和“图层2”图层，右击，在弹出的快捷菜单中选择“链接图层”命令，如图19-10所示。然后适当移动图层的位置，使其位于文字区域的中间，效果如图19-11所示。

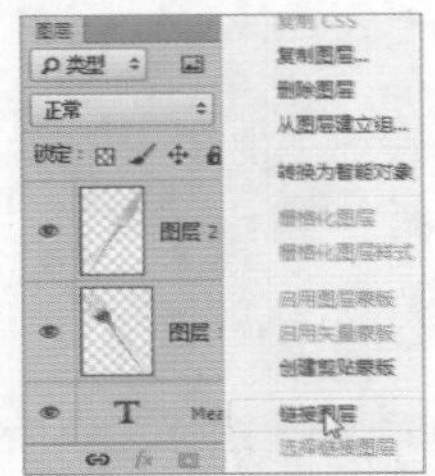

图19-10　链接图层　　图19-11　调整图层位置

Step 8 隐藏参考线，在路径文本下方输入文本“米德栗食　西餐厅”，并设置其字体为“汉仪太极体简”，字号为“62点”，颜色为#91c611，如图19-12所示。在“西餐餐具.jpg”图像文件中抠取出勺子选区，将其拖动到“餐饮网站logo.psd”图像文件窗口中，并调整其大小，将其移动到米德栗食和西餐厅之间，如图19-13所示。

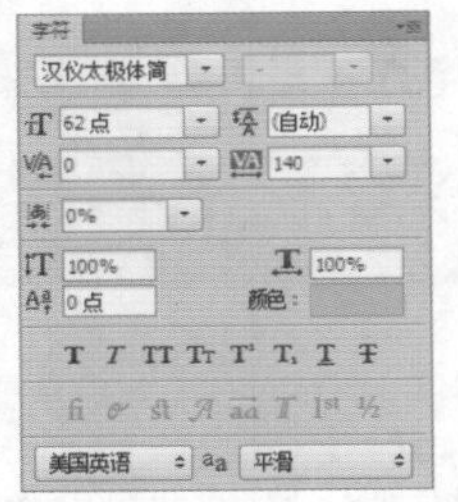

图19-12　设置文本属性　　图19-13　查看文本

Step 9 在“图层”面板中“图层3”图层的空白处双击鼠标，打开“图层样式”对话框，选择“颜色叠加”选项，设置叠加颜色为白色（#ffffff），如图19-14所示。

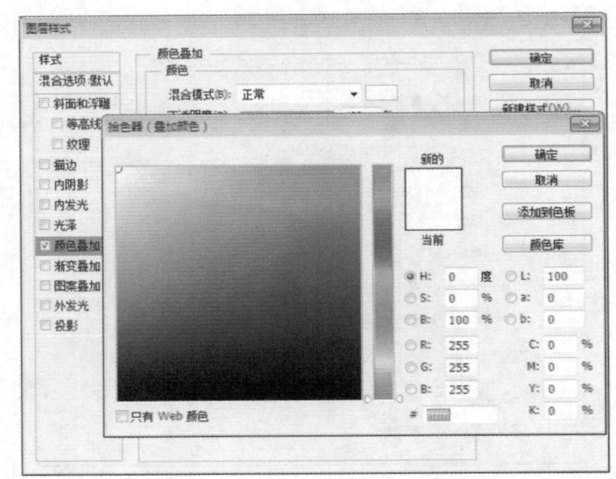

图19-14　渐变叠加

Step 10 选择“描边”选项，设置大小为6，颜色为绿色（#91c611），如图19-15所示。

读书笔记

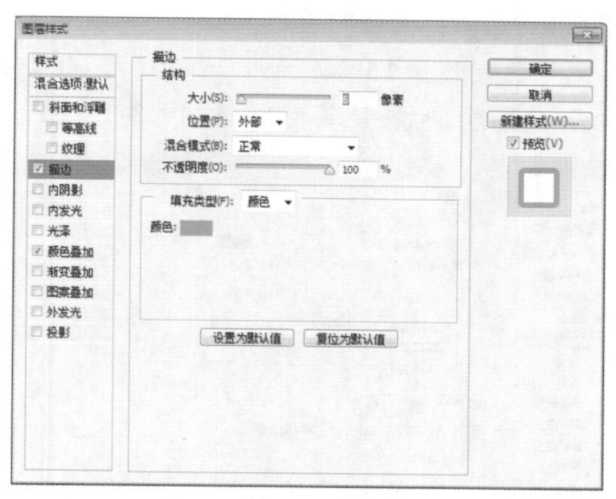

图19-15　设置描边

Step 11 ▶ 单击 确定 按钮，返回图像界面中即可查看到应用图层样式后的效果，如图19-16所示。

图19-16　应用图层样式效果

19.2 制作开关按钮

文件和图层的应用　图像操作的应用　文本元素的应用

按钮是网页中经常使用的元素之一，常见的有登录按钮、提交按钮、开关按钮和播放按钮、音量控制按钮等。这些按钮都可以在Photoshop中进行绘制，下面将以制作开关按钮为例进行介绍。

- 光盘\效果\第19章\开关按钮.psd
- 光盘\实例演示\第19章\制作开关按钮

Step 1 ▶ 启动Photoshop CC，选择“文件”/“新建”命令，打开“新建”对话框，在“名称”文本框中输入文件名称为“开关按钮”，设置“宽度”和“高度”分别为600和500，如图19-17所示。

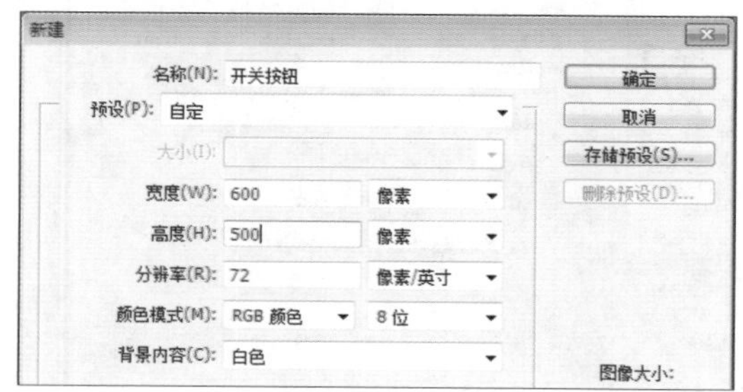

图19-17　新建图像

Step 2 ▶ 单击 确定 按钮，新建图像文件。在“图层”面板中按住Alt键的同时双击“背景”图层，将背景图层转换为“图层0”图层，如图19-18所示。

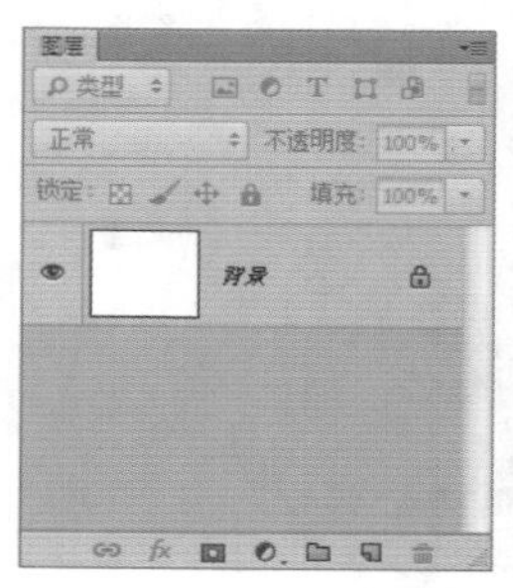

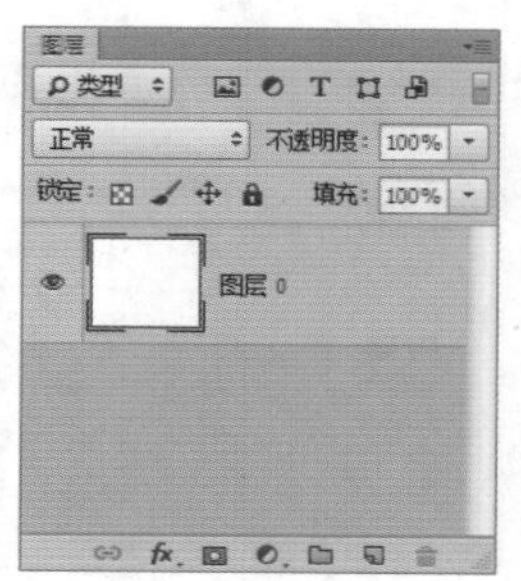

图19-18　转换背景图层

Step 3 选择“图层”/“图层样式”/“渐变叠加”命令，打开“图层样式”对话框。设置渐变混合模式“正常”，渐变颜色为白色（#ffffff）到淡黄色（#fcf2d5），样式为“径向”，缩放为120%，如图19-19所示。

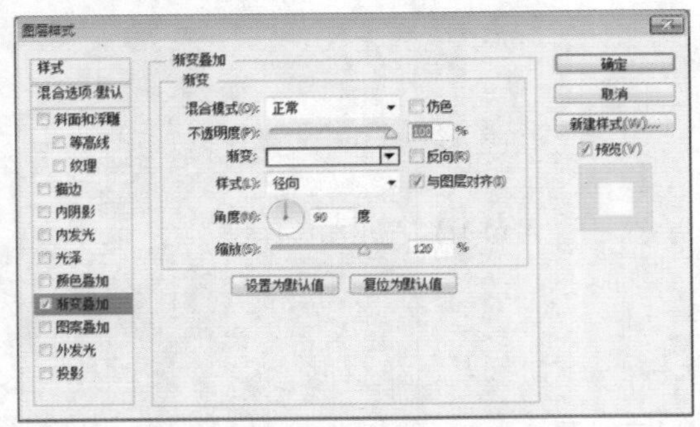

图19-19　设置渐变叠加

Step 4 单击 确定 按钮，返回图像窗口，选择“圆角矩形工具”，设置填充颜色为#f8b551，描边颜色为“无”，半径为“50像素”，在图像中拖动鼠标绘制一个圆角矩形，效果如图19-20所示。

图19-20　绘制圆角矩形

Step 5 在“图层”面板中双击圆角矩形图层的空白处，打开“图层样式”对话框。选择“描边”选项，设置大小为6像素，不透明度为66%，填充类型为“渐变”，渐变颜色为白色到灰色（#cfcccc），角度为90°，如图19-21所示。

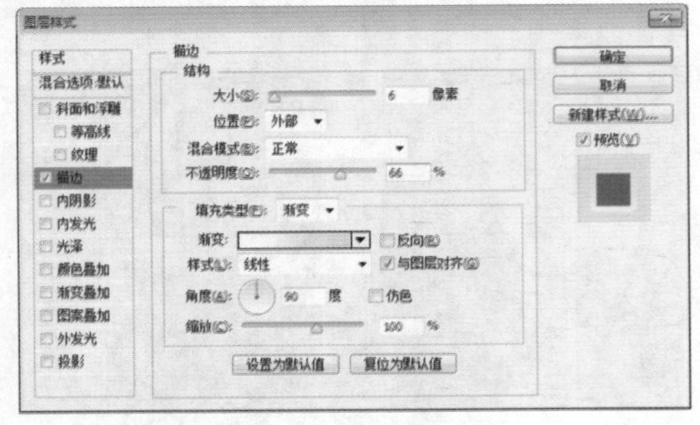

图19-21　设置描边样式

Step 6 选择“内阴影”选项，设置混合模式为“正常”，不透明度为15%，角度为120°，取消选中 使用全局光 复选框，设置距离为2像素，如图19-22所示。

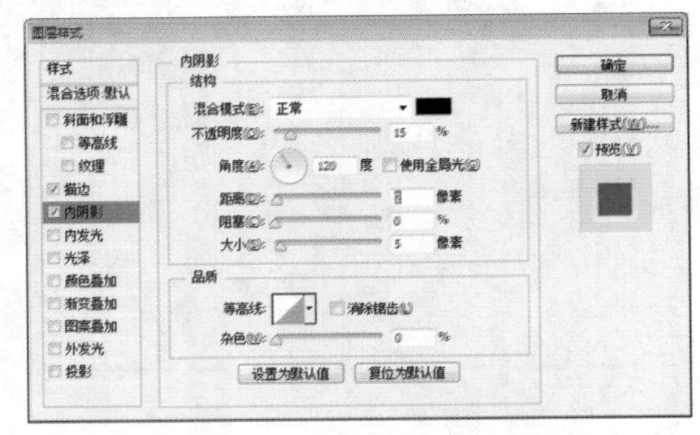

图19-22　设置内阴影

Step 7 选择“内发光”选项，设置混合模式为“正常”，发光颜色为#e79a26，阻塞为100%，大小为1像素，如图19-23所示。

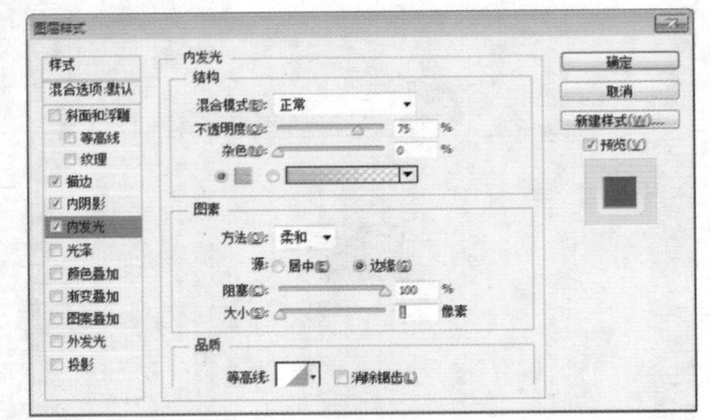

图19-23　设置内发光样式

Step 8 选择“渐变叠加”选项，设置混合模式为“柔光”，不透明度为20%，选中 反向 复选框，如图19-24所示。

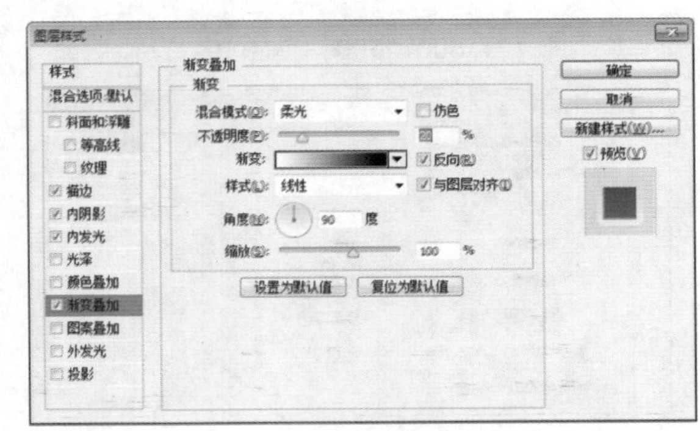

图19-24　设置渐变叠加样式

Step 9 ▶ 单击 确定 按钮，返回图像窗口，选择“椭圆工具”，设置椭圆的填充颜色为白色，按住Shift键在圆角矩形右侧绘制一个正圆，效果如图19-25所示。

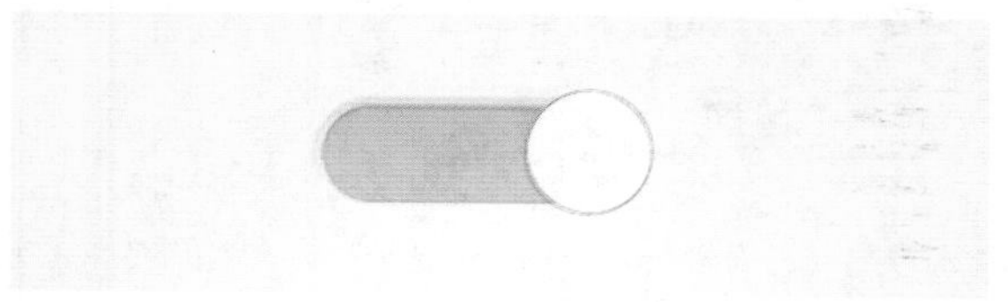

图19-25　绘制正圆

Step 10 ▶ 双击该图层空白处，打开“图层样式”对话框，选择“内阴影”选项，设置混合模式为“正常”，不透明度为10%，取消选中 使用全局光(G) 复选框，设置角度为-90°，距离为4像素，大小为1像素，如图19-26所示。

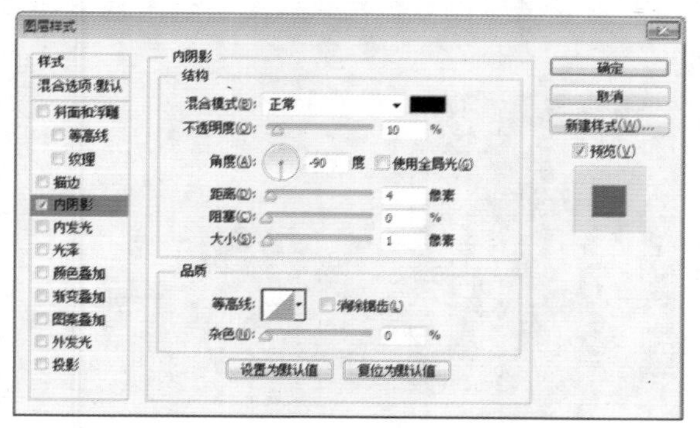

图19-26　设置内阴影样式

Step 11 ▶ 选择“渐变叠加”选项，设置混合模式为“正常”，选中 仿色 复选框，设置不透明度为16%，如图19-27所示。

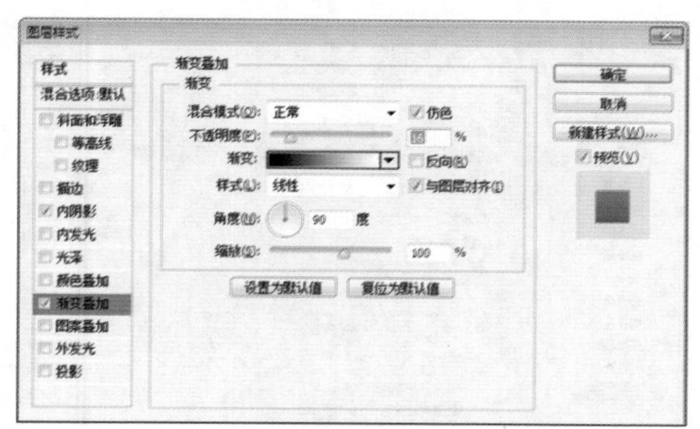

图19-27　设置渐变叠加样式

Step 12 ▶ 选择“描边”选项，设置大小为1像素，位置为“外部”，混合模式为“正常”，填充类型为“渐变”，渐变颜色为灰色（#939090，不透明度11%）到白色（不透明度47%）。取消选中 仿色 复选框，设置角度为90°，如图19-28所示。

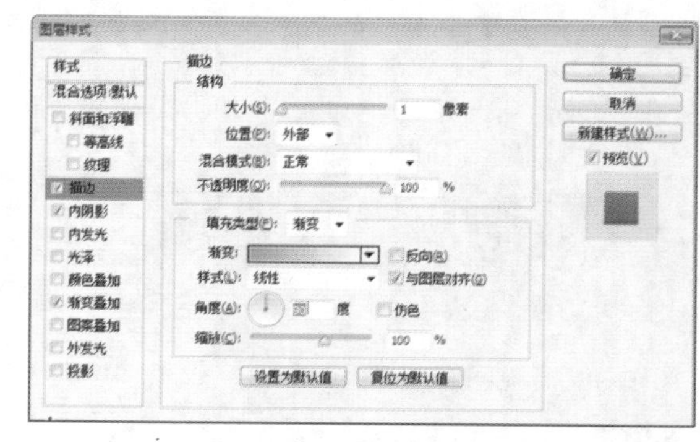

图19-28　设置描边

Step 13 ▶ 选择“内发光”选项，设置混合模式为“正常”，不透明度为46%，颜色为“白色”，阻塞为50%，大小为1像素，如图19-29所示。

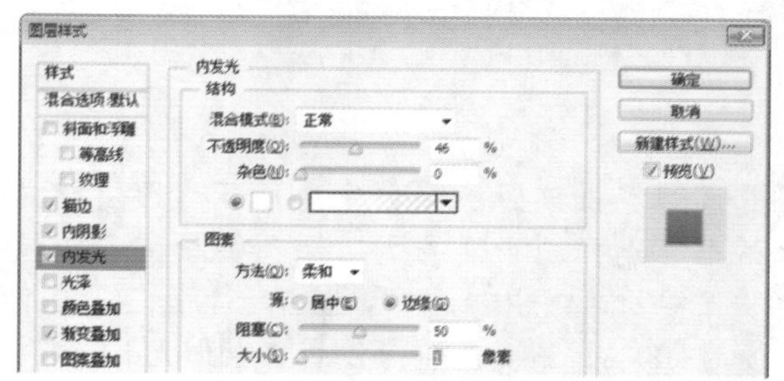

图19-29　设置内发光样式

Step 14 ▶ 选择“投影”选项，设置混合模式为“正常”，不透明度为10%，角度为120°，距离、扩展、大小分别为4像素、0%、0像素，如图19-30所示。

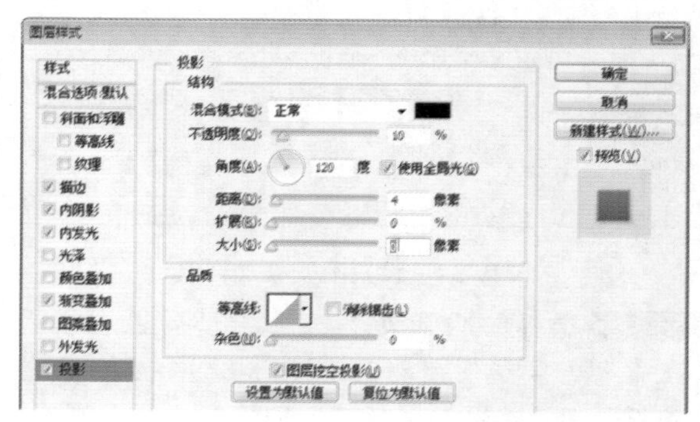

图19-30　设置投影

Step 15 ▶ 单击 确定 按钮，返回图像窗口中新建一个空白图层，选择“画笔工具”，设置前景色为“黑色”，选择一种柔光画笔样式，在图层中的圆形上单击鼠标绘制一块阴影，如图19-31所示。将该图层移动到圆形图层的下方，其效果如图19-32所示。

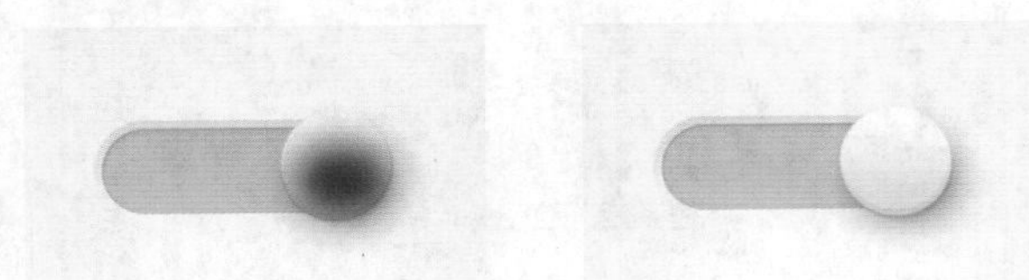

图19-31 绘制阴影　　图19-32 调整图层顺序

Step 16 ▶ 使用“椭圆工具”在圆形上再绘制一个稍小一些的填充色为白色的圆形，如图19-33所示。

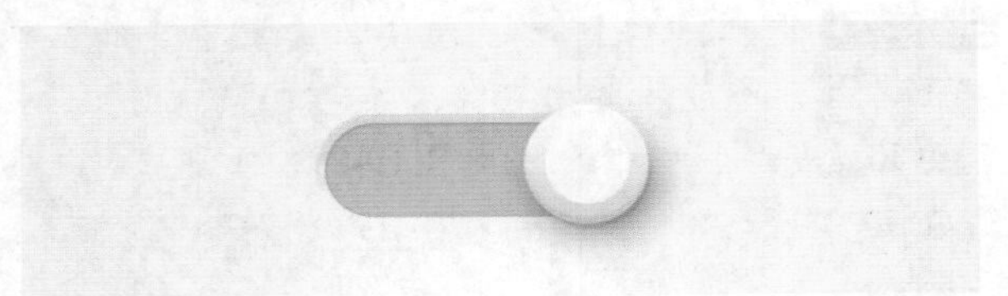

图19-33 绘制圆形

Step 17 ▶ 双击该图层空白处，打开“图层样式”对话框，选择“渐变叠加”选项，设置混合模式为“正常”，选中 仿色 和 反向(R) 复选框，设置不透明度为100%，渐变颜色为浅灰（#dfdddd）到淡灰（#f1efef），如图19-34所示。

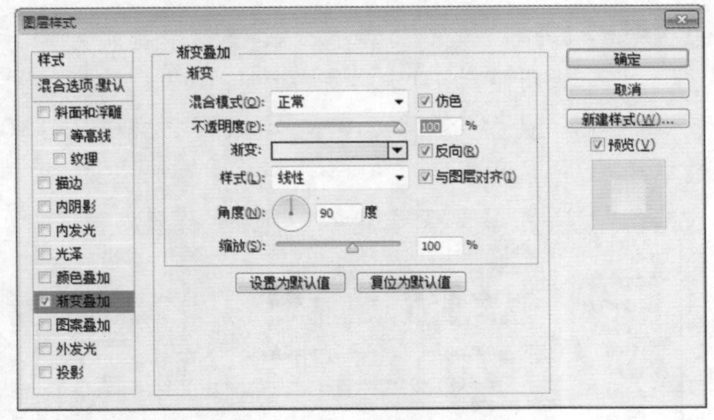

图19-34 设置渐变叠加样式

Step 18 ▶ 选择“内阴影”选项，设置混合模式为“正常”，不透明度为8%，取消选中 使用全局光(G) 复选框，设置角度为90°，距离、阻塞、大小分别为1像素、0%、0像素，如图19-35所示。

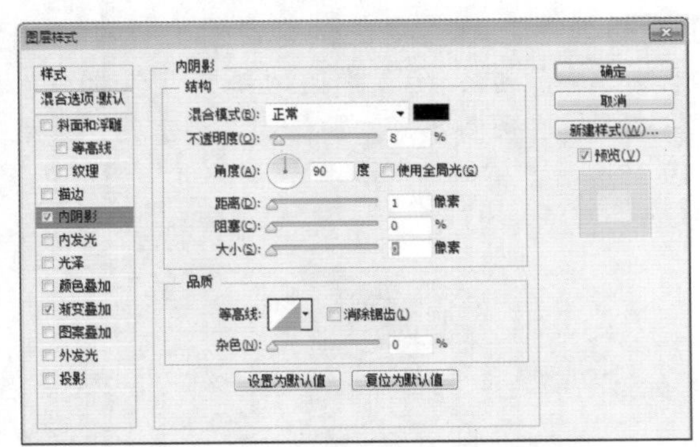

图19-35 设置内阴影样式

Step 19 ▶ 单击 确定 按钮，返回图像窗口，选择“横排文字工具”，设置文本字体为“Adobe 黑体 Std”，字号为“46点”，字距为60，颜色为#8c5406，如图19-36所示。在图像中输入文本ON，并将其放在按钮中的橙色底纹上，效果如图19-37所示。

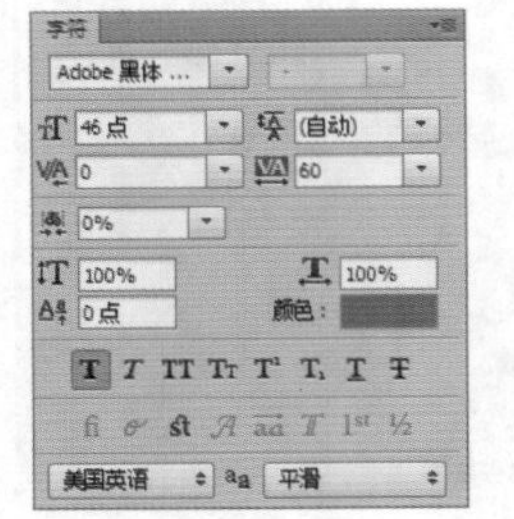

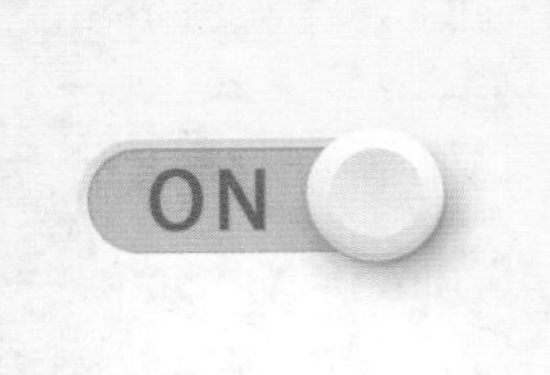

图19-36 设置文字属性　　图19-37 输入文本

Step 20 ▶ 双击文本图层空白处，打开“图层样式”对话框，选择“投影”选项，设置混合模式为“柔光”，颜色为白色，距离、扩展、大小分别为1像素、0%、0像素，如图19-38所示。

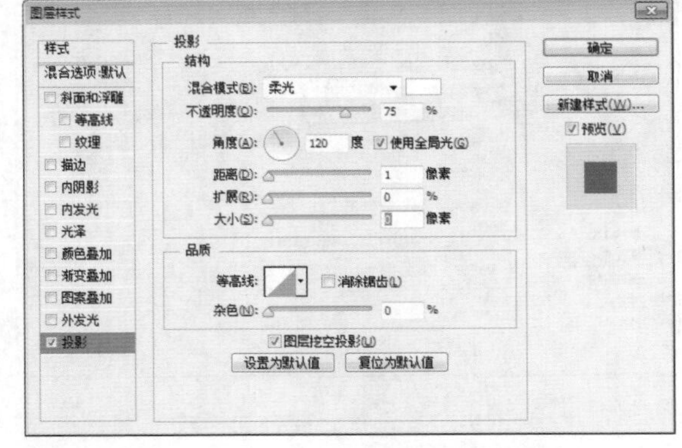

图19-38 设置文本投影样式

Step 21 ▶ 返回图像窗口中即可查看到其效果，如图19-39所示。单击“图层”面板中的“创建新组”按钮，并命名为“橙色按钮”，然后将除“图层0”图层外的所有的图层都移动到组中，如图19-40所示。

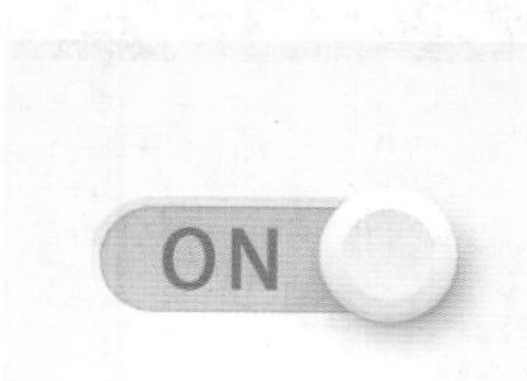

图19-39　查看效果

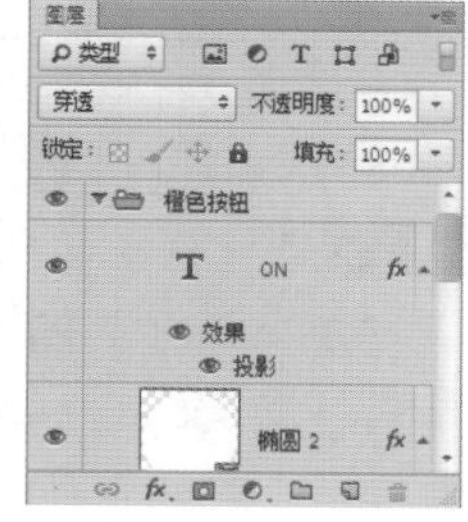

图19-40　新建组

还可以这样做?

除了绘制正圆按钮外，用户也可根据需要绘制其他图形，如椭圆或圆角矩形等。绘制后，按照相同的方法为其添加图层样式即可达到相同的效果。

Step 22 ▶ 选择组不放并按住Alt键拖动，复制组和组中的内容，并将组名称修改为绿色按钮，如图19-41所示。展开组中的内容，修改圆角矩形图层的填充颜色，并将渐变叠加样式的内发光颜色修改为#7bb812，最后再修改文本和文本颜色（#468d26），并调整圆形和阴影的位置，其效果如图19-42所示。

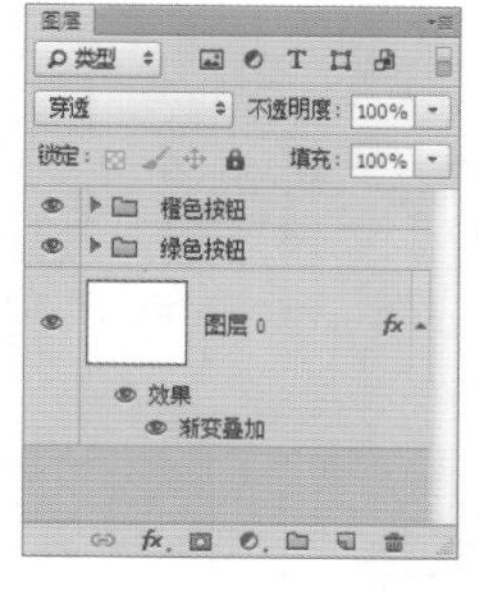

图19-41　复制图层组

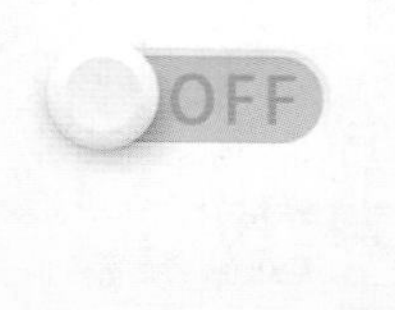

图19-42　制作OFF按钮

技巧秒杀

按钮上的文字颜色，可选择与按钮填充色相近的色系，但颜色较深一些。

读书笔记

19.3 制作网页导航条

文件和图层的应用　图像操作的应用　文本元素的应用

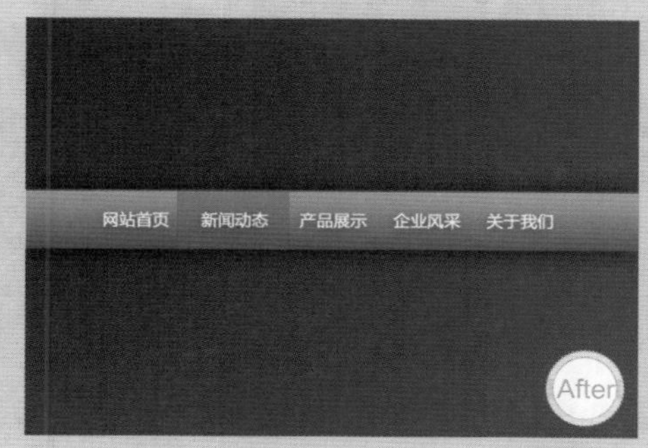

导航条也是网页中必不可少的元素之一。通过单击导航条上的分类超链接，可以调整到对应的页面，并且当将鼠标移动到其上时，分类链接将呈高亮显示。

- 光盘\效果\第19章\简洁的蓝色导航条.psd
- 光盘\实例演示\第19章\制作网页导航条

Step 1 启动Photoshop CC，选择“文件”/“新建”命令，打开“新建”对话框，在“名称”文本框中输入文件名称为“简洁的蓝色导航条”，设置“宽度”和“高度”分别为600和420，如图19-43所示。

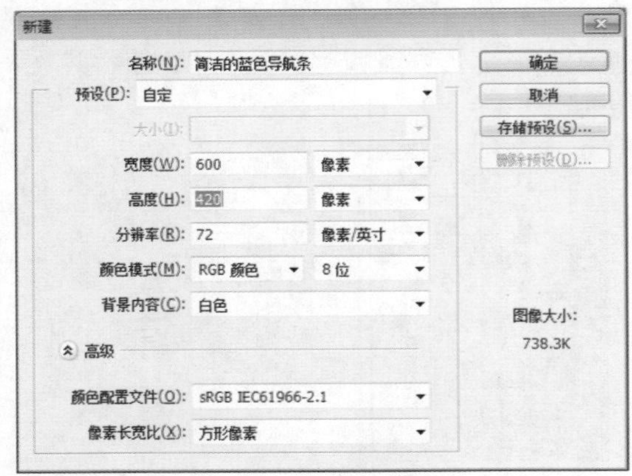

图19-43　新建图像

Step 2 单击 确定 按钮，新建图像文件。设置前景色为#2e2e2e，背景色为#1c1c1c，选择“渐变工具”，在其工具属性栏中选择添加样式为“从前景色到背景色渐变”，单击“径向渐变”按钮，然后拖动鼠标从图像左上角拖动到右下角，如图19-44所示。

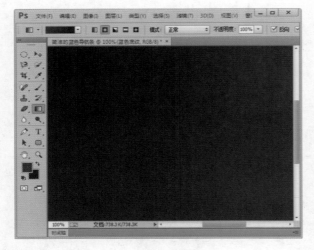

图19-44　填充径向背景

Step 3 在“图层”面板中单击“创建新图层”按钮，新建一个图层，并将其名称修改为“蓝色底纹”，如图19-45所示。选择“矩形选框工具”，在图像中间绘制一个矩形选区，如图19-46所示。

图19-45　新建图层

图19-46　绘制矩形选区

Step 4 设置前景色为#05375e，背景色为#2a92e3，选择“渐变工具”，在其工具属性栏中单击“对称渐变”按钮，拖动鼠标在选区中间从上到下绘制渐变填充，效果如图19-47所示。

图19-47　填充对称渐变

Step 5 按Ctrl+D快捷键取消选区。选择“图层”/“图层样式”/“外发光”命令，打开“图层样式”对话框，设置外发光的混合模式为“正常”，不透明度为60%，颜色为黑色（#000000），大小为28像素，如图19-48所示。

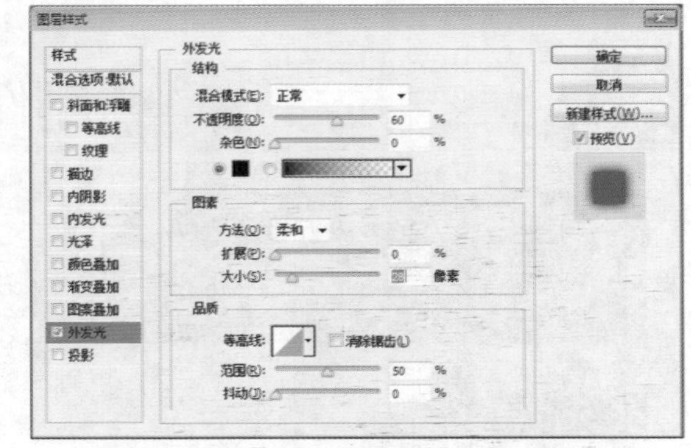

图19-48　设置外发光样式

Step 6 选择“渐变叠加”选项，单击“渐变色条”，打开“渐变编辑器”对话框，在“预设”栏中选择“从前景色到背景色”选项，将鼠标光标放在渐变色条上的不透明度区域上，当光标变为形状时，单击鼠标添加不透明度色标，并在“色标”栏中的“位置”数值框中输入50，拖动色标右侧的“不透明度中点”◇直到紧挨着色标，如图19-49所示。

图19-49 “渐变编辑器”对话框

Step 7 单击确定按钮返回“图层样式”对话框，选择“描边”选项，设置描边大小为1像素，颜色为#05375e，如图19-50所示。

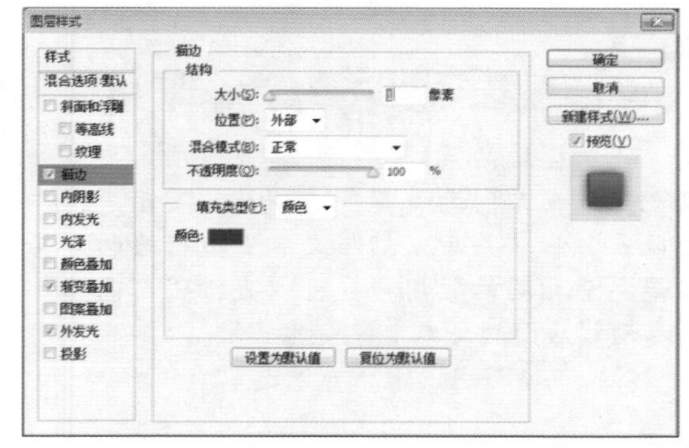

图19-50 设置描边大小

Step 8 单击确定按钮完成图层样式的设置。选择“横排文字工具”T，在“字符”面板中设置字体为“微软雅黑”，字号为“16点”，颜色为白色，并单击“加粗”按钮T，如图19-51所示。在图像中单击鼠标输入导航文本，如图19-52所示。

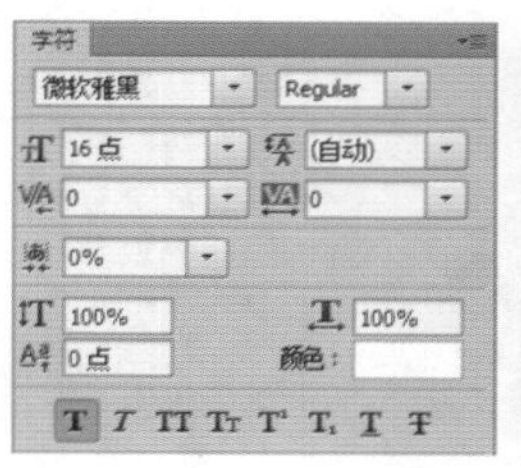

图19-51 设置字符样式

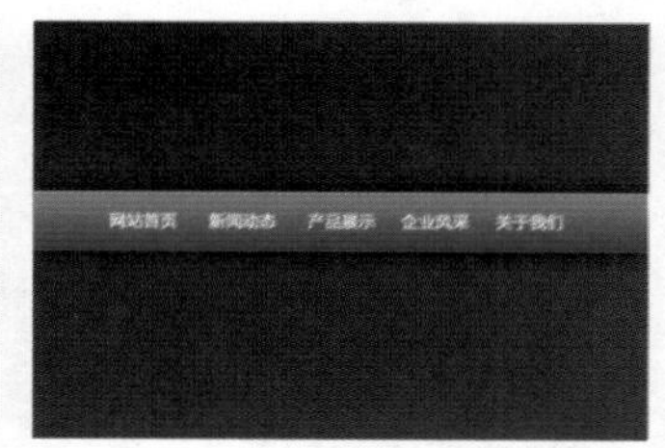

图19-52 输入文本

技巧秒杀

导航条中的文本内容应该根据网站的性质进行分类，如果公司是购物网站，则可以输入产品类别、会员中心、我的订单、联系方式和在线留言等内容；如果公司是企业网站，则可以输入产品信息、促销信息和产品类别、企业信息等。

Step 9 在“图层”面板中选择文本图层和“蓝色底纹”图层，如图19-53所示。依次选择“图层”/“对齐”/“垂直居中”命令和“图层”/“对齐”/“水平居中”命令，如图19-54所示，使文本居中对齐并显示在底纹上。

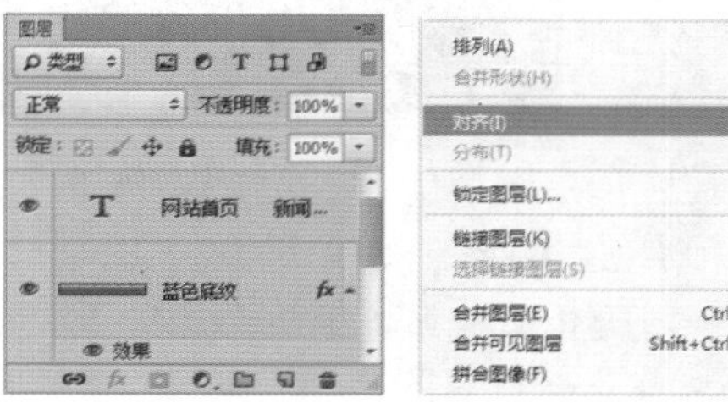

图19-53 选择两个图层　　图19-54 居中对齐图层

操作解谜

选择“垂直居中”和“水平居中”命令后，上一个图层将自动与下一个图层居中对齐，使文本居中显示在底纹上，并且整齐、美观。

Step 10 在文本图层上右击，在弹出的快捷菜单中选择“栅格化文字”命令，将文本图层转换为普通图层。双击该图层名称下方的空白部分，打开“图层样式”对话框，选择“投影”选项，设置投影角度为60°，距离为2像素，大小为12像素，如

图19-55所示。

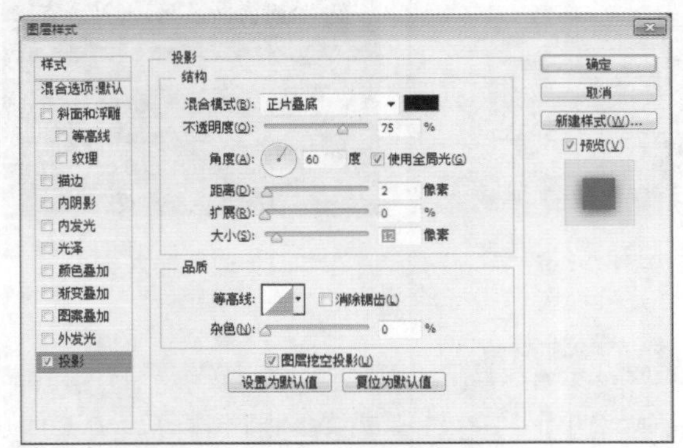

图19-55　设置投影样式

Step 11 单击 确定 按钮，返回图像中新建一个图层，并将其命名为“高亮”，如图19-56所示。选择“矩形选框工具”，在第2个文字上方绘制一个矩形选区，如图19-57所示。

图19-56　新建图层　　　　图19-57　绘制矩形选区

Step 12 设置前景色为#044271，背景色为#033a65，使用“渐变工具”在矩形选区中填充线性渐变背景，如图19-58所示。取消选区并将“高亮”图层移动到文本图层的下方，并设置其不透明度为40%，如图19-59所示。

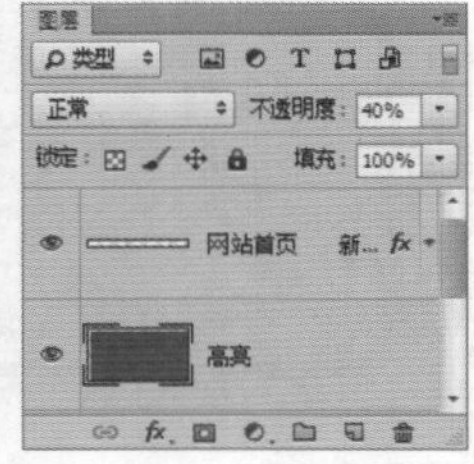

图19-58　绘制线性渐变　　　　图19-59　调整图层

Step 13 单击“高亮”图层的空白部分，打开“图层样式”对话框，选择“描边”选项，设置描边大小为1像素，颜色为#052b48，如图19-60所示。

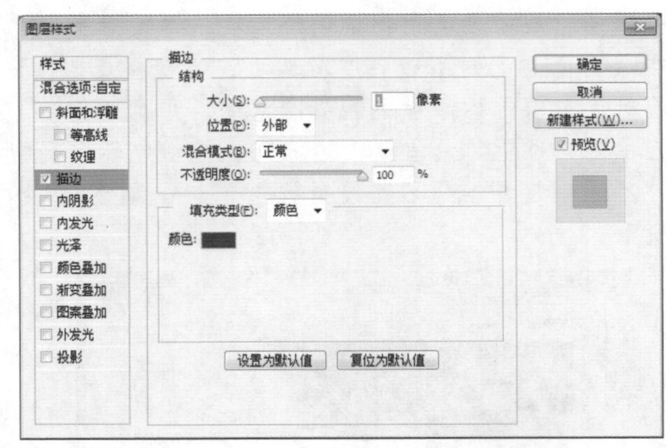

图19-60　设置描边样式

Step 14 单击 确定 按钮即可看到制作后的效果，最后保存图像即可，如图19-61所示。

图19-61　最终效果

还可以这样做?

高亮区域的范围可根据需要自己定义，如这里也可以在“网站首页”、“产品展示”、“企业风采”和“关于我们”文本上进行绘制，其效果是完全相同的。用户也可以直接将“高亮”图层移动到后面的文本上查看其效果。

读书笔记

19.4 文件和图层的应用 影片剪辑的应用 ActionScript的应用 制作网页视频播放动画

很多网站都会使用视频来做宣传，特别是一些房地产、产品销售网站和视频播放网站等，都喜欢在首页通过图片或视频播放的形式来展示网站的形象。在Flash中，用户也可以十分方便地制作出这种效果，并且通过播放控件来控制视频的播放。

- 光盘\素材\第19章\播放器背景.jpg
- 光盘\效果\第19章\网页视频播放器.fla
- 光盘\实例演示\第19章\制作网页视频播放动画

Step 1 启动Flash CC，选择“文件”/“新建”命令，打开“新建文档”对话框，在其中设置宽和高分别为960像素和608像素，背景颜色为白色（#ffffff）的Flash文档，如图19-62所示。

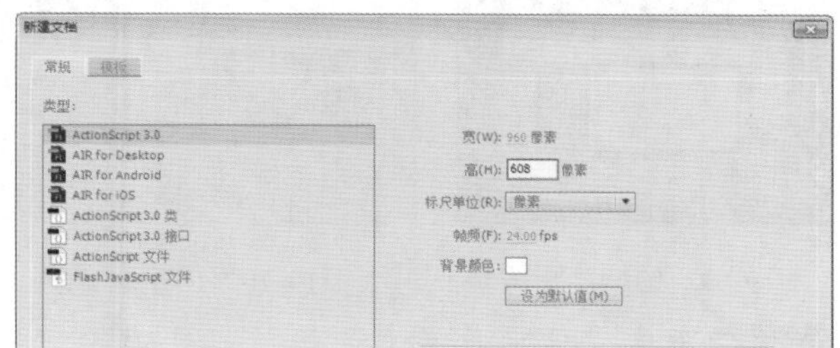

图19-62　新建文档

Step 2 单击确定按钮，按Ctrl+R快捷键，打开“导入”对话框，选择素材文件“播放器背景.jpg”，单击打开(O)按钮导入舞台，如图19-63所示。

图19-63　导入背景图片

Step 3 然后选择“修改”/“对齐”/“水平居中”和“修改”/“对齐”/“垂直居中”命令，使背景图片对齐舞台居中。在“时间轴”面板中单击“新建图层”按钮，新建“图层2”图层。选择“文件”/“导入”/“导入视频”命令，打开“导入视频”对话框，如图19-64所示，单击浏览...按钮，在打开的对话框中选择需要导入的视频素材“视频.flv”，单击下一步>按钮。

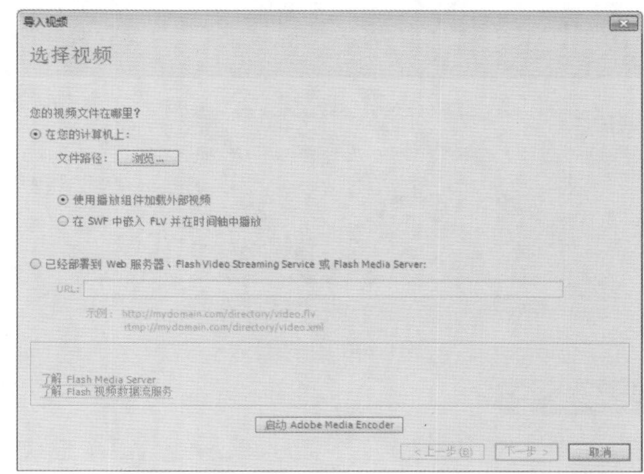

图19-64　选择视频

Step 4 此时进入“设定外观”界面，在“外观”下拉列表框中选择“无”选项，单击下一步>按钮，如图19-65所示。

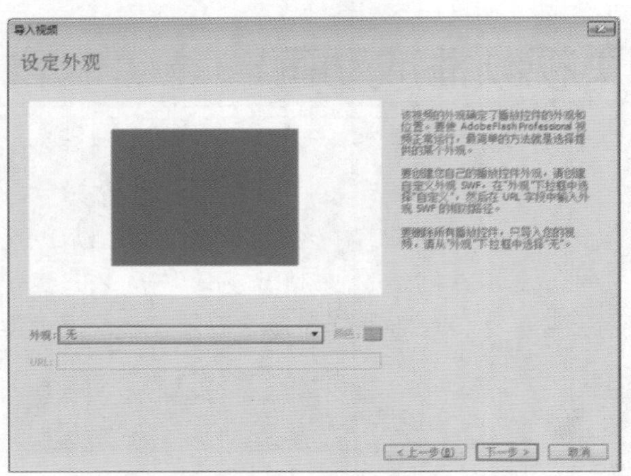

图19-65　新建Div标签

操作解谜

本例主要是通过ActionScript 3.0来控制视频的播放，所以这里不选择视频的外观，而是通过手动添加代码的方式来进行制作。

Step 5 ▶ 进入“完成视频导入”界面，单击完成按钮完成视频的导入，如图19-66所示。

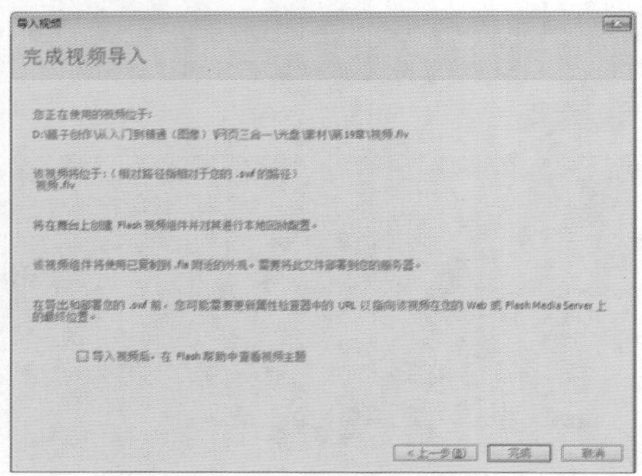

图19-66　完成导入

读书笔记

Step 6 ▶ 此时视频被导入到舞台中，选择视频，在“属性”面板中设置视频的实例名称为my_player，在“位置和大小”栏中设置其宽和高的大小为500和220，如图19-67所示。拖动视频到背景图像中的红色区域，效果如图19-68所示。

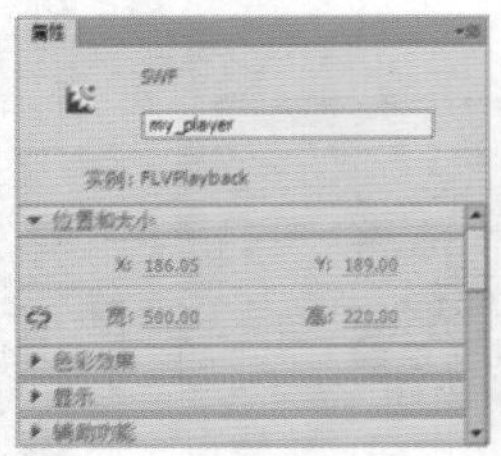

图19-67　设置视频大小　　图19-68　查看视频

Step 7 ▶ 在“时间轴”面板中新建“图层3”图层，选择“矩形工具”，在视频上方绘制一个填充色为白色的矩形方块，如图19-69所示。在“时间轴”面板中的“图层3”图层上右击，在弹出的快捷键菜单中选择“遮罩层”命令，此时“时间轴”面板显示如图19-70所示。

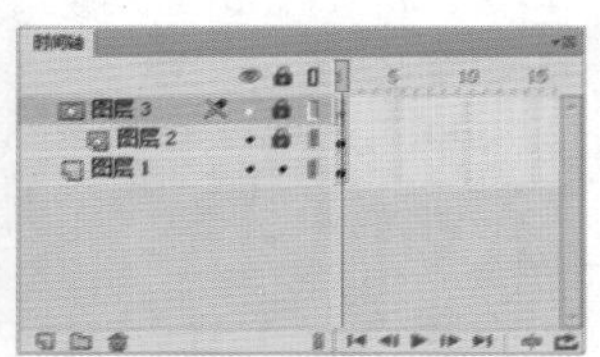

图19-69　绘制矩形方块　　图19-70　创建遮罩层

Step 8 ▶ 新建“图层4”图层，选择“窗口”/“组件”命令，打开“组件”面板。单击Video选项前的“展开”按钮▶，直接使用鼠标将需要添加的组件拖入到舞台中，这里分别添加PlayButton（播放按钮）和PauseButton（暂停按钮），如图19-71所示。

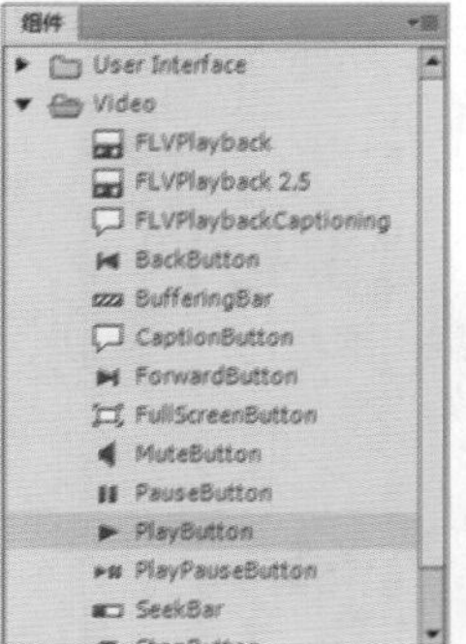

图19-71　添加组件

Step 9 选择舞台中的PlayButton组件，在“属性”面板中设置其实例名称为_play，宽和高均为30，并适当调整其位置，如图19-72所示。选择PauseButton组件，在“属性”面板中设置实例名称为_pause，宽、高均为30，并调整其位置，如图19-73所示。

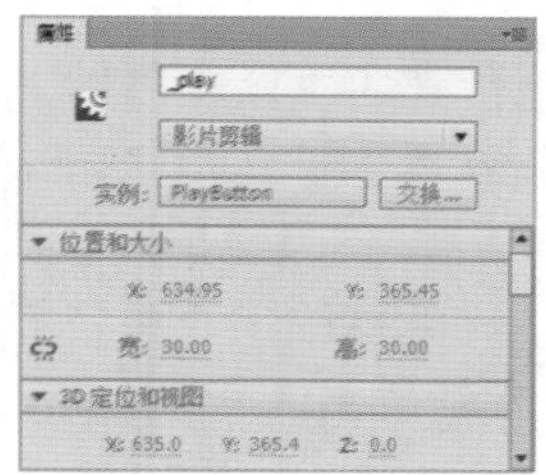

图19-72 PlayButton设置

图19-73 PauseButton设置

Step 10 新建“图层5”图层，选择“窗口”/“动作”命令打开“动作”面板。在其中输入控制视频播放的代码，如图19-74所示。

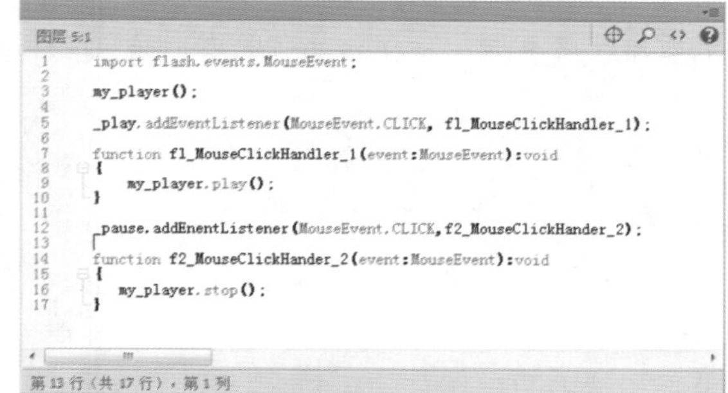


```
import flash.events.MouseEvent;

my_player();

_play.addEventListener(MouseEvent.CLICK, f1_MouseClickHandler_1);

function f1_MouseClickHandler_1(event:MouseEvent):void
{
    my_player.play();
}

_pause.addEnentListener(MouseEvent.CLICK,f2_MouseClickHander_2);

function f2_MouseClickHander_2(event:MouseEvent):void
{
   my_player.stop();
}
```

图19-74 输入控制代码

Step 11 新建“图层6”图层，选择“文本工具”T，在“属性”面板中设置文本字体为“华文中宋”，大小为“10磅”，颜色为白色。在视频右侧的空白区域中拖动鼠标绘制文本框，输入关于视频的简介。保存Flash动画，并按Ctrl+Enter快捷键进行预览，此时即可看到其效果。当单击“播放”按钮时将播放视频，单击“暂停”按钮时将停止播放，如图19-75所示。

图19-75 预览效果

19.5 制作网页片头动画

关键帧的应用 引导动画的应用 属性设置的应用

网页片头动画主要用来进行网页的引导，可以起到介绍网页、宣传网页的效果。通过Flash制作网页片头，可以使效果更加绚丽、动感，增加浏览者的兴趣。本例将以制作科技企业网站的片头动画为例，制作一个简单、美观的Flash片头动画。

- 光盘\素材\第19章\天空背景.jpg、飞机.png
- 光盘\效果\第19章\网页片头动画.fla
- 光盘\实例演示\第19章\制作网页片头动画

Step 1 ▶ 启动Flash CC，选择“文件”/“新建”命令，打开“新建文档”对话框，设置宽和高分别为1100像素和450像素，背景为“白色”，如图19-76所示。

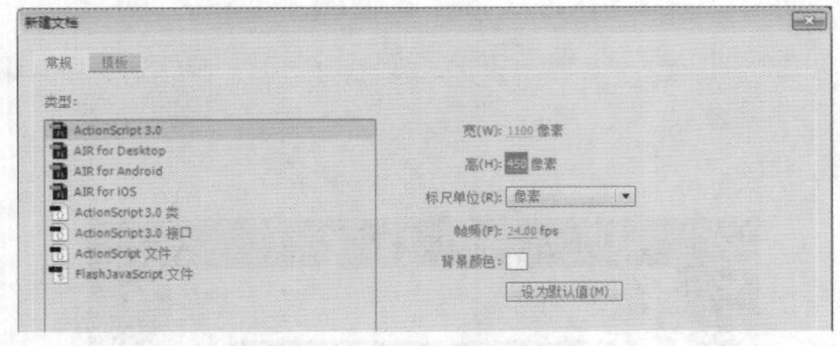

图19-76　新建Flash文档

Step 2 ▶ 单击 确定 按钮，新建Flash文档。在“时间轴”面板中的“图层1”图层的第2帧上右击，在弹出的快捷菜单中选择“插入关键帧”命令。按Ctrl+R快捷键，打开“导入”对话框，选择“天空背景.jpg”素材文件，单击 打开(O) 按钮，如图19-77所示。

图19-77　导入图片到舞台

Step 3 ▶ 在导入的素材上右击，在弹出的快捷菜单中选择“转换为元件”命令，打开“转换为元件”对话框，设置名称为“背景”，类型为“图形”，如图19-78所示。

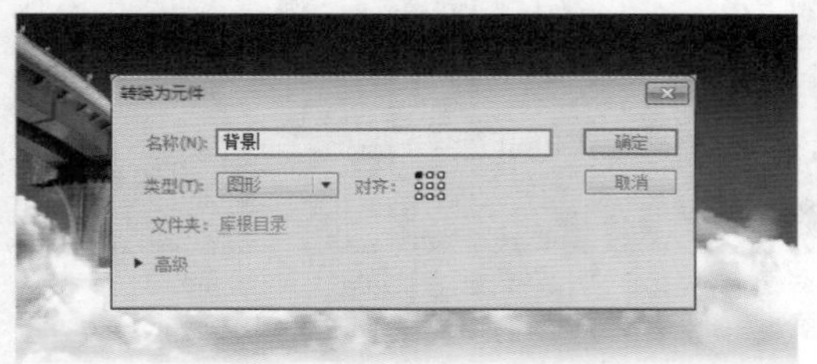

图19-78　查看导入后的效果

操作解谜

图形元件比位图的属性更加丰富，转换为元件后，就可以通过关键帧来控制“色彩效果”属性的值，以达到动画的效果。

Step 4 ▶ 选择该关键帧中舞台中央的背景图片，在“属性”面板中展开“色彩效果”栏，在“样式”下拉列表框中选择“高级”选项，设置Alpha、红、绿、蓝的透明度为100%，A、R、G、B的值分别为0、255、255、255，如图19-79所示。在第9帧插入关键帧，设置背景图片的色彩效果属性R、G、B值均为168，如图19-80所示。

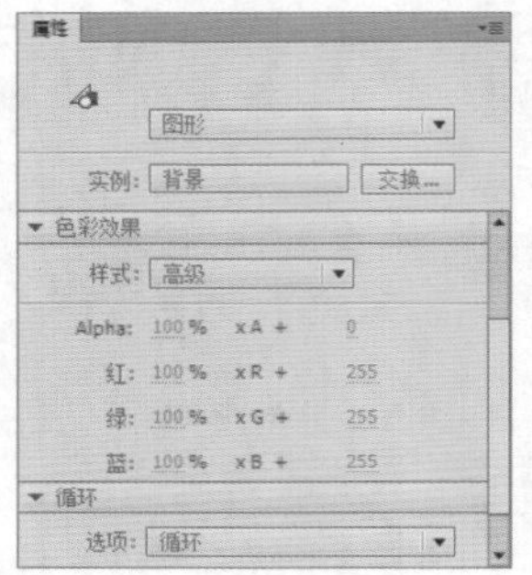

图19-79　编辑第2帧

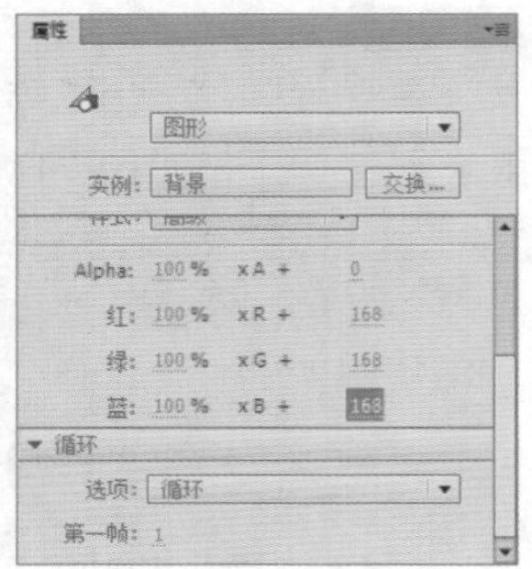

图19-80　编辑第9帧

Step 5 ▶ 在第15帧插入关键帧，设置背景图片的色彩效果属性R、G、B值均为125，如图19-81所示。在第25帧插入关键帧，设置背景图片的色彩效果属性R、G、B值均为65，如图19-82所示。

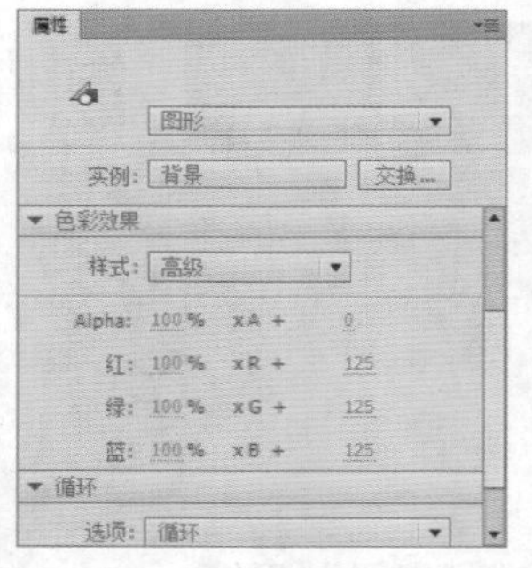

图19-81　编辑第15帧

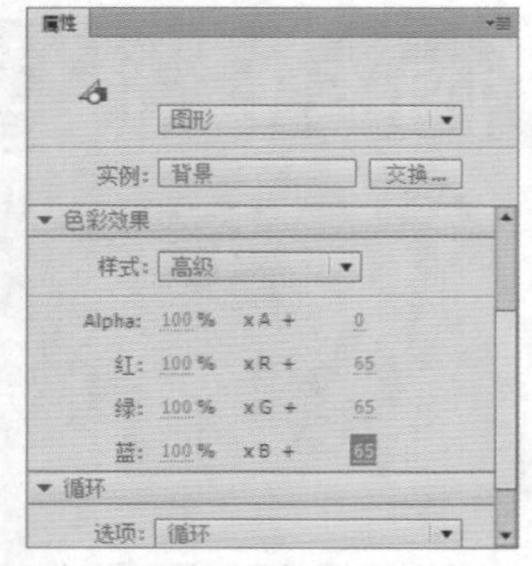

图19-82　编辑第25帧

Step 6 ▶ 在第38帧插入关键帧，设置背景图片的色彩效果属性R、G、B值均为10，如图19-83所示。在第40帧插入关键帧，设置背景图片的色彩效果属性R、G、B值均为6，如图19-84所示。

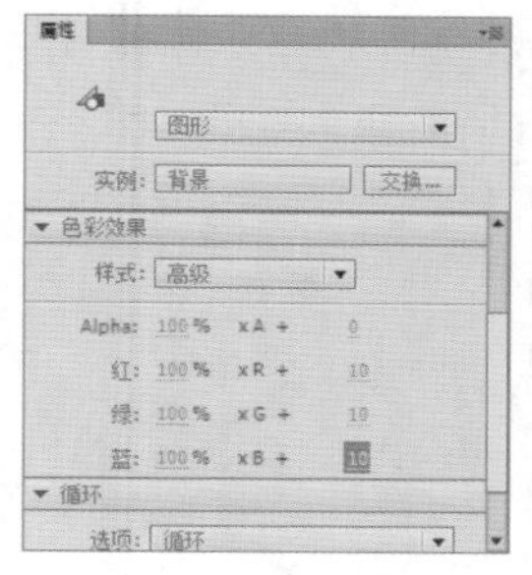

图19-83 编辑第38帧

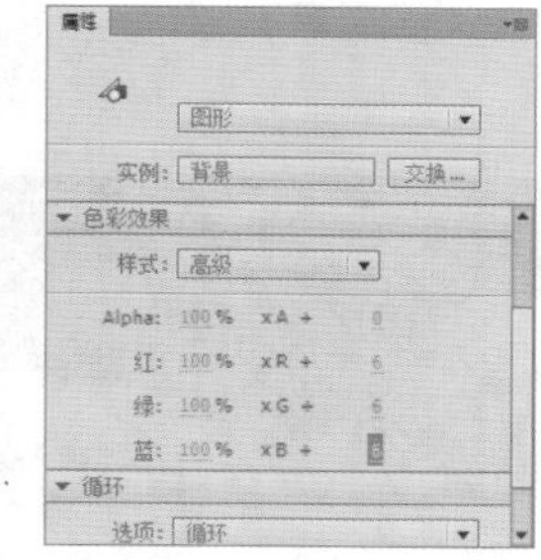

图19-84 编辑第40帧

Step 7 在第55帧插入关键帧，设置背景图片的色彩效果属性R、G、B值均为3，如图19-85所示。在第56帧插入关键帧，设置背景图片的色彩效果属性R、G、B值均为0，如图19-86所示。

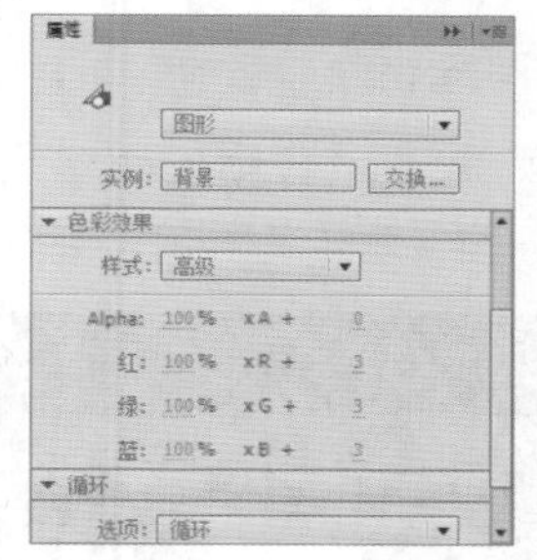

图19-85 编辑第55帧

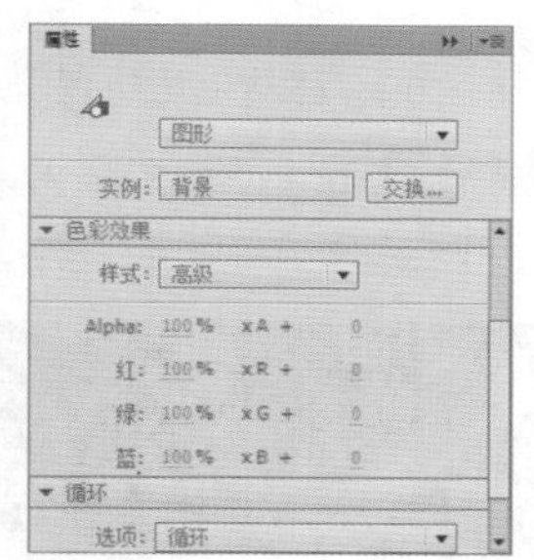

图19-86 编辑第56帧

Step 8 选择第2帧～第9帧关键帧，右击，在弹出的快捷菜单中选择“创建传统补间”命令，并依次为其后的关键帧创建传统补间，此时“时间轴”面板显示为如图19-87所示。

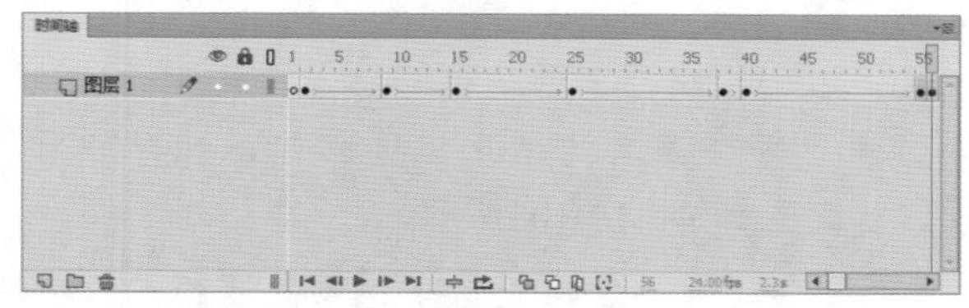

图19-87 创建传统补间动画

Step 9 在第65帧右击，在弹出的快捷菜单中选择“插入帧”命令。然后新建“图层2”图层，在第25帧插入关键帧。按Ctrl+R快捷键打开“导入”对话框，选择“飞机.png”素材文件进行导入。在该素材上右击，在弹出的快捷菜单中选择“转换为元件”命令，打开“转换为元件”对话框，设置元件名称为“飞机”，类型为“图形”，如图19-88所示。

图19-88 转换位图为元件

Step 10 将“飞机”图形元件实例移动到舞台左下角以外，如图19-89所示。在第55帧插入关键帧，拖动“飞机”图像元件实例到背景图像中云朵的上方，如图19-90所示。

图19-89 移动元件实例位置

图19-90 编辑第55帧

Step 11 为这两个关键帧创建传统补间动画，并新建“图层3”图层，使用“直线工具” 从“飞机”图像元件实例的移动起点到结束点绘制一条斜线，如图19-91所示。

图19-91 绘制斜线

Step 12 使用“选择工具” 调整线条的弧度，在“图层3”图层的图层名称上右击，在弹出的快捷菜单中选择“引导层”命令，创建引导图层。然后单击“图层2”图层的第25帧，将元件实例的中心点与线条起始点对齐，如图19-92所示。单击“图层2”图层的第55帧，将元件实例的中心点与线条对齐，如图19-93所示。

Step 13 新建“图层4”图层，在第41帧插入关键帧，选择“文本工具” T，在“属性”面板中设置文本字体为“华文中宋”，字号为30磅，颜色为白色，如图19-94所示。在舞台左上侧以外的区域输入文本“现代风采庄园”，如图19-95所示。

图19-92　对齐起始点中心点

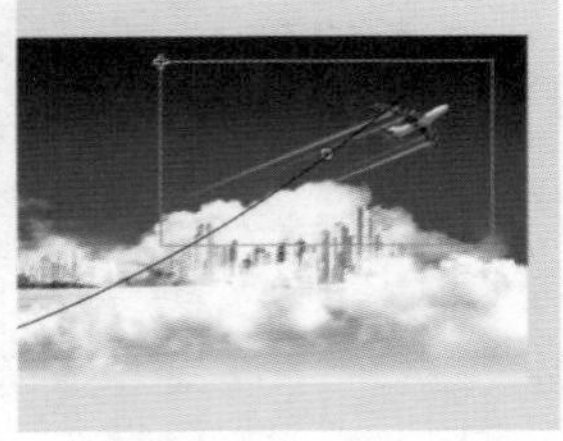

图19-93　对齐结束点中心点

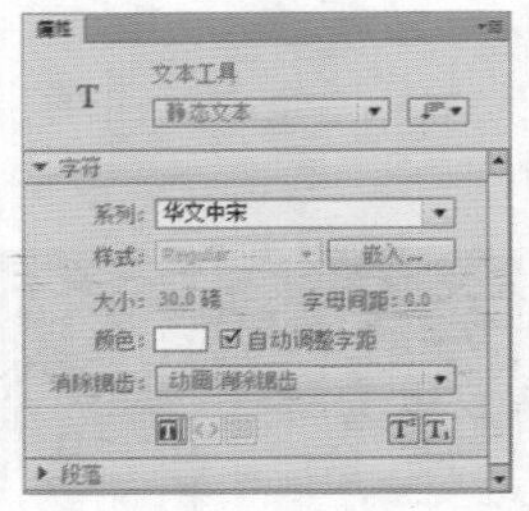

图19-94　设置文本属性

图19-95　输入文本

Step 14 在第50帧插入关键帧，拖动文本到舞台中如图19-96所示的位置，然后创建传统补间动画。新建"图层5"图层，在第47帧插入关键帧，在舞台右侧以外的区域输入文本"尽在汇景佳都"，如图19-97所示。

图19-96　编辑关键帧

图19-97　添加文本

Step 15 在第56帧插入关键帧，拖动文本到舞台中如图19-98所示的位置，然后创建传统补间动画。新建"图层6"图层，在第34帧插入关键帧，选择"矩形工具"，在"属性"面板中设置矩形的笔触为"无"，填充颜色为白色、Alpha为50%，拖动鼠标在舞台左侧的空白区域绘制一条色块，并使左侧的文本与该色块在文本位置上垂直居中，如图19-99所示。

Step 16 在第47帧插入关键帧，拖动色块到文字上，如图19-100所示，并为其创建传统补间动画。新建"图层7"图层，在第47帧插入关键帧，在舞台右侧空白区域的位置绘制一个色块，并使其与右侧的文字在水平位置上垂直居中，如图19-101所示。

图19-98　移动文本位置

图19-99　绘制色块

图19-100　移动色块位置

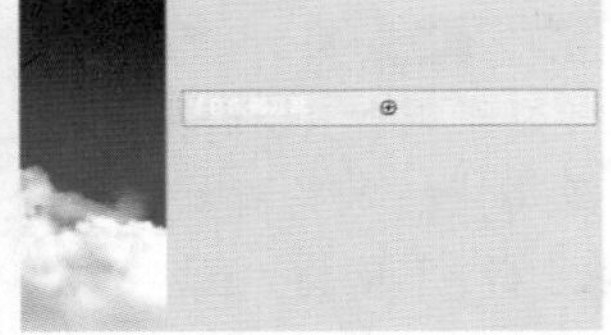

图19-101　绘制另一个色块

Step 17 在第56帧插入关键帧，拖动色块到文字上，如图19-102所示，并为其创建传统补间动画。

图19-102　编辑文本

Step 18 选择"图层2"图层～"图层7"图层的第65帧，右击，在弹出的快捷菜单中选择"插入帧"命令，使每个图层的结束位置相同，此时"时间轴"面板显示如图19-103所示。

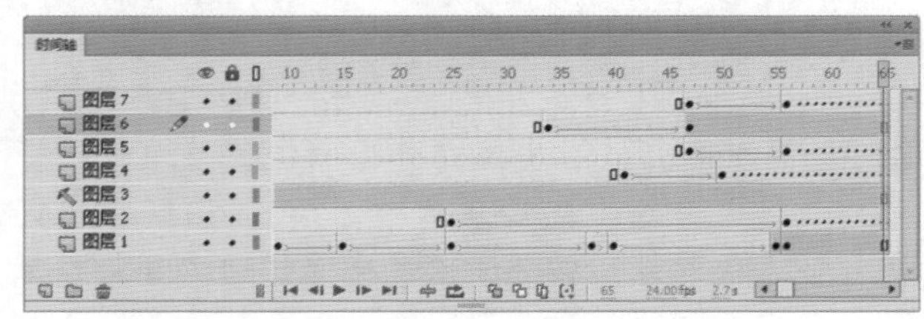

图19-103　"时间轴"面板

Step 19 保存Flash文档，并按Ctrl+Enter快捷键预览动画效果，如图19-104所示。

图19-104 预览效果

19.6 扩展练习

本章主要通过Photoshop和Flash制作了一些网页中经常使用的元素，通过本章的实例练习，使读者能够熟练掌握其制作方法。

19.6.1 制作网页广告条

大多数的网页中都包含有广告条，有通栏放置的横排广告条，也有放在网页左右两侧的竖条广告条。下面将以制作一个西餐网页的竖条广告条为例，对Photoshop所学知识进行巩固，完成后的效果如图19-105所示。

图19-105 竖条广告条

- 光盘\素材\第19章\咖啡.png
- 光盘\效果\第19章\竖条广告条.psd
- 光盘\实例演示\第19章\制作网页广告条

19.6.2 制作风景网页动画

下面将在Flash CC中制作一个风景网页动画，结合遮罩动画、文字分离并控制关键帧和ActionScript代码来完成，其效果如图19-106所示。

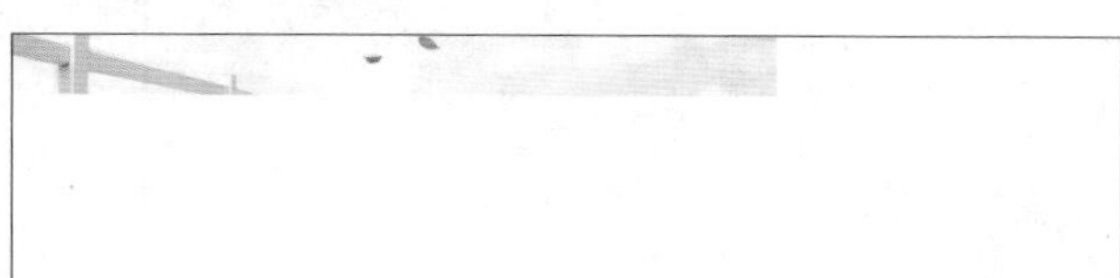 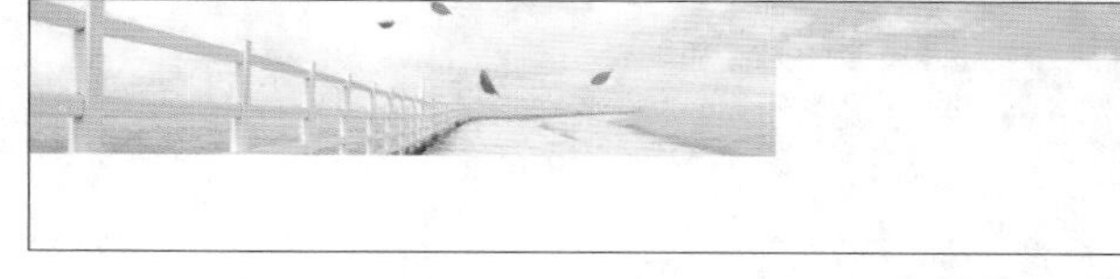

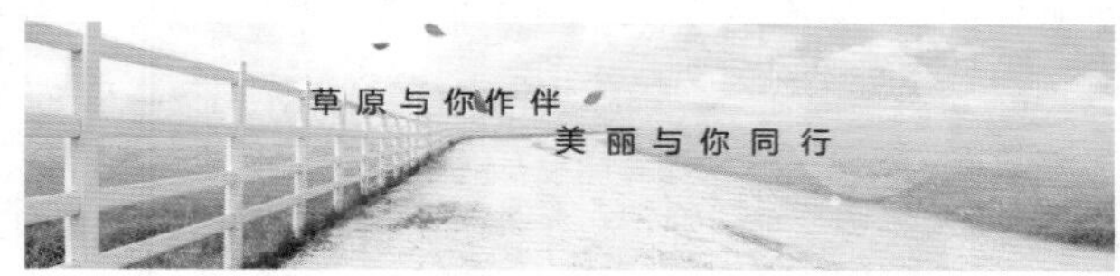

图19-106 风景动画

- 光盘\素材\第19章\风景背景.png
- 光盘\效果\第19章\风景动画.fla
- 光盘\实例演示\第19章\制作风景网页动画

19 20 21 22

制作 摄影网站

本章导读

本章将通过Flash CC、Photoshop CC和Dreamweaver CC软件的结合使用，制作一个摄影网站。该网站主要用于进行摄影信息、摄影器材、摄影作品等展示。在制作时，先通过Photoshop CC设计出网页的各个版块，并对其进行切片，然后使用Flash CC制作需要的动画，最后再通过Dreamweaver CC制作网站。

20.1 设计网站主页

文件和图层的应用　图像操作的应用　文本元素的应用

在Photoshop CC中可以很方便地设计网站的平面图，规划好网站每一部分的内容，并添加文字、图片等元素，以预览网页的效果。这样做的好处是可以事先预览网页的最终效果，查看网页是否美观，以对网页进行调整。本例先新建一个图像文件，通过本书所学知识设计导航菜单、banner、网页主体部分等内容，最后再通过切片工具对平面图进行切割，存储为网页所使用的格式。

- 光盘\素材\第20章\图标\、滚动图片\
- 光盘\效果\第20章\摄影网主页.psd
- 光盘\实例演示\第20章\设计网站主页

Step 1 启动Photoshop CC，选择“文件”/“新建”命令，打开“新建”对话框，在“名称”文本框中输入文件名称为“摄影网主页”，在“宽度”和“高度”文本框中分别输入952和955，单击确定按钮，如图20-1所示。

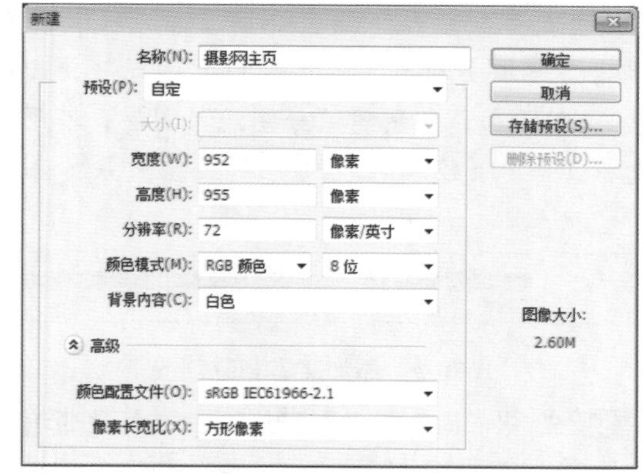

图20-1　新建图像

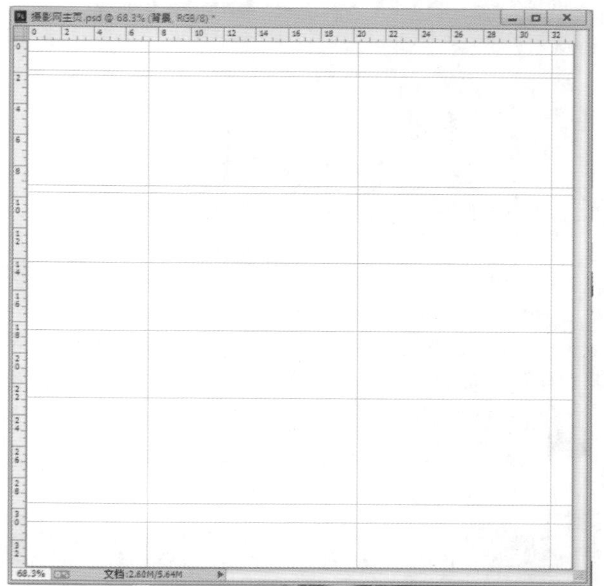

图20-2　绘制参考线

Step 2 选择“视图”/“标尺”命令显示出标尺，使用鼠标在水平和垂直标尺上拖动，绘制参考线，以确定网页每部分区域的划分，如图20-2所示。

Step 3 在“图层”面板中单击“创建新组”按钮，新建一个图层组，并将其命名为“导航菜单”，如图20-3所示。使用“横排文字工具”T在图

像右上角输入导航文本和分割线“登录|联系我们|站点地图”，如图20-4所示。

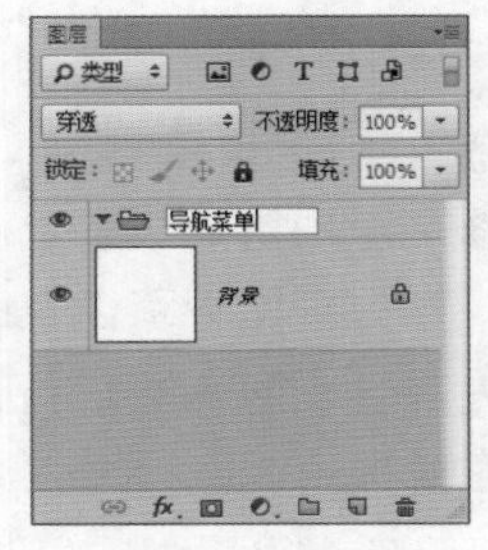

图20-3　新建图层组

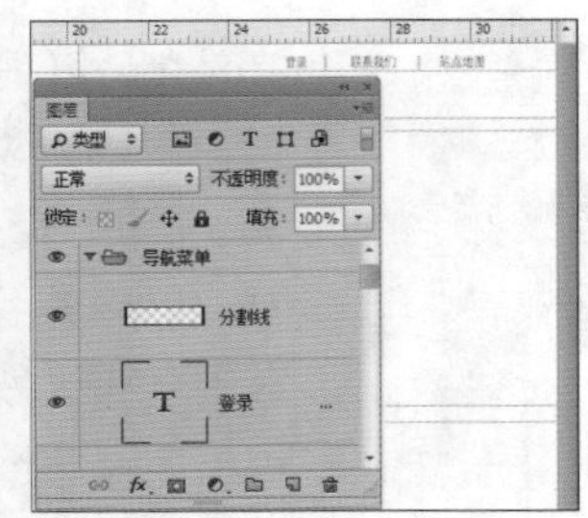

图20-4　输入文本

Step 4 ▶ 打开素材文件夹“图标”，直接将“胶卷.png”拖入到“摄影网主页.psd”图像文件中，按Enter键，在打开的对话框中单击 确定 按钮置入图片。然后在“图层”面板中的“胶卷”图层上右击，在弹出的快捷菜单中选择“栅格化图层”命令，将其转换为普通图层，如图20-5所示。

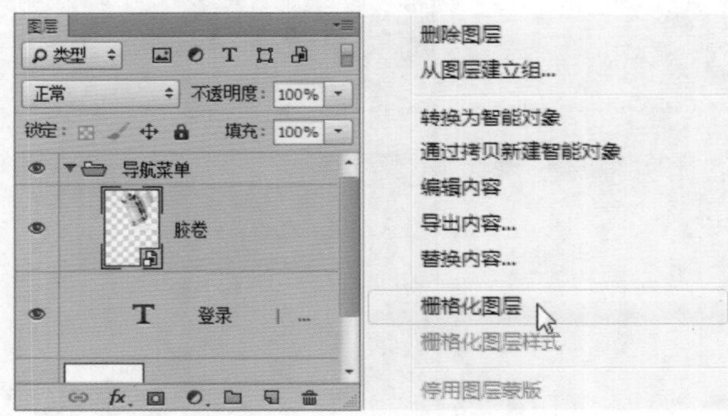

图20-5　栅格化图层

操作解谜

置入图像后，图像以智能对象的方式存在，此时不能对智能对象进行编辑，因此需要进行栅格化操作，以将其转换为普通对象。

还可以这样做?

除了置入图像外，还可直接在Photoshop中打开图像，再使用“移动工具”将图像拖动到“摄影网主页.psd”图像文件中。

Step 5 ▶ 适当调整“胶卷”图层的大小，将其移动到图像左上角，并在其右侧输入文本“摄影之家”，设置文本字体为“方正兰亭黑简体”，颜色分别为#ff9933、6cb302、#e95470和#000000。在其下方再输入一行英文，并设置其字号为“6点”，设置英文文本图层的不透明度为40%，如图20-6所示。在“图层”面板中选择这3个图层，右击，在弹出的快捷菜单中选择“链接图层”命令，将这3个图层作为一个整体，即网站的Logo，如图20-7所示。

图20-6　添加文本

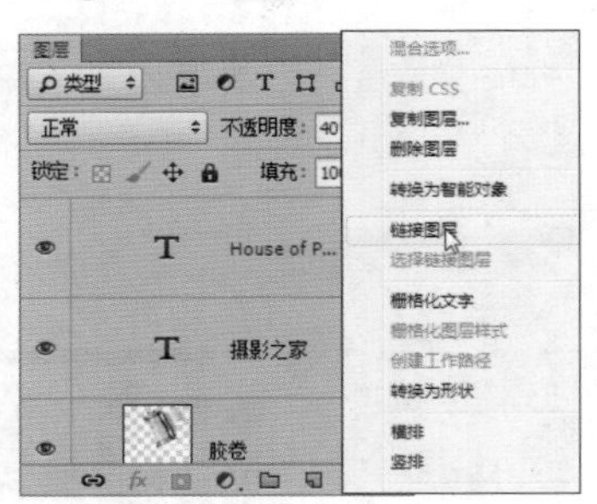

图20-7　链接图层

Step 6 ▶ 新建一个图层，将其命名为“导航底纹”。使用“矩形选区工具”在导航菜单区域右侧绘制一个矩形选区，填充颜色为#99cc33，如图20-8所示。完成后按Ctrl+D快捷键取消选区。

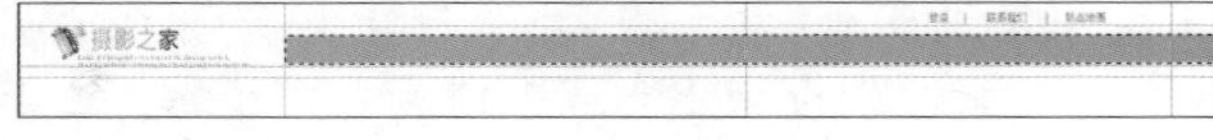

图20-8　绘制导航底纹

Step 7 ▶ 在导航底纹上输入导航菜单文本，设置文本字体为“华文细黑”，字号为“12点”，颜色为白色（#ffffff），并新建“分割线”图层，使用“单列选框工具”绘制白色的分割线，效果如图20-9所示。

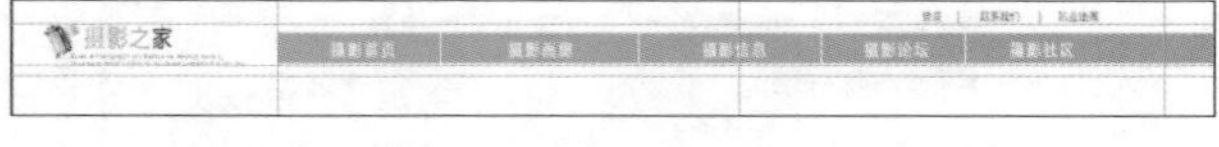

图20-9　添加文本和分割线

Step 8 ▶ 使用“钢笔工具”绘制一个底边带有三角形的路径，如图20-10所示。将路径转换为选区，新建一个图层并命名为“高亮显示”，并填充颜色为#339933，将其放置在文本图层的下方，如图20-11所示。

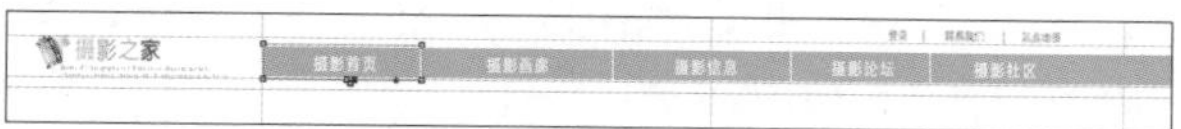
图20-10　绘制路径

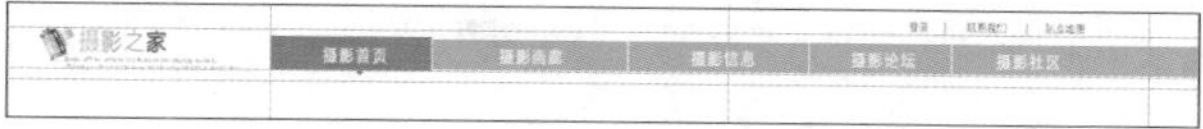
图20-11　填充选区

Step 9 新建一个图层为“光照”，载入“高亮显示”图层为选区，填充图层颜色为白色（#ffffff）。选择“图层”/“图层蒙版”/“隐藏全部”命令，新建图层蒙版，然后使用“橡皮擦工具”在图层左上角涂抹，制作出左上角有光照的效果，如图20-12所示。新建一个图层组，将其命名为banner，并移动到“导航菜单”下方，如图20-13所示。

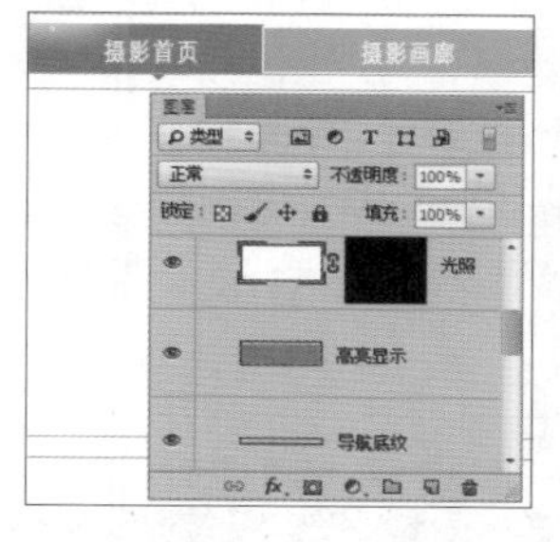
图20-12　制作光照效果

图20-13　新建图层组

Step 10 新建图层bg，在图像中的banner区域绘制一个矩形选区，填充颜色为“黑色（#000000）”。置入“镜头.jpg”素材文件，并栅格化图层，旋转图像并选择“图层”/“图层蒙版”/“显示全部”命令新建图层蒙版。然后使用“画笔工具”进行涂抹，将超出banner部分的图像隐藏，如图20-14所示。

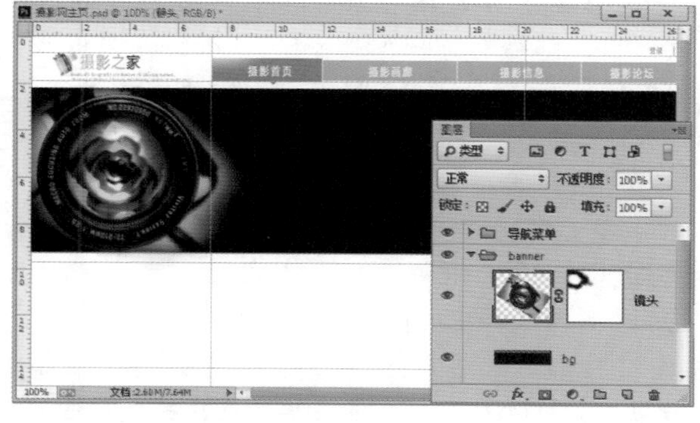
图20-14　新建图层蒙版

Step 11 使用相同的方法，置入“风景.jpg”素材文件，将其放置在背景的右侧，并新建图层蒙版，效果如图20-15所示。

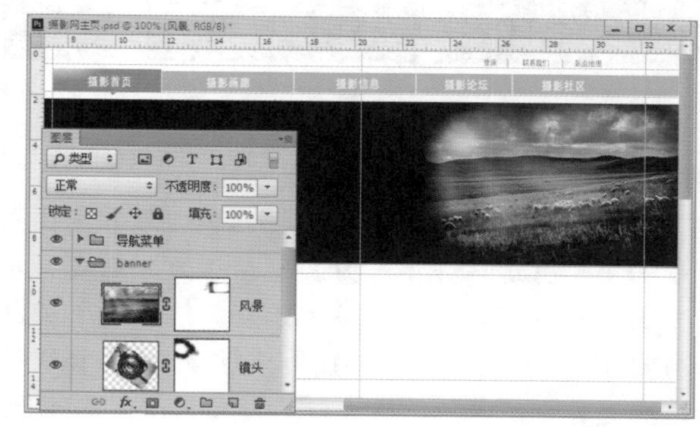
图20-15　添加风景图片

技巧秒杀

涂抹蒙版区域时，应选择带有柔光的画笔样式，且可根据需要设置不透明度的值，以使隐藏后的效果更加美观。

Step 12 新建“星光”图层，使用“多边形工具”绘制四角星，然后添加“叶子.png”素材文件，将其放置在“镜头”图像的下方，然后在“叶子”图层上右击，在弹出的快捷菜单中选择“剪贴蒙版”命令，隐藏多余的部分，此时图层前将显示图标，如图20-16所示。

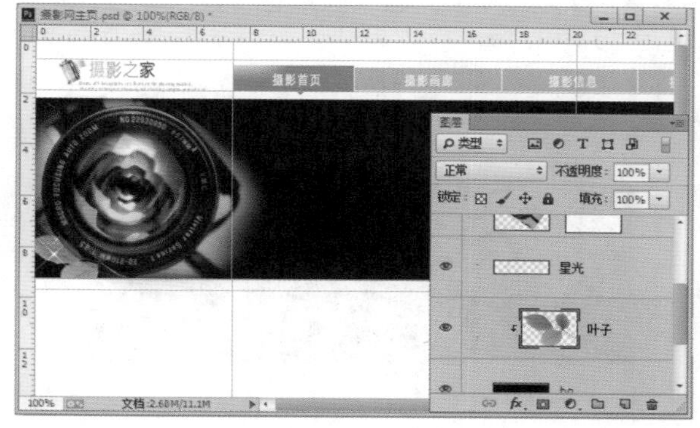
图20-16　添加素材

Step 13 复制“星光”和“叶子”图层，将其移动到右侧并适当调整其位置，然后置入“照片.png”素材文件，选择“横排文字工具”，在图像中间输入文本，其效果如图20-17所示。

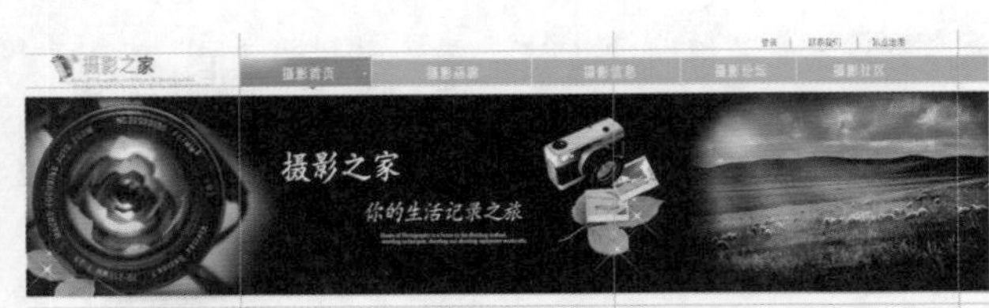

图20-17　查看banner效果

Step 14 ▶ 新建“用户登录”图层组，新建“分割线”图层，使用“单行选框工具”在参考线位置绘制一个单行选区并填充为灰色，作为分割线。复制分割线将其拖动到下方参考线处。绘制一个灰白相间的分割线，并在其下方使用“矩形工具”绘制一个填充色为“无”，描边颜色为#dcdada，描边大小为“1点”的文本框，如图20-18所示。

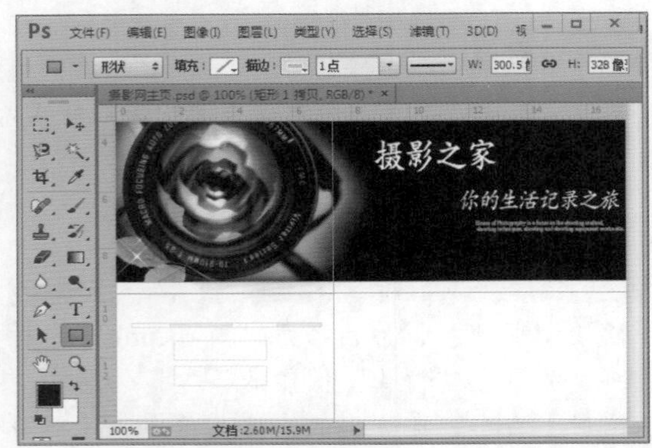

图20-18　绘制分割线和文本框

Step 15 ▶ 使用相同的方法，在文本框右侧绘制一个填充色为#ff984b，描边为“无”，半径为“6像素”的圆角矩形，如图20-19所示。

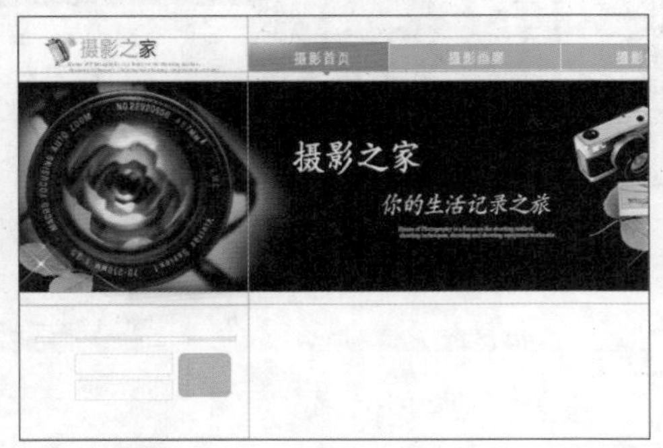

图20-19　绘制圆角矩形

Step 16 ▶ 在“图层”面板中双击“圆角矩形1”形状图层，打开“图层样式”对话框，选择“投影”选项，设置其不透明度为30%，距离、扩展和大小分别为2、3和2，如图20-20所示。

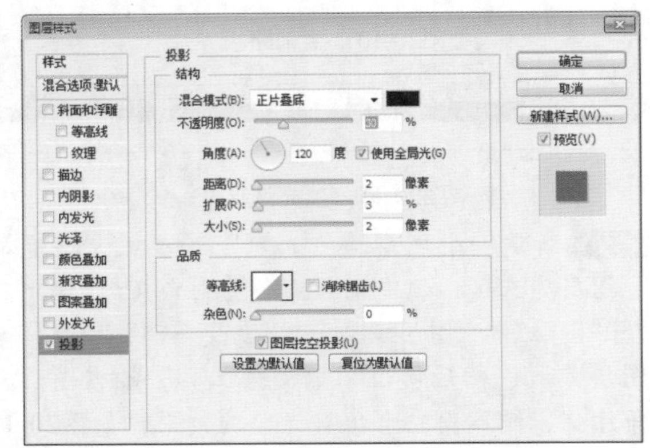

图20-20　设置投影样式

Step 17 ▶ 单击确定按钮，返回Photoshop界面中即可看到添加投影后的效果。然后使用“钢笔工具”绘制两个不规则的区域，新建图层为“高光”，并填充颜色为#ffbe95。然后导入素材文件“锁.png”并添加圆点和文本，其效果如图20-21所示。

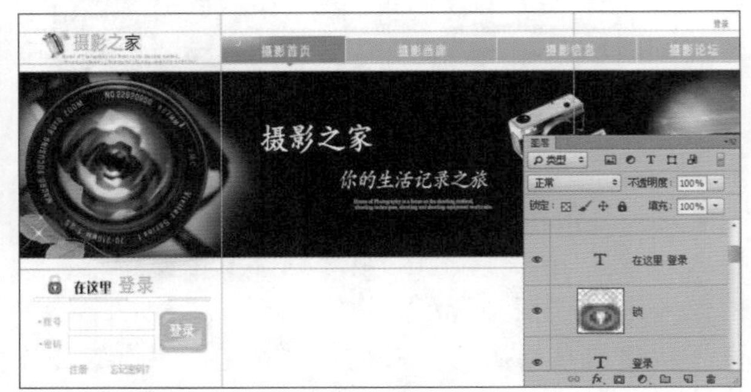

图20-21　添加其他元素

Step 18 ▶ 在下方新建“加入社区”图层组，使用“矩形工具”绘制一个填充色为#edeeee，描边颜色为949494，描边大小为“1点”，描边样式为 - - - 的矩形，在其上添加文本，并置入“社区.png”、“讨论.png”、“对话.png”和“留言.png”等素材，效果如图20-22所示。

Step 19 ▶ 新建“记录面板”图层组，将“记录面板.psd”素材文件中的内容拖动到“摄影网主页.psd”左侧空白部分，并与参考线下方对齐。然后添加“画板.png”素材文件、横线和文本，完成后的效果如图20-23所示。

图20-22 添加社区版块

图20-23 添加记录面板

Step 20 新建“底部”图层组，使用“矩形选框工具”在底部绘制一个矩形选区，新建bg图层，填充颜色为黑色（#000000）。新建“图案”图层，设置前景色为白色（#ffffff），使用“画笔工具”绘制一些带有透明效果的图案，效果如图20-24所示。

图20-24 绘制底部效果

Step 21 复制“导航菜单”图层组中的Logo到“底部”图层组，适当调整文字的颜色。然后为网页添加快速导航和版权信息，效果如图20-25所示。

图20-25 查看效果

Step 22 使用与前面相同的方法，在页面的主体部分进行设置，当前页面中分别添加了新闻热点、题材资讯、用户留言、摄影专区和常见问题5个版块，其效果如图20-26所示。

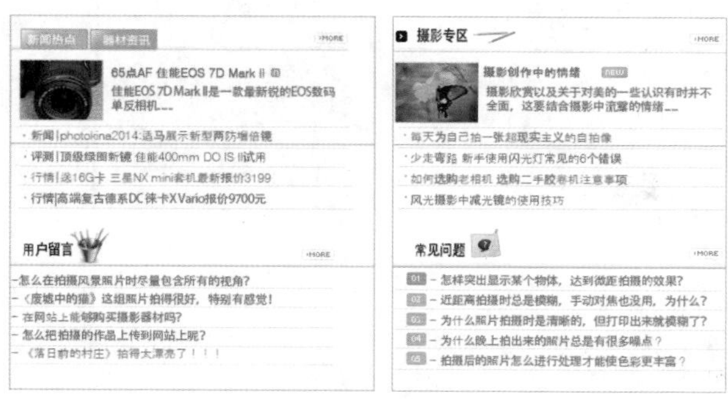

图20-26 添加主体版块

还可以这样做?

制作这4个版块的过程中，标题分割线、文本和文本分割线等相同的部分，可只制作一次，下次使用时直接复制即可，以提高工作效率。

Step 23 新建“滚动图片”图层组，置入“滚动图片”文件夹中的所有图片和“摄影.png”素材文件，然后调整图片大小，并添加背景和文本，完成后的效果如图20-27所示。

图20-27 添加滚动图片版块

Step 24 完成后在图层组的最上方新建一个名为“阴影”的图层，使用“单列选框工具”在网站Logo和导航菜单之间的参考线处绘制一个单列选区，如图20-28所示。

图20-28 添加单列选区

读书笔记

Step 25 ▶ 填充选区颜色为白色（#ffffff），双击该图层，打开“图层样式”对话框，选择“投影”选项，设置其距离、扩展和大小分别为5像素、0%和5像素，如图20-29所示。

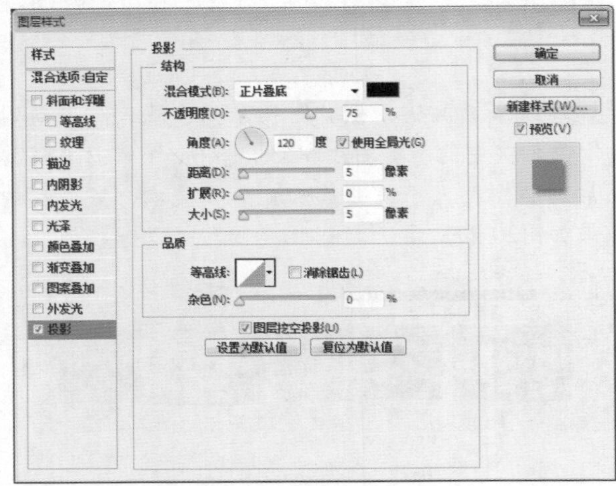

图20-29　设置投影样式

Step 26 ▶ 单击 确定 按钮，返回图像中使用“橡皮擦工具”将banner和底部的投影擦除，完成后的效果如图20-30所示。

图20-30　查看最终效果

20.2 设计网站子页

文件和图层的应用　图像操作的应用　文本元素的应用

网站子页面的框架一般都是相同的，不同的是其中具体包含的内容，因此子页面可只设计一个。将设计的网站主页直接存储为子页文件，在其基础上进行修改即可快速得到子页的效果。本例将以制作“摄影网”中的“摄影画廊”导航菜单所对应的子页面为例进行介绍。

- 光盘\素材\第20章\图标\、图片\
- 光盘\效果\第20章\摄影网子页.psd
- 光盘\实例演示\第20章\设计网站子页

Step 1 在“摄影网主页.psd”图像文件中选择“文件”/“存储为”命令，打开“另存为”对话框，设置文件名为“摄影网子页.psd”，单击保存(S)按钮，如图20-31所示。

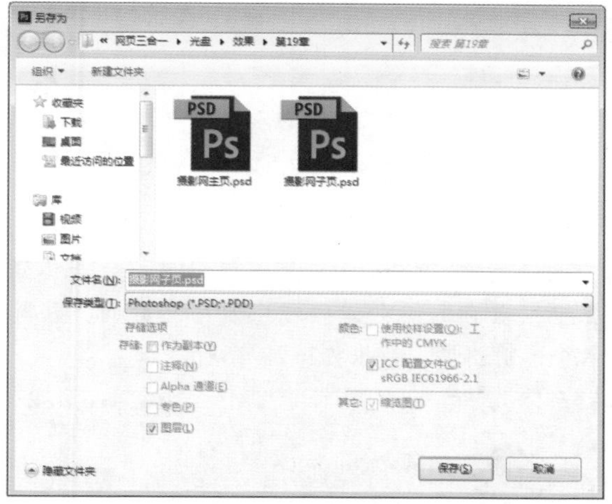

图20-31　另存图像文件

Step 2 在“图层”面板中选择“记录面板”、“新闻热点”、“用户留言”、“摄影专区”和“常见问题”图层组，直接按Delete键进行删除。然后将“加入社区”图层组往下移动，并将导航菜单中的“高亮显示”图层移动到第2个导航菜单上，其效果如图20-32所示。

图20-32　删除并移动图层组

Step 3 在“图层”面板中新建一个“分类”图层组。置入“画板.png”素材文件，适当调整其位置和大小，将其放置在“用户登录”版块下方。然后在图片右侧输入文字，效果如图20-33所示。新建“分割线”图层，使用“矩形选框工具”在文字下方绘制一个长条选区，填充颜色为灰色（#b2b2b2），并框选中间的区域进行删除操作，以制作出分割线的效果。然后继续在下方绘制分割线，效果如图20-34所示。

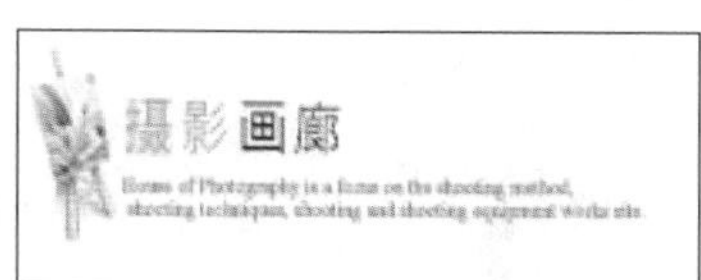

图20-33　添加图标和文字

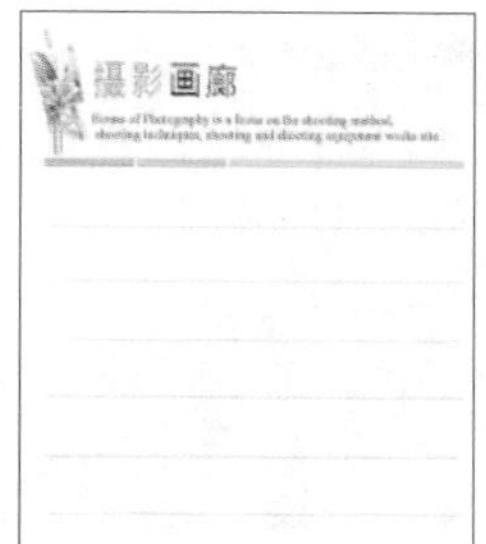

图20-34　添加分割线

Step 4 选择“矩形工具”，设置填充颜色为#b2b2b2，描边颜色为#999999，描边大小为“1点”，描边选项为——，如图20-35所示。

图20-35　设置矩形工具属性

Step 5 拖动鼠标在图像中绘制一个矩形图形，如图20-36所示。此时将自动生成“矩形2”形状图层，在该图层上右击，在弹出的快捷菜单中选择“栅格化图层”命令，如图20-37所示。

图20-36　绘制矩形

图20-37　栅格化图层

技巧秒杀

由于矩形图形在图像中所占的位置较小，建议用户绘制矩形时，放大图像的显示比例。最好在能够看到像素格子时绘制。

Step 6 ▶ 使用“矩形选框工具”框选矩形图形4个角上的像素格子，如图20-38所示。按Delete键删除，效果如图20-39所示。

图20-38　框选选区

图20-39　删除选区内容

Step 7 ▶ 继续使用“矩形选框工具”框选如图20-40所示的选区，再填充其颜色为白色（#ffffff），如图20-41所示。

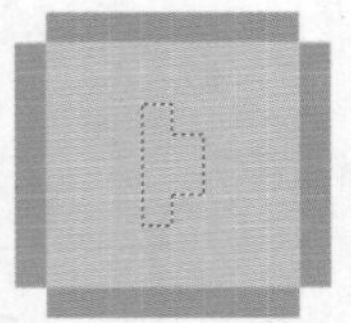
图20-40　绘制选区

图20-41　填充颜色

Step 8 ▶ 框选整个图形，按住Shift+Alt快捷键的同时拖动选区，复制并向下垂直移动图形，使矩形按钮基于分割线对齐，效果如图20-42所示。将“矩形2”图层名称修改为“灰色按钮”，使用相同的方法，在第3条分割线上方绘制一个黑色的高亮按钮，并将图层名称修改为“高亮按钮”，效果如图20-43所示。

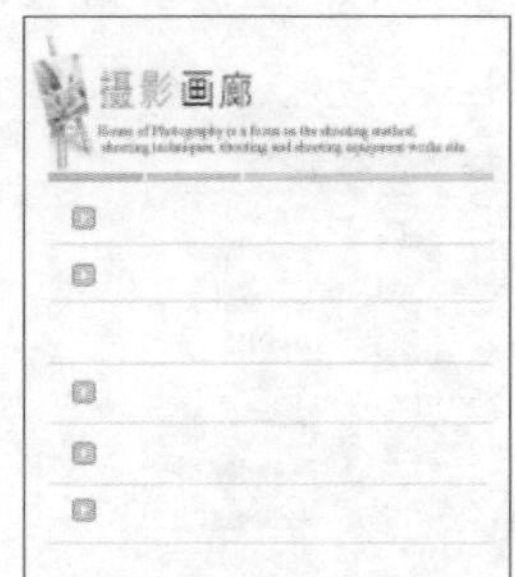

图20-42　复制灰色按钮

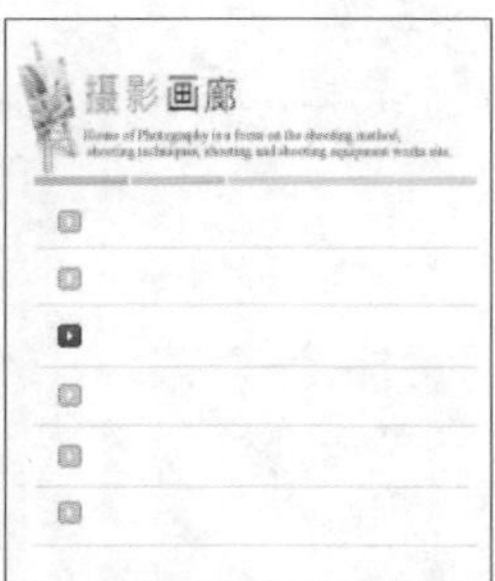

图20-43　绘制高亮按钮

Step 9 ▶ 新建一个“高亮底纹”图层，在第2条分割线和第3条分割线之间绘制一个矩形选区，填充颜色为灰色（#f0f0f0），效果如图20-44所示。完成后在每条分割线上方输入文字，完成分类导航的设计，效果如图20-45所示。

图20-44　绘制高亮底纹

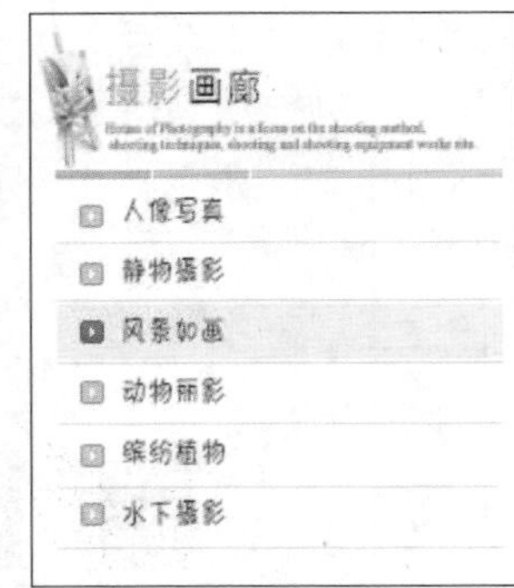

图20-45　输入文本

Step 10 ▶ 新建“快速导航”图层组和“导航标题”图层组，在右侧的主体区域中使用相同的方法输入文字并绘制图形，效果如图20-46所示。

图20-46　设置导航

Step 11 ▶ 显示出参考线，拖动标尺在图像中绘制参考线以定位图片区域，这里分别有12个图片显示位置和图片名称显示位置，如图20-47所示。

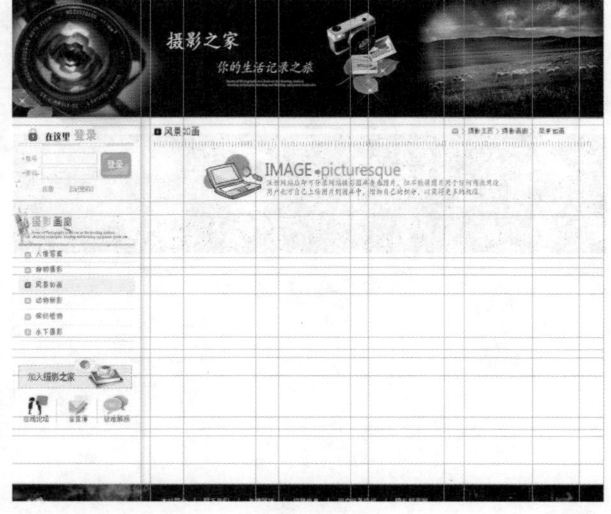

图20-47　绘制参考线

Step 12 ▶ 新建“图片展示”图层组，导入“图片”文件夹中的素材图片，并调整其大小与参考线绘制的大小相同，然后再输入文字。最后在图片和文字下方制作页码显示效果，如图20-48所示。

图20-48　添加图片展示区域的内容

技巧秒杀

其他的子页面与该页面的组成结构相同，只需在该页面的基础上进行修改即可。

读书笔记

20.3 对网页进行切片

切片工具的应用　图片优化与输出　切片存储的应用

制作完网页的平面效果后，即可对网页进行切片操作，切片时，需要按照每部分的内容来划分，且切片的大小要尽量标准，以方便后期的Flash动画制作和网页设计过程。本例将对网站主页和子页进行切片操作，并将切片导出为网页所使用的格式。

- 光盘\效果\第20章\摄影网站
- 光盘\实例演示\第20章\对网页进行切片

Step 1 ▶ 将“摄影网主页.psd”另存为“摄影网主页2.psd”，选择“切片工具”，在图像上拖动该工具进行切片，然后隐藏图片中的文字，效果如图20-49所示。

图20-49　对主页进行切片

Step 2 ▶ 选择“文件”/“存储为Web所用格式”命令，打开“存储为Web所用格式”对话框，选择“双联”选项卡，在右侧的“预设”下拉列表框下方选择PNG-8选项，继续在下方选择“可感知”和“扩散”选项，如图20-50所示。

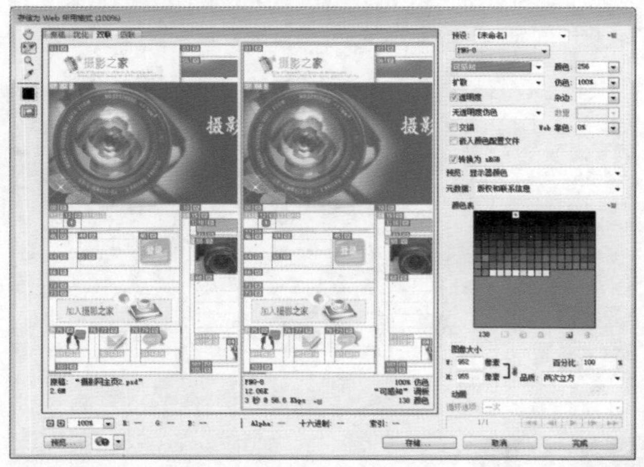

图20-50　优化图片

Step 3 ▶ 单击“优化菜单”按钮，在弹出的下拉列表中选择“编辑输出设置”选项，打开“输出设置”对话框，在“设置”下拉列表框下方选择“切片”选项，选中生成 CSS单选按钮，单击确定按钮，如图20-51所示。

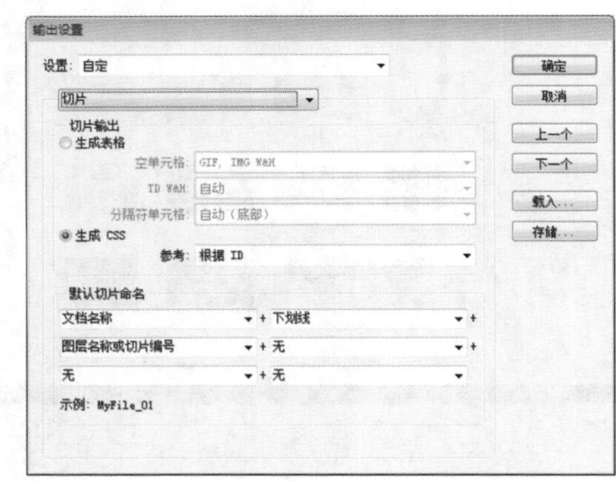

图20-51　编辑输出设置

Step 4 ▶ 返回“存储为Web所用格式”对话框，单击存储...按钮，打开“将优化结果存储为”对话框，选择存储的保存位置，在“文件名”文本框中输入网页的名称为index.html，设置格式为“HTML和图像”，如图20-52所示。

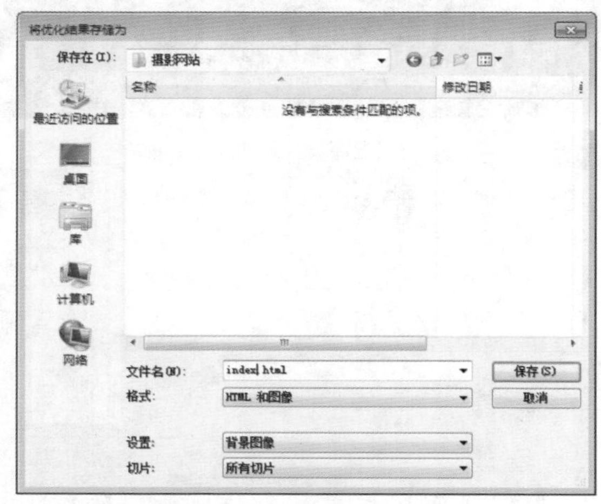

图20-52　设置存储选项

还可以这样做?

也可以选中生成表格单选按钮，此时输出的网页将以表格进行框架布局。

Step 5 ▶ 单击 保存(S) 按钮，导出所有的切片和HTML文件。此时打开存储文件的地址即可查看到效果，如图20-53所示。

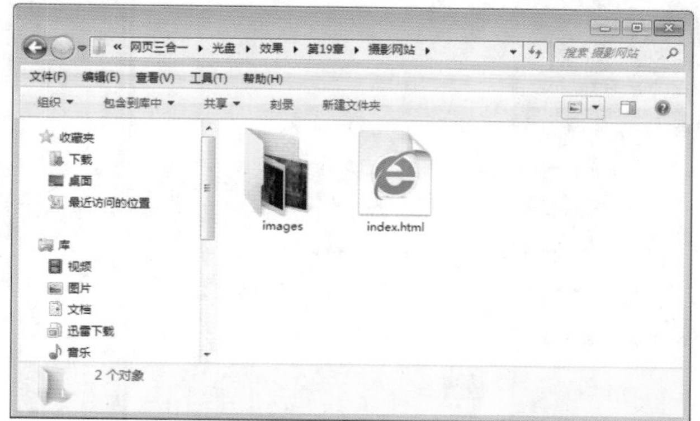

图20-53　查看效果

Step 6 ▶ 切换到“摄影网子页.psd”图像文件中，将其另存为“摄影网子页2.psd”，使用相同的方法对其进行切片并隐藏部分文字，效果如图20-54所示。

图20-54　对子页面进行切片

Step 7 ▶ 选择“文件”/“存储为Web所用格式”命令，打开“存储为Web所用格式”对话框，在其中使用相同的方法对图片进行优化，然后单击 存储... 按钮，打开“将优化结果存储为”对话框，选择与“摄影网主页”相同的文件夹存储路径，在“文件名”文本框中输入网页的名称为photo.html，设置格式为“HTML和图像”，单击 保存(S) 按钮，如图20-55所示。

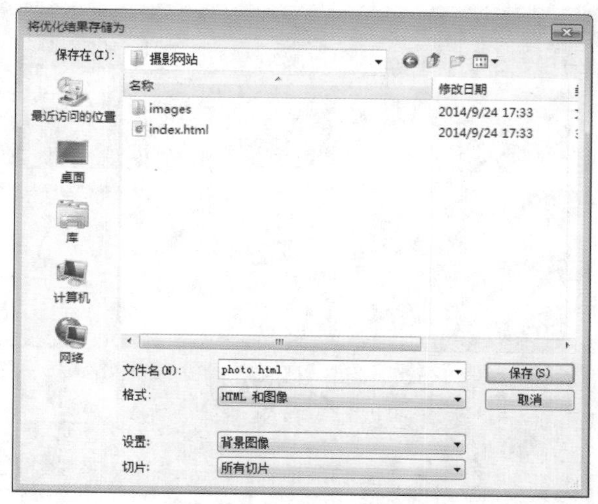

图20-55　存储切片

Step 8 ▶ 打开“摄影网站”文件夹，可看到存储后的效果，如图20-56所示。

图20-56　查看效果

技巧秒杀

当存储的位置相同时，images文件夹中将包含所有存储的图片。

读书笔记

20.4 制作banner动画

图片的应用 | 补间动画的创建 | 文本添加与设置

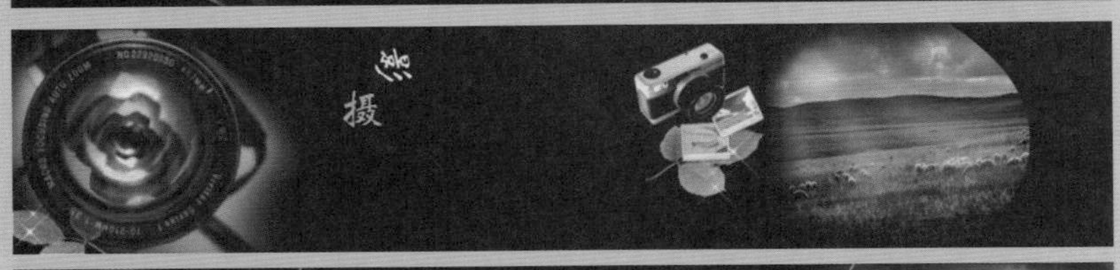

本例将以切片输出的banner背景图像为基础，通过Flash CC来制作banner动画。这里主要是通过遮罩动画来制作背景逐渐显示的画面，再通过制作传统补间动画的方式来制作文本动画效果。制作完成后，还需要将其导出为.swf格式。

- 光盘\素材\第20章\banner背景.jpg
- 光盘\效果\第20章\banner.fla、banner.swf
- 光盘\实例演示\第20章\制作banner动画

Step 1 ▶ 启动Flash CC，选择“文件”/“新建”命令，打开“新建文档”对话框，设置宽、高分别为952像素和200像素，背景颜色为黑色（#000000），如图20-57所示。

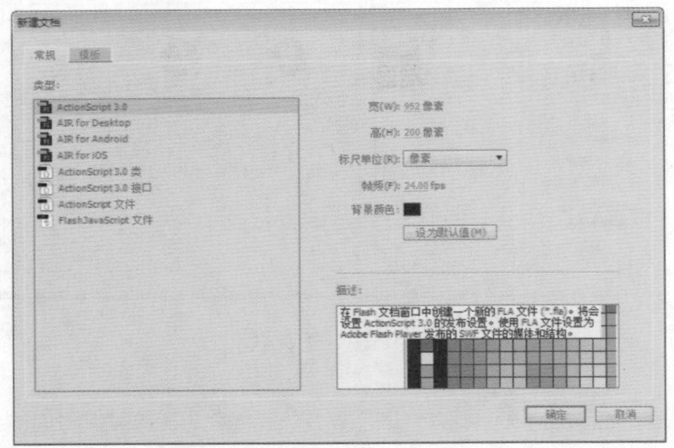

图20-57　新建Flash文档

技巧秒杀

Flash文档的大小与Photoshop中设计的banner大小一致，可在输出的imags文件夹中查看banner的图片尺寸，再根据其大小新建Flash文档。

Step 2 ▶ 单击 确定 按钮，新建一个文档。按Ctrl+R快捷键，打开“导入”对话框，选择“banner背景.jpg”素材文件，单击 打开(O) 按钮，如图20-58所示。

图20-58　导入图片到舞台

Step 3 ▶ 返回舞台即可看到导入后的效果，如图20-59所示。

图20-59　查看导入后的效果

Step 4 ▶ 选择“插入”/“新建元件”命令，打开“创建新元件”对话框，在“名称”文本框中输入“圆形”，在“类型”下拉列表框中选择“图形”选项，如图20-60所示。单击确定按钮返回舞台中选择“椭圆工具”，设置填充颜色为白色（#FFFFFF），如图20-61所示。

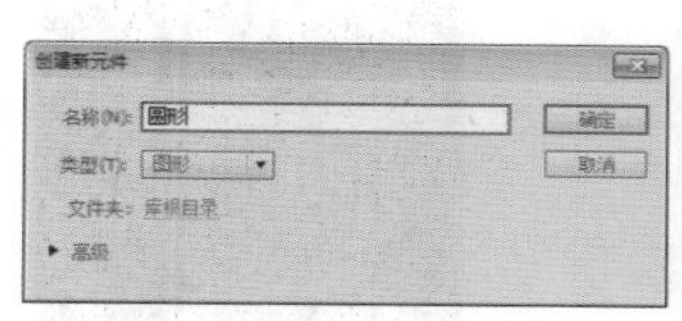

图20-60 创建影片剪辑元件

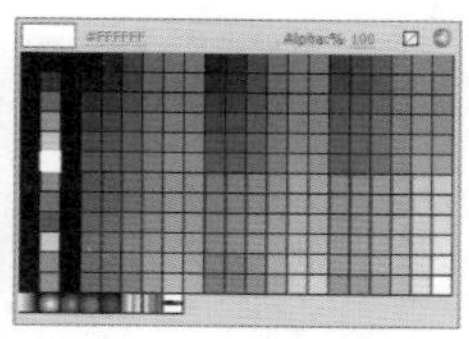

图20-61 设置填充颜色

Step 5 在舞台中绘制圆形，如图20-62所示。返回场景1，锁定“图层1”，并单击“新建图层”按钮新建“图层2”，如图20-63所示。

图20-62 绘制圆形

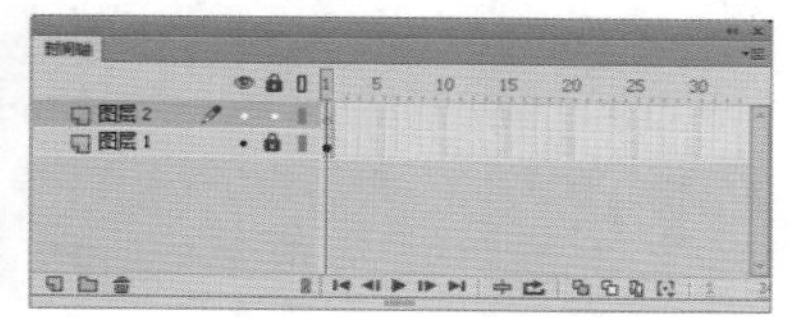

图20-63 新建图层

Step 6 在“图层1”的第80帧插入帧，选择“图层2”的第1帧，将“圆形”图形元件从“库”面板中拖动到舞台的中间，如图20-64所示。

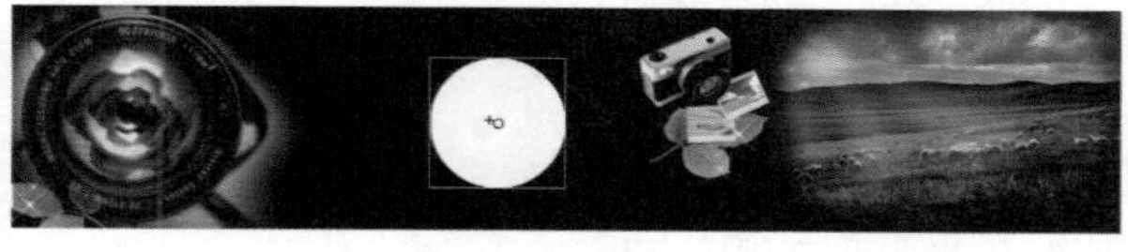

图20-64 添加元件到舞台

Step 7 在“图层2”的第40帧处右击，在弹出的快捷菜单中选择“插入关键帧”命令，然后按Ctrl+T快捷键，打开“变形”面板，调整圆形的大小，如图20-65所示。此时圆形将覆盖整个舞台，选择第1帧～第40帧，右击，在弹出的快捷菜单中选择“创建传统补间”命令，如图20-66所示。

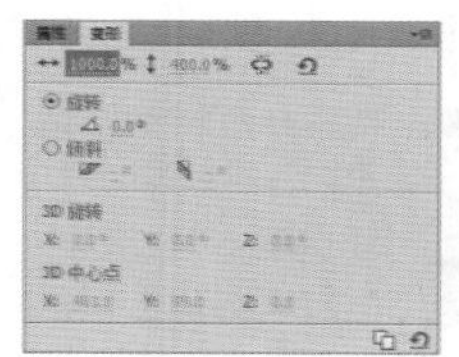

图20-65 图形变形

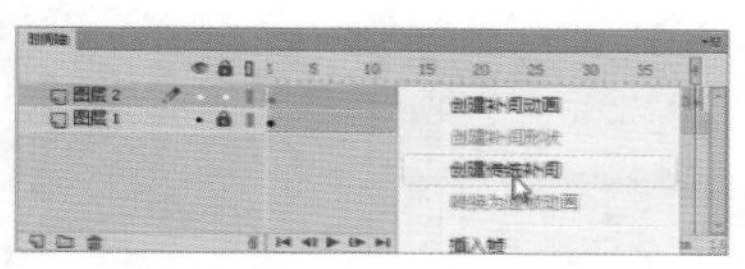

图20-66 创建传统补间

Step 8 在“图层2”上右击，在弹出的快捷菜单中选择“遮罩层”命令，创建遮罩动画，如图20-67所示。

图20-67 创建遮罩动画

还可以这样做?

直接将需要创建为遮罩动画的图层拖动到遮罩层的下方或在遮罩层下的任何位置创建一个新图层，选择“修改”/“时间轴”/“图层属性”命令，在打开的“图层属性”对话框中选中“被遮罩(A)”单选按钮也可创建被遮罩层。

Step 9 新建“图层3”图层，选择“文本工具”，在“属性”面板中设置字体为“华文新魏”，颜色为白色（#FFFFFF），如图20-68所示。在舞台中输入文本，如图20-69所示。

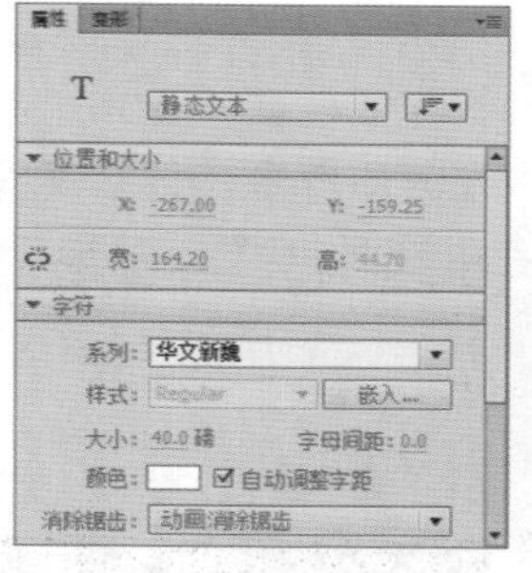

图20-68 设置文本属性

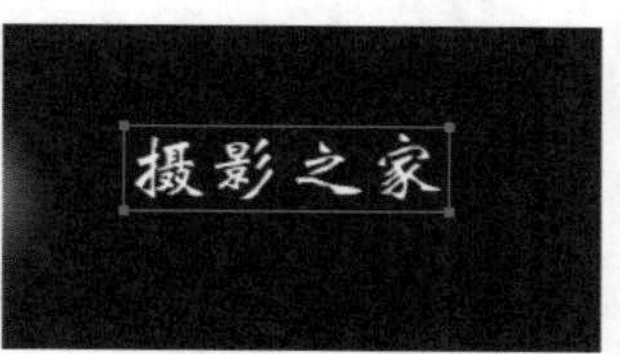

图20-69 输入文字

Step 10 选择文本，右击，在弹出的快捷菜单中选择“分离”命令，此时文本将被分离为一个个单独的文字，如图20-70所示。保持文本的选择状态，再次右击，在弹出的快捷菜单中选择“分散到图层”命令，将文本分散到不同的图层中，如图20-71所示。

图20-70 分离文本

图20-71 分散到图层

操作解谜

将文本分散到图层后，每一个文字单独成为一个图层，此时可以分别对每个文字进行设置，使动画效果更加流畅、自然。

技巧秒杀

分离文本时，还可选择"修改"/"分离"命令；分散到图层时，还可选择"修改"/"时间轴"/"分散到图层"命令。

Step 11 ▶ 此时图层面板中即可看到每个文本图层，如图20-72所示。

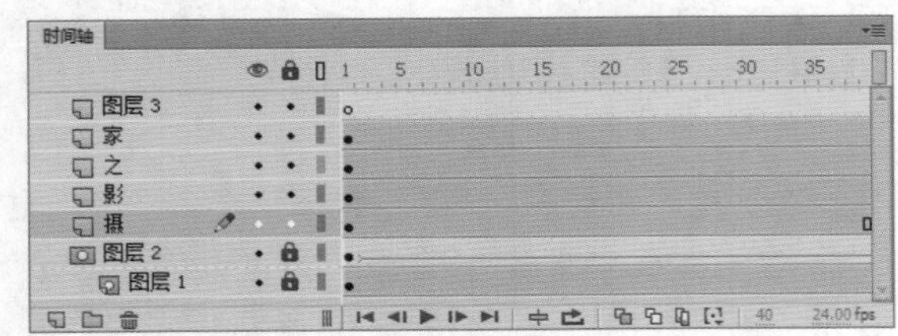

图20-72 查看分散后的文本图层

Step 12 ▶ 隐藏"影"、"之"和"家"3个图层，在"摄"图层的第20帧插入关键帧，在"变形"面板中设置旋转为175°，如图20-73所示。然后将文本移动到舞台外，此时舞台中显示效果如图20-74所示。

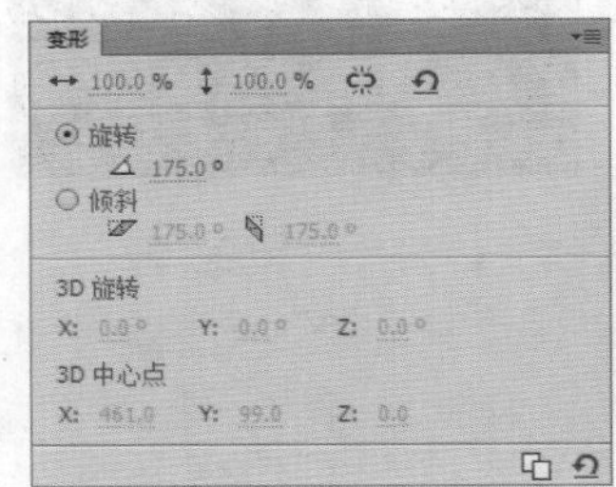

图20-73 变形文本

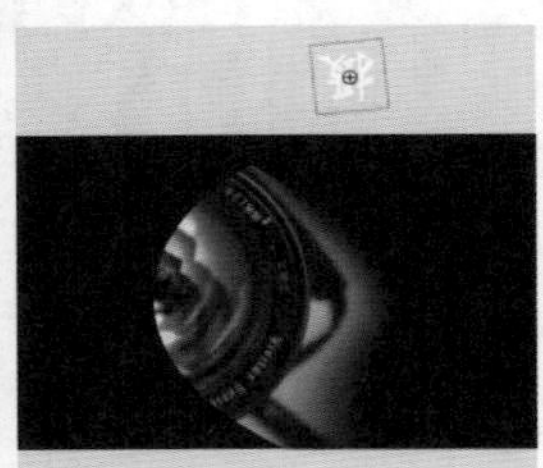

图20-74 查看舞台效果

读书笔记

Step 13 ▶ 在第30帧处插入关键帧，设置文本旋转为0°，如图20-75所示。将文本移动到舞台中，并修改文本的颜色为绿色（#AED53C），如图20-76所示。

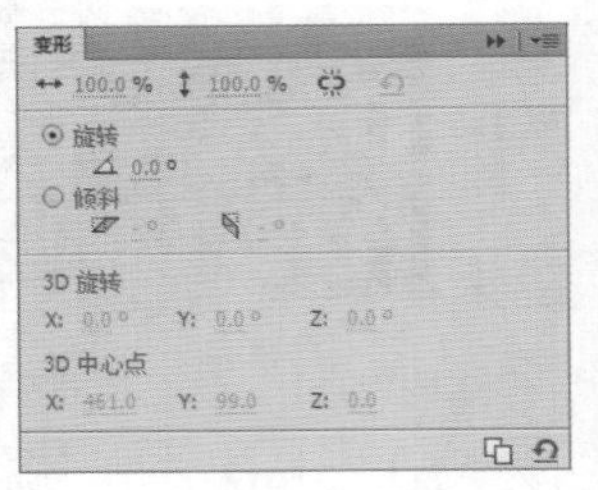

图20-75 旋转文本

图20-76 修改文本颜色

Step 14 ▶ 显示"影"文本，在第25帧插入关键帧，设置文本旋转为90°，并将其移动到舞台外，如图20-77所示。在第35帧插入关键帧，设置文本旋转为0°，并将其移动到舞台中，如图20-78所示。

图20-77 编辑第25帧

图20-78 编辑第35帧

Step 15 ▶ 选择第25帧～第35帧，为其创建传统补间动画，然后使用相同的方法，为"之"和"家"分别创建类似的动画效果，如图20-79所示为"之"文本的"时间轴"面板效果。如图20-80所示为"家"文本的"时间轴"面板效果。

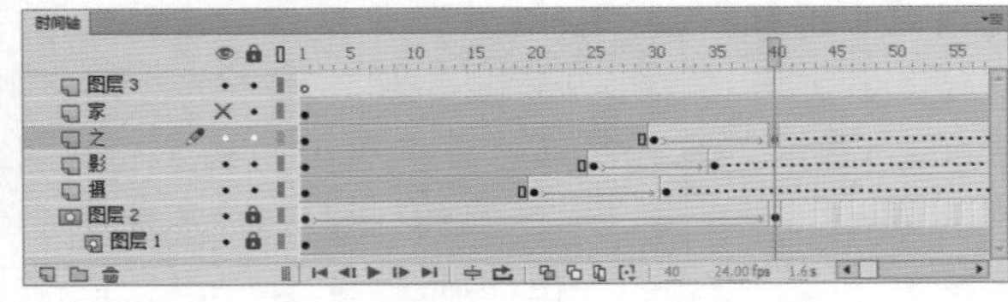

图20-79 "之"文本动画

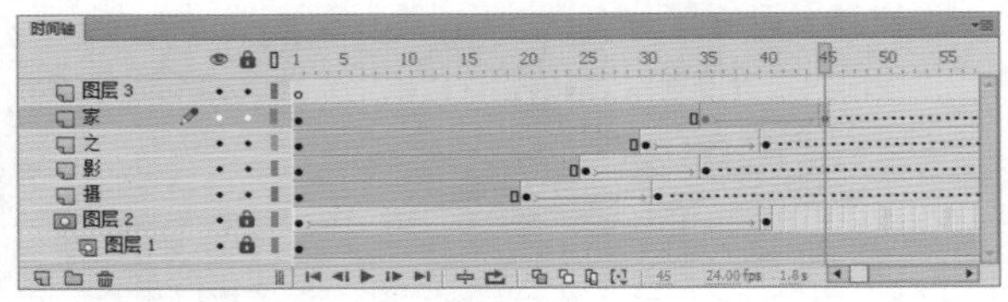

图20-80 "家"文本动画

Step 16 选择“图层3”，使用“文本工具”T在其中输入文本“你的生活记录之旅”。在第45帧处插入关键帧，将文本移动到舞台下方，如图20-81所示。

图20-81　编辑文本

Step 17 在第60帧处插入关键帧，将文本移动到“摄影之家”文本的下方，如图20-82所示，然后为其创建传统补间动画。

图20-82　创建文本补间动画

Step 18 使用相同的方法，再新建一个图层，输入英文文本并设置文本动画效果，如图20-83所示。

图20-83　设置英文文本动画效果

Step 19 此时“时间轴”面板中有多余的关键帧，选择不需要的关键帧，右击，在弹出的快捷菜单中选择“清除帧”命令，如图20-84所示。

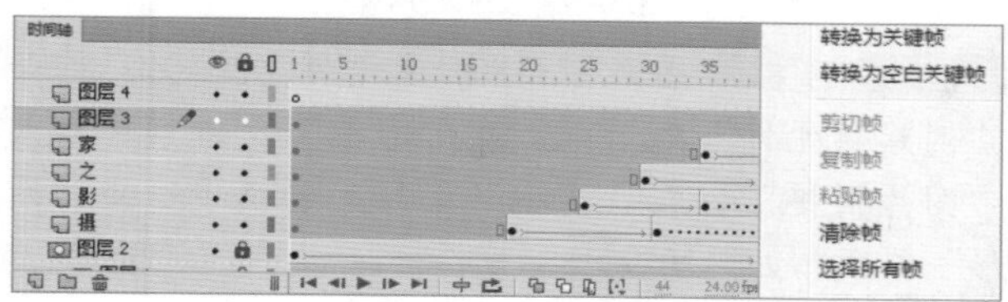

图20-84　清除帧

> **操作解谜**
> 若不清除关键帧前不需要的帧，则分散的文本将在关键帧之前一直存在，影响动画的显示效果。

Step 20 新建“图层5”图层，在第70帧插入关键帧，使用矩形工具在其中绘制一条细线，并进行旋转操作。然后复制该斜线，将其移动到右侧，效果如图20-85所示。

图20-85　绘制斜线

Step 21 选择“文件”/“发布设置”命令，打开“发布设置”对话框，选中“发布”栏中的Flash(.swf)和“HTML包装器”复选框，在“输出文件”文本框中输入文件路径，在“JPEG品质”数值框中输入100，如图20-86所示。

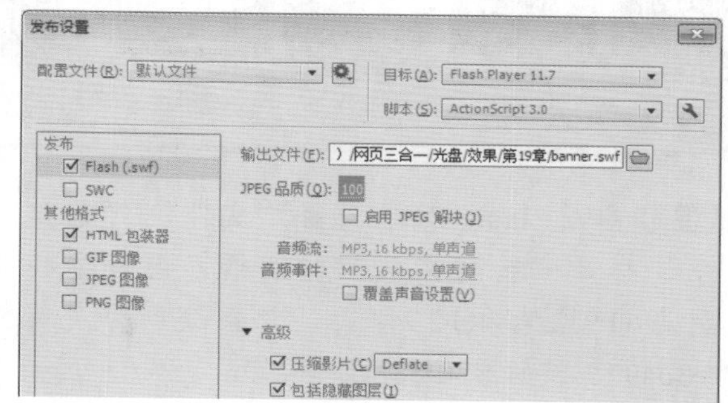

图20-86　发布设置

Step 22 单击 发布(P) 按钮，发布Flash动画。完成后打开输出设置的文件夹，双击banner.swf文件即可查看其效果，如图20-87所示。

图20-87　查看Flash动画效果

20.5 制作图片滚动动画

元件新建与添加　元件修改　编辑关键帧

本例将制作网站首页主体部分的图片滚动效果，使图片产生从右到左自动滚动的效果。制作完成后，再将其导出为.swf格式，以便于在Dreamweaver中进行操作。

- 光盘\素材\第20章\滚动图片\
- 光盘\效果\第20章\图片滚动.fla、图片滚动.swf
- 光盘\实例演示\第20章\制作图片滚动动画

Step 1 启动Flash CC，选择"文件"/"新建"命令，打开"新建文档"对话框，设置宽和高分别为619像素和129像素，背景颜色为灰黄色（#e3d492），如图20-88所示。

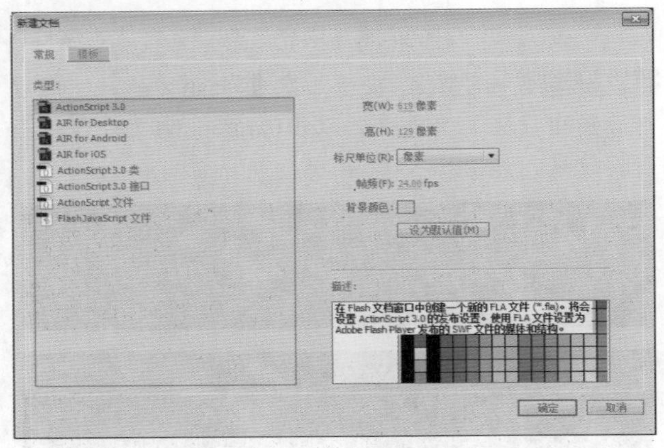

图20-88　新建Flash文档

Step 2 单击 确定 按钮，新建Flash文档。选择"文件"/"导入"/"导入到库"命令，打开"导入到库"对话框，选择素材文件夹"滚动图片"，然后选中所有图片，如图20-89所示。

图20-89　导入到库

Step 3 选择"插入"/"新建元件"命令，打开"创建新元件"对话框，在"名称"文本框中输入"图片拼接"，在"类型"下拉列表框中选择"图形"选项，如图20-90所示。

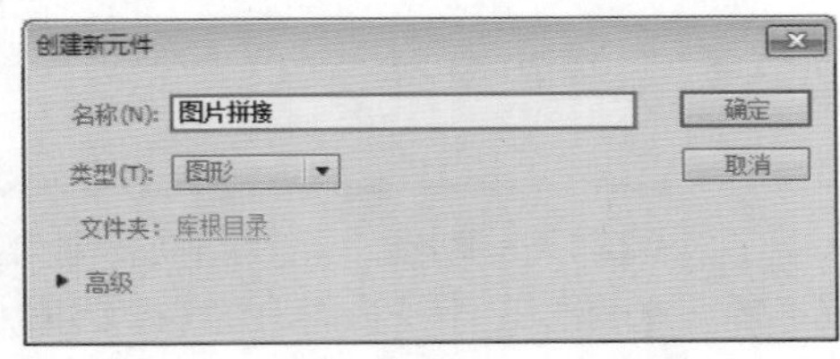

图20-90　新建图形元件

Step 4 将“库”面板中的1.jpg素材拖动到舞台中，按Ctrl+T快捷键打开“变形”面板，设置图片的缩放宽度和缩放高度均为30%，如图20-91所示。将其他图片依次拖入到舞台中，并设置其缩放为30%，如图20-92所示。

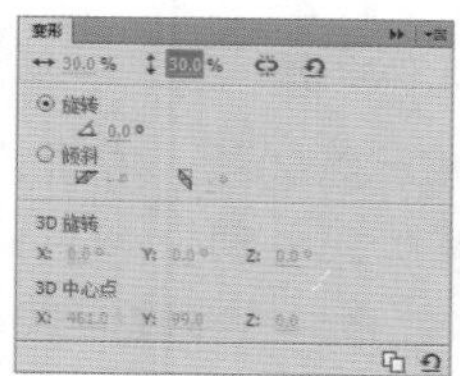

图20-91 图片变形

图20-92 添加其他图片

Step 5 拖动图片，使图片排列成一排，并使其在水平方向上对齐，如图20-93所示。

图20-93 水平排列图片

还可以这样做?

为了更精确地对齐图片，还可显示出标尺，创建一条参考线为标准来拖动图片。

Step 6 选择“文本工具” T，在“属性”面板中设置文本类型为“静态文本”，系列为“华文中宋”，大小为20.0磅，颜色为黑色（#000000），如图20-94所示。在图片下方拖动鼠标绘制一个文本框，输入图片对应的名称，并调整文本居中对齐图片，如图20-95所示。

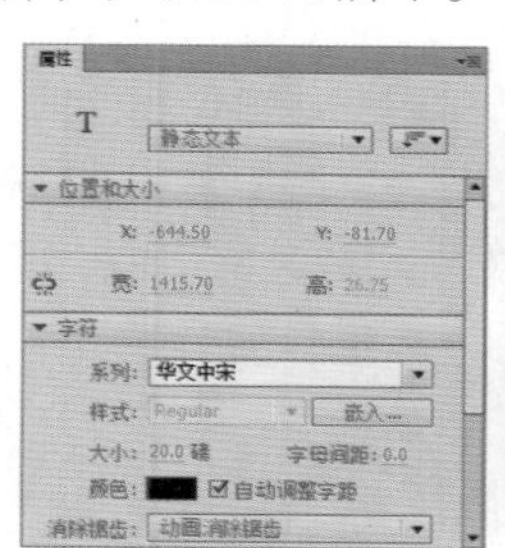

图20-94 设置文本属性

图20-95 添加文本

Step 7 返回场景1，将“图片拼接”图形元件拖动到舞台中，此时可发现，图形元件的大小不适合，按Ctrl+T快捷键，打开“变形”面板进行调整，这里调整为50%，如图20-96所示。

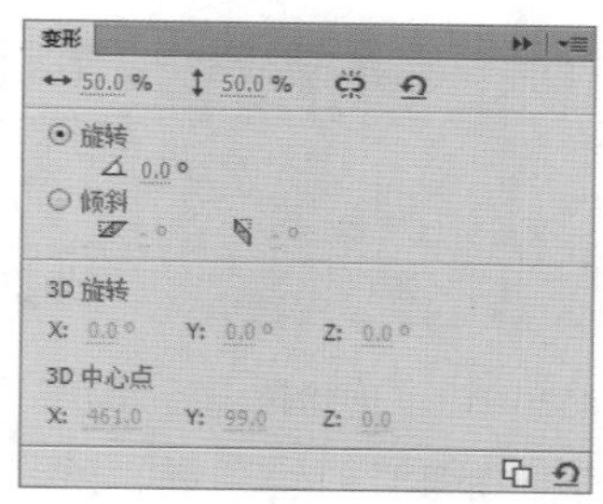

图20-96 缩小图形元件比例

Step 8 选择图形元件，选择“修改”/“对齐”/“左对齐”命令，如图20-97所示，使图形元件实例与舞台边界左对齐。再选择“修改”/“对齐”/“垂直居中”命令，如图20-98所示，使图形元件实例与舞台垂直居中对齐。

图20-97 选择“左对齐”命令 图20-98 选择“垂直居中”命令

Step 9 在舞台中查看对齐后的效果，如图20-99所示。

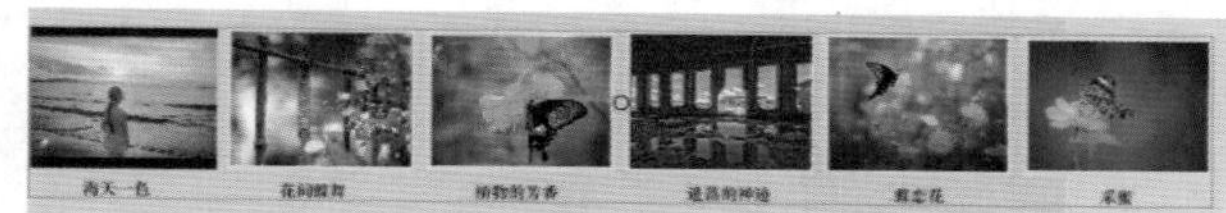

图20-99 对齐舞台

Step 10 在第60帧插入关键帧，将图形元件实例拖动到舞台左侧以外，并与边界相邻，如图20-100所示。

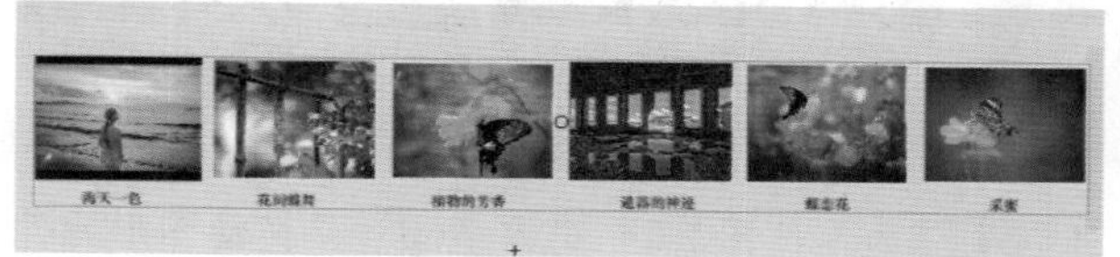

图20-100 插入水平线

Step 11 ▶ 选择第1帧～第60帧，右击，在弹出的快捷菜单中选择“创建传统补间”命令，为图形元件实例创建传统补间动画，如图20-101所示。

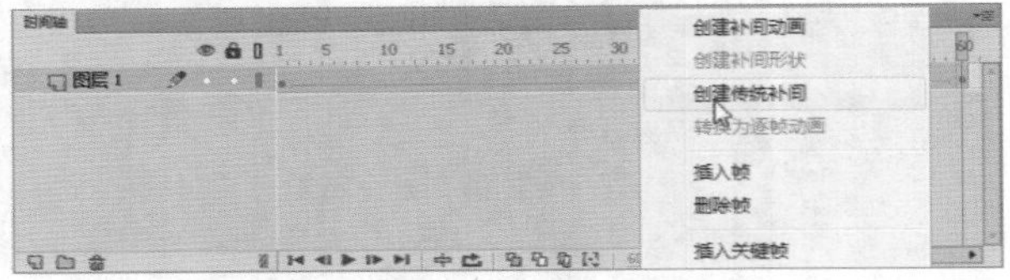

图20-101　创建传统补间动画

Step 12 ▶ 单击“图层1”的第1帧，选择舞台中的图形元件实例，右击，在弹出的快捷菜单中选择“复制”命令。然后单击“锁定”图标锁定“图层1”，单击“新建图层”按钮新建“图层2”，如图20-102所示。

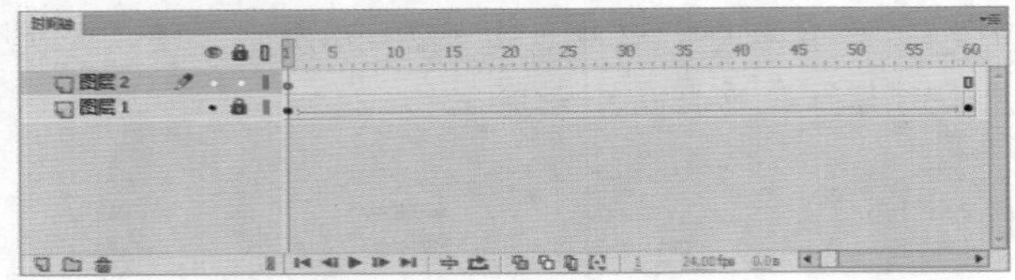

图20-102　新建“图层2”

Step 13 ▶ 选择“编辑”/“粘贴到中心位置”命令，粘贴图形元件实例，如图20-103所示。

图20-103　粘贴图形元件实例

Step 14 ▶ 选择“图层2”中的第1帧，将图形元件实例拖动到“图层1”中图形实例元件的末尾，并间隔相同的距离，如图20-104所示。

图20-104　拖动图形元件实例

Step 15 ▶ 选择“图层2”中的第60帧，拖动图形元件实例，将其移动到“图层1”中的图形元件的末尾，并间隔相同的距离，如图20-105所示。

图20-105　拖动图形元件实例

Step 16 ▶ 选择“图层2”的第1帧～第60帧，右击，在弹出的快捷菜单中选择“创建传统补间”命令，为图形元件实例创建传统补间动画，如图20-106所示。

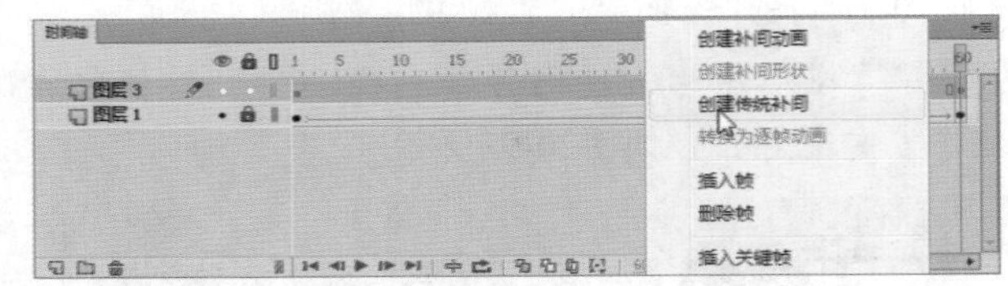

图20-106　创建传统补间动画

操作解谜

创建这两个首尾相接的图层，可以使图片运动效果更加流畅，避免出现图片滚动效果不一致的情况。

Step 17 ▶ 选择“文件”/“发布设置”命令，打开“发布设置”对话框，选中“发布”栏中的Flash(.swf)和“HTML包装器”复选框，在“输出文件”文本框中输入文件名，在“JPEG品质”数值框中输入100，如图20-107所示。

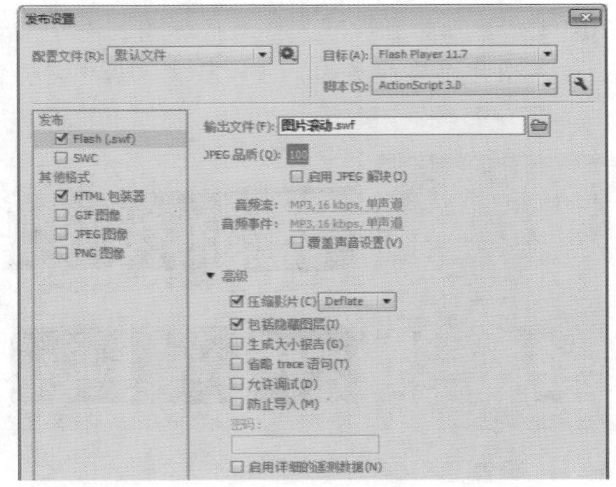

图20-107　发布设置

Step 18 ▶ 单击 发布(P) 按钮，发布Flash动画。完成后打开该动画预览效果，如图20-108所示。

图20-108　查看效果

读书笔记

20.6 合成网页

创建网页　页面属性　页面美化　超链接　动画　网页布局

本例将在Dreamweaver CC中打开通过Photoshop CC切片输出的网页，并将每一部分的内容填充到其中。通过本例的制作，可以巩固Dreamweaver的使用方法，包括文本、CSS、动画等的操作。

- 光盘\素材\第20章\摄影网站
- 光盘\效果\第20章\摄影网站\index.html、photo.html
- 光盘\实例演示\第20章\合成网页

读书笔记

Step 1 启动Dreamweaver CC，选择“站点”/“新建站点”命令，打开“站点设置对象”对话框，在“站点名称”文本框中输入站点名称Photography，单击“浏览文件夹”按钮，如图20-109所示。

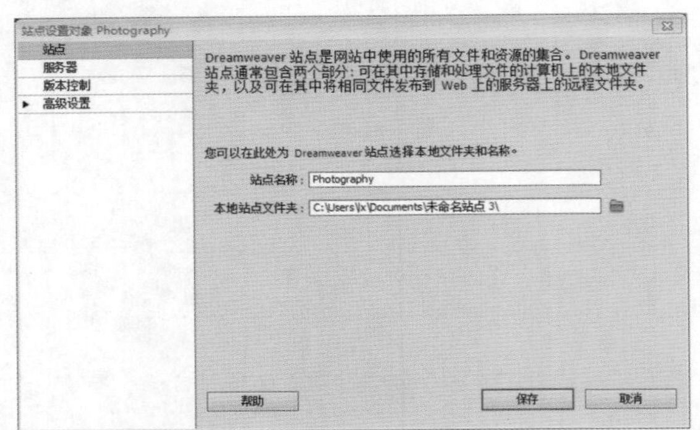

图20-109　设置站点名称

Step 2 打开“选择根文件夹”对话框，选择Photoshop切片输出的文件夹，这里为“摄影网站”文件夹，单击[选择文件夹]按钮，如图20-110所示。

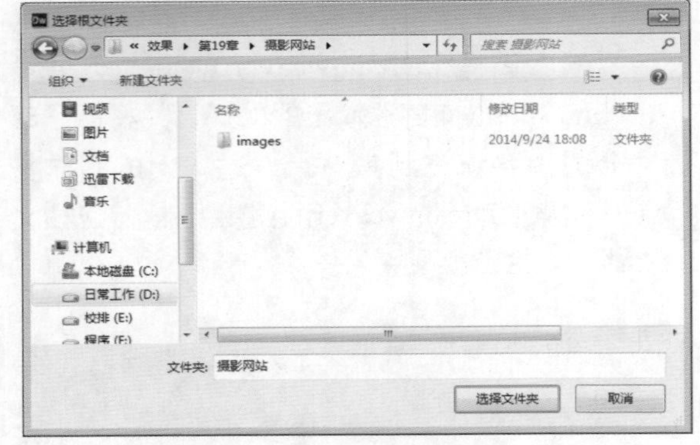

图20-110　选择根文件夹

Step 3 返回“站点设置对象”对话框，单击[保存]按钮创建站点。此时将自动打开“文件”面板，可查看其中包含的内容，如图20-111所示。双击index.html文件，即可在Dreamweaver CC中打开网页，如图20-112所示。

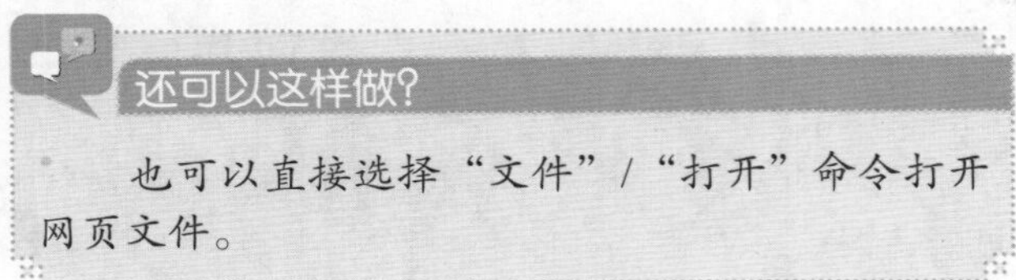

还可以这样做?

也可以直接选择“文件”/“打开”命令打开网页文件。

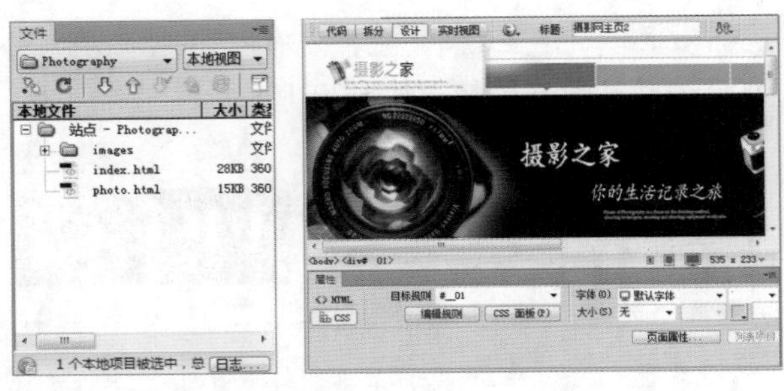

图20-111　“文件”面板　　图20-112　打开网页文件

Step 4 选择<body>标签，在“属性”栏中单击[页面属性...]按钮，如图20-113所示。

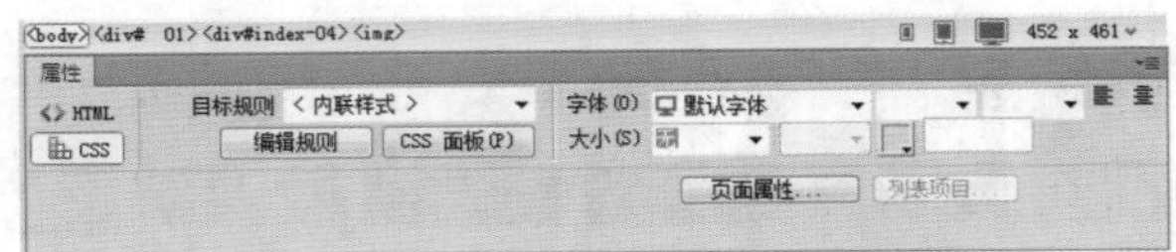

图20-113　单击“页面属性”按钮

Step 5 打开“页面属性”对话框，在“外观（CSS）”栏中设置大小为12，文本颜色为#000，背景颜色为#FFF，如图20-114所示。

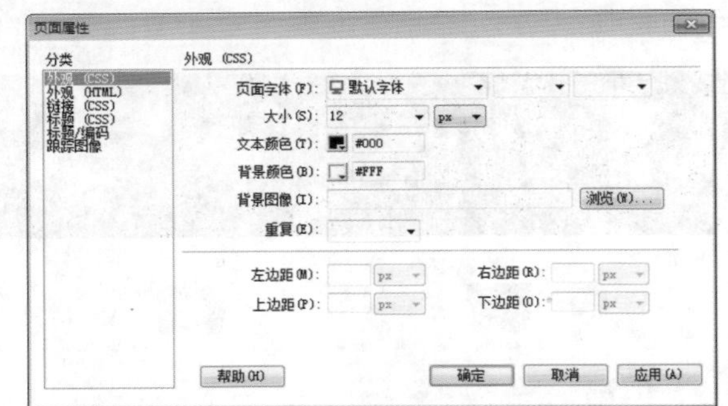

图20-114　设置外观（CSS）

Step 6 选择“链接（CSS）”选项，在右侧设置“链接颜色”为#FFF，“已访问链接”为#F60，在“下划线样式”下拉列表框中选择“始终无下划线”选项，如图20-115所示。

读书笔记

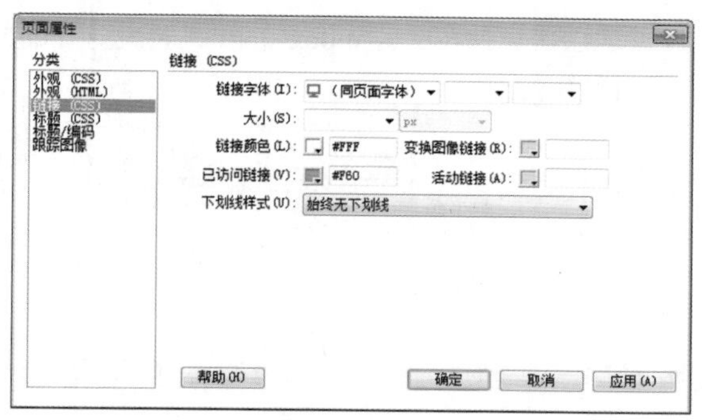

图20-115　设置链接（CSS）样式

Step 7 ▶ 单击代码按钮，切换到代码视图，将鼠标光标定位在<style>标签中，选择style标记对之间的所有style样式，单击“移动或转换”按钮，在弹出的下拉列表中选择“移动CSS规则”选项，如图20-116所示。

图20-116　选择“移动CSS规则”选项

Step 8 ▶ 打开“移至外部样式表”对话框，选中新样式表单选按钮，单击确定按钮，如图20-117所示。

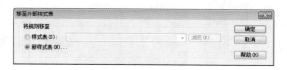

图20-117　新建样式表

操作解谜

直接通过Photoshop切片输出的HTML文件，其CSS样式是内嵌在网页中的，这样会使文件体积变大，且不利于文件的管理。因此需要将CSS样式以样式表的形式存储起来，方便控制网页中的Div标签。

Step 9 ▶ 打开“将样式表文件另存为”对话框，并打开站点根目录文件夹，直接在“文件名”文本框中输入CSS文件的名称style，单击保存(S)按钮进行保存，如图20-118所示。

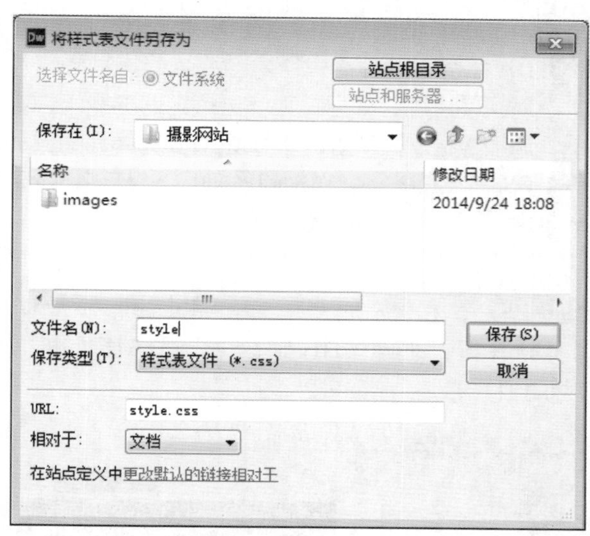

图20-118　保存样式表文件

Step 10 ▶ 返回Dreamweaver CC主界面即可看到文件选项卡下新建的CSS文件，选择style.css选项即可切换到CSS文件中查看，并将__01和index-01样式中的position:absolute;修改为position:relative;，并在__01样式最后添加代码margin:0 auto;，使网页居中显示，如图20-119所示。

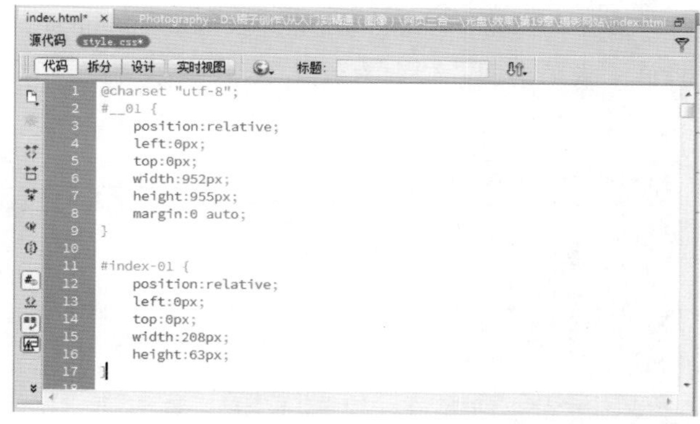

图20-119　查看CSS文件

Step 11 ▶ 单击设计按钮切换到设计界面，选择页面右上角的第2个Div标签中的空白图片，按Delete键删除，在其中输入文本“登录 | 联系我们 | 站点地图”，如图20-120所示。

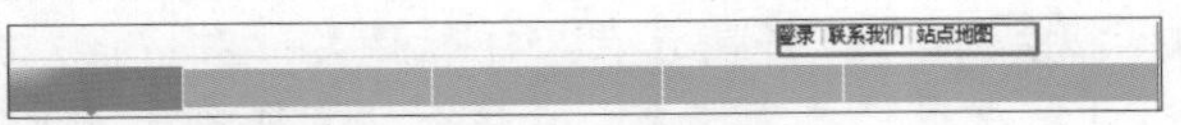

图20-120　定位插入点并输入文本

> **操作解谜**
> 原本的图片是嵌入在Div标签中的，此时Div标签中的内容只包含图片。但将其修改为背景图片后，即可在其中进行其他的操作，如添加表格、文本等。Div标签中的id属性即表示CSS样式的名称，对相同名称的CSS样式进行编辑，即可控制Div标签中的内容。

Step 12 选择下方的导航条，单击 拆分 按钮切换到拆分视图，此时该Div标签和代码将被选中，如图20-121所示。

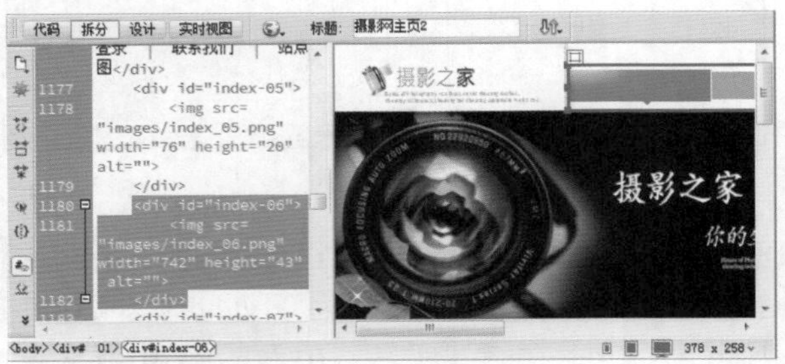

图20-121　选择导航条

Step 13 删除Div标签中的img标记，如图20-122所示。切换到CSS文件中，在id名称为index-06的Div标签中添加代码background:url(images/index_06.png);，将原本嵌入的图片修改为背景图片，然后再继续输入定义文本属性的代码，如图20-123所示。

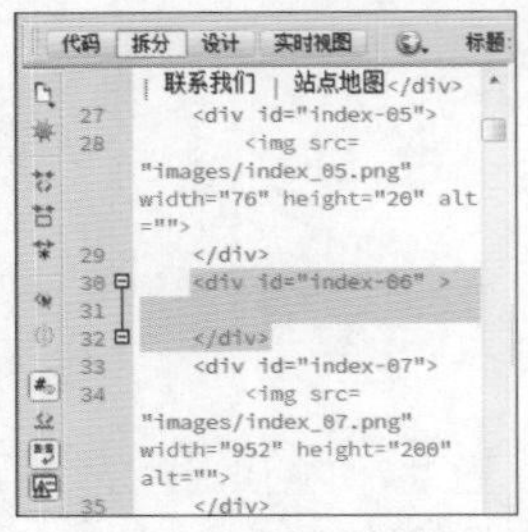

```
#index-06 {
    position:absolute;
    left:210px;
    top:20px;
    width:742px;
    height:43px;
    background:url(images/index_06.png);
    color:#FFF;
    font-family:"方正黑体简体";
    font-size:16px;
    font-weight:bold;
    text-align:center;
    vertical-align:middle;
}
```

图20-122　删除图片　　图20-123　添加CSS样式代码

Step 14 切换到源代码视图中，在id名为index-06的Div标签中输入5个class名称为menu的Div标签，并在每个标签中输入导航菜单的名称，如图20-124所示。返回CSS文件中，在index-06样式后定义menu样式，如图20-125所示。

```
<div id="index-06" >
    <div class="menu">摄影首页</div>
    <div class="menu">摄影画廊</div>
    <div class="menu">摄影信息</div>
    <div class="menu">摄影论坛</div>
    <div class="menu">摄影社区</div>
</div>
```

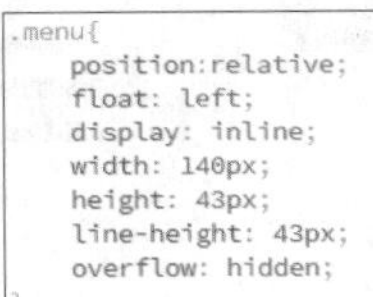

```
.menu{
    position:relative;
    float: left;
    display: inline;
    width: 140px;
    height: 43px;
    line-height: 43px;
    overflow: hidden;
}
```

图20-124　添加导航菜单　　图20-125　定义menu样式

> **操作解谜**
> menu样式主要用来定位每一个文本标签的大小和位置。其中，line-height和overflow属性用来定义文本垂直居中，需要注意的是，line-height的值要与Div标签的高度一致。overflow:hidden则是为了防止内容超出容器或者产生自动换行。

Step 15 切换到设计视图，查看添加CSS样式后的导航菜单效果，如图20-126所示。

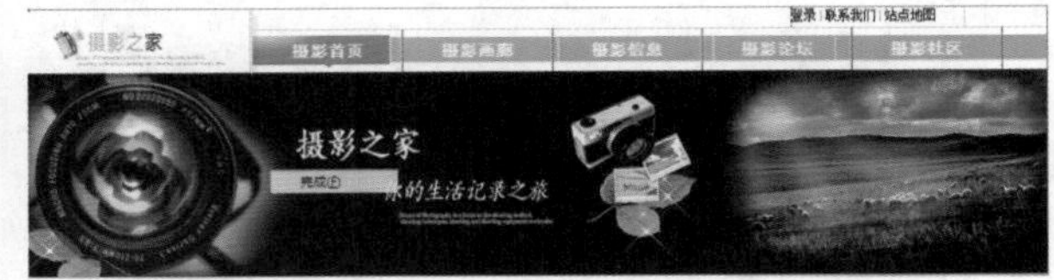

图20-126　查看导航菜单

Step 16 选择导航菜单下方的banner图片，按Delete键将其删除。然后将鼠标光标定位在其中，选择“插入”/“媒体”/ Flash SWF命令，如图20-127所示。

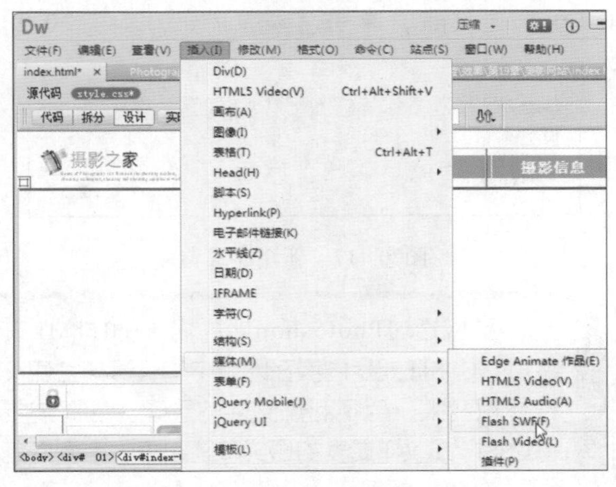

图20-127　选择Flash SWF命令

Step 17 打开“选择SWF”对话框，选择需要插入的Flash文件，这里选择banner.swf，如图20-128所示。

图20-128 选择SWF文件

Step 18 单击 确定 按钮，打开Dreamweaver提示对话框，单击 是(Y) 按钮，打开“复制文件为”对话框，单击 保存(S) 按钮，如图20-129所示。

图20-129 复制文件到站点

还可以这样做?

也可以先将需要的文件复制到站点文件夹中，当插入这些文件时，则不会提示进行复制。

Step 19 打开“对象标签辅助功能属性”对话框，在“标题”文本框中输入“banner动画”，如图20-130所示。

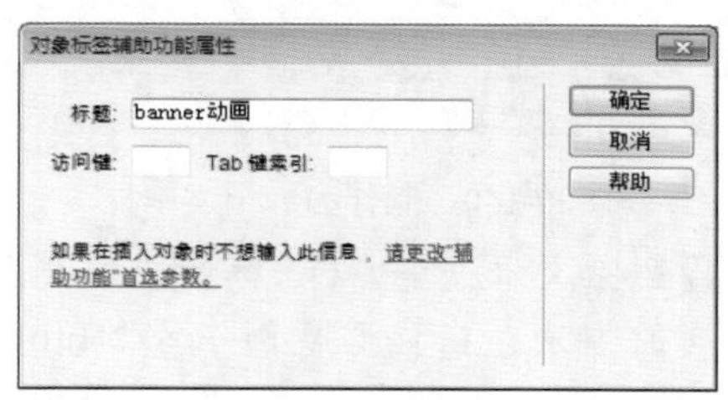

图20-130 “对象标签辅助功能属性”对话框

Step 20 单击 确定 按钮，返回Dreamweaver主界面即可查看到插入的Flash动画，如图20-131所示。

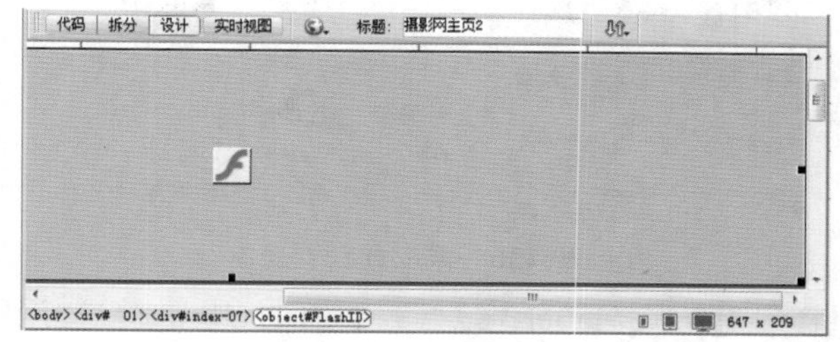

图20-131 查看插入的Flash动画

Step 21 单击banner下方图标右侧的空白区域，按Delete键删除图片，如图20-132所示。在拆分视图中找到对应的Div标签，这里为index-13。在该标签中添加两个label标记对，并通过style属性设置文本的样式，如图20-133所示。

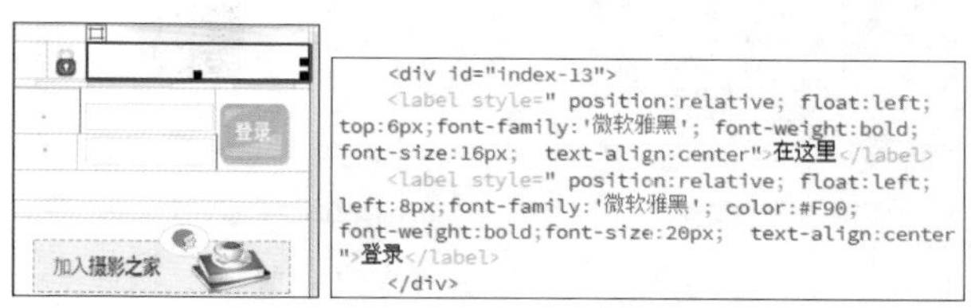

```
<div id="index-13">
  <label style=" position:relative; float:left;
top:6px;font-family:'微软雅黑'; font-weight:bold;
font-size:16px; text-align:center">在这里</label>
  <label style=" position:relative; float:left;
left:8px;font-family:'微软雅黑'; color:#F90;
font-weight:bold;font-size:20px; text-align:center
">登录</label>
  </div>
```

图20-132 删除空白 图20-133 添加文本标签并设置样式

Step 22 在设计视图中查看添加文本标签的效果，如图20-134所示。将下方的两个圆点图片删除，在CSS样式文件的对应Div标签（index-46和index-64）中将其添加为背景图片，如图20-135所示。

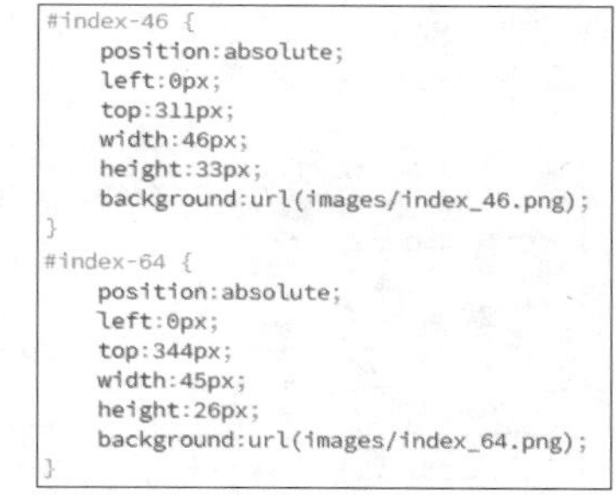

```
#index-46 {
    position:absolute;
    left:0px;
    top:311px;
    width:46px;
    height:33px;
    background:url(images/index_46.png);
}
#index-64 {
    position:absolute;
    left:0px;
    top:344px;
    width:45px;
    height:26px;
    background:url(images/index_64.png);
}
```

图20-134 查看文本效果 图20-135 设置背景图片

Step 23 切换到网页源代码视图中，将鼠标光标定位在index-46Div标签中，添加一个label标记对，并设置其属性，输入文本“账号”，如图20-136所示。

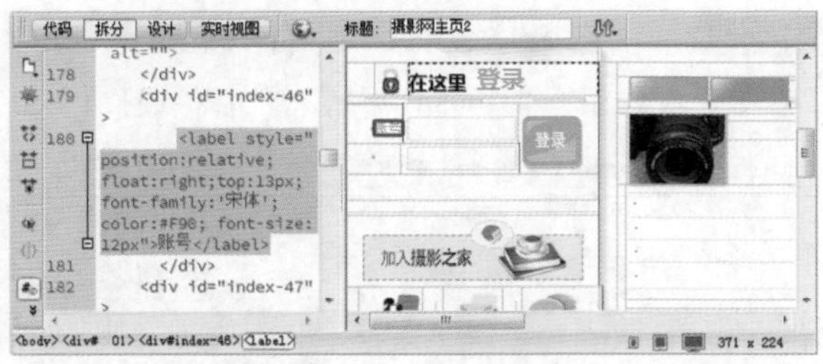

图20-136　添加并设置文本

Step 24 ▶ 选择label标记对，按Ctrl+C快捷键进行复制。在设计视图中选择下方的圆点标签index-64，将鼠标光标定位在其代码视图的Div标签中，按Ctrl+V快捷键进行复制，修改top属性为3px，文本“账号”为“密码”，如图20-137所示。

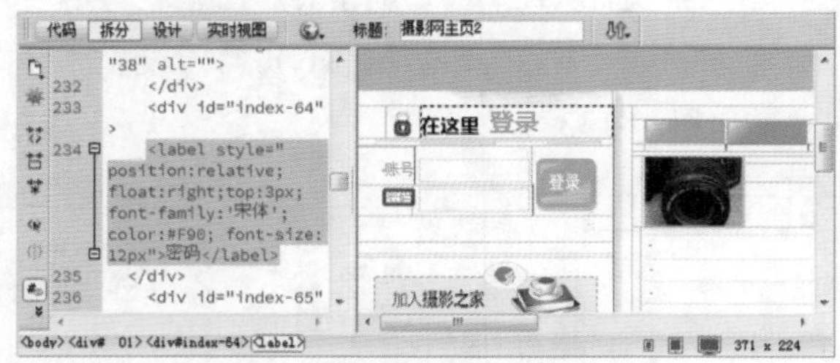

图20-137　复制并修改文本

技巧秒杀

top属性的值应该根据网页的实际显示效果来确定，可多测试几次。

Step 25 ▶ 选择“账号”文本后的Div标签中的图片，按Delete键删除。然后将鼠标光标定位在其中，选择“插入”/“表单”/“文本”命令，如图20-138所示。

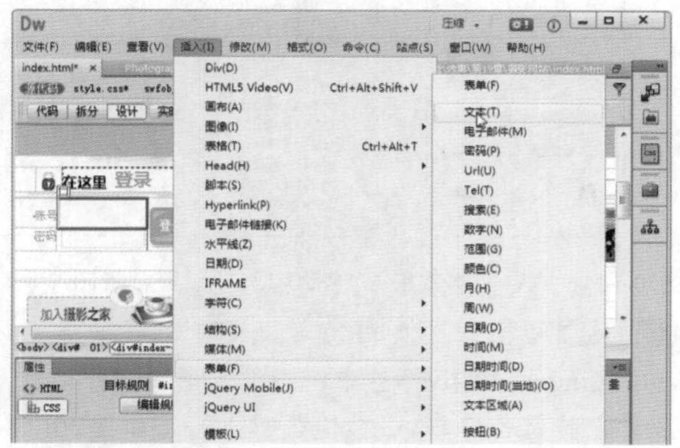

图20-138　插入文本表单

Step 26 ▶ 删除文本框前的Text Field:文本，选择文本框，在代码视图中将自动选择input标签。在其中添加input的属性，包括width、height、position、top和left。然后在“属性”面板的Value文本框中输入默认值，这里为“输入账户名”，如图20-139所示。

图20-139　设置文本框的属性

Step 27 ▶ 选择并复制文本框对应的代码，删除文本框下方Div标签中的图片，并定位鼠标光标到代码视图中，将复制的代码粘贴到其中，并修改input标签的name属性为textfield2，删除top属性。然后在“属性”面板中修改其Value值为“输入密码”，如图20-140所示。

图20-140　制作另一个文本框

Step 28 ▶ 删除文本框下方Div标签中的空白图片，使用相同的方法，在代码视图中添加label标签，并设置其属性，然后添加文本，其效果如图20-141所示。

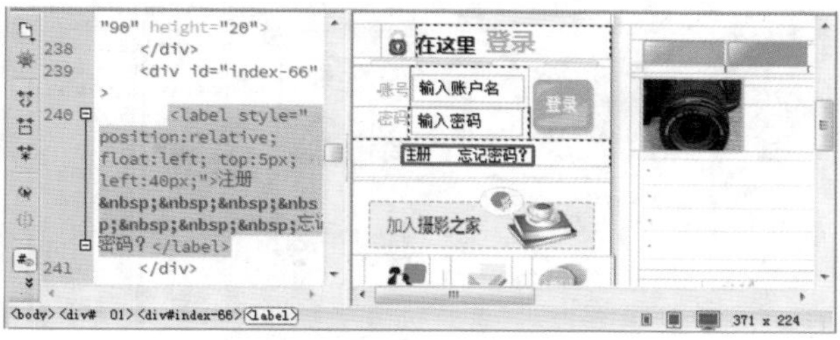

图20-141　添加并设置文本

Step 29 使用相同的方法，将、和图标下方的Div标签中的图片删除，这里的Div标签id名称分别为index-89、index-90和index-91，然后直接在Div标签中分别输入文本“在线论坛”、“留言簿”和“疑难解惑”。在CSS样式表文件中的#index-89、#index-90和#index-91样式中分别添加属性text-align: center;，使文本居中显示，如图20-142所示。

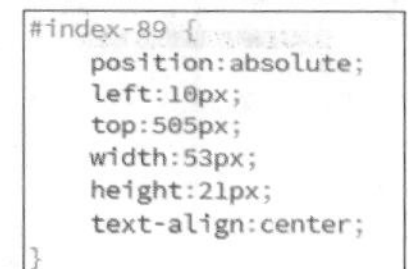

```
#index-89 {
    position:absolute;
    left:10px;
    top:505px;
    width:53px;
    height:21px;
    text-align:center;
}
```

```
#index-90 {
    position:absolute;
    left:80px;
    top:505px;
    width:49px;
    height:21px;
    text-align:center;
}
```

```
#index-91 {
    position:absolute;
    left:145px;
    top:505px;
    width:63px;
    height:21px;
    text-align:center;
}
```

图20-142　设置文本居中显示

Step 30 在设计视图中查看设置CSS样式后的效果，如图20-143所示。选择网页主体内容中的橙黄色的选项卡，在代码视图中查看其对应的Div标签，这里为index-18，并按Delete键删除嵌套的图片，如图20-144所示。

图20-143　查看文本　　图20-144　删除嵌套的图片

Step 31 在Div标签中输入文本“新闻热点”，切换到CSS样式表文件中，在名为index-18的CSS样式中添加属性，包括background、text-align、color、font-size、font-weight、display、line-height和overflow，以添加背景图片，并设置文本的字号、颜色和居中显示，其效果如图20-145所示。

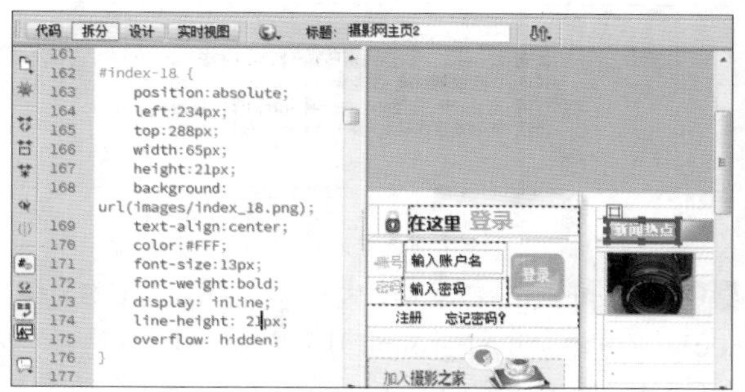

图20-145　编辑CSS样式

Step 32 使用相同的方法，删除该选项卡右侧Div标签index-20中的图片，输入文本“器材资讯”，并编辑CSS样式表中名为index-20的CSS样式，如图20-146所示。

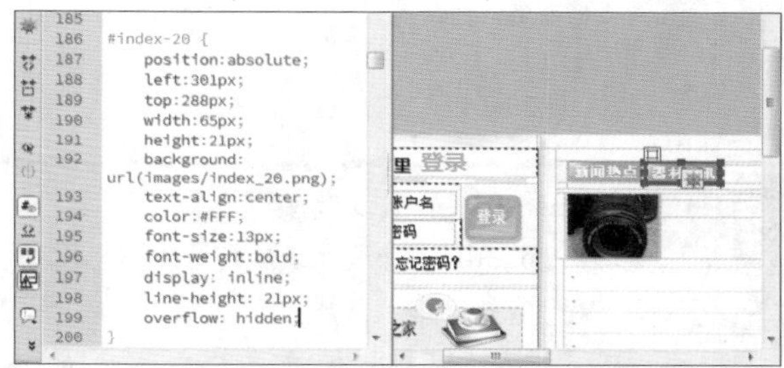

图20-146　编辑“器材资讯”选项卡

Step 33 删除选项卡下方相机图片右侧名称为index-58和index-63的Div标签中的图片，在其中输入对应的文本，并在index-58的CSS样式中添加属性font-weight为bold，padding-left为3px；使标题加粗显示。使用相同的方法，为index-63添加padding-left为3px，调整文本与左侧边界的距离，效果如图20-147所示。

图20-147　添加标题和说明文本

Step 34 选择Div标签index-68中的图片，并按Delete键删除，然后在代码视图中添加列表标签ul和li，并在li标记对中输入文本，如图20-148所示。

```
<div id="index-68">
    <ul>
    <li>新闻|photokina 2014适马展示新型两防增倍镜</li>
    <li>评测|顶级绿圈新镜 佳能400mm DO IS II试用</li>
    <li>行情|送16G卡 三星NX mini套机最新报价3199</li>
    <li>行情|高端复古德系DC 徕卡X Vario报价9700元</li>
    </ul>
</div>
```

图20-148　输入文本

Step 35▶ 切换到CSS样式表文件，在CSS样式index-68中添加background为之前删除的图片，并在其下方定义ul和li的CSS样式，如图20-149所示。

```
#index-68 {
    position:absolute;
    left:231px;
    top:379px;
    width:344px;
    height:98px;
    background:url(images/index_68.png)
}
```

```
ul{
    padding:8 0 0 15px;
    margin:0px;
}
li{
    padding: 0px;
    list-style:none;
    margin:1px;
    line-height:18px;
    font-size:11px;
    text-align:left;
}
```

图20-149　添加列表标签

> **操作解谜**
>
> 使用ul和li标签可以直接定义列表文本，用户可以通过padding和margin属性来定义文本与左侧边界的距离。

Step 36▶ 使用相同的方法，在右侧设置“摄影专区”版块，其效果如图20-150所示。

图20-150　设置“摄影专区”版块

Step 37▶ 在“新闻热点”版块下方选择Div标签index-83中的图片，按Delete键删除，并输入文本“用户留言”。切换到CSS样式表文件中，在CSS样式index-83中添加属性font-size、font-weight和padding分别为13px、bold和20 0 5 0px，如图20-151所示。

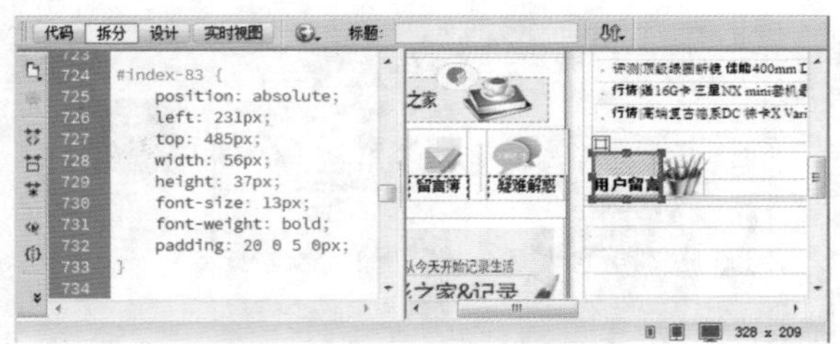

图20-151　输入并设置文本

Step 38▶ 删除下方Div标签index-105中的图片，在代码中添加ul和li标签并输入文本，如图20-152所示。

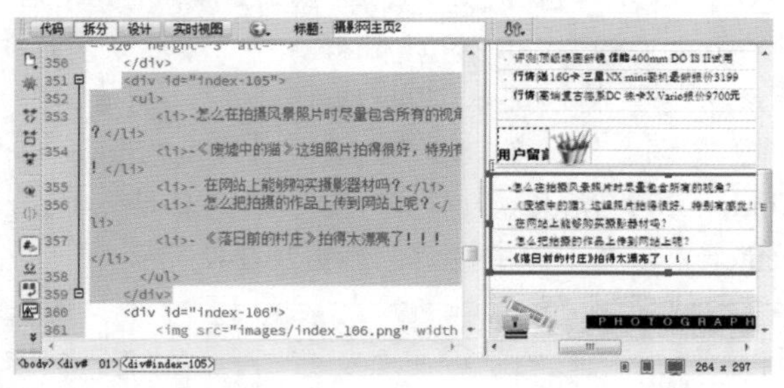

图20-152　添加文本列表

Step 39▶ 在CSS样式表文件中的CSS样式index-105中添加背景图片，如图20-153所示。然后继续在下方定义基于inex-105的ul与li样式，设置列表中的文本显示方法，如图20-154所示。

```
#index-105 {
    position:absolute;
    left:224px;
    top:531px;
    width:351px;
    height:100px;
    background:url(images/index_105.png);
}
```

```
#index-105 ul li{
    padding: 1px;
    list-style:none;
    margin: 0 0 6 0px;
    font-size:11px;
    text-align:left;
    line-height:10px;
}
```

图20-153　添加背景图片　　图20-154　重新定义li列表

Step 40▶ 删除Div标签index-86中的图片，输入文本“常见问题”。切换到CSS样式表文件，在CSS样式index-86中添加属性font-size、font-weight和padding，分别设置其值为13px、bold和20 0 15 10px，如图20-155所示。

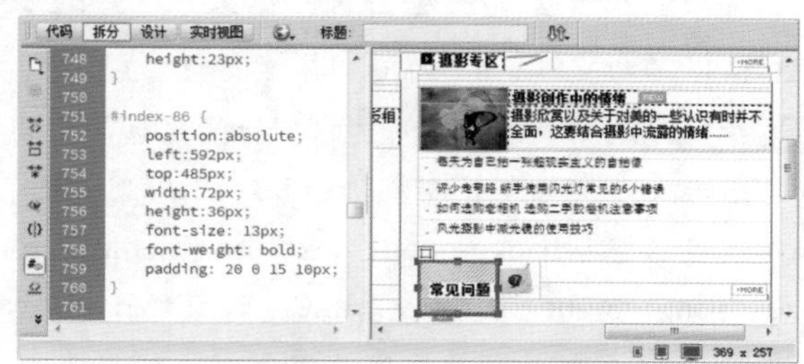

图20-155　定义标题文本

Step 41 删除Div标签index-108中的图片，添加label标签，并设置其font-size、text-align属性，然后添加文本，如图20-156所示。复制该标签，将其粘贴到index-115、index-120、index-124、index-128标签中，并重新输入文本即可，其效果如图20-157所示。

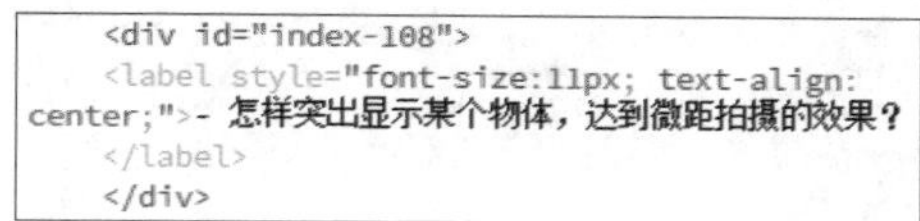

```
<div id="index-108">
    <label style="font-size:11px; text-align:
center;">- 怎样突出显示某个物体，达到微距拍摄的效果？
    </label>
    </div>
```

图20-156　添加label标签

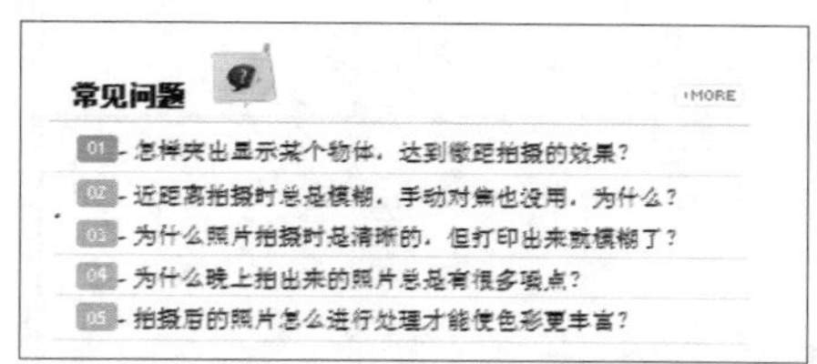

图20-157　查看效果

Step 42 选择图片展示区中的图片，按Delete键将其删除。选择“插入”/“媒体”/Flash SWF命令，打开“选择SWF”对话框，选择需要插入的Flash动画，这里选择“图片滚动.swf”文件，如图20-158所示。

图20-158　选择SWF文件

Step 43 单击“确定”按钮，打开“对象标签辅助功能属性”对话框，在“标题”文本框中输入“滚动动画”，如图20-159所示。单击“确定”按钮，完成Flash动画的插入。选择滚动动画下方的页脚图片，按Delete键删除，在其中添加两个p标签，输入网页相关信息，如图20-160所示。

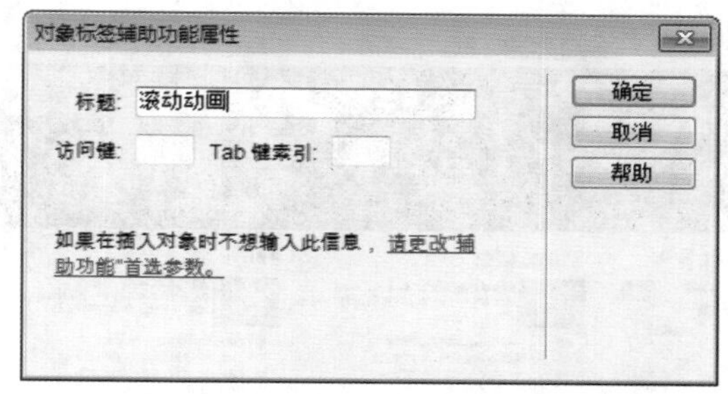

图20-159　设置对象辅助功能属性

```
<div id="index-142">
<p>本站简介   |   联系我们   |   友情链接   |
 |   用户服务协议   |   隐私权声明</p>
<p>Copyright © 2014-2016 House of Photography
Incorporated All rights reserved.</p>
</div>
```

图20-160　输入页脚信息

Step 44 切换到CSS样式表文件中，在CSS样式index-142中添加CSS样式属性，包括background:url(images/index_142.png);、text-align:left;、padding-top:15px;、padding-left:20px;和color:#FFF;，如图20-161所示。

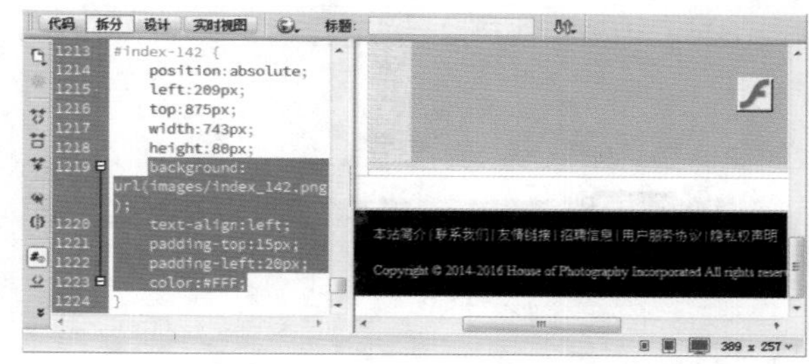

图20-161　编辑CSS样式

Step 45 保存网页，按F12键在浏览器中预览网页效果，如图20-162所示。

读书笔记

图20-162　预览网页效果

Step 46 ▶ 关闭浏览器窗口，返回Dreamweaver CC，选择导航菜单中的“摄影首页”文本，在“属性”面板中单击 <> HTML 按钮，在“链接”下拉列表框中输入index.html，按Enter键进行确认，如图20-163所示。

图20-163　设置文本链接

Step 47 ▶ 选择“摄影画廊”文本框，在“属性”面板的“链接”下拉列表框中输入photo.html，按Enter键进行确认，如图20-164所示。

技巧秒杀

本例只对导航菜单中需要链接的页面进行设置，用户可使用相同的方法，为其他文本或图片设置链接。

图20-164　设置“摄影画廊”文本链接

Step 48 ▶ 使用相同的方法，分别为“摄影信息”、“摄影论坛”和“摄影社区”文本添加链接为infor.html、forum.html和community.html，如图20-165所示。

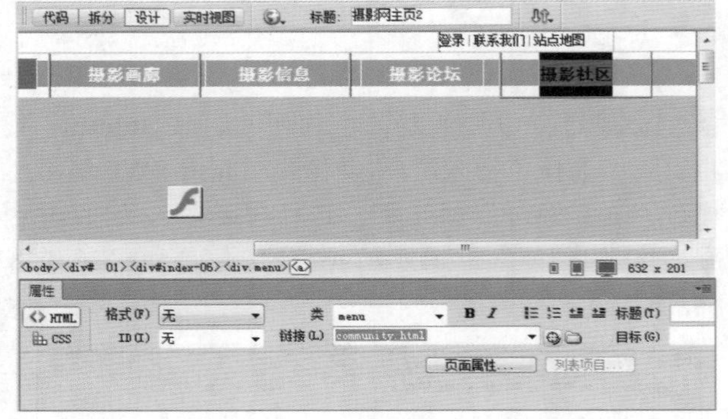
图20-165　添加其他导航菜单超链接

Step 49 ▶ 查看网页中多余的空白图片，选择这些图片并删除，完成后选择“文件”/“保存全部”命令，保存网页文件和CSS样式表文件。然后选择“文件”/“另存为模板”命令，打开“另存模板”对话框，在“另存为”文本框中输入模板的名称，这里为temple，保持其他设置不变，单击 保存 按钮，如图20-166所示。打开Dreamweaver提示对话框，单击 是(Y) 按钮更新链接，如图20-167所示。

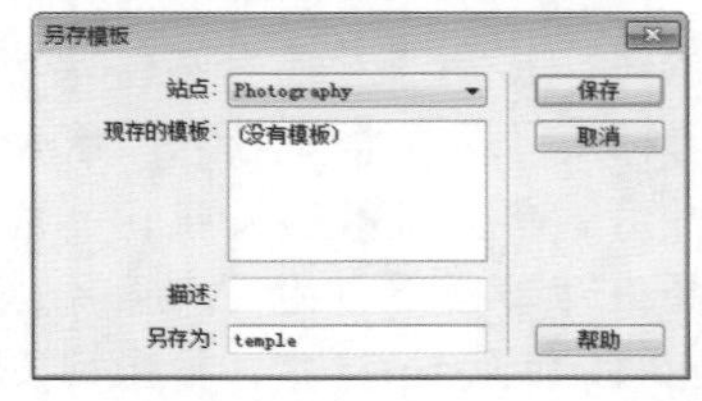
图20-166　另存模板

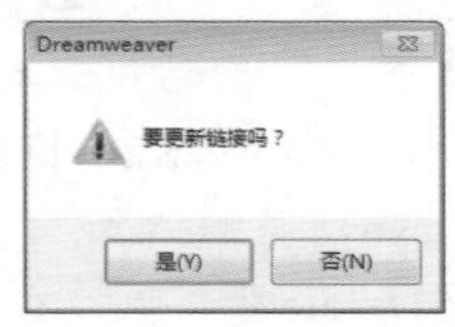
图20-167　更新链接

Step 50 系统自动打开temple.dwt模板文件，将banner下的网页主体内容删除，只保留banner以上和页脚部分，如图20-168所示。

图20-168　删除不需要的部分

Step 51 打开由Photoshop CC切片输出的网页文件photo.html，在代码视图中选择名称从photo-16～photo-116的Div标签，按Ctrl+C快捷键进行复制。在桌面上新建一个文本文档，按Ctrl+V快捷键粘贴复制的内容，选择“编辑”/“替换”命令，打开“替换”对话框，在“查找内容”文本框中输入images/，在“替换为”文本框中输入../images/，单击 全部替换(A) 按钮进行替换，如图20-169所示。

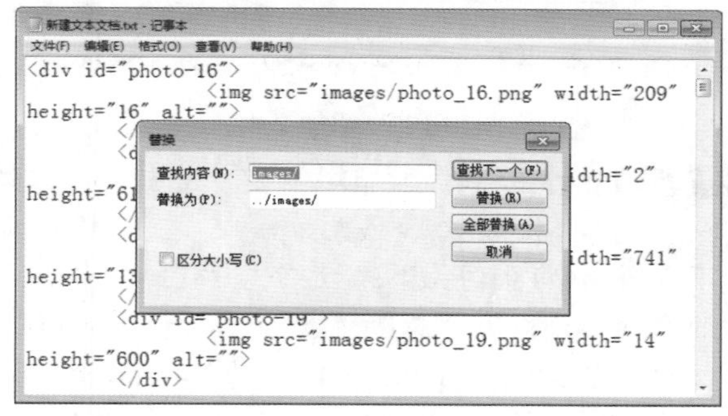

图20-169　替换内容

> **操作解谜**
>
> 由于模板文件位于站点根目录下的某个文件夹中，因此要使用images文件夹中的图片，需要在路径前添加../进行引用。

Step 52 按Ctrl+A快捷键选择文本文档中的所有内容，按Ctrl+C快捷键进行复制，返回Dreamweaver CC主界面中，切换到模板文件的代码视图，将鼠标光标定位在Div标签index-07和index-141之间，如图20-170所示。

图20-170　定位光标

Step 53 选择“插入”/“模板”/“可编辑区域”命令，如图20-171所示。

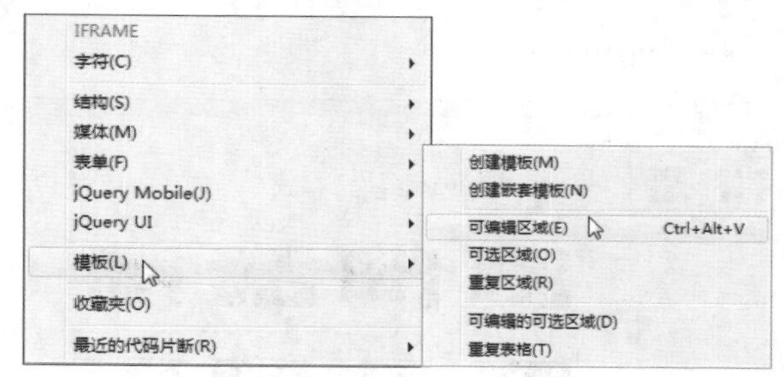

图20-171　创建可编辑区域

Step 54 返回代码视图即可看到插入的模板代码，选择标签中的文本content，按Delete键删除，并直接按Ctrl+V快捷键粘贴复制的代码，将整个网页主体作为可编辑区域，如图20-172所示。

图20-172　添加可编辑区域的内容

Step 55 切换到photo.html网页文件中的head标记对中的<style>标签中，选择CSS样式名称为photo-16～photo-116之间的所有CSS样式代码，并按Ctrl+C快捷键进行复制。然后返回temple.dwt网页文件中，切换到style.css样式表文件，将鼠标光标定位在文档最后，按Ctrl+V快捷键粘贴复制的CSS样式代码，如图20-173所示。

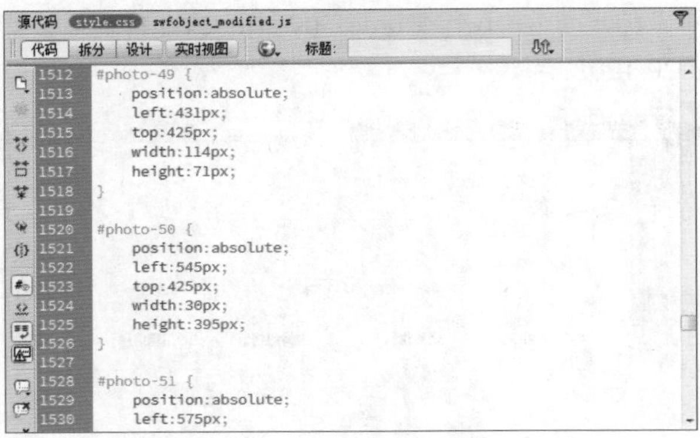

图20-173　复制并粘贴CSS样式代码

Step 56 ▶ 切换到设计视图中，将index.html网页文件中的页面登录部分的文字复制到其中，查看其效果，如图20-174所示。

图20-174　查看可编辑区域的效果

Step 57 ▶ 保存模板文件，选择“文件”/“新建”命令，打开“新建文档”对话框，选择“网站模板”选项，在“站点”栏中选择Photography选项，在右侧的模板栏中选择temple选项，如图20-175所示。

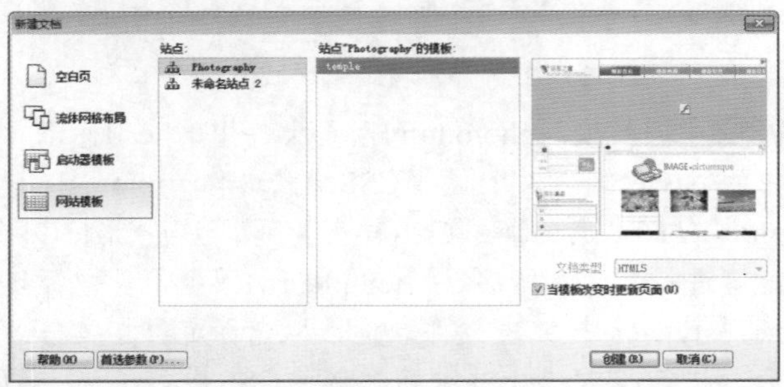

图20-175　根据模板新建文件

Step 58 ▶ 系统将自动创建基于该模板的网页文件，然后按Ctrl+S快捷键将网页保存为photo.html，以替换切片输出的文件。在左侧导航栏中添加label标签并输入文字，如图20-176所示。

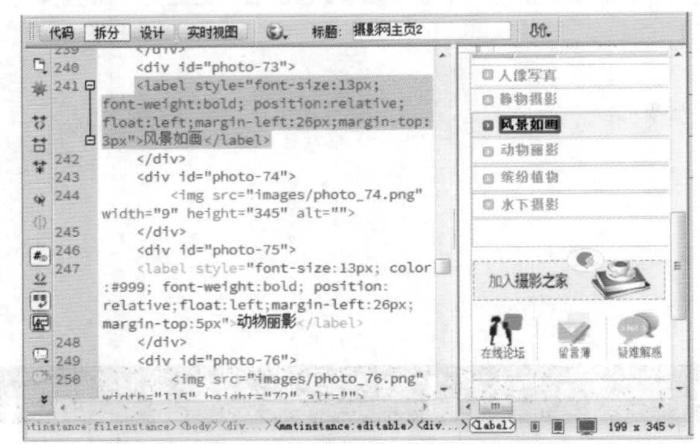

图20-176　添加文字

Step 59 ▶ 将Div标签photo-20中插入的图片修改为背景图片，通过label标签输入文本“风景如画”，并设置其style样式，如图20-177所示。

图20-177　添加文本

Step 60 ▶ 在图标右侧的Div标签中直接输入文本“>摄影主页>摄影画廊>风景如画”。在图片展示区域下方删除第1张图片下的第2个空白图片，输入图片的名称，这里为“满园菊香”，切换到CSS样式表文件，在CSS样式photo-64中添加font-size和text-align属性，分别设置值为11px和center，如图20-178所示。

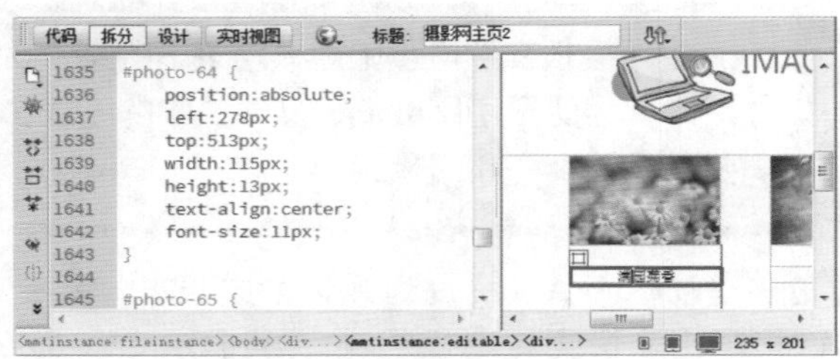

图20-178　定义文本

Step 61 ▶ 使用相同的方法，在其他图片下方输入文本，并定义文本的属性，完成后的效果如图20-179所示。

图20-179　设置其他图片名称文本

技巧秒杀

网页中的图片也可以重新进行更换，但需要提前在Photoshop中调整好图片的大小。也可以对图片添加鼠标经过图像或交换图像等行为。

Step 62 ▶ 完成后选择“文件”/“保存全部”命令，保存网页文件和CSS样式表文件。按F12键在浏览器中进行预览，其效果如图20-180所示。

图20-180　预览网页效果

读书笔记

20.7 扩展练习

本章主要讲解了在Photoshop CC中设计网站平面结构、使用Flash CC制作网页动画，以及在Dreamweaver CC中合成网页等操作方法。通过本章的练习进一步巩固Photoshop CC、Flash CC和Dreamweaver CC这3个软件在网页制作中的不同分工和作用，使读者能够更好地掌握其使用方法。下面将在模板文件的基础上，再依次制作剩余的子页面，将该网页组合为一个完整的网站。

20.7.1　制作“摄影信息”子网页

本例将在temp.dwt模板文件的基础上，再次新建infor.html子页面，通过前面介绍的方法，对页面中的主体内容进行修改并添加适当的内容。完成后的效果如图20-181所示。

图20-181 “摄影信息”子网页

20.7.2 制作“摄影论坛”子网页

下面将继续制作“摄影论坛”子网页，在该页面中主要通过表单来制作交互页面，完成后的效果如图20-182所示。

- 光盘\素材\第20章\infor_icon.gif、infor_scroll.gif
- 光盘\实例演示\第20章\制作“摄影信息”子网页
- 光盘\效果\第20章\摄影网站\infor.html

读书笔记

图20-182 “摄影论坛”子网页效果

- 光盘\素材\第20章\forum_image.png
- 光盘\效果\第20章\摄影网站\forum.html
- 光盘\实例演示\第20章\制作“摄影论坛”子网页

读书笔记

Chapter

19 20 21 22

制作个人网站

本章导读

本章的例子主要是在Dreamweaver CC中制作个人网站，在该网站中主要包括5个子网页，首页是进入网站的一个接口，体现个人网站的个性，所以使用HTML5语言制作了一个立体的图像，第 2 页是个人简历页面，主要是图片、文本和列表的应用，第3页则是留言簿的制作，主要是表单的应用。最后两个网页则是提供给读者练习使用的，所使用到的元素主要是表格和jQuery UI中的Tabs元素，但不论哪个页面都需要借助CSS样式进行修饰。

21.1 制作个人网站的首页

CSS样式新建与设置　插入Div标签　添加CSS样式

建立个人网站前先将需要使用的素材图片以及其他需要使用的文件放置在同一个文件夹中的不同分类中。在Dreamweaver CC中建立站点后，创建HMTL网页，并对其进行制作，由于本例制作的是个人网站的首页，所突出的是个性，所以其布局比较随意。

- 光盘\素材\第21章\personal style\
- 光盘\效果\第21章\index.html
- 光盘\实例演示\第21章\制作个人网站的首页

Step 1 启动Dreamweaver CC，然后选择“站点”/“新建站点”命令，在打开对话框的“站点名称”文本框中输入Personal style web，然后在“本地站点文件夹”文本框中输入H:\Personal style\，单击 保存 按钮，完成站点操作，如图21-1所示。

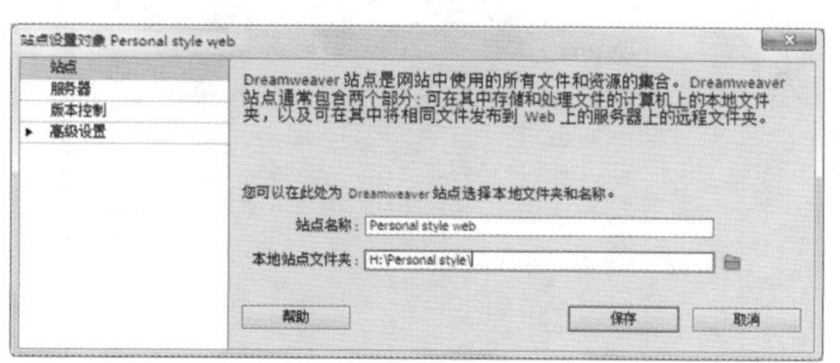

图21-1　设置站点

Step 2 在“文件”浮动面板中选择刚创建的站点，并右击，在弹出的快捷菜单中选择“新建文件”命令，如图21-2所示。然后将新建的网页重命名为index.html，按Enter键确定重命名，如图21-3所示。

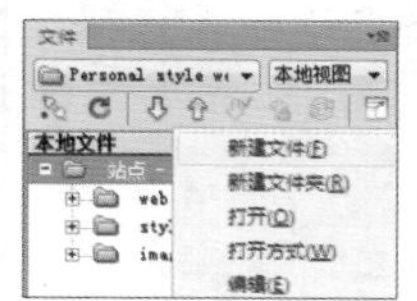

图21-2　新建文件　　图21-3　重命名文件

Step 3 双击index.html网页，将其打开。然后在“CSS设计器”浮动面板中的“源”栏右侧单击“添加CSS源”按钮，在弹出的下拉列表中选择“创建新的CSS文件”选项，如图21-4所示。

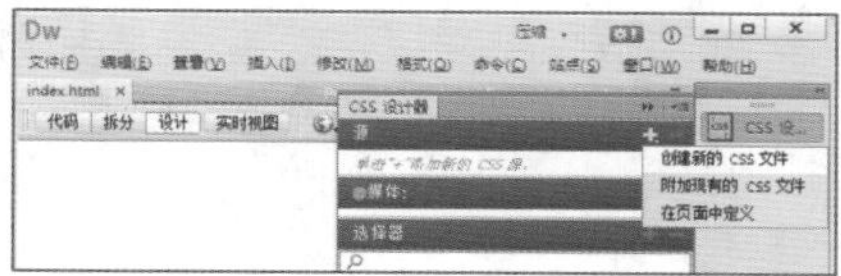

图21-4　创建新的CSS文件

Step 4 打开“创建新的CSS文件”对话框，然后单击 浏览... 按钮，在打开的对话框中选择CSS文件存放的位置（站点文件夹中），并命名为main_css，单击 确定 按钮，如图21-5所示。在返回的对话框中查看CSS文件存储的路径，单击 确定 按钮，如图21-6所示，完成CSS文件的创建。

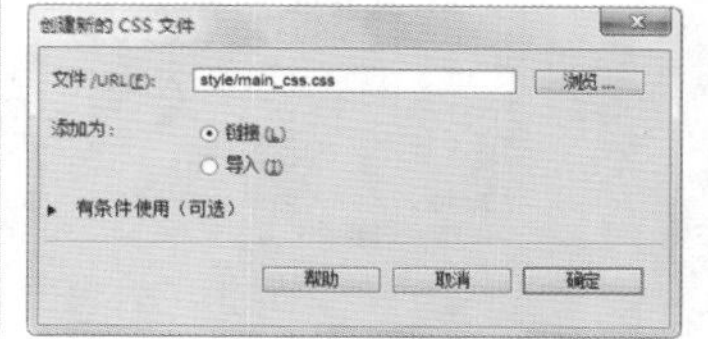

图21-5　存储CSS样式表　　图21-6　完成CSS文件的创建

Step 5 ▶ 返回到index.html页面中，在其标题下选择main_css.css文件，然后切换到CSS文件中，输入代码去掉各种元素边界值，如图21-7所示。按Ctrl+S快捷键，将其保存。

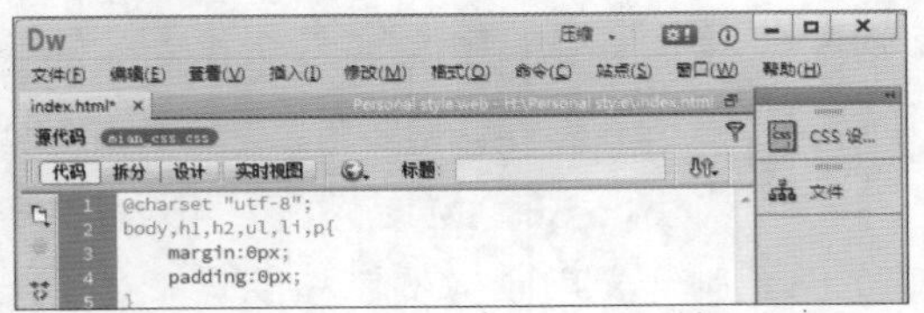

图21-7　输入去掉边界值的CSS样式

> **操作解谜**
> 在Dreamweaver CC中的各个元素，会在定义时就自带一些边界值，为了方便布局时计算边界宽度，减少误差，所以尽可能地为要使用的网页元素去掉自带的边界值。

Step 6 ▶ 在网页下选择源代码文件后，再切换到"设计"视图中，将插入点定位到网页中，然后选择"插入"/Div命令，打开"插入Div"对话框，在ID下拉列表框中输入main，然后单击 新建 CSS 规则 按钮，如图21-8所示。

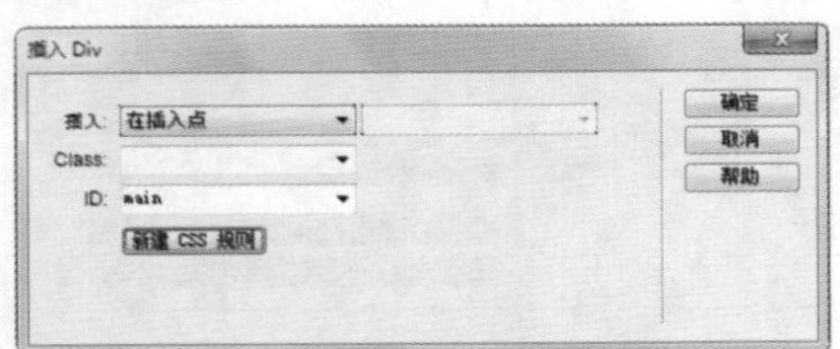

图21-8　插入Div标签

Step 7 ▶ 在打开对话框的"规则定义"下拉列表框中选择main_css.css选项，然后单击 确定 按钮，如图21-9所示。

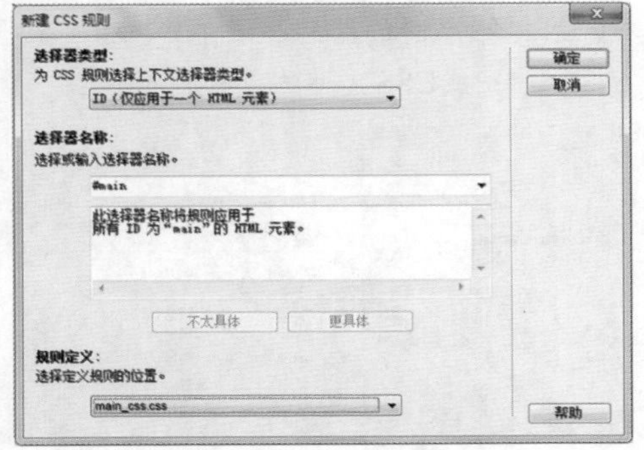

图21-9　新建CSS规则

Step 8 ▶ 在打开对话框的"分类"列表框中选择"背景"选项，然后在Background-image下拉列表框中输入../images/bg.jpg，在Background-repeat下拉列表框中选择no-repeat选项，如图21-10所示。

图21-10　设置背景图像

Step 9 ▶ 在"分类"列表框中选择"方框"选项，在Width文本框中输入1024，在Height文本框中输入800，然后在Margin栏中的Top文本框中输入auto，单击 确定 按钮，如图21-11所示。

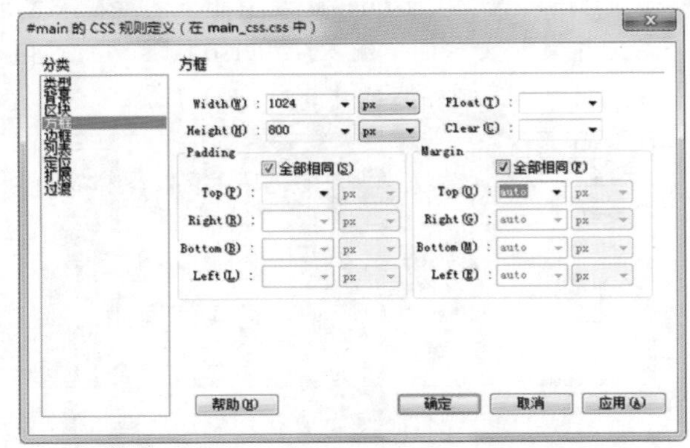

图21-11　设置Div标签的样式

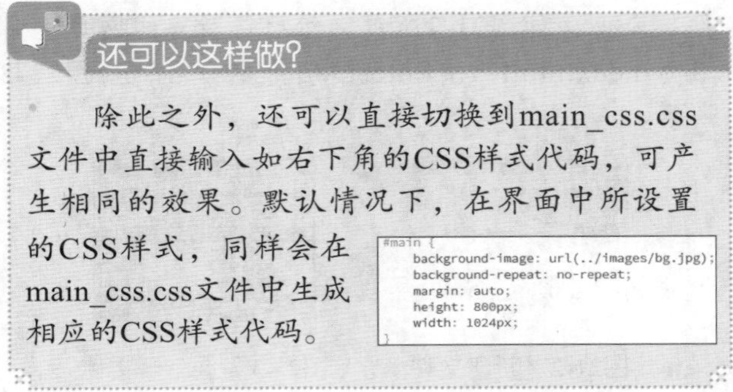

还可以这样做?

除此之外，还可以直接切换到main_css.css文件中直接输入如右下角的CSS样式代码，可产生相同的效果。默认情况下，在界面中所设置的CSS样式，同样会在main_css.css文件中生成相应的CSS样式代码。

```
#main {
    background-image: url(../images/bg.jpg);
    background-repeat: no-repeat;
    margin: auto;
    height: 800px;
    width: 1024px;
}
```

Step 10 ▶ 返回到页面中，然后选择Div标签中的文本，按Delete键将其删除，然后插入一个id名为logo的Div标签，并删除其文本内容后，选择“插入”/“图像”/“图像”命令，打开“选择图像源文件”对话框，在站点下的images文件夹中选择main_logo.png图像，单击 确定 按钮，如图21-12所示。

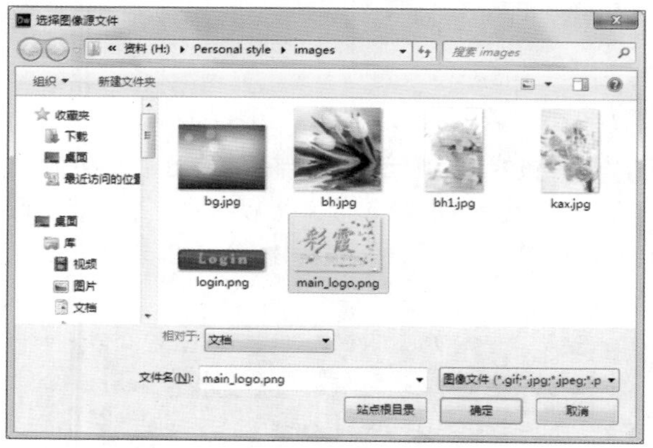

图21-12　选择需要插入的图像

Step 11 ▶ 返回到页面中查看效果，如图21-13所示，然后切换到main_css.css文件中，将插入点定位到末尾，输入CSS样式，如图21-14所示。

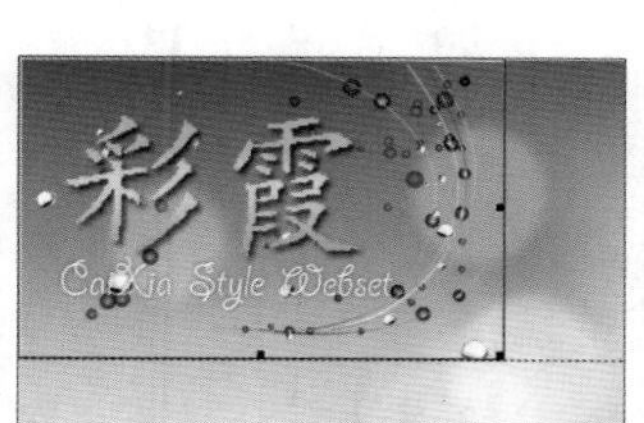

图21-13　查看插入图像效果

```
body,h1,h2,ul,li,p{
    margin:0px;
    padding:0px;
}
#main {
    background-image: url(../images/bg.jpg);
    background-repeat: no-repeat;
    margin: auto;
    height: 800px;
    width: 1024px;
}
#logo{padding:20px 0px 0px 20px;
    width:402px;
    height:259px;
}
```

图21-14　输入代码

Step 12 ▶ 切换到网页的“代码”视图中，将插入点定位到名为logo的Div标签后，按Enter键换行，然后插入项目列表的代码，如图21-15所示。切换到设计视图中查看效果，如图21-16所示。

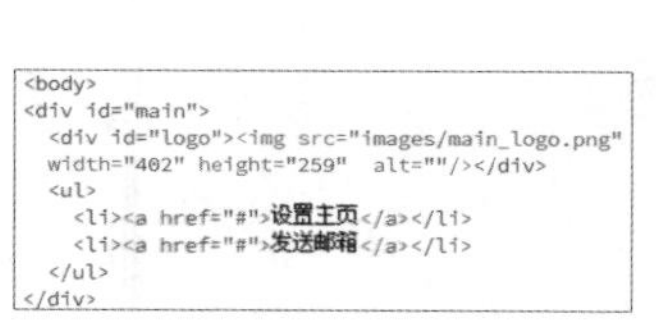

```
<body>
<div id="main">
  <div id="logo"><img src="images/main_logo.png"
  width="402" height="259"  alt=""/></div>
  <ul>
    <li><a href="#">设置主页</a></li>
    <li><a href="#">发送邮箱</a></li>
  </ul>
</div>
```

图21-15　插入项目列表

图21-16　查看效果

Step 13 ▶ 切换到main_css.css文件中，在#logo的CSS样式中添加代码float:left，让该标签左浮动，然后将插入点定位到末尾，输入CSS样式，设置插入项目符号的样式。按Ctrl+S快捷键保存main_css.css文件，如图21-17所示。

```
#logo{padding:20px 0px 0px 20px;
    width:402px;
    height:259px;
    float:left;
}
ul
{
    width:200px;
    float:right;
    margin:0px;
    padding:20px 20px 0px 0px;
    list-style-type:none;
}
```

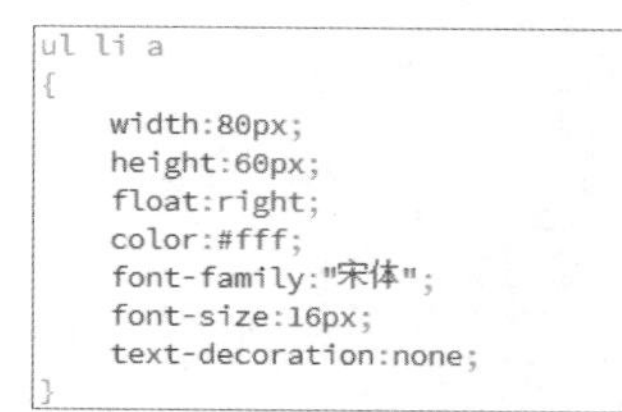

```
ul li a
{
    width:80px;
    height:60px;
    float:right;
    color:#fff;
    font-family:"宋体";
    font-size:16px;
    text-decoration:none;
}
```

图21-17　设置项目符号的CSS样式

Step 14 ▶ 返回到页面的“设计”视图中查看其效果，如图21-18所示。

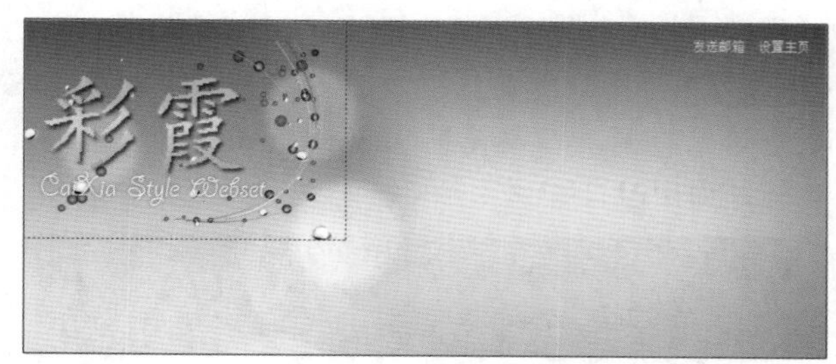

图21-18　查看效果

Step 15 ▶ 切换到页面的“代码”视图中，将插入点定位到</ul>结束标签后，按Enter键进行换行，然后添加一个class名为box的Div标签，再在该标签中添加另外3个class名为topface、leftface和rightface的Div标签，并在每个标签中添加名为bh.jpg、bh1.jpg和kax.jpg的图片，如图21-19所示。

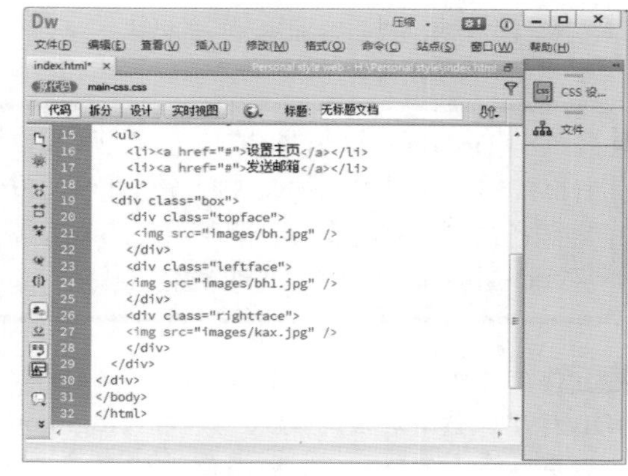

```
    <ul>
      <li><a href="#">设置主页</a></li>
      <li><a href="#">发送邮箱</a></li>
    </ul>
    <div class="box">
      <div class="topface">
        <img src="images/bh.jpg" />
      </div>
      <div class="leftface">
      <img src="images/bh1.jpg" />
      </div>
      <div class="rightface">
      <img src="images/kax.jpg" />
      </div>
    </div>
  </div>
</body>
</html>
```

图21-19　添加Div标签和图片

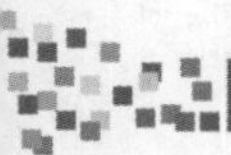

Step 16 ▶ 切换到main_css.css文件中，分别为添加的Div标签及插入的图片标签输入CSS样式，其具体代码如图21-20所示，按Ctrl+S快捷键保存该文件。

```
/*固定Div盒子的位置*/
.box
{
    position:fixed;
    left:40%;
    top:40%;
}
/*设置各侧面的大小及边框*/
.topface,.leftface,.rightface
{
    padding:0px;
    width:180px;
    height:180px;
    border:solid 1px #FCC;
}
/*对各面使用绝对定位方式*/
.topface,.leftface,.rightface
{
    position:absolute;
}
/*固定各图片的大小*/
.box img
{
    width:180px;
    height:180px;
}
```

```
/*变形左侧面，将左侧面按Y轴倾斜30度*/
.leftface
{
    -webkit-transform:skew(0deg,30deg);
    -moz-transform:skew(0deg,30deg);
}
/*变形右侧面，将右侧面按Y轴倾斜30度，并翻转*/
.rightface
{
    -webkit-transform:skew(0deg,-30deg);
    -moz-transform:skew(0deg,-30deg);
    left:180px;
}
/*变形顶部，将顶部按X轴倾斜60度，再按Y轴倾斜30度，
并按1.009像素宽和0.57像素的高进行放大*/
.topface
{
    -webkit-transform:skew(60deg,-30deg) scale(1.009,0.57);
    -moz-transform:skew(60deg,-30deg) scale(1.009,0.57);
    top:-145px;
    left:91px;
}
```

图21-20 添加CSS样式

Step 17 ▶ 切换到页面的“设计”视图中，按Ctrl+S快捷键保存网页，并使用Opera Chrome浏览器进行预览，如图21-21所示。

图21-21 查看添加盒子后的效果

> **操作解谜**
>
> 在Dreamweaver CC中，引入了CSS3和HTML5的一些属性，而CSS3的增强属性还没有得到各大浏览器的支持，目前所有的增加属性只有Opera Chrome和火狐浏览器能支持。

Step 18 ▶ 在页面“设计”视图中插入一个class名为bt的Div标签，然后在其中插入一个名为login.png的图像，并为插入的Div标签和图像设置属性及属性值。其具体的HTML代码如图21-22所示，其CSS样式代码如图21-23所示。

```
  <div class="box">
    <div class="topface">
     <img src="images/bh.jpg" />
    </div>
    <div class="leftface">
    <img src="images/bh1.jpg" />
    </div>
    <div class="rightface">
    <img src="images/kax.jpg" />
    </div>
  </div>
  <div class="bt">
  <img src="images/login.png"
   width="191" height="45"  alt=""/>
  </div>
</div>
</body>
</html>
```

图21-22 插入HTML代码

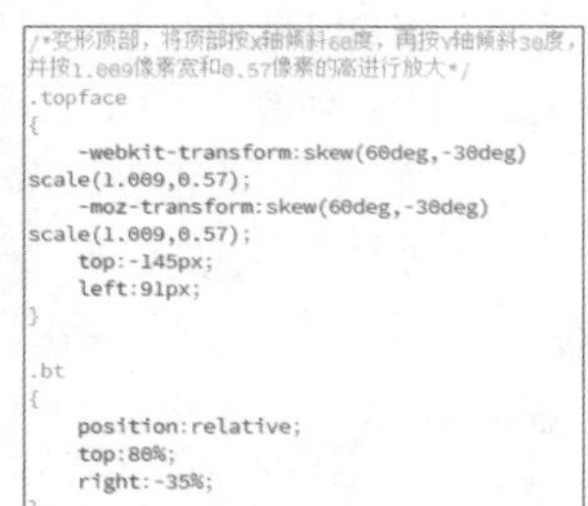

```
/*变形顶部，将顶部按X轴倾斜60度，再按Y轴倾斜30度，
并按1.009像素宽和0.57像素的高进行放大*/
.topface
{
    -webkit-transform:skew(60deg,-30deg)
scale(1.009,0.57);
    -moz-transform:skew(60deg,-30deg)
scale(1.009,0.57);
    top:-145px;
    left:91px;
}

.bt
{
    position:relative;
    top:80%;
    right:-35%;
}
```

图21-23 CSS样式

Step 19 ▶ 切换到页面的“代码”视图中，将插入点定位到名为bt的Div标签后，然后插入一个名为bottom的Div标签，并在该标签中输入文本，如图21-24所示。

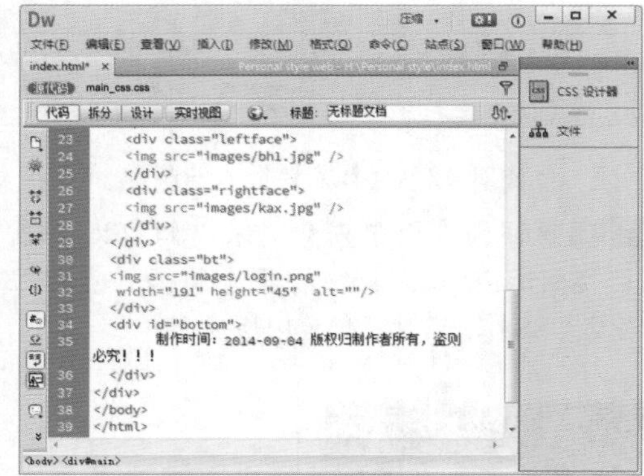

图21-24 插入Div标签并输入文本

Step 20 ▶ 切换到main_css.css文件中，将插入点定位到末尾，然后为bottom的Div标签添加CSS样式，如图21-25所示，按Ctrl+S快捷键保存该文件。

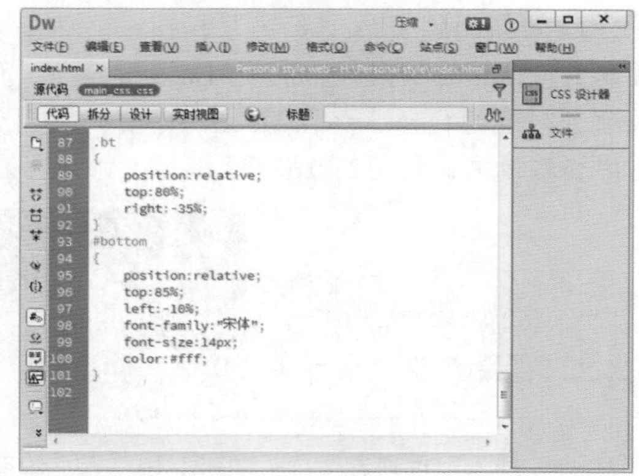

图21-25 为bottom标签添加CSS样式

Step 21 ▶ 返回到页面“设计”视图中，按Ctrl+S快捷键保存整个网页，完成主页制作，启动Opera Chrome浏览器预览其效果，如图21-26所示。

读书笔记

图21-26 查看主页面

21.2 制作个人简介网页

页面布局的应用 插入图片的应用 文本元素的应用

本例将制作个性网站的第二个网页，其布局风格与主页有所不同，但色系是相同的，第二个页面主要是进行左右布局，并且大部分内容都是在网页右边体现的。

- 光盘\素材\第21章\personal style\
- 光盘\效果\第21章\web\main.html
- 光盘\实例演示\第21章\制作个人简介网页

Step 1 ▶ 在“文件”浮动面板中，将个人网站点设置为当前网站，并选择web文件夹，右击，在弹出的快捷菜单中选择“新建文件”命令，将新建的网页重命名为main.html，如图21-27所示。然后双击新建的网页将其打开。

还可以这样做?

除此之外，在新建网页时，可直接选择站点名称进行新建，新建完成后，直接将该网页选中，按住鼠标左键将其拖动至目标文件夹即可。

图21-27 新建网页并将其打开

Step 2 在“文件”浮动面板中选择style文件夹，然后在其中创建一个名为main1.css的文件，如图21-28所示。将插入点定位到网页中，插入一个名为master的Div标签，并在main1.css文件中输入其属性width、height、marging、background-image和background-repeat分别为1024px、800px、auto、../images/bg.jpg和no-repeat，按Ctrl+S快捷键进行保存，其代码如图21-29所示。

图21-28　新建CSS文件

```
@charset "utf-8";
#master {
    background-image: url(../images/bg.jpg);
    background-repeat: no-repeat;
    margin: auto;
    height: 800px;
    width: 1024px;
}
```

图21-29　CSS样式代码

Step 3 在页面中分别插入id名为left和right的Div标签，然后在left中分别插入class名为logot和right_img的Div标签，再在right中分别插入class名为mainbav、content和bottom的Div标签，具体的HTML代码如图21-30所示。

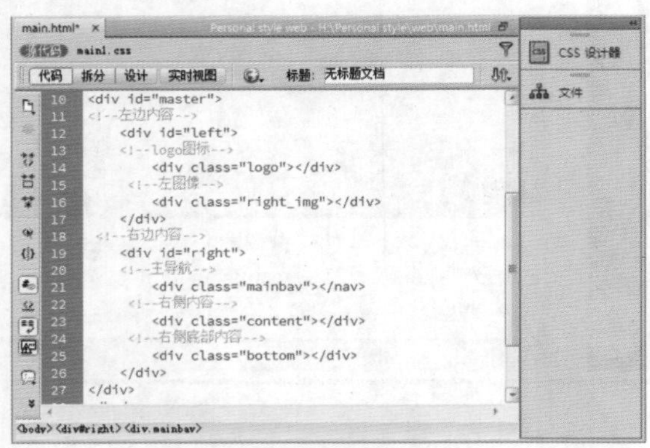

图21-30　新建Div标签

> **操作解谜**
>
> 在网页中插入各Div标签，是对整个网页进行布局，并且添加了相应的注释，这样方便制作者分清楚各页面的结构制作内容。

Step 4 切换到main1.css文件中，将插入点定位到末尾，然后为left和right的Div标签添加CSS样式，设置其宽度、高度和浮动方向分别为463px、800px、left和550px、800px、right，具体代码如图21-31所示。

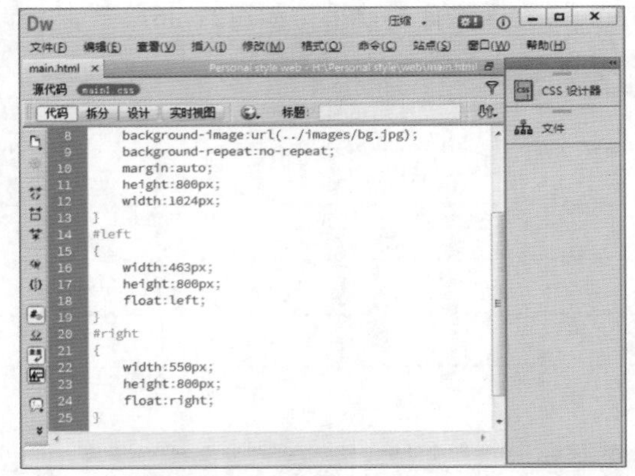

图21-31　新建CSS样式

Step 5 返回页面的“代码”视图中，将插入点定位到logo标签中，选择“插入”/“图像”/“图像”命令，打开“选择图像源文件”对话框，在站点的images文件夹中选择main_logo.png图像，单击 确定 按钮，如图21-32所示。将选择的图像插入到logo标签中。

图21-32　选择插入图像

Step 6 返回到“代码”视图中，则可查看到插入的图像，并自动在插入点生成HTML代码，然后将插入点定位到right_img标签中，如图21-33所示。

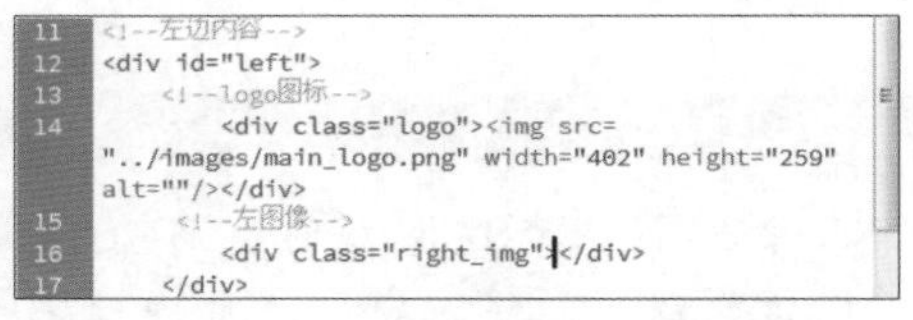

图21-33　查看HTML代码并定位插入点

Step 7 ▶ 使用相同的方法，在插入点插入名为jianying.png的图像，如图21-34所示。

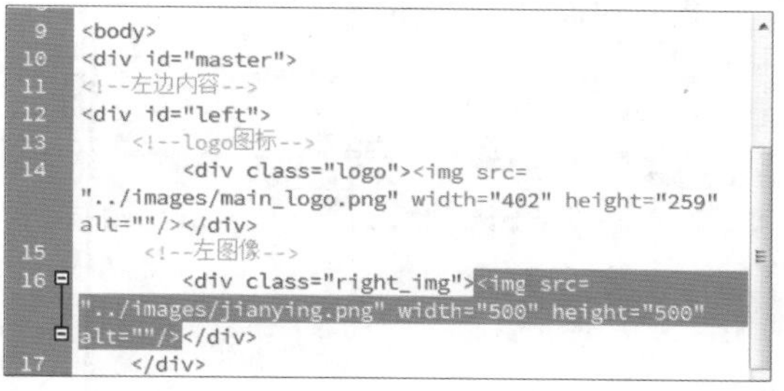

图21-34　查看HTML代码

Step 8 ▶ 切换到“设计”视图中，选择插入的图像，然后在“CSS设计器”浮动面板的“源”栏中选择main1.css选项，在“选择器”栏右侧单击“添加选择器”按钮，则可在其列表中添加一个名为#left .right_img img的选择器，在“属性”面板中单击“布局”按钮，设置margin的顶部边界为35px，如图21-35所示。

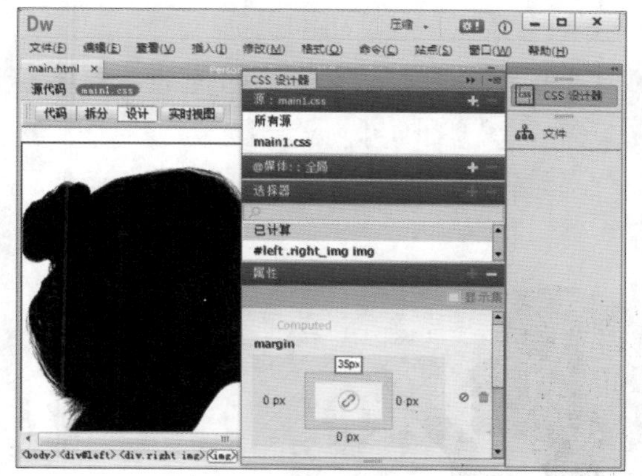

图21-35　添加选择器并设置属性

Step 9 ▶ 切换到页面的“代码”视图中，将插入点定位到mainbav标签中，并按Enter键进行换行，然后添加项目列表制作导航，其HTML代码如图21-36所示。

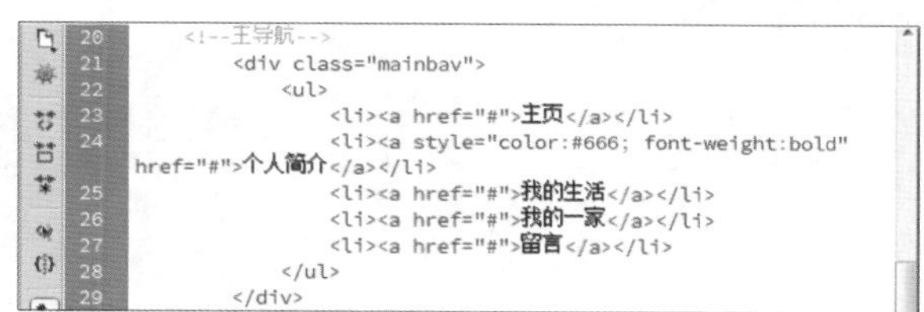

图21-36　添加项目列表

Step 10 ▶ 切换到main1.css文件中，将插入点定位到末尾，然后输入CSS样式，设置其导航样式，其CSS样式代码如图21-37所示。按Ctrl+S快捷键，保存该文件。

图21-37　使用CSS样式设置导航

Step 11 ▶ 在浏览器中则可查看制作导航栏的效果，如图21-38所示。

图21-38　添加项目列表

Step 12 ▶ 切换到页面的“代码”视图中，将插入点定位到content标签中，按Enter键换行，然后输入<h1></h1>和<h5></h5>标签，再在标签中输入文本“个人介绍”，在下一行添加水平线标签<hr>，按Enter键换行，并添加两个class名分别为text和bg_img的Div标签，其HTML代码如图21-39所示。

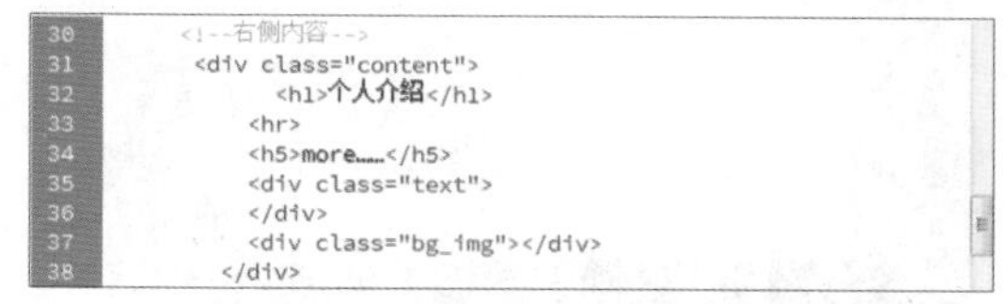

图21-39　添加水平线和Div标签

Step 13 ▶ 切换到main1.css文件中，将插入点定位到末尾，然后输入CSS样式，为content标签及其该标签内的所有标签元素设置CSS样式，其CSS样式代码如图21-40所示。按Ctrl+S快捷键保存该文件。

读书笔记

```
/*内容的css样式*/
.content
{
    width:490px;
    height:580px;
    margin:137px 5px 0px 25px;
}
.content h1
{
    font-size:16px;
    color:#574252;
    float:left;
}
.content h5
{
    color:#666;
    float:left;
    margin:-5px 0px 0px -70px;
}
hr
{
    background-color:##a990a1;
    width:390px;
    float:left;
```

```
    margin:12px;
}
.text
{
    width:364px;
    height:500px;
    margin:30px 0px 0px 50px;
    float:left;
    background-color:#fcecf5;
    border:1px solid #fff;
    border-radius:15px;
    color:#666;
    font-size:14px;
    line-height:1.5em;
    padding:5px;
}
.bg_img
{
    background-image:url(../images/hp.png);
    width:110px;
    height:236px;
    float:left;
    margin-left:-48px;
    margin-top:350px;
}
```

图21-40　设置标签元素的CSS样式

Step 14 返回到页面的“设计”视图中，将插入点定位到粉色的方框标签中，在其中输入文本，按Ctrl+S快捷键保存网页，然后启动浏览器，在浏览器中查看效果，如图21-41所示。

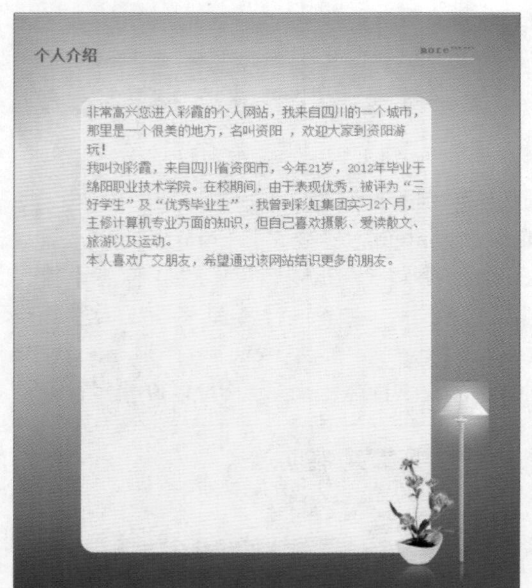

图21-41　添加文本并查看效果

Step 15 切换到网页“代码”视图中，然后将插入点定位到bottom标签中，按Enter键换行，然后输入文本，如图21-42所示。

```
        <!--右侧底部内容-->
          <div class="bottom">
              制作时间：2014-09-04 版权归制作者所有，盗则必究！！！
          </div>
      </div>
</div>
</body>
```

图21-42　输入文本

Step 16 切换到main1.css文件中，将插入点定位到末尾，然后输入CSS样式，为bottom标签设置CSS样式，其代码如图21-43所示。

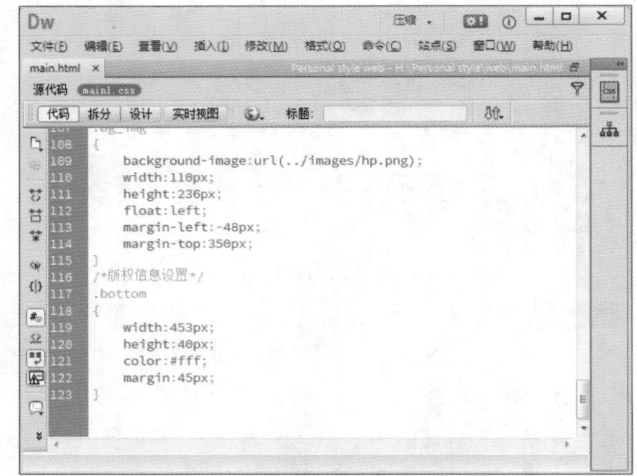

图21-43　设置CSS样式

Step 17 按Ctrl+S快捷键保存整个网页，然后启动浏览器进行预览，如图21-44所示。

图21-44　预览效果

读书笔记

21.3 制作留言簿网页

添加CSS样式　插入图像　插入表单及表单元素

本例制作的留言簿网页主要是上中下结构进行布局，并使用jQuery UI制作导航。另外，在留言簿网页中插入表单及表单元素，制作出留言簿的效果。

- 光盘\素材\第21章\personal style\
- 光盘\效果\第21章\web\liuyan.html
- 光盘\实例演示\第21章\制作留言簿网页

Step 1 在当前站点的web文件夹中，新建一个名为message.html的网页，然后双击新建的网页将其打开，并将插入点定位到网页的空白区域，插入一个名为master的Div标签，然后在该标签中再插入3个名为top、center和bottom的Div标签，在“拆分”视图中查看，如图21-45所示。

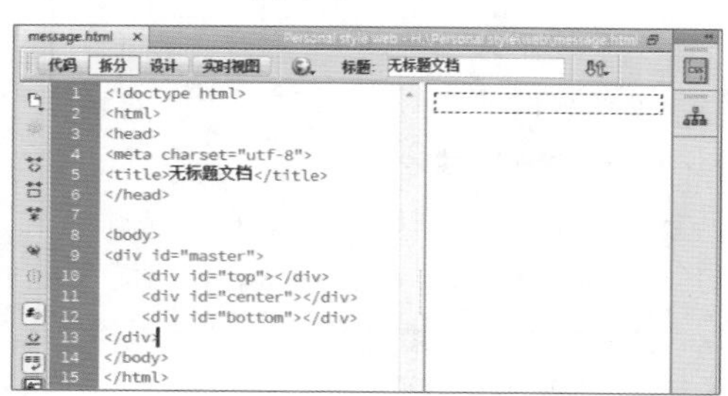

```
<!doctype html>
<html>
<head>
<meta charset="utf-8">
<title>无标题文档</title>
</head>

<body>
<div id="master">
    <div id="top"></div>
    <div id="center"></div>
    <div id="bottom"></div>
</div>
</body>
</html>
```

图21-45　创建网页并添加Div标签

Step 2 新建一个名为message.css的样式文件表，然后打开该样式文件，在其中输入css样式，设置在网页中添加的Div标签样式，如图21-46所示。然后按Ctrl+S快捷键，保存CSS文件。

图21-46　添加CSS样式

Step 3 切换到网页文档中，将插入点定位到网页顶部的Div标签中，然后选择“插入”/“图像”/“图像”命令，在打开的对话框中选择需要插入的图像banner.jpg，单击 确定 按钮，完成插入图像操作，如图21-47所示。

图21-47　插入图像

Step 4 将插入点定位到图像的后面，然后选择“插入”/Div命令，在打开对话框的Class文本框中输入logo，单击 确定 按钮，插入Div标签。选择标签中的文本，将其删除，然后插入一个名为ly_logo.jpg的图像，效果如图21-48所示。

图21-48　插入图像

Step 5 切换到message.css文件中，将插入点定位到文件末尾，输入CSS样式，为logo标签添加样式，让其图像浮动到banner图像的右侧，如图21-49所示。

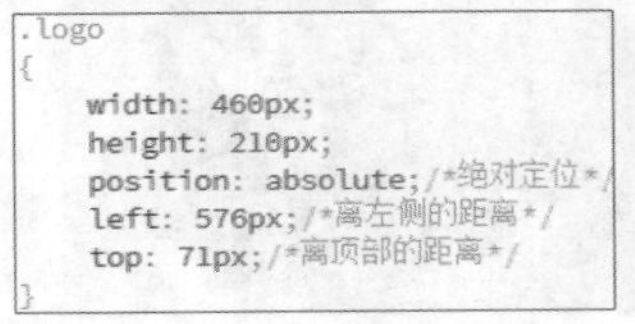

```
.logo
{
    width: 460px;
    height: 210px;
    position: absolute;/*绝对定位*/
    left: 576px;/*离左侧的距离*/
    top: 71px;/*离顶部的距离*/
}
```

图21-49　添加CSS样式并查看效果

Step 6 切换到网页的“代码”视图中，将插入点定位到center标签之间，按Enter键换行后，再按Tab键缩进。然后在其中添加两个Div标签，并分别命名为center_left和center_right，具体的HTML代码如图21-50所示。

```
        <img src="../images/banner.jpg"  alt="" width="1024" height="318"/>
        <div class="logo">
            <img src="../images/ly_bg.png" width="460" height="210"  alt="" />
        </div>
    </div>
    <div id="center">
        <div class="center_left"></div>
        <div class="center_right"></div>
    </div>
    <div id="bottom"></div>
</div>
</body>
</html>
```

图21-50　添加Div标签

Step 7 切换到message.css文件中，将插入点定位到文档的末尾，然后输入CSS样式，设置center_left和center_right标签的大小及边框样式。其CSS样式代码如图21-51所示，样式效果如图21-52所示。

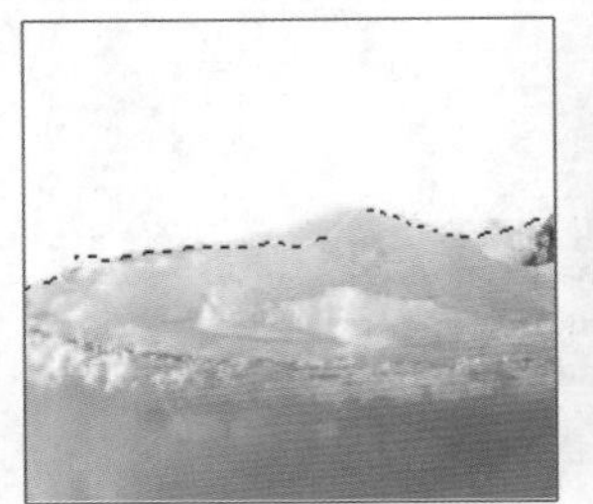

图21-51　设置标签大小及边框样式

图21-52　查看设置后的效果

Step 8 切换到网页“设计”视图中，将插入点定位到左侧center_left标签中，选择“插入”/“结构”/Navigation命令，如图21-53所示。选择“插入”/“结构”/“项目列表”命令，输入文本“主页”，按Enter键换行，输入其他文本“个人简介”、“我的生活”、“我的一家”和“留言”，并为每个项目列表文本添加空链接，效果如图21-54所示。

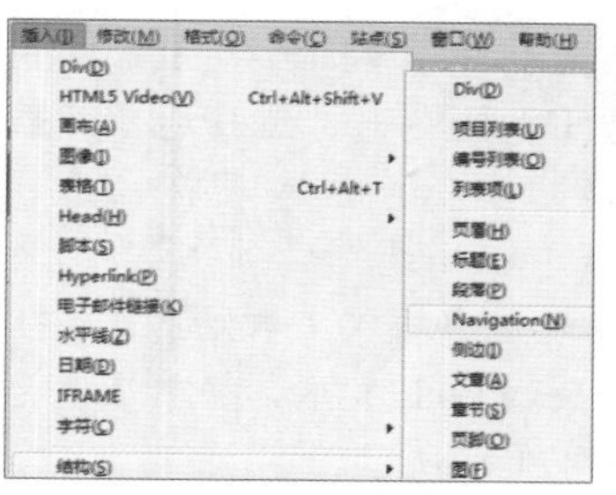

图21-53　插入项目列表

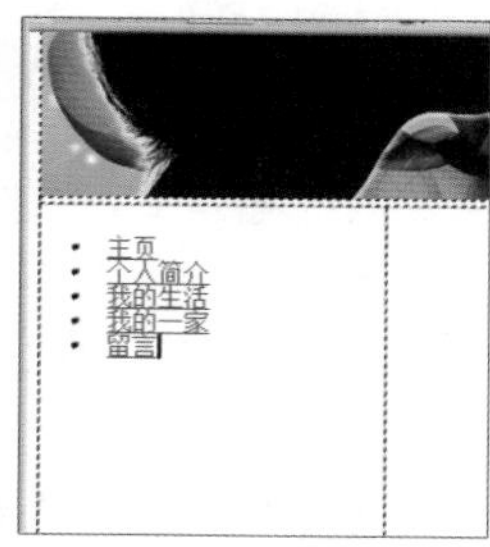

图21-54　输入文本

还可以这样做?

除此之外，插入Navigation导航列表元素，还可以直接在HTML代码中输入<nav></nav>标签。

Step 9 将插入点定位到navigation元素后，选择“插入”/“水平线”命令，则可在导航下插入一条水平线，效果如图21-55所示。

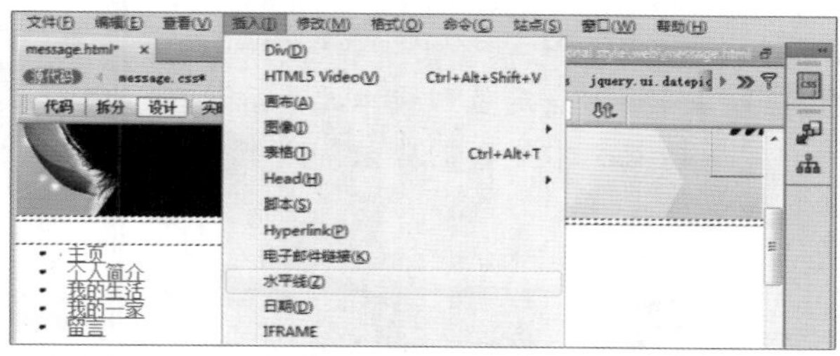

图21-55　插入水平线

Step 10 按Enter键换行，然后插入一个名为box1的Div标签，再在其中插入一个<h5></h5>标题元素，并在其中输入文本“联系电话”，在其后面插入一个项目列表，并输入文本1368852****，然后在box1标签后插入一条水平线，效果如图21-56所示。

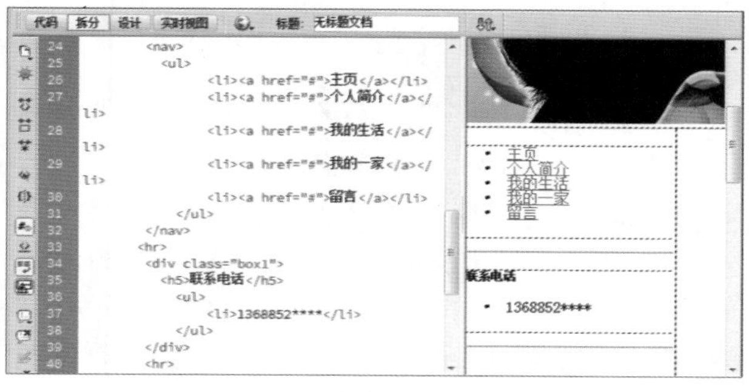

图21-56　在“拆分”视图中查看HTML代码及效果

Step 11 将插入点定位到<hr>标签后，插入一个名为box2的Div标签，并在该标签中插入一个<h5></h5>标题标签，在其中输入文本“当前日期”，效果如图21-57所示。

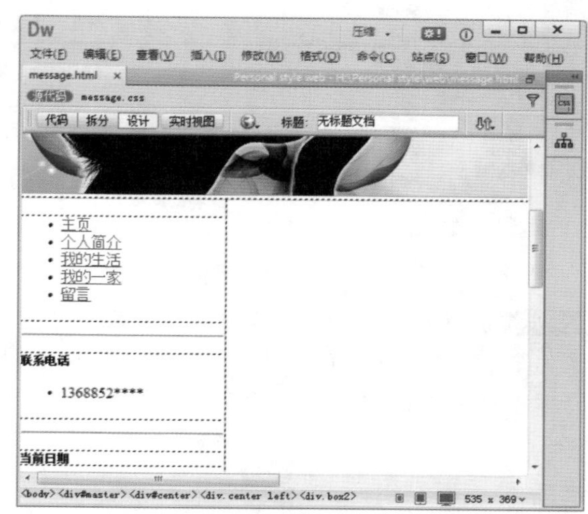

图21-57　添加Div标签和标题标签

Step 12 将插入点定位在<h5></h5>标题标签之后，按Ctrl+F2快捷键，打开“插入”浮动面板，在jQuery UI列表下单击Datepicker按钮，插入日期面板元素，如图21-58所示。

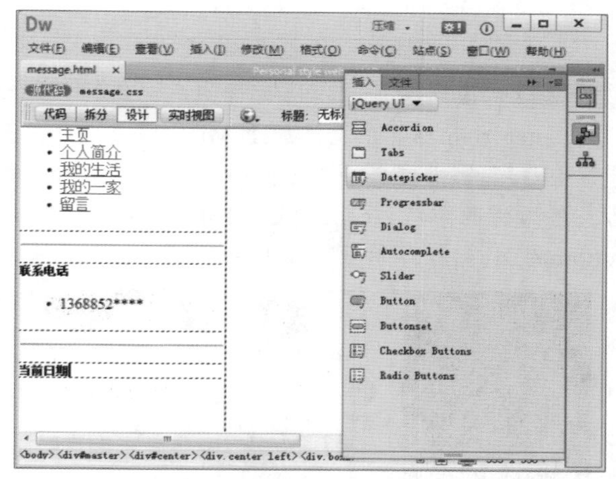

图21-58　插入Datepicker元素

Step 13 选择刚插入的Datepicker元素，切换到代码视图中，将插入点定位到所选择的元素中，添加HTML属性value，并设置其值为“单击查看当前日期”，如图21-59所示。

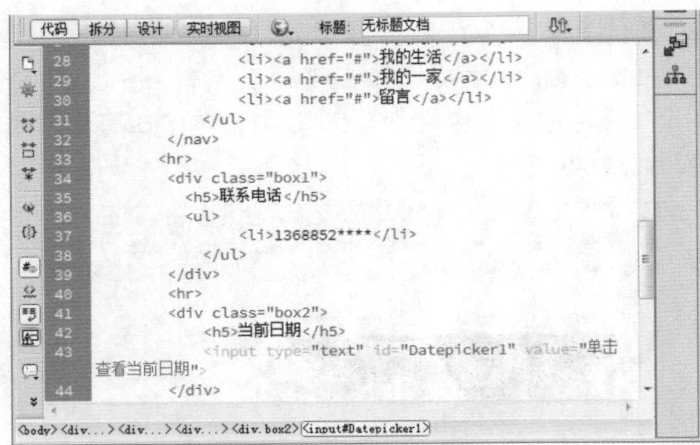

图21-59　为Datepicker元素添加属性值

Step 14 切换到message.css文件中，将插入点定位到文件末尾，然后输入CSS样式，设置项目列表、hr和h5标签元素的CSS样式，如图21-60所示。

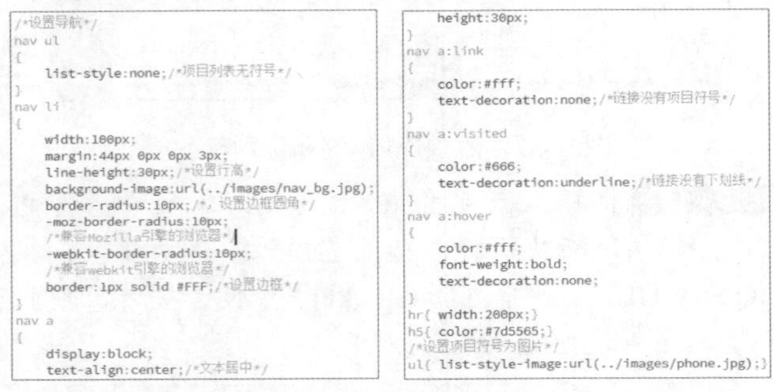

图21-60　设置CSS样式

Step 15 切换到网页"代码"视图中，将插入点定位到center_right标签中，添加HTML代码"<h3>发表留言</h3>"，并在其下方添加<hr>标签，按Enter键后，再添加两个名为center_right_top和center_right_bottom的Div标签，如图21-61所示。

图21-61　添加各种元素

Step 16 切换到网页文档中，将插入点定位到右侧center_right_top的Div标签中，然后选择"插入"/"表单"/"表单"命令，插入表单元素，然后将插入点定位到表单中，选择"插入"/"表单"/"文本"命令，在表单中插入文本元素，在插入的文本元素中，选择Text Field文本，将其修改为"留言主题"，效果如图21-62所示。

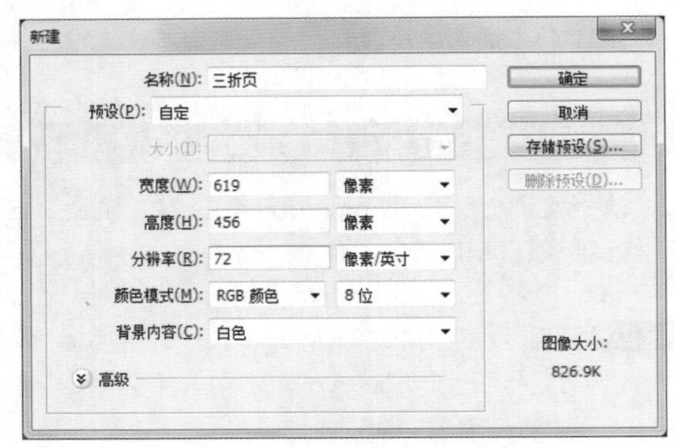

图21-62　插入表单及表单元素

Step 17 将插入点定位到文本元素后，按Enter键换行，使用插入文本元素的方法插入其他表单元素，效果如图21-63所示。

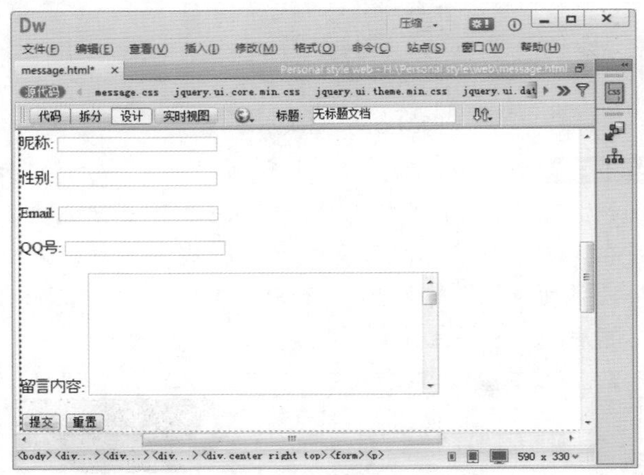

图21-63　插入其他表单元素

Step 18 切换到"代码"视图中，将插入点定位到center_right_bottom的Div标签中，在其中添加HTML代码"<h3>发表留言须知</h3>"，再在其下方添加编号项目符号的标签<ol></ol>，然后在其间添加3个列表标签<li></li>，让其组成编号列表。将插入点定位到列表之间输入文本，如图21-64所示。

图21-64　添加编号列表

Step 19 切换到message.css文件中，将插入点定位到末尾，输入CSS样式，设置刚添加的各类元素的标签样式。其CSS样式代码与效果如图21-65所示。

图21-65　查看CSS代码及效果

Step 20 切换到网页“设计”视图中，将插入点定位到底部灰色的区域中，输入文本“制作时间：2014-09-04 版权归制作者所有，盗则必究！！”，如图21-66所示。

图21-66　定位插入点并输入文本

Step 21 切换到message.css文件中，将插入点定位到#bottom的CSS样式中，然后设置文本的对齐方式text-align为center、文本与bottom标签的顶部边界距离padding-top设置为45px，文本颜色color设置为#fff，其代码和效果如图21-67所示。

图21-67　设置底部标签及文本的CSS样式

Step 22 将插入点定位到#master的CSS样式上方，为body和#master标签元素添加margin、padding和background-color属性，分别设置其值为0px、0px和#ECCFB0，设置其边界和背景颜色，如图21-68所示。

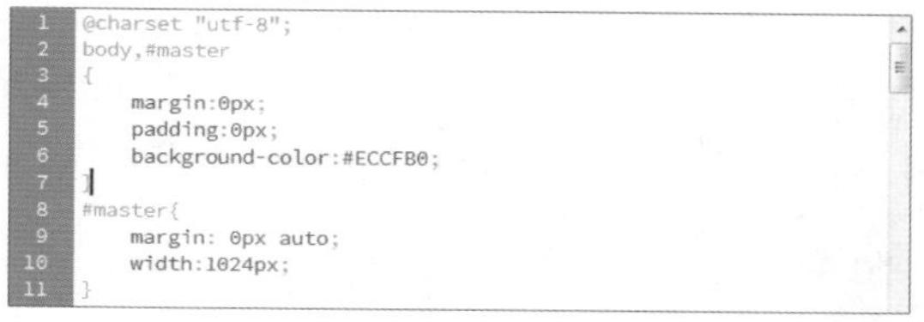

```
@charset "utf-8";
body,#master
{
    margin:0px;
    padding:0px;
    background-color:#ECCFB0;
}
#master{
    margin: 0px auto;
    width:1024px;
}
```

图21-68　为body和master添加CSS样式

Step 23 将插入点定位到ul的CSS样式后面，添加.box1、.nav和.box2{margin-left:25px;}CSS样式，设置box1、nav和box2的标签元素的左边界均为25px。完成所有操作，效果如图21-69所示。

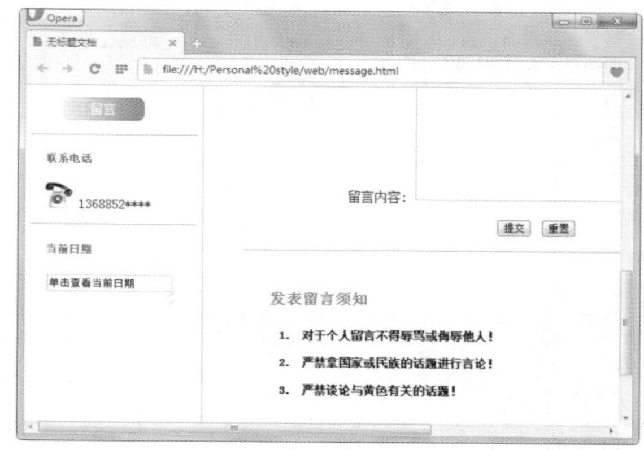

图21-69　设置左侧联系电话和当前日期的边界

Step 24 切换到网页“代码”视图中，将<nav></nav>元素之间的“主页”和“个人简介”的空链接修改为<a href="../index.html">主页</a>、<a href="main.html">个人简介</a>和<a href="message.html">留言</a>，如图21-70所示。

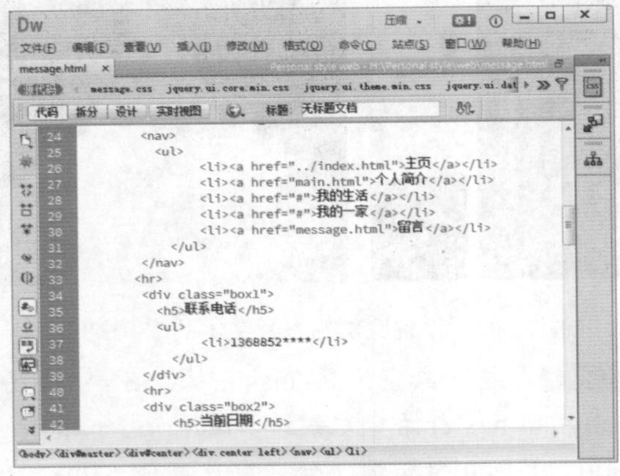

图21-70　链接制作好的网页

Step 25 使用相同的方法，打开其他两个页面index.html和main.html，找到mainbav标签和bt标签，分别将制作的各网页进行链接。如图21-71所示为index.html的链接，如图21-72所示为main.html页面的链接。

```
<div class="bt">
<a href="web/main.html"> <img src="images/login.png"
 width="191" height="45"  alt=""/> </a>
</div>
<div id="bottom">
    制作时间：2014-09-04 版权归制作者所有，盗则必究！！！
</div>
</div>
</body>
</html>
```

图21-71　index.html的链接

```
<div class="mainbav">
    <ul>
        <li><a href="../index.html">主页</a></li>
        <li><a style="color:#666; font-weight:bold" href
="main.html">个人简介</a></li>
        <li><a href="#">我的生活</a></li>
        <li><a href="#">我的一家</a></li>
        <li><a href="message.html">留言</a></li>
    </ul>
</div>
<!--右侧内容-->
```

图21-72　main.html页面的链接

还可以这样做?

除此之外，还可以在“设计”视图中，选择需要链接的文本，在属性面板的链接文本框中直接输入需要链接的网页路径。

Step 26 将message.html网页设置为当前网页，然后选择“文件”/“另存为模板”命令，打开“另存模板”对话框，在“站点”下拉列表框中选择Personal style web选项，在“另存为”文本框中输入personal comm，然后单击 保存 按钮，如图21-73所示。

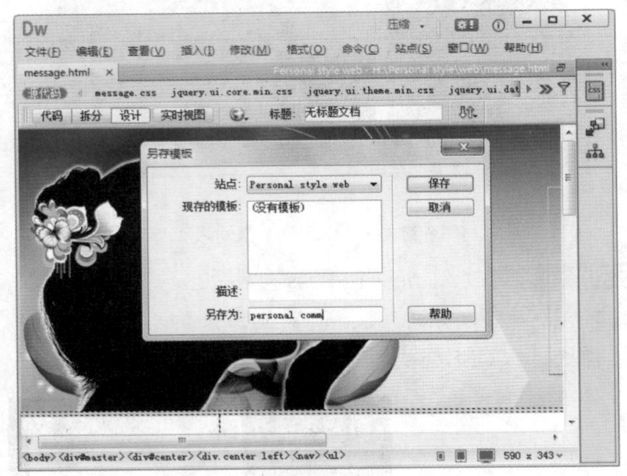

图21-73　另存模板

Step 27 在弹出的提示对话框中单击 是(Y) 按钮，将message.html网页另存为模板message.dwt，如图21-74所示。

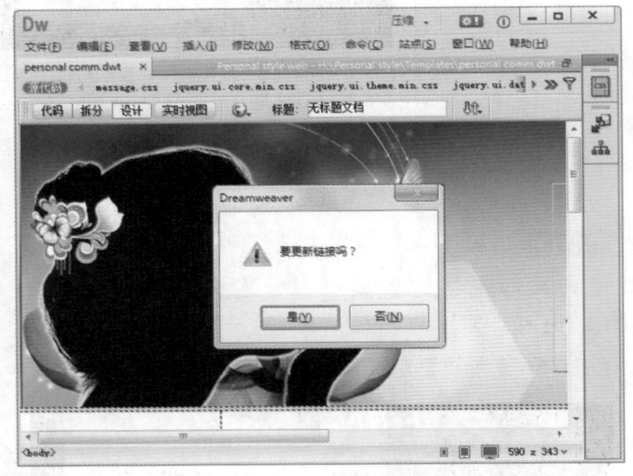

图21-74　将网页另存为模板

Step 28 在网页中选择“留言寄语”图像所在的图层，然后选择“插入”/“模板”/“创建可编辑区域”命令，打开“新建可编辑区域”对话框，在“名称”文本框中输入logo，作为该编辑区域的名称，然后单击 确定 按钮，完成创建可编辑区域的操作，如图21-75所示。

图21-75　创建可编辑区域

Step 29 ▶ 使用相同的方法，分别选择<nav></nav>标签元素和center_right的Div标签元素，为其创建可编辑区域，其名称分别为nav和content_text，按Ctrl+S快捷键保存网页模板，效果如图21-76所示。

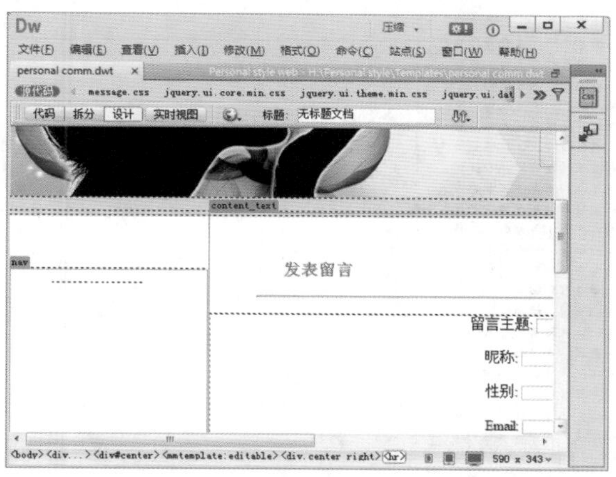

图21-76　创建可编辑区域并保存模板

操作解谜

将制作好的网页存为模板后，需要在其中创建一定的可编辑区域，否则在使用模板创建新网页时，不能对模板网页进行编辑，因此在创建可编辑区域时，也要考虑哪些是需要变化的。

读书笔记

21.4 扩展练习

本章主要介绍了网页的各种布局，Div标签和CSS属性的各种应用，使用HTML中各种标签元素，如图像、水平线、分段符等，并使用Div+CSS对网页中插入的各种HTML基本元素或Div标签进行了相应设置，让读者更加熟悉CSS的作用及使用方法，最后还在网页中应用了表单及表单元素，同样对表单使用了简单的CSS样式，使读者熟悉表单中各种元素的应用。另外，将制作的最后一个网页作为模板进行保存，方便制作其他子页面，下面通过制作Personal style web站点的其他子网页，熟悉Dreamweaver CC中其他元素的应用及操作方法。

21.4.1 制作“我的生活”子网页

本例将在Personal style web站点的基础上，制作“我的生活”子网页，主要练习在Dreamweaver CC中使用模板创建网页，并在可编辑区域中修改内容，添加Tabs元素，并对其添加CSS样式，最后将制作的页面进行链接，效果如图21-77所示。

图21-77 “我的生活”子网页效果

- 光盘\素材\第21章\personal style\
- 光盘\实例演示\第21章\制作“我的生活”子网页
- 光盘\效果\第21章\web\read.html

21.4.2 制作“我的一家”子网页

本例将在Personal style web站点的基础上，制作“我的一家”子网页，主要练习在Dreamweaver CC中使用模板创建网页，并在可编辑区域中修改内容，添加表格，在各单元格中添加图像，然后对表格及单元格添加CSS样式，最后对制作的页面进行链接，其效果如图21-78所示。

图21-78 “我的一家”子网页效果

- 光盘\素材\第21章\personal style\
- 光盘\实例演示\第21章\制作“我的一家”子网页
- 光盘\效果\第21章\web\myfamily.html

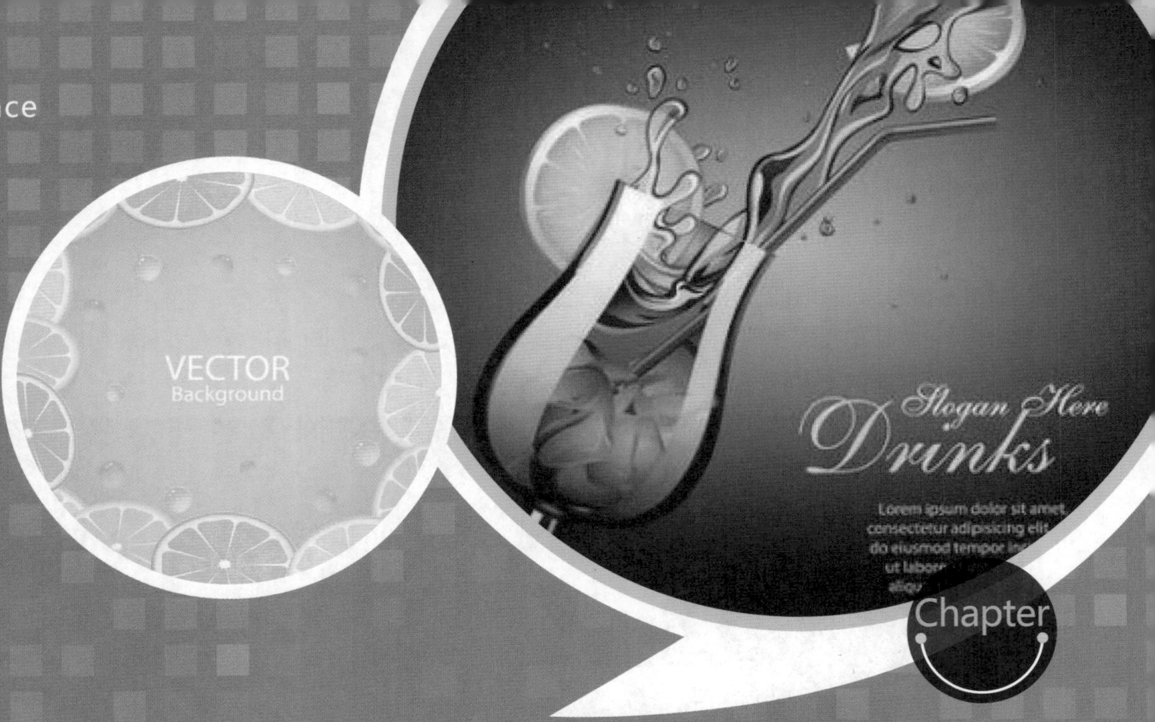

Chapter

制作“冷饮”网站

本章导读

本章主要是在Dreamweaver CC中，制作一个“冷饮”企业网站，一共包括5个页面，在例子中制作了3个网页，其余两个网页需要由读者完成，而制作该网站所使用到的主要知识则是运用HTML5的基本技术、Div+CSS层叠样式表和JavaScript脚本技术的综合性网站。整个网页内容涉及网站的布局、页面内容的排版、CSS样式的设置以及脚本的编写等。希望能通过此实例，让读者达到举一反三的效果。

22.1 HTML技术的应用 Div+CSS的应用 集成样式表的应用 制作“冷饮”网站的首页

本例将搭建“冷饮”网站的站点及网站的首页，使用Div标签对页面进行结构划分，并输入相应的文本内容，制作链接，然后再制作各CSS样式表，分别在各CSS样式表中设置页面的结构属性、页面中所使用的颜色属性及文本和链接的属性。然后将其集成在一个样式表中，并链接到页面中。

- 光盘\素材\第22章\冷饮\
- 光盘\效果\第22章\冷饮\index.html
- 光盘\实例演示\第22章\制作“冷饮”网站的首页

Step 1 启动Dreamweaver CC，建立一个站点名为“冷饮加盟”的站点，并在站点下创建images、styles和scripts这3个文件夹，然后再在该站点中分别建立5个HTML网页，并对其命名为index.html、about.html、contact.html、photos.html和live.html，如图22-1所示。

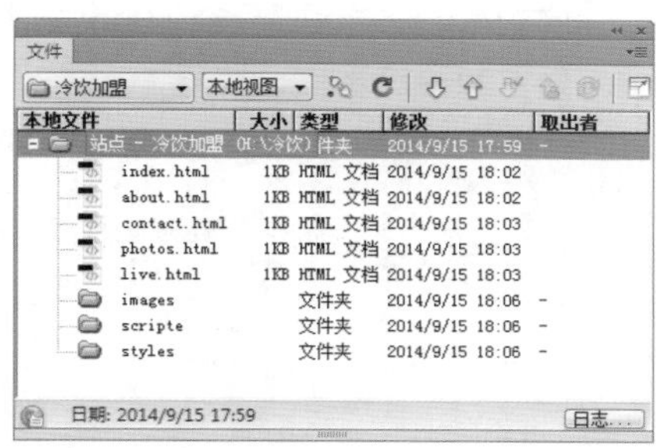

图22-1　创建站点、文件夹和网页

Step 2 将网页所需要使用的图像制作完成后，放置在站点文件夹下的images文件夹中，而在images文件夹下创建一个名为photos的文件夹，将网页中特色冷饮的图片放置在其中，如图22-2所示。

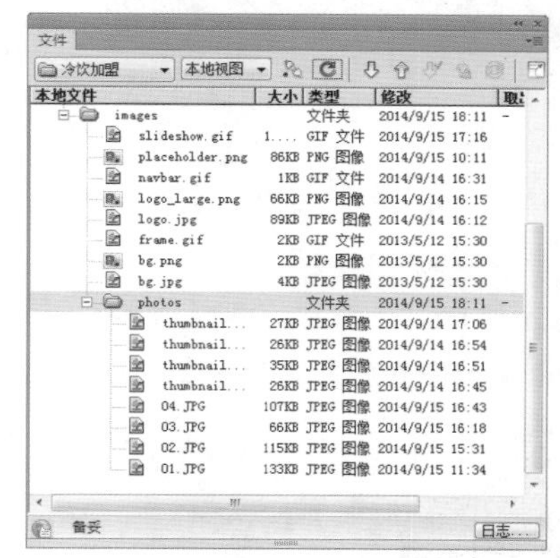

图22-2　放置图片

Step 3 在站点中选择scripts文件夹，在其中分别创建名为about.js、contact.js、global.js、home.js、live.js和photo.js的脚本文件，如图22-3所示。选择styles文件夹，在其中分别创建名为basic.css（基本样式）、color.css（颜色样式）、layout.css（布局样式）和typography.css（印刷样式）的样式文件，如图22-4所示。

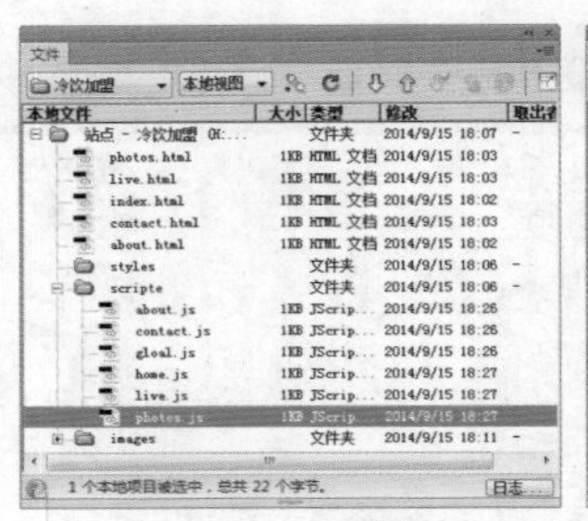

图22-3　创建JavaScript文件　　　图22-4　创建CSS文件

Step 4 ▶ 选择index.html文件，在“插入”浮动面板的“常用”分类中单击Div按钮，在打开对话框的ID文本框中输入header，如图22-5所示。

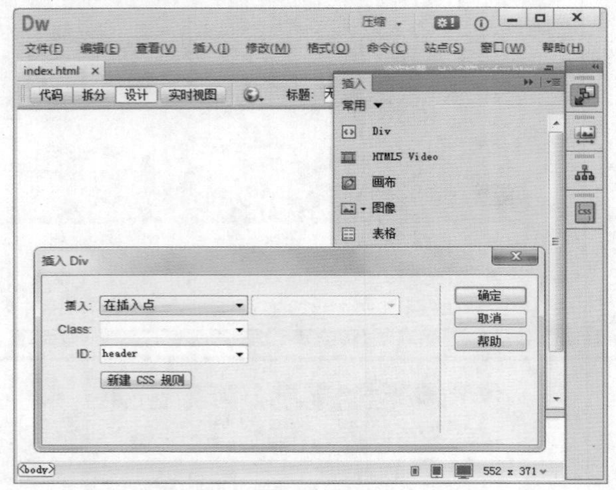

图22-5　插入Div标签

Step 5 ▶ 单击 确定 按钮，则可在index.html网页中查看到插入的Div的标签，然后选择Div标签中的文本，按Delete键将其删除，如图22-6所示。

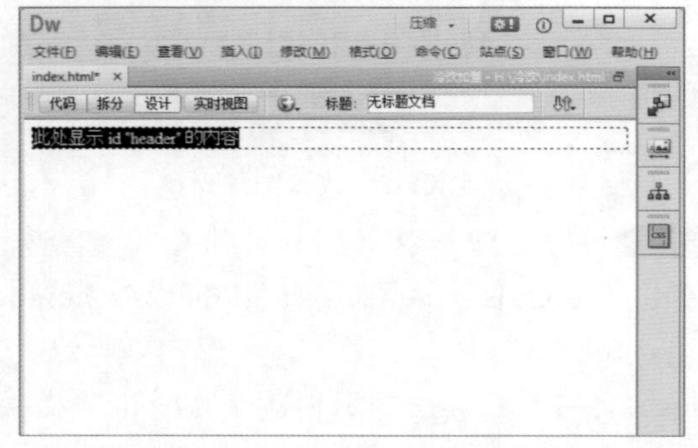

图22-6　查看插入的Div标签并删除其文本

Step 6 ▶ 将插入点定位到刚插入的Div标签中，然后选择“插入”/“图像”/“图像”命令，在打开的对话框中选择站点下images文件夹中的logo_large.png图像，单击 确定 按钮，插入图像。然后选择插入的图像，在属性面板中设置宽和高分别为320和150，如图22-7所示。

图22-7　插入图像并设置其大小

操作解谜

插入的图像为网站的Logo图标，一般情况下该Logo图像的格式应设置为.png格式，达到透明效果，显示出背景图像。

Step 7 ▶ 在文档窗口的视图栏中单击 拆分 按钮，切换到“拆分”视图中，然后将插入点定位到</div>标签的后面，在“插入”浮动面板的“常用”栏中，单击Div按钮，在打开对话框的ID文本框中输入navigation，如图22-8所示。

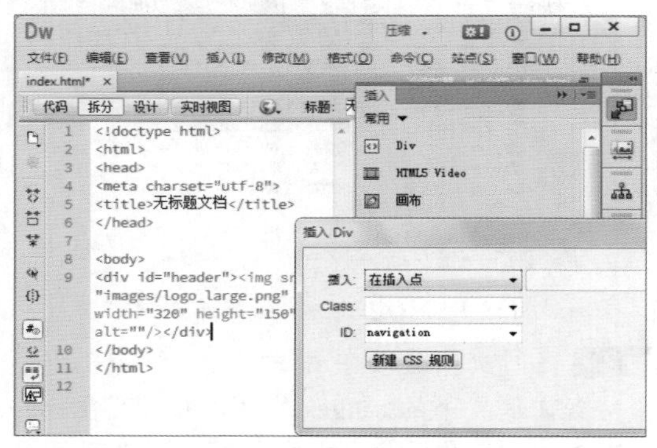

图22-8　定位插入点并插入Div标签

Step 8 ▶ 单击 确定 按钮，在插入的Div标签中删除其文本，然后将插入点定位到navigation标签中，选择“插入”/“结构”命令，插入一个无序列表，分别输入文本“回到首页”、“携手自由时光”、“特色冷饮”、“分店信息”和“在线咨询”，如图22-9所示。

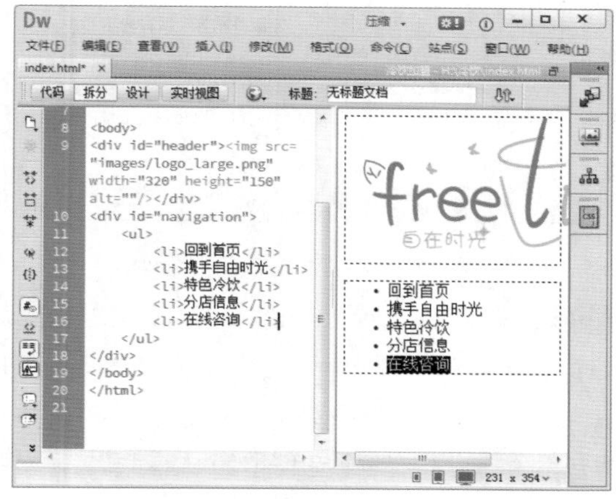

图22-9　制作无序列表

Step 9 ▶ 在无序列表中选择“回到首页”文本，在属性面板的“链接”文本框后，单击“指向文件”按钮，按住鼠标左键不放，将其拖动到“文件”浮动面板下的index.html网页文件的位置，然后释放鼠标左键，为所选择文本制作链接，其链接的目标则是index.html网页，如图22-10所示。

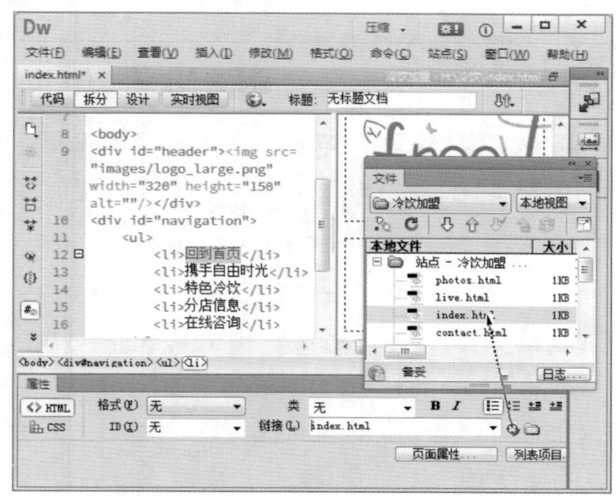

图22-10　制作链接

Step 10 ▶ 使用相同的方法为无序列表中的其他文本制作链接，其链接目标分别为about.html、photos.html、live.html和contact.html网页，如图22-11所示。

图22-11　制作其他链接

Step 11 ▶ 在“拆分”视图中，将插入点定位到<div id="navigation"></div>标签后，按Enter键换行，在“插入”浮动面板中的“常用”栏下单击Div按钮，在打开对话框的ID文本框中输入content，单击 确定 按钮，将插入的Div标签中的文本删除，如图22-12所示。

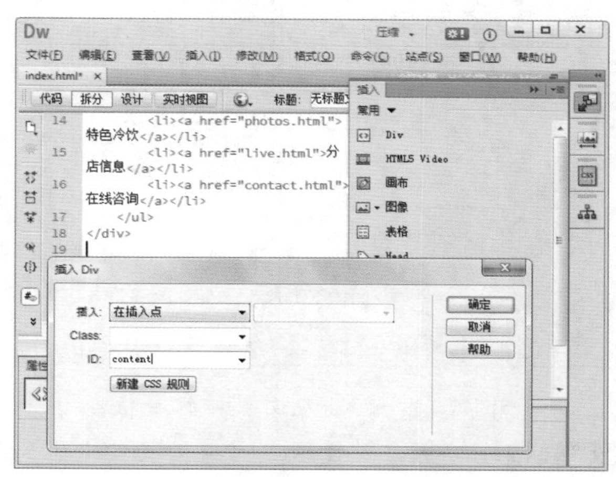

图22-12　定位插入点并插入Div标签

Step 12 ▶ 将插入点定位到<div id="content"></div>标签中，然后输入文本“自由时光-珍爱冰”，并选择输入的文本，在属性面板中的“格式”下拉列表框中选择“标题1”选项，则会为所选文本应用标题1格式，如图22-13所示。

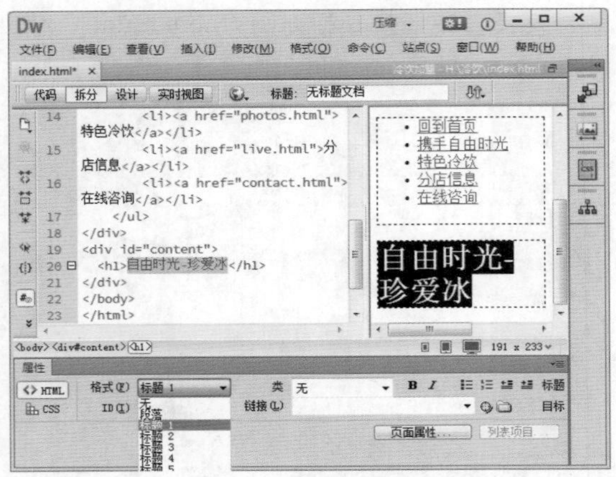

图22-13 输入标题文本

Step 13 ▶ 在</h1>结束标签后，添加一个Div标签，并在该标签中输入文本，并为其中的“关于我们”、“特色冷饮”、“详细信息”和“在线咨询”文本添加链接，其目标分别指向about.html、photos.html、live.html和contact.html页面，如图22-14所示。

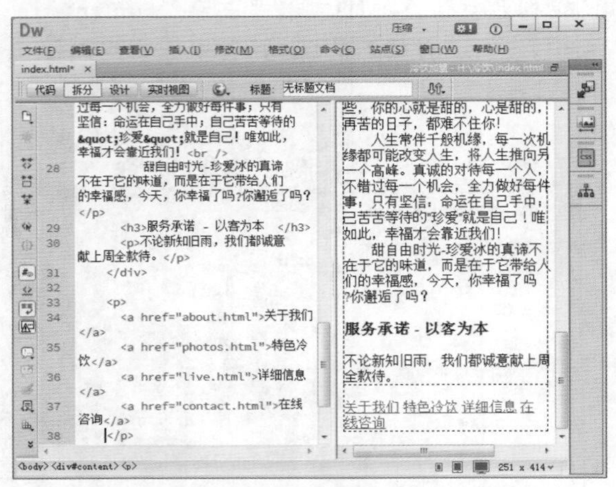

图22-14 输入正文文本并制作链接

Step 14 ▶ 在“拆分”视图中，将插入点定位到</body>结束标签前面，按Enter键切换，输入代码<div id="intro"></div>，如图22-15所示。

操作解谜

在这里添加ID名为intro的Div标签，是为了引用特效图片而定义的段落标记，而制作特效则会使用JavaScript代码（其具体操作将在23章中进行介绍）。

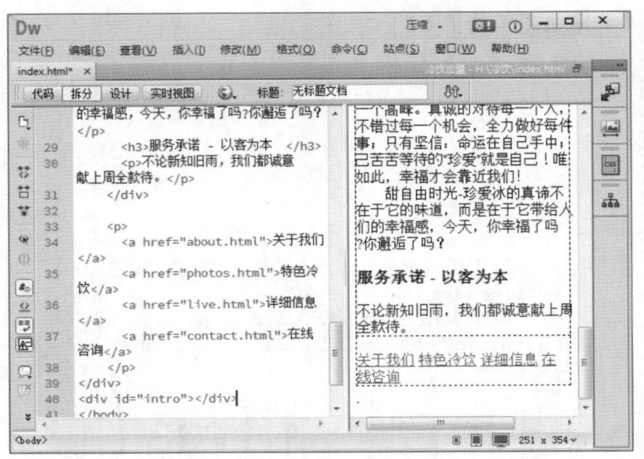

图22-15 输入Div标签代码

Step 15 ▶ 将插入点定位到intro的Div标签后面，按Enter键换行，输入Div标签代码<div id="copyright"></div>，然后在该标签中输入版权信息，并选择所输入的版权信息，在属性面板中的“格式”下拉列表框中选择“段落”选项，完成首页的结构制作，如图22-16所示。按Ctrl+S快捷键保存网页。

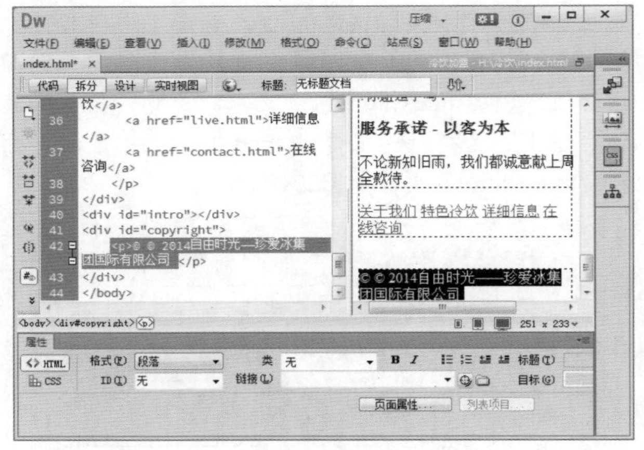

图22-16 添加Div标签并输入版权信息

Step 16 ▶ 在“文件”浮动面板中，展开style文件夹，双击layout.css文件将其打开，在“设计”浮动面板中的“选择器”栏中单击“添加选择器”按钮，在添加的文本框中输入*，添加一个名为*的样式，并在“属性”面板的“布局”列表下设置margin和padding的属性值为0，则会自动在layout.css文件中产生相应的CSS样式代码，如图22-17所示。

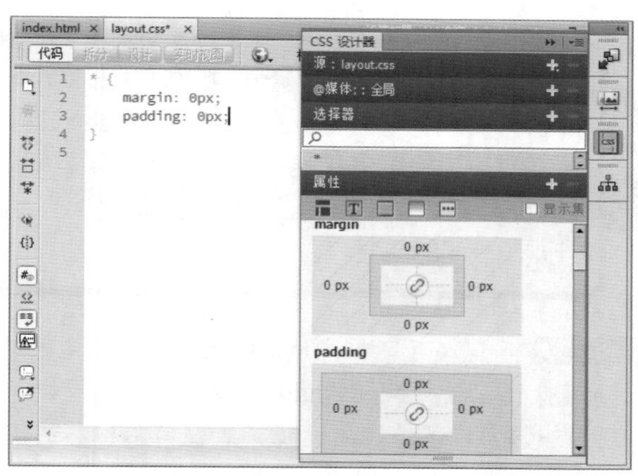

图22-17　设置*规则的样式

操作解谜

这里输入的*号，表示所引用layout.css文件所在网页中的所有标签元素都会应用*规则中的属性样式。在Dreamweaver中*也表示通配符。

Step 17 在"设计器"浮动面板的"选择器"面板中，单击"添加选择器"按钮，在添加的文本框中输入body，然后在其"属性"面板中设置margin、background-image、background-attachment、background-position、background-repeat和max-width的属性值分别为0px auto（空间距离为0px，左右自动居中）、url(../images/bg.jpg)、fixed（背景固定不动）、top left（背景位置为居左上）、repeat-x（背景沿x轴横向重复）和80em（最大宽度为80em），如图22-18所示。

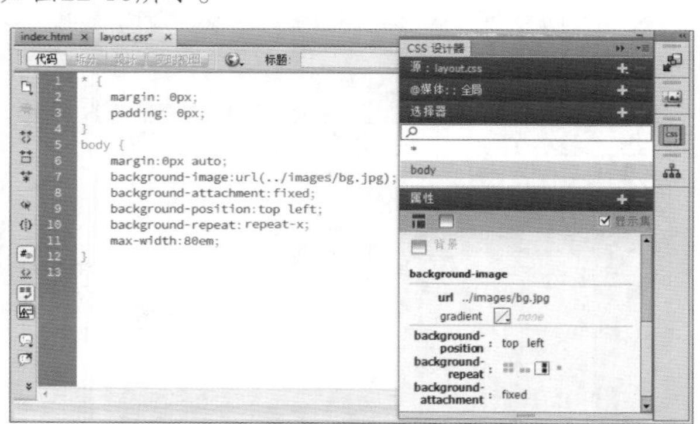

图22-18　设置body规则的样式

Step 18 在"选择器"面板中，单击"添加选择器"按钮，在添加的文本框中输入#header，设置该规则的背景、边框和布局样式，如图22-19所示。

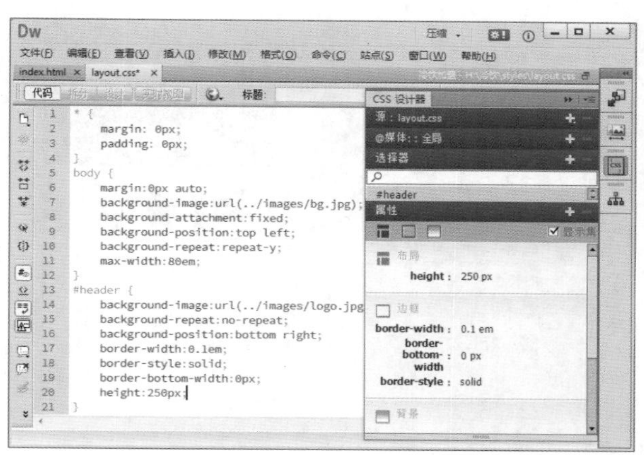

图22-19　设置#header规则的样式

Step 19 在"选择器"浮动面板的"选择器"面板中单击"添加选择器"按钮，在添加的文本框中输入#navigation，为该规则设置背景、边框和布局样式，主要用于设置页面主体导航的位置样式，如图22-20所示。

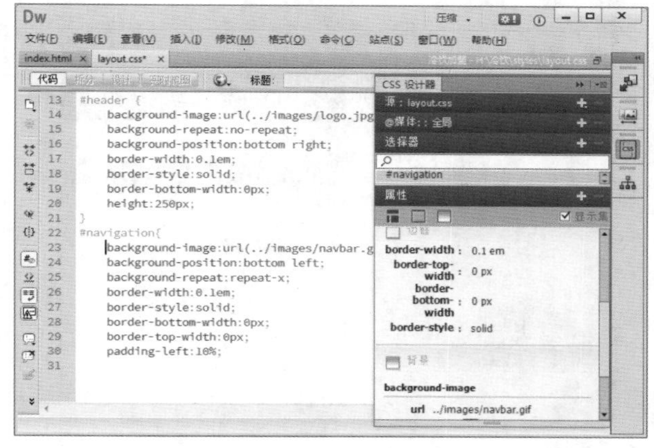

图22-20　设置#navigation规则的样式

Step 20 在"设计器"浮动面板的"设计器"栏中单击"添加选择器"按钮，在添加的文本框中输入##navigation ul，添加该规则样式，设置主体导航中无序列表的位置样式，其中包括方框宽度、溢出文本、左侧边框宽度和左侧边框样式，如图22-21所示。

还可以这样做?

除此之外，还可以将border-left-width:0.1em;和border-left-style:solid;合并写成border-left:solid 0.1em;。

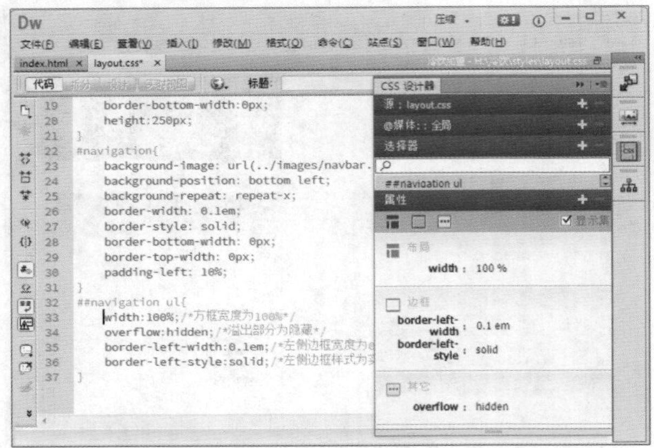

图22-21　设置##navigation ul规则的样式

Step 21 ▶ 在“设计器”浮动面板的“设计器”面板中添加#navigation li和#navigation li a规则样式，主要设置无序列表中存在的链接样式，以及其布局、边框等样式，如图22-22所示。

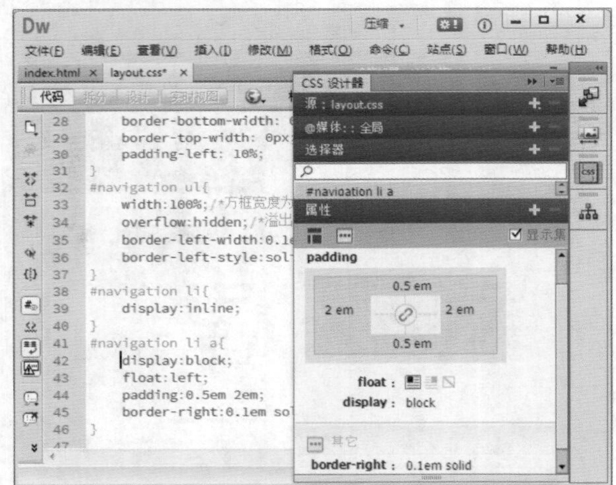

图22-22　设置#navigation li和#navigation li a规则样式

Step 22 ▶ 将插入点定位到layout.css文件的末尾，按Enter键换行，然后直接输入#content规则样式，在该规则中输入属性及属性值，设置页面中间部分的规则样式，具体的规则样式代码如图22-23所示。

```
#content{
    border-width:0.1em;
    border-style:solid;
    border-top-width:0px;
    padding:2em 10%;/*设置文本与边框上下填充距离为2em，左
右填充距离为10%*/
    line-height:1.8em;/*行高为1.8em*/
}
```

图22-23　输入#content规则样式

操作解谜

直接在layout.css文件中输入各规则的CSS样式，与在“设计器”浮动面板中设置的规则属性值所产生的效果是相同的，如果读者熟悉各CSS样式，建议直接输入属性及属性值，可提升网页制作的速度。

Step 23 ▶ 将插入点定位到layout.css文件的末尾，按Enter键换行，输入#copyright和#copyright p规则，并在规则中添加CSS样式，设置其版权信息标签的高度及文本的对齐方式，如图22-24所示。

图22-24　输入#copyright和#copyright p的规则样式

Step 24 ▶ 将插入点定位到layout.css文件的#content规则样式的末尾处，按Enter键换行，然后输入#content img规则，对页面中间位置的图片进行样式设置，其具体样式代码如图22-25所示。按Ctrl+S快捷键保存该文件。

图22-25　输入#content img规则样式

Step 25 ▶ 在“文件”浮动面板中打开color.css文件，将插入点定位到该文件的末尾处，然后输入#body规则，并在其中输入color:#fb5;和margin:0px auto;样式，设置主体的背景颜色和空间的边距，如图22-26所示。

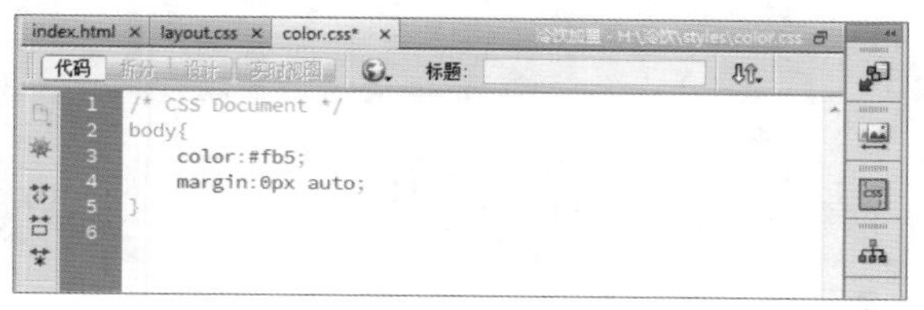

图22-26　设置#body的背景色及空间边距

Step 26 ▶ 将插入点定位到color.css文件的末尾，然后输入链接的4种状态的样式颜色，即定义时链接的颜色、鼠标经过时的颜色、正在激活状态的链接颜色及访问后的链接颜色，其具体代码如图22-27所示。

图22-27　设置链接的4种状态的颜色

Step 27 ▶ 使用相同的方法将插入点定位到color.css文件的末尾，然后输入定义页面头部、导航、内容、版权4个部分的前景色、背景色、边框色，其具体设置的CSS样式代码如图22-28所示。

```
#header{
    color:#ec8;
    background-color:#334;
    border-color:#667;
}
#navigation{
    color:#455;
    background-color:#789;
    border-color:#667;
}
#content{
    color:#223;
    background-color:#e7ff85;
    border-color:#667;
}
#copyright{ background-color: #5EAA00;}
#copyright p{color:#fff;}
```

图22-28　定义页面头部、导航、内容和版权颜色

Step 28 ▶ 使用相同的方法在color.css文件的末尾，定义导航区块中的列表、链接和当前栏目链接的前景色、背景色和边框色，其具体的CSS代码样式如图22-29所示。

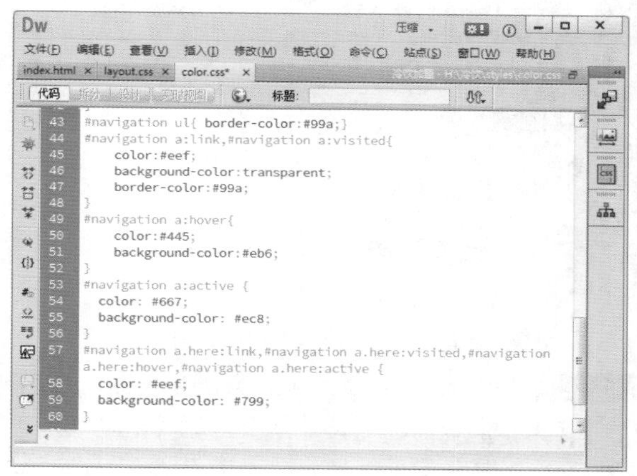

图22-29　定义导航列表、链接和栏目链接样式

Step 29 ▶ 将插入点定位到color.css文件的末尾，按Enter键换行，然后定义content区域中图像的边框颜色，如图22-30所示。按Ctrl+S快捷键保存color.css文件。

图22-30　定义content区域中图像的边框颜色

Step 30 ▶ 在“文件”浮动面板中双击typography.css文件将其打开，将插入点定位到该文件的末尾，定义body标记的样式，其代码如图22-31所示。

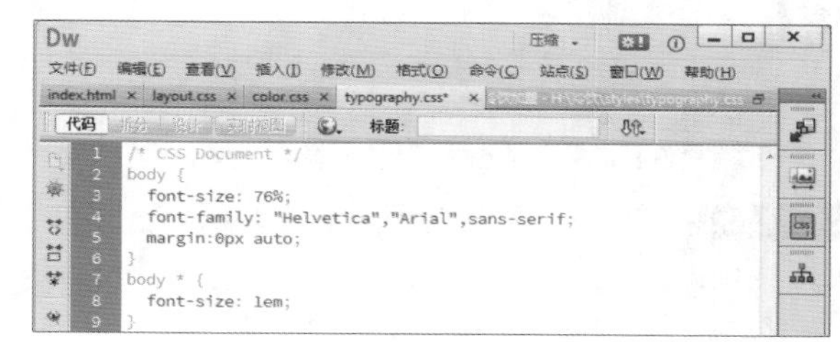

图22-31　定义页面的文本样式

操作解谜

其中font-family: "Helvetica","Arial",sans-serif;表示字体依次为3个参数值。body *规则表示body主体内所有字体大小都将设置为1em。

Step 31 ▶ 将插入点定位到typography.css文件的末尾，按Enter键换行，定义a标记样式的加粗和文字修饰属性，其具体代码如图22-32所示。

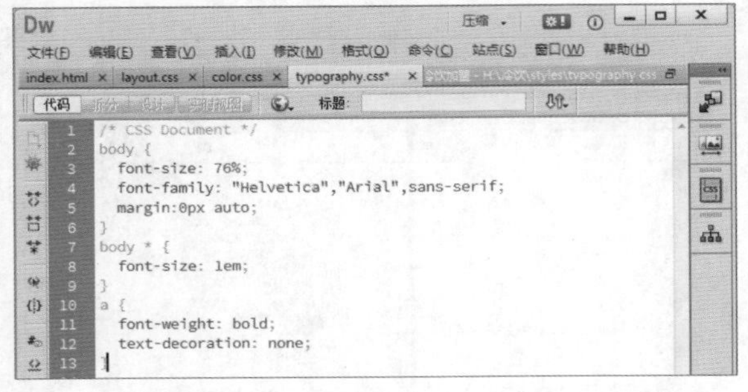

图22-32　定义a标记的样式

Step 32 ▶ 将插入点定位到typography.css文件的末尾，按Enter键换行，定义导航和导航中链接a标记的字体、文字修饰和加粗样式，其具体代码如图22-33所示。

```
#navigation {
  font-family: "Lucida Grande","Helvetica","Arial",sans-serif;
}
#navigation a {
  text-decoration: none;
  font-weight: bold;
}
```

图22-33　定义导航和导航中a标记的样式

Step 33 ▶ 将插入点定位到typography.css文件的末尾，按Enter键换行，定义内容部分和内容段落标记的行高和上下边距及左右边框的样式，其具体代码如图22-34所示。

```
#content {
  line-height: 1.8em;
}
#content p {
  margin: 1em 0;
}
```

图22-34　内容部分和内容段落标记的样式

Step 34 ▶ 将插入点定位到typography.css文件的末尾，按Enter键换行，定义版权部分和版权段落标记的行高和上下边距和左右边距，其具体代码如图22-35所示。

```
#copyright {
  line-height: 1.8em;
}
#copyright p {
  margin: 1em 0;
}
```

图22-35　定义版权部分和版权段落标记的样式

还可以这样做?

除此之外，还可以将定义内容部分和内容段落标记，与定义版权部分和版权段落标记的行高、上下边距及左右边距的样式进行合并，减少代码的重复率，如图22-36所示。

```
#content,#copyright{line-height: 1.8em;}
#content p,#copyright p{margin: 1em 0;}
```

图22-36　合并代码

Step 35 ▶ 将插入点定位到typography.css文件的末尾，按Enter键换行，定义标题1（h1）和标题2（h2）文本的字体、字号和顶部间距的样式，其具体代码如图22-37所示。按Ctrl+S快捷键进行保存。

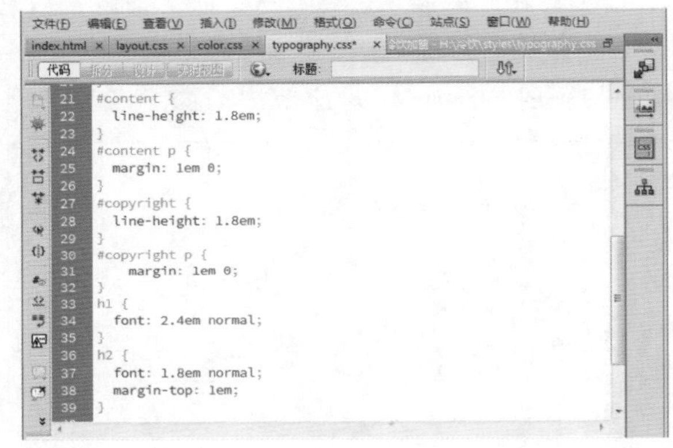

图22-37　定义h1和h2标记的样式

Step 36 ▶ 在“文件”浮动面板中双击basic.css文件将其打开，将插入点定位到文件的末尾，然后输入代码，如图22-38所示。按Ctrl+S快捷键保存该文件。

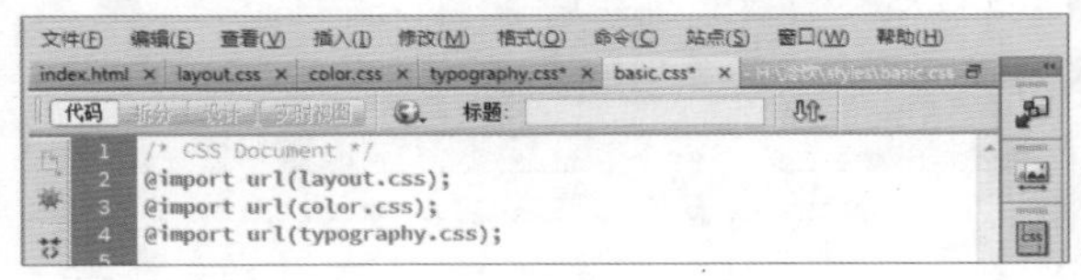

图22-38　集成CSS样式表文件

操作解谜

在basic.css文件中所输入的代码，作用是将前面制作的layout.css文件、color.css文件和typography.css文件集成导入到basic.css文件中，在引用CSS样式文件时，只需引用basic.css文件即可。

Step 37 ▶ 切换到index.html页面中，然后切换到“拆分”视图中，将插入点定位到</head>结束标签前面，然后在“设计器”浮动面板的“源”栏中，单击“添加CSS源”按钮，在弹出的下拉列表中选择“附加现有的CSS文件”选项，如图22-39所示。

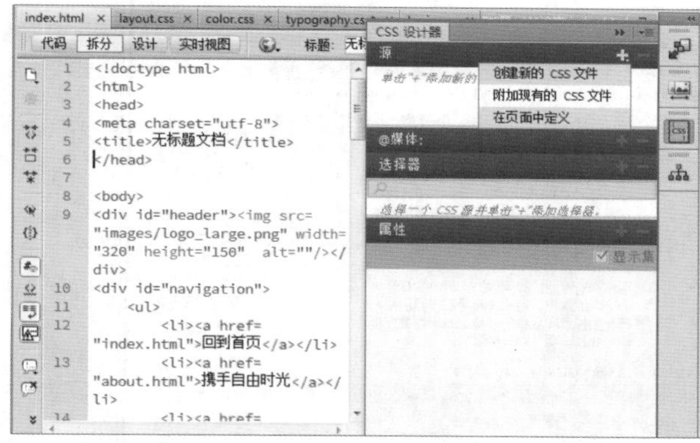

图22-39 定位插入点并链接外部样式表

Step 38 ▶ 打开“使用现有的CSS文件”对话框，在“文件/URL”文本框中输入需要链接的CSS文件的路径，这里输入styles/basic.css，选中⊙链接(L)单选按钮，单击 确定 按钮，如图22-40所示。

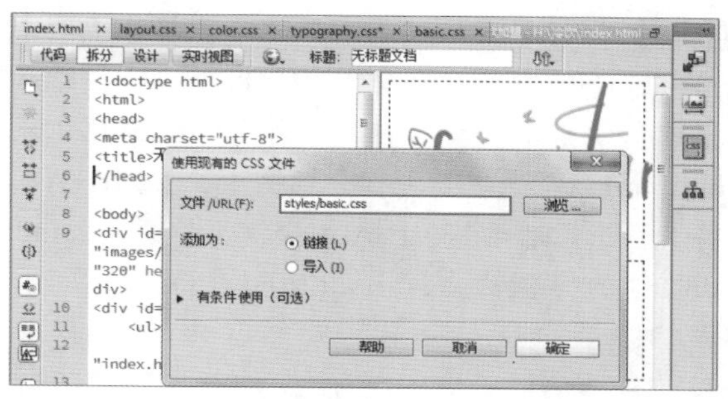

图22-40 设置使用现有的CSS文件参数

Step 39 ▶ 返回到index.html页面，则可在插入点查看到链接外部样式所生成的HTML链接代码，如图22-41所示。选择“无标题文档”文本，将其修改为“自由时光——珍爱冰”，设置标题文本。按Ctrl+S快捷键保存index.html网页。

图22-41 查看链接CSS样式表的代码

22.2 制作“携手自由时光”页面

HTML技术的应用 Div+CSS的应用 JavaScript的应用

本例所制作的是“冷饮”网站的“携手自由时光”页面，该页面的框架结构与主页的框架结构一样，因此采用复制的方法进行快速制作。与首页不同的是，该页面的难点在于使用JavaScrip脚本制作鼠标单击正文链接时，会显示不同内容，达到在同一页切换不同内容的效果，最后将制作的脚本及素材提供的脚本应用到所制作的页面中。

- 光盘\素材\第22章\冷饮\
- 光盘\效果\第22章\冷饮\about.html
- 光盘\实例演示\第22章\制作“携手自由时光”页面

Step 1 ▶ 打开index.html页面，切换到拆分视图中，然后按Ctrl+A快捷键全选整个页面内容，按Ctrl+C快捷键复制整个页面。在“文件”浮动面板中双击about.html页面，切换到拆分视图中，按Ctrl+A快捷键将其全选，然后按Ctrl+V快捷键，将复制的index.html页面的内容粘贴到about.html页面，如图22-42所示。

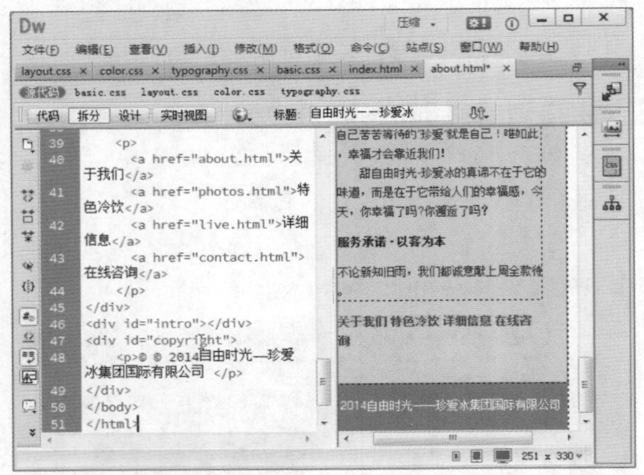

图22-42　复制并粘贴页面

Step 2 ▶ 在about.html页面的“拆分”视图中，将Div content区块内的标题字“自由时光——珍爱冰”修改为“运营支持”。然后在其后输入正文文本，并制作一个无序列表，其中包括文本“卓越培训团队”和“无优开店”，并修改该区块中的<ul>标签为<ul id="internalnav">。然后再为无序列表的文本添加链接，分别指向#jay和#domsters这两个锚点，如图22-43所示。

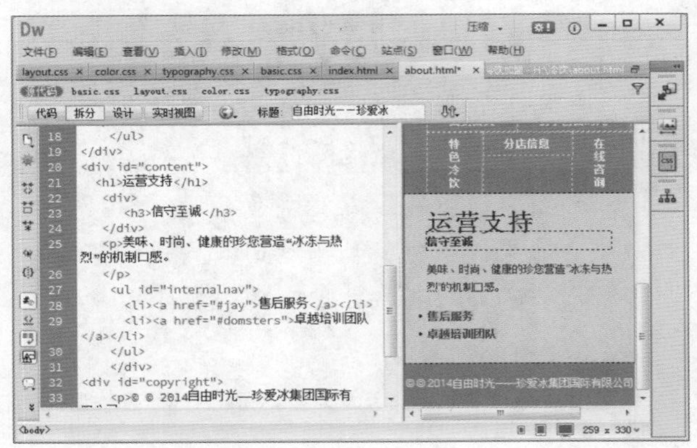

图22-43　修改Div content区块的文本并制作列表

Step 3 ▶ 将插入点定位到Div content区块内的</ul>结束标记后面，输入一个id为jay名，class为section名的Div标签，然后在该标记中输入文本“专业团队”，并在属性面板的“格式”下拉列表框中选择“标题3”选项，然后输入其他正文文字，如图22-44所示。

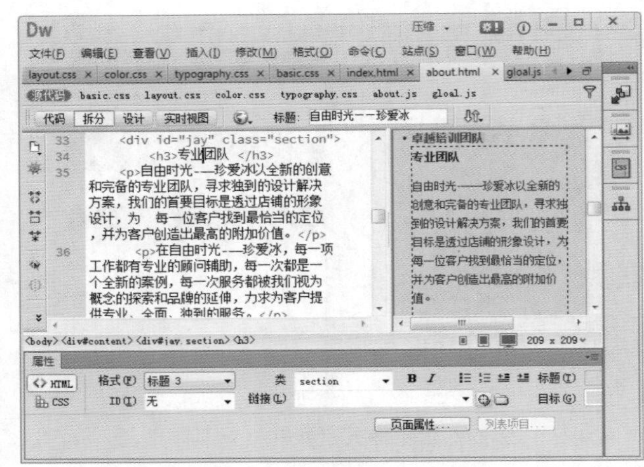

图22-44　添加Div标签并输入文本

Step 4 ▶ 将插入点定位到id名为jay的Div标签后，按Enter键换行，然后输入一个id名为domsters，class名为section的Div标签，将插入点定位到该标签中，输入文本“全程督导——开店无忧”，并在属性面板的“格式”下拉列表框中选择“标题3”选项，然后在其后输入其他正文文本，并选择所输入的正文内容，在属性面板的“格式”下拉列表框中选择“段落”选项，如图22-45所示。

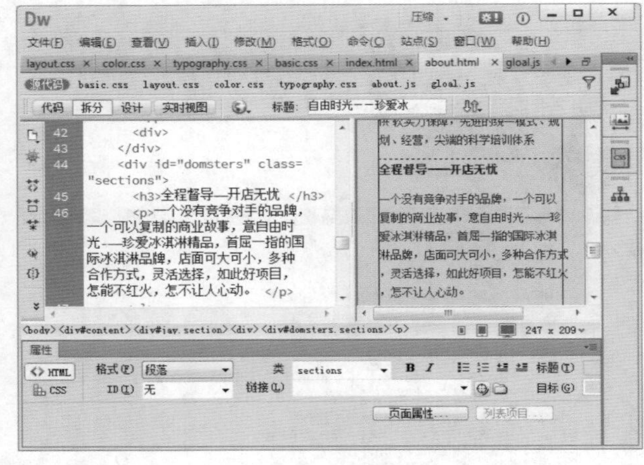

图22-45　添加Div标签并输入文本

Step 5 ▶ 将插入点定位到id名为domsters的Div标签的

</div>结束标签之间，按Enter键换行，制作一个无序列表，并在列表中输入文本，如图22-46所示。按Ctrl+S快捷键保存网页。

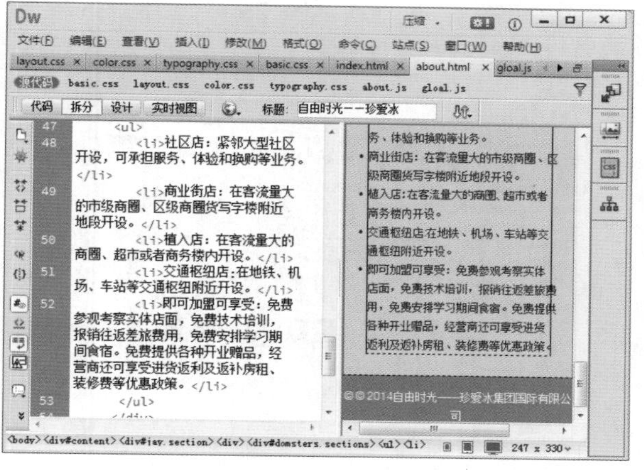

图22-46　制作无序列表

Step 6 ▶ 在“文件”浮动面板中，双击about.js脚本文件将其打开，将插入点定位到文件的末尾，并声明showSection和prepareInternalnav函数，分别达到判断元素的显示和隐藏及单击正文中任何一个链接时，显示内容，其声明脚本如图22-47所示。

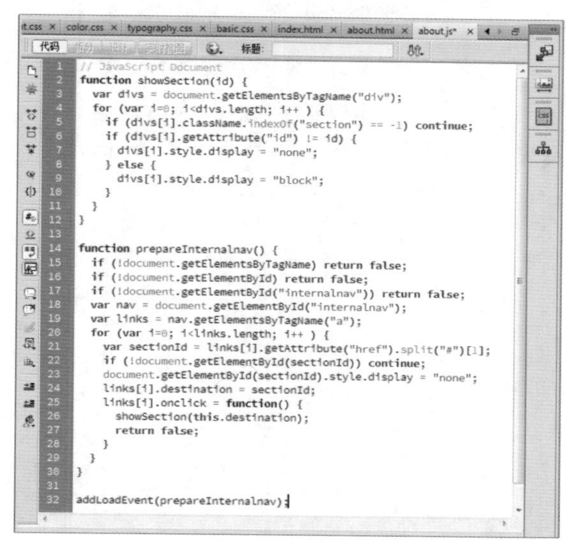

图22-47　声明函数

操作解谜　声明这两个函数的作用是为了实现在页面正文中单击文本链接时切换到显示或隐藏不同文本的效果。

Step 7 ▶ 切换到about.html页面的“拆分”视图中，将插入点定位在</head>结束标签之前，按Enter键换行，然后在“文件”浮动面板中选择about.js脚本文件，拖动到插入点位置，将其链接到网页当中，如图22-48所示。

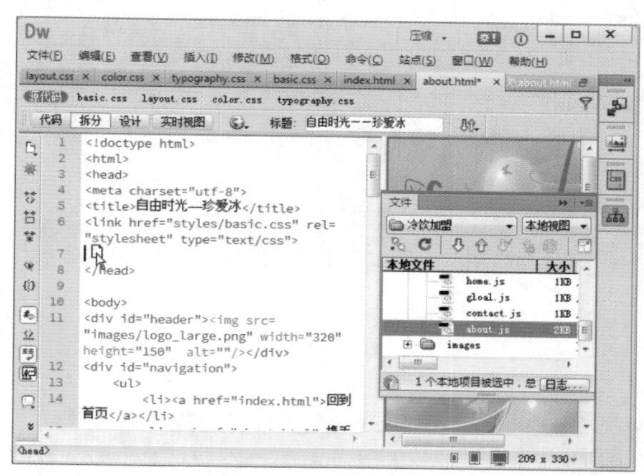

图22-48　链接JavaScript脚本文件

Step 8 ▶ 使用相同的方法，将素材提供的global.js脚本和swfobject_modified.js文件，复制到站点下的scripte文件夹中，然后使用相同的方法将其链接到about.html网页中，如图22-49所示。

图22-49　链接JavaScript脚本文件并查看其代码

Step 9 ▶ 按Ctrl+S快捷键保存网页，然后按F12键启动浏览器，单击 允许阻止的内容(A) 按钮，即可预览效果，如图22-50所示。将鼠标指向“卓越培训团队”链接，右击，则可显示关于售后服务的信息，如果单击“开店无优”超链接，则会显示关于卓越培训团队的信息，如图22-51所示。

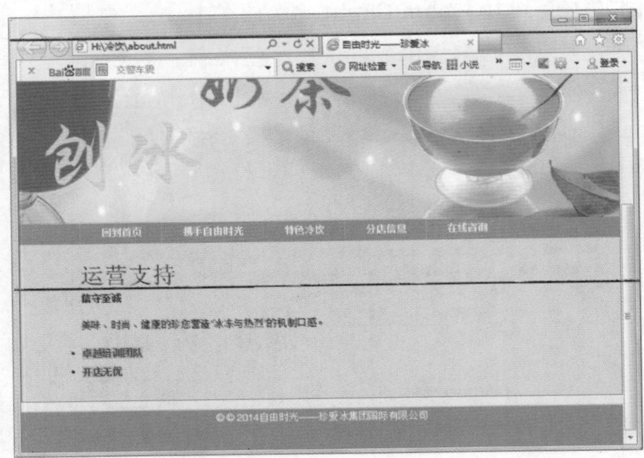

图22-50　没有单击链接的效果

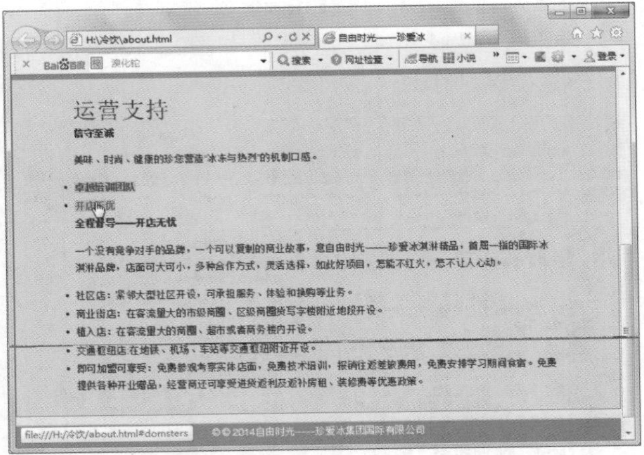

图22-51　单击链接的效果

22.3 HTML技术的应用 Div+CSS的应用 JavaScript的应用 制作“特色冷饮”页面

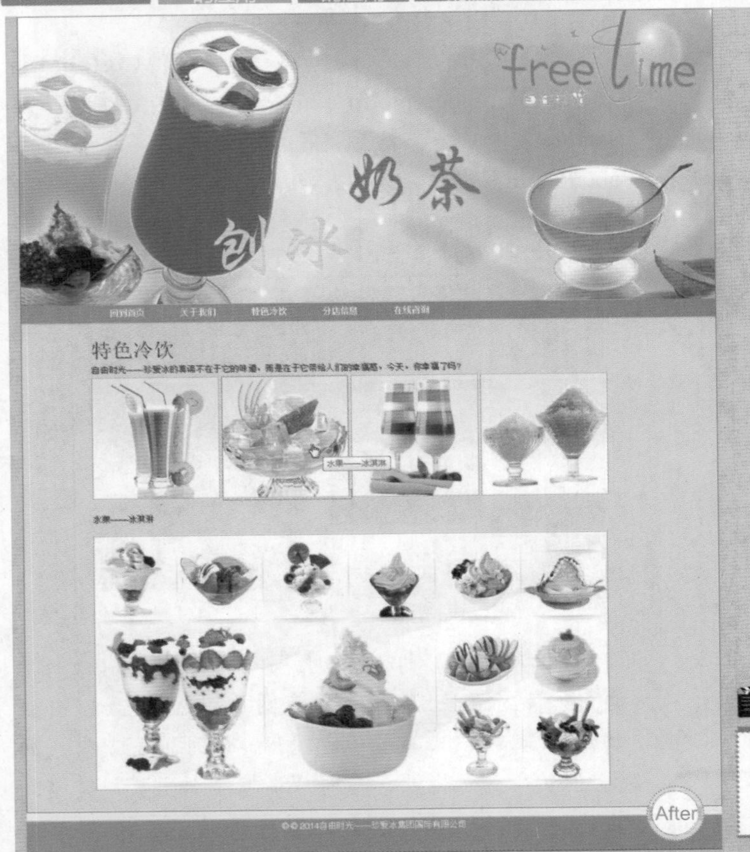

本例主要是制作“冷饮”网站的“特色冷饮”页面，该页面的结构与主页面的结构相同，因此复制主页面的内容，在“拆分”视图中进行修改，制作链接图片。然后制作JavaScript脚本，将其链接到网页中。另外再将素材中提供的JavaScript脚本链接到网页中，达到使用鼠标单击小图片时，在其下方显示一张缩略图的效果。

- 光盘\素材\第22章\冷饮\
- 光盘\效果\第22章\冷饮\photos.html
- 光盘\实例演示\第22章\制作“特色冷饮”页面

Step 1 ▶ 在“文件”浮动面板中双击photos.html页面将其打开，然后切换到index.html网页的“代码”视图，按Ctrl+A快捷键将其全部选中，然后再按Ctrl+C快捷键复制，如图22-52所示。

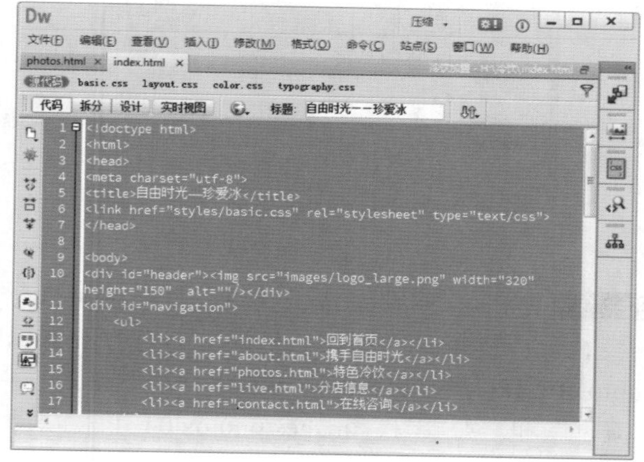

图22-52　复制index.html页面的内容

Step 2 ▶ 切换到photos.html页面的“代码”视图中，按Ctrl+A快捷键选择全部内容，然后按Ctrl+V快捷键粘贴所复制的内容，将所选内容全部替换，如图22-53所示。

图22-53　粘贴复制内容

Step 3 ▶ 在photos.html页面中，将Div content区域内的标题文字“自由时光——珍爱冰”修改为“特色冷饮”，然后将该区块内的其他内容选中，按Delete键将其删除，输入文本“自由时光——珍爱冰的真谛不在于它的味道，而是在于它带给人们的幸福感，今天，你幸福了吗?”，如图22-54所示。

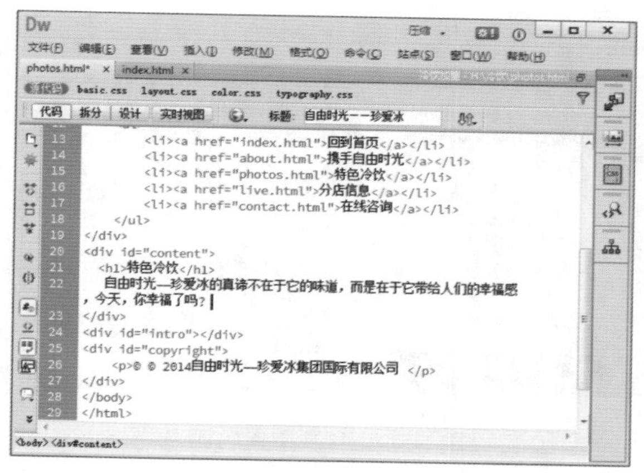

图22-54　输入标题文本及正文内容

Step 4 ▶ 将插入点定位到正文文本后，按Enter键换行，然后切换到“设计”视图中，选择“插入”/“图像”/“图像”命令，在打开对话框的站点文件夹的images/photos文件夹中选择thumbnail_01.jpg选项，单击 确定 按钮，如图22-55所示。

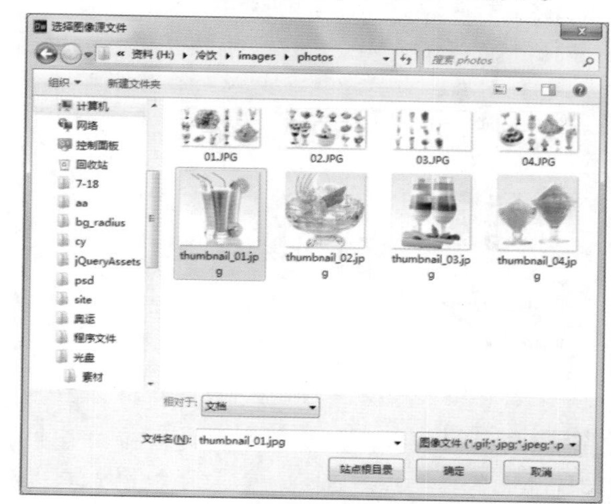

图22-55　选择图像

Step 5 ▶ 选择插入的图像，然后按F2键显示属性面板，在属性面板的“替换”文本框中输入文本“水果冰”，制作当鼠标指向图像时显示提示文字，如图22-56所示。

读书笔记

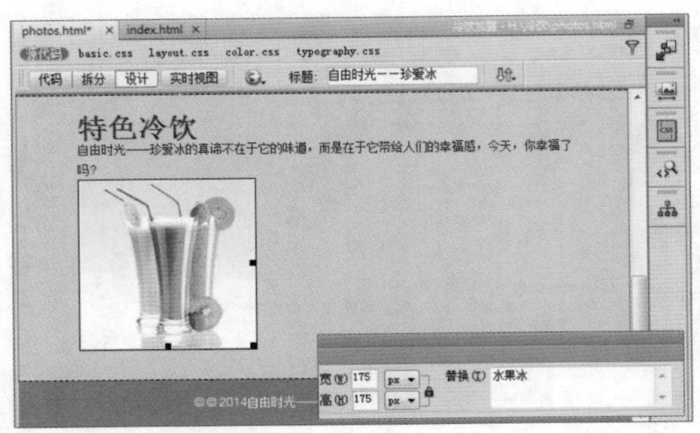

图22-56　设置图像属性

Step 6 使用插入图像的方法，在插入图像后面依次插入名为thumbnail_02.jpg、thumbnail_03.jpg和thumbnail_04.jpg的图像，并在属性面板中分别设置其“替换”属性为“水果——冰淇淋”、“奶茶”和“刨冰”，如图22-57所示。

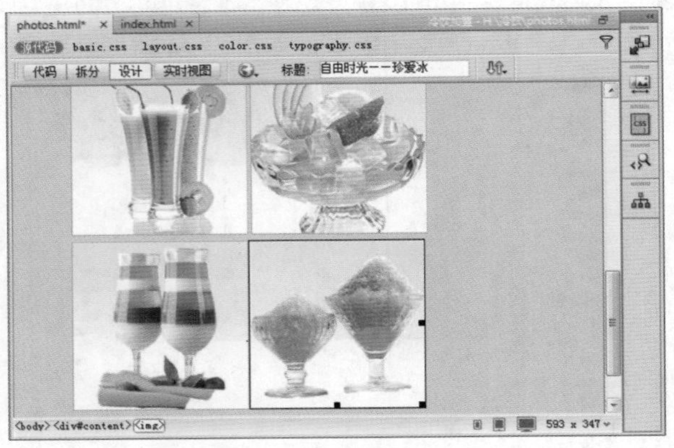

图22-57　插入其他图像并设置属性

Step 7 切换到“拆分”视图中，选择插入一个图片的HTML代码，然后在“插入”浮动面板的“常用”栏中单击Hyperlink按钮，如图22-58所示。

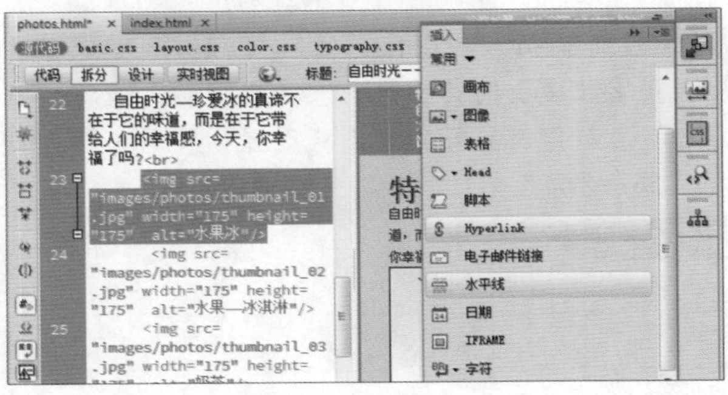

图22-58　准备为插入的图片添加链接

Step 8 打开Hyperlink对话框，然后在“链接”文本框中输入图像路径images/photos/01.JPG，然后在“标题”文本框中输入“水果冰”文本，单击 确定 按钮，如图22-59所示。

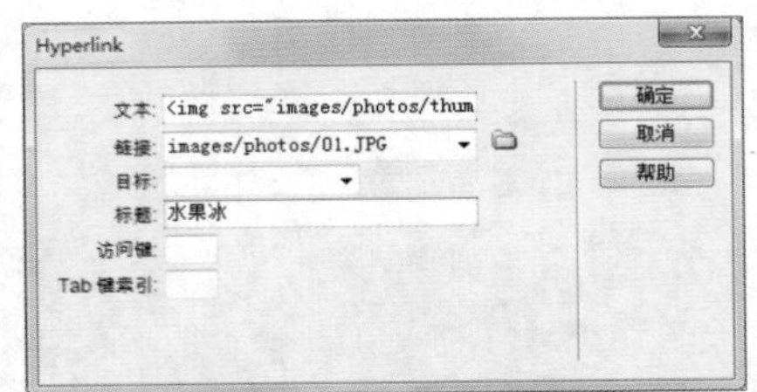

图22-59　设置图像链接

Step 9 使用相同的方法，为其他3张图像添加链接，其“链接”路径和“标题”分别为images/photos/02.JPG和“水果——冰淇淋”、“水果——冰淇淋”和“奶茶”、images/photos/04.JPG和“刨冰”，如图22-60所示。

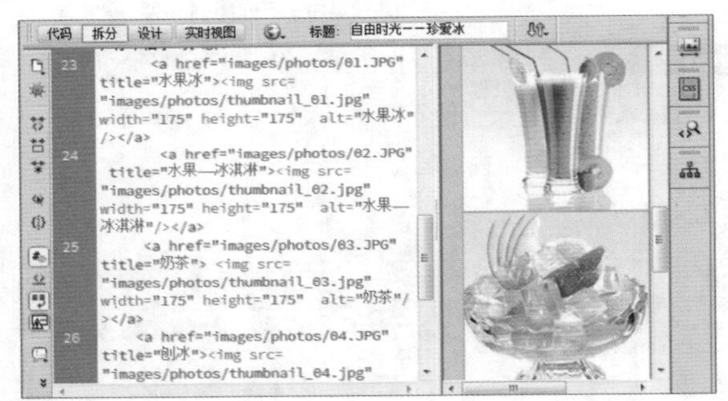

图22-60　为其他图片制作链接

Step 10 在“拆分”视图中选择插入图片及图片链接的HTML代码，选择“插入”/“结构”/“项目列表”命令，插入<ul ></ul>标签，如图22-61所示。

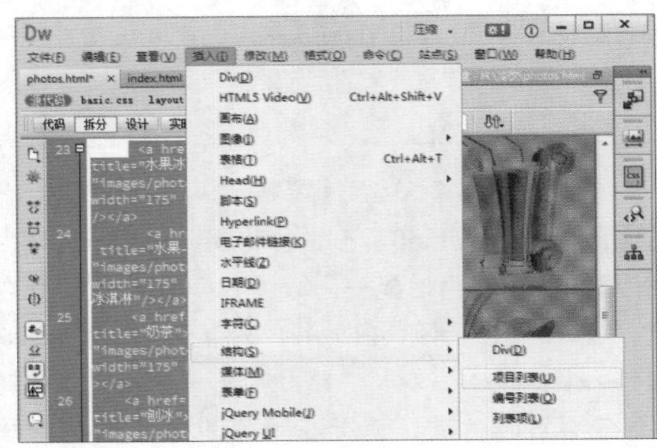

图22-61　插入<ul></ul>标签

Step 11 在“拆分”视图中选择第一张图片及链接的HTML代码，选择“插入”/“结构”/“列表项”命令，插入<li></li>标签，并依次选择其他3张图像及链接，为其插入列表，如图22-62所示。

图22-62　插入<li></li>标签列表

Step 12 为刚插入的<ul></ul>标签添加id名为imagegallery，按Ctrl+S快捷键保存网页，完成photos.html页面结构的制作，如图22-63所示。

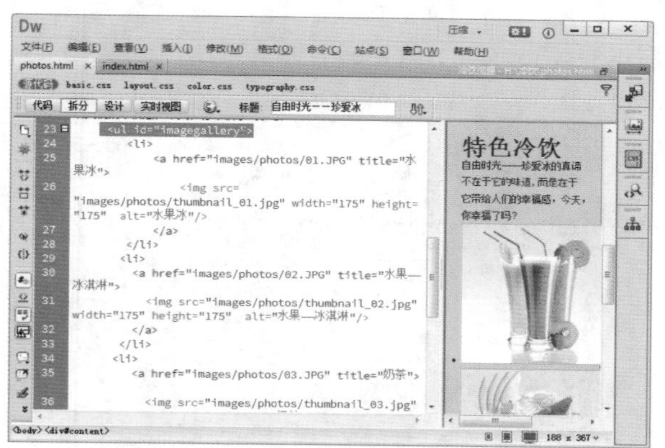

图22-63　完成photos.html页面结构的制作

Step 13 切换到layout.css文件，将插入点定位到文件的末尾，然后输入#imagegallery li规则，设置其显示方式为行内显示，具体代码如图22-64所示。

图22-64　设置图片的显示方式

Step 14 按Ctrl+S快捷键，保存layout.css文件，打开color.css文件，将插入点定位到文件的末尾，添加#imagegallery a规则，并设置其背景颜色，具体代码如图22-65所示。

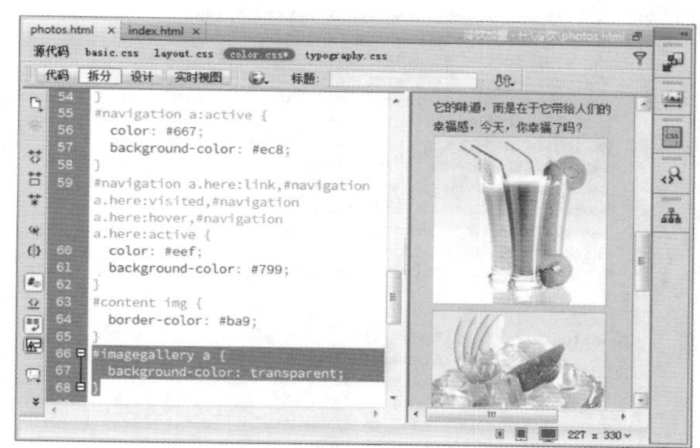

图22-65　设置图片链接的背景颜色

Step 15 按Ctrl+S快捷键保存color.css文件，然后打开typography.css文件，将插入点定位到文件的末尾，添加#imagegallery li 规则，并设置其列表有无符号，具体代码如图22-66所示。

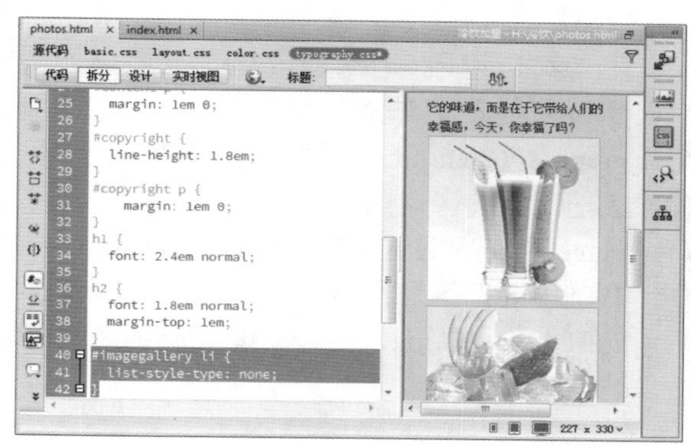

图22-66　设置列表项目无符号

Step 16 按Ctrl+S快捷键，保存typography.css文件。在“文件”浮动面板的script文件夹中打开photos.js文件，在其中定义showPic()函数、preparePlaceholder()函数和prepareGallery()函数，其具体代码如图22-67所示。

```
function showPic(whichpic) {
  if (!document.getElementById("placeholder")) return true;
  var source = whichpic.getAttribute("href");
  var placeholder = document.getElementById("placeholder");
  placeholder.setAttribute("src",source);
  if (!document.getElementById("description")) return false;
  if (whichpic.getAttribute("title")) {
    var text = whichpic.getAttribute("title");
  } else {
    var text = "";
  }
  var description = document.getElementById("description");
  if (description.firstChild.nodeType == 3) {
    description.firstChild.nodeValue = text;
  }
  return false;
}

function preparePlaceholder() {
  if (!document.createElement) return false;
  if (!document.createTextNode) return false;
  if (!document.getElementById) return false;
  if (!document.getElementById("imagegallery")) return false;
  var placeholder = document.createElement("img");
  placeholder.setAttribute("id","placeholder");
  placeholder.setAttribute("src","images/placeholder.png");
  placeholder.setAttribute("alt","自由时光—珍爱冰");
  var description = document.createElement("p");
  description.setAttribute("id","description");
  var desctext = document.createTextNode("请选择一张图像");
  description.appendChild(desctext);
  var gallery = document.getElementById("imagegallery");
  insertAfter(description,gallery);
  insertAfter(placeholder,description);
}

function prepareGallery() {
  if (!document.getElementsByTagName) return false;
  if (!document.getElementById) return false;
  if (!document.getElementById("imagegallery")) return false;
  var gallery = document.getElementById("imagegallery");
  var links = gallery.getElementsByTagName("a");
  for ( var i=0; i < links.length; i++) {
    links[i].onclick = function() {
      return showPic(this);
    }
  }
}
```

图22-67 声明函数

> **操作解谜**
>
> 其中声明showPic()函数的主要作用是设置显示图像的源文件、标题和文字等；preparePlaceholder()函数的主要作用是用来控制显示大图像之前，默认在页面中显示名为placeholder.png的图像；而prepareGallery()函数的主要作用则是从定义的数组中调用取名为01.jpg、02.jpg、03.jpg和04.jpg的大图像来显示。

Step 17 按Ctrl+S快捷键，保存photos.js文件，在文档窗口的标题栏上单击“关闭”按钮，关闭该文件，切换到photos.html的“拆分”视图中，将插入点定位到</head>之前，按Enter键换行，然后在“文件”浮动面板中选择photos.js文件，按住鼠标左键，将其拖动到插入点位置，如图22-68所示。

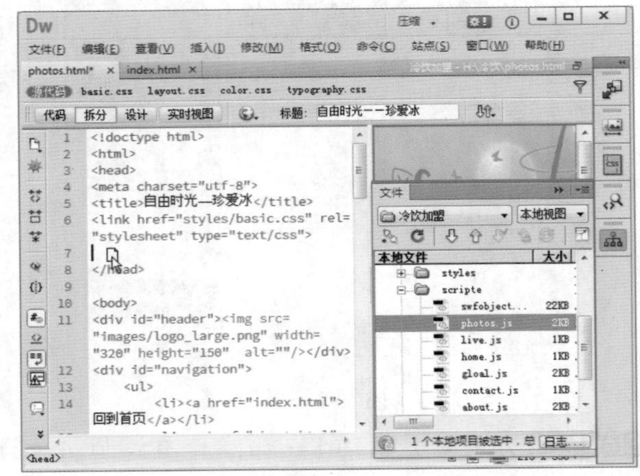

图22-68 链接photos.js文件

Step 18 使用相同的方法，将素材中提供的global.js脚本和swfobject_modified.js脚本文件，链接到photos.html页面中，如图22-69所示。

图22-69 链接其他文件

Step 19 按Ctrl+S快捷键保存网页，按F12键启动浏览器查看效果，如图22-70所示，然后将鼠标指向第一张图像并单击，则会在下面的图像中显示其缩略图像的效果，如图22-71所示。

图22-70　预览效果

图22-71　鼠标单击效果

读书笔记

22.4 扩展练习

本章主要通过制作一个企业的3个页面，来熟悉Dreamweaver CC的HTML基本技术、Div+CSS和JavaScript脚本的使用，希望读者能通过页面制作过程，学到制作页面的一些技巧及技术。另外，本章制作的企业网站还有两个页面没有完成，希望读者学完本章后，通过下面两个练习完成企业网站的另外两个页面的制作，使其成为一个完整的网站。

22.4.1　制作“冷饮”网站的“分店信息”网页

本练习制作的效果如图22-72所示，主要练习在Dreamweaver CC中添加表格，并对表格使用CSS样式，制作JavaScript脚本，让表格的奇数和偶数行颜色不同，当鼠标移到内容表格上时，会高亮显示该行的色彩。考虑到读者对JavaScript脚本不是很熟悉，因此会在素材中提供这些脚本，但如果读者想熟练地使用JavaScript脚本，最好能自行编写，然后将其链接到所制作的网页中。

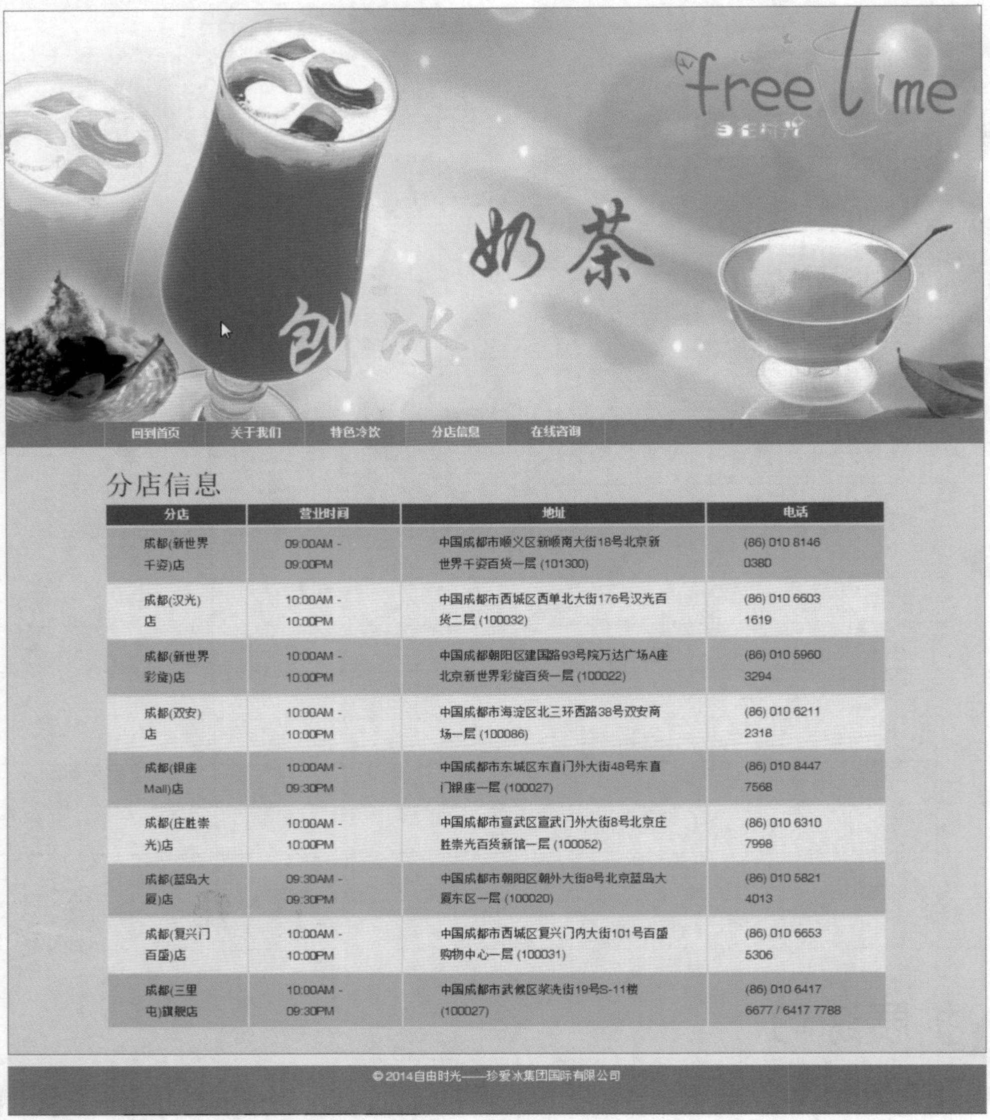

分店	营业时间	地址	电话
成都(新世界千姿)店	09:00AM - 09:00PM	中国成都市顺义区新顺南大街18号北京新世界千姿百货一层 (101300)	(86) 010 8146 0380
成都(汉光)店	10:00AM - 10:00PM	中国成都市西城区西单北大街176号汉光百货二层 (100032)	(86) 010 6603 1619
成都(新世界彩旋)店	10:00AM - 10:00PM	中国成都朝阳区建国路93号院万达广场A座北京新世界彩旋百货一层 (100022)	(86) 010 5960 3294
成都(双安)店	10:00AM - 10:00PM	中国成都市海淀区北三环西路38号双安商场一层 (100086)	(86) 010 6211 2318
成都(银座Mall)店	10:00AM - 09:30PM	中国成都市东城区东直门外大街48号东直门银座一层 (100027)	(86) 010 8447 7568
成都(庄胜崇光)店	10:00AM - 10:00PM	中国成都市宣武区宣武门外大街8号北京庄胜崇光百货新馆一层 (100052)	(86) 010 6310 7998
成都(蓝岛大厦)店	09:30AM - 09:30PM	中国成都市朝阳区朝外大街8号北京蓝岛大厦东区一层 (100020)	(86) 010 5821 4013
成都(复兴门百盛)店	10:00AM - 10:00PM	中国成都市西城区复兴门内大街101号百盛购物中心一层 (100031)	(86) 010 6653 5306
成都(三里屯)旗舰店	10:00AM - 09:30PM	中国成都市武候区浆洗街19号S-11楼 (100027)	(86) 010 6417 6677 / 6417 7788

图22-72 “分店信息”网页效果

- 光盘\素材\第22章\冷饮\
- 光盘\效果\第22章\冷饮\live.html
- 光盘\实例演示\第22章\制作“特色冷饮”页面

22.4.2 制作“冷饮”网站的“在线咨询”网页

本练习制作的效果如图22-73所示，主要练习在Dreamweaver CC中添加表单，在表单中添加文本、电子邮件和文本区域的表单元素，并使用CSS样式对表单属性进行设置。另外，在contact.js文件中声明函数，以判断表单提交后表单中的信息是否为空，最后将制作的JavaScript脚本文件链接到网页中。

图22-73 “在线咨询”网页效果

- 光盘\素材\第22章\冷饮\
- 光盘\效果\第22章\冷饮\contact.html
- 光盘\实例演示\第22章\制作“在线咨询”页面

读书笔记

企业形象设计

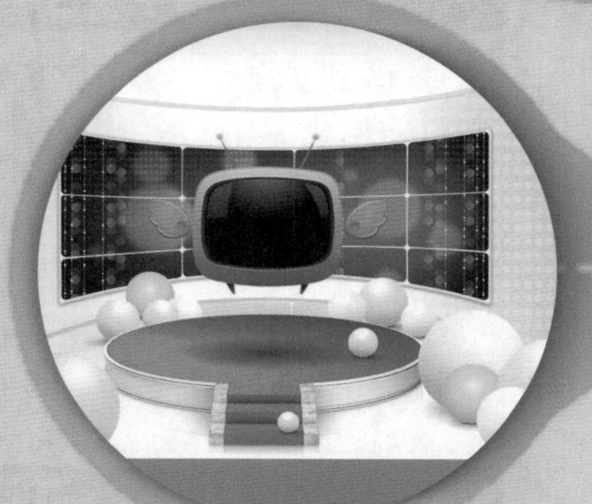

经过入门篇与实战篇的学习，相信用户已经能够使用这3个软件来制作自己需要的网页，但在制作网页的过程中，可能或多或少会遇到一些问题。例如网页的颜色搭配、文字与标题搭配、图文混排和网页结构布局等。这些都在本篇中进行了介绍，同时还深入介绍了JavaScript和Div+CSS的用法，使用户能够了解网页制作的更多技巧和方法。通过本篇的讲解，用户还要进行实际的操作，以在其中获取经验，不断提高自己制作网页的能力。

>>>

23 24

网页制作的高级应用

本章导读

在本书的入门篇中对Dreamweaver CC的各种基础知识进行了介绍，在实战篇中运用入门篇所介绍的知识制作了3个网站，因此，对于初学Dreamweaver CC的用户而言，掌握入门篇的知识则会制作出一些简单而又实用的网站。那么本章则是针对各基础知识的升级，在掌握基础知识的情况下，再对网页制作的技术进一步升华。本章主要是使用JavaScript及简单的函数，结合CSS代码在Dreamweaver CC中组合HTML5的新增功能制作一些网页中的特殊效果。

23.1 JavaScript代码

在网页中要想制作出一些特殊效果，则必须依附JavaScript脚本进行实现，在第1章中简单介绍了JavaScript语言的一些概念，下面将对JavaScript的代码基础进行介绍。

23.1.1 JavaScript代码基础

在网页中，JavaScript源代码主要分为两部分，一部分是定义功能的函数（Function）；另一部分则是运行函数的代码，如图23-1所示的代码即为一个简单的JavaScript在Dreamweaver CC中的应用。

```
<!doctype html>
<html>
<head>
<meta charset="utf-8">
<title>JavaScript 脚本</title>
</head>
<script>
function new_window()
{
    window.open('http://www.baidu.com');
}
</script>

<body>
<a href="#" onClick="new_window()">单击该文本以新窗口的形式打开百度网页</a>
</body>
</html>
```

图23-1　JavaScript代码的应用

在上述代码中，<script>到</script>间的源代码则为JavaScript源代码，下面将分别介绍JavaScript的定义函数和函数执行部分。

1. 定义函数

function是定义函数的关键字，所谓函数，其实就是把JavaScript源代码完成的动作聚集在一起的一个集合，function函数后面是函数名称，而大括号{ }中的则是定义的函数，如图23-2所示。

```
<script>
function new_window()
{
    window.open('http://www.baidu.com');
}
</script>
```

图23-2　定义函数

技巧秒杀

在函数名称的括号中，还可以输入数值、字母等作为定义函数的参数，在引用时进行接收，如果读者对函数感兴趣，可参考专门介绍函数的书籍。

2. 执行函数部分

在定义函数后，则需要执行函数才能得到效果，图23-1中所示的代码onClick="new_window()"，可解释为单击（onClick）某个事件（Event）后，执行了某个动作（new_window()），并且在事件处理中始终都会显示需要运行的函数名称。

23.1.2 JavaScript中的常用词汇

在JavaScript中有许多常用的词汇，了解了各种词汇后，才可对JavaScript进行进一步的了解，下面分别介绍JavaScript中常用的词汇。

1. 常量

常量是指在程序运行的过程中保持数值不变的量。在JavaScript中，常量有如下6种基本类型。

- 整型常量：在JavaScript中的常量通常又称为字面常量，是不能改变的数据。其整型常量可以使用十六进制、八进制和十进制表示其值。
- 实型常量：实型常量是由整数部分和小数部分来表示的，如11.36和193.56。实型常量的数字也可以使用科学或标准方法表示。
- 布尔值：在JavaScript中，布尔常量有两种状态，分别为True和False，主要用来说明和代表一种状态或标志，以说明操作的流程。
- 字符型常量：字符型常量通常表现于使用单引号或双引号括起来的一个或多个字符。如"Dreameaver CC and JavaScript"、"123456"和"Dreamweaver CC and Flash CC and PhotoShop CC三合一"等。
- 空值：JavaScript中空值表现为Null，表示什么也没有。如引用没有定义的变量，则会返回Null值。

◆ 特殊字符：JavaScript中有以反斜杠（/）开头的不可显示的特殊字符，通常称为控制字符。

2. 变量

变量是存取数据、提供存放信息的一个容器。如果要定义变量，则必须明确变量的命名、变量的类型、变量的声明及变量的作用域。在JavaScript中，变量有4种基本类型：整数变量、字符串变量、布尔型变量和实型变量。

3. 表达式与运算符

在定义完变量后，则可以对其进行赋值、改变、计算等一系列操作。这一过程通常会由一个表达式来完成。表达式则是由任何合适的常量、变量和操作符组合而成的一个表达式，而这个表达式可以得到唯一的值，该表达式通常一部分都是在做运算符处理。

4. 函数

函数是一个具有名字的一系列JavaScript语句的有效组合。只要这个函数被调用，就意味着这一系列JavaScript语句被顺序地解释并执行。另外，函数还可将JavaScript 语句同一个Web页面相连接。任何一个用户的交互动作都会引起一个事件，而通过适当的HTML标记，可以间接地引起一个函数的调用。通常把这种调用称为事件处理。

5. 对象

JavaScript是基于对象存在的，是将复杂的对象统一起来，从而形成一个非常强大的对象系统。JavaScript实际上并不完全支持面向对象的程序设计。如JavaScript不支持分类、继承和封装等面向对象的基本特征。因此，JavaScript只可以说是一种基于对象的脚本语言，支持开发对象类型以及根据这些对象产生一定数量的实例。另外，还支持开发对象的可重用性，方便实现多次开发、多次使用的目的。

6. 事件

JavaScript是基于对象的一种语言，而基于对象的基本特征，就是采用事件驱动。它是在一种可视化界面中，使得输入的一切都变得简单化。通常鼠标或热键的动作则会被称为事件，而由鼠标或热键引发的一连串程序的动作，则称为事件驱动。对事件进行处理的程序或函数，称为事件处理程序。

23.2 在HTML5画布中绘制形状

画布（canvas）是Dreamweaver CC中新增的专门用来绘制图形的一个元素，在页面上放置一个canvas元素，相当于在页面中放置一个画布，可以在画布中绘制图形。下面将介绍在canvas画布中绘制各种形状。

23.2.1 绘制矩形

在Dreamweaver CC中，canvas元素本身并不能实现图形绘制的功能，绘制图形的操作必须由JavaScript来完成。使用JavaScript可以在canvas元素内部添加线条、图片和文字等，也可以在其中绘画，还能够加入高级动画操作。

实例操作：在画布中绘制矩形

- 光盘\效果\第23章\矩形.html
- 光盘\实例演示\第23章\在画布中绘制矩形

本例将在Dreamweaver CC中新建一个名为矩形的网页，并在代码视图中定义一个画布元素，在画布中绘制一个矩形。如图23-3所示为代码及绘制效果。

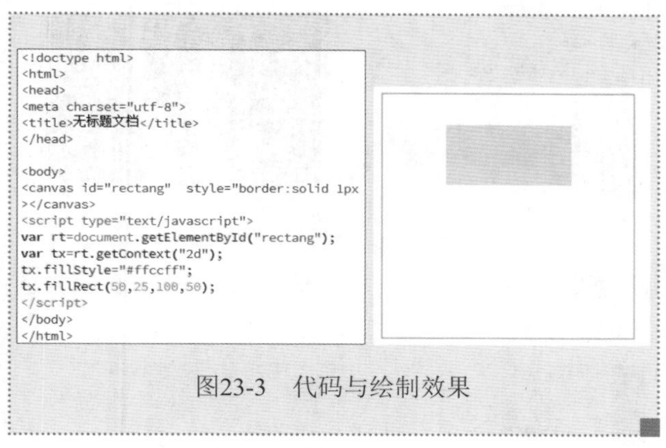

图23-3　代码与绘制效果

Step 1 启动Dreamweaver CC，在其欢迎界面中单击HTML链接，创建一个HTML页面，按Ctrl+S快捷键，将其保存为“矩形.html”页面，然后在网页名称下方单击 代码 按钮，切换到“代码”视图中，如图23-4所示。

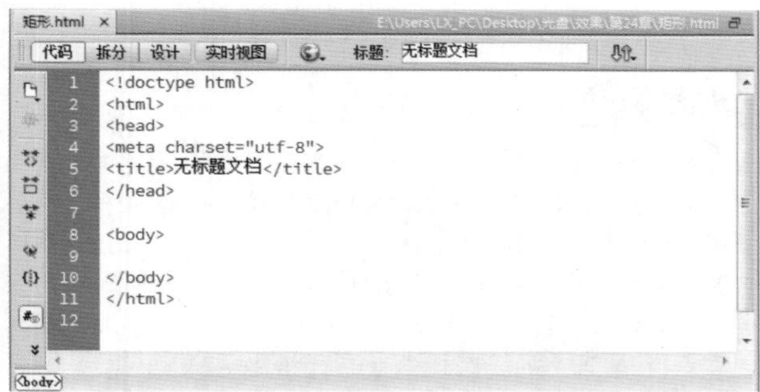

图23-4　切换到“代码”视图

Step 2 将插入点定位到<body></body>之间，然后输入代码<canvas id="rectang" width="200" height="200"></canvas>，在页面中定义一个名为rectang，且宽和高都为200像素的画布，并设置其边框，代码及效果如图23-5所示。

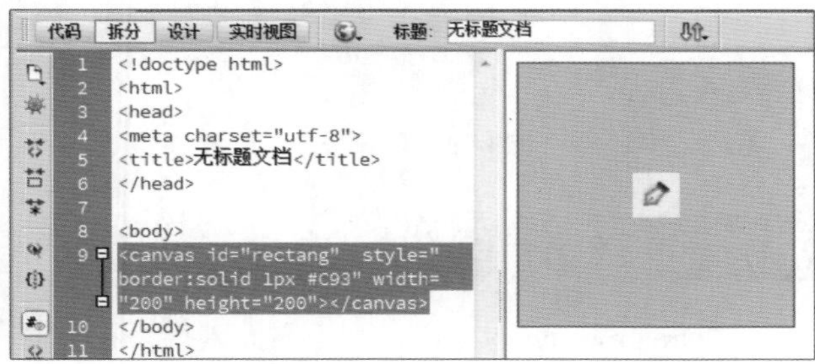

图23-5　代码及效果

Step 3 按Enter键换行，并输入如图23-6所示的代码，即使用JavaScript脚本定义变量，并使用document.getElementByID方法引用定义的画布。

```
<!doctype html>
<html>
<head>
<meta charset="utf-8">
<title>无标题文档</title>
</head>

<body>
<canvas id="rectang"  style="border:solid 1px #C93" width="200" height="200"
></canvas>
<script type="text/javascript">
var rt=document.getElementById("rectang");
</script>
</body>
</html>
```

得到画布元素并将其赋值给定义的变量rt

图23-6　定义变量

Step 4 按Enter键换行，并输入代码var tx=rt.getContext("2d");，即通过getContext方法获取二维绘图参数，然后再按Enter键换行，并输入代码tx.fillStyle="#ffccff";和tx.fillRect(50,25,100,50);，用于设置矩形的填充颜色及位置，其全部代码如图23-7所示。

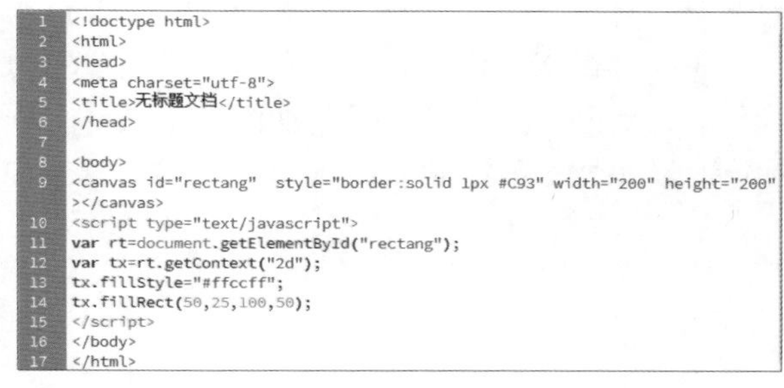

图23-7　查看代码

技巧秒杀

在canvas元素中绘制图形，只支持2D，即二维绘图，而fillRect方法则是指定要绘制矩形的位置和尺寸，其位置由前两个参数指定，后两个参数决定绘制图形的宽度和高度值。

Step 5 按Ctrl+S快捷键保存网页，并使用Opera浏览器预览效果，如图23-8所示。

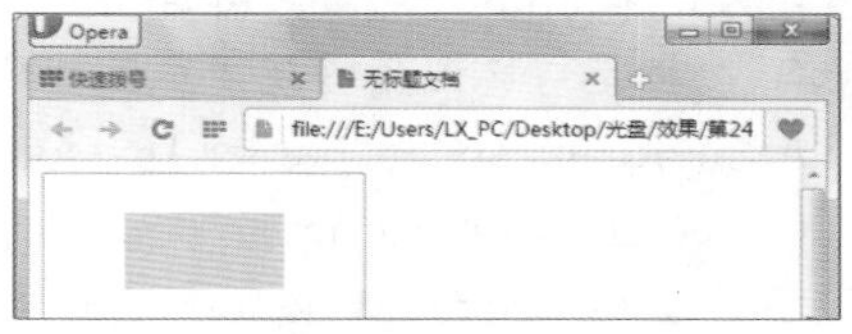

图23-8　查看效果

?答疑解惑：

为什么要使用Chrome浏览器进行预览？

因为画布功能是Dreamweaver CC中新增的一个功能，也是基于HTML5语言的代码，因此还不能被所有浏览器所支持，需要使用Chrome浏览器进行预览，同样IE 9以上的版本也支持。

23.2.2 绘制圆形

在Dreamweaver CC的canvas中绘制圆形，会使用到beginPath、arc、closePath和fill方法，而绘制的方法基本都与绘制矩形相同。

实例操作：在画布中绘制圆形

- 光盘\效果\第23章\圆.html
- 光盘\实例演示\第23章\在画布中绘制圆形

本例将在Dreamweaver CC中新建一个名为“圆”的网页，并在“代码”视图中定义一个画面元素，在画布中绘制一个圆形，效果如图23-9所示。

图23-9　绘制效果

Step 1 启动Dreamweaver CC，在其欢迎界面中单击HTML链接，创建一个HTML页面，按Ctrl+S快捷键将其保存为“圆.html”页面，然后在网页名称下方单击 代码 按钮，切换到代码视图中，并输入代码<canvas id="myRuan" style="border:1px solid #F99" width="300" height="200"></canvas>定义画布的名称myRuan，并设置其边框为1px solid #F99，宽和高分别为300和200，如图23-10所示。

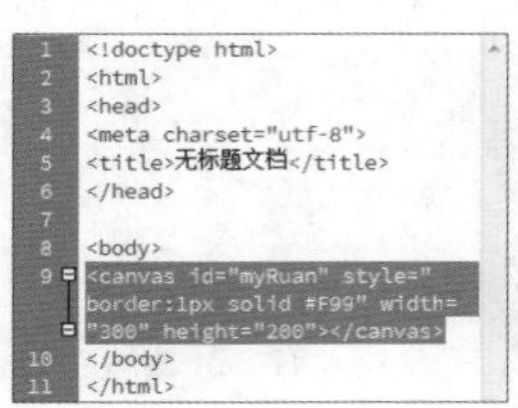

```
<!doctype html>
<html>
<head>
<meta charset="utf-8">
<title>无标题文档</title>
</head>

<body>
<canvas id="myRuan" style="
border:1px solid #F99" width=
"300" height="200"></canvas>
</body>
</html>
```

图23-10　代码及效果

Step 2 按Enter键换行，然后输入如图23-11所示的代码绘制圆。

```
<!doctype html>
<html>
<head>
<meta charset="utf-8">
<title>无标题文档</title>
</head>

<body>
<canvas id="myRuan" style="border:1px solid #F99" width="300" height="200"></canvas>
<script type="text/javascript">
var mr=document.getElementById("myRuan");
var tx=mr.getContext("2d");
tx.fillStyle="#FFCCDD";
tx.beginPath();//开始绘制路径
tx.arc(100,75,50,0,Math.PI*2,true);//用于绘制弧线，输入适当的参数，则可将其绘制为圆
tx.closePath();//闭合图形
tx.fill();
</script>
</body>
</html>
```

图23-11　绘制圆的代码

技巧秒杀

在代码中使用到的arc方法的主要语法为：tx.arc(x,y,radius,startAngle,endAngle,anticlockwise);，其中，参数x、y是绘制图形的起点坐标；radius参数为绘制圆形的半径；starAngle参数为开始的角度；endAngle参数为结束的角度；anticlockwise参数为是否按顺时针方向进行绘制。

Step 3 按Ctrl+S快捷键进行保存，并在Opera浏览器中预览效果，如图23-12所示。

图23-12　预览效果

23.2.3 绘制直线

在Dreamweaver CC中添加画布元素后，在上面绘制直线，要用到moveTo、lineTo和stroke方法。下

面分别对这几个方法的语法及含义进行介绍。

- moveTo(x,y)：该方法用于建立新的子路径，其参数(x,y)则用于设置路径的起点。
- lineTo(x,y)：该方法主要用于从moveTo方法规定的起始点开始绘制一条到设定坐标的直线，如果在使用该方法前并没有使用moveTo方法，则该方法的参数(x,y)则是用于设置直线的终点坐标。
- stroke：该方法用于沿着设置的起始坐标和终点坐标绘制一条直线。

实例操作：在画布中绘制直线

- 光盘\效果\第23章\直线.html
- 光盘\实例演示\第23章\在画布中绘制直线

本例将在Dreamweaver CC中新建一个名为“直线”的网页，并在“代码”视图中定义一个画布元素，然后在画布中绘制一条直线，效果如图23-13所示。

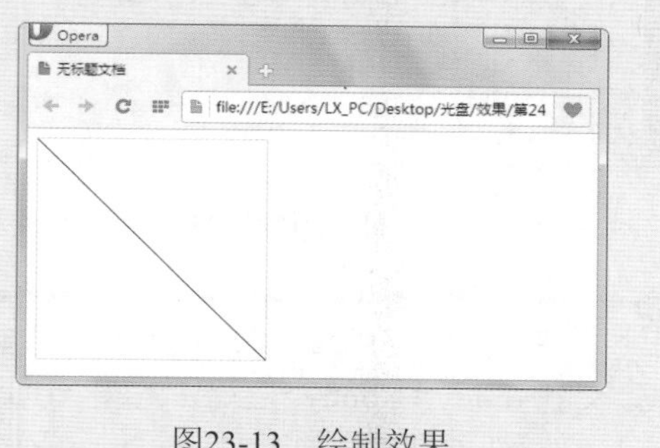

图23-13　绘制效果

Step 1 启动Dreamweaver CC，在其欢迎界面中单击HTML链接，创建一个HTML页面，按Ctrl+S快捷键将其保存为“直线.html”页面，然后在网页名称下方单击 代码 按钮，切换到“代码”视图中，如图23-14所示。

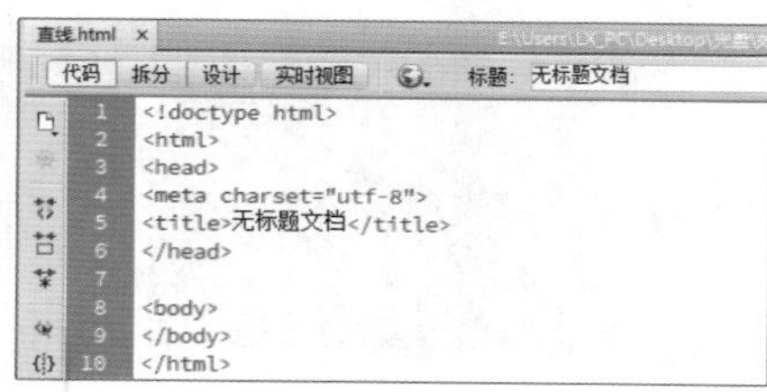


```
<!doctype html>
<html>
<head>
<meta charset="utf-8">
<title>无标题文档</title>
</head>

<body>
</body>
</html>
```

图23-14　新建HTML页面并保存网页

Step 2 将插入点定位到<body></body>之间，按Enter键换行，然后输入代码，定义画布名称为myLine，边框为1px solid #ccc，宽和高均为200像素，如图23-15所示为定义画布的代码。

```
<body>
<canvas id="myLine" style="border:1px solid #ccc" width="200" height="200"></canvas>
</body>
</html>
```

图23-15　定义画布的代码

Step 3 按Enter键换行，然后定义变量ml，将定义的画布赋值给变量ml，再定义变量tx，获取在画布上绘制二维图形的参数2d，然后使用方法moveTo(0,0)绘制路径，使用lineTo方法绘制直线的坐标，最后使用stroke方法绘制直线，具体代码如图23-16所示。按Ctrl+S快捷键保存网页，并查看其效果，如图23-17所示。

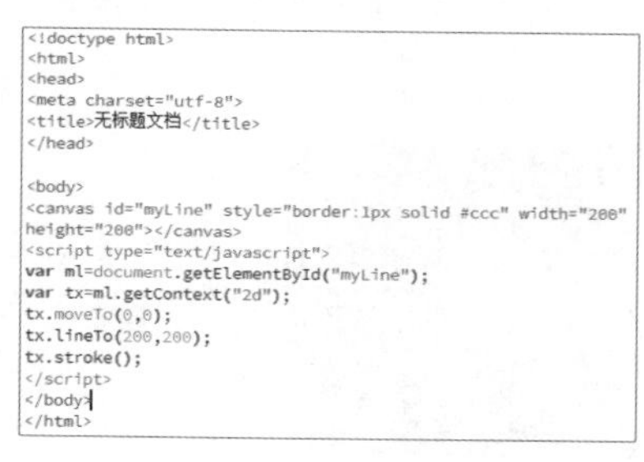

```
<!doctype html>
<html>
<head>
<meta charset="utf-8">
<title>无标题文档</title>
</head>

<body>
<canvas id="myLine" style="border:1px solid #ccc" width="200"
height="200"></canvas>
<script type="text/javascript">
var ml=document.getElementById("myLine");
var tx=ml.getContext("2d");
tx.moveTo(0,0);
tx.lineTo(200,200);
tx.stroke();
</script>
</body>
</html>
```

图23-16　代码

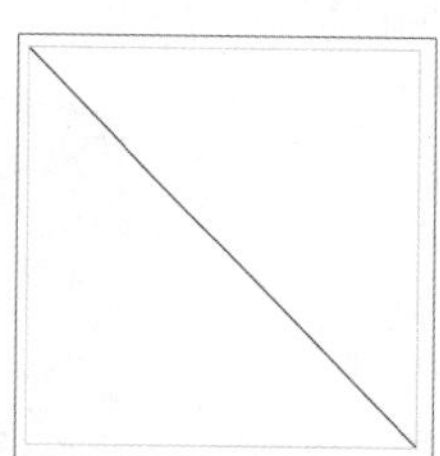

图23-17　效果

23.2.4 线性和径向渐变

渐变是在各种绘图软件中常见的一种填充颜色或描边方式，在网页设计中也不例外，在Dreamweaver CC的画布中也可以绘制线性或径向渐变，下面分别进行介绍。

1. 绘制线性渐变

在Dreamweaver CC的画布中绘制线性渐变时，要使用createlinearGradient方法创建canvasGradient对象，并且还要使用addColorStop方法进行上色，下面分别介绍这两种方法的使用。

- createlinearGradient：该方法可带有4个参数，分别为x1、y1、x2和y2，其中，参数x1、y1主要用于设置渐变的起点，而参数x2、y2主要用于设置渐变的终点。

◆ addColorStop：该方法可带有两个参数，分别为position和color，其中，position参数主要用于设置渐变中的相对位置或偏移量，其值必须是一个0～1的浮点值。渐变起点的偏移值为0，其终点的偏移值为1。例如，position参数为0.5，则表示色标会出现在渐变的正中间。

实例操作：在画布中绘制线性渐变

- 光盘\效果\第23章\线性渐变.html
- 光盘\实例演示\第23章\在画布中绘制线性渐变

本例将在Dreamweaver CC中新建一个名为线性渐变的网页，并在“代码”视图中定义一个画布元素，然后绘制3种颜色的渐变，即在线性渐变中添加3个色标，分别为青色、蓝色和红色，效果如图23-18所示。

图23-18 绘制效果

Step 1 启动Dreamweaver CC，在其欢迎屏幕中单击HTML链接，创建一个HTML页面，按Ctrl+S快捷键将其保存为“线性渐变.html”页面，然后在网页名称下方单击 代码 按钮，切换到“代码”视图中，如图23-19所示。

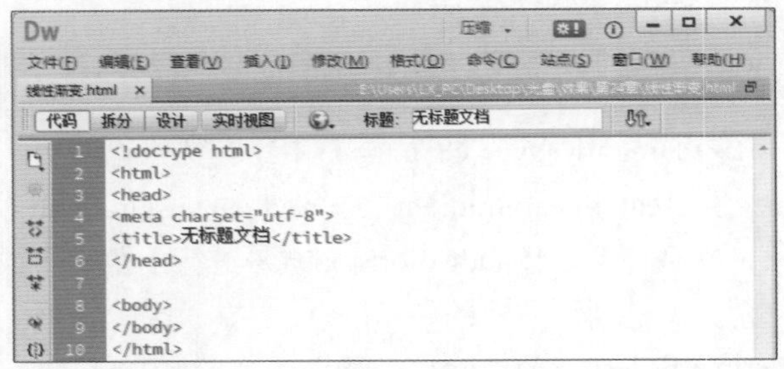

图23-19 创建网页并保存

Step 2 按Enter键换行，然后定义画布名称为mylgc，宽和高分别为400和300，具体代码如图23-20所示。

```
<!doctype html>
<html>
<head>
<meta charset="utf-8">
<title>无标题文档</title>
</head>

<body>
<canvas id="mylgc" width="400" height="300"></canvas>
</body>
</html>
```

图23-20 定义画布

Step 3 将插入点定位到<head></head>之间，然后定义JavaScript脚本，并绘制线性渐变，具体代码如图23-21所示。

```
<!doctype html>
<html>
<head>
<meta charset="utf-8">
<title>无标题文档</title>
<script type="text/javascript">
function draw()//定义画笔函数
{
    var mylgc_tx=document.getElementById('mylgc').getContext('2d');
    //定义变量获取画布，并得到绘制二维图形的参数2d
    var lgc=mylgc_tx.createLinearGradient(0,0,0,270);//创建线性渐变路径
    lgc.addColorStop(0,'#00ff00');//添加色标
    lgc.addColorStop(1/3,'#00ffff');
    lgc.addColorStop(2/3,'#ff0000');
    mylgc_tx.fillStyle=lgc;
    mylgc_tx.strokeStyle=lgc;
    mylgc_tx.fillRect(10,10,380,270);
}
window.onload=function(){draw();}//在加载网页时就执行函数draw()
</script>
</head>

<body>
<canvas id="mylgc" width="400" height="300"></canvas>
</body>
</html>
```

图23-21 定义JavaScript脚本并绘制线性渐变

> **操作解谜**
>
> 在网页中使用JavaScript脚本，并非只能定义到<body></body>之间，同样可以定义到<head></head>之间，因为JavaScript脚本并不会与HTML标记一样从上到下进行解释，只有在标记中引用脚本时，才会顺序地执行脚本语言，否则不会被执行。

Step 4 按Ctrl+S快捷键保存网页，并在浏览器上预览效果，如图23-22所示。

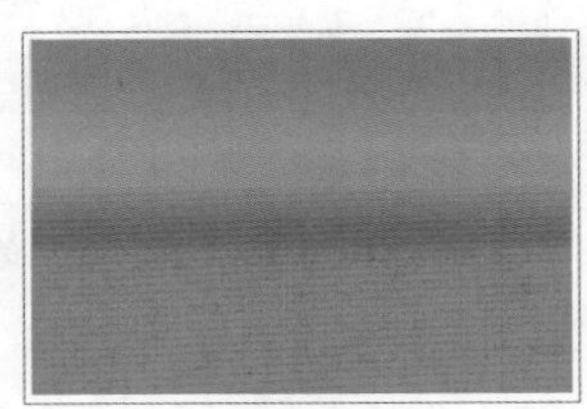

图23-22 渐变效果

技巧秒杀

在绘制线性渐变时，所绘制的位置不能超过画布的大小，因为超过画布大小后，所超出的线性渐变将不会显示。

2. 绘制径向渐变

如果要在Dreamweaver CC的画布中绘制径向渐变，则需要了解createRadialGradient方法的参数及作用。该方法带有6个参数，分别为x1、y1、r1、x2、y2和r2，其中，x1、y1、r1这3个参数用于定义一个以（x1,y1）为原点，r1为半径的圆，而x2、y2、r2这3个参数则用于定义以（x2,y2）为原点，r2为半径的圆。

在Dreamweaver CC画布中绘制径向渐变的原理则是使用createRadialGradient方法绘制两个圆，然后再使用addColorStop方法定义色标的相对位置并上色，达到径向渐变的效果。

实例操作：在画布中绘制径向渐变

- 光盘\效果\第23章\径向渐变.html
- 光盘\实例演示\第23章\在画布中绘制径向渐变

本例将在Dreamweaver CC中新建一个名为“径向渐变”的网页，并在代码视图中定义一个画布元素，然后创建canvasGradient对象，为该对象上色，效果如图23-23所示。

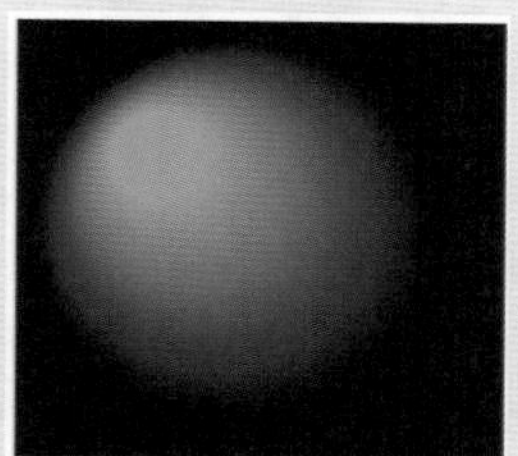

图23-23　绘制效果

Step 1 启动Dreamweaver CC，在其欢迎界面中单击HTML链接，创建一个HTML页面，按Ctrl+S快捷键将其保存为“径向渐变.html”页面，然后在网页名称下方单击代码按钮，切换到“代码”视图中，如图23-24所示。

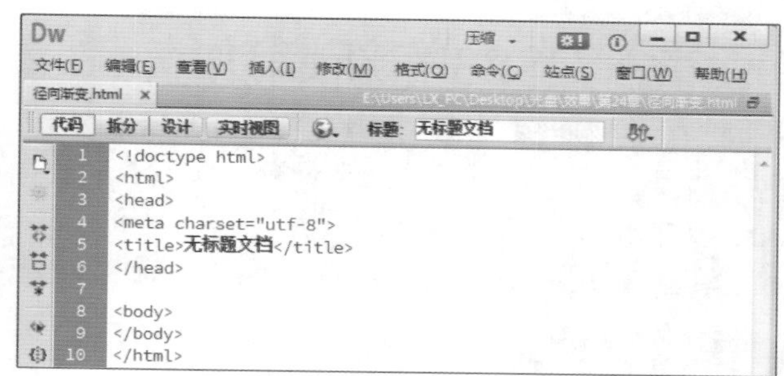

图23-24　创建网页并保存

Step 2 将插入点定位到<body></body>之间，按Enter键换行，然后定义画布名称为myggc，宽和高分别为400和300，具体代码如图23-25所示。

```
<!doctype html>
<html>
<head>
<meta charset="utf-8">
<title>无标题文档</title>
</head>

<body>
<canvas id="myggc" width="400" height="300"></canvas>
</body>
</html>
```

图23-25　定义画布

Step 3 将插入点定位到<head></head>之间，然后定义JavaScript脚本并绘制径向渐变，具体代码如图23-26所示。

```
<!doctype html>
<html>
<head>
<meta charset="utf-8">
<title>无标题文档</title>
<script type="text/javascript">
function draw(){
    var myggc_tx=document.getElementById('myggc').getContext('2d');
    var cg=myggc_tx.createRadialGradient(100,100,30,150,150,130);
    cg.addColorStop(0,'#aacc00');
    cg.addColorStop(3/4,'#333');
    cg.addColorStop(1,'#000');
    myggc_tx.fillStyle=cg;
    myggc_tx.fillRect(10,10,310,310);
}
window.onload=function(){
    draw();
}
</script>
</head>

<body>
<canvas id="myggc" width="400" height="300"></canvas>
</body>
</html>
```

图23-26　定义JavaScript脚本并绘制径向渐变

技巧秒杀

在绘制径向渐变时，所添加的位置和颜色不同，会达到不一样的渐变效果。

23.3 CSS3的新增功能

CSS3是CSS技术的最新升级版本，因此，在Dreamweaver CC中也引用了CSS3的一些新增特点，并且在Dreamweaver CC中经常使用CSS对网页进行各种美化，如结合Div还可实现一些特殊的效果。本节将对CSS3的部分新增功能进行讲解，如CSS3中关于背景和边框的一些相关属性。

23.3.1 多色边框的应用

在Dreamweaver CC中存在一个border-color属性，在以前版本的Dreamweaver中同样也存在该属性，但在Dreamweaver CC中引入了CSS3的功能后，使用border-color属性可以为边框设置更多的颜色，同时方便设计师设计渐变等炫丽的边框效果，border-color属性的基本语法为border-color:<color>;。

为了避免与border-color属性原功能发生冲突，CSS3在该属性的基础上还派生了4个边框颜色属性，分别介绍如下。

- border-top-color：主要用来指定元素顶部边框的颜色。
- border-right-color：主要用来指定元素右侧边框的颜色。
- border-bottom-color：主要用来指定元素底部边框的颜色。
- border-left-color：主要用来指定元素左侧边框的颜色。

实例操作：定义立体边框效果

- 光盘\素材\第23章\bg.jpg
- 光盘\效果\第23章\border.html
- 光盘\实例演示\第23章\定义立体边框效果

本例将在Dreamweaver CC中新建一个名为border.html的网页，并使用border-color属性制作出立体效果的边框，如图23-27所示。

图23-27　绘制效果

Step 1 启动Dreamweaver CC，在欢迎界面中单击HTML链接，新建一个HTML网页，然后按Ctrl+S快捷键保存到合适的位置，并命名为border.html，再在工作界面中单击 代码 按钮，切换到“代码”视图中，如图23-28所示。

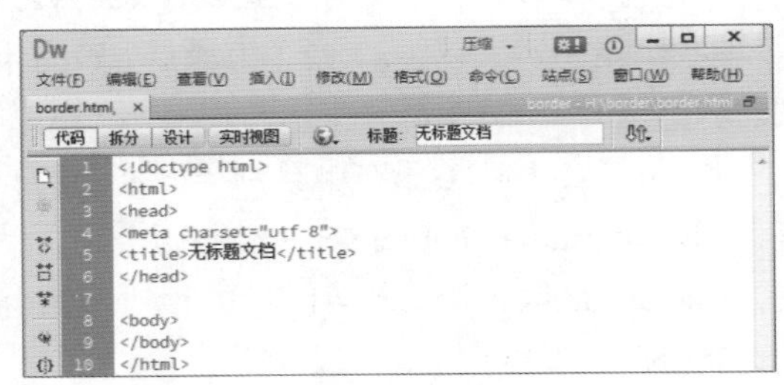

图23-28　新建网页并保存

Step 2 将插入点定位到<body></body>之间，然后按Enter键换行，输入<div></div>定义一个层，具体代码如图23-29所示。

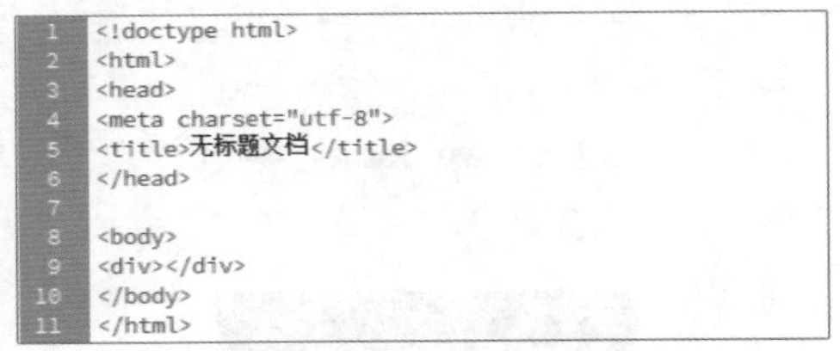

图23-29　定义层

Step 3 将插入点定位到<head></head>之间，然后输入代码<style type="text/css"></style>，在其中定义内部CSS样式，具体的CSS样式如图23-30所示，按Ctrl+S快捷键保存编辑后的网页完成操作。

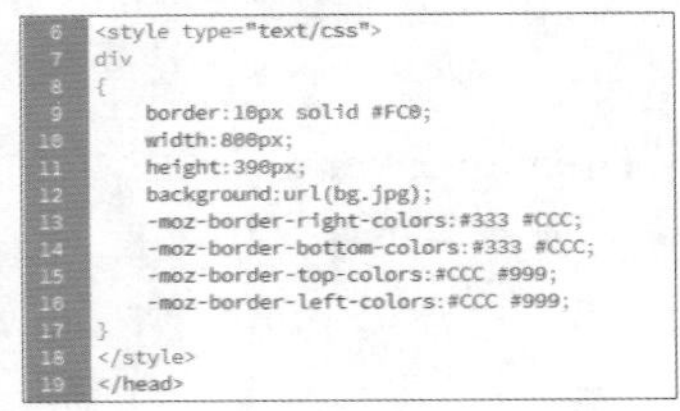

图23-30　定义CSS样式

技巧秒杀

对于本例中所用到的4个边框属性，如果其颜色不同，则可设置4条不同颜色的边框，但CSS3中的border-color增强功能并没有得到各大浏览器的支持，目前只有Mozilla Gecko引擎支持，即火狐浏览器支持该属性的引用。

23.3.2 设计边框的背景样式

在Dreamweaver CC中增加了一个border-image属性，该属性与border-color属性的用法很相似，包括图像源、剪裁位置和重复性。如border-image:url(aa.jpg) 80n-repeat;则表示设置边框背景图像为aa.jpg，剪裁位置为80像素，不重复。

实例操作：用图片作为背景图像的边框

- 光盘\素材\第23章\bg_border\
- 光盘\效果\第23章\bg_border.html
- 光盘\实例演示\第23章\用图片作为背景图像的边框

本例将在Dreamweaver CC中新建一个名为bg_border.html的网页，并使用border-image属性制作一个以剪裁的背景图像作为图像的边框，效果如图23-31所示。

图23-31　绘制效果

Step 1 ▶ 启动Dreamweaver CC，在欢迎界面中单击HTML链接，新建一个HTML网页，按Ctrl+S快捷键保存到合适的位置，并命名为bg_border.html。在工作界面中单击代码按钮，切换到“代码”视图中，将插入点定位到<body></body>之间，按Enter键换行，输入<div></div>定义一个层，如图23-32所示。

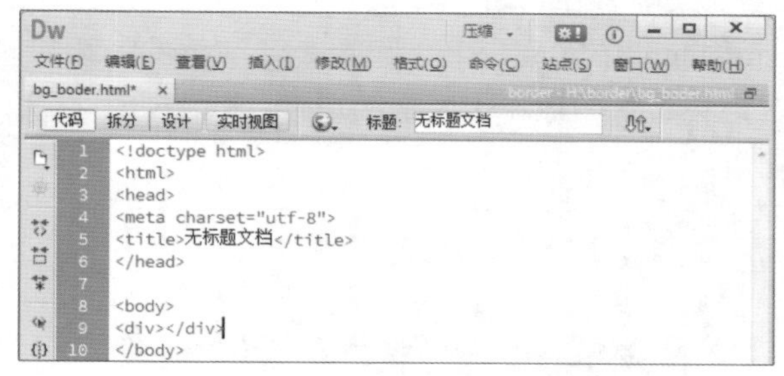

图23-32　新建网页并保存

Step 2 ▶ 将插入点定位到<head></head>之间，然后输入代码<style type="text/css"></style>，在其中定义内部CSS样式，具体的CSS样式如图23-33所示，按Ctrl+S快捷键保存编辑后的网页，使用Opera浏览器进行预览。

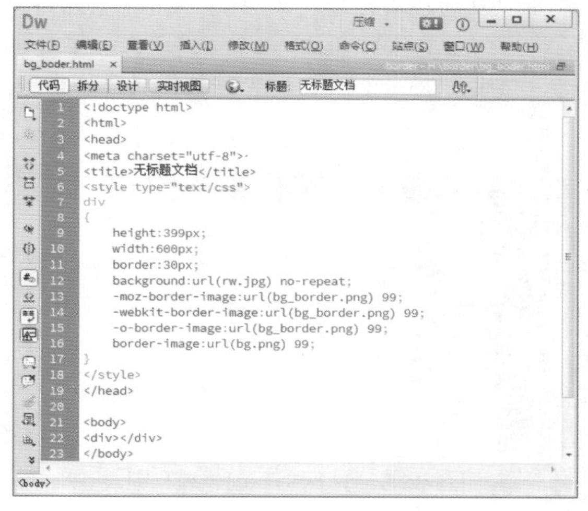

图23-33　定义CSS样式

23.3.3 设计圆环的选项卡

在Dreamweaver CC中，border-image属性应用比较灵活，设置不同的参数可实现不同样式的背景图。

实例操作：设计圆角选项卡

- 光盘\素材\第23章\a1.png
- 光盘\效果\第23章\bg_radius\bg_radius.html
- 光盘\实例演示\第23章\设计圆角选项卡

本例将在Dreamweaver CC中新建一个名为bg_border.html的网页，并使用border-image属性制作一个圆环背景图像作为图像的边框，效果如图23-34所示。

图23-34　绘制效果

Step 1 启动Dreamweaver CC，在欢迎界面中单击HTML链接，新建一个HTML网页，按Ctrl+S快捷键保存到合适的位置，并命名为bg_Radius.html。在工作界面中单击 代码 按钮，切换到“代码”视图中，然后将插入点定位到<body></body>之间，按Enter键换行，然后定义一个项目列表，具体代码如图23-35所示。

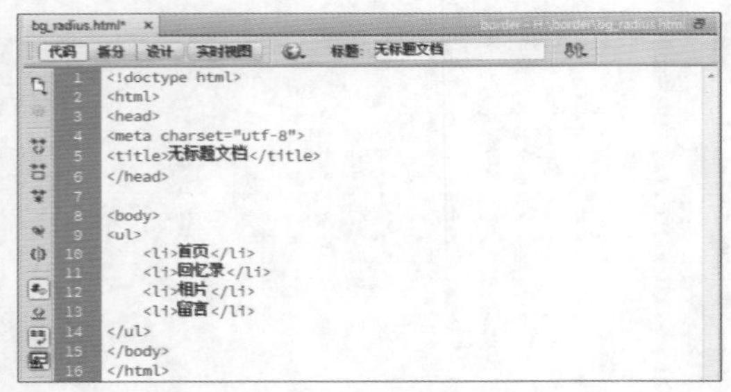

图23-35　新建网页并创建项目列表

Step 2 将插入点定位到<head></head>之间，然后输入代码<style type="text/css"></style>，在其中定义ul的内部CSS样式，具体代码如图23-36所示。

```
<head>
<meta charset="utf-8">
<title>无标题文档</title>
<style type="text/css">
ul
{
    margin:0px;
    padding:0px;
    list-style-type:none;/*设置列表没有列表符号*/

}
</style>
</head>

<body>
<ul>
    <li>首页</li>
    <li>回忆录</li>
    <li>相片 </li>
    <li>留言 </li>
</ul>
```

图23-36　为ul元素定义CSS样式

Step 3 按Enter键换行，然后为li列表元素定义内部的CSS样式，如图23-37所示，按Ctrl+S快捷键保存，完成整个例子的操作。

```
<!doctype html>
<html>
<head>
<meta charset="utf-8">
<title>无标题文档</title>
<style type="text/css">
ul
{
    margin:0px;
    padding:0px;
    list-style-type:none;/*设置列表没有列表符号*/

}
li
{
    width:100px;
    height:20px;
    float:left;
    padding:4px 0px;
    text-align:center;
    border-width:3px 3px 0px;/*设置边框宽度*/
    -moz-border-image:url(a1.png) 3 3 3;/*设置裁剪背景图片做为边框*/
    -webkit-border-image:url(a1.png) 3 3 3;
    -o-border-image:url(a1.png) 3 3 3 ;
    border-image:url(a1.png) 3 3 3 #999;/*设置裁剪的3像素的背景图片做为边框并设置其背景图片做为底纹*/
}
</style>
</head>

<body>
<ul>
    <li>首页</li>
    <li>回忆录</li>
    <li>相片 </li>
    <li>留言 </li>
</ul>
</body>
</html>
```

图23-37　为li元素定义CSS样式

技巧秒杀

其中，-moz-、-webkit-和-o-是指用Mozilla Gecko、Webkit和Presto作为引擎的浏览器才支持border-image属性，目前IE浏览器暂时还不支持border-image属性，也没有定义的私有属性。

23.3.4 设计圆角

在网页设计中，圆角边框也是美化页面的方法之一，在Dreamweaver CC之前的版本中，如果实现圆角的效果，只能借助图像文件来实现。目前在Dreamweaver CC中只需要使用border-radius属性即可完成该效果。下面对border-radius属性进行介绍。

1. border-radius属性的语法

在Dreamweaver CC中引入了CSS3，因此border-radius属性也相继增强，使用该属性可以设计元素以不同样式的圆角显示。border-radius属性的语法为border-radius:none|<length>{1,4}[/<length>{1,4}]?，其参数解释分别如下。

- none：表示该属性的初始值，默认是没有圆角的。

- <length>：该参数表示由浮点数字和单位标识符组合而成的长度值，但不可以为负值。
- {1,4}：表示border-radius的属性值，可以是一组值。

2. 派生属性

在使用border-radius属性时，为了方便设置元素的各个圆角，border-radius属性还派生了4个子属性，分别介绍如下。

- border-top-right-radius：主要用来定义元素右上角的圆角。
- border-bottom-right-radius：主要用来定义元素右下角的圆角。
- border-bottom-left-radius：主要用来定义元素左下角的圆角。
- border-top-left-radius：主要用来定义元素左上角的圆角。

不管是border-radius属性，还是以上4个派生的属性，如果要在Mozilla Gecko、Webkit和Presto作为引擎的浏览器中进行预览，则需要使用前缀-moz-、-webkit-和-o-，在IE 9及以上的版本同样支持border-radius属性。

实例操作：用border-radius属性制作圆角

- 光盘\效果\第23章\border-radius.html
- 光盘\实例演示\第23章\用border-radius属性制作圆角

本例将新建一个HTML网页，并使用border-radius属性设置一个圆角元素，效果如图23-38所示。

图23-38 圆角效果

Step 1 启动Dreamweaver CC，新建一个HTML类型的网页，并将其命名为border_radius.html，然后在工作界面中单击 代码 按钮，切换到代码视图中，将插入点定位到<body></body>之间，然后按Enter键换行，输入<div></div>，如图23-39所示。

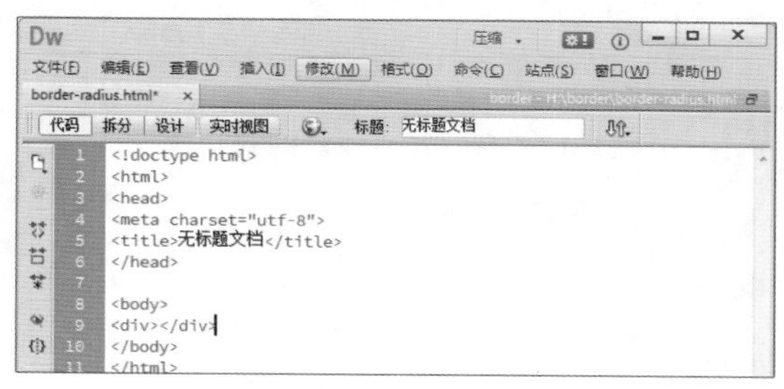

图23-39 新建网页并添加层

Step 2 将插入点定位到<head></head>之间，然后输入代码<style type="text/css"></style>，在其中定义Div的内部CSS样式，如图23-40所示。按Ctrl+S快捷键保存，即可完成整个例子的操作。

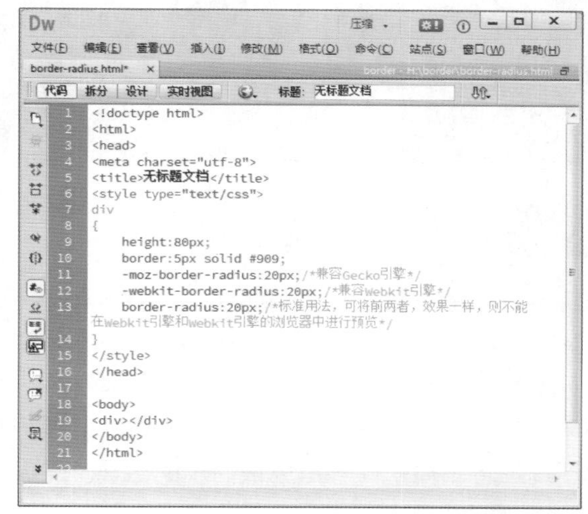

图23-40 为Div元素定义CSS样式

?答疑解惑：

能将元素的各角设计成不同大小的圆角吗？

使用border-radius属性或派生的子属性都可以快速地完成，如图23-41所示为border-radius属性和派生属性设置的圆角代码，如图23-42所示则为代码设置后的效果。通过各代码可以看出各圆角的值是根据border-radius属性值的大小所控制的，并且派生属性能达到的效果，使用border-radius属性同样能完成。

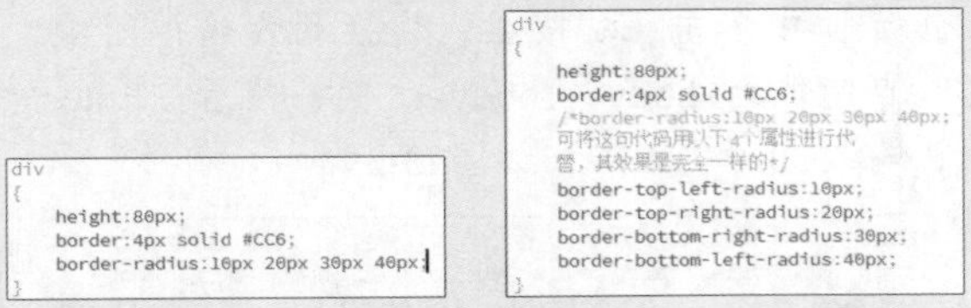

```
div
{
    height:80px;
    border:4px solid #CC6;
    border-radius:10px 20px 30px 40px;
}
```

```
div
{
    height:80px;
    border:4px solid #CC6;
    /*border-radius:10px 20px 30px 40px;
    可将这句代码用以下4个属性进行代
    替，其效果是完全一样的*/
    border-top-left-radius:10px;
    border-top-right-radius:20px;
    border-bottom-right-radius:30px;
    border-bottom-left-radius:40px;
}
```

图23-41　不同属性设置的圆角代码

图23-42　不同代码设置出的相同效果

技巧秒杀

为border-radius属性设置4个参数值时，其顺序是左上（top-left）、右上（top-right）、右下（bottom-right）、左下（bottom-left）。

读书笔记

23.4 使用CSS进行网页布局

在网页中进行布局，实则是将网页中的内容进行合理的编排，如标题、导航、主要内容、脚注及表单等，在Dreamweaver CC中引入了CSS3的新增功能，使用Multiple Columns多列自动布局功能就可以利用多列布局的属性自动将内容按指定的列数排列，下面对多列布局、多列布局的显示样式、盒布局等内容进行介绍。

23.4.1 多列布局的应用

在Dreamweaver CC中可以使用float属性或position属性进行页面布局，但是在多列布局时各Div元素都是独立存在的，在加入一些内容时，每列元素底部都不能对齐，如果使用columns多列布局属性进行布局，则可避免该问题的出现。下面对columns属性及多列布局的列宽、列数、列间距和列高等进行介绍。

1. columns属性的语法及应用

columns是多列布局特性的基本属性，使用该属性可以在Dreamweaver CC中同时定义列数和每列的宽度。

其属性的基本语法为columns:<column-width>||<column-count>;，参数含义分别介绍如下。

- <column-width>：主要用来定义每列的宽度。
- <column-count>：主要用来定义列数。

Step 1 启动Dreamweaver CC，打开column.html页面，效果如图23-43所示。

技巧秒杀

目前只有Webkit引擎的浏览器才支持-webkit-columns私有的属性，而其他各大主流的浏览器都还不支持该属性的应用。另外，columns属性的初始值可根据元素的个别属性而定，适用于不可替换的块元素（<div>）、行内元素（<span>）和单元格，但表格除外。

实例操作：用columns属性进行多列布局

- 光盘\素材\第23章\columns.html
- 光盘\效果\第23章\columns.html
- 光盘\实例演示\第23章\用columns属性进行多列布局

本例将打开columns.html网页，然后使用columns属性对其分为3列进行显示。

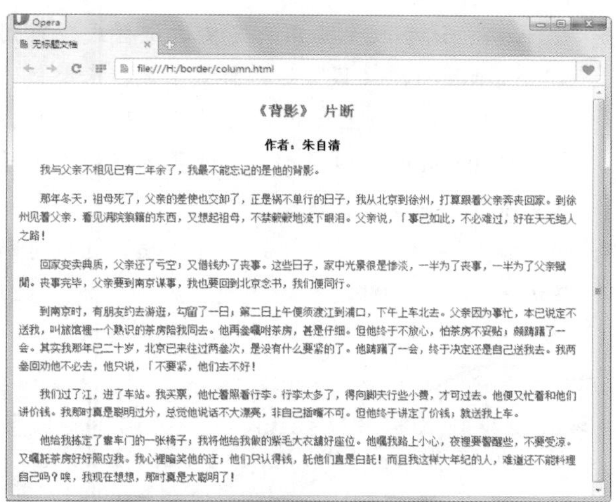

图23-43　新建网页并添加层

Step 2 单击 代码 按钮，切换到“代码”视图中，将插入点定位到h1元素的CSS样式前，然后定义body元素的CSS样式，输入样式代码为-webkit-columns:250px 3;和columns:250px 3;，如图23-44所示。

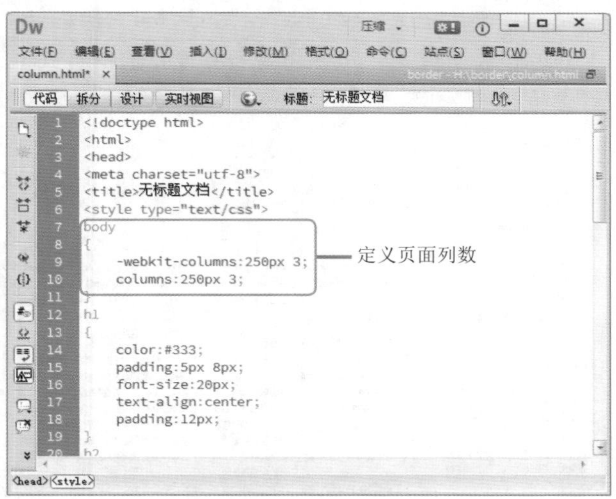

图23-44　定义页面列数

技巧秒杀

为页面定义的列数及宽度，会随着浏览器的大小而改变。

Step 3 按Ctrl+S快捷键，保存整个页面，使用Opera 浏览器预览效果，如图23-45所示。

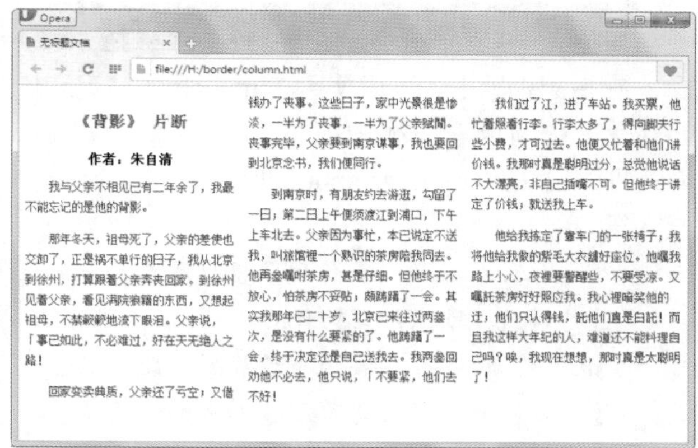

图23-45　查看效果

2. 列宽

在多列布局中，列宽也会有单独的属性column-width（与columns属性的<column-width>参数的作用相同），该属性可以与其他多列布局的属性配合使用，当然也可以单独使用。该属性可被Webkit和Mozilla Gecko引擎的浏览器支持。

其语法为column-with:<length>|auto;，参数作用分别介绍如下。

- <length>：该参数是用来设置列宽的，其值是由浮点数字和单位标识符组合而成的长度值，不可为负值。
- auto：该参数主要是根据浏览器计算值自动设置其宽，也是默认值。

3. 列数

在多列布局中，定义列数同样也有单独的属性column-count，该属性与columns属性的<column-count>参数的作用相同，可被Webkit和Mozilla Gecko引擎的浏览器支持。

column-count属性的语法为column-count: <integer>|auto;，其参数作用分别介绍如下。

- <integer>：该参数的主要作用是定义栏目的列数，其取值可以为大于0的所有整数。
- auto：该参数的主要作用是根据浏览器计算值自动设置其列数。

4. 列间距

在多列布局中，可以使用colmn-gap属性定义栏与栏之间的间距，让网页中的多列布局更加美观。其属性的语法为colmn-gap:normal|<length>;，参数含义介绍如下。

◆ normal：该参数的主要作用是根据浏览器默认设置进行解析，默认间距为1em。

◆ <length>：该参数主要用来设置列间距，其值是由浮点数字和单位标识符组合而成的长度值，不可为负值。

与列宽和列数的属性一样，该属性只被Webkit和Mozilla Gecko引擎的浏览器支持。

5. 设置列高度

在多列布局中，可以轻松地设置各列的高度，只需使用column-fill属性即可将定义的各列高度进行统一。

其属性的语法为column-fill:auto|balance;，参数含义分别介绍如下。

◆ auto：该参数的主要作用是各列的高度随其内容的变化而变化。

◆ balance：该参数的主要作用是设置各列的高度。默认情况下，其高度将会根据内容最多的那一列的高度进行统一。

23.4.2 设置列的边框样式

对列进行设置时，可以通过设置其边框样式，如边框宽度、样式和颜色，从而区分列与列之间的关系，使其层次更加清晰，阅读起来更方便。在Dreamweaver CC中，只需使用column-rule属性即可实现该效果。

其语法结构为column-rule:<length>|<style>|<color>|<transparent>;，各参数的含义分别介绍如下。

◆ <length>：该参数主要用于设置列边框的宽度，其值是由浮点数字和单位标识符组合而成的长度值，不可为负值。该参数可用column-rule-width（设置边框宽度）属性替换。

◆ <style>：该参数主要用来定义边框样式，可用column-rule-style（设置边框样式）属性来替换。

◆ <color>：该参数主要用来设置定义列边框的颜色，可用column-rule-color（设置边框颜色）属性替换。

◆ <transparent>：该参数主要用来设置边框透明显示。

技巧秒杀

设置边框样式的参数<style>，包括10种边框样式，分别为none、hidden、dotted、dashed、solid、double、groove、ridge、inset和outset，其具体作用请参考3.2.3节中的边框样式介绍。

实例操作：为网页创建列边框样式

- 光盘\素材\第23章\columns.html
- 光盘\效果\第23章\columns.html
- 光盘\实例演示\第23章\为网页创建列边框样式

本例将以上一实例的效果作为素材，在其基础上对网页设置间距，然后再为各列设置边框样式，其边框样式为点，线宽为2px，灰色显示，效果如图23-46所示。

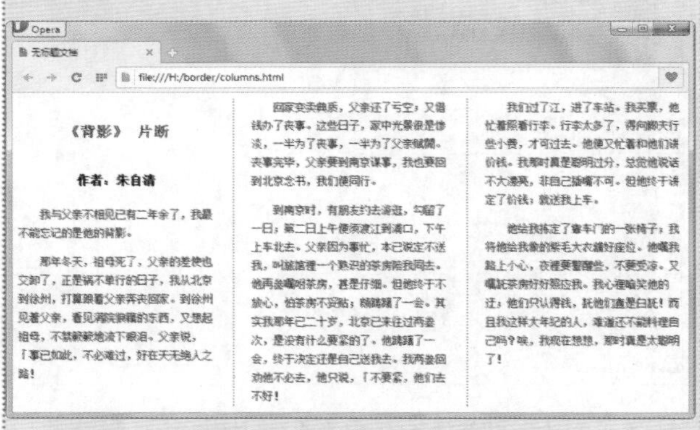

图23-46 设置边框样式效果

Step 1 启动Dreamweaver CC，打开columns.html页面，单击 代码 按钮，切换到“代码”视图中，然后将插入点定位到body的CSS样式中，并按Enter键换行，如图23-47所示。

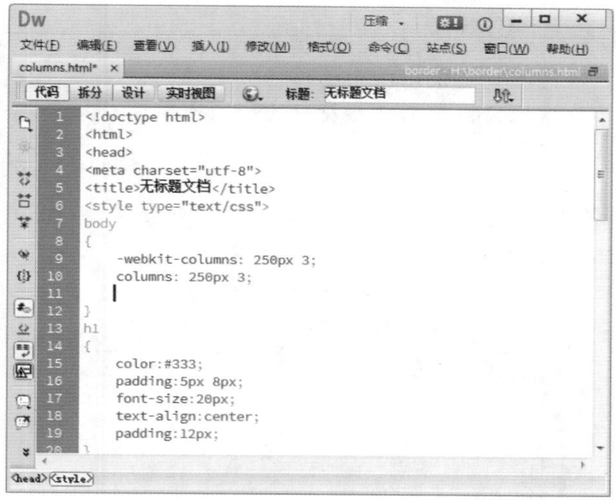

图23-47 打开素材网页并定位

Step 2 ▶ 在插入点的位置输入设置间距的CSS代码及兼容各浏览器的间距代码，然后输入设置行高的CSS代码line-height:2.5em;，如图23-48所示。

```
<!doctype html>
<html>
<head>
<meta charset="utf-8">
<title>无标题文档</title>
<style type="text/css">
body
{
    -webkit-columns: 250px 3;
    columns: 250px 3;
    -webkit-column-gap: 3em;/*设置列间距为3em*/
    -moz-column-gap: 3em;
    column-gap: 3em;
    line-height: 2.5em;/*设置行高为2.5em*/
}
```

图23-48 设置列间距及行高

Step 3 ▶ 按Enter键换行，然后输入设置边框样式的CSS代码及兼容各浏览器的间距代码，如图23-49所示，按Ctrl+S快捷键保存网页，完成整个实例的制作。

```
body
{
    -webkit-columns: 250px 3;
    columns: 250px 3;
    -webkit-column-gap: 3em;/*设置列间距为3em*/
    -moz-column-gap: 3em;
    column-gap: 3em;
    line-height: 2.5em;/*设置行高为2.5em*/
    -webkit-column-rule: dotted 2px #999;/*设置边框样式为点实线，宽2像素，颜色为灰色*/
    -moz-column-rule: dotted 2px #999;
    column-rule:dotted 2px #999;
}
```

图23-49 设置边框样式并保存网页

23.4.3 设置跨列显示

在许多报纸或周刊网页中文章的标题一般都是跨列居中显示的，在Dreamweaver CC中，可使用column-span属性进行设置。

其属性的语法结构为column-span:1|all;，各参数的含义介绍如下。

- 1：该参数主要用于设置元素在本列中显示。
- all：该参数主要用于设置元素横跨所有列，并定位在列的Z轴上。

该属性只被Webkit引擎的浏览器所支持，如图23-50所示为应用column-span属性设置跨列的代码，如图23-51所示为在Opera浏览器中预览的效果。

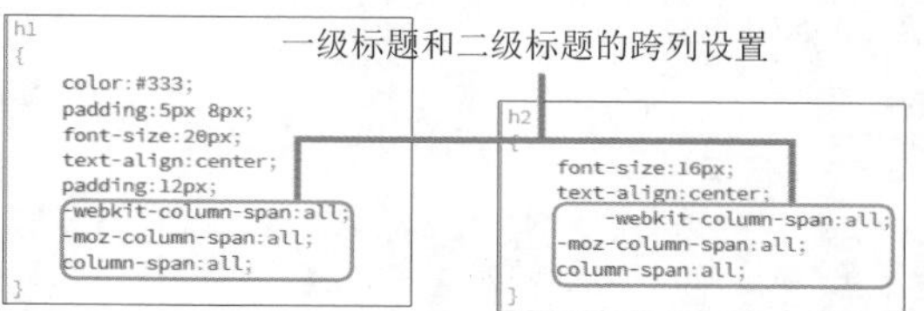

图23-50 打开素材网页并定位

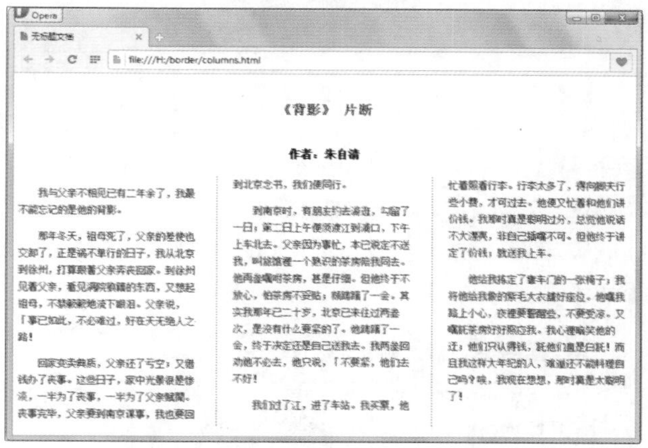

图23-51 预览跨列效果

23.4.4 盒布局格式

在Dreamweaver CC中引入了新的盒模型（弹性盒模型），该模型能决定一个盒子在其他盒子中的分布方式以及控制网页中的可用空间。另外，在网页中使用盒布局能轻松地创建适应浏览器窗口的流动布局或者自适应字体大小的弹性布局。

在Dreamweaver CC中要使用盒布局，只需将display属性值设置为box或inline-box开启弹性布局即可。

实例操作：使用盒布局进行网页布局

- 光盘\素材\第23章\box.html
- 光盘\效果\第23章\box.html
- 光盘\实例演示\第23章\使用盒布局进行网页布局

本例将打开提供的素材网页box.html，切换到“代码”视图中，对最外的<div id="main">标签定义box效果，然后对该标签包含的3个标签<div id="left">、<div id="content">和<div id="right">定义的CSS样式中的float属性应用注释即可，其效果如图23-52所示。

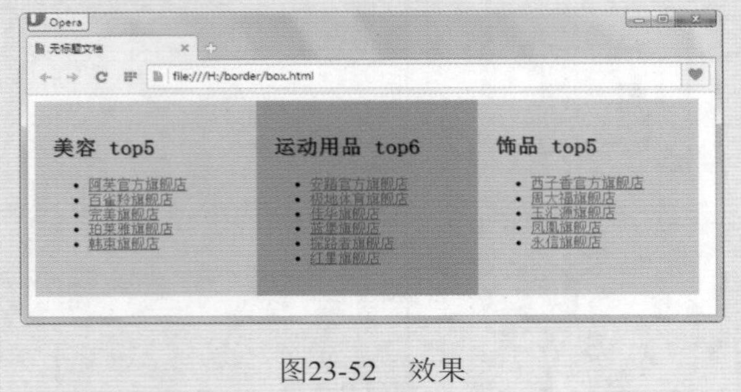

图23-52 效果

Step 1 启动Dreamweaver CC，打开box.html页面，如图23-53所示，单击 代码 按钮，切换到“代码”视图中，然后将插入点定位到#left的CSS样式前，并按Enter键换行。

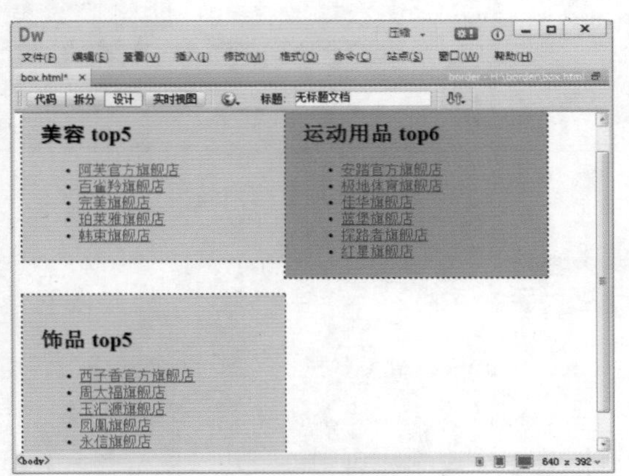

图23-53 打开素材网页

> **技巧秒杀**
>
> 素材网页是使用float属性进行定位的，因此，其各模板会根据浏览器窗口变小，而将其模块移到下一行显示。

Step 2 在插入点的位置输入定义盒布局的CSS代码，启用盒模式，如图23-54所示。

图23-54 启用盒模式

Step 3 将插入点定位到right标签的CSS样式后面，然后按Enter键换行，输入绑定需要设置相同高度元素（#left,#content,#right）的代码，如图23-55所示。

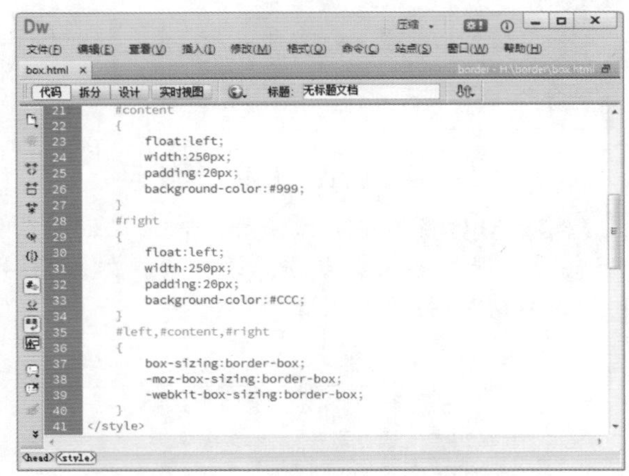

图23-55 绑定3列元素为一个盒子整体布局的CSS

Step 4 在#left的CSS样式中选择float:left;代码，然后在代码工具栏中单击“应用注释”按钮，在弹出的下拉列表中选择“应用/* */注释”选项，如图23-56所示，应用注释。

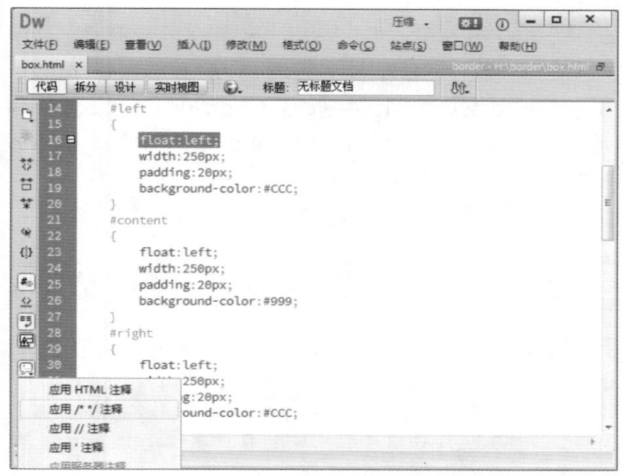

图23-56 注释#left中的float属性

Step 5 使用相同的方法，分别为#content和#right的CSS样式中的float:left;代码应用注释，让其元素float属性失效，才能启用盒模式，如图23-57所示。按Ctrl+S快捷键保存网页，完成整个实例的制作。

图23-57 注释代码并保存网页

1. 盒布局的自适应宽度

在网页中进行布局时，如果想让多列元素的总宽度等于浏览器的宽度，并能随浏览器窗口的大小改变元素的宽度，只需在盒布局的基础上使用box-flex属性即可达到该效果。

需要注意的是，在使用box-flex属性时，不能为其元素设置固定的宽度，并且box-flex属性的值至少要为1时，才能将盒子变得有弹性，而且也只有Webkit引擎的浏览器才支持-webkit-box-flex私有属性，另外，Mozilla引擎的浏览器支持-moz-box-flex私有属性。如图23-58所示为在#content的CSS样式中添加了box-flex属性的代码-moz-box-flex:1;和-webkit-box-flex:1，并将其固定宽度注释掉后的效果图。

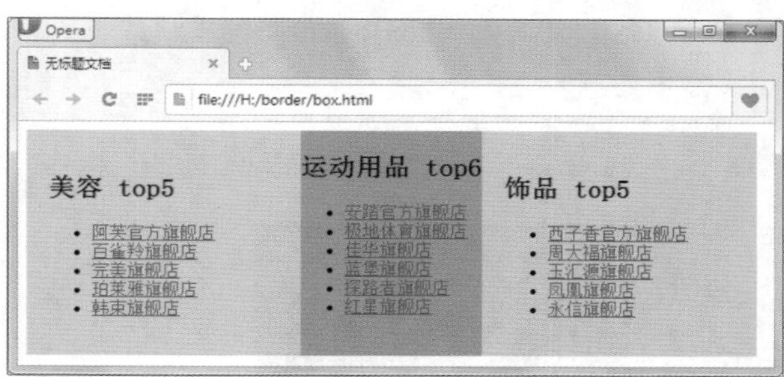

图23-58 自适应大小的效果

2. 设置列显示顺序

在网页中使用弹性盒布局方式时，可以使用box-ordinal-group属性改变各个元素的显示顺序，其属性值是一个表示序号的整数属性值，如在某个元素的样式中输入box-ordinal-group:2;表示在网页中第2个显示该元素。

技巧秒杀

box-ordinal-group属性也会根据不同的浏览器产生不同的属性，如火狐浏览器使用-moz-box-group属性，Opera或Safari浏览器则会使用Webkit-box-ordinal-group属性。

3. 设置列的排列方向

在Dreamweaver CC中使用弹性盒布局时，可以使用box-orient属性快速地改变多个元素的排列方向，如将水平方向排列的元素修改为垂直方向或将垂直方向排列的元素修改为水平方向。

其属性的语法结构为box-orient:horizontal|vertical。各参数的含义分别介绍如下。

- horizontal：该属性值表示设置元素的水平方向排列。
- vertical：该属性值表示设置元素的垂直方向排列，也是默认属性值。

实例操作：将水平排列修改为垂直排列

- 光盘\素材\第23章\box-orient.html
- 光盘\效果\第23章\box-orient.html
- 光盘\实例演示\第23章\将水平排列修改为垂直排列

本例将打开素材网页box-orient.html，将其水平排列的各个元素使用box-orient属性设置为垂直排列，效果如图23-59所示。

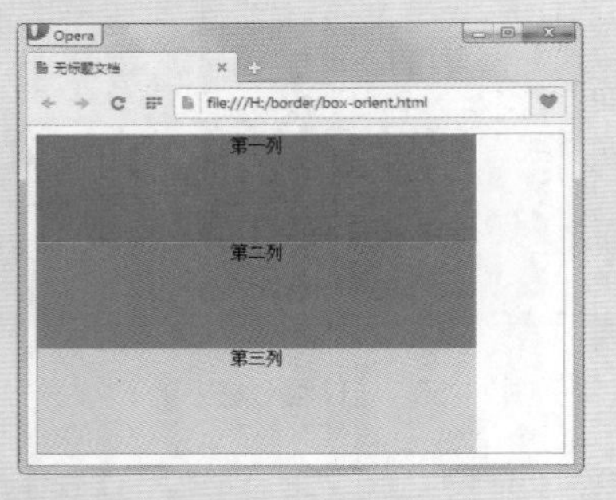

图23-59　垂直排列效果

Step 1 ▶ 启动Dreamweaver CC，打开box-orient.html页面，效果如图23-60所示，然后在Dreamweaver CC的视图栏中单击 代码 按钮，切换到“代码”视图中，将插入点定位到#main的CSS样式中的最后一行末尾，按Enter键换行。

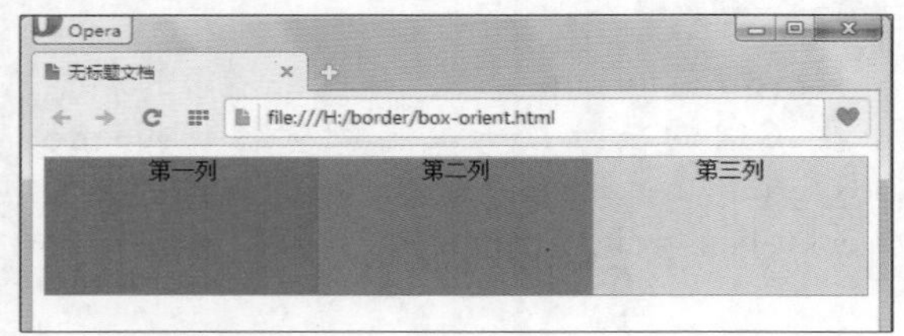

图23-60　打开素材效果

Step 2 ▶ 在插入点的位置输入改变元素排列的代码属性-moz-box-orient:vertical;和-webkit-box-orient:vertical;，如图23-61所示，然后按Ctrl+S快捷键保存网页，完成操作。

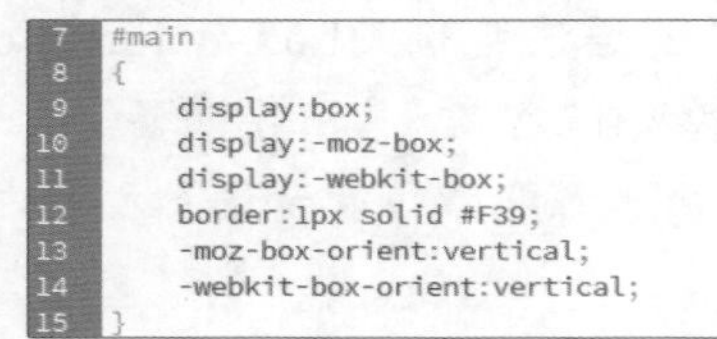

```
#main
{
    display:box;
    display:-moz-box;
    display:-webkit-box;
    border:1px solid #F39;
    -moz-box-orient:vertical;
    -webkit-box-orient:vertical;
}
```

图23-61　添加垂直排列样式

技巧秒杀

如果想将其修改为水平排列，则可直接将-moz-box-orient:vertical;和-webkit-box-orient:vertical;修改为-moz-box-orient:horizontal;和-webkit-box-orient:horizontal;即可。

23.4.5 设置元素内容的对齐方式

在网页中使用盒布局时，元素中的一些内容，如文字、图像及子元素的水平方向或垂直方向的对齐方式，可使用box-pack属性和box-align属性来设置。另外，在Firefox浏览器中需使用-moz-box-pack和-moz-box-align的私有属性，而在Safari浏览器中，则需要使用-webkit-pack和-webkit-align属性进行设置。不管使用哪种属性，都可以使用以下属性值。

- start属性值：排列方式为horizontal，如果为box-pack属性的属性值，则表示在水平方向左对齐；如果是box-align属性的属性值，则表示在水平方式下顶部对齐。
- center属性值：排列方式为horizontal，如果为box-pack属性的属性值，则表示在水平方向居中对齐；如果是box-align属性的属性值，则表示水平居中对齐。
- end属性值：排列方式为horizontal，如果为box-pack属性的属性值，则表示水平右对齐；如果是box-align属性的属性值，则表示水平方式按底部对齐。

排列方式为vertical的start、center和end的属性值所表示的含义分别如下。

- start属性值：如果为box-pack属性的属性值，表示在垂直方向左对齐；如果是box-align属性的属性值，则表示在垂直方式下顶部对齐。
- center属性值：排列方式为horizontal，如果为box-pack属性的属性值，表示垂直居中对齐；如果是box-align属性的属性值，则表示垂直中部对齐。
- end属性值：排列方式为horizontal，如果为box-pack属性的属性值，表示垂直右对齐；如果是

box-align属性的属性值，则表示在垂直方式下按底部对齐。·

技巧秒杀

在Dreamweaver CC以前的版本中，如果想要使文字水平居中对齐，直接使用text-align属性即可，如想将文字垂直居中对齐，则不能使用vertical-align属性，但在Dreamweaver CC中，则可直接使用box-align属性，设置其属性值为horizontal即可。

读书笔记

知识大爆炸——渐变效果

在Dreamweaver CC中使用CSS定义渐变与图片渐变相比，最大的优点是便于修改，与此同时还支持无限缩放，使过渡更加自然。但是，实现CSS渐变的只有基于Webkit和Gecko引擎的浏览器，下面介绍在Webkit和Gecko引擎浏览器中的CSS渐变。

1. 设置Webkit渐变

在网页浏览器中，最先支持渐变的浏览器为Webkit引擎的浏览器，且Safari 4及其以上版本才支持，Webkit引擎支持的渐变为-webkit-gradient(<type>,<point>[,<radius>]?,<point>[,<radius>]?[,<stop>]*)，该函数的各参数含义分别介绍如下。

- ◆ <type>参数：主要用于定义渐变类型，包括线性渐变（linear）和径向渐变（radial）。
- ◆ <point>参数：主要用于定义渐变的起始点和结束点的坐标，即开始应用渐变的X轴和Y轴坐标，以及结束渐变的坐标。该参数支持数值、百分比和关键字，其关键字包括top、bottom、left和right。
- ◆ <radius>参数：主要在定义径向渐变时，用来设置径向渐变的长度，该参数为一个数值。
- ◆ <stop>参数：主要用于定义渐变色和步长，其中包括3个类型值，即开始的颜色，使用colorstop(value, color value)定义，其中，color-stop函数包含两个参数值，第一个参数值为一个数值或者百分比值，取值范围为0～1.0或者0%～100%；第二个参数值表示任意颜色值。

2. 设置Gecko渐变

在Firefox浏览器中，从3.6版本开始支持渐变设计，但是与Gecko引擎和Webkit引擎的用法有所不同，Gecko引擎定义了两个私有函数，分别用来设计直线渐变和径向渐变，其基本语法为-inear-gradient([<point>||<angle>,]?<stop>,<stop>[,<stop>]*)，各参数的含义分别介绍如下。

- ◆ <point>参数：主要用于定义渐变的起点，其取值包含数值、百分比，也可以使用关键字，其关键字与<point>参数的关键字相同，当指定一个值时，则另一个值别论为center。
- ◆ <angle>参数：用于定义直线渐变的角度，单位有deg（度）、grad（梯度）和rad（弧度）。
- ◆ <stop>参数：主要用来定义步长，其用法与color-stop函数相似，但是该参数不需要调用函数，因为可以直接传递参数。第一个参数值为颜色值，第二个参数为颜色的位置，也可以将其省略。

Chapter

23 24

网页配色、字体和排版技巧

本章导读

在各种网站中，色彩的应用效果是相当重要的，好的配色方案可以给浏览者带来一种视觉享受，而网页的字体和排版设计也是相同的道理。合理地应用字体，能让文字信息变得更有吸引力。如果网页中的各种元素不能合理地进行排版，则会让整个网站看起来杂乱无章，不会吸引浏览者。因此，不管是色彩的搭配、字体的应用还是排版，都要进行合理的安排，本章将对网页配色、字体和排版技巧等内容进行讲解。

24.1 网页的色彩速配

在网页中，色彩的应用相当重要。好的色彩搭配会给浏览者带来一种视觉享受，但是在不同的显示器中浏览，有时会有一定的色差，所以网页的配色是非常复杂的。用户可以先对色彩的原理进行学习，然后逐步进行实践，从而设计出令人心旷神怡的页面。下面将对网页的色彩应用进行介绍。

24.1.1 色彩视觉的形成

在大自然的任何地方，只要在同一种光线条件下，人们所看到的不同景物会有不同的颜色（有视觉障碍或视觉疲劳的情况除外），这是因为不同的物体表面具有不同吸收与反射光线的能力，所以，色彩的形成是光对人的眼睛和大脑产生作用的结果，也属于一种视知觉。下面将分别介绍视觉的形成方式和视觉色彩的分类。

1. 视觉形成的方式

视觉由以下3种形式所生成。

- **光源光**：主要是指光源所发出的有色光直接进入人的大脑视觉系统，如台灯、烛火等所发出的光都是光源光。
- **透射光**：主要是指光源穿过透明或半透明的物体后，再进入人的大脑视觉系统。
- **反射光**：在光线照射下，眼睛所能看到的任何物体都是该物体的反射光进入视觉器官所形成的。

2. 视觉色彩的分类

在形成视觉后，可看到不同物体的不同颜色，因此也生成了视觉色彩，对于视觉色彩，可对其进行分类，具体介绍如下。

- **物体色**：是指光线投射到物体之后，再通过反射所呈现的颜色。如在白色的灯光照射下，白色表面几乎反射全部光线，而黑色表面则会吸收全部光线，所以会出现白和黑两种不同的颜色物体色。
- **固有色**：该概念不是非常准确，因为物体本身的色彩不是固定不变的，只是因为它具有普遍性，因此让所有人都认为某物体的色彩是固定的。如在正常光线下观察红色的物体，则会看成紫红色。

24.1.2 色彩属性的分类

在色彩中，色相、明度和彩度被称为色彩三属性或色彩三要素。几乎所有的色彩都具有这3个基本属性。下面分别进行介绍。

- **色相**：色彩的不同是由光的波长的长短差别所决定的。色相指的是这些不同波长的色彩情况，如图24-1所示。

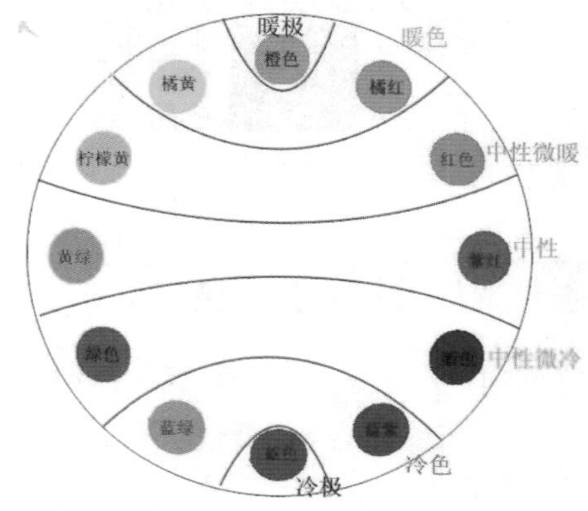

图24-1 色相的基本图

- **明度**：是指色彩的明亮程度。各种不同的有色物体都会产生颜色的明暗强弱。色彩的明度有两种情况，一种是同一色相不同明度，另一种则是不同明度。前者是指在同一颜色加入黑或白以后也能产生各种不同的明暗层次；后者则是指每一种纯色都有与其相应的明度。其中黄色明度最高，蓝紫色明度最低，红、绿色为中间明度。如图24-2所示为明度变化图。

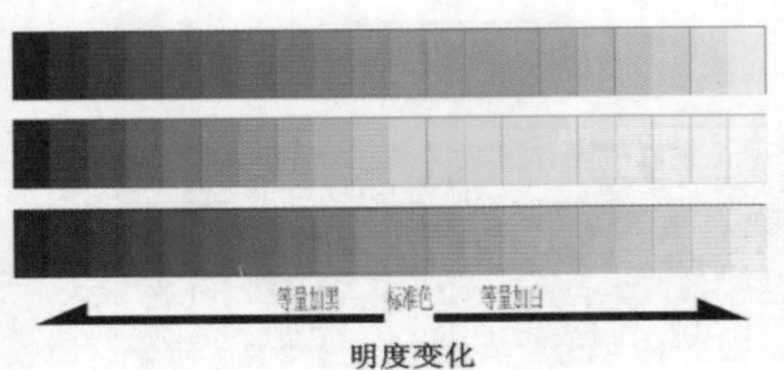

图24-2 明度变化图

- 彩度：用数值表示色的鲜艳或鲜明的程度称之为彩度。有彩色的各种色都具有彩度值，无彩色的色的彩度值为0。彩度常使用高和低来描述，彩度越高，颜色越鲜艳，颜色也越纯；彩度越低，颜色越浊，越干涩。如图24-3所示为彩度变化图。

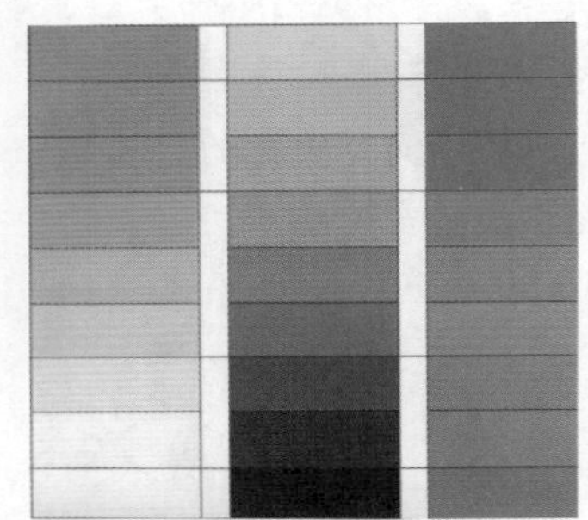

图24-3 彩度变化图

24.1.3 色彩的性质分类

计算机的显示器是由一个个像素点组合而成，然后再利用数值表现色彩。任何颜色的三原色为RGB（红、绿、蓝），而三原色中只有红色才是暖色调，如果要判断网页中使用颜色的冷暖，可通过使用红色成分的多少来判断。下面介绍色彩中冷、暖和中性色调。

- 冷色调：冷色调是通过与暖色调相比较而得到的，明度和彩度较弱的色相则是冷色调，如青色、青绿色、蓝色、蓝紫色等以青色为中心的颜色及其接近的颜色，都会给人收缩、疏远和寒冷的感觉。冷色调会让人联想到蓝天、绿水等景色，从而产生深邃和严肃的感觉。如图24-4所示为以冷色调为主的网页。

图24-4 冷色调的网页

- 中性色调：是指颜色中包含的冷暖色调不定，而被划分为中性色调。如紫和黄等。如图24-5所示为中性色调的网页。

图24-5 中性色调的网页

- 暖色调：暖色调是通过与冷色调相比较而得到的，明度和彩度较强的色相则是暖色调。如红、红橙、橙、黄橙等。暖色调会给人很强的冲击感，有扩展和迫近视线的作用，给人温暖的感觉，如图24-6所示。

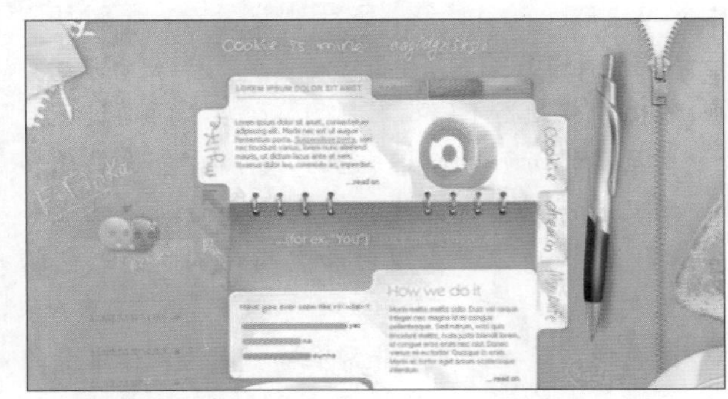

图24-6 暖色调的网页

24.1.4 色彩对比与调和

色彩对比是指两种以上的色彩，在同一时间和空间内相互比较时，所显示出明显的差别。而色彩调和是指两个或两个以上的色彩，有秩序、协调并和谐地组合在一起所产生的舒适合理的效果。另外，色彩调和是基于色彩对比的基础上进行调和的。下面对色彩三要素的对比与调和进行介绍。

1. 色相的对比与调和

两种以上色彩组合后，由于色相差别而形成的色彩对比效果称为色相对比。它是色彩对比的一个基本方面，其对比强弱程度取决于色相之间在色相环上的距离（角度），距离（角度）越小对比越弱，反之则对比越强，如图24-7所示。另外，无色彩系的颜色最容易调和，但必须注意各色彩之间的明度变化，因此距离太近的颜色会含混不清，距离太远的颜色则会比较生硬。

图24-7　色相对比图

技巧秒杀

在进行色相的调和时，除了调整色彩之间的明度变化外，还可以增加对比色来使整个色彩更加柔和。另外，如果在调和各邻近色时，由于色相变化不明显，容易显得单调，可改变明度和彩度，让色彩变得活泼。

2. 明度的对比调和

明度对比是指同一色相不同明度的对比以及不同色相的不同明度的对比，也是色彩构成中最重要的因素之一。明度对比越大，色相的色彩效果也会越强烈；明度对比越小，色相的冷暖差别越小，色彩效果则会越柔和。

同一色相不同明度的对比会呈现深浅不一的层次，有助于表现色彩的空间关系和秩序，产生色彩渐变的效果。另外，不同色相不同明度的对比不仅可以呈现色相的区别，加入不同明度后所产生的颜色差异也会使色彩显示丰富多彩，如图24-8所示。

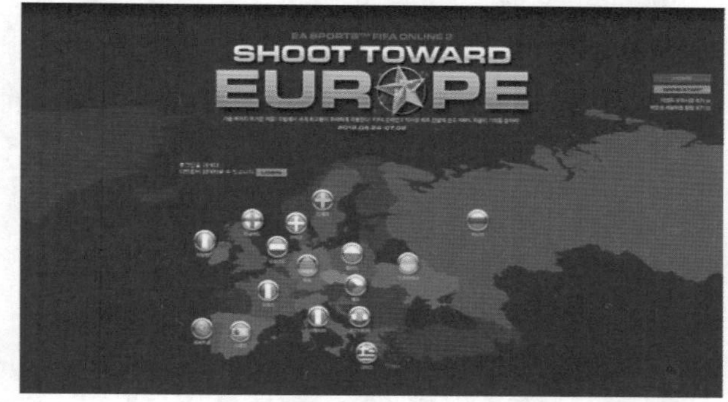

图24-8　明度对比图

在同一明度下进行色彩调和则需要注意以下几点。

- 同一明度与同一色相进行调和时，需要改变彩度来改变色彩变化。
- 同一明度与同一彩度进行调和时，需要改变色相来增加对比度。
- 同一明度不同色相和不同彩度进行调和时，可以调节色相或彩度的矛盾，使其具有丰富的变化。
- 如果邻近明度进行调和则具有统一的调和感，但明度变化小，需要改变色相和纯度以增加对比度。
- 相似色的明度调和，色彩的表现较为含蓄和柔和，但还需要将色相与彩度作适当的变化，使调和的色彩看起来更加协调。
- 对比明度调和，色彩明快、强烈，但比较难统一，此时则需要增强色相与彩度，使其协调。

3. 彩度的对比调和

彩度对比是将不同彩度的颜色搭配在一起，互相衬托的对比方法。如在彩度对比中，其中面积最大的色彩或色相属于颜色即彩度较高的颜色，而另一色彩的彩度较低时，则会构成鲜明对比，如图24-9所示。

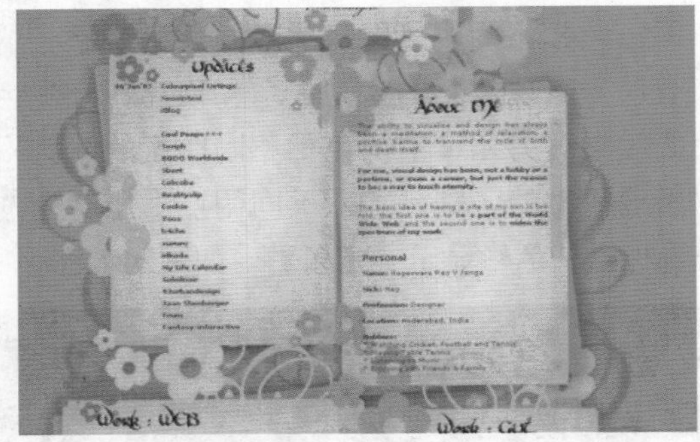

图24-9 彩度对比图

另外，在色相与明度条件相等的情况下，彩度对比最大的特点是柔和。彩度差越小，柔和感会越强。同一彩度能调和不同色相、不同明度的颜色，但要想打破沉稳的色彩结构，还需要对色相和明度进行改变。如邻近彩度的调和需要增加色相和明度的变化，来增加对比，而对比彩度调和则需要通过色相和明度的统一来使色彩和谐。

24.1.5 认识色相环

一般的色相环有5种或6种甚至于8种色相为主要色相，若在各主要色相的中间色相，就可做成10色相、12色相或24色相等色相环。如图24-10所示为12色和24色色相环图。

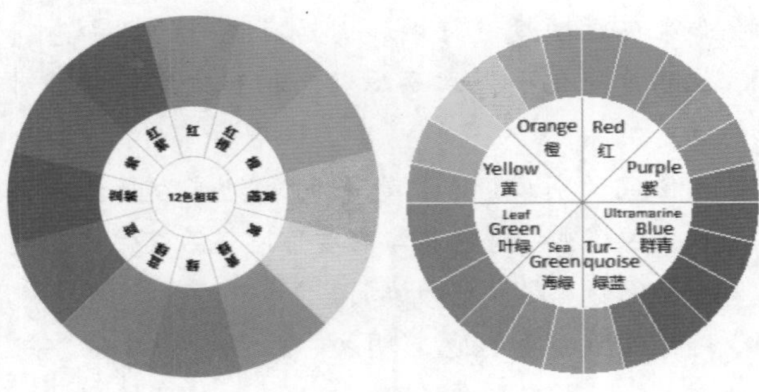

图24-10 12色和24色色相环图

在色相环中，合理地进行色彩搭配，可达到意想不到的效果，下面介绍网页中所应用到的色相环中的各种色彩。

1. 邻近色

邻近色是指色相环中最相近的3种颜色，在网页中使用邻近色会给人舒适、自然的视觉感受，如图24-11所示。

图24-11 邻近色网页

2. 互补色

互补色也称为对比色。互补色在色环上相互正对。若需鲜明地突出某些东西，则可使用互补色，如图24-12所示。

图24-12 互补色网页

技巧秒杀

在互补色中还有一种分列互补色是由两种或3种颜色构成的。在色相环中，与某色夹角在90°内的颜色被称为补色，而与某色构成180°角（即在对立位置）的颜色被称为对比色。

3. 三色组

三色组是色相环上等距离的任何3种颜色，如图24-13所示。在配色方案中使用三色组时，将给予观察者某种紧张感，这是因为3种颜色均对比强烈。

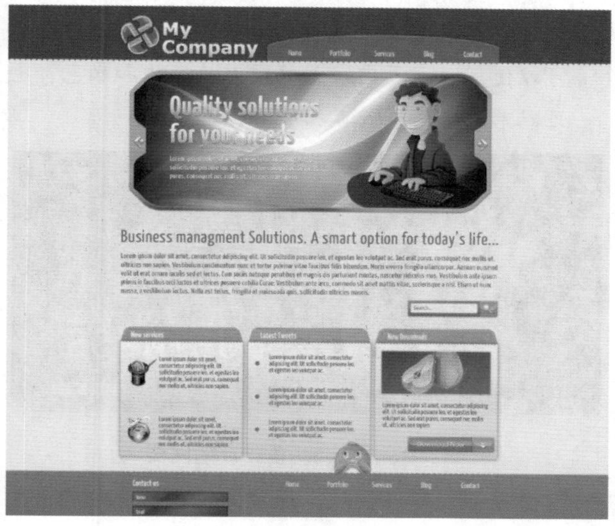

图24-13　三色组

24.1.6 网页中的安全色

在网页中所搭配的颜色会受到各种环境的影响，即使在设计时非常漂亮的配色，也有可能在不同的浏览器中预览时有所不同，为了避免这种情况，则可使用网页安全色，这样不会让浏览者与设计者所看到的效果相差太大。

网页安全色是指当红色（Red）、绿色（Green）和蓝色（Blue）颜色数字信号值为0（00）、51（33）、102（66）、153（99）、204（CC）、255（FF）时，构成的颜色组合共有216种颜色，其中彩色210种，非彩色6种，网页安全色如图24-14所示。

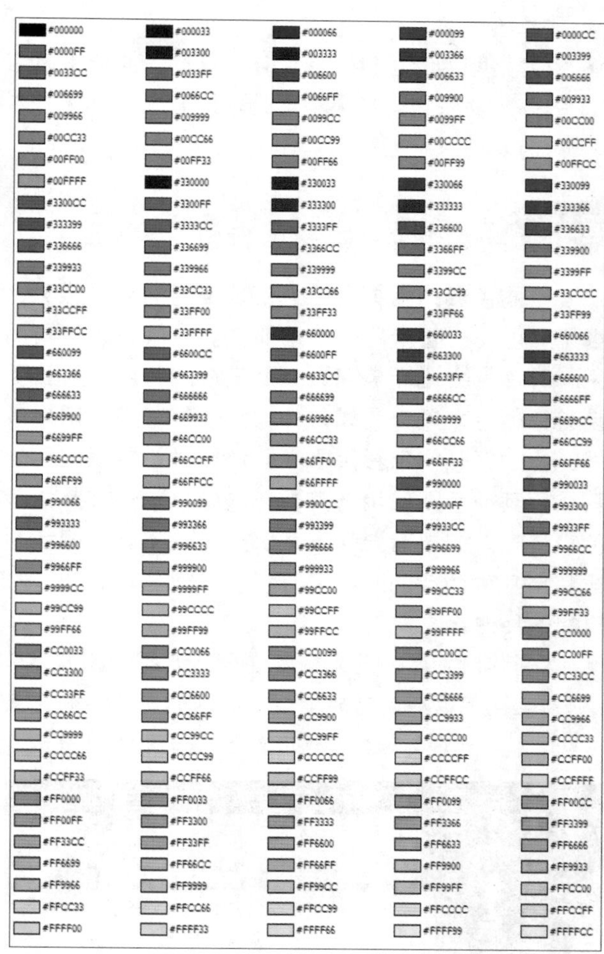

#000000	#000033	#000066	#000099	#0000CC
#0000FF	#003300	#003333	#003366	#003399
#0033CC	#0033FF	#006600	#006633	#006666
#006699	#0066CC	#0066FF	#009900	#009933
#009966	#009999	#0099CC	#0099FF	#00CC00
#00CC33	#00CC66	#00CC99	#00CCCC	#00CCFF
#00FF00	#00FF33	#00FF66	#00FF99	#00FFCC
#00FFFF	#330000	#330033	#330066	#330099
#3300CC	#3300FF	#333300	#333333	#333366
#333399	#3333CC	#3333FF	#336600	#336633
#336666	#336699	#3366CC	#3366FF	#339900
#339933	#339966	#339999	#3399CC	#3399FF
#33CC00	#33CC33	#33CC66	#33CC99	#33CCCC
#33CCFF	#33FF00	#33FF33	#33FF66	#33FF99
#33FFCC	#33FFFF	#660000	#660033	#660066
#660099	#6600CC	#6600FF	#663300	#663333
#663366	#663399	#6633CC	#6633FF	#666600
#666633	#666666	#666699	#6666CC	#6666FF
#669900	#669933	#669966	#669999	#6699CC
#6699FF	#66CC00	#66CC33	#66CC66	#66CC99
#66CCCC	#66CCFF	#66FF00	#66FF33	#66FF66
#66FF99	#66FFCC	#66FFFF	#990000	#990033
#990066	#990099	#9900CC	#9900FF	#993300
#993333	#993366	#993399	#9933CC	#9933FF
#996600	#996633	#996666	#996699	#9966CC
#9966FF	#999900	#999933	#999966	#999999
#9999CC	#9999FF	#99CC00	#99CC33	#99CC66
#99CC99	#99CCCC	#99CCFF	#99FF00	#99FF33
#99FF66	#99FF99	#99FFCC	#99FFFF	#CC0000
#CC0033	#CC0066	#CC0099	#CC00CC	#CC00FF
#CC3300	#CC3333	#CC3366	#CC3399	#CC33CC
#CC33FF	#CC6600	#CC6633	#CC6666	#CC6699
#CC66CC	#CC66FF	#CC9900	#CC9933	#CC9966
#CC9999	#CC99CC	#CC99FF	#CCCC00	#CCCC33
#CCCC66	#CCCC99	#CCCCCC	#CCCCFF	#CCFF00
#CCFF33	#CCFF66	#CCFF99	#CCFFCC	#CCFFFF
#FF0000	#FF0033	#FF0066	#FF0099	#FF00CC
#FF00FF	#FF3300	#FF3333	#FF3366	#FF3399
#FF33CC	#FF33FF	#FF6600	#FF6633	#FF6666
#FF6699	#FF66CC	#FF66FF	#FF9900	#FF9933
#FF9966	#FF9999	#FF99CC	#FF99FF	#FFCC00
#FFCC33	#FFCC66	#FFCC99	#FFCCCC	#FFCCFF
#FFFF00	#FFFF33	#FFFF66	#FFFF99	#FFFFCC

图24-14　网页安全色

> **?答疑解惑：**
>
> **在网页中，是不是一定要用网页安全色呢？**
>
> 因为安全色毕竟有限，如果仅为了保持统一、严谨而采用安全色，则会严重地限制创作的发挥，所以网页安全色要用，但不要过分地追求。

24.1.7 色彩规律

在对网页进行设计时，除了要遵循各种法则或方法外，还应该注意以下几种色彩规律。

- 色彩的鲜明性：在设计网页时，如果其色彩鲜明，则会引人注意，给浏览者耳目一新的感觉。
- 色彩的独特性：要有与众不同的色彩搭配，在网页用色时一定要有自己独特的风格，这样才能给浏览者留下深刻的印象。
- 色彩的艺术性：网站设计是一种艺术活动，因此必须要服从艺术规律。按照内容决定形式的原则，在考虑网站本身的特点时，一定要大胆地进行艺术创新，设计出符合网站特点并具有艺术欣赏性的网站。

◆ 色彩搭配的合理性：在设计网站时，其使用的色彩一定要根据主题来确定，不同的主题要选用不同的颜色。

24.1.8 学会色彩搭配的方法

不同色彩的网页会给人带来不同的视觉感受，可见配色对于整个网站的重要性。一般在设计网页色彩时，都会选择与网页类型相符的颜色，并且尽量避免颜色太多，调和各种颜色使其有稳定感是最好的。如将鲜明色彩用于中心色彩时，要以该色为基准，其他色则使用与其相邻的颜色，使其整体颜色较统一。如果需要强调某部分可使用其他颜色，或利用几种颜色的对比来衬托。下面分别介绍色彩搭配的几种方法。

◆ 在制作网页时，首先确定整个站点的主色调。确定主色调需从网站的类型以及网站所服务的对象出发。如游戏站点可选用黑色，如图24-15所示。

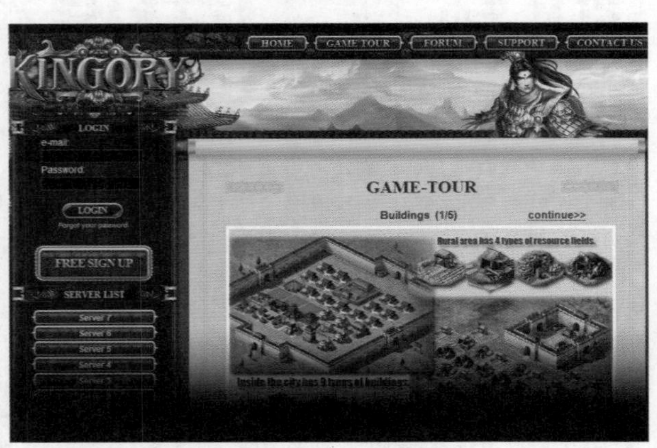

图24-15 主色为黑色的网页

◆ 在同一页面中，要在两种截然不同的色调之间过渡时，需在它们中间搭配上灰色、白色或黑色，使其能够自然过渡。

◆ 用于显示附加信息栏的，如是网页底部可以考虑和左侧或右侧使用相同的颜色，或稍微淡一些的颜色。

◆ 网页中的文字与背景要求较高的对比度，通常用白底黑字，淡色背景、深色字体。可以先确定背景色，再在背景色的基础上加深成为文字的颜色。

◆ 站点Logo和banner一般要用深色，要有较高的对比度，使其比较醒目，让浏览者很容易地就能看到并记住其形象，如图24-16所示。Logo的标题可以使用与网页内容差异较大的字体和颜色，也可以采用与网页内容相反的颜色。

图24-16 Logo颜色相反的网页

◆ 对于导航栏所在区域，通常是将菜单背景颜色设置得暗一些，然后依靠较高的颜色、比较强烈的图形元素或独特的字体将网页内容和菜单准确地区分开。

◆ 如果有一些需要突出显示的内容，则可以采用一些鲜艳的颜色来吸引浏览者的视线。

◆ 如果是创建公司站点，还应该考虑公司的企业文化、企业背景、CI、VI标识系统和产品的色彩搭配等。

24.1.9 文字与背景颜色的搭配

一般情况下，网页的背景颜色应该比较柔和、素雅，配上深色的文字之后，才会给人自然、舒适的感觉。但如果为了追求醒目的视觉效果，也可以为标题使用较深的背景颜色。下面根据经验介绍一些关于网页背景色和文字色彩搭配的一些色彩值。

◆ Bgcolor（#F1FAFA）：正文的背景色，淡雅。

◆ Bgcolor（#E8FFE8）：标题的背景色。

◆ Bgcolor（#E8E8FF）：作正文的背景色较好，文字颜色配黑色。

- Bgcolor（#8080C0）：配黄色或白色文字较好。
- Bgcolor（#E8D098）：配浅蓝色或蓝色文字。
- Bgcolor（#EFEFDA）：配浅蓝色或红色文字。
- Bgcolor（#F2F1D7）：配黑色文字素雅，如果是红色则显得醒目。
- Bgcolor（#336699）：配白色文字。
- Bgcolor（#6699CC）：配白色文字，可以作为标题。
- Bgcolor（#66CCCC）：配白色文字，可以作为标题。
- Bgcolor（#B45B3E）：配白色文字，可以作为标题。
- Bgcolor（#479AC7）：配白色文字，可以作为标题。
- Bgcolor（#00B271）：配白色文字，可以作为标题。
- Bgcolor（#FBFBEA）：配黑色文字，一般作为正文。
- Bgcolor（#D5F3F4）：配黑色文字，一般作为正文。
- Bgcolor（#D7FFF0）：配黑色文字，一般作为正文。
- Bgcolor（#F0DAD2）：配黑色文字，一般作为正文。
- Bgcolor（#ddf3ff）：配黑色文字，一般作为正文。

24.2 字体在网页中的应用技巧

在网页中除了对整体网页的色彩进行搭配外，网页中的文本的设计也是相当重要的，本节将对网页中字体的作用、特征及文字的编排规律及方法进行介绍。

24.2.1 文字在网页中的体现

在网页界面的众多构成要素中，文字具有直观传达作用及明确性，通过文字的传达可以在很大程序上避免只有图形、色彩、版式、动画等传达信息时所产生的意义不明确甚至引发歧义的现象。因此，对文字的字体设置也有一定的规则，合理地对文字进行设置可起到意想不到的效果。文字在网页中的作用有如下几点。

- 适合性：根据主题内容和想要传达的信息含义及文字所处网页中的位置，来确定文字的字体、色彩、形态和表现形式是保证主题适合的必要条件。
- 明确性：文字的主要功能在于传达外形特征便于浏览者识别，保证信息的准确传递。文字的点划、横竖、圆弧等结构要素造成文字本身的不可异变，因此，在设置文字的字体时需要注意，在保证文字形态明确的情况下进行设置，如图24-17所示。

图24-17　字体明确的网页图

- 易读性：文字的形态及编排设计能够提高界面的易读性。一般情况下，人的视觉对于过细的文字形态需要花费更多的时间去识别，不易浏览。
- 美观性：文字可以通过自身形象的个性与风格给人以美的感受，让整个网页更加美观。
- 创新性：文字与页面信息主题需求相配合并进行形态变化，将文字进行创意发挥所产生的美感，增加了网页整体设计效果的创新性，给浏览者耳目一新的感觉，如图24-18所示。

图24-18　创新性网页

技巧秒杀

在设计页面时，需注意的是在同一页面中，如果字体种类少，版面雅致，则有稳定感；字体种类多，则版面活跃，丰富多彩。设计者则应该从网站的类型和表现内容来考虑采用哪种方式。

24.2.2 网页文字的基本格式设计

在网页中字号大小可以用不同的方式来计算，例如磅（pt）或像素（px）。在网页中合理地设置各文本的格式，如字号、字体、行距、样式和颜色等，可让整个网页看起来更舒适、精美。下面分别介绍在网页中如何合理地设置文本的基本格式。

1. 字号

在网页设计中正文字体一般采用12磅左右的字号。目前许多综合性站点，由于在一个页面中需要安排的内容较多，也会采用9磅的字号，而较大的字体可用于标题或其他需要强调的地方，小一些的字体可以用于页脚和辅助信息。因为小字号容易产生整体感和精致感，但可读性较差，如图24-19所示。

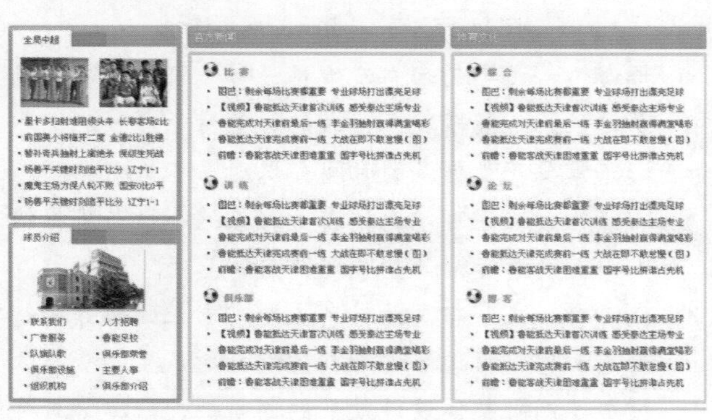

图24-19　字号设置的网页效果

2. 字体

在网页设计中，对文字进行字体设置，也是表达文字美感的一种方式，如图24-20所示。字体选择是一种感性、直观的行为。但是，无论选择什么字体，都要依据网页的总体设想和浏览者的需要来考虑，不能盲目地设置字体。

图24-20　字体设计网页

下面介绍网页中常用的字体。

- 宋体：宋体字字形秀丽，具有活泼的动感。
- 黑体：该字形方正，给人稳定的感觉。
- 楷体：该字形柔和悦目，可读性和识别性较好。
- 隶书：该字形端庄古雅具有韵律美。
- 行书：该字形富有变化和动感美。
- 粗体：字强壮有力，有男性特点，适合机械和建筑业等内容。
- 细体字：高雅细致，有女性特点，更适合服装、化妆品和食品等行业的内容。

?答疑解惑：

在对文字进行字体设置时，可以不使用系统自带的字体吗？

从加强平台无关性的角度来考虑，正文内容最好采用计算机中自带的字体。因为浏览器是用本地计算机上的字库来显示页面的内容，作为网页设计者必须考虑多数浏览者的机器中也许只装有3种字体类型及一些相应的特定字体，而设计者指定的字体在浏览者的机器中并不一定有，这给网页设计带来很大的局限。如果确实要使用特殊字体，可以将文字制成图像，然后插入到页面中。

3. 行距

在网页中，行距的变化也会对文本的可读性产生很大影响。一般情况下，下方的行距是接近字体尺寸的行距。设置其行距的比例一般为10:12，即用字号为10点，则行距12点。下面介绍行距在网页中的优缺点。

- 在网页中适当的行距会形成一条明显的水平空白带，以引导浏览者的目光，如果行距过宽，会使一行文字失去较好的延续性。
- 行距除了对可读性影响外，其本身也是具有很强表现力的设计语言，为了加强版式的装饰效果，可以有意识地加宽或缩窄行距，体现独特的审美效果。
- 加宽行距可以体现轻松、舒展的情绪，较适合应用于娱乐性、抒情性的内容。
- 通过精心安排，使宽、窄行距并存，可增强版面的空间层次与弹性，使网页比较有特点。

技巧秒杀

行距可以用行高（line-height）属性来设置，建议以磅或默认行高的百分数为单位。例如｛line-height:20pt｝、｛line-height:150%｝。

4. 文字样式

在网页设计中，文字的样式主要包括对文字的常规、粗体、斜体等项的设置，不同的样式具有不同的风格，会给人不同的感受。下面对网页中各位置一般情况下应该对文字采用什么样式进行介绍。

- 在网页中的正文文字一般都采用常规样式。
- 网页中的大小标题一般适合使用加粗或倾斜等样式，如图24-21所示。

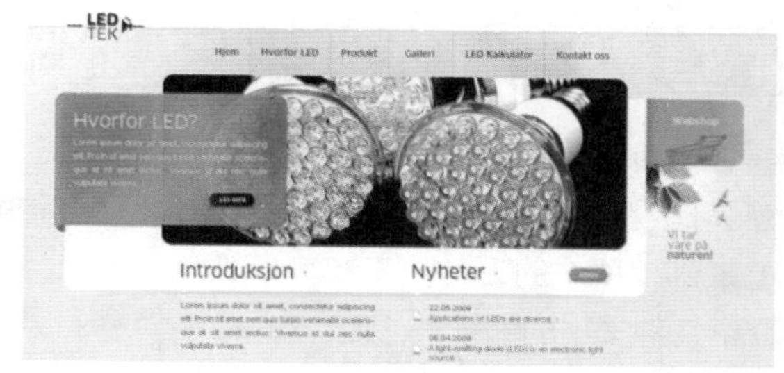

图24-21　文字样式设置

5. 文字的颜色

在网页设计中，设计者可以为文字、文字链接、已访问链接和当前活动链接选用各种颜色。颜色的运用除了能够起到强调整体文字中特殊文字部分的作用之外，对于整个文案的情感表达也会产生影响。这涉及色彩的情感象征性问题。

另外需要注意的是，文字颜色的对比度包括明度对比、纯度对比以及冷暖对比。这些不仅对文字的可读性发生作用，更重要的是，可以通过对颜色的运用达到想要的设计效果和设计主旨，如图24-22所示。

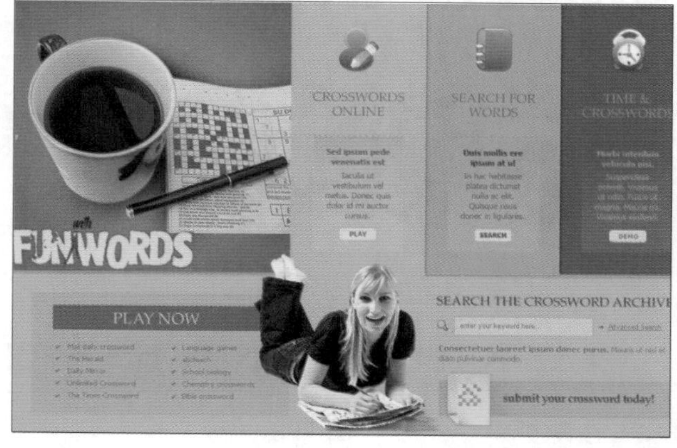

图24-22　文字颜色设置

24.3 网页版式设计与构图

很多从事网页设计的计算机专业人员，对于网页的制作技术都很熟练，但对于网页富有的艺术性和个性设计却力不从心。其中如何让网页中的各元素排版更加美观，也是高难度的技术，下面将对网页中的文字编排及整个页面的排版技巧进行介绍。

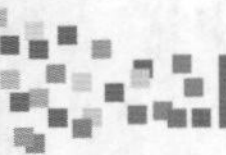

24.3.1 文字的整体编排

在网页设计中，字体的处理与颜色、版式、图形等其他设计元素的处理一样非常关键。从某种意义上来讲，所有的设计元素都可以理解为图形。下面介绍几种文字的编排方法。

1. 文字的图形化

一般情况下，字体在网页中有两方面的作用：一方面是实现字意和语义的功能；而另一方面则是美学效应。

所谓文字的图形化，则是强调它的美学效应，就是把记号性的文字通过转换为图形元素来表现，同时又强化了原有的字意和语义功能。作为一个网页设计者，既可以按照常规的方式对字体进行设置，也可以对字体使用艺术化的设计方式。但无论怎样，所有设计都应该更出色地实现设计目标，如图24-23所示。

图24-23 文字图形化

2. 文字的叠置

在网页中，文字与图像之间或文字与文字之间在经过叠置后，能够产生空间感、跳跃感、透明感、杂音感和叙事感，从而成为页面中活跃的、令人注目的元素。

文字的叠置手法会影响文字的可读性，但是能造成页面独特的视觉效果。这种不追求易读而刻意追求“杂音”的表现手法，体现了一种艺术思潮。因而，它不仅大量运用于传统的版式设计，在网页设计中也被广泛采用。

3. 标题与正文

在进行标题与正文的编排时，可先考虑将正文做双栏、三栏或四栏的编排，再进行标题的置入，如图24-24所示。将正文分栏，是为了求取页面的空间与弹性，避免通栏的呆板以及标题插入方式的单一性。标题虽是整段或整篇文章的标题，但不一定要千篇一律地置于段首之上。可做居中、横向、竖向或边置等编排处理，甚至可以直接插入文字当中，以新颖的版式来打破原有的规律。

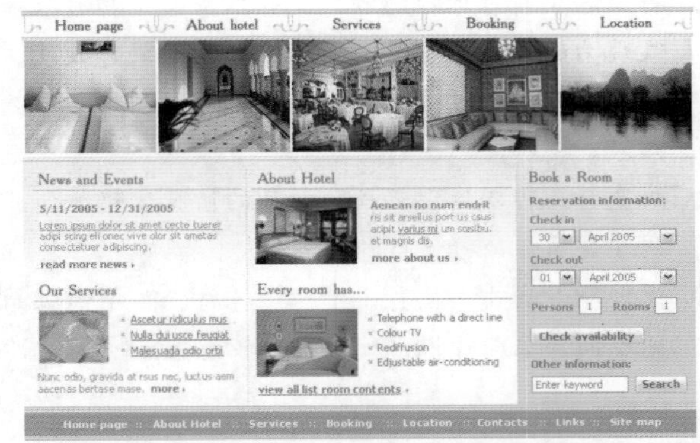

图24-24 正文分栏分标题

页面中的正文部分是由许多单个文字经过编排组成的群体，要充分发挥这个群体形状在版面整体布局中的作用，需要了解文字编排的基本形式，下面分别进行介绍。

- **两端均齐**：文字从左端到右端的长度均齐，字群形成方方正正的面，显得端正、严谨、美观。
- **居中排列**：在字距相等的情况下，以页面中心为轴线排列，这种编排方式使文字更加突出，产生对称的形式美感。
- **左对齐或右对齐**：左对齐或右对齐使行首或行尾自然形成一条清晰的垂直线，很容易与图形配合。这种编排方式有松有紧，有虚有实，跳动而飘逸，产生节奏与韵律的形式美感。左对齐符合人们阅读时的习惯，显得自然；右对齐因不太符合阅读习惯而较少采用，但显得新颖。
- **绕图排列**：将文字绕图形边缘排列。如果将底图插入文字中，会令人感到融洽、自然，如图24-25所示。

图24-25　绕图排文字

24.3.2 强调文字

在网页中为了让文字更加好看，或突出某些需要强调的文字，可通过以下几种方法。

1. 行首的强调

将正文的第一个字或字母放大并作装饰性处理，嵌入段落的开头，这在传统媒体版式设计中称为“下坠式”。此技巧的发明溯源于欧洲中世纪的文稿抄写员。由于该种方式有吸引视线、装饰和活跃版面的作用，所以被应用于网页的文字编排中。其下坠幅度应跨越一个完整字行的上下幅度。至于放大多少，则依据所处网页环境而定。

2. 引文的强调

在进行网页文字编排时，常常会碰到提纲挈领性的文字，即引文。引文概括一个段落、一个章节或全文大意，因此，在编排上应给予特殊的页面位置和空间来强调。引文的编排方式多种多样，如将引文嵌入正文的左右侧、上方、下方或中心位置等，并且可以在字体或字号上与正文相区别而产生变化。

3. 个别文字的强调

如果将个别文字作为页面的诉求重点，则可以通过加粗、加框、加下划线、加指示性符号、倾斜字体等手段有意识地强化文字的视觉效果，使其在页面整体中显得出众而夺目。另外，改变某些文字的颜色，也可以强调这部分文字。这些方法实际上都是运用了对比的原则。

24.3.3 网页版式的基本类型

网页版式的基本类型主要有骨骼型、满版型、分割型、中轴型、曲线型、倾斜型、对称型、焦点型、三角型等。下面分别进行介绍。

1. 骨骼型

网页版式的骨骼型是一种规范的、理性的分割方法，类似于报刊的版式。常见的骨骼型有竖向通栏、双栏、三栏、四栏和横向的通栏、双栏、三栏和四栏等。一般以竖向分栏为多。这种版式给人以和谐、理性的美。几种分栏方式结合使用，既理性、条理，又活泼而富有弹性。如图24-26所示为综合运用了多种分栏方式的网页。

图24-26　多种分栏方式的网页

2. 满版型

满版型即页面以图像充满整版。主要以图像为诉求点，也可将部分文字压置于图像之上，视觉传达效果直观而强烈。满版型给人以舒展、大方的感觉。随着宽带的普及，这种版式在网页设计中的运用越来越多。如图24-27所示，网页四边出血，向外扩张，较适合年轻人。

图24-27　满版型的网页

3. 分割型

把整个页面分成上下或左右两部分，分别安排图片和文案，两个部分形成对比。有图片的部分感性而具活力，文案部分则理性而平静。可以调整图片和文案所占的面积，来调节对比的强弱。例如，如果图片所占比例过大，文案使用的字体过于纤细，字距、行距、段落的安排又很疏落，则会造成视觉上的不平衡感，显得生硬。倘若通过文字或图片将分割线虚化处理，就会产生自然和谐的效果，如图24-28所示。分割线上压置的图片既打破了页面分割的生硬感，也使自身得到强调。

图24-28　分割型的网页

4. 中轴型

沿浏览器窗口的中轴将图片或文字做水平或垂直方向排列。水平排列的页面给人稳定、平静、含蓄的感觉，垂直排列的页面给人以舒畅的感觉，如图24-29所示。不易觉察的中轴型版式，给人以轻快之感。

图24-29　中轴型的网页

5. 曲线型

图片、文字在页面上做曲线的分割或编排构成，产生韵律与节奏，如图24-30所示，网站的导航标题沿图形弧线排列。

图24-30　曲线型的网页

6. 倾斜型

页面主题形象或多幅图片、文字做倾斜编排，形成不稳定感或强烈的动感，引人注目。如图24-31所示，文字水平排列，将画框斜置，产生对比与动势，印象被加强。

读书笔记

图24-31　倾斜型的网页

7. 对称型

对称的页面给人稳定、严谨、庄重、理性的感受，其中对称也分为绝对对称和相对对称。一般采用相对对称的手法，以避免网页过于呆板。左右对称的页面版式比较常见，其中四角型也是对称型的一种，是在页面四角安排相应的视觉元素。4个角是页面的边界点，重要性不可低估。在4个角安排的任何内容都能产生安定感。控制好页面的4个角，也就控制了页面的空间。越是凌乱的页面，越要注意对4个角的控制，如图24-32所示为以相对对称手法制作的导航页面。

图24-32　对称型的网页

8. 焦点型

在网页中，焦点型的网页版式是通过对视线的诱导，使页面具有强烈的视觉效果。其中焦点型分为3种情况，下面分别进行介绍。

- **中心**：以对比强烈的图片或文字置于页面的视觉中心。
- **向心**：视觉元素引导浏览者视线向页面中心聚拢，就形成了一个向心的版式。向心版式是集中、稳定的，是一种传统的手法。
- **离心**：视觉元素引导浏览者视线向外辐射，则形成一个离心的网页版式。离心版式是外向的、活泼的，更具现代感，运用时应注意避免凌乱，如图24-33所示。

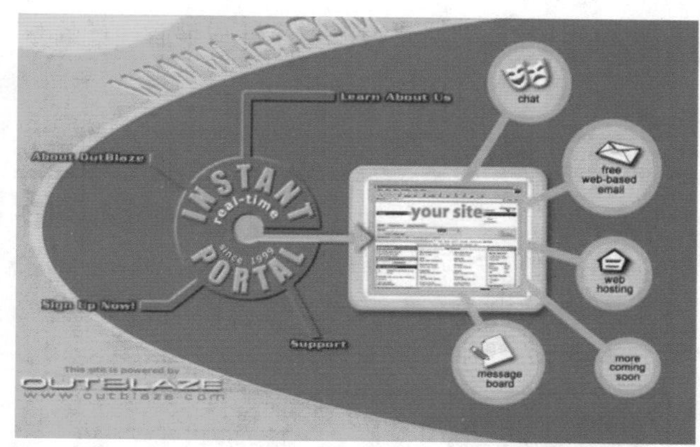

图24-33　离心的版式网页

9. 三角形

该类型的网页给人的视觉元素呈三角形排列。正三角形（金字塔型）最具稳定性，倒三角形则产生动感。侧三角形构成一种均衡版式，既安定又有动感。如图24-34所示的网页，整体看为倒三角形的构图，主体形象突出。

图24-34　三角形的网页

24.3.4 网页构图

网络经济被一些人喻为“眼球经济”，正说明了“注意力”是网站建设的关键，这促使了网站的建设从单一、冷漠的技术型转向多元化、人性化、富有亲和力的技术及艺术的复合设计。

要吸引浏览者访问网站，内容是关键的一项，但页面效果的作用也相当重要，因此网页好看与否是评判的标准。下面将对网页设计与平面设计的异同及网页的基本构成等内容进行介绍。

1. 网页设计与平面设计的异同

网页设计与平面设计在视觉的传达上有很大的相似之处，但在技术方面却有很大的差异，网页设计不仅仅是传达视觉效果，还结合了网络技术的实现。如图24-35所示为平面设计图与网页设计图效果。

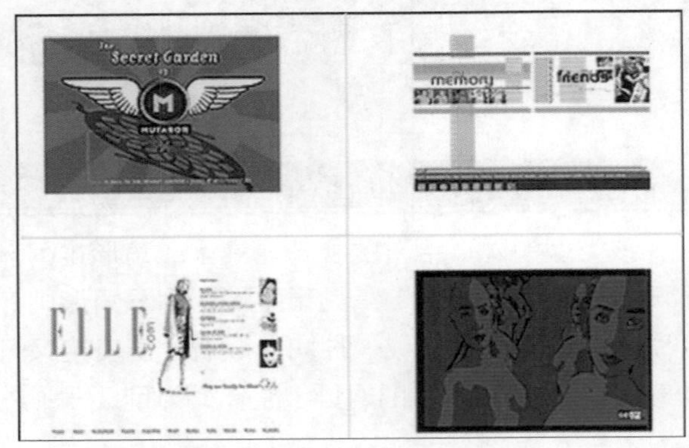

图24-35 平面设计图与网页设计图

2. 网页的基本构图

在网站中，不同性质的网站，其页面内容安排是不同的。一般网页的基本内容包括页面标题、网站标识图案（Logo）、页眉、页脚、主体内容、广告栏等，如图24-36所示。

技巧秒杀

需要注意的是页面标题不会出现在网页内容中，而是在浏览器的地址栏中，如果要设置标题，需在HTML页面的<title>标题名称</title>标记之间输入。

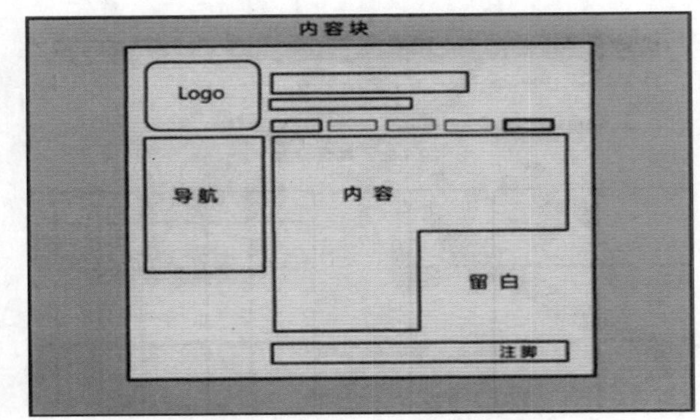

图24-36 网页基本内容的构图

- 页面标题：不管是什么性质的站点，在站点的每一个页面中都会有一个标题，用来提示页面的主要内容。它起到的作用就是引导访问者清楚地浏览网站的各项内容，不至于迷失方向。
- 网站标识（Logo）：网站作为一个对外交流的重要窗口，创建者都会用其进行自身形象的宣传。如果该企业（社团）已经导入了CIS（Corporate Identity System）形象识别系统，那么在网站建设过程中应依据该系统为指导进行网页设计，其中标志性图案就是网站的Logo。如果还没有导入CIS，在网站建设之前应该根据网站的总体定位，设计制作一个网站的Logo，这如同一个产品的商标，集中体现了该网站的特色、内容及其内在的文化内涵和理念。Logo一般设置在主页面的显要位置及二级页面的页眉位置，如图24-37所示。

图24-37 网站的Logo图

- 页眉：页眉指的是页面上端的部分（即banner图片所在的位置），如图24-38所示，有的页面划分比较明显，有的页面没有明确的区分或者没有页眉。页眉的关注值较高，大多数网站制作者在此设置网站宗旨、宣传口号、广告语等，有的则会设计成广告位出租。

图24-38 页眉（banner图）

◆ 导航：导航是网页设计中的重要部分，也是整个Web站点设计中的一个独立部分。一般来说，一个网站的导航位置在每个页面中出现的位置是固定的。导航的位置对于站点的结构与整体布局有着举足轻重的作用。导航一般有4种标准的显示位置，即左侧、右侧、顶部和底部。有的站点运用了多种导航，是为了增加页面的可访问性。

◆ 主体内容：主体内容是页面设计的主体元素。它一般是二级连接内容的标题，或者是内容提要，或者是内容的部分摘录。表现手法一般是文字和图像相结合。它的布局通常按内容的分类进行分栏安排。页面的关注值一般是按照从上到下、从左到右的顺序排列，所以重要的内容一般安排在页面的左上位置，次要的内容安排在右下方。

◆ 页脚：页脚是页面底端部分，通常用来显示站点所属公司（社团）的名称、地址、版权信息、电子信箱的超链接等，如图24-39所示。

图24-39 页脚

知识大爆炸——色彩的心理感受

色彩的心理感受所指的是视觉对色彩的反应随外在的环境而改变。人在受色彩的明度及彩度的影响，会产生冷暖、轻重、远近和动静等不同视觉感受与心理联想。色彩由视觉辨识，但却能影响人的心理，影响人们的情感，有时甚至会左右人们的精神与情绪。因此可以说色彩并无感情，而是经过在生活中积累的普遍经验的作用，形成了对色彩的心理感受，下面分别进行介绍。

（1）冷暖感

色彩的冷暖被称为“色性”，色彩的冷暖感觉主要取决于色调，如图24-40所示。色彩的各种感觉中，首先感觉到的是冷暖感。在网页设计或绘画中，色彩的冷暖有着很大的适用性，因此得到广泛的使用，如表现热烈、欢乐的气氛时多考虑用暖色调。

图24-40 冷暖色

（2）轻重感

色彩的轻重感主要是取决于色彩明暗度，明度高的色彩感觉轻，富有动感，而暗色具有稳重感。如果明度相同时，纯度高的比纯度低的感觉轻。以色相分，轻重次序排列为白、黄、橙、红、灰、绿、蓝、紫、黑，设计者常用色彩的轻重感来处理页面的均衡，通常会达到意想不到的效果。如图24-41所示为由轻到重的网页。

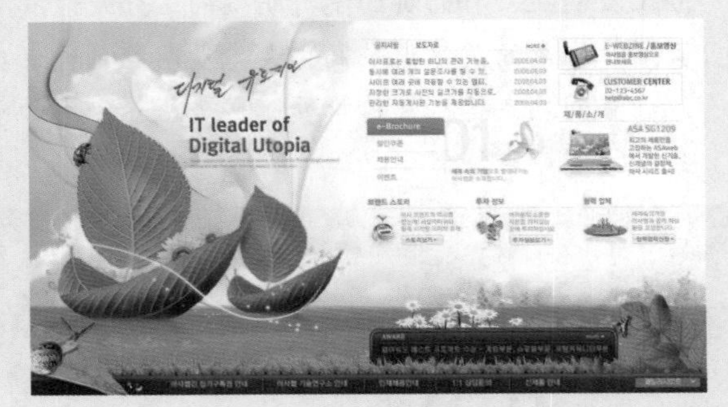

图24-41　轻重感

（3）远近感

远近感是色性、明度、纯度、面积等多种对比所造成的错觉现象。亮色、暖色、纯色等看起来有逼近之感，也称作“前进色”；而暗色、冷色、灰色则有推远的感觉，也称作“后退色”。色彩的前进与后退还与背景和面积对比密切相关，进退效果在页面上可以造成空间感，是重要的页面构图手段之一。色彩的远近感能产生变化多端的构想，从而更加突出所要强调的主题。

（4）胀缩感

色彩的胀缩感是人的一种错觉，造成这种错觉是因为色彩的明度不同。如红、白、蓝，可在不等分的情况下，给人视觉上以等分的感觉，如图24-42所示。

图24-42　胀缩感

（5）动静感

色彩的动静感也称为“奋静感 ”，是人的情绪在视觉上的反映。红、橙、黄能给人以兴奋的感觉，而青、蓝则能给人以沉静的感觉；绿和紫色则属于中性，介于两种感觉之间。白和黑以及纯度高的色彩给人紧张感，灰色及纯度低的色彩则会给人以舒适感。

读书笔记